de Gruyter Lehrbuch

Dietrich Rössler

Grundriß der Praktischen Theologie

Walter de Gruyter · Berlin · New York
1986

Die wissenschaftliche Leitung der theologischen Lehrbücher im Rahmen der „de Gruyter Lehrbuch"-Reihe liegt in den Händen des em. Prof. der Theologie D. Kurt Aland, D. D., D. Litt. Diese Bände sind aus der ehemaligen „Sammlung Töpelmann" hervorgegangen.

CIP-Kurztitelaufnahme der Deutschen Bibliothek

Rössler, Dietrich:
Grundriss der praktischen Theologie / Dietrich Rössler. – Berlin ; New York : de Gruyter, 1986.
(De-Gruyter-Lehrbuch)
ISBN 3-11-010778-3

Satz und Druck: Sala-Druck, Berlin
Einband: Lüderitz & Bauer, Berlin.

Vorwort

Der erste Grundriß der Praktischen Theologie in dieser Reihe ist 1922 erschienen. Sein Verfasser war Martin Schian (1869–1944), Professor für Praktische Theologie in Gießen und später Generalsuperintendent in Breslau. Im Vorwort zur ersten Auflage hat Schian Absicht und Anlage seines Buches näher erläutert, und hier finden sich Passagen, die bis heute an Bedeutung kaum verloren haben. Der Pfarrer, sagt Schian, gleiche nicht dem Maurer, den man anlernt, wie er Stein an Stein fügen soll, sondern dem Baumeister, der sein Werk selbständig und zu einem eigenen Ganzen gestalten will. Den Aufgaben, die nach diesem Bild einem Lehrbuch der Praktischen Theologie zukommen müssen, wußte sich auf seine Weise ebenfalls Otto Haendler (1890–1981) verpflichtet, dessen Grundriß in dieser Reihe 1957 erschien. Auch das vorliegende Lehrbuch ist von einem Verständnis der Praktischen Theologie und ihres Beitrages zur Bildung des Theologen geleitet, das jenem Bilde entspricht. Angesichts der sonst augenfälligen Unterschiede zwischen den Büchern mag es nicht überflüssig sein, diese Kontinuität hervorzuheben.

Absicht und Anlage, die für das hier vorliegende Lehrbuch bestimmend gewesen sind, müssen nach der Überzeugung des Verfassers als Probleme der Praktischen Theologie selbst angesehen werden. Sie treten nicht von außen hinzu, sondern gehören, als Fragen der Praktischen Theologie nach sich selbst, in den Kanon der Einleitungsthemen. Dort sind sie erörtert.

Zu danken habe ich Frau Siglinde Engel für ihre unermüdliche Hilfe, Frau Annette Homann für ihre verläßliche Mitarbeit, Herrn Harald Homann für seine verständnisvollen Anregungen und Herrn Dr. Reinhard Schmidt-Rost, der die Entstehung dieses Buches mit hilfreichen Gesprächen und tatkräftiger Unterstützung begleitet und gefördert hat. Mein Dank gilt ferner den Tübinger Praktischen Theologen: Werner Jetter, Hans Martin Müller und Karl Ernst Nipkow, die dem Verfasser stets die liebenswürdigste Rücksicht entgegengebracht haben. Dankbar bin ich auch der Stiftung Volkswagenwerk, die durch ein Akademie-Stipendium die Arbeit sehr erleichtert hat. Nicht zuletzt aber schulde ich meinen Dank dem Verlag, insbesondere Herrn Professor Dr. H. Wenzel, für seine Langmut und seine Geduld über viele Jahre.

Tübingen, am Sonntag Oculi 1986 — Dietrich Rössler

Gliederung

Inhaltsverzeichnis

Zur Einführung

1. Die Praktische Theologie, wie sie in diesem Buch verstanden wird, ist eine Theorie. Sie dient dem Wissen. Sie dient dem Können insofern, als das Wissen dessen Grundlage bildet. Die Praktische Theologie hat Kenntnisse, Einsichten und Urteile zum Inhalt. Sie begründet also nicht von sich aus und durch sich bereits bestimmte Handlungsweisen. Sie begründet vielmehr die Urteilsfähigkeit, die das Können und das praktische Handeln in Christentum und Kirche einer kritischen Prüfung unterzieht. Das Handeln und auch das Können auf diesem Gebiet sind selten durch theologische Erörterungen und auch durch praktisch-theologische Einsichten kaum hervorgebracht worden. Es bedarf vielmehr der persönlichen Übung, um auf diesen Gebieten Fortschritte zu machen. Neue Formen des Handelns und Erweiterungen oder Veränderungen der kirchlichen Praxis verdanken sich in der Regel spontanen und authentischen Bewegungen der Religion. Der Pietismus etwa hat seinen Ursprung im Programm bestimmter christlicher Lebensformen, und erst später hat sich dem eine Sammlung theologischer Grundsätze angeschlossen. Die kirchliche Praxis selbst lebt also als Praxis und in der Fülle ihrer ständigen Erprobungen und Erneuerungen nicht aus den Leistungen der Praktischen Theologie. Nicht wenige ihrer Anregungen sind der kirchlichen Praxis von Bewegungen zugeflossen, die von der allgemeinen kulturgeschichtlichen Situation hervorgebracht wurden, – es sei nur an die Bedeutung der Jugendbewegung für die liturgischen und die theologischen Bestrebungen der Zeit erinnert. Die Praktische Theologie gewinnt ihre Bedeutung erst für die Frage, ob und in welchem Grade derartige Formen und Gestalten der Praxis als sachgemäß und gültig anzusehen sind. In solchem Sinn verantwortlich zu handeln vermag nur, wer urteilsfähig ist. Erst die Fähigkeit zur Stellungnahme unterscheidet verantwortungsvolles Handeln von willkürhaftem Durchsetzungswillen oder zufälligem Engagement. In diesem Sinn soll die Praktische Theologie hier der Verantwortung für das gemeinsame Leben der Christen dienen.

2. Urteilsfähigkeit setzt Selbständigkeit voraus. Urteilsfähigkeit ist das Vermögen, aus eigener Kraft nicht nur zwischen falsch und richtig, sondern vor allem zwischen besser oder schlechter zu unterscheiden. Bedingung dafür ist die Kenntnis einschlägiger Gründe und die Fähigkeit,

sie sachgemäß anzuwenden. Diese Fähigkeiten bilden sich an Problemen und an der Erörterung ihrer Lösungen, an der Argumentation und an der Analyse ihrer Gründe und Gegengründe. Zur Bildung in solchem Sinn soll dieser Grundriß der Praktischen Theologie seinen Beitrag leisten. Die Darstellung der Praktischen Theologie ist deshalb an den Problemen orientiert, die sich mit den Aufgaben auf den verschiedenen Gebieten der Praktischen Theologie verbinden und sucht die Fragestellungen in den Vordergrund zu rücken, deren Lösungen oder Bearbeitungen bei den einzelnen Aufgaben leitend sind und zur Diskussion stehen.

Die Probleme der Praktischen Theologie aber sind (wie die Praktische Theologie selbst) im Zusammenhang der neuzeitlichen Geschichte des Christentums entstanden und deshalb nur in diesem Zusammenhang verständlich. Was heute als praktische Aufgabe kirchlicher Verantwortung auftritt, hat seine innere Verfassung, seinen Konfliktgehalt und alles das, was einfachen und eindeutigen Lösungen dieser Aufgabe entgegensteht und sie damit als Problem ausweist, durch seine Geschichte empfangen. Man muß eine solche Aufgabe deshalb historisch verstehen.

Gewiß bedarf die Praktische Theologie, soll sie der Verantwortung für die Kirche dienen, der Stellungnahmen und Deutungen. Solche Stellungnahmen und Deutungen aber können selbst nur verantwortlich sein, wenn ihre geschichtlichen Bedingungen in ihnen aufgehoben sind.

Einleitung

Begriff und Geschichte der Praktischen Theologie

Praktische Theologie ist die Verbindung von Grundsätzen der christlichen Überlieferung mit Einsichten der gegenwärtigen Erfahrung zu der wissenschaftlichen Theorie, die die Grundlage der Verantwortung für die geschichtliche Gestalt der Kirche und für das gemeinsame Leben der Christen in der Kirche bildet.

Definitionen der Praktischen Theologie haben die Aufgabe, programmatisch auf einzelne Aspekte im Begriff der Praktischen Theologie hinzuweisen und damit Unterschiede einem anderen oder anders akzentuierten Verständnis der Praktischen Theologie gegenüber zu verdeutlichen. Über die Praktische Theologie ließe sich stets noch mehr sagen, als in Definitionen gesagt werden kann. Eben dadurch aber gewinnen solche Bestimmungen nun auch ihr Gewicht.

In diesem Sinn soll der vorangestellte Satz hervorheben, daß die Praktische Theologie in der Aufgabe, Grundsätze der christlichen Überlieferung mit Einsichten der gegenwärtigen Erfahrung zu verbinden begründet ist, und er soll damit die Praktische Theologie von vornherein als eine systematische Disziplin im Verband der Theologie kennzeichnen. Der Begriff der Verantwortung soll zeigen, daß die Praktische Theologie auf einen Zweck hin geordnet ist, der nicht schon in ihr selbst liegt, der also auch nicht aus dem Begriff der Theologie abgeleitet werden könnte, der vielmehr aus der geschichtlichen Praxis des Christentums verstanden und eben darin wahrgenommen werden muß. Die Praktische Theologie ist damit durch eigene Bestimmungen gekennzeichnet, die sie von anderen theologischen Disziplinen unterscheidet.

Ältere Definitionen haben die Praktische Theologie gelegentlich in die Nähe der Dogmatik gerückt und das „Wesen" und die „Selbsterbauung der Kirche" zu ihrem Gegenstand gemacht (Th. Harnack, Praktische Theologie I, 1877, 19 ff.), oder aber das Gewicht ganz auf die Anleitung für Amtsträger gelegt und die Praktische Theologie „nicht als ein Wissen, sondern als ein Können" bezeichnet (J. H. A. Ebrard, Vorlesungen über Praktische Theologie, 1854, 3 ff.). Beide Richtungen sind auch in neuerer Zeit wieder vertreten worden. So beschreibt R. Bohren die Praktische Theologie als „Wissenschaft von der Teilhabe der Kirche an Gottes

Sendung" (Einführung in das Studium der evangelischen Theologie, 1964, 9f.) und K. Rahner bestimmt den „aktuellen Selbstvollzug der Kirche" als Gegenstand der Praktischen Theologie (HPTh, I, 1964, 117), während auf der anderen Seite das „Handbuch der Praktischen Theologie" (hg. v. P. C. Bloth u. a., Bd. 2, 1981) den „Leser an seinem speziellen Arbeitsplatz Kirche" aufsuchen will (9). Diesen Ausrichtungen der Praktischen Theologie gegenüber soll der vorangestellte Satz auf den Begriff der Praktischen Theologie als systematischer Disziplin von eigener Bestimmung hinweisen, der im folgenden näher zu erläutern ist.

Die Geschichte der Praktischen Theologie ist wesentlich die Geschichte der Entfaltung ihrer Aufgaben und ihres Gegenstandes. Im Unterschied zur Geschichte anderer Disziplinen war beides keineswegs von Anfang an und in sich abgeschlossen vorgegeben. Die Entstehungsgeschichte der Praktischen Theologie spiegelt die Entstehung der Praxis in Kirche und Christentum als theologischem Problem, und die Entfaltung der Praktischen Theologie war die Weise, in der das Problem wahrgenommen und mit Lösungen versehen wurde. So zeigt sich, deutlicher vielleicht als in anderen Fällen der Theologiegeschichte, in der Geschichte der Praktischen Theologie die Entfaltung der Neuzeit im Medium der Themen und Fragestellungen, unter denen sich die Theologie zur Theologie der Neuzeit gewandelt und darin die Praktische Theologie als Aufgabe und als Disziplin im Verband der theologischen Wissenschaft hervorgebracht hat.

Unter diesen Aspekten ist die Geschichte der Praktischen Theologie jüngst von V. Drehsen rekonstruiert worden (Neuzeitliche Konstitutionsbedingungen der Praktischen Theologie, Aspekte der theologischen Wende zur sozialkulturellen Lebenswelt christlicher Religion, Diss. Tübingen 1985). Erwähnenswert sind aber insbesondere die von Drehsen beleuchteten Parallelen in der Entstehungsgeschichte der Praktischen Theologie und der Religionssoziologie.

§ 1 Was ist Praktische Theologie?

Auf ihren einfachsten Begriff gebracht ist Praktische Theologie „die Theorie der Praxis" (Schleiermacher, Praktische Theologie, hg. v. Frerichs, 1850, 12). Diese Formel bestimmt die Praktische Theologie als „Theorie" und erläutert damit, daß diese Theologie nicht etwa selbst die Praxis ist, von der sie handelt, und daß also die „Praktische" nicht einfach einer „theoretischen" Theologie gegenübergestellt werden kann, und sie macht darauf aufmerksam, daß dieser Gegenstand der Praktischen Theologie, der als „Praxis" bezeichnet wird, schon durch die Art dieser Bezeichnung von den Gegenstandsbestimmungen der anderen theologischen Disziplinen (etwa dem Neuen Testament oder der christlichen

Lehre) verschieden ist; im übrigen aber läßt die Formel Schleiermachers offen, wie denn „Praxis" darin zu verstehen ist, was „Theorie" hier bedeuten soll und wie das Verhältnis der Praktischen zur ganzen Theologie bestimmt werden muß. Sie bezeichnet indessen eben durch die Erklärungsbedürftigkeit ihrer Begriffe die Grundfragen, die das nähere Verständnis der Praktischen Theologie zu leiten haben.

1. Theologie

Die Praktische Theologie ist eine Disziplin innerhalb der theologischen Wissenschaft. Wie die innere Organisation der Theologie und wie also das Verhältnis der einzelnen Fächer zueinander und zum ganzen zu verstehen ist, ist selbst eine grundlegende Frage der Theologie. Sie ist, vor allem seit Schleiermachers „Kurzer Darstellung" (1811, 1830[2]) unter dem Namen der (formalen) „theologischen Enzyklopädie" verhandelt worden.

Eine gründliche Orientierung über die historischen wie über die systematischen Aspekte des Problems ermöglicht jetzt der Artikel von G. Hummel (Art. Enzyklopädie, in: TRE 9, 716 ff.). Wichtige Texte zur Enzyklopädie im 19. Jahrhundert, vor allem im Blick auf die Stellung der Praktischen Theologie, hat W. Birnbaum zusammengefaßt (Theologische Wandlungen von Schleiermacher bis Karl Barth, 1963). Die Bedeutung der Enzyklopädie für die theologische Bildung ist das Thema von E. Farley (Theologia, The Fragmentation and Unity of Theological Education, 1983).

Die Enzyklopädie ist eines der Themen, in denen das Problem des historischen Bewußtseins in der Theologie seinen Ausdruck gefunden hat: Ihr ursprüngliches Motiv ist die Frage nach dem Verhältnis der historischen zur systematischen Theologie. Angesichts der Selbständigkeit und der grundlegenden Bedeutung, die die historische Fragestellung gegenüber der systematischen Entfaltung der christlichen Lehre gewonnen hatte, mußte vor allem die Begründung der verschiedenen Fächer in einem gemeinsamen Begriff der Theologie zum Thema werden. Schleiermacher hat diese Begründung in die der Wissenschaft überhaupt verlegt: Aus der Idee des Wissens selbst geht die Wissenschaft in einer spekulativ-philosophischen wie in einer empirisch-historischen Form hervor, und die Theologie übernimmt beide Grundformen der Wissenschaft für den sie konstituierenden Zweck der Kirchenleitung.

Schleiermachers Bestimmung hat im 19. Jahrhundert verschiedentlich Nachfolger gefunden (vgl. z. B. K. Hagenbach, Enzyklopädie, 1898[12], 128) und ist auch in jüngster Zeit erneut mit Zustimmung aufgenommen und interpretiert worden

(E. Jüngel, Das Verhältnis der theologischen Disziplinen untereinander, in: Die Praktische Theologie zwischen Wissenschaft und Praxis, hg. v. E. Jüngel, K. Rahner, M. Seitz, 1968, 11 ff.). Bei K. Barth dagegen wird das Problem anders gelöst: Die Kirchengeschichte verliert ihre Selbständigkeit in der Theologie und die verbleibenden Disziplinen (Biblische, Praktische, Systematische Theologie) repräsentieren, orientiert an der Positivität der Offenbarung, nur dem Grade nach unterschiedene Fragen nach Begründung, Ziel und Inhalt der Verkündigung der Kirche (KD I, 1,3). G. Ebeling hat indessen gerade im Verhältnis der historischen zu den systematischen Disziplinen der Theologie die „äußerste Zuspitzung der Wahrheitsfrage" gesehen und ihr deshalb den Rang einer bleibenden Aufgabe der Fundamentaltheologie gegeben (Studium der Theologie, 1975, 167). Auch W. Pannenberg betont den selbst geschichtlichen Charakter der Relation von historischer und systematischer Wahrheitsfrage in der Theologie (Wissenschaftstheorie und Theologie, 1973, 419).

Die Stellung der Praktischen Theologie im Verband der theologischen Wissenschaft ist von Schleiermacher so geordnet worden, daß sie als drittes Fach zur historischen und philosophischen Theologie und zwar als eine „technische" Disziplin hinzutritt, deren Wissenschaftscharakter nicht aus der Idee des Wissens, sondern als künstlerische Wissenschaftsform (wie Hermeneutik und Pädagogik) aus unmittelbar praktischen Aufgaben abgeleitet ist (KD § 25). Freilich hat sich dieses Programm nicht durchsetzen können, und zwar wesentlich deshalb, weil dabei die Trennung der Disziplin, die „die Aufgaben richtig fassen" lehrt, von der Praktischen Theologie, die allein der „richtigen Verfahrensweise bei der Erledigung" gelten soll (KD § 260), vorausgesetzt war. Diese Trennung aber erwies sich als abstrakt. Die Praxis der Praktischen Theologie beginnt unvermeidlich damit, „die Aufgaben richtig fassen" zu lehren und also mit der theologischen Bearbeitung ihrer eigenen Grundlagen und Voraussetzungen. Deshalb gilt die Praktische Theologie bereits seit C. I. Nitzsch als eine systematische Disziplin innerhalb der Theologie.

Schleiermachers Bestimmung der Praktischen Theologie als „technischer Disziplin" ist gelegentlich auch später wieder aufgegriffen worden (z. B. A. Dorner, Enzyklopädie der Theologie, 1901, 122 ff.). Bis zur Gegenwart hat sich indessen ein deutlicher Konsens darüber ausgebildet, daß die Praktische Theologie zu denjenigen theologischen Disziplinen gehört, die es im Unterschied zu den historischen „mit der Wahrnehmung der Sache der Theologie in ihrer Gegenwärtigkeit zu tun haben" (G. Ebeling, Studium, 118).

Freilich tritt damit um so deutlicher der Sachverhalt hervor, daß der Gegenstand der Praktischen Theologie doch von den Gegenständen anderer systematischer Disziplinen – Dogmatik, Fundamentaltheologie, Religionsphilosophie – verschieden ist. Praktische Theologie ist nicht einfach die Entfaltung eines Lehrstücks auf ihrem Gebiet. Der Begriff der Praxis, der wesentlich den Gegenstand der Praktischen Theologie beschreibt, legt es nahe, die Praktische Theologie mit der Ethik verbunden zu sehen, die ihrerseits durch „Praxis“ in ihrem Gegenstand bestimmt ist. In diesem Sinne wären dann Praktische Theologie und Ethik als „praxisbezogene“ Disziplinen der Theologie der Dogmatik oder der Systematischen Theologie gegenübergestellt.

Diese Zuordnung kann sich auf eine alte Tradition berufen, zu der J. V. Andreä (1586–1654), G. Voetius (1589–1676) oder Chr. Korthold (1633–1694) gerechnet werden können. Geradezu programmatisch hat sich Chr. Palmer für diese Zuordnung von Praktischer Theologie und Ethik eingesetzt (Zur Praktischen Theologie, in: JDTh 1, 1856, 317ff.; vgl. dazu D. Rössler, Prolegomena zur Praktischen Theologie, in: ZThK 64, 1967, 357ff.). Die Parallele ist im 19. Jahrhundert mehrfach betont worden (z. B. F. Ehrenfeuchter, Die Praktische Theologie, 1859, 179ff.).

Auf der Linie dieser Orientierung der Praktischen Theologie an der Ethik liegen die Versuche aus jüngerer Zeit, der Praktischen Theologie einen eigenen wissenschaftlichen Status, der sie deutlich von der historischen oder systematischen Theologie unterscheiden soll, zu geben, indem sie durch den Begriff der „Handlungswissenschaft“ näher bestimmt wird. Dieser Begriff ist von H. Schelsky (Einsamkeit und Freiheit, 1963, 282) eingeführt worden, um zu zeigen, daß einige moderne Sozialwissenschaften darauf angelegt sind, Folgen im sozialen Handeln hervorzubringen. G. Krause hat unter ausdrücklichem Hinweis darauf den Begriff für das Verständnis der Praktischen Theologie empfohlen (Probleme der Praktischen Theologie im Rahmen der Studienreform, in: ZThK 64, 1967, 474ff.). Sein Vorschlag ist mehrfach aufgegriffen worden. So hat R. Zerfaß daraus ein einfaches „Modell der Korrektur christlich-kirchlicher Praxis“ (Praktische Theologie als Handlungswissenschaft, in: Praktische Theologie heute, hg. v. F. Klostermann u. R. Zerfaß, 1974, 166) abgeleitet, während K. F. Daiber den Begriff für ein wissenschaftstheoretisch begründetes Konzept von Praktischer Theologie verwertet (Grundriß der Praktischen Theologie als Handlungswissenschaft, 1977, 73ff.; 139ff.) und G. Lämmermann eine kritische von einer bloß empirisch-funktionalen Handlungstheorie zu unterscheiden sucht (Praktische Theologie als kritische oder als empirisch-funktionale Handlungstheorie? 1981). Der Beitrag dieser Vorschläge für die Praktische Theologie besteht darin, daß der Diskussion über ihr Selbstverständnis neue Begriffe und Aspekte zugeführt worden sind.

Mißverständnisse oder Irrtümer liegen immer dann nahe, wenn theologische Theorien mit dem Anspruch versehen werden, „direkt“ auf die religiöse Praxis oder die Praxis der Kirche Einfluß zu nehmen. Einmal darf nicht verkannt werden, daß der christliche Glaube selbst und also auch das ihn betreffende „Wort“ als Praxis zu verstehen sind, „Praxis“ also nicht erst jenseits der Subjektivität beginnt (vgl. dazu G. Ebeling, Studium, 123); sodann muß hinreichend deutlich bleiben, daß auf dem Boden der evangelischen Kirche nicht einfach „dogmatische Normbegriffe“ der „geschichtlichen Wirklichkeit von Christentum und Kirche unvermittelt entgegengestellt werden“ dürfen (W. Pannenberg, Wissenschaftstheorie, 737).

Für die Praktische Theologie ist theologisch zu bedenken, daß sie die Praxis, die ihren Gegenstand bildet, nicht hervorbringt, daß also „religiöses Handeln“ nicht nach dem Bilde „sozialen Handelns“ durch entsprechende Theorien produziert wird (oder werden dürfte). Die Praktische Theologie entsteht vielmehr erst angesichts der geschichtlichen Praxis des Christentums und gewinnt deshalb ihre primäre Aufgabe im Bilden der Theorie dessen, was ihr vorausliegt. Wie die Praxis des Christentums nie bloßes Handeln ist, sondern die geschichtliche Wirklichkeit wie die der religiösen Subjektivität umfaßt und einschließt, so kann die Praktische Theologie nie bloße Theorie einzelner Handlungen sein. Eben darin aber zeigt sich, daß die Praktische Theologie nur Teil oder Disziplin der Theologie überhaupt ist: Denn es gilt für die Theologie im ganzen, daß die Wirklichkeit der geschichtlichen Praxis des Christentums ihrer eigenen Genesis vorausliegt und daß der Theologie (in allen ihren Disziplinen) eine Beziehung auf diese Praxis vorgegeben ist. Die Selbständigkeit der Praktischen Theologie als theologische Disziplin erwächst daher wesentlich aus der Selbständigkeit und aus der Bedeutung, die der Praxis der Kirche im Horizont der geschichtlichen Praxis des Christentums zugeschrieben werden müssen. Nicht also die Beziehung auf die „Praxis“ überhaupt, sondern die auf deren bestimmte geschichtliche Form und Wirklichkeit bildet den Gegenstand und die Eigenart der Praktischen Theologie.

Für die Frage, in welchem Sinn die Praktische Theologie als Wissenschaft bezeichnet ist, können deshalb keine der Theologie im ganzen gegenüber eigenen und besonderen Bedingungen geltend gemacht werden: Die Praktische Theologie ist nur so als Wissenschaft bestimmt, wie die Theologie, deren Disziplin sie bildet.

Vereinfacht lassen sich drei Richtungen im Verständnis der Theologie als Wissenschaft unterscheiden: 1. Nach K. Barth hat die Theologie ganz von ihrer radikalen Eigenständigkeit auszugehen und alle Verhältnisbestimmungen der Wissenschaft gegenüber von sich aus zu treffen (KD I, 1, 5 ff.). Damit bleibt zwar die Frage nach dem Wissenschaftscharakter der Theologie offen (und unbeantwortet), andererseits aber wird die Einheit der Theologie (unter Einschluß der Praktischen Theologie) deutlich gewahrt. Dagegen hat 2. W. Pannenberg die Theologie als „Wissenschaft von Gott“ bestimmt und sie ganz als philosophische Wissenschaft verstanden (Wissenschaftstheorie, 299 ff.). Ähnlich sucht G. Sauter die Theologie in den Zusammenhang philosophischer Selbstbestimmungen der Wissenschaft einzuordnen (Die Theologie und die neuere wissenschaftstheoretische Diskussion, hg. v. G. Sauter, 1973, 211 ff.). Schleiermachers Begriff der „positiven Wissenschaft" 3. verbindet die Übereinstimmung zwischen den theologischen Disziplinen und der „reinen Wissenschaft" mit der Besonderheit und der Selbständigkeit der Theologie durch ihre Zweckbestimmung (KD § 1).

Die Frage nach dem Wissenschaftscharakter der Theologie macht den Zusammenhang der Theologie mit dem Erkennen und dem Leben der zeitgenössischen Welt im ganzen zum Thema. Darin liegt die Bedeutung dieser Frage. Wird die Theologie hier allein durch die Differenz bestimmt, dann bleibt ihre Bedeutung für das ganze der durch die Wissenschaft ausgelegten Welt ebenso beliebig und bedeutungslos, als wenn sie allein durch die Identität mit ihr bestimmt werden würde. Übereinstimmung und Differenz im Verhältnis zur Wissenschaft werden für die Theologie unüberboten sachgemäß durch die Formel Schleiermachers auf ihren Begriff gebracht. E. Jüngel sieht die „revolutionäre Leistung" hier nicht zuletzt darin, daß Schleiermacher die „Aporien als Schlüssel zu verwenden verstand" (Das Verhältnis der theologischen Disziplinen untereinander, in: E. Jüngel, K. Rahner, M. Seitz (Hg.), Praktische Theologie, 25). Gerade dann, wenn im Unterschied zu Schleiermacher die Praktische Theologie als systematische Disziplin im Verband der theologischen Wissenschaft bestimmt wird, ergibt sich aus dem Begriff der „positiven Wissenschaft" ihr angemessenes Verständnis. Die Praktische Theologie besteht dann nicht nur in der Kunst der Kirchenleitung, sondern in der Verbindung von Grundsätzen der christlichen Überlieferung mit Einsichten der Erfahrung zu der wissenschaftlichen Theorie, die zur Grundlage der Verantwortung für die geschichtliche Gestalt der Kirche und für das gemeinsame Leben der Christen in der Kirche zu werden vermag. Wie jede andere Disziplin der Theologie bildet die Praktische Theologie ihre Theorie im Medium der ihrem Zweck entsprechenden Wissenschaft und rezipiert zur Lösung einzelner und konkreter Aufgaben, die die Verantwortung für die Kirche wahrzunehmen hat, praktische Maßnahmen oder Methoden, sofern sie dem einzelnen und bestimmten Zweck entsprechen. Im Rahmen dieser Relationen der Praktischen Theologie zu Theorie und Praxis der Wissenschaften stellen die sog. „Humanwissenschaften" kein selbständiges oder besonderes Problem dar. Die Beziehung zu ihnen regelt sich nach den allgemeinen und für alle Formen der Wissenschaft gültigen Grundsätzen.

Zum Begriff und näheren Verständnis der „Humanwissenschaften" finden sich hilfreiche Erklärungen bei G. Ebeling (Studium, 98 ff.).

2. Praxis

Dieser Begriff ist in mehrfacher Hinsicht erklärungsbedürftig. Zu fragen ist:

a) nach dem Subjekt des Handelns, das hier im Begriff der Praxis bezeichnet ist;
b) nach der Bedeutung, die den Grundsätzen oder den Resultaten der Praxis für deren Verständnis zukommt;
c) nach der allgemeinen kirchlichen oder religiösen Praxis im weiteren Sinn, zu deren verantwortlicher Wahrnehmung die Tätigkeit (oder Praxis im engeren Sinn) bestellt ist.

a) Die Praxis, die den Gegenstand der Praktischen Theologie bildet, ist bei Schleiermacher die Praxis der Kirchenleitung, die wahrgenommene Verantwortung für das allgemeine religiöse Leben und also die Tätigkeit, die in erster Linie, wenn auch keineswegs allein oder ausschließlich durch den Gemeindepfarrer ausgeübt wird. Der Inhaber des kirchlichen Amtes ist die exemplarische Figur für das handelnde Subjekt, dessen Praxis die Praktische Theologie zum Gegenstand hat. Die Praktische Theologie wird damit (im Zusammenhang der Theologie im ganzen) von der Bildung her begriffen, die für die Ausübung der christlichen Gemeindeleitung zu fordern ist (KD § 25). Danach ist die Theologie überhaupt aus dem geschichtlichen Werden des Christentums hervorgegangen und aus der Aufgabe, das Leben der christlichen Kirche sachgemäß zu verantworten. Der besondere Zweck der Praktischen Theologie besteht in diesem Rahmen darin, den Tätigkeiten, die aus dieser Aufgabe folgen, ihre Begründungen und Orientierungen zu vermitteln. Dieser Begriff der Praktischen Theologie und das mit ihm verbundene Verständnis der Praxis haben freilich nicht nur Zustimmung gefunden. So hat K. F. Liebner (1806–1871) bereits 1843 geltend gemacht, daß als Subjekt der kirchlichen Praxis in Wahrheit nur die Kirche selbst angesehen werden könne.

Nach Liebner ist die Kirche, obwohl sie im irdischen Zeitlauf nie vollendet sein kann, auf dem Weg zum Reich Gottes. Auf diesem Weg hat die Theologie die irdische Erscheinung der Kirche an ihrer Idee zu messen, und der Praktischen Theologie kommt die Aufgabe zu, die Idee immer neu in die Erscheinung einzuführen. Subjekt dieses Handelns aber ist die Kirche selbst, und der „Gegenstand der Praktischen Theologie ist also: die Selbstthat der Kirche an sich selbst als Kirche, die Selbstthat also, in welcher sich die Kirche fortwährend das christliche Leben vermittelt" (Die Praktische Theologie, in: ThStKr, 1843, 635), insofern nämlich das Leben der Kirche nur Fortgang ihrer Begründung in Christus und seinem Wort ist (638). Die Praktische Theologie, die diese Praxis der Kirche wahrnimmt, liegt aller Gliederung und Differenzierung einschließlich der Ausbildung von Ämtern und Aufgaben voraus; sie kann deshalb nicht bloß als Berufswissen des Gemeindepfarrers verstanden werden.

Besonders wirksam ist diese Auffassung von C. I. Nitzsch vorgetragen worden. Nitzsch hat seinen Begriff der Praktischen Theologie als vertiefende und erweiternde Interpretation des Schleiermacherschen Systems verstanden, und er hat sich in wesentlichen Fragen durchaus Schleiermacher angeschlossen. Gleichwohl hat er schon 1831 (in der Schrift: Observationes ad theologiam practicam felicius excolendam) und vor allem in seiner Praktischen Theologie (1847) die Überzeugung vertreten, daß das Subjekt der „kirchlichen Ausübung des Christentums" weder der einzelne Christ „als solcher" noch der Kleriker, sondern die Kirche sei (Praktische Theologie, Bd. 1, 15). Die Begründung sieht Nitzsch darin, daß die christliche Gemeinde ursprünglich allein vom Amt Christi abhängig gewesen sei und ihr Handeln „in der Selbigkeit und Allheit ihrer Mitglieder" (ebd.) ausgeübt habe. Insofern ist die Kirche in ihrem Ursprung selbst das „aktuose Subjekt" (111) ihres Handelns gewesen und gibt damit der Praktischen Theologie den „urbildlichen Begriff" und die bestimmende „Idee des kirchlichen Lebens" (136) vor. Freilich wird im weiteren Verlauf der Erörterung dann durchaus auch die Praxis der Kirchenleitung und also das Handeln des Amtsinhabers zum Thema, aber dafür gilt: „Der Begriff des amtlichen Thuns kann sich nur durch den Begriff des kirchlichen Thuns begründen und aus ihm entwickeln" (16).

In diesem Sinn ist die Frage nach dem Subjekt desjenigen Handelns, das mit dem Begriff der „Praxis" innerhalb der Praktischen Theologie bezeichnet sein soll, danach vor allem von der Erlanger Theologie beantwortet worden. Bei G. von Zezschwitz lautet die Definition: „Praktische Theologie ist die Theorie von der fortgehenden Selbstverwirklichung der Kirche in der Welt" (System der Praktischen Theologie, I, 1876, 5). Kirche ist hier die „durch den Pfingstgeist ins Leben gerufene Gemeinde der Gläubigen, welche sich durch die Gnadenmittel dieses Geistes fort und fort in der Welt erzeugt..." (23). Letztes Ziel dieser „Selbstauswirkung" der Kirche ist die Gottesherrschaft, durch die sie begründet ist (11).

Die Bestimmung der Kirche als Subjekt der Praxis ist vor allem von der mehr konservativen Richtung in der Praktischen Theologie festgehalten worden. E. Chr. Achelis (Lehrbuch der Praktischen Theologie, Bd. 1, 1911[3]) hat die Bedeutung von Nitzsch gegenüber Schleiermacher in dieser Frage hervorgehoben (17) und in der „Selbstbetätigung der Kirche" das Thema der Praktischen Theologie gesehen (19). Einfacher hat später W. Bülck „das Handeln der Kirche" als „Gegenstand der Praktischen Theologie" bezeichnet (Praktische Theologie, 1934, 5), und auf A. D. Müller geht die Formulierung zurück, Praktische Theologie sei die „theologische Lehre von der richtigen Verwirklichung des Reiches Gottes in der Kirche und durch die Kirche in der Welt" (Grundriß der Praktischen Theologie, 1950, 13). In jüngerer Zeit hat R. Bohren den Aufgaben der Praktischen Theologie eine Fassung gegeben, die auf ihre Weise diese Grundsätze aufnimmt und erneuert. Danach ist

Praktische Theologie „Wissenschaft von der aktuellen Sammlung und Sendung der Kirche. Darum hat sie das Wirken von Geist und Wort an der Kirche und durch die Kirche zu ihrem Gegenstand" (Einführung in das Studium der evangelischen Theologie, hg. v. R. Bohren, 1964, 9).

Der Rekurs auf „die Kirche" als Subjekt der Praxis bringt eine wesentliche Einsicht der evangelischen Ekklesiologie zur Sprache, die Einsicht nämlich, daß das kirchliche Handeln nicht bloß Ausdruck der religiösen Subjektivität des Handelnden sein kann. Die Praxis der Kirche ist mehr als das nur zufällige Resultat der Frömmigkeit des einzelnen Amtsinhabers, der in der Kirche tätig ist. In der kirchlichen Praxis soll vielmehr die Überlieferung zur Geltung gebracht werden, die für die Kirche im ganzen steht und die die Gemeinschaft aller Christen begründet und ausdrücklich macht. Insofern wird hier mit Recht ein mögliches Mißverständnis im Begriff der Praxis korrigiert.

(Vgl. dazu D. Rössler, Der Kirchenbegriff der Praktischen Theologie, in: Kirche, Festschrift für Günther Bornkamm, hg. v. D. Lührmann u. G. Strecker, 1980, 465 ff.; besonders gründlich ist das Problem der Kirche als praktisch-theologischem Begriff von E. Hübner behandelt worden: Theologie und Empirie der Kirche, 1985, 149 ff.).

Der Rekurs auf „die Kirche" als Subjekt der Praxis ist freilich auslegungs- und erklärungsbedürftig. Nitzsch hat zur Kennzeichnung der Abstraktion, die dabei vorliegt, die Kirche als „aktuoses Subjekt" bezeichnet und damit der Differenz zwischen dieser Bezeichnung und der Wirklichkeit des Handelns bewußten Ausdruck gegeben. Für sich gelassen bleibt die Formel von „der Kirche" und „ihrem Handeln" ein symbolischer Ausdruck, der zwar das Moment des Gemeinschaftlichen und Überindividuellen in diesem Handeln kennzeichnet, die Beschreibung der bestimmten Praxis aber damit noch nicht erreicht. In diesem Zusammenhang bleiben deshalb die Aufstellungen über die Praxis ebenso symbolisch wie die über deren Subjekt. Hier erfolgen in der Regel prinzipielle und lehrmäßig korrekte Ausführungen, die indessen nur schwer Einfluß auf das tatsächliche Handeln gewinnen können (vgl. z. B. die Darstellungen der Predigt als „Verkündigung des Wortes Gottes" und als „Verkündigung der Kirche", s. u. S. 319 ff.).

Nicht zufällig hat deshalb die Bestimmung Schleiermachers im späteren 19. Jahrhundert eine gewisse Vorherrschaft innerhalb der Praktischen Theologie gewonnen. Schon Ph. K. Marheineke (Entwurf der Praktischen Theologie, 1837) hat den „Zweck" der Praktischen Theologie durch das geistliche Amt mit „dessen eigenthümlichen und gar mannichfaltigen Functionen" (15) bestimmt gesehen, obwohl seine Auffassung von Praktischer Theologie sich im übrigen deutlich von Schleiermacher entfernt (12). Nach W. Otto (Evangelische Praktische Theologie, 1869) sind „kirchliche Personen", also durchaus nicht nur Inhaber des Gemeindepfarramts, Subjekt der Praxis, deren Aufgabe näherhin als „kirchliche Pflege des Christentums" (3) bestimmt ist. Am Beginn des 20. Jahrhunderts trat der an der Kirchenleitung orientierte Begriff der Praxis schon deshalb in den Vordergrund, weil die Praktische Theologie wesentlich unter dem Aspekt der Ausbildung zum geistlichen Amt betrachtet wurde (P. Drews, Das Problem der Praktischen Theologie, 1910). Freilich sind die kirchenleitenden Aufgaben kaum je nur dem Pfarramt zugeschrieben worden. So heißt es bei J. Steinbeck (System der Praktischen Theologie, 1928) ausdrücklich, daß als „kirchliches Handeln" sowohl das pfarramtliche „wie das nicht in der Hand von Pfarrern liegende Handeln" (Bd. I, 4) verstanden werden müsse. Es ist dieses Verständnis der Praxis, das auch neuere Bestimmungen der Praktischen Theologie leitet, wie etwa die von W. Jetter, nach der die Praktische Theologie „Theologie des kirchlichen Dienstes" ist (Die Praktische Theologie, in: ZThK 64, 1967, 451 ff.) und die von J. Henkys, die den „aktuellen Vollzug" dieses Dienstes „in seinen Voraussetzungen, Formen und Folgen" als Gegenstand der Praktischen Theologie bezeichnet (HPT [DDR], I, 37).

Wird in diesem Sinn die Praxis, deren Theorie die Praktische Theologie bilden soll, an der Kirchenleitung orientiert und also an der Tätigkeit (vor allem) des Gemeindepfarrers, so ergibt sich die Nötigung, die allgemeinere Verbindlichkeit der praktisch-theologischen Aussagen ausdrücklich zu machen. Die Praktische Theologie scheint in diesem Zusammenhang durch einen bloß subjektiven Gebrauch ihrer Grundsätze gefährdet. Deshalb bezeichnet J. Steinbeck die Resultate der Praktischen Theologie ausdrücklich als „Normen" für das Handeln (Bd. I, S. III), M. Schian sieht die Aufgabe der Praktischen Theologie darin, die „grundsätzlich richtigen und praktisch zu empfehlenden Wege" (Grundriß der Praktischen Theologie, 1934³, 2) des Handelns „klarzustellen" und J. Henkys zufolge hat die Praktische Theologie „Grundsätze, Maßstäbe und Handlungsanweisungen" zu erarbeiten (38). Auf die Probleme, die sich mit der Frage nach dem „Subjekt der Praktischen Theologie" verbinden, hat jüngst H. Luther aufmerksam gemacht (Religion, Subjekt, Erziehung, 1984, 279 ff.).

Deutlicher als in derartigen Reflexionen auf die Prinzipien der Praktischen Theologie zeigen sich die Folgen unterschiedlicher Bestimmungen der „Praxis" – als Praxis „der Kirche" oder als Praxis des Gemeindepfarrers – an den Einzeldarstellungen praktisch-theologischer Aufgaben. So geht D. Stollberg in seinem Beitrag zur Homiletik von der Erfahrung und vom einzelnen Prediger aus und erörtert konkrete Fragen der Predigtpraxis (Predigt praktisch, 1979), für die eine allgemeine Verbindlichkeit nicht ohne weiteres feststeht, während F. Mildenberger (Kleine Predigtlehre, 1984) gerade allgemeingültige Grundsätze der Predigtlehre behandelt, damit aber mehr die dogmatische Betrachtung als die praktische Predigtaufgabe zum Thema macht.

Die Praxis, deren Theorie nach der Formel Schleiermachers die Praktische Theologie sein soll, ist mit Rücksicht auf die bisher erörterten Probleme als die Tätigkeit zu bestimmen, die im Auftrag der Kirche – exemplarisch durch den Inhaber eines kirchlichen Amtes – ausgeübt wird. Die Frage nach dem Subjekt des kirchlichen Handelns muß, soll die Praktische Theologie sich nicht in Affirmationen erschöpfen, im empirischen Zusammenhang beantwortet werden.

b) Der Begriff der Praxis, als deren Theorie die Praktische Theologie gelten soll, ist indessen noch in einem weiteren Sinn erklärungsbedürftig. Auf die Frage, wie das Ziel dieser Praxis und ihr Zweck sich deutlicher bestimmen lassen, muß die Antwort lauten: Diese Praxis hat ihren Zweck in sich selbst, und sie kann über ihren Vollzug hinaus nicht näher durch ihre Wirkungen qualifiziert werden; das Handeln im Auftrag der Kirche ist nicht als Funktion seiner Resultate zu begreifen.

Dieses Verständnis der Praxis entspricht dem ursprünglichen Sinn, den der Begriff schon bei Aristoteles empfangen hat. In der Metaphysik (1050 a, 21 ff.) wird diese Tätigkeit, die ihren Zweck in sich selbst hat, wie das Sehen oder das Denken, von der Tätigkeit unterschieden, die ihren Zweck außer sich hat, wie das Bauen eines Hauses. Es handelt sich hier um eine Gegenüberstellung von Praxis und Poiesis (1025 b, 19 ff.). In der Ethik wird dargelegt, daß auch das sittliche Handeln vor allem eine geistige Betätigung ist, die ihren Zweck in sich selbst hat (Eth. Nic. 1097 a, 17 ff.). Das Ziel dieses Handelns liegt im richtigen Handeln selbst (1140 b, 10 ff.).

Die Praxis, die dem Auftrag der christlichen Kirche entspricht, ist durch ihre Grundsätze bestimmt, nicht durch das, was sie bewirkt oder nicht bewirkt. Dieses Verständnis des Handelns ist in der reformatorischen Theologie begründet (die Bestimmung, nach der das Evangelium „rein" [pure] zu predigen ist [CA V] besagt, daß die Predigt allein den Grundsätzen des Evangeliums und keinen anderen Absichten zu folgen habe) und von der Praktischen Theologie immer bewahrt worden. In diesem Sinne ist die „Selbstmächtigkeit" des Wortes stets die Grundlage für alle Aufstellungen in den verschiedenen Epochen der Praktischen Theologie gewesen. Besonders deutlich ist dieses Prinzip bei Schleiermacher im Begriff des „darstellenden Handelns" (z. B. in Liturgie und Predigt, s. u. S. 375 f.) festgehalten und in jüngerer Zeit bei E. Thurneysen durch die Forderung, daß auch im seelsorgerlichen Gespräch allein vom „Wort Gottes" (und nicht von der Orientierung an möglichen Ergebnissen) auszugehen sei (Rechtfertigung und Seelsorge, in: Seelsorge, hg. v. F. Wintzer, 1978, 75).

Freilich hatte sich schon von Anfang an als unvermeidlich und als unverzichtbar erwiesen, die Praxis der Kirchenleitung auch als gestaltendes Handeln zu verstehen und durchzuführen. Dabei war zunächst und ursprünglich nicht daran gedacht, die modi des Handelns so zu unterscheiden und zu trennen, wie Schleiermacher das mit der Gegenüberstellung von „darstellendem" Handeln einerseits und „wirksamem" und „reinigendem" Handeln andererseits vorgeschlagen hat (vgl. dazu H. J. Birkner, Schleiermachers christliche Sittenlehre, 1964, 114 ff.). Die Confessio Augustana verfügt, daß die Leitung der Kirche „sine vi humana, sed verbo" (CA XXVIII, BSLK 124) zu erfolgen habe, bestimmt aber zugleich, daß dieses Handeln auch unmittelbar wirksame Akte der Kirchenzucht oder Kirchenordnung einschließt („excludere a communione ecclesiae", ebd.). Besonders deutlich tritt dieser Sachverhalt in der reformierten Theologie hervor, die die „disciplina" und also die kirchenamtliche Aufsicht über die Lebensführung („die ernste und eifrige Pflege christlicher Lebenszucht", Heppe-Bizer, Die Dogmatik der evangelisch-reformierten Kirche, 1958[2], 528) zu den notae verae ecclesiae rechnet.

Dieser doppelte Aspekt, der den Begriff des kirchlichen Handelns (und der kirchlichen Praxis) von Anfang an kennzeichnet, ist zu einem dauerhaften Problem und zum Thema der Diskussion vor allem dadurch geworden, daß der eine dieser Aspekte als der allein gültige oder doch allein maßgebliche dem andern gegenüber angesehen wurde.

So ist eine Predigt, die sich den bestimmten Einfluß auf die Lebensführung der Hörer zum Ziel setzt, eine Form des „gestaltenden Handelns", wie das besonders deutlich etwa für die patriotische Predigt der Freiheitskriege (vgl. W. Schütz, Geschichte der christlichen Predigt, 1972, 179 ff.) oder für die des religiösen Sozialismus (vgl. W. Deresch, Predigt und Agitation der religiösen Sozialisten, 1971) gilt. Als ein Handeln allein aus Grundsätzen und also unberührt von der Frage nach möglichen Resultaten kann die Predigt der klassischen Orthodoxie angesehen werden, aber auch die, für die H. F. Kohlbrügge (1803–1875) als beispielhaft gilt (vgl. W. Schütz, 117 ff., 192).

Zum Konflikt wird das Problem dann, wenn ausschließlich für den einen Aspekt und zwar im Gegensatz zum anderen Gültigkeit und Legitimität beansprucht werden. Das trifft beispielsweise für das Programm der Evangelischen Unterweisung zu, das die Praxis des Religionsunterrichts als „Verkündigung" bestimmt und zugleich auch das Ziel dieses Unterrichts eben in der „Verkündigung" sieht (vgl. G. Bockwoldt, Religionspädagogik, 1977, 68). Hier liegt alle Absicht des Handelns im richtigen Handeln selbst und jede weitere Orientierung für dieses Handeln soll demgegenüber keine Rolle spielen dürfen. In der Konsequenz eines solchen Programms liegt es, daß die Beschreibung der Praxis zur Darstellung des Bewußtseins dessen wird, der handelt. Nicht mehr das Handeln selbst, sondern das Bewußtsein, in dem es geschieht oder geschehen soll, wird zum tatsächlichen Thema: Von der Praxis der Unterweisung wird dargestellt, wie und was der Unterweisende von ihr zu wissen und zu denken habe. Damit kommt es zwar zu einem äußersten Maß an Eindeutigkeit und christlicher Identität der Aufstellungen über den Unterricht, die Beziehung zur tatsächlichen Praxis aber wird abstrakt und verliert sich gelegentlich ganz. Ein solches Handeln allein aus Grundsätzen ist überall in der Gefahr, der Wirklichkeit nicht mehr gerecht werden zu können.

Beispiele für die gegensätzliche Orientierung des Religionsunterrichts bieten die Versuche, den Unterricht ganz von einem praktischen Ziel – etwa einem „sozialtherapeutischen" – her zu verstehen und die Praxis ganz danach auszurichten (vgl. dazu G. Bockwoldt, 109 ff.). Hier gewinnt das Handeln am Ende einen nur noch instrumentellen Charakter. Es wird „gestaltendes Handeln" in dem Sinne, daß wesentlich seine Ziele maßgeblich sind und daß seinen Grundsätzen nur noch regulative Funktionen bleiben.

Die Praktische Theologie hat dem doppelten Aspekt im Verständnis der Praxis so Rechnung zu tragen, daß beide Bestimmungen des Handelns sachgemäß aufgenommen werden können, ohne in Widersprüche zu geraten. Das von Zielen her verstandene „gestaltende" Handeln und das Handeln aus Grundsätzen gewinnen dann ihre Einheit, wenn die Ziele der kirchenleitenden Praxis allein aus der Beziehung zu den Grundsätzen bestimmt werden, die das Handeln selbst leiten. Diese Beziehung zu den Grundsätzen, die dem Handeln vorausliegt und es begründet, ist zugleich das eigentliche Ziel des Handelns und soll dem vermittelt werden, dem das Handeln gilt. Insofern hat alles kirchenleitende Handeln darin sein Ziel, die Unterschiede in der Beziehung auf diese Grundsätze aufzuheben.

Für den Religionsunterricht beispielsweise wird sich die Praxis daher durch solche Begriffe ihrer Aufgabe leiten lassen, die die Beziehung auf die Grundsätze des Christentums ausdrücklich machen. Das gilt exemplarisch für den Begriff der „Selbständigkeit" (s. u. S. 491 ff.).

c) Im Begriff der Praxis, deren Theorie die Praktische Theologie sein soll, ist schließlich auch der Gegenstand noch eingeschlossen, dem die kirchenleitende Tätigkeit gilt: Noch einmal also eine „Praxis", die nämlich, die im Handeln der Kirche, im Handeln der Christen und im Leben der Gemeinde besteht. Bildet das Leben der Gemeinde die Aufgabe der Kirchenleitung, so sind die Praxis des religiösen Lebens und die Praxis der Kirchenleitung zwar deutlich unterschieden, ebenso deutlich aber aufeinander bezogen. Die Praxis des religiösen Lebens in der Kirche (und durch die Kirche) liegt allem Handeln, das der Verantwortung für diese Praxis gelten soll, voraus.

Dieser umfassende Begriff der Praxis liegt den Bestimmungen Chr. Palmers zugrunde, der die Praktische Theologie als „Wissenschaft vom kirchlichen Leben" mit der Ethik als „Wissenschaft vom christlichen Leben" durch den Bezug auf diese Lebenspraxis verbunden (und von der Dogmatik unterschieden) sieht (s. o. S. 7). Auf andere Weise hat J. Meyer diesem Sachverhalt in seiner Bestimmung der Praktischen Theologie Rechnung zu tragen gesucht. Er bezeichnet die Praktische Theologie als „Theorie der christlichen Frömmigkeitspflege" (Grundriß der Praktischen Theologie, 1923, 1). Der Begriff faßt beide Formen der Praxis zusammen: „Frömmigkeit" meint offenbar das Leben der Gemeinde oder das religiöse Leben überhaupt, während „Pflege" auf die Aufgabe verweist, die zur Förderung dieser Frömmigkeit wahrzunehmen ist.

Der Blick auf diese Seite des Begriffs Praxis ist deshalb von Bedeutung, weil sich hier zeigt, daß die Praktische Theologie sich von einem für sie authentischen Bild des Gemeindelebens und der religiösen Praxis überhaupt leiten lassen muß. Die Praxis der Kirchenleitung kann nur dann sachgemäß zum Thema der Praktischen Theologie werden, wenn dem eine klare Vorstellung des kirchlichen Lebens, in dessen Dienst die leitende Tätigkeit steht, zugrunde liegt. Freilich lassen sich diese beiden Formen oder Dimensionen der Praxis nicht eindeutig oder definitiv voneinander trennen: die eine ist jeweils in der anderen mitgesetzt. Im Begriff der gottesdienstlichen Gemeindeversammlung etwa ist die entsprechende Tätigkeit des Gemeindepfarrers immer schon enthalten, wie umgekehrt die Predigt eben die Gemeindeversammlung einschließt. Indessen ist das christliche Leben in seiner neuzeitlichen Gestalt insofern von grundlegender Bedeutung für die Aufgabe der Praktischen Theologie, als sich aus den Differenzierungen des christlichen Lebens die leitenden Aspekte dieser Aufgabe ergeben. Die Praktische Theologie kann beispielsweise nicht auf diejenigen Aufgaben beschränkt werden, die aus der Verantwortung für das Gemeindeleben entstehen, so bedeutend gerade diese Aufgaben als die kirchlichen Aufgaben im engeren Sinn auch sein mögen. Im neuzeitlichen Christentum geht die Praxis des religiösen Lebens nicht in den explizit kirchlichen Lebensformen auf. Sie besteht vielmehr mit jeweils eigenem Gewicht daneben in den Lebensformen des individuellen und des gesellschaftlichen Christentums.

Die Verfassung des neuzeitlichen Christentums ist daher eines der grundlegenden Themen der Praktischen Theologie (s. u. § 6), aus dem sich das Prinzip ihres Aufbaus ergibt (s. u. § 4).

Die Verantwortung für das religiöse Leben, die mit dem traditionellen Begriff der „Kirchenleitung" bezeichnet ist, hat daher neben der kirchlichen Praxis in ihrer institutionellen Gestalt nicht minder die Praxis individueller Christlichkeit und die des öffentlichen und gesellschaftlichen Christentums wahrzunehmen. Vor allem aber verweist dieser Aspekt des Begriffs der Praxis auf den fundamentalen Sachverhalt, daß die geschichtliche Praxis des Christentums allen Formen der Praxis, die den Gegenstand der Praktischen Theologie bilden, voraus- und zugrunde liegt. Verantwortung für das religiöse Leben ist selbst ein Moment des religiösen Lebens, und die Praxis der Kirchenleitung ist ihrerseits ein Element der kirchlichen Praxis, der sie gelten soll. Diese Bestimmung trifft indessen nicht weniger die Praktische Theologie selbst: Sie ist, und zwar als Theorie, Element der Praxis, in der sich das Christentum der Zeit zur Geltung bringt, sie ist „Moment einer durch sie selbst hindurchgehenden Bewegung geschichtlicher Praxis“ des Christentums (W. Pannenberg, Wissenschaftstheorie und Theologie, 1973, 440). Die Theorie, in der sich die Praktische Theologie realisiert, bleibt, insofern durch sie die Verantwortung für die Praxis des allgemeinen religiösen Lebens wahrgenommen wird, ein Moment dieser Praxis selbst.

3. Theorie

Durch den Begriff der Theorie ist die Praktische Theologie zunächst in einem allgemeinen Sinn als geordneter Zusammenhang des Wissens bezeichnet. Freilich bedarf diese Bestimmung der näheren Erklärung, vor allem weil dem Begriff der Theorie unterschiedliche Bedeutungen zugeschrieben werden können, die ihrerseits das Verhältnis der Theorie zur Praxis berühren.

Ursprünglich ist Theorie eine eigentümliche Form des Erkennens, und zwar die geistige Anschauung, die (urbildlich als theoria der Götter) dem vollkommenen Sein gilt, und die reine Betrachtung und höchste Tätigkeit zugleich genannt werden kann (Aristoteles, Eth.Nic. 1178b, 15ff.; vgl. dazu W. Pannenberg, Wissenschaftstheorie und Theologie, 1973, 438; die Stellenangabe ebd. Anm. 830 bedarf der Korrektur). Demgegenüber ist der neuzeitliche Begriff der Theorie mehr durch das Erkannte (als durch das Erkennen) und durch das Problem ihres Verhältnisses zum Tun (zur Praxis) bestimmt (Zur Entwicklungsgeschichte der Begriffe vgl. G. Picht, Die Dialektik von Theorie und Praxis und der Glaube, in: ZThK 70, 1973, 101ff.).

Kant hat zwei Formen der Theorie und ihrer Beziehung auf die Praxis unterschieden: eine „Theorie aus Erfahrung“, die empirische Regeln und Gesetzmäßigkeiten zusammenfaßt, um die Hantierungen etwa des Landwirts oder des Arztes zu leiten, und eine „Theorie aus Grundsätzen“, als eines Systems vernunftgemäßer Prinzipien, die das sittliche Handeln leiten sollen und der Lebenspraxis als Postulat oder Imperativ gegenübertreten (I. Kant, Über den Gemeinspruch: Das mag in der Theorie richtig sein, taugt aber nicht für die Praxis, abgedr. in: Kant, Gentz, Rehberg, Über Theorie und Praxis, 1967). Dagegen liegt nach Hegel das Praktischwerden der philosophischen Theorie in dieser Theorie selbst (vgl. dazu M. Theunissen, Hegels Lehre vom absoluten Geist, 1970, 415).

Neuerdings ist zugunsten einer „kritischen Theorie", die der Selbstreflexion und einer „emanzipatorischen Erkenntnis" als ihrer Praxis dient, vorgeschlagen worden, eine „instrumentelle Theorie" für die Praxis technischer Verfügung und eine „historisch-hermeneutische Theorie" zum Sinnverstehen und zu lebenspraktischer Verständigung zu unterscheiden (J. Habermas, Erkenntnis und Interesse, in: Technik und Wissenschaft als Ideologie, 1968, 146 ff.). Im Horizont der Philosophie K. Poppers sind demgegenüber Theorien die Form der (erfahrungs-)wissenschaftlichen Erkenntnis: Sie werden allgemein als „syntaktisch-semantische Systeme mit pragmatischer Relevanz" bezeichnet (H. F. Spinner, Theorie, in: HPhG, Bd. 3, 1974, 1490 f.) und können dabei der Erklärung, der Voraussage, der Technologie, der Theoriebildung (als Wissenschaftstheorie) oder auch der Sozialtechnologie und der „konkreten Wirklichkeit" als „Praxis" dienen (ebd.).

Die Unterschiede der Positionen und Richtungen in der Praktischen Theologie, die in deren neuzeitlicher Geschichte hervorgetreten sind, lassen sich auch durch ein unterschiedliches Verständnis des jeweils entsprechenden Theoriebegriffs kennzeichnen. Beachtung verdienen vor allem die folgenden Beispiele:

1. Schleiermacher hat die Praktische Theologie ganz nach dem Modell einer „Theorie aus Erfahrung" verstanden: Sie ist (wie Pädagogik und Hermeneutik) eine „Technik", die als „Kunstlehre" die „Kunstregeln" zusammenfaßt und, indem sie die „richtige Fassung der Aufgaben" schon voraussetzt, die Verfahrensweisen zu deren „Erledigung" begründet (KD §§ 257 ff., § 260).

2. Ph. K. Marheineke hat, im Anschluß an Hegel, das Theoretische und das Praktische als das bestimmt, worin die Theologie sich vermittelt und zu sich selbst kommt, so, daß sie in ihrem Werden in die theoretische Theologie als dem Wissen rein um des Wissens willen und in die Praktische Theologie als dem Wissen um des Handelns willen auseinandertritt (Entwurf der Praktischen Theologie, 1837, §§ 2 ff.).

3. C. I. Nitzsch bestimmt die Praktische Theologie als eine Theorie aus Grundsätzen: Der aus dem Neuen Testament erhobene „urbildliche" Begriff der Kirche gilt als kritischer Maßstab für die Beurteilung der gegenwärtigen Entwicklung und für die Leitung der künftigen, freilich so, daß dabei „das sich selbst Begründen, Auswirken, Vermitteln im Dasein, das kirchliche Leben und Verfahren oder Handeln" vorausgesetzt und zum Gegenstand wird (Praktische Theologie, Bd. 1, 1847, 129).

4. Als reine „Theorie aus Grundsätzen" erscheint die Praktische Theologie bei G. v. Zezschwitz: Sie ist als Theologie „Selbstbewußtsein der Kirche", und als Praktische Theologie ist sie Theorie von demjenigen Handeln, welches in Form von wesentlichen Lebenstätigkeiten aus dem Wesen der Kirche selbst erfließt (System der Praktischen Theologie, I, 1876, 5).

5. Seit dem Ausgang des 19. und am Anfang des 20. Jahrhunderts ist die Praktische Theologie mit größerer Übereinstimmung sowohl an Grundsätzen wie an der Erfahrung orientiert worden. Beide Begriffe werden z. B. bei J. Steinbeck ausdrücklich zur Begründung der Praktischen Theologie genannt („Grundsätze und Verfahrungsweisen", System der Praktischen Theologie, I, 1928, 1), während etwa M. Schian von „grundsätzlich richtigen und praktisch zu empfehlenden Wegen" im gleichen Zusammenhang spricht (Grundriß, 2). Damit ist die Praktische Theologie auch im Blick auf ihren theoretischen Charakter als Vermittlungsaufgabe begriffen, die die ihr eigentümliche Theorie in der Verbindung einschlägiger Grundsätze der christlichen Tradition mit den Regeln der Erfahrung zu bilden hat.

Wenig später ist freilich wieder auf ältere Fassungen der Theorie in der Praktischen Theologie zurückgegriffen worden: L. Fendt (Grundriß der Praktischen Theologie, 1949², 8 ff.) will in Analogie zu Nitzsch die Praktische Theologie an einer „neutestamentlichen kirchlichen Praxis" orientieren, A. D. Müller (Grundriß der Praktischen Theologie, 1950, 13) schließt sich an v. Zezschwitz an, und W. Jannasch (Art. Praktische Theologie, in: RGG³, V, 506) verweist auf die ursprüngliche Ecclesia als „Norm" der Praktischen Theologie. Hier dominiert offensichtlich das Interesse an der religiösen Eindeutigkeit der praktisch-theologischen Theorie.

Es ist deshalb nicht zufällig, daß im Zusammenhang mit den Krisen und Neuorientierungen der Praktischen Theologie zu Beginn der siebziger Jahre auch der Theoriebegriff und das Verhältnis von Theorie und Praxis in der Praktischen Theologie zum Thema wurden. W. Pannenberg hat das Problem im Zusammenhang von Wissenschafts- und Theologiegeschichte beschrieben (Wissenschafttheorie und Theologie, 1973, 426 ff.).

Die Diskussion wird einmal durch das Interesse daran ausgelöst, die Praktische Theologie (nach Art der deutlicher hervortretenden sozialtechnischen Wissenschaften) als Theorie einer identifizierbar effizienten Praxis zu konstituieren, und sodann durch das Bestreben, der Praktischen Theologie im Rahmen der ganzen Theologie eine selbständige wissenschaftliche Qualität zuzuschreiben. In diesem Sinn hat etwa D. Bastian von „normativen Ansprüchen" abgeraten und relative und partielle Theoriebildungen empfohlen (Praktische Theologie und Theorie, in: ThPr 9, 1974, 85 ff.; ähnlich auch Chr. Bäumler, Unterwegs zu einer Praxistheorie, 1977,

230ff.). G. Otto dagegen sucht, die Praktische Theologie am Begriff der „kritischen Theorie" zu orientieren, um darin eine allgemeine „gesellschaftliche Praxis" zu begründen (Praktische Theologie als kritische Theorie religiös vermittelter Praxis, in: ThPr 9, 1974, 105). Eine zusammenfassende Darstellung der einschlägigen Diskussion (sowohl auf der katholischen wie auf der evangelischen Seite) bietet N. Mette (Theorie der Praxis, 1976).

Als Ergebnis der Diskussion kann die neugewonnene Einsicht gelten, daß die Praktische Theologie in gleicher Weise Theorie aus Grundsätzen und aus Erfahrung sein muß, wenn anders sie sowohl ihren theologischen wie ihren praktischen Bestimmungen entsprechen soll. Vor allem aber ist deutlich geworden, daß die Praktische Theologie tatsächlich als „Theorie" zu begreifen und das heißt: von der Praxis, der sie gelten soll, klar zu unterscheiden ist.

R. Volp hat darauf hingewiesen, daß schon Schleiermachers Grundlegung der Praktischen Theologie diesen Erfordernissen nachkommt (in: Praktische Theologie heute, hg. v. F. Klostermann u. R. Zerfaß, 1974, 52ff.); G. Lämmermann hat die Notwendigkeit der Differenz von Theorie und Praxis am Beispiel Marheinekes kritisch gezeigt (Praktische Theologie als kritische oder als empirisch-funktionale Handlungstheorie, 1981, 153).

Der theoretische Charakter der Praktischen Theologie macht ihre möglichen handlungsleitenden Funktionen zu einer Aufgabe, die mit der Ausarbeitung der Theorie selbst nicht schon erledigt ist, sondern dann erst und als Leistung der handelnden Subjektivität zu ihr hinzutritt.

Die Probleme des Begriffs der Praktischen Theologie liegen im Verhältnis der Praktischen zur Theologie überhaupt und im näheren Verständnis der Praxis und der Theorie, die durch die Praktische Theologie bestimmt sein sollen. Gerade diese Probleme lassen sich nur im Zusammenhang ihrer eigenen Geschichte erläutern. Im Blick auf die systematischen, historischen und praktischen Bedingungen der Praktischen Theologie soll der Satz verstanden werden, in dem die Praktische Theologie schon zu Beginn der Einleitung zusammengefaßt wurde:

Praktische Theologie ist die Verbindung von Grundsätzen der christlichen Überlieferung mit Einsichten der gegenwärtigen Erfahrung zu der wissenschaftlichen Theorie, die die Grundlage der Verantwortung für die geschichtliche Gestalt der Kirche und für das gemeinsame Leben der Christen in der Kirche bildet.

§ 2 Die Anfänge der Praktischen Theologie

Die Epoche, in der die Praktische Theologie sich gebildet hat, wird hier in ihrem weitesten Sinn verstanden. Sie beginnt mit denjenigen Entwicklungen auf dem Gebiet der Theologie überhaupt, die die Entstehung der Praktischen Theologie einleiten, und sie reicht bis zu der Fassung der Praktischen Theologie, in der sie zu einer selbständigen und gleichgeordneten Disziplin im Verband der theologischen Wissenschaften geworden ist. Das ist nicht schon bei Schleiermacher, sondern erst bei C. I. Nitzsch der Fall, der denn auch zum Verfasser des ersten systematischen und die Themen der Praktischen Theologie vollständig erfassenden Lehrbuchs der Praktischen Theologie geworden ist. Nitzsch schließt in gleicher Weise die Entstehungsgeschichte der Praktischen Theologie ab, wie er deren Wirkungsgeschichte und ihre weitere Entwicklung begründet.

Nach der Unterscheidung Schleiermachers bilden die Anfänge der Praktischen Theologie eine Epoche, während die darauf folgende Geschichte der Praktischen Theologie als Periode zu bezeichnen wäre (KD § 73).

1. Zur Entstehungsgeschichte der Praktischen Theologie

Die Praktische Theologie ist in der Neuzeit entstanden und ihre Anfänge fallen mit den frühneuzeitlichen Bewegungen in Kirche und Theologie zusammen. Die altkirchliche und die mittelalterliche Theologie haben eine Praktische Theologie nicht gekannt.

Ihre Vorgeschichte hat die Praktische Theologie in der Pastoraltheologie und in der Anleitungsliteratur, die den einfachen Priester gleichsam handwerklich auf seine Tätigkeit vor allem bei der Messe und im Beichtstuhl vorbereiten sollte. Diese Literatur ist im 2. Kapitel (s. u. S. 113 ff.) eingehender dargestellt. Zur Vorgeschichte der Praktischen Theologie gehören auch die frühen Bearbeitungen einzelner Aufgaben der kirchlichen Praxis. Die wichtigsten Texte dazu sind jeweils im Zusammenhang der entsprechenden Kapitel behandelt.

Zur Vorgeschichte der Praktischen Theologie (und weniger zu ihrer Entstehungsgeschichte) gehört das Interesse, das die am Humanismus orientierte Theologie der Bildung des Theologen entgegenbrachte. Die humanistische Bildungstheorie hat sich schon im Spätmittelalter den Themen zugewandt, die aus der antiken Bildungstradition in den artes liberales bewahrt wurden, um deren Bedeutung für die Theologie neu hervorzuheben.

In diesem Sinn ist der Beitrag des Erasmus zu Homiletik und Rhetorik zu verstehen (s. u. S. 323). Aber auch Melanchthon hat die Themen der antiken Bildungstradition als Themen der Bildung für den evangelischen Theologen angesehen und seinem Programm der emendatio vitae zugeordnet (Werke, hg. v. R. Stupperich, III, 1969[2], 9): Er hat sich zur Rhetorik geäußert (ebd. 83 ff.), zur Anthropologie (ebd. 303 ff.), und er ist als Rechtslehrer hervorgetreten (ebd. 115 ff.).

In diesem Zusammenhang verdient das Werk des Andreas Hyperius (1511–1564) besondere Beachtung: De recte formando theologiae studio libri IV (1556; seit 1572 unter dem Titel: De Theologo seu de ratione studii theologici). Die ersten drei Bücher behandeln Voraussetzungen der theologischen Bildung, sowie exegetische, dogmatische und ethische Themen; im vierten Buch werden Aufgaben der Kirchenleitung (gubernatio ecclesiastica) dargestellt (insbesondere kirchenrechtliche, pädagogische und agendarische Fragen). Hyperius sucht das ganze theologische Studium dem humanistischen Bildungsideal ein- und unterzuordnen. Obwohl größere Wirkungen von ihm nicht ausgegangen sind, hat doch sein Interesse an den praktischen Fähigkeiten des Theologen vor allem in der reformierten Orthodoxie (und damit in der Vorgeschichte des Pietismus) deutliche Spuren hinterlassen (vgl. E. Chr. Achelis, Lehrbuch, I, 12).

Die Begriffsbildung „theologia practica" ist im Mittelalter aus der Frage entstanden, in welchem Sinn die Theologie (etwa im Unterschied zur Philosophie) als Wissenschaft zu verstehen sei: Ob als scientia speculativa und damit in Übereinstimmung mit dem aristotelischen Begriff des theoretischen Wissens (das seinen Zweck in sich selbst hat, s. o. S. 14) oder als scientia practica und also nach dem Vorbild der praktischen Philosophie bei Aristoteles, die ihre (relativen) Ziele bestimmt und ihnen entsprechend nach den Mitteln fragt, sie herbeizuführen (Met. 993 b. 20 f.). Die mittelalterliche Theologie hat diese Frage kontrovers diskutiert: Duns Scotus hat die Theologie als scientia practica verstanden und sie damit auf das (relative) Erkenntnisvermögen des Menschen bezogen (Ordin. I. n. 270 ff.), während Thomas die theologische Erkenntnis auch in Relation zu der Wahrheit sah, die zum Wissen Gottes gehört und sie daher als scientia magis speculativa quam practica bezeichnete (STh I qu. 1 art. IV f.). Diese Diskussion ist eingehend von W. Pannenberg beschrieben und analysiert worden (Wissenschaftstheorie und Theologie, 1973, 230 ff.).

Die Entstehungsgeschichte der Praktischen Theologie in dem Sinne, in dem sie später von Schleiermacher unter diesem Namen und als selbständige Disziplin im Verband der theologischen Wissenschaften dargestellt wurde, beginnt mit dem Interesse am Begriff der Praxis, das die Dogmatik im Zeitalter der protestantischen Orthodoxie ausgebildet hat. Seit dem Ende des 16. Jahrhunderts wurde, im Rückgriff auf die scotistische Tradition, der praktische Charakter der theologischen Wissenschaft hervorgehoben (W. Pannenberg, 234 ff.): Die Theologie ist „sapientia eminens practica" (D. Hollaz, Examen theologicum acroamaticum, 1701, 1; vgl. H. Schmid, Die Dogmatik der Evangelisch-lutherischen Kirche, 1893[7], 1 ff.). Diese Bestimmung der Theologie macht ausdrücklich, daß sie, indem sie Erkenntnis vermittelt, zugleich die dieser Erkenntnis entsprechende Lebensgestalt begründet: Die Theologie ist identisch mit der

Religion, auf die sie sich bezieht. In diesem Sinn spricht bereits J. Gerhard von der Theologie als einem „habitus practicus". Damit ist nicht nur die Einheit von religiöser Lebenspraxis und theoretischem Wissen in der Theologie bezeichnet, sondern dem der Orthodoxie wesentlichen Sachverhalt Rechnung getragen, daß Sinn und Ziel des menschlichen Daseins in der theoretischen wie praktischen Ausrichtung auf Gott liegen: Es wird „die ontologische Finalstruktur der geschöpflichen Existenz des Menschen auf Gott hin" expliziert (W. Pannenberg, 237).

B. Ahlers hat gezeigt, daß in diesem Interesse am praktischen Charakter der Theologie der Ausgangspunkt für die Entstehungsgeschichte der neuzeitlichen Praktischen Theologie gesehen werden muß (Die Unterscheidung von Theologie und Religion, 1980; vgl. auch V. Drehsen, Neuzeitliche Konstitutionsbedingungen der Praktischen Theologie, Diss., Tübingen, 1985, 73 ff.). In der Einheit von Theologie und (persönlicher) Religion sind bereits die Momente angelegt, deren Auseinandertreten im neuzeitlichen Bewußtsein die religiöse Praxis zum selbständigen Problem der Theologie werden läßt: Die Praxis, die bisher in der Theologie aufgehoben war, tritt ihr gegenüber und wird zur bestimmenden Aufgabe der Theologie in der Neuzeit (B. Ahlers, 63 ff.).

Für den folgenden Prozeß der Differenzierung kommt dem Pietismus eine wesentliche Bedeutung zu. Hier ist zwar die Einheit von Theologie und Religion noch nicht aufgegeben, die Gewichte aber werden so verlagert, daß nicht mehr die theoretischen, sondern die praktischen Zwecke der Theologie die ausschlaggebenden werden. In der Theologie soll jetzt nicht mehr die Praxis durch die Erkenntnis begründet, sondern die Erkenntnis durch die Praxis geleitet werden. Die Theologie wird auf das ausgerichtet und konzentriert, was sie als Praxis bestimmt:

„Viele meinen, die Theologie sei nur eine bloße Wissenschaft und Wort-Kunst, da sie doch eine lebendige Erfahrung und Übung ist" (J. Arnd, zit. n. B. Ahlers, 73).

Der Pietismus steht nicht aller Theologie kritisch gegenüber, aber er will eine bestimmte Theologie, die nämlich, die als Theorie der praxis pietatis zu gelten vermag und die darin diese Praxis ausdrücklich macht. So verändert sich hier der Begriff der Theologie schon dadurch, daß den Themen der christlichen Lehre nicht mehr im ganzen, sondern nur noch in Auswahl ihre Bedeutung zuerkannt wird. E. Chr. Achelis hat am Beispiel von Chr. Scheibler (Manuale ad theologiam practicam, d. i. Tractat vom ewigen Leben, höllischen Verdammnis, Tod und jüngstem Gericht, 1630) und an anderen Texten Scheiblers verdeutlicht, daß hier solche dogmatischen Stücke nicht mehr behandelt werden, die „zur Praxis undienlich" sind (E. Chr. Achelis, Lehrbuch, I, 6 f.).

Der Übergang von der Orthodoxie zum Pietismus vollzog sich in einer geistes- und kulturgeschichtlichen Situation, die von den neuen Bedeutungen der Wissenschaft und von neuen Grundbegriffen, wie dem der

Erfahrung, geprägt war. Der Pietismus selbst hat das allgemeine Bewußtsein der Epoche dadurch mitgestaltet, daß er die Subjektivität zum Thema machte und der individuellen Biographie zu öffentlicher und genereller Aufmerksamkeit verhalf. Unter der Herrschaft der Orthodoxie war die religiöse Praxis unglaubwürdig geworden, weil sie offenkundig dem Begriff, den die doctrina von ihr ausarbeitete, nicht entsprach. Das Verhältnis von Theorie und Praxis wurde problematisiert. Der Pietismus hat es unternommen, dieses Verhältnis von Theorie und Praxis in der Theologie von der Praxis aus neu zu konstituieren. Indessen konnten auch die eindrücklichen Erfolge der neuen praxis pietatis nicht verhindern, daß das Grundproblem offen blieb: Auch hier vermochte die Theologie ihre doppelte Verpflichtung zur Wahrheitserkenntnis und zur Lebensgestaltung nicht durch einen zusammenstimmenden Begriff der Theologie einzulösen. Im Gegenteil: Theorie und Praxis in der Theologie traten auch im Pietismus immer weiter und deutlicher auseinander (vgl. B. Ahlers, 63 ff.; V. Drehsen, 78 ff.).

Die Aufklärung hat dieses Problem auf einfache und konsequente Weise gelöst: Sie hat die Trennung von Theologie und Religion, von theologischer Theorie und religiöser Praxis zum Programm erhoben. Freilich ließe sich auch sagen: Das Auseinandertreten von Theologie und Religion war offenkundig geworden, und die Aufklärung hat sodann das Unvermeidliche in ihre Grundsätze aufgenommen. Für Herder jedenfalls war die Unterscheidung bereits beschlossene Sache und zwar als Fortschritt und Gewinn:

> „Religion spricht das menschliche Gemüth an; sie redet zur Partheilosen Überzeugung. In allen Ständen und Classen der Gesellschaft darf der Mensch nur Mensch seyn, um Religion zu erkennen und zu üben ... Wenn Religion sich von Lehrmeinungen scheidet, so läßt sie jeder ihren Platz; nur sie will nicht Lehrmeinung seyn; Lehrmeinungen trennen und erbittern; Religion vereinet: Denn in aller Menschen Herzen ist sie nur Eine" (SW ed. Suphan, XX, 1880, 135).

Die theologische Theorie für die Unterscheidung von Theologie und Religion ist vor allem von I. S. Semler (1725–1791) ausgearbeitet worden. B. Ahlers, der Semlers Theorie eingehend untersucht und dargestellt hat, macht deutlich, daß Theologie und Religion jetzt zunächst im Blick auf ihre Differenz verstanden werden. Danach erscheint „Theologie als innere ‚freie Untersuchung des Wahren'" und „Religion als freie Tätigkeit des Individuums" (B. Ahlers, 123 ff.). Beide Grundbegriffe gewinnen darin ihren eigenen und selbständigen Sinn. Die Theologie bewährt ihre Freiheit vor allem in der vorbehaltlosen Erforschung der historischen Welt, während der Religion ihr Ort in der sittlichen Lebenspraxis des einzelnen

Menschen zugeschrieben wird. Freilich ergibt sich aus dieser Unterscheidung zugleich eine neue und für beide Seiten folgenreiche Zuordnung: Die Religion wird zum Thema der Theologie und zwar so, daß die Religion von der Theologie immer schon vorausgesetzt wird, daß indessen diese Religion sich nicht von selbst versteht, sondern der Erläuterung und Förderung durch solche Leistungen der Theologie bedarf, die nicht schon in der Ausarbeitung von Lehrstücken und Lehrmeinungen bestehen.

Auf den größeren Zusammenhang, in den die Entwicklung der Aufklärungstheologie einbezogen ist, hat V. Drehsen in seiner Darstellung der Entstehungsgründe der neuzeitlichen Praktischen Theologie vielfach Bezug genommen (85 ff.). Der theologiegeschichtliche Ort Semlers und seine Bedeutung für die Aufklärung sowohl wie für die folgenden Epochen sind von T. Rendtorff eingehend untersucht worden (Kirche und Theologie, 1966, 27 ff.). Eine gute Orientierung über die philosophische Aufklärung und ihre Folgen bietet der entsprechende Artikel in der TRE (R. Piepmeier, Art. Aufklärung I, in: TRE, Bd. 4, 575 ff.).

Die Wahrnehmung derjenigen Aufgaben, die der Theologie mit der Religionsthematik gestellt wurden, hatte zur Folge, daß die Theologie im ganzen neu zu orientieren und durchzubilden war. Die überlieferte Gestalt der evangelischen Lehre ließ sich nicht mit den neuen Fragestellungen einfach verbinden. Zudem hatte die kritische Philosophie entscheidende Grundlagen dieser Lehrbildung selbst außer Kraft gesetzt (durch Kants Kritik der Gottesbeweise). Vor allem aber waren die neuen Aufgaben der Theologie, die ihr mit dem Religionsthema gestellt wurden, maßgeblich durch dessen praktische Aspekte bestimmt. Die Religion, die ihren Ort und ihre wahre Bedeutung im Leben und in der Lebensführung des einzelnen Menschen gewonnen hatte, war wesentlich religiöse Praxis.

Die Förderung dieser Praxis ist von der Aufklärungstheologie auf vielfache Weise angestrebt worden. Freilich schien „die Frage nach dem Nutzen theologischen Wissens für die Religion ungeklärt und letztlich auch nicht allgemein zu lösen" (B. Ahlers, 148). Gleichwohl wurde die Popularisierung von Dogmatik und Ethik (und damit ihre Veränderung unter dem Kriterium eben der Popularisierbarkeit) ein verbreitetes Kennzeichen der Aufklärungszeit (ebd. 160 f.). Im gleichen Zusammenhang muß das Bildungsprogramm gesehen werden, das dem Fortschritt der religiösen wie der moralischen Lebenspraxis (nicht zuletzt durch die Bildung des Geistlichen) dienen sollte.

Die Aufklärung hat die Bedingungen aufgedeckt und formuliert, unter denen die neuzeitliche Theologie steht. Eine auch nur für die eigene Epoche gültige und in sich geschlossene Theologie, die diesen Bedingungen entsprochen und ihre Folgen zusammengefaßt hätte, hat die Aufklärung nicht hervorgebracht. An der Philosophie der Aufklärungszeit zeigte sich, daß das Interesse an der Aufklärung zugleich das Interesse an der Lebenspraxis des Menschen war. Die kritische Philosophie hat daher die praktische Philosophie als die andere Seite ihrer selbst angesehen: Für Kant ist gerade die Religionsphilosophie zur praktischen Philosophie (Die Religion innerhalb der Grenzen der bloßen Vernunft, 1793) geworden. Auch die Theologie der Aufklärungszeit hat keinen Zweifel an der grundsätzlich praktischen Orientierung als wesentlicher Bestimmung der neuzeitlichen Theologie gelassen. Aber zunächst mußte offenbleiben, wie die Theologie diesen Bedingungen sollte entsprechen können.

2. F. D. E. Schleiermacher

Die für Schleiermachers Verständnis der Praktischen Theologie wichtigsten Texte sind die „Kurze Darstellung des theologischen Studiums zum Behuf einleitender Vorlesungen" (1811, 1830²) und die „Praktische Theologie" (aus dem Nachlaß hg. v. J. Frerichs, 1850). Eine Reihe von theologischen und dogmatischen Themen, die für die Praktische Theologie von Bedeutung sind, werden in der Glaubenslehre (Der christliche Glaube, 1830², hg. v. M. Redeker, 2 Bde., 1960) behandelt (z. B. Vom Dienst am göttlichen Wort §§ 133 ff.). Sein Verständnis von Kultur und Wissenschaft hat Schleiermacher in der philosophischen Ethik (Ethik, hg. v. H.J. Birkner, 1981) dargestellt. Weitere Einzelfragen der Praktischen Theologie (z. B. die Theorie der verschiedenen Weisen des Handelns in der Kirche) werden in der „Christlichen Sitte" (Aus dem Nachlaß hg. v. L. Jonas, 1843) erörtert.

Die Theologie Schleiermachers hat die Probleme der Tradition in einem umfassenden Zusammenhang aufgehoben. In der Durchbildung dieses theologisch-philosophischen Systems hat Schleiermacher dem Begriff der Praktischen Theologie einen neuen und eigenen Sinn gegeben, in dem er die Praktische Theologie als selbständige Disziplin im Verband der theologischen Wissenschaften begründete. Insofern ist er in der Tat der „Urheber der Praktischen Theologie als Wissenschaft" (E. Chr. Achelis, Lehrbuch, I, 14) gewesen. Diese Begründung der Praktischen Theologie ergab sich aus dem neuen theologischen Gesamtzusammenhang, den Schleiermacher aufgestellt hat (nicht etwa umgekehrt) und darin kommt das Interesse an der Praxis zum Ausdruck, das für das neuzeitliche Bewußtsein seit der Aufklärung kennzeichnend ist. Freilich wird die Praxis bei Schleiermacher nicht erst durch die Praktische Theologie zum Thema: Die ganze Theologie ist durch dieses Interesse begründet und organisiert.

Im folgenden wird zunächst a) der Theologiebegriff Schleiermachers dargestellt, sodann b) sein Verständnis von Wissenschaft und Kultur und schließlich c) das der

Praktischen Theologie. Für die Orientierung über Schleiermachers Denken und seine Theologie ist vor allem auf E. Hirsch (Geschichte der neuern evangelischen Theologie, Bd. V, 1954, 281 ff.) und auf H. J. Birkner (F. Schleiermacher, in: Theologen des Protestantismus im 19. und 20. Jahrhundert, hg. v. M. Greschat, Bd. 1, 1978, 9 ff.) hinzuweisen.

a) Theologie ist eine „positive Wissenschaft" (KD § 1). „Positiv" ist eine Wissenschaft dann, wenn sie nicht um ihrer selbst willen betrieben wird, sondern einem Zweck dient, der außerhalb ihrer liegt:

„Eine positive Wissenschaft überhaupt ist nämlich ein solcher Inbegriff wissenschaftlicher Elemente, welche ihre Zusammengehörigkeit nicht haben, als ob sie einen vermöge der Idee der Wissenschaft notwendigen Bestandteil der wissenschaftlichen Organisation bildeten, sondern nur, sofern sie zur Lösung einer praktischen Aufgabe erforderlich sind" (ebd.).

Der Begriff des Positiven verweist also zunächst auf die Aufgabe, der die positive Wissenschaft dienen soll: Im Fall der Theologie ist das die Religion. Alle drei oberen Fakultäten der alten Universität sind positive Wissenschaften: Die Jurisprudenz hat ihre Aufgabe im Staat, die Medizin im kranken Menschen. Der Begriff des Positiven verweist jedoch auch auf die Art der Aufgabe: Sie ist durch Kultur, Geschichte und Humanität vorgegeben. So gilt auch für die Theologie, daß sie ihren Gegenstand immer schon vorfindet (§ 44).

Der Zweck der Theologie liegt nicht schon in der Tatsache der Religion selbst. Er entsteht vielmehr erst dadurch, daß die Religion sich zu differenzierteren Stadien entwickelt, indem sich ihre Vorstellungen ausbilden und sie „geschichtliche Bedeutung und Selbständigkeit gewinnt" (§ 2). In diesem Differenzierungsprozeß, in dem die bestimmte Religion „sich zur Kirche gestaltet" (KD[1], S. 1, § 2), entsteht die Theologie als das Wissen derer, die an der Kirchenleitung teilhaben; denn die Theologie „eignet nicht allen", die einer Kirche angehören, sondern nur denen, die sich an ihrer Leitung beteiligen (§ 3).

Die Unterscheidung von Religion und Theologie bildet danach die Voraussetzung für das Theologieverständnis. Religion ist die Sache aller, Theologie nicht. Denn „der christliche Glaube an und für sich bedarf eines solchen Apparates nicht, weder zu einer Wirksamkeit in der einzelnen Seele, noch auch in den Verhältnissen des geselligen Familienlebens" (§ 5, Zusatz).

Zur Aufgabe der Kirchenleitung überhaupt kommt es dadurch, daß die Kirche wie jede fromme Gemeinschaft (in dem Maße, in dem sie geschichtliche Bedeutung erlangt), in sich als einen ursprünglichen Gegensatz den Unterschied zwischen den Hervorragenden und der Masse ausbildet (§ 267). In Schleiermachers Anthropologie und Kulturphilosophie spielt diese Differenz in verschiedener Gestalt eine große Rolle: Sie bezeichnet den Sachverhalt, daß alle Bewegung auch auf dem Gebiet der

Religion auf die Anregung durch Einzelne zurückgeht und die Empfänglichkeit aller dafür voraussetzt, und daß aus diesem Austausch oder „Umlauf“ zwischen ihnen die Förderung des Ganzen hervorgeht (§ 268). Kirchenleitung ist danach die bestimmte und also die den Grundsätzen des Christentums gemäße Gestaltung des Gegensatzes und der aus ihm folgenden Bewegung in der religiösen Gemeinschaft. Diese Aufgabe aber kann nur gelöst werden, wenn das nötige Instrumentarium dafür gewonnen ist. Das ist die Theologie, denn: „Die christliche Theologie ist sonach der Inbegriff derjenigen wissenschaftlichen Kenntnisse und Kunstregeln, ohne deren Besitz und Gebrauch eine zusammenstimmende Leitung der christlichen Kirche, d. h. ein christliches Kirchenregiment, nicht möglich ist“ (§ 5). Kirchenleitung ist also „Handeln mit theologischen Kenntnissen“ (§ 11) und das eigentliche Ziel sowohl der Theologie wie der Kirchenleitung ist stets, das Christentum nach seinem Wesen (§ 84) und seiner Praxis (§ 263) „reiner darzustellen“. Die aus den „wissenschaftlichen Kenntnissen und Kunstregeln“ gebildete Theologie gliedert sich in drei Teile: die philosophische, die praktische und die historische Theologie.

Das Wesen des Christentums und die Eigenart der jeweiligen kirchlichen Lehre darzustellen, ist die Aufgabe der philosophischen Theologie (§ 24), die sich in Apologetik (§§ 43 ff.) und Polemik (§§ 54 ff.) gliedert. Das „Wissen um die Tätigkeit“ der Kirchenleitung wird als Praktische Theologie zusammengefaßt (§ 25). Dabei ist die Kenntnis „des zu leitenden Ganzen“ vorausgesetzt und damit, da „das Ganze ein geschichtliches ist“, die historische Theologie (§ 26), die sich in Exegese (§§ 103 ff.), Kirchengeschichte (§§ 149 ff.) sowie Dogmatik und Statistik (§§ 195 ff.) gliedert.

W. Jetter hat jüngst gezeigt, daß Schleiermacher diese dreifache Gliederung der Theologie bereits vorgefunden hat (Populäre oder elementare Theologie, in: PTh 74, 1985, 396 ff.).

b) „Ethik“ ist bei Schleiermacher der Titel für eine Kultur- und Geschichtsphilosophie, in der Religion und Vernunft, Natur und Geschichte, Wissenschaft und Kunst in einem universalen Zusammenhang verbunden werden. In der Ethik wird entfaltet, in welchem Sinn fromme Gemeinschaften „als ein für die Entwicklung des menschlichen Geistes notwendiges Element“ (§ 22) zu begreifen sind. Die christliche Kirche als fromme Gemeinschaft stellt keine „Verirrung“ dar und ist also nicht bloßen Zufällen oder blanker Willkür zu verdanken: Die religiöse Gemeinschaft geht vielmehr (wie der Staat, wie die Familie und wie die freie Geselligkeit) aus ursprünglichen Verhältnissen und aus dem Wesen des Menschen selbst hervor (Ethik, 240 ff.). Schleiermacher hat die Begründungen der frommen Gemeinschaft aus der Frömmigkeit ausdrücklich als „Lehnsätze aus der Ethik“ seiner Dogmatik vorangestellt (Glaubenslehre §§ 3–6; s. a. u. S. 88 f.).

Auch die Wissenschaftslehre gehört zu den Themen der Ethik. Begründet wird der Begriff der Wissenschaft freilich in der Dialektik (hg. v. R. Odebrecht, 1942, Neudr. 1976, 85 ff.). Das Ideale und das Reale bestimmen alles Wissen: „Der Gegensatz ist uns eingeboren unter der Form von Seele und Leib, Idealem und Realem, Vernunft und Natur“ (Ethik, 8). Im Gang des Daseins der Welt ist das Ideale auf das Reale und das Reale auf das Ideale hin ausgerichtet: Das Wissen ist Ausdruck des Seins und das Sein ist Darstellung des Wissens. Das höchste Wissen, in dem kein Gegensatz zum Sein mehr wäre, ist nicht gegeben. Aber es bezeichnet dem Prozeß des Wissens sein Ziel.

Aus diesem Ineinander von Natur und Vernunft und in genauer Entsprechung dazu ist die Wissenschaft begründet (ebd. 9 ff.). Von der Seite der Natur aus wird die Welt als Reich der Naturerscheinungen zum Gegenstand der Naturwissenschaft, und von der Seite des Geistes aus wird die Welt des Idealen zum Gegenstand der Geisteswissenschaft: Jene handelt vom Realen, das ideal werden (nämlich ins Wissen übergehen) will, diese vom Idealen, das real (nämlich dargestelltes Wissen) werden will. Beide Wissenschaften – sie heißen bei Schleiermacher zumeist Physik und Ethik – bilden sowohl eine spekulative Wissenschaft (der mehr die Begriffsform entspricht) wie eine empirische Wissenschaft (in der mehr die Urteilsform vorherrscht).

Die spekulative Geisteswissenschaft ist die philosophische Ethik, also die Kultur- oder Geschichtsphilosophie, die u. a. auch die „Geschichtsprinzipien“ darzustellen hat (KD § 35); die empirische Geisteswissenschaft ist die Geschichtskunde (vgl. Ethik, 205 ff.); in der Naturwissenschaft heißt die spekulative Wissenschaft Naturphilosophie (oder Physik), und die empirische heißt Naturkunde (hinzukommen die Dialektik [Theorie des Erkennens] und die Mathematik, die direkt auf die Idee des Wissens bezogen sind).

Damit ist das System der „reinen Wissenschaft“ entfaltet. Die Theologie kommt hier direkt nicht vor. Sie entsteht vielmehr so und erst dadurch, daß einzelne Disziplinen der Geisteswissenschaft entlehnt, dem Zweck der Theologie zugeordnet und dafür entfaltet werden. So werden aus den entsprechenden Fächern der Ethik die der philosophischen und aus denen der Geschichtskunde die der historischen Theologie gebildet (vgl. KD § 6, Zusatz). Freilich ist dieser Vorgang der Übernahme von Wissenschaften strikt an den der Theologie gesetzten Zweck gebunden: Ohne Beziehung auf die Kirchenleitung hören sie auf, „theologische zu sein, und fallen jede der Wissenschaft anheim, der sie ihrem Inhalte nach angehören" (ebd.; vgl. auch § 247). Die Einheit und die Zusammengehörigkeit der unterschiedlichen Disziplinen in der Theologie ist deshalb nur durch den „Willen, bei der Leitung der Kirche wirksam zu sein" gewährleistet (§ 7). Im Blick auf den einzelnen, der in der Kirchenleitung tätig wird, ist daher zu fordern, daß religiöses Interesse und wissenschaftlicher Geist sich in ihm vereinen.

Im höchsten Grade und im möglichsten Gleichgewicht ist das freilich nur in der „Idee des Kirchenfürsten" der Fall (§ 9). In der Regel überwiegt entweder das Interesse am praktischen Kirchenregiment oder das an der Theologie, und dadurch sind „Kleriker" und „Theologen im engeren Sinn" unterschieden (§ 10). Freilich muß bei beiden stets, „ungeachtet der einseitigen Richtung", beides vereint sein (§ 12).

c) Die Praktische Theologie ist in diesem Kreis der theologischen Wissenschaften noch nicht enthalten. Praktische Theologie ist sowohl der philosophischen wie der historischen Theologie (und zumal den reinen Wissenschaften) gegenüber eine Wissenschaft eigener Art: Sie ist eine Technik oder Kunstlehre, die der Lösung praktischer Aufgaben dient und nur aus diesem Zweck entsteht. Die Praktische Theologie tritt damit in eine Reihe mit anderen „technischen Disziplinen": mit Staatslehre, Kunstlehre, Hermeneutik, Didaktik (vgl. Ethik, 252; 356). Das Grundmuster der technischen Disziplinen ist dies, daß sie auf Erfahrung beruhen und daß aus dieser Erfahrung Regeln abgeleitet werden, die sich zur Kunstlehre verbinden (Praktische Theologie, 36 ff.). Auch die Praktische Theologie stellt einen solchen Zusammenhang von Regeln dar: „Alle Vorschriften der Praktischen Theologie können nur allgemeine Ausdrücke sein, in denen die Art und Weise ihrer Anwendung auf einzelne Fälle nicht schon mit bestimmt ist... D.h. sie sind Kunstregeln im engeren Sinne des Wortes" (§ 265).

Wichtig ist dabei die Unterscheidung zwischen den Regeln (der Kunstlehre) und ihrer Anwendung. Diese Anwendung richtet sich immer auf „das Gebiet des Besonderen und Einzelnen" (§ 66, Zusatz) und ist deshalb eine Leistung, die nicht schon von den Regeln selbst erbracht wird, die sich aber ihrerseits nicht wieder (wie das bei „mechanischen Künsten" der Fall wäre) auf Regeln bringen läßt (§ 132, Zusatz). „Daraus folgt unmittelbar, daß alle Regeln, welche in der Praktischen Theologie aufgestellt werden können, durchaus nicht productiv sind, d.h. daß sie einen nicht zum Handelnden machen, die Handlung nicht hervorrufen, sondern wenn er sich dazu bestimmt findet, die Vollbringung derselben im einzelnen auf die richtige Weise leiten. Das gilt auf jedem Gebiet. So macht die genaue Kenntnis der musikalischen Komposition keinen zum Komponisten" (Praktische Theologie, 31).

Die Aufgabe der Praktischen Theologie ist durch die Kirchenleitung nach ihrer praktischen Seite und in Hinsicht auf ihre jeweils einzelnen und besonderen Leistungen gegeben. Diese Tätigkeit soll durch die Praktische Theologie angeleitet und „mit klarem Bewußtsein geordnet und zum Ziel geführt" werden (§ 257). Die Praktische Theologie beschränkt sich also darauf, Kunstlehre für diese Aufgaben zu sein. Sie kann deshalb sinnvoll nur im Verband mit den anderen theologischen Wissenschaften verstanden werden. Diese Verbindung selbst wird ausdrücklich in der Bestimmung festgehalten, daß die Praktische Theologie nicht selbst die „Aufgaben richtig fassen" lehrt, sondern es nur „mit der richtigen Verfahrensweise" bei ihrer Erledigung zu tun hat (§ 260).

Für Schleiermacher konnte diese Bestimmung nicht eine Trennung der theologischen Fächer oder deren Bewertung bedeuten. Für ihn war die Personalunion in der Vertretung der großen Arbeitsgebiete der Theologie selbstverständlich. Er hat eine eigene Professur für Praktische Theologie ausdrücklich für nicht wünschenswert gehalten (Über die Einrichtung der theologischen Fakultät, in: Praktische Theologie, hg. v. G. Krause, 1972, 7).

Zur Einteilung der Praktischen Theologie bedient sich Schleiermacher des Unterschiedes zwischen den Aufgaben an der einzelnen Gemeinde als dem „Kirchendienst" und denen an der ganzen Kirche als dem „Kirchenregiment" (§§ 271, 274). Der Kirchendienst gliedert sich weiter in die erbauende Tätigkeit (in Kultus und Predigt) und die leitende Tätigkeit (in Seelsorge, Katechetik und Organisation des Gemeindelebens). Das Kirchenregiment besteht aus den Aufgaben der Autorität (vor allem der Gesetzgebung) und denen der „freien Geistesmacht", die durch akademische Lehrer und theologische Schriftsteller ausgeübt werden sollen.

Schleiermacher hat die Theologie im ganzen an der Aufgabe orientiert, die mit der religiösen Praxis für das neuzeitliche Bewußtsein gegeben war. Die Praktische Theologie im besonderen entsteht dabei aus den Aufgaben, die von der Kirchenleitung als tatsächlicher Tätigkeit gestellt werden. In dieser Fassung kann die Praktische Theologie nur Bestand haben, solange die philosophische und die historische Theologie ihrerseits als positive Wissenschaften verstanden werden. Wird dagegen die Aufgabe der Theologie überhaupt unabhängig von der Kirchenleitung und etwa im Blick auf das Wahrheitsthema formuliert, dann fällt der Praktischen Theologie die Aufgabe zu, auch die Grundsätze der Kirchenleitung aufzustellen und also ihre Grundlagen in philosophischer und historischer Hinsicht zu erörtern.

Schleiermachers Bedeutung für die Praktische Theologie ist jüngst in verschiedenen Vorträgen erläutert und diskutiert worden: „Schleiermacher und die Praktische

Theologie" (Pastoraltheologische Informationen, hg. v. Beirat der Konferenz der deutschsprachigen Pastoraltheologen, 1, 1985).

3. C. I. Nitzsch (1787–1868)

Eine knappe aber gründliche Erläuterung der von Nitzsch entworfenen Praktischen Theologie bietet F. Wintzer (C. I. Nitzschs Konzeption der Praktischen Theologie in ihren geschichtlichen Zusammenhängen, in: EvTh 27, 1969, 93 ff.).

Bei Nitzsch hat die Praktische Theologie die Fassung gewonnen, die seither das Selbstverständnis der Praktischen Theologie wie das theologische Urteil über sie geleitet hat. Die Praktische Theologie geht jetzt aus der theologischen Wissenschaft selbst hervor. Sie ist eine theologische Disziplin von gleicher Art, von gleicher Bedeutung und von gleicher Begründung wie die anderen theologischen Disziplinen. Die besondere Form der Wissenschaft, die Schleiermacher der Praktischen Theologie zugeschrieben hatte, gilt als unzureichende Bestimmung und wird ausdrücklich kritisiert (C. I. Nitzsch, Praktische Theologie, Bd. 1, 1847, 5; 111).

Zwei Argumentationsreihen stehen dabei im Vordergrund: Im enzyklopädischen Zusammenhang entstehen, „ist die christliche Religion als Gegenstand der Wissenschaft gesetzt" (5), vier wissenschaftliche Grundfragen, und zwar nach dem Wesen des Christentums, nach seiner Geschichte, nach seiner Bestimmung als Inhalt des Bewußtseins, und danach, wie es als Darstellung und Ausübung ist: „Prinzip, Historie, Doctrin, Ritus" sind also die vier Grunddisziplinen der wissenschaftlichen Theologie (ebd.). Notwendigkeit und Selbständigkeit der einzelnen theologischen Disziplinen erweisen sich nach Nitzsch sodann an der Frage, ob sie mit einem selbständigen Gebiet der allgemeinen philosophischen oder historischen Wissenschaft in Wechselwirkung treten: Für die Praktische Theologie ist dieses Verhältnis im Blick auf die praktische Philosophie gegeben (31).

Wird die Praktische Theologie als gleich ursprünglich mit allen anderen theologischen Disziplinen aus dem Begriff der Theologie selbst hergeleitet, dann muß diesem Theologiebegriff selbst eine entsprechende Fassung gegeben sein. Nitzsch versteht deshalb Theologie zwar als in ihrer letzten Abzweckung praktisch, gleichwohl aber keineswegs als bloß positive, sondern selbständige und selbständig begründete Wissenschaft.

„Durch Theologie gelangt die Kirche zu ihrem wissenschaftlichen Selbstbewußtsein. Sie verständigt sich über die Gründe und Principien ihres Daseins, über ihr Zeitverhältnis und ihren Lehrinhalt. Dieses wissenschaftliche Wissen ist nun zwar, unbeschadet seiner Selbständigkeit, ein Wissen um des Handelns willen und hat in allen seinen Teilen die weitere Selbstbetätigung der Kirche im Auge, nur ist es noch kein Wissen vom kirchlichen Handeln selbst. Demnach vollendet sich die kirchliche Wissenschaft durch Theorie der kirchlichen Ausübung des Christentums und wird so zu einer praktischen Theologie" (1).

Hier ist eine gewisse Spannung zwischen der Selbständigkeit des kirchlichen Selbstbewußtseins und der Tätigkeit, die „unbeschadet" dessen „im Auge" bleiben soll, unverkennbar. Freilich lehnt Nitzsch einen rein spekulativen Theologiebegriff ebenso ab, wie den bloß positiven.

Ph. K. Marheineke hat auf dem Grunde der Philosophie Hegels einen Theologiebegriff entfaltet, der die Praktische Theologie als konstituierendes Moment enthält. Danach ist Theologie „der Glaube, nur wie er sich selbst fasset, weiß und begreift" (Entwurf der Praktischen Theologie, 1837, § 3). Theologie also ist das Selbstbewußtsein des Glaubens, und sie tritt, dem Glauben entsprechend in die Momente des Theoretischen und des Praktischen auseinander (s. o. S. 19); aber sie bleibt darin das Wissen des Glaubens von sich selbst und also Wissenschaft und Erkenntnis der göttlichen Wahrheit (§ 16). Marheineke hat deshalb an Schleiermacher dessen Geringschätzung der Theologie als Wissenschaft und die „oberflächliche Kategorie der Nutzbarkeit" kritisiert (ebd.). Ähnlich und gegen Schleiermacher kritisch ist der Theologiebegriff, den A. Schweizer seiner Ableitung der Praktischen Theologie (aus dem Verhältnis von Glaube und Wissen) zu Grunde legt (Über den Begriff und die Einteilung der praktischen Theologie, 1836). Damit sind freilich Tendenzen erneuert, die den Theologiebegriff nochmals in die Nähe der Fassung bringen, die er im Zeitalter der Orthodoxie hatte: Theologie und Religion sind jenseits ihrer Unterscheidung wieder im Begriff der Theologie zusammengefaßt.

So versteht Nitzsch die ganze Theologie als scientia ad praxin, die sich als scientia praxeos vollendet (5). Die Praktische Theologie hat ihren Gegenstand in der „kirchlichen Ausübung des Christentums" (1; 13 ff.) und ihre Aufgabe besteht darin, „auf dem Grunde der Idee der christlichen Kirche und des kirchlichen Lebens durch Verständnis und Würdigung des gegebenen Zustandes zum leitenden Gedanken aller kirchlichen Amtstätigkeiten zu gelangen" (31 f.). Damit erläutert Nitzsch, daß die Praktische Theologie zwar durchaus die „kirchlichen Verfahren oder Kunstlehren" zu entwickeln und zu entfalten habe, daß sie jedoch zunächst die Grundsätze und Ziele der kirchlichen Praxis selbst zu bestimmen hat. Diese Grundsätze und Ziele ergeben sich aus dem „urbildlichen Begriff" des kirchlichen Lebens, wie er in den neutestamentlichen Ursprüngen des Christentums enthalten ist und aus seinem Verhältnis zum evangelischen Leben im jetzigen Zeitpunkt.

Daraus ergibt sich die Einteilung der Praktischen Theologie: Das erste Buch enthält die beiden Teile der „allgemeinen Theorie des kirchlichen Lebens", im zweiten Buch werden die Kunstlehren (Seelenpflege und Dienst am Wort) behandelt.

Damit ist die Ekklesiologie zum Thema der Praktischen Theologie geworden. Sie wird entfaltet, um die Organisation des kirchlichen Handelns zu klären, aber auch, um die Grundsätze und die Ziele zu bestimmen, an denen das Handeln sich zu orientieren hat. Bei Nitzsch erscheint die praktisch-theologische Ekklesiologie bereits nach ihren beiden Seiten: als (normative) systematische und als empirische Kirchenlehre. Beide Fragestellungen haben eine reiche Wirkungsgeschichte in der Praktischen Theologie begründet. Die Ekklesiologie gehört seit Nitzsch zum festen Kanon der grundlegenden Themen in der Praktischen Theologie.

Innerhalb der Ekklesiologie ist vor allem die Frage nach dem Amt von Bedeutung geworden. Hier werden durch Nitzsch Anfänge einer Entwicklung deutlich, die das Verständnis des Pfarrerberufs bis heute prägen und problematisieren. R. Schmidt-Rost hat am Beispiel der Seelsorgelehre gezeigt, wie die Aufgaben des Pfarrers schon bei Nitzsch immer deutlicher unter die Herrschaft der Professionalisierung gestellt werden: Aus der „freien Amtstätigkeit" des Gemeindepfarrers wird immer eindeutiger die Berufstätigkeit des nach Theorie und Praxis vor- und ausgebildeten Fachmannes (Seelsorge zwischen Amt und Beruf, Studien zur Entwicklung einer modernen evangelischen Seelsorgelehre seit dem 19. Jahrhundert, HabSchr. Tübingen 1985). Für diese Entwicklungen ist die Verwissenschaftlichung der Praktischen Theologie im ganzen Voraussetzung und Anfang gewesen.

Nitzschs Programm der Praktischen Theologie ist von V. Drehsen eingehend analysiert worden (Neuzeitliche Konstitutionsbedingungen der Praktischen Theologie, Diss., Tübingen, 1985). Dabei hat sich gezeigt, daß für die Entfaltung des praktisch-theologischen Kirchenbegriffs vor allem das Problem der sich differenzierenden gesellschaftlichen Praxis und der religiöse Pluralismus bedeutungsvoll waren: Nitzsch bestimmt die kirchliche Ausübung des Christentums ausdrücklich in ihrem Verhältnis zur Menschenwelt und zu den anderen Arten menschlicher Gemeinschaft (V. Drehsen, 153; C. I. Nitzsch, 13; 265 ff.). In dieser Thematik ist mit dem Verhältnis von Kirche und Welt die Frage nach der Identität der Kirche und ihrer Selbständigkeit in einer sich nicht mehr religiös verstehenden Gesellschaft ausdrücklich geworden (V. Drehsen, 151).

Die Entstehungsgeschichte der Praktischen Theologie begann mit dem Auseinandertreten von Theologie und Religion: mit dem Sachverhalt also, daß das Programm ihrer Identität in der orthodoxen Theologie auf die unwiderlegbare Kritik des Pietismus stieß. Theologie und religiöse Praxis waren tatsächlich nicht mehr identisch. Der Versuch des Pietismus, auf der anderen Seite primär die religiöse Praxis und danach die Theologie zu bestimmen, hat zwar die Aufklärung wesentlich beeinflußt, hat aber nicht zu einer allgemeinen Lösung, sondern eben nur zu Konventikeln geführt. In der Aufklärung war die Entzweiung von Theologie und Religion zur Tatsache geworden: Die Religion wurde Thema der Theologie. Daraus aber ergab sich zunächst nur die Ausrichtung der ganzen Theologie (nicht eines besonderen Faches) auf die Religion und also auf die Lebenspraxis der Christen.

Schleiermacher hat, da er die Religion wesentlich unter dem Aspekt der Gemeinschaft verstand, die kirchliche Aufgabe zum konstituierenden Zweck der Theologie gemacht und darin deren grundsätzlich praktische Ausrichtung aufgenommen. Er hat jedoch die Aufgabe der Theologie entscheidend als theoretische angesehen: Die Theologie sowohl als philosophische wie als historische dient dem Verstehen der Religion. Die Einwirkung auf Religion und religiöse Praxis bleibt demgegenüber persönliche Sache dessen, der sich zur Kirchenleitung berufen fühlt. Im Dienst seiner Aufgabe wird die Praktische Theologie entfaltet, aber eben als Kunstlehre von formalem Charakter, deren Anwendung der Urteilskraft des einzelnen überlassen bleiben muß.

Demgegenüber macht die Verselbständigung der Praktischen Theologie als ursprüngliche Disziplin der Theologie selbst bei Nitzsch die Einwirkung auf die Religion und die religiöse Praxis zum theologischen Programm. Solche Einwirkung wird danach nicht mehr vom gemeinsamen Leben der Christen erwartet, sondern muß jetzt ausdrücklich und nach allgemeinen Richtlinien wahrgenommen werden. Dieses Programm ist offenbar Ausdruck für den Verlust der Selbstverständlichkeit, die bis dahin die Wirksamkeit des Gemeindepfarrers begleitet hat. In der Verselbständigung der Praktischen Theologie bringt sich das Bewußtsein schwindender „Kirchlichkeit" und der deutlicher werdenden Differenz zwischen Kirche und Welt zu Geltung. Die Verwissenschaftlichung der Praktischen Theologie ist der Versuch, die Einwirkung auf Religion und religiöse Praxis aus den Zufälligkeiten individuellen Handelns heraus und auf die Ebene der Objektivität emporzuheben. Dieses Programm erst schließt – mit Nitzsch – die Entstehungsgeschichte der Praktischen Theologie ab.

§ 3 Zur Geschichte der Praktischen Theologie

Eine zusammenfassende Darstellung der Geschichte der Praktischen Theologie bietet W. Birnbaum (Theologische Wandlungen von Schleiermacher bis Karl Barth, 1963). Diese Arbeit hat eine Fülle von Literatur und Quellen gesammelt, bleibt aber in der Darstellung auf äußerliche Gesichtspunkte beschränkt und erliegt gelegentlich Mißverständnissen oder Irrtümern (z. B. S. 15). Eine knappe aber gründliche Übersicht findet sich bei L. Fendt (Grundriß der Praktischen Theologie, 1949², Bd. 1, 10 ff.). Die Texte zur Geschichte der Praktischen Theologie, die die Sammlung von G. Krause (Praktische Theologie, 1972) enthält, illustrieren die wesentlichen Abschnitte der Entwicklung. Zu bedauern ist, daß die Auswahl vielleicht etwas zu oft Rezensionen berücksichtigt hat und daß in den Texten selbst gelegentlich Wesentliches ausgelassen wurde (z. B. 30 ff.).

Die Einrichtung von Lehrstühlen für Praktische Theologie vom Anfang des 19. Jahrhunderts an läßt die Entstehungsbedingungen der Praktischen Theologie überhaupt beispielhaft deutlich werden. Lehrreich ist P. Wurster (Hundert Jahre Predigeranstalt in Tübingen, 1917, 3 ff.) und B. Klaus (Die Anfänge der Praktischen Theologie in Erlangen, in: ZBKG 32, 1963, 296 ff.).

1. Die Praktische Theologie im 19. Jahrhundert

An der Schwelle zur zweiten Hälfte des 19. Jahrhunderts hatte die Praktische Theologie nahezu überall ihren eigenen und bestimmten Ort in der Organisation der theologischen Wissenschaft und in den Fakultäten gefunden. Sie war fester Bestandteil auch der Lehrpläne und Lehrkataloge für das theologische Studium geworden und konnte zudem an nicht wenigen Fakultäten über ein eigenes praktisch-theologisches Institut verfügen.

Diese Entwicklung der äußeren Verhältnisse ging freilich primär auf die Bedürfnisse der Ausbildung zurück, die von den verantwortlichen Instanzen in Kirche und Gesellschaft zur Geltung gebracht wurden. Durch entsprechende Rescripte der staatlichen oder der Kirchenregierungen wurde die planmäßige Ausbildung der künftigen Pfarrer vor allem auf den Gebieten der Homiletik und des Unterrichts gefordert.

Die entsprechenden Vorgänge in Tübingen hat C. v. Weizsäcker beschrieben (Lehrer und Unterricht an der Evangelisch-theologischen Fakultät der Universität Tübingen, in: Zur vierten Säkularfeier der Universität Tübingen, 1877, 130). Die Lehrpläne und Einrichtungen an den preußischen Universitäten sind gesammelt bei J. F. W. Koch (Die preußischen Universitäten, 2 Bde., 1840).

Diesem allgemein gewordenen Bedürfnis, die Ausbildung zum Pfarrerberuf zu intensivieren und methodischer zu gestalten, entsprach der Ausbau der Predigerseminare, des Lehrvikariats und des Prüfungswesens (s. u. S. 126 ff.). Die Entwicklungen auf diesen Gebieten sind im ganzen Ausdruck des von den allgemeinen Tendenzen der Epoche geprägten Bewußtseins: Die Differenz zwischen Kirche und Gesellschaft tritt immer deutlicher hervor und wird von der Kirche selbst als Aufgabe verstanden, die vor allem durch die Berufstätigkeit des Pfarrers wahrgenommen werden mußte. Andererseits war die Systematische Theologie noch deutlich von den Fragestellungen der großen Epoche am Beginn des Jahrhunderts bestimmt und von deren Fortbildung und Auslegung geleitet: Die konservativ-spekulative Theologie (z. B. der Erlanger Schule) stand der freien oder kritischen Theologie (z. B. bei F. C. Baur oder A. E. Biedermann) gegenüber, während die Vermittlungstheologie (z. B. I. A. Dorner) die Gegensätze zu überwinden suchte (vgl. dazu H. Stephan, Geschichte der deutschen evangelischen Theologie, hg. v. M. Schmidt, 1960, 118 ff.). Vor allem aber war die wissenschaftliche Theologie durch den Aufstieg der historischen Wissenschaften geprägt, die alsbald zum allgemeinen Kriterium für jeden Anspruch auf Wissenschaftlichkeit wurden.

In diesem Rahmen hat sich die weitere Entwicklung und Ausgestaltung der Praktischen Theologie in drei verschiedenen Zusammenhängen vollzogen.

a) Die Praxis der praktisch-theologischen Ausbildung mit Übungen vor allem in der Predigt und der Katechese schuf eine deutliche Verbindung zwischen solchen Veranstaltungen auf den Universitäten und in den Predigerseminaren. Aus beiden Bereichen sind in dieser Periode Gesamtdarstellungen der Praktischen Theologie hervorgegangen, die den jeweiligen Aufgaben und Zielsetzungen Rechnung tragen.

Der reformierte Erlanger J. H. A. Ebrard hat „Vorlesungen über praktische Theologie" (1854) herausgegeben, die ganz an praktikablen Zielen und an der persönlichen Ausbildung des einzelnen orientiert sind. Er versteht die Praktische Theologie als „zweite Hauptgattung" der Theologie, die eine „Fertigkeit" erstrebt, welche durch Regeln begründet wird (1). Entsprechend werden die verschiedenen Gebiete der Praktischen Theologie unter Einschluß der Mission in ihrer Praxis dargestellt, aber doch so interpretiert, daß ein Verständnis dieser Praxis gewonnen werden kann.

Aus der Praxis des Predigerseminars stammt die „Evangelische praktische Theologie" (1869) von W. Otto (Direktor des Seminars zu Herborn). Hier ist die Praktische Theologie „die Wissenschaft von der kirchlichen Pflege des Christentums" (1), die als Wissenschaft im Unterschied zur geistlichen Berufslehre der Pastoraltheologie aus der Theologie selbst hervorgeht und sich anderer und profaner Wissenschaften zu ihrer Hilfe bedient (5 f.). Otto bringt eine große Fülle von empirischem Material (vor allem aus Homiletik, Unterricht und Kirchenrecht) in gewisse Ordnungen und sucht durch Differenzierungen und Regeln das Verständnis der pastoralen Aufgabe zu begründen und zu fördern. Nach dem Urteil Palmers, der das Fehlen der praktisch-theologischen Ekklesiologie rügt, erinnert Ottos Werk an die Pastoraltheologie von dessen Vorgänger L. Hüffell (s. u. S. 168; Palmers Rezension, in: Praktische Theologie, hg.v. G. Krause, 1972, 113 ff.).

Diese Ausrichtung der Praktischen Theologie steht in enger Verbindung mit der Pastoraltheologie, die ihrerseits im 19. Jahrhundert eine letzte und bedeutende Blüte erlebte (s. u. S. 118 ff.). In dieser Gestalt ist die Praktische Theologie an der Ausbildung des einzelnen Studenten oder Kandidaten orientiert mit dem Ziel, daß er das, was allgemeine Praxis der Kirche sein soll, zu seiner Tätigkeit zu machen fähig wird.

b) Die Praktische Theologie ist sodann immer stärker auf den einzelnen Feldern ihrer Arbeit gefördert worden: Homiletik, Poimenik und

Pädagogik haben jeweils eine Literatur hervorgebracht, die sowohl Lehrbücher wie historische Untersuchungen und praktische Anleitungen enthielt. Exemplarisch für diese Entwicklung sind die Homiletik von Chr. Palmer (1842) und die Katechetik von G. v. Zezschwitz (System der christlichen Katechetik, 2 Bde., 1862–1969) geworden, während die Seelsorge zunächst noch im Zusammenhang mit der Pastoraltheologie dargestellt wurde (vgl. A. Vinet, Pastoraltheologie, 1850, dt. 1852).

Die Absichten und Tendenzen, die in dieser Literatur wirksam werden, lassen sich deutlich am Vorwort Palmers zur ersten Auflage seiner Homiletik erkennen. Ausgangspunkt ist die neue Situation: Es wird anders und besser gepredigt, die Praxis hat große Fortschritte gemacht, die Theorie, die dazu wenig beigetragen hat, bedarf jetzt der intensiven Förderung. Die homiletische Theorie freilich ist nicht bloß Anweisung zum Predigen, sie ist Wissenschaft, hat die Idee der Predigt zu entwickeln und deren Realisierung in der Wirklichkeit zu untersuchen. Die Bedeutung der Theorie liegt darin, daß sie „je wissenschaftlicher sie ist, umso praktischer" wird, daß sie der „wirklichen Fertigung eines homiletischen Productes" dient (V ff.).

Hier also ist die Auffassung von Wissenschaft, die das Handeln leitet, an einem spekulativen Begriff orientiert. Bei Zezschwitz ist dieses Verständnis von Wissenschaft schon durch das historische ergänzt. Die Seelsorge ist erst später zum Thema monographischer Bearbeitung geworden (s. u. 168 ff.).

c) Lehrbücher, die das gesamte Gebiet der Praktischen Theologie zum Thema machen, sind in den Jahren nach Nitzschs wegbereitendem Werk kaum erschienen: Die Institutionalisierung der Praktischen Theologie innerhalb der Theologie und an den Fakultäten hat nicht zu einer entsprechenden Darstellung des wissenschaftlichen Selbstbewußtseins der neuen Disziplin geführt. Im Gegenteil: Gerade das Selbstverständnis der Praktischen Theologie als Wissenschaft, dessen Grundlegung Nitzsch beabsichtigt hatte, ließ sich offenbar einer allgemeingültigen Auslegung nicht zuführen. Das hat seinen Ausdruck zunächst in dem Sachverhalt gefunden, daß die Praktische Theologie und ihre Stellung im Kreis der theologischen Wissenschaften zum vordringlichen Thema der in diesen Jahrzehnten in großer Zahl publizierten Enzyklopädien wurde.

Über die theologischen Enzyklopädien orientiert der erwähnte Artikel von G. Hummel in der TRE (9, 726 ff.).

Eine Reihe von enzyklopädischen Werken aus dem 19. Jahrhundert sind bei W. Birnbaum besprochen (Theologische Wandlungen, 64 ff.). Erwähnt seien das umfangreiche Werk von A. F. L. Pelt (Theologische Enzyklopädie als System entwickelt, 1843), der Schleiermacher in einem konservativ-vermittelnden Sinn interpretiert und die vielbeachtete „Enzyklopädie der theologischen Wissenschaften" von K. Rosenkranz (1845), der nach dem Urteil von F. F. Zyro (Versuch einer Revision der christlichen theologischen Enzyklopädik, in: ThStKr, 1837, 689 ff.)

„auf glückliche Weise zwischen dem Schleiermacherschen und dem Hegelschen Geiste vermittelt" (699).

Die Enzyklopädie und die Frage nach dem Verhältnis der Praktischen Theologie zur Theologie überhaupt und zu den Wissenschaften ist zum grundlegenden Thema der Praktischen Theologie selbst geworden und zwar bis zur Gegenwart (s. o. S. 5 ff.). Auch die Gesamtdarstellungen der Praktischen Theologie, die in den Jahrzehnten nach Nitzschs grundlegendem Lehrbuch an die Öffentlichkeit traten, beginnen in der Regel mit den enzyklopädischen Fragen.

Die wichtigsten Lehrbücher aus dieser Periode sind die folgenden: C. B. Moll (Das System der Praktischen Theologie, 1853), ist eine ungewöhnliche spekulativ-konstruierende Darstellung der Kirche als Organismus (1. Teil: Die Physiologie der Kirche), in dem ihre Funktionen ihre Einheit haben. F. Ehrenfeuchter (Die Praktische Theologie, 1859) lehnt sich an Nitzsch an, beginnt (nach den enzyklopädischen Fragen) mit Wesen, Erscheinung und Gegenwart der Kirche und widmet den ersten (und einzigen) Teil der Praktischen Theologie dem „verbreitenden Handeln" (Mission und Katechetik).

Die Werke von G. v. Zezschwitz (System der Praktischen Theologie, 1876) und Th. Harnack (Praktische Theologie, 2 Bde., 1877–1878) sind Zeugnisse der Erlanger neulutherischen Theologie. In ihrem Mittelpunkt steht die Lehre von der Kirche, bei v. Zezschwitz deutlicher, bei Harnack zurückhaltender als Heilsanstalt, deren Lebensäußerungen und Lebensvollzüge Thema der Praktischen Theologie sind. Bei v. Zezschwitz wird die Darstellung der Praktischen Theologie zur Entfaltung der Lehrbegriffe ihrer einzelnen Themen, zur „Wesens- oder Naturlehre" (9), von der die „Kunstlehre" streng zu unterscheiden ist: Die Homiletik als bloße Kunstlehre fehlt daher in diesem Teil der Praktischen Theologie (Harnack und v. Zezschwitz sind auch Mitverfasser im Handbuch der Theologischen Wissenschaften, hg. v. O. Zöckler, Bd. 4, 1885², Praktische Theologie).

Die aus der reformierten Kirche stammende „Praktische Theologie" von J. J. van Oosterzee (2 Bde., dt. 1878–1879) bemüht sich um eine praxisnahe Sammlung und Sichtung von Regeln und Anleitungen. Der „Grundriß der Praktischen Theologie" von K. Knoke (1886) hat in kurzer Zeit mehrere Auflagen erlebt. Hier wird die Praktische Theologie äußerst knapp, aber historisch informativ und sachgemäß aus lutherischer Sicht dargestellt.

Bemerkenswert ist der Sachverhalt, daß vor allem die kirchlich-konservative Richtung der Theologie in der zweiten Hälfte des 19. Jahrhunderts die Praktische Theologie im ganzen zum Thema gemacht hat. Deshalb lassen sich diese Lehrbücher gemeinsam charakterisieren. Sinn und Zweck der Praktischen Theologie werden aus dem Begriff der Theologie selbst abgeleitet: Die Praktische Theologie entsteht (nach v. Zezschwitz, 5) aus dem „Bewußtsein der Kirche von ihrer Aufgabe" und tritt damit neben die historische Theologie (die von der „Wirklichkeit des Christentums in der Welt" handelt) und die spekulative Theologie (die die „Idee wie das

Lebensideal" des Christentums im Bewußtsein hält). Vorherrschend ist ferner überall das Interesse am „System", daran also, die Praktische Theologie nach einem inneren und systematischen Zusammenhang aller Teile aufzubauen. Kennzeichnend ist ferner die deduktive Methode mit dem Versuch, Regeln und Definitionen aus Begriffen abzuleiten. Schließlich ist auch der Biblizismus durchaus gemeinsames Merkmal. Der kirchlich-konservative Standpunkt ist dabei oft mit dem konfessionellen verbunden.

Die anderen Richtungen der Theologie haben ein selbständiges Interesse an der Praktischen Theologie zunächst nicht zur Geltung gebracht. Möglicherweise hat sich in den mehr kritischen Schulen die Auffassung G.J. Plancks erhalten, der 1795 Homiletik und Katechetik nur um der Kandidaten willen empfahl, „die die theoretische Theologie mit irgendwelchem Erfolge zu studieren unfähig sind" (Birnbaum, 1). Freilich hat gegen Ende des 19. Jahrhunderts gerade die kritische Theologie die Praxis des kirchlichen Lebens und der Praktischen Theologie neu entdeckt (s. u. S. 42 ff.). Sie hat dabei andere Wege eingeschlagen als die konservativen Bemühungen um die Praktische Theologie, die ihr Interesse auf den Lehrgehalt konzentrierten, der in den praktisch-theologischen Themen bewahrt schien.

Die katholische Praktische Theologie (Pastoral), die ihr erstes Programm schon 1774 in Österreich (durch St. Rautenstrauch) gefunden hatte, hat im 19. Jahrhundert bedeutende Vertreter hervorgebracht (J.M. Sailer, A. Graf). In jüngster Zeit werden die Aufgaben der Praktischen Theologie ähnlich wie im Protestantismus aufgefaßt.

Als Standardwerk gilt das „Handbuch der Pastoraltheologie" (hg. v. F.X. Arnold, K. Rahner, V. Schurr, L.M. Weber, 4 Bde., 1964–1969). Wichtige historische und praktische Einzelfragen sind behandelt in „Praktische Theologie heute" (hg. v. F. Klostermann u. R. Zerfaß, 1974).

2. Die Praktische Theologie im 20. Jahrhundert

Die konservative Periode der Praktischen Theologie trug den Keim zu ihrer Veränderung schon in sich selbst: Die Orientierung am historischen Wissenschaftsideal, anfangs nur ein Seitenaspekt, trat immer mehr in den Vordergrund. Die Geschichtsauffassung war und blieb dabei rein historistisch. Die historischen Tatsachen hatten ihre Bedeutung in sich selber und boten dem Verstehen keine ernsthaften Probleme. Es kam hinzu, daß diese eigene Bedeutung der Tatsachen gelegentlich noch durch ihren religiösen Charakter erhöht scheinen konnte. Die Geschichte des Katechumenats bietet in der Darstellung durch G. v. Zezschwitz in allen ihren Epochen das Bild der souverän und unbeirrt handelnden und dabei allein ihrem Auftrag verpflichteten Kirche. Diese Entwicklung zum Historismus in der Praktischen Theologie hat ihren Höhepunkt im „Lehrbuch der Praktischen Theologie" von E. Chr. Achelis (1890, 1911[3]) gehabt. Dieses Werk ist unüberboten nicht nur im Blick auf die Fülle des historischen Materials, das hier versammelt ist, sondern auch hinsichtlich der klaren und übersichtlichen Anordnung und Beschreibung.

Achelis teilt im Vorwort zur dritten Auflage in aller Unbefangenheit mit, daß ihm tatsächlich „Historismus" oder gar „Historizismus" vorgeworfen worden sei, daß aber seiner Meinung nach nicht derartige „Ismen", sondern „nur die Historie" gelten soll (VIII). Im übrigen verbindet Achelis die historische Orientierung mit einem ebenso unbefangenen kirchlich-traditionellen Standpunkt, der ihm die Einteilung der Praktischen Theologie nach den ekklesiologischen Begriffen des Apostolikums vorzunehmen erlaubt.

Die intensive und fruchtbare historische Arbeit hat das wissenschaftliche Ansehen der Praktischen Theologie gegen Ende des 19. Jahrhunderts beträchtlich gestärkt. Neben Achelis haben dazu vor allem G. Rietschel (Lehrbuch der Liturgik, 1900), H. A. Köstlin (Die Lehre von der Seelsorge, 1895) und H. Hering (Die Lehre von der Predigt, 1905) beigetragen. Die Praktische Theologie war durch ihre prinzipielle und durch ihre historische Arbeit fest in das Selbstverständnis und in die Ausarbeitung der theologischen Lehre eingegliedert.

Freilich hatte bereits 1886 W. Bornemann zu radikaler Kritik an der „unpraktischen praktischen Theologie" (s. u. S. 131) aufgerufen und der Praktischen Theologie damit eine neue Richtung weisen wollen. Im gleichen Jahr mit dem Werk von Achelis erschien das Lehrbuch der Praktischen Theologie von A. Krauss (1890), das zwar den historischen Fragestellungen durchaus ihr Recht gab, das aber gleichwohl eine neue Zielsetzung für die Praktische Theologie schon andeutete: Die Aufgabe der Praktischen Theologie sollte daran orientiert werden, daß dem Protestantismus „tüchtige Persönlichkeiten" für seinen Kirchendienst nötig sind (36 f.). Damit war eine Entwicklung angebahnt, die innerhalb der folgenden Jahrzehnte das Selbstverständnis der Praktischen Theologie auf neue Grundlagen stellte: Nicht mehr die Ausarbeitung des theologisch-kirchlichen Lehrbegriffs sollte die Aufgabe der Praktischen Theologie bestimmen, sondern die praktische Ausbildung des künftigen Pfarrers für sein Amt und die Bildung seiner Persönlichkeit für seinen Beruf. Dieses neue Programm der Praktischen Theologie hat im Laufe weniger Jahre weithin Zustimmung gefunden. Es ist von O. Baumgarten für die erste Auflage der RGG eindrücklich zusammengefaßt worden:

„Die Bedeutung der Praktischen Theologie erblicken wir in einem dreifachen: a) In der Durchbildung des religiösen Praktikers zu einem charaktervollen Vertreter einer klar erfaßten religiösen Grundstellung. Er soll mehr sein als ein geschickter Routinier, der von einem bewährten Praktiker abguckt, wie er es fertig bringt, seine amtlichen Funktionen erfolgreich zu verrichten; er soll ein innerlich genötigter, seinem Vorsatz treuer Charakter sein, der jeder seiner amtlichen Handlungen den Stempel seines Wesens und damit der Notwendigkeit aufprägt. Das ist der bleibende Segen des wissenschaftlichen Betriebs der Praktischen Theologie. Während der griechische und römische Priester lediglich in dem Tun dessen geschult sein muß, was die Kirche von jeher geordnet und getan hat (Techniker der Tradition), während der Laien- und Sendbruder der Sekten und Gemeinschaften lediglich gewisse sichere Handgriffe auf den Puls des inneren Lebens der anderen eingeübt haben muß (Routinier der Erweckung), muß der praktische Theologe einer protestantischen Gemeinde ein theologischer, intellektueller und praktischer Charakter sein, der die Radien vom Zentrum des christlichen Lebens nach allen Punkten der Peripherie des Weltlebens zu ziehen und in allen Einzelhandlungen die Grundrichtung zu verwirklichen vermag. – b) In der Übung der für die Praxis wesentlichen Kraft des Zusammen- und Gleichnisschauens zwischen den Zeugnissen des urkräftigen, ursprünglichen Auftretens des christlichen Prinzips in der Zeit des Urchristentums und der Reformation und zwischen den Bedürfnissen der kirchlichen Gegenwart. Da gilt es vermöge einer ebenso zeitgeschichtlichen wie religiös wertenden Betrachtung der Quellen und Texte und vermöge eines eindringenden und weitherzig wertenden Verständnisses der religiösen Strömungen und Bedürfnisse der Gegenwart aus jenen Quellen und Texten die bleibend wertvollen Grund- und Zielgedanken der christlichen Religion und Sittlichkeit zu erheben und zu diesen Bewegungen und Bedürfnissen der Gegenwart in Beziehung zu setzen, gleich weit entfernt von Knechtung der Gegenwart unter die anders orientierte Theologie des Urchristentums und der Reformationszeit wie von amerikanischer Überschätzung des bloß Modernen als Maßstabes aller Werte. – c) In der Überwindung des von der Beschäftigung mit der systematischen Theologie nahe gelegten Dogmatismus und Absolutismus einer für alle unterschiedslos gültigen Norm des Denkens und Handelns durch ein stetes Rücksichtnehmen auf die Mannigfaltigkeit der nach Ort, Landschaft und Bevölkerungsgruppen verschiedenen religiösen Nötigungen..." (O. Baumgarten, Art. Praktische Theologie, in: RGG[1], IV, 1725 f.; Praktische Theologie, hg. v. G. Krause, 1972, 276 ff.).

Die Folgen, die sich aus der Orientierung an der Ausbildung für die institutionellen und organisatorischen Aspekte der Praktischen Theologie ergeben mußten, hat P. Drews in seiner Programmschrift „Das Problem der Praktischen Theologie" (1910) zum Thema gemacht. Er schlägt die Aufteilung der Praktischen Theologie vor: In eine Praktische Theologie „für junge Pfarrer" (48), die alle praktischen Fragen und Aufgaben des Pfarrerberufs behandelt und ihren Ort am besten in den Predigerseminaren fände; und in das „akademische Studium der praktischen Theologie"

(54 ff.), das die historischen Themen zu bearbeiten hat (68 ff.), das aber vor allem durch neue Aufgaben und Gebiete zu ergänzen ist: durch eine evangelische Kirchenkunde, durch die religiöse Volkskunde und durch die religiöse Psychologie. Das Ausbildungsprogramm, das der Berufspraxis des Pfarrers gelten soll, führt konsequent zur Integration der Wissenschaften, deren Gegenstände die empirischen Grundlagen dieser Berufspraxis bilden. Damit wird die Praktische Theologie erweitert, und zwar unter Aspekten, die nicht von der Theologie selbst vorgegeben sind, sondern aus der empirischen Wahrnehmung der kirchlichen Aufgaben. Dieses Programm wurde in den ersten Jahrzehnten des Jahrhunderts vielfach diskutiert und ist zur Grundlage für eine Reihe von Gesamtdarstellungen der Praktischen Theologie geworden.

Wichtige monographische Beiträge zu diesen Fragen sind die von W. Frühauf (Praktische Theologie, 1912), E. Sachsse (Einführung in die Praktische Theologie, 1914) und E. von der Goltz (Grundfragen der Praktischen Theologie, 1917).

In den zweieinhalb Jahrzehnten zwischen 1913 und 1938 sind nicht weniger als acht Grundrisse oder Gesamtdarstellungen der Praktischen Theologie erschienen. Den Anfang machte J. Böhmer (Praktische Theologie im Grundriß, Bd. 1 anonym 1913, Bd. 2, 1919), der die Praktische Theologie wesentlich aus der praktischen Erfahrung entwickelt. F. Niebergalls Werk (Praktische Theologie, Lehre von der kirchlichen Gemeindeerziehung auf religionswissenschaftlicher Grundlage, 2 Bde., 1918–1919) verrät deutlich den Willen zur Neubegründung der Praktischen Theologie und sucht das Programm konsequent zu vertreten. Der Grundriß von M. Schian (1921, 1934[3]), der besonders erfolgreich gewesen ist, verbindet vielfältig historisches und praktisches Wissen zu einem noch heute lesenswerten Kompendium. Äußerst knapp und konzentriert ist der (Schian ähnliche) „Grundriß der Praktischen Theologie" von J. Meyer (1923), der die empirischen Hilfswissenschaften bereits einbezieht. Traditioneller ist das zweibändige „System der Praktischen Theologie" von J. Steinbeck (1928) und einfacher in der Darstellung die ebenfalls zweibändige „Praktische Theologie" von E. Pfennigsdorf (1929). W. Bülck skizziert die Praktische Theologie im Rahmen eines Oktavbändchens (1934). Nicht mehr ganz zu dem von Drews formulierten Programm stimmt der „Grundriß der Praktischen Theologie" von L. Fendt (1938–39, 1949[2]): Hier wird wieder an die ältere Praktische Theologie erinnert, besonders an Nitzsch und Harnack, aber auch dem Geist der Zeit Rechnung getragen (z. B. 384 ff.).

Diese Epoche der Praktischen Theologie ist deutlich von gemeinsamen Grundlagen und Zielen geprägt. Die Praktische Theologie begründet ihr Selbstverständnis nicht aus einem allgemeinen Begriff von Theologie oder theologischer Wissenschaft, sondern aus den Aufgaben der kirchlichen Praxis und des Pfarrerberufs. Ihr Programm ist die Ausbildung in dem Sinn, daß aus dem Verständnis des kirchlichen Lebens in seinen sozialen und psychologischen Gründen und Hintergründen eine sachgemäße und wirklichkeitsentsprechende Praxis des kirchlichen Handelns hervorgebracht werden soll. Die Praktische Theologie versteht sich als das Berufswissen des Pfarrers, freilich nicht nur auf äußerliche Weise als bloße Kenntnis des für den Beruf Nötigen, sondern durchaus als das bildende Wissen, das den Beruf durch die Person im ganzen fördert. Deshalb konnte diese Epoche die Zeit der Grundrisse und bündigen Gesamtdarstellungen werden: Das Berufswissen ließ sich sinnvoll zusammenfassen, und je deutlicher seine Strukturen und Konturen wurden, desto eindringlicher ergab sich die Gleichwertigkeit der verschiedenen Arbeitsfelder, die erst gemeinsam die Berufspraxis des evangelischen Pfarrers darstellen.

Im Zusammenhang mit dieser Auffassung von der Praktischen Theologie und ihren Aufgaben sind in dieser Epoche die einzelnen Bereiche der Gemeindearbeit und der pfarramtlichen Praxis zum Gegenstand von Untersuchungen und Anleitungen gemacht worden. Beispielhaft ist die „praktisch-theologische Handbibliothek“ (hg. v. F. Niebergall), die seit 1904 in einzelnen kleinen Bänden vor allem die praktischen Aspekte des Pfarrerberufs erläutern wollte. Einer der letzten Bände ist eine „Kleine Pastoraltheologie“ von F. Niebergall (Die neuen Wege kirchlicher Arbeit, Bd. 28, 1928), in der er sich mit der „Modetheologie“ (32) seiner Zeit und ihrer Bedeutung für die Gemeindepraxis kritisch auseinandersetzt.

Demgegenüber hat K. Barth die Praktische Theologie wiederum aus dem Begriff der Theologie selbst abgeleitet. Er hat damit ein Verständnis erneuert, das die Aufgaben der theologischen Disziplinen aus der Grundorientierung der Theologie und nicht aus von außen gesetzten Zwecken bestimmen will. Fragen der Ausbildung des Pfarrers und seiner Berufspraxis spielen für die Begründung der Theologie und ihrer Disziplinen deshalb keine Rolle. Ihre Begründung hat die Theologie vielmehr in der christlichen „Rede von Gott“, und aus der Wahrnehmung der damit gestellten Aufgabe begründen sich auch die drei Disziplinen der Theologie (KD I, 1, 2 ff.). Vorbereitet war dieses Verständnis der Theologie schon durch die Lehre von den drei Gestalten des Wortes Gottes in der Christlichen Dogmatik von 1927 (37 ff.). Die von Barth aufgestellten enzyklopädischen Grundsätze lassen erkennen, daß ein Interesse an der Darstellung des Gesamtgebietes der Praktischen Theologie sich daraus nicht ergeben würde. Tatsächlich ist denn auch ein Lehrbuch der ganzen Praktischen Theologie aus der Schule Barths nicht hervorgegangen. Andererseits aber war deutlich, daß das Hauptgewicht der Praktischen Theologie auf Predigt und Predigtlehre liegen würde, und daß die anderen großen Gebiete der Praktischen Theologie nur in dem Maße theologische Beachtung finden würden, in dem sie dem Grundbegriff der „Verkündigung“ würden zugeordnet werden können. Das ist denn freilich sowohl für den Unterricht wie für die Seelsorge auch geleistet worden. Vor allem aber wurde die Homiletik als Kerngebiet der Praktischen Theologie ausgearbeitet. Dabei wiederholt sich, was für die Praktische Theologie überhaupt gilt: Sie wird (nicht aus praktischen Aufgaben, sondern) aus dem Grundbegriff hergeleitet. Das ist für die Predigtlehre die Lehre vom Worte Gottes selbst:

„Eine rechte Predigtlehre ist eine Aktualisierung der Lehre vom Worte Gottes. Sie ist mit dieser Lehre nicht identisch. Aber sie ist doch von ihr nicht so trennbar, daß zuerst eine Lehre vom Worte Gottes abgesehen von seiner Gestaltwerdung in der Predigt dargeboten werden könnte oder daß zuerst die „Kategorie der Offenbarung", das „Wesensgefüge" der Botschaft an sich erforscht und dann die Folgerung für die Predigt gezogen werden könnte. Die Lehre vom Worte Gottes darf unseres Erachtens nicht der „Predigtlehre" vorauseilen, sondern muß (auch im methodischen Aufbau sichtbar) in ihr bleiben, um der Predigtlehre selbst ihr theologisches Gewicht zu bewahren" (W. Trillhaas, Evangelische Predigtlehre, Vorwort zur 2. Aufl., 1936, 8; die Zitate beziehen sich auf die Homiletik von H. Schreiner: Die Verkündigung des Wortes Gottes, 1936).

Die enzyklopädische Stellung der Praktischen Theologie ist von E. Thurneysen eingehender erläutert worden. Danach ist die Theologie in ihrer Gesamtaufgabe „aufzufassen als die Lehre vom Worte Gottes". Die historische Theologie erhebt das Wort Gottes aus seinen Urkunden, die Systematische Theologie sucht die mit dem Wort Gottes gegebene christliche Wahrheit in dem ihr eigenen Zusammenhang darzustellen.

„Aber nun gehört es zu dieser Wahrheit, daß sie ihrem Wesen nach selber Wort ist und Wort bleibt, Wort Gottes, und das heißt, sie ist nie anders vorhanden als in der Form eines Aktes, eines Ereignisses, nämlich im Ereignis ihres Gesprochenwerdens, im Akt ihres Ergehens in der Gestalt eines lebendigen Wortes... Man kann vielleicht abkürzend und gewiß nicht ganz unmißverständlich sagen: Diese Wahrheit, die Wahrheit des christlichen Glaubens also, sei eine praktische Wahrheit, das will sagen eine „geschehende Wahrheit", sofern eben dieser Akt ihres je und je neuen Ereigniswerdens von Gott her gemeint ist. Und darum steht neben der historischen und der systematischen Theologie als dritte Gestalt die praktische Theologie, weil und indem der Akt dieses Weiterlaufens des Zeugnisses als solcher Gegenstand einer gesonderten Betrachtung und Belehrung sein will" (Die Lehre von der Seelsorge, 1948, 1957², 9 f.).

Die Aufgabe der Praktischen Theologie ergibt sich also aus dem Wesen des „Wortes Gottes" selbst. Sie ist keine beliebige oder zusätzliche, sondern eine genuine Aufgabe der Theologie überhaupt. Ohne die Praktische wäre die Theologie unvollständig. Damit ist zugleich die Einheit der Praktischen Theologie begründet: Da sie in allen ihren Arbeitsrichtungen doch von der einen und stets gleichen Aufgabe begründet wird, kann es ernsthafte Differenzen im Verständnis oder in den Methoden zwischen diesen Arbeitsrichtungen nicht geben (s. u. S. 56). Andererseits aber schließt diese Begründung der Praktischen Theologie aus, daß praktische oder empirische Zwecke eine andere als höchstens beiläufige Rolle bei der Bestimmung praktisch-theologischer Aufgaben spielen könnten. Die Praktische Theologie ist Berufsbildung für den Pfarrer nur insofern, als dieser Beruf grundsätzlich stets derselbe ist.

3. Die Praktische Theologie in der Gegenwart

Am Ende der jüngsten Epoche ihrer Geschichte ist die Bedeutung, die der Praktischen Theologie sowohl in der Kirche wie in der Theologie überhaupt zugeschrieben wird, größer als je zuvor. Auf allen Gebieten der kirchlichen Praxis werden Leistungen der Praktischen Theologie erwartet, und zwar sowohl für die wissenschaftliche Klärung der praktischen Aufgaben und ihrer Voraussetzungen, wie für die Ausbildung derer, die diese Aufgaben dann wahrnehmen sollen. Einrichtungen, die einzelnen Arbeitsgebieten der Praktischen Theologie, wie etwa der Religionspädagogik oder der Seelsorge, gelten, gehören wie praktisch-theologische Institute, die der Forschung dienen sollen, zum inzwischen selbstverständlichen Bestand in Kirchen und Fakultäten. Die Epoche, in der sich dieser Bedeutungsgewinn entwickelt hat, begann mit dem Endc des Zweiten Weltkriegs und war, äußerlich gesehen, vor allem dadurch gekennzeichnet, daß die großen Arbeitsgebiete der Praktischen Theologie nacheinander in den Vordergrund traten und jeweils für einen eigenen Zeitraum das Bild der praktischen Theologie im ganzen zu bestimmen schienen. Am Anfang dieser Epoche stand die Vorherrschaft der Homiletik. Sie war die zentrale Disziplin, an der alle anderen Fächer der Praktischen Theologie sich auszurichten hatten. Im weiteren Umkreis der Homiletik wurden vor allem exegetische und hermeneutische Fragen diskutiert. Probleme, die nicht zu diesem Kanon gehörten, kamen kaum in Betracht. Schon in den fünfziger Jahren aber begann die Religionspädagogik die Aufmerksamkeit auf sich zu ziehen. Die Aufgaben, die mit dem kirchlichen und dem schulischen Religionsunterricht gestellt waren, gewannen an Gewicht und an allgemeinem Interesse. Wechselnde Programme zur Verbesserung und zum Verständnis des Religionsunterrichts wurden diskutiert und Institutionen zur Förderung der Unterrichtspraxis überall eingerichtet. Eine entsprechende Literatur zu religionspädagogischen Themen wuchs schnell und in großer Breite. Freilich ist bereits ein knappes Jahrzehnt später die Seelsorge zum vordringlichen und hauptsächlich diskutierten Thema in der Praktischen Theologie und in der entsprechenden kirchlichen Arbeit geworden. Die Bekanntschaft mit der amerikanischen Seelsorgebewegung und die Konjunktur von Psychologie und Tiefenpsychologie trugen dazu bei, daß auch auf diesem Gebiet kirchliche Einrichtungen, Ausbildungsgänge und eine literarische Produktion von großem Ausmaß entstanden. Das Seelsorgethema ist lange vorherrschend gewesen. Dazu hat nicht zuletzt die Arbeit der Deutschen Gesellschaft für Pastoralpsychologie beigetragen. Wenn indessen die Anzeichen nicht trügen, steht ein weiterer Wechsel bevor: Die Homiletik scheint wieder, wenn auch in neuer Gestalt, an Interesse zu gewinnen und könnte erneut zum leitenden Thema der Praktischen Theologie werden.

In diesem Wechsel der Hauptthemen in der Praktischen Theologie kommen Veränderungen zum Ausdruck, die das allgemeine Lebensgefühl und das kirchlich-theologische Bewußtsein betreffen. Es war vor allem die Wende zur Erfahrungswelt, die ein verändertes Verständnis der Praktischen Theologie begründet hat. Die Wende zur Erfahrungswelt bezeichnet das Aufkommen der Erwartung, daß auf allen Gebieten des Lebens durch Praxis und also durch planvolles Handeln Verbesserungen der Bedingungen unserer Existenz möglich sein werden. Die Epoche, die durch jene Wende begonnen wurde, ist bestimmt von der Hoffnung darauf, daß im Blick sowohl auf äußere Umstände wie auf menschliche Verhältnisse und Beziehungen durch absichtsvolles Eingreifen Wandel und Veränderung zum Guten geschaffen werden kann.

Anschauliche Dokumente des in dieser Epoche hervortretenden Denkens bietet die Debatte über die Reform der theologischen Ausbildung. Die Erwartungen an die Leistungsfähigkeit der Praktischen Theologie sind eindrücklich skizziert in einem „Plädoyer für eine neue Praktische Theologie“ (Reform der theologischen Ausbildung, hg. v. H.E. Hess u. H.E. Tödt, Bd. 3, 1969, 65 ff.). Zur Deutung dieser Epoche vgl. F.H. Tenbruck (Kritik der planenden Vernunft, 1972).

Am Anfang dieser Epoche sind zwei Grundrisse der Praktischen Theologie erschienen, an denen die leitenden Tendenzen dieser Jahre des Übergangs deutlich hervortreten. Das Buch von A.D. Müller (Grundriß der Praktischen Theologie, 1950) gehört noch ganz der älteren Zeit an: Hier wird noch einmal die Tradition der Praktischen Theologie erneuert, die das Urbild der Kirche zum Maßstab ihrer heutigen Praxis macht (27 ff.) und die die Homiletik als zentrale Aufgabe der Praktischen Theologie versteht (159 ff.), obwohl dem Verfasser viel am ganzen Lebenszusammenhang des christlichen Daseins gelegen ist (166). Diese Tendenz, die der empirischen Praxis der Kirche ihr eigenes Gewicht zu geben unternimmt, ist bereits deutlicher bei O. Haendler ausgeprägt (Grundriß der Praktischen Theologie, 1957). Haendler bezeichnet seine

Absichten mit der (wohl nicht ganz eindeutigen) Formel „Strukturtheologie der Kirche" und sucht, wie schon in der Predigtlehre, vielfältig die Verbindung mit der Psychologie zu nutzen, wenn er auch nicht grundsätzlich über den traditionellen Rahmen der Praktischen Theologie hinausgeht. So bilden sich im Buch von A. D. Müller die ältere und in dem von Haendler die Anfänge der neuen Epoche der Praktischen Theologie ab.

Die Veränderungen in der jüngsten Geschichte der Praktischen Theologie sind freilich nicht primär aus ihr selbst hervorgegangen. Sie sind vielmehr auf Einflüsse und Einwirkungen von außen zurückzuführen. Die Erwartungen an die Leistungen und die Leistungsfähigkeit der Praktischen Theologie haben sich im allgemeinen kirchlich-theologischen Bewußtsein gebildet und sind als Aufgaben oder Zielsetzungen der Praktischen Theologie gegenüber zur Geltung gebracht worden (vgl. o. S. 42 f.). Es handelt sich also nicht um Programme oder Vorhaben, die die Praktische Theologie aus ihrem Begriff abgeleitet hätte. Gleichwohl hat sie diese neuen Themen und Entwicklungen der Praxis als ihre Aufgaben angesehen und wahrgenommen. Die neuen Wege der Religionspädagogik wie der Poimenik sind alsbald selbstverständliche Arbeitsbereiche der Praktischen Theologie geworden.

Die Abfolge, nach der die Praxis der Praktischen Theologie immer schon vorauslag, hatte allerdings die Konsequenz, daß darin zunächst Einzelaufgaben oder doch begrenzte Arbeitsformen gesehen wurden, die eine eigene und selbständige Wahrnehmung als Spezialgebiet der Praktischen Theologie zu verlangen schienen. Tatsächlich hat gerade diese Epoche mit ihren besonderen Thematisierungen erheblich zur Spezialisierung in der Praktischen Theologie beigetragen. Die Vorstellung war verbreitet, daß innerhalb dieser Spezialgebiete nicht nur die praktischen, sondern auch die theologischen Grundfragen gesondert behandelt werden müßten. Damit aber ging der Zusammenhang der Praktischen Theologie im ganzen und ihrer Fächer untereinander immer mehr verloren (vgl. u. S. 55 f.).

Es war vor allem der Sachverhalt, daß die Entwicklungen und Differenzierungen der Praktischen Theologie sich nach äußeren Bedürfnissen und unter äußeren Einflüssen vollzogen, der zur Problematisierung des Selbstverständnisses der Praktischen Theologie führen mußte. M. Doerne hat 1965 auf diese Fragen aufmerksam gemacht mit dem Hinweis, daß Praktische Theologie „eine bloße Rahmenformel für die zunehmend verselbständigten Hauptthemen der kirchlichen Praxis geworden" sei (Zum gegenwärtigen Stand der Praktischen Theologie, in: Kirche –

Theologie – Frömmigkeit, Festgabe für G. Holtz; abgedr. bei G. Krause, Praktische Theologie, 400). Diese Vorgänge innerhalb der Praxis der Praktischen Theologie haben das Selbstverständnis und den Begriff der Praktischen Theologie zum Thema von ausgedehnten Debatten mit sehr unterschiedlichen Beiträgen gemacht. Dabei sind verschiedene Fragestellungen zur Geltung gebracht worden, die sich – summarisch und vereinfacht – auf folgende Weise skizzieren lassen.

a) Die Frage nach dem Selbstverständnis der Praktischen Theologie ist zunächst als Frage nach der theologischen Legitimation der praktisch-theologischen Aufgaben entfaltet worden. In diesem Sinn hat H. Schröer den Begriff theologia applicata zu erneuern gesucht, um der Verbindung von theologischer Reflexion und kirchlicher Praxis eine Formel zu bieten (PTh 53, 1964, 389 ff.). Diese Anregungen sind von M. Fischer aufgenommen und fortgeführt worden (Das Selbstverständnis der Theologie und das praktisch-theologische Studium, in: PTh 55, 1966, 135 ff.). Fischer versteht die Praktische Theologie als die Aufgabe, die Theologie überhaupt praxisfähig zu machen und zugleich die kirchliche Praxis kritisch zu prüfen (145 ff.). Er beruft sich dabei einerseits auf L. Fendt und andererseits auf R. Bohren.

Fendt hatte schon 1931 die Praktische Theologie als „Fortsetzungs-Theologie" und als „Wissenschaft von dem Aktuell-Werden und Aktuell-Sein der Gesamttheologie" bezeichnet (Die Stellung der Praktischen Theologie im System der theologischen Wissenschaften, 1932, 25 ff.). R. Bohren hat diese Formel aufgenommen (Einführung, 14), um die Aufgabe der Praktischen Theologie als kritische Kontrolle sowohl der praktischen Relevanz der Theologie wie der theologischen Relevanz der kirchlichen Praxis zu beschreiben. Offen mußte freilich bleiben, wie derartige kritische Ansprüche der Praktischen Theologie durchsetzbar sein würden. – Bohren hat die Praktische Theologie später unter ganz anderen Gesichtspunkten dargestellt (Daß Gott schön werde, 1975). Diese „theologische Ästhetik" ist freilich wohl nur für Eingeweihte zugänglich: Außenstehenden erschließen sich die Bildreden nicht von sich aus.

Das grundlegende Argument bei dieser Bemühung um die theologische Legitimation der Praktischen Theologie geht dahin, der Praktischen Theologie als ausdrückliche Aufgabe zuzuschreiben, was die Gesamttheologie implizit nicht weniger bestimmt: die Aktualität ihrer Arbeit und deren Bedeutung für die Praxis des kirchlichen Lebens. In diesem Sinn hat sich M. Seitz geäußert: Die Praktische Theologie „ist Wissenschaft von der Aktualisierung des Christusgeschehens in der Welt", sie hält der Theologie insgesamt ihre „praktische Relevanz" in Erinnerung (Die Aufgabe der Praktischen Theologie, in: E. Jüngel, K. Rahner, M. Seitz [Hg.], Praktische Theologie, 79). Die Praktische Theologie wird damit aus der

Aufgabe der Theologie überhaupt begründet. Eine Stellungnahme zu den sich immer stärker differenzierenden Aufgaben und Arbeitsfeldern der Praktischen Theologie ist darin freilich nicht schon enthalten.

b) In veränderter Form hat W. Jetter diese Argumentation aufgenommen: Die Praktische Theologie entsteht durch das „Interesse am kirchlichen Dienst" und empfängt von daher nicht nur ihre Aufgaben, sondern auch ihre Legitimation. Der „kirchliche Dienst" ist damit zugleich Voraussetzung und Gegenstand der Praktischen Theologie (Die Praktische Theologie, in: ZThK 64, 1967, 466f.). Von dieser Grundlegung aus wird die Auffächerung der Praktischen Theologie als Existenzproblem ihrer selbst in den Blick genommen (470).

Eine gründliche und sorgfältige Analyse dieses Grundproblems der Praktischen Theologie gibt J. Henkys im prinzipiellen Teil des „Handbuchs der Praktischen Theologie" (I, 11 ff.). Sein Ergebnis lautet:

„Ob und wie die Praktische Theologie sich auch künftig noch als Einheit wird darstellen können, ist eine offene, aber zweitrangige Frage. Ihre Bindung an die mobilen und zu mobilisierenden Arbeitsformen einer Kirche für Zeitgenossen spricht gegen ein starkes System ihrer Teildisziplinen. Ihre Mitverantwortung für die theologische Basierung des kirchlichen Handelns spricht gegen deren völlige Verselbständigung" (45).

Dieses Ergebnis entsteht zunächst aus der Einsicht, daß die Teildisziplinen der Praktischen Theologie sich nicht deduktiv aus einem Grundbegriff ableiten lassen, daß sie vielmehr ihre eigene Legitimation und ihre relative Selbständigkeit aus dem kirchlichen Leben empfangen; sodann aber gehört zu diesem Ergebnis die Erinnerung an Luthers Einteilung solcher Aufgaben (BSLK 449), die zeigen soll, daß „das Evangelium nicht auf jede beliebige Weise, sondern in einer sehr bestimmten Gestaltenvielfalt zu uns kommt" (47). Danach muß die Praktische Theologie sowohl aus den Vorgaben der kirchlichen Praxis wie aus den Kriterien der Theologie bestimmt werden.

Ähnlich ist die These zu verstehen, in der G. Krusche die Aufgaben der Praktischen Theologie zusammengefaßt hat:

„Die Praktische Theologie dient im Ensemble der theologischen Disziplinen der wissenschaftlichen Reflexion der kirchlichen Wirklichkeit in der Verpflichtung gegenüber der geschichtlichen Tradition unter den Bedingungen der gegenwärtigen Situation zum Zwecke der Ermöglichung kirchlichen Handelns angesichts künftiger Entwicklungen. Im Vollzug ihrer Arbeit dient sie zusammen mit anderen theologischen Disziplinen der theologischen Ausbildung von kirchlichen Amtsträgern" (Die Kirche als Gegenstand der Praktischen Theologie, in: Theologie und Kirchenleitung, FS für Martin Fischer, 1976, 142).

Auch hier wird „die kirchliche Wirklichkeit“ als Gegenstand und Voraussetzung der in die Gesamttheologie einbezogenen Praktischen Theologie verstanden. Zudem aber wird hier zugleich an die Ausbildungsfunktion der Praktischen Theologie (und damit an eine frühere Epoche ihrer Geschichte, s. o. S. 22 f.) erinnert.

Im Zusammenhang dieser Argumentation ist offenbar auch das Programm zu verstehen, das E. Hübner jetzt in eingehender und umfänglicher Begründung vorgelegt hat (Theologie und Empirie). Hier werden bereits im Begriff der Kirche selbst die doppelten Strukturen aufgesucht, die, empirisch und theologisch zugleich, deren evangelisches Verständnis kennzeichnen. Die Praktische Theologie erhält dabei ihre Begründung und ihre Legitimation durch die Aufgabe „funktionale theologische Theorie der Kirche“ zu sein (292).

c) Eine ganz andere Art der Legitimationsbemühung geht von der Bedeutung und von den Funktionen aus, die der religiösen Praxis in Kirche und Gesellschaft tatsächlich zugeschrieben werden müssen und die in ihren Einzelheiten durch empirische Untersuchungen in bestimmter Weise erhoben werden können. Die Praktische Theologie gewinnt ihre Bedeutung durch die ihres Gegenstandes. Derartige Frage- und Aufgabenstellungen der Praktischen Theologie sind als „funktionale Theorie“ bekannt geworden. Insbesondere ist dieses Programm durch K. W. Dahm vertreten worden (Beruf Pfarrer, 1971, 99 ff.). Es handelt sich hier um Argumente, die den Wissenschaftscharakter der Praktischen Theologie zum Thema machen: Die Praktische Theologie wird als Wissenschaft oder als Theorie begriffen und darin jeweils auf bestimmte Weise erläutert. In diesen Zusammenhang gehört auch der Versuch, die Praktische Theologie als „Handlungswissenschaft“ zu interpretieren (s. o. S. 7).

K. F. Daiber hat dieses Konzept in kritischer Auseinandersetzung mit der einschlägigen Literatur eingehend erläutert (Grundriß). Einer der Kernaspekte ist dabei „die Verknüpfung theologischer und sozialwissenschaftlicher Erfahrung“ (112), die sowohl im Einzelfall wie im Grundsätzlichen geleistet werden soll. Im ganzen ist Daibers Programm noch mehr der Entwurf einer künftigen Praktischen Theologie als die Darstellung einer bereits fertigen.

In einem weiteren Zusammenhang ist mit diesem Entwurf offenbar auch das Programm verbunden, das dem „Handbuch der Praktischen Theologie“ (Bd. 2, 1981; Bd. 3, 1984) zugrunde liegt. Praktische und sozialwissenschaftlich erläuterte Handlungsziele sollen hier mit den Lehrtraditionen der Kirche und mit der Theologie verknüpft werden (Bd. 2, 8). Eine genauere Selbstdarstellung des Programms darf vom geplanten Bd. 1 erwartet werden.

d) Im Jahre 1971 ist der Vorschlag entstanden, die Praktische Theologie an der politischen und zwar an der „neomarxistischen Theorie“ zu orientieren (B. Päschke, Praktische Theologie als kritische Handlungswissenschaft, in: ThPr VI, 1971, 1 ff.). Leitend war dabei offensichtlich der Gedanke, daß die politische Theorie sich gerade in der Form, die sie als kritische Theorie in der Frankfurter Schule erhalten hatte, mit den religiös verstandenen Grundbegriffen wie Emanzipation, Aufklärung und Mündigkeit (5) zur Deckung bringen lassen werde. Für die erwartete Praxis wurde dabei der Unterschied zwischen dem Politischen und dem Religiösen belanglos (10).

Daran anknüpfend hat G. Otto die Praktische Theologie als „kritische Theorie" zu deuten versucht (PThH, 1975², 9 ff.). Über skizzenhafte Hinweise hinaus ist dieses Vorhaben offenbar bisher noch nicht weiter gefördert worden (s. o. S. 21). In einer kritischen Auseinandersetzung mit Otto hat M. Josuttis (Praxis des Evangeliums zwischen Politik und Religion, 1974, 253 ff.) geltend gemacht, daß die Kirche vom Evangelium her (und nicht von der Gesellschaft aus) verstanden werden müsse (263). Eine Verknüpfung von „kritischer Theorie" und „Handlungswissenschaft" sucht G. Lämmermann zu begründen (Praktische Theologie).

Der Kreis dieser Interpretationen zeigt, daß sich in der Praktischen Theologie naturgemäß die Richtungen widerspiegeln, die in der Theologie im ganzen eine Rolle spielen. Die Vielfalt der Vorschläge, die für das Selbstverständnis der Praktischen Theologie gemacht werden, ist indessen noch einmal ein Hinweis auf den Differenzierungsprozeß, dem die Praktische Theologie in den letzten Jahrzehnten ausgesetzt war. Andererseits aber ist die Praxis der Praktischen Theologie durchaus nicht von den Widersprüchen dieser vielfältigen Deutungsvorschläge gekennzeichnet. Diese Praxis ist offenbar jenseits der Differenzierungsprozesse begründet. Sie entsteht aus der geschichtlichen Situation des neuzeitlichen Christentums und bildet darin erst den sachgemäßen Horizont für die Frage nach dem Selbstverständnis der Praktischen Theologie in der Gegenwart.

§ 4 Einheit und Aufbau der Praktischen Theologie

1. Die Einheit der Praktischen Theologie

Die Einheit der Praktischen Theologie ist eine notwendige Voraussetzung für das zusammenstimmende Handeln auf allen Gebieten der kirchlichen Praxis. Erst die Einheit der Praktischen Theologie ist die Bedingung der Möglichkeit für die Identität, in der der Handelnde bei allen Tätigkeiten, die ihm im Namen des Christentums und im Auftrag der Kirche übertragen werden, der Übereinstimmung mit sich selbst im Blick auf diesen Beruf gewiß bleiben kann. Ohne die Einheit und die Vereinigung im Begriff der Praktischen Theologie wären die verschiedenen Funktionen des kirchlichen Amtes hinsichtlich ihrer Begründungen sich selbst überlassen und darin begrenzt und isoliert und beziehungslos. Sie wären einer Verselbständigung ausgesetzt, die ihre Ziele und Gründe primär nicht aus der Auslegung der kirchlichen Aufgabe, sondern in sich selbst hätten. Derartige Begründungen einzelner Aufgaben könnten auf ihre Weise stichhaltig sein. Sie würden jedoch nur eine jeweils einzelne Rolle definieren und damit gerade den Zusammenhang der unter sich verschiedenen Aufgaben außer Betracht lassen. In ihnen könnte sich deshalb zwar fachliche Kompetenz oder auch der gute Wille der einzelnen religiösen Persönlichkeit zur Geltung bringen, sie würden jedoch nicht auf die christliche Kirche verweisen und in jeder der verschiedenen Tätigkeiten und Funktionen eben diese Kirche repräsentieren, in deren Auftrag und als deren Dienst sie doch geschehen. Insofern liegt in der Einheit der Praktischen Theologie die Begründung der kirchlichen Identität für die praktisch sehr unterschiedlichen Aufgaben und Tätigkeiten, die im Rahmen des Pfarrerberufs auszuführen sind.

Das Problem der kirchlichen Identität stellt sich in der Regel auf solchen Gebieten der kirchlichen Praxis, die nicht, wie etwa die Predigt, ohne direkte Parallele in der Praxis des gesellschaftlichen und kulturellen Lebens sind. Hier zeigt sich, daß solche Aufgabengebiete, die zweifellos Themen der christlichen Ethik sind, nicht schon deshalb als Aufgaben der Praktischen Theologie verstanden werden können. Der Zusammenhang kirchlicher Aufgaben ist nicht einfach mit dem der christlichen Lebensführung identisch: Dieser soll vielmehr durch jenen erst begründet und gefördert werden.

Die Einheit der Praktischen Theologie ist seit C. I. Nitzsch eine der selbstverständlichen und grundlegenden Voraussetzungen ihrer Theoriebildung gewesen. Für Schleiermacher kam das Problem noch nicht in Betracht. Der Zusammenhang der Praktischen Theologie als „technischer Disziplin“ war ihr insofern vorgegeben, als für sie die richtige Fassung ihrer Aufgaben immer schon vorausgesetzt ist (s. o. S. 6 ff.). Nitzsch dagegen hat das Thema ausdrücklich aufgenommen und seinem System der Praktischen Theologie zugrunde gelegt. Die Praktische Theologie, die hier „Theorie der kirchlichen Ausübung des Christentums“ ist (s. o. S. 11 ff.), hat die Aufgabe, das Leben der Kirche aus seinem urbildlichen Begriff, wie er im Wesen des Christentums liegt, zu entwickeln. Dabei zeigt sich, daß dieses kirchliche Leben aus bestimmten Tätigkeiten schon hervorgegangen ist und weiterhin aus solchen Tätigkeiten besteht. Alle diese Tätigkeiten aber haben ihre Einheit in der einen Gemeinde, aus der sie hervorgehen (Praktische Theologie, Bd. 1, 204). Wie das kirchliche Leben, so wird auch die ihm zugrunde liegende Tätigkeit aus der Idee (oder dem „urbildlichen Begriff") und also spekulativ abgeleitet. Nitzsch hat mit dieser Begründung für die Einheit der Praktischen Theologie ein Programm vorgelegt, das im 19. Jahrhundert vielfach Nachfolge gefunden hat. So ist etwa bei v. Zezschwitz die Einheit der Praktischen Theologie unmittelbare Folge der Einheit der Kirche, deren Selbstbetätigung zur „Fortbewegung zwischen Wesensanlage und vollendetem Lebensziele" den Gegenstand und den Inhalt des Systems der Praktischen Theologie bildet (System, 8).

In anderer Weise hat die historische Richtung in der Praktischen Theologie des 19. Jahrhunderts ihre Einheit begründet gefunden. Die Differenzierung der kirchlichen Praxis wird hier als Folge der geschichtlichen Begründung und der Entfaltung des kirchlichen Lebens selbst angesehen. Die Einheit der kirchlichen Tätigkeiten besteht danach in der Einheit der Kirche, die diese Tätigkeiten hervorgebracht hat. So wird die Einheit nicht (spekulativ) ermittelt, sondern vorausgesetzt und vom umfassenden und gemeinsamen Zweck der Tätigkeiten her verstanden. Ein typisches Beispiel dieser Auffassung bietet schon W. Otto:

„Die kirchliche Pflege des Christentums vermittelt sich durch Tätigkeiten, welche die Verwirklichung des Christentums, als eines Lebens in der Gemeinschaft mit Gott durch Christum zum Zwecke haben. Diese Tätigkeiten sind der Gegenstand der Einteilung der Praktischen Theologie. Sie sollen aber nicht erst aus der von geschichtlichen Tatsachen losgetrennten Betrachtung ihres Zweckes hervorgebracht werden. Sie bestehen bereits und sind wirksam. Sie sind teils bei der Gründung des Christentums durch den Willen des Herrn angeordnet, teils infolge der Entwicklung der Kirche je nach den gewordenen Zuständen derselben als Brauch und Gesetz hervorgetreten. Es kann sich jedoch bei der Einteilung nicht bloß darum handeln, die durch Stiftung, Brauch und Gesetz tatsächlich bestehenden für eine bequeme Behandlung zu sondern und zu ordnen. Die Behandlung soll nämlich mit der Darstellung derselben als bestehender zugleich ihr Verhältnis zu ihrem Zwecke zum Gegenstand der Betrachtung machen, ihren Grund nachweisen und darnach die Art und Weise ihrer Ausübung unter Berücksichtigung der gegebenen Zustände bestimmen" (Evangelische Praktische Theologie, Bd. 1, 25).

Im 20. Jahrhundert hat sich immer deutlicher die Spezialisierung der praktisch-theologischen Arbeitsbereiche herausgebildet, deren Interesse vor allem an der Kompetenz im besonderen Fach orientiert war. Diese Tendenz wurde lebhaft unterstützt durch die kritische Distanz den spekulativen Systembildungen gegenüber, die vor allem von der historischen Richtung zur Geltung gebracht wurde. Hier hat sich das spezialisierte Interesse zuerst durchgesetzt und sich in Lehrbüchern der historischen

Homiletik und der historischen Poimenik dokumentiert. Auch auf religionspädagogischem Gebiet hat sich die Verselbständigung des Faches mit den Reformtendenzen am Beginn des Jahrhunderts durchgesetzt (R. Kabisch, Wie lehren wir Religion? 1910).

Demgegenüber hat die dialektische Theologie das konsequente Programm einer einheitlichen und geschlossenen Praktischen Theologie erneuert. Es bestand in dem einfachen Satz, daß kirchliches Handeln, gleich auf welchem Gebiet, stets und allein „Verkündigung des Wortes Gottes" zu sein habe. Eine zusammenfassende Darstellung der Praktischen Theologie ist auf diesem Boden nicht entstanden. Aber die drei großen praktisch-theologischen Aufgabengebiete haben jeweils eine eindrückliche Bearbeitung aus dieser Sicht gefunden.

Zu nennen sind hier vor allem G. Bohne (Das Wort Gottes und der Unterricht, 1929); W. Trillhaas (Evangelische Predigtlehre, 1935); E. Thurneysen (Die Lehre von der Seelsorge, 1948).

Dieses Programm der Praktischen Theologie hat ohne Zweifel weitgehende Wirkungen für das kirchliche und das berufliche Identitätsbewußtsein der von ihm geprägten Pfarrerschaft entfaltet. Auf diesem Boden konnte nicht strittig sein, worin die kirchliche Aufgabe bestand und wie sie auszuführen war. Die Gewißheit der Übereinstimmung mit dem kirchlichen Auftrag sowohl wie mit sich selbst war verläßlich und eindeutig. Freilich bestand das Programm für die Praktische Theologie in einer These, deren Geltung und Wirkung abhängig war von der Konsequenz mit der ausgeschlossen blieb, was nicht zugelassen sein sollte. Ausgeschlossen aber sollte alles sein, was nicht „Verkündigung" war: Alles bloß „Menschliche", auch „das fromme Menschliche" (E. Thurneysen, Rechtfertigung und Seelsorge, in: ZZ 6, 1928, 199) und also jede Rücksicht auf bloße Erfahrung oder erfahrungswissenschaftliche Einsichten und Methoden aus Psychologie, Soziologie oder Pädagogik. Indessen hat sich gezeigt, daß sich trotz aller Bedeutung, die dieses Programm für die Lebens- und Berufspraxis des Pfarrers gewinnen konnte, die Ausklammerung der Erfahrung und der Rücksicht auf empirische Einsichten und Handlungsmethoden nicht durchhalten ließ. Das „Menschliche" brachte sich erneut zur Geltung, und zwar in Gestalt vielfacher wissenschaftlicher und empirisch geleiteter Methoden und Programme für alle Bereiche des kirchlichen Handelns. Die Spezialisierung der kirchlichen Berufe überhaupt und des Pfarrerberufs selbst erreichte jetzt erst ihren Höhepunkt. Die Professionalisierung von Einzelaufgaben rückte geradezu in den Vordergrund der kirchlichen Ausbildung. Demgegenüber wurde der Zusammenhang der Arbeitsformen, der Tätigkeiten und Aufgaben aus dem Auge verloren. Das Problem der Einheit sowohl der Praxis wie der Praktischen Theologie verlor an Bedeutung angesichts der neuen Differenzierungen und Spezialisierungen und vor allem angesichts der Resultate, die dabei erhofft wurden.

Solche Resultate freilich lassen sich nicht objektiv vermitteln. Die Ergebnisse der einzelnen Tätigkeiten des Pfarrerberufs können nicht statistisch aufgenommen und Vergleichen zugeführt werden. Es steht vielmehr fest, daß die Einführung von neuen Methoden, Spezialisierungen und Sonderausbildungen gerade nicht zu einem meßbaren Unterschied gegenüber herkömmlichen Arbeitsformen im Pfarramt führt. Es gibt keine erfaßbaren Effizienzsteigerungen etwa in der Seelsorge oder im Religionsunterricht durch neue und weiter spezialisierte Ausbildungen und Methoden. Die Aneignung aller möglichen Ausbildungen wird nicht durch den Effekt, sondern durch die Verantwortung geboten. Hier gilt, was Schleiermacher von der gesamten Praktischen Theologie gesagt hat: Sie ist „des Gewissens wegen nötig" (Praktische Theologie, 5) und also deshalb, weil die Verpflichtung besteht und erkannt sein muß, alles Erreichbare sich anzueignen, um die eigenen Fähigkeiten zu fördern. In den Bereich dieser Selbstverantwortung des Pfarrers gehört freilich auch die Frage nach Einheit und Zusammenhang der Tätigkeiten, die seines Amtes sind.

Ein zusammenstimmendes Handeln auf allen unterschiedlichen Gebieten der kirchlichen Praxis wird sich nicht durch abstrakte Postulate herstellen lassen. Die Frage, wie so verschieden erscheinende Tätigkeiten zusammengehören und worin sie ihre Einheit haben, kann nur so beantwortet werden, daß diese Einheit aufgedeckt und also vorausgesetzt wird. Die Praktische Theologie könnte nicht Widersprüche, die tatsächlich bestehen, aufheben, aber sie kann Beziehungen und Verbindungen, die unkenntlich geworden und verdeckt sind, aufklären und an den Tag bringen. Innerhalb der kirchlichen Praxis scheinen die drei großen Gebiete, auf denen sie sich vollzieht, durch ihre Verselbständigung in vieler Hinsicht die Beziehung aufeinander verloren zu haben. Zumindest spielt diese Beziehung für das Selbstverständnis von Homiletik, Seelsorge und Religionspädagogik keine offensichtliche und begründende Rolle. Für die Ausarbeitung von Theorie und Praxis auf ihrem jeweils eigenen Felde sind die jeweils anderen Gebiete nicht von Bedeutung, und gelegentliche Beiträge zu solchen Ausarbeitungen, die die Beziehung ausdrücklich machen sollen, heben am Ende die tatsächliche Isolierung nur noch hervor (vgl. z. B. Chr. Möller, Seelsorglich predigen, 1983). Die Aufgabe der Praktischen Theologie muß deshalb darin bestehen, nach der Einheit zu fragen, die den einzelnen Gebieten der kirchlichen Praxis vorausliegt und sie gerade in ihrer relativen Selbständigkeit und Unabhängigkeit voneinander miteinander verbindet.

Die Einheit der kirchlichen Praxis besteht darin, daß ihre drei großen und klassischen Arbeitsgebiete den drei Gestalten des Christentums in der Neuzeit entsprechen, und daß in dieser jeweils gleichen Beziehung auch ihr prinzipieller Zusammenhang liegt. Erst innerhalb der dreifachen Konfiguration des neuzeitlichen Christentums haben sich die drei Grundformen der kirchlichen Praxis zu ihrer modernen Selbständigkeit entwickelt. Sie bilden deshalb auf ihre Weise diese Konfiguration ab und tragen wesentlich zu ihr bei. Im einzelnen ist die Entsprechung die, daß die Predigt dem kirchlichen Christentum, die Seelsorge dem individuellen oder privaten Christentum und der Unterricht dem öffentlichen oder gesellschaftlichen Christentum zugeordnet sind.

Das neuzeitliche Christentum ist deshalb ein grundlegendes Thema der Praktischen Theologie. Es wird im 1. Kapitel (§ 6) zu behandeln sein. „Die dreifache Gestalt des Christentums in der Neuzeit“ bildet dort den Eingangsteil.

Die Grundformen der kirchlichen Praxis haben also einerseits die Besonderheiten ihrer Eigengeschichte, andererseits ihre Beziehung zueinander durch ihre gemeinsame Beziehung auf das neuzeitliche Christentum. Ihre Einheit in der Praxis besteht in der Vermittlung, die in diesen Relationen beschlossen ist. Entsprechend gewinnt die Praktische Theologie ihre Einheit durch die Rekonstruktion dessen, was ihr als geschichtliche Praxis der Kirche vorausliegt. Die Praktische Theologie vermag die unterschiedlichen Grundformen des kirchlichen Handelns in dem Maße zusammenfassend zu begreifen und zusammenstimmend darzustellen, in dem sie sich dafür an der differenzierten Erscheinungsform des neuzeitlichen Christentums orientiert.

Im Blick auf die Aufgaben und die verschiedenen Tendenzen in der Religionspädagogik hat K. E. Nipkow eine Darstellung vorgeschlagen, die ebenfalls am gegenwärtigen Christentum und an dessen dreifacher Konfiguration orientiert ist (Grundfragen der Religionspädagogik, Bd. 2, 1975, 101 f.; 130 f.; 160 f.; vgl. dazu das Nähere unten § 36). Auch in der Seelsorgelehre reflektieren sich die drei Perspektiven der christlichen Neuzeit und der kirchlichen Praxis (s. u. S. 182 ff.).

Bei W. Gräb und D. Korsch (Selbsttätiger Glaube, 1985) wird die Einheit der Praktischen Theologie durch die Beziehung der kirchlichen Praxis auf die Rechtfertigungslehre überzeugend begründet.

2. Der Aufbau der Praktischen Theologie

Durch die prinzipielle Orientierung an der differenzierten Gestalt des neuzeitlichen Christentums gewinnt die Praktische Theologie einen Aufriß von drei Teilen, von denen jeder in besonderer Weise mit einer Grundform der kirchlichen Praxis verbunden ist: Zum ersten Teil, dessen Thema das private oder individuelle Christentum bildet, gehört die Diakonie, zum zweiten Teil, der das kirchliche Christentum darstellt, die Predigt, und zum dritten Teil, in dem das öffentliche Christentum behandelt wird, der Unterricht. Die Frage, welcher dieser Teile sachgemäß am Anfang steht, könnte verschieden beantwortet werden. Hier hat den Ausschlag gegeben, daß die durch das individuelle Christentum und durch die Frage nach dem Verständnis der religiösen Subjektivität aufgeworfenen Probleme sinnvoll am Anfang der Praktischen Theologie behandelt werden. Sie gehören in die Grundlegung, die sachgemäß auch den anderen Teilen voransteht. Zudem sind die Aufgaben, die durch den einzelnen Menschen gestellt werden, für die kirchliche Praxis sicher die alltäglichsten und vielleicht auch die häufigsten Aufgaben.

Für die drei Teile der Praktischen Theologie ist ein Aufbau vorgesehen, der sich in jedem dieser Teile auf entsprechende Weise wiederholt. Dieser Aufbau läßt sich am einfachsten im Blick auf den zweiten Teil verdeutlichen.

Im Eingangskapitel wird die Ekklesiologie unter praktisch-theologischen Aspekten dargestellt. Es handelt sich hier also um die Grundlagen für die kirchliche Praxis und um die Rahmenbedingungen, die das Handeln, wenn nicht im einzelnen, so doch im ganzen leiten und bestimmen. Das Verständnis der Kirche bildet eine sachgemäße und notwendige Voraussetzung für das Verständnis des kirchlichen Handelns. Im nächsten Kapitel wird das kirchliche Amt zum Thema. Hier steht die Frage nach der Organisation der Praxis im Mittelpunkt und zwar so, daß damit zugleich nach dem Subjekt des Handelns gefragt wird. Im Amt und durch das Amt gewinnt die kirchliche Praxis ihre Struktur und ihre Form und deshalb ist die Erläuterung des Amtes in seiner Funktion als Subjekt dieser Praxis ein wesentlicher Aspekt für das Verständnis des Handelns selbst. Das nachfolgende Kapitel bringt mit der Homiletik die für diesen Teil spezifische Grundform der kirchlichen Praxis zur Darstellung. Im letzten Kapitel schließlich wird die Liturgik behandelt. Die gottesdienstliche Versammlung ist der paradigmatische Fall derjenigen Gemeinschaft, die der Praxis in diesem Teil entspricht. Im Gottesdienst wird die Sozialität zur Anschauung gebracht, die für das kirchliche Christentum charakteristisch ist. Die Erklärung des Gottesdienstes ist daher eine notwendige Vervollständigung des Verständnisses sowohl der Homiletik wie der Gestalt des neuzeitlichen Christentums, die in diesem Teil im Mittelpunkt steht.

Dieser Aufbau, der aus vier Kapiteln entsteht, wiederholt sich in den beiden anderen Teilen unter sachgemäßer Anpassung an deren Eigentümlichkeiten. In diesen jeweils vier Kapiteln werden die vier wesentlichen Aspekte erörtert, die die Darstellung und das Verständnis der jeweiligen Gestalt des Handelns begründen.

Im ersten Teil führt die Ausgangsfrage nach den Grundlagen und den Rahmenbedingungen für das Verständnis des individuellen Christentums auf das Religionsthema. Die zweite Frage nach dem Subjekt des Handelns rückt die Person des Pfarrers in den Mittelpunkt. Das dritte Kapitel bringt die Darstellung derjenigen Praxis, die sich dem einzelnen Menschen zuwendet, und zwar unter der zusammenfassenden Überschrift „Diakonie". Im letzten Kapitel werden hier die Amtshandlungen dargestellt, weil sie den exemplarischen Fall für diejenige Gemeinschaftsform bilden, die der Praxis in diesem Teil entspricht.

Der dritte Teil beginnt mit der Darstellung der Institutionen als den Strukturen von Gesellschaft und Öffentlichkeit (an denen die Kirche auf ihre Weise teilhat). Von diesen Rahmenbedingungen für das Verständnis des öffentlichen Christentums aus führt im folgenden Kapitel die Frage nach der Organisation des Handelns im Zusammenhang dieses Teils auf das Thema „Beruf". Das nächste Kapitel gilt der Darstellung des Unterrichts und das letzte Kapitel erörtert unter der Überschrift „Gemeinde" die Form der christlichen Gemeinschaft, die unter der Perspektive des öffentlichen Christentums Bedeutung gewinnt.

Diese ersten und einleitenden Hinweise zum Aufbau der Praktischen Theologie werden durch die Erläuterungen ergänzt, die innerhalb der einzelnen Teile und ihrer Kapitel selbst gegeben werden.

Die Konstitution des neuzeitlichen Christentums macht zwar die Unterscheidung ihrer drei Grundformen nötig, muß aber gleichwohl als deren Einheit verstanden werden. In allen praktischen Bezügen wird deshalb weniger mit der eindeutigen Repräsentation dieser oder jener Gestalt des neuzeitlichen Christentums zu rechnen sein, als vielmehr mit Übergängen und Überschneidungen. Entsprechend bliebe die Praktische Theologie unvollständig, wenn nicht alle ihre Teile gleichwertig wären und erst aus dem Zusammenhang untereinander verstanden würden. Die Anlage sowohl der Teile wie der Kapitel ist deshalb so zu verstehen, daß gerade die Parallelkapitel einander ergänzen und erst gemeinsam ein hinreichendes Bild des jeweiligen Themas vermitteln.

Zur Darstellung der Praktischen Theologie hat sich jüngst G. Otto geäußert (Selbstverständnis, Systembildung und Darstellungsform der Praktischen Theologie, in: ThPr, 1984, 202 ff.). Otto macht darauf aufmerksam, daß sich das Gesamtgebiet der Praktischen Theologie nicht mehr nur aus den klassischen Aufgabenbereichen der kirchlichen Praxis verstehen und konstruieren lasse. Um den neuen Arbeitsgebieten und der komplexen Thematik gerecht zu werden, sollen nach Otto die „Handlungsfelder" durch „Reflexionsperspektiven" (219) strukturiert werden, die beide offenbar einer nicht abgeschlossenen Reihe angehören. Freilich ist der

Aufriß einer Praktischen Theologie nach diesen Grundsätzen noch nicht ganz erkennbar.

Ähnlich erscheint der Vorschlag von R. Zerfaß (Inhalte der Praktischen Theologie, in: G. Biemer u. H. Biesinger, Theologie im Religionsunterricht, 1976), die Praktische Theologie nach Handlungsfeldern und im Sinne einer „kategorialen Stoffgliederung" zu ordnen. Als solche Handlungsfelder gelten beispielsweise Kommunikation, Bildung, Seelsorge, aber auch Ortsgemeinde oder Großkirche. Der Versuch, an derartigen Handlungsfeldern gemeinsame Strukturen oder Beziehungen zu beschreiben, scheint etwas äußerlich bleiben zu müssen (96 ff.).

1. Teil – Der Einzelne

Die letzte Absicht aller Handlungen im Namen des Christentums gilt dem einzelnen Menschen. Alle Tätigkeiten, die im Auftrage oder im Sinne der christlichen Kirche ausgeübt werden, haben am Ende nur ein gemeinsames Ziel: Die Seligkeit des einzelnen und zwar jedes einzelnen Menschen, ganz unabhängig davon, was näherhin unter Seligkeit verstanden werden soll. Gemeinsam ist allen Richtungen und Konfessionen im Christentum, daß der Zweck aller Vorstellungen, auf die sie sich beziehen und aller Praxis, die dadurch begründet wird, im Menschen in seiner unverwechselbaren Einmaligkeit gesehen wird, und daß deshalb alle anderen Aufgaben und Zielsetzungen des Handelns relativ sind dazu und allein von instrumenteller Bedeutung im Zusammenhang des Ganzen.

Die alte Dogmatik hat diese zentrale Stellung des einzelnen Menschen im Christentum bei der Ausarbeitung der Lehre von der göttlichen Weltregierung zum Ausdruck gebracht. Die Distinktionen und Argumentationen des Lehrstücks De providentia kulminieren in den Aussagen über den Menschen: Ihm ist in Schöpfung und Weltlauf die oberste Stelle eingeräumt und seine Seligkeit ist der letzte Endzweck des göttlichen Handelns (H. Schmid, Dogmatik, 120). Entsprechend sind alle religiösen Institutionen und ihre Praxis als Mittel anzusehen, die ihren Zweck nicht in sich selbst haben: Das göttliche Wort, die Sakramente und die Kirche selbst fallen unter den Begriff der „media salutis (366 ff.). Damit wird zum Ausdruck gebracht, daß alle religiösen Veranstaltungen ihren Sinn haben in der Ausrichtung auf das Heil oder die Seligkeit des einzelnen Menschen.

Die Praktische Theologie, deren Gegenstand die Praxis der Institutionen ist, die als media salutis bestimmt werden, unterliegt danach derselben Zuordnung: Sie gewinnt ihr Ziel und ihren Zweck in der Ausrichtung auf den einzelnen Menschen. Entsprechend ist der Einzelne das zentrale Thema der Praktischen Theologie. Sie wird ihn freilich, wenn überhaupt, so nur exemplarisch als den bestimmten und konkreten Einzelnen in die Darstellung aufnehmen können. Aber der Einzelne kommt auch dann in den Blick, wenn nach dem gefragt wird, was sich allgemein und allgemeingültig über ihn ausmachen läßt und wie er der Praktischen Theologie eben in seiner Individualität zur Aufgabe wird.

Für diese Frage nach dem Wesen des einzelnen Menschen und nach der religiösen Subjektivität als dem Gegenstand der Praktischen Theologie wird die Religion zum ersten und zentralen Thema. Denn einmal sind

Subjektivität und Religion so aufeinander bezogen, daß Religion geradezu als Ausdruck der Subjektivität erscheint. Es gibt „gelebte Religion" nur als Sache der Subjektivität. Sodann aber ist Religion wesentlich das Medium, in dem der einzelne sein Verhalten zu Welt und Sozialität bestimmt. Deshalb wird gerade die Frage nach der Religion einen unverzichtbaren und notwendigen Beitrag zur Bestimmung der Subjektivität als Gegenstand der Praktischen Theologie erwarten lassen. In der Person des einzelnen treffen die Bemühungen religiöser und kirchlicher Praxis auf das private Christentum des Christen. Dieses private Christentum ist die Form, in der die christliche Religion überall zuerst und zumeist in Erscheinung tritt und in der sie vor allem zur eigentlichen Aufgabe kirchlichen Handelns wird. Der Pfarrer hat es immer mit einzelnen und bestimmten und unverwechselbaren Menschen und ihrer Religiosität zu tun. Im Blick auf diese Aufgabe des Pfarrers haben kirchliches und öffentliches Christentum eine vergleichsweise geringere Bedeutung.

Andererseits aber zeigt diese Situation, daß die Frage nach der religiösen Subjektivität einen zweiten Aspekt besitzt: In der Subjektivität dessen, der als Subjekt des Handelns auftritt. Auch der Pfarrer also ist ein einzelner im Sinne der Fragestellung, die diesen Teil leiten muß. Der Individualität des Menschen, der Sinn und Zweck der religiösen und der kirchlichen Praxis bildet, steht die individuelle Person dessen gegenüber, der diese Praxis vertritt. Die Person des Pfarrers wird deshalb zum weiteren wesentlichen Thema der Praktischen Theologie in diesem Zusammenhang.

Die Frage nach der Religion gewinnt dabei den Stellenwert einer Theorie, die Grundlagen und Horizont des ganzen Themas in diesem Teil erörtert. Die Frage nach der Person trifft den in allen drei Teilen nötigen Aspekt der Individualität oder der Personalität. Die Frage nach der für diesen Teil konstitutiven Praxis, des Handelns also im dezidierten Blick auf den einzelnen, ist die nach der Diakonie, während die Frage nach der für diesen Teil spezifischen sozialen Gestalt der Religion zum Thema der Amtshandlungen führen wird.

1. Kapitel – Religion

Das Religionsthema hat Konjunktur. Seit mehreren Jahrzehnten schon ist das Interesse an der Religion in einem kaum noch überschaubaren Maß gewachsen. Die Literaturlisten, die sich in verschiedenen Wissenschaften zum Thema aufstellen lassen, sind unüberschaubar. In gleichem Maß wie das wissenschaftliche Interesse an ihr hat die Publizität der Religion zugenommen. Es ist heute ganz anders von ihr die Rede als vor 30 Jahren.

Dieses Schicksal des Religionsthemas ist offenbar selbst ein religiöses Phänomen. Das ungeheure Wachstum des wissenschaftlichen Interesses und der Publizität ist nicht nur ein Indikator oder das Symptom einer Entwicklung, die ihm vorausliegt. Es läßt sich vielmehr zwischen dem Religionsthema selbst und der wissenschaftlichen Beschäftigung mit ihm überhaupt keine eindeutige Grenze ziehen. Das hat seinen Grund wesentlich in der Konstitution dieses Themas, das sich einer objektiven Definition, die für jede Fragestellung auf gleiche Weise distanzierend gültig wäre, entzieht. Insofern nimmt jede Untersuchung und jede Stellungnahme zur Frage der Religion am Phänomen dieser Religion teil.

Die Geschichte des Religionsthemas in neuerer Zeit läßt sich unter drei Aspekten näher differenzieren. 1. Zu Beginn des 19. Jahrhunderts wurde es auf unterschiedliche Weise in der Philosophie und Theologie des Deutschen Idealismus ausgearbeitet, unmittelbar darauf aber zum Hauptbegriff der Religionskritik in der nachhegelschen Philosophie. Leitend war dabei die Frage nach der Bedeutung der Religion für Vernunft, Humanität und Kultur. In der Theologie ist diese Fragestellung einerseits durch die Säkularisierungsdebatte rezipiert worden (zusammengefaßt dokumentiert bei H. H. Schrey, Hg., Säkularisierung, 1981); andererseits wurde sie fortentwickelt (z. B. durch E. Troeltsch) und in die heutige Diskussion aufgenommen durch T. Rendtorff (z. B. Theorie) und, unter dem Gesichtspunkt der Anthropologie, von W. Pannenberg (Anthropologie). – 2. Spätestens seit E. Durkheim entstand die Frage nach der Bedeutung der Religion für die Gesellschaft, eine Frage, die sich zu einem vielbeachteten selbständigen Thema der Soziologie und Sozialphilosophie entwickelte. Über die wichtigsten Theorien zum Religionsverständnis unterrichten K. W. Dahm, V. Drehsen, G. Kehrer (Das Jenseits der Gesellschaft, 1975) und über die neueste Entwicklung in der Soziologie K. F. Daiber und Th. Luckmann (Religion in den Gegenwartsströmungen der deutschen Soziologie, 1983). – 3. In jüngster Zeit sind die Mitgliedschaftsverhältnisse in der Kirche und vor allem die religiösen Bewegungen der Epoche zum Gegenstand empirischer Untersuchungen gemacht worden, vgl. dazu H. Hild (Wie stabil ist die Kirche? 1974); J. Lell und F. W. Menne (Hg. Religiöse Gruppen:

Alternativen in Großkirchen und Gesellschaft, 1977[2]), H. Hanselmann (Hg., Was wird aus der Kirche? 1984).

Die Einsicht, daß der Praktischen Theologie Religion immer schon vorgegeben ist, hat deren Fragestellung seit dem Ausgang des 19. Jahrhunderts beeinflußt. Tatsächlich trifft die Praktische Theologie (wie die kirchliche Praxis) überall schon Religion an: in Gestalt etwa der Religiosität des einzelnen Menschen, seiner und allgemeiner religiöser Probleme, der Voraussetzungen des Unterrichts, der Überzeugungen im allgemeinen Bewußtsein, der kritischen oder konstruktiven Beziehungen einzelner Menschen oder sozialer Gruppen zur Kirche oder zu ganz anderen öffentlichen Gestalten der Religion.

Seit P. Drews (1858–1912) ist deshalb die religiöse Volkskunde (Problem, 60 ff.) zur Bearbeitung in der Praktischen Theologie empfohlen worden. In diesem Zusammenhang sind Darstellungen der religiösen Verhältnisse in den deutschen Landeskirchen erschienen (z. B. P. Wurster, Das kirchliche Leben der evangelischen Landeskirche in Württemberg, 1919). F. Niebergall hat seine Praktische Theologie mit einer Darstellung der „gegebenen Gemeinde" begonnen und darunter mit Hilfe psychologischer und soziologischer Einsichten den religiösen Bestand der durchschnittlichen Kirchengemeinde zu beschreiben gesucht (Praktische Theologie, Bd. 1, 31 ff.).

Freilich hat sich seither gezeigt, daß der Inhalt der religiösen Vorstellungen, die immer schon vorgefunden werden, von keiner rechten Bedeutung ist. Das wird schon daraus deutlich, daß solcher Inhalt sich am Ende nicht erheben läßt, daß vielmehr immer die Vorgaben (bei Befragungen) über das entscheiden, was dabei herauskommt. Wirkliche Bedeutung kommt demgegenüber den Funktionen zu, in denen religiöse Überzeugungen oder religiöse Vorstellungen wirksam sind. Deshalb ist es nötig, im folgenden vom Religionsthema in seinen theoretischen Verhältnissen und Deutungen auszugehen und danach erst weitere Fragestellungen aufzusuchen.

Ein empirischer „Bestand" religiöser Vorstellungen läßt sich nicht erheben: Einmal, weil dieser Bestand jeweils völlig individuellen Charakter hätte und also im ganzen unendlich wäre; sodann, weil tatsächlich niemand über seine eigenen religiösen Vorstellungen Auskunft geben könnte, außer im Vergleich mit (zufälligen) Vorgaben, wobei dann der Wert und die Bedeutung solchen Vergleichs keinerlei Schluß erlaubten (vgl. dazu D. Rössler, Die Vernunft der Religion, 1976, 109 ff.).

§ 5 Theorie der Religion

1. Was ist Religion?

Zur Antwort auf diese Frage gibt es eine kaum überschaubare Fülle von Definitionen und Interpretationen, von denen jedoch keine in der Lage ist, allen Perspektiven der Frage gerecht zu werden: In alle derartigen Bestimmungen der Religion gehen die Beurteilungen über sie mit ein.

Das ist besonders augenfällig bei den Definitionen, die programmatisch entweder positiv oder negativ über das Verhältnis von Religion und Kultur oder Religion und Gesellschaft befinden: Für die „Kompensationsthese", die von den verschiedenen Vertretern der Religionskritik jeweils auf eigene Weise vorgetragen wurde, erscheint Religion als Ideologie oder als Illusion; für die „Integrationsthese", die von der Sozialphilosophie seit F. Bacon („religio praecipuum humanae societatis vinculum") und Hegel (im berühmten Paragraph 270 der Rechtsphilosophie) vertreten wird, ist Religion eben wesentliche Grundlage und Voraussetzung menschlichen Gemeinschaftslebens überhaupt. Dabei muß man sehen, daß in beiden Fällen dieselben Leistungen der Religion als deren „Wesen" gelten und beurteilt werden: Die Religion ist Trost und Hilfe, denn Religion ist Deutung der sozialen Verhältnisse und darin vor allem Interpretation sozialer Schwierigkeiten (vgl. F. Fürstenberg, Religionssoziologie, 1964, 13 ff.). Eine kritische Übersicht über die klassischen Deutungen der Religion von der Antike bis zu Gegenwart gibt W. Trillhaas (Religionsphilosophie, 1972, 23 ff.).

In der neueren Religionstheorie lassen sich ganz generell zwei Formen des Zugangs zum Thema dadurch unterscheiden, daß der Gegenstand jeweils verschieden gefaßt oder von unterschiedlichen Seiten her in den Blick genommen wird. Einmal wird der religiöse Mensch zum Ausgangspunkt der Fragestellung und Untersuchung gemacht, zum andern sind es die religiösen Phänomene, die den Gegenstand bilden. Im ersten Fall kann der einzelne Mensch selbst in den Mittelpunkt rücken: Seine religiöse Erfahrung und sein religiöses Erleben bilden dann das Material der Untersuchung. Das ist die Fragestellung der Religionspsychologie. Ihre Ergebnisse sind naturgemäß ganz abhängig von der Art der Psychologie, die dabei Verwendung findet. Als klassisches Werk gilt hier W. James' "The Varieties of Religious Experience" (1906, dt. Die religiöse Erfahrung, übers. von G. Wobbermin, 1907; neu übers., mit einem ausführlichen Nachwort von E. Herms, 1979), aber auch aus der neueren Pastoralpsychologie ist eine Religionspsychologie hervorgegangen, und zwar von H. Faber (1973). Wird der Mensch als religiöser schlechthin oder der Mensch in seiner Beziehung zur Religion zum Gegenstand, dann entsteht die Fragestellung, die traditionell von der Religionsphilosophie wahrgenommen wird. Die wichtigsten Beispiele aus jüngerer Zeit sind hier: H. Scholz (Religionsphilosophie, 1922²); P. Tillich (GW I, 1959, 295 ff.); W. Trillhaas (Religionsphilosophie). Im Zusammenhang dieser Fragerichtung kommt es unter gewissen Umständen zu einer Selbstbeschreibung des homo religiosus.

Im zweiten Fall werden Phänomene zum Gegenstand gemacht, die allgemein als religiös oder religiös begründet angesehen werden. Ganz generell ist dies das Selbstverständnis von Religionsgeschichte und allgemeiner Religionsphänomenologie, sowie derjenigen Religionswissenschaft, die in erster Linie religiöse Lehren, Traditionen und kultische Gebräuche untersucht. Zu den klassischen Werken auf diesem Gebiet gehören G. v. d. Leeuw (Phänomenologie der Religion, 1956²) und G. Mensching (Allgemeine Religionsgeschichte, 1949²). Vor allem aber ist es die Religionssoziologie, die die religiösen Phänomene der Gesellschaft zum Thema gemacht hat. Unter der Einsicht, daß „Religion als zentrale Dimension von Gesellschaft anzusehen ist" (J. Matthes, Religion und Gesellschaft, 1967, 231), wurde die Frage nach den Funktionen dieser Religion innerhalb der Gesellschaft und für sie in den Mittelpunkt der religionssoziologischen Diskussion und Theoriebildung gerückt. Eine Übersicht über religionssoziologische Fragestellungen und Literatur gibt das „Handbuch der empirischen Sozialforschung" (hg. v. R. König, Bd. 14, 1979, 39 ff.). Phänomene der Religion begegnen freilich auch in der Religionsphilosophie und dort, wo die Ergebnisse der neueren empirischen und theoretischen Anthropologie zum Gegenstand gemacht werden, wie das bei W. Pannenberg der Fall ist (Anthropologie in theologischer Perspektive, 1983).

Von vordringlicher Bedeutung für die Praktische Theologie sind aus dem großen Kreis der religionstheoretischen Fragestellungen vor allem die funktionalen religionssoziologischen und die anthropologischen Theorien geworden. Die allgemeine Religionswissenschaft tritt, eben der Allgemeinheit ihrer Fragestellungen wegen, kaum in einen Zusammenhang mit den Aufgaben der Praktischen Theologie. Die Religionspsychologie kommt dann in Betracht, wenn das Verständnis des bestimmten einzelnen Menschen im konkreten Fall zu erörtern ist. Die funktionalen Theorien sind den bloß deskriptiven (historischen oder religionsphänomenologischen) und auch den psychologischen überlegen durch die Erklärungsleistungen, die sie zu erbringen vermögen. Dieser Vorzug entsteht ganz wesentlich daraus, daß die religionsphänomenologische Arbeit in der Regel besondere und hervorgehobene Ereignisse des Religiösen zum Gegenstand macht, während die funktionale Religionstheorie gerade die religiösen Bedeutungen, Funktionen oder Perspektiven von alltäglichem und innerhalb der Gesellschaft etabliertem Verhalten untersucht, an dem jeder einzelne im Prinzip beteiligt ist.

Zur Illustration dieser Unterschiede lassen sich zwei Texte einander gegenüberstellen, die bei aller Gegensätzlichkeit doch vergleichbare Themen behandeln: R. Otto über das mysteriöse Rätselhafte und H. Lübbe über Zufall und Sinn. Zunächst R. Otto (Das Heilige, 1917, 67): „Und hier treffen wir nun auf die Analogie und dasjenige analogische Ausdrucksmittel, das für alle Religion das zunächst auffallendste ist, und dessen Theorie wir hier leicht geben können: das Wunder. ‚Das Wunder ist des Glaubens liebstes Kind'. Lehrte es uns nicht die Religionsgeschichte sowieso schon, so könnten wir es von unserm gefundenen Momente des ‚Mysteriösen' aus a priori konstruieren und erwarten. Nichts kann in der natürlichen Sfäre der Gefühle gefunden werden, was zu dem religiösen Gefühle des Unsagbaren, Unaussprechlichen, ‚schlechthin Andern', Geheimnisvollen eine so unmittelbare, ob zwar rein ‚natürliche' Analogie hat, als das Unverstandene, Ungewohnte, Rätselhafte, wo und wie es uns immer aufstoßen mag. Besonders dann das mächtige Unverstandene und das furchtbare Unverstandene, die eine Doppelanalogie zum Numinosen in sich schließen, nämlich zu dem Momente des Mysteriösen und gleichzeitig zu dem des tremendum nach seinen beiden angegebenen Seiten." Sodann H. Lübbe (Fortschritt als Orientierungsproblem, 1975, 177): „Religion ist Kontingenzbewältigungspraxis. In diesem mageren Satz stecken ein paar elementare, nicht-triviale Unterscheidungen. Zunächst: Kontingent, zufällig ist, was in unsere Handlungszusammenhänge nicht unseren Absichten gemäß, sondern unausschließbar eintritt. Wer findet, was er gar nicht gesucht hat, hat es, insoweit, zufällig gefunden. Indem der Zufall interveniert, erzwingt oder ermöglicht er, in andere oder erweiterte Handlungszusammenhänge einzutreten, in die er sich fügt. Durch Integration in Handlungssinn wird der Zufall bewältigt. Ich nehme an, daß nicht ausgedehnte Exempelreihen erforderlich sind, um zu zeigen, daß Praxis, da wir nur einen sehr kleinen Teil unserer Handlungen interventionsresistent machen und halten können, stets Kontingenzbewältigungspraxis einschließt. Wir sind in der Tat ständig damit beschäftigt, Zufall zu Sinn zu verarbeiten..." Lübbe interpretiert alltägliches Verhalten als religiöses und in unübergehbarem Zusammenhang mit Religion. Bei Otto ist das religiöse Erleben Sonderfall menschlicher Erfahrung und vom Alltag gerade charakteristisch verschieden.

Die Beschäftigung mit besonderen und herausgehobenen Formen der Religion legt sich für die Praktische Theologie nur dann nahe, wenn sie religiöse Sondererscheinungen in Gruppen und Gemeinschaften ausdrücklich zum Gegenstand ihrer Verständnisbemühung wählt. Für die generelle Aufgabe der Praktischen Theologie aber bildet das Verständnis des religiösen Alltags eine wichtige Grundlage, die für alle Hinsichten des kirchlichen Handelns von Bedeutung ist.

Die Erklärungsleistungen und die Verständnisgewinne, die insonderheit von den funktionalen Religionstheorien erwartet werden, haben also die Religion oder solche religiösen Verhaltensweisen und Vorstellungen zum Gegenstand, denen im gewöhnlichen und üblichen Verlauf des gemeinsamen und des persönlichen Lebens wesentliche Bedeutung zukommt, zumeist aber so, daß dabei ihr religiöser Charakter gar nicht hervortritt. Viele dieser Abläufe und Modalitäten des alltäglichen Lebens werden gar nicht als religiöse identifiziert. In solchen Zusammenhängen ist die Religion implizit wirksam. Damit aber entsteht die Frage nach dem Verhältnis dieser „impliziten" zur „expliziten" Religion, wie sie in der Praxis der Kirche gegeben ist und nach den Beziehungen, die dabei zwischen einzelnen Handlungen kirchlicher Funktionsträger und den impliziten Phänomenen der Religion bestehen. Die funktionale Religionstheorie ist in verschiedenen Konzepten und Gestalten ausgearbeitet worden. Besonders bekannt geworden ist die Theorie N. Luhmanns, weil sie sich programmatisch der Interpretation von Kirche und Christentum als dem religiösen System unserer Gesellschaft gewidmet hat, und weil der dabei zugrundegelegte funktionale Begriff von Religion vielfach aufgenommen wurde. Im einzelnen freilich gibt es zum Stand der Einsicht auf diesem Gebiet eine große Zahl sehr verschiedener Beiträge.

Eine Übersicht über diesen Stand der struktur-funktionalen Religionstheorie gibt V. Drehsen (in: K.-F. Daiber u. Th. Luckmann, Hg., Gegenwartsströmungen, 86 ff.). Diese Zusammenfassung kann ihrerseits als Beitrag zum Thema angesehen werden. Sehr präzis werden die religiösen Funktionselemente im personalen und im interpersonalen Zusammenhang herausgearbeitet. Es fehlt indessen auch nicht an einer kritischen Diskussion des leitenden Religionsbegriffs. – Im gleichen Band werden die religionstheoretischen Arbeiten Luhmanns kritisch referiert (T. Schöfthaler, 130 ff.). Die Bedeutung Luhmanns für die katholische Pastoraltheologie untersucht H. Kaefer (Religion und Kirche als soziale Systeme, 1977). Kritische Rückfragen sowohl aus theologischer wie aus systematischer Perspektive enthält der Band „Theologie und funktionale Systemtheorie" (hg. v. M. Welker, 1985).

In dem Religionsverständnis, das hier weiter zu verfolgen ist, gehört Religion zur Verfassung menschlicher Wirklichkeit grundlegend hinzu. Religion ist nicht Luxus in dem Sinne, daß einige sie haben, andere aber nicht, gleichgültig, welcher dieser Fälle am Ende für besser gehalten würde. Religion ist nicht bloß Eigentum oder innere Ausstattung privilegierter – oder gerade nichtprivilegierter – Gruppen oder Individuen: Sie ist vielmehr diejenige Perspektive aller menschlichen Wirklichkeit, die die Unverfügbarkeit, die Erneuerungsfähigkeit und die Überholbarkeit dieser menschlichen Wirklichkeit wahrnimmt (vgl. dazu D. Rössler, Vernunft, 121 ff.).

2. Wozu Religion?

Die ursprüngliche Erfahrung seiner selbst, die dem Menschen mit seinem eigenen Dasein zugemutet wird, ist die, daß dieses Dasein in jedem Moment wie im ganzen mehr ist, als der Mensch selbst dazu beiträgt oder auch nur beizutragen vermöchte: Was sein Dasein im wesentlichen ausmacht, wird nicht von ihm selbst hervorgebracht. Diese Erfahrung hat zwei Seiten.

Einmal ist es die Erfahrung, für den Bestand der eigenen Existenz angewiesen zu sein auf anderes und andere. Es ist die Erfahrung der Defizienz und des Mangels, die zahllose Konstellationen des täglichen Lebens prägt und die Abhängigkeit von Verhältnissen und von anderen Menschen rücksichtslos zu erkennen gibt. Aber der einzelne Mangel, die Unzulänglichkeit in bestimmten Lagen, weisen über sich hinaus: Der Mensch wird seiner selbst ansichtig als in jeder Weise und prinzipiell abhängig und eben angewiesen auf die Gunst der Natur und der Umstände, vor allem aber auf die der Menschen seiner Umgebung, auf ihren Kooperationswillen, ihre Kompromißbereitschaft, ihr Wohlverhalten, ihre Zustimmung zu ihm. Sodann aber ist es die Erfahrung, daß dieser lebensnotwendige Sukkurs zur eigenen Existenz tatsächlich gewährt wird: Es ist die Erfahrung, daß die Gesellschaft seinem Dasein zustimmt, daß dieser Billigung durch die anderen und durch die Verhältnisse, durch übermächtige Instanzen außerhalb seiner selbst auch in der Realität entsprochen wird. Das eigene Leben erweist sich als erweitert und bereichert, als ausgestattet mit Ressourcen und Zuwendungen, die für den Menschen selbst weder produzierbar noch auch nur vorhersehbar waren. Im ganzen also ist es die Erfahrung, daß der Mensch mehr ist, als in seinen eigenen und überschaubaren Lebensmöglichkeiten beschlossen ist: die Erweiterung des Lebens im Gelingen, andererseits aber auch die Versagung und Verweigerung von Lebensmöglichkeiten, im ganzen aber die Offenheit und Unverfügbarkeit, die das eine wie das andere charakterisiert.

Die Auslegung dieser Grunderfahrung im Bestreben, ihren größeren und sinnvollen Zusammenhang zu finden, gilt zumindest seit E. Durkheim (Les formes elementaires de la vie religieuse, 1898, dt. 1961) als Ursprung der Religion. Die Gesamtheit derjenigen Vorstellungen und Anordnungen, die in diesem Rahmen Bedeutung gewinnen und wirksam werden, sind von P. Berger und Th. Luckmann als „symbolische Sinnwelten" bezeichnet worden (Die gesellschaftliche Konstruktion der Wirklichkeit, 1969). Damit soll eine höchste Ebene der Legitimation von Handeln und Verstehen im sozialen Zusammenhang bezeichnet sein, die schon andere „Sinnprovinzen“ aufnimmt und als „symbolische Totalität“ überhöht: Ein geistiger Kosmos, der allen Widerfahrnissen und allem, was sich ereignen kann, noch seinen „Sinn“ und seinen Ort im ganzen zu geben vermag (102 ff.).

„Die symbolische Sinnwelt ist als die Matrix *aller* gesellschaftlich objektivierten und subjektiv wirklichen Sinnhaftigkeit zu verstehen. Die ganze Geschichte der Gesellschaft und das ganze Leben des einzelnen sind Ereignisse *innerhalb* dieser Sinnwelt... (103). Die symbolische Sinnwelt bringt Ordnung in die subjektive Einstellung zur persönlichen Erfahrung... Diese ‚nomische‘ Funktion, die symbolische Sinnwelten für das individuelle Bewußtsein erfüllen, kann ganz einfach als diejenige bezeichnet werden, die ‚jedes Ding an seinen rechten Platz rückt‘. Wann immer man von der Gewißheit dieser Platzordnung abschweift – wenn man sich selbst in den Grenzsituationen der Erfahrung befindet –, ermöglicht die symbolische Sinnwelt dem Bewußtsein, ‚zur Wirklichkeit zurückzukehren‘, nämlich zur Wirklichkeit der Alltagswelt...“ „Die Legitimation durch die symbolische Sinnwelt erstreckt sich auch auf die Wirklichkeit und Richtigkeit der eigenen Identität des Einzelnen...“ (104 ff.). Vgl. dazu auch schon A. Schütz (Der sinnhafte Aufbau der sozialen Welt, 1932, Neudr. 1974).

V. Drehsen (in: K.-F. Daiber u. Th. Luckmann, Hg., Gegenwartsströmungen, 86 ff.) unterscheidet in seiner Zusammenfassung der Funktionen von Religion im Blick auf sozial-situatives Handeln zunächst die „kognitive Bedeutungsinvestition“, die etwa dort eintritt, wo „Routinehandlungen plötzlich in Entscheidungshandlungen umgewandelt werden müssen“ und „fragmentarische Wirklichkeit auf ihre Handlungsrelevanz hin ausgedeutet“ und Situationsfaktoren mit Bedeutungsinvestitionen belegt werden; sodann die „moralische Wertintegration“, die als „Verhaltenssteuerung des Alltagsumgangs“ wirkt und zeigt, „daß Sozialität nicht nur Voraussetzung, sondern auch Zweckbestimmung jeder menschlichen Handlung bleibt“; schließlich die „Durchordnung der inneren Affektlage“, die etwa „auftretende Enttäuschungen durch Vermittlung sinnvoller Einsichten in Verzichtleistungen absorbiert“ (112 ff.).

Die elementaren Funktionen der Religion also werden darin gesehen, die Zumutungen der Daseinserfahrung zugänglich und verständlich zu machen und zwar dadurch, daß Erfahrungen, die sich eben nicht von selbst verstehen, in einem höheren Zusammenhang aufgenommen und gedeutet werden. Freilich hat dieser Deutungszusammenhang der „symbolischen Sinnwelt“ nicht nur intellektuelle oder theoretische Funktionen. Seine eigentliche Bedeutung geht darin, Unerklärliches zu erklären, nicht auf, sondern hat in den theoretischen oder symbolischen Beständen die Voraussetzungen und Grundlagen dafür, daß Einstellungen und Gesinnungen erzeugt werden. Die „symbolische Sinnwelt“ dient nicht der Entfaltung und dem Ausbau eines lehrmäßigen Gehaltes, sondern der Erzeugung eines inneren Verhältnisses zu den Zumutungen und Widerfahrnissen der Umwelt. Nicht Lebenssinn als System ist hier das Thema, sondern Lebensgesinnung als eine bestimmte Weise, sich im Leben und dem Leben gegenüber zu verhalten, auf Erfahrungen zu reagieren, sich in Aufgaben und Anforderungen einzuordnen.

Solche Gesinnung beruht auf Überzeugungen. Es sind nicht theoretische Einsichten, die das zu leisten imstande wären, sondern Überzeugungen, die die Gültigkeit und die Autorität der entsprechenden Vorstellungen betreffen. Regeln der „symbolischen Sinnwelt" sind autoritativ, sofern man von ihrer Wahrheit und ihrer Notwendigkeit schlechthin überzeugt ist. Überzeugungen begründen die Einstellungen und Gesinnungen, durch die man gewiß sein darf, den Zusammenhang der bergenden und bewahrenden „symbolischen Sinnwelt" nicht zu verlassen oder aufzugeben. Die Gesinnung also wird honoriert: Durch die unverletzte Integrität des Deutungszusammenhangs, in dem das eigene Leben wie die ganze Gegenwart aufgehoben bleiben. Die „innere Welt" garantiert die wahre Ordnung, sofern sie selbst „in Ordnung" bleibt.

Auf ihre Probe gestellt werden Einstellungen und Gesinnungen vor allem dann, wenn sie Verzichtleistungen zu begründen und durchzusetzen haben, wenn also die von ihnen geleitete Lebenspraxis mit der Verweigerung von Lebenschancen, mit Verlust, Benachteiligung und nackter Ungerechtigkeit konfrontiert wird. Das gelingt in dem Maße, in dem die Überzeugungen eine Alternative präsentieren zu dem, was aufgegeben werden muß oder was gar nicht erst zur Verfügung steht. Eine in solchen Lagen tragende Gesinnung entsteht aus der Gewißheit, daß es „mehr", daß es „anderes" und „besseres" gibt als das, worauf verzichtet werden muß, und daß es sich lohnt, diesem „anderen" den Vorzug zu geben.

„Die christlich-religiöse Tradition hat diese Erfahrung durch ihre Deutungen in Vorstellungen gefaßt. Zieht man in Betracht, daß die Erfahrung selbst stumm bleibt und daß sie, um Realität und Bedeutung zu gewinnen, in Vorstellungen und Worten gedeutet werden muß, so läßt sich urteilen, daß wesentliche Dimensionen und Aspekte dieser Erfahrung durch die christliche Tradition allererst hervorgebracht worden sind. Die Überzeugungen, die darauf gründen, richten sich im Zusammenhang dieser Deutung und Auslegung auf solche ‚Werte' oder ‚Güter' oder ‚Vorstellungen', die wesentlich durch ihre ‚Jenseitigkeit' charakterisiert sind. Damit ist zugleich bezeichnet, was diese ‚Werte' zu ihrer Rolle befähigt: Sie sind ‚jenseits' alles dessen angesiedelt, was den Zufällen des Weltlaufs unterworfen ist. Sie bilden eine Welt für sich, sie gehören zu einer anderen, einer neuen, eben einer jenseitigen Welt...

In der christlichen Tradition lassen sich drei nähere Vorstellungen von dieser jenseitigen Welt unterscheiden. Aus ihnen folgen dann wieder verschiedene Akzente in den Gesinnungen, die damit verbunden sind. Eine erste Vorstellung verlagert die andere Welt ins Jenseits schlechthin, nach oben, in den Himmel. Dort sind die Gerechtigkeit und das Heil, deren Mangel hier erlebt wird. ‚Das, was mich singen machet, ist, was im Himmel ist', heißt es in dem bekannten Lied von Paul Gerhardt...

Eine andere Vorstellung verlegt die ‚Werte' und ‚Güter', die als eigentliche und wesentliche gelten, in das Jenseits der Innerlichkeit, in das eigene Herz. ‚Es glänzet der Christen inwendiges Leben, obgleich sie von außen die Sonne verbrannt', so beginnt ein Lied aus dem Kreise des klassischen Pietismus. Der Mensch ist nicht das, was er äußerlich ist, was er zu sein scheint – in Wahrheit gelten nur die Reinheit des Gewissens, die Kraft der Selbstlosigkeit, der standhafte Glaube, Wirkung und Macht der christlichen Persönlichkeit... Die Innerlichkeit dieser Schätze läßt eine Gesinnung hervortreten, die sich programmatisch von den etablierten Werten dieser Welt abwendet, die aber andererseits eben diese Welt keineswegs nur sich selbst überlassen will. Die innerlichen Schätze bewähren sich gerade in der Dienst- und Opferbereitschaft für die leidenden Menschen und für die desolaten Zustände dieser Welt...

Nach einer dritten Vorstellungsart schließlich bilden die wahren Werte und Güter das Programm aktueller Weltgestaltung: Diese wahren Werte und Güter müssen nicht als prinzipiell und unerreichbar ‚jenseits' angesehen werden, sie sind vielmehr – im Gegenteil – durchaus realisierbar, und ihre Verwirklichung ist geradezu die wesentliche Aufgabe der Religion. Die Unterschiede im einzelnen sind freilich groß. Auf der einen Seite steht das Programm der religiösen Schwärmerei, das Maximalforderungen ausbreitet und den direkten Übergang zum Gottesreich proklamiert. Auf der anderen Seite dagegen finden sich die mancherlei Minimalprogramme christlicher Gruppen... Dabei haben die Vorstellungen von Schwärmern den Vorteil auf ihrer Seite, daß ihre Ziele eindeutig und klar erscheinen: Gerechtigkeit, Freiheit, Gleichheit sind zwar völlig abstrakte Begriffe, die ganz und gar offenlassen, was wirklich mit ihnen gemeint sein könnte, aber sie werden doch von niemand in Zweifel gezogen" (Vernunft, 60 ff.).

Die Beispiele machen einsichtig, daß religiöse Deutungen und religiös begründete Gesinnungen in allen Grundfragen und in allen ernsthaften Situationen der Lebensführung eine wesentliche Rolle spielen. Freilich sind diese religiösen Deutungen und Funktionen selten als „religiöse" identifiziert. Solche Identifizierungen oder Bezeichnungen und Benennungen sind aber immer davon abhängig, was in der Öffentlichkeit jeweils als „religiös" gilt und was nicht. Für die Funktionen selbst ist diese Frage wenig von Belang. Wichtig ist allein die Einsicht, daß der Mensch die Grundlagen seines humanen Verhaltens und seiner Lebenspraxis von Überzeugungen herleitet, die ihrem Wesen nach „religiös" sind und als solche Respekt beanspruchen. Das gilt vor allem auch dann, wenn solche Überzeugungen ihrem Inhalt nach einer kritischen Prüfung unterzogen werden sollten. Ihre Entstehung und ihren Gehalt verdanken die Überzeugungen immer den religiösen Institutionen der Gesellschaft, in der sie auftreten. Sie sind das Produkt der religiösen Sozialisation, die implizit im allgemeinen gesellschaftlichen Bildungsprozeß stattfindet. Freilich kann kein Zweifel sein, daß die Verantwortung auch für diesen Bildungsprozeß bei der Institution liegt, die die Religion in der gesellschaftlichen Öffentlichkeit darstellt und vertritt: bei der Kirche.

3. Religion und Individualität

„Es gibt eine ursprüngliche, zumindest implizite Verwiesenheit des Menschen auf Gott, die mit der strukturellen Weltoffenheit seiner Lebensform zusammenhängt und sich in der Schrankenlosigkeit des Grundvertrauens konkretisiert ... Es handelt sich dabei aber nicht um ein künstliches, sondern um ein mit der Natur des Menschen gegebenes Bedürfnis, dem er sich so oder so nicht ohne weiteres entziehen kann – nämlich nicht ohne Ersatzgebilde zu erzeugen. Damit ist nicht schon die Wirklichkeit Gottes erwiesen, wohl aber der konstitutive Bezug des Menschseins auf die religiöse Thematik".

Diese Sätze sind dem Zusammenhang entnommen, in dem W. Pannenberg die Einsichten und Ergebnisse der sozialphilosophischen Anthropologie interpretiert (Anthropologie, 226 f.). Zu den frühesten Grundbegriffen dieser Anthropologie gehört der der „Weltoffenheit", den M. Scheler bereits 1927 geprägt hatte (Die Stellung des Menschen im Kosmos), um das Eigentümliche der Daseinsweise des Menschen im Gesamtverhältnis zu sich selbst und zu seiner „Welt" zusammenzufassen. Pannenberg hat in der Interpretation dieser Anthropologie den Theorien von G. H. Mead und E. H. Erikson besonderes Interesse zugewandt.

G. H. Mead (Geist, Identität und Gesellschaft, 1934, dt. 1968) hat die Sozialphilosophie wesentlich beeinflußt durch die Entdeckung, daß das Bewußtsein der Identität dem Individuum von den Gruppen, in denen es lebt, vermittelt wird und durch die Theorie, daß die Fähigkeit zur Selbstreflexion, die in der Entwicklung der Beziehung zwischen „Ich" (I) und „Selbst" (Me) begründet wird, sich eben der Ausbildung des „Selbst" als des Bildes, das andere von ihm entwerfen, verdankt (Bei Pannenberg, 179, findet sich eine überaus eingehende historische und systematische Analyse der Theorie Meads; eine Untersuchung aus theologischer Sicht bietet K. Raiser, Identität und Sozialität, 1971).

E. H. Erikson hat dem Begriff der Identität im Zusammenhang der Psychoanalyse eine zentrale Stellung gegeben (Identität und Lebenszyklus, 1966). „Der Begriff Identität drückt also insofern eine wechselseitige Beziehung aus, als er sowohl ein dauerndes inneres Sich-Selbst-Gleichsein wie ein dauerndes Teilhaben an bestimmten gruppenspezifischen Charakterzügen faßt" (124). Die Entwicklung der Identität beginnt mit dem „Urvertrauen" oder „Grundvertrauen" als einer auf die frühe Kindheit zurückgehenden Erfahrung, dem „Eckstein der gesunden Persönlichkeit" (63), setzt sich aber in den späteren Entwicklungen in verschiedenen Formen fort und wird zur Ich-Identität erst so, daß darin die gesamte

Entwicklung der Kindheit zusammengefaßt, integriert ist (vgl. dazu HWP 4, 148). Eine eingehende kritische Auseinandersetzung mit Eriksons Theorie bietet G. Schneider-Flume (Die Identität des Sünders, 1985).

Pannenberg hat darauf hingewiesen, daß das Urvertrauen oder Grundvertrauen zwar zunächst an den primären Bezugspersonen hängt, durch seine Unbeschränktheit aber darüber hinaus auf eine Instanz verweist, die die Unbegrenztheit solchen Vertrauens zu rechtfertigen vermag (226). Er macht mit seiner Interpretation auf die Logik aufmerksam, die der sozialphilosophischen Anthropologie innewohnt: Die Dimension menschlicher Personalität, deren Relevanz jeweils zur Geltung gebracht wird, geht nicht in den empirischen Bezügen auf. Wie für das Vertrauen gilt auch für die identitätsbegründende Sozialität, daß sie über alle empirischen Gruppierungen solcher Begründung hinausweist und für die lebensgeschichtliche Dimension, daß die durch sie bestimmte Identität nicht nur von biographischen Epochen, sondern vom Ganzen der Lebensgeschichte her verstanden werden muß.

Diesen Aspekt hat J. Habermas in seiner Dilthey-Interpretation schon hervorgehoben: „Die Lebensgeschichte ist die elementare Einheit des die Menschengattung umfassenden Lebensprozesses. Sie ist ein sich selbst abgrenzendes System. Sie stellt sich nämlich als ein durch Geburt und Tod begrenzter Lebenslauf dar und ist überdies ein erlebbarer Zusammenhang, der die Glieder des Lebenslaufs verbindet, und zwar durch einen ‚Sinn' verbindet" (Erkenntnis und Interesse, 191). Habermas entfaltet daraufhin die komplizierte Verbindung von persönlicher und sozialer Ich-Identität.

Identität oder Ich-Identität soll also das Verhältnis des Menschen zu sich selbst bezeichnen, in dem er seiner selbst als eines einzelnen und Unverwechselbaren innewird. Freilich soll damit nicht eine nur numerische Identität, sondern eine qualitative Identität beschrieben sein: „Ich kann anders werden wollen, als ich bin, aber ich kann – und zwar aus logischen Gründen – nicht ein anderer werden wollen, als der, der ich bin" (E. Tugendhat, Selbstbewußtsein und Selbstbestimmung, 1979, 284). Zur Identität gehört danach die Zustimmung zum eigenen Dasein hinzu, der also sein zu wollen, der man ist, oder zumindest doch der werden zu wollen, der man sein kann. Auf diesem Weg zu sich selbst freilich wird der Mensch, gerade in dem Maße, in dem er seiner selbst inne wird, mit der Erfahrung konfrontiert, daß das, was ihn bestimmt, offenbleibt, und zwar im Wesentlichen, nämlich im Künftigen, offenbleibt.

„Ein Ich sind wir immer schon, in jedem Augenblick unseres Daseins. Wir selbst werden wir noch; denn wir sind noch unterwegs zu uns selbst in der Ganzheit unseres Daseins. Dennoch sind wir auch im gegenwärtigen Augenblick schon irgendwie wir selbst: Insofern sind wir Personen. Das Wort ‚Person' bezieht das die Gegenwart des Ich übersteigende Geheimnis der auf dem Wege zu ihrer besonderen Bestimmung noch unabgeschlossenen individuellen Lebensgeschichte auf den gegenwärtigen Augenblick des Ich. Person ist die Gegenwart des Selbst im Augenblick des Ich, in der Beanspruchung dieses Ich durch unser wahrhaftes Selbst und im vorwegnehmenden Bewußtsein unserer Identität. Darum verbinden wir mit der Person den Gedanken der Freiheit, sofern Freiheit mehr bedeutet als die mit der Weltoffenheit immer schon gegebene formale Fähigkeit der Distanzierung von Eindrücken und Gegenständen, darum auch des Verweilens bei ihnen und der Zuwendung zu ihnen. Im tieferen Sinne ist Freiheit die reale Möglichkeit, ich selbst zu sein – der eigentliche Sinn auch von Autonomie im Sinne Kants als Ausdruck meiner Identität als Vernunftwesen" (W. Pannenberg, Anthropologie, 233).

Die Offenheit dessen, was ihn eben als unverwechselbar Besonderen bestimmt, nimmt der Mensch auf die Weise wahr, daß er Vollständigkeit, Konsistenz und Ganzheit seines Daseins als symbolischen Zusammenhang vorstellt: Er sieht in den Episoden der Biographie wie in den wechselnden Lagen der ihn prägenden Sozialität einen „Sinn", der gerade nicht vom Empirischen ausgeht, sondern dieses Empirische vielmehr in sich aufnimmt und darin „sinnvoll" macht. In dem Maße also, in dem der Einzelne Identität gewinnt und seiner selbst als Individualität innewird, tritt er in religiöse Deutungs- und Vorstellungszusammenhänge ein. Die symbolische Welt der Religion wird zum Horizont und zum Medium für die Ausbildung des Bewußtseins von sich selbst.

Diese Einsicht ist in der Theologie bereits seit Schleiermacher vertreten worden. In der Einleitung zur Glaubenslehre hat Schleiermacher das Verhältnis von Selbstbewußtsein und Religion als dem Gefühl schlechthinniger Abhängigkeit mit großer Präzision bestimmt. Einer der entscheidenden Sätze aus dieser Abhandlung lautet: „Allein eben das unsere gesamte Selbsttätigkeit, also auch, weil diese niemals Null ist, unser ganzes Dasein begleitende, schlechthinnige Freiheit verneinende Selbstbewußtsein ist schon an und für sich ein Bewußtsein schlechthinniger Abhängigkeit; denn es ist das Bewußtsein, daß unsere ganze Selbsttätigkeit ebenso von anderwärts her ist, wie dasjenige ganz von uns her sein müßte, im Bezug worauf wir ein schlechthinniges Freiheitsgefühl haben sollten" (Der christliche Glaube, Bd. 1, 28; § 4, 3).

Für die Praktische Theologie ergeben sich daraus Folgerungen in verschiedener Hinsicht. Einmal wird die nähere Formulierung der Aufgaben, die durch individuelle Verhältnisse gegeben sind, von der religiösen Qualität der Identitätsbildung und ihrer Probleme auszugehen haben. Sodann hat gerade die Praktische Theologie in dem Sinn, in dem sie die organisierte Religion praktisch vertritt, sich die Verantwortung für die religiösen Vorstellungen zuzuschreiben, die in der eigenen Epoche als Deutungsmuster im Zusammenhang der Identitätsproblematik wirksam werden. Die Praktische Theologie begegnet in den allgemein gewordenen Vorstellungen den Folgen ihrer eigenen Praxis.

§ 6 Die Religion der Neuzeit

Die Religion der Neuzeit ist die Form des Christentums, in der sich die bestimmenden Momente dieser Neuzeit selbst zum Ausdruck bringen. Nicht schon Christentum überhaupt ist Religion der Neuzeit. Die in der Liturgie der orthodoxen Kirchen etwa bewahrte Religion ist die einer früheren und vorneuzeitlichen Epoche. Es kann ja nicht bezweifelt werden, daß die Gegenwart derartiger Verhältnisse und Gegebenheiten, die einer eigentlich schon vergangenen Zeit angehören, auf allen Gebieten der Kultur und nicht zuletzt im Blick auf politische Zustände beobachtet werden kann. Freilich steht das Christentum dabei in einem durchaus dialektischen Wechselverhältnis zur Neuzeit: Es gibt gute Gründe für die Hypothese, daß die Neuzeit in gleichem Maße aus spezifischen Einsichten und Argumenten des Christentums hervorgegangen ist, wie sie andererseits durch ihre Entfaltung wiederum das Christentum zutiefst beeinflußt hat.

Das wichtigste Beispiel für diesen Geschichtsprozeß ist die deutsche Aufklärung, die wesentlich theologische Aufklärung, durch Religion und auf ihrem Felde hervorgerufene Aufklärung gewesen ist. Aber auch die Renaissance gehört zu den wesentlichen, die Neuzeit begründenden und in sich schon abbildenden religiösen Strömungen, wie die Reformation und nicht zuletzt der Pietismus (vgl. E. Troeltsch, Luther, der Protestantismus und die moderne Welt, in: GW IV, 1925, 202 ff.).

Daraus folgt nun für die Konstitution des neuzeitlichen Christentums, daß sie sich nicht einer einzelnen und allgemeingültigen Festlegung fügt: Was neuzeitliches Christentum ist, ist eine Frage der Deutung und kann oder muß auf verschiedene Weise beantwortet werden. Es gibt das neuzeitliche Christentum allein in der Form einer Theorie zu seiner Interpretation in der Absicht, den Bestand, die Phänomene und die Tendenzen, die sich nach der Auffassung eben dieser Theorie als neuzeitliche Religion vorfinden, zu erklären. Im Sinn einer derartigen Theorie wird im folgenden zunächst die dreifache Gestalt des neuzeitlichen Christentums als kirchliche, öffentliche und private Religion dargestellt; sodann wird die eigentlich kirchliche Religion unter den Bedingungen dieser Neuzeit, wie sie sich zumal im 19. Jahrhundert entfaltet hat, beschrieben; und schließlich ist zu schildern, wie das neuzeitliche Christentum als Thema der Theologie aufgefaßt worden ist.

1. Die dreifache Gestalt des Christentums in der Neuzeit

Die Erscheinungen, in denen die Religion empirisch auftritt, sind höchst vielfältig, ganz unterschiedlich nach Quantität und Qualtität und liegen offenbar weit auseinander. Die Phänomene, die auch heute ihren selbstverständlichen Platz in Kultur und Gesellschaft haben, und die ebenso selbstverständlich für jedermann als „religiöse" Phänomene gelten, lassen sich kaum auf einfache Weise in einen direkten Zusammenhang bringen und miteinander verbinden.

Empirische Religion tritt zunächst auf als die Religion der großen einschlägigen Institutionen: der Kirchen und Konfessionen, aber auch der Freikirchen und Sekten, in Gestalt ihrer Lehren einerseits und den religiösen Übungen, Gebräuchen und Lebensformen andererseits. Freilich ist die Beteiligung der einzelnen Zeitgenossen an den Veranstaltungen dieser ausdrücklichen Religion höchst unterschiedlich. Ist es noch „religiös", wenn einer nur einmal im Jahr einen Gottesdienst besucht? Wenn ein Pfarrer öffentlich bekennt, mit den meisten Lehren seiner Kirche nicht übereinzustimmen? Aber Religion findet sich, als ausdrückliche Religion, auch durchaus außerhalb der religiösen Institutionen und neben ihnen: in Form von Religionsunterricht in den öffentlichen Schulen, als Text etwa in der Präambel zum Grundgesetz und mehreren seiner Artikel, als Brauch bei Eidesleistungen in Politik und im Rechtsleben. Nimmt man die Fülle individueller oder durch lokale Sitten bestimmter Äußerungen von Religion hinzu, wie z. B. Nachrufe, literarische Texte, Bekundungen bei Feiern und persönliche und zufällig geäußerte Sätze, so wird das Bild vollends unüberschaubar. Ohne Zweifel sind das alles Erscheinungen einer expliziten oder dabei Explizität gewinnenden Religion. Ohne Zweifel aber sind es auch Äußerungen des Christentums, die mit diesem Christentum denn auch in unverkennbarer Beziehung stehen und es eben auf jeweils ihre Weise zum Ausdruck bringen. Diese Zusammenhänge freilich sind nicht ohne weiteres ersichtlich.

Der Deutung dieser Zusammenhänge und dem Versuch, ihr Verständnis zu erschließen, dient die Säkularisierungsthese. In ihrer einfachsten Form besagt sie, daß ursprünglich Religion, Kirche, Christentum und Frömmigkeit eine strikte Einheit mit der Gesellschaft selbst und unter der Leitung einer kirchlichen oder zumindest christlichen Obrigkeit gebildet haben, und daß sodann, durch einen Zerfall, Lebensformen und religiöse Gehalte sich aus diesem Zusammenhang gelöst, sich dem Ursprung und der Kirche gegenüber verselbständigt haben und nun in einem neuen gesellschaftlichen Raum bloßer Profanität eine eigene Existenz führen. Säkularisierung ist danach ein Profanisierungsprozeß, dessen Ergebnis in „Säkularisaten" besteht und der, sofern am Ende Religion überhaupt keine Rolle mehr spielt, im „Säkularismus" endet.

Auf theologischer Seite hat vor allem F. Gogarten diese Auffassung vertreten und dabei einerseits „Säkularisierung" als den Geschichtsprozeß bezeichnet, der dem Wesen des Protestantismus selbst entspricht, andererseits aber den „Säkularismus" als die Verfehlung sachgemäßer Verweltlichung beschrieben (Verhängnis und Hoffnung der Neuzeit, 1953). Die Entstehungs- und Wirkungsgeschichte des Begriffs hat H. Lübbe dargestellt (Säkularisierung, 1965). Eine konzentrierte Zusammenfassung des Problems bietet J. Matthes (Religion und Gesellschaft, 74 ff.). – Die Säkularisierungsdebatte ist gesammelt bei H. H. Schrey (Säkularisierung).

Die Säkularisierungsthese wurde aufgegeben, als ihre Voraussetzungen sich als falsch erwiesen hatten. Dazu gehörte vor allem die Einsicht, daß der Einfluß- und Wirkungsverlust, den der These zufolge die Kirche erlitten haben sollte, jedenfalls gerade nicht dazu geführt hat, daß die angeblich „profanisierten" Lebensformen und Inhalte ihre religiöse Bedeutung verloren hätten: Im Gegenteil zeigte sich überall, daß sie, was sie im Rahmen der „Welt" oder der „Säkularität" waren, nur sein konnten, durch ihren unbezweifelbar religiösen Charakter. „Säkularisierung" als Überführung in einen nichtreligiösen Raum also hatte nicht stattgefunden.

Der Prozeß der neuzeitlichen Religionsgeschichte muß vielmehr aus der entgegengesetzten Perspektive begriffen werden: Die Kirche hat sich aus der „Welt" zurückgezogen. In diesem Sinne hat J. Matthes „die Emigration der Kirche aus der Gesellschaft" (1964) beschrieben. Tatsächlich hat der historische Prozeß, der die neuzeitliche Lage der Religion hervorgebracht hat, in der Kirche selbst begonnen: Die Bewegungen der Selbstkritik in der Kirche haben strengere Auffassungen vom Christentum und vom christlichen Leben zum Leitbild für die Kirche selbst werden lassen und dadurch Unterschiede und Grenzen in den Anschauungen vom Christentum und in der christlichen Lebenspraxis etabliert.

Dieser Prozeß ist komplex und von vielen Faktoren beeinflußt. Er beginnt bereits mit der Kirchenkritik der Reformorthodoxie, findet aber seinen Höhepunkt im Pietismus. Hier entfaltet sich nicht mehr allein die Sonderlehre einer Gruppe, es wird vielmehr das Bild der Kirche selbst verändert: Erst die Teilnahme an der rigoroseren Lebensform, die der Pietismus zum Programm gemacht hatte, kann noch als Teilnahme an der Kirche gelten. So bildet sich einerseits ein kirchliches Christentum aus, das durch die eigenen und besonderen Ausprägungen der Einstellung und der religiösen Praxis gekennzeichnet ist, während andererseits die Gesellschaft im ganzen religiös sich selbst überlassen wird und als „nichtkirchlich" oder „unkirchlich" gilt. Die Auffassung, daß die Zugehörigkeit zur Kirche sich im irdischen Leben sichtbar zur Darstellung bringen müsse, daß also von wahren und ernsthaften Christen in höherem Maße als von anderen religiöses Verhalten und soziale Fähigkeit zu erwarten sind, setzt sich allgemein im Selbstverständnis der Kirche durch, und zwar bei allen kirchlichen Richtungen und Gruppierungen. –

Zu den Voraussetzungen für diesen Prozeß gehörten Veränderungen im allgemeinen Bewußtsein, die bereits im Mittelalter einsetzten. Im Zusammenhang des corpus christianum und der mittelalterlichen Einheit von Kirche und Welt waren die Frage nach dem Heil und dem Zugang zum ewigen Leben und die Frage nach der Befähigung zum irdischen Leben in der menschlichen Gemeinschaft durch eine gemeinsame Antwort verbunden: Es war der christliche Glaube in der Zugehörigkeit zur Kirche, der beides garantierte. Die fortschreitende Verselbständigung des weltlichen Lebens in Wirtschaft, Wissenschaft und nicht zuletzt im weltlichen Recht bereitete die Trennung der Fragen und ihre Antworten vor: Die Kirche wurde deutlicher nur noch für das ewige Leben zuständig, während das irdische Leben durch Recht und Obrigkeit verwaltet wurde. Bedeutungsvoll dafür war das Hervortreten der Idee des Naturrechts und, im Zusammenhang damit, einer natürlichen Religion, die den Menschen auch ohne Zusammenhang mit der Kirche für seine Stellung im gesellschaftlichen Leben verantwortlich machte. Die lutherische Zwei-Reiche-Lehre ist bereits Ausdruck und Folge der Unterscheidungen, die das neuzeitliche Bewußtsein bestimmen (näheres dazu bei D. Rössler, Vernunft, 73 ff.; vgl. ferner H. E. Bödeker, Art. Menschheit, in: GG, Bd. 3, 1982, 1063 ff.).

Das neuzeitliche Christentum ist von Anfang an in doppelter Gestalt aufgetreten: als kirchliches Christentum und als das Christentum der Gesellschaft oder der Öffentlichkeit. Die Förderung und Verwaltung des öffentlichen Christentums lag zwar beim Staat, war indessen nie völlig vom Einflußbereich der Kirche abgetrennt, und bis heute ist dieser Einfluß in wesentlichen Fragen durch die Verfassung geregelt (Grundgesetz Art. 4, Art. 7). Aber das gesellschaftliche oder öffentliche Christentum als Zusammenfassung aller Lebensformen und kultureller Manifestationen, in denen sich die christliche Religion repräsentiert, ist selbstverständlich nicht im entferntesten noch zu kontrollieren oder als Bestand aufzunehmen. Die religiösen Gehalte, die implizit und unerkannt etwa in einer Unterrichtsstunde über deutsche Literatur (mit-)vermittelt werden, lassen sich so wenig feststellen, wie die, die in einem beiläufigen Gespräch zwischen der Krankenschwester und einem todkranken Patienten enthalten sind, oder die, die in den Übungsabenden eines ländlichen Gesangvereins vermittels dessen Liedgut tradiert und zur Wirkung gebracht werden.

Diese Hinweise machen nun allerdings deutlich, daß neben dem kirchlichen und dem öffentlichen eine dritte Gestalt des neuzeitlichen Christentums genannt werden muß: das individuelle oder private Christentum. In dem Maße, in dem die Kirche sich hinter ihre eigenen Mauern zurückzog und in dem also kirchliches und öffentliches Christentum auseinandertraten, wurde der einzelne Mensch in religiöser Hinsicht sich selbst überlassen: Er kann im Rahmen des öffentlichen Christentums zwischen den verschiedensten Formen der Beteiligung am expliziten religiösen Leben der Kirche wählen unter Einschluß selbstverständlich auch aller Formen der Ablehnung. Was als privates Christentum im Horizont und auf dem Boden des öffentlichen wie des kirchlichen Christentums daraus sich ergibt, ist keiner objektiven Untersuchung zugänglich und könnte allein im Einzelfall sichtbar werden. Praktisch hat sich daraus eine nahezu unbegrenzte Individualisierung von religiösen Vorstellungen und Lebensformen ergeben, die sich der Definition und der schematischen Darstellung entziehen (vgl. S. W. Sykes, in: Das Problem der Kirchenmitgliedschaft heute, hg. v. P. Meinhold, 1979, 391 ff.).

Prinzipielle Aspekte des privaten Christentums und die Situation der religiösen Individualität unter den neuzeitlichen Bedingungen hat jüngst P. L. Berger beschrieben und dabei vor allem den Zwang zu eigener Wahl herausgestellt: „Modernität vervielfacht die Wahlmöglichkeit und reduziert gleichzeitig den Umfang dessen, was als Schicksal oder Bestimmung erfahren wird" (Der Zwang zur Häresie, 1979, 43 f.).

Das neuzeitliche Christentum stellt eine entsprechend komplexe und vielschichtige Aufgabe für die Kirche und das kirchliche Handeln dar. Keinesfalls könnte die Kirche sich auf die Pflege des im engeren Sinne kirchlichen Christentums beschränken: Sie kann die Mitgliedschaft nicht von der Teilnahme an ihren Veranstaltungen abhängig machen (s. o. S. 268 ff.), sie hat zumindest alle Getauften als ihre Glieder zu respektieren und sie kann sich von der Verantwortung für das öffentliche Christentum nicht dispensieren. Tatsächlich ist das auch in der gesamten neueren Kirchengeschichte nie geschehen. Die Kirche und mit ihr die Praktische Theologie haben den drei großen Aspekten des Christentums drei entsprechende Aufgaben gegenübergestellt: die durch das kirchliche Christentum gestellte Aufgabe mit ihrer Mitte in Gottesdienst und Predigt, die öffentliche Aufgabe, die vor allem durch den Unterricht gegeben ist und die durch das private Christentum gestellte Aufgabe, die in der Seelsorge für den einzelnen Menschen ausgearbeitet wird.

Das Problem des neuzeitlichen Christentums ist in der gegenwärtigen Theologie verschiedentlich aufgegriffen worden. Dabei hat vor allem T. Rendtorff entscheidende Beiträge geleistet und das Thema in historischer wie in systematischer Hinsicht entfaltet (Christentum außerhalb der Kirche, 1969; Art. Christentum, in:

GG, Bd. 1, 1972, 772 ff.). Der klassische Text zum Thema ist nach wie vor E. Troeltsch (Die Bedeutung des Protestantismus für die Entstehung der modernen Welt, 1911).

2. Christentum und Kirchlichkeit

Die Differenzierungen im neuzeitlichen Christentum sind selbst alsbald zum Thema einer allgemeinen Debatte über das Selbstverständnis des kirchlichen Christentums geworden. Am Ende des 18. Jahrhunderts sind dabei die Begriffe „Kirchlichkeit“ und „Unkirchlichkeit“ hervorgetreten, und die Diskussion konzentrierte sich einerseits auf die Frage nach den Gründen für die waltenden Verhältnisse und nach ihrem richtigen Verständnis, andererseits auf Programme für die Überwindung der Mängel und Defizienzen.

„Kirchlichkeit“ ist für A. H. Niemeyer (Briefe an christliche Religionslehrer, 1796, 235 ff.) das sachgemäße Verhältnis zur Kirche, das auch auf dem Boden einer „liberalen Denkart“ entstehen sollte. K. G. Bretschneider (Über die Unkirchlichkeit dieser Zeit im protestantischen Deutschland, 1820) sucht die Ursachen der mangelnden Kirchlichkeit in allgemeinen und übergreifenden historisch-politischen Entwicklungen. – Diese Debatte ist unter besonderer Rücksicht auf Stellung und Bedeutung Schleiermachers darin von T. Rendtorff untersucht und dargestellt worden (Theorie, 81 ff.).

Das Bild der neuzeitlichen Religion seit Beginn des 19. Jahrhunderts ist jedoch durch die leitenden Begriffe Kirchlichkeit, Unkirchlichkeit, Christentum oder Protestantismus nur in einem sehr allgemeinen Sinn beschrieben und läßt allenfalls eben den Mangel an eindeutigen Verhältnissen erkennen. Genauer besehen ist schon der Begriff „Kirchlichkeit“ keineswegs eindeutig: Er bezeichnet zwar formal die Kirchenzugehörigkeit, die sich durch die Teilnahme an den kirchlichen Veranstaltungen zu erkennen gibt, aber dahinter bestehen vielfältige und oft sehr unterschiedliche Auffassungen vom Wesen dieser Kirchlichkeit selbst.

Seit Ende des 18. Jahrhunderts ist das kirchliche Christentum wesentlich durch die Erweckungsbewegungen bestimmt und geprägt worden. Damit gewann eine Frömmigkeit die Vorherrschaft, die durch eine einfache Religiosität bestimmt war: Einige wenige Grundvorstellungen des Christentums über Welt, Sünde und Erlösung, deren unvermittelte Realität gegen alle Kritik unbeirrbar behauptet wird, verbunden mit einer hohen Motivation zur Einhaltung einer vor allem in der Abkehr von „weltlichem“ Verhalten fest umrissenen Lebenspraxis wurden zum Maßstab und zur Norm für „Kirchlichkeit" auch dort, wo die Erweckungsbewegungen selbst gar nicht stattgefunden hatten.

Über Geschichte und Gehalt der Erweckungsbewegung in Deutschland gibt E. Beyreuther (Art. Erweckung, in: RGG³ II, 621 ff.) eine vorzügliche Übersicht. Neuere Literatur bietet darüber hinaus G. A. Benrath (Art. Erweckung, Erwekkungsgeschichte, in: TRE, Bd. 10, 205 ff.). Ausführlich und aus den Quellen dargestellt ist die Erweckungsbewegung bei F. W. Kantzenbach (Die Erweckungsbewegung, 1957).

Die Erweckungsfrömmigkeit stand der Kultur nicht prinzipiell feindlich gegenüber, lehnte aber jede kritische wissenschaftliche Theologie ab und vergrößerte damit naturgemäß die Differenz zwischen kirchlichem und öffentlichem, allgemeinem Christentum. Selbstverständlich hat es an Gegenbewegungen nicht gefehlt, und an Versuchen, gerade das kirchliche Christentum von anderen Richtungen her zu beeinflussen und zu bestimmen. So hat im Jahr 1845 ein Kreis von 88 Berliner Freunden Schleiermachers die Erklärung abgegeben, „es habe sich in der Evangelischen Kirche eine Partei geltend gemacht, welche die dogmatische Fassung des Christentums in den Anfängen der Reformation zu einem neuen Papstthum mache, alle diejenigen, welche sich derselben nicht unterziehen wollen, für ungläubig und politisch verdächtig erkläre" (T. Rendtorff, Theorie, 94). Derartige Gegenbewegungen haben zwar nicht aufgehört, sind aber letztlich nie ganz zum Erfolg gekommen.

Aus der Erweckungsfrömmigkeit ist ein Programm hervorgegangen, das sich zunächst außerhalb formierte, dann aber großen Einfluß auf das Selbstverständnis der Kirche gewann: Das Programm der Inneren Mission. Der Begriff sollte deutlich machen, daß das Verhältnis der Kirche zu „den Massen" nach der Analogie der klassischen Heidenmission zu begreifen ist. Damit wird das kirchliche Christentum von einer Aufgabe her definiert, die nicht mehr nur der Begründung des eigenen Daseins gilt, sondern dieses nur voraussetzt, um nach außen „missionarisch" zu wirken: Die Differenzen zwischen kirchlichem und öffentlichem Christentum sollen durch die Ausbreitung der Kirche überwunden werden; dabei wird die Gesellschaft zur „Welt" nach dem Vorbild des urchristlichen Sprachgebrauchs (zu Wichern und zum Programm der Inneren Mission s. u. S. 141 ff.).

Zu den bedeutenden Bewegungen der kirchlichen Frömmigkeit im 19. Jahrhundert gehört andererseits die des „freien Protestantismus". Sie formierte sich zunächst schon 1848 im „Berliner Unionsverein", dann aber durch die Gründung des „Deutschen Protestantenvereins" 1863 in Frankfurt. Führend waren daran R. Rothe (1799–1867) und D. Schenkel

(1813–1885) beteiligt. Auch der Protestantenverein sah seine Aufgabe vor allem durch die allgemeine Entfremdung von der Kirche gestellt, hat darin aber gerade nicht schon die Entfremdung vom Christentum überhaupt gesehen und deshalb gefordert, daß die Kirche „anders“ zu werden und das Christentum in der modernen Bildung und Kultur seine eigenen Folgen zu sehen habe, eine Einsicht, die freilich auch im Selbstverständnis dieser Kultur erst zur Geltung noch zu bringen sei (R. Rothe, Zur Orientierung über die gegenwärtige Aufgabe der deutsch-evangelischen Kirche, in: Gesammelte Vorträge und Abhandlungen, hg. v. F. Nippold, 1886, 1 ff.). Rothe hat hinter seinem Programm ausdrücklich eine „kirchliche Bewegung“ (36) gesehen.

Geist und Klima der Gründungsepoche des Protestantenvereins werden lebendig geschildert bei A. Hausrath (Richard Rothe und seine Freunde, Bd. 2, 1906, 456 ff.). Rothes Theologie ist zusammenfassend interpretiert bei H. J. Birkner (Spekulation und Heilsgeschichte, 1959). Über die Geschichte des freien Protestantismus orientiert W. Nigg (Geschichte des religiösen Liberalismus, 1937) und über dessen spätere Epoche W. Rathje (Die Welt des freien Protestantismus, 1952).

Am Beispiel der kirchlichen Bewegungen im 19. Jahrhundert wird die Konstitution des zeitgenössischen Christentums in vieler Hinsicht deutlich. Zunächst tritt die tragende Bedeutung hervor, die die Differenz zwischen Kirche und Gesellschaft, eigener Frömmigkeit und öffentlicher Entfremdung im kirchlichen Bewußtsein gewinnt. Das Selbstverständnis orientiert sich von Grund auf an diesen Grenzen und formuliert sich, wenn auch von verschiedenen Seiten her, zu deren Überwindung. Sodann zeigt sich eindrücklich, daß kirchliches Bewußtsein, kirchliche Frömmigkeit und kirchliche Bewegung sehr unterschiedliche und in mancher Hinsicht gegensätzliche Positionen und Tendenzen einschließen. Zweifellos ist die Erweckungsfrömmigkeit immer dominant geblieben und hat vor allem das Bild der Kirche bestimmt, das in der Gesellschaft von ihr in Geltung stand. Insofern entsprach gerade die erweckliche Frömmigkeit den Erwartungen, die von außen her an die Kirche gestellt waren. Das freilich wirft wiederum ein Licht auf einen Grundzug im Selbstverständnis des gesellschaftlichen Christentums: Auch hier spielt, wie auf der anderen Seite, die Selbstunterscheidung von der kirchlich regulierten Religion eine tragende Rolle. Schließlich geht aus einer kritischen Verhältnisbestimmung der Formen des neuzeitlichen Christentums deutlich hervor, daß sie ihr vitales Zentrum im kirchlichen Christentum haben und behalten haben. Offenbar gilt hier der Grundsatz: Was nicht von der Kirche ausgeht, das existiert nicht und bewirkt nichts. In der Kirche aber sind es die Bewegungen, die ihrerseits allererst zu wirken in der Lage sind.

Abgesehen von solchen teils mehr, teils weniger auch öffentlich wirksamen Bewegungen, gehen von der Kirche keine Impulse aus. Freilich ist die Kirche nicht identisch mit einzelnen Gruppierungen, die sich durchsetzen oder wieder zurücktreten. Die Kirche geht in keiner ihrer einzelnen Bewegungen auf.

Im 20. Jahrhundert und bis zur Gegenwart haben sich diese Entwicklungen grundsätzlich unverändert fortgesetzt. Von großem Einfluß ist vor allem die Jugendbewegung geworden. Die von ihr angeregten und inspirierten religiösen Bewegungen haben die Theologie und das liturgische Leben im Protestantismus wesentlich mitbestimmt. An ihnen ist überdies zu sehen, daß die Bewegungen des kirchlichen Christentums in der Regel tatsächlich die Bewegungen abbilden, die in der Epoche allgemein aufgetreten sind und auch andere Lebensgebiete prägen. Das gilt vor allem für die Parallele zwischen religiösen und politischen Bewegungen: „Die aus der kirchlichen Religion gebildete Gesinnungsgemeinschaft spiegelt die Differenzierungen und Strömungen der neuzeitlichen Welt wider. Konservative und kritische, liberale und progressive, evangelikale, fundamentalistische und politische Tendenzen kirchlicher Frömmigkeit unterscheiden sich voneinander und lassen eigene Gruppierungen entstehen, die nicht selten miteinander um die Vorherrschaft in der Institution im Streit liegen" (D. Rössler, Vernunft, 118; vgl. auch F. W. Graf, Die Freiheit der Entsprechung zu Gott, in: T. Rendtorff, Hg., Die Realisierung der Freiheit, 1975, bes. 115 ff.). – Die Entstehung der Bewegungen im 19. Jahrhundert und ihre Formierung zu Gesinnungsgemeinschaften und zu Parteien ist durch K. v. Beyme im einzelnen herausgearbeitet worden (in: GG, Bd. 4, 1978, 677 ff.).

3. Das neuzeitliche Christentum als Thema der Theologie

Der eigentümliche Charakter der neuzeitlichen Religion läßt sich auf einen elementaren Sachverhalt reduzieren: Religion ist nicht mehr für alle auf gleiche Weise bestimmt. Die Wahlfreiheit des Menschen der Religion gegenüber gibt dieser Religion prinzipiell die Tendenz, auf eine für jeden Menschen besondere Weise sein zu können und also immer weniger in Übereinstimmungen und Gemeinsamkeiten faßbar zu sein. Dieselbe Tendenz aber zeigt sich darin, daß das neuzeitliche Christentum in Gestalt verschiedener Kirchen und Konfessionen auftritt. Ausschlaggebend für diese erzwungene Selbstrelativierung der Konfessionen und für die Notwendigkeit, im Verhältnis zueinander bestimmte minimale Formen der Toleranz auszubilden, war der unentschiedene Ausgang des Dreißigjährigen Religionskrieges. W. Pannenberg hat darauf aufmerksam gemacht, daß der Friedensschluß von 1648, bei dem ja nicht etwa Sieger und Besiegte sich gegenüberstanden, zu irgendeiner Form der Anerkennung der anderen Parteien nötigte. „Im 16. Jahrhundert war die Vielheit der

Konfessionen eine Vielheit sich gegenseitig ausschließender Modelle christlicher Einheit. Vom 17. bis zum 19. Jahrhundert wurde daraus eine Pluralität selbständiger Ausprägungen des Christentums, die sich voneinander als altgläubige und moderne, als rechtgläubige oder abgeirrte Glaubensformen schieden" (W. Pannenberg, Ethik und Ekklesiologie, 1977, 241).

Dieser Übergang vom unbefangenen Anspruch darauf, das allgemeingültige Modell des Christentums zu explizieren, zu einer Darstellung des Christentums, in dem die Kirche nicht notwendig mehr die Kirche aller und aller auf gleiche Weise ist, läßt sich an der grundlegenden Veränderung der einschlägigen theologischen Themen am Ende des Zeitalters der Orthodoxie eindrücklich zeigen. Besonders aufschlußreich ist der Wandel in der Behandlung der Themen, die das Verhältnis von Kirche und Gesellschaft erläutern. Nach orthodoxem Verständnis ist die Kirche der umfassende Rahmen auch für das bürgerliche Leben: Dessen Ordnungen und Stände sind eo ipso Ordnungen der Kirche. Es gibt keinen Unterschied zwischen gesellschaftlichem und kirchlichem Leben. Die Gesellschaft hat selbstverständlich die Konfession ihrer Kirche. Es gibt kein öffentliches Bekenntnis zum Unglauben oder zu einer anderen Konfession, und es gibt kein Christentum außerhalb der Kirche.

Dieses Verständnis sowohl der Kirche wie der Gesellschaft und des Verhältnisses beider ist im Anschluß an J. Gerhard von J. A. Quenstedt (1617–1688) geradezu programmatisch formuliert worden. Quenstedt hat das Lehrstück von den drei Ständen, mit dem Luther (und schon das Mittelalter) das bürgerliche Leben in der Gesellschaft geordnet und strukturiert gesehen hatte, so in die Ekklesiologie aufgenommen, daß jetzt die Stände zu Ordnungen der Kirche selbst werden: Die Kirche umschließt die Gesellschaft zur Einheit. Der wichtigste Beleg für diese theologische Theorie aus Quenstedts Theologia didactico – polemica (1715 II, 497) ist übersetzt bei E. Hirsch (Hilfsbuch zum Studium der Dogmatik, 1958[3], 368; vgl. dazu ferner W. Trillhaas, Ethik, 1965[2], 349). Der Text lautet: „In der Kirche, die hier auf Erden streitet, sind drei Ordnungen oder Stände von Gott eingesetzt, die man auch Hierarchien zu nennen sich gewöhnt hat: des kirchlichen Amts, der weltlichen Obrigkeit und des Hausstandes. Die Ordnung des Hausstandes dient der Vermehrung und Fortpflanzung des menschlichen Geschlechts, die der weltlichen Obrigkeit seiner Verteidigung und Regierung; die des kirchlichen Amts der Förderung zur ewigen Seligkeit. Die erste ist den ungebundenen Lüsten entgegengesetzt, die zweite der Tyrannei und den Räubereien, die dritte den Ketzereien und Verderbnissen der Lehre".

Nur wenig mehr als eine Generation später wird das Verhältnis von Kirche und Gesellschaft und damit das Wesen der Kirche selbst völlig anders bestimmt. Die Kirche wird jetzt zu einer Vereinigung von Menschen, die innerhalb des Staates und der Gesellschaft und völlig unabhängig davon sich formiert, und vielmehr durch die Art ihrer Organisation dem Staate vergleichbar wird. Staatliche Gesellschaft und Religionsgesellschaft haben dieselbe Struktur. Beim Staat kommt sie durch den ihm zugrunde liegenden Gesellschaftsvertrag zustande, bei der Kirche durch die freiwillig übernommenen Verpflichtungen des christlichen Glaubens. Hier ist also die Gesellschaft als religiöser Freiraum bereits theologisch begründet. Andererseits ist sie durchaus nicht einfach religionsfrei: Die natürliche Religion des Menschen wird ihm zum Grund seiner Verantwortung und seiner Pflichten gegenüber der Gesellschaft. Damit ist eine theologische Theorie entstanden, die zwischen gesellschaftlicher und kirchlicher Religion unterscheidet und beiden je verschiedene Funktionen zuordnet.

Diese Theorie ist bereits von J.F. Buddeus (1667–1729) ausgearbeitet worden (Institutiones theologiae dogmaticae, 1723). Sie wurde in der Aufklärung fortentwickelt und besonders von dem Juristen und Theologen Chr. Thomasius (1655–1728) vertreten. Nach Thomasius geht der Zweck des Staates dahin, ein menschliches Leben in zeitlicher Ruhe und Frieden zu begründen, der der Kirche dagegen ist die Beförderung der ewigen Glückseligkeit (vgl. dazu D. Rössler, Vernunft, 90 ff.). – Den philosophischen Ausdruck der Differenz zwischen kirchlicher und allgemeiner Religion hat Kant formuliert, indem er dem „Kirchenglauben" allein noch instrumentelle Bedeutung für den „Vernunftglauben" zumaß und deshalb den „reinen Religionsglauben" zum „höchsten Ausleger" des Kirchenglaubens bestellte (Religion, 157 ff.).

Die Theologie des deutschen Idealismus hat dem Problem seinen sachgemäßen Rang verliehen und darin die Frage nach dem Verständnis der eigenen Gegenwart ausdrücklich gemacht. Hegel wie Schleiermacher haben die Religion in einen geschichtsphilosophischen Zusammenhang gestellt und aller Spekulation über eine „natürliche Religion" den Boden entzogen (Schleiermacher, Der christliche Glaube, 1830[2], § 6, Zusatz). Die Grundfrage war nun, wie das Verhältnis des Christen zur Gegenwart und also zur zeitgenössischen Gesellschaft und ihrer Kultur zu verstehen sei angesichts der offenbaren Differenz zwischen Kultur, Bildung und Sitte der Zeit einerseits und dem expliziten Christentum andererseits. Schleiermacher hat den gesamten kulturellen Bestand dessen, was der Vernunft und der Humanität entspricht, im Horizont der Christentumsgeschichte zusammengefaßt gesehen. Seiner Frage: „Soll der Knoten der Geschichte so auseinander gehen: das Christentum mit der Barbarei und die Wissenschaft mit dem Unglauben?" (Schleiermacher, Zweites Sendschreiben über seine Glaubenslehre, SW I,2, 1836, 614) hat er durch sein Gesamtwerk eine klare Antwort gegeben. Bei H.J. Birkner finden sich die folgenden Sätze, die als Zusammenfassung dafür gelten können: „Das

Christentum ist zuletzt nicht eine Sondergestalt religiös-sittlichen Lebens, sondern es ist ‚die eigentliche Vollendung des religiösen Bewußtseins' und darin die Vollendung der Humanität. Die Erscheinung Christi und die Stiftung des von ihm ausgehenden Gesamtlebens ist ‚die nun erst vollendete Schöpfung der menschlichen Natur', der Heilige Geist ist ‚die letzte weltbildende Kraft'... Das ‚christliche Prinzip' will ‚alle menschlichen Verhältnisse durchdringen'" (Schleiermachers christliche Sittenlehre, 90).

Die Richtungen, die die Theologiegeschichte im 19. Jahrhundert geprägt haben, haben ihre wesentlichen Unterschiede durch ihre Stellung in der Frage nach dem Verständnis der eigenen Gegenwart gewonnen. Die Richtung, die vor allem mit dem 19. Jahrhundert verbunden wird, ist die, die in der Fortbildung von Schleiermacher und Hegel die Differenzen und Kontraste der Zeit im größeren und gemeinsamen Zusammenhang der Christentumsgeschichte zu verstehen suchte. Andererseits aber ist gerade die ganz andere Seite zum folgenreichen Programm der Theologie des 19. Jahrhunderts geworden. Hier wurden die Unterschiede zwischen Kirche und Gesellschaft als Gegensätze und als Widersprüche verstanden, angesichts derer die Grenzen zwischen ihnen entscheidende Bedeutung gewinnen und alle Aufmerksamkeit fordern. Christentum ist hier allein das Christentum der Kirche, und zwar in der Regel nur in dem Sinne, in dem es von der eigenen Position her ausgelegt wird. Danach besteht das Wesen des neuzeitlichen Christentums darin, den Standpunkt der Tradition unverändert affirmativ oder apologetisch gegen alle Kritik und gegen die leitenden Ideen der Epoche zur Geltung zu bringen. Die Christentumsgeschichte ist danach die Geschichte der Reduktion oder der Konzentration des Christentums auf die Gemeinde, deren praktisches Bekenntnis zur Definition für die Grenze wird, jenseits derer die „Welt" beginnt, die wesentlich eben durch die Abwesenheit des Christentums bestimmt ist.

Dieses Programm ist vor allem durch E. W. Hengstenberg (1802–1869), Professor in Berlin und Herausgeber der Evangelischen Kirchenzeitung, vertreten worden. Großen Einfluß auf die Universitätstheologie hatte vor allem A. Tholuck (1799–1877), Professor in Halle, der als der Theologe der Erweckungsbewegung galt, aber nicht durch größere systematische Entwürfe hervorgetreten ist. – Studien zur neuzeitlichen Kategorie des Christentums in diesem Zeitraum hat M. Baumotte vorgelegt (Theologie als politische Aufklärung, 1973). Eine lebendige Anschauung der Auseinandersetzungen gerade über das Verständnis der eigenen Gegenwart gibt das breit angelegte Werk von W. Lütgert (Die Religion des deutschen Idealismus und ihr Ende, 3 Bde., 1922–1925).

Der Erste Weltkrieg hat diesen verschiedenen Richtungen und Strömungen weithin ein Ende gesetzt. Nach 1918 gab es von einzelnen

Stimmen abgesehen im allgemeinen Bewußtsein nur ein gemeinsames Urteil über die eigene Epoche: Sie war zu verwerfen. Die Gegenwart war durch den Verlust gekennzeichnet: Die überlieferte Ordnung und Bestimmung des Lebens hatte sich als haltlos erwiesen, war brüchig geworden und hatte mit ihrem Ende der ganzen überkommenen Lebensform auf allen Gebieten der Kultur ein Ende gesetzt. „Krise" wurde zum Leitbegriff für das Verständnis der eigenen Zeit und für das Verhältnis zu ihr. Die Gegenwart wurde zum Ende der Neuzeit.

Krise war einer der meistgebrauchten Begriffe der Epoche. Die kulturkritische Zeitdeutung hatte schon in O. Spenglers „Untergang des Abendlandes" (1918) eine Grundformel für ihr Selbstverständnis gefunden. Als ein prominentes Beispiel für viele kann zudem E. Husserl gelten, der in seiner Schrift „Die Krisis der europäischen Wissenschaft und die transzendentale Phänomenologie" (1936) diese Krise als Ausdruck einer Krise des europäischen Menschentums überhaupt versteht. – Zur zusammenfassenden Deutung dieser Epoche und der Rolle des Krisenbegriffs sei verwiesen auf R. Koselleck (Art. Krise, in: GG, Bd. 3, 617 ff.).

Die Theologie hat sich ihrerseits ganz vom kulturkritischen Krisenbewußtsein der Zeit leiten lassen und ist in mancher Hinsicht sogar dessen Wortführer geworden. In der „Theologie der Krise" hat sie diesem Bewußtsein einen exemplarischen Ausdruck gegeben. Die Deutung der Neuzeit und der eigenen Gegenwart ist dabei von drei Argumenten bestimmt worden. 1. Die Gegenwart ist von Kastastrophen erschüttert, die nicht Einzelnes oder Bestimmtes, sondern die Kultur überhaupt zerbrochen haben, und von dieser Erschütterung war „der Krieg nur ein leises Vorzeichen" (F. Gogarten, Die Krise unserer Kultur, 1920, abgedr. in: Die Anfänge der dialektischen Theologie, hg. v. J. Moltmann, Teil II, 1963, 101). 2. In der Gegenwart ist das gescheitert, was die Neuzeit zur Neuzeit gemacht hatte, und was ihr, gerade als ihre kulturellen und religiösen Errungenschaften zugeschrieben wurde. Die Geschichte der Neuzeit ist nichts anderes, als die Geschichte dieses Scheiterns. 3. Deshalb aber hat mit der Neuzeit gerade die Anstrengung Schiffbruch erlitten, die sich den Aufbau der Neuzeit und das neuzeitliche Christentum zum Thema gemacht hatte. Das Scheitern der Neuzeit ist wesentlich auch das Scheitern der neuzeitlichen Theologie. Die Krise der Gegenwart ist die Krise des neuzeitlichen Christentums und seiner theologischen Interpretation.

Ein eindrückliches Beispiel für diesen Argumentationsgang ist „Der Gottesgedanke und der Zerfall der Moderne" (1929) von F. K. Schumann: In der Katastrophe der Gegenwart ist das moderne Denken, das in der idealistischen Philosophie seinen bedeutenden Ausdruck gefunden hatte, gescheitert, und zwar wesentlich an seiner Unfähigkeit, den christlichen Gottesgedanken sachgemäß zu erfassen, und im Scheitern dieser Philosophie liegt der Grund für den Zerfall der Moderne (366 ff.); in einer ausführlichen Analyse wird dabei auch K. Barth attestiert, den Idealismus doch noch nicht vollständig hinter sich gelassen zu haben: „Auch in der dialektischen Theologie stehen wir sozusagen mit einem Fuß in der Aufklärung und idealistischen Religionsphilosophie ...“ (247).

Umfassend und wirkungsmächtig hat K. Barth diese Argumentation entfaltet (KD I,2, 304 ff.). Eindringlich wird die Geschichte der Neuzeit als Verfallsgeschichte des Christentums beschrieben (367 ff.); das neuzeitliche Christentum ist seinem Wesen nach „Modernismus“ oder „Neuprotestantismus“ und dadurch bestimmt, daß hier „die Offenbarung von der Religion her“ statt „die Religion von der Offenbarung her“ verstanden wird (316); entsprechend ist die Geschichte der neueren protestantischen Theologie eine „Trauergeschichte“ (315), die mit der Geburt des Neuprotestantismus bei Buddeus (313) beginnt, über die großen Namen der Theologiegeschichte fortschreitet und in der Katastrophe der modernen Kultur (320), die „eine die Kirche sprengende Häresie“ (317) wurde, endet.

Bei Barth erfährt die Kritik der Neuzeit und des neuzeitlichen Christentums eine letzte Zuspitzung dadurch, daß der Irrtum des Modernismus als der Irrtum des natürlichen Menschen schlechthin gedeutet wird: Nicht einzelne Fehler oder nur bestimmte Urteilsschwächen haben den Neuprotestantismus und die ihn kennzeichnende „natürliche Theologie“ hervorgebracht, in ihm kommt vielmehr die Selbstverwirklichungstendenz des „natürlichen Menschen“ überhaupt zum Vorschein. Die Neuzeitkritik, die schon das 19. Jahrhundert hervorgebracht hatte, wird hier also auf eine letzte radikale Konsequenz gebracht. Es entspricht dieser Logik, daß Barth zu seiner eigenen Argumentation an die Positionen anknüpft, die von der Krankheit des Modernismus noch nicht berührt sind: an die altprotestantische Orthodoxie. „Es handelt sich im ganzen um eine grandiose Erneuerung des Supranaturalismus“ (H. J. Birkner, Natürliche Theologie und Offenbarungstheologie, NZSTh 3, 1961, 292).

Die Kultur- und Religionskritik, vermittels derer die Theologie des 20. Jahrhunderts das Verhältnis zu ihrer Gegenwart bestimmt hat, muß ihrerseits als Ausdruck des neuzeitlichen Christentums verstanden werden. Neu war dabei vor allem die Radikalität der kritischen Distanz, die als allein legitimes Verhältnis zur Neuzeit gefordert wurde. Der Sache nach zeigt sich darin eine Wiederholung der Epochenschwelle, die die Neuzeit von ihrer Vorgeschichte trennt. Zugleich aber zeigt sich damit, daß die vorneuzeitlichen und vorkritischen Positionen durch die Entstehung der Neuzeit nicht einfach verschwunden sind. Gerade das neuzeitliche Christentum ist unzureichend verstanden, wenn die vorkritischen Gehalte der Religion darin keine Rücksicht finden. Denn dieses neuzeitliche Christentum ist nicht einfach eine andere Position dem orthodoxen Standpunkt gegenüber, aus dem es als dessen Kritik hervorgegangen ist. Im Gegenteil: Das neuzeitliche Christentum mußte im Rahmen seiner dreifachen Gestalt gerade durch die Menge gleichwertiger und gleichrangiger religiöser Positionen bestimmt werden, deren Relationen nicht durch die Beziehung auf einen übergeordneten Lehr- oder Glaubensstandpunkt, sondern durch den verbindenden Diskurs herzustellen sind. Freilich ergeben sich die Positionen des neuzeitlichen Christentums durchaus nicht von selbst: Sie verdanken sich immer erst der die neuzeitlichen Bedingungen wahrnehmenden Interpretation. Sie entstehen durch die Auslegung der christlichen Tradition und sind insofern das Ergebnis derjenigen Vorgänge, in denen die überlieferte Religion in ihre neuzeitliche Verfassung überführt wird. Neuzeitliches Christentum ist stets das Produkt von Auslegung und kann Geltung nur durch seine Überzeugungskraft erwarten. Insofern ist auch die Wiederholung vorkritischer Positionen eine Erscheinung des neuzeitlichen Christentums.

In dieser Verfassung der Religion in der Neuzeit hat sich die Reformation mit einem ihrer bedeutendsten Grundsätze zur Wirkung gebracht: Das Prinzip, den christlichen Glauben und die religiöse Erfahrung auf die Auslegung des ursprünglichen Wortes und der christlichen Überlieferung zu gründen, ist zum strukturellen Merkmal des neuzeitlichen Christentums geworden. G. Ebeling hat auf den „inneren Sachzusammenhang" zwischen der Reformation und der historisch-kritischen Methode aufmerksam gemacht (Die Bedeutung der historisch-kritischen Methode für die protestantische Theologie und Kirche, 1950, in: WuG I, 1 ff.). Es ist das neuzeitliche Bewußtsein, das sich in der historisch-kritischen Methode zum Ausdruck bringt und darin erkennen läßt, daß es seine Neuzeitlichkeit gerade auf dem Felde der Religion wesentlich im Verhältnis zu seiner eigenen Geschichte und also als Auslegung gewinnt.

Grundlegende Beiträge zum Bild der neuzeitlichen Religion im Urteil der Theologie sind H. J. Birkner zu verdanken (Über den Begriff des Neuprotestantismus, in: Beiträge zur Theorie des neuzeitlichen Christentums, hg. v. H. J. Birkner und D. Rössler, 1968, 1 ff.; Beobachtungen und Erwägungen zum Religionsbegriff in der neueren protestantischen Theologie, in: Fides et communicatio, hg. v. D. Rössler u. a., 1970, 9 ff.).

§ 7 Empirische Religion

1. Kirchensoziologie

Kirchensoziologie ist die methodische Untersuchung von bestehenden Formen kirchlichen Verhaltens und kirchlicher Organisationen. Es handelt sich also um ein spezielles Gebiet der empirischen Sozialforschung, die das gemeinschaftliche Verhalten von bestimmten gesellschaftlichen

Gruppen oder Lebensformen von einzelnen Gruppierungen in der Gesellschaft untersucht.

Kirchensoziologie hat die Lebensäußerungen von Kirchen zum Gegenstand, Religionssoziologie dagegen ganz generell alle religiösen Erscheinungen in der Gesellschaft überhaupt. Als Vorläufer der Kirchensoziologie kann die „religiöse Volkskunde" bezeichnet werden, deren Anfänge bis in das 18. Jahrhundert zurückreichen (vgl. den informativen Artikel von G. Holtz, Art. Volkskunde III, in: RGG[3], VI, 1466). Beachtung verdient vor allem das Werk des Dorpater Theologen A. v. Oettingen (1827–1906): „Die Moralstatistik – Induktiver Nachweis der Gesetzmäßigkeit sittlicher Lebensbewegung im Organismus der Menschheit" (1868), das mit empirischen Methoden allgemeine Regelmäßigkeiten des sittlichen Verhaltens als Realisierung von Christlichkeit und als „empirische Sozialethik" zu erfassen sucht.

Eine Blütezeit der Kirchensoziologie in Deutschland begann nach dem Zweiten Weltkrieg. Das breite Instrumentarium der empirischen Sozialforschung wurde für die kirchensoziologischen Fragestellungen ausgenutzt. Die hauptsächlichen Themen der Kirchensoziologie lassen sich an folgenden Beispielen verdeutlichen.

Ein allgemeines Thema ist die Bedeutung der Konfessionszugehörigkeit für das soziale Verhalten. Hier steht der Vergleich zwischen katholischen und protestantischen Bevölkerungsgruppen im Vordergrund. Wie nicht anders zu erwarten, ergeben sich in vieler Hinsicht signifikante Unterschiede.

Untersucht wurde der Einfluß der Konfessionszugehörigkeit auf die politische Einstellung, ein Thema, das bis heute zum selbstverständlichen Bestand aller politischen Erhebungen geworden ist: Die katholische Bevölkerung ist traditioneller eingestellt als die protestantische; ferner: In katholischen Gebieten ist die Geburtenrate höher und die Familienbindung intensiver. Andererseits ist der Anteil der katholischen Bevölkerung an weiterführenden Bildungseinrichtungen deutlich geringer, als es dem Anteil an der Bevölkerung im ganzen entspräche. Allein die Zahl der katholischen Ärzte ist wiederum deutlich größer, als es dem Bevölkerungsanteil entspricht. – Eine Übersicht über diese Fragestellungen und eine Einführung in die entsprechende Literatur gibt J. Matthes (Kirche und Gesellschaft, 1969, 34 ff.). Eine größere Untersuchung ist die von G. Schmidtchen (Zwischen Kirche und Gesellschaft, 1972).

Derartige Daten lassen sich inzwischen in großer Zahl zusammenstellen. Die Frage aber ist, was sie besagen. Ist der Katholizismus bildungsfeindlich? Ist der Protestantismus familienfeindlich? Es liegt auf der Hand, daß sich diese Fragen nicht aus dem Material selbst beantworten lassen. Zu ihrer Deutung bedürfte es einer zusammenhängenden und umfassenden Theorie. Das aber würde den Rahmen der Kirchensoziologie sprengen.

Ein weiteres großes Thema ist die soziale Struktur der Kirchengemeinde: Die Untersuchung der sozialen Schichten, der sozialen Zugehörigkeit der Gemeindemitglieder, der Zusammensetzung von kirchlichen Veranstaltungen, vor allem des Gottesdienstes, die Stellung des Pfarrers in Gemeinde und Öffentlichkeit sind wesentliche Fragestellungen in diesem Zusammenhang. Die Untersuchungen können natürlich nur an einem begrenzten Material durchgeführt werden. Dennoch bemühen sie sich um Aussagen, die verallgemeinerungsfähig sind.

Beispielhaft für diese kirchensoziologische Fragestellung ist die Untersuchung von R. Köster (Die Kirchentreuen, 1959). Sie ergab, daß die „Normen" der Kirchengemeinde – also etwa der Grad der Beteiligung an kirchlichen Veranstaltungen, die Art der persönlichen Lebensführung – nur von einer kleinen Gruppe erstrebt und eingehalten werden: den „Kirchentreuen". Selbst in diesem Kreis bleibt eine deutliche Differenz zwischen den Normen und der Praxis ihrer Erfüllung. Je rigoroser diese Normen sind, desto kleiner wird der Kreis, der sich um ihre Erfüllung bemüht. Für die Zugehörigkeit zu den „Kirchentreuen" spielen Elternhaus, Sozialisation, das eigene Familienleben eine Rolle; es überwiegen höhere Altersstufen, Frauen, Beamte. Eine sehr eingehende Untersuchung, die die Zusammensetzung von Kirchengemeinden, vor allem Gottesdienstgemeinden und die Beziehung der einzelnen Teilnehmer untereinander und zur Gemeinde zum Gegenstand hat, ist die von J. M. Lohse (Kirche ohne Kontakte?, 1967). Die Ergebnisse bestätigen die Daten über Herkunft und Zusammensetzung der Gruppen und zeigen, daß die Beziehungen in der Regel nicht sehr intensiv sind. – Im Zusammenhang der historischen Wandlungen und mit der Frage nach ihrem Selbstverständnis hat T. Rendtorff eine Anzahl von Kirchengemeinden untersucht (Die soziale Struktur der Gemeinde, 1959).

Die Methode der empirischen Sozialforschung ist die „Erhebung", in der Regel durch sorgfältig ausgearbeitete Fragebogen (z. B. „Halten Sie es für ratsam, die Gottesdienstbesucher untereinander bekannt zu machen?" J. M. Lohse, 200) oder Vorgaben. Die Ergebnisse sind also in jedem Fall auf das begrenzt, was gefragt oder vorgegeben wird. Auch hier bedarf die Interpretation der Ergebnisse einer umfassenden Theorie. – Eine reichhaltige Sammlung von Literatur zu diesem Themenkreis, in die auch die Literatur der DDR einbezogen ist, gibt G. Kretzschmar (in: HPT [DDR], I, 1975, 74 ff.).

Ein interessanter Versuch, die „Kirchlichkeit" zu objektivieren, genauer zu bestimmen und zu messen, stammt von F. X. Kaufmann (Zur Bestimmung und Messung der Kirchlichkeit in der Bundesrepublik Deutschland, in: IJRS, 4, 1968, 63 ff.). Die Methode ist die, eine Erhebung durch Fragebogen und Vorgaben (z. B. „Ohne Religion und Kirche ist für mich das Leben leer", 72) und differenzierte Antworten so zu verarbeiten, daß eine mathematisch-statistische Auswertung erfolgen kann. In der Hauptsache haben sich daraus Unterschiede in der Kirchlichkeit ergeben, die konfessionsspezifisch sind oder geographische Besonderheiten aufweisen.

Ein besonderes Thema der Kirchensoziologie mußte die Frage werden, ob sich religiöse Einstellungen präzisieren oder gar vergleichen und messen lassen. Vereinfachte Fassungen dieses Problems stellen die Umfragen dar, die unter populären Gesichtspunkten veranstaltet wurden (z. B.

Was glauben die Deutschen? hg. v. W. Harenberg, 1968). Mit einem differenzierten Instrumentarium aus der empirischen Sozialforschung hat U. Boos-Nünning diese Frage in einem katholischen Gebiet aufgenommen (Dimensionen der Religiosität, 1972). Daraus ergab sich vor allem, daß Religiosität nicht abhängig ist vom Grad der kirchlichen Bindung, daß sie verbreiteter ist als ihre Ablehnung, daß sie Funktionen in erster Linie für die Deutung der eigenen Biographie gewinnt, und daß sie sich nur schwer in einzelne Aspekte differenzieren läßt (150 ff.).

Das methodische Grundproblem besteht hier darin, daß Einstellungen und Gesinnungen nicht selbst, sondern nur im Reflex von Äußerungen oder Meinungen zugänglich sind. Hier wird immer das Gebiet höchst subjektiver Lebensvorgänge und -inhalte betreten. Die Vergleichbarkeit und zumal die Meßbarkeit einschlägiger Erhebungsdaten stehen immer unter dem Vorbehalt, daß es eine sichere Objektivierung und Operationalisierung von Einstellungen und Überzeugungen nicht geben kann.

Die Literatur zur Kirchensoziologie wird mit analytischer Schärfe vorgestellt und besprochen bei J. Matthes (Kirche und Gesellschaft, 1969). Eine Sammlung der einschlägigen Publikationen im Raster einer groben Orientierung ihrer wissenschaftlichen Fragestellungen bietet das Referat von I. Mörth (in: R. König [Hg.], Handbuch der empirischen Sozialforschung, Bd. 14, 1979). Die neueste Übersicht über den Stand der Forschung und die Probleme gibt I. Lukatis (in: K.-F. Daiber und Th. Luckmann, Hg., Gegenwartsströmungen, 199 ff.). – Allgemeingültige und unverändert wichtige Einsichten sind gesammelt bei D. Goldschmidt, F. Greiner, H. Schelsky (Soziologie der Kirchengemeinde, 1960).

2. Wie stabil ist die Kirche?

Unter diesem Titel erschien 1974 eine im Auftrag der Evangelischen Kirche in Deutschland durchgeführte Studie zum Problem der Kirchenmitgliedschaft (hg. v. H. Hild, 1974). Gegenüber der bisherigen Kirchensoziologie wurde hier ein neuer Ansatz gewonnen: Die Hypothesen und Theorien der Organisationssoziologie wurden als Grundlage gewählt.

Dieser theoretische Rahmen wird so beschrieben: „Den Ausgangspunkt der Untersuchung bilden die Bedingungen des Bestandes sozialer Systeme. Organisierte Sozialsysteme (z. B. Parteien, Gewerkschaften, Verbände etc.) sind dadurch gekennzeichnet, daß

a) sie autonom ihre Ziele und Zwecke sowie die Strukturmerkmale festlegen, durch welche sie diese erfüllen wollen, und
b) eine Entscheidung über die Zugehörigkeit zu diesem sozialen System, also über Mitgliedschaft, erfolgen muß, welche dann die Anerkennung der Strukturmerkmale, Ziele und Zwecke der Organisation einschließt...

Besonderes Interesse richtet sich darauf zu wissen, welche Motive die Mitglieder der Kirche zur Beibehaltung ihrer Mitgliedschaft bewegen. Wenn sich die Kirche in einer Entwicklung zunehmender Organisierung befindet und also die Mitgliedschaft von einer Entscheidung abhängig wird, m. a. W. wenn sie zunehmend den Charakter eines „erworbenen Merkmals" im Unterschied zu einem (mit der Kindertaufe) „zugeschriebenen Merkmal" bekommt, dann werden diese Motive in wachsendem Maß entscheidungsrelevant. So wird der Beruf heute aufgrund einer begründeten Wahl erworben, wogegen Nationalität nach wie vor in der Regel zugeschrieben ist und nicht motiviert zu werden braucht" (35 ff.).

Die Studie fragt deshalb, wie die Kirche durch ihre Mitglieder definiert wird: „Für die Organisation ist typisch, daß sie durch Übereinkunft konstituiert wird. Selbstverständlich beruht auch die Kirche u. a. auf der Übereinkunft ihrer Mitglieder. Das zeigt sich am deutlichsten, wenn über die Kirche unter den Mitgliedern Konflikte aufbrechen, wenn also die Übereinkunft in Frage gestellt ist" (38). Die Erhebung, die das Material für die Untersuchung lieferte, mußte also von diesen Grundlagen her angelegt werden. Die wichtigsten Themen und Aspekte dabei waren: die Verbundenheit mit der Kirche, und zwar wurde nach der Selbsteinschätzung dafür gefragt, auch aber nach der Begründung für die Kirchenmitgliedschaft, nach der Übereinstimmung mit der Kirche in religiösen Fragen; die Teilnahme an kirchlich organisiertem Handeln, also am Gottesdienst, gefragt wurde aber auch nach der Mitarbeit in kirchlichen Arbeitskreisen, nach dem Kontakt mit dem Gemeindepfarrer; die Erwartung der Mitglieder gegenüber der Kirche: Welche Funktionen und Aufgaben werden der Kirche zugeschrieben, was wird von ihr an Urteilen oder Aktivitäten erwartet, welche Aktivitäten werden wahrgenommen und wie werden sie bewertet.

Weitere Fragen behandeln die Ebenen möglicher Verbundenheit (Gemeinde, Landeskirche, EKD); die Entstehung des Verhältnisses zur Kirche (Fragen der kirchlichen Sozialisation); die Finanzierung der Kirche, die Beurteilung des Kirchenaustritts und persönliche Merkmale der Befragten. Das Material dieser Befragung wurde in einem eigenen Band publiziert (Materialband, 1974). Hier sind die Fragebögen und Vorgaben zugänglich, sowie die Zahlen, die die Erhebung ergeben hat.

Die Studie wurde geplant unter dem Eindruck, den die Kirchenaustrittsbewegung der frühen 70er Jahre hervorgerufen hatte. Es sollte geklärt werden, ob durch empirische Daten ein Einbruch in die volkskirchlichen Verhältnisse belegt oder deutlich prognostiziert werden könnte. Das Resultat der Untersuchung aber erbrachte das genaue Gegenteil: Die Volkskirche ist offenbar fest im allgemeinen Bewußtsein verwurzelt. Die Verbundenheit mit ihr wird auf alle mögliche Weise zu Protokoll gegeben und zwar auch dann, wenn zugleich Distanz zu Äußerungen oder Aktivitäten der Kirche angegeben wird. Die positive Beziehung zur

Kirche kommt in einigen auffallenden Zügen der Erhebung besonders zum Ausdruck: 24 % aller Befragten gaben an, „regelmäßige" Gottesdienstbesucher zu sein. Diese Ziffer steht in deutlichem Gegensatz zur amtlichen kirchlichen Statistik (die freilich recht unsicher ist). In dieser Selbsteinschätzung zeigt sich vor allem die Verbundenheit mit der Kirche, unabhängig davon, wie der Gottesdienstbesuch tatsächlich wahrgenommen wird.

In denselben Zusammenhang gehört die Angabe, nach der 8 % aller Befragten sagen, sie seien Mitarbeiter der Kirche (55). – Als besonders bemerkenswert wurden die Ergebnisse angesehen, die Stellung und Person des Pfarrers betrafen: Durchschnittlich jeder zweite Evangelische kennt den Gemeindepfarrer persönlich (71). In seiner Funktion als Konfirmator gewinnt der Pfarrer erhebliche Bedeutung für die Biographie der Kirchenmitglieder: „Auffällig ist die Intensität der Erinnerung an den Konfirmator und die positive Beurteilung dieser Begegnung" (162). Dazu gehört auch, daß sich die Beziehung zur Kirche wesentlich auf dem Felde der Amtshandlungen darstellt: Sie sind die am weitesten reichende Gemeinsamkeit der Evangelischen im Verhältnis zur Kirche (236). Die Funktionen, die der Kirche zugeschrieben werden, konzentrieren sich auf die sozialen Dienste (228). Mit der Lehre der Kirche fühlt sich freilich nur eine kleine Minderheit in voller Übereinstimmung (183). Im ganzen teilt sich die Verbundenheit mit der Kirche in drei ziemlich gleich große Gruppen: hochverbundene, positiv-distanzierte Mitglieder und abständige (205).

Was die Einstellungen und die religiösen Vorstellungen betrifft, gibt es für die Mehrheit der Evangelischen „einen selbstverständlichen unproblematischen Zusammenhang zwischen Kirche, Christentum und Religion. Weil man an Gott glaubt und sich als Christ versteht, gehört man zur Kirche, denn sie ist zuständig für diese Einstellung und für die Bedürfnisse, die damit verknüpft sind" (147). Der volkskirchliche Zusammenhang ist also – vielleicht sogar deutlicher und stabiler als früher – Grundlage und Horizont der kirchlichen Arbeit und der Neuformulierung ihrer Aufgaben. Nicht die Alternativen zur Volkskirche sondern die sachgemäße Wahrnehmung ihrer Möglichkeiten sollten die Debatte bestimmen.

Zur Auswertung der Studie ist ein Sammelband erschienen: „Erneuerung der Kirche" (hg. v. J. Matthes, 1975), in dem einzelne Themen und Ergebnisse weiter bearbeitet werden. Besondere Beachtung verdienen die Beiträge von J. Matthes über Amtshandlungen und Lebensgeschichte (83 ff.), von K. W. Dahm über die Motive der Verbundenheit (113 ff.) und von P. Krusche über die Schlüsselrolle des Pfarrers (161 ff).

Die Untersuchung ist 1984 wiederholt worden, um nach 10 Jahren eine Kontrolle zu ermöglichen (Was wird aus der Kirche? hg. v. J. Hanselmann, H. Hild, E. Lohse, 1984). Das Ergebnis wird so skizziert: „Ein allgemeiner Eindruck: Es finden sich keine Hinweise darauf, daß sich das allgemeine Meinungsklima im Blick auf die Kirche gegenüber 1972 verschlechtert hat. Die Differenzen zu dem Befund von vor 10 Jahren sind häufig nur gering; in der Regel fallen die Antworten leicht positiver aus" (24).

Die Beziehungen und Einstellungen junger Erwachsener zur Kirche sind das Thema einer Untersuchung, die 1982 erschienen ist (A. Feige, Hg., Erfahrungen mit der Kirche). Zum Ergebnis gehört, daß die Jugendlichen weiten Bereichen der kirchlichen Selbstdarstellung kritisch gegenüberstehen, Fragen an das traditionelle Kirchentum richten und eigene Vorstellungen als utopische Wünsche formulieren, gleichwohl aber eine erstaunliche Verbundenheit mit der Kirche zeigen. So ist auch hier der Pfarrerberuf hoch geschätzt, dem Christentum wird eine große Bedeutung für die Gesellschaft und für das eigene Leben zugemessen, und mehr als die Hälfte der Jugendlichen erklärte sich bereit, falls sie gefragt würden, an kirchlichen Aufgaben mitzuarbeiten (137 ff.).

Zu den repräsentativen Umfragen gehört die Studie der Vereinigten Evangelisch-Lutherischen Kirche in Deutschland (VELKD) über den Gottesdienst (G. Schmidtchen, Gottesdienst in einer rationalen Welt, 1973) mit dem Auswertungsband (M. Seitz u. L. Mohaupt, Hg., Gottesdienst und öffentliche Meinung, 1977). – Eine Erhebung im Rahmen der katholischen Kirche ist 1972 erschienen (G. Schmidtchen, Zwischen Kirche und Gesellschaft).

Über das organisierte religiöse Leben außerhalb der großen Kirchen liegen entsprechende Untersuchungen nicht vor. Zur Orientierung muß hier die Literatur dienen, die Lehre und Leben der Freikirchen, Sekten und neueren Religionsarten zu beschreiben sucht.

Vorzügliche Orientierungen über die christlichen Freikirchen bietet E. Fahlbusch (Kirchenkunde der Gegenwart, 1979). Einer sehr anschaulichen und betont sachlichen Einführung in die europäischen Sekten dient das noch unüberholte Buch von K. Hutten (Seher, Grübler, Enthusiasten, 1960[6]). Informationsreich ist die Übersicht bei H. Reller (Hg., Handbuch Religiöse Gemeinschaften, 1978).

Die Jugendreligionen und die neue Religiosität sind verschiedentlich dargestellt und analysiert worden. Einen größeren Überblick geben J. Lell und F. W. Menne (Hg., Religiöse Gruppen – Alternativen in Großkirchen und Gesellschaft, 1977[2]). Eine sachkundige, materialreiche und anschauliche Darstellung und Interpretation der sog. Jugendreligionen findet sich bei K.-E. Nipkow (Neue Religiosität, Gesellschaftlicher Wandel und die Situation der Jugendlichen, in: ZP, 27, 1981, 379 ff.). Eine zusammenfassende Anleitung zum Verständnis der neuen Religiosität bietet V. Drehsen (Neue Religiosität aus der Sicht eines Soziologen, in: ZfGuP 2, 1984, 2 ff.). Als aufschlußreiche Darstellungen sind ferner zu nennen: F. W. Haack (Jugendreligionen, Ursachen – Trends – Reaktionen, 1979) und M. Mildenberger (Die religiöse Revolution, 1979).

Die qualifizierten und wissenschaftlich begründeten empirischen Untersuchungen zeigen, daß gerade auf dem Gebiet der Religion die

Daten, die das Resultat der Erhebung bilden, keineswegs eindeutig sind und vor allem nicht von sich aus schon eine Aussage enthalten. Sie müssen interpretiert werden, und wo immer ihnen eine Aussage entnommen wird, werden sie gedeutet. Eindeutige oder objektive Aussagen der Daten selbst gibt es nicht. Die wissenschaftliche Bedeutung einer empirischen Untersuchung beruht deshalb nicht allein auf der Qualität des analytischen Instrumentariums, sondern mindestens ebenso auf der Qualität der Theorie, in deren Rahmen die Ergebnisse ausgelegt werden.

3. Der religiöse Mensch

Die klassische Religionspsychologie fragt nach der religiösen Seite des Menschen: nach seiner eigentümlichen und besonderen, eben religiösen Erfahrung. Sie untersucht die Strukturen dieser Erfahrung, ihre möglichen Gegenstände, ihren Anlaß, die Form ihrer Weitergabe. Sie fragt nach dem religiösen Gefühl, von dem der Mensch geleitet wird. Sie tut das unter der stillschweigenden Voraussetzung, daß die allgemeinen psychologischen Strukturen, die dabei erfaßt werden, tatsächlich allgemeine anthropologisch-psychologische Strukturen sind, an denen also alle Menschen teilhaben, auch wenn das nicht ausdrücklich werden mag. Dieses Allgemeine hat W. James so formuliert: „Lassen wir aber zunächst nochmals allen Sonderglauben beiseite und beschränken uns auf das Allgemeine, so haben wir in der Tatsache, daß das bewußte Ich mit einem umfassenderen Selbst im Zusammenhang steht, durch das ihm Befreiung und Erlösung zuteil wird, einen positiven Inhalt religiöser Erfahrung, der m. E., soweit die Erfahrung geht, tatsächlich und objektiv wahr ist" (Die religiöse Erfahrung, dt. 1907, 464).

Die wissenschaftliche Religionspsychologie ist in Amerika auf dem Boden des philosophischen Empirismus entstanden. Sie begann mit der Untersuchung auffallender religiöser Verhaltensformen (Bekehrungen, Erscheinungen, mystischen Erlebnissen) und wandte sich von da aus dem religiösen Alltag zu. Material und Grundlage dieser religionspsychologischen Forschung waren Zeugnisse und Dokumente, Briefe, Tagebücher, Protokolle, Interviews, Selbstdarstellungen in der Literatur und methodische Beobachtungen allgemeiner Art. Sie suchte dieses Material objektiv zu analysieren und nach psychologischen Regeln zu differenzieren. In Deutschland ist die Religionspsychologie in diesem Sinne vor allem von G. Wobbermin (1869–1943; Systematische Theologie nach religionspsychologischer Methode, 1925²) und K. Girgensohn (1875–1925; Der seelische Aufbau des religiösen Erlebens, 1921) vertreten worden. W. Gruehn hat diese religionspsychologische Fragestellung später noch einmal aufgenommen (Die Frömmigkeit der

Gegenwart, 1956) und dabei vor allem das Problem der Bekehrung oder Wandlung in den Mittelpunkt gestellt. Einen Überblick über die ältere Religionspsychologie gibt W. Trillhaas (Art. ‚Religionspsychologie', in: RGG[3] V, 1021 ff.). Eine scharfsinnige Analyse der Psychologie, Metaphysik und Religionstheorie W. James' bietet E. Herms in „Radical Empiricism" (1977) und im Nachwort zu seiner Übersetzung von W. James' "The Varieties".

Einen neuen Zugang zur Religionspsychologie hat W. Trillhaas eingeführt (Die innere Welt, Grundzüge der Religionspsychologie, 1953[2]): Er hat die psychologische Fragestellung mit der der Phänomenologie verbunden. Auf diese Weise werden allgemeine Grunderfahrungen menschlichen Daseins zum Gegenstand der Interpretation, und zwar so, daß ihre religiöse Dimension in den Blick kommt. So wird z. B. das „Gewissen" behandelt, der religiöse Aspekt der Zeitlichkeit der Existenz, die eigene Biographie als Thema der religiösen Erfahrung. Nicht empirisch-wissenschaftliche Objektivation, sondern verstehendes Wahrnehmen der Phänomene bildet hier das Ziel.

Aufschlußreich ist der Versuch von H. Sundén, den sozialpsychologischen Rollenbegriff fruchtbar zu machen (Die Religion und die Rollen, dt. 1966). Beachtlich ist dabei vor allem die Unterscheidung und Analyse zweier religiöser Grundtypen, von denen der eine Religion als abstrakte Lehre erlebt, während für den anderen Religion in der Vielfalt des gelebten Lebens aufgeht (196 ff.).

Auf der Grundlage psychoanalytischer Theorien hat H. Faber eine Religionspsychologie entworfen, die bestimmtes religiöses Verhalten und religiöse Einstellungen aus den Entwicklungsstadien des Seelenlebens zu erläutern sucht (Religionspsychologie, 1972). Die drei klassischen Phasen der psychoanalytischen Theorie (orale, anale, ödipale Phase) und die Phase der Adoleszenz werden so erläutert, daß ihre Bedeutung für die Begründung von Leitbildern, Orientierungen, Urteilen sowie für Konflikte und Störungen im religiösen Horizont gezeigt werden kann.

Eine neue Perspektive der psychoanalytisch begründeten Religionspsychologie haben J. Scharfenberg und H. Kämpfer eingeführt (Mit Symbolen leben, 1980). Die Bedeutung des Symbols für das menschliche Handeln und für die Orientierung in der sozialen Welt überhaupt bildet Ausgangspunkt und Rahmen der Theorie. Gerade für die Religion gilt: „Was den Menschen unbedingt angeht, kann nur symbolisch zum Ausdruck gebracht werden" (42). Danach gehört es zu den anthropologischen Grundlagen der Theorie, daß die „stets gleichen Grundambivalenzen" (Regression und Progression; Autonomie und Partizipation; Realität und Phantasie) ihre Aufhebung im religiösen Symbol erfahren, daß die „von Mensch zu Mensch verschiedenen Grundstrukturen" im religiösen Symbol ihren Ausdruck finden (Fremdsein, Leiden, Unterordnung, Hoffnung) und daß die „lebens- und weltgeschichtlich wandelbaren Grundkonflikte" (innerpsychische wie Außenkonflikte) im religiösen Symbol ihre Bearbeitung haben können (197).

Ein Beispiel für den Symbolbegriff und für die Funktionen, die ihm zugeschrieben werden, bieten die zusammenfassenden Sätze über die Taufe: „Das zentrale Symbol der Taufe besteht im Eingetauchtwerden in Wasser, das von der Überlieferung als das Sterben des alten und das Wiederheraufkommen eines neuen Menschen gedeutet wird. Dieser zweigliedrige Vorgang trägt die Struktur der Doppelheit von Abstoßung und Zuneigung, von Aus- und Eingliederung, von Tod und Leben, von Antipathie und Sympathie. Wenn wir annehmen, daß diese Gefühlsambivalenz von Eltern, auch ihren kleinen Kindern gegenüber, die wir aus mannigfachen Beobachtungen als gegeben voraussetzen können, in unserer Gesellschaft dadurch zu einem stärker unbewußten Konflikt geworden ist, daß nur die positiven Gefühle akzeptiert werden, die negativen aber verdrängt werden müssen, dann würde ein solches zweigliedriges Symbol sich vornehmlich zur Aufnahme und Bearbeitung eben dieses Ambivalenzkonfliktes eignen" (167 f.).
Die praktischen Anleitungen (201 ff.) bleiben möglicherweise hinter den theoretischen Ansprüchen zurück. Im ganzen aber ist das vertiefte Symbolverständnis ein wichtiger Beitrag zu vielen praktisch-theologischen Aufgaben.

Die Religionspsychologie überhaupt repräsentiert ein Programm, in dessen Mittelpunkt der religiöse Mensch, die gelebte Religion des einzelnen, die religiöse Subjektivität stehen. Die damit aufgenommene Frage kann in ihrer Bedeutung für die Praktische Theologie kaum überschätzt werden: Das Interesse der Praktischen Theologie am einzelnen Menschen muß zweifellos zuerst und zuletzt das Interesse an seiner Religiosität sein. Freilich ist diese Religiosität von einer Dimension, die dem ganzen und ungeteilten Dasein des Menschen entspricht. Sie wird daher von wissenschaftlichen oder methodischen Zugriffen immer nur ausschnittweise erfaßt werden können. Ob derartige Ausschnitte sich im Rahmen der Praktischen Theologie zu bewähren vermögen, hängt in der Regel von der Praxis ab, die sich dadurch begründen läßt.

Einen Vorschlag für die Religionsdefinition, die sich auch für die unverkürzte Wahrnehmung der Dimension subjektiver Religiosität eignet, hat C. Colpe gemacht. Diese Definition lautet:

„Religion sei die Qualifikation einer lebenswichtigen Überzeugung, deren Begründung, Gehalt oder Intention mit den innerhalb unserer Anschauungsformen von Raum und Zeit gültigen Vorstellungen und mit dem Denken in den dazugehörenden Kategorien weder bewiesen noch widerlegt werden kann" (Mythische und religiöse Aussage außerhalb und innerhalb des Christentums, in: H. J. Birkner und D. Rössler, Hg., Neuzeitliches Christentum, 19).

Danach ist Religion vor allem eine Überzeugung, und zwar eine für das Leben wichtige. Ob sie als solche bewußt und erkannt sein muß, wird nicht erläutert. Eine solche Überzeugung aber entsteht dann, wenn durch sie die wesentliche Erfahrung des eigenen Daseins gültig gedeutet zu werden vermag. Religion nimmt die Grunderfahrung des Menschen auf, macht sie ihm anschaulich und bringt sie in den umfassenden Zusammenhang, in dem sie ihren Sinn gewinnt. Insofern steht die Religion für die Überzeugungen, die deshalb lebenswichtig sind, weil sie dem eigenen Leben „Sinn" geben.

Der überaus undeutliche Begriff „Sinn", der gleichwohl schwer ersetzt werden kann, ist jüngst von G. Sauter eingehend analysiert und im theologischen Zusammenhang interpretiert worden (Was heißt: Nach Sinn fragen? 1982).

Diese Einsicht ist für die Praktische Theologie von grundlegender Bedeutung. Sie wird, wenn sie dieser Einsicht folgt, ihre eigentliche Aufgabe darin sehen, die Religion als Auslegung der Grunderfahrung menschlichen Daseins zur Geltung zu bringen. Das ist nicht selbstverständlich. Nicht selten wird auf diesem Gebiet die Meinung vertreten, daß Religion sich bestimmten, begrenzten und keineswegs allgemeinen Erfahrungen verdankt. Das ist eine Auffassung, die in der Religionspsychologie ebenso begegnet, wie im Selbstverständnis christlicher Gruppen, Parteien oder Sekten.

Demgegenüber muß festgehalten werden, daß der christliche Glaube, in dem die religiösen Überzeugungen des Christentums ihre individuelle Gestalt gewinnen, seinen Anspruch, lebensnotwendig oder doch lebenswichtig zu sein, gerade auf die Erfahrung des Lebens gründet, die allen Menschen gemeinsam ist. Ob auf dem Boden des Christentums und in seinem Horizont zudem Erfahrungen gewandelt oder erneuert oder neu zugänglich gemacht werden, mag eine andere und jedenfalls zweite Frage sein. Das Religionsthema hat für die Praktische Theologie vor allem anderen und einzelnen die Funktion, die Auslegung und Deutung der christlichen Überlieferung für die Erfahrung als erste und alles weitere begründende Aufgabe im christlichen Handeln erkennen zu lassen.

2. Kapitel – Person

Das Thema dieses Kapitels ist die Person des Pfarrers. Die Fragestellungen, die hier aufgenommen werden, haben ihre Parallelen im Kapitel über das Amt und in dem über den Beruf. Im ganzen sind es Fragestellungen und Probleme, die spezifisch sind für den Protestantismus und für das evangelische Kirchentum. Die Person des Pfarrers konnte erst eine Rolle spielen, als seine geistlichen Funktionen nicht mehr von einer objektiv gedachten Zuweisung von Qualifikationen durch eine Weihe abhängig sein sollten. Freilich mußte damit die Person des Pfarrers auch zum Problem werden, denn die Frage nach der Begründung solcher Qualifikationen stellte sich naturgemäß weiterhin und mit großer Intensität. Es ist in gewisser Weise eine offene Frage geblieben.

Im folgenden wird zunächst der Problemkreis dargestellt, der sich aus dem Verhältnis von Person oder Individualität einerseits und Amt oder Beruf andererseits ergibt. Sodann ist die praktisch-theologische Disziplin zu behandeln, durch deren Auf- und Ausbau frühere Epochen das Problem der Qualifikation zu bearbeiten und zu lösen suchten: die Pastoraltheologie. Am Ende stehen schließlich die Fragen und Aufgaben der Ausbildung zum geistlichen Amt. Gerade an ihnen und an den unterschiedlichen Standpunkten, die auch heute noch in diesen Fragen möglich sind, zeigt sich, daß die evangelische Kirche hier vor keineswegs definitiv gelösten Aufgaben steht.

§ 8 Zur Person des Pfarrers

1. Person und Beruf

Der Pfarrerberuf ist ein Weltanschauungsberuf. Er ist das in dem ganz allgemeinen Sinne, daß in der Öffentlichkeit der Beruf selbst mit der Tatsache einer bestimmten Weltanschauung identifiziert wird. Technische Berufe beispielsweise unterliegen einer derartigen Prägung durch eine Weltanschauung nicht: Für den Techniker wäre Weltanschauung Privatsache, die er pflegen könnte oder nicht. Die Ausübung des Pfarrerberufs ist so nicht denkbar. In der Logik dieses Berufs ist vorgegeben, daß der Pfarrer für seine Person übernommen hat und zur Geltung bringt, was er in seiner Berufstätigkeit als Inhalt und Programm vertritt. Ein Weltanschauungsberuf ist dadurch qualifiziert, daß sich zwischen persönlichen oder privaten Äußerungen einerseits und beruflichen oder amtlichen Äußerungen andererseits nicht unterscheiden läßt. Aussagen etwa über Gott oder die Bedeutung der Religion für das Leben, die immer zum selbstverständlichen Bestand beruflicher Auslassungen des Pfarrers gehören, können nicht verbunden werden mit privaten oder persönlichen Erklärungen, die das Gegenteil behaupten. Dabei geht es hier keineswegs um die Frage, welche Lehräußerungen für einen Pfarrer zulässig sind und welche nicht. Das ist ein ganz anderes Problem (s. o. S. 305 f.). Hier geht es allein um die Notwendigkeit der Übereinstimmung des persönlichen Standpunktes mit dem, der beruflich zu vertreten ist. Der entscheidende Grund dafür liegt darin, daß die Glaubwürdigkeit dessen, was der Pfarrer in seinen beruflichen Äußerungen geltend macht, in dem Maße verloren wird, in dem er sich für seine Person davon distanziert. Das ist um so mehr der Fall, als die beruflichen Äußerungen des Pfarrers letztlich immer auf Überzeugungen ausgerichtet sind und Überzeugungen begründen wollen. Ob Predigt, Unterricht oder Seelsorge: entscheidend ist stets die Überzeugung, die dem Zuhörer oder Gesprächspartner vermittelt oder doch in ihren Gründen zur Aneignung vorgestellt werden soll – auch wenn der Vorgang solchen Überzeugens deutlich genug von bloßer Überredung, von Indoktrinationsversuchen oder gar von suggestiver Einflußnahme unterschieden bleiben muß. Überzeugungen aber sind wesentlich auch eine Funktion dessen, der sie vertritt. Sie sind es freilich nicht nur: Gute Gründe vermögen auch dann zu überzeugen, wenn sie von jemand vorgebracht werden, der selbst ihnen nicht folgen will; gerade dann aber bleibt stets die Frage, wie dieser Widerspruch entstehen konnte und wie er erklärt werden soll.

In diesem Sinn läßt sich der Pfarrerberuf auch als Gesinnungsberuf bezeichnen. Er setzt eine bestimmte Gesinnung voraus, die nämlich, die zugleich Ziel und Leitbild seines beruflichen Arbeitens ist. Theologisch ist dieser Zusammenhang in der Bestimmung festgehalten, daß der Inhaber des Pfarrerberufs ein Mitglied der Gemeinde (oder Kirche) sein muß, die die Berufung ausspricht. Diese Mitgliedschaft ist selbstverständlich nicht nur in dem formalen Sinne zu nehmen, in dem sie rechtlich überprüft und dokumentiert werden kann. Sie setzt die Gemeinschaft gerade des Glaubens voraus, dem das übernommene Amt dienen soll. „Die Tüchtigkeit zum Amt" beruht nicht in einer besonderen Fähigkeit, „sondern im Christenstand, nicht in dem, was die anderen nicht haben, sondern in dem, was alle haben" (A. Schlatter, Die christliche Ethik, 1961[4], 240).

Innerhalb der Gruppierungen, vermittels derer die Sozialwissenschaften die Berufe, Stände oder Arbeitsverhältnisse unterscheiden und genauer bestimmen, rückt der Pfarrerberuf am ehesten in die Gruppe der „Freien Berufe“ (wie Anwälte, Ärzte, Künstler) ein (die klassische und zugleich am meisten differenzierte Aufteilung der Berufe findet sich bei M. Weber, Wirtschaft und Gesellschaft, 1972[5], 177 ff.). Im Blick auf ihre Ausbildung ist diese Gruppe auch als die der „akademischen Berufe“ zusammengefaßt worden (T. Parsons, Soziologische Theorie, 1968[2], 160 ff.). Vor allem mit den künstlerischen und wissenschaftlichen Berufen teilt der Pfarrerberuf Strukturen, durch die die Person des Berufsinhabers in erheblichem Maße betroffen wird. Dazu gehört es, daß zwischen Berufspraxis und Lebenspraxis nicht oder doch zumindest nicht prinzipiell unterschieden werden kann: Der Pfarrer ist immer Pfarrer, er kann immer und in allen Situationen darauf angesprochen werden. Es gibt auch kaum eine sichere zeitliche Begrenzung für die Beschäftigung mit aktuellen oder drängenden Berufsaufgaben oder notwendigen Projekten. Es gibt daher schwerlich eine eindeutig festgelegte oder festlegbare „Freizeit“ im Ablauf der Berufswoche: Der Pfarrer ist ständig in Anspruch genommen.

Der Begriff „Freizeit“ im Unterschied zur Arbeitszeit entstammt dem späten 19. Jahrhundert (vgl. dazu Chr. Gremmels, Art. Freizeit, in : TRE 11, 572 ff.) und wurde neuerdings zum Programmbegriff für die fortschreitende Entlastung von der Entfremdung durch eine mechanisierte Arbeitspraxis („Fließband“). In diesem Sinn kann es Freizeitforderungen, die der Entfremdung entgegengesetzt werden sollen, für die freien Berufe nicht geben. Hier gilt in hervorgehobenem Maße, was die mit dem Berufsbegriff bezeichnete Aufgabe überhaupt besagen soll: daß Arbeit eine wesentliche Perspektive der verantwortlichen Selbstbestimmung des Menschen ist (T. Rendtorff, Ethik II, 47). Ein Pfarrer, dessen Beruf eine festgelegte „Freizeit“ hätte, würde sich dem des „mittleren Beamten“ angleichen (vgl. dazu K. Mannheim, Wissenssoziologie, 1964, 678).

Es ist für diese Gruppe von Berufen charakteristisch, daß sie entweder bestimmte Fähigkeiten, und zwar in besonderem Maße, voraussetzen (wie die künstlerischen freien Berufe) oder aber eine Einstellung, die den hohen Grad der Inanspruchnahme deshalb akzeptiert, weil sie an einer Aufgabe oder einer Zielsetzung orientiert ist. Deshalb wird der Pfarrerberuf in der Regel aus einer hohen Motivation heraus gewählt. Deshalb ist er freilich auch, zumal während der Ausbildung und in den Anfangsphasen der Berufstätigkeit, in höherem Maß krisenanfällig.

Eine aufschlußreiche empirische Untersuchung zu diesem Themenkomplex ist von W. Marhold geleitet und veröffentlicht worden (W. Marhold u. a., Hg., Religion als Beruf, 2 Bde., 1977). Befragt wurden Studenten, Vikare und Pfarrer, und zwar vor allem solche, die das Studium oder den Beruf gewechselt haben. Die Erhebung gibt Aufschlüsse über Art und Grad der Motivation, über das Berufsbild, die Einschätzung der Theologie u. a. m. – Eine umfassende Übersicht über die

Entwicklung der Studentenzahlen und die soziale Herkunft der Studentenschaft seit 200 Jahren gibt K.-W. Dahm (Beruf: Pfarrer, 1971, 13 ff.). – Eine umfangreiche Zusammenstellung von Literatur zu den verschiedenen Aspekten des Themas findet sich bei G. Holtz (HPT [DDR], Bd. 1, 1975, 302 f.).

Die Probleme und Aufgaben, die mit den Begriffen Beruf und Person für den Pfarrer verbunden sind, hat W. Jetter auf der Ebene meditativer Reflexion behandelt (Pfarrer sein – wie kann man das? in: FAB 32, 1978, 261 ff.). In diesem unverändert lesenswerten Text heißt es:

„Dem traditionellen Bild dieses Berufs sehen pfäffische und heilige Gesichter über die Schultern, satte Pfründner und fanatische Herrscher über schwache Gewissen. Aber es bleibt ein Beruf, der eine Berufung nicht bloß enthält, sondern auch ausdrücken will. Ein Beruf, der es zwar nicht verhindern, wohl aber kräftig erschweren kann, mit dem eigenen Glaubensanspruch in die bloße Mittelmäßigkeit abzusinken. Ob inkognito oder amtlich: Man steht da stets frei genug, um fast überall Gegenwind zu bekommen. Und man wird die Stigmata dieses Berufs oft nicht einmal mit dem Berufswechsel los...

Die offenen Türen zum ganzen Leben; das Stigma einer Berufung, die immer wieder zum Fremdling macht und den Pfarrer nur ungern unters bloße Mittelmaß absinken läßt, das große Vertrauen im Erbe: Das alles sind keine unbestrittenen äußeren Tatbestände, die man nicht auch rasch genug wieder verspielen könnte. Aber sie gehören zu jenen schwierigen guten Möglichkeiten dieses Berufs, die ihn wahrnehmen helfen. Ich würde sie zu der evangelisch meist etwas unwirsch betrachteten fides implicita rechnen, zu so etwas wie dem in diesem Beruf mitinkarnierten Glauben, aus dem heraus er gelebt werden kann, persönlich und redlich, ohne daß man sich immerdar aufgeregt selber den Puls fühlen oder darnach abfragen lassen muß, wieweit man sich gestern, heute und morgen mit dem, was es da zu verrichten gibt, von A bis Z identifiziere“ (265 f.).

2. Person und Berufung

Nach reformatorischem Verständnis ist die förmliche und ausdrückliche Berufung durch Gemeinde und Obrigkeit die einzige Legitimation für die Ausübung des geistlichen Amtes: Gemeindepfarrer und also Prediger des Wortes in aller Öffentlichkeit kann nur sein, wen die Gemeinde dazu beruft.

Diese vocatio tritt an die Stelle der römischen Priesterweihe – nicht die Ordination, die nur als deren Ausdruck und äußere Dokumentation zur verstehen ist (s. u. § 22). Luther unterscheidet näherhin die vocatio immediata der Propheten und Apostel, die direkt durch Gott berufen waren, von der vocatio mediata, die durch Menschen geschieht. Freilich bleibt Gott selbst in jedem Fall das eigentliche Subjekt der Berufung. Die Berufung als äußerer und objektiver Akt hat indessen weitreichende Bedeutung für die Person des Berufenen: Die Berufungsgewißheit verbürgt ihm die Legitimität seiner Berufstätigkeit (Von den Schleichern und Winkelpredigern, 1532, WA 30, III, 519). Luther gibt hier der äußeren vocatio eine ähnliche Funktion für den Pfarrer, wie sie die Taufe für den Christen und die akademische Berufung für den Lehrer haben (522).

Freilich wird damit die Frage aufgeworfen, welche persönlichen Voraussetzungen für eine solche Berufung denn gefordert werden müssen. Die Antwort lautet: Es sind die Eigenschaften, die jeden guten Bürger auszeichnen, und die deshalb jeden guten Christen auszeichnen sollten: „Hast du etwa einen frommen, ehrlichen Mann, im Dorf oder in der Stadt, so nimm diesen redlichen, vernünftigen Mann, der sein Leben fein zugebracht hat, und befiehl ihm ein Amt, Gott wird zu seiner Regierung wohl Gedeihen und Segen geben" (WA 28, 532, 14 ff.). Für das Pfarramt gibt es keine anderen Voraussetzungen als für jedes andere Amt – etwa das des Bürgermeisters – auch. Die Voraussetzungen für eine Berufung liegen auf dem Gebiet der iustitia civilis, nicht auf dem der iustitia christiana. Luther hat deshalb mit aller Schärfe Prediger zurückgewiesen, die sich durch eigene Berufung statt durch die äußere legitimiert wissen wollten: Sie galten ihm als Schwärmer (WA 30, III, 518 ff.).

Der Prediger soll also ein ordentliches Glied der Gemeinde sein. Er soll freilich auch die äußerlichen Gaben besitzen, die das Amt erfordert. Luther führt eine gute Stimme, eine gute Aussprache, ein gutes Gedächtnis als natürliche Gaben besonders auf (vgl. W. Brunotte, Das geistliche Amt bei Luther, 1959, 192).

Die reformierte Lehrbildung hat hier anders geurteilt. Calvin hat neben die vocatio externa eine arcana vocatio gestellt, die dem Berufenen im Herzen bezeugt, daß er das Amt aus aufrichtiger Gottesfurcht und nicht aus böser Begierde begehre (Inst. IV, 3, 11). In der reformierten Orthodoxie ist diese Unterscheidung mit der gleichen Begründung als vocatio externa und interna aufgenommen worden (Heppe-Bizer, Dogmatik, 1958[2], 544).

Erst Gisbert Voetius (1589–1676) hat diesem Lehrstück ein neues Gewicht und einen neuen Inhalt gegeben. Danach ist die interna vocatio die von Gott ausgehende Berufung zum heiligen Amt, die aus dem ebenso reinen wie unwiderstehlichen Verlangen nach dem Amt und aus dem Vorliegen der dafür nötigen Gaben deutlich erkannt werden kann (vgl. dazu D. Rössler, Vocatio interna, in: Verifikationen, Festschrift für G. Ebeling, hg. v. E. Jüngel u. a., 1982, 212 ff.). Die innere Berufung eines bestimmten Kandidaten für das Predigtamt zeigt sich also einmal darin, daß der Wunsch und das Streben nach den mit dem Amt verbundenen Aufgaben und Tätigkeiten vorliegt und sodann darin, daß die erforderliche persönliche und natürliche Ausstattung dafür gegeben ist. Dadurch kann die „innere Berufung" äußerlich klar erkannt werden.

Diese beiden Grundsätze sind danach zur allgemeinen Regel für die Eignung zum Pfarrerberuf geworden (vgl. E. Chr. Achelis, Lehrbuch, I, 164). Die interna vocatio als das innere und besondere Berufungserlebnis eines Amtsanwärters ist vom Pietismus noch einmal kultiviert worden. Eine klassische Form hat Schleiermacher den Bedingungen gegeben, die die Eignung für den Beruf des Pfarrers zusammenfassen: Es müssen „kirchliches Interesse und wissenschaftlicher Geist" vereint sein (KD § 12).

Die Fragen, die sich mit dem Begriff der vocatio interna für den einzelnen verbinden, sind seit alters her ein wesentliches Thema der Pastoraltheologie (s. u. § 9) gewesen. Das besonders eindrückliche Beispiel für die detaillierte und abgewogene Erörterung elementarer Aspekte findet sich bei A. Vinet (1797–1847; Pastoraltheologie, dt. 1852). Die Erörterung im ganzen umfaßt nahezu 30 Druckseiten. Es heißt dort u. a.: „Woran erkennen wir, daß wir berufen sind? Gewiß nicht daran, daß die Ausübung des Predigtamtes uns ein glückliches und ruhiges Los verschafft. Auch den Wunsch unserer Eltern werden wir noch nicht für einen Beruf ansehen, obwohl, jener Wunsch, wenn er ernstlich ist, gesegnet werden kann und gleichsam ein vorläufiger Beruf für viele Geistliche gewesen ist. Der Geist eines Kindes, welches von seinen Eltern zum geistlichen Stande bestimmt worden, erhält eine gewisse Biegung nach dieser Seite hin (sofern er biegsam ist); aber dies ist kein Beruf... Der allgemeingültige Grundsatz (für die Erkenntnis und Wahl) des Berufes besteht darin: daß man sich für diejenige Laufbahn entscheidet, zu welcher man sich am meisten geeignet (geschickt) fühlt und worin man glaubt, am nützlichsten sein zu können. Aus der verbundenen Rücksicht auf die Umstände und auf Grundsätze, die von einem gesunden Sinn und von Gott selbst festgestellt sind, muß auf diese Weise die Klarheit der Einsicht und die Entscheidung hervorgehen. Handelt es sich aber um eine sittliche Wirksamkeit und soll die Seele das Werkzeug des Wirkens sein, so muß man auf den Zustand der Seele acht haben, und dieser Zustand wird (wenn er der angemessene ist) der erste Grund der Berufung sein. Bei Entscheidung für andere Laufbahnen muß man zuweilen von seinen Gefühlen absehen, muß sich fern von ihnen halten, obgleich die Neigung zu ihnen hinzieht, oder ihnen folgen, ohne sich zu ihnen hingezogen zu fühlen. Es ist dies zwar keine allgemeine Regel, sondern nur eine mehr oder weniger häufige Ausnahme. In unserer Frage aber, nach dem Beruf zum Predigtamt, zum Dienst am Evangelium, gibt es keine solche Ausnahme, die Regel gilt unbeschränkt" (53 f.).

Für die Praxis der Rekrutierung des Pfarrerberufs sind diese Fragen heute in den Hintergrund getreten. Der vorherrschende Frömmigkeitsstil hat sich so gewandelt, daß Fragen der Berufungsgewißheit so wenig eine Rolle spielen wie im allgemeinen die der Glaubensgewißheit überhaupt. Möglicherweise ist dafür von Bedeutung, daß es eine „öffentliche Anfechtung" des Christentums kaum noch gibt. Im 19. Jahrhundert und zu Beginn des 20. Jahrhunderts waren Kirchenkritik und vor allem Dogmenkritik bedeutende Themen einer öffentlichen Diskussion, die nicht zuletzt durch das Allgemeinwerden von Wissenschaft und Technik veranlaßt wurde.

Diese Diskussion ist u. a. mit den Namen von A. Drews (Die Christusmythe, I, 1909, II, 1911) und R. Eucken (Können wir noch Christen sein? 1911) verbunden gewesen. Sie hat andererseits eine Fülle apologetischer Literatur hervorgebracht (vgl. Antwort des Glaubens, Handbuch der neuen Apologetik, hg. v. C. Schweitzer, 1929[2]).

In dieser Situation war der Zwang zur Legitimation beträchtlich. Wer sich mit Kirche, Dogma und Lehre identifizierte, mußte mit ständigen und vielfachen Forderungen zur Rechtfertigung dafür rechnen. Es scheint indessen, daß in dem Maße, in dem der Legitimationszwang von außen geringer wurde, auch der Grad der inneren Stabilität sich reduzierte: Der einzelne Inhaber des Pfarrerberufs, das Mitglied der Pfarrerschaft also, und schon der Vikar und der Student sind im Blick auf ihre Berufsentscheidung und deren Resistenzfähigkeit labiler geworden. Der Begriff, der neuerdings diese Verhältnisse zusammenfassend bezeichnet, ist der der „Identitätskrise". Gemeint ist primär eine Krise der beruflichen Identität, die Problematisierung also im Verhältnis zwischen Berufsrolle und persönlichen Überzeugungen.

Das ist nicht notwendig zugleich eine Krise der persönlichen Identität überhaupt und nicht einmal eine religiöse Krise in dem Sinne, daß das Verhältnis zum Christentum prinzipiell fraglich geworden sein müßte. Nicht wenige, die Studienfach oder Beruf gewechselt haben, behalten durchaus positive Beziehungen zu Christentum und Kirche. In vielen Aspekten ist diese Frage bei W. Marhold (Religion als Beruf) behandelt.

Es ist ein traditionelles Problem, daß die persönliche Religiosität des Studenten durch die kritische Theologie im Verlauf des theologischen Studiums in Frage gestellt zu werden pflegt. Im Blick auf die Ausbildung eines künftigen Gemeindepfarrers kann das als notwendiges Stadium der religiösen Verselbständigung gegenüber bloß übernommenen Traditionen angesehen werden. Eine beispielhafte Darstellung dieser Probleme hat K. Müller gegeben (Gefahr und Segen der Theologie für die Religiosität, in: Aus der akademischen Arbeit, 1930, 321 ff.).

Mit dem Begriff Identitätskrise ist eine Aufgabe genannt, die in einem weiteren Sinne als „Seelsorge an Seelsorgern" bereits eine lange Tradition hat. Es scheint indessen, daß die Krisenanfälligkeit gewachsen ist, wohl auch, weil die disziplinierenden Zwänge sozialer Diskriminierung und die Schwierigkeiten des Berufswechsels für den Pfarrerberuf keine besondere Rolle mehr spielen. Vor allem aber dürften sich die Veränderungen hier auswirken, die den Pfarrerberuf selbst, seine soziale Stellung, seinen Aufgabenkreis und seine Anforderungen betroffen haben. Neuerlich ist deshalb ein Programm vorgelegt worden, das die beratende Begleitung und die Krisenhilfe für den Pfarrerberuf schon für die Ausbildungszeit vorsieht.

„Berufs- und Lebensberatung von Pfarrern" ist das Thema, unter dem W. Becher (WzM 26, 1974, 385 ff.) dieses Problem behandelt. An gleicher Stelle hat W. Zijlstra den Begriff der Identitätskrise erörtert (390 ff.). Eine Skizze der gegenwärtigen Gefährdungen der Identität des Pfarrers gibt K. W. Hertzsch (Seelsorge am Seelsorger, in: Handbuch der Seelsorge, 1983, 523 ff.).

Der Sache nach also haben sich die Probleme, deren theoretische Fassung einst das Lehrstück von der vocatio interna geboten hat, nicht grundlegend verändert. Der Ort ihrer Wahrnehmung freilich ist ein anderer geworden: Sie werden nicht mehr primär oder gar allein als religiöse Probleme aufgefaßt, sondern als Folgen biographischer, situativer oder psychologischer Faktoren, bei denen deshalb eine Behandlung, eine Beratung oder eine sachgemäßge Intervention angebracht scheint und Erfolg verspricht.

3. Frömmigkeit in der volkskirchlichen Gemeinde

Es gehört zum Wesen des evangelischen Kirchentums, daß es nicht auf einen bestimmten und einen allein kirchlich approbierten Stil der Frömmigkeit festgelegt werden kann (s. o. § 6,2). Dem Pfarrer begegnet Frömmigkeit in der Gemeinde daher in ganz verschiedener Gestalt. Im einfachsten Fall tritt Frömmigkeit als Kirchlichkeit auf und die verschiedenen Grade der Kirchlichkeit repräsentieren dann unterschiedliche Gestalten der Frömmigkeit.

Zur Primärerfahrung in jeder Kirchengemeinde gehören Äußerungen wie diese: „Ich bin kein Kirchgänger, aber ich bin ein religiöser Mensch"; „ich habe meinen Glauben für mich, deshalb brauche ich keine Kirche"; „ich halte viel von der Kirche, aber mit den Pastoren bin ich fertig". Solche Äußerungen eines distanzierten und doch auch noch positiven Verhältnisses zur Kirche müssen als Äußerungen einer Frömmigkeit verstanden werden, in der sich die jeweilige kirchliche Sozialisation und die Tendenzen des Allgemeinbewußtseins auswirken. Um das nähere Verständnis dieser Frömmigkeit hat sich D. von Oppen bemüht (Der sachliche Mensch. Frömmigkeit am Ende des 20. Jahrhunderts, 1968).

Andererseits sind es vor allem engagierte und hoch motivierte Formen der Frömmigkeit, die das Bild der Kirchengemeinde zu bestimmen pflegen. Diese Gruppierungen reichen (je nach religionsgeographischer Lage) von der erwecklichen Gebetsstunde bis zur offenen Jugendarbeit, vom Engagement für ein politisches Programm bis zur Bibelarbeit oder dem Besuchskreis. Gemeinsam ist diesen Gruppierungen die Tendenz, sich zumindest die Vorherrschaft im Gemeindeleben sichern zu wollen, so daß, in dem Maße, in dem derartige Gruppierungen nebeneinander auftreten, gewisse Konkurrenzen unvermeidlich sind. Der Pfarrer ist von derartigen Verhältnissen in Person betroffen, und zwar deshalb, weil er für die Integration der Gruppen im kirchlichen Leben zuständig ist und sich deshalb nicht ohne weiteres mit einer von ihnen einfach identifizieren dürfte.

„Der Pfarrer soll durch die Vorbildung in den Stand gesetzt werden, nicht nur, wie jeder Christ, seine unmittelbare und persönliche Frömmigkeit, sondern Kirche und christliche Überlieferung allgemein und gegenwartsgültig zu vertreten."

Dieser Satz (aus: D. Rössler, Theologiestudenten auf dem Weg zur volkskirchlichen Gemeinde, in: ZThK 72, 1975, 481) soll deutlich machen, daß die kirchliche Verantwortung des Pfarrers nicht auf die Grenzen der eigenen Frömmigkeit und ihrer Gruppierung beschränkt werden kann. Insofern der Pfarrer in der Gemeinde die wesentliche Tradition der evangelischen Kirche zu vertreten hat, darf er sich nicht auf die Wahrnehmung von einzelnen Aspekten der Auslegung dieser Tradition zurückziehen. Seine Aufgabe besteht vielmehr darin, die Position der eigenen Frömmigkeit so im Horizont der Überlieferung ausdrücklich zu machen, daß die Gemeinsamkeit der unterschiedlichen oder gar gegensätzlichen Frömmigkeitsgestalten in der Gemeinde bewahrt und gefördert wird. Diese Fähigkeit soll der Pfarrer durch seine Ausbildung erwerben: Er soll instand gesetzt sein dazu, die Bedürfnisse und Motive der eigenen Frömmigkeit in den Zusammenhang sowohl der christlichen Überlieferung wie der Situation in der Volkskirche in der Gemeinde zu stellen und also die Integration der Gemeinde, die ihn berufen hat, als seine Aufgabe wahrzunehmen (vgl. dazu E. Winkler, Die Gemeinde und ihr Amt, 1973, 36 ff.).

Das hier skizzierte Problem ist selbstverständlich nicht neu. Es hat, in der Gestalt früherer Epochen, schon stets die Pastoraltheologie beschäftigt. In seiner einfachsten (und nicht selten zugleich schwierigsten) Form wird es durch das Auftreten und den Anspruch religiöser Eliten repräsentiert. Sie sind geleitet von der Forderung nach mehr Rigorismus und nach mehr Eindeutigkeit in der christlichen Identität: Sei es auf dem Gebiet der Einstellungen, der Lebensführung oder eines öffentlichen Engagements. Mit analytischer Schärfe und mit abgewogenem Urteil hat Chr. Palmer die Aufgabe des Pfarrers in diesen Fragen beschrieben (Evangelische Pastoraltheologie, 1863², 311 ff.).

In jüngster Zeit ist die Frömmigkeit des Christen im allgemeinen und die des Pfarrers im besonderen zu einem erneut und häufig behandelten Thema geworden, wobei allerdings dem aus dem katholischen Sprachgebrauch stammenden Begriff der „Spiritualität" oft der Vorzug gegeben wird (Zum Begriff vgl. Praktisches Wörterbuch der Pastoralanthropologie, hg. v. H. Gastager u. a., 1975, 1017). Es ist für diese neue Religiosität charakteristisch, daß sie auf dem ganzen Felde religiöser Einstellungen zu beobachten und keineswegs allein als Erneuerung des traditionellen Programms etwa einer erwecklichen Frömmigkeit zu verstehen ist. Freilich spielt die Bewegung, die einer Erneuerung der überlieferten Frömmigkeitsformen dient, keine geringe Rolle. Andererseits aber ist Spiritualität auch Leitbegriff für sozial oder politisch orientierte Motive, und nicht zuletzt gehört zum Kreis dieser Tendenzen auch die, die man als „Lebensstilbewegung" bezeichnet hat.

Beispielhaft sind hier die Themenhefte zweier Zeitschriften, die auf ganz verschiedene Weise doch ähnlichen Gegenständen gewidmet sind: „Die Lebensstilbewegung" (WPKG 69, 1980, Heft 4) und „Gelebte Frömmigkeit" (Miss.Wort 36, 1983, Heft 4). Die sehr unterschiedlichen aber doch auch übereinstimmenden Tendenzen deuten sich in folgenden Sätzen an: „Auf dem Hintergrund eines veränderten Lebensgefühls hat das Interesse an Religion, die Sehnsucht nach Transzendenz und Geborgenheit neue Kraft gewonnen. Immer mehr junge Menschen suchen verbindliche, sinnstiftende Gemeinschaft. Theologie und Kirche sind auf diese Bewegung kaum vorbereitet" (H. Bärend, in: Miss.Wort, 122); „der Versuch, komplexe wirtschaftliche und politische Probleme, die das alltägliche Leben des einzelnen gar nicht zu betreffen scheinen, in die kleinen Dimensionen des persönlichen Alltags zu vermitteln, hat inzwischen in vielen christlichen Gruppen und auf fast allen kirchlichen Ebenen zu Veranstaltungen und Aktionen geführt. Sicher sind diese Aktivitäten häufig von Traditionen christlicher Askese oder Spiritualität mitbestimmt worden. Christen stellen aber auch zunehmend die Frage nach nichtmateriellen Werten und Aspekten des Lebens..." (K. E. Wenke, Lebensstil- und Alternativbewegung, in: WPKG, 143). Ein weiteres Themaheft bietet die Zeitschrift Wege zum Menschen: „Atem des Lebens – Zur Spiritualität unserer Zeit" (35, 1983, Heft 8/9). Gerade dieses Heft ergänzt eindrücklich und von sehr verschiedenen Seiten her den weiten Kreis der Standpunkte und Richtungen, in dem gegenwärtig zur Frömmigkeit Stellung genommen wird.

M. Josuttis hat in seiner pastoraltheologischen Schrift „Der Pfarrer ist anders" (1982) mehrfach auf das Frömmigkeitsthema hingewiesen und in einem eigenen Kapitel vor allem auf die Probleme und Aporien aufmerksam gemacht, in die Frömmigkeitsforderungen heute führen müssen (Der Pfarrer und die Frömmigkeit, 191 ff.). Er hat darüber hinaus anzudeuten versucht, daß mit Grundformen des frommen Verhaltens „elementare Aspekte des Menschseins verknüpft sind" (205), und er hat damit der Diskussion zweifellos einen neuen Impuls gegeben.

Diese Diskussion wird auch künftig das Frömmigkeitsthema sowohl als empirisches wie als theoretisches Thema zu behandeln haben. Vor allem die Grundlagen eines evangelischen Begriffs der Frömmigkeit, der unter den Bedingungen unserer Gegenwart authentisch sein könnte, müssen wohl noch deutlicher ermittelt werden. Auf eine Reihe von Arbeiten, die wichtige historische und prinzipielle Aspekte hervortreten lassen, kann dabei zurückgegriffen werden.

Im Handbuch der christlichen Ethik (hg. v. A. Hertz u. a., Bd. 2, 1979, 506 ff.) werden die Ursprünge und Wandlungen des evangelischen Frömmigkeitsbegriffs untersucht. Eine zusammenfassende Darstellung der Perspektiven, die die Reformation und der Beginn der neuzeitlichen Theologie mit Schleiermacher dem evangelischen Frömmigkeitsbegriff gegeben haben, findet sich bei H. M. Müller: „Im Rückgang auf die Reformation haben wir festgestellt, daß Frömmigkeit in Luthers Sinn die im weltlichen Tun sich manifestierende und das weltliche Tun vor Dämonisierung schützende Gottesbeziehung ist, die sich nach der einen Seite als Glaube an Jesus Christus, nach der anderen als Gottesdienst in weltlich-vernünftigen Zusammenhängen beschreiben läßt. Luther hat damit zugleich die vom Evangelium überwundene Scheidung von rein und unrein, heilig und profan für seine Zeit aufs neue aufgehoben (kein Unterschied der Werke). Allerdings hat diese Aufhebung sich geschichtlich so nicht durchgesetzt. In der Gestalt, die Melanchthon ihr gegeben hat, hat vielmehr die reformatorische Deutung von Frömmigkeit dafür gesorgt, daß der Rechtfertigungsglaube und das weltlich-vernünftige Tun gegeneinander isoliert wurden und zu Beginn der Neuzeit in ein Verhältnis von Konkurrenz und Mißtrauen zueinander geraten waren, wie Hegel es beschrieben hat und wie es allgemein auch heute noch vorherrscht.

Demgegenüber hat Schleiermacher versucht, Frömmigkeit unter diesen neuzeitlichen Bedingungen als kirchenbildendes Element neu zu charakterisieren. Das ist ihm nur um den Preis einer Beschränkung gelungen: Er gibt der Frömmigkeit den Charakter des Gefühls, des unmittelbaren Selbstbewußtseins und grenzt es gegen Tun und Wissen ab. Damit hat Schleiermacher es verstanden, evangelische Frömmigkeit als eine abgerundete, der Gesamtschau zugängliche Lebensgestalt zu kennzeichnen, die in gewisser Weise die Breite des reformatorischen Frömmigkeitsverständnisses unter veränderten Bedingungen wieder eröffnete. Die veränderten Bedingungen sind im einzelnen die gegenüber dem Religiösen verselbständigte Auffassung von Wissenschaft und von politischem Handeln. Die wiedergewonnene Breite des Frömmigkeitsverständnisses ist die mannigfache Verknüpfung dieser Lebensgestalt mit der menschlichen Lebens- und Weltgestaltung schlechthin" (Frömmigkeit – Wiederentdeckung einer ekklesiologischen Kategorie? in: W. Lohff u. L. Mohaupt, Hg., Volkskirche – Kirche der Zukunft? 1977, 188 f.).

Im religionspädagogischen Zusammenhang hat K.-E. Nipkow diejenigen Aspekte neuerlich erörtert, in deren Horizont die evangelische Frömmigkeit eigene Bedeutung gewinnt (Moralerziehung, 1981, 47 ff.). Jüngst ist die „Frömmigkeit als Problem der Praktischen Theologie" im Blick auf eine „Hermeneutik der religiösen Lebenswelt" erörtert worden (H. G. Heimbrock, in: PTh 71, 1982, 18 ff.).

§ 9 Zur Pastoraltheologie

1. Zur Geschichte der Pastoraltheologie

Die Entstehungsgeschichte der Pastoraltheologie (im katholischen Sprachgebrauch bezeichnet Pastoraltheologie seit dem 18. Jahrhundert die Praktische Theologie überhaupt) geht zurück bis auf die Alte Kirche. Sie beginnt mit der Professionalisierung des religiösen Berufs und also mit der Aufgabe, den Amtsinhaber bei seinen Pflichten anzuleiten und die Amtsführung überall auf möglichst gleiche Weise zu ordnen. Zu den ältesten und klassischen Dokumenten dieser Literatur zählt die Regula pastoralis Gregors des Großen (Papst 590–604).

„Das Buch aber zerfällt in vier Teile, um gleichsam schrittweise in geordneter Darlegung in die Seele des Lesers einzudringen. Denn dem Ernst der Sache gemäß muß reiflich erwogen werden, auf welche Weise jemand zum Hirtenamt gelangt, wie derjenige, der rechtmäßig dazu gekommen ist, sein Leben einrichtet, wie er dann, wenn er ein gutes Leben führt, das Lehramt verwaltet, und wie er endlich, wenn er das Lehramt gut verwaltet, täglich seine Schwachheit zu erkennen sucht, damit der Amtsantritt nicht der Demut entbehre, dem Amte das Leben nicht widerspreche, das Leben nicht durch die Lehrweise verliere, die Lehrweise nicht durch Anmaßung Schaden leide" (I, Einleitung). Die Anweisungen bemühen sich um eine unerhört detaillierte Kasuistik für die Aufgaben von Lehre und Ermahnung, die jedem einzelnen Menschen in seinen Besonderheiten Rechnung tragen sollen (III,1).

Diese Anleitungsliteratur hat sodann in Gestalt der iro-schottischen Bußbücher eine weitere Ausprägung erfahren (vgl. dazu G. A. Benrath, Art. Buße, in: TRE 7, 459; ferner unten § 12, 1). Im Mittelalter waren literarische Hilfsmittel angesichts der weithin völlig mangelhaften Bildung der Weltgeistlichen (Plebanen, Leutpriester) noch dringlicher erwünscht. Anleitungen vor allem für die Durchführung der Beichte und anderer kirchlicher Handlungen, aber auch Vorgaben für Ansprachen, waren beliebt und verbreitet (z. B. der manipulus curatorum des Guido de Monte, 1330, der im 15. Jahrhundert 11 Auflagen erlebte).

Die Reformation hat das Prinzip dieser Anleitungsliteratur übernommen. Auch hier waren wegen des überaus mangelhaften Ausbildungsstandes der Pfarrerschaft Regeln und praktische Anweisungen von Nöten. Zu der Literatur, die dafür entstand, gehören der „Hirt" Zwinglis (1525), das „Hirtenbuch" des Erasmus Sarcerius (1559) und der „Pastor" des Nicolaus Hemming (1566). Große Verbreitung hat danach vor allem das „Pastorale Lutheri" (1582) des Magister Conrad Porta zu Eisleben gefunden, das mehrfach und noch 1842 erneut aufgelegt wurde. Hier sind mit großer Ausführlichkeit Abschnitte aus Luthers Schriften gesammelt und nach 24 Themen geordnet und zusammengestellt, so daß Luther selbst auf die einzelnen Fragen antwortet. Portas Kanon der pastoraltheologischen Loci ist seither bis in das 19. Jahrhundert leitend geblieben. Die Liste umfaßt die folgenden Themen:

I Von des heiligen Predigtamtes Würdigkeit und Hoheit
II Vom Berufe der Prediger
III Vom Studieren
IV Von der Prediger Gaben, und ihrer Art zu lehren
V Vom Lehren

VI Vom Strafen
VII Vom Trösten
VIII Vom Ermahnen und Warnen
IX Vom Beten
X Vom äußerlichen Leben und Wandel der Prediger
XI Von der Priesterehe, und wie sie ihre Weiber, Kinder und Gesinde regieren sollen.
XII Von Ehesachen insgemein
XIII Vom Taufen
XIV Von Beichtsachen und vom Löse- und Bindeschlüssel
XV Vom Sakramentreichen
XVI Von fleißiger Fürsorge für die Armen
XVII Von Schwermütigen, Angefochtenen und Besessenen, wie mit denselben zu handeln.
XVIII Von Kranken und Übeltätern, die das Leben verwirkt haben, zu besuchen und zu trösten
XIX Vom Begraben, oder Zeremonien bei den Begräbnissen
XX Von Unterhaltung und Besoldung der Prediger
XXI Vom Widerstand und Kreuz der rechtschaffenen Prediger
XXII Vom Troste und Belohnung getreuer Prediger
XXIII Von ungetreuen Predigern, Rottengeistern, Schwärmern, ihrer Art und Eigenschaft
XXIV Von der untreuen und falschen Lehrer, Ketzer und Rottengeister Strafe und Untergang

Die Geschichte der evangelischen Pastoraltheologie und ihre systematischen Probleme sind Thema der umfangreichen Arbeit von G. Rau (Pastoraltheologie, 1970).

Die Anleitungsliteratur, und zwar sowohl die des Mittelalters wie die des Reformationsjahrhunderts, soll die Berufstätigkeit des Pfarrers begründen und begleiten: Sie enthält, was der Pfarrer wissen oder kennen muß, um sein Amt sachgemäß zu führen. Hier ist nicht daran gedacht, daß diese Anleitungen zu einer regelrechten akademischen Ausbildung in der Theologie erst hinzutreten (sie ist auch für solche Pfarrer gedacht, die des Lateinischen nicht mächtig sind, Porta XXII). In ihnen repräsentiert sich vielmehr die Summe der objektiven Ordnungen und der persönlichen Erfahrungen, die gesammelt und weitergegeben werden kann. Für Porta ist zudem charakteristisch, daß er die Ordnungen und Erfahrungsregeln durch die Autorität des Reformators legitimiert weiß: Wer sich hier leiten läßt, kann nicht fehlen. Diese Literatur ist Ausdruck einer Epoche, in der nicht die Selbständigkeit jedes einzelnen Geistlichen das eigentliche Ziel bildet, sondern seine Amtsfähigkeit im geordneten Rahmen einer Überlieferung, die Kenntnisse und Berufsregeln tradiert.

Rau hat darauf aufmerksam gemacht (Pastoraltheologie, 103 ff.), daß in der Epoche der Orthodoxie sowohl die Rechtmäßigkeit wie die Wirksamkeit des pastoralen Handelns vor allem an die objektiven Ordnungen und Einrichtungen gebunden sind, die von der Pastoraltheologie überliefert werden. Ein typisches Werk dieser Epoche ist: De sacrosancto ministerio (1623) von P. Tarnow (1562–1633 in Rostock).

In den pastoraltheologischen Werken aus der reformierten Tradition spiegelt sich das Problem, das durch die Mehrzahl der Gemeindeämter gegeben ist (Rau, 136ff.). Beispielhaft dafür ist W. Zepper (1550–1607 in Herborn): De politia ecclesiastica (1595).

Eine neue Seite der Pastoraltheologie hat demgegenüber der Pietismus hervorgebracht. Er rückt die Person des Amtsinhabers in den Vordergrund. Die geistliche Qualifikation des Pfarrers wird zum wesentlichen Thema der Pfarramtsführung. „Das Gewicht in der pastoraltheologischen Darstellung verlagert sich folglich auf die Beschreibung des frommen Amtsträgers, während alle nicht-personalen äußeren Ordnungen, die unter der Orthodoxie die Rechtmäßigkeit und damit die effektive Wirksamkeit des Amtes verbürgen sollten, vernachlässigt werden“ (Rau, 125). Der Pietismus hat freilich nur wenige pastoraltheologische Werke hervorgebracht. Speners „Pia desideria“ enthalten selbst wesentliche Grundsätze (im V. Abschnitt). Die Hauptschrift ist G. Arnolds „Die geistliche Gestalt eines evangelischen Lehrers“ (1704). A. H. Franckes „Idea studiosi theologiae“ (1712) sind eine mehr zufällige Sammlung einzelner Maximen, Beispiele und Anweisungen.

Gleichwohl hat der Pietismus der Pastoraltheologie eine für den Protestantismus entscheidende Wende gegeben. Er hat 1. die Person des Pfarrers zum Thema gemacht und darauf hingewiesen, daß subjektive und persönliche Leistungen des Pfarrers für das evangelische Verständnis der Amtsführung eine wesentliche Rolle spielen und spielen müssen. Er hat 2. die Bedeutung der empirischen Verhältnisse der Zeit und die persönlichen Lebensumstände der Menschen, die für den Pfarrer zur Aufgabe werden, besonders betont. Freilich war das Gewicht der jeweils besonderen Umstände und der Lebenslagen schon seit der antiken Bildung auch im Christentum bekannt (s. o. über die regula pastoralis). Der Pietismus aber hat gezeigt, daß solchen persönlichen Lebensverhältnissen als individuellen neue Bedeutung zukommt. Er hat 3. die Pastoraltheologie so umgeformt, daß sie zu einem eigenen Thema neben der akademischen Theologie geworden ist. Sie ist damit aus dem Stadium, in dem sie handwerkliche Berufsanleitung für eine weniger gebildete Gruppe oder Schicht von Pfarrern gewesen ist, herausgeführt und zu einer selbständigen theologischen Disziplin gemacht worden.

Ein eindrückliches Beispiel für diese pastoraltheologische Literatur bieten die von Abt J. A. Steinmetz (1689–1762) herausgegebenen Bände der „Theologia pastoralis practica" (1737–1758), die sich vor allem um die homiletische Bildung ihrer Leser bemühten.

Eine neue Blüte hat indessen die Pastoraltheologie dann in der Aufklärung erlebt. Die Aufklärung setzt fort, was der Pietismus begonnen hat. Sie hat eine große Zahl pastoraltheologischer Schriften hervorgebracht. Ihr Interesse richtet sich ganz darauf, den Pfarrerstand zu heben, den einzelnen Pfarrer sachgemäß zu erziehen und zu unterweisen und seiner Wirksamkeit diejenige Bedeutung und das Ansehen zu verschaffen, das ihr zukommt. Die Pastoraltheologie der Aufklärung ist ein umfassendes Bildungsprogramm.

Eine der wirkungsvollsten pastoraltheologischen Schriften der Aufklärung ist „Über die Nutzbarkeit des Predigtamtes und deren Beförderung" (1772) von J.J. Spalding (1714–1804, Propst zu Berlin). Rau hat die wichtigsten Sätze über das Pfarrerbild Spaldings zusammgefaßt: „Sich an die Philosophen und Propheten der alten Welt anschließend, sind die Pfarrer die wahren Sittenlehrer, die Vernunft und Gemüt ansprechen. Natürlich im Gehabe, sind sie Freunde und Ratgeber in irdischen und himmlischen Dingen. Mit großer Vertraulichkeit und Gelehrsamkeit schaffen sie in Gesprächen und Belehrungen Erkenntnis, Trost und Hoffnung für die Seelen und bringen damit wahrhaften Nutzen. Sie erweisen sich als Sitten- und Tugendlehrer in doppelter Weise: Die Menschen werden ‚glückselig' und fördern daraufhin die Wohlfahrt der Gesellschaft, denn Tugend bedeutet konkret: Liebe, Ordnung, Verständigkeit, Wahrheitsliebe und Verlangen nach höherer Glückseligkeit" (Pastoraltheologie, 131).

Die Aufklärung hat das Bild von Person und Beruf des evangelischen Pfarrers nachdrücklich geprägt und ihm Züge gegeben, die unverändert wirksam sind. Es sind wesentliche Tendenzen der Aufklärung überhaupt, die gerade in der Pastoraltheologie zum Ausdruck kommen. Dazu gehört zunächst die Einsicht in die Bedeutung der Religion für die Sittlichkeit und für das öffentliche Leben im ganzen; dazu gehört ferner die Zuwendung zu einem Bild der Frömmigkeit, das ohne elitäre Züge jedermanns Frömmigkeit sein soll; dazu gehört weiter der vollkommene Respekt vor der Freiheit des Menschen als seiner Würde; und dazu gehört schließlich die Entdeckung des Alltags als des Feldes, auf dem dies alles sich zu bewähren hat; das Pfarrerbild selbst ist dadurch geprägt, daß dem Pfarrer die Verantwortung für diese Einsichten und Grundsätze und für die Lebenspraxis, die aus ihnen folgt, zugemutet wird.

Daß diese Züge der Aufklärung gerade auf dem Gebiet der Pastoraltheologie vereinfacht und trivialisiert werden konnten, liegt auf der Hand. Ein verbreitetes Grundübel war, daß der allgemeine Bildungs- und Erziehungsprozeß zu simpel aufgefaßt war und die im Wesen des Menschen und der Gesellschaft liegenden Probleme nicht gesehen wurden. So hat schon J.G. Herder sich kritisch gegen

Spalding gewandt (An Prediger, 12 Provinzialblätter, 1774). – Zum Verständnis der Aufklärung vgl. H. Stuke (Art. Aufklärung, in: GG, Bd. 1, 1974, 243 ff.) und für die Aufklärung im Zusammenhang der Praktischen Theologie M. Schmidt (Art. Aufklärung, in: TRE 4, 602 ff.).

2. Das Programm der Pastoraltheologie

Zum Programm wurde die Pastoraltheologie im 19. Jahrhundert. Sie wurde es, weil sie jetzt keineswegs mehr allein für die „praktische" Ausbildung des Pfarrers zuständig war. Im akademischen Studium war seit Jahrhundertbeginn die Praktische Theologie zu einer nach und nach überall etablierten Disziplin geworden: Das kirchliche Handeln wurde von der wissenschaftlichen Theologie zum Thema gemacht. Damit schien die Epoche der Pastoraltheologie als Vorgeschichte der Praktischen Theologie zuende. Tatsächlich aber begann gerade im 19. Jahrhundert eine neue Blüte pastoraltheologischer Literatur, die nach Qualität und Quantität alles Frühere überbot. Wozu noch Pastoraltheologie?

G. Krause hat diese Frage scharfsichtig analysiert und dargestellt (Hat die Praktische Theologie wirklich die Konkurrenz der Pastoraltheologie überwunden? ThLZ 95, 1970, 721 ff.). Die Pastoraltheologie ist seit Anfang des 19. Jahrhunderts mit der erklärten Absicht vertreten worden, sie neben die Praktische Theologie zu stellen und also für ihre Themen eine selbständige Behandlung zu fordern. Diese Diskussion ist im Rahmen der Pastoraltheologie selbst geführt worden. C. Harms und vor allem Chr. Palmer haben ausführlich dazu Stellung genommen: „Harms sieht, daß die Aufgaben der kirchlichen Praxis ‚neben dem Prinzip, aus welchem die respektiven Wissenschaften sie ableiten, aus einem innerhalb der Wissenschaft selbst liegenden (er nennt Homiletik, Liturgik usw.), noch ein anderes außerhalb liegendes Prinzip haben im Lokalen, Temporellen, Persönlichen'. Palmer beschreibt dieselbe kasuistische und personale Eigenart der Praxis: ‚Es sind die Verhältnisse, in denen der Pastor sich zu bewegen hat... Sie sind aber zu verschiedenen Zeiten und an verschiedenen Orten verschieden; noch unendlich mannigfaltiger sind die Persönlichkeiten, mit denen er in pastorale Beziehung kommt: Das alles läßt sich nicht konstruieren, man kann nur durch möglichste Umsicht eine relative Vollständigkeit herstellen, während jeder Tag wieder ein neues Problem bringen kann, für das noch in keinem Lehrbuch eine Pastoralregel steht'" (G. Krause, 727).

Das Interesse an der Pastoraltheologie ist nicht an bestimmte theologische oder religiöse Richtungen gebunden. In der großen Zahl pastoraltheologischer Schriften, die das 19. Jahrhundert hervorgebracht hat, sind die verschiedenen Schulen und Positionen deutlich vertreten, wenngleich die traditionelle Theologie noch mehr an pastoraltheologischen Fragen interessiert gewesen scheint als das kritische Lager.

Klassische Gestalt hat der Pastoraltheologie am Anfang des Jahrhunderts C. Harms (1778–1855, Propst zu Kiel) gegeben (Pastoraltheologie, 3 Bde., 1830–1834). Es sind „Reden an Studierende", in drei Teilen: der Prediger, der Priester, der Pastor. Harms vertritt den Standpunkt des lutherischen Konfessionalismus mit Konsequenz und amüsanter Eloquenz. Seine Pastoraltheologie macht eigene Erlebnisse und Begegnungen zum Ausgangspunkt für Erörterungen von Für und Wider und er sucht aus solchen Situationen eine Regel zu bilden, oder doch wenigstens die Richtung zu zeigen, der man den Vorzug geben sollte: Ob man Beichtgeld nehmen soll? (man soll); ob Konfirmanden besser in Klassen zu teilen? (ja); ob Homilien besser der Erbauung dienen? (nein); es entsteht ein überaus greifbares und aus vielen Einzelheiten sich fügendes Bild der alltäglichen Berufsaufgaben.

Von einer ganz anderen Seite her hatte A. H. Niemeyer (1754–1828, Professor in Halle) die Pastoraltheologie verstanden (Grundriß der unmittelbaren Vorbereitungswissenschaften zur Führung des christlichen Predigtamtes, 1803). Er betont, daß es vor allem auf das persönliche Lernen ankomme: „Selbst die allgemeinen Grundsätze der Pastoralwissenschaft werden sich in dem, welcher mit einer echt moralischen Gesinnung sein Amt antritt und führt, und die Wichtigkeit seines Berufs im ganzen Umfange fühlt, gleichsam von selbst bilden, und ihre Sammlung wird nur hauptsächlich dazu dienen, angehenden Religionslehrern die Mannigfaltigkeit ihrer Stufen und die einzelnen Partien ihres Wirkungskreises anschaulich zu machen, den Mann im Amt aber zu einem sorgfältigeren Nachdenken über jeden besonderen Teil seines Berufs veranlassen" (156).

Den Höhepunkt der Pastoraltheologie im 19. Jahrhundert bildet Chr. Palmers (1811–1875, Professor in Tübingen) „Evangelische Pastoraltheologie" (1860, 1863²). Sie befaßt sich mit dem geistlichen Beruf, mit der Person des Pastors, mit der pastoralen Tätigkeit zunächst für die Gemeinde im ganzen (ihre Stände und ihre Kreise) und sodann für den einzelnen (in der Seelsorge). Palmer setzt bei den Aufgaben ein, die von der Praxis des Lebens in der Gemeinde gestellt werden, nicht bei den Amtspflichten des Pfarrers. Er sucht am Ende auch nicht, eine Lösung von Konflikten (z. B. bei Problemen in einer Ehe, 275 ff.) vorzugeben, er bleibt vielmehr im Rahmen ihrer Beschreibung, notiert die in Betracht kommenden ethischen Grundsätze und will offenkundig dazu anleiten, daß der Leser sich sein eigenes Urteil zu bilden vermag. Zu den eindrücklichsten Partien des Buches gehören die scharfsichtigen Schilderungen einzelner Konfliktsituationen.

Eine ausführliche Liste der pastoraltheologischen Schriften des 19. Jahrhunderts findet sich bei G. Rau (Pastoraltheologie, 153 ff.). Besondere Wirkungen sind von den Werken aus der lutherisch-konfessionellen Theologie ausgegangen, die in erster Linie eine Amtslehre sein wollen: W. Löhe (Der evangelische Geistliche,

Bd. 1, 1852, Bd. 2, 1857) und A. F. C. Vilmar (Lehrbuch der Pastoraltheologie, hg. v. W. Piderit, 1872). Die scharfsinnigsten Analysen der pastoralen Probleme bietet A. Vinet (Pastoraltheologie, dt. 1852). J. T. Beck (Die Pastorallehren des Neuen Testaments, hg. v. B. Riggenbach, 1880) nimmt die neutestamentlichen Texte als Darstellung einer evangelischen Gemeindepraxis. Noch in das 19. Jahrhundert gehört die Pastoraltheologie von A. Hardeland, die Weisheit und Erfahrungen eines lutherischen Landpfarrers gesammelt hat (Pastoraltheologie, 1907).

Bei aller Verschiedenheit im einzelnen wie in den Grundlagen ist doch ein gemeinsames Programm in der pastoraltheologischen Literatur des 19. Jahrhunderts nicht zu übersehen. Im Interesse an der Pastoraltheologie und an ihren Themen offenbart sich eine gemeinsame Auffassung von Beruf und Person des Pfarrers und von dem, was zu seiner Ausbildung und zu seiner Berufstätigkeit nötig ist. Dabei werden die Einsichten und Grundsätze, die bis dahin in der Pastoraltheologie gewonnen waren, aufgenommen und fortgeführt. Die Bedeutung, die der Pietismus schon der Person des Pfarrers gegeben hatte, der Blick für die empirischen Verhältnisse, für Sittlichkeit, allgemeine Frömmigkeit und für das alltägliche Leben gehören zum selbstverständlichen Themenkreis der Pastoraltheologie dieser Epoche.

Freilich wird die Rolle der Person des Pfarrers jetzt noch differenzierter bestimmt. Palmer faßt das Programm der Pastoraltheologie so zusammen:

„Die Praktische Theologie stellt das gesamte Leben und Handeln der Kirche dar, wie es wissenschaftlich zu bestimmen ist; die Pastoraltheologie stellt das sittliche Leben und Handeln des Pastors dar, und zwar für den Pastor, zum Zwecke seiner persönlichen Befähigung und Förderung im Berufe, vorzugsweise in demjenigen Zweige seines Amtes, in welchem gerade seine sittliche Persönlichkeit der Hauptfactor ist" (Evangelische Pastoraltheologie, 1863², 16).

Danach gehört es also zum Bild der Berufstätigkeit des Pfarrers, daß seine Persönlichkeit Hauptfaktor bei bestimmten Aufgaben werden kann und werden muß. Es gibt offenbar Anforderungen, denen nicht durch objektive, sondern wesentlich nur durch subjektive Befähigungen entsprochen werden kann. Dasselbe ist bei Harms als das lokale oder temporelle oder eben persönliche Prinzip bezeichnet. Es geht offenbar darum, daß der Pfarrer „als Mensch" und mit den in der menschlichen Person liegenden Kräften gefordert ist, freilich bei Aufgaben, die wiederum ganz und gar geistliche Berufsaufgaben sind.

Palmer erläutert dieses Verhältnis an der Seelsorge: Sie „erheischt ein durchaus freies, rein persönliches Verhältnis des Seelsorgers zum Gemeindegenossen. Da ist keinerlei äußere Form, an die er, sei es durch geschriebenes Gesetz oder durch Herkommen, gebunden wäre, wie dies auch in Predigt und Katechese der Fall ist; es ist einzig und allein seinem Gewissen und seiner persönlichen Weisheit anheimgegeben, wie er verfahren will" (14). In anderem Zusammenhang spricht er von Aufgaben, die „dem freien Ermessen, dem Gewissen des Geistlichen anheimgestellt sind" (G. Krause, 727).

Diese Aufgaben sind offensichtlich von der Art, daß sie ihrem Inhalt nach nicht bestimmt werden können. Es sind also Aufgaben, die nicht nur einen Ausgang haben können und für die also eine Kontrolle durch das Ergebnis und entsprechende Anleitungen nicht möglich sind. Das Programm der Pastoraltheologie im 19. Jahrhundert ist zureichend gekennzeichnet erst durch das Gewicht, das diesen an die Persönlichkeit des Pfarrers gebundenen Aufgaben zugemessen wird. Nach ihrem Urteil gehört es zum Programm der Praktischen Theologie als Wissenschaft, solche Aufgaben nicht wahrnehmen zu können. Deshalb muß die Praktische Theologie ergänzt werden: Nicht schon, daß es derartige persönliche Aufgaben gibt, macht die Pastoraltheologie erforderlich, sondern die schwer zu überschätzende Bedeutung, die diesen Aufgaben im Zusammenhang der Berufstätigkeit des Pfarrers zugemessen wird.

Freilich beschränkt sich die Gemeinsamkeit im Programm der Pastoraltheologie des 19. Jahrhunderts auf diese Beurteilung der persönlichen Aufgaben und ihrer Bedeutung für das Pfarramt. Die Frage, welche Ziele die Pastoraltheologie daraufhin zu verfolgen hat, wird keineswegs einheitlich beantwortet. Im wesentlichen sind es zwei Richtungen, die sich dabei unterscheiden lassen: Die eine Richtung geht dahin, die Persönlichkeit des Pfarrers in ihren individuellen Kräften zu stärken, um die Ermessensfähigkeit und den Ermessensspielraum voller entfalten zu können; die andere Richtung geht von den Grenzen aus, die dem pastoralen Handeln bei derartigen Aufgaben immer gesetzt sind und sucht, diese Grenzen deutlich zu bestimmen, indem sie die Amtspflichten demonstriert, die im jeweils besonderen Fall zu vollziehen sind. Der erste Typus wird von der Pastoraltheologie Palmers und Vinets repräsentiert, der zweite von den Werken Löhes oder Vilmars.

Palmer hat dieses Ziel selbst erläutert: „... dieser praktische Zweck ist hier wesentlich ein sittlicher, nicht ein technischer, – die Pastoraltheologie will auf das Wissen des Pastors wirken, will seine sittliche Persönlichkeit, wie sie in und vor der Gemeinde sein soll, ihm bilden helfen ..." (Evangelische Pastoraltheologie, 1863, 15).

Auch Vilmar hat sich über seine Ziele näher erklärt und den Unterschied der Richtungen gleich einbezogen: „Ebenso wird die Pastoraltheologie einen wesentlich verschiedenen Inhalt bekommen, je nachdem das geistliche Amt entweder als ein Institut der Gemeinde oder als ein Mandat Christi selbst betrachtet wird. Im ersteren Falle wird die Pastoraltheologie nur eine Anweisung sein können, in welcher Weise der Auftrag der Gemeinde, zu dessen Vollziehung der Pfarrer lediglich eingesetzt ist, könne vollzogen und ausgeführt werden. Die Pastoraltheologie wird wesentlich eine Klugheitslehre werden. Im anderen Fall ist die Pastoraltheologie eine Anweisung, das Mandat Christi zu vollziehen; also eine Anweisung, wie die unverbrüchlichen Ordnungen Christi kraft der dem geistlichen Amt von Christo erteilten Potestät auf die einzelnen Verhältnisse des menschlichen Lebens anzuwenden seien" (Lehrbuch, 5).

So rein und programmatisch sind diese beiden Richtungen der Pastoraltheologie nicht überall zu finden. Sie sind aber die Form, in der das 19. Jahrhundert die Erbschaft der Pastoraltheologie hinterlassen hat.

3. Die Erneuerung der Pastoraltheologie

Auch im 20. Jahrhundert fand die pastoraltheologische Arbeit ihre Fortsetzung, und zwar zunächst ganz in den Bahnen, die ihr bis dahin vorgegeben waren. Auf der einen Seite, der der pastoraltheologischen Amtslehre, ist das Werk H. Bezzels (1861–1917) zu nennen (Der Dienst des Pfarrers, 1916), und auf der anderen das von M. Schian (1869–1944; Der evangelische Pfarrer der Gegenwart wie er sein soll, 1920[2]). Diese Reihe ließe sich zwar noch erweitern, im ganzen aber ist nicht zu übersehen, daß die Bedeutung der Pastoraltheologie in der ersten Hälfte des 20. Jahrhunderts zurücktritt.

Die Gründe dafür liegen in den Veränderungen der herrschenden Tendenzen in Theologie und Kirche: Das Interesse an den konkreten Fragen der Gemeinde und des Pfarrerberufs wird vom Interesse an den grundsätzlichen Fragen von Kirche und Amt ganz in den Hintergrund gedrängt. Die empirischen Verhältnisse spielen kaum noch eine Rolle: Gerade die Praktische Theologie orientiert sich an den prinzipiellen Problemen und stellt Alltags- und Erfahrungsfragen zurück (z. B. H. Asmussen, Die Offenbarung und das Amt, 1932).

Die pastoraltheologischen Themen sind allerdings nie vollständig vernachlässigt oder aufgegeben worden. Auf ihre Bedeutung und auf ihre Dringlichkeit wurde in verschiedener Weise aufmerksam gemacht.

W. Trillhaas hat den Begriff der Pastoraltheologie „im engeren Sinne" und als Titel seiner Seelsorgelehre aufgenommen (Der Dienst der Kirche am Menschen – Pastoraltheologie, 1950). Eine „Theologie des evangelischen Pfarrerberufs" nennt R. Leuenberger seine pastoraltheologische Schrift (Berufung und Dienst, 1966). Leuenberger will vordringlich die Fragen der theologischen Orientierung für den Pfarrer klären, führt aber die Erörterung so intensiv durch, daß die Perspektiven der Praxis und der Erfahrung dabei durchaus wahrgenommen werden.

Demgegenüber hat W. Steck jüngst „Die Wiederkehr der Pastoraltheologie" festgestellt (PTh 70, 1981, 10 ff.). Steck hat selbst zu dieser Wiederkehr beigetragen: Er hat unter dem Titel „Der Pfarrer zwischen Beruf und Wissenschaft" (TEH 183, 1974) die Grundfragen der Pastoraltheologie unter den Bedingungen der Gegenwart als „Plädoyer für eine Erneuerung der Pastoraltheologie" neu aufgeworfen. Er versteht dabei die pastoraltheologische Aufgabe als eine Ergänzung der Praktischen Theologie, die aus der Unmittelbarkeit zur Praxis erwächst und der Orientierung des Pfarrers im ganzen Horizont seiner theologischen, sozialen und kulturellen Stellung in der Gemeinde dient.

„Die Pastoraltheologie verleiht einem bestimmten Erfahrungshorizont seinen theoretischen Ausdruck. Sie ist die Theorie der pastoralen Erfahrung. Sie versucht, die Welt des Pfarrers zu einer bestimmten Zeit und unter bestimmten Bedingungen darzustellen, zu strukturieren und damit durchsichtig und verstehbar zu machen. Die Pastoraltheologie stellt damit neben der wissenschaftlichen Praktischen Theologie ein wichtiges Element in der beruflichen Orientierung des Pfarrers dar. Sie ermöglicht in der theoretischen Artikulierung des beruflichen Erfahrungshorizontes des Pfarrers dessen Tradition und damit die geschichtliche Kontinuität des Pfarrerberufs" (30).

Steck hat damit ein Programm formuliert, das kaum mit Widerspruch zu rechnen hatte. Das Interesse an der Pastoraltheologie war neu belebt und wurde von verschiedenen Seiten her geltend gemacht. Stecks Diagnose hatte zunächst Bezug auf die näheren Umstände, die seinen Vortrag veranlaßt hatten (10). Sie könnte jedoch leicht aus der weiteren Entwicklung der pastoraltheologischen Literatur und der Erörterung ihrer Themen belegt werden.

Dabei war der Begriff des „Pastoralen" zunächst aus der Seelsorgebewegung in die allgemeine Diskussion gebracht worden (z. B. S. Hiltner, Preface to Pastoral Theology, 1958) und hat sich im Begriff „Pastoralpsychologie" längst eingebürgert. So wird denn auch „Pastoralpsychologie" nicht selten als „Beitrag zur Pastoraltheologie" verstanden (R. Blühm, in: Handbuch der Seelsorge, 31).

In diesem Sinn kann die Schrift, die H. Faber unter dem Titel „Profil eines Bettlers" (1976) veröffentlicht und als „Beitrag zur Entwicklung der Pastoralpsychologie" (5) bezeichnet hat, auch als Beitrag zur Pastoraltheologie angesehen werden. Dieser Zuordnung entspricht es, daß auch die klinische Seelsorgeausbildung als Gebiet der Pastoraltheologie verstanden wird. H. Chr. Piper hat bei seiner historischen Untersuchung des Göttinger „Pastoralklinikums" deutlich gemacht, daß dieses Ausbildungsprogramm ebenso wie die entsprechenden Programme heute unter den Begriff der Pastoraltheologie gerechnet werden müssen (Kommunizieren lernen in Seelsorge und Predigt, ein pastoraltheologisches Modell, 1981).

„Aspekte einer zeitgenössischen Pastoraltheologie" ist der Untertitel, den M. Josuttis seinem Band „Der Pfarrer ist anders" (1982) gegeben hat.

Damit ist die pastoraltheologische Tradition ausdrücklich aufgenommen worden. Josuttis erörtert in acht Kapiteln Themen, die fast sämtlich der pastoraltheologischen Tradition zugerechnet werden können. Freilich haben sich die Aspekte dieser Erörterung deutlich gewandelt. Die Bestimmung der Pastoraltheologie ist hier folgende:

„Eine zeitgenössische Pastoraltheologie hat die Konfliktzonen, die an den Schnittpunkten zwischen der beruflichen, der religiösen und der personalen Dimension pastoraler Existenz lokalisiert sind, wissenschaftlich zu reflektieren" (20).

Damit wird der Konflikt in den Mittelpunkt der pastoraltheologischen Aufgabe gestellt. Die verschiedenen Rollen, die zu Beruf und Person des Pfarrers gehören, erscheinen hier als konfliktträchtig und zwar gerade dort, wo sie sich überschneiden. In ganz ähnlicher Weise hatte schon G. Krause das Programm einer erneuerten Pastoraltheologie skizziert (ThLZ 95, 1970, 721 ff.). Er hat darauf aufmerksam gemacht, daß der Pfarrerberuf auf eine eigene „Handlungsgewißheit" angewiesen sei, die so von der Praktischen Theologie offenbar nicht begründet werden könne und deshalb nicht selten bei fremden Methoden gesucht werde (730). Auch Krause sieht also einen Konflikt, nämlich das unabgegoltene Bedürfnis nach Handlungsgewißheit, als Grund und Anlaß der Forderung nach neuer Pastoraltheologie.

Das neue Interesse an der Pastoraltheologie ist das Interesse an der Person des Pfarrers. Hier zeigt sich die Veränderung, die die neuen pastoraltheologischen Motive vom älteren Schrifttum unterscheidet: Das Interesse verlagert sich von der Gemeinde und den durch sie gestellten Aufgaben auf die innere Situation des Pfarrers selbst, auf das Problem seiner Handlungsgewißheit oder seiner Konfliktfähigkeit. Was den Pfarrer in Person betrifft, wird zum Thema. Freilich spielen dafür die äußeren Beziehungen und Aufgaben seines Berufs eine nicht zu übersehende Rolle. Aber nicht sie sind das wirkliche und eigentliche Ziel der pastoraltheologischen Klärungen und Analysen. In der neuen Pastoraltheologie formuliert sich das Interesse des Pfarrers an sich selbst.

Diese Anlage der Pastoraltheologie steht in offensichtlicher Übereinstimmung mit Lehr- und Lernzielen in der neueren Seelsorgeausbildung. Auch hier steht die Person des Seelsorgers im Mittelpunkt und auch hier geht es um personspezifische Leistungen, zu denen die Ausbildung befähigen soll. D. Stollberg hat diese Grundsätze so zusammengefaßt: „Aufgabe des Seelsorgelehrers ist es, dem Studenten zu helfen, seine Bedürfnisse wahrzunehmen, die Bedürfnisse anderer (Kirche, Gesellschaft, Klienten) wahrzunehmen, den Konflikt auszutragen, der sich daraus ergibt, zu Entscheidungen zu gelangen, zu diesen Entscheidungen auch zu stehen, d. h. sie zu verantworten, soweit er selbst daran beteiligt ist – und er ist es, falls er sich auf die Beziehung, in der sich das alles abspielt, überhaupt eingelassen hat" (Wenn Gott menschlich wäre, 1978, 30).

In gewisser Weise rücken diese pastoraltheologischen Absichten deshalb in die Nähe der Aufgaben und der Literatur, die als „Seelsorge an Seelsorgern" bezeichnet wird. Von diesem Verständnis geleitet ist die reformierte und bewußt ökumenisch ausgerichtete Schrift von J.J. v. Allmen (Diener sind wir, 1958); ferner die der Ermunterung zur Praxis gewidmeten Ausführungen von W. Tebbe (Auftrag und Alltag des Pfarrers, 1960); und schließlich das zugleich pastoraltheologische und seelsorgerische Kapitel von G. Holtz (Zur Person des kirchlichen Amtsträgers, in: HPT [DDR], Bd. 1, 1975, 298 ff.). Der pastoraltheologischen Orientierung und Anleitung dienen H. Thielicke (Auf dem Weg zur Kanzel, 1983) und E. Lohse (Kleine evangelische Pastoralethik, 1985).

§ 10 Die Ausbildung des Pfarrers

Die Ausbildung zum Amt des evangelischen Pfarrers ist seit der Reformation bis auf den heutigen Tag ein ungelöstes Problem. Das geht schon daraus hervor, daß jede Zeit eigene und immer wieder neue Grundsätze für diese Ausbildung hervorgebracht hat und daß Ziele und Methoden dafür in wechselnder Folge angepriesen und verworfen werden. Nicht nur zusätzliche und einer letzten Perfektion dienende Ausbildungen sind strittig. Selbst die elementaren Grundlagen einer sachgemäßen Vorbereitung auf den evangelischen Pfarrerberuf stehen immer wieder zur Diskussion: Soll der angehende Pfarrer wirklich ein akademisches Studium der Theologie absolvieren? Wäre nicht eine rein religiöse Ausbildung richtiger? Etwa der Besuch einer Bibelschule? Oder soll nicht ganz auf einen hauptberuflichen Pfarrer verzichtet werden? Ist nicht das Zeitalter eines solchen bürgerlichen Berufs schon vorbei?

Derartige Diskussionen weisen zurück auf generelle Unsicherheiten und auf den Mangel an allgemeingültigen und überall akzeptierten Grundlagen für das Verständnis der Ausbildung zum evangelischen Pfarrer. In gewisser Weise spiegelt sich hier natürlich die Tatsache wider, daß der Protestantismus als solcher in Richtungen und getrennte Kirchen auseinandergeht. Aber die Debatten zwischen verschiedenen und gegensätzlichen Auffassungen in der Ausbildungsfrage finden innerhalb der Kirchen und Kirchengemeinschaften statt. Selbst dann, wenn bestimmte elementare Grundsätze, wie etwa das Studium der Theologie, nicht in Zweifel gezogen werden, so steht doch alles weitere um so mehr zur Disposition und wird zumeist nach Ablauf weniger Jahre bereits wieder einer neuen Reform zugeführt.

Diese Lage muß vor allem aus ihren historischen Gründen verstanden werden. Die Geschichte der Ausbildung zum kirchlichen Amt ist eine notwendige Voraussetzung für das Bemühen um ein sachgemäßes Verständnis der Probleme, die heute auf dem Gebiet des theologischen Unterrichts und der Vorbereitung auf den Pfarrerberuf diskutiert werden.

1. Geschichte der Ausbildung zum kirchlichen Amt

Es gibt zu diesem Thema keine zusammenhängende Darstellung der geschichtlichen Entwicklungen. Auch Einzelfragen sind nur selten untersucht worden. Relativ ausführlich ist der Artikel „Theologisches Unterrichts- und Bildungswesen" von F. Cohrs (in: RE[3], 20, 301 ff.); nur beiläufig oder indirekt aber gleichwohl sehr instruktiv behandelt P. Drews die Ausbildungsfragen (Der evangelische Geistliche, 1905). Eine erste Übersicht bieten G. Holtz (Art. Pfarrer, in: RGG[3] V, 273 ff.) und R. Frick (Art. Pfarrervorbildung und -weiterbildung, in: RGG[3] V, 293 ff.).

Die Reformation fand eine Pfarrerschaft vor, die für den Aufbau eines evangelischen Kirchentums völlig ungeeignet war. Das Mittelalter unterschied das große Heer der sacerdotes simplices von der kleinen Gruppe der sacerdotes literati. Die große Menge der einfachen Pfarrer war gerade in der Lage, die Messe zu halten und die notwendigsten Riten zu vollziehen. Die Theologen hatten demgegenüber die einflußreichen Stellen und die der höheren Geistlichkeit inne. Nicht wenige unter ihnen wurden zu Trägern der Reformation (z. B. F. Myconius, 1490–1546, in Thüringen und Sachsen; A. Blarer, 1492–1564, in Württemberg). Das war beim einfachen Klerus nahezu ausgeschlossen. Vor allem im Blick auf die nötige Qualifikation der durchschnittlichen Geistlichkeit ist in den reformatorischen Kirchen das Institut der Visitation ausgebildet worden.

Deren erste Ergebnisse waren katastrophal. Luther berichtet über die (einzige) Visitation, an der er selbst teilgenommen hat, in der Vorrede zum Kleinen Katechismus („Viel Pfarrherren faßt ungeschickt und untüchtig sind zu lehren ...", BSLK, 502). Drews gibt die folgende Schilderung: „Um was es sich eigentlich bei Luthers Lehre handelte, war vielen ganz unklar, daher fehlte es ihnen überhaupt an einer festen Überzeugung. Es kam nicht selten vor, daß ein und derselbe Pfarrer an demselben Altar das Abendmahl jetzt unter einer Gestalt, zu anderer Zeit unter beiden Gestalten reichte, oder daß er katholisch und lutherisch zugleich war ... Zu Elsnig, einem Thüringischen Dorfe, konnte der Pfarrer Vaterunser und Glauben nur mit gebrochenen Worten beten; dagegen verstand er den Teufel zu bannen, und er genoß darin einen so großen Ruf, daß er nach Leipzig geholt wurde ..." (Der evangelische Geistliche, 14 f.). Ein Pfarrer, der früher Mönch gewesen war, habe auf die Frage, ob er auch den Dekalog lehre, geantwortet: „Ich habe das Buch noch nicht" (15).

Eine der wichtigsten programmatischen Schriften, die diesen Zustand bessern sollten, ist Melanchthons „Unterricht der Visitatoren" (1528, hg. v. H. Lietzmann, 1912). Luther hat dazu die Vorrede verfaßt. Hier formuliert er die Ausbildungsziele, um die es nach reformatorischem Verständnis gehen muß. Zunächst beklagt er den bisherigen Zustand der Kirche und sagt dann: „Aber wie man lehre, glaube, liebe, wie man christlich lebe, wie die Armen versorgt, wie man die Schwachen tröstet, die Wilden straft, und was mehr zu solchem Amt gehört, ist nie gedacht worden" (4). Es ist das Bild des Hausvaters, das man hier erkennen kann, übertragen auf den größeren Verantwortungskreis des Gemeindepfarrers. Freilich gilt als Fundament dieser Berufstätigkeit die Befähigung zur „Lehre": Aus der „Lehre" in Predigt, Unterricht und bei allen sonstigen Gelegenheiten, geht dann, sofern diese Lehre „recht" ist, hervor, wie das Leben der Christen für sich und miteinander gestaltet sein soll. Deshalb ist das praktische und zunächst wesentliche Ziel, dem die Schrift Melanchthons gilt, die ordentliche Lehre zumindest in den elementaren Fragen. Diese Lehre – für Predigt und Unterricht – in Gestalt einiger weniger grundlegender Themen bildet ihren Inhalt, und dieser Inhalt soll dann auch Gegenstand der Prüfung sein, die die Superintendenten mit künftigen Bewerbern um ein Pfarramt anstellen sollen (42).

Auch die Lebensführung soll dabei (wie schon bei der Visitation) geprüft werden. Freilich blieb die Schrift ohne nachhaltigen Erfolg. Die Praxis der Ernennungen in das Pfarramt war ganz von den Personalentscheidungen der Patronatsherren bestimmt, und die Examina durch den Superintendenten hatten darauf nahezu keinen Einfluß (P. Drews, 15 ff.). So wurden vielfach ganz ungelehrte Pfarrer eingestellt, und selbst die Wittenberger Fakultät hat ehemalige Handwerker ohne Schulbildung ordiniert (RE[3] 20, 603).

Das reformatorische Prinzip für die Vorbildung des Pfarrers war also durch die Grundaufgabe bestimmt, die das Amt wahrzunehmen hat: die Lehre. Wer lehren sollte, mußte seinerseits in der Lehre unterwiesen sein, und deshalb wurde das akademische Studium der Theologie als sachgemäße Vorbereitung angesehen und gefordert (P. Drews, 16). Es gab freilich auch eine ganz andere Möglichkeit: Wer Pfarrer werden wollte, mußte bei einem Gemeindepfarrer in die Lehre gehen und sich durch die Praxis die Fähigkeit erwerben, die man von ihm erwartete (16). Nach einer Visitation 1554 wurde dieser Vorschlag für die Ausbildung junger Pfarrer nachdrücklich wiederholt (E. Sehling, Kirchenordnungen, I,1, 61). Manche Pfarrer hatten mehrere solcher Diakone zur Hilfe und zur Ausbildung bei sich. So waren bei Bugenhagen, zu dessen Gemeinde die Stadt Wittenberg und 13 Parochien gehörten, drei Diakone zu seiner

Hilfe und ein Student angestellt (P. Drews, 31 f.; H. Werdermann, Luthers Wittenberger Gemeinde, 1929, 7 ff.). Damit wurde eine Ausbildungsform übernommen, die schon im Mittelalter verbreitet war und die ausreichen mochte, wenn, wie nach der Ordnung des Bischofs Wedego von 1471, nichts anderes verlangt wurde, als daß Vaterunser und Glaubensbekenntnis aufgesagt werden konnten (H. Werdermann, Der evangelische Pfarrer in Geschichte und Gegenwart, 1925, 9 f.). Für das Selbstverständnis der evangelischen Kirche mußte dagegen die selbständige Lehrfähigkeit zum entscheidenden Ziel der Ausbildung werden, auch wenn die Funktionen des Pfarrerberufs darin nicht aufgehen sollten. Später (1580) ist die Diakonatspraxis zur Ergänzung der Ausbildung empfohlen worden (E. Sehling, Kirchenordnungen, I,1, 381).

Schon Luther hatte die Meinung vertreten, daß „die Schulmeister die besten Pfarrer geben" (RE[3] 20, 311) und damit einer entsprechenden Praxis auch des Austausches zwischen Kirchen- und Schulamt den Weg bereitet.

Melanchthon hat die Ausbildungsziele in seiner späteren Schrift „Examen ordinandorum" (1552) noch einmal ausführlicher verdeutlicht (Melanchthons Werke, VI, 174 ff.).

Diese Schrift ist zur Grundlage vieler Kirchenordnungen geworden. Sie hat gerade das Verständnis dessen, wie der evangelische Pastor für seinen Beruf vorbereitet sein soll, auf lange Zeit geprägt. Mit der Entscheidung, die Ausbildung in der Lehre mit dem akademischen Studium gleichzusetzen, wurde das Bildungsprogramm der spätmittelalterlichen Universität übernommen. Eindrückliches Beispiel dafür wurde die Gründung der Universität Marburg (1527).

In diesem Sinn hat die Orthodoxie die Ausarbeitung der evangelischen Lehre selbst als das Ausbildungsprogramm in der evangelischen Kirche für ihre Pfarrer verstanden. Schon L. Hutter nimmt in der Vorrede zu seinem Compendium der Theologie darauf Bezug (Compendium locorum theologicorum, 1610, hg. v. W. Trillhaas, 1961, X ff.). Da auch oder vielmehr gerade die Predigt Ort für die Entfaltung der Lehre war, konnte die Probepredigt, die seit der sächsischen Instruktion von 1554 (E. Sehling, Kirchenordnungen, I,1, 226; 418 ff.) empfohlen wurde, in direktem Zusammenhang mit dem Studium gesehen werden.

Nähere Einsicht in die recht widersprüchlichen Verhältnisse des 17. Jahrhunderts gibt K. Müller (Kirchliches Prüfungs- und Anstellungswesen in Württemberg im Zeitalter der Orthodoxie, Württembergische Vierteljahreshefte für Landesgeschichte, NF XXV, 1916, 431 ff.).

Der Dreißigjährige Krieg hat fast überall die im Entstehen begriffenen Ordnungen zerstört. Der neue Anfang, der danach nötig wurde, stand allerdings sehr bald im Zeichen der Reformen und Veränderungen, die der Pietismus ausrief und forderte. Spener hatte schon in den „Pia desideria"

(1675) eine grundlegende Erneuerung für die Vorbereitung des evangelischen Pfarrers auf sein Amt gefordert, und er hat das Thema in „De impedimentis studii theologici" (1690) noch einmal ausführlich behandelt. A. H. Francke hat in der „Idea studiosi theologiae" (1712) eingehend dazu Stellung genommen. Das Programm ist einfach und eindeutig. Die Prediger müssen „zum allerfördersten selbst wahre Christen sein und dann die göttliche Weisheit haben, auch andere auf den Weg des Herrn vorsichtig zu führen" (Pia desideria, 67). Die Ausbildung zum Pfarrerberuf wird zur Bildung der religiösen Persönlichkeit.

Die theologische Bildung, vor allem die biblische, soll intensiv in diesem Sinn betrieben werden. Dazu wird das Vorbild der Professoren gefordert. Die wichtigste und folgenreichste Ausprägung hat dieses Ausbildungsprogramm in der Idee des Predigerseminars gefunden. Der Gedanke stammt offenbar von V. L. v. Seckendorff (1626–1692), der im „Christenstaat" (1685) den Vorschlag macht, „Seminaria oder Colloquia" zu stiften, die „ad praxin gerichtet" sein sollen, und in denen denjenigen, die in der Theorie schon das Nötigste begriffen haben, „vornehmlich in den Stücken zur Seelsorge gehörig, wie auch im eingezogenen, exemplarischen und mäßigen Leben unterrichtet und geübt würden" (Ausg. v. 1709, 526 ff.). Nach diesem Programm ist 1690 das erste evangelische Predigerseminar in Riddagshausen bei Braunschweig gegründet worden (RE[3] 20,313). Andere Gründungen folgten nach (Dresden 1718, Frankfurt 1735). Die Seminare konnten selbstverständlich nicht alle Kandidaten, sondern nur eine kleine Gruppe (oft diejenigen, „die sich schon ausgezeichnet hatten", ebd.) aufnehmen. Aber das Ausbildungsprinzip, das in ihnen repräsentiert war, fand schnell allgemeine Anerkennung: Nach der „theoretischen" Bildung sollte die „praktische" als eigener und besonderer Zeitraum der Förderung von persönlichen Fähigkeiten dienen. Zunächst war das, ganz im Sinne des Pietismus, die Fähigkeit zum „exemplarischen Leben".

Mit der Gründung der Predigerseminare begann eine neue Epoche der Ausbildung. Das zeigt sich auch darin, daß zu gleicher Zeit überall das Prüfungswesen neu geordnet wurde. In vielen der protestantischen Einzelkirchen war diese Ordnung die erste zentrale Organisation der theologischen Prüfungen überhaupt. Sie war freilich keineswegs einheitlich für alle Kirchen.

In der lutherischen Kirche Calenberg-Göttingens und Lüneburgs wurde diese Reform im Jahre 1735 durchgeführt. Bis dahin wurden die Prüfungen, wie fast überall, von den zuständigen Ephoren im direkten Zusammenhang mit der Ordination vorgenommen. Die neue Ordnung sah jetzt vier Prüfungen vor: durch den Superintendenten vor der ersten Predigt, nach dem 25. Lebensjahr (dem kanonischen Alter) das Examen beim Konsistorium, Übungen im Predigen und Katechisieren in Gruppen mit Prüfung durch den Superintendenten; bei der Designation zu einer Pfarrstelle erneute Prüfung beim Konsistorium (Ph. Meyer, Die theologischen Prüfungen in der lutherischen Kirche Calenberg-Göttingens und Lüneburgs bis zum Jahre 1868, in: JGNKG 53, 1955, 75 ff.).

Die Reformen des 18. Jahrhunderts haben zudem eine Ausbildungsart in das Blickfeld gerückt, die freilich erst später allgemeine Anerkennung fand: das Vikariat. In Württemberg wurden die Absolventen der Tübinger Universität sogleich in den Kirchendienst aufgenommen, da sie seit dem Schulalter in Seminaren erzogen waren und im Tübinger Stift die Studienzeit verbracht hatten. Sie wurden zunächst als Pfarrgehilfen einem Gemeindepfarrer beigegeben, später dann auch selbständig eingesetzt. Der Gedanke einer Ausbildung durch Mitarbeit im Gemeindedienst liegt auch der Hannoverschen Reform von 1735 zugrunde. Die Institution des Lehrvikariats hat sich dann freilich erst im 19. Jahrhundert allgemeiner durchgesetzt. Damit war verbunden, daß die Kirchenbehörden auch für diesen Abschnitt der Ausbildungszeit Verantwortung und Aufsicht übernahmen. Im 18. Jahrhundert hatte sich eingebürgert, daß die „Kandidaten“ nach Abschluß der Universitätsstudien eine Reihe von Jahren als private Hauslehrer verbrachten, bis sie sich auf eine Stelle melden konnten. Die Einführung des Lehrvikariats im letzten Viertel des 19. Jahrhunderts setzte dem ein Ende.

Die Predigerseminare sind besonders von der Aufklärung gefördert und ausgebaut worden. 1769 hat die Badische Kirche ein Seminar eingerichtet, in dem die Kandidaten alle biblischen Bücher mit Erklärungen in Tabellenform zu bringen hatten (RE[3] 20, 314). Auch Herder hat einen Plan entworfen (GW, Bd. 31, 782 ff.). Die weiteren Gründungen entstanden seit 1800 und zwar in fast allen Landeskirchen. Nur Württemberg hat erst im Zuge der Reformen nach dem Zweiten Weltkrieg ein Seminar eingerichtet (Zur Predigeranstalt in Tübingen s. o. S. 37).

Das 19. Jahrhundert wurde daher zur Epoche der Konsolidierung und Vereinheitlichung der Ausbildungen in den verschiedenen evangelischen Kirchen. Auch die Prüfungsordnungen wurden gegen Ende des Jahrhunderts überall reformiert: Die Aufteilungen in ein erstes (wissenschaftliches) Examen nach Abschluß der Studienzeit und ein zweites (praktisches) Examen nach der weiteren Ausbildung in Vikariat und Predigerseminar wurde fast überall die Regel. – Eine Geschichte der Praxis der Praktischen Theologie an der Universität hat P. Drews geschrieben: „Der wissenschaftliche Betrieb der Praktischen Theologie in der Theologischen Fakultät zu Gießen“ (1907).

Freilich sind auf diese Weise auch die Probleme institutionalisiert worden, denen sich die unterschiedlichen Ausbildungsgänge verdanken. Die drei Grundformen: Studium, Seminar, Vikariat entsprechen zwar formal der Ausbildung, die auch für die pädagogische und für die Juristenlaufbahn üblich wurde. Aber in der kirchlichen Ausbildung sind Organisationsformen vereinigt, die zumindest ihrem Ursprung nach verschiedene Vorstellungen von Sinn und Ziel der Ausbildung repräsentieren. Dadurch entstehen kritische oder doch relativierende Bezüge, die die einzelnen Ausbildungsgänge voneinander deutlich absetzen. So verband sich mit dem Ausbildungsziel des Predigerseminars von Anfang an eine theologie- und wissenschaftskritische Einstellung, die in der Regel nur die Bibelwissenschaften gelten ließ. Umgekehrt wurde von seiten der Wissenschaft die „bloß praktische“ Ausbildung als äußerlich und trivial abgewertet. Jede der drei Ausbildungsformen enthält die Tendenz, wenn nicht sich selbst, so doch das von ihr begründete Pfarrerbild als das wesentliche und letztlich gültige anzusehen. So haben die Konsolidierungen im 19. Jahrhundert nicht zu festen und selbstverständlichen Ausbildungsgängen, die sich fraglos bewährt hätten, geführt, sie haben vielmehr eine Reformdebatte veranlaßt, deren Ende nicht abzusehen ist.

Eine umfängliche Sammlung älterer Literatur zum Thema findet sich bei K. R. Hagenbach (Enzyklopädie und Methodologie der theologischen Wissenschaften, hg. v. M. Reischle, 1833, 1899[12]). – Die historischen Dokumente, die die Entwicklung und die Verhältnisse auf diesen Gebieten widerspiegeln, sind jeweils für die einzelnen Landeskirchen gesammelt (vgl. z. B. Ebhardt-Böckler, Gesetze, Verordnungen und Ausschreibungen für den Bezirk des Königlichen Konsistorium zu Hannover, Bd. I–VI, Hannover 1845 ff.).

2. Probleme der Ausbildungsreform

Grundsätzliche und kritische Anfragen an die eben erst fester etablierte Ausbildung der Theologen an der Universität und in kirchlichen Institutionen sind von W. Bornemann in der 1886 (anonym) erschienenen Schrift „Die Unzulänglichkeit des theologischen Studiums der Gegenwart“ formuliert worden. Bornemanns Thema sind die Mängel der universitären Bildung: Sie vermittelt mehr bloße Kenntnisse als wissenschaftliche Selbständigkeit und Urteilsfähigkeit. Die erwünschte Reform soll deshalb das Gewicht auf Seminare statt auf Vorlesungen legen und der Praktischen Theologie eine zentrale Stellung im Studiengang geben.

Bornemann nimmt Fragen auf, die bereits am Beginn des Jahrhunderts Aufmerksamkeit gefunden haben. Schon der Studienplan der Theologischen Fakultät in Halle nahm 1832 Bezug auf die Orientierungsprobleme der Studenten angesichts der immer schwerer überschaubaren theologischen Wissenschaften (J. F. W. Koch, Die preußischen Universitäten, Bd. 1, 1840, 216 ff.). Der klassische Text für diese Problematik sind Schellings 1800 in Jena gehaltene Vorlesungen über die Methode des akademischen Studiums.

Freilich zeigt die Bornemann'sche Schrift, daß die Kritik von einem festen Ausbildungsziel und also einem bestimmten Pfarrerbild geleitet ist: Dieser Pfarrer soll leistungsfähig sein in seiner religiösen, politischen und sozialen Umwelt, und darauf muß das theologische Studium ausgerichtet werden. Zwei Jahrzehnte später ist dieses Thema erneut diskutiert worden. K. Eger hat seiner Schrift „Die Vorbildung zum Pfarramt in der Volkskirche“ (1907) den Untertitel gegeben: „Besteht die derzeitige theologisch-wissenschaftliche Vorbildung zum volkskirchlichen Pfarramt grundsätzlich zurecht, und ist sie ausreichend?“

Das Pfarrerbild, von dem Eger geleitet ist, hat er selbst so bestimmt: „Er muß in den Stand gesetzt werden, die Äußerungen religiösen Lebens in seiner Gemeinde selbständig zu beobachten und zu beurteilen, außerdem die Beziehungen zwischen evangelischem Christentum und allgemeinem Kultur- und Geistesleben mit eigener Einsicht zu verstehen“ (53). Eger lehnt deshalb eine bloße Seminarbildung für den Pfarrer ab: Der lediglich als Missionar verstandene Pfarrer, der durch seine Frömmigkeit wirkt, wird den Aufgaben der Gemeinde nicht gerecht (54 f.). Andererseits hebt Eger hervor, daß für die Gesamtheit der religiös-sittlichen Pflichten in der Gemeindeleitung eine praktische Ergänzung der wissenschaftlichen Vorbildung zu fordern ist (72).

Ein Reformprogramm, das Studium und Vikariat einschließt, hat P. Drews 1910 vorgelegt (Das Problem der Praktischen Theologie). Drews plädiert für eine drastische Reduktion des Stoffes in allen theologischen Disziplinen und für die Ausgliederung der praktischen Übungen aus der Praktischen Theologie in die Aufgaben der Predigerseminare. Die von Drews aufgeworfenen Fragen sind in der Folgezeit ebenso intensiv wie kontrovers diskutiert worden. Diese Diskussion ist zusammengefaßt in der Schrift von P. Feine: „Zur Reform des Studiums der Theologie“ (1920). Heftig umstritten war die Sprachenfrage (Verzicht auf das Hebräische), zu der auch A. v. Harnack Stellung nahm. Auch R. Bultmann hat sich an der Diskussion beteiligt. Praktische Ergebnisse freilich beschränkten sich auf die Neufassung von Examensordnungen in einigen Landeskirchen.

Die Diskussion zur Studienreform ist 1952 neu begonnen worden, und zwar durch ein Gutachten von W. Hahn und H. H. Wolff (MPTh 41, 1952, 129 ff.). Hier wurde eine stärkere Ausrichtung des theologischen Studiums auf die Praxis des Gemeindepfarramtes gefordert. Dagegen hat E. Käsemann (Kritik eines Reformvorschlages, EvTh 12, 1952, 245 ff.) davor gewarnt, sich unbefangen an praktischen Leitbildern zu orientieren und darauf aufmerksam gemacht, daß im Grunde die Frage nach der Bedeutung der Theologie überhaupt zur Diskussion steht.

Ihren Höhepunkt erreichte die Diskussion nach 1965, als von Kirchenleitungen und Fakultäten eine „Gemischte Kommission“ mit der Planung praktischer Reformen beauftragt wurde. Im Umkreis der Kommissionsarbeit entstand eine große Zahl von Vorschlägen und Gutachten zu Studienplänen, Examensordnungen und Examensanforderungen, die zuletzt in einem „Gesamtplan der Ausbildung für den Pfarrerberuf" zusammengefaßt wurden.

Diese Texte sind in einer eigenen Reihe publiziert worden (Reform der theologischen Ausbildung, hg. v. H. E. Hess u. H. E. Tödt, Bd. 1, 1967 bis Bd. 12, 1978). Der Gesamtplan „Theologiestudium, Vikariat, Fortbildung" (hg. v. der Kirchenkanzlei der EKD) erschien 1978. Eine erste Zusammenfassung der älteren Diskussion und der Literatur bietet H. H. Schrey (Art. Theologiestudium, in: RGG³ VI, 838 f.). Im Zusammenhang ihrer zeitgemäßen Perspektiven erörtert W. Herrmann die Reformprobleme (Theologische Ausbildung und ihre Reform, 1976) und zwar unter Rücksicht auf deren ältere und neuere Vorgeschichte. – Ähnlich wie die EKD hat die Katholische Deutsche Bischofskonferenz einen Ausbildungsplan veröffentlicht: „Rahmenordnung für die Priesterbildung" (1978).

Die Probleme, die dieser Diskussion zugrunde liegen, sind in der Hauptsache die folgenden:

1. Das Pfarrerbild. Es sind drei unterschiedliche Richtungen, die in den Erwartungen an die Tätigkeit des Pfarrers wie entsprechend an seine Ausbildung hervortreten: das Bild des Pfarrers als des exemplarisch frommen Christen, das der Installation von „Stadtmissionaren" (K. Eger, 54) zugrunde liegt; das Bild des kritischen Theologen, der vor allem durch Predigt und Unterricht den Standpunkt seiner kritischen Theologie gegenüber Welt und Geschichte zur Geltung bringt (Käsemann); schließlich das Bild des den praktischen Anforderungen des täglichen Gemeindelebens unter Einschluß von Seelsorge und Schulunterricht in jeder Hinsicht gewachsenen Gemeindeleiters (Wolff – Hahn). Diesen verschiedenen Richtungen in der Akzentuierung des Pfarrerbildes entspricht sachgemäß 2. eine verschiedene Auffassung von Begriff und Aufgabe der Theologie. Im Fall des Missionars wird Theologie zum religiösen Wissen, das vor allem aus biblischen Texten und deren lehrhafter Zusammenfassung besteht; für den kritischen Theologen ist seine Theologie primär die Auslegung der christlichen Tradition, die den Widerspruch des Glaubens zur Sprache zu bringen vermag; und für den aufgabenorientierten Gemeindeleiter ist Theologie vor allem Praktische Theologie unter Einschluß hilfreicher und förderlicher humanwissenschaftlicher Theorien und Methoden. Kennzeichnend und bestimmend für die drei Richtungen ist schließlich 3. eine jeweils eigene Auffassung von den Anforderungen der Zeit und der besonderen Lage der Gegenwart. Für die kritische Theologie ist diese Lage durch die Herausforderungen an den christlichen Glauben gekennzeichnet, durch die vielen Entscheidungen und Irrwege, denen, sichtbar vor allem auf politischem Gebiet, der sich selbst überlassene Mensch ausgesetzt ist; für die Praxis der Gemeindeleitung dagegen stehen Lebens- und Zeitfragen im Vordergrund, die im Blick auf Hilfe

und Abhilfe für Leiden und Bedürftigkeit der Zeitgenossen einer Lösung zugeführt werden müssen; der missionarischen Aufgabe freilich ist die Gegenwart, wie jede Zeit, ohne große Bedeutung für das, was sie als ihren Auftrag versteht.

Es liegt auf der Hand, daß von diesen Standpunkten her sich die Aufgaben des theologischen Studiums und die Ziele der Reform ebenso unterschiedlich darstellen. Das zeigt sich zunächst in der kontroversen Beurteilung des Stoffproblems: Läßt sich der Lehr- und Lernstoff in den großen historischen Fächern reduzieren? Kann auf eine der Sprachen verzichtet werden? Vorschläge dieser Richtung haben sich nicht durchsetzen können. Alle einschlägigen Versuche bisher haben gezeigt, daß dabei viel aufgegeben aber wenig gewonnen wird. Aber nicht dieses praktische Argument, sondern prinzipielle Gründe haben Käsemann zu dem Urteil geführt: „Die Notwendigkeit eines Strukturwandels des theologischen Studiums ist nicht einzusehen" (EvTh 12, 1952, 254). Ähnlich haben sich die unterschiedlichen Standpunkte in der Beurteilung der Examensreform ausgewirkt. Soll nicht eine Spezialisierung mit unterschiedlichen Anforderungen möglich sein? Müssen nicht die Humanwissenschaften stärker zum Prüfungsstoff gemacht werden? Auch in diesen Fragen haben sich keine allgemein überzeugenden Alternativen zu dem, was bisher schon galt, bilden können. Die Struktur der Ausbildung an der Universität unter Einschluß des Examens ist von den Reformplänen praktisch unberührt geblieben.

Anders liegen die Dinge in der Ausbildung innerhalb der „zweiten Phase". Vor allem an den Predigerseminaren sind in den letzten Jahrzehnten pastoralpsychologische Methoden für die Seelsorgeausbildung, aber nicht nur für sie, nahezu allgemein eingeführt worden. Eine Übersicht, die freilich nicht mehr den heutigen Stand widerspiegelt, gibt W. Becher (Seelsorgeausbildung, 1976). Aber diese Ausbildungsreformen sind oft einem relativ schnellen Wechsel in den Methoden und ihren Zielen unterworfen gewesen: Es gab – neben der im ganzen stabilen klinischen Seelsorgeausbildung – eine Reihe wechselnder Programme und es gab vor allem eine wachsende Kritik, die teils grundsätzlich das Programm überhaupt, teils den psychologischen Teil daraus in Frage stellte (vgl. G. Besier, Seelsorge und Klinische Psychologie, 1980, 32 ff.).

3. Die Kompetenz des Pfarrers

Die reformatorische Einsicht in die begründende Bedeutung des Wortes für den christlichen Glauben hatte notwendig zur Folge, daß das Amt des Pfarrers am „Wort" zu orientieren war. Die Vorbereitung für seinen

Beruf mußte deshalb Vorbereitung zum „Dienst am Wort" sein. Damit war aber bereits die Entscheidung vorgebildet, die diese Berufsvorbereitung mit dem akademischen Studium der Theologie verband, denn gerade die von der Theologie ausgearbeitete und vermittelte Lehre sollte ihrerseits nichts anderes sein, als Auslegung des Wortes.

Damit ist die wissenschaftliche Bildung zur Berufsvorbereitung des evangelischen Pfarrers gemacht worden. Die Reformatoren haben mit dem akademischen Studium das Bildungsprinzip übernommen, das die spätmittelalterlich-humanistische Universität prägt. Danach verlangt „Bildung" den Erwerb einer theoretischen Einstellung, die Voraussetzung und wesentliche Grundlage für die sachgemäße Aneignung von Kenntnissen darstellt. Diese theoretische Einstellung ist bestimmt durch die Distanz zum Gegenstand: Wissenschaftliche Arbeit erwächst nicht aus persönlichen Parteinahmen oder engagierten Identifikationen, sondern aus der strengen Bindung an Allgemeingültigkeit und Objektivität. Zur theoretischen Einstellung gehören ferner Wille und Fähigkeit zur Abstraktion: Wissenschaft sammelt nicht zufällige Einzelheiten – sei es in der Welt der Gegenstände oder in der Welt der Ideen – die Wissenschaft sucht vielmehr Zusammenhänge, Regeln und Gesetzmäßigkeiten.

Ein wichtiges Beispiel für die theoretische Einstellung zeigt sich an der Bedeutung, die in diesem Bildungsprozeß der Grammatik zugewiesen wird: Grammatik führt auf das Wesen der Sprache (und des Denkens), nicht auf die Lebensfülle sprachlicher Erfahrung und sprachlichen Umgangs, sondern zur Konzentration auf das Unanschaulich-Allgemeine der Sprache. Der leitende Grundsatz ist offenbar der, daß, wer die Wirklichkeit in Wahrheit und aus ihren Gründen erkennen will, sie erst verlassen haben muß. Dieses spätmittelalterliche Bildungsprogramm war in der Artistenfakultät institutionalisiert und lag also auch der Theologie voraus und zugrunde. – Eine Übersicht über das Bildungsthema bietet jetzt die TRE in mehreren Abschnitten (Art. Bildung, in: TRE 6, 568 ff.). Unüberboten ist freilich das Werk von F. Paulsen (Geschichte des gelehrten Unterrichts, 2 Bde., 1896).

Das Bildungsziel, das hier erstrebt wird, liegt in der Fähigkeit zu einer am Überindividuellen und am Allgemeinen orientierten Praxis des Urteilens und des Verhaltens. Nicht mehr nur die subjektive Meinung und das persönliche Bedürfnis der eigenen Innerlichkeit sollen das Handeln leiten, sondern die Einsicht in die objektiven Gegebenheiten und die Grundlagen des gemeinsamen Lebens. Es sind diese Fähigkeiten, die erwartet werden, wenn soziale Verantwortung übernommen und ausgeübt wird, und zwar in der Gesellschaft – vor allem durch die Juristen – so sehr, wie in der Kirche. Die Reformation hat dieses Bildungsprinzip aufgenommen und für das Amt in jeder einzelnen Gemeinde die dadurch begründeten Fähigkeiten verbindlich gemacht: Nicht nur leitende und regierende

Theologen, sondern jeder Pfarrer in jeder Gemeinde soll in diesem Sinne durch die Wissenschaft gebildet sein.

In dieser Bildung wird seither die Grundlage für die Kompetenz des evangelischen Pfarrers gesehen. Die Praxis hat diesen Anspruch sicher nicht immer erfüllen können. Aber der Anspruch selbst blieb unvermindert erhalten und ist nicht selten im Horizont der eigenen Epoche ausdrücklich formuliert worden. „Die Aufgabe der Universität ist Bildung an der Wissenschaft und durch sie“: Mit diesem Satz hat M. Kähler das Bildungsprogramm der Theologie für seine Zeit erneuert (Die Universität und das öffentliche Leben, 1891).

Das neuzeitliche Verständnis der Bildung, die die Universität begründen soll, ist programmatisch von Fichte ausgearbeitet worden (Fünf Vorlesungen über die Bestimmung des Gelehrten, 1810). Von dieser Bildung sollten nach Fichte freilich die Theologen (die Religionslehrer) ausdrücklich ausgenommen sein. Für ihre Ausbildung hat er, weil er sie nicht als wissenschaftliche Bildung verstand, eigene kirchliche Seminare vorgeschlagen (vgl. dazu D. Rössler, Religion vom Katheder, in: EK 16/1983, 312 ff.).

W. Wrede hat dieses Thema als ein spezifisches Problem der Moderne verstanden. Es ist ihm keine Frage, daß die Kompetenz des Pfarrers auf Bildung und nicht etwa auf technischem Fachwissen begründet sein muß.

„Bildung ist eben nicht Routine und technische Abrichtung. Wer diese gewinnt, lernt nur für eine enge, spezielle Tätigkeit, aber er erwirbt keine allgemeine Fähigkeit, die ihn in den Stand setzt, sich nun auf allen möglichen Gebieten zu orientieren und für neue Erscheinungen, die ihm nicht vertraut sind, ein weites, überlegenes Verständnis zu finden. Bildung ist auch nicht Wissen oder Gelehrsamkeit, vielmehr eine durch Wissen und Denken erworbene Kultur des Geistes, die den Einzelnen auf eine höhere geistige Stufe hebt... So gehört dazu Bildung, Überschau über ein weites Gebiet, geistige Überlegenheit. Wie aber erwirbt man wissenschaftliche Bildung? Nur wenn man sich der Wissenschaft als solcher hingibt, selbst wissenschaftlich fragen und denken lernt. Und dazu gehört wieder, daß man die Frage nach dem praktischen Nutzen des Gelernten ganz zurückzustellen weiß: Selbstvergessenheit gehört in diesem Sinne zur Wissenschaft und zur Bildung an der Wissenschaft“ (Biblische Kritik und theologisches Studium, in: Vorträge und Studien, 1907, 56).

Wrede hat die Wissenschaft, durch die gerade der Theologe seine Bildung gewinnt, in einem akzentuierten zeitgenössischen Kontext gesehen: Diese Wissenschaft kann heute nur als historisch-kritische Wissenschaft begriffen werden. Soll die Bildung in vollem Sinne wissenschaftlich sein, dann muß sie der die Epoche kennzeichnenden geschichtlichen Gestalt dieser Wissenschaft entsprechen. Theologie als kritische Wissenschaft erst vermag heute die Bildung zu begründen, aus der die Kompetenz des Theologen erwächst. Die Bildungsfunktion der Wissenschaft ist nur dann also zureichend begründet, wenn sie in strengem Sinne zeitgenössische und zeitgemäße, eben kritische Wissenschaft ist.

Diese Auffassung der Wissenschaft ist offenbar darin begründet, daß sie als Ausdruck dessen angesehen wird, was die eigene Gegenwart bewegt. Früher, sagt Wrede (59), habe der Student die Universität mit einem sicheren Besitz verlassen können, als nähme er Goldbarren mit, die er später in kleiner Münze zu verteilen hätte. Heute dagegen müsse er aus einem „Wahrheitsbesitzer" zu einem „Wahrheitssucher" werden.

Die Kompetenz des Pfarrers ist weder von Wrede noch in seiner Zeit überhaupt allein auf die theologische Bildung zurückgeführt worden. Man hat auch hier die Kombination mit einer zweiten Ausbildungsphase für unerläßlich gehalten. Das Programm einer solchen übergreifenden Ausbildung hat G. Uhlhorn im Blick auf die integrierenden Aufgaben der Predigerseminare so zusammengefaßt: „Die Aufgabe der Candidatenjahre ist es nun, nicht nur das Wissen zu vertiefen, sondern auch abzuklären, das Einzelne zu einem Ganzen zu verknüpfen und zu einer sicheren Glaubensüberzeugung zu gelangen, oder wenn das zuviel verlangt ist, wenigstens die ersten Schritte dahin zu tun. Daß dieser Prozeß sich richtig vollziehe, daß nicht alles Stückwerk bleibe und im beständigen Fließen und Zerfließen, daß aber auch andererseits nicht eine frühzeitige Erstarrung eintrete, das eben ist die Voraussetzung, um zu einem praktischen Wissen zu gelangen und die Wissenschaft mit dem Leben zu vermitteln, und hier ratend, leitend, helfend einzugreifen, ist eine überaus wichtige Aufgabe der Kirche. Sie darf in diesen entscheidenden Jahren ihre künftigen Diener nicht sich selbst überlassen, oder dem Zufall anheimstellen, ob sie jemanden finden, der sie leitet, sondern sie muß Ordnungen und Veranstaltungen treffen, welche es den Kandidaten erleichtern, durch den unvermeidlichen Kampf hindurch zum richtigen Ziele zu kommen" (Die praktische Vorbereitung der Kandidaten der Theologie, 1886, 28).

E. Herms hat den Begriff der Kompetenz eingeführt, um die theologische Ausbildung und deren Ziele präziser zu erfassen (Was heißt „theologische Kompetenz?, in: WzM 30, 1978, 253 ff., jetzt in: Theorie für die Praxis, Beiträge zur Theologie, 1982, 35 ff.). Der Begriff spielt neuerdings in Linguistik und Sprachphilosophie eine Rolle (vgl. G. Behse, Art. Kompetenz, VI, in: HWP 4, 923 ff.). In gewissem Unterschied zu diesem Gebrauch versteht Herms Kompetenz als eine „spezifische Qualifikation von Handeln" (253), und zwar gilt ihm dasjenige Handeln als kompetent, „das seine Ziele nicht zufällig, sondern aufgrund einer Orientierung an bewährten theoretischen Einsichten erreicht" (255).

Im Zusammenhang eines allgemeinen Handlungsbegriffs präzisiert Herms das theologische Handeln durch dessen spezifischen Gegenstand in der deutenden „Besinnung auf die transzendente Konstitution unserer personalen Existenz":

„Die Reflexivität unserer Lebenswirklichkeit begründet nun, wie wir gesehen haben, die Möglichkeit, daß wir uns auslegend und erkennend unserer Existenz zuwenden: Ihren empirischen inhaltlichen Bestimmungen im einzelnen und ihrer

Grundstruktur, die den unhintergehbaren Rahmen für alle möglichen inhaltlich bestimmten Einzelsituationen bietet. Theologische Kompetenz erfordert nun einen kategorialen Begriff dieser Grundstruktur unserer Lebenswirklichkeit, der deren Transzendenzabhängigkeit und Religiosität in ihrem funktionalen Zusammenhang mit allen übrigen Strukturmomenten sichtbar werden läßt" (261).

Die Ausarbeitung dieses „kategorialen Begriffs" ist die Aufgabe der Theologie und zwar wesentlich als einer selbstverantworteten und in persönliches Eigentum überführten Theorie des Theologen. In dieser doppelten Bestimmtheit als Theorie und als individuelle Leistung liegt die kompetenzbegründende Funktion der Theologie für den Theologen: „Sofern es sich um die entfaltete, theoretisch ausgearbeitete Gestalt der persönlichen Identität des Theologen handelt, könnte man sagen: Die Bildung des Theologen begründet seine Kompetenz. Und sofern es sich um die theoretisch ausgearbeitete Gestalt der persönlichen Identität des Theologen handelt, die das individuelle Moment der Persönlichkeit nicht abstreift sondern begreift, kann man sagen: Die durch die Bildung des Theologen begründete Kompetenz ist stets individuelle Kompetenz" (264). Zweifellos ist es Herms weithin gelungen, unter den Bedingungen der Gegenwart die Grundsätze zu erneuern und zur Sprache zu bringen, die die Reformation der Bildung des Theologen vorgegeben hatte.

Herms hat diese grundsätzlichen Erwägungen noch einmal in ihrer speziellen Bedeutung für die Situation des Studiums erläutert: „Die Lage der Theologiestudenten und die Aufgabe der Theologie" (in: PTh 71, 1982, 414ff.).

Unmittelbar an diese fundamentaltheologische Bestimmung der theologischen Kompetenz schließen sich Erwägungen an, die W. Steck zum Problem einer „pastoraltheologischen Identität" vorgetragen hat (Die Ausbildung einer pastoraltheologischen Identität im Vikariat, in: WzM 31, 1979, 266ff.). Steck betont die wesentliche Bedeutung, die die ersten Amtsjahre für die Vermittlung von „persönlicher Lebensgeschichte" und „beruflicher Welt" haben müssen (283), aber er hebt zugleich hervor, daß die damit bezeichnete Aufgabe bestehen bleibt:

> „In seinem Handeln interpretiert der Pfarrer die an ihn gestellten Erwartungen, und er interpretiert dabei auch sich selbst. Seine Welt und er selbst verändern sich im deutenden Handeln" (ebd.).

Das stimmt überein mit der Zusammenfassung, die Herms dem Begriff der theologischen Kompetenz gegeben hat: „Die entfaltete, theoretisch ausgearbeitete persönliche Identität des Theologen ist das einzige Steuerinstrument seiner kompetenten beruflichen Praxis" (264).

3. Kapitel – Diakonie

Diejenige Praxis, die sich im Namen des Christentums und im Auftrag der Kirche einem einzelnen Menschen zuwendet, der in einer Lage kreatürlichen Leidens und also in einer Situation der Bedürftigkeit oder der Not auf Hilfe angewiesen ist, wird zusammenfassend als Diakonie bezeichnet. Dieser Sprachgebrauch ist durch Verhältnisse in der neuzeitlichen Welt, wie sie sich seit Beginn des 19. Jahrhunderts herausgebildet haben, begründet. Ihren Ursprung hat die diakonische Aufgabe mit dem des Christentums selbst. Das Gleichnis vom barmherzigen Samariter (Lk 10,25 ff.) und die Rede vom Weltgericht (Mt 25,31 ff.) sind immer als erste und abschließende Paradigmen für das verstanden worden, was die Lebensgestalt des Christen ausmachen soll. Freilich gewinnt diese Aufgabe ihren Ort zunächst im Zusammenhang der individuellen Lebensführung, und sie wird damit jener persönlichen Spontaneität überlassen, die Luther am Beispiel der guten Werke beschreibt, die Mann und Frau einander durch die Liebe als Werke elementarer Unmittelbarkeit zu tun vermögen (BoA I, 232).

Zur Diakonie in einem engeren Sinne wird die Wahrnehmung dieser Aufgaben dann, wenn sie eine überindividuell organisierte oder institutionalisierte Form gewinnt. Das war bereits früh in der Geschichte des Christentums der Fall: So hat man z. B. die Versorgung der Pestkranken unter Cyprian geradezu als planvolles „Hilfswerk" bezeichnet (E. Beyreuther, Geschichte der Diakonie und Inneren Mission in der Neuzeit, 1962, 15). Bestimmend für den Charakter der evangelischen Diakonie aber wurde ihre Institutionalisierung und ihre Professionalisierung im Laufe des 19. Jahrhunderts. Getragen von den Erweckungsbewegungen hat sich in dieser Epoche fast überall im deutschen Protestantismus die Überzeugung durchgesetzt, daß die Wahrnehmung der diakonischen Aufgabe nicht dem Belieben des einzelnen Christen mehr überlassen bleiben dürfte, daß vielmehr der neuen Dimension dieser Aufgaben nur eine generelle, organisierte und sachkundige Reaktion des evangelischen Christentums entsprechen würde.

In der weitverbreiteten evangelischen Bewegung, in der die Diakonie ihr Profil und ihre Bedeutung für Kirche und Öffentlichkeit gewonnen hat, sind vor allem zwei Aufgaben oder Aufgabenbereiche hervorgetreten: Das ist zunächst der für die institutionalisierte Diakonie charakteristische Kreis von Maßnahmen und Einrichtungen der Fürsorge und der Betreuung für Leidende in Krankheit, Siechtum und Armut, und das ist sodann der Aufgabenbereich der individuellen Seelsorge, der aus derselben Bewegung und aus den gleichen Motiven heraus in neuer Intensität entstanden ist und der in der Gemeindearbeit ein eigenes und neues Gewicht gewonnen hat. Fürsorge und Seelsorge waren nach allgemeiner Überzeugung gerade nicht prinzipiell verschiedene Aufgaben, wenngleich die geschichtliche Praxis die verschiedenen und trennenden Momente der beiden Aufgabenbereiche besonders hervortreten ließ: Die vorwiegend fürsorgerische Arbeit der Diakonie entfaltete sich zunächst außerhalb des organisierten Kirchentums, während die Seelsorge vor allem zur Perspektive des kirchlichen Gemeindelebens wurde. Aber im Selbstverständnis der diakonischen Arbeit ist diese innere Verbundenheit der Aufgaben nie ganz verloren gegangen. Eine der neuesten und aktuellsten Formulierungen, in der dieses Selbstverständnis zum Ausdruck kommt, bezieht die Aufgaben der neuzeitlichen Diakonie auf drei fundamentale Aspekte des Menschseins: „Der Mensch ist ein leibliches, seelisches und soziales Wesen, und so findet sich leibliche, seelische und soziale Not" als Herausforderung für die christliche Verantwortung in der Diakonie (P. J. Roscam Abbing, Art. Diakonie II, in: TRE 8, 645). Hier stehen die klassischen Aufgaben der organisierten Diakonie im Bereich des „Leiblichen" und des „Sozialen" unmittelbar neben dem der Seelsorge. Diese Verbindung resultiert indessen nicht nur aus der historischen Konstellation am Anfang des 19. Jahrhunderts, sie ist auch in der Sache selbst begründet.

In diesem Kapitel wird deshalb mit dem Begriff der Diakonie der gesamte Kreis von kirchlichen Handlungen und Aufgaben zusammengefaßt, bei dem der einzelne Mensch im Mittelpunkt steht. Dabei ist zunächst die Diakonie in der Entfaltung ihres Selbstverständnisses und ihrer Institutionen zu behandeln und sodann die Seelsorge, die seither eine der Hauptaufgaben des Gemeindepfarrers ist. Es wird freilich auch für das nächste Kapitel gelten, daß der Einzelne im Mittelpunkt der dort zu besprechenden kirchlichen Handlungen steht. Der Unterschied läßt sich dahin zusammenfassen, daß in diesem Kapitel die vorwiegend ungebundenen Handlungen, im nächsten sodann die vorwiegend gebundenen Handlungsweisen das Thema bilden.

§ 11 Innere Mission und Diakonie

1. Das Selbstverständnis der diakonischen Arbeit

Die moderne Diakonie beginnt mit dem Programm der Inneren Mission, wie J. H. Wichern (1808–1881) es in seiner Rede auf dem Wittenberger Kirchentag (1848) und in der Denkschrift „Die Innere Mission der deutschen evangelischen Kirchen" (1849) begründet und entfaltet hat. Wichern hatte bereits 1833 das „Rauhe Haus" in Hamburg zur Ausbildung von „Gehilfen" für verschiedene missionarische und fürsorgerische Aufgaben ins Leben gerufen. Seine eigentliche Bedeutung aber gewann er durch die Begründung und Entfaltung eines Begriffs der Inneren Mission, der die Epoche zu überzeugen und die vielfältigen Ansätze auf diesem Gebiet zu sammeln vermochte. P. Philippi hat Wicherns Begriff der Inneren Mission folgendermaßen beschrieben:

„Man kann im Konzept für die Innere Mission drei Aspekte unterscheiden: Erstens geht es um die ‚Wandlung der Kirche aus einer obrigkeitlichen Anstalt in eine brüderliche Gemeinschaft'. Innere Mission ist als solche kein Diakonie-Ersatz, sondern Kirchenerneuerung; es geht um erweckende Evangelisation aus ‚toter' Kirchlichkeit, um Mission nach innen. Zweitens gehört zu solchem Erwachen das Entdecken des geistlichen und sozialen Notstandes im ganzen Volk. ‚Die rettende Liebe' wird gebraucht. Sie muß der Kirche ‚das große Werkzeug werden, womit sie die Tatsache des Glaubens erweist'. Schließlich geht es drittens um den endlichen Zusammenschluß der kaum noch überblickbaren Einzelinitiativen, Anstalten und Vereine, die im Sinne dieser ‚Inneren Mission' damals schon tätig waren. Seinen eigentlichen Erfolg hat Wichern (nur) unter diesem dritten Aspekt errungen. Mit großer Organisationsgabe baut er Landesvereine und Fachverbände auf und entwickelt eine überaus wirksame Öffentlichkeitsarbeit (Fliegende Blätter aus dem Rauhen Hause schon seit 1844)" (P. Philippi, Art. Diakonie I, in: TRE 8, 639 f.).

Diese Zusammenfassung macht deutlich, daß das Programm Wicherns von Grund auf durch ein romantisierendes Kirchenbild und durch die Frömmigkeit der Erweckung geprägt ist. Zudem aber ist darin eine Zeit- und Gegenwartsdeutung enthalten, der Wichern an vielen Stellen seines umfangreichen Werkes Ausdruck gegeben hat: Er sah seine Epoche bestimmt durch die zunehmende Verelendung der unteren Volksschichten und durch die darin angelegte Bedrohung durch Revolution und Kommunismus. Diesem nationalen Notstand entgegenzutreten war die zeitgemäße Aufgabe, ja geradezu die Sendung von Christentum und Kirche in dieser geschichtlichen Situation. In der Inneren Mission hat Wichern für diese Sendung das Instrument gesehen. Deshalb stand für ihn die direkte und unmittelbare Mission oder Volksmission im Vordergrund.

Wichern wollte „Stadtmissionare" (nach Vorbildern aus London) eingesetzt sehen, die „den Proletariermassen direkt das Evangelium predigen" (SW 1, hg. v. P. Meinhold, 1962, 148).

Wichern hat diese Gedanken vor allem in frühen Schriften geäußert (z. B. Kommunismus und die Hilfe gegen ihn, 1848, SW 1, 133 ff.). Er hat dabei von einer heilsgeschichtlichen Theologie aus argumentiert, die ihm die eigene Zeit als Schauplatz von Kämpfen mit diabolischen Mächten erscheinen ließ (vgl. E. Beyreuther, Geschichte, 108 ff.).

Seine Wirkung hat Wichern freilich weniger durch die geschichtstheologische Zeitdeutung entfaltet, als vielmehr durch die praktischen Projekte, die er zur Lösung der sozialen Frage vorgetragen hat. In seinem „Gutachten für die Diakonie und den Diakonat" (1856, SW 3,I, 130 ff.) unterscheidet er eine „freie, eine kirchliche und eine bürgerliche" Diakonie (ebd.) und gibt der Aufgabe also eine private, eine kirchlich-institutionelle und eine politisch-staatliche Fassung. Für die kirchliche Aufgabe hat er detaillierte Vorschläge ausgearbeitet, die sich freilich nicht direkt durchsetzen konnten. Das Programm selbst aber hat großes Echo gefunden (vgl. dazu G. Noske, Wicherns Plan einer kirchlichen Diakonie, 1952). Folgenreich ist vor allem die Gründung des „Centralausschusses der Inneren Mission" (1848) geworden. Dieser Verein diente einerseits der Förderung von Integration und Sammlung der bis dahin verstreuten Ansätze der Armenpflege und der christlichen Fürsorge. Er wurde andererseits zum Instrument der Einwirkung auf die staatlichen Maßnahmen auf diesem Gebiet. Allerdings ist mit dieser Gründung diejenige Entwicklung angebahnt worden, die der evangelischen Diakonie die Form eines freien Vereins neben dem institutionellen Kirchentum gegeben hat.

Das Programm Wicherns konnte auf einer großen Zahl einzelner und lokaler Initiativen, die alle aus der Erweckungsbewegung hervorgegangen waren, aufbauen. Zu nennen sind u. a. J. Falk (1768–1826 in Weimar), J. F. Oberlin (1740–1826 in Steintal, Elsaß) und G. Werner (1809–1887 in Reutlingen). Th. Fliedner (1800–1864) begann 1833 in Kaiserswerth die „weibliche Rettungsarbeit" und begründete mit dem Krankenhaus 1836 die Ausbildung evangelischer Pflegerinnen und den „Diakonissenverein". In Neuendettelsau gründete W. Löhe (1808–1872) ein Diakonissen-Mutterhaus (1854) für die Gemeinde-Diakonie. 1872 übernahm F. von Bodelschwingh (1831–1910) die Leitung der Epileptikeranstalt, die unter dem Namen Bethel (seit 1873) zu einem der größten Zentren evangelischer Krankenhäuser und Pflegeanstalten ausgebaut wurde. Generelle sozialpolitische Initiativen sind von A. Stoecker (1835–1909) ausgegangen, vor allem durch die Gründung des Evangelisch-Sozialen Kongresses (1890).

Die Entwicklungsgeschichte der Diakonie im 19. Jahrhundert ist geprägt durch die Entstehung von Missionsvereinen, die sich an einzelnen

Zielgruppen orientieren (Gasthausmission, Seemannsmission usw.) und durch die Gründung von evangelischen Krankenhäusern, Pflegeheimen und Anstalten der Fürsorge in großer Zahl. Die organisierte Diakonie ist in dieser Epoche zu einer wesentlichen sozialpolitischen Institution in Staat und Gesellschaft geworden. Zweifellos bildet die Diakonie auch eine der wichtigsten Wurzeln für die Entstehung des modernen Sozial- und Wohlfahrtsstaates.

Eine noch nicht überbotene Darstellung zur Geschichte der Diakonie ist G. Uhlhorns „Geschichte der christlichen Liebestätigkeit“ (3 Bde., 1882 ff., Neudr. 1959). Zur Übersicht über das Gebiet im ganzen ist die Darstellung von H. Wagner geeignet (Die Diakonie, in: HPT [DDR], III, 263 ff.). Ein instruktives Beispiel für die mit der Diakonie sich verbindenden theologischen Fragen bietet P. Philippi (Christozentrische Diakonie, 1975²), der auch die Vorgeschichte dargestellt hat: „Die Vorstufen des modernen Diakonissenamtes“ (1966).

Die Gründe und die historische Situation ihrer Entstehung, nicht weniger aber die von daher bestimmte wechselvolle, doch im ganzen so überaus erfolgreiche Geschichte der Inneren Mission und der freien evangelischen Diakonie haben dazu geführt, daß sich mit dieser längst selbständigen und bedeutenden Institution des Protestantismus Probleme und Fragestellungen verbinden, die kontrovers beurteilt werden und eine immer neu geführte Diskussion veranlassen. Dazu gehört 1. die Frage nach dem umfassenden Verständnis oder auch nach dem Selbstverständnis dieser Arbeit.

„Die Innere Mission ist diejenige kirchliche Reformbewegung des 19. Jahrhunderts, welche den inneren Zustand der Kirche dadurch zu bessern unternimmt, daß sie sowohl die freie Verkündigung des Evangeliums als auch die Werke der Barmherzigkeit dem Leben der Kirche gliedlich und dauernd einfügen und in ihr wirksam machen will“. Mit diesem Satz hat Th. Schäfer, einer der bedeutenden Repräsentanten der diakonischen Arbeit, eine zusammenfassende Definition dafür zu geben versucht (Leitfaden der Inneren Mission, 1914⁵, 3). Dieser Satz verdeutlicht zunächst, daß Innere Mission und Diakonie tatsächlich einer „Bewegung“ zu verdanken sind und also ihre Anhänger und Mitarbeiterschaft aus dem Engagement für praktische Aufgaben und konkrete Ziele gewonnen haben. Das darin vorgegebene und tragende Element der Spontaneität hat unverkennbar die Anfänge und gelegentliche neue Aufbrüche gekennzeichnet. Im weiteren Verlauf aber kam es notwendig zur Dominanz institutioneller Ordnungen und Organisationen, die einer „Bewegung“ kaum noch Raum bieten konnten. Das damit installierte Problem zeigt sich am Verhältnis der beiden leitenden Grundbegriffe, die schon in der

Schäfer'schen Definition nur formal und äußerlich verbunden sind: Die innere Mission, am aktuellen gesprochenen Wort orientiert, ist auch in der schon organisierten Form der Stadtmission ohne das Moment der „Bewegung" und der Spontaneität nicht denkbar, während die Institutionen der Pflege und Fürsorge eher an die objektiven Regelmäßigkeiten einer fest etablierten Praxis gebunden sind. Läßt sich also das ursprüngliche Programm ihrer Verbindung überhaupt aufrechterhalten? Oder sind „Wort" und „Tat" längst getrennt oder gar auseinandergefallen?

Die Diskussion dieser Fragen hat bereits eine lange Vorgeschichte. Von einer „Gegenüberstellung" spricht bedenkenvoll J. Steinweg (Die Innere Mission der evangelischen Kirche, 1928, 455). Mit der Unterscheidung von „Weg" und „Ziel" argumentiert P. Philippi (Diaconica, 1984, 174 ff.). H. M. Müller hat diese Fragen in den Zusammenhang fundamentaltheologischer Erörterungen gestellt: „Wenn wir in der personalen Zuwendung Mitte und Grenze einer missionarischen Diakonie gesehen haben, so ist damit zugleich das Verhältnis zwischen Diakonie und Predigtamt grundsätzlich als ein korrelatives bestimmt. Das christliche Tatzeugnis hat mit dem Wortzeugnis die Personalität gemeinsam: Es muß in das Wortzeugnis ebenso ausmünden wie dieses in das Tatzeugnis. Daß in der christlichen Kirche beide Zeugnisarten auf zwei Ämter verteilt sind, hat seinen letzten Grund darin, daß beide Dienste Wirkungen von verschiedenen Geistesgaben sind. Wie denn schon Schleiermacher bemerkt, daß ,die Unterscheidung in Lehre und Handreichung ihren wahren Theilungsgrund darin hat, daß die zu dem einen Geschäft erforderlichen Gaben am wenigsten bedingt sind durch die Erfordernisse zu dem anderen' (Glaubenslehre § 134). Weil aber beide aus dem gleichen Wurzelgrund stammen, beide ,Darstellung des Wortes' sind, gilt der Missionsbefehl für beide. Die Tat der Liebe wird nicht erst dadurch Zeugnis, daß man ihr Worte hinzufügt, wie auch die Predigt der Gnade nicht erst dadurch wirksam wird, wenn man sie durch Taten ergänzt" (Der missionarische Charakter der Diakonie, in: Theologie, Prägung und Deutung der kirchlichen Diakonie, hg. v. Th. Schober und H. Seibert, 1982, 199 f.).

Ein anderes Problem entsteht 2. aus der Organisation der evangelischen Diakonie in freien Verbänden und ihrem Verhältnis zum institutionellen Kirchentum. Das ist nicht nur ein Problem äußerer Ordnungen und rechtlicher Regelungen, die nicht selten Schwierigkeiten mit sich bringen. Tatsächlich enthält das Programm der Diakonie, wie immer es sich in der Praxis der diakonischen Arbeit realisiert, auch das Konzept einer eigenen Ekklesiologie oder doch das Bild einer Kirche mit wesentlich volksmissionarisch-diakonischen Zügen: Was „Kirche" ist oder sein sollte, wird also durchaus nicht allein dem verfaßten Kirchentum zur Entscheidung überlassen. Insofern trägt die Diakonie kirchenkritische Züge.

„So wird in allen den Zeiten die Leitung der Liebestätigkeit ohne weiteres der Kirche gehören, in welchen die Kirche ihre Schuldigkeit tut und die Initiative zur Herstellung des Diakonats und zur Ausrichtung seiner Aufgaben ergreift. Wenn es nun aber gewiß ist, daß die Kirche in ihrem gegenwärtigen Verhältnis nicht im Stande gewesen ist als solche und aus eigener Initiative die Liebestätigkeit unserer Tage zu schaffen, so ist es auch mehr als zweifelhaft, ob sie imstande ist, dieselbe so zu leiten, daß es zur wirklichen Stärkung und zum Wachstum der Barmherzigkeit nach innen und außen beitrüge. Das ist eine manchen vielleicht unbequeme Wahrheit, aber es ist eine Wahrheit. Zuweilen wird es der Inneren Mission als Probe ihrer Kirchlichkeit zugemutet sich ohne weiteres dem jeweiligen Amtsträger oder einer jeweiligen höheren oder niederen kirchenregimentlichen Instanz zu untergeben. Diesem Verlangen liegt eine unerlaubte Verwechslung zwischen Kirche und Kirchentum zugrunde. Wie, wenn man nun gerade aus Kirchlichkeit sich dem jeweiligen Kirchentum gegenüber ablehnend verhielte? Unterordnung der Inneren Mission unter die ‚Kirche' in diesem Sinn würde in manchem Fall ihr Tod sein" (Th. Schäfer, Diakonik oder Theorie und Geschichte der inneren Mission, in: Handbuch der theologischen Wissenschaften, hg. v. O. Zöckler, Bd. 4, 1885², 458).

Das Thema ist auch in neuerer Zeit von unverminderter Aktualität. Zu den immer wieder erneuerten Forderungen gehört die nach der diakonisch orientierten Gemeinde (P. Philippi, Christozentrische Diakonie, 1975², 205 ff.; H. Dietzfelbinger, Diakonie als Dimension der Kirche, in: Diakonie in den Spannungsfeldern der Gegenwart, hg. v. H. H. Ulrich, 1978, 112 ff.). Auch hier ist eine Ekklesiologie leitend, die dem diakonischen Aspekt eine primäre und elementare Bedeutung für die Bestimmung der Kirche zumißt. Freilich ist unverkennbar, daß der Begründungszusammenhang innerhalb der evangelischen Theologie durchaus strittig ist: Eine „christologische Begründung" der Diakonie (und der Ethik) kann sich kaum auf einen allgemeinen Konsens berufen.

Als weiteres Problem ist 3. dann vor allem zu nennen, was häufig als das Problem der „Identität" bezeichnet wird (H. H. Ulrich, „Glaube, der in der Liebe tätig ist" – Zur Frage nach der Identität der Diakonie, in: Theologie, Prägung und Deutung der kirchlichen Diakonie, hg. v. Th. Schober und H. Seibert, 1982, 168 ff.).

„Die Vorstellungen von dem, was die Diakonie ist oder sein sollte, sind diffus geworden – in der Kirche ebenso wie in der Gesellschaft. Sagen die einen, daß Diakonie ein Ausfluß jener Liebe ist, die Christus in diese Welt gebracht hat, so meinen die andern, daß Diakonie nur eine Spielart moderner Sozialarbeit darstellt wie Caritas, Arbeiterwohlfahrt oder Paritätischer Wohlfahrtsverband. Halten die einen daran fest, daß Diakonie ein Dienst der christlichen Gemeinde sein soll, der unabdingbar zu ihrem Wesen gehört, so erklären die anderen, daß Diakonie heute praktisch zum Vollstreckungsarm des sozialen Rechtsstaates geworden ist, wodurch das eigene Profil mehr und mehr verschwindet" (168).

Eine der Wurzeln dieses Problems liegt in der Professionalisierung und Spezialisierung der Arbeit auf den meisten Gebieten der Diakonie. Von Anfang an war die Diakonie auf die Professionalisierung angelegt und zwar in dem Sinn, daß ihre Hauptaufgaben von berufsmäßig angestellten Pfarrern, Diakonen und Diakonissen wahrgenommen wurden („Berufsarbeiter" im Unterschied zu „freien Mitarbeitern"). Solange diese hauptamtlichen Mitarbeiter der Diakonie durch ihre Zugehörigkeit zu einer eindeutig erkennbaren religiösen Gemeinschaft ausgewiesen waren, stand ihre „Identität" fest. Aber schon die Spezialisierung der Aufgaben und Arbeitsgebiete war geeignet, diese Verhältnisse zu problematisieren. Denn jetzt kam es nicht mehr in erster Linie darauf an, daß einer ein glaubensfester Diakon war, sondern etwa ein wohlausgebildeter Altenpfleger. Vollends kam es zur Auflösung der ursprünglich unzweideutigen Verhältnisse, als die Institutionen der Inneren Mission in die Zwangslage kamen, vor allem spezialisierte Arbeitskräfte einstellen zu müssen, ohne daß deren religiöse Rückbindung hätte noch eine Rolle spielen können oder dürfen. So sind „die diakonischen Arbeitsfelder selbst weitgehend zu Missionsfeldern geworden, weil die über 200 000 hauptamtlichen Mitarbeiter im Bereich des Diakonischen Werkes der EKD nur noch zum Teil als praktizierende Christen anzusprechen seien" (H. Dietzfelbinger, 118).

Ein anderer Grund für die Problematisierung ihrer „Identität" liegt darin, daß die Diakonie in allgemeine sozialpolitische Aufgaben, Planungen und Diskussionen verwickelt ist. P. Collmer hat das auch ausdrücklich als ihre Aufgabe bezeichnet (Sozialhilfe, Diakonie, soziale Politik, 1969, 15). In diesem Zusammenhang aber wird die Diakonie unvermeidlich in die öffentliche sozialpolitische und gesellschaftspolitische Diskussion einbezogen und zwar so, daß diese Diskussion sich innerhalb der Diakonie selbst reproduziert. Das führt einerseits zu Fragen, wie „gibt es eine christliche Sozialarbeit?" (P. J. Roscam Abbing, in: Solidarität, Spiritualität, Diakonie, hg. v. H. Chr. von Hase u. a., 1971, 81 ff.), andererseits zu einem Streit um die Legitimität unterschiedlicher oder auch widersprüchlicher Programme.

Beispiele dafür bieten O. Meyer („Politische" und „gesellschaftliche Diakonie" in der neueren theologischen Diskussion, 1974), ferner J. Degen (Diakonie und Restauration, 1975) und die Debatte über die „Leitlinien zum Diakonat" der Diakonischen Konferenz (1975) bei U. Bach (Diakonie – ein Auftrag für Könner? in: WPKG 67, 1978, 242 ff.).

Kennzeichnend für die Positionen, die dabei vertreten werden, mögen die kurzen Texte sein, die sich, durch wenige Seiten getrennt und völlig unvermittelt in dem Sammelband „Gesellschaft als Wirkungsfeld der Diakonie" (hg. v. Th. Schober, 1981) finden:

„Heute darf es eine diakonische Kirche nicht den – oft ‚charismatischen' – Gruppen am Rande der verfaßten Kirche und Diakonie überlassen, die Zeichen der Zeit zu deuten. Es ist vielmehr an der Zeit, die sozio-ökologische Krise unserer Welt als Symptom einer gespaltenen und äußerst gefährdeten Menschheit zu erkennen und als diakonische Herausforderung anzunehmen. Es ist damit zu rechnen, daß sich diese Krise nicht nur in globalen Zusammenhängen, sondern bis in die intimsten Krankheitsbilder unserer Gesellschaft hinein auswirkt. Stichworte, wie alternativer Lebensstil, Selbsthilfegruppen, Friedensaufgaben der Christen, Dritte-Welt-Verantwortung usw., dürfen nicht Fremdworte für eine diakonische Kirche bleiben, wie es – aufs Ganze gesehen – noch der Fall ist" (299).

„Heute begegnet uns verstärkt der Ruf nach einem weltweiten Sozialaktivismus, der das mitmenschliche Offensein für den Nächsten als Schwerpunkt der christlichen Verhaltensweise, einschließlich allgemeiner anthropologischer Moralität akzentuiert ... Das allgemeine Urteil lautet daher: Die wichtigste Aufgabe der Kirche sei ihr Sozialwerk, dem letztlich überzeugendere Wirkung als der kirchlichen Predigt zukomme. So richtig in dieser rein humanitär-anthropologischen Perspektive diese und jene Gedanken auch sein mögen, sicher ist, daß wir hier vor einem elementaren Mißverständnis hinsichtlich des Wesens, des Sinnes und des Zieles christlicher Diakonie stehen. Wir haben es mit einer Preisgabe der Substanz des christlichen Glaubens und darum folgerichtig mit einer Entstellung der Diakonie zu einer bloßen humanitären Aktion ... zu tun" (308).

„Die Zusammenarbeit von Theologen und Nichttheologen in der Diakonie" ist von K.F. Daiber untersucht worden (in: WzM 37, 1985, 178ff.). Eine kritische Analyse der Sozialarbeit aus sozialwissenschaftlicher Sicht bietet P. Gross (Die Verheißungen der Dienstleistungsgesellschaft, 1983).

Die Praxis der Diakonie muß sich an Kriterien orientieren, die das Wesen des Christentums ebenso zur Grundlage haben wie ein realistisches Verständnis dessen, was diese Praxis überhaupt vermag. Im Sinn einer derartigen Theorie für die Praxis hat Th. Schober „Überlegungen zur theologischen Motivation der Diakonie" vorgelegt, und als fortführende Ergänzung dazu kann der Text von E. Petzold (Der missionarische Charakter der Diakonie) verstanden werden (in: Theologie, Prägung und Deutung der kirchlichen Diakonie, hg. v. Th. Schober und H. Seibert, 1982, 17ff.; 202ff.).

Eine sehr materialreiche, biblisch orientierte Untersuchung bietet H. Seibert (Diakonie – Hilfehandeln Jesu und Sozialarbeit des Diakonischen Werkes, 1983).

2. Institutionen und Aufgaben der Diakonie

Die Diakonie im Bereich der EKD hat sich aus neuen Anfängen nach dem 2. Weltkrieg entwickelt. 1945 wurde von der Kirchenkonferenz in Treysa das „Evangelische Hilfswerk" zur Linderung des Elends in der Nachkriegszeit gegründet. Es wurde 1957 mit den älteren noch oder wieder bestehenden Einrichtungen der Inneren Mission vereinigt und erhielt mit dem „Diakonischen Werk" 1976 seine zusammenfassende organisatorische Gestalt (nach dem Vereinsrecht).

Statistische Angaben über die Einrichtungen der Diakonie finden sich bei H. Chr. von Hase, Art. Diakonie IV, in: TRE 8, 674ff. (nach dem Stand von 1979). Danach werden fast 4000 Krankenhäuser und Heime mit annähernd 300 000 Betten unterhalten. Hinzu kommen mehr als 3000 weitere Einrichtungen (Schulen, Werkstätten, Tagesstätten), fast 4000 Schwestern-, Kranken- oder Pflegestationen in Gemeinden, mehrere hundert Beratungsstellen (64 für Telefonseelsorge) sowie weitere örtliche Dienststellen und Einrichtungen der „Offenen Hilfe". Die Zahl der berufsmäßigen Mitarbeiter beträgt insgesamt 223 000. Der Jahresumsatz wird auf 6,5 Mrd. DM geschätzt. – Die Diakonie in der DDR („Diakonisches Werk – Innere Mission und Hilfswerk der Evangelischen Kirchen in der DDR") unterhält 490 Krankenhäuser und Heime mit fast 30 000 Betten. – In der Bundesrepublik gehören zum katholischen Caritasverband etwa 25 000 Einrichtungen (Krankenhäuser, Heime usw.) mit mehr als 100 000 Betten oder Pflegeplätzen.

Die Diakonie betreut in der Bundesrepublik täglich etwa 1 Mill. Menschen. Für die Caritas gelten ähnliche Zahlen.

Die Aufgaben und Arbeitsformen der Diakonie haben sich immer wieder den sich wandelnden äußeren Verhältnissen anpassen müssen. Solche Veränderungen kamen vor allem durch die Entstehung und Entwicklung des Sozialstaates zustande, der grundlegende Aufgaben der Fürsorge allgemeingültig zu regeln begann. Veränderungen aber bahnten sich auch von innen her an: Die Anstaltsdiakonie mit ihren Mutter- und Bruderhäusern für Diakonissen und Diakone schien keine attraktive Lebensform mehr zu bieten, und ihre Zahl ging erheblich zurück. Dafür wandelte sich das Berufsbild des Diakons zu dem eines Facharbeiters mit entsprechender Ausbildung (Fachhochschule). Vor allem aber hat sich das Gesamtbild der Aufgaben, die heute von der Diakonie wahrgenommen werden, gegenüber den klassischen Epochen im 19. Jahrhundert, aber auch gegenüber den Anfängen des „Evangelischen Hilfswerks" erheblich verändert. Im Vordergrund stehen heute Anforderungen und Bedürfnisse, die erst in jüngster Zeit entstanden oder in das Blickfeld getreten sind. Es sind Aufgaben, deren Lösung in der Regel nicht allein durch praktische Maßnahmen gefördert werden kann, in denen sich vielmehr zunächst grundsätzliche Probleme repräsentieren. Als wichtige Beispiele dafür sollen die folgenden Aufgaben genannt werden.

1. Das konfessionelle Krankenhaus verdankt seine Entstehung solchen Notsituationen, in denen ein gravierender Mangel entweder an Krankenhäusern überhaupt oder an Krankenhausbetten für Arme oder Bedürftige bestand. Diese Mängel sind entfallen. Das konfessionelle Krankenhaus ist seither ein Fall aus der größeren Reihe derer, die von einem privaten Träger erhalten und geführt werden. In dieser neuen Situation sind allerdings neue Aufgaben und Bedürfnisse sichtbar geworden, die in besonderer Weise in die Verantwortung eines evangelischen Krankenhau-

ses fallen müssen. Es handelt sich dabei um die Probleme die mit dem Schlagwort „Humanität im Krankenhaus" gekennzeichnet zu werden pflegen.

Die Entwicklung der Medizin zur Naturwissenschaft seit der Mitte des 19. Jahrhunderts hat den die Welt verändernden Fortschritt bei der Bekämpfung von Krankheiten hervorgebracht, hat aber zugleich dazu geführt, daß der Betrieb des modernen Krankenhauses immer deutlicher primär von wissenschaftlich-technischen Prozessen und Prinzipien gesteuert und bestimmt wird: Der kranke Mensch wird darin zum Objekt der diagnostischen und therapeutischen Technik. Zweifellos ist diese technische Medizin von großer Effizienz für die Wiederherstellung krankhaft gestörter Lebensfunktionen. Andererseits aber wird der Kranke als Person (und als ganzer Mensch, vgl. D. Rössler, Art. Mensch, ganzer, in: HWP 5, 1106 ff.) dabei nicht nur nicht wahrgenommen, sondern bewußt ausgeblendet. Das ist insofern von großer Bedeutung für den Kranken, als die nicht-technisch zugänglichen Seiten des Menschseins, also seine biographische Situation und seine existenziellen Relationen in sehr vielen Fällen für die Erkrankung, vor allem aber beim Prozeß der Gesundung eine entscheidende Rolle spielen. Fast noch wichtiger ist es, daß als Resultat der rein technischen Sicht auf den Menschen solche Leiden, die mit den Mitteln der Technik nicht mehr zu beeinflussen oder zu heilen sind, auch nicht mehr als Aufgabe für diese Medizin (und also für den Arzt) angesehen werden.

Die Verantwortung des evangelischen Krankenhauses in dieser Situation läßt sich in drei Themen gliedern und zusammenfassen: Sie betrifft die Ziele und Strukturen des Pflegedienstes, die Grundsätze und Regeln der Ethik ärztlichen Handelns und das theoretische Problem einer überzeugenden Bestimmung dessen, wie Krankheit unter den Bedingungen der Gegenwart verstanden werden soll. Der Pflegedienst, der unter der Dominanz der technischen und apparativen Prozesse vor allem an spezialisierten Funktionen orientiert wird, muß die Dimension personaler Zuwendung zum kranken Menschen zurückgewinnen und Beispiele dafür geben, daß und wie die Verbindung von technisch-funktionalen Aufgaben mit denen individueller Diakonie am Krankenbett möglich ist. Für die ärztliche Ethik ergeben sich nicht nur parallele Aufgaben aus dem Bedürfnis des kranken Menschen nach persönlicher Betreuung, vor allem sind die Fragen einer ethischen Begründung von ärztlichen Entscheidungen zu klären, die aus den rapide wachsenden Heilungs- und Eingriffsmöglichkeiten der technischen Medizin folgen: Ob z. B. stets alles versucht werden soll, was versucht werden könnte, muß für jeden einzelnen Kranken neu erwogen werden, derartige Erwägungen aber bedürfen einer Grundlage und eines Rahmens, die die Entscheidungen ethisch zu legitimieren und einsichtig zu machen vermögen. Das christliche Verständnis der Krankheit schließlich müßte gerade unter den Bedingungen der technischen Zivilisation in der Medizin zur Geltung gebracht werden: Während Naturwissenschaft und Technik Krankheit nur als Abweichung oder Störung physiologischer Verhältnisse bestimmen können, muß die Einsicht, daß Gesundheit nicht die Abwesenheit von Störungen ist, sondern die Kraft, mit ihnen zu leben, ausgelegt und die Reduktion des „Lebens" auf bloße Funktionen für das, was das Handeln am kranken Menschen leiten soll, überwunden werden.

Zu allen diesen Themen liegen wichtige Veröffentlichungen, gerade aus der Diakonischen Arbeit vor. Dazu gehört das programmatische Heft „Humanität im Krankenhaus", das vom Deutschen Evangelischen Krankenhausverband herausgegeben wurde (1981) und das „Berichte und Vorschläge zur patientenbezogenen Gestaltung des Krankenhausbetriebs" enthält; ferner die Studie von F. Winter: „Alternative Medizin in Deutschland" (1979), die Projekte zur Verbesserung und Erneuerung der Verhältnisse in einer größeren Zahl evangelischer Krankenhäuser untersucht. Eine kurzgefaßte Einführung in den ganzen Fragenkreis bietet D. Rössler (Der Arzt zwischen Technik und Humanität, 1977). Eine christliche Ethik für das Krankenhaus hat R. Neubauer vorgelegt (Haus für Kranke, 1981).

Grundfragen medizinischer Ethik aus theologischer Sicht behandelt U. Eibach (Medizin und Menschenwürde, 1976). Prägnante Beiträge zu diesem Thema finden sich bei J. Moltmann (Diakonie im Horizont des Reiches Gottes, 1984). Die Zeitschrift „Diakonie" hat der Ethik ein Themaheft gewidmet (Heft 6, 1980). Instruktiv ist die Erörterung einzelner Fälle und Probleme aus medizinischer, juristischer und theologischer Sicht bei J. von Troschke u. H. Schmidt (Hg., Ärztliche Entscheidungskonflikte, 1983).

Von großer aktueller Bedeutung ist 2. das Problem der Altenfürsorge, der Altenheime und der Altenpflege. Eine organisierte evangelische Altenhilfe entstand zuerst 1929 durch die Gründung eines entsprechenden Fachverbandes im Rahmen der Inneren Mission. Erst in den letzten drei Jahrzehnten aber ist daraus eine allgemeine und umfassende gesellschaftliche Aufgabe geworden. Gründe dafür liegen einmal in der erheblichen Zunahme der Lebenserwartung, im Anstieg des relativen Anteils alter Menschen an der Bevölkerung, und sodann in der Isolierung alter Menschen durch die moderne Familienstruktur: Sie sind oft, besonders wenn sie alleinstehend sind, auf Kommunikationen angewiesen, die sich nicht mehr selbstverständlich aus familiären oder beruflichen Gruppenzugehörigkeiten ergeben. Als Spezialgebiet der Inneren Medizin hat sich die Gerontologie herausgebildet. Altern ist ein biologischer Prozeß, aber auch ein sozialer Vorgang, insofern mit dem herrschenden Bild des alten Menschen eine gesellschaftliche Rolle bezeichnet ist, die zu bestimmter Zeit, etwa mit dem Ende der Berufstätigkeit, übernommen wird. Die Aufgaben der Diakonie sind deshalb nicht nur praktischer, sondern auch theoretischer Art: Ist das herrschende Bild von der Rolle des alten

Menschen sachgemäß? Wie waren die öffentlichen (und kirchlichen) Entscheidungen begründet, die zur Institutionalisierung von Altenheimen führten? Welchen Sinn und welche Zielsetzungen sollen sich mit der Altersdiakonie verbinden?

Ausführliche Informationen und Literaturangaben zum Thema bietet G. Legatis (in: TRE 12, 524 ff.). Bei H. Wagner (HPT [DDR], III, 309 ff.) findet sich eine übersichtliche Zusammenfassung der wichtigsten Perspektiven. Eine knappe Einführung gibt G. Schmücker (Altenhilfe, in: Diakonie in den Spannungsfeldern der Gegenwart, hg. v. H. H. Ulrich, 1978, 226 ff.).

Vergleichbar sind schließlich 3. die Aufgaben, die der Diakonie mit der Verantwortung für Behinderte gestellt sind. Ziel der diakonischen Arbeit auf diesem Feld kann nicht allein der kompensatorische Ausgleich der Behinderung durch entsprechende Hilfen und Dienste sein. Grundlagen und Absicht dieser Arbeit bedürfen einer ständigen theoretischen Kontrolle und Reflexion. Ein wichtiges Beispiel dafür ist die Überprüfung, die M. Geiger mit dem Begriff der „Rehabilitation" angestellt hat („Rehabilitation" – ein Begriff auf dem Prüfstand, in: Diakonie in den Spannungsfeldern der Gegenwart, hg. v. H. H. Ulrich, 1978, 203 ff.). Auch H. Wagner gibt eine kritische Analyse des Begriffs (306).

Wagner macht darauf aufmerksam, daß Wert und Bedeutung eines Menschen nicht von seiner Funktionsfähigkeit oder von seiner Leistungsfähigkeit innerhalb der Gesellschaft abhängig gemacht werden dürfen (ebd.). In der DDR ist eine wegweisende kirchliche Ausbildung zum Diakon mit der Spezialisierung für behinderte Kinder eingerichtet (H. Wagner, 306 f.). Das breite Spektrum der Aufgaben, aber auch die große Zahl der offenen Fragen werden in einem Themaheft der Zeitschrift „Diakonie" dargestellt (Behinderte Menschen in Kirche und Gesellschaft, Beiheft 4, 1981). Sehr instruktiv durch die Fülle der Aspekte und Erwägungen ist die Aufsatzsammlung von U. Bach (Boden unter den Füßen hat keiner, 1980).

3. Beratung als Institution

Einen vorzüglichen Überblick über historische, systematische und praktische Seiten des Themas gibt H. Schröer (Art. Beratung, in: TRE 5, 589 ff.). Aus der weiteren Literatur ist auf das Handbuch „Familien- und Lebensberatung" (hg. v. S. Keil, 1975), auf das Themaheft der Zeitschrift Wege zum Menschen „Zur theologischen Begründung der Beratung" (Heft 4, 1976) sowie auf das Konzept von W. Lüders (Psychotherapeutische Beratung, Theorie und Technik, 1974) hinzuweisen. 1981 hat der Rat der EKD „Leitlinien für die psychologische Beratung in evangelischen Erziehungs-, Ehe-, Familien- und Lebensberatungsstellen" gebilligt (EKD Texte Nr. 5). Eine kritische Studie zum Thema liefert H. J. Metzger („Psychoboom", Psychologische Beratung und gesellschaftliche Entwicklung, in: WzM 33, 1981, 84 ff.). Sehr informativ ist der Artikel „Familie" von

S. Keil (in: TRE 11, 1 ff.). Die Zeitschrift Wege zum Menschen hat dem Thema neuerlich ein Heft gewidmet (Psychologische Beratung als Aufgabe der Kirche, Heft 4, 1984). Auf dem neuesten Stand ist die Übersicht über Theorie und Praxis der Beratungsarbeit bei H. Halberstadt (Psychologische Beratungsarbeit in der evangelischen Kirche, 1983). Methodische und theologische Fragen erörtert E. Guhr (Personale Beratung, 1981).

Beratungsstellen und Beratungsaufgaben haben eine Vorgeschichte, die bis zur Jahrhundertwende zurückreicht (H. Schröer, 591). Als Institution der evangelischen Kirche sind nach 1945 Beratungsstellen in steigender Zahl eingerichtet worden. Gegenwärtig werden etwa 200 Beratungsstellen für Schwangerschafts-, Erziehungs-, Ehe-, Familien- und Lebensprobleme unterhalten. Sie gehören mit der „Evangelischen Konferenz für Familien- und Lebensberatung" als Fachverband zum Diakonischen Werk. Die evangelischen Beratungsstellen sind jeweils eine unter vielen anderen. Während die psychologische Beratung (z. B. die der „Klinischen Psychologie") sich als therapeutische Institution (gegenüber den Krankenkassen) versteht, sind die übrigen Beratungen fast ausnahmslos kostenfrei (z. B. Drogen-, Schwangerschafts-, soziale Rechtsberatung, Lebenshilfe, Arbeitskreis Lebenskrisen, Beratung für Alleinerziehende, Pro Familia, Schülerberatung, psychotherapeutische Beratung). Die evangelischen Beratungsstellen bemühen sich in der Regel darum, strenge Spezialisierungen auf bestimmte Gebiete zu vermeiden.

Kennzeichnend für die Institution der „Beratung" ist zunächst das Moment der „Professionalisierung". Beratung geschieht aus beruflicher Absicht und ist nicht Ausdruck persönlicher Beziehungen. Dadurch wird die Perspektive der Objektivierung ausdrücklich gemacht: Die Probleme, die den Beratungsfall konstituieren, werden aus dem zufälligen oder privaten in einen versachlichten Zusammenhang gebracht. Wesentliche Vorbedingung dafür ist naturgemäß die professionelle Kompetenz des Beraters. Sie wird in der Regel durch Ausbildungsprogramme erworben, die von den entsprechenden Trägern und Institutionen bereitgestellt werden. Sodann ist für die Beratung kennzeichnend, daß ihr Ziel in einer Verhaltensänderung (und zwar in weitestem Sinn) gesehen wird.

„Durch psychotherapeutische Beratung soll Verhalten verändert werden; nicht irgendein Verhalten, sondern das gestörte, das symptomatische Verhalten. Symptomatisches Verhalten entsteht, wenn die Veränderungsfähigkeit des Verhaltens eingeschränkt wird. Diese Einschränkung wird durch Verhaltenssymptome angezeigt, sie sind ein spezifischer Ausdruck dieser Einschränkung" (W. Lüders, 11).

Der Anlaß zur Beratung kann einmal im einzelnen Menschen selbst liegen: in Auffälligkeiten oder Störungen, die er selbst bemerkt und unter denen er leidet; sodann kann der Anlaß in den Störungen solcher Beziehungen liegen, die soziale Gruppen ganz verschiedener Größe und unterschiedlicher Art konstituieren. Dazu gehörte auch die Erziehungs- und Schulberatung. Die Grenze zwischen Beratung und psychotherapeutischer Behandlung ist naturgemäß nicht scharf. Weder der Versuch, beides völlig voneinander zu unterscheiden, noch der, die Beratung als mindere Form der Psychotherapie zu disqualifizieren, haben sich durchgesetzt. Brauchbarstes Merkmal der Unterscheidung ist offenbar die engere Definition der Zielsetzung und die begrenzte Form der Probleme oder Störungen, die den Kreis der Beratungszuständigkeit bestimmen. In diesem Zusammenhang sind besondere Programme für die befristete Beratung ausgearbeitet worden, z. B. die „Fokaltherapie", die sich auf den aktuell relevanten psychischen „Brennpunkt" konzentriert, oder die Trait- and Factor-Beratung, die aus wenigen Daten ein Grundmuster möglicher und besserer Persönlichkeitsentwicklung herzustellen sucht. Hinsichtlich der Methoden, die zur Verwendung kommen, läßt sich jedoch eine deutliche Unterscheidung zwischen Beratung und Psychotherapie nicht durchführen. Wie für die Psychotherapie, so kommt auch für die Beratung eine schwer überschaubare Fülle von Techniken und Methoden in Betracht. In einer Übersicht, die in Amerika bereits vor 10 Jahren veröffentlicht wurde, sind 43 verschiedene Konzeptionen der Individualberatung – keineswegs der kirchlichen oder pastoralen Beratung – zusammengestellt (L. M. Cunningham and H. J. Peters, Counseling theories, 1973). Nach H. J. Metzger ist heute ein Überblick „kaum mehr möglich" (84). Er spricht von „mehreren Hundert Therapieverfahren" und rechnet damit, daß diese Entwicklung durchaus noch weitergehen werde (ebd.). Auch die evangelische Beratung ist also keineswegs auf eine einzelne und bestimmte Methode festgelegt. Im Gegenteil, es kommen oft verschiedene Methoden zur Anwendung, sofern sie nach der Art der jeweiligen Aufgabe ausgewählt werden.

Das Selbstverständnis der evangelischen Beratungsarbeit ist neuerlich (1981) in den „Leitlinien für die psychologische Beratung" (abgedruckt und ausführlich erläutert bei H. Halberstadt, 80 ff.) zusammengefaßt.

„Ziel des Beratungsprozesses ist es, daß ein Ratsuchender in seinem Denken, Fühlen und Handeln von einengenden Zwängen freier wird, so daß er sich stärker als verantwortliches Subjekt des eigenen Handelns erlebt. Eine so gewonnene Eigenständigkeit bestärkt seine Integrations-, Beziehungs- und Bindungsfähigkeit und schließt auch den Gegenstand und die Beziehungen des religiösen Lebens mit ein" (1.8).

Zweifellos sind die Verfasser im Recht, wenn sie sich für diese Zielsetzungen auf den „Auftrag der Kirche" berufen (1.2). Die Beratungsarbeit entspricht „dem wachsenden Bedürfnis nach Hilfe in Lebenskrisen, Beziehungskonflikten und psychischen Schwierigkeiten" (ebd.). Es kann nicht strittig sein, daß die evangelische Beratungsarbeit auf einem Feld wirksam ist, das durch massive zeitspezifische Notstände gekennzeichnet ist. Ohne diese evangelische Beratungsarbeit würden auf diesem Feld wesentliche Instanzen der Hilfe fehlen. Ebensowenig aber sollte die christliche Legitimation dieser Arbeit bestritten werden: In den „Leitlinien" wird mit Recht ausgeführt, daß der leidende Mensch stets als eine ursprüngliche Aufgabe für die christliche Gemeinde angesehen wurde (1.1).

Gleichwohl führt die Institution dieser Beratung zu einer Reihe von Fragen, die sicher nicht die Legitimation dieser Arbeit überhaupt fraglich machen, die aber der weiteren Reflexion bedürfen. Das ist 1. zunächst die allgemeine Frage, ob hier durch die Institutionalisierung der Beratungsarbeit den Notständen ein Bedürfnis- oder gar Krankheitscharakter zugeschrieben wird, den sie nicht von sich aus haben oder haben müßten. In gewissem Sinn rechtfertigt diese Arbeit diejenigen Verhältnisse, die sie bessern will, insofern sie der „Krise" oder dem „Konflikt" isolierbare und objektivierbare Begründungszusammenhänge unterstellt. Deshalb ist die Erwägung darüber nicht von der Hand zu weisen, ob etwa erst die Existenz der helfenden Instanzen mit der Reputation auch die Konjunktur der Notstände (mit)verursacht haben könnte.

Weiter ist 2. die Frage, ob etwa auch in der Professionalisierung der Beratung eine erhebliche Gefahr für die Notstände mitgegeben ist: Wird nicht die gleichsam „natürliche" Beratung in der Familie und in andern sozialen Gruppen disqualifiziert? Kann es eine undramatische Selbstregulation solcher Konflikte überhaupt noch geben, wenn das professionelle Lösungs- oder Hilfsangebot stets gegenwärtig ist? Und liegt darin nicht, zumindest tendenziell, im Blick auf den Betroffenen eine „Enteignung" der Krise (oder des Konflikts)?

Schließlich ist 3. zu fragen, ob das Verständnis der Beratungsaufgabe, das nach dem Text der Leitlinien (1.3 u. 1.8) am Modell von Krankheit und Therapie orientiert ist, wirklich der christlichen Aufgabe dem leidenden Menschen gegenüber entsprechen kann: Ist dieses Modell nicht zu sehr von der Heilbarkeit des Leidens bestimmt? Gibt es für die Beratung auch dann noch Arbeitsziele, wenn Konflikt und Krise therapieresistent sind und also die „Eigenständigkeit" (1.8) nicht zurückgewonnen werden kann? Für die somatische Medizin wie für die Psychotherapie besteht kein Zweifel, daß es diese Fälle tatsächlich gibt und daß die therapeutische Tätigkeit dann einzustellen ist. Gilt das auch für die evangelische Beratung? Freilich wird diese Frage vor allem im Zusammenhang der Seelsorgelehre zu erörtern sein.

§ 12 Die Entstehung der evangelischen Seelsorge

Seelsorge ist eines der drei großen Wirkungsgebiete, durch die das Christentum seine geschichtliche Wirklichkeit gestaltet und geprägt hat:

Zu Predigt und Unterricht gehört die Seelsorge. Diese Differenzierung der geschichtlichen Praxis der Kirche geht freilich nicht notwendig aus dem Ursprung des Christentums hervor. Die Aufgabenstellung und Aufgabenteilung in dieser dreifachen Gestalt ist keineswegs im Urchristentum bereits ausgeprägt oder durch das urchristliche Selbstverständnis im Blick auf die Aufgaben des Christentums zwingend vorgegeben. Diese Struktur der kirchlichen Wirksamkeit ist vielmehr ein Resultat der Christentumsgeschichte: Gerade die Seelsorge ist ein Ergebnis der geschichtlichen Entfaltung des Christentums, das aus bestimmten geschichtlichen Verhältnissen und Konstellationen heraus entstanden ist. Mit Rücksicht auf diesen Sachverhalt beschränkt sich E. Thurneysen ganz zu Recht auf die Formulierung „Seelsorge findet sich in der Kirche vor ..." (Die Lehre von der Seelsorge, 1957², 9). Zudem macht er darauf aufmerksam, daß eine Begründung der Seelsorge nach Art der Rückführung auf apostolische Verhältnisse deshalb immer wieder als Problem empfunden worden ist (ebd.). Selbstverständlich lassen sich auch aus urchristlicher Zeit Zeugnisse oder Situationen namhaft machen, in denen vorgebildet scheint, was heute als Seelsorge bezeichnet wird. Auf diese Weise hat O. Pfister nachweisen wollen, daß Jesus selbst bereits „das Grundprinzip der Psychoanalyse" vertreten habe (Analytische Seelsorge, 1927, 20). Im ganzen aber hat sich die Auffassung durchgesetzt, daß Seelsorge im Sinne einer selbständigen Form kirchlichen Handelns erst späteren geschichtlichen Epochen zu verdanken ist. Dabei ist es üblich geworden, die Reformationszeit als erste und ursprüngliche dieser Epochen in der Geschichte der Seelsorge zu betrachten (z. B. W. Schütz, Seelsorge, 1977, 9 ff.). Im Blick auf die evangelische Seelsorge ist das natürlich nicht falsch. Es wird dabei jedoch leicht übersehen, daß schon das Mittelalter eine der Zeit entsprechende Praxis der Seelsorge kannte, und daß das kirchliche Handeln ganz von deren Zielen und Mitteln bestimmt war. Predigt oder Unterricht spielten demgegenüber kaum eine Rolle. Zudem aber sind Theorie und Praxis der mittelalterlichen Seelsorge keineswegs mit dem Ende des Mittelalters verloren gegangen. Das mittelalterliche Bild der Seelsorge lebt in mancherlei Transformationen fort und gehört zu dem Bestand der poimenischen Tradition, dessen Bedeutung und Einfluß bis in die Gegenwart bestimmend geblieben ist.

Eine sehr materialreiche Untersuchung zur biblischen und antiken Vorgeschichte der Seelsorge unter einer der Religionsphänomenologie ähnlichen Fragestellung hat jetzt Th. Bonhoeffer vorgelegt (Ursprung und Wesen der christlichen Seelsorge, 1985).

1. Beichtvater, Erzieher, Berater

In drei großen Epochen seiner Geschichte hat das Christentum ein eigenes und markantes Bild der Seelsorge hervorgebracht, dem seither der bestimmte Typus eines Seelsorgers entspricht: Im Mittelalter stand der Beichtvater im Vordergrund, in der Reformationszeit war es der Seelsorger als Erzieher, und im Pietismus wurde es der seelsorgerliche Berater. Diese Typologie bezeichnet keineswegs reine Gegensätze. In vielen Grundzügen stimmen die Bilder des Seelsorgers überein. Die allerdings dann auch folgenreichen Unterschiede entstehen durch das eigene Gewicht, das den jeweils besonderen Zügen im Bild des Seelsorgers in den verschiedenen Epochen zugemessen wurde.

Das Bild des Beichtvaters hat in der Geschichte der Seelsorge noch nicht die ihm angemessene Beachtung gefunden. Deshalb muß hier auf die kirchen- und dogmengeschichtliche Literatur verwiesen werden. Unentbehrlich ist A. Hauck (Kirchengeschichte Deutschlands, 5 Bde., 1954[8]). Sehr instruktiv und materialreich sind die Artikel „Beichte“ (J. P. Asmussen, Art. Beichte I, in: TRE 5, 411 ff.) und „Buße“ (H. Wißmann, Art. Buße I, in: TRE 7, 430 ff.).

Die Figur des *Beichtvaters* geht zurück auf Columbanus (den Jüngeren, 530–615), einen irisch-keltischen Abt, der gegen 590 mit zwölf Brüdern nach Franken kam, um dort Niederlassungen (nach Art seiner Heimatkirche) zu gründen. Mit der von ihm verfaßten Mönchsregel hat Columban die Privatbeichte in die fränkische Kirche eingeführt. Diese Regel hat zwei Teile: Der erste enthält Regeln für das Klosterleben, der zweite einen ausführlichen Katalog von Strafen für die Verletzung dieser Regeln. Zur Regel gehört, daß jeder Verstoß (dem Abt) gebeichtet werden muß. Darauf folgen Buße und Absolution.

Über die Regel und ihre Bedeutung als Grundlage für die von Columban eingeführte Beichtpraxis siehe A. Hauck (I, 249 ff.). Buße und Beichte gehen auf die älteste Zeit zurück. Schon im Urchristentum gehören Buße und Sündenvergebung wie selbstverständlich an den Anfang der vita christiana (vgl. Lk 24, 47; Act 5, 31). Durch die Parusieverzögerung entsteht das Problem der zweiten Buße (Hebr 6, 4–6), das nicht zuletzt durch die schwankende Haltung Tertullians zu Bedeutung gelangte. Von Tertullian stammt die Begründung der drei wesentlichen Momente der Buße: confessio, satisfactio, absolutio (vgl. TRE 7, 453). Das Bekenntnis wurde öffentlich vor der Gemeinde gesprochen, die Absolution durch Handauflegung des Bischofs vollzogen. Anlaß waren in der Regel die drei großen Verfehlungen der „Sündentrias“: Gottesleugnung, Mord, Ehebruch. Augustin hat diese Auffassung vertieft, einerseits durch den Gedanken, daß jede Sünde der Strafe bedarf (nicht allein die Trias) und andererseits durch die Mahnung, deshalb täglich für sich selbst Buße zu tun. Anleitungen zum Kampf gegen die Sünde und für die Askese waren in vielen Klöstern im Gebrauch.

Neu am Programm des Columban war, daß es die persönliche Ohrenbeichte verpflichtend machte, und daß diese Verpflichtung über den Kreis der Mönche hinaus auf alle Christen ausgedehnt werden sollte. Die fränkischen Bischöfe haben die Ordnung in diesem Sinne sehr schnell zu übernehmen gesucht. Dabei war Columbans Bußkatalog zunächst von unglaublicher Brutalität. Züchtigungen mit bis zu hundert Schlägen waren die Regel für kleinste Verstöße: Eine Frau ohne Zeugen anzusprechen oder einen Laien ohne Befehl, den Kelch mit den Zähnen zu berühren, bei der Psalmodie zu husten (A. Hauck I, 253). Freilich waren in der irischen Heimatkirche Columbans derartige energische Strafen schon Tradition: Bekannt ist das Bild der Mönche, die als Bußleistung die ganze Nacht über bis zu den Schultern im Wasser des Ozeans stehen und psalmodieren. An den entscheidenden Ort in diesem Prozeß von Beichte und Buße rückt der Abt als Beichtiger. Von Anfang an werden ihm die Aufgaben des Untersuchungsrichters zugewiesen, der den Fall zu analysieren, zu beurteilen und zu bestrafen hat.

Diese Funktionen von Beichte, Buße und Beichtvater gewinnen ihren Sinn aus einem profilierten Bild der Lebensgestalt, die dabei als Ziel vor Augen steht: Jeder Moment dieses Lebens ist von einer religiösen Übung begleitet und jede Äußerung des eigenen Willens wird unterdrückt, damit ein Lebensablauf entsteht, in dem nichts Unbedachtes oder Willkürliches mehr geschieht. Die konsequente Askese sucht den Einfluß des „Weltlichen“ schon im geringsten und auch im bloß Äußerlichen vollständig auszuschließen, um das Leben allein nach den religiösen „geistlichen“ Regeln zu gestalten. Die Beichte gewinnt dabei die Funktion der Instanz, die mögliche Grenzüberschreitungen kontrolliert und ihre Folgen durch die Buße aufhebt.

Darin liegt sicherlich auch ein Moment der Erziehung: Die ständig sich wiederholende Beichte wird nicht ohne Einfluß auf die Persönlichkeit bleiben können. Das aber ist ohne eigentliche Bedeutung für das Programm: Es rechnet gerade nicht mit einem pädagogischen Prozeß, sondern mit der stets gleichbleibenden Notwendigkeit der Lebenskontrolle. In der Figur des Beichtvaters finden sich auch bereits die Züge des Beraters: Aber es fehlt dabei noch völlig der Aspekt des individuellen und jeweils eigenen Lebens.

Im Gegenteil: Die Beichte gewinnt ihre Bedeutung dadurch, daß sie die Zugehörigkeit zu einer objektiven Lebensform überwacht, aus der gerade alles bloß Zufällig-Individuelle ausgeschieden ist. In dieser objektiven Lebensform der Askese und der radikal religiösen Existenz im Kloster liegt freilich die Garantie für die Heilszugehörigkeit: In dem Moment, in dem der einzelne sich dieser objektiven Lebensform einordnet, kann er sich von der Gewißheit tragen lassen, daß ihm alle weitere Verantwortung für sein Heil abgenommen ist. So gewinnt die Beichte eine Schlüsselstellung für die Heilsgewißheit.

Der Begriff „Beichtvater“, der schon zur Zeit des Columban geprägt wurde (A. Hauck I, 293), bestimmt im Mittelalter das Bild des Priesters: Er ist rector animarum wesentlich durch seine Funktion in der Beichte.

Das IV. Laterankonzil (1215) macht die Kommunion zu Ostern jeden Jahres für alle Gläubigen verpflichtend und bestimmt, daß wenigstens einmal im Jahr die persönliche Beichte abzulegen ist (D. 812). Bei dieser Beichte soll der Priester wie ein Richter und wie ein erfahrener Arzt die näheren Umstände der Sünden des Sünders erforschen, damit er die Heilmittel zur Gesundung des Kranken genau abstimmen kann (813). Innerhalb der mittelalterlichen Sakramentslehre gewinnt die Buße (und mit ihr die Beichte) eine Schlüsselstellung: Der Gläubige bedarf, um vor dem Verderben bewahrt zu werden, der durch die Sakramente vermittelten Gnade; der Zugang zu den Sakramenten aber wird durch das Sakrament der Buße und damit durch die Beichte erst immer wieder gültig eröffnet.

Damit hatten die Bestimmungen des unzweideutig definierten religiösen Lebens und Verhaltens, die zunächst für die klösterliche Existenz der Askese entworfen waren, in gewisser Transformation Allgemeingültigkeit in der mittelalterlichen Kirche erlangt. Die Zugehörigkeit zur Kirche, die ihrerseits Bedingung ist für die Zugehörigkeit zum Kreis der Sakramentsempfänger, begründet die Heilsgewißheit des Christen, insofern sich in dieser Kirche der universale Heilsplan Gottes mit seiner Welt realisiert: Zugehörigkeit zur Kirche heißt, in diesem Plan aufgehoben und in Ewigkeit geborgen zu sein. Dem Beichtvater kommt eine Schlüsselposition für diese Zugehörigkeit zu: Diese wird begründet durch Taufe (und Firmung), aber sie wird erhalten und gegen jede einzelne Sünde (deren Folgen die Zugehörigkeit einschränken oder gar in Frage stellen könnten) bewahrt durch das Sakrament der Buße und also durch die private Beichte. In dem Maße, in dem das gesellschaftliche Leben im Mittelalter sich differenziert und komplexer wird, treten Regelungen in Kraft, die als Vorschriften göttlichen oder kirchlichen Rechts die Grenzen der Zugehörigkeit präziser zu definieren suchen. Die Funktionen des Beichtvaters dehnen sich auf Wahrnehmung und Auslegung dieser Vorschriften aus.

Das Tridentinum hat (in deutlich gegenreformatorischer Absicht) das Sakrament der Buße durch drei Akte bestimmt, die als materia sacramenti zu betrachten sind: contritio (cordis), confessio (oris), satisfactio (operis). Die Absolution wird als objektiver Rechtsvorgang definiert (D. 1704, 1709).

Das II. Vatikanische Konzil hat an diesen Lehrbildungen nichts verändert: „Die aber zum Sakrament der Buße hinzutreten, erhalten für ihre Gott zugefügten

Beleidigungen von seiner Barmherzigkeit Verzeihung und werden zugleich mit der Kirche versöhnt, die sie durch die Sünde verwundet haben und die zu ihrer Bekehrung durch Liebe, Beispiel und Gebet mitwirkt" (Lumen gentium 2,7). Die Schlüsselposition des Beichtvaters bleibt, was sie war.

Die Reformation, die entscheidend aus der Kritik an dieser Bußtheologie hervorgegangen ist, hat den radikalen Bruch mit ihr herbeigeführt. Bereits die ersten beiden der 95 Thesen Luthers von 1517 bringen diese Kritik konsequent zum Ausdruck. Für Luther war durch die Dominanz der Bußtheologie aus dem Christentum eine Religion der Disziplinierung durch das Gesetz geworden. Seine Kritik richtete sich deshalb gegen die Rolle des Gesetzes (das die Gewissen zur Verzweiflung treibt) und gegen die Werkgerechtigkeit (die das Wesen des christlichen Rechtfertigungsglaubens verkennt). Das führte notwendig zum Bruch mit den Grundlagen der Bußtheologie und der mittelalterlichen Gnadenlehre überhaupt. Luther hat gleichwohl die Privatbeichte erhalten.

In einer der Invokavitpredigten hat er erläutert, wie er selbst ohne die Vergebung in der Beichte „längst vom Teufel erwürgt" wäre und daß die „heimliche Beichte" wie „ein Schatz" bewahrt werden müsse (BoA 7, 385). Später hat er in den Katechismen ausführlicher dazu Stellung genommen (BSLK 517 ff.; 725 ff.). Hier hat die Beichte nur noch zwei Stücke: confessio und absolutio. Damit ist nicht eine äußere Korrektur vollzogen: Die Beichte ist in ihrem Wesen verändert. Beichte ist nunmehr wesentlich Vergebung, und zwar die ausdrückliche und persönliche Vergebung. Nicht Einzelsünden sollen in der Beichte aufgezählt werden, der Mensch soll im ganzen als Sünder und gerade, wenn er von bestimmten Anfechtungen gequält ist, das Wort vollständiger Vergebung persönlich vernehmen können. Nicht also die einzelne Sünde, die Vergebungsbedürftigkeit des Menschen überhaupt ist das theologische Thema.

Luther hat eine dreifache Form der persönlichen Beichte beschrieben (BSLK 727 f): Im gemeinsamen Vaterunser wird 1. Gott um Vergebung gebeten, 2. aber auch der Nächste, dem wir täglich vieles schuldig bleiben; sodann aber kann 3. bei einer besonderen Anfechtung Trost und Absolution durch „einen Bruder" ausgesprochen werden. Im ganzen läßt Luther keinen Zweifel daran, daß die Beichte nur das ausdrücklich macht, was jeder Christ auch ohne sie zu glauben allen Grund hat.

In den Lutherischen Kirchen hat sich kein einheitlicher Gebrauch der Beichte ausgebildet. Teils ist sie bei der Anmeldung zum Abendmahl üblich geworden, teils nur beim Krankenbesuch, teils ist sie als allgemeine Pflicht verstanden worden. Der Pietismus hat die Privatbeichte und vor allem deren rein formalen Gebrauch abgelehnt, und die Aufklärung hat mit ihren Gründen eine Entwicklung gefördert, nach der die Privatbeichte ganz zugunsten der allgemeinen gottesdienstlichen Beichte vor dem Abendmahl aufgegeben wurde. Erst die Erweckungsbewegungen des 19. Jahrhunderts und besonders das Neuluthertum haben die Privatbeichte wieder gefördert, und auch im 20. Jahrhundert sind immer wieder Bestrebungen zu ihrer Erneuerung aufgetreten (Über diese Geschichte der Privatbeichte orientiert H. Obst, Art. Beichte IV, in: TRE 5, 425 ff.; vgl. ferner H. Höfliger, Die Erneuerung der evangelischen Einzelbeichte, 1971).

Das Bild des Seelsorgers als *Erzieher* – das Bild also, das durchaus nicht andere Züge ausschließt, aber jedenfalls die des Erziehers ganz in den Vordergrund stellt – entstammt der Schweizer Reformation. Es ergibt sich aus den grundlegenden Einsichten und Überzeugungen der reformierten Theologie. Danach ist dem Menschen auch in seinem christlichen Stande ständige Besserung möglich und aufgegeben: Seelsorge ist wesentlich Anleitung, Hilfe und Sorge für diese Besserung.

Calvin hat in „De vita hominis christiani" (Inst. III, 6) die christliche Ethik wesentlich im Blick auf den Fortschritt im christlichen Leben und also auf die Erziehungsaufgabe entfaltet: „Ich verlange nicht, daß die Lebensführung eines Christen nichts als das vollkommene Evangelium atme ... Wir sollen uns jenes Ziel vor Augen stellen und nach ihm allein trachten. Es soll unser Ziel sein, nach dem sich alle unsere Anspannung und unser Rennen ausrichtet ... So sollen wir denn alle nach dem Maß unserer kleinen Kraft unseren Gang tun und den angefangenen Weg fortsetzen ... Wir wollen nicht aufhören, danach zu streben, daß wir auf dem Wege des Herrn beständig etwas weiter kommen ... Auch angesichts der Geringfügigkeit des Fortschritts nicht den Mut sinken lassen ... sondern in unablässiger Mühe danach ringen, besser zu werden, als wir waren ..." (III, 6,5). Danach befindet sich der Christ mit sich selbst auf einem Weg, den er als Fortschritt verstehen soll, auch wenn die Erfolge des Fortschritts realistisch beurteilt werden.

Dem entspricht die reformierte Gemeindeordnung (Inst. IV, 3): Sie soll die vita christiana aller Christen unterstützen, fördern und vor Schäden bewahren. Dazu werden neben den Predigern oder Pastoren weitere Ämter (nach biblischem Vorbild) eingerichtet, zu denen die „Diakone" und die „Regierer" (gubernatores) gehören. Vor allem diese Ältesten haben die Aufgabe, „Aufsicht über den Lebenswandel zu führen und Zucht zu üben" (IV, 3,8), aber auch die Pastoren haben die Pflicht zu persönlicher Ermahnung des einzelnen Gemeindegliedes (IV, 3,6). Diese „Kirchenzucht" (disciplina, IV, 12) ist danach Instrument der Gemeindeerziehung und des persönlichen sittlichen Fortschritts für jeden einzelnen, und insofern Instrument der Seelsorge.

Ihre theologischen Grundlagen haben diese Anschauungen und Ordnungen in der reformierten Lehre von der Erwählung und der Verwerfung (III, 24): Für den Erwählten wird auch seine eigene Lebensführung (und deren sittlicher Erfolg) zum Erfahrungsargument für Gottes Barmherzigkeit und damit für das eigene Heils- und Erwählungsvertrauen. Die Förderung auf dem Wege des Fortschritts in Glauben und Leben ist deshalb die zutiefst seelsorgerliche Aufgabe der Begründung und Stärkung christlicher Gewißheit. In diesen Zusammenhang gehört auch die Lehre vom tertius usus legis (II, 7,12).

In diesem Horizont der reformierten Theologie sind Schriften entstanden, die das Verständnis der Seelsorge als Erziehung geradezu programmatisch zur Ausführung bringen. Das gilt bereits von Zwinglis „Der Hirt" (1524), der zwar vor allem die Gefahren und Anfechtungen des evangelischen Hirtenamtes zum Thema macht, der dessen Aufgaben aber dann darin zusammenfaßt, daß der Hirt sich wie ein Vater erweisen müsse, der als „ein Bildner" Sorge trägt, daß seine Kinder „erzogen werden" (CR 90, Zwinglis Werke III, 21). Vor allem aber gilt das für M. Bucers Schrift „Von der wahren Seelsorge" (1538; in: Bucers deutsche Schriften, hg. v. R. Stupperich, Bd. 7, 1964, 67 ff.).

Bucer gibt selbst eine Zusammenfassung seines Programms: Alle Erwählten Gottes sollen in die Kirche eingebracht werden, die schon darin sind, sollen nicht allein darin erhalten werden, „sondern auch von allen Sünden abgezogen, zu allem Guten angeführt und angehalten werden, damit sie in der Gottseligkeit immer zunehmen und zu einem vollkommenen Mann in Christo wachsen, also, daß da niemand mehr, weder an Verstand noch Leben, mangelhaft sei" (117). Das Amt soll dazu dienen, „daß an allen und jedem Erwählten Besserung erlangt werde" (ebd.). Des Näheren wird diese Aufgabe in fünf Werke der Seelsorge eingeteilt: 1. Zu Christus führen, die noch von ihm entfremdet sind; 2. die Verirrten wiederbringen; 3. den Sündigen zur Besserung verhelfen; 4. die im christlichen Leben Schwachen stärken; 5. die rechten Christen im Guten immer weiter fördern (141 ff.).

Bucers Schrift ist bereits das sehr differenzierte Programm für eine seelsorgerliche Aufgabe, die primär als Gemeindeerziehung verstanden wird. Die einzelnen Werke der Seelsorge stellen Perspektiven dieser Aufgabe dar, die in dieser Schrift sehr detailliert untersucht und erörtert werden. Während die mittelalterlich-katholische Beichte an der Restitution der jeweils einzelnen Schäden orientiert war, wird bei Bucer ein Fortschritt des persönlichen Lebens und der jeweils einzelnen Lebensführung im besonderen zum Ziel der seelsorgerlichen Arbeit. Nicht mehr die bloße Unterwerfung unter institutionalisierte und kirchlich beaufsichtigte Ordnungen, sondern die selbständige Teilnahme am sittlichen Leben der Gemeinde und der erkennbare Fortschritt darin werden zum wichtigen Grund der eigenen Heils- und Erwählungsgewißheit: Wort und Sakrament erweisen sich als kräftig. Gerade der Seelsorger, der erfolgreich in der Gemeindeerziehung wirkt, fördert und stärkt eben damit den christlichen Glauben.

Diese Anschauungen haben auch in den reformierten Bekenntnisschriften ihren Niederschlag gefunden: „disciplina" (als gestaltetes christliches Leben) kann deshalb als Kennzeichen der erwählten Gemeinde gelten und neben rechter Predigt und Sakramentsverwaltung zu den notae ecclesiae gerechnet werden („recte uti disciplina ecclesiastica ad corrigenda vitia", Confessio Belgica, 1561, Art. XXIX, in: A. F. K. Müller, Hg., Reformierte Bekenntnisschriften, 1903, 244).

Für die lutherische Reformation konnten derartige Lehrbildungen und Anschauungsweisen nicht in Betracht kommen: In Sachen des Glaubens gab es keine Erziehung und schon keinen spezifisch christlichen (dritten) Gebrauch des Gesetzes. Erziehung war vielmehr (wie die Ehe) ein

„weltlich Ding“ (vgl. dazu K.-E. Nipkow, Art. Erziehung, in: TRE 10, 232 f.). Diese Position der lutherischen Theologie war bestimmt durch die Zwei-Reiche-Lehre, die der Erziehung und allen Belangen der Humanität ihren Ort im weltlichen Reich (oder Regiment) angewiesen hatte. Damit war der Erziehung kein minderer, sondern ein anderer Rang zugewiesen: Das gemeinsame Leben so mit zu begründen, daß christlicher Glaube und Christenstand nicht zu dessen Bedingungen werden. Andererseits hat Luther für die Fragen der persönlichen Heilsgewißheit und der Anfechtung stets allein auf das äußere Wort verwiesen. Die Kraft dieses Wortes bewährt sich allein im Glauben und nicht in dessen konstatierbaren Folgen im eigenen Leben. Die reformierte Auffassung der Seelsorge konnte von Luther nicht geteilt werden.

Luther und die lutherische Reformation haben überhaupt einen eigenen und selbständigen Beitrag zum Verständnis der Seelsorge nicht hervorgebracht. Luthers Stellung zur Beichte hat dieser Institution kein selbständiges evangelisches Leben bescheren können. Gelegentlich wird das „Glaubensverhör“ vor dem Abendmahl (vgl. dazu die Vorrede zu „Formula missae et communionis“, 1523, BoA 2,427 ff.) hier genannt: Das aber ist keine seelsorgerliche Handlung, sondern eine Katechismusprüfung. Die berühmte Formel „per mutuum colloquium et consolationem fratrum“ verweist allein darauf, daß nach evangelischem Verständnis jeder Christ das Amt der Schlüssel zur Sündenvergebung innehat (ASm III, 4, BSLK 449). Luther selbst hat persönlich eine reiche Wirksamkeit entfaltet, die als Seelsorge bezeichnet werden darf (vgl. E. Winkler, Luther als Seelsorger und Prediger, in: H. Junghans, Hg., Leben und Werk Martin Luthers, 1983, 225 ff.). Aber ein lutherisches Programm der Seelsorge, das dem reformierten an die Seite gestellt werden könnte, ist nicht in die Geschichte des kirchlichen Handelns eingegangen.

Die lutherische Theologie mußte einer individuellen Seelsorge zögernd gegenüberstehen, weil das persönliche Wort für den einzelnen Menschen das Wort der Predigt war: Hier war der Ort der vocatio specialis, während die vocatio generalis oder universalis überall in der Geschichte und der natürlichen Welt (Röm 1, 19 ff.) sich ereignet (vgl. H. Schmid, Die Dogmatik der evangelisch-lutherischen Kirche, 1893, 320 ff.). Anders hatte Calvin diese Unterscheidung gefaßt: vocatio generalis und universalis ereignet sich im Predigtwort, vocatio specialis dagegen als innerliche Erleuchtung im Christen selbst (Inst. III, 24,8). Die spätere lutherische Theologie hat daher Hausbesuche des Pfarrers nur in Krankheitsfällen und zumeist nur auf Anforderung zugestanden, – auch, um jeden Schein geistlicher Aufsicht zu vermeiden (vgl. dazu H. A. Köstlin, Die Lehre von der Seelsorge, 1907^2, 59 ff.).

Eine Interpretation der Formel Luthers aus den Schmalkaldischen Artikeln und eine kritische Analyse ihrer neueren Verwendung bietet J. Henkys (Seelsorge und Bruderschaft, 1971).

Bezeichnend für die lutherische Auffassung der vocatio specialis und also dafür, daß die persönliche Anrede an den einzelnen Menschen durch das Wort der Predigt geschieht, ist die folgende Begebenheit: Der Hamburger Pastor Winckler bat im Jahre 1688 die Leipziger Fakultät um ein Gutachten darüber, „Ob ein Pastor, welcher nach Beschaffenheit des Kirchenwesens den Zustand seiner Gemeinde weder erkennen noch ihr die schuldige Seelsorge erzeigen könne, ein verus und legitimus Pastor sei, und ob er nicht bei solchen Umständen sein Amt aufgeben könne. Er habe 30000 Pfarrkinder und könne nur durch seine Predigten und alle vier Wochen durch eine Kinderlehre auf sie wirken; von 10000 schulfähigen Kindern gingen höchstens 3000 zur Schule. Die Antwort der Fakultät lautete: Der Herr spricht, in seinem Kirchspiele wären über 30000 Menschen. Dieses ist zwar viel, aber der Prophet Jonas hatte in seinem Kirchspiel zu Ninive mehr denn 120000 Seelen, wie zu sehen Jona 4, 11. Wer will nun glauben, daß Jonas vor jedweden seiner Zuhörer habe in specie und in individuo Sorge getragen?" (E. Chr. Achelis, Lehrbuch, III, 1911[3], 21 f.).

Das Bild des Seelsorgers als *Berater* in allen Fragen des geistlichen und persönlichen Lebens hat der Pietismus entworfen. Selbstverständlich spielt das Moment der Beratung in Lebens- und Glaubensfragen auch für den Beichtvater und für den Erzieher eine Rolle. Aber dort ist Beratung nicht das Ziel. Der Pietismus hat dem Seelsorger eine Aufgabe gegeben, in der die Beratung ganz im Vordergrund steht: die geistliche Beratung nämlich bei einer Lebensführung, die der erweckte und wiedergeborene Christ auf eine individuelle und persönliche Weise zu realisieren, zu bedenken und zu verantworten hat.

Nicht die Bekehrung gilt als erstes oder wichtigstes Ziel dieser Seelsorge: „Die Gereiften, die Erweckten, die Bekehrten, die Wiedergeborenen zu sammeln, wurde die Hauptaufgabe der speziellen Seelsorge" (H. A. Köstlin, Seelsorge, 78). Die Heiligung wird Thema und Arbeitsfeld der seelsorgerlichen Aufgabe. Die Lebenspraxis der schon Erweckten also, „in welchem ein Anfang mit der ernstlichen, innerlichen Gottseligkeit gemacht war, bei welchen sich die Pflege und Bewahrung des christlichen Lebens eher lohnte und austrug" (ebd.). Voraussetzung dafür aber war, daß der Seelsorger selbst zu den Wiedergeborenen gehörte. Es ist nicht seine amtliche Autorität, die ihn zum Seelsorger befähigt, sondern seine persönliche, sein eigener Stand im Christentum. Nicht als der von Berufs wegen kundige Diener des Wortes, sondern als der erfahrenste unter den gereiften Brüdern kann er Seelsorger sein.

Es gilt, daß jeder Christ, „andere, absonderlich seine Hausgenossen, nach der Gnade, die ihm gegeben ist, zu strafen, zu ermahnen, zu bekehren, zu erbauen, ihr Leben zu beobachten, für alle zu beten und für ihre Seligkeit nach Möglichkeit zu sorgen gehalten sei" (Ph. J. Spener, Pia Desideria, 59).

„Die brüderliche Seelsorge tritt an die Stelle der beruflichen. Diese hat nur Recht und Kraft, soweit sie jene ist. Damit wird der Seelsorger zum Gewissensrat, zum geistlichen Führer der Erweckten, der den Prozeß der Heilsordnung an ihnen zu beobachten und tunlichst zu fördern hat" (H. A. Köstlin, 79).

Die theologischen Grundlagen für diese neuartige und neuzeitliche Auffasssung der Seelsorge sind in den Einsichten zu suchen, die sich als theologische Entdeckung der religiösen Subjektivität durch Spener und den frühen Pietismus zusammenfassen lassen. Tatsächlich hat der einzelne Mensch in seiner unverwechselbaren Individualität für Speners Christentum eine entscheidende und zentrale Stellung gewonnen. Dieser Pietismus ist „eine Bewegung zur Erneuerung von Theologie und Kirche aus dem in individuell-persönliche Erfahrung überführten Rechtfertigungsglauben heraus" (E. Hirsch, Geschichte der neuern evangelischen Theologie, II, 140). Damit verbindet sich die Einsicht, daß das Christentum sich in jedem einzelnen Christen auf eine individuelle Weise realisiert: Der Mensch muß sich als Subjekt seiner religiösen Lebenspraxis selbst erkennen. Zum Kennzeichen eines lebendigen Glaubens wird „sein Einfließen in die Praxis der Frömmigkeit, seine Bewährung in einem wahrhaft christlichen Leben" (II, 150).

Deshalb rückt die Biographie des einzelnen Christen in den Mittelpunkt des religiösen Interesses: Die eigene Lebensgeschichte fordert alle Aufmerksamkeit, um der Wirkungen des Glaubens und der Gnadenerweisungen Gottes darin inne zu werden. Es sind diese Fragestellungen, die dann auch zu Hauptthemen des seelsorgerlichen Gesprächs werden. Die fremde Lebensgeschichte aber vermag zum Zeugnis zu werden dafür, wie christlicher Glaube und göttliches Handeln am menschlichen Leben sichtbar werden können.

Seither hat ein derartiges „Lebenszeugnis" im Pietismus (wie später in den Erweckungsbewegungen) stets eine zentrale Rolle gespielt. Hier liegt die Wurzel für das pietistische und erweckliche Vertrauen in die überzeugende Kraft der Beispielgeschichten (oft auch noch in deren trivialster Gestalt). Ein besonders wirkungsreiches Beispiel der pietistischen Autobiographie sind die Lebensgeschichten des Johann Wilhelm und der Johanna Eleonora Petersen geb. von und zu Merlau (1717 und 1719). Sie „sind getragen von dem entschiedensten Glauben an Gottes Vorsehung, und in vielen Angaben darauf gerichtet, dieselbe handgreiflich zu demonstrieren" (A. Ritschl, Geschichte des Pietismus, 2, 1884, 225); diese Texte sind auch in literaturgeschichtlichem Zusammenhang von großem Interesse, vgl. dazu G. von Graevenitz (Innerlichkeit und Öffentlichkeit, Aspekte deutscher „bürgerlicher" Literatur im frühen 18. Jahrhundert, in: Deutsche Vierteljahresschrift für Literaturwissenschaft und Geistesgeschichte, Sonderheft Oktober 1975,

1 ff.). Schon früh haben alle großen Repräsentanten des Pietismus ihre Autobiographien verfaßt (Ph. J. Spener 1686, veröffentlicht 1718; A. H. Francke 1691; G. Arnold 1716). Ein frühestes Beispiel ist J. H. Reitz (Ein kurzer Begriff des Leidens, der Lehre und des Verhaltens J. H. Reitzens, 1698), der später die „Historie der Wiedergeborenen" (1716–1745), eine Sammlung von biographischen Selbstzeugnissen in sieben Bänden publiziert hat (vgl. dazu G. A. Benrath, Art. Autobiographie, in: TRE 4, 781). Auch an den sprachlichen Neuschöpfungen oder Umwertungen, die der Pietismus hervorgebracht hat, läßt sich die Rolle der religiösen Subjektivität in der Lebensgeschichte erkennen: etwa in den Bedeutungen, die der Begriff „Erfahrung" jetzt gewinnt (vgl. dazu A. Langen, Der Wortschatz des deutschen Pietismus, 1954).

Die Lebensgeschichte, die eigene wie die fremde, läßt sich also als Glaubenszeugnis verstehen, an dem die Heilsordnung zu beobachten ist und die gestaltende Kraft des Evangeliums zur Anschauung kommt. Seelsorge ist die ratende Begleitung auf diesem Wege. Seelsorge ist das Gespräch über den individuellen Fall des Lebens im Glauben und des Glaubens im Leben, und zwar an deren großen wie an deren einfachsten Fragen. Da der Pietismus im Wort Gottes „nicht bloß orientierende Grundsätze für das Leben, sondern bestimmte Weisungen und Winke im einzelnen Falle" fand, wurde die religiöse Lebensgeschichte zum wesentlichen Thema der Seelsorge (H. A. Köstlin, 79).

Im weiteren Wirkungsbereich des Pietismus sind diese Auffassungen von der Seelsorge im wesentlichen übernommen und fortgebildet worden. A. H. Francke hat vor allem die pädagogisch-disziplinarischen Seiten der seelsorgerlichen Aufgabe betont (vgl. W. Schütz, Seelsorge, 1977, 40 ff.), während in der Herrnhutischen Brüdergemeinde die verschiedenen Gruppen, in die sich die Gemeinde gliedert, elementare seelsorgerliche Aufgaben übernehmen (H. A. Köstlin, 82 f.).

Das Seelsorgeverständnis der Aufklärung hat das des Pietismus grundsätzlich übernommen. Auch hier ist der Seelsorger Berater in allen Lebensfragen. Freilich gilt die Beratung hier einem neuen Ziel: der Bildung der christlichen Persönlichkeit. Wie im Pietismus ist auch hier zunächst vom Seelsorger selbst zu fordern, was er dann anderen vermitteln soll, daß er in allen Belangen des Lebens und der Religion von überlegener Einsicht und von allen christlichen Tugenden geleitet ist. Literarische Bildes des Seelsorgers in diesem Verstande finden sich bei J. H. Voß (Luise) und J. G. Herder (SW XXXII, 2). Zur Aufgabe der Seelsorge gehört dabei der gesamte Fragenkreis von der äußerlichen Lebenspraxis bis zur Frage nach dem Sinn der menschlichen Existenz. Im wesentlichen wird diese seelsorgerliche Aufgabe durch die öffentliche Gemeindebildung wahrgenommen. Zur besonderen Verantwortung des Seelsorgers werden darüber hinaus diejenigen, die durch Leiden oder Schuld oder Schicksal in bedrängte Verhältnisse geraten: Kranken- und Gefängnisseelsorge werden hier zu selbständigen Themen (vgl. H. A. Köstlin, 83 ff.; W. S. Schütz, 44 ff.).

2. Schleiermacher und die neuzeitliche Fassung der seelsorgerlichen Aufgabe

Das Verständnis von Wesen und Aufgabe der Seelsorge, das im 19. und 20. Jahrhundert leitend geworden ist, stellt in vieler Hinsicht einen neuen Anfang gegenüber den früheren Entwicklungen auf diesem Gebiet dar. Dabei wird der zur Tradition gewordene Bestand der älteren Poimenik durchaus nicht übersehen. Aber er wird transformiert und im Zusammenhang einer teils weiter und teils bestimmter gefaßten Aufgabe einer kritischen Rezeption unterzogen. Ausschlaggebend für die veränderte Sachlage, die die neue Fassung der seelsorgerlichen Aufgabe forderte, war zunächst die (schon vom Pietismus begründete) Veränderung der Stellung und der Bedeutung des einzelnen Menschen in der christlichen Gemeinde: Seine Selbständigkeit und seine Mündigkeit wurden zum Thema der Theologie (vgl. z. B. J. H. Tieftrunk, Die Religion der Mündigen, 2 Bde., 1799–1800; zum Ganzen vgl. T. Rendtorff, Emanzipation und christliche Freiheit, in: Enzyklopädische Bibliothek, Bd. 18, hg. v. F. Böckle u. a., 1982, 149 ff.), konnten kaum noch bestritten oder übergangen werden und mußten also auch in der Praxis des Gemeindelebens sachgemäße Rücksicht finden. Sodann aber war der neue Begriff der Theologie, nach dem ein Zusammenhang aller ihrer Themen und Teile zu organisieren war, gerade für die Praktische Theologie von größter Bedeutung: Der Seelsorge mußte eine eigene Stellung und eine präzise Bestimmung ihres Ortes im Ganzen der praktisch-theologischen Themen und Aufgaben zugewiesen werden. Eine erste paradigmatische und in ihrer systematischen Stringenz kaum überbotene Fassung der seelsorgerlichen Aufgabe findet sich bei Schleiermacher.

In der Praktischen Theologie Schleiermachers kommt der Seelsorge im engeren Sinn keine zentrale Bedeutung für die Organisation des Gemeindelebens durch den Geistlichen zu. Seelsorge überhaupt ist die Aufgabe des Kirchendienstes, vermittels derer einzelne in den Kreis der christlichen Gemeinde eingegliedert werden sollen: Sei es, weil sie erst zur Mündigkeit heranwachsen (die katechetische Aufgabe), sei es, weil ihre Zugehörigkeit zur Gemeinde oder ihre selbständige Stellung darin Zweifeln unterliegen (Seelsorge im engeren Sinn).

Schleiermacher hat die Seelsorge in der „Kurzen Darstellung" behandelt (§ 291 ff.); ausführliche Darlegungen finden sich in der Praktischen Theologie (hg. v. Frerichs, 1850. 428 ff.). Eine knappe aber sehr instruktive Einführung gibt F. Wintzer (Seelsorge, 1978, XVII ff.); vgl. auch W. Schütz (Seelsorge, 1977, 50 ff.).

Das Leben der Gemeinde (der Gemeinschaft der Gläubigen, vgl. Glaubenslehre § 113, s. u. S. 250) bildet Maßstab und Grundlage für die seelsorgerliche Tätigkeit. Die „Identität" mit diesem Leben (KD 1. Aufl., § 17 und 18, S. 87 f.) und zwar nach seinem Inhalt wie nach seiner Form ist Kriterium und Ziel der Seelsorge. Die Seelsorge wird zum Instrument, die Gemeinde zu erhalten, aber sie wird nicht Ausdruck und Mittel des Gemeindelebens selbst: das ist vielmehr der Gottesdienst. Damit ist freilich eine Perspektive aufgenommen, die auch das alte Verständnis der Seelsorge wesentlich geleitet hatte: Seelsorge sollte dann eintreten, wenn ein bestimmter Anlaß für sie gegeben war, und also die Stellung des Einzelnen im Glauben oder in der Gemeinde gefährdet oder bedroht schien. Allein der Pietismus konnte die seelsorgerliche Aufgabe so verstehen, daß das Gespräch über den Stand der eigenen Frömmigkeit als permanente Institution zum Kern des Gemeindelebens gehören sollte. In Schleiermachers Verständnis der Seelsorge ist andererseits gerade die Funktion des Seelsorgers als geistlicher Berater aufgenommen, der freilich „das Geheime im Leben" zu respektieren hat und deshalb Ratschläge nur mit größter Zurückhaltung geben dürfte (Praktische Theologie, 452).

Schleiermacher hat der Seelsorge nicht nur ihre Stellung innerhalb der praktisch-theologischen Aufgaben bestimmt (vgl. KD §§ 263 und 290), er hat zudem die Grundlinien für ihr neuzeitliches Verständnis bezeichnet, und zwar in zweifacher Hinsicht. Schleiermacher hat zunächst die Art der Beziehung, die in der Seelsorge stattfindet, zum Thema gemacht, und er hat sodann die Aufgaben, die in dieser seelsorgerlichen Beziehung wahrzunehmen sind, näher bestimmt.

Die Art der seelsorgerlichen Beziehung wird zum Problem, wenn sie verschieden gedacht werden soll zu der Beziehung, die alle Christen miteinander verbindet. In gewisser Weise freilich ist auch diese allgemeine Beziehung von seelsorgerlicher Art, und zwar schon deshalb, weil für Schleiermacher der Unterschied zwischen Produktivität und Rezeptivität nicht mit dem zwischen Pfarrer und Gemeinde identisch ist: Es gibt überall einen religiösen Austausch unter Christen. Zudem aber kann es in der evangelischen Kirche eine dem katholischen Vormundschaftsverhältnis des Geistlichen zur Gemeinde ähnliche Beziehung nicht geben (Praktische Theologie, 442). Die Eigenart der seelsorgerlichen Verbindung wird deshalb so bestimmt, daß sie nur zur Aufhebung der Gründe besteht, durch die sie hervorgerufen ist.

„Der Geistliche hat überall, wo solche Anforderung an ihn geschieht, sie zu benutzen, die geistige Freiheit der Gemeindeglieder zu erhöhen und ihnen eine solche Klarheit zu geben, daß diese (Anforderungen) nicht mehr in ihnen entstehen" (Praktische Theologie, 431 u. 445).

Seelsorge ist danach die Beziehung, in der Unmündigkeit bei einem einzelnen Gemeindeglied, wo und wie immer sie entstehen mag, wieder aufgehoben wird.

Die Aufgaben der Seelsorge gliedern sich nach der Darstellung Schleiermachers in dreifacher Weise: Zunächst in die Aufgaben, die durch „ein beunruhigtes religiöses Gefühl" (447), also durch Zweifel und religiöse Unwissenheit hervorgerufen werden; sodann in die, die durch Probleme der Lebensführung oder der Lebensverhältnisse auftreten: bei Streitigkeiten, Ehefragen, Eidesvermahnungen; schließlich in die, die durch Leiden, Sterben und Tod bestimmt sind. Für die Wahrnehmung der einzelnen Aufgaben sucht Schleiermacher überall den Grundsatz durchzuhalten, daß die „persönliche Eigentümlichkeit" des Geistlichen nicht den Ausschlag geben dürfe, sondern nur die Rücksicht auf die Persönlichkeit des anderen (453, 465, vgl. dazu F. Wintzer, XVIII). Die drei Aufgabenkreise selbst aber sind doch deutlich verschieden: Im ersten Fall handelt es sich um pädagogische, im zweiten um diakonische Aufgaben (also Aufgaben unmittelbarer Lebenshilfe); im dritten Fall sind es im engeren Sinn religiöse Aufgaben. Hier, also im Blick auf Krankheit, Leiden und Tod aber, könnte nicht mehr sinnvoll von „Unmündigkeit" als Anstoß der seelsorgerlichen Beziehung gesprochen werden. Schleiermacher bestimmt diese Aufgabe denn auch so, daß sie deutlich die Züge dessen annimmt, was alle Christen einander zu tun schuldig sind (466).

Die Bedeutung, die Schleiermachers systematische Fassung der Seelsorgelehre für das allgemeine Verständnis der seelsorgerlichen Aufgabe gewinnen mußte, zeigt sich instruktiv am Vergleich mit dem etwa gleichzeitigen Lehrbuch der Praktischen Theologie von L. Hüffell: Wesen und Beruf des evangelischen Geistlichen (1821–1823; Neuausgabe von A. Klas, 4 Bde. 1890). Hier dominiert die einfache Sammlung und Aufzählung ganz verschiedener seelsorgerlicher Aufgaben, die oft recht willkürlich verbunden oder getrennt werden: So wird etwa die kirchliche Verwaltung zur Seelsorge gerechnet, nicht aber Krankenkommunion und Bestattung (Bd. 4, 104 f.). Bei Hüffell wird mehr die äußere und zufällige Leistung des Seelsorgers zum Thema, als die seelsorgerliche Aufgabe in ihrem theologischen Zusammenhang selbst.

3. Die Seelsorgebewegung im 19. Jahrhundert

Seelsorge und Seelsorgelehre haben in der zweiten Hälfte des 19. Jahrhunderts ein immer stärker werdendes Interesse gefunden. Äußeres Zeichen dafür ist schon die Zahl der Publikationen zu seelsorgerlichen Themen, die in dieser Zeit rasch und erheblich zunimmt (einen recht unvollständigen Überblick geben die Literaturlisten bei H. A. Köstlin, Seelsorge, 88 f.; 141 f.).

Tatsächlich ist nach 1870 kaum ein Jahr ohne einen neuen Beitrag zur Seelsorge vergangen. Auch die Gründung einschlägiger Zeitschriften fällt in diese Epoche: „Pastoralblätter" (hg. v. A. Leonhardi und C. Zimmermann) 1858; „Halte was du hast", Zeitschrift für Pastoraltheologie (hg. v. G. F. Oehler) 1877 (seit 1904 unter dem Namen Monatsschrift für Pastoraltheologie fortgeführt); „Monatsschrift für Diakonie und Innere Mission" (hg. v. Th. Schäfer) 1876.

Freilich ist dieses neuartige Interesse an der Seelsorge nicht etwa von ihrer theologischen Bestimmung durch Schleiermacher ausgelöst worden. Es geht vielmehr zurück auf die Bewegung, die durch die Innere Mission begründet und bezeichnet ist und stellt selbst eine Seite dieser Bewegung dar. Zugrunde liegt dabei überall die neue Aufmerksamkeit, die die sozialen und sittlichen Verhältnisse „der Massen" und also die Verelendung weitester Kreise vor allem der städtischen Bevölkerung erfordern. Die Innere Mission entwickelte sich dabei zu einer Bewegung sozialpolitischer Praxis neben und außerhalb der Kirchen. In den einzelnen Kirchengemeinden und für die Tätigkeit des Gemeindepfarrers aber mußten die sozialen wie die kirchlichen Verhältnisse das Interesse auf den einzelnen und seine innere Lage lenken: Seelsorge war nun zu verstehen als wesentliche Aufgabe an denen, die der Kirche ferngerückt waren und also wiedergewonnen oder wieder eingegliedert werden sollten, zugleich aber so, daß diese seelsorgerliche Erneuerung der persönlichen Religion bei jedem einzelnen zur wahren und tieferen Rettung aus dem Elend der sozialen und sittlichen Not führen mußte. In diesem Sinn hat bereits O. Baumgarten die Entwicklungsgeschichte der Seelsorge im 19. Jahrhundert verstanden und beschrieben (Art. Seelsorge, in: RGG[1], V, 528 ff.; bes. 536 ff.). Er sieht die Seelsorgebewegung und den Aufstieg der Gemeindeseelsorge ganz von der Inneren Mission begründet: „So wollte sie mit dem Missionsgeist zugleich schlichte evangelische Lehre und praktische Liebestätigkeit verbreiten, wies statt Methodismus und Separatismus einen weiten Horizont, einen nationalen und sozialen Grundzug auf, führte alle spezielle und die allgemeine Seelsorge auf Wortverkündigung zurück ... und wollte die aus der gesunden Verbindung kirchlicher Gemeinschaft Zersprengten in diese zurückführen ..." (ebd.). Diese Sätze beschreiben das Programm der Gemeindeseelsorge im Blick sowohl auf deren Praxis wie auf die zeitgenössischen Texte der Seelsorgelehre.

Für die Praxis gilt freilich wohl die Kritik Baumgartens nicht zu unrecht: „Von der Inneren Mission her ist diese Seelsorge meist auch zu unmittelbar biblisch, naiv-rechtgläubig und unterläßt so die wirkliche Pflege der von modernen Problemen erfaßten Zweifler" (537). Man findet in den einschlägigen Zeitschriften nicht selten die schlichte Beschreibung seelsorgerlicher Aufgaben, die wie Entdeckungen gefeiert werden (z.B. A. Kirchner, Über die Seelsorge, in: „Halte was du hast", VI, 1883, 193 ff.).

Die Grundlagen für die dieser Bewegung entsprechende Seelsorgelehre finden sich bei C. I. Nitzsch (Praktische Theologie, Bd. 3, 1857). Das Programm kommt bereits in der Überschrift zum Ausdruck: „Die eigentümliche Seelenpflege des evangelischen Hirtenamtes mit Rücksicht auf die Innere Mission". Nitzsch übernimmt die Grundzüge, die Schleiermacher der Seelsorgelehre gegeben hatte.

Das beginnt mit der einheitlichen Organisation der Praktischen Theologie und der präzisen Begründung der Seelenpflege als eigener Disziplin in diesem Zusammenhang aus der Idee des Christentums selbst (1). Für die Aufgabenstellung der Seelenpflege hat Nitzsch in erkennbarem Anschluß an Schleiermacher die Formeln geprägt, die zum Grundbestand der Seelsorgelehre geworden sind: der leidende, der sündige, der irrende Mensch. Überhaupt gehört es zur theologischen Methode bei Nitzsch, den Gegenstand durch Distinktionen und Begriffe zu erläutern. Danach ist die Praxis der Seelsorge bestimmt als „Austeilung des göttlichen Wortes" zur „Erbauung des einzelnen Bewußtseins" (168 f.). Die „Individualisierung" des Wortes im Blick auf die besondere menschliche Situation heißt „Orthotomie" (ebd.). Sie erfordert vom Seelsorger „diagnostische" und „therapeutische" Gaben (118 ff.; 130 ff.). Auch nach der Art der Zugehörigkeit des Betroffenen zur Gemeinde ist zwischen einer mehr „conservativen" und einer mehr „emendativen" Seelsorge zu unterscheiden. Dieses ganze seelsorgerliche Instrumentarium aber empfängt Sinn und Zweck aus der Deutung der gegenwärtigen Weltlage: „Die unermessene Tiefe des Abfalles ist so offenkundig geworden, daß die ganze Arbeit der Kirche von vorn anzufangen hat, und das therapeutische Werk auf den Ausgangspunkt des halieutischen (Lk 5, 10) vor der Hand wieder zurücktreten, die Katechese bei den Mündigen, während sie fortfährt die Unmündigen zu erziehen, neu beginnen und der Grund der Erbauung neu gelegt werden muß" (19). Nitzsch hat dieses Urteil und damit die Aufgabe der Seelsorge in der Formel zusammengefaßt, daß „die Zeit der Inneren Mission" jetzt angebrochen sei (ebd.).

Das von Nitzsch entworfene Programm hat das Verständnis der Seelsorge in der Folgezeit wesentlich geprägt. Die Übertragung der Inneren Mission in die Gemeindeseelsorge, die Gliederung der seelsorgerlichen Aufgaben, vor allem aber die verbindliche Aufstellung, daß das seelsorgerliche Handeln „Austeilung des göttlichen Wortes" sei (und sein müsse, wenn denn seine Zwecke erreicht werden sollen) hat eine breite Aufnahme gefunden. So hat W. Otto (Evangelische praktische Theologie, 1869) unter Berufung auf Nitzsch und mit dem Hinweis auf Wichern (I,

408) die Seelsorge aus der Formel „Verkündigung des Evangeliums in der hirtenamtlichen Ansprache an einzelne Glieder der Gemeinde“ (I, 402) erklärt, und H. A. Köstlin hat dieses Verständnis in den Satz gefaßt, Seelsorge sei „die wirksame Bemühung um die Seelen im Interesse ihres persönlichen Heils durch das Mittel des Heilswortes, des Evangeliums“ (Seelsorge, 95). F. Wintzer hat die Wirkungen des Programms bis in die Gegenwart verfolgt: „Sachlich führt eine direkte Linie von Köstlins Konzeption der ‚Zudienung des Heilswortes an den Einzelnen‘ zu Asmussens und Thurneysens Seelsorgetheorie, die die Verkündigung des Wortes Gottes und den Zuspruch der göttlichen Vergebung zum Proprium der Seelsorge erklären“ (Seelsorge, 1978, XXII).

Im Laufe dieser Entwicklung sind freilich wesentliche Veränderungen eingetreten. Die erweckliche Bewegung, die dieses Seelsorgeprogramm ursprünglich getragen hatte, hat im Verlauf der Jahrzehnte ihre Vitalität eingebüßt, und an ihre Stelle sind mehr und mehr bloß äußerliche Formen der Frömmigkeit und ein verfestigter kirchlicher Lebensstil getreten. In diesem Rahmen erscheint die Theorie der Gemeindeseelsorge, zumal wenn sie sich (wie bei Köstlin) einer populär-dogmatischen Terminologie bedient, eher abstrakt und recht wirklichkeitsfremd. Freilich liegt nun in diesem Wechsel gerade eine neue Funktion: Die Seelsorgelehre wird immer weniger Darstellung realer Aufgaben und konkreter Vollzüge, und sie wird immer deutlicher Interpretation der Gesinnung, in der das seelsorgerliche Handeln geschieht, sie wird zur Auslegung des Bewußtseins derer, die sie ausüben. Gerade im Blick auf diesen Funktionswandel besteht das Urteil Wintzers zu Recht: „Das berufliche Identitätsproblem des Seelsorgers wird auf diese Weise rigoros, aber höchst eindeutig gelöst“ (ebd.).

Die Erlanger Praktische Theologie hat sich diesem Programm gegenüber distanzierter verhalten, und vor allem Th. Harnack hat sich deutlicher an Schleiermacher orientiert: Er hat die seelsorgerliche Aufgabe bestimmten Anlässen vorbehalten und jeden „Methodismus“ in der Seelsorge scharf kritisiert (Praktische Theologie, 1878, II, 291 ff.; 304). Ähnlich bestimmt G. v. Zezschwitz die Seelsorge an der Aufgabe, die gottesdienstliche Gemeinde im Blick auf Alltag und Welt zu bewahren (System der Praktischen Theologie, 1876, 473 ff.).

Das von Nitzsch begründete Verständnis der Seelsorge ist freilich auch noch in der Weise aufgenommen und fortgebildet worden, daß die sozialen und sozialpolitischen Grundgedanken der Inneren Mission deutlicher zum Tragen gebracht wurden. Eindrücklich haben vor allem E. Sulze (der dafür den Begriff „Seelsorgegemeinde“ geprägt hat) und O. Baumgarten diese Richtung vertreten (Texte bei F. Wintzer, 34 ff.; 41 ff.). Auch in anderer Weise zeigte sich das Bestreben, die seelsorgerliche Aufgabe realistischer, praktischer und effizienter zu verstehen. So hat

Chr. Palmer hier vor allem eine pädagogische Aufgabe gesehen und die Seelsorge als „Gemeindeerziehung“ bezeichnet (Pastoraltheologie, 1863[2], 212). Seine Auffassung ist von F. Niebergall (Praktische Theologie, Bd. 2, 1919, 365 ff.) weitergeführt worden. In diesem Zusammenhang ist die Bedeutung empirischer Fragen für die soziologische und psychologische Orientierung der seelsorgerlichen Praxis zur Geltung gebracht worden. Instruktive Beispiele dafür bieten P. Drews (Text bei F. Wintzer, 54 ff.), H. Bechtolsheimer (Seelsorge in der Industriegemeinde, 1907) und P. Blau (Praktische Seelsorge in Einzelbildern aus ihrer Arbeit, 1912).

Bis zur Mitte des 20. Jahrhunderts haben sich diese Grundlinien im Verständnis der Seelsorge fortgesetzt und erhalten. Dabei ist die kirchlich-traditionelle Richtung vor allem im Umkreis der Dialektischen Theologie aufgenommen und weitergebildet worden. Zum Leitbegriff wurde dabei die Formel von der Seelsorge als „Verkündigung des Wortes Gottes“.

Ganz ähnlich wie auf dem Gebiet der Homiletik (s. u. S. 343 f.) wurde auch hier der überall konstatierten Krise der Rekurs auf die theologischen Grundfragen entgegengesetzt. E. Thurneysen hat das bereits 1928 in einem programmatischen Aufsatz getan (Rechtfertigung und Seelsorge, in: ZZ 6, 1928, 197 ff.; F. Wintzer 73 ff.) und zwar mit der Absicht, Seelsorge nur als Verkündigung des Wortes Gottes und also in klarer Unterscheidung von anderen Weisen der Zuwendung zum Menschen verstehen zu lehren. Ähnlich hat H. Asmussen (Die Seelsorge, 1934) die seelsorgerliche Verkündigung aus allen möglichen Zusammenhängen herausgehoben, indem er aus der lutherischen Tradition die Unterscheidung von Gesetz und Evangelium heranzog, um die Seelsorge allein dem Evangelium, dem Gesetz aber die Aufgabe der „Seelenführung“ zuzuordnen. Thurneysen hat später (Die Lehre von der Seelsorge, 1948) die These von der Seelsorge als Verkündigung verbunden mit der altreformierten Auffassung der Seelsorge als Mittel dafür, das Verhältnis des Einzelnen zur Gemeinde zu erneuern und zu stärken (§ 9 ff., 26 ff.; zum ganzen vgl. Wintzer, XXVIII ff.).

Im Rahmen des kirchlich-traditionellen Begriffs hat W. Trillhaas (Der Dienst der Kirche am Menschen, 1950) für das Seelsorgeverständnis grundlegende theologische Aspekte mit solchen des empirischen Gemeindelebens und der pastoralen Praxis zu vermitteln gesucht. In diesem Sinne hat er „Stufen der Seelsorge“ unterschieden und der allgemeinen eine spezielle Seelsorgelehre an die Seite gestellt (87 ff., 147 ff.). Ganz ähnlich hat A. D. Müller die Seelsorgelehre dargestellt (Grundriß der Praktischen Theologie, 1950, 278 ff.). Auch H. O. Wölber, der die Seelsorgelehre (Das Gewissen der Kirche, 1963) als „Theologie der Sorge um den Menschen“ versteht, ist dieser Richtung zuzurechnen.

Neben die Rezeptionen und Umformungen, die das Konzept der traditionellen Gemeindeseelsorge in dieser Epoche fortgeführt haben, war indessen längst die an der neuen Psychologie orientierte Seelsorge getreten, freilich zumeist in dem Sinne, daß damit der Seelsorge und der Seelsorgelehre eine neue und eigene Richtung gegeben werden sollte (s. u. § 13). Von der Absicht, gerade die Verbindung der traditionellen Seelsorge mit den Einsichten der Psychologie zu suchen, waren vor allem die Entwürfe geleitet, die sich an die Tiefenpsychologie C. G. Jungs angeschlossen haben (s. u. S. 176 f.). Die Entwicklung der Seelsorgelehre vor allem in den ersten Nachkriegsjahrzehnten und unter Einschluß der katholischen Pastoraltheologie hat W. Offele dargestellt (Das Verständnis der Seelsorge in der pastoraltheologischen Literatur der Gegenwart, 1965).

§ 13 Grundzüge der Seelsorgelehre

1. Seelsorge und Psychologie

Von Anfang an ist in der Seelsorge des 19. Jahrhunderts die Forderung vertreten worden, daß der Seelsorger Menschenkenntnis besitzen müsse: „Wir sinnen billig dem Seelenpfleger Menschen-Kenntnis an, daß er sich auf das menschliche Herz und Wesen nach dem Maße unserer Beschränktheit recht gründlich verstehe" (C. I. Nitzsch, Praktische Theologie, Bd. 3, 1857, 119). Als eine wesentliche Quelle dafür wird die Selbsterkenntnis empfohlen: „Intensiv größere Menschenkenntnis begründet sich mit der Selbsterkenntnis zugleich" (120). Diese Forderung wird indessen nicht nur erhoben, sie wird auch begründet: „Ist das Wort Gottes wirklich für alle und für alles da, so muß es sich individualisieren nach Zeit, Ort und Person" (118). Dahinter steht die Überzeugung, daß die Seelsorge nicht allen dasselbe und jedem das gleiche mitzuteilen habe, daß vielmehr „in rechter Weise dem Worte Zugang zum Herzen gewonnen werden soll" (127): Diese Aufgabe, das individuelle Wort zu finden, wird zur Aufgabe des Seelsorgers. Die Individualität, der das Wort dann zugedacht ist, wird anschaulich durch die Fülle der Lebensumstände und -verhältnisse und unter Rücksicht auf den ganzen Zusammenhang der Biographie (123 ff.). In dem Maße, in dem der Seelsorger die Besonderheit und das Eigene an der Lebenslage eines Menschen zu erkennen vermag, wird er das richtige Wort finden (132 ff.).

Nitzsch hat damit eine wesentliche Grundlinie aus dem Seelsorge- und Menschenverständnis von Pietismus und Aufklärung fortgebildet: Seelsorge wird zum persönlichen Wort des Seelsorgers. Das aber setzt in der Tat Kenntnisse und Fähigkeiten voraus, die immer erst erworben werden müssen.

Zur Vermittlung solcher für die Seelsorge nötigen Kenntnisse sind sehr bald schon entsprechende Schriften erschienen. Zu den frühesten gehören die „Beiträge aus der Seelsorge für die Seelsorge" von C. Windel, Seelsorger an der Berliner Charité (5 Hefte, 1872–1876). Obwohl der Begriff „Psychologie" in der zweiten Hälfte des 19. Jahrhunderts teils noch unverändert eine philosophische Disziplin, teils schon eine an der Physiologie orientierte Naturwissenschaft bezeichnet (vgl. K. Hagenbach, Enzyklopädie, 1864[7], 73), findet das Wort bei Windel bereits Verwendung für die Menschenkenntnis, die dem Seelsorger vermittelt werden soll: Er spricht von „Mitteilungen von psychologischen Beobachtungen und persönlichen Erfahrungen aus dem Gebiet der Seelsorge" (Heft 1, V). Windel will seine persönlichen Erfahrungen und Einsichten anderen Seelsorgern zugänglich machen. Die Themen, die er dabei erörtert, haben seither an Bedeutung kaum verloren: Windel behandelt vier psychologische Grundformen menschlichen Daseins in ihrer Bedeutung für das Erleben von Krankheit, aber auch für das religiöse Gespräch in verschiedenen Fällen. Er knüpft dabei an die alte Typologie der vier Temperamente an (Heft 1, 1872, 1 ff.). Sein Hauptthema aber ist die Praxis der Krankenhausseelsorge, die er im Blick auf verschiedene Krankheitsbilder eingehend erörtert. Dabei kommt auch die „Wechselwirkung der somatischen und psychischen Einflüsse" (Heft 2, 83 ff.) zur Sprache, und ein über längere Zeit mit einem Todkranken geführtes Gespräch wird ausführlich (und gelegentlich wörtlich) wiedergegeben (Heft 4, 106 ff.). Noch ältere Wiedergaben von seelsorgerlichen Gesprächen beschreibt R. Schmidt-Rost (Der Pfarrer als Seelsorger, in: WzM 31, 1979, 284 ff.).

Bei H. A. Köstlin (Die Lehre von der Seelsorge, 1907[2], 173 f.) findet sich bereits eine Aufzählung von Literatur unter dem Stichwort „Psychologie". Als Ziel eines solchen Studiums der Psychologie bezeichnet Köstlin „die Förderung der Menschenkenntnis und Seelenkunde, die uns dazu hilft, die Menschen zu verstehen und einem jeden das Evangelium von der Seite nahezubringen, die seinem Verständnis am nächsten liegt" (174).

Seit dem Ende des 19. Jahrhunderts ist die Psychologie zu einer wissenschaftlichen Disziplin von eigenem Rang und neuer Bedeutung geworden. Damit ergaben sich naturgemäß auch neue Grundlagen für das Verhältnis dieser Psychologie zur Seelsorge.

Die neue Entwicklung in der Psychologie hat auf zwei ganz verschiedenen Gebieten eingesetzt und entsprechend zwei Grundformen der Psychologie hervorgebracht: einerseits die empirische Psychologie, die von W. Wundt (1832–1920) mit dem Leipziger „Institut für experimentelle Psychologie" (1876) begründet wurde und die zunächst in Europa, später aber vor allem in Amerika eine verbreitete und folgenreiche Aufnahme gefunden hat (s. o. § 7); andererseits die Psychoanalyse, die in Gestalt der Freud'schen Theorie zu einer völlig neuen Psychologie wurde und die sich in eine große Zahl von Schulen, Richtungen und Praktiken aufgefächert hat; freilich hat sich neben diesen therapeutischen und naturwissenschaftlichen Psychologien auch die philosophische Psychologie weiterhin aus- und fortgebildet (z. B. L. Klages, 1872–1956, Die Grundlagen der Charakterkunde, 1951[11]; K. Jaspers, 1883–1968, Psychologie der Weltanschauungen, 1954[4]). Für die Seelsorgelehre in Deutschland hat zunächst vor allem die Psychoanalyse Bedeutung gewonnen. Die Geschichte dieser Verhältnisbestimmung ist von sehr verschiedenen Themen und Fragestellungen geprägt worden. Es sind vor allem vier Aspekte, die sich dabei unterscheiden lassen.

Einer Orientierung über diese Aspekte dient bereits der Abschnitt „Seelsorge und Psychotherapie" im „Arbeitsbuch Praktische Theologie" (hg. v. F. Wintzer, 1982, 116 ff.). Die wichtigsten Texte, in denen sich diese Geschichte dokumentiert, sind gesammelt bei V. Läpple und J. Scharfenberg (Psychotherapie und Seelsorge, 1977). Ausführliche Literaturangaben und ausgewählte Texte bietet F. Wintzer (Seelsorge, 1978).

1. Der Schweizer Pfarrer Oskar Pfister (1873–1956) hat bereits seit 1903 auf die Bedeutung der Psychoanalyse für Katechetik und Seelsorge aufmerksam gemacht. Seine Anregungen sind freilich, wie die Psychoanalyse selbst, vor allem auf Kritik und Ablehnung gestoßen (vgl. V. Läpple und J. Scharfenberg, 11 ff.; 55 ff.). Pfister hat sein Programm für die Rezeption der Psychoanalyse später im Zusammenhang ausgearbeitet (Analytische Seelsorge, 1927). Hier bezeichnet er die Psychoanalyse als ein „Hilfsmittel" dafür, den schwierigen Seelennöten gerade in der Seelsorge entgegentreten zu können (4). Analytische Seelsorge ist danach „diejenige Tätigkeit, welche durch Aufsuchung und Beeinflussung unbewußter Motive religiöse und sittliche Nöte und Schäden zu überwinden trachtet" (10). Zu diesen Schäden rechnen Probleme der Sexualität, Verhaltensstörungen, Aberglauben und andere Glaubensveränderungen. Pfister versteht die Psychoanalyse als eine psychotherapeutische Methode, die dem Seelsorger eine neue Form seiner praktischen Arbeit erschließen sollte. Er hat deshalb eine entsprechende Ausbildung für möglichst viele Pfarrer für wünschenswert gehalten.

Eine Einführung in Pfisters Programm findet sich im Vorwort, das Th. Bonhoeffer dem Neudruck des Buches „Das Christentum und die Angst" vorangestellt hat (1975[2]).

2. Demgegenüber hat der schlesische Pfarrer W. Buntzel (Die Psychoanalyse und ihre seelsorgerliche Verwertung, 1926) auf Unvereinbarkeiten zwischen der Freud'schen Lehre und dem Christentum hingewiesen (Libidomonismus, Sündenverständnis, 46) und deshalb eine andere Verwertung der Psychoanalyse vorgeschlagen, die in einer „mehr mittelbaren Nutzung psychoanalytischer Kenntnisse und Einsichten zur Menschenbeurteilung ..." besteht (48). Eine methodisch durchgeführte Praxis der Psychoanalyse „mit allen ihren technischen Einzelheiten" soll dagegen nicht von der Seelsorge übernommen, sondern der ärztlichen Therapie

überlassen werden (ebd.). In diesem Sinne hat E. Pfennigsdorf den Begriff der „Hilfswissenschaften" eingeführt: Sie „lehren uns, eine jede in ihrer Weise, ein für die Praktische Theologie wichtiges Wissensgebiet kennen. Aber sie vermögen nicht, die für diese Gebiete geltenden Ziele und Normen aufzustellen. Sie sagen nur, was ist, nicht, was sein soll" (Praktische Theologie, Bd. 1, 1929, 17).

Diese Unterscheidung im Blick auf den Nutzen der Psychoanalyse für die Seelsorge ist von der Entwicklung der Freud'schen Theorie selbst nahegelegt worden. Freud hat die Psychoanalyse in einem ersten Stadium rein als therapeutische Methode zur Behandlung von funktionellen Nervenkrankheiten – vor allem der zeitgenössischen Hysterie – verstanden (vgl. dazu Freuds Arbeiten in GW Bd. 1; ferner F. Wintzer, Seelsorge, 1978, 145 ff.). Erst danach ist sie auch für Freud zur Theorie des menschlichen Seelenlebens überhaupt geworden mit dem Ziel, alle seelischen Phänomene durch einen theoretischen Zusammenhang von Hypothesen zu verbinden und zu erklären. Danach ist die Krankheits- oder Neurosenlehre nur ein Teilgebiet der psychoanalytischen Theorie, die in dem Maße, in dem ihre Erklärungen Plausibilität erlangen, zum exemplarischen Feld für den Gewinn subtiler Menschenkenntnis wird. In einem letzten Stadium ist die Psychoanalyse zur Kulturtheorie geworden, zu einer umfassenden Erklärung der modernen Lebenswelt als Resultat psychologischer Verhältnisse und Prozesse (z. B. Kulturleistung als Triebverzicht, vgl. dazu D. Rössler, Art. Freud, in: TRE 11, 578 ff.).

Pfennigsdorfs Urteil und seine Formel von der Psychoanalyse als „Hilfswissenschaft" haben Eingang auch in die weitere Seelsorgelehre gefunden. E. Thurneysen, der in der „Lehre von der Seelsorge" (1948) die Exklusivität des seelsorgerlichen Gesprächs mit einer breit angelegten Zuwendung zu allen menschlichen Problemen zu verbinden sucht, spricht ebenfalls von der Psychologie als einer „Hilfswissenschaft", bei deren Gebrauch freilich auf „weltanschauliche Voraussetzungen" (174) zu achten sei. W. Trillhaas verweist auf die Tiefenpsychologie zur „Ausweitung unserer Kenntnis des Menschen" (Der Dienst der Kirche am Menschen, 1950, 221), aber auch auf die deutliche Grenze zur Psychoanalyse als therapeutischer Methode (230). Im Bereich dieser Seelsorgelehre wird also das klassische Verständnis der Seelsorge als das persönliche religiöse Wort des Seelsorgers mit der Auffassung der Psychoanalyse als einer Theorie des menschlichen Seelenlebens verbunden.

Während Pfister wenig Zustimmung fand für das Programm, psychoanalytische Methoden in die Seelsorge zu überführen, ist die Jung'sche Tiefenpsychologie auch in diesem Sinn rezipiert worden. Nach O. Haendler (Tiefenpsychologie, Theologie und Seelsorge, hg. v. J. Scharfenberg und K. Winkler, 1971) hat vor allem W. Uhsadel dem Seelsorger nicht nur Kenntnisse, sondern auch Fähigkeiten und eine gewisse Praxis auf tiefenpsychologischem Gebiet empfohlen (Evangelische Seelsorge, 1966, 60ff.).

Eine ähnliche Stellung nimmt H. Schär ein (Seelsorge und Psychotherapie, 1961). Die ältere Diskussion, die das Verhältnis von Seelsorge und Psychotherapie (und das von Psychoanalyse und Religion, vgl. dazu E. Nase und J. Scharfenberg, Psychoanalyse und Religion, 1977) lebhaft verhandelt hatte (vgl. z. B. die Schriftenreihe Arzt und Seelsorger, hg. v. C. Schweizer, 1925 ff.), ist nach 1945 vor allem von Schülern der Jung'schen Tiefenpsychologie aufgenommen und fortgeführt worden (W. Bitter, Hg., Arzt und Seelsorger, 1953 ff.; R. Affemann, Tiefenpsychologie als Hilfe in Verkündigung und Seelsorge, 1956).

3. Eine neue Konstellation für das Verhältnis von Seelsorge und Psychologie entstand durch die amerikanische Seelsorgebewegung, die seit Beginn der sechziger Jahre in der Praktischen Theologie und in der kirchlichen Ausbildung mit großer Zustimmung aufgenommen wurde. Damit erschloß sich der Zugang zu einer Praxis, die ihrerseits auf den psychologischen Empirismus zurückgeht, wenngleich natürlich Austausch und Wechselbeziehungen zwischen empirischen und psychoanalytischen Psychologien das Gesamtbild wesentlich mitbestimmt haben. Im Zusammenhang mit dieser Rezeption traten für das Verständnis der seelsorgerlichen Aufgabe diejenigen Akzente deutlicher hervor, die auch schon das Pfister'sche Konzept bestimmt hatten: Seelsorge soll auch und wesentlich „Lebenshilfe" sein. Die Veränderungen im Verständnis der Seelsorge betrafen dabei vor allem die Person des Seelsorgers selbst und seine Absichten. Die Konzentration auf das eindeutig religiöse Wort hatte dazu geführt, daß die religiöse Gesinnung des Seelsorgers zum Maßstab für das seelsorgerliche Gespräch wurde, und daß die Frage nach dem Resultat eines solchen Gesprächs prinzipiell offen blieb. Darin lag einerseits eine grundlegende Befreiung der seelsorgerlichen Aufgabe von allen Leistungen und Erfolgszwängen, andererseits aber auch der Verzicht auf eine greifbare Wirksamkeit. Die Veränderungen im Verständnis der Seelsorge führten dazu, daß die Aufgabe der „Lebenshilfe" jetzt deutlicher an praktischen Methoden für das seelsorgerliche Gespräch und an deren Resultaten orientiert wurde. Damit entstand für den Seelsorger ein neuer Spielraum des Handelns, der durch neue Aspekte der Aufgabe, vor allem aber durch neue Verfahren und Arbeitsweisen bestimmt werden konnte.

Die Konzepte der Seelsorge in Amerika wurden bereits in den zwanziger Jahren begründet, und zwar im Umkreis religionspsychologischer Fragestellungen. Diese Psychologie suchte den Menschen als „lebendiges Dokument seiner Religiosität" zu verstehen und zu analysieren. Daraus ergab sich eine methodische Strukturierung auch des seelsorgerlichen Gesprächs. Später traten gesprächs- und gruppenpsychologische Verfahren hinzu. Diese Entstehungs- und Entfaltungsgeschichte ist eingehend beschrieben bei D. Stollberg (Therapeutische Seelsorge, 1969, 36 ff.). Hier werden auch die drei Grundbegriffe der Seelsorgebewegung erläutert: Pastoralpsychologie (als Anwendung der Psychologie auf die Tätigkeit des Seelsorgers, 60 ff.); beratende Seelsorge (Pastoral counseling, das methodisch geführte Gespräch, 65 ff.); klinische Seelsorgeausbildung (KSA, ein Programm, das theoretische, gesprächsmethodische und gruppenpraktische Teile in einem Kursus verbindet, 74 ff.).

4. Die jüngste Entwicklung der Psychologie ist vor allem dadurch gekennzeichnet, daß Programme psychologischer Praxis ganz in den Vordergrund getreten sind. In großer Zahl haben sich Richtungen, Schulen, Methoden und Verfahrensweisen gebildet, die nicht mit dem Anspruch einer Theorie zur Erklärung des Seelenlebens, sondern zu therapeutischen Zwecken, zur Effizienzsteigerung von Arbeitsprozessen oder zur Persönlichkeitsentwicklung angeboten werden (siehe dazu den Exkurs zur Praxis der Seelsorge). Dazu gehört auch der große Aufschwung, den die empirisch-experimentelle und die klinische Psychologie erlebt haben. Für die Seelsorge ergab sich daraus, daß eine Fülle von Methoden und Techniken psychologischer Praxis zur Vertiefung oder Erweiterung der seelsorgerlichen Arbeit aufgenommen werden konnte. Freilich sind alle diese Verfahren nur vermittels der für sie jeweils typischen Ausbildungen zugänglich. Insofern handelt es sich auch hier (vgl. § 11,3) um eine Professionalisierung der seelsorgerlichen Aufgabe. Diese Entwicklung hat ihren Niederschlag in der Gründung der „Deutschen Gesellschaft für Pastoralpsychologie" (DGfP) 1972 gefunden. In dieser Gesellschaft sind vier Hauptrichtungen der Psychologie als Sektionen unterschieden: Tiefenpsychologie, Gruppendynamik, Klinische Seelsorgeausbildung, Kommunikations- und Verhaltenspsychologie.

In dieser Konstellation ist das Motiv der „Hilfswissenschaft", die theoretische Erweiterung der Menschenkenntnis für den Seelsorger bietet, in den Hintergrund gedrängt. Als psychologische Theorie käme dafür auch nur die Tiefenpsychologie in Betracht, die andererseits aber in die seelsorgerliche Praxis nicht einfach übertragen werden kann (vgl. dazu K. Winkler, Psychotherapie und Seelsorge, in: Psychotherapie und Seelsorge, hg. v. V. Läpple und J. Scharfenberg, 388). So vermittelt J. Scharfenberg (Seelsorge als Gespräch, 1972) auf der Grundlage der psychoanalytischen Theorie Kenntnisse und Einsichten über das seelsorgerliche Gespräch, nicht aber direkt verwertbare Gesprächsmethoden.

Für die Übernahme praktisch-psychologischer Verfahren in die Seelsorge ergeben sich zwei mögliche Schwerpunkte: Einmal steht die Person des Seelsorgers im Mittelpunkt mit dem Ziel, einen seelsorgerlichen Habitus zu fördern, also etwa Wahrnehmungsfähigkeit und affektive Selbstkontrolle zu stärken. Diese Zielsetzungen spielen in der KSA eine große Rolle. Sodann können die methodischen Fähigkeiten des Seelsorgers zur Ausbildungsaufgabe gemacht werden. Diesem Zweck dienen sowohl gruppendynamische Methoden wie Gesprächsanalysen oder Übungen mit Interventionsverfahren. Die Einübung solcher Fähigkeiten wird auch für andere Gebiete der Praktischen Theologie empfohlen (z.B. H.Chr. Piper, Predigtanalysen, 1976).

Die Entwicklung im Verhältnis von Seelsorge und Psychologie hat in jüngster Zeit vor allem zur Rezeption praktischer Methoden aus der Psychologie geführt. Hier liegt heute das eigentliche Schwergewicht. Für die kommunikativen Fähigkeiten des Seelsorgers und für die Praxis des seelsorgerlichen Gesprächs werden psychologische Verfahrensweisen eingeführt, die die Kompetenz der Seelsorge für ihre eigenen Aufgaben und Ziele stärken und steigern sollen. Es kann nicht gut bezweifelt werden, daß diese Entwicklung zu einer Vertiefung und Vermehrung der seelsorgerlichen Handlungsmöglichkeiten geführt hat, deren Bedeutung kaum überschätzt werden kann. Diese Bedeutung liegt zunächst darin, daß der Seelsorger, der etwa mit Methoden der Gesprächsführung bekannt gemacht ist, für die Praxis eines seelsorgerlichen Gesprächs nicht mehr allein auf sich selbst gestellt und auf das angewiesen bleibt, was ihm mehr oder weniger zufällig an persönlicher Fähigkeit zur Führung eines solchen Gesprächs zugewachsen ist. Sodann aber liegt die Bedeutung darin, daß das Handlungsgebiet der Seelsorge als ganzes einen neuen Stellenwert im Rahmen des kirchlichen Handelns überhaupt gewonnen hat. Die Seelsorge ist zu einer Funktion der Kirche geworden, die deren Bild sowohl nach außen wie nach innen wesentlich prägt. Damit ist wohl zum ersten Mal in der Geschichte des Protestantismus den Aufgaben, die durch die seelsorgerliche Zuwendung zum einzelnen Menschen wahrgenommen werden, eine selbständige und anderen Aufgaben nicht nachstehende Bedeutung für die geschichtliche Praxis des Christentums zugemessen. In diesen Resultaten hat sich spät realisiert, was in der Seelsorgebewegung des 19. Jahrhundert angelegt und begründet war.

Allerdings muß dieser Entwicklung eine Reihe von kritischen Einwänden und Rückfragen entgegengehalten werden, die keineswegs nur äußerliche oder beiläufige Züge darin betrifft. Das ist 1. die Grundfrage nach dem Gewicht, das den psychologischen Methoden der Arbeit für die Arbeit selbst zugewiesen wird: Sinn und Begriff der seelsorgerlichen Aufgabe sind der Praxis so vorgegeben, daß die legitime Erfüllung dieser Aufgabe gerade nicht vom Einsatz der Methoden abhängig gemacht werden kann. Alle diese zusätzlichen Arbeits- und Verfahrensweisen sind in diesem Sinne relativ, sie sind möglich, aber nicht notwendig. Es ist die Frage, ob diese grundsätzliche Relativität hinreichend Rücksicht findet. In diesen Zusammenhang gehört 2. das Problem der Professionalisierung. Verträgt sich mit einem sachgemäßen Verständnis der evangelischen Seelsorge die Vorstellung, daß die Ausbildung und die Kompetenz, die man für das evangelische Pfarramt fordert, als unzureichend angesehen werden für die Aufgaben der Seelsorge? Muß nicht in Rechnung gestellt werden, daß nicht jeder für die Ausbildung in psychologischen Methoden geeignet ist? Wäre er deshalb zum Seelsorger ungeeignet? Zudem fördern diese Ausbildungen eine Kompetenz, die individuellen Weisen der Anwendung und Durchführung der jeweiligen Methoden nur begrenzt Raum bietet. Ist demgegenüber aber nicht gerade die evangelische Seelsorge eine Funktion der Individualität des Seelsorgers? Und zwar bis zu dem Grade, daß zwei Seelsorger in denselben Fragen und unter völlig gleichen Umständen dennoch zu ganz widersprüchlichen Lösungen ihrer seelsorgerlichen Aufgabe kommen könnten? Sodann ist 3. zu bedenken, ob nicht die Ziele der seelsorgerlichen Arbeit durch die Rezeption psychologischer Methoden verändert oder zumindest doch beeinflußt werden. Die psychologischen Arbeitsformen verdanken sich in der Regel nicht einem umfassenden und theoretischen Erklärungszusammenhang, sondern methodisch aufbereiteter Erfahrung. Deshalb ist ihnen eine „Anthropologie", die sich dann auch im Zusammenhang der Seelsorge durchsetzen könnte, nicht ohne weiteres zuzuschreiben. Gleichwohl aber sind sie mit Zielsetzungen verbunden, die nicht schon von sich aus dasselbe sind wie die Aufgaben der Seelsorge: Die Ziele der psychologischen Verfahren, die etwa als Lernprozeß, als Gewinn von Einsicht über sich selbst, als Fort- oder Weiterentwicklung der Persönlichkeit oder als Reifungsprozeß bezeichnet werden, können sehr wohl im Einzelfall mit dem Ziel der seelsorgerlichen Aufgabe übereinstimmen. Nicht selten aber wird diese seelsorgerliche Aufgabe letztlich von der Vermittlung der religiösen Tradition bestimmt werden müssen, wie das etwa durch den Trost in einer Situation der Trauer bezeichnet wird. Was aber leisten die Methoden für diese seelsorgerliche Aufgabe? Besteht nicht die Gefahr, daß gerade in solchen Fällen die methodische Förderung des Gesprächs mehr Gewicht erhält als die Frage nach seinem Inhalt? Diese Fragen sind bereits in eingehenden Diskussionen von verschiedenen Seiten behandelt worden, vgl. dazu besonders die Themahefte „Umstrittene Seelsorge" (WzM 30, 1978, Heft 10) und „Methodenpluralismus und Einheit der Methode" (WzM 32, 1980, Heft 11/12), sowie D. Rössler, Die Methoden in der kirchlichen Ausbildung (in: WzM 29, 1977, 433 ff.); ferner H. Tacke (Glaubenshilfe als Lebenshilfe, 1975) und „Seelsorge im Spannungsfeld" (hg. v. H. Reller und A. Sperl, 1979).

2. Allgemeine Seelsorgelehre

Die Aufgabe der allgemeinen Seelsorgelehre muß darin bestehen, die theologischen Grundlagen der seelsorgerlichen Praxis in Kirche und Christentum zu bedenken und Sinn und Grenzen dieser Praxis kritisch zu prüfen. Seelsorge wird nicht durch die Seelsorgelehre hervorgebracht. Die Zuwendung zum einzelnen Menschen, die im Namen des Christentums und im Auftrag der Kirche die Bedürftigkeit dieses Menschen wahrzunehmen sucht, ist zunächst immer von der Unmittelbarkeit dieser Aufgabe und von ihrer Evidenz bestimmt. Aufgaben der Seelsorge sind zudem immer geschichtliche Aufgaben in dem Sinne, daß sie von den Verhältnissen der jeweiligen Epoche, wenn nicht hervorgebracht, so doch geprägt sind und die Züge der eigenen Zeit tragen. Deshalb bedarf offenbar gerade die seelsorgerliche Aufgabe immer wieder einer zeit- und sachgemäßen Neubestimmung. Trauer war als Aufgabe des Seelsorgers von ganz anderer Art in einer Zeit, in der die Lebenserwartung unter 50 Jahren und die Kindersterblichkeit über 30 % lagen, in der aber deshalb die Teilnahme an Leiden und Sterben anderer zum selbstverständlichen Erfahrungsbestand auch Jugendlicher gehörte, als die Trauer es ist, die heutigen Menschen als plötzlicher und in jedem Sinn völlig unerwarteter Einbruch in den Wohlstand der eigenen privaten Welt zugemutet wird. Deshalb wird die Seelsorgelehre Grundlinien anzugeben haben, von denen sich das seelsorgerliche Handeln leiten zu lassen vermag, und Grenzen zu bestimmen, innerhalb derer die Seelsorge ihrer Aufgaben, ihres Mandats und ihrer Legitimation gewiß sein kann.

Die neueren Definitionen der Seelsorge sind in der Regel programmatisch gemeint und in der Absicht formuliert, andere oder abweichende Definitionen zu ersetzen. Das gilt zumindest seit H. Asmussens dem Stile der Zeit gemäßer Formulierung: „Unter Seelsorge versteht man nicht diejenige Verkündigung, welche in der Gemeine geschieht, sondern man versteht darunter das Gespräch von Mann zu Mann, in welcher dem Einzelnen auf seinen Kopf zu die Botschaft gesagt wird“ (Die Seelsorge, 1934, 15). Neuere Formulierungen, Definitionen oder Erklärungen sind gesammelt bei R. Riess (Seelsorge, 1973) und H. Daewel (in: Handbuch der Seelsorge, hg. v. I. Becker u. a., 1983, 55).

In der Regel ist allen diesen definitorischen Bestimmungen der Seelsorge gemeinsam, daß sie Absichtserklärungen sind für das, was der Seelsorger zu tun hat oder zu tun bereit sein soll: Das gilt für die „verkündigende Seelsorge“ ebenso wie für die „beratende Seelsorge“, es gilt aber auch für die „partnerschaftliche“, die „eduktive“ oder auch die „nouthetische“ Seelsorge. In diesen Begriffsbildungen ist neben der Intention des Handelnden ebenfalls noch das Instrumentarium oder das Mittel dieses Handelns bezeichnet. Dadurch aber können Einschränkungen oder Abgrenzungen entstehen, die der seelsorgerlichen Aufgabe nicht dienlich sind, zumal, wenn solchen Erklärungen ein exklusiver Sinn zugeschrieben wird. So hat schon H. Asmussen, um der Exklusivität seiner Seelsorgedefinition willen, einen neuen Begriff einführen müssen: „Seelenführung“ (43 ff.) faßt alles zusammen, was der Seelsorger zwar als Seelsorger zu besprechen und zu besorgen hat, was aber eben nicht als „reine Verkündigung“ bezeichnet werden kann.

Das Verständnis der Seelsorge muß aus dem Verständnis der Aufgabe, die ihr gestellt ist, hergeleitet werden. Erst darauf hin können sinnvoll Absichten und Mittel des Handelns erwogen und bestimmt werden. Immer dann, wenn allein einem Modus des seelsorgerlichen Handelns in dem Sinne der Vorzug von vornherein gegeben wird, daß „auf jeden Fall“ und „unter allen Umständen“ so zu handeln ist, wird offensichtlich der mögliche Anspruch der Aufgabe ignoriert. Nach evangelischem Verständnis aber ist die Praxis der Seelsorge eben durch das Auftreten entsprechender Aufgaben im Zusammenhang der Christentumsgeschichte erst begründet (s. o. S. 155) worden. Infolgedessen muß zunächst ein angemessenes Verständnis dieser Aufgabe gesucht werden.

In einem ganz generellen Sinn läßt sich diese Aufgabe im Begriff der „Lebensgewißheit" zusammenfassen: Seelsorge ist Hilfe zur Lebensgewißheit, sie soll die Lebensgewißheit stärken, fördern, erneuern oder begründen. Dabei ist vorausgesetzt, daß Lebensgewißheit notwendig zum Bestand eines christlichen Begriffs menschlicher Existenz hinzugehört, aber auch, daß diese Lebensgewißheit verloren oder gestört oder beschädigt werden kann und daß also aus einem solchen Mangel an Lebensgewißheit die Aufgabe der Seelsorge entsteht und begründet wird.

Damit ist diese Aufgabe zunächst als eine wesentlich religiöse Aufgabe verstanden, sofern der Begriff Lebensgewißheit von sich aus auf den religiösen Zusammenhang verweist; sodann aber ist damit die seelsorgerliche Aufgabe deutlich von allen denjenigen Bemühungen unterschieden, die an der Lebensfähigkeit des Menschen orientiert sind. Da Einschränkungen der Lebensfähigkeit in der Regel als Krankheit verstanden werden, ist Lebensfähigkeit weithin nichts anderes als Gesundheit. In diesem Sinn definiert Lebensfähigkeit das Ziel des ärztlichen und jedes therapeutischen Handelns und zwar auch dann, wenn Lebensfähigkeit als Gesundheit nicht – technisch mißverstanden – die Abwesenheit von Störungen bezeichnet, sondern die Kraft, mit ihnen zu leben (vgl. dazu D. Rössler, Der Arzt zwischen Technik und Humanität, 1977, 73). Lebensgewißheit aber hat mit Krankheit oder Gesundheit nur indirekt zu tun: Lebensfähigkeit beruht in aller Regel auch auf Lebensgewißheit, umgekehrt aber ist Lebensgewißheit unabhängig von der Lebensfähigkeit eines Menschen. Gerade dann, wenn für seine Lebensfähigkeit nichts mehr getan werden kann und nichts mehr zu hoffen ist, sollte seine Lebensgewißheit gestärkt, gefördert und vertieft werden.

Im Begriff der Lebensgewißheit sind drei Perspektiven dieser Gewißheit zusammengefaßt, von denen jede auf eine besondere Ausrichtung der seelsorgerlichen Aufgabe verweist. Dadurch gewinnt die seelsorgerliche Praxis ihrerseits drei unterschiedliche Perspektiven. Indessen bleiben sie Perspektiven eines ganzen und in sich einheitlichen Handelns, gerade wenn darin in Rücksicht auf die Art der Aufgabe ihre unterschiedlichen Akzente deutlicher hervortreten können.

1. Lebensgewißheit ist Gewißheit über den Grund meiner Existenz. Es ist die Gewißheit, nicht bloß zufällig, beliebig und willkürlich da zu sein und also ebenso zufällig und willkürlich auch nicht da sein zu können,

sondern in diesem individuellen und unverwechselbaren Dasein absichtsvoll Existenz zu besitzen und definitiv so gemeint zu sein. In dieser Gewißheit liegt der Grund für jede mögliche Rede von der „Identität" des Menschen mit sich selbst: Selbstannahme und bewußte Übereinstimmung mit sich im Blick auf die eigene unverfälschte Vorfindlichkeit sind nur möglich auf dem Grund einer festen Überzeugung vom Sinn dieser eigenen Existenz. Mängel oder Schäden oder Beeinträchtigungen dieser Gewißheit über den Grund des eigenen Daseins werden deshalb als tiefe und folgenreiche Verunsicherung und Verdunkelung des Lebens empfunden. Insofern in solcher Situation der Seelsorger verlangt ist, kann kein Zweifel sein, daß hier in striktem Sinne religiöse Fragen sein Thema bilden. Was von der Seelsorge in solcher Situation erwartet wird, ist das persönliche religiöse Wort, das diese Situation zu deuten und in einem größeren Zusammenhang aufzuheben vermag.

In diesem Sinn hat E. Thurneysen hervorgehoben, daß im seelsorgerlichen Gespräch das Wort der Kirche im Blick auf die ganz bestimmte Situation eines bestimmten Menschen auszurichten sei (Die Lehre von der Seelsorge, 1957², 129 ff.). Ähnlich spricht H. Tacke von der „Trostlosigkeit" als der Situation des Menschen, „die nicht durch schwierige Lebensbedingungen veranlaßt sein muß, die aber auch von Glück und Erfolg letztlich nicht aufgehoben wird" (Glaubenshilfe als Lebenshilfe, 1975, 98), in die vielmehr der „Trost Gottes" vermittelt werden müsse (ebd.). Das religiöse Wort als das persönliche Wort im Blick auf eine ganz bestimmte Lebenslage zu formulieren, ist also eine Aufgabe, die ganz wesentlich an die Persönlichkeit des Seelsorgers gebunden ist. In diesem Sinn hat H. A. Köstlin die „religiöse Reife" als sachgemäße Voraussetzung für den Seelsorger bezeichnet (1907², 175) und E. Thurneysen nennt dafür die Fähigkeit, Vertrauen zu schaffen und wachsen zu lassen (303 ff.).

Der exemplarische Fall dieser seelsorgerlichen Aufgabe (und damit der seelsorgerlichen Aufgabe überhaupt) ist das Gespräch mit Sterbenden. Hier zeigt sich der Anspruch an die Befähigung zum persönlichen religiösen Wort besonders deutlich. E. Thurneysen hat diese Anforderungen im Zusammenhang persönlicher Erfahrung beschrieben (Seelsorge im Vollzug, 1968, 234 ff.). Bei H. Chr. Piper zeigen sie sich in der Analyse von Gesprächen, die mit Sterbenden geführt wurden (Gespräche mit Sterbenden, 1977) sehr eindrücklich. Zweifellos ist gerade dieser Fall der seelsorgerlichen Aufgabe geeignet, die Bedeutung der eigenen seelsorgerlichen Erfahrung als Ausbildung für den Seelsorger anschaulich zu machen. Es ist diese Perspektive der Aufgabe, die ihre neuzeitlichen Ursprünge im Seelsorgeverständnis des Pietismus hat. Hier waren die religiöse Subjektivität und das Problem ihrer religiösen Gewißheit zum leitenden Thema geworden, und hier hat der Seelsorger die Funktion gewonnen, darin mit seinem persönlichen Wort Berater zu sein. Es ist konsequent, daß dafür seine eigene „geistliche Reife" als Voraussetzung angesehen wurde.

2. Lebensgewißheit ist ferner Gewißheit im Blick auf die Orientierung im Leben. Die Lebenswelt mit ihren unterschiedlichen konzentrischen Kreisen vom privatesten bis zu dem der allgemeinsten öffentlichen Angelegenheiten und die darin lokalisierte eigene Lebenspraxis, die ihren Horizont im Zusammenhang der persönlichen Lebensgeschichte gewinnt, bedürfen orientierender Grundsätze und Kriterien, um nicht als unterschiedslose und also unüberschaubare und chaotische Überwelt die eigene Existenz zu erdrücken. Maßstäbe der Orientierung aber müssen gewiß sein, wenn sie gelten und funktionsfähig sein sollen, um in der Fülle der Erscheinungen und des Widerstreits der eigenen Lebenswelt Wichtiges und Unwichtiges, Richtiges und Falsches, Wünschenswertes und Bedrohliches unterscheiden zu können. Die Gewißheit solcher Orientierung begründet die Selbständigkeit der persönlichen Stellung und der Stellungnahmen, aus denen die eigene Lebenspraxis ihre Gestalt gewinnt. Andererseits muß diese Gewißheit hinsichtlich dessen, was gelten soll, durch die eigene Lebenspraxis erst gewonnen werden. Sie verdankt sich einem Prozeß, in dem Entwicklungen und Fortschritte ebenso stattfinden wie Rückschläge und Erschütterungen. Plötzlich, durch welches Ereignis auch immer, die Gewißheit der Orientierung erschüttert zu finden, ist eine zutiefst bedrohliche Erfahrung. Sie ist nicht selten Anlaß für das seelsorgerliche Gespräch. Die Aufgabe, die dabei in den Vordergrund rückt, muß an einer kritischen Revision der Orientierung und vor allem an der Stärkung und Förderung derjenigen Entwicklungen und Prozesse interessiert sein, in denen sich die Gewißheit zu erneuern vermag. Diese Aufgabe der Seelsorge ist deshalb vor allem pädagogischer Art.

So hat schon H. Asmussen unter „Seelenführung" vor allem „Erziehung" verstanden (Die Seelsorge, 1934, 44 ff.). Wachstums- und Reifungsprozesse sind in der neueren Seelsorge vielfach zum Thema gemacht worden und spielen überall eine große Rolle. Zur näheren Bestimmung dieser Ziele nimmt R. Riess die Formulierung „eduktive Seelsorge" auf und betont dabei das Motiv des Wachstums (Seelsorge, 1973, 190; 201 ff.). Aus der Einführung von H. Faber geht hervor, daß sich das ganze in die Seelsorge übertragene Konzept der Gesprächstherapie nach C. Rogers als pädagogisches Programm verstehen läßt (H. Faber und E. v. d. Schoot, Praktikum des seelorgerlichen Gesprächs, 1970[2], 27 ff.). Freilich entsteht dabei wohl auch die Gefahr, daß von solchem „Wachstum" zuviel erwartet wird (vgl. etwa H. J. Clinebell, Reifezeugnis für die Ehe, 1976).

In der Regel sind es Krisensituationen, die die Gewißheit im Blick auf die Lebenspraxis und das, was darin gelten soll, erschüttern und eine Ratlosigkeit hinterlassen, die der Hilfe bedarf. Es gibt allerdings auch eine schleichende Aushöhlung dieser Gewißheit, die der Hilfe oder auch nur der Teilnahme schwerer zugänglich ist, weil sie mit Wiederherstellungen nicht rechnet und nicht rechnen will. Gerade an dieser Perspektive der seelsorgerlichen Aufgabe zeigt sich daher, daß ihre Ziele nur begrenzt sein können und daß sie nicht nur auf die Lernfähigkeit, sondern auch auf die Bereitschaft des Betroffenen angewiesen bleibt. Auch deshalb ist es durchaus sachgemäß, daß das methodische Instrumentarium für diesen Aufgabenkreis an psychologischen Methoden orientiert werden kann, bei denen ähnliche Verhältnisse vorliegen. Das alte Verständnis der Seelsorge als Erziehungsaufgabe ist dabei freilich, wie sonst auch, durch die neuzeitliche Fassung ersetzt: Selbständigkeit und Gewißheit in bezug auf die eigene Lebenspraxis und deren Grundlagen lassen sich nicht durch Maßnahmen der Disziplinierung herstellen, sie entstehen vielmehr als Resultat von Reifungs- oder Entwicklungsprozessen, zu deren Förderung und Stärkung die Seelsorge sehr wohl berufen sein kann.

3. Lebensgewißheit ist Gewißheit in bezug auf die Gemeinschaft des Lebens. Mit anderen verbunden zu sein und sein zu können, setzt die begründete Fähigkeit zu gegenseitigem Vertrauen voraus und also die Gewißheit, ohne Auflagen und Vorbehalte akzeptiert zu sein. Freilich ist dabei nicht schon das Bewußtsein ausreichend, bloß geduldet und hingenommen zu werden, es bedarf vielmehr der Gewißheit, in der Gemeinschaft oder Gruppe bedeutungsvoll und mit unverwechselbarem Gewicht eine eigene Rolle zu spielen. Störungen dieser Verhältnisse können durch Krisen, durch Konflikte oder durch persönlichkeitsspezifische Faktoren hervorgerufen werden. Oft genug wird in solchen Fällen die Restitution der Gemeinschaftsbeziehungen eine therapeutische Aufgabe sein. Aber in den Irritationen dieser Gewißheit zeichnet sich stets eine bestimmte Perspektive der seelsorgerlichen Aufgabe ab: Hier wird die seelsorgerliche Zuwendung als Beistand und als exemplarischer Fall vorbehaltlos gewährter Gemeinschaft erwartet. Seelsorge ist hier eine diakonische Aufgabe.

In der neueren Seelsorgelehre ist gerade diese Aufgabe in den verschiedensten Zusammenhängen aufgenommen und beschrieben worden. J. Scharfenberg bezeichnet das Motiv des seelsorgerlichen Beistandes als „beziehungsstiftende und beziehungsfördernde Grundhaltung" (Seelsorge als Gespräch, 1972, 92), als „helfende Beziehung" ist es das Thema in der klinischen Seelsorgeausbildung (vgl. z. B. A. J. Hammers, Gesprächstherapeutisch orientierte Seelsorge, in: J. Scharfenberg, Hg., Freiheit und Methode, 1979, 83 ff.), und D. Stollberg sucht die Bestimmung in prinzipiellen religiösen Zusammenhängen und beschreibt die „Annahme des Unannehmbaren" als die dabei leitende Vorstellung (Wenn Gott menschlich wäre, 1978, 106 ff.). In der Regel werden auf der Grundlage dieser Beziehung Anleitungen und Methoden für das seelsorgerliche Gespräch und für bestimmte Zielsetzungen im einzelnen empfohlen, und zwar können solche Empfehlungen sehr unterschiedlich sein (vgl. z. B. H. J. Clinebell, Modelle beratender Seelsorge, 1971; Handbuch der Seelsorge, 1983, 1985[5], 63 ff.). Für alle diese Methoden und Ziele aber dürfte gelten, was F. W. Lindemann über das Gespräch mit einem Trauernden feststellt: Es komme nämlich entscheidend „auf die Beziehung an, die in dem vorgegebenen Rahmen" sich entwickelt (Seelsorge im Trauerfall, 1984, 108).

Die diakonische Aufgabe der Seelsorge gehört zum ältesten Bestand der Aufgaben, die das Christentum für die Zuwendung zur Bedürftigkeit des einzelnen Menschen ausgebildet hat. Zur Perspektive des seelsorgerlichen Handelns aber hat sie sich erst in der Neuzeit entwickelt. In dem Sinne, in dem sie heute als Beistand in Krisen, Isolierungen und depravierten Gemeinschaftsbezügen erwartet wird, hat sie auch ihre Vorgeschichte nur insofern in den Aufgaben des Beichtvaters, als die reformatorische Version dieses Amtes die Vergebung (und nicht Beichte und Buße) allein in den Mittelpunkt gestellt hat.

Diese drei Grundperspektiven der seelsorgerlichen Aufgabe und des seelsorgerlichen Handelns sind nun freilich allenfalls zu unterscheiden, jedoch nicht zu trennen. Sie bilden vielmehr in jedem einzelnen und konkreten Fall die komplexe Einheit, die nur eben eine besondere Perspektive der einen und ganzen Aufgabe hervortreten läßt, für die anderen aber kaum geringere Rücksicht fordert. So ist schwerlich ein seelsorgerliches Gespräch denkbar, in dem das religiöse Wort gar keine Rolle spielen sollte, auch wenn ganz bestimmte und besondere andere Fragen im Vordergrund stehen. Ebensowenig ist denkbar, daß die seelsorgerliche Zuwendung das diakonische Moment aussparen könnte oder die Hoffnung auf pädagogisches Wirken vollständig aufgeben müßte. Die Differenz der Perspektiven und also die Frage, welche von ihnen im Einzelfall den deutlichsten Akzent trägt, geht von der Aufgabe und damit von diesem Einzelfall selbst aus.

In dieser dreifachen Gliederung sind die Positionen aus der Debatte der neueren Seelsorgelehre über verkündigende, beratende oder therapeutische Seelsorge ebenso aufgenommen, wie die traditionelle Einteilung der Seelsorge, die schon C. I. Nitzsch formuliert hatte, und die Sünde, Leid und Irrtum unterscheidet und verbindet (s. o. S. 330 ff.). Auch P. Tillich hat eine neue Fassung dieser dreifachen Aufgabe vorgeschlagen: Danach ist die Seelsorge an Geschöpflichkeit, Schuld und Zweifel des Menschen zu orientieren (GW VIII, 200 f.). Eine eingehende Analyse der Situation, die der Seelsorge und der religiösen Deutung zugrunde liegt, findet sich bei R. Preul (Seelsorge als Bewältigung von Lebenssituationen, in: Freiheit und Methode, hg. v. J. Scharfenberg, 1979, 61 ff.). Das Verhältnis von christlichem Glauben und Gewißheit hat E. Jüngel behandelt (Gottesgewißheit, in: Entsprechungen, 1980, 252 ff.; s. u. S. 349 f.).

Die seelsorgerliche Aufgabe entsteht in einer Situation, die im Zusammenhang mit dem ganzen Leben des Betroffenen gesehen werden muß. Selbst wenn sie als Krisensituation ihren Ursprung in plötzlichen Erschütterungen oder Einbrüchen in das Leben hat, so ist doch, was aus ihr wird, ein Teil oder ein Aspekt der Lebensgeschichte im ganzen. Seelsorge ist stets Teilnahme an einer anderen Biographie, und fast immer übernimmt der Seelsorger eine deutliche und folgenreiche Rolle in dieser fremden Lebensgeschichte. Dadurch aber wird er in Person daran beteiligt und nicht allein durch einzelne Funktionen oder Ämter. Die Individualität des Seelsorgers gewinnt Bedeutung für die Seelsorge, nicht in erster Linie formale und erworbene Fähigkeiten, die er mit anderen teilt. Deshalb ist der Weg eines seelsorgerlichen Gesprächs nicht nur von der unverwechselbaren Besonderheit des Betroffenen bestimmt, sondern auch von der ebenso unverwechselbaren Besonderheit des Seelsorgers.

Das religiöse Wort, die Förderung von Lern- oder Reifungsprozessen, der Beistand in Leid und Verlassenheit, sind in ihrer Produktivität Leistungen der Persönlichkeit. Sie sind durch sekundäre Professionalisierung nicht zu ersetzen.

3. Spezielle Seelsorgelehre

Gegenstand der speziellen Seelsorgelehre ist in letzter Konsequenz der jeweils einzelne und besondere Fall, der die Aufgabe des Seelsorgers bildet. Jeder dieser Fälle aber ist ein unverwechselbarer und individueller Fall, der von Verallgemeinerungen nie ganz erfaßt wird und dem sich Regeln immer erst behutsam anpassen müssen. Die Aneignung der speziellen Seelsorgelehre ist deshalb in einem zureichendem Maß nur durch die eigene seelsorgerliche Erfahrung möglich. Beispiele dafür bieten die Interpretationen von Gesprächsprotokollen, die, wenn sie intensiv genug durchgeführt werden, gerade die individuellen Züge jedes einzelnen Gesprächs anschaulich machen (vgl. H. Chr. Piper, Gesprächsanalysen, 1973). Gleichwohl ist es sachgemäß, die seelsorgerliche Aufgabe von bestimmten Rahmenbedingungen her zu spezialisieren und zu differenzieren. Die leitenden Gesichtspunkte dafür können freilich ganz verschiedener Art sein. Sie werden dadurch gewonnen, daß typische Perspektiven oder Verhältnisse bezeichnet werden, aus denen jeweils bestimmte seelsorgerliche Aufgaben erwachsen können.

Als Überblick sind die folgenden Themen und Bereiche zu nennen: *Lebensalter* (Jugendliche, alte Menschen, aber auch die Krise in der Mitte des Lebens können zur seelsorgerlichen Aufgabe werden); *Krankheiten* (Krankenhausseelsorge, Seelsorge an Sterbenden; unterschiedliche Krankheiten stellen der Seelsorge unterschiedliche Aufgaben, z. B. psychische Krankheiten oder Unfälle); *Trauer* (Seelsorge an Hinterbliebenen, an Leidenden, an Behinderten); *soziale Konflikte* (Familie, Beruf, Erziehung); *Ehe* und Ehekonflikte (ein klassisches Aufgabengebiet der Seelsorge); *religiöse Fragen* (Schuld-, Gewissensfragen, Zweifel); *Kasualien* (Taufe, Trauung, Beerdigung). Eine Auswahl dieser Themen ist näher behandelt bei W. Schütz (Seelsorge, 1977, 190 ff.) und im Handbuch der Seelsorge (1983, 241 ff.).

Freilich lassen sich diese ganz verschiedenen Gesichtspunkte auf zwei allgemeinere Perspektiven für die Einteilung seelsorgerlicher Aufgaben zurückführen: Das sind einmal die verschiedenen Epochen, die Schlüsselereignisse oder Wendepunkte in der Lebensgeschichte eines Menschen, und das sind sodann Krisensituationen, die durch persönliche oder soziale Verhältnisse oder durch das Lebensgeschick ausgelöst werden. In allen diesen Fällen kann die Lebensgewißheit aus unterschiedlichen Gründen und in unterschiedlichen Hinsichten erschüttert werden. Im folgenden werden zwei dieser Gebiete als seelsorgerliche Aufgaben skizziert, die in gewisser Weise als exemplarische Aufgaben der Seelsorge für den Gemeindepfarrer gelten können: Das sind die Krankenseelsorge und die Seelsorge im Fall von Ehescheidungen.

A. Für das Verständnis der Krankenseelsorge sind die folgenden Fragen und Themen von grundlegender Bedeutung.

1. Die Kenntnis der inneren und äußeren Situation des Kranken unter den Bedingungen der heutigen Medizin gehört zu den Voraussetzungen für jede seelsorgerliche Arbeit. Kranksein ist fast ausnahmslos, und immer sofern es mit stationärer Aufnahme verbunden ist, eine fremde, bestürzende und in vieler Hinsicht beängstigende Lebenssituation: Die Reduktion des Daseins auf Krankheitsfragen, der erzwungene Verzicht auf wesentliche Verbindungen zum sonst alltäglichen Leben und vor allem in erheblichem Maße auf Selbständigkeit, damit also die Erfahrung der Abhängigkeit und des erzwungenen Angewiesenseins auf fremde Hilfe bilden im Zusammenhang mit der in der Regel überwältigenden und anonymen Welt der technischen Apparaturen und Prozeduren im Krankenhaus eine aufs äußerste belastende und labile Konstellation. Nicht jeder Kranke erlebt diese Welt auf gleiche Weise. Aber sie bleibt ständig präsenter Hintergrund, auch wenn der Kranke selbst sich dazu gar nicht zu äußern vermag.

Einen vorzüglichen Abriß der verschiedenen Seiten dieses Themas gibt F. Wintzer (in: Praktische Theologie, hg. v. F. Wintzer, 1982, 127 ff.). Die Situation im Krankenhaus und die Bedingungen der Krankenhausseelsorge sind sachkundig beschrieben in dem Band „Vom Behandeln zum Heilen" (hg. v. J. Mayer-Scheu und R. Kautzky, 1980). Hierher gehören auch die Fragen der evangelischen Krankenhaus-Diakonie (s. o. S. 148 ff.).

2. Die Themen des seelsorgerlichen Gesprächs sind zunächst durch die Situation des Kranken als Krankem bestimmt. Die eigene Lage selbst bedarf der inneren Bearbeitung und also auch der Besprechung mit dem Seelsorger. Es versteht sich, daß das Gewicht dieser Fragen von Art und Schwere der Erkrankung abhängig ist. Es ist insofern jedoch ein wesentliches seelsorgerliches Thema, als an ihm implizit die Frage der Lebensgewißheit stets mit besprochen wird. Als das wohl wichtigste und vitalste Thema wird die Frage nach dem „Warum" bezeichnet: Warum ich? Warum diese Krankheit? Das Theodizeeproblem in solcher persönlichen Fassung bedarf einer sachlichen Besprechung und einer religiösen Antwort. Der Umgang des Seelsorgers mit dieser Frage, der in manchen Gesprächsanalysen erörtert wird, ist allein nicht schon die zureichende Behandlung dieses Problems. Ein sachbezogenes religiöses Gespräch darüber setzt natürlich voraus, daß der Seelsorger selbst eine eigene und vertretbare Position in dieser Frage gewonnen hat. In den weiteren Umkreis dieser Thematik gehört auch das Problem der Aufklärung über eine infauste Diagnose. Selbstverständlich ist das zuerst ein ärztliches Problem. Für den Arzt wie für den Seelsorger gilt, daß derartige Fragen nicht den Gegenstand eines einmaligen Gesprächs bilden können, sondern als Aufgabe eines eigenen Abschnitts der Lebensgeschichte begriffen werden müssen.

Die Fragen der Theodizee hat G. Ebeling ausführlich erörtert (Dogmatik des christlichen Glaubens, III, 511 ff.). Sehr anregende und gerade für die seelsorgerliche Fragestellung weiterführende Überlegungen finden sich bei H. G. Fritzsche (Hauptstücke des christlichen Glaubens, 1977, 22 ff.; 195). Die Situation und die theologischen Aspekte der Krankenseelsorge behandelt E. Winkler (in: Handbuch der Seelsorge, 1983, 405 ff.). Eine einschlägige Gesprächsanalyse findet sich bei M. Lücht-Steinberg (Gespräche mit älteren Menschen, 1983, 31 ff.). Zur Seelsorge im Krankenhaus sind weiter zu nennen: K. R. Mitchell (Arbeitsfeld Krankenhaus, 1974) und das Themaheft „Seelsorge in den Strukturen des Krankenhauses" (WzM 32, 1980, Heft 1).

3. Alle schweren Krankheiten führen einen Zustand herbei, der die Lebensgeschichte in Epochen teilt: die Vorgeschichte bis zur Krankheit, die Krankheit selbst und die dann folgende Lebensgeschichte, die, wenn die Krankheit in Grenzen heilbar ist, doch deutlich von deren Folgen beherrscht ist. Beispielhaft dafür sind die Herzkrankheiten. Ihre Heilung macht in aller Regel eine völlige Veränderung der Lebensweise nötig: Ruhe, Regelmäßigkeit und die Zurückhaltung von allen größeren Aufre-

gungen und Anspannungen sollen das Leben bestimmen. Was dabei von einem Patienten verlangt wird, ist nicht eine Reduktion seines bisherigen Lebens, sondern eine Verwandlung und eine grundsätzliche Neuorientierung. Es liegt auf der Hand, daß daraus nicht selten eine seelsorgerliche Aufgabe wird. Sie wird das um so mehr, als in solcher Situation die Frage nach dem „Sinn“ (dem Sinn des Lebens, vor allem: dem Sinn des „neuen“ Lebens) nahezu unvermeidlich wird. Der Seelsorger muß darauf vorbereitet sein, auf diese religiöse Frage eine sachgemäße Antwort geben zu können.

Das klassische und bis heute unüberbotene Werk zur Einführung in ein sachgemäßes Verständnis von Krankheit und Heilung für Ärzte und für Seelsorger ist Richard Siebeck „Medizin in Bewegung“ (1983[3]). Ein knappes aber überaus sachkundiges Lehrbuch der „psychosomatischen Medizin“ ist der Leitfaden von W. Bräutigam (Psychosomatische Medizin, 1975[2]). Die religiösen Fragen des seelsorgerlichen Gesprächs mit Kranken sind vorbildlich von F. Wintzer erörtert worden (Sinn und Erfahrung, in: Theologie und Wirklichkeit, hg. v. H. W. Schütte und F. Wintzer, FS für W. Trillhaas, 1974, 209 ff.).

4. Für das seelsorgerliche Gespräch mit Sterbenskranken sind Kenntnisse und Erfahrungen nötig, die man heute (im Unterschied zu früheren Zeiten) bewußt erwerben muß. Das Verständnis von Tod und Sterben ist nicht selbstverständlicher und allgemeiner Inhalt von Wissen und Bewußtsein, sondern muß von denen, die damit umgehen, ausdrücklich zum Thema gemacht werden. Daß der Tod heute „verdrängt“ werde, ist wohl eine falsche (und der Abwehr dienende) These, aber er wird immer weniger zugänglich oder sichtbar. Für den Seelsorger sind vor allem die Einstellungen zum Tod bedeutungsvoll, die in der Medizin und ihren Institutionen vorherrschen: Ist der Tod nichts anderes als die Niederlage der Medizin? Das Gespräch mit Sterbenskranken ist von Schwellen und Befangenheiten auf beiden Seiten erschwert. Diese Schwellen lassen sich nicht durch sozialpsychologische Trivialisierungen (kein Mensch stirbt nach „Phasen“) oder eine sozialtechnologische Regie („einfach offen darüber reden ...“) überwinden. Hier muß jeder Seelsorger seine persönliche Kompetenz erwerben, und zwar durch Erfahrung und durch Übung und Erweiterung seiner individuellen Fähigkeiten. Die Analyse von Gesprächsprotokollen belegt, wie derartige jeweils ganz eigene Lern- und Bildungsprozesse möglich sind. Zu einem seelsorgerlichen Gespräch und zur Kompetenz des Seelsorgers gehört wesentlich die Befähigung zum persönlichen Wort: Die elementare christliche Überzeugung, daß der Mensch nicht im Vorhandenen aufgeht, bedarf hier der persönlichen Auslegung.

Das Verständnis des Todes in Geschichte und Neuzeit ist das Thema von Ph. Ariès, „Geschichte des Todes“ (1980). Unter den theologischen Veröffentlichungen ist vor allem auf das Buch von E. Jüngel hinzuweisen (Tod, 1971). Eine Sammlung von Beiträgen aus verschiedenen Arbeitsgebieten enthält der Band „Der Mensch und sein Tod“ (hg. v. J. Schwartländer, 1976). Aus medizinischer und sozialwissenschaftlicher Sicht sind die Fragen von Tod und Sterben behandelt worden von B. Glaser und A. Strauss, die eine empirische Untersuchung über das Sterben im Krankenhaus bieten (Interaktion mit Sterbenden, 1974). Die besonderen Probleme bei onkologischen Patienten sind Thema der „Einführung in die Psycho-Onkologie“ (hg. v. F. Meerwein, 1981). Das seelsorgerliche Gespräch mit Sterbenden ist beispielhaft von H. Chr. Piper (Gespräche mit Sterbenden, 1977) dargestellt worden. Eine knappe, aber vorzügliche Übersicht über alle einschlägigen Fragen gibt F. Wintzer (Zum Seelsorgegespräch mit Sterbenskranken, in: Praktische Theologie, hg. v. F. Wintzer, 1982, 139 ff.). Hilfreich für praktische Fragen ist ferner F. Winter (Seelsorge an Sterbenden und Trauernden, 1976). Eine neue und besonders wichtige Aufgabe ist die Seelsorge für kranke Kinder (vgl. dazu Seelsorge am kranken Kind, hg. v. O. H. Braun, 1983 und R. Fuchs, Stationen der Hoffnung, 1984).

B. Die Ehescheidung ist der exemplarische Fall einer Trennung, durch die menschliche Beziehungen von existenziellem Charakter aufgelöst werden. In diesem Sinn ist die „Ehescheidung“, die zur Aufgabe der Seelsorge werden kann, nicht an Rechtsakte oder Gerichtsverfahren gebunden. Gleichwohl braucht der Seelsorger hinreichende Kenntnisse der Rechtsverhältnisse, die im Blick auf Ehe, Ehescheidung und eheähnliche Beziehungen von Bedeutung sind. Die seelsorgerliche Aufgabe freilich ist nicht in erster Linie von Rechtsfragen abhängig. Sie ist vielmehr bestimmt durch die Tatsachen, die geschaffen werden und durch die Art und Weise, wie diese Tatsachen aufgenommen und verarbeitet werden.

Eine allgemeine Orientierung zum Thema bietet H. Ringeling (Art. Ehe/Eherecht/Ehescheidung VIII, in: TRE 9, 346 ff.), ferner der Artikel Eherecht (in: ESL, 1980[9]). Zur Einführung in die komplizierten Rechtsfragen ist geeignet: E. M. v. Münch, Scheidung nach neuem Recht (1983).

1. In der überwiegenden Mehrzahl derartiger Fälle der Trennung vom Rang einer Ehescheidung ist einer der beiden Beteiligten der Unterlegene. Es ist sogar die Frage, ob es eine solche Trennung unter völlig symmetrischen Bedingungen überhaupt je gibt. Der Seelsorger hat es jedenfalls fast ausnahmslos mit einem derartig „Unterlegenen“ zu tun: Mit dem also, der die Trennung nicht gewollt hat und der jetzt unter ihr leidet. Vor allem dann, wenn diese Trennung nach vielen Jahren des gemeinsamen Lebens stattfindet, ist in der Regel die Ehefrau die Unterlegene. Sie muß sich mit den Tatsachen abfinden, die der bisherige Partner geschaffen hat. Zwar bleibt richtig, daß es in solchen Lagen auch eine völlige Asymmetrie nicht

gibt, daß also stets auch der Unterlegene an den Gründen für die schließliche Trennung beteiligt war und beteiligt bleibt. Aber es macht gerade seine Unterlegenheit aus, daß er (oder sie) den tatsächlichen Ausgang der Probleme nicht hat herbeiführen wollen und daß eben diese Tatsachen ihn (oder sie) in eine tiefe lebensgeschichtliche Krise bringen.

Noch immer sehr instruktiv ist die Zusammenstellung von Daten und Materialien bei H. Zuber (Gestörte Ehen, 1967). Unter psychologischen und seelsorgerlichen Gesichtspunkten ist das Thema bei W. E. Oates aufgenommen (Krise, Trennung, Trauer, 1977). In den weiteren Umkreis dieser Probleme gehört auch das der „Gewalt in der Ehe" (Themaheft der Zeitschrift WzM 30, 1978, Heft 2/3); ferner U. Eibach: „Ehe und Selbstverwirklichung" (in: PTh 74, 1985, 16 ff.).

2. Es liegt auf der Hand, daß eine solche Krisensituation vor allem durch den Verlust an Lebensgewißheit gekennzeichnet ist. Die seelsorgerliche Aufgabe ist in diesen Fällen dadurch charakterisiert, daß sie in allen ihren Perspektiven von gleichem Gewicht und von gleicher Bedeutung ist. Der Betroffene wird die Krise nur dann überwinden, wenn er aus den Trümmern seiner bisherigen Lebensgeschichte eine neue und eigene Welt aufzubauen vermag. Dabei dominiert zunächst die religiöse Grundfrage, die Frage also nach dem „Sinn" dessen, was da geschehen ist und dessen, was allenfalls werden könnte. Der Seelsorger wird eine sachliche Antwort auf diese Fragen als sein persönliches religiöses Wort nicht schuldig bleiben dürfen. Sodann muß der Betroffene in aller Regel einen neuen Reifungs- oder Wachstumsprozeß erleben, durch den er neue Selbständigkeit gewinnt und damit unabhängiger wird von den Beziehungen und Verhältnissen, denen er sich bislang untergeordnet hatte. Die pädagogische Aufgabe des Seelsorgers ist in solchen Fällen oft die schwierigste. Sodann ist der Betroffene zumeist auf den persönlichen Beistand angewiesen, den die Seelsorge zu geben vermag, und zwar für die schwer absehbare Dauer der Zeit, die bis zur ersten Distanzierung von der Krise vergeht. Die seelsorgerliche Aufgabe im ganzen fordert hier oft ein äußerstes Maß an Geduld und die Fähigkeit, sich auch durch das Ausbleiben von Resultaten nicht beirren zu lassen. Insofern handelt es sich hier tatsächlich um eine für die ganze Seelsorge exemplarische Aufgabe.

Eingehend hat E. Thurneysen vor allem die religiösen Aspekte dieser Fragen erläutert (Seelsorge im Vollzug, 1968, 97 ff.). D. Stollberg befaßt sich mit der Krisensituation und ihren Folgen (Nach der Trennung, 1974). Sehr besonnen sind die Erwägungen, die M. Ferel und W. Becher zum Verständnis solcher Krisen beitragen (Themenstudien, hg. v. P. Krusche u. a., Bd. 4, 1980, 148 ff.). Psychologische und ethische Aspekte sind das Thema bei H. J. Thilo (Ehe ohne Norm?, 1978).

Exkurs: Zur Praxis der Seelsorge

Für die Praxis des seelsorgerlichen Gesprächs wird eine kaum noch überschaubare Fülle von Methoden und Techniken angeboten. Alle kirchlichen Ausbildungsgänge enthalten in der zweiten Phase mehr oder weniger obligate Kurse der unterschiedlichsten psychologischen und methodischen Herkunft. Diesem Sachverhalt ist zunächst zu entnehmen, daß es eine schlechthin überzeugende und allen anderen ostentativ überlegene Methode darunter nicht gibt. Jede einzelne hat offenbar gewisse Vorzüge und gewisse Schwächen. Andererseits aber folgt aus diesem Sachverhalt, daß die Fülle der Möglichkeiten genutzt werden kann: Jeder Seelsorger könnte sich die Methode zueigen machen, die ihm am besten entspricht. Damit ist allerdings bereits das Ausbildungsprinzip genannt, das dieser Beurteilung zugrunde liegt: Die Kompetenz des Seelsorgers wird nicht durch die Aneignung einer Methode erworben, sondern durch die Bildung, die seine gesamte Persönlichkeit und also seine individuellen, intellektuellen und die seiner religiösen Subjektivität entsprechenden Fähigkeiten so fördert, daß er das ihm mögliche Maß an seelsorgerlicher Vertrauenswürdigkeit gewinnt. Es muß offen bleiben, auf welchem Weg diese Bildung jeweils am besten erworben wird. In nicht wenigen Fällen wird dabei die Aneignung einer Methode eine große und unersetzliche Hilfe sein. Die Möglichkeiten, die das Lehrvikariat bieten kann, sollten freilich nicht unterschätzt werden, auch wenn dabei psychologische Methoden keine Rolle spielen, sondern die Erfahrung, durch Erfahrung gebildet werden zu können. Im folgenden soll eine Übersicht über Anleitungen zur seelsorgerlichen Praxis gegeben werden.

Diese Übersicht muß sich auf die hauptsächlichen Richtungen praktischer Psychologie beschränken, die Eingang in die kirchliche Ausbildung gefunden haben. Aus den jeweiligen Programmen können hier nur wenige leitende Gesichtspunkte hervorgehoben werden.

1. Die Psychoanalyse Freuds ist eine höchst differenzierte und ausgebreitete Theorie, die z. B. mit der Lehre von den psychischen Instanzen (Ich, Es, Überich), der Trieblehre (Libido), der Lehre von der psychischen Entwicklung (Ichbildung, Ödipuskomplex), der Neurosenlehre, der Traumlehre und den interaktionellen Theorien (Übertragung) krankes wie gesundes menschliches Seelenleben im Zusammenhang zu erklären sucht (vgl. D. Rössler, Art. Freud, in: TRE 11, 578 ff.). Die Psychoanalyse ist weder als Theorie noch in ihrer langwierigen und komplizierten therapeutischen Praxis im ganzen für die Seelsorge rezipierbar, wohl aber sind ihr Einsichten und Hinweise für die Beurteilung von Äußerungen und Verhaltensweisen im seelsorgerlichen Gespräch zu entnehmen. In diesem Sinn hat J. Scharfenberg Anleitungen für das Verständnis des seelsorgerlichen Gesprächs gegeben (Seelsorge als Gespräch, 1980[3]), hat K. Winkler die psychoanalytisch

geleitete Selbsterfahrungsgruppe für die seelsorgerliche Ausbildung empfohlen (Die Selbsterfahrungsgruppe, in: Seelsorgeausbildung, hg. v. W. Becher, 1976, 121 ff.) und hat H. J. Thilo tiefenpsychologische Einsichten (z. B. Abwehrmechanismen) im seelsorgerlichen Gespräch ausgewertet (Beratende Seelsorge, 1971). W. Lindemann hat die Situation Trauernder seelsorgerlich und psychoanalytisch gedeutet (Seelsorge im Trauerfall, 1984). Neben der klassischen Theorie Freuds (und der Schule Jungs, s. o. S. 176) spielt besonders die Berliner Richtung der „Neopsychoanalyse" (s. dazu D. Wyss, Die tiefenpsychologischen Schulen von den Anfängen bis zur Gegenwart, 1961) eine Rolle in der Praxis der Seelsorge-Ausbildung (H. Schultz-Hencke, Lehrbuch der analytischen Psychotherapie, 1952). In sehr vereinfachter (und gelegentlich zu einfacher) Form ist diese Theorie durch F. Riemann verarbeitet (Grundformen der Angst, 1971[6]) und auf praktisch-theologische Fragen angewandt worden (z. B. Die Persönlichkeit des Predigers aus tiefenpsychologischer Sicht, in: Perspektiven der Pastoralpsychologie, hg. v. R. Riess, 1974, 152 ff.).

2. Die Klinische Seelsorgeausbildung (KSA) wird in der Regel in Kursen von zwölf Wochen vermittelt und umfaßt die Supervision seelsorgerlicher Einzelgespräche, Gruppensitzungen zur Selbsterfahrung, zur Auswertung von Gesprächsprotokollen und zur Besprechung von einschlägiger Literatur. Durch diese Ausbildung sollen persönliche Fähigkeiten gefördert werden, die für die Seelsorge spezifisch sind („Wahrnehmungsfähigkeit"), aber auch Methoden eingeübt werden, die der Praxis der Gesprächsführung dienen. Einführungen in die KSA bieten H. Faber und E. v. d. Schoot (Praktikum des seelsorgerlichen Gesprächs, 1970[2]) und W. Zijlstra (Seelsorge-Training, 1971). Als Methode der Gesprächsführung wird in der Regel die „klientenzentrierte" oder „nichtdirektive" Gesprächspsychotherapie, nach C. Rogers (Die klientenbezogene Gesprächstherapie, 1972) übernommen. Diese Methode wird auch allein zur Einübung empfohlen (M. von Kriegstein, Gesprächspsychotherapie in der Seelsorge, 1977). Ebenso wird eine allgemeine Supervision zur Förderung der pastoralen Praxis für nützlich gehalten (H. Andriessen, Pastorale Supervision, 1978).

3. Unter Gruppendynamik werden heute alle psychologischen und psychodynamischen Vorgänge zusammengefaßt, die innerhalb von Gruppen (gleich welcher Art) Platz greifen, zugleich aber werden auch die Methoden darunter gefaßt, die der Analyse dieser Vorgänge und ihrer Beeinflussung und Steuerung dienen. Die Aufnahme der Gruppendynamik in die kirchliche Praxis hat zunächst eine heftige Diskussion ausgelöst (zusammengefaßt bei G. Besier, Seelsorge und klinische Psychologie, 1980, 53 ff.). Inzwischen haben sich sowohl die Erwartungen an die Verwertung der Gruppendynamik in der pastoralen Praxis, wie die Kritik daran deutlich ermäßigt (vgl. E. R. Kiesow, Die Seelsorge, in: HPT [DDR], Bd. 3, 220 ff.). Eine knappe allgemeine Übersicht über gruppendynamische Modelle bieten M. L. Bodiker und W. Lange (Gruppendynamische Trainingsformen, 1975). Erfahrungsberichte aus der Anwendung in der kirchlichen Arbeit sind von K. W. Dahm und H. Stenger herausgegeben (Gruppendynamik in der kirchlichen Praxis, 1974). Als spezielle Form seelsorgerlicher Arbeit hat D. Stollberg die Gruppenarbeit auszuwerten gesucht (Seelsorge durch die Gruppe, 1975[3]). Hierher gehört auch: J. W. Knowles (Gruppenberatung als Seelsorge und Lebenshilfe, dt. 1971).

4. Als „Themenzentrierte Interaktion" (TZI nach Ruth Cohn) wird das Programm für eine durch Regeln bestimmte Struktur des Gruppengesprächs bezeichnet, in dem das „Eindringen von Empfindungen" die Effizienz der Arbeit („living

learning") steigern soll. Zur Rezeption für die Seelsorge ist diese Methode (zusammen mit der Gesprächspsychotherapie nach C. Rogers) von M. Kroeger empfohlen worden (Themenzentrierte Seelsorge, 1976[2]).

5. „Transaktionsanalyse" (TA) wird ein Verfahren genannt, das die personalen und Gesprächsbeziehungen zwischen Gesprächspartnern strukturieren und verbessern soll (E. Berne, Spiele der Erwachsenen, 1967). Dabei dient die Unterscheidung von drei Ich-Zuständen (Eltern-, Kindheits-, Erwachsenen-Ich) dazu, die „richtige" Transaktion mit dem „Erwachsenen-Ich" zu stärken. Diese Methode ist besonders für die Telefonseelsorge empfohlen worden (vgl. H. Harsch, Theorie und Praxis des beratenden Gesprächs, 1982[5]). Als „theologische Anfrage" an diese Methode versteht sich der Beitrag von Th. C. Oden (Wer sagt: Du bist okay?, 1977). Eine kritische Analyse bietet H. Fischer (Die Transaktionsanalyse – Anstöße zur kritischen Auseinandersetzung, 1985).

6. Dem Thema „Gestalttherapie in der Seelsorge" ist ein Heft der Zeitschrift Wege zum Menschen gewidmet (33, 1981, Heft 1/2), eine ausführliche Darstellung der Begleitung Sterbender als „Gestaltseelsorge" bietet K. Lückel (Begegnung mit Sterbenden, 1981). Das Programm dieser Richtung (F. Perls, Grundlagen der Gestalt-Therapie, 1977[2]) will dem „ganzen Menschen" zu einem seiner individuellen Humanität entsprechenden Kontakt mit der ganzen Umwelt und zum Abbau von Störungen dieser ganzheitlichen Beziehungen helfen. Die Methode bedient sich im wesentlichen der Gruppenarbeit mit Gespräch, Darstellung, Aktion.

7. Die Kommunikations- und Verhaltenspsychologie geht vor allem auf das Konzept der Lernpsychologie zurück und versteht sich als „empirisch-experimentell" und als „empirisch-phänomenologisch" arbeitende Psychologie. Die entsprechenden Methoden sollen in der Seelsorge, aber nicht nur dort, eingesetzt werden. Dabei geht es um das Erlernen von Selbst- und Fremdwahrnehmung und von personenzentrierten Haltungen. G. Besier hat die „Klinische Verhaltenstherapie als angewandte experimentelle Psychologie" für die seelsorgerliche Arbeit empfohlen: „Klinische Verhaltenstherapeuten nehmen die Gottesebenbildlichkeit des Menschen ernst, indem sie ihre Klienten als Individuen wahrnehmen, die für die Kräfte geschätzt werden, die sie manifestieren. Jeder einzelne Klient wird vom Therapeuten für fähig erachtet, seine Kräfte auf ein Verhalten zu konzentrieren, das gesund und produktiv ist" (Seelsorge und klinische Psychologie, 1980, 92).

8. Als „nouthetische Seelsorge" bezeichnet J. E. Adams (Befreiende Seelsorge, 1972) sein Programm einer Lebens- und Konfliktberatung, die sich unmittelbar an entsprechenden biblischen Weisungen zu orientieren sucht und daraus absichtsvoll „direktive" (85) Anordnungen für den Betroffenen ableitet. Es handelt sich hier um den Versuch, der Seelsorge eine „Methode" zu vermitteln, die alle Erwartungen daran erfüllt, ohne doch aus fremden Gebieten übernommen zu sein. Dabei wird freilich in Kauf genommen, daß dieser „biblische Weg, Probleme zu lösen" (109) von den Methoden behavioristischer Psychologie nicht mehr zu unterscheiden ist (vgl. dazu G. Besier, 93).

Dem Verständnis der Probleme, die durch pastoralpsychologische Ausbildungen aufgeworfen werden, dient der kritische Rückblick von W. Kratz (in: WzM 32, 1980, 458 ff.). Zur Orientierung in einzelnen Fragen aus dem Gesamtgebiet ist das „Praktische Wörterbuch der Pastoralanthropologie" (hg. v. H. Gastager u. a., 1975) hilfreich. Nähere Auskünfte über die einzelnen Ausbildungsprogramme finden sich bei W. Becher (Seelsorge – Ausbildung, 1976), J. Scharfenberg (Hg., Freiheit und Methode, 1979) und H. J. Clinebell (Wachsen und Hoffen, Bd. 2, 1983). Als Beispiel für die Pastoraltheologie in England, die im Unterschied sowohl zur amerikanischen wie zur deutschen Seelsorgebewegung eigene Wege geht, können die Betrachtungen von F. Wright dienen (The Pastoral Nature of the Ministry, 1983[3]).

Eine wichtige und interessante Einzelfrage aus der Seelsorgepraxis behandelt H. Senn (Der „hoffnungslose Fall" in der Gemeindeseelsorge, 1979). Ebenfalls anregend und beachtenswert sind die „Beispiele gelungener Seelsorge", die H. v. d. Geest dargestellt hat (Unter vier Augen, 1981). Nicht nur für die Beratung, sondern auch für die Gemeindeseelsorge hilfreich könnten die Konzepte sein, die von H. Frör zur Diskussion gestellt wurden (Konfliktregelung, 1976). Eine Übersicht über die pastoralpsychologischen Methoden für katholische Geistliche bieten K. Frielingsdorf und G. Stöcklin (Seelsorge als Sorge um den Menschen, 1978[2]). Eine überaus eingehende und gründliche Darstellung der Jugendseelsorge bietet das „Handbuch der Jugendseelsorge" von W. Jentsch (Teil I, Geschichte der Jugendseelsorge, 1965; Teil II, Theologie der Jugendseelsorge, 1963; Teil III, Praxis der Jugendseelsorge. Mittel, 1973; Teil IV, 1, Praxis der Jugendseelsorge. Wege, 1981). W. Jentsch hat zudem eine anregende und hilfreiche Darstellung der Briefseelsorge geboten: „Schreiben befreit" (1981). Die Verbindung der seelsorgerlichen mit der homiletischen Aufgabe sucht Chr. Möller darzustellen (Seelsorglich predigen, 1983).

Als Beispiele für die Bearbeitung von besonders wichtigen Themen der speziellen Seelsorgepraxis sind zu nennen: H. Harsch: „Hilfe für Alkoholiker und andere Drogenabhängige" (1976), K. Thomas: „Handbuch der Selbstmordverhütung" (1964), E. Stubbe: „Seelsorge im Strafvollzug" (1978), P. Brandt, „Die evangelische Strafgefangenenseelsorge. Geschichte – Theorie – Praxis" (1985).

Die Seelsorgepraxis in der Gemeinde hat ihre Grundlagen in der Kenntnis des seelsorgerlichen Gesprächs und in der Erfahrung mit ihm. Eine allgemeine Einführung in die Praxis solcher Gesprächsführung, die auch klassische psychologische Perspektiven einschließt, den neuen Entwicklungen psychologischer Methoden aber vorausliegt, bietet die noch nicht überholte und weiterhin empfehlenswerte Darstellung von A. Rensch: „Das seelsorgerliche Gespräch" (1967[2]).

Programmatische Aufsätze zur Seelsorgelehre finden sich bei M. Josuttis (Praxis des Evangeliums zwischen Politik und Religion, 1974, 95 ff.) und M. Seitz (Praxis des Glaubens, 1979[2], 73 ff.).

Aus der älteren Literatur bieten die folgenden Texte eine unverändert anregende und förderliche Lektüre: D. Bonhoeffer (Seelsorge, in: GS 5, 1972, 363 ff.; hier kommt die eigene Erfahrung des Seelsorgers zu Wort); H. Fichtner (Evangelische Krankenseelsorge, Bd. 1: Medizinische Grundlagen der evangelischen Krankenseelsorge, 1928; Bd. 2: Theorie und Praxis der evangelischen Krankenseelsorge, 1929; der zweite Band vor allem bietet eine Fülle an historischer und praktischer

Orientierung); A. Allwohn (Das heilende Wort, 1958; ein Plädoyer für die Erweiterung der seelsorgerlichen Aufgabe); A. Köberle (Psychotherapie und Seelsorge in der Begegnung aus evangelischer Sicht, in: Psychotherapie und Theologie, hg. v. O. von Wittgenstein, 1958, 62 ff.; eine zu ihrer Zeit vielbeachtete Stellungnahme). Grundbegriffe der psychoanalytischen Theorie und Praxis sind von H. Feiereis und H. J. Thilo dargestellt worden (Basiswissen Psychotherapie, 1980); ein Kompendium der Pastoralpsychologie der Gegenwart bietet J. Scharfenberg (Einführung in die Pastoralpsychologie, 1985).

4. Kapitel – Amtshandlungen

Amtshandlungen oder Kasualien sind ein Thema aus der Neuzeit der Praktischen Theologie. Erst gegen Ende des 19. Jahrhunderts hat sich ein Bewußtsein dafür gebildet, daß die verschiedenen Feiern, die Segenshandlungen und die kleineren gottesdienstlichen Veranstaltungen, die zur Praxis der christlichen Gemeinde gehören, ein gemeinsames Thema für die Praktische Theologie darstellen. Zunächst ist dabei die Kasualrede, als die besondere Predigtaufgabe, die bei derartigen Anlässen gestellt ist, behandelt worden (vgl. Schleiermacher, Praktische Theologie, 321). Später hat man die Kasualien vor allem als „liturgische Tätigkeiten" angesehen und sie unter diesem Begriff für die Praktische Theologie zusammengefaßt (W. Otto, Praktische Theologie, 1869, Bd. 1, 523 ff.). Ein demgegenüber neuer Aspekt dieses Aufgabenkreises ergab sich aus der Einsicht, daß das gemeinsame Thema der Kasualien in aller Regel durch den einen und bestimmten Menschen gegeben ist, der den Anlaß der Amtshandlung bildet. In diesem Sinn hat E. Meuß (1817–1893) „Die gottesdienstlichen Handlungen von individueller Beziehung in der evangelischen Kirche" (1892) zusammengefaßt und unter verschiedenen und bis heute nicht überholten Gesichtspunkten erörtert. Seither sind immer wieder monographische Bearbeitungen des Themas erschienen (G. H. Haack, Die Amtshandlungen in der evangelischen Kirche, 1935, 1952[2]; M. Mezger, Die Amtshandlungen der Kirche, Bd. 1, 1957; hier findet sich eine umfangreiche Zusammenstellung der älteren Literatur). Zu einem selbstverständlichen Bestandteil der praktisch-theologischen Themen sind die Amtshandlungen freilich nicht geworden. So haben sie auch in den größeren Gesamtdarstellungen der Praktischen Theologie nicht immer Berücksichtigung gefunden. Das „Handbuch der Praktischen Theologie" (hg. v. H. Ammer u. a., Bd. 2, 1974) freilich behandelt die Kasualien als eigenes Thema (H. H. Jenssen, Die kirchlichen Handlungen, 140 ff.). Gelegentlich wird der gesamte Komplex der Amtshandlungen kritisch beurteilt, und zwar in der Regel dann, wenn als allein gültige Aufgabe des Gemeindepfarrers die Predigt angesehen wird (R. Bohren, Unsere Kasualpraxis – eine missionarische Gelegenheit?, 1968[4]).

Die verschiedenen Begriffe, die für das Thema im Gebrauch sind: Amtshandlung, Kasualien, kirchliche Handlungen, Situationsgottesdienste, werden in der

Regel völlig synonym verstanden. Im Wort „Kasualien“ ist mehr auf den Anlaß hingedeutet, bei „Amtshandlung“ mehr auf den Verantwortlichen für das Handeln. Dem „Amt“ kommt dabei keine unnötige Bedeutung zu. M. Mezger hat die Begriffe eingehend diskutiert (39 ff.).

Auch in diesem Kapitel steht also der Einzelne, insofern er Anlaß für die Praxis der Kirche ist, im Vordergrund. Das Handeln selbst ist hier weithin durch die liturgisch-gebundene Form geprägt. Darin kommt zum Ausdruck, daß der einzelne nicht als isoliertes Subjekt, sondern immer schon im Zusammenhang seines sozialen und mitmenschlichen Daseins gesehen ist. Zu den Amtshandlungen werden vor allem Taufe, Konfirmation, Trauung und Bestattung gezählt; hinzu kommen die Einführungen (Ordination, Investitur, Einführungen in andere kirchliche Ämter) sowie die Feier des Krankenabendmahls und die Beichte; schließlich werden auch Jubiläen (z. B. goldene Konfirmation) und Einweihungen (z. B. einer Kirche) dazugerechnet. Vielfach sind derartige Feiern abhängig von lokalen Bräuchen.

Eine eingehende Darstellung der hauptsächlichen Amtshandlungen vor allem unter liturgischen Gesichtspunkten findet sich bei G. Rietschel – P. Graff (Lehrbuch der Liturgik, Bd. 2, 1952).

§ 14 Amtshandlungen als Aufgabe der Praktischen Theologie

1. Die Bedeutung der Amtshandlungen

Die Einsicht, daß die Amtshandlungen (oder Kasualien) verbunden sind durch die Beziehung auf den Einzelnen, der ihren Anlaß bildet, hat von Anfang an das Interesse an der Person dieses Einzelnen begründet. So hat schon E. Meuß (Die gottesdienstlichen Handlungen, 1892, 63) die Amtshandlungen überhaupt danach eingeteilt, welchen Ort sie im Gang des Lebens einnehmen müssen: Handlungen zur „Einführung“ („in das Gnadenverhältnis der Gemeinde“, z. B. Taufe), zur „Fortführung“ („des Gnadenverhältnisses“, z. B. Trauung) und zur „Überführung“ („... in die obere Gemeinde“, Bestattung). Deutlicher hat wenig später F. Niebergall die Beziehungen der Amtshandlungen auf das individuelle Leben bestimmt: „Es sind feierliche, in allen Fällen im wesentlichen gleichmäßig vollzogene symbolische Akte, die an besonderen Höhenpunkten des Einzel- oder Gemeindelebens das Göttliche mit seinem Segen und seiner verpflichtenden Macht an die Menschen heranbringen und das Menschliche wiederum mit Fürbitte, Dank und Gelöbnis vor Gottes Antlitz stellen" (Die Kasualrede, 1904, 1917[3], 17). Es sind die „wichtigen Lebenswendepunkte", in denen sich der Mensch in besonderer Weise „mit dem Göttlichen in Verbindung" gebracht wissen möchte (ebd.). Aus diesen Funktionen ergeben sich dann nach Niebergall die Aufgaben, die insbesondere der Kasualrede zukommen müssen: Sie soll die symbolische Handlung verständlich machen (19). Hier wird der „natürliche" Ablauf des Lebens, wie er in seinen Schlüsselereignissen hervortritt, in Beziehung gesetzt zur Religion und damit als Aufgabe der religiösen Wahrnehmung und Deutung verstanden. So hat auch M. Mezger den Sinn der Amtshandlungen beschrieben: Ihre Absicht ist „der Mensch" (Die Amtshandlungen der Kirche, 1957, 53). Freilich beurteilt Mezger, wie vor ihm schon G. Dehn (Die Amtshandlungen, 1950) die Hörfähigkeit und die Hörbereitschaft auch des von einem Kasus betroffenen Menschen skeptischer: Die „Offenheit für das Wort" ist eben durch den Kasus nicht schon verbürgt (56). Deshalb konzentriert Mezger seine Darstellung der Amtshandlungen auf deren „objektive" Vorgaben und also auf das, was der Pfarrer als seinen Auftrag dabei zu verstehen hat. So werden die Amtshandlungen als Verkündigung, als Ordnung und als Seelsorge näher erläutert (59ff.).

Mezger geht dabei, wie vor ihm Niebergall und vor diesem viele andere, von der volksmissionarischen Grundsituation aus, die durch das Gegenüber von gottesdienstlicher und Kasualgemeinde geprägt ist. Deshalb ist auch hier die „Verkündigung" die wichtigste Aufgabe, und zwar in der Überzeugung, daß der betroffene Mensch „vom Wort" schon „erkannt" werden wird (58). Auch die seelsorgerliche Seite dieser Aufgabe wird nicht vom „Fall" des Menschen her, sondern vom Lehrbegriff entfaltet (116ff.). Vermutlich liegt auch in dieser positionellen Anlage des Buches der Grund dafür, daß – bedauerlicherweise – der angekündigte zweite Band nicht erschienen ist. Die volksmissionarische Grundsituation bleibt übrigens auch dann leitender Ausgangspunkt, wenn aus der skeptischen Beurteilung ihres möglichen Erfolges für die Abschaffung der Amtshandlungen plädiert wird (R. Bohren, Unsere Kasualpraxis – eine missionarische Gelegenheit? 1968[4]).

Demgegenüber ist ein neues Bild der Amtshandlungen dadurch entstanden, daß nach der Bedeutung gefragt wurde, die die einzelne Amtshandlung für denjenigen hat oder doch haben kann, um dessentwillen sie stattfindet. Daraus erst ergeben sich dann nähere Bestimmungen für das kirchliche und pastorale Verständnis, das sich mit den Kasualien verbindet. Zur Begründung dieses neuen Bildes der Amtshandlungen haben vor allem W. Jetter und J. Matthes beigetragen. Beispielhaft dafür sind die folgenden Ausführungen von W. Jetter: „Eine Theorie volkskirchlicher Amtshandlungen muß vor allem die Folgerungen aus der Erkenntnis ziehen, daß der Lebenszusammenhang dieser Handlungen für die meisten Betroffenen nur sekundär die organisierte Kirche und oft fast gar nicht die örtliche Gemeinde, vielmehr primär die Großfamilie und/oder der Freundeskreis ist ... Die Amtshandlungen ... stehen jedoch, wenn man die Kreise der Betroffenen betrachtet, bei diesen allen in lebensgeschichtlichen Zusammenhängen: Taufe und Trauung dokumentieren, daß sich die familiäre, oft auch die berufliche Situation im Zusammenhang damit verändert oder beeinträchtigt sieht. Durch die darin hervorgehobenen Lebensereignisse sind stets Kinder, Geschwister, Eltern, Großeltern meist zweier Familien und dazu auch Freunde mit betroffen. Bei ihnen allen hat sich dadurch irgendetwas am eigenen Lebensstatus geringfügig oder einschneidend verändert. Vielleicht werden auch nur lebensgeschichtliche Entwicklungen, für die keine religiösen Rituale bereitstehen, durch die Begegnung mit den Amtshandlungen in Erinnerung gebracht ...“ (Der Kasus und das Ritual, in: WPKG 65, 1976, 221).

Diesen Darstellungen Jetters liegen Prinzipien und Einsichten zugrunde, die nach zwei verschiedenen Richtungen von Bedeutung sind. Das ist 1. zunächst die Einsicht, daß nach dem Gewicht gefragt werden muß, das ein herausragendes und besonderes Ereignis im Leben eines Betroffenen für ihn gewinnt. Vordergründige Antworten freilich verdekken hier mehr als sie beleuchten. So spielt z. B. ein scheinbar glückliches Ereignis gewöhnlich keineswegs allein diese Rolle: Es kann auch beängstigend, verunsichernd, bedrückend erlebt werden. Darüber ist allgemein kaum mehr zu sagen, als daß große Ereignisse in der Lebensgeschichte äußerst ambivalent wirken können. Daraus aber folgt, daß das Bedürfnis nach religiöser Wahrnehmung eines solchen Ereignisses gerade dann einen existenziellen Rang hat, wenn dieses Ereignis die Lebensgeschichte verändert. Die Beteiligung an der religiösen Veranstaltung ist selbst bereits Ausdruck solcher Bedürftigkeit. Sodann zeigt sich 2., daß die Beteiligung an der Religion, die sich auf die Beteiligung an Amtshandlungen beschränkt, anders verstanden werden muß, als aus den Unterschieden gegenüber dem allgemeinen kirchlichen Leben. Der Lebenszusammenhang dieser Religiosität ist nicht die örtliche Gemeinde, sondern die Familie oder eine andere Gruppe oder Gemeinschaft. Gerade diese Fragen des Teilnahmeverhaltens an den kirchlichen Organisationsformen sind von der Studie „Wie stabil ist die Kirche?“ (1974) untersucht worden. J. Matthes hat in seiner Auswertung vor allem die Amtshandlungen zum Thema gemacht. Zu den Ergebnissen, die im Blick auf die hier behandelte Frage relevant sind, gehört die folgende These:

„Es gibt eine Form volkskirchlichen Teilnahmeverhaltens, die sich vornehmlich auf die Amtshandlungen, aber auch auf solche gottesdienstlichen Veranstaltungen bezieht, die einen besonderen Stellenwert im Lebenszyklus und im Jahresrhythmus haben und darin sozio-kulturell abgestützt sind. Für das Selbstverständnis derer, die dieses Verhalten zeigen, gilt dieses Verhalten als ‚normal'; sie kommen bei den genannten Gelegenheiten nicht nur ‚mal', sondern ‚überhaupt' zur Kirche (Volkskirchliche Amtshandlungen, Lebenszyklus und Lebensgeschichte, in: Erneuerung der Kirche, hg. v. J. Matthes, 1975, 110).

Aus diesen Analysen der Amtshandlungen ergibt sich also, daß darin eine spezifische und in gewisser Weise neuartige Aufgabe für die kirchliche Praxis vorliegt. Die Inanspruchnahme der Amtshandlungen verweist auf eine Art der Frömmigkeit, die primär an lebensgeschichtlichen Epochen orientiert ist und die wesentlich in deren Zusammenhang ausdrücklich wird. Die Praxis der Kasualien, die in dieser Gestalt der Frömmigkeit ihre Aufgabe sieht, wird den „Situationsgottesdienst" der Amtshandlung (H. H. Jenssen, Die kirchlichen Handlungen, in: HPT [DDR], II, 1974, 145) als selbständige und nicht nur als abgeleitete oder defizitäre Form des religiösen Lebens wahrzunehmen haben.

Auf diese „lebenszyklische" Form der Frömmigkeit, die für den Betroffenen nicht in gleicher Weise in den „Alltagszyklus" seiner Lebenspraxis übertragen wird, hat auch P. Cornehl aufmerksam gemacht: „Für die Mehrheit der Christen in diesem Lande hat Religion einen vorgesehenen Ort in ihrer Biografie an den Wendepunkten des familiären Lebenszyklus. Daraus ergibt sich ein weitmaschiges Netz kasueller Kontakte zur Kirche in großen zeitlichen Abständen. Nur für eine Minderheit ist das Netz enger geknüpft. Für sie, die regelmäßig einen größeren oder kleineren Teil ihrer Freizeit im Raum von Kirche oder Gemeinde verbringen, ist Religion dem Alltagszyklus zugeordnet" (Frömmigkeit – Alltagswelt – Lebenszyklus, in: WPKG 64, 1975, 388). Cornehl und Matthes beziehen sich dabei insbesondere auf die sozialphilosophischen Analysen von A. Schütz (Der sinnhafte Aufbau der sozialen Welt, 1932, Neudr. 1974).

Zum näheren Verständnis dieser Frömmigkeit hat J. Matthes auf die Differenz zwischen Lebenszyklus und Lebensgeschichte hingewiesen: Unter den Bedingungen der immer rascher sich differenzierenden kulturellen Welt fallen beide immer deutlicher auseinander. Dabei ist „Lebenszyklus" die gesellschaftliche Bestimmung des normalen Lebenslaufs mit seinen typischen Einschnitten, Höhepunkten und Krisen; „Lebensgeschichte" ist demgegenüber die biographische Verarbeitung der lebenszyklischen Vorgabe in der konkreten Lebenserfahrung des Einzelnen (88 f.). Diese „Verarbeitung" erweist sich als eine schwierige und komplizierte Leistung, die für die Orientierung und die Legitimation der eigenen Lebenspraxis unverzichtbar ist. Hier haben die Amtshandlungen ihre spezifische Aufgabe: In ihnen erschließt sich ein umfassender Zusammenhang für die Interpretation und die Sinngebung im Blick auf den Lebensablauf, der unterbrochen scheint, sei es als Steigerung oder als Verlust; es erschließt sich aber auch der Zugang zur Entlastung von individueller Zumutung durch die Aufnahme in den objektiven und generalisierenden Zusammenhang des Rituals. Matthes verdeutlicht die Verarbeitungsleistung an der gebotenen Orientierung innerhalb der unterschiedlichen Erlebnisformen der „Zeit" (als Lebenszeit, Ereigniszeit, Alltagszeit, 102 ff.).

In anderer Perspektive ist die Situation, die derartige Leistungen fordert, als „Krise" beschrieben worden: R. Riess spricht von „normativen Lebenskrisen", die mit dem „natürlichen Lebenszyklus" gesetzt sind und „an denen sich neue Dimensionen des Daseins eröffnen können" (Die Krisen des Lebens und die Kasualien der Kirche, in: EvTh 35, 1975, 73). Danach wird die Wahrnehmung solcher Krisensituationen zur vordringlichen Aufgabe bei der Durchführung und Gestaltung der Amtshandlungen.

Freilich wird die Wahrnehmung dieser Aufgaben durch das traditionelle Bild der Amtshandlungen nicht ohne weiteres gefördert. Zur Verdeutlichung dieser Konflikte ist auf die volkskirchlichen Erwartungen an die Kasualpraxis der Kirche einerseits und auf die volksmissionarisch bestimmten Einstellungen dieser Kirche andererseits hingewiesen worden. Die volkskirchlichen Erwartungen hat K. H. Bieritz knapp und präzise zusammengefaßt: „Sie (sc. die Beteiligten) erwarten Begleitung, Schutz, Versicherung in den schwierigen und bedrohlichen Übergangssituationen des Lebens. Das Ritual soll diese Übergänge nicht nur markieren; es soll zugleich Strukturen schaffen, die ein Gefühl der Dauer, der Beständigkeit, der Verläßlichkeit zu vermitteln vermögen. Überwindung von Sprachlosigkeit, Benennung von Sinn in der jeweiligen Situation, Hilfe bei ihrer emotionalen Bewältigung sind weitere Leistungen solcher Vollzüge, auf die sich die Erwartungen der Beteiligten richten. Die Bedürfnisse, die sich in solchen Erwartungen aussprechen, sind legitim. Sie müssen vom Seelsorger ernst genommen werden" (Handbuch der Seelsorge, 1983, 228 f.). Die volksmissionarische Einstellung demgegenüber hat E. Thurneysen formuliert: „Denken wir an die sogenannten Kasualien. Wir verklären in unseren Taufreden die Geburt, und in unseren Konfirmationen geht es um das Herangewachsensein zur Lebensreife, bei den Eheschließungen um die fromme Verschönerung von Familienfeiern; der Pfarrer steht zwischen Blumenschmuck am Traualtar. Und nach einer sehr oft magern Traurede begibt man sich zum Hochzeitsessen, wo der Pfarrer dann, wie Fontane einmal boshaft bemerkt, als Sprecher der Gesellschaft die viel bessere Rede hält als in der Kirche. Und wieviel Totenkult treiben wir an Särgen und Gräbern! Aber nach gehaltener Bestattungsfeier geht das Leben unheimlich gewöhnlich und wahrscheinlich rätselhaft und sorgenvoll genug weiter" (Seelsorge im Vollzug, 1968, 49 f.). Um eine genauere theologische und sozialwissenschaftliche Analyse der Probleme, die dem Konflikt zugrunde liegen, hat sich Y. Spiegel bemüht (Gesellschaftliche Bedürfnisse und theologische Normen, in: ThPr 6, 1971, 212 ff.).

W. Neidhart hat dazu auf die Korrekturbedürftigkeit der Urteile und Vorurteile in diesen Fragen aufmerksam gemacht und am Beispiel der Beerdigung auf die Verantwortung des Gemeindepfarrers den Leidtragenden gegenüber hingewiesen (Die Rolle des Pfarrers beim Begräbnis, in: Wort und Gemeinde, FS für E. Thurneysen, 1968, 226ff.). Nach M. Nüchtern ist dieses Problem im ganzen als eine „Vermittlungsaufgabe" zu verstehen, die dort als gelungen bezeichnet werden kann, „wo das, was die Kirche traditionell tut, durchscheinend wird für die Alltagserfahrung der Menschen" (Konfliktfeld Kasualien, in: PTh 71, 1982, 519).

Der gesamte Kreis der Aufgaben, die mit der Kasualpraxis gestellt sind, ist das Thema einer Bearbeitung der drei hauptsächlichen Amtshandlungen und zwar in der Absicht, damit einen „Leitfaden" für den Gemeindepfarrer und seine Tätigkeit aufzustellen: „Taufe, Trauung und Begräbnis" (hg. v. D. Bastian u. a., 1978). Damit ist ein Beispiel für das Verständnis der Kasualien gegeben, das sich am Begriff einer „integralen Amtshandlungspraxis" (Matthes, 111) orientiert. Auch M. Seitz hat die Untersuchung von Matthes aufgenommen und dabei die religiöse Deutung der Übergänge im Lebenszyklus betont als „dem Menschen zur Entscheidung gegebene Zeiten" (Praxis des Glaubens, 1978, 45). Eine Analyse der liturgischen Aufgabe der kirchlichen Handlungen unter den Bedingungen der volkskirchlichen Situation bietet in sehr instruktiver Weise F. Schulz (Zur Liturgik der kirchlichen Handlungen insgesamt, in: WPKG 69, 1980, 104ff.).

Das Bild der Amtshandlungen und ihrer Funktionen, das sich in den letzten zehn Jahren entwickelt hat, läßt sich danach in folgenden Grundzügen zusammenfassen:

1. Die Amtshandlungen haben eine kaum zu überschätzende Bedeutung für die Bewältigung der Übergänge im Lebenszyklus, die dem Einzelnen in einer immer komplizierter gewordenen gesellschaftlichen Situation als Verarbeitungsleistung aufgegeben ist. Die religiöse Deutung in dieser Situation und die Begründung von neuer Orientierung und Legitimation durch die Kasualpraxis wird dabei auch dort in Anspruch genommen, wo diese Inanspruchnahme sich als bloße Beteiligung äußert.

2. Das Verhältnis zur Religion, das sich wesentlich nur an den großen Zäsuren der Biographie äußert, ist als „lebenszyklische" Frömmigkeit eine Gestalt der Beziehung auch zur Kirche, die der eigenen Wahrnehmung durch die Kirche bedarf. Unter diesem Aspekt ist das System der Amtshandlungen eine Praxis der Lebensbegleitung, die die Kirche nicht von ihren Erwartungen an ein bestimmtes Mitgliedschaftsverhalten abhängig machen kann.

3. Damit rücken für die gesamte Praxis der Amtshandlungen deren seelsorgerliche Perspektiven in den Vordergrund. Das gilt nicht nur für die im engeren Sinne seelsorgerlichen Aufgaben, sondern auch für die seelsorgerlichen Aspekte der liturgischen Handlungen und der Kasualreden.

2. Die Leistungen der Liturgie

Im Mittelpunkt der Amtshandlungen steht eine symbolische Feier. Der Ablauf einer Liturgie macht die Amtshandlung aus, und in eben diesem Sinn werden Amtshandlungen in Anspruch genommen und in der Erinnerung bewahrt. Die Leistungen dieser Liturgie und die Funktionen des Ritus sind deshalb das wichtigste und gemeinsame Thema der Kasualien.

Die Liturgie der Amtshandlungen besteht aus typischen Lektionen (z. B. Kinderevangelium, Erschaffung des Menschen) aus Gebetstexten (z. B. Anamnesen und Fürbitten), die auf den Kasus Bezug nehmen und aus einer Reihe von besonderen liturgischen Stücken: Fragen und Antworten, Formeln für die Verpflichtung und vor allem für den Segen, der bei vielen dieser Akte im Vordergrund steht.

F. Schulz hat diese Formulare unter verschiedenen Gesichtspunkten analysiert und näher erläutert (Zur Liturgik der kirchlichen Handlungen insgesamt, in: WPKG 69, 1980, 104 ff.). Er hat dabei auf die Differenzierung von Funktionen aufmerksam gemacht, die von der allgemeinen biblischen Grundlegung über die Aktualisierung zur persönlichen Zuspitzung reichen, und auf die verschiedenen modi der liturgischen Rede (Paränese, Katechese, Confessio). Er hat ferner auf die „Tauferinnerung" als religiösem Sinn der Lebensbegleitung hingewiesen und deutlich gemacht, daß die kirchlichen Handlungen nach evangelischem Verständnis „offene Riten" bleiben müssen.

Die Leistungen des Ritus in den Amtshandlungen lassen sich im einzelnen folgendermaßen skizzieren.

1. Der Ritus umfängt den Betroffenen mit festen Formen. Er leitet damit das individuelle Verhalten in Situationen, die so außerordentlich wirken, daß individuelle Weisen, sich darin zu verhalten, nicht mehr möglich sind. Das gilt für die Betroffenheit durch einen Todesfall, kaum weniger aber z. B. für die Eheschließung. Die Funktion der Riten ist hier die, „daß sie eine Antwort des Handelns in faktisch unkontrollierbaren Lagen ermöglichen" (A. Hahn, Religion und der Verlust der Sinngebung, 1974, 72). Zu diesen Leistungen für den Einzelnen kommt hinzu, daß der Ritus zur Basis für die Integration der ganzen beteiligten Gruppe wird. Im Ritus gewinnt jeder seine Rolle, sei es mehr im Mittelpunkt, sei es im Modus bloßer Partizipation, alle Rollen sind aber in bestimmter und vorgesehener Weise miteinander verbunden und stellen ohne weitere Zumutungen wechselseitige Kommunikationen her. Diese Integrationsleistung ist nicht nur für die Stellung des Betroffenen in der Gruppe, sondern ebenso für die Gruppe selbst von Bedeutung (vgl. K. F. Daiber, Die Trauung als Ritual, in: EvTh 33, 1973, 588).

2. Der Ritus ist die Sprache, in der die extreme Erfahrung sich zu äußern vermag. Der Ritus faßt in Worte, was auf individuelle Weise zu sagen kaum möglich ist. Die Sprache der extremen Erfahrung ist die geformte Sprache der Überlieferung. Daß dem Ereignis und der Erfahrung Worte verliehen werden, ist ein wesentliches Bedürfnis zunächst des Betroffenen, der darin Gelegenheit findet, Objektivität und Distanz zu gewinnen; dann aber auch der beteiligten Gruppe, die der Kommunikation durch die sprachliche Veröffentlichung dessen, was sie zusammenführt, bedarf. Vor allem aber ist die rituelle Sprache die Sprache für den Sinn dessen, was im Ereignis begangen wird. Es handelt sich um „die rituelle Überwindung der Sprachlosigkeit angesichts der Sinnfrage". Der Ritus „drückt aus, was in der alltäglichen Sprache keinen Platz hat" (K. F. Daiber, 589). Schon die alltägliche Kommunikation ist in vieler Hinsicht auf die Vermittlung durch Ritus und Symbol angewiesen (vgl. dazu W. Jetter, Symbol und Ritual, 1978, 24 ff.; 91 ff.). Für die Frage nach dem „Sinn", der auch die extreme Erfahrung zugänglich machen könnte, gilt das um so mehr (vgl. W. Jetter, 118 f.). Der Betroffene und mit ihm die ganze Gruppe werden im rituellen Geschehen in einen Sinnzusammenhang einbezogen, der wesentlich nur auf die Weise des Ritus ausdrücklich gemacht werden kann.

3. Der Ritus stellt das individuelle Schicksal als das allgemeine und gemeinsame dar. Dadurch wird zunächst die Isolierung überwunden, in der der Betroffene sich findet, unabhängig davon, ob das Begängnis einem glücklichen (z. B. bei der Taufe) oder einem unglücklichen (z. B. bei der Bestattung) Ereignis gilt. Freilich wird gerade in der rituellen Deutung unserer Liturgien die bestimmte und gegenwärtige Erfahrung als exemplarische Erfahrung ausgelegt: An diesem Betroffenen zeigt die Liturgie, was allen gilt. Sodann aber ist es die Funktion dieser rituellen Darstellung, eben alle in das Geschick des Betroffenen einzubeziehen. Sowohl die Lektionen wie die Gebete machen prinzipielle Verhältnisse menschlichen Daseins ausdrücklich. Das gilt auch für die Handlungen, die der Einführung in ein bestimmtes Amt dienen: Sie machen die Verpflichtung zur Pflicht als Grundlage und Bedingung des gemeinsamen Lebens für jeden deutlich.

4. Die Feier läßt den Einzelnen (oder das Eltern- oder Brautpaar) in den Mittelpunkt der Handlung und der Aufmerksamkeit treten. Damit ist eine Ausnahmesituation gegeben, die den Ausnahmecharakter des darin wahrgenommenen Ereignisses unmittelbar abbildet. Diese Exposition eines einzelnen Menschen macht in der Sprache der Liturgie eine eigene

Implikation der Gottesbeziehung ausdrücklich: Sie läßt die Besonderheit der Situation und des Geschehens als die Besonderheit der Zuwendung zum betroffenen Menschen verstehen. Für ihn wird die Feier zum Grund für die Erneuerung und Erweiterung seiner Gewißheit. Es ist nicht nur der Text der Liturgie, es sind die Handlungen und Szenen – etwa bei der Taufe oder der Trauung – die anschaulich machen, daß der betroffene Mensch in seiner unverwechselbaren Individualität von Absicht und Sinn der Feier gemeint ist. Auch darin aber ist er zugleich der exemplarische Fall, der allen Beteiligten vor Augen stellt, daß, wie er, so auch jeder andere in diesen Bezug auf den Grund seines Daseins eingeschlossen ist.

5. Eine besondere Rolle spielt in fast allen Amtshandlungen der Segen. Er findet sich in vielen Variationen und in jeweils für die einzelne Handlung spezifischen Formeln (z. B. Taufe: „... stärke dich mit seiner Gnade ...“; Konfirmation: „... Schutz und Schirm vor allem Argen“; Trauung: „... Segne Eure Ehe ...“). Die Bedeutung des Segens „liegt im Ausdruck dessen, daß Leben nicht bloß aktive Gestaltung ist, sondern Empfangen“ (K. F. Daiber, 589). Nicht wenige Amtshandlungen werden auch als Segenshandlungen (Benediktionshandlungen, vgl. dazu F. Schulz, 106) bezeichnet und sind unter diesem Aspekt in der Öffentlichkeit bekannt. Vielfach findet man deshalb, daß die Einstellung, die im Segen liturgisch formuliert wird, schon zu den Motiven für die Teilnahme an der Amtshandlung gehört. Im Segen wird zur Sprache gebracht, daß der Mensch nicht im Vorhandenen aufgeht, daß er mehr ist, als er von sich weiß, und daß gerade das gelebte Leben, das ihm gelungen ist und noch gelingt, am wenigsten nur aus seinen eigenen Leistungen hervorgegangen ist (vgl. o. S. 465 f.). Im Segen wird der Blick von sich selbst und von eigenen Leistungsfähigkeiten weggelenkt auf den Sachverhalt, daß alles Leben empfangenes und geschenktes Leben ist. Insofern macht gerade der Segen ausdrücklich, was im Gottesdienst überhaupt anschaulich werden soll: unsere Beziehung auf den Grund unseres Daseins.

Den fundamentalen Sachverhalt, daß keiner sich das Leben selbst zu geben vermag, erörtert T. Rendtoff (Ethik I, 32 ff.). Ausführlichere Darstellungen über die Bedeutung des Rituals im christlichen Gottesdienst finden sich bei D. Rössler (Die Vernunft der Religion, 1976) und bei W. Jetter (Symbol und Ritual, 1978); allgemeine und religionsgeschichtliche Analysen bei C. Lévi-Strauss (Strukurale Anthropologie, 1967). Instruktiv sind die Deutungen des kultischen Handelns aus katholischer Sicht: Anthropologie des Kults (hg. v. W. Strolz, 1977).

3. Kasualgespräch und Kasualpredigt

Das Kasualgespräch ist eine Aufgabe besonderer Art. Es ist einerseits durch einen eindeutigen Anlaß bestimmt, andererseits seinem Inhalt nach nicht ohne weiteres festzulegen. Traditionell gehört zu den Besprechungsgegenständen der Ablauf der zu vollziehenden Handlung, zumal dann, wenn, wie z. B. bei der Trauung, die Betroffenen selbst am liturgischen Handeln teilnehmen. Für das Gespräch anläßlich eines Todesfalles ist freilich schon immer auch die seelsorgerliche Aufgabe betont worden (vgl. z. B. H. G. Haack, Die Amtshandlungen, 1935, 22 f.). Durch die Einsicht in die lebensgeschichtliche Bedeutung der Amtshandlungen sind diese seelsorgerlichen Aspekte des Kasualgesprächs neuerdings deutlicher hervorgetreten.

Deshalb ist das Kasualgespräch zunächst ein „Informationsgespräch" in dem Sinne, daß Mitteilungen und auch Belehrungen zu erfolgen haben, die um der Handlung willen erforderlich sind. Dazu gehört jedoch auch die etwa nötige Aufklärung über den Sinn und die Bedeutung einzelner liturgischer Texte oder Szenen. Sodann aber ist das Kasualgespräch ein „Explorationsgespräch", durch das nun seinerseits der Pfarrer ins Bild gesetzt wird über die persönlichen Umstände, die den „Fall" in seiner Individualität ausmachen. Ein zureichendes Verständnis dieser Individualität wird hier weniger durch die Mitteilung von Beurteilungen und Meinungen erreicht, als vielmehr durch die Bekanntschaft mit Geschichten, Episoden, Ereignissen, die insgesamt zur Lebensgeschichte des Betroffenen gehören. Schließlich ist das Kasualgespräch ein seelsorgerliches Gespräch, sofern darin die Situation der Betroffenen durch den Kasus wahrgenommen wird (zu diesen verschiedenen Aspekten des Kasualgesprächs vgl. G. Groeger, Seelsorge und Beratung, in: ThPr 10, 1975, 166).

Die seelsorgerliche Dimension des Kasualgesprächs ist eingehend von H. J. Thilo analysiert und dargestellt worden (Beratende Seelsorge, 1971). Thilo geht davon aus, daß die Kasualhandlung im ganzen „gedeutetes Leben" (120) darstellt und macht an verschiedenen Gesprächsprotokollen klar, daß dabei die Fähigkeit des Pfarrers zur Gesprächsführung eine nicht geringe Rolle spielt (128 ff.). Vor allem aber zeigt sich, daß im Verlauf der Kasualgespräche Themen auftreten, die aus der biographischen Situation der Betroffenen hervorgehen und in denen sich Lebensprobleme und belastete affektive Verhältnisse widerspiegeln. So spricht eine junge Mutter bei der Taufanmeldung von ihrem Verhältnis zu dem älteren Kind, von Erziehungsfragen und damit verbundenen Befürchtungen (127 f.); in einem Traugespräch treten biographische Konflikte deutlicher hervor (170 f.; 185) und bei einem Beerdigungsgespräch zeigen sich sehr massive Gefühlsambivalenzen im

Verhältnis zum Verstorbenen (217). Thilo versteht die mit diesen Gesprächssituationen gegebene Aufgabe als die der seelsorgerlichen Beratung und der Lebenshilfe durch die Religion (z. B. 221). Dazu gehört freilich, daß das Kasualgespräch als eines in einer größeren Reihe von dann folgenden Gesprächen angesehen wird.

Eine eher generelle Perspektive hat R. Riess durch den Begriff der „Krise" entfaltet (Die Krisen des Lebens und die Kasualien der Kirche, in: EvTh 35, 1975, 71 ff.). Damit wird indessen auf eine Aufgabe im Kasualgespräch aufmerksam gemacht, die nicht erst durch Äußerungen zu einem bestimmten Thema entsteht, die vielmehr ganz generell eben durch die mit dem Kasus bezeichnete Situation der Krise überall vorgegeben ist. Dieses implizite Thema müßte danach das seelsorgerliche Gespräch auch dann mitbestimmen, wenn es nicht explizit zur Sprache gebracht wird.

Sinn und Ziel der Kasualrede sind, seit die Praktische Theologie ihre Aufmerksamkeit diesem Thema zugewandt hat, unterschiedlich bestimmt und kontrovers diskutiert worden. Schon G. Uhlhorn nennt drei verschiedene „Brennpunkte", die dafür geltend gemacht wurden: das allgemeine Gotteswort, der einzelne Fall, sowie Zweck und Wesen der jeweiligen Handlung (Die Kasualrede, 1896, 36). Die Geschichte der Kasualrede belehrt darüber, daß immer wieder eine dieser drei Zielsetzungen unvermittelt und allein zur Richtschnur gemacht wurde (36 ff.). Auch Uhlhorn plädiert für nur eine dieser Zielsetzungen als der wesentlichen: Der Zweck der Kasualrede könne kein anderer sein, „als die Gemeinde auf die jeweilige kirchliche Handlung vorzubereiten, damit sie einerseits derselben in rechter Andacht beiwohne und sie selbsttätig mitvollziehe, andererseits aber auch den Segen der heiligen Handlung davontrage" (35 f.). Palmer kritisiert die einseitige Ausrichtung auf die bloße Textexegese, die alles Persönliche und Kasuelle ignoriere und bestenfalls zum bloßen Anhang mache, wie das schon im frühen Pietismus geschehen sei (Homiletik, 1887[6], 285). Er selbst plädiert für einen doppelten Schwerpunkt: Die Kasualrede müsse den Text und das Persönliche des Falles miteinander „verschmelzen" (284). Diese Diskussion ist (ohne wesentliche neue Argumente) gelegentlich wieder aufgenommen worden. So hat H. Vogel erneut die reine Textpredigt als Kasualrede empfohlen (Unsere Predigtaufgabe in Kasualreden, MPTh 1936, 214 ff.), während W. Trillhaas sowohl den Bibeltext wie den menschlichen Fall in die Kasualrede einbeziehen will (Evangelische Predigtlehre, 1964[5], 162). Ähnlich urteilt auch H. Schreiner (Die Verkündigung des Wortes Gottes, 1949[5], 278). H. J. Thilo hält den Zusammenhang von Kasualrede und Kausalgespräch für notwendig und bedeutungsvoll und erneuert die Ansicht, daß die Predigt „das nachfolgende liturgische Handeln transparent" machen könne (Beratende Seelsorge, 1971, 147; 149).

Über die älteren Diskussionen orientiert M. Mezger (Die Amtshandlungen der Kirche, 1957, 67 ff.). Eine lehrreiche sozialwissenschaftliche Fragestellung liegt der Untersuchung „Die Predigt bei Taufe, Trauung und Begräbnis" (hg. v. F. Binder u. a., 1973) zugrunde: Die „Contentanalyse" untersucht Inhalt und Emotionalität im Kommunikationsprozeß der Kasualrede. Zu den greifbarsten Ergebnissen gehört, daß Unterschiede der theologischen Richtungen bei Kasualreden kaum zur Wirkung kommen, daß im allgemeinen eine einfache Frömmigkeit, ein gefühlvoller Ernst und eine wenig prägnante Diktion vorherrschen (53 ff.).

Die Aufgabe der Kasualrede ist nach allem nicht grundsätzlich verschieden von der der sonntäglichen Gemeindepredigt überhaupt. Es geht dort wie hier um Vergewisserung und Orientierung (s. o. S. 344 ff.). Jede christliche Rede ist, sofern sie das Christentum zu begründen sucht, auch und wesentlich „Lebensdeutung". Lebensdeutung in diesem Sinne ist aber notwendig Deutung bestimmter Lebenszusammenhänge und soll Gewißheit und Orientierung angesichts konkreter Umstände und Verhältnisse begründen. Es ist nach H. Diem „kein gutes Zeichen für die Gemeindemäßigkeit einer Predigt, wenn dieselbe Predigt genauso auch in einer anderen Gemeinde und zu einer anderen Zeit gehalten werden könnte. In diesem Sinn ist jede Predigt eine ‚Kasualpredigt' ..." (Warum Textpredigt?, 1939, 207). Ganz ähnlich stellt E. Lange die Frage, „ob nicht die Sonntagspredigt wesentliche Merkmale mit der Kasualrede gemeinsam hat. Ob es nicht auch hier eine freilich außerordentlich schwer beschreibbare, aber gleichwohl von Fall zu Fall spezifische Situation gibt, die mit den in ihr enthaltenen Widerständen und Kommunikationschancen die eigentliche Vorgabe, die eigentliche Herausforderung der Predigt darstellt..." (Predigen als Beruf, 1976, 23).

Das Ziel der Aufgabe, die mit dem Verhältnis von Text und Kasus in der Kasualpredigt gestellt ist, muß deshalb darin gesehen werden, daß jeweils das eine für das andere zum authentischen Exempel und zum lebendigen Moment seiner Entschlüsselung zu werden vermag.

§ 15 Amtshandlungen und Lebensgeschichte

In der christlichen Anthropologie kommt dem Begriff der Lebensgeschichte eine wesentliche Bedeutung zu. Der Mensch ist, was er ist, durch seine Lebensgeschichte und durch das, was sie vermittelt. „Es ist dem Menschen nicht von Natur schon mitgegeben, was er sein wird. Er muß seine Bestimmung erst suchen" (W. Pannenberg, Was ist der Mensch?, 1962, 97). Der Mensch ist deshalb darauf angelegt, sich selbst und also seine Individualität als die Geschichte seines Lebens zu finden. „Die Geschichte, der je verschiedene Lebensweg ist das principium individuationis. Durch den einmaligen Zusammenhang von Widerfahrnissen, Absichten und Handlungen in einem Lebensgang arbeitet sich die Individualität eines Menschen hervor“ (ebd.; vgl. auch W. Pannenberg, Anthropologie, 488 ff.).

Individualität und Lebensgeschichte bilden eine Einheit, in der das eine das andere bestimmt. Wer ein Mensch ist, kann dadurch am sachgemäßesten bezeichnet werden, daß man eine Geschichte von ihm erzählt. Er selbst ist freilich nicht schon mit solcher einzelnen Geschichte identisch, sondern erst mit seiner Lebensgeschichte im ganzen: „Ein Lebenslauf ist niemals nur die Aneinanderreihung von durchlaufenen Zeiten zur Lebenszeit einer Person, sondern die Aneignung der durchlaufenen Zeiten und die Verarbeitung der eigenen Lebenszeit zu einer Geschichte, die am Ende mit der Person identisch ist“ (E. Jüngel, Gott als Geheimnis der Welt, 1977, 101).

Lehrreich sind die Ausführungen über „Bekehrung und Lebensgeschichte“ von Chr. Gremmels (in: WPKG 66, 1977, 488 ff.). Die Bedeutung der Lebensgeschichte für das christliche Verständnis der Universalgeschichte wird von G. Ebeling behandelt (Dogmatik des christlichen Glaubens, I, 1979, 284 ff.).

Seine Lebensgeschichte ist deshalb der Horizont, innerhalb dessen der Mensch seiner selbst als unverwechselbarer Individualität inne wird, und sie ist zugleich oder in eins damit das unüberschaubare Ganze des eigenen Lebens, das die Unverfügbarkeit dieses Daseins vor Augen stellt. Deshalb macht die Wahrnehmung von Ereignissen, deren Thema die Lebensgeschichte ist, immer auch die Religion thematisch. Indem derartige Ereignisse begangen werden, wird die Grundsituation des Menschen zur Anschauung gebracht. Die kirchlichen Handlungen, die durch solche Ereignisse veranlaßt sind, gewinnen ihren Sinn keineswegs allein aus diesem Anlaß. Der Sinn dieser Handlungen ist vielmehr vielschichtig, komplex und durch die Geschichte geprägt, in der sich der Ursprung solcher Feiern jeweils weiter vermittelt hat. Aber gleichwohl gehört der Kasus, der die Handlung veranlaßt, zum Bestand dieser Sinnhaftigkeit sachgemäß hinzu. Die Wahrnehmung von Ereignissen, deren Thema die Lebensgeschichte eines Menschen ist, ist deshalb schon immer als eine wesentliche Aufgabe kirchlicher Praxis angesehen worden.

Zum Ziel dieser Veranstaltung gehört es deshalb, den lebensgeschichtlichen Zusammenhang des Kasus zur Geltung zu bringen. Dafür würde eine abstrakte Formulierung des bloßen Gedankens freilich nicht ausreichen. Die rituellen und szenischen Stücke der Kasualien gewinnen hier ihr wesentliches Gewicht. Sie sollen den Kasus gerade in seiner Bestimmung durch den lebensgeschichtlichen Horizont und in der religiösen Deutung dieser Zusammenhänge zur Anschauung bringen.

1. Die Taufe

Grundlegende Orientierungen über die Tauflehre und die Liturgik des Taufgottesdienstes bieten Rietschel/Graff (Lehrbuch, Bd. 2, 509 ff.) und Leiturgia (V, 1970). Übersichten über die aktuellen Diskussionen zum Taufverständnis und zur Praxis der Taufe finden sich bei C. H. Ratschow (Die eine christliche Taufe, 1972) und R. Leuenberger (Taufe in der Krise, 1973).

a) Zur Tauflehre

Das Verständnis der Taufe ist in den Kirchen der Reformation von Anfang an mit einer Reihe von Problemen belastet gewesen. Luther selbst hat seine spätere Tauflehre erst im Laufe der Zeit und durch verschiedene Stadien hindurch entwickelt (vgl. dazu W. Jetter, Die Taufe beim jungen Luther, 1954). Zudem blieb die Tauflehre ein kontroverses Thema gerade zwischen den Kirchen der Reformation.

Die mittelalterliche Kirche hat, ausgehend von Augustin, die Taufe als das Grundsakrament verstanden, das von der Erbsünde befreit und aufnahmefähig macht für die folgenden sakramentalen Gnadenmittel. Durch die Taufe wird dem Menschen ein „character indelebilis" aufgeprägt (D. 781). Zu ihrem gültigen Vollzug sind Wasser (materia), das Spendewort (forma) und die Absicht des Täufers (intentio) nötig (D. 1310 ff.). Das Tridentinum hat die scholastische Tauflehre im wesentlichen erneuert und besonders die lutherische Lehre vom Taufgedächtnis verworfen (D. 1623).

Luther hat im Kleinen Katechismus das evangelische Verständnis der Taufe mit den berühmten Sätzen bestimmt: „Sie wirkt Vergebung der Sünden, erlöst von Tod und Teufel und gibt die ewige Seligkeit allen, die es glauben, wie die Worte und Verheißungen Gottes lauten ... Es bedeutet, daß der alte Adam in uns durch tägliche Reu und Buße soll ersäuft werden und sterben mit allen Sünden und bösen Lüsten, und wiederum täglich herauskommen und auferstehen ein neuer Mensch, der in Gerechtigkeit und Reinigkeit vor Gott ewiglich lebe" (BSLK 515 f.). Luther hat die Taufe damit von der Rechtfertigungslehre her erklärt: Sie soll vom Glaubenden als Beginn seiner vita christiana verstanden und stets neu zur Geltung gebracht werden. Sie übernimmt, was bisher dem Bußsakrament zugeschrieben wurde, denn sie „bedeutet" nicht nur das neue Leben, sondern „bewirkt" es, und die in ihr einem einzelnen

Menschen zugesprochene Verheißung der Gnade soll das ganze Leben über für die tröstliche Erinnerung gültig bleiben (BSLK 705 f.).

Die lutherische Dogmatik hat das Taufverständnis systematisiert, und zwar nach Begriff (Einsetzung, Wort, Wasser), Form (Taufhandlung) und Endzweck (Vermittlung der Heilsgnade) (vgl. H. Schmid, Dogmatik, 394 ff.). Mehrere Probleme freilich haften diesem Taufverständnis an, auch wenn immer wieder Lösungen dafür vorgeschlagen wurden. Das erste Problem ergibt sich aus dem lutherischen Begriff des Wortes: Wenn das Heil durch das Wort vermittelt wird, dann kann der Taufe nur eine verdeutlichende Funktion zugemessen werden. Ist sie dann aber notwendig? Oder heilsnotwendig, so daß eine Nottaufe gefordert werden muß? Die alte Dogmatik hat dieses Problem durch die Antwort gelöst, daß zwar Taufe und Predigtwort dasselbe leisten, die Taufe aber da einzutreten habe, wo sie früher als das Wort den Menschen erreicht (H. Schmid, 395). Damit war freilich das Problem nur umgeformt: Kann den kleinen Kindern schon der christliche Glaube zugeschrieben werden? Auch Luther hatte sich bereits in diesem Sinn geäußert. Was aber bedeutet das für den Glaubensbegriff? – Als wichtigster Grundsatz galt in der lutherischen Tradition immer, daß die Taufe für den Menschen geschehe, nicht aber etwa durch eine Verpflichtung von seiner Seite bestimmt sein dürfe.

Den deutlichsten Gegensatz dazu bildet das Taufverständnis Zwinglis. Hier ist die Taufe ein Zeichen und ein Symbol der Verpflichtung des Getauften (oder zunächst seiner Paten) zum christlichen Leben nach der Regel Christi und damit Akt der öffentlichen Aufnahme in das Gottesvolk. Sie hat daher vor der versammelten Gemeinde zu geschehen. Gottes Wirken (die „Geisttaufe“) ist an äußerliche Zeichen nicht gebunden. Ähnlich urteilt Calvin: Taufakt und Taufwasser sind Bilder für den Gnadenempfang, der seinerseits nicht von der Taufe abhängig ist. Die Taufe ist danach keineswegs „heilsnotwendig“. Der Heidelberger Katechismus vergleicht sie als „Bundeszeichen“ mit der Beschneidung (Frage 74).

Die unterschiedlichen und nicht widerspruchsfreien Auffassungen der Taufe in der reformatorischen Theologie haben naturgemäß immer wieder zu entsprechenden Diskussionen geführt (vgl. dazu A. Meyer, Art. Taufe, III, in: RGG², V, 1015). Wird die Heilsnotwendigkeit der Taufe behauptet, so gewinnt nicht nur die Taufe, sondern die Kirche überhaupt einen „sakramentalen“ Charakter. Wird dagegen die Taufe vorwiegend als Verpflichtung des Täuflings verstanden, so muß die Kindertaufe abgelehnt werden. Damit aber würde der Aspekt der allem vorausliegenden Gnadenverheißung, der von der ganzen Reformation für entscheidend gehalten wurde, ganz in den Hintergrund treten. Auch würde der evangelische Kirchenbegriff erheblich verändert: Die Kirche ist nicht die Gemeinschaft derer, die sich besonders verpflichtet haben.

b) Das Taufverständnis der Gemeinde

Für die Praktische Theologie ist ein Aspekt wichtig, bei dem gleichsam von außen nach der Bedeutung gefragt wird, die die Taufe für die Praxis des Christentums und des kirchlichen Lebens gewonnen hat. Diese Bedeutung der Taufe, die Rolle, die sie im gesamten Leben der Kirche spielt, ist nicht einfach mit der jeweiligen kirchenamtlichen Tauflehre identisch, wenngleich beide in sehr enger Beziehung stehen. Vor allem aber ist gerade diese Rolle, die der Taufe für die Praxis des Christentums zukommt, von den wechselnden Epochen geprägt und bestimmt. Im Blick auf diese Bedeutung der Taufe hat sie eine eigene und eigentümliche Geschichte, in der sich eine besondere Perspektive der Christentumsgeschichte überhaupt darstellt.

1. In urchristlicher Zeit war die Taufe die Institution, die den Übergang von Judentum oder Heidentum zum Christentum präzise zu bestimmen vermochte. In ihr war eine Grenzlinie gegeben zwischen der Welt und der Gemeinschaft der Christen. Sinngemäß wurde sie dem erteilt, der Christ sein wollte und der dafür Erweise bereits erbracht hatte. Sie folgte dem Glauben nach: „Wer da glaubt und getauft wird, der wird selig" (Mk 16, 16). Entsprechend wird der Taufakt durch Absagen an die Mächte dieser Welt (Abrenuntiatio und Exorzismus) und durch Zusagen an Gott und an den Glauben der Christen (Glaubensbekenntnis) ergänzt.

2. Spätestens mit der Konstantinischen Wende wurde ausdrücklich und sichtbar, daß die Kirche immer weniger durch die Christen bestimmt wurde, die von außen her zum Christentum hinzutraten, daß es vielmehr zur allgemeinen Regel geworden war, im Christentum schon aufzuwachsen. Die Taufe verlor damit ihre primäre Funktion. Sie galt jetzt weithin als die Krönung des Christenlebens. Man wurde getauft, wenn man ein bedeutendes kirchliches Amt übernahm (Ambrosius) oder aber auf dem Sterbebett (Kaiser Konstantin), damit die reinigende Kraft der Taufe nicht mehr durch Sünden verringert würde. Das hat zu den bekannten Mißbräuchen der Taufe Toter geführt (vgl. dazu G. v. Zezschwitz, System der Katechetik, I, 1863, 314 f.).

3. Eine grundlegende Veränderung ergab sich demgegenüber durch die Begründung und die kirchliche Approbation der Erbsündenlehre. Der Taufe konnte jetzt die Funktion zugewiesen werden, den Menschen von seiner Erbsünde (ganz oder bis auf einen Rest) zu befreien. Damit entstand eine neue Grenze: zwischen dem alten und dem neuen Menschen. Auch bei diesem Akt behalten Abrenuntiatio und Confessio ihre

Bedeutung. Vor allem aber wird jetzt die Kindertaufe sinnvoll, und zwar im Blick auf die Befreiung von der Erbsünde. Durch diese Funktion konnte die Taufe zum begründenden Sakrament der mittelalterlichen Kirche werden. Freilich hat sich die Taufe überhaupt nur zögernd durchgesetzt. Sie wird immer wieder (z. B. durch Provinzialsynoden) vorgeschrieben und eingeschärft und ist offenbar erst im 9. Jahrhundert allgemeine und selbstverständliche Praxis in allen Kirchengebieten geworden.

4. Eine neue Situation trat unter der Herrschaft Karls des Großen ein. Er hat das gesamte Reichsgebiet einheitlich zu fördern gesucht und er hat sich vor allem um eine Verbesserung der sittlichen Zustände und des kirchlichen Lebens bemüht. Weithin ist die Taufe wie die Zugehörigkeit zum Christentum zunächst nur äußerlich geblieben. Den oft noch wilden und rohen Lebensformen gerade in den erst christianisierten Gebieten (aber nicht nur dort) wurde mit einem drakonischen Strafrecht entgegengetreten (Carolina). Da aber eine wirkliche Verbesserung nur von einem langfristigen Erziehungsprogramm zu erwarten war, wurde darauf jetzt gerade in der Kirche großes Gewicht gelegt. Instrumente und Dokumente dieses Programms sind die Katechismen, die in dieser Zeit ihren Ursprung haben. Mit ihnen wurde freilich zuerst die Erziehung und Bildung der Paten betrieben: „Keiner soll ein Kind über die Taufe heben dürfen, der dem Priester nicht den Glauben und das Vaterunser herzusagen weiß" (F. Cohrs, Art. Katechismus und Katechismusunterricht, in: RE[3], 10, 136). Dann allerdings sollte die Erziehung des getauften Kindes – durch die Eltern und Paten – folgen. So wurde die Taufe in den größeren Zusammenhang des Programms einer kirchlichen Volkserziehung eingebunden.

5. Die Reformation ist demgegenüber von ganz anderen Vorstellungen geleitet gewesen. Zwar hat auch Luther die Verantwortung des Pfarrers, der Eltern und der Paten für die christliche Sitte betont (Taufbüchlein von 1526, BoA 3, 310 ff.), und der Heidelberger Katechismus hebt den Zusammenhang von Taufe und sittlichem Leben hervor (Frage 70). Im ganzen aber hat vor allem Luther die Aufgaben der Erziehung an Staat und weltliche Obrigkeit verwiesen (An die Ratsherrn aller Städte deutschen Landes, daß sie christliche Schulen aufrichten und halten sollen, 1524, BoA 2, 442 ff.). Die Taufe sollte ihre Bedeutung für das persönliche Leben und für die vita christiana und also im Zusammenhang der Begründung eigener Glaubensgewißheit gewinnen. Im Sinne dieser Grundsätze ist die Erziehungs- und Bildungsaufgabe im Laufe der Zeit tatsächlich von entsprechenden staatlichen und kirchlichen Institutionen übernommen

worden. Der Katechismus wurde zur Grundlage sowohl des Schul- wie des Konfirmandenunterrichts. Die Taufe aber hat in den evangelischen Kirchen und Gemeinden ein überall eindeutiges und durchgeklärtes Verständnis nicht gefunden. Auf der Grundlage der reformatorischen Lehre haben sich vielmehr unterschiedliche Akzente herausgebildet, die als drei Richtungen im Verständnis der Taufe Bedeutung gewonnen haben (das liturgische Material, in dem sich diese Entwicklungen spiegeln, ist gesammelt und kommentiert bei B. Jordahn, Der Taufgottesdienst im Mittelalter bis zur Gegenwart, in: Leiturgia V, 349 ff.).

6. Das ist zunächst A) das sakramentale Verständnis der Taufe. Die Reformation hat die Taufe, auch wo sie bloß Zeichen oder Akt der Verpflichtung sein sollte, als Sakrament beibehalten. Die orthodoxe Theologie hat deshalb sachgemäß vor allem den Akt der Taufhandlung selbst analysiert und in dem, was dadurch bewirkt werden soll, beschrieben (vgl. dazu B. Jordahn, 485 f.). Hier ist die Auffassung leitend, daß Gott selbst in der Taufe am Täufling handelt, und in diesem Zusammenhang haben sich in späterer Zeit leicht die paganen Mißverständnisse einstellen können, die als „magische" bezeichnet zu werden pflegen. Das sakramentale Verständnis der Taufe hat vor allem in den restaurativen Bewegungen des 19. und 20. Jahrhunderts eine zentrale Rolle gespielt. E. Schlink hat die Formel von der Taufe als „Gottes Tat" geradezu zum Kennzeichen für die nach seiner Auffassung allein richtige Auslegung der lutherischen Theologie und zur Grenzlinie anderen Auffassungen gegenüber gemacht (Die Lehre von der Taufe, in: Leiturgia V, 775). Tatsächlich aber befindet sich dieses Taufverständnis in großer Nähe zur Tauflehre der katholischen Kirche.

Sodann hat B) vor allem der Pietismus und zwar unter Berufung auf Luther den notwendigen Zusammenhang von Taufe und Glaube betont. Immer wieder ist der Glaube (die Wiedergeburt) als Bedingung der Taufe bezeichnet und damit die Kindertaufe in Frage gestellt worden (vgl. A. Ritschl, Geschichte des Pietismus, Bd. 2, 1884, 18 f.). Zur Rettung der Kindertaufe wurde dann nicht selten die Taufformel so umgedeutet, daß sie die Kinder nicht als Christen, sondern als bloß zum Glauben bestimmt bezeichnete (vgl. dazu E. Troeltsch, GS I, 1922, 842). Spener selbst hält zwar an der Kindertaufe als dem gnadenerweisenden Handeln Gottes fest, fordert aber darüber hinaus die Erneuerung des inneren Menschen, der Christus „anbehalten" müsse (B. Jordahn, 530). A. H. Francke dagegen hat die eigentliche Wiedergeburt für den entscheidenden Akt gehalten und der Taufe demgegenüber nur untergeordnete Bedeutung zugemessen

(532 f.). Dieses Taufverständnis zeigt naturgemäß eine gewisse Nähe zur Zwinglischen Auffassung von der Taufe als Verpflichtung des Christen zum christlichen Leben. Es wird heute besonders in der Verbindung mit kritischen Vorbehalten gegenüber der Volkskirche gefördert.

Schließlich hat C) bereits von der Reformationszeit an das Verständnis der Tauffeier als Bitte um den Segen für das Kind eine nicht geringe Rolle gespielt (vgl. z. B. EKG 149,4). Dieses Motiv hat später immer weitere Bedeutung gewonnen (vgl. EKG 150,1). Im Zusammenhang mit einem solchen Verständnis der Tauffeier rücken dann im 18. Jahrhundert die individuellen Umstände und Verhältnisse des Täuflings in den Mittelpunkt: Für die Taufagenden wird eine möglichst große Vielfalt empfohlen, um diesen Umständen und Verhältnissen in der Tauffeier Rechnung tragen zu können (B. Jordahn, 534 ff.). Dabei wurde gestrichen, was nicht mehr als zeitgemäß angesehen wurde. Die Aufklärung, so urteilt Graff, sah in der Taufe „die feierliche Bezeichnung der Ankunft des Kindes in der Welt" (Geschichte der Auflösung der alten liturgischen Formen, Bd. 2, 1939, 224). Der soziale Rahmen, der dieser Feier angemessen war, war naturgemäß die Familie, und entsprechend wurde die Haustaufe geübt und empfohlen (B. Jordahn, 574). Die Taufe als christliche Familienfeier stellt zwar das Kind in den Mittelpunkt, lenkt die Aufmerksamkeit aber ebenfalls auf Eltern, Geschwister und Verwandtschaft und macht den Gang des irdischen Lebens selbst zum Thema. Zweifellos hat diese Richtung des Taufverständnisses weithin das Bild des Protestantismus, nicht zuletzt in der schönen Literatur, geprägt. Nicht zufällig knüpfen auch die empirisch und sozialwissenschaftlich orientierten theologischen Untersuchungen und Vorschläge an dieses allgemeine Verständnis an (vgl. z. B. G. Kugler und H. Lindner, Trauung und Taufe: Zeichen der Hoffnung, 1977).

7. Sowohl in der Theologie wie im kirchlichen Bewußtsein heute richtet sich das Interesse vor allem auf die Handlung der Tauffeier. Sie wird als Gottesdienst angesehen, der mit der Gemeinde gehalten wird, der aber gleichwohl die Familie und deren Freundeskreis mit dem Täufling in den Mittelpunkt stellt. Dabei wird der Taufgottesdienst als die symbolische Darstellung der allem Leben und aller Leistung zuvorkommenden Zuwendung Gottes zu dem in das Leben getretenen Menschen verstanden. Die Vorbereitung der Taufe (z. B. durch das Taufgespräch), die Planung der Taufhandlung (etwa als Familiengottesdienst) und die weitere Beziehung der Familie zur Gemeinde sind daher die für die Praxis

wichtigen Themen (vgl. zum Taufverständnis T. Rendtorff, in: Manipulation in der Kirche?, hg. v. E. Domay, 1977, 21 ff.).

c) Die Taufliturgie

„Konstitutiv (für die Taufe) ist allein die Anrufung des dreieinigen Namens und die Verwendung des Wassers" (E. Schlink, in: Leiturgia, V. 797). Alle anderen liturgischen Handlungen, die bei der Taufe in Gebrauch sein können, haben illustrative Bedeutung.

Wichtig ist zunächst das Verständnis der Taufformel selbst: „Ich taufe Dich im Namen des Vaters und des Sohnes und des Heiligen Geistes" (Mt 28,19; Luthers Taufbüchlein, BoA 3,315; diesen Text haben auch die meisten Agenden). Was heißt „im Namen"? Luther versteht die Formel als Auftrag und gelegentlich sogar als Auftrag zur Stellvertretung Gottes selbst (BSLK 692); Zwingli dagegen formuliert „in den Namen" und will damit die Eingliederung in die Gemeinde bezeichnen (Rietschel/Graff 2,571). In urchristlicher Zeit stand die Vorstellung einer „Übereignung" im Vordergrund (J. Roloff, Arbeitsbuch Neues Testament, 1977, 230). Der Name des Täuflings wurde (auch in reformatorischen Formularen) erfragt, um die direkte Anrede (N. N. ich taufe Dich) zu ermöglichen. In Luthers Taufbüchlein findet sich eine Reihe von traditionellen Handlungen. Der Verlauf ist folgender:

Sufflatio (Exsufflatio), ein Anblasen des Täuflings mit den Worten: „Fahr aus du unreiner Geist und gib Raum dem Heiligen Geist" (bei Luther 1526 nur der Text); Obsignatio crucis an Stirn und Brust; Gebet um Annahme des Täuflings; das Sintflutgebet (ein berühmter Text, dessen Herkunft unklar ist); Exorzismus („ich beschwöre dich du unreiner Geist ... daß du ausfahrest und weichest ..."); Kinderevangelium; Vaterunser mit Handauflegung; sodann am Taufstein die Abrenuntiation („Lasse der Priester das Kind durch seine Paten dem Teufel absagen"): „Entsagst du dem Teufel? Und allen seinen Werken? Und allem seinem Wesen?" Antwort jeweils: „Ja"; es folgen die Glaubensfragen nach dem Apostolikum („Glaubst du an ... Ja") und abschließend: „Willst du getauft sein?" Antwort: „Ja"; dann erfolgt die Taufe; danach Bekleidung mit dem Westerhemd und Schlußsegen.

Die ältere Fassung des Taufbüchleins (1523) enthält auch noch die Salzgabe vor dem Sintflutgebet. Alle diese altkirchlichen Bräuche in Luthers Formular bezeugen, daß der Reformator dem Mittelalter gegenüber unverändert mit direkten Wirkungen der bösen Macht und also mit einer greifbaren Praxis des Teufels in der Lebenswelt gerechnet hat. Die Veränderungen, die er an älteren mittelalterlichen Formularen vorgenommen hat, beziehen sich auf die Rechtfertigungslehre und auf mögliche Mißverständnisse von Kirche und Priesteramt. Versuche, diesen Stücken im Zusammenhang des neuzeitlichen Bewußtseins neuen Sinn zu geben, können kaum erfolgreich sein (vgl. zu derartigen Interpretationen B. Jordahn, in: Leiturgia V, 400 ff.). So ist denn auch seit der Aufklärung der Exorzismus (auch der kleine Exorzismus der Sufflatio) nach und nach aus den Agenden gestrichen worden. Die Abrenuntiation freilich ist geblieben, obwohl C. Harms sie als die „leibliche Schwester" des Exorzismus bezeichnet hat, die in der Taufe nichts zu suchen habe (Pastoraltheologie, Ausgewählte Schriften, hg. v. P. Meinhold, II, 1955, 165 f.). Sie setzt offensichtlich die Herkunft des Täuflings aus dem Heidentum voraus. In neuerer Zeit wurden die Fragen der Abrenuntiation deshalb eher als Form ethischer Selbstverpflichtung verstanden (vgl. Rietschel/Graff; Bd. 2, 583 ff.) oder aber ausdrücklich als „Bekenntnis" (Begleitwort zur Ordnung der Taufe nach der Agende der VELKD, 1952), wobei der Sinn solchen Bekennens freilich nicht näher erläutert wird. Sachgemäßer dürften demgegenüber die Fragen sein, die die Verantwortung der Eltern und Paten für das Kind zum Thema machen (vgl. die Agende der Evangelischen Landeskirche von Kurhessen-Waldeck, 1961). Von weiteren Bräuchen haben sich verschiedentlich diejenigen erhalten, die einer symbolischen Auslegung zugänglich sind: Die Taufkerze und das Westerhemd (von vesta, auch „Taufschleier"). In der reformierten Kirche haben Exorzismus, Abrenuntiation und andere Bräuche keine Rolle gespielt.

Die Tauffeier macht mit dem Beginn des Lebens das Leben selbst zum Thema. Das gilt nicht nur für das Leben des Täuflings. Vor allem die Eltern und der Kreis derer, die an der Feier unmittelbar teilnehmen, werden durch die Taufe auf Perspektiven oder Dimensionen auch des eigenen Lebens aufmerksam gemacht, die im Alltag dieses Lebens gerade nicht das Thema bilden oder im Vordergrund des Interesses stehen. Es sind diejenigen Perspektiven, in denen sich zeigt, daß dieses Leben nicht das Resultat der eigenen Anstrengungen ist, daß vielmehr mehr und anderes zu ihm hinzukommen mußte, damit es wurde, was es ist. Die Taufe macht eben diese Perspektive, in der das Gegebensein und das Gegebenwerden des Lebens im Vordergrund stehen, zum Thema der ganzen Feier. Zur lebensgeschichtlichen Bedeutung dieser Tauffeier gehört es, daß sie für jeden, der daran teilnimmt, diese Perspektive als eine gerade am Anfang des Lebens notwendige und sachgemäße Weise, das Bild dieses Lebens zu entwerfen, anschaulich macht. Die mit der Taufe verbundene christliche Überlieferung ist wie kaum ein anderer Bestand theologischer Lehrbildung und kirchlicher Sitte geeignet, diese Themen im Blick auf eine jeweils individuelle Situation zur Sprache zu bringen.

2. Die Konfirmation

Geschichte und Vorgeschichte der Konfirmation sind eingehend dargestellt bei Rietschel/Graff, Lehrbuch, Bd. 2, 621 ff. Die Anfänge der evangelischen Konfirmationspraxis hat B. Hareide untersucht (Die Konfirmation in der Reformationszeit, dt. 1971); eine knappe aber instruktive Skizze der wichtigsten Perspektiven bietet H. H. Jenssen (in: HPT [DDR], II, 1974, 191 ff.). Die wichtigsten Texte aus der neueren Geschichte von Konfirmation und Konfirmandenunterricht sind gesammelt und erläutert bei Chr. Bäumler und H. Luther (Konfirmandenunterricht und Konfirmation, 1982).

a) Zur Geschichte der Konfirmation

Die mittelalterliche Firmung ist ein spätes Sakrament. Man kann sich zwar darauf berufen, daß Salbung und Handauflegung schon bei Tertullian an die Taufe angeschlossen wurden. Aber erst das Konzil von Florenz (1439) hat die Firmung als das zweite Sakrament eingesetzt. Dessen Materie ist das Salböl, das vom Bischof selbst mit dem Segen persönlich dargereicht wird (D. 1317). Das Sakrament soll den Getauften den Heiligen Geist zur Kräftigung im Glaubenskampf vermitteln. Das Alter für die Firmung wurde an den anni discretionis (aus dem römischen Recht) orientiert (7. bis 11. Lebensjahr).

Die Reformatoren haben zunächst eine der Firmung entsprechende Handlung nicht eingeführt. Es ergab sich aber die Notwendigkeit, die Vorbereitung zum Abendmahl und vor allem die erste Zulassung dazu durch ein Examen zu überprüfen. Auch Luther hat sich in diesem Sinn geäußert (WA 11,66). In den meisten Kirchenordnungen wird eine solche Prüfung, gelegentlich auch als Gemeindefeier, vorgesehen. Der eigentliche Begründer der evangelischen (und der anglikanischen) Konfirmation ist M. Bucer geworden. Er hat sich bereits 1534 in Straßburg dafür eingesetzt, der Konfirmation dann aber in der Ziegenhainer Zuchtordnung (1538/39) eine erste Gestalt gegeben und sie für Hessen eingeführt. Danach ist es der Sinn der Konfirmation, den Kindern zum Abschluß des Unterrichts im christlichen Glauben auf ihr eigenes Bekenntnis hin die Zugehörigkeit zur christlichen Gemeinde zu bestätigen. Die Ziegenhainer Ordnung sieht vor: Vorstellung vor der Gemeinde; Lehrbefragung; öffentliches Bekenntnis zu Christus und zur Kirche; Gebetsvermahnung; Handauflegung; Schlußvermahnung (Konfirmation, hg. v. W. Rott, 1941, 33). Andere lutherische Kirchenordnungen schreiben demgegenüber eine rein katechetische Ausrichtung der Konfirmationsfeier vor. So ist schon seit ihren Anfängen das Bild der evangelischen Konfirmation durch sehr verschiedenartige Motive bestimmt gewesen, und deren weitere Entwicklung und Auslegung hat die Mehrdeutigkeit im Verständnis der Konfirmation noch deutlicher hervortreten lassen.

Der Pietismus hat die Konfirmation im Zusammenhang mit der Einübung persönlicher Frömmigkeit verstanden. Neben Spener haben vor allem Th. Großgebauer (1627–1661) und M. Pfaff (1686–1760) dieses Verständnis der Konfirmation gefördert. Im 18. Jahrhundert gewann die Konfirmation immer mehr an Popularität, u. a. als Feier des Bekenntnisses zur (konfessionellen) Landeskirche, nicht zuletzt durch die öffentliche Feier der Konfirmation von Fürstenkindern. Die Aufklärung hat die Konfirmation in den Zusammenhang des kirchlichen und des bürgerlichen Lebens gestellt: Sie wurde zur Feier der kirchlichen Mündigkeit, der Erneuerung des Taufversprechens (mit einem Gelübde) und der vollen Aufnahme in die Gemeinde (Abendmahlsteilnahme, Patenrechte), zugleich aber Feier des Übergangs in die Lebenswelt der Erwachsenen und des Beginns von Selbstverantwortung und Selbständigkeit im Leben (Texte zu dieser Epoche bei Rietschel/Graff, Lehrbuch, Bd. 2, 643 ff.).

Im 19. Jahrhundert ist die Konfirmation vor allem auf dem Boden der Erweckungsbewegung zum Thema von Reformdiskussionen geworden. Anlaß dafür war das Bestreben, der Konfirmation sichtbare Folgen für die Beteiligung am kirchlichen Leben abzufordern. So hat J. H. Wichern anstelle der Konfirmation zwei Handlungen vorgeschlagen: Zur ersten sollen nur Prüfung, Gebet und Segen (Einsegnung) gehören, zur (freiwilligen) zweiten Bekennntis, Gelübde und Zulassung zum Abendmahl. Ähnlich haben Vertreter des Erlanger Neuluthertums argumentiert. Auch J. F. W. Höfling suchte durch eine zweite Konfirmationshandlung (eine „Ordination für den christlichen Laienstand") den Eintritt in die Kerngemeinde der „Abendmahlsgenossen" zu organisieren, während die erste und allgemeine Konfirmationshandlung für alle sonstigen „Abendmahlsgäste" sein soll. Freilich hat dieses Programm schon in Erlangen selbst Widerspruch gefunden. Allgemein aber wurden im 19. Jahrhundert an der Konfirmation die „Segenshandlung" und die „Verpflichtung" besonders betont (Rietschel/Graff, Lehrbuch, Bd. 2, 656 ff.).

Seither ist die Reformdiskussion eher noch intensiver geführt worden. Dabei wurde auch der Vorschlag einer zweifachen Feier gelegentlich wieder aufgegriffen: eine erste Feier als Abschluß des allgemeinen Konfirmandenunterrichts und die zweite am Ende eines zusätzlichen „Gemeindekatechumenats" (so M. Doerne und W. Nagel, vgl. H. H. Jenssen, HPT [DDR], II, 1974, 192; ähnlich ist auch der Vorschlag, den ein Ausschuß der EKD 1960 vorgelegt hat, vgl. Chr. Bäumler und H. Luther, Konfirmation, 1982, 156 f.). In den Mittelpunkt dieser Debatte ist freilich immer deutlicher der Konfirmandenunterricht mit seinen Problemen und vor allem durch unterschiedliche Programme für sein Verständnis gerückt. Die Konfirmationsfeier selbst wird dabei zumeist durch den Unterricht interpretiert, der ihr vorausliegt (s. u. § 36).

b) Die Bedeutung der Konfirmation heute

Die Praxis der Konfirmation in den deutschen evangelischen Kirchen ist in der Regel heute von einem Verständnis geleitet, das in der Konfirmation eine Gemeindefeier mit einem jeweils persönlichen Zuspruch an den einzelnen Konfirmanden sieht. Als Zusammenfassung dieses Verständnisses lassen sich die folgenden Sätze von A. Niebergall lesen:

„Die Gemeinde betet für die Konfirmanden vor Gott und nimmt sie in Anspruch für Gott. Dies tut sie zwar auch sonst. Aber in diesem Gottesdienst spricht sie die Fürbitte und die Inanspruchnahme gleichsam dem einzelnen Konfirmanden zu, indem der Pfarrer jedem Konfirmanden die Hände auflegt. Damit wird für die Konfirmation weder ein sakramentaler noch ein quasi-sakramentaler Charakter postuliert. Die Konfirmation steht dem Wort- und Gebetsgottesdienst näher als einer Sakramentsfeier. Sie steht ebenso in einem organischen Zusammenhang mit dem Konfirmandenunterricht, indem sie in einer unmittelbaren Weise die Konfirmanden erfahren läßt, daß die kirchliche Unterweisung und das seelsorgerliche Geleit Sache der ganzen Gemeinde ist. Von den Konfirmanden wird nichts anderes verlangt und sie werden zu nichts anderem verpflichtet, als daß sie in dieser Stunde von ihrem Recht auf das Gebet und Geleit, auf das Zeugnis der Gemeinde ihnen gegenüber Gebrauch machen. Ob sie in dieser Stunde oder zu einem anderen Zeitpunkt dies Recht wirklich in Anspruch nehmen, dazu können sie nur durch den Konfirmandenunterricht wie durch die Predigt und Liturgie an diesem Konfirmationstag aufgerufen werden; eine Kontrolle darüber steht keinem der daran Beteiligten zu" (Zur Problematik des Konfirmationsgelübdes, in: Confirmatio, hg. von K. Frör, 1959, 151 f.; auch H. H. Jenssen, Die kirchlichen Handlungen, in: HPT [DDR], II, 1974, 194 f., zitiert diese Sätze).

Freilich werden neben solchen volkskirchlichen Auffassungen auch andere Programme für die Konfirmation geltend gemacht. Auf ein eindeutig identifizierbares kirchliches Leben bezogen ist die Konfirmation nach M. Thurian:

„Die Konfirmation muß die normale liturgische Handlung sein, durch die sich ein Christ dazu verpflichtet, in der Kirche zu dienen, und durch die er im Heiligen Geist erneuert wird; sie betrifft also jeden Christen. Jeder wird diese Konfirmation in völliger Freiheit für sich erbitten, die regelmäßig jedes Jahr an Pfingsten nach einer persönlichen oder einer Gruppenretraite der Konfirmanden stattfinden könnte. Sie ist eine Verpflichtung zu dem Dienst, den die Kirche von jedem Gemeindeglied verlangen kann, auch wenn dieser Dienst noch nicht im einzelnen feststeht. Sie ist das Opfer der Verfügbarkeit gegenüber Gottes Willen zum Dienst in der christlichen Gemeinde" (Die Konfirmation – Einsegnung der Laien, 1961, 60).

Über die Bedeutung, die die Konfirmation im Bewußtsein der einzelnen Christen und der Gemeinde hat, gibt die Untersuchung der EKD (Wie stabil ist die Kirche?, hg. v. H. Hild, 1974) Aufschluß. Die Untersuchung ist zehn Jahre später wiederholt worden (Was wird aus der Kirche?, hg. v. J. Hanselmann, 1984). In der zusammenfassenden Interpretation dieser Befunde heißt es:

„Auch bei der Konfirmation stehen die tradierten kirchlichen Interpretationen im Vordergrund: Bestätigung der Taufe, Berechtigung zum Abendmahl, persönliche Entscheidung und Mündigkeit in Sachen Kirche und Glauben, Segen und Zuspruch. Ebenfalls hohe Zustimmung findet eine Deutung im Rahmen des Lebenslaufes: feierlicher Abschluß der Kindheit und Beginn eines neuen Lebensabschnitts. Hinsichtlich der Rangfolge der Nennungen hat sich die Situation gegenüber 1972 nicht verändert ... Vom Lebensalter weitgehend unabhängig ist die Interpretation der Konfirmation als Zäsur in der kirchlichen Biographie. Sie markiert die religiöse Mündigkeit, stellt den Übergang aus einem durch die Eltern bestimmten in ein selbständiges Verhältnis zur Kirche dar: Jeweils um die 60 % teilen diese Anschauung. Die weitergehende Deutung dieser Zäsur als Abschluß der Kindheit und Beginn eines neuen Lebensabschnitts jedoch hängt stark vom Lebensalter ab. Bekommt die Konfirmation erst in der Rückschau diese Bedeutung? Ebenfalls mit dem Lebensalter wächst die Zustimmung zum Verständnis der Konfirmation als Zuspruch und Segen für den weiteren Lebensweg" (103 f.).

Hier steht offenbar die lebensgeschichtliche Rolle der Konfirmation, und zwar gerade im Zusammenhang der religiösen Biographie, im Vordergrund. Der einzelne sieht in der Konfirmation (und im Konfirmator) ein wesentliches Datum sowohl seiner Verbundenheit mit der Kirche wie seiner eigenen Lebensgeschichte.

3. Die Trauung

Die geschichtliche Entwicklung des Verständnisses von Ehe und Eheschließung ist eingehend dargestellt bei Rietschel/Graff, Lehrbuch, Bd. 2, 678 ff. Das evangelische Eheverständnis heute und seine Probleme behandeln H. J. Thilo (Ehe ohne Norm?, 1978) und „Ehe-Institution im Wandel" (hg. v. G. Gaßmann, 1979). Die Gegenwartsfragen der kirchlichen Trauung werden behandelt bei R. Schäfer (Zur kirchlichen Trauung, in: ZThK 70, 1973, 474 ff.) und bei H. H. Jenssen (HPT [DDR], II, 1974, 164 ff.).

Das Recht der Eheschließung ist in seiner geschichtlichen Entwicklung von den germanischen Anfängen an bis zum 19. Jahrhundert unüberboten dargestellt im klassischen Werk von E. Friedberg (Das Recht der Eheschließung in seiner geschichtlichen Entwicklung, 1865; Neudr. 1965).

a) Zur Geschichte der kirchlichen Trauung

Das mittelalterliche Verständnis von Ehe und Trauung ist am römischen Recht orientiert. Danach wird die Ehe durch den Konsens der Ehepartner geschlossen.

Schon in der Alten Kirche wird damit die Feier einer „Brautmesse“ verbunden, die ein Benediktionsgebet für die Eheleute enthält und als „confirmatio“ des bestehenden Ehebundes gilt. Diese Feier blieb eine freie kirchliche Sitte, bis Karl der Große (möglicher Ehehindernisse wegen) die Aufsicht der Bischöfe, und das IV. Laterankonzil das Aufgebot einführte. Nach germanischem Eherecht erfolgt die Eheschließung ursprünglich dadurch, daß der Brautvater aufgrund eines Vertrages die Braut vor einem Anwalt an den Bräutigam übergibt. Im Mittelalter übernimmt die Braut selbst die Verantwortung für den Vertrag, der als Treuegelöbnis ausdrücklich gemacht wird. Der Ring war als äußeres Zeichen für Verlöbnis und Vertrag im römischen Reich wie im germanischen Recht in Gebrauch. Weltliche Trauung und kirchliche Feier wurden dabei im Lauf der Zeit so zusammengerückt, daß die Trauung vor der Kirche gehalten wurde, in der die Messe stattfinden sollte. Um 1200 wurde es üblich, daß der Priester auch für die Trauung in Anspruch genommen wurde. Er trat damit an die Stelle des Anwalts (Muntwalts) nach germanischem Brauch. Der Akt vor der Kirchentür gewann dadurch an Bedeutung, daß darin die öffentliche Proklamation stattfand, die immer nachdrücklicher gegen die „heimlichen“ (clandestinen) Ehen gefordert wurde.

Parallel zu dieser Entwicklung ist innerhalb der Kirchenlehre das sakramentale Verständnis der Ehe ausgebildet worden. Seit dem 12. Jahrhundert und vor allem durch Hugo von St. Viktor ist der Ehe ein sakramentaler Charakter beigelegt worden. Danach wird die durch den Konsens geschlossene gültige Ehe (matrimonium ratum) zweier Getaufter zum Sakrament, das die Eheleute sich wechselseitig spenden. Zur Gültigkeit gehört, daß die Form der Eheschließung (Konsens unter „Assistenz“ des Priesters) eingehalten ist (Decretum Tametsi 1563, D. 1813 ff.).

Luther hat das sakramentale Verständnis von Grund auf abgelehnt und die Ehe als „weltliches Geschäft“ (Vorrede zum Traubüchlein 1529, BSLK 528) bezeichnet, und zwar in dem Sinn, daß der Ehestand eine der drei Ordnungen oder Stände ist, vermittels derer die Lebenswelt der Menschen (im Reich zur Linken) geordnet ist. Insofern trägt gerade der Ehestand zum Segen der Menschen bei und hat Gottes Wort für sich (ebd.). Luther übernimmt für die Trauung die traditionelle Zweiteilung. Nach dem Traubüchlein vollzieht der Pfarrer die Trauung vor der Kirchentür und danach die Segenshandlung in der Kirche mit einer Lesung aus Gen 2, einer Ansprache und dem Ehesegen. Die kirchliche Handlung ist dadurch veranlaßt, daß die Eheleute „ein gemein christlich Gebet für sie“ begehren.

Die Kirchenordnungen haben zunächst die doppelte Handlung übernommen. In den reformierten Ordnungen wird der Akt der Eheschließung für die Trauung vorausgesetzt. Im Verlauf des 17. Jahrhunderts werden sodann die beiden Handlungen zusammengefaßt und später, um den Beginn der Ehe sachgemäß zu einem Rechtsakt zu machen, als eine eheschließende Handlung verstanden. Diese Anschauung gewann Allgemeingültigkeit durch den Kirchenrechtler J. H. Boehmer (1674–1749). Entsprechend setzte sich auch die aufgeklärte naturrechtliche Vertragstheorie als leitende Auffassung von der Ehe durch, und mit ihr vermehrten sich die möglichen Scheidungsgründe. Am Beginn des 19. Jahrhunderts veränderte die Romantik das öffentliche Bild der Ehe mit der Reklamation der Ehe für die Subjektivität („Liebe") von Grund auf, und auch die folgende Epoche der Restauration hat dieses Bild weithin übernommen (vgl. dazu H. Ringeling, Art. Ehe/Eherecht/Ehescheidung VIII, in: TRE 9, 46 ff.). Für das evangelische Verständnis der Trauung war nach dieser Vorgeschichte die Zivilstandsgesetzgebung von 1875 ein bedeutender Einschnitt. Erste Einführungen der Zivilehe in einigen Territorien hatte es schon zu Beginn des Jahrhunderts unter französischem Einfluß gegeben. Seither hat sich im Protestantismus die ursprüngliche reformatorische Einsicht erneuert, nach der die Trauung nicht die Ehe konstituiert, sondern als Benediktionshandlung den Eheleuten gilt.

Freilich ist dabei als oft diskutiertes Problem die Wiederholung der Traufragen in der Kirche geblieben: Mußte man sie nicht streichen, als der Rechtsakt von Fragen und Antworten in das Standesamt verlegt wurde? Andererseits aber war (und ist) für das allgemeine Bewußtsein in Kirche und Gemeinde die kirchliche Trauung gerade mit diesen Fragen identisch – welcher Sinn konnte ihnen neu gegeben werden? Versuche, diese Fragen zu einem allgemeinen kirchlichen Bekenntnis (der Eheleute) umzustilisieren, haben sich nicht durchgesetzt. Es ist vielmehr darauf aufmerksam gemacht worden, daß es sich bei den kirchlichen Traufragen nicht um einen zweiten Konsens handelt, sondern um eine „zweite Äußerung eben desselben Konsens, der auf dem Standesamt dem bürgerlichen Rechtsgeschäft zugrunde lag" (R. Schäfer, Zur kirchlichen Trauung, in: ZThK 70, 1973, 486). Hier wird der Konsens im Blick auf seine religiöse Dimension ausdrücklich gemacht. Darin liegt die unverzichtbare Bedeutung der kirchlichen Traufragen für die Eheleute und für die Gemeinde, die bei der Feier zugegen ist.

b) Die Bedeutung der Trauung heute

In jüngster Zeit und innerhalb weniger Jahrzehnte ist die selbstverständliche Stellung der Ehe in der Gesellschaft (wie auch die anderer Institutionen) fraglicher geworden. Die Zahl der Eheschließungen (bezogen auf 100 000 Einwohner) ist deutlich zurückgegangen. Etwa ¼ der Evangelischen hält die formelle Eheschließung ganz für überflüssig (Was wird aus der Kirche?, hg. v. J. Hanselmann, 1984, 184). Andererseits ist die Zahl der Trauungen bezogen auf die evangelischen Eheschließungen unverändert hoch: In Großstädten werden etwa 70 %, auf dem Lande mehr als 90 % der standesamtlich geschlossenen Ehen auch kirchlich getraut (ebd. 183).

Nach evangelischem Verständnis muß die Aufgabe der Kirche bei der Trauung aus der Situation der Eheleute am Beginn ihrer Ehe verstanden und abgeleitet werden. Im Unterschied zur katholischen Kirche besteht kein Anlaß, die bürgerliche Eheschließung und deren institutionelle Ordnung durch zusätzliche kirchliche Qualifikationen zu ergänzen (vgl. dazu G. Barczay, Trauung, in: PThH 1975², 586 ff.). Aller Anlaß aber besteht zur Wahrnehmung der Aufgaben, die durch die Trauung als Zeichen einer Zäsur in der Lebensgeschichte der Eheleute von ihnen selbst ausdrücklich gemacht werden. Schon im Traubüchlein haben diese Fragen große Bedeutung. R. Schäfer faßt Luthers Einsichten so zusammen:

> „Zum andern, Luther erwähnt in der Vorrede des Traubüchleins ein psychologisches Motiv, das den zur Ehe Schreitenden bewegt, um die gottesdienstliche Handlung nachzusuchen. ‚Denn wer von dem Pfarrer oder Bischof Gebet und Segen begehrt, der zeigt damit wohl an (ob er's gleich mit dem Munde nicht redet), in was Fahr (welche Gefahr) und Not er sich begibt und wie hoch er des göttlichen Segens und (all-)gemeinen Gebets bedarf zu dem Stande, den er anfäht ...‘ Es wäre falsch, wollte man darin allein einen pastoraltheologischen Nebengedanken sehen. Luther drückt vielmehr die Beobachtung aus, daß der Mensch beim Eingehen der Ehe die damit verbundene numinose Gefahr empfindet, auch wenn er keine angemessenen Worte dafür findet. ‚Die es zum ersten gestiftet haben, daß man Braut und Bräutigam zur Kirche führen soll, haben's wahrlich für keinen Scherz, sondern für einen großen Ernst angesehen‘ “ (485).

Die damit formulierten Aufgaben werden auf unterschiedliche Weise im Traugespräch, in der Ansprache und in der Feier selbst wahrgenommen. Dabei bietet das Traugespräch die Möglichkeit, die individuellen Aspekte in der lebensgeschichtlichen Situation beider Eheleute (also Spannungen, Erwartungen oder Konflikte, nicht zuletzt im Verhältnis zu den Herkunftsfamilien) ausdrücklich werden zu lassen (vgl. dazu die Beispiele bei H. J. Thilo, Beratende Seelsorge, 1971, 163 ff.). Derartige Belastungen der Situation bedürfen in der Regel keineswegs der „Therapie“: Sie bilden den Normalfall. Das Gespräch könnte deshalb dazu beitragen, daß der Umgang mit solchen Belastungen nicht dramatisiert wird. Die Ansprache bei der Trauung hat allgemein die Aufgabe, die religiöse Dimension dieser biographischen Zäsur zu interpretieren. Dabei sollte beachtet werden, daß das Brautpaar zwar vor allem, aber doch nicht allein die Zuhörerschaft bildet. Die Rolle der kirchlichen Feier im ganzen dürfte schwer überschätzt werden können. Ihre tatsächliche Bedeutung zeigt sich in der Regel erst dann, wenn ihr spezifisches Gewicht im Zusammenhang lebensgeschichtlicher Erfahrung sichtbar werden kann.

Mit guten Gründen hat P. Krusche daher die kirchliche Aufgabe der Trauung als „diakonische Aufgabe“ erläutert und zusammengefaßt (Die kirchliche Trauung, in: ThPr 17, 1982, 73). Der weitere Zusammenhang, in dem die Trauung verstanden und ausgerichtet werden müßte, ist das Bild der Ehe, das die Kirche zu vertreten hat. Wenn die Kirche diese

Institution tatsächlich als „Segen“ zu begreifen vermag (vgl. die Vorrede zum Traubüchlein), dann müßte die Trauung nicht nur Ausdruck dieses Bildes, sondern ein überzeugendes Argument dafür sein können.

Ein instruktives Beispiel für den Verlauf einer Trauung vom Gespräch bis zum Gottesdienst bietet K. H. Lütcke (Die Trauung, in: Taufe, Trauung und Begräbnis, hg. v. H. D. Bastian, 1978, 67 ff.). Das Grundschema des Traugottesdienstes heute enthält folgende Stücke: Gebet, Gesang, Predigt, Traufragen, Ehesegen, Gebet, Gesang und Überreichung der Traubibel (vgl. dazu auch M. Josuttis, Der Traugottesdienst, in: Praktische Theologie, hg. v. F. Wintzer, 1982, 53 ff.). – Alle wichtigen Fragen der kirchlichen Trauung behandelt H. Fischer (Trauung aktuell, 1976).

Ein besonderes Problem sind unverändert die gemischt-konfessionellen Ehen. Tatsächlich hat sich die Einstellung und Haltung der römisch-katholischen Kirche hier in den letzten Jahrzehnten nur geringfügig geändert: Eine evangelische Trauung wird (für einen katholischen Ehepartner) nicht als Erfüllung der Formpflicht anerkannt (nur durch einen Dispens kann von dieser Pflicht entbunden werden) und die Verpflichtung zur katholischen Kindererziehung bleibt faktisch überall bestehen. Eine „ökumenische Trauung“ kann eine seelsorgerliche Hilfe zur (sonst oft erschwerten) Teilnahme beider Familien an der Feier sein. Sie verschiebt indessen das Grundproblem der Konfessionszugehörigkeit (der neuen Familie) und macht deren (am Ende in der Regel doch) notwendige Entscheidung nicht leichter. Zur Orientierung über diesen Problemkreis dient W. Schöpsdau: „Konfessionsverschiedene Ehe“ (1984).

Die Wiedertrauung Geschiedener ist in der evangelischen Kirche kein grundsätzliches, sondern ein jeweils persönliches und seelsorgerliches Problem.

4. Die Bestattung

Zur Orientierung und Information (auch über weitere Literatur) ist vor allem der Artikel von F. Merkel geeignet („Bestattung IV“, in: TRE 5, 743 ff. Eine eingehende Darstellung der Geschichte und der Liturgik der Bestattungsfeier bietet auch hier Rietschel/Graff, Lehrbuch, Bd. 2, 756 ff.). Die Fragen heutiger Praxis behandelt P. Krusche (in: Taufe, Trauung und Begräbnis, hg. v. H. D. Bastian, 1978, 130 ff.). Eine umfassende Bearbeitung vor allem der Ansprache bei der Beerdigung haben B. Klaus und K. Winkler vorgelegt (Begräbnis – Homiletik, 1975).

a) Zur Geschichte der kirchlichen Bestattung

Die Alte Kirche hat die jüdische Sitte der Beerdigung ihrer Toten übernommen. Dabei galt die Beerdigung als Aufgabe der Gemeinde und wurde mit Psalmengesang und Gebet begangen (das älteste bekannte

Gebet findet sich bei Serapion v. Thmuis). Ansprachen zum Gedächtnis der Toten (nach dem Vorbild der römischen Funeralien) gab es beim Begräbnis bedeutender Persönlichkeiten (z. B. Eusebius auf Konstantin). Für die Toten wurden Oblationen dargebracht und Fürbittengebete gesprochen, die später zum besonderen Bestandteil der römischen Messe in der Commemoratio pro defunctis (s. u. S. 368) wurden. Daraus (und aus der verbreiteten Kommunion an Gräbern) erwuchs die Seelenmesse oder Totenmesse (Missa pro defunctis), in der Leib und Blut Christi für den Toten geopfert werden. Schon die ältesten Sakramentare enthalten eine größere Zahl derartiger Messen für einen Toten. Dem entspricht auf dem Gebiet der Lehre die Entwicklung der Vorstellung vom „Fegfeuer" (purgatorium, Zwischenzustand). Für dort befindliche Seelen galt ein wirksamer kirchlicher Einfluß auf deren weiteres Schicksal als sicher.

Die Reformation hat – auf dem Boden ihrer Rechtfertigungslehre und als deren Konsequenz – den gesamten Komplex dieser Vorstellungen verworfen. Luther hat bereits 1517 seine grundsätzliche Kritik formuliert (These 22 ff. der 95 Thesen). In den Kirchen der Reformation kann es ein Handeln am Toten um der Toten willen nicht geben. Ein solches Handeln wird allein dann legitimiert (und geboten), wenn es ein Handeln um der Lebenden willen ist. Als Summe der reformatorischen Auffassung in diesen Fragen und Aufgaben kann die Hallesche Kirchenordnung (von 1543) gelten:

> „Darum sollen die Christen ihre abgestorbenen Mitglieder nicht als verstorbene Bestien unachtsam hinschlenkern, sondern als Erben des Himmelreichs ehrlich und ordentlich, soviel es sein mag, zum Begräbnis bestätigen, nicht solcher Meinung, als sollte der Lebenden Dienst den Abgestorbenen in diesem Fall zur Erlösung nützlich und dienstlich sein, sondern daß hiermit die, so noch leben und mit der Leiche gehen, ihr christlich Mitleiden erzeigen und dabei der Auferstehung in unserem Herrn erinnert und im Glauben gestärkt werden, daß auch sie den Tod in Christo recht bedenken und ihm zu seiner Zeit mit gutem beständigen Vertrauen der Auferstehung aufnehmen" (Rietschel/Graff, Lehrbuch, Bd. 2, 765 f.).

In der Kritik der überlieferten Vorstellungen ist Calvin so weit gegangen, jedes Fürbittengebet für Tote abzulehnen, während Luther und Melanchthon das in Grenzen immerhin noch für möglich hielten. Im späteren Luthertum wurde an dieser Frage das Problem diskutiert, ob nicht tatsächlich alles im Gebet vor Gott gebracht werden dürfe. Die „Einsegnung" der Leiche im Trauerhaus hat sich gleichwohl lange in lutherischen Agenden erhalten und ist erst im 19. Jahrhundert beseitigt worden (vgl. F. Merkel, 748). Eine Bestattungsformel ist in den reformatorischen Agenden zunächst nicht üblich gewesen. Erst im 19. Jahrhundert wurde die Formel mit dem dreifachen Erdwurf aus dem „Common Prayer Book" übernommen. Deren problematische Bildungen („... die Seele ... zu sich nehmen") sind neuerdings vielfach korrigiert worden.

Die evangelischen Agenden für die Bestattung enthalten heute mehrere Formulare: für die Feier nur am Grab; für die Feier von der Kapelle aus; für die Feier mit dem Beginn im Trauerhaus; für die Feuerbestattung (die in der evangelischen Kirche nicht als grundsätzliches, sondern allenfalls als seelsorgerliches Problem gilt, vgl. dazu H.H. Jenssen, in: HPT [DDR], II, 190).

Zu den gemeinsamen liturgischen Stücken gehören: ein Psalm (39;90) – Lesungen (z.B. Jes 43; Röm 8,31 ff.) – Gebet, Vaterunser – Bestattungswort – Segen.

Besondere Bedeutung gewann in den lutherischen Kirchen schon im 16. Jahrhundert die Predigt bei den Bestattungen (Leichenpredigt). Derartige Predigten sind vielfach publiziert worden und haben auch die Praxis der evangelischen Sonntagspredigt beeinflußt (vgl. dazu E. Winkler, Die Leichenpredigt im deutschen Luthertum bis Spener, 1967).

b) Die Bedeutung der Bestattungsfeier heute

Im Zusammenhang mit der Bestattung eines Toten tritt die Rolle des Ritus besonders deutlich hervor. Die durch den Ritus wahrgenommenen Funktionen sind hier anschaulicher als in anderen Fällen. Skizzen dieser Funktionen finden sich bei B. Klaus und K. Winkler (25 ff.) und P. Krusche (144 ff.).

Allein zur Beerdigung gehört für den evangelischen Ritus noch die Prozession. Sie dient der Veröffentlichung des Todesfalles, gibt aber auch der Teilnahme einen sichtbaren Ausdruck und bringt im ganzen die Gemeinsamkeit der Betroffenen zur Anschauung. Gerade der Todesfall macht individuelle Äußerungen besonders schwer (vgl. dazu D. Rössler, Die Vernunft der Religion, 1976, 29 ff.). Im Ritus wird dafür eine Sprache vorgegeben, die schon mit dem Austausch von Kondolationen eine wichtige (und schwer ersetzbare) Leistung übernimmt. Im Ritus sind Sprache und Verhalten gleichermaßen so vorgebildet, daß Kommunikation und Gemeinsamkeit möglich werden. Zum ritualisierten Verhalten gehört nicht zuletzt das Zeichen für die Situation der Betroffenheit, das durch die Kleidung gesetzt wird: beim Trauernden für längere Zeit, beim Teilnehmenden während der Bestattungsfeier. Im ganzen ist der Bestattungsritus auch Ausdruck der Bedeutung, die dem Tod eines Menschen innerhalb der geltenden kulturellen Normen zugemessen wird. Es zeichnet sich darin ab, welches Bild des Menschen zugrunde liegt. Die Praxis des Umgangs mit den Toten ist der Widerschein des Umgangs unter den Lebenden einer jeden Gesellschaft.

Als den theologischen Sinn in der Bestattungsfeier hat R. Schäfer „den Weg von der Anfechtung zum Trost" bezeichnet (Die volkskirchliche Beerdigung in theologischer Sicht, in: ZThK 73, 1976, 388). Damit ist darauf aufmerksam gemacht, daß diese Feier als ganze verstanden und von ihrem Sinn her gestaltet werden muß. Sodann ist darauf hingewiesen, daß die Anfechtung als selbständiges Thema, nicht als bloße Folie für die

Auferstehungsverkündigung anzusehen ist. Sowohl die theologische Redlichkeit wie die seelsorgerliche Aufgabe machen die Gemeinsamkeit angesichts der Erfahrung der Rätselhaftigkeit und der Dunkelheit des Todes zu einem wesentlichen Motiv des pastoralen Handelns. Die christliche Hoffnung, die in der Auferstehungsthematik bewahrt ist, kann nur dann wirklicher Trost werden, wenn die Ernsthaftigkeit der Anfechtung nicht in Frage gestellt wird.

Mit Recht ist deshalb vielfach die seelsorgerliche Aufgabe den Trauernden gegenüber als die eigentliche Aufgabe bei der Bestattung angesehen worden. Diese Aufgabe verlangt ein begründetes Verständnis der Trauer.

Als Grundlage dafür können volkskundliche (vgl. z. B. G. Holtz, Art. Trauerbräuche III, in: RGG³, VI, 1001) oder tiefenpsychologische Untersuchungen der Trauer dienen. Freud hat dem Thema eine eigene Arbeit gewidmet (Trauer und Melancholie, 1916, GW X, 427 ff.), und auf dieser Grundlage hat Y. Spiegel eine eingehende Analyse der Trauer vorgelegt (Der Prozeß des Trauerns, 2 Bde., 1973). Wichtig sind ebenfalls die Einsichten der kulturgeschichtlichen Forschung (Ph. Ariès, Geschichte des Todes, 1980). Eine instruktive Einführung in Phänomenologie und Interpretation des Todes als Grundlage für die pastorale Aufgabe bietet F. Winter (Seelsorge an Sterbenden und Trauernden, 1976).

Für den Trauernden wird die Lebensgeschichte in besonderer Weise zum Thema im Rahmen der Verständigungsaufgabe, die seine Situation ihm stellt. Der Tod wirft vor allem die Frage nach der Lebensgeschichte des Verstorbenen auf, und zwar als Frage nach dem Sinn dessen, was jetzt als ganzes und abgeschlossenes Leben überschaubar geworden scheint. Zudem aber ist die Betroffenheit vom Tod eines anderen notwendig die Situation, in der das eigene Leben in Frage gestellt wird.

„So sehr das Leben des menschlichen Individuums nur unter der Bedingung der Möglichkeit eines gemeinschaftlichen Seins – gleichgültig ob dieses existenziell verfehlt wird oder nicht – individuell sein kann, so sehr ist auch das Verhältnis des Lebenden zu dem höchst eigenen Tod niemals nur ein Privatverhältnis. Ist also das menschliche Leben immer schon ein Verhältnis zum Tod, dann verhält sich auch immer der andere zu meinem Tod, und umgekehrt ist auch immer mein Leben ein Verhältnis zum Tod des anderen“ (E. Jüngel, Tod, 1971, 44). Jüngel zeigt, daß gerade der Tod des anderen in das Innere der eigenen Existenz eindringt (ebd.).

Die Trauer also macht die Lebensgeschichte in vieler Hinsicht zum Thema. Damit ist dem pastoralen Handeln eine umfängliche und komplexe Aufgabe gegeben. Ein Ort, an dem diese Aufgabe exemplarisch wahrgenommen wird, ist die Ansprache bei der Bestattung. Hier ist die Lebensgeschichte des Verstorbenen (und darin abbildlich die Lebensgeschichte aller Zuhörer) ein notwendiges Thema. Für die Zuordnung der biographischen Mitteilung zur Predigt sind mehrere Möglichkeiten gegeben (völlige Trennung, Verschränkungen in verschiedenen Graden). Wichtiger als diese formale Frage ist die sachliche Aufgabe, die religiöse Interpretation so zu fördern, daß am Fall dieser einen Biographie Lebensgeschichte überhaupt anschaulich wird; nicht also, um Urteile zu formulieren oder zu begründen, sondern um eine vollständigere Ansicht des Lebens vor Augen zu stellen, wird die Biographie in die Auslegung einbezogen. Zu dieser Vollständigkeit gehört vor allem die Einsicht, daß die Lebensgeschichte nie in dem aufgeht, was einer selbst zu ihr beizutragen hat. Ebenso gehört dazu, daß der Tod des anderen zum Datum der eigenen Biographie wird. „So sind wir – lebend zuhöchst aufeinander bezogen – erst recht durch die uns bestimmende Negation zutiefst miteinander verflochten" (E. Jüngel, 45).

Die Interpretation und die Begleitung der Lebensgeschichte durch die Amtshandlungen findet dort, wo der Tod sie veranlaßt, ihre entscheidende und exemplarische Aufgabe.

In weiterem Sinn gehören zu den lebensbegleitenden Amtshandlungen auch die Besuche, die der Pfarrer aus besonderen biographischen Anlässen macht: bei Geburtstagen, größeren Familienfeiern und Jubiläen (vgl. dazu S. Dreher, Geburtstagsbesuche bei Jubilaren, in: WPKG 77, 1972, 158 ff.; E. R. Kiesow, in: HPT [DDR] III, 197 f.).

§ 16 Amtshandlungen für die Gemeinde

1. Feste und Feiern

Das Leben der kirchlichen Gemeinde ist in der Vergangenheit nicht nur vom sonntäglichen Gottesdienst bestimmt und geprägt gewesen, sondern zudem durch eine Reihe von Festen und Veranstaltungen, die nicht, wie der Sonntagsgottesdienst, aus dem Ablauf des Kirchenjahres begründet waren. In der Alten und in der mittelalterlichen Kirche waren das vor allem die Heiligenfeste, die nach einem eigenen Kalender begangen wurden. Die Kirchen der Reformation haben nur wenige dieser Feste (unter evangelischer „Umprägung" ihres Inhaltes, so W. Nagel, Art. Heiligentage in der evangelischen Kirche, in: RGG^3, III, 167 f.) übernommen (z. B. Aposteltage oder Marientage, die als Christfeste begangen wurden). Es sind aber in den evangelischen Kirchen eigene Festtage entstanden und zum selbstverständlichen Datum von gottesdienstlichen Gemeindefeiern geworden (vgl. dazu Rietschel/Graff, Lehrbuch, Bd. 1, 175; H. Merkel, Art. Fest und Festtage IV, in: TRE 11, 115 ff.).

Das gilt zunächst für den Reformationstag (Gedächtnis des Thesenanschlags am 31. Oktober 1517), der bereits von Bugenhagen (Braunschweig 1528) eingeführt wurde (Bugenhagen selbst hat im häuslichen Kreise jährlich ein Fest der Bibelübersetzung gefeiert; vgl. Rietschel/Graff, Lehrbuch, Bd. 1, 175). Sodann ist das Erntedankfest zu nennen, das freilich im Mittelalter (und in der Ostkirche) örtliche Vorläufer hatte, das aber jetzt für größere Kirchengebiete allgemeingültig eingeführt wurde (z. B. Calenberg 1542). Ferner sind besondere Buß- und Bettage eingerichtet worden, und zwar je nach besonderen Anlässen: Die ersten evangelischen Bußtage fanden 1532 in Süddeutschland wegen der Türkengefahr statt; weithin waren lokale Bußtage (oft nach Naturkatastrophen) die Regel. In der Zeit des Dreißigjährigen Krieges wurden im Blick auf die öffentlichen Notstände allgemeine Buß- und Bettage für ganze Länder festgesetzt. Nicht selten wurden mehrere solcher Bußtage jährlich wiederholt. Örtlich gab es auch monatliche Wiederholungen. Erst seit 1893 gibt es in allen evangelischen Kirchen einheitlich nur einen jährlichen Buß- und Bettag (am Mittwoch vor dem letzten Sonntag nach Trinitatis). Neu ist demgegenüber der „Totensonntag", der als allgemeines Kirchenfest zur Erinnerung an die Toten von Friedrich Wilhelm III. am 24. 4. 1816 eingesetzt wurde. Der Neujahrstag ist schon im Mittelalter begangen worden (und zwar an sechs verschiedenen Tagen). Luther ließ das Jahr mit dem 25. Dezember beginnen und wollte den 1. 1. als „Tag der Beschneidung des Herrn" gefeiert wissen. Bald (nach 1550) wurde jedoch der 1. Januar als evangelisches Neujahrsfest begangen (vor allem durch Melanchthon und Brenz). Der evangelische Gottesdienst in der Nacht des Altjahrsabends hat sich erst seit 1800 eingebürgert (mit dem Kalenderheiligen Silvester, papa et confessor, gest. 335, hat er nichts zu tun). In diese Reihe gehört schließlich auch das (seit der Feier zum Gedächtnis an die von Konstantin in Jerusalem erbaute Kirche am Ende des 6. Jahrhunderts bekannte) Kirchweihfest, das (nach Art der römischen Anniversarien) zur jährlichen Wiederholung des Weihetages der Kirche (meist im Zusammenhang mit dem Fest des Heiligen, unter dessen Patrozinium die Kirche steht) begangen wird. Auch in vielen evangelischen Gemeinden wird ein solches Jahresfest (Kirmes) gefeiert. – Vor allem im 19. Jahrhundert waren kirchliche Feiern zu nationalen Gedenktagen verbreitet.

Diesen gottesdienstlichen Feiern liegt eine Verknüpfung des religiösen mit dem gesellschaftlichen Leben zugrunde. Die Erfahrungen und zentralen Daten der Lebenswelt werden dabei in den Zusammenhang der Religion gestellt. Sie erscheinen auf diese Weise in einem neuen Licht: Es wird deutlicher erkennbar, was diese Daten und Erfahrungen in Wahrheit bedeuten. Schon das einfache Schema, auf die Bedrohung durch politische oder Naturkatastrophen mit einem Bußtag zu reagieren zeigt, wie die waltenden Verhältnisse und Mächte dadurch in einen größeren Rahmen gestellt werden, in dem sie ihre letzte Bedeutung verlieren müssen. Dieser größere und also relativierende Zusammenhang wird durch die kirchliche Feier nicht hergestellt, sondern vorausgesetzt und anschaulich gemacht. Freilich waren Bußtage nicht selten dem Mißverständnis ausgesetzt, daß durch die Buße ein gnädiges Eingreifen Gottes erwirkt werden sollte.

Diese Feste und Feiern lassen sich sachgemäß als Amtshandlungen in weiterem Sinne verstehen. Sie gehen auf einen Kasus zurück und stellen ihn in den größeren Zusammenhang des christlichen Glaubens. Der Kasus freilich ist hier ein Fall, der das gemeinsame Leben und die geschichtliche Welt betrifft. Es ist ein überindividueller Kasus, der alle einzelnen verbindet, weil er sie alle auf gleiche Weise betrifft und zu Betroffenen macht. Ein lehrreiches Beispiel dafür bietet J. H. B. Dräseke (1774–1849), der einer Predigt am Neujahrstag (1803 über Koh 1,9) die Überschrift gab: „Über die Kirchenregister des verflossenen Jahres" (Predigten, 1804, 1 ff.).

Diese Feste und Feiern waren geeignet, die Verknüpfung von religiösem und gesellschaftlichem Leben zugleich in allgemeiner Weise und also exemplarisch deutlich zu machen. Nicht nur dem individuellen, sondern auch dem gemeinsamen Leben war damit eine Begleitung durch Kirche und Religion bezeichnet, die es sinnvoll und begründet erscheinen lassen mußte, keine Widerfahrnisse und keine Ereignisse der Lebenswelt als davon ausgegrenzt oder als dafür unerreichbar anzusehen. In diesem Rahmen konnte sich eine Frömmigkeit und ein kirchlicher Lebensstil herausbilden, der nicht von der Diskrepanz zwischen „weltlichem" und „christlichem" Leben bestimmt sein mußte, der vielmehr den einzelnen befähigte, seine Lebensführung von begründeter Gelassenheit geleitet wissen zu können.

Schleiermacher hat den Sinn der kasuellen Festtage erörtert und vor allem die nationalen Feiertage kritisch beleuchtet. Er hat aber auch darauf aufmerksam gemacht, daß durch solche Festtage die Geschichte des Christentums vor Augen gestellt wird. Diese Einsicht, daß sich das Christentum nicht „stationär" verstehen dürfe, wird gerade dann zur Geltung gebracht, wenn die Perioden und Jahreszyklen sich durch entsprechende Feiern voneinander unterscheiden (Praktische Theologie, 1850, 150 ff.; 156).

2. Weihehandlungen

Zu den Amtshandlungen im weiteren Sinn müssen auch die Weihe- oder Benediktionshandlungen gerechnet werden. Sie spielen freilich in der evangelischen Kirche äußerst selten eine Rolle: Einweihungen einer Kirche oder eines Friedhofs finden nur vereinzelt statt. In der Diaspora können allerdings die hier einschlägigen Fragen häufiger aufgeworfen werden, und zwar durch die vielen Weihehandlungen, die die katholische Kirche kennt und durch die nicht selten damit verbundene Frage einer „ökumenischen" Beteiligung.

Hier ist zunächst der Unterschied zum römisch-katholischen Verständnis der „Weihe“ deutlich festzuhalten. Grundsinn der katholischen Vorstellung ist die Ausgrenzung von Personen, Sachen oder Orten aus dem Bereich des Profanen. Dafür werden Benediktionen, Konsekrationen und Exorzismen sowie Personalbenediktionen und Realbenediktionen unterschieden. Die Ausgrenzung durch den Segensakt bedeutet, daß damit göttliche Kräfte verändern, was gesegnet wird. Im Hintergrund steht also die Vorstellung von Mächten oder Dämonen, die überall ihre Wirksamkeit entfalten, durch den Segen aber ausgeschlossen werden. Auch der dem Priester in der Priesterweihe verliehene character indelebilis gilt als reale Folge des konsekrierenden Aktes. Die Weihe wird ex opere operato wirksam.

Eingehender werden diese Fragen in der TRE erläutert (J. G. Davies, Art. Benediktionen III, in: TRE 5, 568 ff.). Auch die Weihe der kultischen Instrumente (z. B. Weihwasser) wird behandelt.

Die Reformation hat diese Vorstellungen und Bilder insgesamt verworfen. Diese Kritik ist eine unmittelbare Folge der theologischen Grundsätze, die zur kritischen Verwerfung der mittelalterlichen Lehre von Natur und Gnade überhaupt geführt haben. Die Praxis der Weihen entsteht eben auf dem Boden dieser mittelalterlichen Gnadenlehre. Luther hat dazu ausgeführt, daß diese Praxis, alles mögliche zu weihen, „vom Teufel“ sei:

„Nun wäre das wohl fein, wenn man Gottes Wort, Segen oder Gebet über die Kreatur spräche, wie die Kinder über Tische tun, und über sich selbst, wenn sie schlafen gehen oder aufstehen, denn St. Paulus sagt (1 Tim 4,5): Alle Kreatur ist gut und wird geheiliget durch Wort und Gebet. Denn daraus kriegt die Kreatur keine neue Kraft, sondern wird bestätigt in ihrer vorigen Kraft. Aber der Teufel sucht ein anderes, sondern will, daß durch sein Affenspiel die Kreatur eine neue Kraft und Macht kriege“ (Von den Konziliis und Kirchen, 1539; Rietschel/Graff, Lehrbuch, Bd. 2, 873).

Danach soll eben die vermeintliche Beilegung neuer Kräfte abgewiesen werden. Segnungen sind gleichwohl möglich oder gar geboten. Ihr Sinn freilich ist der, die „Kraft“ solcher kreatürlichen Objekte zu bestätigen, an ihnen also diejenige Bestimmung kenntlich und deutlich zu machen, die ihnen ohnehin, kraft ihres kreatürlichen Daseins, zukommt. Luther hat diese Grundsätze bei der ersten Einweihung einer evangelischen Kirche (Torgau 1544) selbst zur Anwendung gebracht. Die Einweihung, so erläutert er in der Predigt, bestehe darin, das Wort Gottes zu predigen, es zu hören, zu Gott zu beten und also um Gottes Segen für das zu bitten, was in diesem Hause seiner Bestimmung nach getan werden soll. Diesen

Grundsätzen entsprechend haben sich in der evangelischen Kirche (mit spärlichen Erwähnungen in den Kirchenordnungen) zwar lokale Formen der feierlichen Begehung solcher Feste, aber nur selten Formulare für „Weihungen" ausgebildet. Evangelische Kirchen gelten daher nicht als „geweihte Räume", sowenig wie ein Friedhof als „geweihte Erde" gilt.

Auch bei ökumenischen Veranstaltungen wird sich ein evangelischer Pfarrer nicht selbst an katholischen Weihehandlungen beteiligen können. Sein Beitrag zu einer solchen Feier kann sinnvoll nur in dem bestehen, was ohnehin seines Amtes ist: in einem auslegenden Wort, in dem der Kasus sehr wohl seine Rolle spielen kann, und in einem Gebet. Diese Grundsätze gelten freilich nicht allein für den (wohl nicht sehr häufigen) Fall einer ökumenischen Einweihungsfeier. Sie verlieren auch für die Praxis ökumenischer Gottesdienste nicht an Gewicht und Bedeutung. Schließlich ist auch der konsekrierende Vollzug der Transsubstantiation in der Messe ein Akt vom Charakter der Weihe, demgegenüber evangelische Zustimmung auch als geduldetes Mißverständnis nicht gerechtfertigt werden könnte.

In Luthers kritischer Stellungnahme zu den mittelalterlichen Weihevorstellungen wird freilich „Segen oder Gebet über die Kreatur" auch im Blick auf die Praxis des christlichen Alltags erwähnt. Luther nennt das Tischgebet und das Abendgebet der Kinder als Beispiel. Er bezeichnet damit offenbar ein Handeln, das zur Praxis der christlichen Frömmigkeit gehört und das darin besteht, an einzelnen Exempeln die Bestimmung der Gaben ausdrücklich zu machen, die uns gegeben sind. Dabei wird eben das, Gabe zu sein, als deren Sinn zur Sprache gebracht werden sollen. Zugleich aber wird dabei unsere Stellung zu Gaben und Geber anschaulich: Ein solches Gebet stellt am konkreten Beispiel unsere Beziehung auf den Grund unseres Lebens und auf das, worüber wir nicht verfügen, vor Augen. Luther verläßt damit alle Vorstellungen von der Aussonderung durch eine Weihe und stellt den Beter gerade durch sein Segensgebet in die Mitte der alltäglichen Wirklichkeit, die wir im Gottesdienst als Gottes Wirklichkeit ausdrücklich zu machen suchen.

3. Die Beichtfeier

Die Geschichte der Privatbeichte (s. o. S. 159 f.) in der evangelischen Kirche hat dazu geführt, daß an die Stelle der Einzelbeichte eine allgemeine Beichtfeier der Gemeinde trat. Die lutherischen Kirchen hatten zunächst die Privatbeichte beizubehalten gesucht, wenngleich sie natürlich unter das evangelische Verständnis gestellt wurde, das in CA XI formuliert war. Als allgemeine Regel galt, daß die Teilnahme am Abendmahl von der vorhergehenden Teilnahme an einer Einzelbeichte abhängig gemacht werden sollte (so schon die Braunschweiger Kirchenordnung von 1528). Aber die Ausführung ließ überall zu wünschen übrig und war Anlaß zu vielen Klagen. Nicht zuletzt waren für diese Zustände auch äußere Gründe maßgebend, vor allem die nach dem Dreißigjährigen Krieg schnell anwachsende Zahl der Gemeindeglieder in den großen Städten (s. o. S. 167 f.).

Den Anstoß zu einer Änderung gab der Berliner Pfarrer J. K. Schade (1666–1698), ein Freund Speners, der wegen der allgemeinen Oberflächlichkeit im Gebrauch der Beichte an zwei Samstagen eine allgemeine Beichtfeier abhielt und damit einen großen Streit auslöste. Der Kurfürst ordnete danach 1698 an, daß die Beichtpflicht abzuschaffen, die allgemeine Beichte zu gestatten und die Privatbeichte auch weiterhin zu ermöglichen sei. In Süddeutschland war auch vorher schon eine allgemeine Beichtfeier (zumindest gelegentlich) eingeführt worden. Gegen Ende des 18. Jahrhunderts hat die Beichtfeier überall die Einzelbeichte verdrängt. In der reformierten Kirche ist die Privatbeichte von Anfang an abgelehnt worden, und eine allgemeine Beichtfeier ist dort nicht Sitte geworden. (Quellen, Texte und Daten zu dieser Geschichte bietet W. Caspari, Die geschichtlichen Grundlagen des gegenwärtigen evangelischen Gemeindelebens, 1908², 181 ff.).

Der lutherische Gottesdienst, der dem Formular der evangelischen Messe mit Predigt und Abendmahl folgt, enthält die Beichte nicht. Im Agendenwerk der VELKD ist eine selbständige Beichtfeier im Rahmen der kirchlichen Handlungen (Agende III) vorgesehen, die nicht selten dem Hauptgottesdienst vorangestellt wurde, neuerdings aber seltener gehalten wird. Wo der Hauptgottesdienst als Predigtgottesdienst ohne Abendmahl gefeiert wird, ist die Beichtfeier dem selbständigen Abendmahlsgottesdienst vorgeordnet oder in das Formular eines eigenen Hauptgottesdienstes, der Predigt und Abendmahl enthält, eingeführt worden (Württemberg 1977).

Die wesentlichen liturgischen Stücke der Beichtfeier sind Gebet, Beichtvermahnung, Sündenbekenntnis, Beichtfragen mit Antwort der Gemeinde, Absolution.

Die theologischen Probleme, die mit einer selbständigen oder auch einer dem Abendmahl zugeordneten Beichtfeier entstehen, hat M. Mezger skizziert (M. Mezger, Art. Beichte V, in: TRE 5, 435). Eine selbständige und isolierte Beichtfeier wäre nach E. Hirsch nicht evangelisch (Christliche Rechenschaft, Bd. 2, 1978, 139). Ihr Sinn müßte zweifellos nicht im Sündenbekenntnis und in den Beichtfragen, sondern in der Absolution gesehen werden. Nach evangelischem Grundverständnis aber ist die rechtfertigende und also sündenvergebende Zuwendung Gottes zum Menschen nicht nur eigentlicher Inhalt jeder Predigt des Evangeliums, sondern auch dic Botschaft, die das Abendmahl auf seine Weise anschaulich macht. Deshalb wird in aller Regel der Vorschlag gemacht, die Beichtfeier (zumeist mit dem Abendmahl) dort zu halten, wo beide „von der Gemeinde begehrt und gebraucht werden" (Chr. Mahrenholz, Begleitwort zu den Ordnungen der Beichte, 1957).

2. Teil – Die Kirche

Die Kirche ist nicht immer ein zentrales Thema der Theologie gewesen. Sie hat zwar ihren Ort seit Alters her im Glaubensbekenntnis; die Theologie aber hat der Kirche Jahrhunderte lang in der Regel nur ein spätes und an eigenen Fragestellungen nicht überreiches Kapitel gewidmet. Erst im 19. Jahrhundert hat das Kirchenthema wachsende Aufmerksamkeit gefunden und eine eigene auch monographische Literatur veranlaßt. Diese Entdeckung der Kirche durch die Theologie geht parallel mit ihrer Verselbständigung als gesellschaftlicher Institution. Erst im Laufe des 19. Jahrhunderts hat sich die Selbstverwaltung der Kirche auf allen ihren Ebenen anbahnen und durchsetzen können. Zugleich ist die Kirche zum politischen Thema geworden und zum Gegenstand sozialwissenschaftlicher Fragestellungen. Damit kam im 19. Jahrhundert die Entwicklung, die im Pietismus begonnen hatte, zu einem vorläufigen Höhepunkt: Die Unterscheidung von Kirche und Gesellschaft trat immer deutlicher hervor, gewann selbstverständliche Realität im allgemeinen Bewußtsein und wurde zum Thema der Theologie, die diese Situation zu deuten hatte.

Die Kirche ist die zentrale Form des neuzeitlichen Christentums. Kirchliche Praxis gilt als eindeutig religiöse Praxis. Dem öffentlichen wie dem privaten Christentum fehlt diese Eindeutigkeit. Für das, was die Kirche als zentrale Form des neuzeitlichen Christentums bedeutet, muß sie nichts anderes sein als Kirche: Das, was sie theologisch als Kirche bestimmt, ist zugleich die Funktion, die ihre öffentliche Bedeutung begründet.

Die Kirche ist daher ein grundlegendes Thema der Praktischen Theologie nicht nur im Blick auf die Frage nach dem Subjekt der kirchlichen Praxis. Zur praktisch-theologischen Ekklesiologie gehören auch die Fragen, die aus der Bedeutung der Kirche für das öffentliche und das private Christentum entstehen. Grundlage dessen aber ist das Selbstverständnis der Kirche, das sie unter den Bedingungen ihrer Epoche ausbildet und das ihr Dasein orientieren und ihr Handeln leiten soll.

Der zweite Teil der Praktischen Theologie hat danach die Themen darzustellen, die in gleicher Weise für das Selbstverständnis der Kirche wie für ihre Bedeutung im Zusammenhang des neuzeitlichen Christentums grundlegend sind: das Amt, in dem die Kirche sich um ihres Handelns willen organisiert; die Predigt als die Grundgestalt dieses Handelns; den Gottesdienst als dessen Ort.

5. Kapitel – Kirche

Die Frage nach dem Verständnis der Kirche von sich selbst ist das erste Thema der praktisch-theologischen Ekklesiologie. Hier sind zunächst die Grundlagen des evangelischen Kirchenbegriffs zu skizzieren, dann aber die Tendenzen und Impulse namhaft zu machen, die für das Verhältnis der evangelischen Christen zu ihrer Kirche heute eine Rolle spielen. Da Kirche in evangelischem Sinn nicht als Anstalt zu begreifen war, ist der Kirchenbegriff im reformatorischen Christentum von Anfang an Thema einer Debatte gewesen, in der unterschiedliche Auffassungen über Gehalt und Ziel der evangelischen Kirche zur Geltung gebracht wurden. Diese Debatte hat den evangelischen Kirchenbegriff ausgelegt und weiter entwickelt. Sie ist jedoch stets auch durch die Praxis und das kirchliche Leben in seinen Erneuerungen und Veränderungen angeregt und erweitert worden, und darin hat die Praxis Einfluß auf das Kirchenverständnis genommen. Auch dieser Fortgang der Auslegung und die Fortbildung der evangelischen Ekklesiologie gehören zum evangelischen Kirchenbegriff hinzu.

§ 17 Evangelisches Kirchenverständnis

Das Selbstverständnis der evangelischen Kirche bildet sich in einem zweifachen geschichtlichen Bezug: in dem auf die Reformation und in dem auf die biblischen Quellen. Aber es ist darüber hinaus sein wesentlicher Grundzug, daß dieses Selbstverständnis sich in jeder Epoche neu zu bilden hat.

1. Der reformatorische Ursprung

Das evangelische Kirchenverständnis hat seinen Ursprung im kritischen Widerspruch der reformatorischen Theologie gegen das mittelalterlich-katholische Bild der Kirche. Dieser Widerspruch war die sachgemäße und notwendige Folge der die Reformation begründenden Rechtfertigungslehre auf dem Gebiet der Ekklesiologie. Die Kirche, die sich selbst als hierarchisch gegliederte, objektive Heilsanstalt begreift, mußte von der Reformation verworfen werden. Luther hat dem mittelalterlichen Bild der Kirche den geistlichen Kirchenbegriff gegenübergestellt und die Kirche als civitas spiritualis verstanden. Auf diesen kritischen Gegenbegriff allein konnte die reformatorische Theologie sich jedoch nicht beschränken. Der evangelische Kirchenbegriff mußte auch dem Anspruch genügen, die Kirche des Glaubens nicht zur bloßen Idee, die keinen Anhalt mehr an der Erfahrungswirklichkeit hätte, entleeren zu lassen. Dieser Anspruch entsteht nicht zuletzt aus dem Interesse an der Gewißheit des Glaubens. Damit aber ist die Form des Gegensatzes als eines zweifachen Anspruchs, der nicht ohne weiteres zum Ausgleich gebracht werden kann, fundamental und prägend in den evangelischen Kirchenbegriff eingegangen. Seine spannungsvolle Dynamik hat wesentlich zu der überaus folgenreichen Wirkungsgeschichte des reformatorischen Kirchenbegriffs beigetragen.

Unüberboten ist die Analyse des lutherischen Kirchenverständnisses bei W. Elert (Morphologie, I, 224). Eine materialreiche knappe Darstellung gibt neuerdings J. Dantine (Die Kirche vor der Frage nach ihrer Wahrheit, 1980, 22 ff.).

Das mittelalterlich-katholische Bild der Kirche hat einen zusammenfassenden Ausdruck in der Bulle „Unam sanctam“ (1302, D.[35], 870 ff.) gefunden. Grundlage für dieses Bild ist die Identifizierung von himmlischer und irdischer Kirche: Die unsichtbare Kirche des Glaubens geht vollständig auf in der sakramentalen Heilsanstalt der empirischen Kirche. Dieser Kirche kommt daher unbeschränkte Autorität in geistlicher wie in weltlicher Hinsicht zu, und ihr gelten vorbehaltlos die ihr im Credo zugeschriebenen Eigenschaften (Einheit, Heiligkeit, Katholizität, Apostolizität). Sie verwaltet die Gnadenmittel und macht sie ihren Gliedern zugänglich. In dieser Kirche repräsentiert sich die Einheitsidee des mittelalterlichen Kosmos. Die Kirche nimmt den einzelnen Christen in sich auf, und zwar schon dadurch, daß er sich ihrem Glauben überläßt (fides implicita), und sie vermittelt ihm damit seinen Ort im universalen Zusammenhang des Weltlaufs. Sie gibt ihren Mitgliedern Gewißheit über das jenseitige Heil. Sie organisiert sich selbst durch das Recht und vermag dadurch in allen Fragen der Zugehörigkeit und der Praxis (in Kirche und Welt) zweifelsfrei zu entscheiden. Wer in dieser Kirche lebt, der lebt – auch inmitten überwältigender Katastrophen in der Natur wie in der Gesellschaft – endgültig geborgen.

Das spätere katholische Kirchenverständnis ist besonders durch Bellarmin geprägt worden. Er hat dem mittelalterlichen Kirchenbegriff bleibende Formeln und festen Zusammenhang gegeben. Zur gegenwärtigen katholischen Ekklesiologie vgl. bes. E. Fahlbusch (Kirchenkunde, 21–111) und die katholische Dogmatik nach M. Schmaus (Der Glaube der Kirche, Handbuch katholischer Dogmatik, 2 Bde., 1969/70).

Luther hat, in Aufnahme und Erneuerung augustinischer Tradition, die Unsichtbarkeit der Kirche zur Geltung gebracht (WA 18, 652). Die Kirche des Glaubens ist in der empirischen Kirche verborgen. Es bleibt allein Gottes Urteil überlassen, wer in Wahrheit Christ ist und wer nicht. Deshalb ist die irdische Kirche corpus permixtum und gehört ganz auf die Seite dieser Welt. Sie trägt das „Antlitz einer Sünderin" (WA 40, II, 506). In ihr sind die wahren Christen und die Heiligen „versteckt" (WA 18, 652). Die Kirche hat ihre empirische Realität dort, wo das Wort Gottes verkündigt wird, und wo sich die Christen im Glauben unter diesem Wort versammeln (WA 6, 292; 40, III, 407). So wiederholt sich in Luthers Kirchenbegriff das Grundverständnis, das im Blick auf die Weltgestaltung zur Entfaltung der Zwei-Reiche-Lehre und in Hinsicht auf die Existenz des Christen zur Formel vom „simul iustus et peccator" geführt hat. Luther hat damit das Problem des doppelten Anspruchs im Kirchenbegriff so gelöst, daß er beides im persönlichen Glauben des Christen, der sich zugleich der Versöhnung Gottes und der Gemeinschaft der Versöhnten bewußt ist, vermittelt sah. Dieser Zusammenhang begründet für den Glaubenden selbst einen einfachen Sinn des Wortes Kirche: „denn es weiß, gottlob, ein Kind von sieben Jahren, was die Kirche sei, nämlich die heiligen Gläubigen und die Schäflein, die ihres Hirten Stimme hören" (ASm XII, BSLK 459).

Luther hat damit der Ekklesiologie eine Fassung gegeben, in der die Existenz des Christen und die Personalität seines Glaubens eine zentrale Bedeutung gewinnen. An die Stelle der Eingliederung in den objektiven und universalen Zusammenhang der Kirche tritt die für jeden in gleicher Weise bestimmende Beteiligung an der kirchlichen Gemeinschaft und nicht weniger an der Verantwortung für den Glauben und für das Leben der Kirche in dieser Welt (vgl. GK, BSLK 655). So überwiegen in Luthers Kirchenbegriff die personalistischen Züge, auch wenn damit das mittelalterliche Denken noch nicht prinzipiell überschritten ist. Als Institution erweist sich die Kirche im Blick auf die Ordnungen, die dem irdischen Leben zu seinem Bestand vorgegeben sind. Sie ist zwar creatura verbi (WA 6, 561), aber damit doch keineswegs in das bloße Belieben der Subjektivität gestellt. Sie ist vielmehr auch im Rahmen der empirischen Lebenswelt ausdrückliche Einrichtung Gottes, eine der drei „Hierarchien" (WA 50, 652). Zweifellos hat Luther einer sich verändernden Grunderfahrung in Leben und Glauben auch in Hinicht auf die Kirche

Ausdruck gegeben. Der einzelne Christ beginnt, in ein eigenes und mitverantwortliches Verhältnis zu seiner Kirche zu treten, wenn auch Luther selbst bekunden muß, daß es an solchen Christen noch mangelt (Vorrede zur Deutschen Messe, BoA 3, 294 ff.).

Luthers Kirchenbegriff ist schon immer ein umstrittenes und nur selten einhellig ausgelegtes Thema gewesen. Diese Auslegungsgeschichte reicht bis in die Gegenwart. Sie ist vielfältig belegt; F. Kattenbusch (Die Doppelschichtigkeit in Luthers Kirchenbegriff, 1928); E. Kinder (Der evangelische Glaube und die Kirche, 1958); W. Höhne (Luthers Anschauungen über die Kontinuität der Kirche, 1963); M. Doerne (Luthers Kirchenverständnis, in: Fragen zur Kirchenreform, hg. v. H. v. Rautenfeld u. a., 10 ff., 1964); T. Rendtorff (Art. Kirche, in: HWP 4, 838 ff.).

Calvin hat die Kirche auf der Grundlage seiner Prädestinationslehre als Gemeinschaft der Erwählten aufgefaßt (Inst. IV, 1 ff.). Wie bei Luther ist daher diese Gemeinschaft als die Kirche des Glaubens unsichtbar und mit der irdischen Kirche, in der Erwählte und Verworfene ununterscheidbar versammelt sind, nicht einfach identisch. Der Bezug auf die Erwählungslehre hat freilich zur Folge, daß der Kirchenbegriff hier eigene Akzente gewinnt.

Die Sorge für das ihrem Stande entsprechende äußere christliche Leben der Erwählten läßt die pädagogische Aufgabe der Kirche stärker hervortreten (Inst. IV, 1, 5) und führt später zur Aufnahme der disciplina als dritter nota ecclesiae in die Kirchenlehre (Heppe-Bizer, Dogmatik, 528). Hier liegen auch die Gründe für die theokratische Perspektive im reformierten Kirchenbegriff.

Calvin hat damit der empirischen Kirche eine eigene Bedeutung für die Weltgestaltung der Christen zugeschrieben. Die sichtbare Kirche wird zum Ort vorbildlicher Lebenspraxis. In dieser Praxis vermag die individuelle Erwählungsgewißheit ihren Ausdruck zu finden. Als kirchliche Praxis aber tritt sie zwangsläufig in ein kritisch-appellatives Verhältnis zur politischen Ordnung und zum Staat. Dem reformierten Kirchenverständnis legt sich die Auffassung nahe, daß die Kirche als Kirche das gemeinsame Leben – gegebenenfalls auch jenseits ihrer Grenzen – zu ordnen habe.

Das Kirchenverständnis Calvins und das der reformierten Bekenntnisschriften ist in zwei eingehenden (katholischen) Untersuchungen (im Vergleich mit der Kirchenkonstitution des Vaticanum II) behandelt: A. Ganorczy (Ecclesia ministrans, 1968) und B. Gassmann (Ecclesia reformata, 1968).

Zur wirkungsreichsten Grundformel für das reformatorische Kirchenverständnis ist Melanchthons Bestimmung der Kirche in CA VII geworden:

„Item docent, quod una sancta ecclesia perpetuo mansura sit. Est autem ecclesia congregatio sanctorum, in qua evangelium pure docetur et recte administrantur sacramenta" (BSLK 61).

Dieser erste Teil des Artikels hat Geschichte gemacht. Er bildet seither den Grundstein der evangelischen Ekklesiologie. Das wichtigste Kennzeichen dieses Artikels ist, daß er die Kirche funktional begreift: Sie „ist" in ihrer Praxis. Damit ist, durchaus in Übereinstimmung mit Luther, die Kirche von der Wahrheit des Wortes in seiner Verkündigung her bestimmt und nicht durch die Gesinnung seiner Hörer. Diese „funktionale" Seite im Kirchenverständnis wird jedoch ergänzt durch ihre Einbindung in die göttliche Ordnung, die ihr vorgegeben ist: Um der Verkündigung willen ist das „Predigtamt" eingesetzt (CA V), an das Gemeinde und Prediger gebunden sind (CA XIV).

Melanchthon hat damit einen Kirchenbegriff formuliert, der den doppelten Anspruch aufnimmt mit dem Ziel, seinen beiden Seiten gerecht zu werden. Als Kirche des Glaubens „lebt" sie in ihrer Praxis, ohne doch eine bloße Idee oder civitas platonica zu sein (BSLK 238, 21 f.), denn als empirischer Kirche kommt ihr diejenige Würde zu, die Gottes Ordnung ihr verleiht. Man hat diesem Kirchenbegriff gegenüber kritisch eingewendet, daß er nur eine „Minimaldefinition" biete, die vieles offen lasse. Daran ist richtig, daß der Katalog mittelalterlich-römischer Bestimmungen (z. B. über Stiftung, Bischofsamt, Priesterweihe, Messe) aufgegeben ist. An seine Stelle ist vielmehr eine Definition getreten, die selbst ein kritisches Element enthält. Sie umfaßt die nach reformatorischer Überzeugung wesentlichen Bestimmungen als die allein wesentlichen und überläßt alle weiteren Aussagen über die Kirche der theologischen Verantwortung ihrer Ausleger. Sie bestreitet damit allerdings jeder Epoche den Anspruch, die Bestimmungen der CA ein für allemal ergänzt oder ausgelegt zu haben.

Zum historischen Verständnis der CA dient am besten: W. Maurer (Historischer Kommentar zur Confessio Augustana, 2 Bde., 1976–78, II, 163 ff.); ferner L. Grane (Die Confessio Augustana, 1980²). – Eine auf die Gegenwart bezogene Auslegung des Kirchenverständnisses der CA ist zusammengefaßt in: Volkskirche, Kirche der Zukunft? (hg. v. W. Lohff und L. Mohaupt, 1977).

2. Die biblischen Grundlagen

Das biblische Verständnis der christlichen Kirche erschließt sich nicht durch den Versuch, alle einschlägigen Aussagen und Begriffe miteinander zu harmonisieren oder zu einem einheitlichen Gesamtverständnis zu verarbeiten. Das Kirchenverständnis des Neuen Testaments ist das Selbstverständnis der Urchristenheit, und was dieser Begriff zusammenfaßt, hat sich in einem komplexen Prozeß geschichtlichen Werdens begründet und entfaltet.

a) Wurzeln und Vorgeschichte dieses Kirchen- und Selbstverständnisses der Urchristenheit reichen weit in die Geschichte Israels zurück. Die Hauptbegriffe der israelitischen Tradition müssen als das Medium angesehen werden, in dem sich das Selbstverständnis der ersten Christen auszubilden begann. Häufigster und leitender Begriff dieser Tradition ist „Volk Israel", ein Name, in dem die zwei wesentlichen Momente bereits zusammengefaßt sind: die äußerlich-geschichtliche Selbst- und Fremdbezeichnung einereits und die Affirmation der Erwählung zum Eigentum Gottes andererseits. Diese beiden Momente zeigen sich als Akzente in zwei anderen Begriffen: Kahal enthält mehr den spirituellen, Synagoge (LXX) mehr den äußeren Sinn von „Versammlung".

b) Die Urgemeinde hat sich – und zwar vor Karfreitag und auch nachher – als Gemeinde der Endzeit verstanden und sich in Übereinstimmung mit dem Willen Gottes gewußt (Lk 12, 32). Sie sieht sich als Vollendung der Kahal in der Ekklesia. Die Zwölfzahl der Jünger ist ein symbolischer Ausdruck für dieses eschatologische Bewußtsein. Die Jüngerschar ist keineswegs das erste Leitungsgremium der Kirche. Der neue eschatologische Aspekt kam zwar vor allem durch das Christusbekenntnis zum Ausdruck, aber im Grunde stand doch die Kontinuität mit der jüdischen Überlieferung und mit der Geltung des Gesetzes fest.

c) Demgegenüber ergaben sich gewisse Wandlungen schon durch die Verzögerung der Parusie, die äußere Ordnungen für die Gemeinde nötig werden ließ. Eine grundsätzlich neue geschichtliche Konstellation entstand aber durch die paulinische Missionstätigkeit und Theologie. Heidenchristliche Gemeinden, deren Glaube sich gerade in der Freiheit vom Gesetz begründete (Gal 2, 1–10), mußten das Selbstverständnis tiefgreifend verändern. Die Kirche löste sich aus der unmittelbaren Kontinuität mit Israel zugunsten einer veränderten heilsgeschichtlichen Berufung auf die alten Verheißungen (Röm 11,17; Gal 6,16). Kirche ist jetzt jenseits irdisch-geschichtlicher Bindungen begründet (Gal 3,28).

d) Leitbegriff für dieses Kirchenverständnis bei Paulus ist der „Leib Christi" geworden. Hier verbindet sich das heilsgeschichtliche Zeitdenken der alttestamentlichen Überlieferung mit den Raumvorstellungen hellenistischer Religiosität: Die Ekklesia ist ein jenseitig-eschatologisches Geheimnis, das in Zeit und Welt hineinragt. Diese Kirche beruft durch den Geist und die Taufe in ihre Gliedschaft (I Kor 12, 13) und verwandelt den, der von ihrer Macht ergriffen wird, zu einer „neuen Kreatur" (II Kor 5, 17). So bleibt das Heil zwar prinzipiell zukünftiges Heil, doch ist in der Kirche das eschatologische Leben schon Gegenwart. Dadurch gewinnen vor allem die Manifestationen des Eschatologischen in der Zeit entscheidendes Gewicht: Das sind die Sakramente. Die Kirche wird zur sakramentalen Gemeinschaft, in der die Teilhabe am Heil als Teilhabe am Sakrament erfahren werden kann (I Kor 10, 16f.). So ist in jeder Gemeinde die ganze Kirche als Leib Christi gegenwärtig. In diesem Bild vom Leib Christi ist festgehalten, daß die Kirche nicht durch die Vereinigung der Christen oder der christlichen Gemeinden entsteht: Sie ist dem allen vorgegeben und erschöpft sich daher nicht in dem, was von seiten der Christen und der Gemeinde zu ihr beigetragen wird.

e) Eine weitere Epoche in der Entfaltung des ur- und frühchristlichen Selbstverständnisses ist dort erreicht, wo das paulinische Bild vom Leib Christi zum Mythos erweitert wird. Die Kirche ist jetzt in dem Sinne Christi Leib, daß sie unmittelbar an der „vollendeten Fülle" ihres Hauptes teilhat (Eph 1, 23) und ihren Gliedern daran teilgibt (Eph 2, 22). Ekklesiologie und Christologie werden ineinander verschränkt. Christologische Aussagen gehen unmittelbar über in Aussagen über die Kirche (Eph 4, 7ff.). In diesem Horizont überwiegen sakramental-substanzielle Vorstellungen vor der eschatologischen Hoffnung. Das Sakrament scheint geradezu persönliche Heilskräfte zu verleihen (Kol 2, 11f.). In einer parallelen Entwicklung formieren sich die Ämter, die diese Sakramente dann verwalten. Paulus nennt eine große Zahl von Charismen, die das Gemeindeleben tragen (I Kor 12). Diese Gaben haben unterschiedliche Bedeutung (I Kor 12,28; 31), aber sie sind nicht an Ämter gebunden, und für ihre Träger gibt es keine Rangfolge (I Kor 14, 26ff.). Demgegenüber repräsentieren die Pastoralbriefe bereits eine feste Ordnung für das Gemeindeleben und dessen Ämter. Art und Weise der Besetzung sind ebenso geregelt, wie die Anforderungen an die Amtsinhaber, und zwar für Bischöfe (I Tim 3, 1ff.) wie für Diakone (I Tim 3, 8ff.). Ihr Charisma wird ihnen durch die Ordination zuteil (I Tim 4, 14). Zu ihren Aufgaben gehören Lesung, Ermahnung und Unterricht (I Tim 4, 13). Was sie vom Apostel selbst empfangen haben, sollen sie zuverlässigen Nachfolgern weitergeben (II Tim 2, 2). Hier zeigen sich bereits die Umrisse der

Ämterhierarchie mit dem Apostel an der Spitze. Die Idee der Sukzession ist vorbereitet. Diesen Regelungen entsprechen die Ordnungen für das Gemeindeleben und den Kultus, die bis in Einzelheiten bereits feststehen (I Tim 2, 1 ff.; 2, 9 ff.; 5, 3 ff.; u. a. m.).

f) Diese Entwicklung (bei deren Skizze manche Seitenlinie außer Betracht bleiben mußte, wie z. B. das Kirchenverständnis bei Lukas, Johannes oder im Hebräerbrief) darf allerdings nicht streng als zeitliche Abfolge angesehen werden. Die Epochen in der Entfaltung des urchristlichen Selbstverständnisses haben in erheblichem Maß auch gleichzeitig bestanden. Dennoch bleibt ihr Grundmuster der Prozeß geschichtlicher Abfolge. Für ihn ist charakteristisch, daß Wandel der geschichtlichen Lage und Weiterbildung des kirchlichen Selbstverständnisses in enger Wechselbeziehung verflochten sind. Im Neuen Testament ist Kirche ein geschichtlicher Begriff. Der Entfaltungs- oder Wandlungsprozeß ist freilich weder willkürlich noch bloß zufällig. Er erfolgt als Prozeß der Auslegung der eigenen Ursprünge im Blick auf die Anforderungen der jeweiligen Gegenwart. Der neutestamentliche Kirchenbegriff wird durch Auslegung entfaltet.

Für diese Auslegung erweisen sich drei Motive als ursprünglich und bestimmend. Das ist zunächst das Motiv der Gleichwertigkeit und Zusammengehörigkeit des Spirituellen und des Empirischen im Begriff der Ekklesia; das ist ferner das Bild des Leibes Christi als Verweis auf das mit der Kirche aller Glaubens- oder Gesinnungsgemeinschaft vorgeordnete objektive Datum; und das ist schließlich die Einsicht in die Unverzichtbarkeit äußerer, institutioneller Ordnungen im kirchlichen Leben. In der Auslegung dieser Motive entfaltet sich der urchristliche Kirchenbegriff. Darin aber erweist er sich selbst als geschichtlich und für alle folgenden Epochen auslegungsbedürftig und auslegungsfähig.

Den Aufriß dieser Entwicklung hat R. Bultmann gegeben: „Die Wandlung des Selbstverständnisses der Kirche in der Geschichte des Urchristentums" (GuV III, 131 ff.). Eine eigene und sehr konzentrierte Übersicht findet sich bei H. Graß (Christliche Glaubenslehre, 1974, II, 100 ff.). Im Zusammenhang der neutestamentlichen Theologie ist das urchristliche Kirchenverständnis dargestellt bei H. Conzelmann (Grundriß der Theologie des Neuen Testaments, 1976[3], §§ 5, 7, 32, 47) und bei W. G. Kümmel (Theologie des Neuen Testaments, 1980[4], 225 ff.; 283 ff.). Zur Wort- und Begriffsgeschichte vgl. ThWNT s. v.; neuere Arbeiten zum neutestamentlichen Kirchenverständnis, in: „Kirche", FS für Günther Bornkamm, hg. v. D. Lührmann u. G. Strecker, 1980.

3. Geschichtliche Wandlungen

Im 19. Jahrhundert ist die Kirche zu einem der zentralen Themen der Theologie geworden (E. Hirsch, Geschichte, V, 145). Nach F. Ehrenfeuchter ist die Frage nach der Kirche „zu einer Lebensfrage der Gegenwart erwachsen“ (Die Praktische Theologie, 1859, 4). Diese Lage ergab sich nicht unvorbereitet. Schon die Reformation selbst hat sich in besonderer Weise am Kirchenbegriff ausgelegt. Ähnlich lassen sich auch später an der Behandlung der Ekklesiologie die bestimmenden Merkmale der jeweiligen Epoche konstatieren. In der Neuzeit ist die Bedeutung des Kirchenverständnisses für die Ausarbeitung theologischer Positionen unverkennbar noch gewachsen. Die Schlüsselfunktion des Kirchenbegriffs kann geradezu als Epochenmerkmal der Neuzeit gelten (T. Rendtorff, Kirche und Theologie, 1970[2]).

a) Im Lehrsystem der altprotestantischen Orthodoxie findet sich der locus de ecclesia als vorletzter vor der Eschatologie und als Teil des Abschnitts über die media salutis. Das theologische Interesse konzentrierte sich darauf, einen geschlossenen Begriff der Kirche zu erneuern: Die Kirche ist *eine,* und sie ist darin unter doppelter Perspektive zu betrachten. Als ecclesia stricte dicta ist sie unsichtbare Gemeinschaft der Heiligen, und als ecclesia late dicta ist sie äußere Institution zur Verwaltung der Gnadenmittel. Diese Fassung des Kirchenbegriffs ist von der Absicht geleitet, in einer Zeit voller konfessioneller Zerwürfnisse und Kriege die Kirche gegen alle Auflösungstendenzen zu festigen, auch auf die Gefahr hin, sie der mittelalterlichen Heilsanstalt wieder anzugleichen.

b) Der Pietismus hat, ausgehend von seiner Kritik der desolaten kirchlichen und sittlichen Verhältnisse, in der zweiten Hälfte des 17. Jahrhunderts die Erneuerung der Kirche durch Glauben und Leben des einzelnen Christen zum Programm gemacht. Die wahrhafte Zugehörigkeit zum Glauben und damit zur Kirche soll sichtbar werden. Damit ist der Unterschied zwischen der Gruppe ernsthaft ihrem Glauben lebender Christen und der übrigen Gesellschaft etabliert. Kirche deckt nicht mehr die Gesellschaft im ganzen, sondern tendenziell nur noch den engeren Kreis der wirklich Wiedergeborenen. Die Kirche des klassischen Pietismus verwirklicht sich als die Gemeinde aus denen, die glauben. Damit aber wird sie zur Vereinigung oder zum Verein und zu einer begrenzten Institution innerhalb der Gesellschaft, die in eine Reihe mit anderen, vergleichbaren oder konkurrierenden Einrichtungen rückt. Die Kirche wird im kulturellen Leben eingegrenzt und identifizierbar. So gewinnt der Gedanke Vorrang, daß die Existenz der Kirche aus der Existenz der Wiedergeborenen folgt und also aus ihnen sich bildet. Zudem wird dadurch die später als „Kirchlichkeit" bezeichnete Unterscheidung zwischen Kirchenchristen und den übrigen getauften Mitgliedern der Gesellschaft begründet.

c) Die Aufklärung hat die Grundlinien des pietistischen Kirchenbegriffs weithin bruchlos übernommen. Auch hier gilt die Kirche als Zusammenschluß und Vereinigung der entsprechend gesonnenen Christen, und auch hier wird die Kirche zu einer gesellschaftlichen Erscheinung unter und neben anderen. Aber die Aufklärung verändert die Akzente. Das Interesse an der Kirche als theologischem Thema tritt ganz zurück: Zur „Annahme und Ausübung der christlichen Religion bedarf es keiner besonderen Gesellschaften" (J. S. Semler, Versuch einer freiern theologischen Lehrart, 1777, 16). Entsprechend werden die Subjektivität und die ihrer Freiheit gemäße geschichtliche Gestalt der christlichen Religion zu zentralen Themen. Bedingungslosigkeit und individuelle Selbstverantwortung des christlichen Glaubens gelten als fundamentale Kriterien und werden nachdrücklich auf ihre institutionskritischen Folgen hin ausgelegt.

d) Schleiermacher hat die widersprüchlichen und auseinanderstrebenden Tendenzen zusammengefaßt und dem evangelischen Kirchenbegriff eine erneuerte und vollständigere Gestalt gegeben. Kirche ist einerseits ursprüngliche Form aller menschlichen Vergesellschaftung auf dem Gebiet der Religion und steht darin neben Staat oder Familie (s. u. S. 432). In dieser Hinsicht ist sie Gegenstand der philosophischen Ethik, die von der Theologie vorausgesetzt wird (Glaubenslehre §§ 3–6), ähnlich wie die Ordnungs- oder Ständelehre von der reformatorischen Theologie. Kirche ist andererseits als Thema der Dogmatik durch das „Zusammentreten der einzelnen Wiedergeborenen" (Glaubenslehre § 115) gebildet, aber doch so, daß ohne ihren Zusammenhang christlicher Glaube nicht bestimmt werden kann, denn: „Alles, was durch die Erlösung in der Welt gesetzt wird, ist zusammengefaßt in der Gemeinschaft der Gläubigen" (Glaubenslehre § 113). Zur Konsequenz aus diesen Prinzipien gehört Schleiermachers Verständnis der Theologie als kirchlicher Wissenschaft: Theologie hat ihren Sinn und ihre Grenzen in den Aufgaben der „Kirchenleitung" (KD § 3).

e) Das 19. Jahrhundert ist durch das Hervortreten des Kirchenthemas in der Theologie gekennzeichnet und zwar durch die Erneuerung und Verstärkung divergierender Positionen. Auf der einen Seite finden sich konfessionelle Lehrbildungen, die von der Absicht geleitet sind, Objektivität und empirische Realität der geistlichen Kirche zu begründen und zu schützen, und die damit die Kirche wiederum in die Nähe der Heilsanstalt bringen (Stahl, Vilmar, Löhe). Auf der anderen Seite hat R. Rothe, in der Aufnahme Hegelscher Gedanken, die Kirche als diejenige Institution verstanden, durch die das Christentum in die gesamte Lebenswelt und alle ihre Verhältnisse vermittelt werden soll, und die deshalb das Ziel haben muß, in das Ganze dieser Lebenswelt, also in den Staat, aufzugehen. Diese Positionen müssen als Ausdruck unterschiedlicher Stellung zu der im Wandel begriffenen geschichtlichen Welt angesehen werden. Die Kirche selbst sah sich vor der Aufgabe, sich im Verhältnis zu dieser Lage neu zu bestimmen, weil die überlieferten Orientierungen nicht mehr ohne weiteres gültig schienen. Mit dem Fortgang des 19. Jahrhunderts ist das Kirchenthema dann wieder in den Hintergrund getreten. Das theologische Interesse galt mehr der religiösen Subjektivität. So stimmen Ritschl, Kähler und Troeltsch zumindest darin überein, daß das Kirchenverständnis im Begriff der Gemeinde seinen Ausgang nimmt, also bei der Vereinigung der Christen, wenngleich diese Gemeinde dann in jeweils sehr verschiedene Zusammenhänge gestellt wird: Bei Ritschl ist das Reich Gottes Horizont des Kirchenbegriffs, Kähler betont die übergeschichtliche Beziehung auf den lebendigen Christus und Troeltsch den geschichtlichen Lebenszusammenhang mit dem Ursprung des Christentums.

Die divergierenden Tendenzen des 19. Jahrhunderts zeigen, daß sich die unterschiedlichen Positionen des neueren Protestantismus nicht zuletzt am Kirchenbegriff auslegen. Von den Problemlagen, die solche Divergenzen hervorrufen, bleibt auch die theologische Auseinandersetzung über das Kirchenverständnis im 20. Jahrhundert bestimmt.

Eine Geschichte der Ekklesiologie ist noch nicht geschrieben. Als Quellen für die Orientierung über Epochen und Positionen kommen in Betracht: H. Schmid, Dogmatik, §§ 56 ff.; Ph. J. Spener, Pia Desideria; J. F. Röhr, Briefe über den Rationalismus, 1813, (416 f.); D. F. E. Schleiermacher, Glaubenslehre, §§ 3 ff.; 113 ff.; Kurze Darstellung des theologischen Studiums, §§ 1 ff.; R. Rothe, Dogmatik, hg. v. D. Schenkel, 2, 2, 42; J. Stahl, Die Kirchenverfassung; A. Ritschl, Unterricht in der christlichen Religion, §§ 5 ff.; §§ 84 ff.; M. Kähler, Die Wissenschaft der christlichen Lehre, 392 ff. – Eine sehr instruktive Sammlung historischer Texte von der Reformation bis zur Gegenwart bietet M. Jacobs, Die evangelische Lehre von der Kirche, 1962.

Kant hat die Kirche mit einer Hausgenossenschaft verglichen, die die unzulänglichen moralischen Kräfte der Einzelnen zu gemeinsamer Wirkung bringen soll (Religion, 141 ff. u. ö.). Nach Hegel ist es Zweck der Kirche, das Subjekt zur Wahrheit kommen zu lassen. Darin ist sie die Basis des sittlichen Staates (Rechtsphilosophie, § 270; Enzyklopädie, § 552). – H. Fagerberg (Bekenntnis, Kirche und Amt in der Deutschen konfessionellen Theologie des 19. Jahrhunderts, 1952) zeigt, daß die konfessionelle Theologie sehr unterschiedliche ekklesiologische Modelle hervorgebracht hat (197 ff.; die Anstaltskirche bei Stahl; die Gemeindekirche bei Höfling; die Volkskirche bei Kliefoth). Unter der Frage nach Erneuerungsmotiven behandelt G. Bárczay die Ekklesiologie im 19. Jahrhundert (Ecclesia semper reformanda, 1961). R. Strunk setzt das Kirchenverständnis des 19. Jahrhunderts in Beziehung zu den politischen Zäsuren und Bewegungen (Politische Ekklesiologie im Zeitalter der Revolution, 1972).

Die Weiterentwicklung und Differenzierung der Ekklesiologie in der neuzeitlichen Theologiegeschichte hat Gründe nicht nur in den äußeren Veränderungen von Epoche zu Epoche. Gerade die Ausbildung der Kirchenlehre hat Gründe in der inneren Lage der Theologie selbst: Die Kirche wird in dem Grade zum Leitthema, in dem das neuzeitliche Problem der Geschichte die Theologie zu neuen Grundorientierungen zwingt. T. Rendtorff hat von dieser Einsicht aus die Ekklesiologie in ihrer theologiegeschichtlichen Entfaltung verfolgt und den tiefen Zusammenhang der Gegenwart mit der Aufklärung darin beschrieben (Kirche und Theologie, 1970[2]).

§ 18 Kirche und Theologie

Daß die Bedeutung des Kirchenthemas in der Theologie des 20. Jahrhunderts immer mehr wächst, hat viele Gründe. Wesentlich war vor allem die religiöse Bewegung der Rückkehr zu den Quellen der Religion selbst und ihre Reinigung von „Säkularisation“ und „bloßer Kultur“; dabei mußte sich die Frage nach der Kirche mit besonderer Intensität stellen. Nicht weniger Gewicht aber hatte die politische Geschichte vor und nach dem Zweiten Weltkrieg, die mit der Frage nach der Stellung der Kirche zu den Ereignissen der Zeit zur ekklesiologischen Grundfrage wurde. Daß zudem und hinter diesen Konstellationen das Geschichtsproblem nicht erledigt war und die Frage nach dem Selbstverständnis der Kirche in Bewegung hielt, läßt sich an den Auseinandersetzungen zwischen Bultmann und Barth nach 1945 ablesen (K. Barth, Rudolf Bultmann, Ein Versuch ihn zu verstehen, 1952; F. Gogarten, Die Kirche in der Welt, 1948; ders., Verhängnis und Hoffnung der Neuzeit, 1953, 1958[2]).

1. Paradigmen der Ekklesiologie

Als Hauptproblem der gegenwärtigen Ekklesiologie erscheint die Differenz zwischen dem dogmatischen und dem empirischen Reden von der Kirche, und, als dessen Konsequenz, das Problem der Vermittlung beider. Die Frage lautet: Wie sind die Aussagen über Einheit, Apostolizität, Heiligkeit und Universalität, wie sie das Glaubensbekenntnis formuliert, mit der historischen und empirischen Wirklichkeit der Kirche zu vereinbaren oder gar zu verbinden? Eine Darstellung dieses Problemkreises, die alle einschlägigen Fragen aufnimmt, findet sich bei G. Ebeling (Dogmatik III, 334 ff.). Die genannte Differenz bezeichnet mit dem Widerspruch zwischen dogmatischen und empirischen Aussagen über die Kirche auch die Unterschiede, die sich aus dem historischen und dem soziologischen Aspekt der Kirche einerseits und dem theologischen andererseits ergeben. Eingeschlossen ist auch die Differenz in der subjektiven Erfahrung zwischen der empirischen Kirche und der Kirche des Glaubens. Diese Differenz, die in vielfältiger Gestalt zutage tritt, geht zurück auf den nicht ohne weiteres ausgleichbaren Widerspruch, mit dem die reformatorische Theologie ihren Kirchenbegriff vom mittelalterlich-katholischen Bild der Kirche unterschieden hat. Die evangelischen Lehrbildungen haben seither in wechselnder Terminologie die Unterscheidung von sichtbarer und verborgener Kirche (Luther) ihrem Kirchenbegriff zugrunde gelegt: Als ecclesia stricte respektive late dicta (Melanchthon) oder einfach als sichtbare und unsichtbare oder als wahre und wirkliche Kirche. Ebeling spricht in diesem Zusammenhang von einer „ekklesiologischen Fundamentalunterscheidung“ (Dogmatik III, 356), W. Trillhaas nennt dieses Thema „Das protestantische Problem“ (Dogmatik, 511 ff.).

Zum Hauptthema der Ekklesiologie ist diese Unterscheidung allerdings erst im 20. Jahrhundert geworden. In gewisser Weise kann dabei die Auseinandersetzung über R. Sohm und seinen Kirchenbegriff als Vorspiel gelten: Nach Sohm steht das Kirchenrecht mit dem „Wesen der Kirche in Widerspruch“ (Kirchenrecht I,1, 1892, 700), weil Kirche in Wahrheit eine rein geistliche Gemeinschaft ist und eine Rechtsordnung nur einer weltlichen Vereinigung zukommen kann. Nach Sohm ist daher jede Verrechtlichung der Kirche Zeichen ihres Verfalls. Grundsätzlich ist die Frage von K. Barth aufgeworfen worden. Schon in der 1. Auflage des Römerbriefs (1919) hat er die Kirche, und zwar gerade die predigende Kirche, vom Evangelium unterschieden und sie damit von der Seite Gottes auf die Seite der Welt und also bloß menschlicher Anstrengungen gerückt (268, vgl. 1922[2], 314 ff.). F. Gogarten hat die „Gemeinde“ als die Vereinigung derer, die von Gottes Wort ergriffen sind, der „Gemeinschaft“ gegenüber gestellt, die sich dem Zusammenschluß Einzelner verdankt und darin einen, den christlichen Glauben verstellenden, Individualismus repräsentiert (Gemeinschaft oder Gemeinde?, 1923, in: J. Moltmann, Hg., Anfänge der dialektischen Theologie 2, 1963, 153–171). Hier wird sichtbar, wie sehr die neuen Tendenzen im Kirchenverständnis die allgemeine Lage im zeitgenössischen öffentlichen Bewußtsein widerspiegeln. Sie tun das auch und wohl besonders greifbar, sofern sie die Gegenseite vertreten: ein Kirchenverständnis, das die Wirkungsmöglichkeiten, Aufgaben und Ziele der empirischen Kirche in den Vordergrund stellt. Davon war die hochkirchliche Bewegung nach dem Ersten Weltkrieg ebenso getragen wie das mit großem Echo als Programmschrift aufgenommene Buch von O. Dibelius: „Das Jahrhundert der Kirche“ (1926, 1928[6]; hierher gehören ferner: P. Althaus, Das Erlebnis der Kirche, 1919; Credo ecclesiam, FS f. W. Zöllner, 1930). Die Erneuerung der ekklesiologischen Fundamentalunterscheidung am Anfang des 20. Jahrhunderts hat dazu geführt, daß das Problem der Vermittlung zwischen empirischen und theologischen Aussagen über die Kirche zum offenen oder verborgenen Leitthema der gegenwärtigen Ekklesiologie avancierte. Die theologische Bedeutung dieses Themas hat eine vielschichtige und an Stellungnahmen reiche systematische Literatur hervorgerufen. Vier Positionen sind darin von besonderer Bedeutung.

a) Barth hat in der Kirchlichen Dogmatik die eigenen frühen Anfänge aufgenommen und im größeren Zusammenhang der Ekklesiologie fortgebildet. Das geschieht an drei selbständigen Orten im Rahmen der Versöhnungslehre, und zwar in Beziehung auf die Erniedrigung (IV,1, § 62, 718 ff.) und auf die Erhöhung Christi (IV,2, § 67, 695 ff.) sowie, zusammenfassend, in Beziehung auf Jesus Christus als Bürgen und Zeugen (IV,3,2, § 72, 780 ff.). Im ersten Teil stehen die die Gemeinde begründenden Glaubensinhalte im Mittelpunkt (bes. 726 ff.) und im dritten das Verhältnis der Gemeinde zur Welt als Sendung und Dienst (bes. 872 ff.; die Gliederung in Barths Erlösungslehre hat E. Jüngel erläutert und interpretiert, Art. Karl Barth, in: TRE, Bd. 5, 264 f.). Das ekklesiologische Hauptproblem wird im mittleren Teil erörtert. Hier erscheint die empirische Kirche zunächst als Summe aller historischen und soziologischen Phänomene und darin als Hintergrund für das „Herausleuchten“ der „wirklichen Kirche“ (701) aus der Verborgenheit, sichtbar gemacht durch den heiligen Geist für den Glauben. Die empirische Kirche ist jedoch auch als solche Gegenstand für das „göttliche Inaugurieren“ (701), sie ist nicht allein das, was die Christen aus ihr machen, denn sie wird zu einer „vorläufigen Darstellung" der in Jesus Christus für die ganze Welt begründeten Heiligung „tauglich" gemacht (701).

Die Kirche ist ein „Weltvolk" (704) und darin allenfalls zur Selbstdarstellung fähig, in eigener Geschichte und mit menschlichen Gedanken, aber darin wiederum nach Gottes Willen durch Gottes Handeln erfüllt (705). So ereignet sich die Vermittlung hier auf mehrfache und komplexe Weise. Aber der Ort solchen Geschehens bleibt stets derselbe: Es ist der Glaube, der Gottes Handeln inmitten der weltlichen Verhältnisse der Kirche zu empfangen und zu erkennen vermag. Barth hält damit konsequent das Bewußtsein für den geistlichen Charakter der wirklichen Kirche wach. Zugleich aber konzentriert sich hier die Verantwortung für die kirchlichen wie für die weltlichen Existenzverhältnisse im persönlichen Glauben des einzelnen Christen.

b) Nach W. Pannenberg ist die Kirche durch ihren von ihr selbst verschiedenen Zweck bestimmt: durch das Reich Gottes (Thesen zur Theologie der Kirche, 1970, 9). Kirche ist „Zeichen und Werkzeug der Einheit der Menschheit" (Ethik und Ekklesiologie, 1977, 196), insofern sie die endgültige Gottesherrschaft über die ganze Welt und deren Antizipation in der Geschichte Jesu Christi symbolisch darstellt. „In der Kirche geht es um die vorwegnehmende Präsenz der menschlichen Bestimmung in der Gesellschaft" (Thesen, 9). Pannenberg erhebt damit die ekklesiologische Grundunterscheidung in einen universalen Horizont und läßt das Vermittlungsproblem als das des Verhältnisses von Kirche und Reich Gottes begreifen: Diese Vermittlung ist aufgehoben durch die Herrschaft Gottes selbst. Auf diese Weise gewinnt bei Pannenberg die Kirche als Institution neues Gewicht: Ihr kommt geistliche Bedeutung gerade als überindividueller und dem einzelnen vorgegebener Größe zu, und sie gewinnt wesentliche Funktionen für Welt und Gesellschaft in ihrer geschichtlichen Gestalt als Institutionalisierung der christlichen Religion.

c) Eine innerhalb des kirchlichen Lebens sehr verbreitete Auffasssung repräsentiert das materialreiche Buch von W. D. Marsch (Institution im Übergang, 1970). Auch Marsch nimmt seinen Ausgang vom doppelten Anspruch im evangelischen Kirchenbegriff (11 ff.). Er versteht das Verhältnis von Ursprung und geschichtlicher Realität als „dialektisch" (16) und zwar so, daß sich der Ursprung der Kirche Jesu Christi in den gesellschaftlich-religiösen Vorgegebenheiten zur Geltung bringt und als „inneres Telos" (nach P. Tillich, Systematische Theologie III, 194) darin wirksam ist (179 f.). Auf diese Weise wird die Vermittlung sowohl im historischen Zusammenhang der geschichtlichen Kirche mit ihrem Ursprung, wie der Verantwortung der zeitgenössischen kirchlichen Mitgliedschaft zugeschrieben. Damit aber ist ein Kirchenverständnis begründet und legitimiert, das sein Interesse ganz auf die aktuelle kirchliche Praxis richtet und seine Verantwortung in der konkreten Gestaltung religiösen Gemeinschaftslebens wahrnimmt (260 ff.).

d) G. Ebeling setzt in der groß angelegten Ekklesiologie im Rahmen seiner „Dogmatik des christlichen Glaubens" (III, § 36, 331 ff.) mit der Ausarbeitung der „ekklesiologischen Fundamentalunterscheidung" ein. Die äußerliche Distinktion von theologischem und empirischem Reden von der Kirche wird dabei zurückgeführt auf die „Fundamentalunterscheidung, die nicht primär zwei Aspekte der Kirche aufweist und zueinander in Beziehung setzt, (die) vielmehr die Kirche als solche von Jesus Christus als ihrem Grund unterscheidet" (357). Aus dieser Fassung der Distinktion ergibt sich, daß das Problem ihrer Vermittlung dem theologischen Denken zugewiesen ist. Es ist die Reflexion, die die Erfahrung in Hinsicht auf die Kirche von derem theologischen Grunde aus erleuchtet, sie in dessen Licht setzt und so Neues an ihr erkennen läßt. Dieser Prozeß vermittelnder Reflexion wird exemplifiziert an einer Interpretation der ekklesiologischen Attribute aus dem Glaubensbekenntnis (Einheit, Apostolizität, Heiligkeit, Universalität): Sie verweisen zugleich auf den Grund der Kirche, auf empirische Probleme kirchlicher Existenz und auf theologische wie kirchenpraktische Aufgaben. Dabei zeigen sich Gewicht und Bedeutung der im strengen Sinne theologischen Reflexion gerade für die Praxis der Kirche und für das konkrete kirchliche Leben selbst.

Diese ekklesiologischen Positionen schließen sich wechselseitig nicht aus. Sie lassen sich vielmehr so verstehen, daß in jedem Fall unter der Leitung der eigenen Perspektive der ganze Zusammenhang von Differenz und Vermittlung aufgenommen und impliziert ist. Zudem reflektiert sich in ihnen auch die Unmittelbarkeit einer jeweils ganzen und ungeteilten Lebensgestalt der Kirche selbst. Sie sind darin Ausdruck bestimmter Frömmigkeit. Insofern gehören sie insgesamt zu dem Horizont, der die Fülle kirchlichen Lebens in der ekklesiologischen Reflexion ausdrücklich macht und umfängt.

Die Themen der gegenwärtigen Ekklesiologie sind naturgemäß zahlreicher, als das in den typologischen Skizzen zum Ausdruck kommt. Dabei ist nicht zu übersehen, wie sich bei den verschiedenen Positionen der Ausgangspunkt in der Durchführung dieser Themen zur Wirkung bringt. Barth geht für alle ihm wesentlichen Aspekte dieses Lehrstücks von der Gemeinde aus. Die Kirche als die dem Einzelnen vorgegebene überindividuelle Größe hat Relevanz nur als unsichtbare Kirche (in „besonderer Sichtbarkeit", KD IV,1,731; „Jesus Christus ist die Gemeinde", IV,2,741). – Pannenberg stellt das Reich Gottes als Herrschaft des Rechts in den Vordergrund und erläutert entsprechend die Kirche Gottes als die messianische Gemeinde (Thesen, 11ff., 21ff.). – Marsch erweitert das Interesse der Ekklesiologie in historische, sozialwissenschaftliche und religionssoziologische Fragestellungen und stellt dabei die empirische Lebensform der Kirche in den Mittelpunkt seiner Untersuchungen („Thesen über Kirche als Gesellschaft und Religion", 155ff.). – Die Entfaltung der Ekklesiologie bei Ebeling muß im größeren Zusammenhang der Dogmatik gelesen werden: Sie gehört (im 10. Kapitel) mit der Rechtfertigungslehre und mit der Lehre vom Wort zusammen. – Als Frage nach dem Verhältnis von Theologie und Soziologie hat bereits D. Bonhoeffer (Sanctorum communio, 1930, 1969[6]) das Vermittlungsproblem behandelt. In anderer Fassung erscheint es bei J. L. Leuba (Institution und Ereignis, 1955). – Eine zusammenfassende Würdigung von historischer und empirischer Ekklesiologie bietet U. Kühn, Kirche (Handbuch systematischer Theologie 10, 1980). – Den ganz vom Kerygmaverständnis geprägten Kirchenbegriff bei R. Bultmann untersucht H. Häring (Kirche und Kerygma, 1972). Das Grundproblem des evangelischen Kirchenbegriffs ist das Thema der umfassenden und eingehenden Untersuchung von E. Hübner (Theologie und Empirie der Kirche, 1985). Aus der Analyse von Verirrungen in der einen (spekulativen) wie der anderen (empirischen) Richtung gewinnt Hübner den Begriff einer „funktionalen theologischen Ekklesiologie" als Aufgabe der Praktischen Theologie (292). Ihr „Gegenstandsbereich" wird mit „der sich in ihrer Praxis manifestierenden, empirischen evangelischen Volkskirche" beschrieben (310).

2. Das Strukturproblem der Kirche

Die geschichtliche Welt, in der sie lebt, und die kulturell-politischen Verhältnisse, in deren Horizont sie sich befindet, fordern von der Kirche die Klärung ihres Selbstverständnisses im Hinblick darauf, wie sie sich unter den Bedingungen ihrer Umwelt organisiert. So ist zweifellos ein großer Unterschied zwischen der Kirche, die in Nordamerika als eine Religionsgemeinschaft unter vielen anderen Denominationen gilt und etwa der Staatskirche Dänemarks, deren Pfarrer Reichsbeamte sind. Derartige Konstellationen sind nie ohne den geschichtlichen Zusammenhang verständlich, in dem sie erwachsen sind. Die Geschichtsprozesse und die Wandlungen ihrer Epochen sind freilich in aller Regel durch die Kirchen mit hervorgebracht, die dann vom Wandel betroffen werden. Das gilt in vergleichbarer Weise für die Konstantinische Wende wie für die Reformation: Die landeskirchliche Organisation der evangelischen Kirchen war eine direkte Folge sowohl der reformatorischen Bewegung wie der politisch-staatlichen Verhältnisse.

Eine erste Entscheidung über die Struktur der Kirche ergab sich allerdings schon daraus, daß die Lehr- und Glaubenseinheit der christlichen Gemeinden hergestellt und erhalten werden sollte. Diese Absicht ist bereits für das Apostelkonzil (Act 15, 1 ff.) leitend gewesen, und sie hat sich in den Konzilien überhaupt eine eigene Institution geschaffen (vgl. K. D. Schmidt – E. Wolf, Die Kirche in ihrer Geschichte, 1965[2], 46 ff.). Mit diesem Willen zur Einheit mußte jedoch von Anfang an die Bereitschaft verbunden sein, im äußersten Fall den Zusammenhang der vielen Gemeinden gegen Zustimmungsverweigerungen von einzelnen Lehrmeinungen oder Gruppen abzugrenzen. Der Zusammenhang kann nur dann evident sein, wenn er im entsprechenden Fall auch durch Grenzen verdeutlicht wird. So ist von ältester Zeit an für das Selbstverständnis der Kirche die Unterscheidung gegenüber Häresie und Sekte mitbestimmend gewesen.

Durch die Reformation hat diese Unterscheidung noch einmal neues Gewicht erhalten. „Sekte“ wurde jetzt diejenige konfessionelle Gruppe, die ohne reichsrechtliche Legitimation blieb: „Kirche“ ist als Rechtstitel – neben der römisch-katholischen Kirche – auf die Landeskirchen übergegangen. Sie sind durch das Regionalprinzip charakterisiert, außerhalb ihrer stehende religiöse Gruppen dagegen durch das Personalprinzip.

Freilich sind diese Prinzipien nicht nur äußerlich-organisatorischer oder formaler und rechtlicher Art. Sie haben auch eine theologische Perspektive. Dem Personalprinzip der Sekte entspricht auf dem Gebiet der Lehre die Auswahl aus dem Katalog der Überlieferung. Hier werden einzelne Themen oder Themengruppen in den Vordergrund gerückt und mit besonderer Verbindlichkeit versehen, während andere unbeachtet bleiben. So bildet sich die Sekte als personale Gesinnungsgemeinschaft, deren gemeinschaftsbildendes Prinzip in der Identität der Überzeugungen ihrer Mitglieder besteht. Demgegenüber ist die Kirche schon durch ihre eigene Tradition auf den vollen Umfang ihrer Lehre verpflichtet. Ihr ursprüngliches und leitendes Paradigma ist das Apostelkonzil geblieben, in dem sich die Differenzen von judenchristlichen und heidenchristlichen Gemeinden zu gemeinsamen und gleichwohl unterschiedlichen Lehrgehalten und Lebensgestalten verbunden haben. Allerdings hat gerade die mittelalterliche Kirche mit der Idee des Corpus Christianum und der Vorherrschaft des Papstes auf allen Gebieten den römischen Zentralismus gefördert, der zu deutlichen Spannungen mit dem nationalen und kirchlichen Selbständigkeitsstreben in vielen Territorien führte. So lag, als die Reformation sich nicht in einer Erneuerung der Gesamtkirche durchzusetzen vermochte, das Regionalprinzip bei der Bildung evangelischer

Landeskirchen aus verschiedenen Gründen nahe. Hier konnten sich nationale und kirchliche Eigenständigkeit zu einer gleichwohl größeren und konfessionell einheitlichen Kirchenform verbinden. Man kann das als eine mittlere Lösung ansehen im Verhältnis zur nicht mehr realisierbaren Gesamtkirche einerseits und zur Gefahr der gänzlichen Aufsplitterung in konfessionelle Einzelgruppen andererseits.

Die diesem Themenkreis zugehörigen Fragen werden in der Regel unter dem Titel „Kirchenverfassung" im Zusammenhang des Kirchenrechts behandelt (näheres dazu s. u. S. 277 ff.).

Die Ausprägung und innere Festigung der evangelischen Landeskirchen hat im kirchlich-theologischen Selbstverständnis ihren Niederschlag gefunden. Schon in der unmittelbar auf die Reformationszeit folgenden Epoche des Protestantismus galt als selbstverständlich, daß die „Landeskinder" zugleich Glieder der „Landeskirche" waren, mit den Ausnahmen, die durch die Duldung anderer konfessioneller Gruppen gegeben waren. Das theologische Urteil rechnete jedenfalls grundsätzlich damit, daß Kirche und Gesellschaft deckungsgleich sind. So ist es bezeichnend, daß die theologische Theorie der ständischen Gliederung der Gesellschaft als sozialethische Struktur der Kirche abgehandelt werden konnte (vgl. D. Rössler, Vernunft, 84 ff.). Allerdings ist diese Entwicklung von ihren Anfängen an auch von kritischen Einwänden begleitet gewesen. Die Reformbewegung innerhalb der Orthodoxie (vgl. H. Leube, Die Reformideen in der deutschen lutherischen Kirche zur Zeit der Orthodoxie, 1924) und in erster Linie dann der Pietismus haben der unterschiedslosen Zurechnung der Mitgliedschaft in der Gesellschaft zur Mitgliedschaft in der Kirche widersprochen: Die Mitgliedschaft in der Kirche müsse sich auch in der äußeren Lebensgestalt des Christen ausprägen (vgl. A. Ritschl, Geschichte des Pietismus, 2 Bde., 1880; J. Wallmann, Philipp Jakob Spener und die Anfänge des Pietismus, 1976). Dabei war die Absicht reformatorischer Art: Die ganze Kirche sollte erneuert und gereinigt werden. Deshalb war der Pietismus nur selten durch separatistische Tendenzen gefährdet. Die Unerbittlichkeit des theologischen Streites zwischen Orthodoxie und Pietismus ist auch ein Ausdruck dessen, daß hier von beiden Seiten der Anspruch auf das Selbstverständnis und die Lebensgestalt der evangelischen Kirche im ganzen erhoben wurde.

„Wir ziehen aber solche vollkommenheit / die wir von der Kirchen verlangen / nit dahin / daß kein einiger Heuchler mehr unter derselben seye / wol wissend / daß der weitzen acker niemal so rein angetroffen werde / daß nicht einig unkraut auf demselben sich finde: sondern dahin / daß gleichwol dieselbe von offenbaren ärgernüssen frey / und kein darmit behaffteter ohne gebührende andung und 'endlich' außschliessung darinnen gelassen / die wahre Glieder derselben aber mit vielen Früchten reichlich erfüllet werden" (Ph. J. Spener, Pia Desideria, 48f.).

Die kirchenkritischen Bewegungen dieser Epoche sind Elemente und Positionen des kirchlichen Lebens selbst geblieben und haben sich auch so verstanden. Das ist bei den Erweckungs- und Gemeinschaftsbewegungen, die am Beginn des 19. Jahrhunderts die Tradition des Pietismus aufzunehmen und fortzusetzen sich bestrebten, nicht grundsätzlich anders gewesen. Durch Predigt und Erweckung zu einem dem Glauben gemäßen Leben sollten die Gemeinden neu gesammelt und so die Kirche überhaupt erneuert werden (vgl. F. W. Kantzenbach, Die Erweckungsbewegung, 1957). Aus der Verbindung von Erweckung und diakonisch-sozialer Verantwortung ist das Programm der Inneren Mission (1849) entstanden (J. H. Wichern, SW II, 17ff., s. o. S. 141f.).

Die Einheit der Zugehörigkeit zum Staat mit der zur Kirche („cuius regio, eius religio", s. dazu J. Heckel, in: RGG[3], I, 1888f.) ist seit der Reformation weder auf der Seite des Staates und der Kultur noch auf der der Kirche grundsätzlich in Frage gestellt worden. Die evangelische Kirche galt überall als Massenkirche oder als Volkskirche in dem Sinne, daß jeder durch die Säuglingstaufe zu ihrem Glied wird und nach Erlangung der Religionsmündigkeit keiner Kontrolle über seinen Christenstand unterliegt. Denn es war selbstverständlich, daß jeder Mensch einer Religionsgemeinschaft angehörte. Vom 17. Jahrhundert an war es möglich, auch innerhalb eines Territoriums von einer Religionsgemeinschaft zu einer anderen überzutreten (Preußisches Allgemeines Landrecht 2,11, § 49). Die Vorstellung, daß man gar keiner Religionsgemeinschaft angehören könne, verbreitete sich erst im 19. Jahrhundert und wurde für Preußen 1873 gesetzlich geregelt. Seither gibt es eine wechselvolle und mit geschichtlichen Wandlungen sichtbar koordinierte Kirchenaustrittsbewegung. Kirche und Gesellschaft stimmen auch nominell nicht mehr überein. Dieselben Veränderungen des öffentlichen Bewußtseins, die sich in derartigen Prozessen zum Ausdruck bringen, sind andererseits offenbar Ursache für das Auftreten und Aufblühen von Sekten. Bei K. Hutten (Seher, Grübler, Enthusiasten, 1960[6]) sind mehr als 30 Sekten und sektenähnliche Gruppen aufgeführt. Davon sind ⅓ etwa zwischen 1820 und 1840 und ⅔ zwischen 1860 und 1920 entstanden. Die Gemeinsamkeit dieser Erscheinungen liegt nicht allein in der Abkehr von den traditionellen Kirchen. Sie liegt auch in der Tendenz, auf dem Gebiet der Religion allein der eigenen Überzeugung zu folgen und diese Überzeugung auch gegen Überlieferung und Institution durchzusetzen.

Die Sekten und die ihnen zugehörigen Mentalitäten sind maßgeblich von E. Troeltsch untersucht worden (GS I, 965 ff.). Troeltsch unterscheidet drei Typen religiöser Gemeinschaft: Kirche, Sekte und Mystik, und er zeigt, wie jeder Typus mit bestimmten Lehrinhalten und Verhaltensweisen verbunden ist.

Weitreichende Folgen für das Selbstverständnis der evangelischen Kirche in Deutschland mußten der Erste Weltkrieg und die Revolution am Kriegsende zeitigen. Mit dem Ende des landesherrlichen Kirchenregiments gingen die Rechte des Summus episcopus auf die Landeskirche selbst über. Die staatliche Kirchenhoheit blieb erhalten. Die Kirchen waren Körperschaften des öffentlichen Rechts. Sie mußten sich jetzt eigene Verfassungen mit neuen Leitungsorganen geben. Synode, Konsistorium, Bischof oder Kirchenpräsident sahen sich vor der Aufgabe, ihre sachgemäßen Rollen neu finden zu müssen. So entstand eine neue geschichtliche Erscheinung der evangelischen Kirche.

Diese Kirche ist durch die Verselbständigung gegenüber dem Staat und durch die demokratisch-parlamentarischen Einrichtungen und Verfahren (Synode, Wahlen zu den Gremien, Pfarrstellenbesetzung usw.) noch deutlicher von der großen Zahl ihrer Mitgliedschaft bestimmt. In ihr repräsentieren sich in gewisser Brechung alle gesellschaftlichen Gruppen und Lebensformen mit verschiedenen Graden von Kirchlichkeit und sehr unterschiedlichen religiösen Einstellungen.

Diese Entwicklung hat eine lebhafte und anhaltende theologische Diskussion hervorgerufen. „Volkskirche" wurde zum Thema der Auseinandersetzungen (lehrreich ist ein Vergleich der Artikel „Volkskirche" in RGG^2 und RGG^3). Kritische Positionen nahmen die Vertreter von Evangelisation und Volksmission ein („Wer getauft ist, muß erst noch Christ werden!") und, vor allem, die dialektische Theologie. Barth hat sich nach 1920 immer wieder zum Kirchenthema geäußert, polemisch (z. B. „Quo usque tandem", in: ZZ 8, 1930, 1 ff.) und zur Affirmation der Unverfügbarkeit der eigentlichen Kirche („Die Not der evangelischen Kirche", in: ZZ 9, 1931, 89 ff.). Auf der Gegenseite hat O. Dibelius die Auffassung bekräftigt, es gelte in der evangelischen Kirche, „was eben jetzt geworden ist, aus Gottes Händen hinzunehmen ... um zu handeln" (Nachspiel, 1928, 29).

Nicht grundsätzlich verändert ist das Strukturproblem der evangelischen Kirche nach 1945 sichtbar geworden. Der Mangel an rigoroser Definition und Kontrolle einer entschiedeneren Kirchenzugehörigkeit ist einerseits Ausdruck gerade des evangelischen Kirchenverständnisses. Er wird andererseits weithin als Mangel an Glaubwürdigkeit und Überzeugungskraft empfunden. Deshalb wird es unverzichtbar sein, das evangelische Kirchenverständnis gerade in der widersprüchlichen Bewegung begründet zu sehen, in der sowohl Erweckung und Wille zu stärkerer Entschiedenheit und klarerer Eindeutigkeit der kirchlichen Existenz lebendig sind, wie die Ausrichtung auf Gemeinsamkeit auch mit anderen, mit differierenden Auffassungen von evangelischem Glauben und Leben, und also die Bereitschaft, die Grenzen der evangelischen Kirche offenzuhalten.

Stärkere Eindeutigkeit hat E. Brunner in Erneuerung von Gedanken Gogartens („Gemeinde und Gemeinschaft", 1923) für die evangelische Kirche gefordert. Er sieht im empirischen Kirchentum den weithin nur verfälschenden Hintergrund für die „Persongemeinschaft" mit Jesus Christus, die allein den Namen ecclesia zu recht trüge (Das Mißverständnis der Kirche, 1951). Eindeutigkeit und Entschiedenheit der kirchlichen Existenz will auch J. Moltmann fordern mit dem Programm: „Von der pastoralen Betreuungskirche für das Volk zur Gemeinschaftskirche des Volkes im Volk" (Kirche in der Kraft des Geistes, 1975, 13). Noch nicht radikal genug sind Brunners Thesen für H. Gollwitzer (Vortrupp des Lebens, 1975, 111 ff.). – An einem neuen Zugang zum Begriff der Volkskirche ist die Studie des Theologischen Ausschusses der VELKD orientiert und zwar von der Voraussetzung her, „daß die Predigt des Evangeliums ein Angebot an die Menschen enthält, das immer größer ist und weiter reicht als die Existenz von bestimmten gemeindlichen Gruppen in der Kirche" (W. Lohff und L. Mohaupt, Volkskirche, 21).

3. Einheit und Konziliarität

Die Einheit der Kirche ist ein wesentliches Moment ihres Selbstverständnisses. Der Begriff der Einheit folgt notwendig schon aus der Unteilbarkeit derjenigen Wahrheit, die die Kirche vertritt. Es könnte danach verschiedene Kirchen mit dem gleichen Anspruch auf die volle Wahrheit nur so geben, daß diese Kirchen sich wechselseitig der Häresie beschuldigen und die Legitimität bestreiten.

Daher ist von Anfang an die Frage aufgetreten, auf welche Weise Wahrheit und Einheit der Kirche ihren Ausdruck finden müssen. Das Urchristentum ist nicht unwesentlich durch diese Frage geprägt und beeinflußt worden: Es war durch Glaubensspaltungen bedroht (I Kor 1, 10) und hat die Einheit zum Bekenntnis gemacht (Eph 4, 5). Die Glaubensgrundlagen der Kirche haben sich in einem komplexen geschichtlichen Prozeß gebildet (vgl. W. Bauer, Rechtgläubigkeit und Ketzerei im Urchristentum, 1924), und die Einheit der Kirche blieb stets gefährdet (vgl. E. Käsemann, Begründet der neutestamentliche Kanon die Einheit der Kirche?, EVB I, 214 ff.). So mußte die Kirche ständig um die Erneuerung ihrer Wahrheit und Einheit bemüht sein. Sie war das vor allem durch die großen Konzile, konnte aber doch Spaltungen und Schismata (z. B. die Schismata zwischen Rom und Byzanz 482, 518 und

1054) keineswegs verhindern. Für die mittelalterlich-römische Großkirche selbst ist der Stand der überall gemeinsamen Wahrheit und die Art der Partizipation an der Einheit nur schwer festzulegen. Die Entwicklung von Theologie und Lehre befindet sich im Fluß, und im kirchlichen Leben herrschen außerordentlich große Verschiedenheiten.

Ausdruck dieser Verhältnisse ist nicht nur die sich immer mehr differenzierende scholastische Theologie mit ihren großen Streitfragen (vgl. dazu z. B. B. Lohse, Epochen der Dogmengeschichte, 1978[4], 105 ff.). Zahl und Themen der Konzile zwischen dem 10. und dem 14. Jahrhundert zeigen, daß die Einheit der Kirche auf den verschiedenen Gebieten jeweils erst herbeizuführen war. Besondere Divergenzen gab es auf den Gebieten des Kirchenrechts (vgl. H. E. Feine, Kirchliche Rechtsgeschichte, I, 1972[5]) und der Liturgie (vgl. L. Fendt, Einführung in die Liturgiewissenschaft, 1958, 183 ff.).

Die Reformation hat auch in dieser Hinsicht eine völlig neue Lage geschaffen. Sie hat für den Protestantismus eine Gestalt der Kirche hervorgebracht, die sachgemäß mit dem Begriff der „Konfessionskirche" zu bezeichnen ist. Dieser Begriff legt sich durch die Confessio Augustana nahe, und zwar einmal, weil sie den Begriff „Confessio" selbst einführt und sodann, weil sie seit dem Augsburger Reichstag tatsächlich die Bedeutung eines kirchengründenden und kirchenerhaltenden Dokuments erlangt hat. Seither ist die „Bekenntnisschrift" zum Gründungs- und Identitätsdokument der Konfessionskirche überhaupt geworden. Nicht nur die anderen Kirchen der Reformation haben im Zuge dieser Entwicklung Bekenntnisschriften hervorgebracht und zusammengestellt, selbst die römische Kirche hat im Tridentinum entsprechende Texte publiziert: die Professio fidei Tridentinae (1564) und den Catechismus Romanus (1566). Sie hat sich damit unter dem Zwang der geschichtlichen Konstellationen und im Gegenüber zu den reformatorischen Kirchen ihrerseits als Konfessionskirche bestätigt. Im Zuge der Stabilisierung des Landeskirchentums sind die Bekenntnisschriften zudem diejenigen Dokumente geworden, in denen die konfessionelle Identität des Territoriums festgelegt ist.

Freilich ist damit zugleich eine neue Qualität des Begriffs „Bekenntnis" entstanden. Bis dahin galten Bekenntnis und Symbol als Zusammenfassung und Ausdruck des Glaubens, den jeder einzelne Christ teilt und – etwa bei seiner Taufe – nachspricht. Um diesen Grundsatz auch dann durchzuhalten, wenn ihm die Wirklichkeit nicht entspricht, hat die katholische Theologie die Lehre von der fides implicita entwickelt: Der einzelne Christ muß seinen Glauben nicht selbst bekennen, sofern er sich nur auf den Glauben der Kirche beruft (dazu A. Ritschl, Fides implicita,

1890), – ein Lehrstück, das für die reformatorische Theologie nicht in Betracht kommen konnte. Andererseits aber sollte die CA in keinem Sinn die gültigen Symbole ablösen: Die neue Confessio sollte vielmehr den alten Glauben interpretieren. So ist diese Bekenntnisschrift – wie alle ihr entsprechenden und darin nachfolgenden – ein theologisches Werk: Sie stellt eine Lehrordnung für die Prediger ihrer Kirche dar, nicht aber ein neues Credo für das einzelne Kirchenglied.

Daraus ergibt sich nun die für den Protestantismus eigentümliche Form der Kirchenspaltung: Kirchendifferenzen sind Lehrdifferenzen im Einzelfall. Evangelische Kirchen sind nicht durch solche Unterschiede von einander getrennt, die das Ganze der christlichen Lehre oder zentrale Stücke daraus beträfen, sondern durch verschiedene Standpunkte in einzelnen Lehrfragen (wie z. B. der Sakramentslehre), die von beiden Seiten als Unterscheidungslehren eingestuft werden. Der reformatorische Kirchenbegriff begründet die Überzeugung, daß die unsichtbare Kirche in allen christlichen Konfessionen verborgen zu sein vermag. Anders lehrt hier nur die römische Kirche, die damit eine entscheidende Grenze den evangelischen Kirchen gegenüber aufrichtet. Freilich sind die einzelnen reformatorischen Kirchen ihrerseits durchaus von eigenem und unverwechselbarem Charakter. Sie haben in ihrer Geschichte eine Frömmigkeit hervorgebracht, die spezifische und der Konfession entsprechende Züge zeigt. Eigentümlichkeit und Individualität des kirchlichen Lebens und der Frömmigkeit werden leicht durch den Vergleich sichtbar: Wenn etwa skandinavisches Luthertum und holländischer Calvinismus einander gegenübergestellt werden. In diesen Zusammenhang gehört auch die These von M. Weber, nach der calvinistische Frömmigkeit und neuzeitliche Wirtschaftsform miteinander in einer ursächlichen Beziehung stehen (Gesammelte Aufsätze zur Religionssoziologie I, 1947[4], 17 ff.). Die geschichtliche Verselbständigung und Individualisierung der evangelischen Kirchen kann daher nicht mehr allein als Verlust von (vermeintlich) ursprünglicher Einheit oder als deren Verfall begriffen werden. In der geschichtlichen Gestalt der unterschiedlichen Reformationskirchen repräsentiert sich auch der Sachverhalt, daß sich für die Reformation die christliche Wahrheit nicht in konfessionell-organisatorischer Kircheneinheit aussagen ließ. Die Pluralität der Kirchen bringt vielmehr zum Ausdruck, daß die Beziehung auf die christliche Wahrheit sich gerade nicht in einem in sich geschlossenen Kirchentum nach Art der ein für allemal feststehenden Heilsanstalt darstellt. Insofern muß diese Pluralität auch als Folge des reformatorischen Widerspruchs gegen den mittelalterlich-römischen Kirchenbegriff aufgefaßt werden. Jede der reformatorischen Kirchen ist eben durch Übereinstimmung und Differenz im Verhältnis zu anderen Kirchen auch Symbol evangelischer Freiheit. Hegel hat die Differenzierung der Kirchen als „das Glücklichste" für den Gedanken der Freiheit bezeichnet (Rechtsphilosophie § 270). Die Logik dieser Entwicklung allerdings würde die kirchliche Fassung der christlichen Wahrheit überhaupt in Frage stellen.

Diese geschichtliche Entwicklung geht nicht unwesentlich auf den Begriff von Kircheneinheit zurück, den CA VII geprägt hat: „Et ad veram unitatem ecclesiae satis est consentire de doctrina evangelii et de administratione sacramentorum. Nec necesse est ubique similes esse traditiones humanas seu ritus aut cerimonias ab hominibus institutas". Die Einheit der Kirche wird damit gerade aus den Bereichen herausgenommen, in denen sie sichtbar und Gegenstand der Erfahrung werden könnte: die äußere Überlieferung. Einheit im Blick auf die allein wesentliche Kirche bleibt von äußeren Verschiedenheiten unberührt. Damit hatte Melanchthon es zunächst vermieden, seinerseits die Einheit der Kirche in Frage zu stellen (L. Grane, Die Confessio Augustana, 1970, 67 f.). Er hat aber damit dem evangelischen Kirchenbegriff eine Formel gegeben, die den Einheitsgedanken neu faßt: „Die Einheit der Kirche, wie wir sie verstehen, liegt quer hinweg über alle konfessionellen Grenzen und ist über sie erhaben ..." (H. Rückert, Vorträge und Aufsätze zur historischen Theologie, 1972, 337). Ähnlich urteilt E. Wolf (Peregrinatio, 1954, 181).

Dieses evangelische Verständnis der Kirchentrennung kann indessen nicht dazu anleiten, auf Einigungsbestrebungen gänzlich zu verzichten. Aber es ergeben sich bestimmte Folgen. Einigungsbestrebungen sind aus der Perspektive evangelischer Kirchen auf doppelte Weise möglich: als Lehrgespräch und als Stärkung von Gemeinsamkeit im kirchlichen Leben. Lehrgespräche haben schon unter den Reformatoren selbst stattgefunden (z. B. Marburg 1529) und sind später gelegentlich wiederholt worden (z. B. Kassel 1661). Leibniz hatte die Hoffnung, auf der Basis von Lehrgesprächen zu einer Vereinigung aller christlichen Kirchen zu gelangen (R. Rouse – S. C. Neill, Geschichte der ökumenischen Bewegung I, 1957) und sowohl die Union in Preußen am Anfang des 19. Jahrhunderts wie die Leuenburger Konkordie von 1965 sind im Zusammenhang der Lehrgesprächstradition zu verstehen (s. auch o. S. 258).

Für die Stärkung der Gemeinsamkeit im Leben verschiedener Kirchen ohne die Vorbedingung, daß Lehrdifferenzen dafür ausgeräumt sein müßten, hat Ernst Lange den Begriff der Konziliarität erläutert (Die ökumenische Utopie, 1972, 204 ff.). Beispiele konziliarer Verständigung finden sich vielfältig auch in der Geschichte des Protestantismus. Als eines der frühesten und eindringlichsten kann der Consensus Sendomiriensis von 1570 bezeichnet werden: Böhmische Brüder, Reformierte und Lutheraner haben, ohne die dogmatischen Differenzen aufzugeben, die Basis für Gemeinschaft im kirchlichen Leben gesucht. Das konziliare Verständnis von Kirchengemeinschaft war dort besonders ausgeprägt, wo der Grundsatz galt, daß in Glaubensfragen niemand überstimmt werden dürfe (M. Heckel, Itio in partes, Zeitschrift der Savigny-Stiftung für Rechtsgeschichte, 95, 1978, 180 ff. behandelt dieses Thema unter rechtsgeschichtlichen Gesichtspunkten).

Gegenwärtig wird die kirchliche Welt von zwei Beispielen konziliarer Gemeinschaft bestimmt. Das ist einmal die Kirchengemeinschaft der EKD. In dieser Gemeinschaft sind nicht nur unterschiedliche Konfessions- und Landeskirchen miteinander verbunden, sondern auch Ströme und Bewegungen, die von oft sehr widersprüchlichen Tendenzen geleitet sind: Evangelikale und politische Bewegungen, Gruppierungen mit sozialen oder ökumenischen oder konservativen Zielen tragen wesentlich zum Bild des kirchlichen Lebens bei. Dabei ist die EKD nicht nur in einem äußerlichen Sinne organisatorischer Dachverband. Sie bildet vielmehr sowohl den allen gemeinsamen Horizont als auch den Ort, an dem Verschiedenheit und eigene Identität der kirchlichen Gruppierungen ihre Realität gewinnen: in wechselseitiger Kritik und im theologischen Diskurs. In dem Maße, in dem das Leben im ganzen Kirchenbereich seine Impulse von den einzelnen Bewegungen empfängt, sind ständige Erneuerungen von innen her möglich. Gerade weil die konziliare Gemeinschaft den Absolutheitsanspruch der einzelnen Gruppen ausschließt, kann jeder Impuls ein Beitrag zum gemeinsamen kirchlichen Leben werden.

Das zweite Beispiel für die Konziliarität bietet das neue ökumenische Verständnis im Weltrat der Kirchen. Seit Nairobi 1975 haben sich die Schwerpunkte der Einigungsbestrebungen deutlich vom Lehrgespräch zum konziliaren Dialog hin verlagert. Zunächst wurde von einer „präkonziliaren Phase“ gesprochen (W. Arnold und H. W. Hessler, Hg., Ökumenische Orientierung Nairobi, 1975, 69). Der neue Sinn soll jedoch auch den Begriff des Ökumenischen selbst erfüllen. Ökumenisch heißt jetzt: „Konziliare Vereinigung des Unvereinbaren“ (E. Lange, 223). „Versöhnte Verschiedenheit“ (reconciled diversity) ist zum Leitbegriff für das neue Selbstverständnis der Ökumene geworden.

Die Bewegungen, die sich derartiger Reflexion verdanken, sind an den evangelischen Grundbegriffen Einheit und Freiheit und an deren Verhältnisbestimmung orientiert. Das Angebot bloßer Einheit trägt unübersehbar autoritäre Züge: Dafür ist die Stellung der römischen Kirche zur ökumenischen Bewegung ein deutliches Beispiel. Bloße Freiheit wäre demgegenüber vor dem Zerfließen in reine Subjektivität und dem Verlust der Gemeinschaft nicht geschützt. Das ist das Beispiel der Sekten. Luther selbst hatte seine Hoffnung auf die konziliare Reformfähigkeit der Kirche gesetzt: „Es handelt sich für mich nicht darum Aufruhr zu erregen, sondern einem allgemeinen Konzil die Freiheit zu sichern“ (Brief an Link, WA, Briefe II, 168 vom 19. 8. 1520).

Die Bedeutung der Ekklesiologie Luthers für die Kirchentrennung hat W. Maurer untersucht (Der ekklesiologische Ansatz der abendländischen Kirchenspaltung nach dem Verständnis Luthers, Fuldaer Hefte 18, 1968, 30–59). – Das Problem von Konsensus und Lehrgespräch im Protestantismus der Gegenwart ist von E. Lessing (Konsens in der Kirche, TEH 177, 1973) erörtert worden. Den ökumenischen Dialog untersucht K. Haendler (Wahrheit und Konsens. Kommunikationstheoretische Bemerkungen zum ökumenischen Dialog, in: H. Siemers, Hg., Theologie zwischen Anpassung und Isolation, 1975, 124 ff.). Zur Praxis der Konziliarität in der Volkskirche liefert einen Beitrag: Der konziliare Weg der Kirche (hg. v. Ev. Kirche in Hessen und Nassau, Versuche zur kirchlichen Praxis Nr. 6, Darmstadt, 1974). – Über die Verfassung der Kirchen in Deutschland und über die Lehrgrundlagen der christlichen Kirchen und Gemeinschaften unterrichtet E. Fahlbusch (Kirchenkunde). – Den Begriff des magnus consensus und sein evangelisches Verständnis untersucht H. M. Müller (Magno consensu docent ..., in: KuD 28, 1982, 113 ff.). Die ökumenischen Probleme des Kirchenbegriffs im Zusammenhang mit dem des Sakraments hat E. Jüngel eingehend dargestellt (Kirche als Sakrament?, in: ZThK 80, 1983, 432 ff.). Eine gemeinsame evangelisch-katholische Erläuterung der Ekklesiologie bietet das Kapitel „Kirche“ in: „Christlicher Glaube in moderner Gesellschaft“ (hg. v. F. Böckle u. a., Bd. 29, 1982).

§ 19 Die Kirche und die Christen

Schleiermacher hat die Aufgabe der Kirchenleitung und damit die der Praktischen Theologie als „Seelenleitung“ bezeichnet (Praktische Theologie, 40). Ihr Ziel gehe dahin, freie Handlungen bei anderen Menschen hervorzurufen. Darin liegt der Hinweis, daß es der kirchlichen Praxis überall auch auf ihre Überzeugungskraft ankommen müsse, und daß sie diese Sorge im Gegenüber zum einzelnen Menschen zu bewähren habe. Deshalb erscheint es geboten, die Kirche bis in jene Perspektiven zu verfolgen, unter denen sie ihrem einzelnen Mitglied erscheint. Die congregatio sanctorum ist kein Kollektiv. Sie besteht nicht in dem, was ihre Glieder als Gemeinsamkeit mitbringen. „Gemeinschaftserlebnisse“ lassen sich nur unter großen Vorbehalten und sehr bedingt mit dem reformatorischen Kirchenbegriff vereinbaren. Der Einzelne hat nach evangelischem Verständnis das geistliche Recht auf ein eigenes und selbständiges Verhältnis zur Kirche. Die Frage nach dem religiösen Sinn der Ekklesiologie ist geeignet, den Raum für diese persönliche Stellung des Einzelnen zur Kirche auszumessen. Zu ihrem Horizont gehören nicht weniger die Bestimmungen und Folgen, die sich aus den Grundbegriffen des reformatorischen Glaubens als Leitlinien für die kirchliche Praxis ergeben.

1. Die Kirche des Glaubens

Ekklesiologie bezeichnet nicht allein die Aufgabe, dogmatisch und lehrmäßig das Selbstverständnis der Kirche zu formulieren. Die ekklesiologischen Grundbegriffe haben – im Horizont ihrer lehrmäßigen Bestimmungen – eine unmittelbare hermeneutische Bedeutung für den einzelnen Christen: Sie sind Grundbegriffe der Deutung seiner persönlichen Glaubenserfahrung und seiner Zugehörigkeit zur Kirche. Der Christ begegnet dem Kirchenthema nicht allein in Predigt und Unterricht. Er begegnet der Kirche im Bekenntnis und also in den definitiven Formeln der Summe seiner christlichen Existenz. Hier wird Ekklesiologie zur Auslegung von Glaubenserfahrung.

Die Aufnahme der Kirche in das Bekenntnis charakterisiert sie als Glaubensthema. Sie wird damit zum Ausdruck der Erfahrung, daß die Kirche nicht in äußerlich-organisatorischen Sozialformen aufgeht. Durch ihren Ort im Credo wird sie vielmehr den religiösen Themen zugerechnet, die alle auf ihre Weise die Erfahrung des Glaubens interpretieren: als die Erfahrung der Erneuerungsfähigkeit, der Überholbarkeit, der Transzendenz menschlicher Wirklichkeit. Die Kirche erscheint deshalb dem Glauben des Christen in gleicher Weise als vorgegeben und als Folge. Er tritt durch seinen Glauben in sie ein und erweitert damit den coetus vocatorum. Von der Kirche ist daher sachgemäß im engsten Zusammenhang des 3. Artikels die Rede. Der Glaube an den heiligen Geist und der Glaube im Blick auf die Kirche interpretieren sich wechselseitig.

Die christliche Existenz wird sich immer und immer wieder eingestehen müssen, daß sie sich Begründungsverhältnissen oder einer Entstehungsgeschichte verdankt, die die Grenzen der Überschaubarkeit, des eigenen Einflusses und der Einwirkungsmöglichkeit ihrer selbst weit übersteigen. Deshalb ist es nur folgerichtig, diesen Vorgang als „Berufung" zu bezeichnen. Andererseits wäre es zum tiefen Schaden der eigenen Glaubwürdigkeit, wenn dieser Vorgang als bloß willkürliche Erscheinungsform der religiösen Subjektivität anzusehen wäre. Daher steht die Berufung zum Glauben in notwendigem und sachgemäß engem Zusammenhang mit der Kirche als Ort der Versammlung der Glaubenden. Der heilige Geist erweist sich dem Christen darin als Subjekt seiner Berufung, daß er sich ihm in seiner Kirche zu erfahren gibt.

Im einzelnen erläutern die Glaubensattribute der Kirche im Bekenntnis eine Reihe von Perspektiven der christlichen Existenz. Im Nicaenum heißt es: (Credo) et unam sanctam, catholicam et apostolicam ecclesiam.

a) Der Glaube an die Einheit der Kirche ist Ausdruck der Überzeugung, der einen und damit der wahren Kirche zuzugehören. Diese eine Kirche des Glaubens ist die wahre in allen verschiedenen Gestalten der Kirchen und der Kirchentümer. Deshalb wird durch das Einheitsattribut die Gewißheit formuliert, daß die wahre Kirche nicht als empirische Alternative zur eigenen Kirchenzugehörigkeit auftritt. Einheit der Kirche ist freilich auch die Auslegung subjektiv erfahrener Verschiedenheit: Die Christen im coetus vocatorum einer geschichtlichen Kirchengestalt sind höchst unterschiedlich als Individuen und auch im Blick auf die Ausprägung ihrer Zugehörigkeit zur Kirche und also ihrer Frömmigkeit. Einheit der Kirche heißt in diesem Zusammenhang nicht Vereinheitlichung der Individualitäten und Nivellierung der Besonderheiten. Die Einheit im Bekenntnis ist gerade nicht darauf angelegt, sich als Abschaffung der Unterschiede empirisch zu verwirklichen. Sie spricht vielmehr die Überzeugung aus, daß diese Verschiedenheiten zugleich legitimiert und aufgehoben sind in einer Einheit höherer Ordnung. Vor Gott gibt es kein Ansehen der Person (Röm 2, 11) und im Glauben „gilt nicht mehr: Jude oder Grieche, nicht mehr versklavt oder frei, nicht mehr: Mann oder Frau" (Gal 3, 28). Im Glaubensbekenntnis wird die Einheit zum Ausdruck der Versöhnung von Unterschiedenem und damit zum Symbol für das Ziel dessen, wofür die Kirche steht.

b) Die Heiligkeit der Kirche ist nicht von der religionsgeschichtlichen Heiligkeitsvorstellung her als ihre Unberührbarkeit zu verstehen, obschon gerade dieses Mißverständnis nicht selten dort zugrunde liegt, wo in der Kirche selbst gegen ihre vermeintliche Heiligkeit kritisch Stellung bezogen wird. Die Heiligkeit verweist darauf, daß die Kirche in dieser Welt von dieser Welt unterscheidbar bleibt. Das Attribut bezeichnet bestimmte Folgen des Sachverhalts, daß die Kirche überhaupt zum Glaubensthema geworden ist, die nämlich, daß die Kirche des Glaubens an die kritische Distanz dieses Glaubens allen Gegebenheiten dieser Welt gegenüber erinnert. Hier kommt die Erfahrung zu Wort, daß die Kirche mehr repräsentiert als die eigene Frömmigkeit, und daß sie gerade dieser Frömmigkeit gegenüber kritischer Imperativ bleibt. Auch die Heiligen, die dem Bekenntnis zufolge in der communio sanctorum versammelt sind, werden darin auf diese kritische Differenz angesprochen. Heiligkeit also ist das Symbol dafür, daß sich die neue in der alten Welt zu erfahren geben kann, wenn auch gerade nicht in der Weise der Identität: „Wir wandeln im Glauben, nicht im Schauen“ (II Kor 5, 7). Mit dem Bekenntnis zur Heiligkeit der Kirche wird das Bewußtsein dafür wachgehalten, daß diese Kirche weder ganz vom Jenseits her bestimmt, noch vollständig in die Zusammenhänge bloßer Diesseitserfahrungen oder Hoffnungen aufgelöst werden darf.

c) Das Bekenntnis zur Apostolizität der Kirche bringt die Erfahrung ihrer Glaubwürdigkeit zur Sprache. Begründet ist diese Glaubwürdigkeit aber zunächst durch den Zusammenhang mit dem Ursprung der Kirche: Sie ist „erbaut auf dem Grunde der Apostel und Propheten, da Jesus Christus der Eckstein ist“ (Eph 2, 20). Im Bekenntnis der Apostolizität spricht sich die Gewißheit aus, heute unter keinen anderen Bedingungen an der Kirche teilzuhaben, als unter denen ihrer Begründung. Denn die Kirche gewinnt ihre Glaubwürdigkeit vor allem in dem Maße, in dem sie den Schein, bloß zufällige Zeiterscheinung zu sein, zu widerlegen vermag. Das kann sie nur so, daß sie den Unterschied zwischen ihren zeitgemäßen oder zeitbedingten Erscheinungen einerseits und ihrem Zweck, ihrem Grund und Ziel andererseits offenhält und sichtbar bleiben läßt. Die Kirche ist nicht schon selbst das Reich Gottes. Wer sich zur Apostolizität seiner Kirche bekennen kann, dem ist sie durch ihren Ursprung und ihre Botschaft glaubwürdig geworden. Dann aber ist Apostolizität zugleich Hinweis auf die Geschichtlichkeit der Kirche, die mit ihrem apostolischen Ursprung allein durch den historischen Zusammenhang vermittelt ist. Dieses Bekenntnis verweist auf die Tradition, in die jeder eintritt, der sich ihm anschließt. Denn den Vermittlungszusammenhang bildet wesentlich die Überlieferung, die weitergegeben wird, wie sie selbst empfangen wurde (I Kor 15, 3).

Die Partizipation an dieser Vermittlung ist einerseits Erfahrung der Geborgenheit, die der übergreifende objektive Geschichtszusammenhang schon dadurch gewährt, daß das Bewußtsein bloß zufälliger Individualität aufgehoben ist. Darin liegt die Wahrheit des römisch-katholischen Traditionsverständnisses, das jedoch durch die Vergegenständlichung der Überlieferung sowohl der Tradition wie der Selbständigkeit des Glaubens unangemessen bleibt. Die wirkliche Apostolizität der Kirche wird durch die äußerlich ritualisierte Vorstellung von „apostolischer Sukzession“ gefährdet und beschädigt, weil sie in solcher Vereinfachung ihres wahren Inhalts beraubt wird. Andererseits aber schließt die Teilhabe an der

Vermittlung die selbständige und kritische Verantwortung für die eigene Stellung im religiösen Zusammenhang ein, und zwar so, daß ohne eine solche selbständig verantwortete Stellungnahme zur Tradition die religiöse Existenz defekt bleibt: Wer nur der Tradition glaubt, der „hat sich in den Abgrund der Hölle hineingeglaubt" (Luther, WA 30, 3,554).

d) Im Bekenntnis zur Katholizität oder Universalität der Kirche ist auch die individuelle Erfahrung aufgenommen, daß Religion Perspektive aller menschlichen Wirklichkeit ist. Universalität bezeichnet zunächst nicht die Ausbreitung der Kirche, sondern die Dimension ihrer Botschaft: „Denn Gott ist es, der in Christus die Welt mit sich selbst versöhnt hat, den Menschen ihre Übertretungen nicht zurechnete und unter uns das Wort von der Versöhnung aufrichtete" (II Kor 5, 19). Die Versöhnung ist universal, sie gilt der ganzen Welt und soll die gesamte Wirklichkeit menschlichen Lebens in das Reich aus Frieden und Gerechtigkeit verwandeln. Auch dabei ist nicht nur an eine äußere Ausdehnung des Reiches dieser Versöhnung zu denken. Nicht nur alle Widersprüche der Wirklichkeit, auch die der Wahrheit warten auf die endliche und endgültige Versöhnung. In diesem Zusammenhang wird die religiöse Grunderfahrung mit ihrer eigenen subjektiven Universalität aufgenommen. Im Bekenntnis zur Versöhnungserwartung für die ganze Welt ist die Erwartung für die eigene und persönliche und nicht minder ganze Welt eingeschlossen. Auch hier soll nicht nur dieses oder jenes, sondern alles neu werden. Der besondere Sinn, der in diesem Bekenntnis den Christen mit seiner Kirche verbindet, ist aber der, daß der fundamentale Zusammenhang zwischen dem individuellen Heil und dem der ganzen Welt ins Bewußtsein gehoben wird.

Die Fragestellung dieses Abschnitts nimmt Anregungen auf, die vor allem von G. Ebeling unter der Überschrift „Existenzprobleme der Kirche" (Dogmatik III, 368 ff.) erörtert worden sind. Ebeling hat es unternommen, die Glaubensattribute der Kirche im Blick auf Begründungen und Gegenwartsaufgaben dogmatisch neu zu durchdenken. Zum näheren Verständnis von Apostolizität und Katholizität, und zwar im Blick auf den Zusammenhang mit der Eschatologie hat W. Pannenberg beigetragen (Ethik und Ekklesiologie, 1977, 219 ff.) und auch J. Moltmann (Kirche in der Kraft des Geistes, 1975, 363 ff.). – Einen wesentlichen Beitrag zur Frage nach dem Verhältnis von christlicher Individualität und Kirche bietet H. M. Müller (Frömmigkeit – Wiederentdeckung einer ekklesiologischen Kategorie?, in: W. Lohff und L. Mohaupt, Volkskirche, 175 ff.). Wichtige Perspektiven finden sich bei T. Rendtorff (Ethik II, 71 ff.); vgl. ferner D. Rössler (Vernunft, 123 ff.). – Eine lehrreiche Darstellung unmittelbarer religiöser Erfahrung im Zusammenhang der Kirche bietet D. Watson (I believe in the Church, 1978).

2. Leitlinien kirchlicher Praxis

Jede Tätigkeit, die im Namen des Christentums und im Auftrag der Kirche geschieht, repräsentiert die Kirche, und zwar in einem doppelten Sinn. Die Repräsentanz liegt einmal darin, daß die Kirche alles, was in ihrem Namen geschieht, mit ihrer Autorität deckt, daß also die einzelne Handlung in ihrer Autorität nicht auf die der tätigen Person beschränkt ist. Sodann repräsentiert sich die Kirche in ihrer Praxis so, daß Mittel und Zweck einander entsprechen, daß also die Ziele des kirchlichen Handelns sich in der Art und Weise dieses Handelns zum Ausdruck bringen. Im Blick auf diese Verantwortung der Kirche für die Entsprechung von Mittel und Zweck läßt sich von einer eigenen „Ethik der Kirche" (T. Rendtorff, Ethik II, 73) sprechen. Der Grundsatz, der eine solche Ethik in jedem Fall zu leiten hat, ist die reformatorische Formel „sine vi humana, sed verbo" (CA XXVIII; T. Rendtorff, 72). Darüber hinaus ergeben sich Leitlinien für das der Kirche aufgegebene Entsprechungsverhältnis in ihrer Praxis auch aus denjenigen Grundbegriffen, vermittels derer sie ihr Selbstverständnis formuliert.

Derselbe Sachverhalt ist offenbar auch mit dem Satz bezeichnet: „Die Rechts- und Sozialgestalt der Kirche ist daran zu messen, ob sie dem Zeugnis von der Gegenwart Christi Raum gibt" (W. Huber, Kirche, 1979, 115) und als Prinzip formuliert: „Die unsichtbare Kirche ist Zweck und Maßstab der sichtbaren" (R. Schäfer, Der evangelische Glaube, 1973, 123).

a) Communio sanctorum

Dieser Begriff bildet die Grundformel für das evangelische Kirchenverständnis. Zuerst und allem voraus ist die evangelische Kirche communio sanctorum: „Die Schäflein, die ihres Hirten Stimme hören" (ASm XII). Kirche ist Gemeinschaft der Gläubigen, und „die Gläubigen sind Sünder, die wissen, daß sie es sind, wenngleich Sünder, die die Vergebung empfangen" (W. Elert, Der christliche Glaube, 1940, 499). Diese Grundformel gibt der kirchlichen Praxis ein fundamentales Orientierungsproblem auf. Denn die communio sanctorum wird die Gestaltung ihres Lebens zunächst und vor allem auf das hin ausrichten, was sie begründet. Sie wird daher ihre Praxis als geistliche oder gottesdienstliche Praxis verstehen und Interesse und Impuls für die Äußerungsweisen ihrer Existenz nach innen richten. Diese Tendenzen haben sich historisch immer wieder als monastische oder asketische oder als liturgische Bewegungen zur Geltung gebracht. Sie stehen jedoch in einem spannungsvollen Verhältnis zu solchem kirchlichen Bewußtsein, das die communio sanctorum vor allem durch ihr Verhältnis zur Welt und der darin enthaltenen Aufgabe bestimmt sieht. Hier richten sich Interesse und Impuls nach außen.

Diese spannungsvollen und nicht selten widersprüchlichen Orientierungen für die Richtung der kirchlichen Praxis können keineswegs einfach verschiedenen kirchlichen Strömungen oder theologischen Positionen zugeschrieben werden. In dieser Frage wird gelegentlich auch im gleichen Lager konträr geurteilt – zumindest im Ansatz. Ein eindrückliches Beispiel bietet die Erlanger Theologie. So beginnt G. v. Zezschwitz (1825–86) sein „System der Praktischen Theologie" (1877) mit der „Keryktik oder Missionslehre", die bei Th. Harnack (1817–89) in den letzten Teil der „Praktischen Theologie" (2 Bde., 1877–78) gehörte, aber nicht ausgearbeitet wurde (I, 54). Zezschwitz bezeichnet die Spannung ausdrücklich: „Ist die Subjektstellung der Kirche für diese Auswirkung gesichert, so auch das Andere, dass die Position erster Thätigkeit die Wirkung auf die Welt ist und nicht die innerhalb der Welt auch in Frage kommende Selbstbeziehung der Kirche auf sich als Objekt" (G. v. Zezschwitz, 137). – Eine Typologie solcher Praxisorientierungen für die Kirche aus der neueren theologischen Literatur und damit eine Gliederung von verschiedenen Positionen hat H. Ott (Die Antwort des Glaubens, 1973[2], 365 ff.) dargestellt. Er unterscheidet „vier Typen der Sendung", nämlich: die reine Sammlung, etwa bei evangelikalen Bewegungen; die mit einer „doxologischen Christianisierung" verbundene Sammlung, die sich auch im evangelikalen Lager findet; das „Aufgebot des Glaubens" (nach G. Ebeling, Das Wesen des christlichen Glaubens, 1959); und die Kirche als bloße „Sendung" (nach J. Moltmann, Theologie der Hoffnung, 1969[8]).

Im Blick auf den Zusammenhang des kirchlichen Lebens wird sich im Ganzen ein Ausgleich zwischen den unterschiedlichen Richtungen der Praxis herstellen, zumal die einzelnen Tendenzen hier von verschiedenen Gruppen getragen werden. Einseitige Verlagerungen von Gewicht und Bedeutung zugunsten einer Richtung sind freilich immer gefährlich. Eine zu sehr nach außen gerichtete Praxis machte die Kirche als Kirche unglaubwürdig und würde sie in die Rolle einer gesellschaftlichen Gruppierung unter vielen anderen bringen. Ein ganz nach innen gerichtetes kirchliches Leben würde zu einer der Sekte ähnlichen religiösen Selbstgenügsamkeit führen, die dem christlichen Glauben nicht mehr entspricht. Die theologische Verantwortung für die kirchliche Praxis geht dahin, ihren Richtungen eine gültige Einheit zu geben.

b) Reich Gottes

Im Begriff Reich Gottes ist festgehalten, daß die Kirche nicht ihr eigener Zweck und ihr eigenes Ziel ist, daß sie jedoch diesen von ihr selbst verschiedenen Zweck an sich selbst zur Darstellung bringt. Darin liegt zunächst eine grundsätzliche Bestimmung, die aller kirchlichen Praxis eigen ist. Sie besagt, daß die Kirche sich ausnahmslos und ohne Vorbehalte für alles einzusetzen hat, was das Reich Gottes zu fördern und der Herrschaft Gottes zu dienen geeignet erscheint. Gerade weil sie nicht für sich selbst eintritt, muß sich die Kirche keine Rücksicht auferlegen, und weil vom Reich Gottes kein Lebensbereich ausgenommen ist, muß die Kirche ihre Praxis nicht thematisch begrenzen. Jedoch besagt diese Bestimmung zugleich, daß die Kirche sich mit keinem solcher Ziele ihrer Praxis endgültig zu identifizieren vermag. Denn, mag auch im Einzelfall ein förderlicher Zusammenhang zwischen der Absicht kirchlichen Handelns und dem Reich Gottes nicht zu bezweifeln sein, so geht doch das Reich Gottes in keinem der Ziele auf, die sich auf dem Boden der geschichtlichen Existenz der Kirche anstreben oder erreichen lassen. Das Reich Gottes als wahres Ziel aller kirchlichen Praxis relativiert alle Ziele, die sie sich dafür setzen könnte. Die Unterscheidung vom Reich Gottes als dem Ziel ihres Daseins ist für die Kirche selbst Prinzip ihrer eigenen Lebenspraxis. Sie sucht die Ziele, für die sie eintritt, in ihrer eigenen Lebensform, wenn nicht vorwegzunehmen, so doch abzubilden. Eine solche Darstellung wird nicht selten nur insofern gelingen, als die Kirche in ihren Lebensäußerungen ihrer Botschaft vom Reich Gottes wenigstens nicht widerspricht. Sie täte das freilich überall dort, wo sie sich totalitär mit einzelnen und isolierten Zielen oder Aufgaben identifiziert und den Anschein erweckt, das Reich Gottes sei tatsächlich „hier" oder „da" (Lk 17, 21).

Die Predigt vom Reich Gottes hält der Kirche das Bewußtsein dafür wach, daß diese Herrschaft sich auf die Welt im ganzen erstreckt. Nicht selten allerdings war die Ekklesiologie in Gefahr, die darin liegende Differenz aufzugeben: So ist die Kirche nach Th. Harnack „die irdische Existenzweise des Reiches Gottes in seiner gegenwärtigen Phase als Reich Christi" (Praktische Theologie I, 64). Harnack hat damit gewisse Verklärungen der Kirche und ihrer Aufgabe um ein Jahrhundert vorweggenommen. – Für A. Ritschl ist das Reich Gottes zugleich religiöse Idee und sittliches Ideal (Unterricht in der christlichen Religion, 1903[6], §§ 5 ff.). – Neuerdings hat vor allem W. Pannenberg das Verhältnis von Kirche und Reich Gottes zum Thema gemacht (Ethik und Ekklesiologie, 1977, 316 ff.).

c) Rechtfertigung

Der reformatorische Kirchenbegriff bringt die Folgen der Rechtfertigungslehre auf dem Gebiet der Ekklesiologie zur Geltung. Er konzentriert die Kirche auf die unter Wort und Sakrament versammelte Gemeinde, die sich im Glauben als Volk Gottes begreift. So wird in der Praxis, durch die die evangelische Kirche zur Kirche wird, die Rechtfertigung abgebildet. Denn Wort und Sakrament sind zusammengenommen

Inbegriff für die Situation, in der der Christ seiner Rechtfertigung und also seiner Zuversicht (fiducia) gewiß zu werden vermag. Wort und Sakrament sind als die „Instrumente" des heiligen Geistes zu verstehen (CA V), und also wird die Kirche, die sich in der Versammlung darunter bildet, diese instrumentelle Verfassung an sich selbst ausdrücklich zu machen haben.

Zu denselben Konsequenzen führt Luthers Kirchenbegriff. Er hat immer wieder betont, daß die Einheit des Leibes Christi nicht von innen entstehe, sondern von außen her gestiftet werde. „Damit ist zweierlei abgewehrt, nämlich die Verwechslung der Eintracht der Kirche mit einer Gesinnungseinheit, aber auch die Verwechslung der Einheit der Lehre mit der Einheit des Systems ... Man kann sagen, daß die Gefahr der protestantischen Orthodoxie darin bestand, die zweite Verwechslung zu begehen, während der neuere Protestantismus das Extra der Einheit in Christus verwandelt hat in das Intra der Gesinnungseinheit ..." (K. G. Steck, Lehre und Kirche bei Luther, 1963, 188).

Diese Kirche entsteht also nicht durch die Zustimmung ihrer Mitglieder zu einem festgelegten Programm. Sie ist in keinem Betracht eine bloße Gesinnungsgemeinschaft, die in gemeinsamer Überzeugung begründet wäre. Deshalb muß sie auf alle Zugehörigkeitsbedingungen verzichten, die über das Glaubensbekenntnis hinaus die Mitgliedschaft in der Kirche identifizierbar machten. Das die Kirche und die Zugehörigkeit zu ihr begründende Rechtfertigungsgeschehen kann weder durch dogmatische Sätze noch durch Aktionen des Gemeindelebens limitiert oder dingfest gemacht werden. Der Rechtfertigungsglaube soll freilich gerade in derartigen Zeichen – sowohl in der Theologie, wie im Leben – zum Ausdruck kommen. Aber diese Zeichen können nicht zur Bedingung ihres Grundes gemacht werden. Deshalb wird die Praxis der reformatorischen Kirche auf jede Form von innerer oder äußerer Eindeutigkeit zu verzichten haben, die mehr wäre als die Eindeutigkeit von Wort und Sakrament.

Auf den Zusammenhang von Rechtfertigung und Kirchenbegriff hat besonders M. Kähler hingewiesen (Die Wissenschaft der christlichen Lehre, 1905, Neudr. 1966, 455); dabei betont er: „Schließt ein Bekenntnis ihre Mitglieder zusammen, so ist es doch in keinem Betracht ihr Erzeugnis ..." (756). Die Folgen des Rechtfertigungsglaubens für das Verständnis des kirchlichen Lebens werden in der Studie des Theologischen Ausschusses der VELKD (W. Lohff und L. Mohaupt, Volkskirche) ausführlicher erörtert (13 f., 70 ff.).

d) Freiheit

Die evangelische Kirche ist „Institution der Freiheit" (Volkskirche – Kirche der Zukunft?, 118 ff.). Sie ist das zunächst in dem ganz äußerlichen Sinn, daß sie der empirische Ort für die Versammlung derjenigen ist, die durch den Glauben von der Sorge für das Heil befreit sind. Näherhin ist christliche Freiheit so bestimmt: „Der Christ ist dadurch ein freier Mensch, daß er auf der Grundlage seiner Erfahrung der von Gott in Christus gewährten Freiheit bereit und willig ist, sein Leben zum Nutzen anderer zu führen und zu gestalten" (T. Rendtorff, Ethik II, 45). Auch hier gilt wieder, daß die Kirche besorgt sein muß, dieses Grundverhältnis ihrer Glieder an sich selbst als überindividueller Institution abzubilden. Sie tut das, indem sie sich bestrebt, Freiheit nach innen zu gewähren und nach außen zu vertreten, und zwar mit Nachdruck hinsichtlich derjenigen Gestalten von Freiheit, die in der eigenen geschichtlichen Situation der Förderung besonders bedürfen.

Die Freiheit, die die Kirche als Institution zu vertreten hat, ist daher mit besonderer Aufmerksamkeit von bloßer Autonomie des Subjekts zu unterscheiden. Denn die Kirche ist niemals in Wahrheit Subjekt ihrer Botschaft. Sie ist selbst creatura verbi und insofern berufen, diese ihre „schlechthinnige Abhängigkeit" vom Wort gerade als ihre Freiheit zur Sprache zu bringen. Diese Freiheit entsteht weder durch die unbegrenzte Ermächtigung der Individualität, noch aus einer Auflösung der Dialektik von Herrschaft und Knechtschaft, sondern in der Aufhebung aller dieser Widersprüche durch die Liebe Gottes in seinem Reich. Deshalb ist das Freiheitsthema für die Kirche einerseits besonders gefährdet durch die Mißverständnisse und zerstörerischen Vereinfachungen, denen es auch und gerade in Kirche und Theologie ausgesetzt ist, andererseits aber ist es von besonderer Bedeutung für das Verhältnis der Kirche zu ihrer Praxis. Denn die Praxis der christlichen Freiheit ist die Liebe.

D. Bonhoeffer hat mit Recht darauf aufmerksam gemacht, daß die Verselbständigung der Freiheit allenfalls zur „Ethik des Genies" führte. Er hat die christliche Freiheit in struktureller Korrespondenz mit der Verantwortung – und umgekehrt – gesehen. „Verantwortung setzt sachlich – nicht zeitlich – Freiheit voraus, wie Freiheit nur in der Verantwortung bestehen kann" (Ethik, hg. v. E. Bethge, 1981[9], 264). Die Praxis der Kirche wird danach in dem Maße der Freiheit entsprechen, in dem sie verantwortliche Praxis zu sein vermag. Verantwortung für das kirchliche Handeln kann nicht allein im persönlichen Gottesverhältnis wahrgenommen werden. Diese Verantwortung besteht auch gegenüber der communio sanctorum, die ihre empirische Wirklichkeit in der Gemeinde und der kirchlichen Öffentlichkeit hat. Kirchliches Handeln muß in der Christenheit verantwortet werden können. Die Praxis der Kirche ist solange Wahrnehmung der Freiheit, als sie gemeinsames Handeln der Christenheit zu sein vermag.

3. Die Ordnung der Kirche

Die römisch-katholische Kirche ist eine Kirche des Rechts. Sie hat das gesamte kirchliche Leben rechtlich geregelt und behandelt alle wesentlichen Fragen als Rechtsfragen. J. Klein hat diesen Grundcharakter der römisch-katholischen Kirche eingehend analysiert (Skandalon, 1958). Die tragende Überzeugung der Kirche ist dabei die, daß Gott sein Recht und sein Gesetz von Anfang an allen seinen Werken eingestiftet hat (lex aeterna), und daß auch die Erlösung durch Jesus Christus eine Gesetzgebung darstellt.

Das wird ausdrücklich formuliert in der – gegenreformatorischen! – Bestimmung des Tridentinum: „Si quis dixerit, Christum Jesum a Deo hominibus datum fuisse ut redemptorem, cui fidant, non etiam ut legislatorem, cui obediant: A[nathema] S[it]" (D. 1571, Trid. sess. VI de iustificatione, can. 21). Wird Jesus Christus als Gesetzgeber verstanden, dann gewinnt tatsächlich das entsprechende Recht Heilsbedeutung.

Das ius divinum, dem sich auch die Kirche verdankt, ist einerseits lex naturae (und als solches für jedermann erkennbar) und andererseits ius divinum positivum, also das von Gott in der Offenbarung (von Mose bis Christus) gesetzte Recht. Die Kirche sieht in diesem Recht ihre Verfassung, die ihre hierarchische Gliederung und ihre sakramentale Aufgabe ordnet. Sie hat dieses Recht zu bewahren und durch ihre eigenen Rechtsbildungen auszulegen. „Kirchenrecht" ist in römisch-katholischem Verständnis die zusammenfassende Bezeichnung für die Gesamtheit dieses Rechts. Seine systematische Ausbildung und Kodifizierung zum Kanonischen Recht ist im Mittelalter erfolgt, es ist „das Recht der päpstlich geleiteten Universalkirche des Abendlandes" (H. E. Feine, Kirchliche Rechtsgeschichte, 1972[5], 271). Dieses „Corpus Iuris Canonici" wurde 1317 abgeschlossen. Dessen Erneuerung, die die jahrhundertelange Entwicklung, Auslegung und Veränderung des Kirchenrechts zusammenfaßt, bildet der Codex Iuris Canonici von 1918. Eine Neufassung des C. I. C. trat am 27. 11. 1983 in Kraft.

Das katholische Kirchenrecht wird nur aus seiner Geschichte verständlich. Wichtigstes Werk dafür ist die kirchliche Rechtsgeschichte von H. E. Feine (1972[5]). – Ein instruktives Beispiel für die Kanonistik und ihren Geist bildet das Lehrbuch des Kirchenrechts (E. Eichmann – K. Möhrsdorf, 3 Bde., 1964[11]). Danach ist Christus sowohl das „lebensspendende" wie das „ordnende Prinzip", das die Kirche wachsen läßt und sie lenkt, und diese doppelte Funktion zeigt sich in der Unterscheidung der potestas ordinis und potestas iurisdictionis im kirchlichen Amt (I, 25); eine kritische Darstellung gibt H. Diem (Theologie als kirchliche Wissenschaft, III, Die Kirche und ihre Praxis, 1963, 315 ff.).

Das Recht (und erst dann die Dogmatik) macht das eigentümliche Wesen der katholischen Kirche aus. Sie wird dem einzelnen Christen damit zu einer Anstalt, die ihm Religion als Pflicht, die Überschaubarkeit dieser Pflichten und die Garantie präsentiert, jedem Zweifel oder Konflikt mit absolut verläßlichen Regeln und Urteilen begegnen zu können. Diese Kirche vermittelt eine Heilsgewißheit, die durch Ordnung, Kontrollen und Sanktionen jederzeit zu wissen erlaubt und zu wissen gibt, wie das religiöse Verhältnis beschaffen ist. Sie fördert damit diejenige Frömmigkeit, die den religiösen Sinn darauf richtet, Regeln nach Möglichkeit nicht zu übertreten und stets auf Abhilfe etwaiger Übertretungen bedacht zu sein. Der katholische Christ weiß sich in diesem Kosmos göttlicher Gesetze und Anweisungen für Zeit und Ewigkeit geborgen.

Die Reformation hat dieser Auffassung vom Recht im Ganzen und mit allen ihren Folgen von Grund auf widersprochen. Gewiß kennt auch Luther eine bleibende Ordnung Gottes für das Leben in dieser Welt. Aber das „Gesetz" führt nicht zum Heil, sondern allein das Evangelium. Ein eigenes und selbständiges „Kirchenrecht" kommt deshalb im Blick auf das Wesen der Kirche als einer geistlichen Gemeinschaft unter dem Evangelium nicht in Betracht. Allerdings braucht auch nun die Kirche nach ihrer historischen und weltlichen Seite eine bestimmte Organisations- oder Rechtsform. Luther hat die Kirche in diesem Sinn in der Drei-Stände-Lehre begründet gesehen: Die äußere Ordnung dieser Welt wird nach Gottes Willen durch Obrigkeit, Kirche und Familie erhalten. Aber damit ist die innere Ordnung der Kirche noch keineswegs festgelegt. Luther ist davon ausgegangen, daß die Gemeinde ihre Ordnung finden und gestalten wird, wobei freilich alles am guten Gebrauch liegen muß, der von der Ordnung gemacht wird, denn jede Ordnung kann auch mißbraucht werden (Deutsche Messe, BoA 3, 309).

H. Bornkamm hat drei leitende Elemente herausgestellt, die Luther dabei zugrunde gelegt wissen will (Bindung und Freiheit in der Ordnung der Kirche, 1959, 26 ff.): Die Ordnung muß „vom Wort her" geschehen („es gibt nur eine Urordnung der Kirche: Prediger und Hörer", 38); sie muß der Liebe und der pädagogischen Weisheit entsprechen; sie darf nicht der Gesetzlichkeit verfallen, muß aber dauerhafte und anerkannte Ordnung sein können.

Im Fortgang der Geschichte erwies sich schon im Reformationsjahrhundert, daß die Ordnungen für das Leben und die Organisation der evangelischen Kirche genauer fixiert werden mußten. Melanchthons „Unterricht der Visitatoren" (1528) kann als das erste Beispiel für eine Kirchenordnung gelten, die den Erfordernissen der evangelischen Kirche Rechnung trägt. Danach sind in schneller Folge in allen evangelischen

Ländern Kirchenordnungen eingeführt worden (E. Sehling, Kirchenordnungen). Sie erlangten bald staatsrechtliche Geltung. Die Ordnung der Kirche mußte freilich in doppelter Hinsicht festgelegt werden: in Hinsicht auf die Stellung der Kirche im Staat und auf die wechselseitigen Verpflichtungen (ius circa sacra) und in Hinsicht auf die Ordnungen für den Gottesdienst und für das kirchliche Leben im Ganzen (ius in sacris).

Diese geschichtliche Konstellation zeigt, daß damit die Frage nach dem Begriff des Rechts zu einem spezifisch protestantischen Problem geworden ist: Es ist das Problem, wie denn – da ein ius divinum nicht mehr in Betracht kommt – ein ius humanum in der Kirche und für die Kirche zu verstehen ist, und wie dieser Begriff des Rechts sich zum weltlichen Rechtsbegriff überhaupt verhält. Sein besonderes Gewicht hat dieses Problem naturgemäß dann bekommen, als die Überzeugung, daß auch das weltliche Recht in irgendeinem Sinn auf Gott zurückzuführen sei, ihre Selbstverständlichkeit und Allgemeingültigkeit verloren hatte. Freilich haben sich diese Folgen der Aufklärung auf dem Gebiet des Kirchenrechts erst sehr spät zur Geltung gebracht.

Öffentliche und allgemeine Bedeutung erlangten diese Fragen zu Beginn des 19. Jahrhunderts. Hier wurde in den meisten Territorialkirchen – im Zusammenhang mit dem Entstehen der konstitutionellen Monarchie – ein selbständiges Kirchenregiment (vielfach mit synodaler Verfassung) eingerichtet (vgl. dazu E. Sehling, Art. Kirchenregiment, in: RE³ X, 466 ff.). Kirchenrecht und Kirchenverfassung bedurften eines neuen Verständnisses. Extreme Positionen nahmen dabei R. Rothe und J. Stahl ein: Rothe läßt allein staatliches Recht gelten (da die organisierte Kirche nur ein Übergangsstadium ist); und Stahl vertritt den Anspruch auf ein kircheneigenes und geistlich qualifiziertes Recht, dessen Nähe zum katholischen Kirchenrechtsbegriff von ihm selbst nicht geleugnet wurde (vgl. G. Holstein, Die Grundlagen des evangelischen Kirchenrechts, 1928, 122 ff.). Praxis und Rechtswirklichkeit der Kirchen haben sich im 19. Jahrhundert an der Auffassung orientiert, daß das Kirchenrecht zwar dem öffentlichen Recht zugehöre, aber mit Gründen als selbständig anzusehen und zu behandeln ist. Erst die These R. Sohms, daß das Kirchenrecht dem Wesen der Kirche widerspreche (s. o. S. 253) hat die Frage erneut aufgeworfen. Sohm hat jedoch nur wenig Zustimmung gefunden.

Nach 1945 ist – im Zuge einer allgemeinen Neubesinnung – die Frage nach dem Verhältnis von Kirche und Recht vielfach aufgenommen worden. Dabei hat sich vor allem das Interesse zur Geltung gebracht, das Recht theologisch zu begründen und danach entweder das Recht überhaupt oder aber zumindest das Recht der Kirche im religiösen Zusammenhang zu begreifen. In diesem Sinn hat bereits Karl Barth 1938 „Rechtfertigung und Recht“ in Beziehung gesetzt (ThSt[B] 1, 1938). In Anknüpfung daran hat später E. Wolf die eigene Qualität des Kirchenrechts darin begründet, daß es den Auftrag der Kirche für die Welt widerspiegelt und an ihrem Zeugnis teilnimmt (Ordnung der Kirche, 1961). H. Dombois sieht im personalen Sinn des Rechts dessen religiösen Grundcharakter und sucht von daher den christlichen Glauben selbst als Rechtsvorgang zu begreifen (Das Recht der Gnade, 1961). Nach J. Heckel muß das Recht der Kirche die christliche Liebe ausdrücklich machen und darin erläutern, daß alles Recht verborgen auf das Gesetz Christi verweist (Lex charitatis, 1953).

In diesen Tendenzen, die dem exklusiven Charakter der Kirche auch auf dem Gebiet des Rechts Rechnung tragen sollen, begegnet die Gefahr, daß auf neue Weise die Vorstellung eines ius divinum wiederkehrt. Ein solches Recht aber wäre entweder ständig überfordert und überfrachtet durch den Anspruch, vermittels der Ordnung nicht allein die Ordnung, sondern auch das Evangelium zur Geltung zu bringen; oder aber es wäre bloßes Postulat und bliebe jeden Erweis seiner besonderen Qualität schuldig. Daher ist es konsequent, daß H. Diem das Gewicht vom Inhalt des Rechts auf den „Vollzug“ verlegt. „Die Kirche kann nicht kraft Gesetzes verordnet werden, sondern immer nur in der Begegnung von Person zu Person“ (Theologie als kirchliche Wissenschaft, III, 340). Hier wird um der Besonderheit des kirchlichen Rechts willen, am Ende auf das wirkliche Recht selbst und auf seine elementaren Funktionen – nämlich die einer überindividuellen Ordnung – verzichtet.

Allen derartigen Versuchen gegenüber muß die Einsicht zur Geltung gebracht werden, daß das Recht allein für die historisch-empirische Kirche – also für die ecclesia visibilis – Bedeutung hat. Die Kirche als geistliche Gemeinschaft bedarf eines solchen Rechtes nicht. Denn das Recht ist eine „weltliche“ Institution (vgl. dazu die eingehende Erörterung bei W. Trillhaas, Dogmatik, 1962, 533 ff.). Damit ist keine Abwertung verbunden: Das Recht ist für die evangelische Theologie eine fundamentale Ordnung, vermittels derer Menschlichkeit und Menschenwürdigkeit der Lebenswelt allererst begründet werden können. Aber ein Recht höherer Ordnung für die Kirche kommt nicht in Betracht. Die Parole, das Kirchenrecht ‚theologisch‘ zu begründen“, wäre nicht evangelisch (R. Hermann, Ges. u. nachgel. Werke, VI, 1977, 318).

Calvin hat die Kirchenverfassung und die Ordnung der Ämter unmittelbar aus dem Neuen Testament abgeleitet (Inst. IV, 3). Trillhaas weist mit Recht darauf hin, daß auch hier die Gefahr einer Wiederkehr des ius divinum besteht: Solche Verfassung kann zum Glaubensartikel werden (Dogmatik, 534). Dem haftet darüber hinaus die Schwierigkeit an, daß die urchristlichen Verhältnisse keineswegs einheitlich und eindeutig gestaltet waren, der Auslegung also großen Spielraum lassen und für die verschiedensten Ordnungen in Anspruch genommen werden können.

In der Ordnung durch das Recht erweist sich die „Solidarität" der Kirche mit der Welt (W. Trillhaas, Dogmatik, 537). Allerdings soll auch die Ordnung der Kirche auf die geistliche Gemeinschaft mit Gott verweisen, in der die sichtbare Kirche ihren Sinn und ihr Ziel hat. Das Kirchenrecht kann nicht für die unsichtbare Kirche bürgen, es darf ihr aber auch nicht widersprechen. Insofern ist diese Verhältnisbestimmung zwischen der Wahrheit der Kirche und ihrem Recht eine dauernde und stets neu gestellte Aufgabe. In ihren rechtlichen Ordnungen erweist sich die Kirche besonders anschaulich als die religiöse Institution der Gesellschaft. Die Frömmigkeit wird sich weder mit dieser Auffassung von Kirche noch mit der von ihrer Ordnung zufrieden geben. Sie kann solche Voraussetzungen ihrer selbst jedoch auch nicht verleugnen.

Lehrbücher für das praktische Kirchenrecht sind: A. Stein (Evangelisches Kirchenrecht, 1985[2]), O. Friedrich (Einführung in das evangelische Kirchenrecht, 1961, unter besonderer Berücksichtigung der Badischen Landeskirche) und A. Erler (Kirchenrecht, 1975[4]).

6. Kapitel – Amt

Die Kirchen der Reformation haben zu allen Zeiten ein leicht irritierbares und nicht selten ein etwas unsicheres Verhältnis zu ihrem eigenen Amtsverständnis gehabt. Charakteristisch dafür ist der Satz, mit dem P. Brunner 1959 einen Vortrag begann: „Die Lehre vom geistlichen Amt ist in der evangelischen Kirche in mancher Hinsicht noch ungeklärt, unsicher und umstritten" (Pro Ecclesia, Gesammelte Aufsätze, 1962, 293). Das hat Gründe. Sie liegen sicher auch in der öffentlichen Einschätzung des geistlichen Amtes, die durch die Jahrhunderte hindurch den stärksten Wandlungen unterworfen war. Sie liegen aber vor allem in den Besonderheiten der theologischen Argumentation, mit der in den Kirchen der Reformation das Amt bestimmt wird. Im Gegensatz zum katholischen ist nach evangelischem Verständnis das Amt, nicht aber dadurch schon der Amtsträger, ausgezeichnet. Der ehrfurchtheischende katholische Priester soll für die Reformation verschwinden. Dennoch spielt auch in den Kirchen der Reformation das Amt eine fundamentale Rolle. Es ist indessen komplizierter geworden, diese Rolle genauer zu bestimmen. Gerade gegenüber den leicht faßlichen Formeln und Anschauungen der römischen Kirchenlehre wirkt die Begründung des kirchlichen Amtes in der Reformation schwerer und unzugänglicher. Es gehört indessen zu den Folgen der Rechtfertigungslehre, daß im evangelischen Amtsbegriff unterschiedliche Perspektiven und Argumente verbunden und aufeinander bezogen werden müssen.

§ 20 Der evangelische Amtsbegriff

1. Die Reformation

Das Amtsverständnis der Reformation hat sich – ähnlich wie das Kirchenverständnis – in kritischer Auseinandersetzung mit dem römisch-katholischen Begriff des Amtes entfaltet. Der mittelalterlich-katholische Priester ist in Person Vermittler des Heils. Der Priesterbegriff ist primär an der Befähigung zum sakramentalen Handeln orientiert. „Sacrificium et sacerdotium ita Dei ordinatione coniuncta sunt ut utrumque in omni lege exstiterit" (Tridentinum, sess. XXIII, 1563, D. 1764). Priester ist, wer die Sakramente wirksam zu spenden vermag. Der Opferbegriff des Abendmahls im Zusammenhang der mittelalterlichen Lehre von Sakrament und sakramentaler Gnade fordert den Priester, der durch mittlerische Handlungen „Gott anbetet und versöhnt, dankt und bittet und für das Volk Gnaden vom Himmel herabzieht" (A. Hauck, Art. Priestertum, Priesterweihe, in: RE[3] 16, 50). Daraus ergeben sich Sinn und Ziel der Priesterweihe (sacramentum ordinis). In dieser sakramentalen Handlung findet zugleich die Aufnahme des Ordinanden in den priesterlichen ordo und die Vermittlung derjenigen Qualifikation statt, die seine priesterliche Vollmacht begründet und sein sakramentales Handeln wirksam sein läßt. Diese Qualifikation wird ihm als ein „Charakter", der ihm sein Leben lang bleibt, „aufgeprägt" (Tridentinum, sess. XXIII, 1563, D. 1774). Die Befähigung zum sakramentalen Handeln (potestas ordinis) wird ergänzt durch die Vollmacht, die Kirche zu leiten und ihr Recht zu verwalten (potestas iurisdictionis). Spätestens hier wird sichtbar, daß der katholische Amtsbegriff nicht vom einzelnen Priester, sondern vom Bischofsamt her konzipiert ist. Der Bischof ist der wirkliche Inhaber des kirchlichen Amtes. Er kann vermittels der Weihegewalt Amtskompetenzen an die ihm Unterstellten delegieren. Aber diese Delegation gilt uneingeschränkt nicht einmal für die potestas ordinis, denn der einfache Priester kann nicht firmen und nicht die Priesterweihe spenden. Vor allem aber bleibt die eigentliche Entscheidungsvollmacht in Rechtsfragen beim Bischof, sofern sie nicht überhaupt beim Papst und bei den päpstlichen Behörden liegt. So zeigt sich in der Stufung der Weihevollmachten und der Jurisdiktionskompetenzen der Aufbau der kirchlichen Hierarchie. Erst aus dieser Hierarchie im Ganzen ergibt sich ein vollständiges Bild des Amtes in der katholischen Kirche.

Auch das Zweite Vatikanische Konzil (1962–1965) hat in diesen Fragen alle Grundsätze bestätigt. Vgl. dazu E. Fahlbusch (Kirchenkunde, 1979, 62 ff.). Der ältere Lehrbestand findet sich kritisch aufgearbeitet bei G. F. Oehler (Lehrbuch der Symbolik, 1891[2], 220 ff.; 307 ff.). Die Position katholischer Dogmatik ist instruktiv vertreten bei M. Schmaus (Der Glaube der Kirche, Handbuch katholischer Dogmatik, 2 Bde., 1969–70, II, 98 ff.).

Die Kritik der reformatorischen Theologie am mittelalterlich-katholischen Amts- und Priesterverständnis war in verschiedener Hinsicht herausgefordert und begründet. Sie betraf den zugrundeliegenden Opfergedanken und die Gnadenlehre ebenso wie alle Vorstellungen einer priesterlichen Mittlerschaft durch Menschen, und daher nicht weniger die Vorkehrungen und Einrichtungen, die einem solchen Priestertum dienen sollten, wie vor allem die Priesterweihe. Die Reformation hat hier also nicht durch Korrekturen oder Veränderungen im einzelnen ihren Standpunkt formulieren können. Sie mußte vielmehr neu und im eigenen Lehrzusammenhang ihr Amtsverständnis zu begründen suchen.

Luther hat das Amtsverständnis zunächst aus dem Gedanken vom allgemeinen Priestertum entwickelt. Jeder Unterschied zwischen Priestern und Laien ist aufgehoben, denn alle Christen sind gleichen geistlichen Standes: „Was aus der Taufe gekrochen ist, das darf sich rühmen, daß es schon zu Priester, Bischof und Papst geweiht sei, obwohl nicht einem jeglichen ziemt, solches Amt zu üben" (An den christlichen Adel, 1520, BoA 1, 367). Jeder Christ also könnte das geistliche Amt innehaben. Deshalb aber kann niemand in das Amt kommen „ohne der Gemeinde Willen und Befehl" (ebd.). Gerade weil es jeder sein könnte, darf es nur der sein, der von allen berufen wird und in ihrem Auftrag das Amt führt. Luther vergleicht den Pfarrer mit dem „Amtmann" in Dorf oder Stadt, der in sein Amt berufen wird, der aber jederzeit wieder in seinen alten Stand zurückkehren kann (ebd.). Der Grundsatz vom allgemeinen Priestertum besagt also gerade nicht, daß jeder Christ als Pfarrer tätig sein soll. Er besagt vielmehr, daß jeder, der zum allgemeinen Priestertum gehört, auf die eigene Ausübung des öffentlichen Priesterdienstes verzichtet bei der Berufung eines anderen in das Amt. Deshalb gewinnt die vocatio hier besonderes Gewicht. Die Reformation hat diesen Begriff geprägt, und in dem mit ihm bezeichneten Vorgang die einzige und wesentliche Legitimation für den Inhaber des Amtes gesehen. Die Vokation (durch Gemeinde oder Obrigkeit) tritt an die Stelle der Priesterweihe: nicht zur Vermittlung neuer persönlicher Qualitäten, sondern als Einsetzung in Rechte und Pflichten des Amtes.

Luther hat diese Grundgedanken später von einer anderen Seite her ergänzt. Das Amt selbst – unabhängig von der Frage seiner Besetzung – ist von Gott eingerichtet und gestiftet und zwar wie Predigt und Sakrament und zu ihrem Vollzug (vgl. W. Brunotte, Das geistliche Amt bei Luther, 1959, 118 ff.). Das Amt ist Grundordnung der Kirche und in seinem Zusammenhang genauso zu verstehen, wie die weltlichen Ämter in ihrem. Luther sieht die Lebenswelt durch die Stände und die mit ihnen verbundenen Ämter so strukturiert, daß sie dadurch erst für den Menschen in Frieden und Ordnung bewohnbar wird. Entsprechend ist das kirchliche Amt gegeben oder „gestiftet", damit die Kirche sein kann, was sie sein soll: Ort der Predigt und der Sakramente.

„Ich hoffe ja, daß die Gläubigen ... wohl wissen, daß der geistliche Stand sei von Gott eingesetzt und gestiftet ..." (Predigt, daß man Kinder zur Schule halten soll, WA 30, II, 526). Luthers Amtsverständnis ist vielfach untersucht worden. Materialreich ist die (katholische) Arbeit von W. Stein (Das geistliche Amt bei Luther, 1974). Unübertroffen sind die Analysen bei W. Elert (Morphologie II, 49 ff.; 65 ff.). Besonders umfassend ist die Darstellung von H. Fagerberg (Art. Amtsverständnis VI, in: TRE 2, 552 f.).

Melanchthon und die Bekenntnisschriften haben diese Grundlinien aufgenommen. Die CA formuliert den evangelischen Amtsbegriff in Artikel V.

„Ut hanc fidem consequamur, institutum est ministerium docendi evangelii et porrigendi sacramenta. Nam per verbum et sacramenta tamquam per instrumenta donatur spiritus sanctus, qui fidem efficit, ubi et quando visum est Deo, in his, qui audiunt evangelium, scilicet quod Deus non propter nostra merita sed propter Christum iustificet hos, qui credunt se propter Christum in gratiam recipi."

„Solchen Glauben zu erlangen, hat Gott das Predigtamt eingesetzt, Evangelium und Sakrament geben, dadurch er als durch Mittel den heiligen Geist gibt, welcher den Glauben, wo und wenn er will, in denen, so das Evangelium hören, wirket, welches da lehret, daß wir durch Christus Verdienst, nicht durch unser Verdienst, ein gnädigen Gott haben, so wir solchs glauben."

Danach ist das Amt eine Grundordnung der Kirche, die auf Gott selbst zurückgeht. Die Institution des Amtes steht nicht im Belieben der Menschen oder der Kirche: Es soll sein. Freilich macht es die Besonderheit dieses Amtes aus, daß es zugleich Institution und Funktion ist (ministerium). Das Amt besteht darin, daß Predigt und Sakramentsverwaltung vollzogen werden, nicht aber in objektiven Qualitäten, die davon ablösbar oder unterscheidbar wären. Inhaber dieses Amtes kann nur sein, wer „ordentlich berufen" ist:

„De ordine ecclesiastico docent quod nemo debeat in ecclesia publice docere aut sacramenta administrare nisi rite vocatus."

„Vom Kirchenregiment wird gelehrt, daß niemand in der Kirchen offentlich lehren oder predigen oder Sakrament reichen soll ohn ordentlichen Beruf."
(CA XIV).

Damit ist der Vorgang bezeichnet, in dem die Gemeinde derer, die alle geistlichen Standes sind, das Amt einem aus ihrem Kreis überträgt.

Das lutherische Amtsverständnis hat seine Eigenart nicht zuletzt durch eine doppelte Frontstellung gewonnen: durch die Kritik am katholischen Amtsbegriff einerseits und durch die an der Amtsverachtung der Schwärmer andererseits.

Freilich entspricht die im Amtsbegriff beschlossene Verbindung von lebensgestaltender Ordnung und geschichtlich-aktueller Aufgabe ganz dem lutherischen Grundverständnis. Dadurch wird das Amt – wie die Kirche selbst – zum auslegungsfähigen und auslegungsbedürftigen Thema der Theologie. In wechselnden Epochen sind die Akzente dabei sehr verschieden gesetzt worden. Zum Amtsverständnis Melanchthons findet sich eine eingehende Analyse bei K. Haendler (Wissen und Glaube bei Melanchthon, 1968, 279 ff.).

Calvins Amtsverständnis ist von der Überzeugung geleitet, daß die christliche Gemeinde von ihrem Herrn selbst regiert wird und zwar so, daß er sich dabei der Menschen wie seiner „Stellvertreter" bedient (Inst. IV, 3,1). Das zentrale Amt ist auch für Calvin das Predigtamt. Aber er findet darüber hinaus eine Reihe weiterer Ämter eingerichtet, und zwar unter Berufung auf das Neue Testament: Pastoren und Lehrer (als ein Amt oder in zwei Ämtern); Älteste, die für die Disziplin und die Erziehung in der Gemeinde zuständig sind; und Diakone für die Armenpflege (Inst. IV, 3, 2 ff.). Vermutlich hat Calvin gerade diese Ämter und Aufgaben herausgehoben, um die von der Prädestinationslehre geforderte sichtbar christliche Lebensgestaltung der Gemeinde einzuführen und durchzusetzen.

Quellen für die reformierte Ämterlehre sind, außer der Institutio, Heppe-Bizer, „Die reformierten Bekenntnisschriften," ferner ausführlich H. Fagerberg (Art. Amtsverständnis VI, in: TRE 2, 568 ff.).

2. Ämter im Urchristentum

Entstehung und Entwicklung von Gemeindeämtern in der frühen christlichen Zeit stehen in unmittelbarem Zusammenhang mit dem Aufbau und der Entfaltung des neutestamentlichen Kirchenverständnisses und also mit dem Selbstbewußtsein des Urchristentums überhaupt. Der geschichtliche Prozeß läßt sich in Form von Etappen darstellen (s. o. S. 246 ff.). Sie zeigen, daß die urchristlichen Ämter sich in ganz verschiedenen und sehr differenzierten Zusammenhängen entwickelt haben. Die Richtung auf ein einheitliches Verständnis hat sich erst spät ausgebildet. Die verschiedenen Ausprägungen der Ämter werden sichtbar, wenn die Analyse von den Gruppen und Sammlungen neutestamentlicher Texte ausgeht (J. Rohde, Urchristliche und frühkatholische Ämter, 1976). Daraus lassen sich einzelne historische Entwicklungslinien rekonstruieren, die die jeweils besonderen Begründungen und Ziele im Amtsverständnis deutlich machen (J. Roloff, Arbeitsbuch Neues Testament, 1977, 62 ff.; ders., Art. Amtsverständnis IV, in: TRE Bd. 2, 509 ff.).

a) In der nachösterlichen Jerusalemer Urgemeinde bildete sich das erste Leitungsgremium in Gestalt des Zwölferkreises unter Führung des Petrus (vgl. Act 1, 15 ff.). Aber dieser Kreis bestand offenbar im wesentlichen als Symbol der eschatologischen Naherwartung. Paulus fand in Jerusalem Gemeindeleiter vor, die er als „Apostel" (Gal 1, 17 ff.) und später als „Angesehene" und als „Säulen" (Gal 2, 2 ff.) bezeichnet. Dann findet sich hier der Kreis der Presbyter (mit dem Herrenbruder Jakobus, Gal 2, 12; Act 11, 30) wohl nach jüdischem Vorbild (es könnten aber schon die „hellenistischen Sieben", Act 6, 1 ff., dazugehören). Der Sinn dieses Presbyteramtes bestand danach vor allem in der Wahrung der jungen christlichen Tradition: Worte und Taten Jesu, aber auch Tod und Auferstehung mußten bezeugt und überliefert (H. v. Campenhausen, Kirchliches Amt und geistliche Vollmacht, 1953, 85) und das Gemeindeleben geregelt werden (Act 6, 2).

b) Missionare, Lehrer oder Propheten bestimmen das Bild der Gemeindeleiter und der religiösen Führerschaft in Antiochien (Act 13, 1 ff.). Es handelt sich offenbar um charismatische Wanderprediger, die nur gelegentlich länger in einer Gemeinde blieben (Act 13, 2; vgl. G. Theißen, Soziologie der Jesus-Bewegung, 1977). Umherziehende Apostel oder Propheten aus diesem Kreis sind noch der Didache (Syrien, Anfang des 2. Jahrhunderts) bekannt (Did 11–16). Auch im Matthäusevangelium und im Johanneischen Schrifttum finden sich ihre Spuren (Mt 28, 18–20; Joh 15, 15; vgl. die Gestalt des „Alten" in II Joh 1; III Joh 1) wie auch in der Apokalypse (der Seher und seine Brüder, 19, 10). Hier ist mit dem missionarischen das prophetische Element verbunden gewesen. Die Inhalte dieser prophetischen Wirksamkeit sind allerdings nicht mehr zu ermitteln.

c) Paulus hat den Apostelbegriff gegenüber dem von ihm vorgefundenen Wortsinn (z. B. Act 13, 2) neu interpretiert. Er sieht den Apostel durch die persönliche Berufung des Auferstandenen eingesetzt (Gal 1, 12; 15; I Kor 15, 7 f.; vgl. U. Wilckens, Der Brief an die Römer, I, 1978, 62 ff. zu Röm 1, 1). Daraus geht hervor, daß er an eine einfache Weitergabe und Fortführung des Apostelamtes nicht gedacht hat. Er hat aber andererseits das Apostelamt in die Gruppe der Gemeindeämter eingefügt, deren Zahl und Art sich offenbar den geschichtlichen Verhältnissen der Gemeinde (in Korinth wie in Rom) verdankt (I Kor 12, 27 ff.; Röm 12, 3 ff.). J. Roloff hat auf Themen paulinischer Theologie aufmerksam gemacht, in deren Zusammenhang die Ämter und Dienste näher bestimmt werden: Das Amt hat seinen Ort und seine Bedeutung innerhalb der Heilsgeschichte (Röm

1, 5), es ist Zeichen und Ausdruck des Geistes und seiner Kraft (I Kor 12, 1), es bleibt ganz auf den Dienst in und an der Gemeinde (dem „Leib Christi", Röm 12, 4ff.) bezogen (TRE, Bd. 2, 518ff.). Die bündige Zusammenfassung des paulinischen Amtsbegriffs bildet die Formel „Amt der Versöhnung" (II Kor 5, 18). Sie verweist auf die Begründung dieses Amtes in der Versöhnung durch Jesus Christus; sie zeigt daher auch, daß Predigt und Evangelium die zentralen Bestimmungen des Amtes bilden.

d) Die folgende Entwicklung ist gekennzeichnet durch die Tendenz zur Vereinheitlichung und zur Stabilisierung der Ämter. Sie gilt als erster Schritt auf dem Weg zum Frühkatholizismus. Sie beginnt mit einer deutlicheren Unterscheidung der amtierenden Lehrer von den „Aposteln und Propheten" (Eph 2, 20; 4, 11). In den Pastoralbriefen ist das Amt ganz zum „Lehramt" geworden, das die Lehre als Tradition („gesunde Lehre", I Tim 1, 10) voraussetzt. An die Person des Amtsinhabers werden bestimmte (katalogisierte) Forderungen gestellt (I Tim 3, 1–7; Tit 1, 6–9; I Petr 5, 1ff.) und ihre Aufgaben werden präzisiert (I Tim 4, 13).

Der Sprachgebrauch läßt dabei zwei Titel in den Vordergrund treten: „Älteste" (I Petr 5, 1) und „Episkopen" (I Tim 3, 1). Der Sache nach kommt es zu einer Verbindung beider Traditionen. Dieser Vorgang läßt sich eher unter dem Aspekt der kontinuierlichen Fortbildung verstehen (J. Roloff, 522ff., im Anschluß an H. v. Campenhausen, Kirchliches Amt und geistliche Vollmacht, 1952, 91), wiewohl auch eine Deutung im Sinne des Bruchs oder der Neubildung (E. Käsemann, Amt und Gemeinde im Neuen Testament, EVB, I, 109ff.) möglich ist. Das Amt, bisher in freier Verkündigung ausgeübt, wird jetzt „konstitutiv" für die Kirche; seine Inhaber werden „Beamte" (R. Bultmann, Theologie des Neuen Testaments, 1954^{2}, 450ff.). In der Unabsetzbarkeit der Amtsträger findet diese Entwicklung einen gewissen Abschluß (I Clem 44); Ignatius schließlich vertritt den monarchischen Episkopat (IgnEph 1, 3). Auch die Leitung des Kultes liegt jetzt in den Händen des Bischofs. – Eine zusammenhängende Darstellung der historischen Lage und der Ämter in den Pastoralbriefen gibt H. v. Lips (Glaube – Amt – Gemeinde, 1979); s. a. K. Kertelge (Das kirchliche Amt im Neuen Testament, 1977).

e) Dieser historische Prozeß muß nicht notwendig als Geschichte des Verfalls verstanden werden. Die Entwicklung des festen, mit religiöser Vorstellung beladenen (der Bischof repräsentiert Gott selbst, so IgnEph 5, 3) und hoch respektierten Amtes ist ganz wesentlich Folge des geschichtlichen Wandels. Gewandelt hatte sich vor allem die religiöse Grundstimmung: Die gespannte Naherwartung ist spätestens am Beginn des 2. Jahrhunderts erloschen. Daraus erwuchs die Aufgabe, die Kirche in der irdischen Zeit und in der geschichtlichen Gesamtsituation zu etablieren und für die Dauer einzurichten. Schon früher war die Überzeugung aufgekommen, daß das Amtscharisma durch die Ordination verliehen werde (I Tim 4, 14). Aber die liturgische Form ist hier offenbar an die Stelle der spontanen Macht- und Geisterweise getreten, und zwar deshalb, weil es Charismatiker nicht mehr gab. Die Verhältnisse in Korinth ließen sich nicht in den kirchlichen Alltag transferieren: Tragfähige und dauerhafte Formen für Amtsverständnis und Gemeindeleben unter den Bedingungen irdischer Geschichte mußten erst geschaffen werden, und sie ergaben sich aus einer Auslegung der Anfänge. Tatsächlich sind die frühkatholischen Ämter, dem Selbstverständnis ihrer Epoche nach, Interpretationen und ausgestaltende Deutungen der Ursprünge. Darin finden sie ihre Legitimation und ihre Aufgabe angesichts der Forderungen neuer geschichtlicher Konstellationen. Die Kirche des 2. Jahrhunderts hat ihre Tradition darin zu bewahren gesucht, daß sie diese Überlieferung nach Form und Inhalt definitiv festzulegen trachtete. Sie hat die Gemeinden in religiöse Abhängigkeit versetzt und das Heil auch an äußeren Gehorsam gebunden, aber sie ist damit, selbst in apokalyptischen Lagen, in den Händen verantwortungsfähiger Amtsträger gewesen. Das frühkatholische Amtsverständnis ist eine Auslegung seiner Ursprünge. Es ist nicht die einzige. Aber die Erbschaften, die charismatische Epochen ihren Erben zumuten, sind selten einfach. Ihnen ist immer nur und allenfalls durch Auslegung gerecht zu werden. Auslegungen aber lassen verschiedene Wege zu.

3. Das Amtsverständnis in der Gegenwart

Das Thema „kirchliches Amt“ ist in den letzten Jahrzehnten kaum in den Vordergrund der kirchlichen und theologischen Aufmerksamkeit getreten. Ganz generell läßt sich sagen, daß betont lutherische Publikationen sich häufiger zum Thema geäußert haben (z. B. H. Asmussen, Die Kirche und das Amt, 1939; G. Siegwalt, Die Autorität in der Kirche, in: Das Evangelium und die Zweideutigkeit der Kirche, hg. v. V. Vajta, 1973), während sonst eher distanziert oder abwehrend vom „Amt“ die Rede ist. In der zeitgenössischen reformierten Theologie wird das Thema geradezu gemieden, obwohl doch gerade die calvinistische Tradition die Gemeindeämter als zentrale Institutionen der Kirche angesehen hatte. Die Gründe für diese Entwicklung dürften einerseits in der allgemeinen Verunsicherung liegen, die das kirchliche Amt mindestens seit diesem Jahrhundert betroffen hat (s. u. S. 294). Andererseits aber hat sich in der Kirche selbst und unter großen Teilen der Pfarrerschaft eine Mentalität ausgebreitet, die im „Amtsbewußtsein“, in der „Pastorenkirche“ und schon im geringsten Hervortreten des „geistlichen Amtes" die Ursachen für alle Verirrungen und Mißerfolge des kirchlichen Lebens seit dem 19. Jahrhundert erblickt. „Die Zeit einer ‚herrschaftlichen' Pastorenkirche ist endgültig abgelaufen. Damit aber wohl auch die Zeit ihrer ‚sakramentalen' Legitimierung" (E. Wolf, in: H. Ammer u. a., Hg., Gemeinde – Amt – Ordination, Votum des Ausschusses der EKU, 1970, 93). Diese Kritik ist umso wirksamer, als sie offen läßt, wen sie eigentlich meint. Es läßt sich deshalb schwer ein allgemeiner und überall akzeptierter Bestand der Geltung und der Bedeutung des kirchlichen Amtes erheben. Stattdessen werden nicht selten besondere Akzente oder spezifische Einstellungen sichtbar, von denen sich Pfarrer in ihrem Amt und in ihrer Amtsführung bestimmen lassen. Dem entspricht auf der anderen Seite, daß die Theologie ihrerseits vor allem Einzelthemen und besondere Aspekte des Amtsverständnisses in den Vordergrund rückt.

In mehreren Beiträgen hat P. Brunner seine Lehre vom kirchlichen Amt entfaltet (Kirche und Amt, in: Pro Ecclesia, Gesammelte Aufsätze zur dogmatischen Theologie, 1962, 205 ff.). Sein Interesse gilt vor allem dem Stiftungscharakter des Amtes, seiner Einsetzung iure divino und den Konsequenzen, die sich daraus ergeben (z. B. für die Berufung 247 ff. und für das Verständnis des Bischofsamtes 251 ff.; 256 ff.). Ganz im Gegensatz dazu sucht F. Viering das Amt nicht als „Gegenüber" zur Gemeinde zu beschreiben und die Unterschiede zwischen dem „besonderen Auftrag" und dem „Auftrag der Verkündigung", der jedem Glied der Gemeinde gilt, „möglichst zu nivellieren" (Das Amt des Gemeindepfarrers, in: H. Ammer, Hg., Gemeinde – Amt – Ordination, Votum des Ausschusses der EKU, 1970, 40; 42). W. Pannenberg entfaltet den Amtsbegriff im Blick sowohl auf die kirchliche Tradition wie auf die geschichtliche Erfahrung. Er sieht das Amt durch die eschatologische Sendung der Gemeinde begründet und von der Aufgabe der „Repräsentation" der Kirche und ihrer Einheit bestimmt (Thesen zur Theologie der Kirche, 1970, 41 ff.).

Das Amtsverständnis ist in der Theologie wie in der kirchlichen Öffentlichkeit und in der Pfarrerschaft selbst von unterschiedlichen Richtungen und Tendenzen bestimmt. W. Neidhart hat vier typische Formen beschrieben, und zwar am Leitfaden entsprechender Positionen der Praktischen Theologie (Der Auftrag des Theologen heute, in: Strukturprobleme der Kirche, Sammlung von Vorträgen, hg. v. Synodalrat des Kantons Bern, Heft 6, 1968, 90 ff.). Das ist zunächst das von der Formel „Verkündigung des Wortes Gottes" geleitete Verständnis, sodann die priesterlich-liturgisch geprägte Amtsauffassung, ferner die diakonisch-sozialethische Orientierung und schließlich das Bild des Pfarrers als des theologischen Fachmanns. W. Lohff hat in einer ähnlichen Analyse die

Unterscheidung von sechs derartigen typischen Verständnisrichtungen aufgenommen: das ordnungstheologische, das pastorale, das charismatische, das kerygmatische, das quasi-soziologische und das quasi-politische Verständnis (Theologische Konzeption und Gemeindeleitung, in: Theologie und Kirchenleitung, FS für Martin Fischer, hg. v. W. Erk und Y. Spiegel, 1976, 226 ff.). Alle diese Typisierungen lassen sich unschwer auf theologische Richtungen der Zeit verteilen. Ihnen allen ist gemeinsam, daß sie jeweils einen bestimmten Aspekt ihrer Interpretation des kirchlichen Selbstverständnisses in den Mittelpunkt des Amtsbegriffs stellen und alle anderen Aufgaben dem ein- und unterordnen. Tatsächlich wird in keinem Fall davon ausgegangen, daß das Amt ausschließlich als z. B. sozialethischer oder liturgischer Auftrag zu begreifen sei. Aber der gesamte Aufgabenkreis soll doch von einem jeweils besonderen und neu begründenden Motiv her verstanden werden. Das verleiht diesen Bestimmungen des kirchlichen Amtes einen programmatischen Charakter und macht auf die ihnen innewohnenden rivalisierenden Tendenzen aufmerksam. Vor allem aber ist diese Form des Amtsverständnisses durch zwei zentrale Probleme gekennzeichnet, die sich in Problematisierungen der praktischen Amtsführung auswirken.

W. Neidhart hat darauf aufmerksam gemacht, daß keine dieser Bestimmungen die Perspektive konkreter Erfahrung und die Bedürfnisse des Gemeindelebens sachgemäß berücksichtigt (96 ff.). Allgemeiner gefaßt handelt es sich hier um das Problem der Geschichtlichkeit des Amtes (dazu G. Ebeling, WuG III, 524 ff.). Wenn das kirchliche Amt allein aus theologischen Prinzipien deduziert wird, dann verfehlt es nicht nur seine geschichtliche Aufgabe, sondern auch seinen theologischen Sinn, insofern dieser Sinn jeweils durch die Auslegung im geschichtlichen Zusammenhang gewonnen werden muß.

Auf das andere Problem hat W. Lohff hingewiesen. Die unterschiedlichen Bestimmungen des Amtes zwingen dazu, „alle möglichen kontrovers bleibenden Qualifikationen für die Gemeindeleitung zu suchen" (235). Wird das Amt von programmatisch gefaßten Aufgaben her verstanden, dann wird die Legitimation der Amtsführung von der Erfüllung dieser Aufgaben abhängig. Die Legitimation muß erworben und bewährt werden. In diesen Fällen werden Funktion und Institution des Amtes auseinandergerissen. Das aber widerspricht dem evangelischen Amtsbegriff. Die Funktionen des Amtes sind nicht durch die Qualifikationen dessen legitimiert, der sie ausübt. Evangelische Amtsführung bemißt sich nicht nach Erfolg oder Mißerfolg. Deshalb gewinnt dieses Amt seine Legitimation aus seiner Institution und unabhängig von der Qualität der

Amtsführung, freilich so, daß diese Institution in den Funktionen von Predigt und Sakramentsverwaltung ihre Wirklichkeit hat.

§21 Das Amt und die Gemeinde

1. Der christliche Sinn des Amtes

In der evangelischen Kirche ist das Amt eine Funktion der Botschaft, für die diese Kirche steht. Die Selbstorganisation der Kirche durch das Amt bringt den Glauben zum Ausdruck, daß das Heil durch das Wort begründet und bewirkt wird. „Amt" bezeichnet den Sachverhalt, daß das „Wort" und der mit diesem Begriff gemeinte Zusammenhang von Überlieferung und Auslegung konstitutiv ist für die Kirche und den christlichen Glauben. Das Amt verweist auf den institutionellen Ort des Wortes. Darin wird es zum Symbol der Botschaft und bildet die inneren Strukturen ab, die den Zusammenhang von Tradition und Auslegung bestimmen.

a) Das Amt steht der Gemeinde so gegenüber, wie Wort und Botschaft dem Menschen gegenüberstehen. Darin ist festgehalten, daß das Wort dieser Botschaft nicht aus der eigenen Mitte der Menschen kommt, die es hören. Es verbürgt vielmehr gerade als äußeres Wort erst seinen religiösen Sinn. G. Ebeling spricht in diesem Zusammenhang von der „Externität" des Wortes.

„Daß der Gesichtspunkt der Externität für das christliche Wort bestimmend ist, gilt in mehrfacher Hinsicht: Der Mensch schöpft es nicht aus sich selbst, sondern empfängt es von außen. Es wirft ihn auch nicht auf ihn selbst und seine eigene Leistung zurück, sondern ist ein Wort der Gnade und des Glaubens, wie die reformatorische Theologie durch die Zusammengehörigkeit des extra nos und des pro nobis unterstrichen hat. Und es ist eben deshalb Gottes Wort, weil es verstehen lehrt, daß der Mensch in seiner Worthaftigkeit überhaupt durch ein Gegenüber unbedingt angegangen und darauf ausgerichtet ist; ein Gegenüber, das sich nicht in Mitmenschlichkeit auflösen läßt" (WuG III, 385). Dieses Gegenüber wird in der Institution des Amtes abgebildet und festgehalten.

b) Die Wahrnehmung der Botschaft als des Zusammenhangs von Tradition und Auslegung ist eine jeweils subjektive Leistung, aber sie ist mehr als das und geht darin nicht auf. Als Botschaft der Kirche ist sie nicht allein zufällige oder beliebige persönliche Äußerung. Sie trägt vielmehr überindividuelle Züge, ihr eignet Objektivität. Diese elementaren Merkmale von Wort und Botschaft werden in der Institution des Amtes abgebildet und reflektiert. Das Amt ist mehr als der zufällige Beruf eines zufälligen Menschen: Es fordert die Verantwortung für die Objektivität der Botschaft und gegen ihren Mißbrauch durch subjektive religiöse Willkür.

W. Pannenberg spricht von einer „Teilhabe der kirchlichen Ämter an der Sendung Jesu" und führt im Blick auf die Verkündigung der Gottesherrschaft aus: „Diese Sendung Jesu wird durch seine Apostel und durch die Kirche fortgeführt" (Thesen zur Theologie der Kirche, 1970, 43). Der Bezug auf die geschichtliche Überlieferung, die durchaus nicht in subjektiven Stellungnahmen aufgeht, verdeutlicht die überindividuelle Perspektive des Amtes und seiner Aufgaben. Der Pfarrer muß sich dessen bewußt sein, daß er mehr repräsentiert als seine persönliche religiöse Meinung.

c) Die Institutionalisierung des Amtes bezeichnet seine dauerhafte Einrichtung und verweist damit auf die geschichtliche Zeit. Auch darin entspricht das Amt dem Evangelium, dessen Verkündigung es dienen soll. Das Amt ist für alle Zeit eingerichtet und das besagt, daß jede Zeit auf ihre Weise das Amt für sich zu begreifen hat. Geschichtlichkeit des Amtes meint gerade nicht seine Zeitlosigkeit oder Überzeitlichkeit. Das Amt bedarf zu seinem zeitgerechtem Verständnis vielmehr – wie das Evangelium – der Auslegung. Es ist auslegungsbedürftig, insofern es auslegungsfähig ist.

G. Ebeling hat die „Geschichtlichkeit von Kirche, Amt und Theologie" eingehend erläutert (WuG III, 524 ff.). „Das christliche Überlieferungsgeschehen erfüllt nur dann seine Aufgabe, wenn der christliche Glaube nicht mit einer bestimmten einzelnen Traditionsgestalt verwechselt wird, sondern kraft Einkehr in seinen Ursprung und Grund für geschichtlichen Gestaltwandel offenbleibt" (ebd.). Was für die Überlieferung und ihre Auslegung schlechthin gilt, gilt in gleicher Weise für das Amt: Es muß nach Ursprung und Grund in jeder Zeit sachgemäß zur Geltung gebracht werden. Denn im geschichtlichen Vollzug sind „Kirche, Amt und Theologie untrennbar ineinander integriert" (525).

d) W. Trillhaas nennt die reformatorische Begründung des Amtes „radikal" und „einfach", weil sich „das Amt der Kirche aus seinem Zweck erklärt, nämlich Menschen zum Glauben zu rufen und sie in der Gemeinschaft des Leibes Christi zu erhalten" (Der Dienst der Kirche am Menschen, 1950, 16). Sachgemäße Feststellungen wie diese machen darauf aufmerksam, daß es also mehrere und verschiedene Ämter von gleicher kirchlicher Bedeutung zumindest nach lutherischem Verständnis nicht geben kann. Aber auch die reformierte Kirche kann nicht umhin, dem minister verbi divini einen Vorrang vor Diakonen, Lehrern u. a. zuzuerkennen. C. H. Ratschow spricht daher von einem „Grund-Amt" der Kirche, dem „insofern mit Recht auch die Leitung der Gemeinde als

Hirten-Amt anvertraut ist" (Art. Amtsverständnis VIII, in: TRE, Bd. 2, 618).

Das dabei zugrunde liegende Problem entsteht einmal aus der wachsenden praktischen Bedeutung der verschiedenen Gemeindeaufgaben (z. B. pflegerische, diakonische, pädagogische Aufgaben), die haupt- oder nebenamtlich institutionalisiert werden und der damit verbundenen Gefahr der Neubildung einer „Hierarchie" oder doch eines „Klerus minor". Es entsteht ferner aus dem einer „mündigen Gemeinde" zugeschriebenen Anspruch auf Gleichberechtigung ihrer Vertreter (Presbyterium, Kirchenvorstand, Gemeindekirchenrat) mit dem Pfarramt. Die Selbstorganisation der Gemeinde nach ihren konkreten Bedürfnissen ist freilich ein wesentlicher Teil ihres Lebensvollzuges. Sie darf jedoch nicht übersehen, daß das „Amt" seinem Zweck dort entspricht, wo die Gemeinde begründet und erhalten wird, während alle anderen Aufgaben als Folgen dieser Begründung und des Lebens der Gemeinde auftreten. Sie entsprechen den wechselnden geschichtlichen Lagen und dürfen schon um solcher Wandlungsfähigkeit willen nicht nur mit dem Verkündigungsamt gleichgesetzt werden. Das gilt nicht nur für Aufgaben diakonischer und pädagogischer Art. Es gilt auch für Organisation und Verwaltung der Gemeinde selbst und für die entsprechenden Funktionen. Die reformatorische Tradition des Amtsverständnisses begründet in keiner Weise einen Vorrang von Personen und auch nicht eine „monarchische" Stellung des Pfarrers gegenüber der Gemeinde. Aber sie läßt keinen Zweifel zu an der Priorität und der Unvertauschbarkeit des Predigtamtes und seiner Funktion in der Kirche.

e) Das Bischofsamt ist nach reformatorischem Urteil mit dem des Pfarrers identisch. Die Erneuerung eines für die Kirche konstitutiven übergeordneten Leitungsamtes kommt nicht in Betracht. Aber es gab bereits für die Reformatoren eine Reihe von äußeren Gründen dafür, solche Funktionen in einem kirchlichen Amt zusammengefaßt zu wünschen, die den einzelnen Gemeinden zugute kommen, ihre Grenzen und Möglichkeiten aber übersteigen und nur im ganzen Zusammenhang eines organisierten Kirchentums gelöst werden können. Das sind vor allem die Aufgaben der Visitation, der Pfarrerberufung und der Pfarrerausbildung, aber auch die Behandlung von Streitfragen zwischen einem Pfarrer und seiner Gemeinde, von Lehrabweichungen und Disziplinarfragen. Die Kirchen der Reformation konnten vom Landesherrn die Wahrnehmung dieser Aufgaben unmittelbar nicht erwarten, obwohl ihm reichsrechtlich die Bischofsrechte übertragen waren („Summepiskopat" des Landesherrn). In der Regel wurde das Problem durch die Institution des Superintendenten (Dekan, Propst) gelöst, der als Ordinator und Visitator bischöfliche Aufgaben versah (W. Elert, Der bischöfliche Charakter der Superintendentur-Verfassung, Luthertum 1935, 353 ff.). Die Ausgestaltung dieser Ämter blieb sehr unterschiedlich, bis nach 1918 alle – auch die bischöflichen – Rechte auf die Kirche selbst übergingen und entsprechend Bischöfe (Kirchenpräsidenten, Landesbischöfe) berufen wurden. Hier konnte sich die Auffassung auswirken, daß, wie die Berufungskompetenz für den Pfarrer bei der einzelnen Gemeinde, die für das übergeordnete Amt bei der Gesamtheit der Gemeinden liege.

Eine Begründung des übergeordneten Bischofsamtes, die nicht nur an praktisch-geschichtlichen Aufgaben, sondern am Wesen des Amtes orientiert ist, erörtert P. Brunner (Vom Amt des Bischofs, in: Pro Ecclesia, 1962, 235 ff.).

f) Das Amt ist im Blick auf die christliche Religion mehr als nur deren Professionalisierung. Bloße Professionalisierung wäre beliebig und könnte ohne Schaden für die Religion selbst auch fehlen. „Amt" aber bezeichnet den Sachverhalt, daß ihre professionelle Repräsentanz im Wesen dieser Religion liegt, und daß sie also ohne solche „amtliche" Darstellung unvollständig wäre. Diese prinzipielle Gestalt des religiösen Berufs bringt eine Reihe von wesentlichen Merkmalen und Funktionen der Religion selbst zum Ausdruck. Das ist vor allem der Sachverhalt, daß die Religion einen überalltäglichen Charakter hat, daß also mehr in ihr liegt, als ohnehin und durch gewohnte Kommunikation mobilisierbar ist. Es wird ausdrücklich, daß die Religion nicht auf das beschränkt ist, was humaner Austausch und Zusammenschluß mit näher oder ferner Stehenden zu erbringen vermag. Sodann liegt im „Amt" der Hinweis auf die Kompetenz, mit der die Religion vertreten und zur Geltung gebracht wird. Man darf erwarten, daß nicht subjektive Beliebigkeit oder dilettantisches Interesse, sondern sachgemäße und allgemein gültige Maßstäbe die Tätigkeit und die Wirksamkeit dessen leiten, der die Religion öffentlich vertritt. Schließlich bringt der prinzipielle Charakter der Professionalisierung zum Ausdruck, daß die Religion nicht ohne Autorität, also mit dem Anspruch auf Wahrheit und Gültigkeit vertreten wird.

Besondere Bedeutung aber gewinnt das „Amt" als organisierendes Prinzip der religiösen Gemeinschaft. Allein diese Organisation durch das Amt und seine Funktionen macht eine Gemeinschaft möglich, die nicht an menschliche und von der Gemeinschaft geforderte Bedingungen geknüpft ist. Diese Gemeinschaft ist nicht abhängig von Sympathie oder Freundschaft. Sie ist für jedermann nach dessen eigener Entscheidung offen und zugänglich. Sie ist Gemeinschaft in Freiheit. Die religiöse

Gemeinschaft, die sich anders organisiert, wird notwendig deshalb zur Gesinnungsgemeinschaft, weil die Gleichheit der Überzeugungen an die Stelle des gemeinschaftsbildenden Prinzips treten muß. Das gilt auch für den umgekehrten Fall, daß nämlich eine solche Gleichheit der Überzeugungen gefordert wird, und daß, in dem Maß, in dem sie konstatiert werden kann, ein „Amt", gleich in welcher Gestalt, entbehrlich wird. Diese Gemeinschaft übt dann alle Funktionen gemeinschaftlich und durch jeden einzelnen in gleicher Weise aus. Überzeugungsgemeinschaften aber entwickeln in der Praxis notwendig Kontrollen und Einflußnahmen, um die entsprechende Gesinnung der Mitgliedschaft zu erhalten.

Eine gewisse Gefährdung durch solche Tendenzen zeigt sich bei P. Tillich. Er versteht die Kirche als „Geistgemeinschaft", für die zwar bestimmte Funktionen unerläßlich sind, nicht aber die entsprechenden Institutionen (Systematische Theologie III, 220; Über die Kirche als „Geistgemeinschaft" 165 ff.; 191 ff.). Deshalb bleiben die Bestimmungen über die Ausübung solcher Funktionen undeutlich: „Die Identität von Aufnehmen und Vermitteln schließt die Etablierung einer hierarchischen Gruppe aus, die allein vermittelt, während alle andern nur aufnehmen" (220; der Satz wendet sich offenbar kritisch gegen Schleiermacher, der jedoch keineswegs eine „hierarchische Gruppe" etabliert wissen wollte, der allerdings – in der Kirche wie überall – zwischen vorwiegend produktiven und vorwiegend rezeptiven Mitgliedern unterschieden hat, Praktische Theologie, 1850, 12 ff.). Am Ende steht – mehr oder weniger konsequent – die Forderung, daß eigentlich jeder in der Kirche für alles zuständig sein müsse: „Derjenige, der predigt, predigt zu sich selbst als Hörer, und derjenige, der zuhört, ist ein potentieller Prediger" (ebd.).

Demgegenüber vermag gerade die Institutionalisierung des Amtes ausdrücklich zu machen, daß jeder Einzelne und also alle in der dadurch organisierten Gemeinschaft Aufnahme finden. Die communio sanctorum bildet sich nach evangelischem Verständnis eben nicht aus ihren Gliedern und keineswegs durch einen etwa von ihnen übernommenen Auftrag (z. B. den „Dienst einer ‚Kirche für andere' ", Y. Spiegel, Art. Pfarrer, in: PThH[2], 473). Sie wird vielmehr durch Funktionen gebildet, die im „Amt" ihre Institution haben. Darin wird das Amt zum Symbol für die bergende Annahme, die den Mühseligen und Beladenen verheißen ist. Die christologische Formel vom „Sein für andere" kann nur so in die Ekklesiologie übertragen werden, daß die Gemeinschaft sich in diesem Sein außerhalb ihrer selbst gewiß ist, nicht aber so, daß die einen den anderen mit dem Anspruch gegenübertreten, „für sie" da sein zu wollen oder zu können.

2. Amt und Beruf

Die Amtslehre der lutherischen Tradition muß im Zusammenhang mit dem Begriff „Beruf", wie ihn die Reformation geprägt hat, verstanden werden. Luther hat dem Wort „Beruf" in der deutschen Sprache seine Bedeutung gegeben. „Beruf" und „Amt" sind durchaus verschiedene Begriffe, aber die jeweils eigene Bedeutung erschließt sich erst ihrem gemeinsamen Verständnis. Luther hat an den mittelalterlichen Sprachgebrauch angeknüpft, ihn aber grundlegend verändert. Vocatio – ursprünglich die Berufung des Christen durch Gott zum Glauben (z. B. I Kor 1, 26) – war schon in der alten Kirche zur Bezeichnung für die besondere Berufung der Mönche geworden. Eine Berufung empfangen heißt im Mittelalter, in das Kloster eintreten. Denn diese Berufung hat Gott zum Subjekt und verlangt Gehorsam. Eine der religiösen vergleichbare vocatio gab es, und zwar in der Fortsetzung antiker Tradition, allein für den Herrscher. Vocatio im mittelalterlichen Sinn ist der Ruf Gottes, der den Menschen aus dieser Welt in das außerordentliche und der Religion gewidmete Leben ruft.

Demgegenüber hat Luther die vocatio in vollem Sinn für jeden Menschen in seinem „Stand", also für seine Arbeit und seinen sozialen Ort in Anspruch genommen. Er hat das Berufungsprivileg der Mönche bestritten, den Berufungsgedanken selbst aber nicht verändert, sondern ihn auf jeden einzelnen Menschen und seinen Platz im gesellschaftlichen Zusammenhang angewandt (De votis monasticis iudicium, 1521, BoA 2, 188–298). Danach soll sich jeder Mensch, wie er sich vorfindet innerhalb der Familie, der Sozialität und der Arbeitswelt als an eben diesen Ort und zu eben diesen Aufgaben und Arbeiten von Gott berufen wissen. Das gibt seiner Arbeit ihren Rang und ihm selbst die Gewißheit, gerade im Blick auf Zufälligkeit und Anonymität der Alltagsexistenz in Person durch Gott selbst beauftragt zu sein.

Im Hintergrund dieser epochalen sozialethischen Thesen steht Luthers Überzeugung, daß Gott die Lebenswelt der Menschen durch die „Stände" geordnet hat, um dem menschlichen Leben seine äußeren Grundlagen zu geben. Im Horizont dieser Ordnungen sind die „Werke" vom Menschen gefordert, und zwar um des „Nächsten" willen: Die Werke haben den Sinn, das Leben des „Nächsten" zu erhalten und zu fördern. Diesen Werken dient der Beruf. Der Christ weiß daher, daß ihm die alltägliche Berufsarbeit als Instrument der Nächstenliebe in die Hand gelegt ist. Vielfalt und Fülle der Arbeit und Werke sind ein Zeichen dafür, daß die Nächstenliebe am Werk ist. Jeder soll dabei an seinem Ort seines Berufs und seiner Berufung gewiß sein. „Beruf" ist hier noch weit davon entfernt, eine bestimmte und überall gleiche Arbeit zu bezeichnen. „Beruf" ist Sache eines einzelnen Menschen.

Die Kenntnis von Luthers Berufsverständnis ist der großen Analyse von K. Holl zu verdanken (Die Geschichte des Wortes Beruf, Ges. Aufs. zur Kirchengeschichte III, 189 ff.). Eine problemorientierte Übersicht über die Begriffsgeschichte findet sich bei T. Rendtorff (Art. Beruf, in: HWP, Bd. 1, 833 ff.). W. Conze bietet ausgebreitetes begriffsgeschichtliches Material und hebt besonders die Zusammenhänge hervor, die Luther mit dem Mittelalter verbinden (GG, Bd. 1, 490 ff.). Von historisch-systematischen Gesichtspunkten ist die eingehende Darstellung von G. Wingren geleitet (Art. Beruf II, in: TRE 5, 657 ff.).

Im Zusammenhang mit diesem Sinn von Beruf ist nach Luther auch das kirchliche Amt zu begreifen. Das Amt selbst ist freilich vom Beruf verschieden: Es verdankt sich göttlicher Einsetzung und der ständischen Ordnung für die Welt, das Amt ist eine dem Menschen vorgegebene Institution. Aber die Werke des Amtes können als Beruf ergriffen werden: Darin ist das kirchliche Amt durch nichts von anderen Ämtern und Werken verschieden. Auch der Pfarrer arbeitet um der Nächstenliebe willen: Seine Werke sind zum Dienst am Nächsten bestimmt. Diese Bestimmung findet ihren Ausdruck darin, daß der Pfarrer im Auftrag der Gemeinde handelt und auch von ihr – oder doch in ihrem Auftrag – berufen wird. Freilich wird er selbst diese Beauftragung als die – durch Menschen vermittelte – „Berufung" durch Gott verstehen. Aber auch darin ist sein „Beruf" nicht von dem anderer Menschen verschieden (Hinweise dazu bei Wingren, Art. Beruf, in: TRE, Bd. 5, 661).

Am Pfarrerberuf zeigt sich jedoch, daß in den Begriffen Amt und Beruf zwei Aspekte versammelt sind, die sich nicht etwa auf diese Begriffe verteilen, sondern vielmehr durch beide hindurchgehen. Das ist die Unterscheidung von weltlicher und geistlicher Perspektive in Amt und Beruf. Sofern die Ordnungen, die ständische Weltgestaltung, die Bedürftigkeit und Förderung des Lebens und also die irdischen Werke in Betracht kommen, handelt es sich um die weltliche Seite des Berufs und des Amtes. Sofern aber auf die Berufung durch Gott selbst, die darin begründete Gewißheit und auf die in der Berufsarbeit durch den Glauben tätige Liebe gesehen wird, tritt die geistliche Seite in Beruf und Amt hervor. Der Ort, an dem allein beide Seiten ununterscheidbar zusammenfallen, ist die Existenz des Menschen selbst, der im Amt und nach seinem Beruf tätig ist. Dieser Grundcharakter, der durch die geistliche Perspektive im weltlichen Beruf das lutherische Verständnis bestimmt, gilt auch für den Fall des kirchlichen Amtes ohne grundsätzliche Veränderung. Der allgemeine Berufsbegriff hat eine eigene Geschichte, hat Wandlungen durch die verschiedenen Epochen und Inanspruchnahmen durch Ideologien und Weltanschauungen erfahren (Zur Begriffsgeschichte s. W. Conze, Art. Beruf, in: GG, Bd. 1, 490 f.; zur sozialethischen Problematik s. T. Rendtorff, Ethik II, 46 ff.). Der religiöse Inhalt der kirchlichen Berufstätigkeit macht es jedoch unmöglich, zwischen ihr und dem persönlichen Leben des darin Tätigen zu unterscheiden. Wer diesen Beruf ergreift, identifiziert sich mit der darin öffentlich vertretenen Religion. Er identifiziert sich deshalb auch mit dem für diese religiöse Tradition grundlegenden Gedanken, daß die Berufsarbeit nicht im Absolvieren abstrakter „Arbeit" aufgeht. Beruf ist – und zwar exemplarisch als kirchlicher Beruf – „Dienst am Nächsten" und also nicht durch „Arbeit" abschließend zu definieren. Wer also diesen „Beruf" mit „Arbeitszeiten" (oder anderen Begrenzungen) in Verbindung bringen will, hat ihn bereits verfehlt (s. auch o. S. 120 ff.).

In Amt und Beruf verbinden sich danach sowohl objektive wie subjektive Aspekte. Von diesem Sachverhalt wird die Anlage der Praktischen Theologie wesentlich bestimmt. Sie kann nicht nur äußerliche Berufstheorie für den einzelnen Pfarrer sein und sich in Regeln oder Anleitungen für seine praktische Arbeit erschöpfen. Andererseits aber kann die Praktische Theologie auch nicht allein Kirchentheorie sein und sich auf die Ausarbeitung einer Theorie der Kirche als „handelndem Subjekt" ihrer Selbsterbauung beschränken (so Th. Harnack, Praktische Theologie 1, 23). Die Praktische Theologie steht danach vor der Aufgabe, sowohl die Objektivität des Amtes wie die Aspekte subjektiver Berufsarbeit in allen wesentlichen Stücken zur Geltung zu bringen.

3. Amt als ökumenisches Thema

Amt und Amtsverständnis gehören zu den wichtigsten Themen der Gespräche, die zwischen der evangelischen und der römisch-katholischen Kirche geführt werden. Das Grundproblem besteht darin, daß nach römisch-katholischer Lehre die Gültigkeit amtlicher Handlungen an die Qualifikation des handelnden Amtsinhabers gebunden ist: Nur wer die Priesterweihe empfangen hat, kann das Meßopfer feiern. Aber auch die Gültigkeit anderer Amtshandlungen ist daran gebunden, daß ein geweihter Priester sie ausführt. Zum Konflikt führt diese Auffassung praktisch vor allem bei der Eheschließung: Ein katholischer Christ genügt der (verbindlichen) kirchlichen Form nicht, wenn er die Ehe „vor" einem evangelischen Pfarrer schließt (s. o. S. 227). Eine Anerkennung des evangelischen Amtes durch die katholische Kirche würde ohne grundlegende Änderungen der traditionellen Lehre nicht möglich sein. Die Anerkennung des Amtes in der katholischen Kirche durch die evangelische ist demgegenüber ein geringeres Problem.

Der Dialog in diesen Fragen ist vielfach geführt und dokumentiert worden: „Um Amt und Herrenmahl" (hg. v. G. Gassmann u. a., 1974); „Kirchengemeinschaft in Wort und Sakrament" (Bilaterale Arbeitsgruppe der Deutschen Bischofskonferenz und der Kirchenleitung der VELKD, 1984). Auch das oberste Leitungsamt ist in den Dialog einbezogen worden: „Papsttum als ökumenische Frage" (hg. v. der Arbeitsgemeinschaft der ökumenischen Institute, 1979). Dieses Thema findet sich ebenfalls erörtert im Lima-Papier (s. u. S. 537).

§ 22 Die Ordination

1. Die Legitimation des evangelischen Pfarrers

Die mittelalterlich-katholische Priesterweihe ist von der Reformation verworfen worden, weil der darin liegende Begriff des Priesters in seinem Zusammenhang mit Opfer-, Gnaden- und Sakramentslehre mit dem reformatorischen Rechtfertigungsglauben nicht zu vereinbaren war (s. u. S. 282 ff.). Aber daraus folgt nun keineswegs, daß die Ordination nach evangelischem Verständnis einfach an die Stelle der Priesterweihe getreten wäre. Das spezifisch evangelische Problem der Ordination besteht vielmehr darin, daß sein Verständnis aus mehreren und verschiedenen theologischen Argumenten gebildet wird oder, umgekehrt, daß die mittelalterliche Auffassung von Priester und Priesterweihe in unterschiedliche theologische Zusammenhänge aufzulösen war.

Kurz zusammengefaßt handelt es sich darum, daß zunächst der mittelalterliche Priesterbegriff zerfällt in den des priesterlichen Christen einerseits (sacerdos) und den des Pfarrers andererseits (minister), und daß sodann die Bestallung eines evangelischen Pfarrers durch die Vokation erfolgt, die indessen selbst nicht in einem einzelnen und geschlossenen rechtlichen oder liturgischen Akt aufgeht.

„Priester" ist nach reformatorischer Überzeugung jeder Christ, „Pfarrer" dagegen ist nur der, der zur öffentlichen Predigt und Sakramentsverwaltung eigens legitimiert ist: Er muß ordentlich dazu berufen sein (rite vocatus, CA XIV). Die Vokation ist danach derjenige Akt, durch den der Pfarrer seine Legitimation empfängt. Daß die Vokation „ordentlich" (rite) sein muß, bezieht sich nicht allein auf den äußeren Vorgang oder den Ablauf eines solchen Verfahrens. Das Verständnis dieses Vorgangs beginnt mit der Frage nach der Instanz, die eine solche Berufung rechtmäßig aussprechen kann. Das ist grundsätzlich zunächst die Gemeinde. Aber Luther selbst hat dabei an eine direkte Beteiligung der Gemeinde – etwa als öffentliche Versammlung – nur für den Notfall gedacht. Die Vorstellung einer „demokratischen Wahl" lag ihm fern. Die Berufung erhält ihre Legitimation dadurch, daß sie einerseits im allgemeinen Interesse erfolgt, daß sie aber andererseits durch eine nach göttlicher Ordnung autorisierte Instanz vollzogen wird. Diese Instanz, in der beide Seiten vereinigt sind, ist eine ihrerseits in einem öffentlichen Amt stehende Person. Denn erst dann kann in einer solchen Berufung der Ruf Gottes gehört werden, wenn sie „ordentlich", also sowohl im Namen der Allgemeinheit wie in der Ermächtigung durch Gott geschieht. „In einer solchen durch Menschen erfolgenden Berufung dürfen und sollen wir göttliche Berufung erblicken, wenn die Berufenden dazu von Gott autorisiert sind" (W. Elert, Morphologie I, 304). Solche Personen sind in der Regel Inhaber von leitenden Ämtern in der Kirche (die Kirche ist zur Berufung autorisiert, s. W. Elert, ebd.) oder auch in der weltlichen Obrigkeit, wie dem Magistrat (dazu H. Lieberg, Amt und Ordination bei Luther und Melanchthon, 1962, 159 ff.). Damit sind Privat- oder Selbstberufungen ebenso ausgeschlossen wie schwärmerische oder charismatische Amtsaneignungen oder Amtsverwerfungen. Luther hat an der geistlichen Wahrheit spontaner Bewegungen zutiefst gezweifelt.

Auf diesem Hintergrund ist die Ordinationshandlung als das Ritual angesehen worden, in dem Wahl, Berufung und Einsetzung des Pfarrers öffentlich vollzogen werden. Der Ordinationsakt selbst begründet die Legitimation des Pfarrers nicht, aber er macht sie ausdrücklich, insofern er der Vokation und der Introduktion liturgische Gestalt gibt. Luther hat ein Ordinationsformular in diesem Sinn entworfen (WA 38,401 ff.), ohne freilich das Ordinationsverständnis damit abschließend zu definieren. So hat Bugenhagen in den von ihm verantworteten Kirchenordnungen (z. B. Braunschweig 1528, Pommern 1534) die Ordination als Introduktion verstanden, die deshalb bei einem Wechsel der Pfarrstelle zu wiederholen war. Die Ordination nach Luthers Formular war indessen ein einmaliger Akt. Da es entsprechende „Ämter" in der reformatorischen Kirche noch nicht gab, übernahm seit 1535 die Wittenberger Fakultät die Ordination der evangelischen Pfarrer.

Das Wittenberger Ordinandenbuch (F. Cohrs, Art. Unterricht, theol., in: RE^3 20, 306) verzeichnet von 1537–1560 im ganzen 1650 Ordinationen. Davon waren

772 Absolventen der Universität, 878 aber Lehrer, Kantoren, Handwerker ohne Universitätsbildung.

Diese Wittenberger Ordination – die von den meisten evangelischen Landeskirchen in Anspruch genommen wurde – ist als kirchenregimentliche confirmatio vocationis verstanden worden. Sie galt jetzt als der Akt, in dem die Kirche das Recht zu Predigt und Sakramentsverwaltung überträgt. Ein solcher Akt konnte und mußte selbstverständlich nicht mehr wiederholt werden. „Ordination" wurde nun (schon bei Luther, dann bei Melanchthon und in der Folgezeit) in einem doppelten Sinn verstanden: als Begriff für den gesamten Prozeß bei der Bestallung eines Pfarrers (dazu gehören vier Akte: Vocatio, Examen, Publicatio approbationis, Praecatio) und als testificatio approbationis und damit als Bezeichnung für die liturgische Feier (dazu gehören seit Luthers Formular das Gebet um den Heiligen Geist, Lektionen und Ansprache, Verpflichtung, Handauflegung und das Aussendungswort). Die Ordination ist allerdings bis zum Anfang des 17. Jahrhunderts nicht überall in Gebrauch gekommen. Sie wurde nicht als schlechthin notwendige Bedingung für die Einsetzung eines Pfarrers angesehen (zum Frederschen Ordinationsstreit s. H. Laag, Art. Freder, in: RGG[3], II,1091). Das hatte nicht nur theologische Gründe: In vielen ländlichen Patronaten konnte ein Pfarrer ohne jede Vorbildung eingesetzt werden, wenn dies etwa aus Gründen der Versorgung zweckmäßig erschien (dazu P. Drews, Der evangelische Geistliche, 1905, 23 ff.).

Das Recht der Gemeinde auf die Berufung der Geistlichen entfaltet Luther in: „Daß eine christliche Versammlung oder Gemeinde Recht und Macht habe, alle Lehre zu urteilen und Lehrer zu berufen, ein- und abzusetzen. Grund und Ursache aus der Schrift," 1523 (WA 11,401 ff.; BoA 2,395 ff.). Seine Auffassung von Berufung und Ordination im Gegensatz zum mittelalterlich-katholischen Priesterbegriff ist vor allem niedergelegt in: „Von der Winkelmesse und Pfaffenweihe", 1533 (WA 38,171 ff.). – Die wesentlichen Einsichten zur reformatorischen Theologie finden sich bei W. Elert (Morphologie I,303 ff.), eine umfängliche Beschreibung aus den einschlägigen Texten bei H. Lieberg. Die geschichtliche Entwicklung der Ordination im Reformationsjahrhundert steht im Vordergrund der Darstellung bei E. Chr. Achelis (Lehrbuch I, 157 ff.).

2. Das Problem der evangelischen Ordination

a) Erst im 19. Jahrhundert ist die Ordination wieder in den Vordergrund der theologischen Aufmerksamkeit getreten. Die konfessionelle Theologie hat im Zusammenhang ihres Kirchenbegriffs ein Ordinationsverständnis entwickelt, das für die Kritiker in Gefahr schien, eine Erneuerung der mittelalterlich-katholischen Priesterweihe zu werden. Wirkungsreich ist der konfessionelle Standpunkt von Th. Kliefoth (Liturgische Abhandlungen, I, 1854) vertreten worden. Demgegenüber hat G. Rietschel das evangelische Ordinationsverständnis im Rückgriff auf Luther zu erneuern gesucht (Luther und die Ordination, 1884). Der Widerspruch, der dieser Diskussion ihre Impulse gab, ist allerdings im evangelischen Begriff der Ordination selbst und zutiefst begründet. Von ihm sind auch weiterhin und bis in die Gegenwart Auseinandersetzungen über die Ordination und gegensätzliche Einschätzungen ihrer theologischen und kirchlichen Bedeutung bestimmt.

Auf der einen Seite ist die Ordination liturgische Feier der Bestallung eines Pfarrers. Sie ist der Akt des Kirchenregiments, der die rechtmäßige Berufung in das Amt öffentlich zum Ausdruck bringt. In ihr repräsentiert sich in erster Linie das Verhältnis von Pfarrer und Gemeinde. Sie kann daher in verschiedener Weise im Blick auf ihr Verständnis und den liturgischen Ablauf ausgestaltet werden. Die Ordination gewinnt die individuellen Züge der kirchlichen Sitte, der lokalen Frömmigkeit und der beteiligten Personen.

Auf der anderen Seite wird das Verhältnis von Amt und Ordination in den Vordergrund gestellt. Der liturgische Akt ist Zeugnis und Konfirmation einer Berufung, die den Ordinanden grundsätzlich und überall zu Predigt und Sakramentsverwaltung befähigt. Er tritt in ein Amt ein, das nicht allein durch die einzelne Gemeinde gegeben ist, sondern auch durch diejenigen repräsentiert wird, die in der Kirche bereits in dieses Amt berufen sind. In diesem Zusammenhang ist die Wendung „geistlicher Stand“ begründet, die in einschlägigen Rechtstexten, aber auch in Ordinationsformularen benutzt wird.

Die Ordination enthält danach Bestimmungen, die sich nicht ohne weiteres ausgleichen lassen. Das hat seinen Grund in den verschiedenen Bedeutungsaspekten des Begriffs der Vokation. Dieser Begriff bezeichnet sowohl die Berufung des Pfarrers durch und in eine einzelne Gemeinde, wie die Übertragung von Rechten und Pflichten des („geistlichen“) Amtes, das den überregionalen Zusammenhang der („einen, universalen und unsichtbaren“) Kirche repräsentiert, wie, nicht zuletzt, den Ruf Gottes an einen bestimmten Menschen. Zu Spannungen und Widersprüchen im Verständnis der Ordination kommt es dann, wenn einzelne Aspekte der Berufung anderen gegenüber isoliert und herausgehoben werden. Das ist etwa dann der Fall, wenn das Ordinationsverständnis allein im Blick auf das „geistliche Amt“ und die „Berufung durch Gott“

formuliert wird. Derselbe Fall freilich tritt ein, wenn die Ordination als Introduktion in ein bestimmtes Gemeindeamt angesehen wird. Im ersten Fall entsteht die Gefahr, daß sich die Vorstellung von „Priesterweihe" und „Amtscharisma" im katholischen Sinne erneuert (Kliefoth spricht von einer „Weihe" – zwar nicht der Person – aber ihrer „Dienste" und „Werke"), im anderen die, daß die Ordination dem zufälligen Belieben als bloß äußerliche Feier überlassen wird. Einseitige und darin unvollständige Auffassungen der Berufung aber lassen außer Betracht, daß den verschiedenen Aspekten der Vokation jeweils bestimmte Verantwortungen des Ordinanden entsprechen. Das ist die Verantwortung gegenüber der bestimmten Gemeinde, die Verantwortung gegenüber der Gesamtkirche und ihrer Lehre, und die religiöse Verantwortung für den eigenen Beruf. Diese Verantwortungen fallen, genau wie die Bedeutungsaspekte der Berufung, zusammen in der Person dessen, der ordiniert wird. Sie fallen auch in der Feier der Ordination zusammen. Ein sachgemäßes Verständnis der Ordination hat von diesem Sachverhalt auszugehen.

Die solideste Übersicht über den theologischen Begriff und die Liturgie der Ordination gibt nach wie vor Rietschel/Graff (Lehrbuch, Bd. 2, 836 ff.). In verständnisvollem Anschluß an die Diskussion des 19. Jahrhunderts hat J. Heubach die Ordination dargestellt (Die Ordination zum Amt der Kirche, 1956), während die Beiträge des theologischen Ausschusses der EKU von einer kritischen Revision des kirchlichen Ordinationsverständnisses ausgehen, um ein eigenes Ordinationsformular vorzuschlagen (Gemeinde – Amt – Ordination, 1970, hg. v. F. Viering). Ein eigenes Votum zur Ordination hat die evangelische Michaelsbruderschaft veröffentlicht (Ordination heute, hg. v. A. Völker u. a.) mit einer kritischen Stellungnahme zum Vorschlag der EKU (83 ff.).

b) Die Verantwortung des Ordinanden hat in der Tradition ihren praktischen Ausdruck in der Ordinationsverpflichtung gefunden. Eine solche Verpflichtung war von Anfang an für die evangelische Ordination konstitutiv. Luther hat sie unmittelbar mit der Handauflegung („Hände ... segnen, bestätigen und zeugen ... wie ein Notarius ... eine weltliche Sache", Luther zit. b. Rietschel-Graff, 852) verbunden: Der Ordinator spricht den Verpflichtungstext, der Ordinand antwortet („ja" oder „ich will") und dann folgt die Handauflegung. Dabei sind die drei Grundrichtungen der Verantwortung schon hier festgelegt.

Luther betont zunächst die Verantwortung gegenüber der Gemeinde. Nicht „Gänse oder Kühe", sondern die durch Christi Blut erworbene Gemeinde wird dem Pfarrer anvertraut; er ist für ihren Schutz vor „Wölfen" verantwortlich und soll ihr dienen, aber nicht (wie das Sendungswort betont) „über das Volk herrschen" (WA 38,427 ff.). Die

Verantwortung für Lehre und Leben der Gemeinde schließt die Bereitschaft zum gemeinsamen Leben ein. Nicht zu „herrschen“, sondern zu „weiden“, ist der Pfarrer berufen: Er ist zur Rücksicht auf die geistlichen und weltlichen Bedürfnisse der Gemeinde verpflichtet, nicht aber zu charismatischer (oder gar politischer) Führerschaft oder zur Repräsentanz einer höheren Weihe.

In engem Zusammenhang damit verweist Luthers Formular auf die Verantwortung für die eigene Lebensführung des Pfarrers. Er verpflichtet sich, „für seine Person“ zum „züchtigen und ehrlichen Leben“, wie dazu, sein ganzes Haus christlich zu halten. Darin soll er seiner Herde „Vorbild“ sein. Das freilich bezieht sich nicht auf den Erfolg, sondern auf die Anlage der Lebensführung. Allerdings kommt darin zum Ausdruck, daß Luther die Verpflichtung, sich in Person mit dem Amt zu identifizieren, als Voraussetzung für die Ordination angesehen hat. Der persönlichen Lebensführung des Pfarrers soll kein anderes Programm zugrunde liegen als das, das er als Inhaber des Amtes öffentlich zu vertreten übernimmt. Das Gewicht, das diesem Thema beigelegt wurde, kommt darin zum Ausdruck, daß dazu die öffentliche Zustimmung des Ordinanden erfragt wird.

Die dritte Perspektive der Verantwortung ist in Luthers Formular nur angedeutet und gewinnt erst später an Bedeutung und Profil. Es handelt sich hier um die Verpflichtung, das Wort Gottes rein zu lehren und zu bewahren. Im Zusammenhang mit der Entstehung von Landes- und Konfessionskirchen wird die Verpflichtung auf die reine Lehre konkret gefaßt als Verpflichtung auf Schrift und Bekenntnis. Darin ist die Verpflichtung bezeichnet, mit Glaube und Lehre nicht nur der einzelnen Gemeinde, sondern der Gesamtkirche Übereinstimmung zu bewahren. Freilich bedeutet diese Übereinstimmung nicht Verpflichtung zur Uniformität der Überzeugungen, sie gilt nicht „bestimmten symbolischen Büchern oder einzelnen theologischen Lehrausssagen“ (W. Trillhaas, Der Dienst der Kirche am Menschen, 1950, 44). Der Ordinand verpflichtet sich vielmehr, den Konsensbereich, der durch die Schrift und das Bekenntnis seiner Kirche begründet wird, zu respektieren und zu wahren, und also „das Evangelium nach der Meinung und dem Verständnis der Kirche zu verkündigen, die ihn ordiniert“ (ebd.). Diese Zustimmung zur Gemeinsamkeit des Glaubens mit der eigenen Kirche ist bedeutungsvoll als Verzicht auf subjektive Willkür und Beliebigkeit im Blick auf Glauben und Leben. Der Pfarrer übernimmt es, den gemeinsamen Glauben zu lehren, nicht die eigene und zufällige Variante der Frömmigkeit. Dabei kann freilich der Fall eintreten, daß die Übereinstimmung mit der kirchlichen Lehre nicht mehr hergestellt werden kann. In der Regel müßte der Betroffene selbst diesen Sachverhalt konstatieren und entsprechende Konsequenzen ziehen. Im Ausnahmefall wird die Kirche – wenn es der Betroffene unterläßt – die Frage aufwerfen. Lehrfreiheit und Lehrverpflichtung beziehen sich freilich auf die geschichtliche und gemeinschaftliche Lehre der bestimmten Kirche. Der Fortgang ihrer Auslegung wird nur durch überzeugende Argumentationen gefördert, nicht aber durch gewaltsame Aktionen oder durch die Berufung auf einen reformatorischen Anspruch.

Der kirchliche Sinn der Ordination ist in den drei Perspektiven der Verantwortung gültig zusammengefaßt. Daraus ergibt sich auch die Schädlichkeit des Versuchs, einseitig eine einzelne dieser Perspektiven den anderen gegenüber hervorzuheben. Evangelisch ist die Ordination nur als Summe dieser Verantwortung und der Berufung, die dem zugrunde liegt.

Die Ordination ist nach Lehrverpflichtung, Recht und liturgischer Gestaltung in den Landeskirchen jeweils nach eigener Tradition geordnet. Unterschiede grundsätzlicher Art sind dabei kaum beabsichtigt. Die Lehrverpflichtungen aus älterer Zeit hat H. Mulert zusammengestellt (Die Lehrverpflichtung der evangelischen Kirche Deutschlands, 1906[2]). Die kirchenrechtlichen Bestimmungen und die derzeitige Rechtspraxis in EKD und VELKD behandelt J. Heubach (Die Ordination zum Amt der Kirche, 1956, 53 ff.); dazu neuerdings O. Friedrich (Einführung in das Kirchenrecht, 1978[2], 294 ff.); R. Dreier (Das kirchliche Amt, 1972) behandelt Amt und Ordination (197 ff.) aus juristischer Sicht.

Das Lehrzuchtverfahren der lutherischen Kirchen ist, im Zusammenhang mit der Dokumentation eines Falles aus jüngster Zeit, übersichtlich beschrieben und interpretiert bei L. Mohaupt (Pastor ohne Gott?, 1979).

Die Ordination von Frauen ist heute kein ernsthaftes Problem mehr, oder doch nur dort, wo die Regel zeitgenössischer Schicklichkeit (I Kor 14, 34) höher gestellt wird als die Gleichheit aller unter dem Evangelium (Gal 3, 28).

Amt und Ordination bilden für ein gewisses ökumenisches Interesse und für einige interkonfessionelle Arbeitsgruppen ein bevorzugtes Thema, weil darin einerseits die evangelisch-katholische Differenz besonders greifbar ist, aber andererseits auch Lehräußerungen möglich scheinen, die von beiden Seiten akzeptiert werden könnten. Eine Dokumentation von Bemühungen in diesem Sinne ist der Band „Ordination und kirchliches Amt“ (hg. v. R. Mumm unter Mitarbeit von G. Krems, 1976).

3. Die Einführung in andere Ämter

Das Amt des Ältesten ist in der Reformation nur durch Calvin und durch Bucer als feste Institution geplant worden. Deshalb sind feierliche Einführungen in dieses Amt allein in den entsprechenden Kirchengebieten und deren Kirchenordnungen vorgesehen (z. B. Ulm 1531; Ziegenhainer Ordnung 1538).

Allgemeine Bedeutung haben die kirchlichen Laienämter in Kirchengemeinderäten und Synoden erst im Laufe des 19. Jahrhunderts gewonnen (s. u. S. 530). Seither sind feierliche Einführungen in diese Ämter überall die Regel.

Zur Geschichte und zur liturgischen Gestaltung dieser Feiern s. Rietschel/Graff (Lehrbuch, Bd. 2, 864 ff.).

7. Kapitel – Predigt

§ 23 Die Predigt und das Wort

1. Zur Vorgeschichte der evangelischen Predigt

Luther hat sich über die Predigt der Papstkirche äußerst kritisch geäußert. Er kritisiert nicht Einzelheiten, er verurteilt die zeitgenössische Predigt generell und im ganzen, und zwar deshalb, weil diese Predigt statt des Evangeliums bloße „Narreteien" darbiete: „Heiligenlegenden, Lügengeschichten von Wunderzeichen, Wallfahrten, Messen, Heiligendienst, Ablaß und dgl." (Predigt über Eph 5,1–9, WA 8,149 ff.). Man hat daher und in Übereinstimmung mit Luthers Urteil diese Epoche der Predigtgeschichte als Zeit des Verfalls bezeichnet (H. Hering, Die Lehre von der Predigt, 1905, 85). Das aber wird den Verhältnissen nicht völlig gerecht. Denn es ist festzuhalten, daß die Predigt im kirchlichen Leben des katholischen Mittelalters eine völlig andere Stellung hatte, als Luther sie ihr zuwies. Der Gottesdienst war Sakramentsgottesdienst und galt der Gnadenvermittlung. Dafür war die Predigt ohne Bedeutung. Die Rolle der Predigt war ganz anders bestimmt. Sie konnte auch ohne Gottesdienst und jedenfalls außerhalb der Messe gehalten werden. Denn Sinn und Bedeutung der Predigt ergaben sich aus eigenen Zusammenhängen: Die Predigt war zunächst Instrument der religiösen Volkserziehung und später Appell und Aufruf zur Buße.

Zur Orientierung über dieses Kapitel der Kirchengeschichte ist nach wie vor auf A. Hauck (Kirchengeschichte Deutschlands, 5 Bde., 1952^{5-7}) zu verweisen, für die Predigtgeschichte ebenso unverändert auf R. Cruel (Geschichte der deutschen Predigt im Mittelalter, 1879, Neudr. 1966). Zusammenfassende Darstellungen finden sich bei H. Hering (Die Lehre von der Predigt, 1905, 52 ff.), A. Niebergall (Die Geschichte der christlichen Predigt, Leiturgia II, 181 ff.; 236 ff.) und W. Schütz (Geschichte der christlichen Predigt, 1972). Intensiv und reichhaltig sind die historischen Quellen gesammelt und ausgewertet bei J. B. Schneyer (Geschichte der katholischen Predigt, 1969).

Die mittelalterliche Predigt hat ihre frühesten Impulse in der Epoche Karls des Großen erhalten. Hier ist sie in den Rahmen der großen Reformbestrebungen eingeordnet worden. Auf die Zeit der äußerlichen

Christianisierung sollte die der Einrichtung und Befestigung eines christlichen und kirchlichen Lebens folgen. Karl der Große hat innerhalb der durch seine siegreichen Kriegszüge festgelegten Reichsgrenzen die erste und folgenreiche Organisation der staatlichen und der kirchlichen Verhältnisse begonnen. Zu den Zielen gehörte dabei vor allem die Christianisierung und Humanisierung der noch heidnisch geprägten Lebensformen, zu den Mitteln die organisatorische Gliederung (Einführung der parochialen Bezirke) und Maßnahmen zur Förderung von Bildung und Erziehung (Anfänge der Katechismen und des Katechismusunterrichts für Taufpaten). Hier erhielt die Predigt ihren Ort: Im Jahr 801 wurde die regelmäßige Predigt an allen Sonn- und Feiertagen jedem Pfarrer vorgeschrieben (R. Cruel, 39).

Das war der Absicht nach eine tiefgreifende Neuerung im kirchlichen Leben. Bis dahin hatte es – neben der Klosterpredigt – allein die gelegentliche Bischofspredigt gegeben, die in der Regel lateinisch war. Jetzt wurde jeder Pfarrer – in seiner neuerrichteten Parochie – zur Predigt angehalten, und zwar sollte in der Volkssprache gepredigt werden. Diese Vorschriften sind freilich ohne größere Wirkungen geblieben. Die Sonntagspredigt hat sich in dieser Epoche noch nicht durchsetzen können – schon deshalb nicht, weil der durchschnittliche Klerus einer solchen Aufgabe nicht gewachsen war: Die Plebanen („Leutpriester") waren nur mit notdürftigster Kenntnis der Messformulare ausgestattet, oft des Lesens und Schreibens unkundig und wurden wie Knechte geachtet und gehalten.

Die kaiserlichen Verordnungen betrafen auch den Inhalt der Predigt. Die Grundtatsachen des Glaubens sollten aufgezählt, vor allem aber Sünden vorgehalten und zu christlichem Leben ermahnt werden. Hier wurde sogar mit öffentlichen Strafen gedroht. Die Predigt war also als Mittel der öffentlichen Volkserziehung gedacht – nicht als Bestandteil des Gottesdienstes. Daß diesem Programm kein Erfolg beschieden war, lag auch daran, daß die Kirche sich ihm nicht angeschlossen hat. Die Päpste des 9. und der folgenden Jahrhunderte haben immer nur wieder die Bischofspredigt empfohlen oder angemahnt, keinesfalls aber wurde an eine regelmäßige Predigttätigkeit des einfachen Klerus gedacht.

Eine neue Konstellation für die deutsche Predigt bahnte sich erst an, als durch die Gründung und Ausbreitung der Bettelorden ein neuer Kreis von Predigern auftrat: die Mönche. Diese Predigt hat nur ein einziges Thema: die Buße. Darin zeigt sich eine konsequente Fortsetzung und Weiterbildung der älteren mittelalterlichen Predigtziele. Buße ist eine direkter und radikaler verstandene Form der religiösen Erziehung. Nicht mehr die Abkehr vom Heidentum, sondern die rigorose und durch Institutionen (Ohrenbeichte, im IV. Laterankonzil 1215 jedem Gläubigen einmal jährlich mindestens zur Pflicht gemacht) kontrollierte und sanktionierte (Buße) christliche Lebensführung wurde zum Ziel der religiösen Volkspädagogik.

Die Mönchspredigt erwarb sich ihren Ruf durch einige hervorragende Prediger. Einer der bedeutendsten war Berthold von Regensburg (gest. 1271). Er rief auf zu wahrer Reue, forderte bis in Einzelheiten rechtliche Wiedergutmachungen (z. B. bei Diebstahl) und malte die jenseitigen Strafen lebhaft aus. Er – und auch andere – predigten nicht nur sprachlich sehr volksnah, sondern traten auch öffentlich gegen den Mißbrauch der Herrengewalt und des Reichtums auf und geißelten die Unterdrückung (R. Cruel, 306 ff.; H. Hering, 69 ff.).

Die Blütezeit der Mönchspredigt dauerte freilich nur bis zum 14. Jahrhundert. Zu den Franziskanern waren die Dominikaner hinzugekommen. Ihr Erfolg bestand vor allem darin, daß sie beim Umherziehen von Ort zu Ort Publikum anzulocken und für konkrete Ziele zu begeistern vermochten. Deshalb lag es nicht fern, daß später die Bußpredigt zur Ablaßpredigt wurde. Denn einerseits war der Ablaß (spätestens seit dem 14. Jahrhundert) ein Thema und eine bestimmte Ausprägung der Bußtheorie (dazu G. A. Benrath, Art. Ablaß, in: TRE, Bd. 1,347 ff.), andererseits eignete er sich gut als Inhalt paränetischer und appellativer Predigt, die unmittelbar und handgreiflich effektiv zu sein vermochte.

In der Mönchspredigt dominierte die Beispielgeschichte, die ihrerseits allegorisch ausgedeutet werden konnte. Naturbeispiele (aus antiken Sammlungen) oder Erzählungen aus dem Leben der Heiligen lieferten den Stoff. „Wenn man dir vorhält die Geduld Christi oder seine Demut und Keuschheit, so sprichst du gleich: Er hatte gut machen, er war Gott und Mensch und tat, was er wollte. Wenn man dir aber vorhält ein Exempel eines anderen Heiligen, der deinesgleichen ist gewesen, Blut und Fleisch wie du, das ermahnt dich viel mehr“. So begründet Geiler von Kaisersberg, einer der bedeutenden Bußprediger des 15. Jahrhunderts (1445 bis 1510) die Rolle der einschlägigen Legenden (R. Cruel, 251).

Seit dem 14. Jahrhundert ist das Bild der kirchlichen Predigt von einer anderen Seite her ergänzt worden: durch die Mystik. Die Mystik war wesentlich eine Predigtbewegung. Aber sie blieb auf den Bezirk der (Dominikaner-)Klöster konzentriert und konnte, auch ihres geistigen Anspruchs wegen, nicht zur großen Volksbewegung werden. Ihre hervorragenden Repräsentanten sind Meister Eckehart (gest. vor 1328), sein Schüler Johannes Tauler (gest. 1361) und Heinrich Seuse (gest. 1365).

Die mystisch-spekulative Predigtweise läßt sich so charakterisieren: „Das eigentliche und einzige Thema ist die Geburt Gottes im Fünklein der Seele, die generatio und filiatio. Was in principio geschah, geschieht immer; die ewige innertrinitarische Geburt des Sohnes durch den Vater bedeutet auch die Geburt des Sohnes in der Seele" (W. Schütz, 71). Eckehart sagt: „Der Mensch soll sich nicht genügen lassen an einem gedachten Gott ... Wer Gott so im Sein hat, der nimmt Gott göttlich und dem leuchtet er in allen Dingen; denn alle Dinge schmecken ihm nach Gott und Gottes Bild wird in allen Dingen sichtbar ..." (nach W. Schütz ebd.).

Die Mystik spricht, im Unterschied zur volkstümlichen Art der Bußpredigt, eine abstrakte und philosophische Sprache. Sie hat weniger unter den Zeitgenossen als in späteren Epochen gewirkt. Luther hat in Taulers Predigten eine Theologie entdeckt, die ihm wie keine andere mit dem Evangelium übereinzustimmen schien.

Die Institutionalisierung der Theologie als Wissenschaft an Hochschulen und Universitäten im Zeitalter der Scholastik hat eine weitere Gestalt der Predigt hervorgebracht. Diese akademische Predigt war für ein gelehrtes Publikum bestimmt und stellt die Übertragung der scholastischen Methode in die freie religiöse Rede dar. Sie lebt von kunstvoller Thematisierung und von vielfältigen Distinktionen und Argumentationen. Diese scholastische Methode hat sich auch über die Grenzen der akademischen Predigt hinaus verbreitet. Ihrer ganzen Anlage nach aber ist sie eine exklusive Erscheinung. Die Differenz zwischen dem anspruchsvollen Niveau der akademischen Reden und den volkstümlichen Mönchspredigten entspricht dem sich immer mehr vertiefenden Unterschied zwischen dem theologisch gebildeten kleinen Kreis des höheren Klerus und der großen Zahl äußerlich angelernter Meßpriester und Predigermönche. Gemeinsam ist der Predigt in diesem Zeitalter die Ausrichtung auf die sittliche und kirchliche Ordnung. Sie will ihre Zuhörer darin fördern, sich in den großen Zusammenhang der weltlichen und geistlichen Ordnung einzugliedern.

Die Predigt des späten Mittelalters ist vielgestaltig (Buß- und Reformpredigten, Volks- und Ablaßpredigten, mystische, akademische, scholastische Predigten) und vor allem in ihrer volkstümlichen Form sehr verbreitet. Die Predigt gehört, wenn auch nicht wesentlich zum Kultus, so doch zum kirchlichen Leben. Aber die Epoche ihrer weiten Ausbreitung ist zugleich die der Entleerung ihres Inhaltes. Die Volkspredigt verkam weithin zu bloßer Unterhaltung und Effekthascherei, die scholastische Predigt verlor sich in formaler Weitschweifigkeit. Ursache dafür war einerseits der Mangel an geeigneten und befähigten Predigern, andererseits aber die bloß beiläufige und beschränkte Funktion der Predigt für das religiöse Leben selbst.

Ausdruck der Dürre auf dem Felde der Predigt ist die Konjunktur der Hilfs- und Anleitungsliteratur. Es mehrten sich die Abschriften (und später Drucke) von Predigtsammlungen oder auch nur von Beispiel-, Anekdoten- und Legendensammlungen für Predigtzwecke, deren Material einfach von den Predigern, und zwar meist unbearbeitet, übernommen wurde (z. B. das Dormi secure des Johannes von Werden, Mitte 15. Jh., das 25 Auflagen erlebte). Zur Anleitung für den Prediger sollten Dispositionsmagazine dienen, die für die Predigt geeignete Themen in großer Menge und fertig disponiert, oft einschließlich Beispielgeschichten, Väterzitaten und Bibelsprüchen enthielten (z. B. das Repertorium aureum des Antonius Rampigollis). „Das 15. Jahrhundert erzeugt fast nichts, aber es sammelt" (H. Hering, 78).

Die Geschichte der christlichen Predigt beginnt mit dem Urchristentum. Da es aber für die neutestamentliche und die apostolische Zeit an historischen Quellen fehlt, gilt als früheste bekannte Gemeindepredigt der sogenannte zweite Clemensbrief (etwa 150), die Ansprache eines Predigers in Korinth. Die Predigtgeschichte der ersten Jahrhunderte kann überall nur von den schriftlich überlieferten Predigten ausgehen. Daraus läßt sich ein Bild der tatsächlichen Predigtpraxis kaum ableiten. Die Predigtgeschichte bleibt hier in erster Linie Literaturgeschichte. Dabei zeichnen sich drei Schwerpunkte für die Entfaltung der Predigt bis zum 5. Jahrhundert ab. Ein erster Schwerpunkt liegt in der nordafrikanischen Kirche. Tertullian (gest. nach 220), dessen Predigt von der Apologetik bestimmt war, Cyprian (gest. 258) und vor allem Origenes (gest. 254) haben hier das Bild geprägt. Von Origenes sind als erstem Theologen Predigten in größerer Zahl überliefert. Es sind allegorisierende und lehrhafte Homilien, offenbar aus dem Stegreif vor allem in Caesarea gehalten. Ein zweiter Schwerpunkt findet sich im Osten, und zwar im Kreis der großen Kappadozier. Dazu gehören neben Basilius dem Großen (gest. 379), Gregor von Nazianz (gest. 390) und Gregor von Nyssa (gest. 394) auch Cyrill von Jerusalem (gest. 386) und vor allem Johannes Chrysostomos (gest. 407). Hier erwächst die Predigt (als Aufgabe der Bischöfe) aus der Verbindung mit der klassischen Rhetorik. Sie wird durch stilistische Kunst, Volkstümlichkeit und Bildung oft zum herausragenden Ereignis im Kultus. Freilich hat sich diese Kultur der Predigt kaum über die eine Generation großer Prediger hinaus erhalten. Der dritte Schwerpunkt bildet sich im Westen. Schon Hippolyt von Rom (3. Jh.) gilt als Prediger. Erhalten sind wesentliche Predigten aber erst von Zeno von Verona (gest. 372), Ambrosius von Mailand (gest. 397), Hieronymus (gest. 419) und – vor allem – von Augustin (354–430). Diese Predigten waren (schon seit Zeno) von einer praktisch-sittlichen Bibelauslegung bestimmt. Augustin (von dem mehr als tausend Predigten erhalten sind) hat mit einer großartigen Verbindung von gelehrter Tradition, kunstvoller Exegese und theologisch-lehrhaften wie ethisch-praktischen Zielsetzungen einen lebendigen Glauben und eine tätige Frömmigkeit durch die Predigt zu begründen versucht. In „De doctrina christiana" hat Augustin eine christliche Bildungslehre geschaffen, in der gelehrte Kultur und christlicher Glaube versöhnt werden. Darin ist eine Hermeneutik und eine Homiletik enthalten, die freilich in erster Linie zur Bildung und ihrer Theorie beitragen, weniger dagegen als theoretische Grundlegung der eigenen Predigtpraxis Augustins anzusehen sind. Zur Orientierung über Augustins Homiletik dient A. Schindler (Art. Augustin, in: TRE, Bd. 4,674 ff.).

2. Die Stellung der Predigt im evangelischen Christentum

a) Die Predigt gilt als Wahrzeichen des evangelischen Christentums. An der Bedeutung, die der Predigt für Glauben und kirchliches Leben zugemessen wird, scheidet sich die Reformation von Mittelalter und Katholizismus, von der römischen Kirche ebenso wie von der byzantinischen. Denn in dieser Unterscheidung liegt mehr als eine bloße Verschiebung von Akzenten im religiösen Leben. Es ist der Übergang von der Kirche der Sakramente zur Kirche des Wortes, und damit, auf dem Gebiet der Religion, der Übergang vom Mittelalter zur Neuzeit, unabhängig davon, wie der Beginn der Neuzeit im übrigen datiert werden mag. Die Verlagerung des Schwergewichts von symbolischen Verrichtungen und Gebräuchen zum gesprochenen Wort bezeichnet den Beginn einer neuen geschichtlichen Epoche. Nicht nur die Grundverfassung des Glaubens und nicht nur die Art der Frömmigkeit und des kirchlichen Lebens sind von dieser Verwandlung betroffen, sondern auch die Theologie, der Begriff der Religion überhaupt und das Menschenbild.

b) Luther hat im „Wort" die entscheidende Kategorie für das Gottesverhältnis des Menschen gesehen. Das Evangelium sollte „eigentlich nicht Schrift, sondern mündlich Wort" heißen, wie denn „auch Christus selbst nichts geschrieben, sondern nur geredet hat, und seine Lehre nicht Schrift, sondern Evangelium" ist (Zuschrift des Winterteils der Kirchenpostille, WA 10, I, 1,626). „Denn ob Christus tausend Mal für uns gegeben und gekreuzigt würde, wäre es alles umsonst, wenn nicht das Wort Gottes käme und teilete es aus und schenkete mir's und spräche: Das soll dein sein, nimm hin und habe dir's!" (WA 18,203 f.). Das äußere und tatsächlich gesprochene und gehörte Wort also ist dasjenige Geschehen, in dem das Gottesverhältnis des Christen begründet wird. Darin zeigt sich das für die Reformation programmatische Verständnis der religiösen Existenz, die allein von der Selbständigkeit der Subjektivität und ihrer Selbstverantwortung für den Glauben bestimmt ist. Die mittelalterliche Kirche versteht den Glauben protektionistisch. Sie nimmt dem Christen alle religiösen Urteile und Entscheidungen und sogar den Glauben selbst ab, sofern der Einzelne sich nur zum Glauben der Kirche bekennt. Luther hat demgegenüber gerade die Selbständigkeit im Glauben und im Leben als das Ziel der christlichen Existenz bezeichnet: Das junge Volk soll lernen, seinen Glauben „zu vertreten" und die, die „mit Ernst Christen sein wollen", müßten im Stande sein, ohne äußere Leitung „allein" sich zu privatem Gottesdienst zu versammeln (Vorrede zur

Deutschen Messe, BoA 3,295 ff.). Wer nur glaubt, was die Kirche glaubt, der hat sich „in die Hölle hinein geglaubt“ (WA 30,III, 554 f.).

Das Wort, das den Glauben begründet, begründet immer auch die Selbständigkeit dieses Glaubens. Denn die Vermittlung durch das Wort wendet sich an den Menschen in seiner Individualität, in seiner unverwechselbaren Besonderheit.

H. Bornkamm hat diesem Thema eine eingehende Untersuchung gewidmet: „Das Wort Gottes bei Luther“ (in: Luther, Gestalt und Wirkungen, 1975, 147 ff.).

c) Die einzigartige Bedeutung, die Luther dem Wort zuschreibt, ist letztlich in seiner Auffassung vom Wesen des Menschen begründet: Der Mensch ist Mensch wesentlich durch die Sprache. Reden zu können unterscheidet ihn von allen anderen Lebewesen und vom eigenen Tod.

„Es ist ja ein stummer Mensch gegen einem redenden schier als ein halb toter Mensch zu achten. Und kein kräftigeres, noch edeleres Werk am Menschen ist, denn Reden, sinte mal der Mensch durchs Reden von andern Tieren am meisten geschieden wird, mehr denn durch die Gestalt oder andere Werke; weil auch wohl ein Holz kann eines Menschen Gestalt durch Schnitzkunst haben und ein Tier sowohl sehen, hören, riechen, singen, gehen, stehen, essen, trinken, fasten, dürsten, Hunger, Frost und hartes Lager leiden kann, als ein Mensch.“ (Vorrede auf dem Psalter, 1528, WA DB 10,1,98–105).

Zudem ist die Sprache das Medium, in dem der Mensch als Mensch zu leben und sein Leben zu bestehen vermag. In der Sprache kommt zum Ausdruck, was den Menschen zum Menschen macht.

„Die Sprache ist eine große und göttliche Gabe in den Menschen, denn die sprachliche Weisheit, nicht Gewalt, regiert, erzieht, bildet, tröstet, versöhnt die Menschen in allen Situationen des Lebens, am meisten in Fragen des Gewissens ... Eine wahrhaft wunderbare Kraft hat das gesprochene Wort, weil durch dieses unsichere Wort des menschlichen Mundes der Satan, der hochmütigste Geist, verwirrt wird und fliehen muß“ (BoA 8, 223 f., TR 4081).

Weil also die Existenz des Menschen von der Sprache bestimmt ist, deshalb muß auch Gott im Wort zu ihm reden; denn nur im Wort können wir Christus fassen: „Er ist dir nicht nütz, du kannst seiner nicht genießen, Gott mache ihn denn zum Wort, daß du hören und also erkennen kannst“ (WA 2,113).

d) In der Sprache der Reformation ist der Leitbegriff für den Menschen, sofern er in den Vermittlungszusammenhang des Wortes eintritt, das „Gewissen“: Das Wort trifft ihn „im Gewissen“, und „im Gewissen“ ist die Erfahrung lokalisiert, des Wortes zu bedürfen. Luther hat dem Gewissensbegriff einen neuen Sinn im Rahmen der reformatorischen

Theologie zugewiesen (K. Holl bezeichnet Luthers Religion im Ganzen als „Gewissensreligion“, Ges. Aufs. I,35; während E. Wolf das Gewissen bei Luther in „existentiellen Korrelationen“ verstanden findet, Peregrinatio I, 1962^{2}, 81 ff.; 1965, 104 ff.). Zum Grundverständnis dieses Begriffs gehört, daß er den Menschen in seiner Unvertretbarkeit und in seiner Verantwortlichkeit bezeichnet. Das aber hat zur Folge, daß das Wort der Predigt, indem es sich an die Individualität richtet, zugleich die Freiheit des Menschen begründet, und zwar gerade die Freiheit gegenüber allen religiösen Bräuchen und Vorschriften. Das Gewissen ist weder zu kontrollieren, noch mit anderen zu vergleichen. So steht der reformatorische Widerspruch gegen das mittelalterliche Kirchenrecht in unmittelbarem Zusammenhang mit dem Verständnis von Wort und Predigt.

e) Ihren programmatischen Ausdruck hat die Überzeugung, daß das Wort den Glauben begründe und das dementsprechende Verhältnis von Wort, Predigt und Glaube in dem Satz gefunden, daß die Predigt selbst Gottes Wort sei (z. B. WA 51,517; s. M. Doerne, Das Wort Gottes in unserer Verkündigung heute, 1939, 3 ff.). Dieser Satz besagt, daß die Predigt und das in ihr gesprochene äußere Wort für den Glauben und für die christliche Existenz den absolut zureichenden Begründungszusammenhang bilden, daß also das Ziel der Predigt nicht im Verweis auf andere und ihr gegenüber dann erst „wirkliche“ Quellen der Religion, wie etwa gnadenvermittelnder Sakramente oder der Unmittelbarkeit von Geisterfahrungen, besteht. In der Predigt selbst liegt vielmehr alles beschlossen, was das Gottesverhältnis für den christlichen Glauben begründet. Der Satz, daß die Predigt Gottes Wort sei, ist deshalb nicht die Formel für eine mystifizierende Verklärung der Kanzelrede, sondern Ausdruck für den Erfahrungscharakter der Glaubensbegründung im reformatorischen Christentum.

f) Diese Auffassung von Wort und Predigt hat ihre theoretische Begründung in dem Prinzip, das Luther in anderen Zusammenhängen besonders ausgeführt hat und das die spätere lutherische Lehrbildung wesentlich bestimmt: finitum capax infiniti. Auch für die Predigt gilt, daß das Unendliche ganz im Endlichen gegenwärtig ist. Luther sagt, daß Gott und Mensch im Augenblick der Rede nicht zu unterscheiden sind (WA TR 3,3868,669 ff.; 671,6 ff.). Das Interesse, das ihn bei derartigen Äußerungen und Urteilen leitet, ist das Interesse an der unversehrten Fülle der Wirklichkeit. Wird das Verhältnis von Gott und Welt anders gedacht, dann beginnt die Gefahr, daß die Differenz zur Trennung wird und daß die Welt sich selbst überlassen bleibt. Daß, wer sich auf den Weg zu Gott machen will, aus dieser Welt auswandern müsse, ist die mittelalterliche Devise, der die Reformation überall entgegentritt. Luther hält daher konsequent daran fest, daß die Erfahrungswirklichkeit selbst der Ort für den Glauben und seine Begründung bleibt. Die Wirklichkeit ist mehr als das, was jeweils zufällig oder oberflächlich von ihr erkennbar scheint oder was sich als bloße Vorhandenheit immer schon von selbst versteht. Deshalb wäre es unsachgemäß, die Wirklichkeit Gottes jenseits der Erfahrungswirklichkeit zu vermuten. Solchem Irrtum unterliegt der Spiritualismus jeglicher Provenienz. Die Wirklichkeit der Anwesenheit Gottes ist nicht bloß geistiger Art im Unterschied zur Erfahrungswelt, sie geht vielmehr in diese Erfahrungswelt selbst ein. Luthers Wirklichkeitsverständnis ist von E. Metzke (Sakrament und Metaphysik, in: Coincidentia oppositorum, hg. v. K. Gründer, 1961, 158 ff.) philosophisch analysiert worden. Dabei zeigt sich, daß Luther „die Wirklichkeit in ihrer Übersubjektivität" (171) bei seinen Gegnern preisgegeben sieht, und daß er der „Entleiblichung" und der „Entwertung" des äußerlich Sichtbaren entgegentritt (173), denn „gerade im greifbar Gegebenen begegnen wir unmittelbar dem Wirken Gottes in seiner Unbegreiflichkeit" (191). Das gilt nicht anders für die Predigt. Sie ist als menschliche Rede Teil der menschlichen Wirklichkeit. Eben darin aber ist die Unendlichkeit gegenwärtig.

g) In diesem Sinn hat Luther die Predigt immer wieder gegen überspannte und unangemessene Erwartungen und Ansprüche in Schutz genommen, nicht zuletzt um den Prediger selbst zu trösten und zur Nüchternheit zu veranlassen. „Wir haben wohl ius verbi, aber nicht executionem. Das Wort sollen wir predigen, aber die Folge soll Gott allein heimgestellt sein" (BoA 7,368). Der Prediger wie der Hörer sollen sich also bei dem genügen lassen, was da geredet wurde und zu hören war. Die Predigt teilt alle Züge der Lebenswirklichkeit. „Wenn man articulos iustificationis predigt, so schläft das Volk und hustet. Wenn man aber anfähet, Historien und Exempel zu sagen, da reckts beide Ohren auf und höret fleißig zu" (BoA 7,26).

Andererseits aber richtet sich seine Kritik vor allem gegen die Abwertung der Predigt und des äußeren Wortes zugunsten anderer Quellen der Religion. Luther hat sein Verständnis des verbum vocale et externum in den Schmalkaldischen Artikeln genauer skizziert.

„Und in diesen Stücken, so das mündlich, äußerlich Wort betreffen, ist fest darauf zu bleiben, daß Gott niemand seinen Geist oder Gnade gibt ohn durch oder mit dem vorgehend äußerlichen Wort, damit wir uns bewahren fur den Enthusiasten, das ist Geistern, so sich rühmen, ohn und vor dem Wort den Geist zu haben, und darnach die Schrift oder mündlich Wort richten, deuten und dehnen ihres Gefallens, wie der Münzer tät und noch viel tun heutigs Tages, die zwischen dem Geist und Buchstaben scharfe Richter sein wollen und wissen nicht, was sie sagen oder setzen; denn das Bapsttum auch eitel Enthusiasmus ist, darin der Bapst rühmet, „alle Rechte sind im Schrein seines Herzen" und, was er mit seiner Kirchen urteilt und heißt, das soll Geist und Recht sein, wenn's gleich über und wider die Schrift oder mündlich Wort ist" (ASm III,8, BSLK 453 f.).

Die „Stücke", die Luther hier zusammenfaßt, sind die Themen und Institutionen des kirchlichen Lebens, die er bisher erörtert hat: Sünde und Gesetz, Buße und Evangelium, Taufe, Abendmahl, Vergebung und Beichte. Alle diese Stücke sind, was sie sind, durch das äußere Wort. Der Enthusiasmus dagegen macht einen „inneren Geist" zum Maßstab: Er beansprucht damit eine alternative religiöse Realität, die die Erfahrungswirklichkeit des Lebens hinter sich läßt. Dieser Spiritualismus ist „Eigendünkel". Er macht das religiöse Grundverhältnis abhängig von bloßer Willkür. Die „Geisterei", die die Wirklichkeit verachtet, führt ins Chaos.

Das Chaotische drückt sich in gleicher Weise in der Form geistlicher Diktatur aus. Schwärmerei ist für Luther immer auch Vorherrschaft und Gesetzgebung derer, die den Besitz des Geistes für sich reklamieren. Denn damit wird die Religion zum Instrument der Unselbständigkeit: Der Enthusiasmus der geistlichen Führer hält den „Haufen" in Abhängigkeit und Unfreiheit. Der gegen das Wort reklamierte „Geist" – selbst von bloßer Zufälligkeit geleitet – läßt „Rotten" oder „Haufen" sich bilden, die ihm anhängen und ihm Gefolgschaft leisten. „Kirche" ist das nicht, denn Kirche ist im Gegensatz dazu die Gemeinschaft derer, die ihres Hirten Stimme hören (ASm III, 12; über Müntzer s. K. Holl, Luther und die Schwärmer, Ges. Aufs. I, 425 ff.).

In diesem Zusammenhang erklärt sich auch die zunächst überraschende Wendung, die dem Papsttum Enthusiasmus attestiert: Der Papst ist Schwärmer, weil und insofern er – für sich und für die von ihm verkörperte Institution – die Befähigung in Anspruch nimmt, über das Gottesverhältnis der Christen zu bestimmen, und zwar durch das kirchliche Recht, denn er rühmt: „Alle Rechte sind im Schrein seines Herzens" (Zitat aus dem Corpus iuris canonici, Lib VI, I, 22 c. 1). Auf seine Weise also reklamiert er dieselbe besondere und eigene religiöse Wirklichkeit, wie die evangelischen Schwärmer. Darin freilich sind nicht nur diese sich gleich. Was hier sichtbar wird, ist vielmehr die Gefahr des Menschen schlechthin: „Der Enthusiasmus sticket (steckt) in Adam und seinen Kindern" (ASm ebd. BSLK 455) von Anfang an. Schwärmerei entsteht aus dem Ungenügen an der Lebens- und Glaubenswirklichkeit des Menschen und aus dem Bestreben, diesem Ungenügen gegenüber eine neue und eigene religiöse Wirklichkeit zu postulieren.

h) Das äußere Wort und das Wort Gottes sind für Luther in erster Linie repräsentiert in der Predigt. Die Predigt ist Auslegung der Schrift oder der Lehre, sie ist nicht bloß deren Zitat (WA 10, I, 1,581 ff.; M. Rade, Glaubenslehre, Bd. 2, 1926, 56). In der Predigt sollen vielmehr historische Schrift und gegenwärtiges Leben vermittelt werden. Die Predigt ist daher nicht nur Auslegung ihres Textes, sie ist auch Auslegung ihrer Gegenwart. Und zwar ist sie das auch in dem Sinne, daß sie selbst als Moment der religiösen Wirklichkeit ihrer Zeit erscheint. In ihr spiegeln sich daher unmittelbar alle Bewegungen und Strömungen, die die Kirche durchziehen. Vor mehr als zwei Jahrzehnten sah Martin Doerne die evangelische Predigt vom „Hang zu fanatischer Intellektualisierung" bedroht: „Irrlehre und natürliche Theologie scheinen aus dem Felde geschlagen. Dafür weht durch die Predigten auf deutschen Kanzeln nicht selten ein Hauch gespenstischer Monotonie" (Art. Homiletik, in: RGG[3], III, 440). Dieses Urteil über die Predigt war ein Urteil über den Geist des Protestantismus in dieser Epoche. Heute dürften seine Gefährdungen eher in anderen Tendenzen liegen: Im Verzicht auf geistige und geistliche Substanz, in hemdsärmliger Appell-Gesetzlichkeit, in der Akkomodation an zeitgenössische Bewußtseinslagen mit unterschiedlichen politischen und sozialen Erwartungshaltungen und Wunschzielen oder im Rückzug auf einen begrenzten Kreis religiöser Bedürfnisse. Alle diese Tendenzen bilden sich in der Predigt der Kirche ab und gewinnen dort ihre Realität und ihre öffentliche Wirkung. Deshalb hat jeder, der an der Predigt der Kirche mitwirkt, teil an der Verantwortung für das Schicksal des Protestantismus.

3. Die Predigt als Problem der Dogmatik

Die Stellung der Predigt in der evangelischen Kirche hat nicht dazu geführt, daß die Predigt zu einem eigenen Thema der Kirchenlehre geworden ist. Die evangelischen Dogmatiken, von Melanchthons Loci angefangen bis in die Gegenwart, sehen eine selbständige Behandlung der Predigt nicht vor. Das hatte seinen Grund zunächst darin, daß die alte Dogmatik dem Inhalt nach zwischen Kirchenlehre, Unterricht und Predigt nicht unterschieden hat. Die Trennung von Predigt und Unterricht einerseits und dogmatischer Lehrbildung andererseits verdankt sich erst einer späteren geschichtlichen Entwicklung. Für die Epoche der Reformation und der älteren Dogmatik bildeten die Äußerungsformen der Kirche eine Einheit, und das theologische Interesse war wesentlich auf die

Reinheit der Lehre gerichtet und bemüht, die evangelische Doktrin gegen Mißverständnisse von innen und von außen zu schützen.

Melanchthons „Unterricht der Visitatoren" (1528) braucht „Lehre", „Predigt" und „Unterricht" wechselweise und ohne Unterschied. Im ersten Abschnitt werden unter der Überschrift „von der Lere" Grundsätze für den Inhalt der evangelischen Predigt aufgestellt. Die folgenden Abschnitte der Schrift behandeln Hauptstücke des evangelischen Glaubens und Lebens als Gegenstände von Lehre, Predigt, Unterricht und Kirchenordnung. – Mit dem lehrmäßigen Inhalt der Predigt befaßt sich Urbanus Rhegius in der verbreiteten Schrift „Formulae caute loquendi" (1535). Er kritisiert Mißverständnisse und Mängel der Lehre in der Predigt, warnt vor falschen und aggressiven kontroversen Behauptungen und skizziert einen Abriß der „fürnehmsten Artikel christlicher Lehre" für Prediger.

Sodann aber hat schon die ältere Dogmatik begonnen, die eigene Begründung als Lehre vom Wort Gottes auszuarbeiten. In diesem Zusammenhang wird dann auch die Predigt behandelt, freilich keineswegs immer, und wenn, dann in der Regel nur sehr beiläufig. Die Lehre vom Wort Gottes wurde auf doppelte Weise entfaltet: Im Artikel de scriptura sacra wird das Wort als Prinzip der theologischen Erkenntnis (principium cognoscendi) erörtert und im späteren Artikel de mediis salutis als Gnadenmittel.

An dieser zweiten Stelle behandelt die klassische Dogmatik zunächst die Wirksamkeit des Wortes durch seine Verbundenheit mit dem heiligen Geist und sodann die Einteilung in Gesetz und Evangelium.

Die Zweiteilung entspricht dem doppelten Verständnis des christlichen Glaubens, der einmal als objektiver Lehrzusammenhang und sodann als persönlicher Habitus gefaßt ist und der unter beiden Hinsichten im Wort Gottes begründet wird. Die Unterscheidung selbst geht auf das Mittelalter zurück und verdankt sich der Ausbildung der Theologie als Wissenschaft im Abendland (dazu H. Urs von Balthasar, Spiritualität, in: Verbum Caro I, 1960, 229 ff.). Im späteren Verlauf hat die Unterscheidung in der lutherischen Dogmatik zu einem zweifach bestimmten Begriff der Religion geführt: duas solent religionis constituere partes, veram Dei agnitionem cultumque ei debitum (Buddeus). Durch die Begründung im Wort Gottes werden sowohl die Theologie als Lehrzusammenhang wie der christliche Glaube im Einzelfall auf die Autorität der Selbstoffenbarung Gottes bezogen. Vor allem aber ist damit das Problem der Wirksamkeit in der religiösen Mitteilung auf bestimmte Weise beantwortet: Alle Wirkungen gehen allein vom Wort selbst aus und fallen nicht in die Verfügungsgewalt der Theologie und der Theologen. Die protestantische Orthodoxie hat das größere Gewicht auf die Behandlung des Wortes

Gottes als Begründung von Lehre und Theologie gelegt, während Pietismus und Aufklärung ihr Interesse fast ganz darauf konzentrierten, das Wort Gottes im Zusammenhang der Begründung eines persönlichen und individuellen christlichen Glaubens zu erörtern. – Diese Unterschiede kennzeichnen dann wesentlich die im Umkreis dieser Dogmatiken angesiedelten Bestimmungen der Predigt: Der der Orthodoxie nahestehende Predigtbegriff versteht die Predigt im Zusammenhang der objektiven Kirchenlehre, während die Predigt unter dem Einfluß von Pietismus und Aufklärung vor allem in ihrer Bedeutung für die Subjektivität gesehen wird.

Schleiermacher behandelt die Lehre vom Wort Gottes nicht in den Prolegomena – hier fehlt jede Erwähnung –, sondern am zweiten klassischen Ort der Dogmatik, nämlich im Zusammenhang mit der Kirchenlehre und der subjektiven Begründung des Glaubens (Glaubenslehre §§ 127–135). Der Gang seiner Argumentation entfaltet dabei vor allem den Gedanken, daß bei aller Wandelbarkeit durch die Geschichte alle Menschen zu jeder Zeit doch auf gleiche Weise Zugang zum Ursprung der christlichen Religion behalten.

Dieser Gedanke leitet Schleiermacher schon bei der Erörterung des äußeren Wortes und seiner Bedeutung für den Glauben des Christen (§ 108, 5). Sodann entwickelt er das Bild einer dreifachen Gestalt der christlichen Überlieferung: 1. Ihren Ursprung bildet Jesus selbst, der aber 2. nur durch die zeitgenössischen Darstellungen hindurch wirksam wird, für die deshalb nicht der Buchstabe, sondern die unverletzte Identität der Überlieferung ausschlaggebend ist, so daß in diesem Sinn auch 3. der mündlichen Fortpflanzung der Tradition in der Predigt dieselbe Wirksamkeit zukommt (§ 127, 2). Ziel der Predigt ist die Stärkung der Lebensgemeinschaft mit Christus und unter den Christen, und also die des Glaubens gegenüber dem Unglauben in Hinsicht auf den einzelnen Christen. Von der Dogmatik ist die Verkündigung in der Predigt vor allem durch die Differenz der Sprachbereiche, denen beide Gebiete jeweils zugehören, unterschieden (§ 15, 2; dazu W. Trillhaas, Schleiermachers Predigt, 1975[2], 6 ff.). Nach der Christlichen Sitte rechnet die Predigt zum „darstellenden Handeln“ als „Communication von einem Einzelwesen an das andere“ (510). Dabei ist die Gemeinschaft sowohl Voraussetzung wie Ziel dieses Handelns: Es ist „das In die Erscheinung treten der Gemeinschaft selbst“ (513). Da in der christlichen Gemeinde das Prinzip der Gemeinschaft in der brüderlichen Liebe durch den Heiligen Geist gegeben ist, geht die Aufgabe der Predigt dahin, die unterschiedliche Teilnahme der Christen an dieser Gemeinschaft zu stärken und zu vertiefen.

K. Barth behandelt die Lehre vom Wort Gottes überaus eingehend und umfänglich in den Prolegomena der Dogmatik (KD I, 1 u. 2). Diese Prolegomena und jene Lehre vom Wort Gottes sind geradezu identisch. Hier erscheint die Verkündigung der Kirche als die vom Wort Gottes selbst geforderte Grund- und Vorgegebenheit. Diese Verkündigung ist „der Stoff der Dogmatik“ (I, 1, 77).

Barth entfaltet die Lehre vom Wort Gottes als die von dessen dreifacher Gestalt. Das ist 1. die Offenbarung in Zeit und Geschichte als das eigene Wort Gottes selbst, 2. die dadurch veranlaßte und die Offenbarung bezeugende Schrift, und 3. die Verkündigung der Kirche (I, 1, 89ff.). Keine dieser drei Gestalten des Wortes Gottes ist jeweils ohne die anderen zu denken (I, 1, 124; mit dem Hinweis auf die Analogie zur Trinitätslehre). Solche Verkündigung der Kirche ist (neben dem Sakrament) „die Predigt, d.h. der von einem in der Kirche dazu Berufenen unternommene Versuch, in Form einer Erklärung eines Stückes des biblischen Offenbarungszeugnisses die Verheißung der heute und hier zu erwartenden Offenbarung, Versöhnung und Berufung Gottes in seinen eigenen Worten auszusprechen und Menschen der Gegenwart verständlich zu machen“ (I, 1, 56). Danach ist die Predigt grundlegend bestimmt zunächst als „Ereignis“: „Gottes Wort“ soll als „Gottes Werk“ verkündigt werden, insofern durch die „Kraft des göttlichen Selbstwortes“ die gepredigte Verheißung zum „Ereignis der wirklichen der Kirche gegebenen Verheißung“ wird (I, 1, 61). Predigt ist Gott in „Aktion“ (z.B. III, 4, 556; IV, 2, 226 u.ö.). Sodann ist die Predigt grundlegend dadurch bestimmt, daß, der Logik des Aktionscharakters folgend, bei aller Verschiedenheit einzelner Predigten doch immer das mit sich selbst identische Ereignis durch sie verkündigt und verwirklicht werden soll. Das Wort der Predigt ist daher auch jeweils „das eine ganze Wort Gottes“ (I, 2, 832) und umfaßt insofern tendenziell immer auch das Ganze der christlichen Lehre, die den Stoff der Dogmatik bildet.

Im Verlauf der neuzeitlichen Theologiegeschichte sind die formalen Differenzen in der systematischen Durchführung der einschlägigen Lehrstücke zum Ausdruck von Unterschieden im Grundverständnis nicht nur der Predigt, sondern der Theologie im Ganzen geworden. Auf der einen Seite wird die Predigt der Individualität des Christen zugeordnet und zwar so, daß sowohl ihr Sinn und ihre Ziele, wie die Predigtaufgabe selbst ganz unter dieser Perspektive behandelt werden. Auf der anderen Seite wird die Predigt aus der theologischen Prinzipienlehre entwickelt, und entsprechend rückt ihr prinzipieller Charakter in den Vordergrund. Auf der einen Seite repräsentiert sich daher in der Predigt die religiöse Subjektivität, auf der anderen der objektive Lehrzusammenhang der Religion. Die unterschiedlichen Fassungen des Predigtbegriffs gehen also auf einen jeweils anders akzentuierten Begriff der christlichen Religion zurück, der seinerseits aus der Bestimmung des Verhältnisses von Religion und Wirklichkeit folgt. Zugrunde liegt dabei die Frage, ob in der Erfahrungswirklichkeit als solcher die religiöse Wirklichkeit erschlossen werden kann, oder ob der Erfahrungswirklichkeit nicht vielmehr die andere religiöse Wirklichkeit entgegenzusetzen ist, um darin alle Erfahrung zu überbieten. In diesem Fall erscheint die Religion allein in sich selbst begründet und als positiver Lehrzusammenhang, hinsichtlich dessen nicht die Identität, wohl aber die Realität bloßes Postulat zu bleiben droht; in jenem Fall dagegen steht die Religion in ihrer Bedeutung für die Subjektivität und in deren Wirklichkeitszusammenhang unbestritten fest, während ihre Allgemeingültigkeit wie ihre Identität sich unter permanenten Legitimationszwang gestellt finden.

Dieser Gegensatz bestimmt überall die dogmatischen Fassungen der Begriffe Wort Gottes und Predigt in wesentlicher Weise. G. Ebeling hat das damit bezeichnete Problem selbst zum Ausgangspunkt gemacht und seinen Explikationen das Thema „Wort des Glaubens“ (Dogmatik III, § 35) gegeben. Diese Begriffsbildung verdankt sich bereits der Reflexion auf die Differenz von Spekulation und Erfahrung und „dient als Erläuterung von Wort Gottes in Hinblick auf die darin gesetzte Relation von Wort und Glaube“ (III, 249). Für die Predigt selbst hat Ebeling in anderem Zusammenhang auf das konstitutive Verhältnis von „Glaubensinhalt und Lebenserfahrung“ verwiesen (WGl III, 561). – Bei P. Tillich erhält das Problem dadurch seine besondere Form, daß die Methode der Korrelation als Verfahren der Theologie prinzipiell eingeführt ist (Systematische Theologie I, 73 ff.). „Wort Gottes“ wird danach als Symbol verstanden, das im Zusammenhang der Offenbarungslehre (I, 187 ff.) wie der Pneumatologie (III, 144 ff.) in der Vermittlung von existentiellen und religiösen Aussagen zu interpretieren ist. Predigt ist eine Weise, diese Aufgabe wahrzunehmen (III, 213 ff.; s. auch GW VII, 29 ff.).

Auch auf den Predigtbegriff der Homiletik hat jener Gegensatz Einfluß ausgeübt. An einem eindrücklichen Beispiel belegt P. Drews, wie dabei – aus dem Reflex der jeweiligen dogmatischen Grundlagen – gegensätzliche Definitionen der Predigtaufgabe erwachsen sind.

Drews zitiert dafür einerseits A. H. Francke (1663–1727) und andererseits J. F. Chr. Loeffler (1752–1816): „Ersterer fordert von jeder Predigt, sie müsse die Heilsordnung in sich tragen, sodaß, wenn ein Mensch nur einmal in seinem Leben eine evangelische Predigt gehört hätte, er wisse, wie er selig werden solle. Loeffler dagegen stellt den Grundsatz auf: Jede Predigt soll eine Gelegenheitspredigt sein“ (Die Predigt im 19. Jahrhundert, 1903, 7).

Am Leitfaden dieser Gegenüberstellung analysiert Drews die Predigtpublikationen im 19. Jahrhundert und findet vor allem eine Rückkehr zum Programm Franckes und zu prinzipiellen Predigtthemen, die durch die unvermeidliche Selbstwiederholung ihrer Inhalte von Entleerung, Formalisierung und Wirklichkeitsverlust bedroht sind. Freilich ist eine solche Entwicklung kaum als unmittelbare Folge dogmatischer Tendenzbildungen zu verstehen. Das Verhältnis dürfte vielmehr umgekehrt zu bestimmen sein: Die Predigtpraxis spiegelt das religiöse Bewußtsein ihrer Epoche unmittelbar, während die Lehr- und Programmsätze der Dogmatik und der Homiletik ihrerseits nur der – verzögerte und verspätete – Ausdruck dieses Bewußtseins sind.

§ 24 Die evangelische Predigt

1. Die Predigtlehre der Reformation

a) Die Homiletik, die der reformatorischen Predigt zugrunde liegt, ist nicht leicht zu erheben. Systematische oder auch nur ausführlichere Äußerungen zu diesem Thema sind selten. Außer Melanchthon hat keiner der reformatorischen Theologen seine Aufgabe darin gesehen, Anschauungen und Grundsätze zur Predigtlehre oder zur Kunst des Predigens, etwa nach dem Vorbild der Humanisten, zusammenzufassen.

Reuchlin (Liber congestorum de arte praedicandi, 1504) und Erasmus (Ecclesiastes, sive de ratione concionandi libri quatuor, 1535) suchten die römische Tradition der Rhetorik (samt der darin implizierten Bildungslehre und Pädagogik) mit den Aufgaben christlicher Rede zu verbinden. Melanchthon (der selber nicht gepredigt hat) hat in mehreren Schriften die rhetorische Formenlehre für die Predigt als doctrina evangelica fruchtbar zu machen gesucht (s. u. S. 327 f.). Die Predigtweise Luthers hat U. Nembach mit den einzelnen Stücken der „Beratungsrede“ nach Quintilian verglichen (Predigt des Evangeliums, Luther als Prediger, Pädagoge und Rhetor, 1972).

Luther wie Calvin haben deshalb vor allem als Prediger Aufmerksamkeit gefunden („Calvin hebt das Bindende, Fordernde, Verpflichtende des Wortes Gottes, oft auch die Verbindlichkeit der Ordnungen der Gemeinde, Luther die Gnade und Erbarmung Gottes, an der Niemand verzweifeln dürfe, mit größerem Nachdruck hervor“; H. Hering, Homiletik, 1905, 111). Ihre homiletischen Grundsätze sind nur gelegentlich untersucht und dargestellt worden (z. B. E. Hirsch, Luthers Predigtweise, in: Luther, 1954; H. M. Müller, Luthers Kreuzesmeditation und die Christuspredigt der Kirche, in: KuD 15, 1969; R. Frick, Luther als Prediger, in: LuJ 21, 1939, 28–71). Äußerungen Luthers, die in den Zusammenhang der Homiletik zu rechnen sind, finden sich über das gesamte Werk verteilt. Eine Sammlung wesentlicher Texte hat E. Hirsch zusammengestellt (Selbstzeugnis, BoA 7,1–38). Darüber hinaus sind zu nennen: die Zuschrift zur Winter-Postille (Ein kleiner Unterricht, was man in den Evangelien suchen und erwarten soll, 1522, WA 10 I, 1,8–18) sowie die Vorreden zum Psalter (1528, WA DB 10,98–105) und zum neuen Testament (1545, WA DB 6, 2 ff.).

b) Grundlegend für die Homiletik der Reformation ist die Wandlung im Verständnis der Schriftauslegung. Äußerlich vollzieht sich diese Wandlung in der Abkehr von der überlieferten Auslegungsmethode nach dem vierfachen Schriftsinn (sensus literalis, allegoricus, moralis sive tropologicus, anagogicus). Luther hat seine exegetischen Vorlesungen zunächst ganz nach den Regeln dieser „Quadriga" gehalten. Er hat aber dann, – im zeitlichen wie im sachlichen Zusammenhang mit der „reformatorischen Wende" – das „sola scriptura" zum Prinzip der Auslegung gemacht, und zwar in dem Sinne, daß die Schrift sich selbst auslegt, insofern „die Mitte" oder „die Sache" der Schrift selbst die Auslegung leitet. Diese Mitte ist Jesus Christus und das, „was Christum treibet", und nur von ihr her erschließen sich die einzelnen Texte der Auslegung. Luther geht hier also weit über den bei Augustin formulierten Grundsatz hinaus, nach dem dunkle Stellen der Schrift von hellen her zu erklären sind, nach dem aber durch die allegorische Auslegung auch nichts behauptet werden durfte, was nicht an einer anderen Stelle klar und deutlich gesagt wäre. Luthers Prinzip überbietet diesen Grundsatz auch qualitativ, weil die „Mitte der Schrift" als hermeneutisches auch zum kritischen Prinzip in der Auslegung von Einzeltexten wird: Der Text gewinnt Bedeutung nur in dem Maße, in dem er auf seine Weise „die Mitte" zur Sprache zu bringen vermag: Christus ist „punctus mathematicus der Heiligen Schrift" (WA TR 2, 2383), und deshalb muß das einzelne kritisch von diesem Skopus des Ganzen her verstanden werden.

Luthers Umformung der biblischen Hermeneutik ist also kein beiläufiges Thema reformatorischer Theologie. In ihr spricht sich vielmehr die reformatorische Wende selbst aus. Nicht die Tradition leitet mehr die Exegese, sondern, umgekehrt, die Auslegung der Schrift leitet an zur Kritik der Tradition. Die „Mitte der Schrift" wird deshalb konsequent auch zur Mitte der Predigt, und so gewinnt die Predigt ihre zentrale Stellung im evangelischen Christentum.

Luthers hermeneutische Einsichten und Entdeckungen sind zuerst von K. Holl dargestellt worden (Luthers Bedeutung für den Fortschritt der Auslegungskunst, Ges.Aufs. I, 544–582). Umfassende und eingehende Untersuchungen hat G. Ebeling diesen Fragen gewidmet (Evangelische Evangelienauslegung, 1942; Lutherstudien I, 1971; Art. Hermeneutik, in RGG^3, III, Sp. 242–262). Im Blick auf ihre Bedeutung für die Predigt der evangelischen Kirche hat H. M. Müller Luthers Schriftauslegung dargestellt (Die Bibelinterpretation Martin Luthers, in: BiKi 38, 1983, 11–18).

c) Für Luthers Auffassung von der Predigt und ihrer Praxis sind vor allem die folgenden Grundsätze von Bedeutung.

1. Die Predigt richtet sich an das angefochtene Gewissen ihrer Hörer. Sie soll den christlichen Glauben begründen und bestärken, und dieser Glaube wird „in der Anfechtung geboren" (H. Beintker, Art. Anfechtung, in: TRE, Bd. 2, 696). Anfechtung als die existenzielle Angst vor

Tod und Gericht und als Zweifel am Bestehen vor Gott ist die Ursituation des Christen, denn den, den Gott mit dem Glauben trösten will, den „steckt er vorher in Angst und Anfechtung“ (WA 22,427). Diese Anfechtung kann entstehen, wenn das Gesetz in der Predigt entsprechend ausgelegt wird. Allerdings muß die Predigt dann immer im Evangelium aufgehoben werden, weil Verzweiflung ohne Trost tödlich wäre und damit eben die Situation sich erneuerte, die Luther gerade durch sein Verständnis der Predigt zu überwinden trachtete: die der bloßen Gesetzespredigt des Mittelalters (BoA 7,20). Damit ist freilich nicht ausgeschlossen, daß die Predigt auch zu einer der Ordnung Gottes entsprechenden Lebensgestaltung und Lebensführung aufruft. Luther hat dafür selbst in den meisten seiner Predigten anschauliche Beispiele geliefert (vgl. BoA 7,83). Aber das opus proprium der Predigt bleibt die Begründung des Vertrauens in die Güte Gottes.

2. Daher hat die Predigt stets allein eine Hauptsache: „Man kann sonst nicht predigen denn de Jesu Christo“ (BoA 7,15). Luther beschreibt diesen Grundsatz in der formalen Terminologie der homiletisch-rhetorischen Tradition: Die „These“ jeder Predigt (ihr „scopus“ oder „status“, BoA 7,28) soll die Hauptsache des Glaubens behandeln, auf Nebensachen (Unterteilungen, Hypothesen) wie z. B. Ermahnungen oder bloße Appelle oder auch umständliche Erklärungen unwichtiger Gegenstände ist zu verzichten.

3. Die Auslegung dieser Hauptsache soll nun so erfolgen, daß der christliche Glaube in individueller und beispielhafter Gestalt dem Predigthörer vorgestellt wird. Luther wendet sich damit gegen das Verständnis der mittelalterlichen Kanzelrede, die der logischen Deduktion folgend vom Allgemeinen zum Besonderen fortzuschreiten trachtete. Demgegenüber will Luther sogleich, nachdem er in einem Satz die Hauptsache seiner Predigt angekündigt hat, den christlichen Glauben in der Form beispielhafter Individualität darstellen:

> „In diesem Evangelium habt ihr ein lieblich Exempel des christlichen Glaubens und der Liebe ... Das Beispiel ist der Aussätzige. Da hört ihr vom Fortschritt im starken, wahren Glauben und es wird gelehrt, was der wahre Glaube sei“ (Anfang einer Predigt über Mt 8, 1 ff., BoA 7,204).

Das Beispiel also ist die Weise, in der der christliche Glaube in seiner individuellen Gestalt zur Anschauung kommt. Exempel in diesem Sinn aber kann nicht jeder sein. Exemplarische Kraft gewinnen vielmehr vor allem das Geschick Jesu selbst und die in den biblischen Texten berichteten Glaubenserfahrungen, Anfechtungen und Tröstungen der unmittelbar an der Geschichte Jesu Beteiligten: der Aussätzige, der Hauptmann von Kapernaum (BoA 7,207), aber auch die Pharisäer (BoA 7,77) oder der Schächer am Kreuz (BoA 7,112).

Am Exempel kommt die Erfahrung des Glaubens zur Sprache, und in dieser Erfahrung werden alle, die glauben oder doch das Wort der Predigt vernehmen, miteinander verbunden. Am gepredigten Beispiel des Glaubens zeigt sich die Gleichartigkeit und Gleichzeitigkeit des Glaubens aller Christen. „Dies Weib sind alle Menschen" (BoA 7,49): Mit diesem Satz in einer Predigt (über Mt 9, 18–28) schließt Luther am Beispiel der kranken Frau alle Menschen zusammen, die ihre Sünden „empfinden" wie die Frau ihre Krankheit. Deshalb aber kann auch die Erfahrung des Predigers zum leitenden und gültigen Exempel für die Auslegung des Glaubens werden: „Nehmt ein Exempel von mir" sagt Luther in den Invocavit-Predigten (BoA 7,369), um das Wirken des Wortes ohne Gewalt und Zwang anschaulich zu machen. Aber er macht auch seine eigene Biographie und die Geschichte seiner Glaubenserfahrung zum Paradigma der Predigt:

> „Ich habe auch wollen ein heiliger frommer Mönch sein und mit großer Andacht mich zur Messe und zum Gebet bereitet, aber wenn ich am andächtigsten war, so ging ich als ein Zweifler zum Altar, und als ein Zweifler ging ich wieder davon. Hatte ich meine Buße gesprochen, so zweifelte ich doch, hatte ich sie nicht gebetet, so verzweifelte ich auch. Denn wir lebten in dem Wahn, wir könnten nicht beten und würden nicht erhört, es sei denn, wir wären ganz rein und ohne Sünde wie die Heiligen im Himmel, daß es viel besser wäre, das Gebet ganz sein zu lassen und etwas anderes zu tun als also vergeblich mit Gottes Namen zu handeln" (BoA 7, 64).

4. Erfahrung ist bei Luther Leitbegriff nicht nur für einen grundlegenden Aspekt der Predigtaufgabe, sondern für das sachgemäße Verständnis der Schrift überhaupt: „Ohne Erfahrung kann niemand die Schrift verstehen" (WA 31,2). Luther hat diesen Satz mehrfach variiert (vgl. TR I, 472, TR 941; TR III, 170, TR 3097). Gemeint ist offenbar, daß die Anfechtung, die als grundlegende Erfahrung die christliche Existenz bestimmt, zu den notwendigen Voraussetzungen für das sachgemäße Verständnis der Schrift gehört: Das Schriftverständnis und die existenzielle Beteiligung des Verstehenden bedingen sich wechselseitig. Die Schrift leitet an zum Verständnis sowohl ihrer selbst (scriptura sui ipsius interpres) wie der Erfahrung, in der der christliche Glaube begründet wird (BoA 7,283, 6 ff.). In der Predigt kann deshalb die Glaubenserfahrung eine zweifache Bedeutung gewinnen: als die Erfahrung des Predigers, die ihm für das sachgemäße Verständnis der Schrift wesentlich ist, und als die beispiel-

hafte und anschauliche Erfahrung derer, deren Glaube die Predigt zum Exempel macht.

5. Luther hat die verschiedenen Perspektiven seines Verständnisses der Predigtaufgabe in einem Satz in den Tischreden zusammengefaßt.

„Drei Stücke müssen gepredigt werden. Erstens muß das Gewissen niedergeworfen und zweitens muß es aufgerichtet werden, drittens muß das Gewissen befreit und aus allen seinen Zweifeln herausgeleitet werden.

Das erste geschieht durch das Gesetz, das zweite durch das Evangelium. Das dritte geschieht zunächst durch die Erklärung des Bibeltextes in seinem Zusammenhang mit dem ganzen Wort Gottes, sodann aber auch durch Beispiele und Gleichnisse; zunächst also durch die Auslegung der Schrift, sodann aber durch das, was wir selbst gesehen und erfahren haben" (BoA 7,33).

So bringt Luther die Predigtaufgabe in einen umfassenden Zusammenhang aus sehr unterschiedlichen Perspektiven: Die Predigt von Gesetz und Evangelium ist zu ergänzen und zu erweitern durch einen Dialog mit dem zweifelnden und angefochtenen Gewissen, in dem Schriftauslegung und exemplarische Erfahrung verbunden sind.

Ausführlicher sind Luthers Grundsätze untersucht bei D. Rössler (Beispiel und Erfahrung, Zu Luthers Homiletik, in: Reformation und Praktische Theologie, FS für Werner Jetter zum 70. Geburtstag, hg. v. H. M. Müller und D. Rössler, 1983, 202–215). Luthers Predigtverständnis in der Epoche der reformatorischen Wende ist eingehend von O. Bayer dargestellt worden (Promissio, Geschichte der reformatorischen Wende in Luthers Theologie, 1971).

2. Entfaltungen des evangelischen Predigtbegriffs

a) Die evangelische Homiletik beginnt mit Melanchthons Schriften zur Rhetorik und zur Predigtpraxis (Elementorum rhetorices libri II, 1531; De officio concionatoris, 1535): Er macht die Rhetorik zum Instrument der evangelischen Predigtaufgabe und zwar durch die Aufnahme des rhetorischen Genera-Schemas in die Homiletik. Voraussetzung aber dafür war, daß auch die evangelische Predigt als thematisch geordnete Rede verstanden wurde, und das war möglich, weil Melanchthon sie wesentlich als Lehrpredigt aufgefaßt hat. Der evangelisch-reformatorische Charakter der Predigt wird durch ihren Inhalt bestimmt: Die Haupt- und Grundfragen des evangelischen Glaubens und Lebens sollen behandelt und gelehrt werden, wie sie Melanchthon in den loci theologici (1521, 1535) selbst exemplarisch zusammengestellt hat. Melanchthon übernimmt vier traditionelle genera der Rede für die Predigt (iudiciale, demonstrativum, deliberativum, dialecticum) und fügt ein fünftes hinzu: das genus didaskalikon. Sinn der Unterscheidung von genera der Rede war es, ein Thema (den biblischen Text oder den ihm zugeordneten locus) unter verschiedenen Perspektiven zu behandeln und zur Geltung zu bringen.

Melanchthons Anleitungen haben bald in popularisierter Form Verbreitung gefunden. So durch den ersten evangelischen Homiletiker Württembergs Arsacius Seehofer (gest. 1542, Enarrationes evangelicorum domenicalium, 1539), der nach Melanchthons Grundsätzen einen vollständigen Jahrgang Predigten und Predigtdispositionen für die nicht zu selbständiger Predigtarbeit fähigen Pfarrer Württembergs veröffentlichte.

b) Fortgeführt und ausgebaut wurde Melanchthons Homiletik durch Andreas Hyperius (1511–1569), vor allem mit der Schrift „De formandis concionibus sacris" (1553). Hyperius gibt dem Schema der genera eine theologische Begründung im Anschluß an 2. Tim. 3,16 und eine neue Gestalt: 1. genus didascalicum (Erheben des Lehrgehalts); 2. genus redargutivum (Widerlegung von Irrtümern); 3. genus institutivum (Darstellung ethischer Fragen); 4. genus correctivum (Ermahnung und Zurechtweisung); 5. genus consolatorium (Trost). Der materiale Zweck der Predigt ist es zu fördern, was zum Heil führt, und den formalen Zweck bestimmt Hyperius im Anschluß an die rhetorisch-homiletische Tradition als docere, delectare, flectere. Hyperius übernimmt ferner die Beschreibung der officia des Predigers: Inventio, Dispositio, Elocutio, Memoria, Pronunciatio sowie den Aufbau der Predigt: Lectio, Invocatio, Exordium, Propositio sive Divisio, Confirmatio, Confutatio, Conclusio.

c) Bis weit in das 18. Jahrhundert hinein hat die Homiletik diese Prinzipien zugrunde gelegt und fortentwickelt. Die Lehrpredigt war homiletischer Leitbegriff für das ganze Zeitalter der Orthodoxie.

Eine anschauliche Erläuterung dazu findet sich am Beispiel einer Predigt des Generalsuperintendenten J. Foerster (1576–1613) bei J. Konrad (Die evangelische Predigt, 1963, 55 ff.). Die Predigt enthält alle klassischen Teile, die im einzelnen noch differenziert sind, und mehrere Hauptabschnitte, die nach explicatio und applicatio ausgeführt werden. Konrad macht mit Recht darauf aufmerksam, daß es bei dieser Art kunstvoller, dogmatisch höchst korrekter Lehrpredigt um mehr geht „als um bloß schulmeisterliche Mitteilung, nämlich um das Einformen der Gemeinden in den theologisch schwer erkämpften Bekenntnisstand der jungen reformatorischen Kirchen. Das gibt diesen Lehrpredigten ihren existentiellen Ernst und ihre dogmatische Akribie ... dazu bedurfte es der Ausbildung strenger Methoden" (78). Die Homiletik der Epoche war vor allem um den Ausbau des Genera-Schemas bemüht: 25 oder noch mehr „Methoden" wurden für die Auslegung eines Textes unterschieden (J. B. Carpzov II., 1639–1699, hat 100 Methoden zusammengestellt). Das war nicht zuletzt veranlaßt durch den „Perikopenzwang" in den lutherischen Kirchen: Einheit und Reinheit der Lehre sollten dadurch geschützt werden, daß nur eine Perikopenreihe und damit also die jährliche Wiederholung der Predigttexte verpflichtend vorgeschrieben war.

d) Der Pietismus hat diese formalisierte Homiletik von Anfang an äußerst kritisch beurteilt. Sein religiöses Programm gab ihm Predigtziele vor, die sich in dieser Homiletik nicht ohne weiteres unterbringen ließen. Freilich ist eine selbständige und wirkungsvolle Homiletik aus dem Pietismus nicht hervorgegangen. Zu nennen ist J. Langes (1670–1744) Kritik der zeitgenössischen Homiletik (Oratoria sacra ab artis homileticae vanitate repurgata, 1707) und J. J. Rambachs (1693–1735) Anleitung zu „populärer und erbaulicher" Predigtweise (Erläuterung über die praecepta homiletica, 1736).

In der Predigtpraxis freilich traten die Unterschiede zunächst nicht deutlich hervor. Sowohl Spener wie A. H. Francke haben ihre Predigten mit Akribie „disponiert" und ihre Themen in vielen Teilen behandelt, wobei sie besonders auf die applicatio (Anwendung) für den Hörer am Ende großen Wert gelegt haben. Denn die pietistische Predigt sollte auf die „Erbauung", also auf Bekehrung und Heiligung des einzelnen Hörers ausgerichtet sein; deshalb konnte sie sich mit dem Perikopenzwang nicht abfinden und suchte vielmehr, die Notwendigkeit von Bußkampf und Wiedergeburt an den verschiedensten biblischen Texten zu belegen und zu begründen. Später wurde das biblische Zeugnis ergänzt durch das Zeugnis aus der Lebensgeschichte wiedergeborener Christen.

Rambach gibt der Predigt einen dreifachen Zweck: 1. Die Hörer von der Wahrheit der Heilstatsache zu überzeugen (finis proximus), 2. Erbauung der durch die Sünde verkehrten Herzen zur Wohnung des göttlichen Geistes (finis intermedius), 3. Erlangung der ewigen Seligkeit (finis ultimus). Danach soll sich durch die Predigt ereignen, was nach orthodoxer Überzeugung allein in der Taufe geschieht: die Wiedergeburt des Menschen. Die Predigt wird zum Ort lebenswendender Glaubenserfahrung, und deren Gültigkeit zeigt sich in der Praxis der folgenden Lebensgestaltung, ganz in Übereinstimmung mit der Äußerung Speners, „daß es mit dem Wissen im Christentum durchaus nicht genug sei, sondern es vielmehr in der Praxi bestehe" (Pia Desideria, 110).

Auch auf dem Gebiet der Homiletik sind Aufklärung und Pietismus nicht durch einen Bruch getrennt, sondern durch gleitende Übergänge verbunden. Der bedeutendste Theoretiker der Homiletik, der der neuen Epoche die Richtung wies und der als „Bahnbrecher der modernen Predigt" bezeichnet wird (E. Chr. Achelis, Lehrbuch, II, 111) zeigt doch in vieler Hinsicht wesentliche Übereinstimmung mit dem Pietismus: Lorenz v. Mosheim (1694–1754) ist zugleich einer der ersten neuzeitlichen Prediger und Interpret der homiletischen Zeit- und Vorgeschichte.

Nach Mosheim (Anweisung, erbaulich zu predigen, 1763) ist die Predigt „eine Rede, worin nach Anleitung eines Stückes der Heiligen Schrift eine Versammlung solcher Christen, die schon in den Gründen der Religion unterwiesen ist, teils in der Erkenntnis soll befestigt, teils zum Fleiße in der Gottseligkeit erwecket und ermuntert werden" (1). Mosheim will also – wie Rambach – die „Erbauung" seiner Hörer und zwar in zweifacher Hinsicht: Zunächst ist der Verstand zu erbauen, nämlich durch die „Erklärung der Wahrheiten, die dem Verstand der Zuhörer einverleibt werden", sodann gilt es, „den Willen zu erbauen und zu bessern" (176), denn „eine vernünftige Bewegung des Willens geschieht durch Gründe und Ursachen, die der Verstand begreift" (178). Wie im Pietismus dient auch hier die Predigt der Vermittlung von religiöser Erfahrung, der Auslegung und der Anleitung dazu. Verschieden aber ist der Begriff der Religion, der das Verständnis im einen wie im anderen Fall leitet: Für den Pietismus ist Religion das besondere Widerfahrnis, dessen Empfang von den anderen Menschen unterscheidet; für die Aufklärung ist Religion jedem Christen gegeben, um sein Denken und Handeln zu bestimmen: Beim Predigthörer wird sie vorausgesetzt, und die Predigt soll sie fördern und stärken. – Mit der Entwicklung des Rationalismus bildete sich die (dem Pietismus nicht ferne) Auffassung aus, daß der Einfluß auf die Lebenspraxis vordringliche Aufgabe der Religion sei. Dafür galt die Predigt als das wichtigste Instrument. Das Verständnis der Lebenspraxis konnte sich mit unterschiedlichsten Stichworten oder Vorstellungen verbinden: Moralität, Tugendlehre, Glückseligkeit oder auch nur Befähigung zum praktischen und sozialen Leben. Entsprechend sind hier Unterrichts- und Erziehungspredigten entstanden, die als kennzeichnend für den Rationalismus gelten: Predigten über Freiheit und Gleichheit, über die Bewohner der Wasserwelt, über die Blatternimpfung, die Stallfütterung der Weidetiere, über Friedenssicherung, über Reinheit und Unreinheit der Luft (vgl. z. B. H. G. Zerrenner, Natur- und Ackerpredigten, 1790). – Beherrscht wurde die Predigtpraxis des 18. Jahrhunderts jedoch vom Standpunkt des Supranaturalismus, der zwar die Bibel allem vor- und überordnet, die Predigtaufgabe aber an den Problemen der alltäglichen Lebensführung orientiert.

Die Homiletik der Epoche blieb hinter dem Reichtum der Praxis erheblich zurück. Von J. G. Marezoll (1750–1828, Bestimmung des Kanzelredners, 1793) stammt der Grundsatz, daß wir nicht lehren sollen, was Christus gelehrt hat, sondern das, was er heute lehren würde, und J. J. Spalding (1714–1804, von der Nutzbarkeit des Predigtamtes, 1772) rief, um der Verständlichkeit der Predigt für den einfachen Zeitgenossen willen dazu auf, die „theoretischen Religionslehren" ganz aus ihr fortzulassen.

f) So war am Ende des 18. Jahrhunderts das neuzeitliche Predigtverständnis ausgebildet, dessen spannungsvoller Inhalt der Homiletik bis heute eine grundlegende Aufgabe vorgibt. Jede der Epochen und Bewegungen, die zu ihm beitrug, hat aufgenommen, was die homiletische Tradition bot, um es zu interpretieren und zu erweitern. Dabei hat jede Epoche ihr Predigtverständnis als sachgemäße Auslegung des reformatorischen Predigtbegriffs verstanden. So ist von Melanchthons Programm der Lehrpredigt bis Mosheims Anweisung zur Rücksicht auf „Zeit,

Zuhörer und Umstände" und der Erziehungshomiletik aus Pietismus und Rationalismus ein Zusammenhang von Tendenzen und Perspektiven der Predigtaufgabe entstanden, dessen widerspruchsvolle Einheit sich nicht ohne weiteres auflösen läßt, und der in seinen einzelnen Momenten deren historischen Kontext gegenwärtig hält. In der neuzeitlichen Fassung der evangelischen Predigtaufgabe repräsentiert sich daher das Resultat der vom reformatorischen Predigtbegriff selbst begründeten Geschichte seiner Auslegung.

g) Ausführlich und mit vielen Zitaten referiert A. Niebergall (Die Geschichte der christlichen Predigt, Leiturgia II, 1955) die verschiedenen Epochen der Predigtgeschichte und in deren Rahmen die der Homiletik. E. Chr. Achelis (Lehrbuch, II) und H. Hering (Die Lehre von der Predigt, 1905) sind freilich noch mehr darum bemüht, die historische Vielfalt zur Geltung zu bringen und schließen auch die französische und englische Predigtgeschichte ein, deren Einfluß auf die deutschen Verhältnisse erheblich war (z. B. J. Tillotson, 1630–1694, Erzbischof von Canterbury, dem die deutsche Aufklärungspredigt Wesentliches verdankt). – Anschaulich durch die Predigtbeispiele und anregend durch die Analysen ist J. Konrad (Die evangelische Predigt, 1963).

Grundlegend für die Geschichte der Homiletik im 16. und 17. Jahrhundert ist unverändert M. Schian (Orthodoxie und Pietismus im Kampf um die Predigt, 1912). Zwei neuere Arbeiten haben die Aufklärungspredigt, die durch das theologische Urteil seit der erwecklichen Frömmigkeit des 19. Jahrhunderts gänzlich disqualifiziert schien (vgl. z. B. K. Barth, Die protestantische Theologie im 19. Jahrhundert, 115 ff.), sachgemäßer untersucht und gewürdigt (R. Krause, Die Predigt der späten deutschen Aufklärung, 1965); Chr.-E. Schott (Möglichkeiten und Grenzen der Aufklärungspredigt, 1978). Interessante Einsichten eröffnet die Untersuchung von Predigten und Andachten in Zeitschriften seit dem 18. Jahrhundert (R. Schmidt-Rost, Verkündigung in Evangelischen Zeitschriften, 1982).

Eine Geschichte der Homiletik, die in eingehender Darstellung von den Anfängen bis zur Gegenwart führt, ist zum ersten Mal in neuerer Zeit jetzt von H. M. Müller dargestellt worden (Art. Homiletik, in: TRE, Bd. 15).

h) Schleiermacher hat der neuzeitlichen Predigtaufgabe eine Fassung gegeben, die deren wesentliche Momente aufgenommen, umgeformt und in zusammenstimmende Verhältnisse gebracht hat. Darin ist dieser Predigtbegriff unüberboten. Seine wesentlichen Bestimmungen lassen sich so zusammenfassen: Predigt ist die Mitteilung des zum Gedanken gewordenen frommen Selbstbewußtseins mit dem Ziel, das religiöse Bewußtsein der Gemeinde als das durch Jesus Christus begründete Bewußtsein der Gnade zu stärken und die Teilnahme am Gesamtleben der Christen, wie es aus dem Wirken des Heiligen Geistes hervorgeht, zu vertiefen.

Schleiermachers Predigtbegriff muß also ganz im Zusammenhang seiner dogmatischen Theorie gesehen werden (s. o. S. 27 ff.). Eine unverändert gültige Analyse der einschlägigen Texte gibt W. Trillhaas (Schleiermachers Predigt, 1975², 6 ff.).

Danach ist die Predigt zunächst als „darstellendes Handeln“ zu bestimmen: Es hat den Zweck, „das eigene Dasein für andere aufnehmbar zu machen“ (W. Trillhaas, 10), dient also nicht nur dem Übergang vom „Innerlichen“ zum „Äußerlichen“, sondern zugleich dem Übergang von einem zum andern. Die Absicht der Äußerung muß darin bestehen, „die Entstehungsweise des Glaubens mit seinem Inhalt gleich zu entwickeln, d. h. ... zu zeigen, daß Jesus eine unsündliche Vollkommenheit habe, und daß in der durch ihn gestifteten Gemeinschaft eine Mitteilung derselben sei“. So soll das „Gesamtleben der Sünde und der darin entwickelten Unseligkeit überwunden werden“ durch „Aufnahme in die Kräftigkeit des Gottesbewußtseins Christi“, und das geschieht, indem der Christ „durch den Heiligen Geist am Gesamtleben der Kirche Anteil erhält“ (12). Für die Vermittlung dieses neuen Bewußtseins ist die Rede der sachgemäßeste Weg, weil sie die am meisten geistige Form der Mitteilung ist (ebd., vgl. Christliche Sitte, 508 ff., Glaubenslehre §§ 128–135).

So hat Schleiermacher die überlieferten Motive der Predigtaufgabe zusammengefaßt: das persönliche Christentum der Zuhörer, die Richtung auf die Gemeinschaft und auf die Überwindung von Übeln, die Beziehung auf Christus und auf die Heilige Schrift, die besondere Stellung der Predigt als Rede in der evangelischen Kirche. Freilich bleibt eine solche sachgemäße Zusammenfassung die stets neue und aktuelle Aufgabe jeder einzelnen Predigt. Die Person des Predigers gewinnt daher mit dieser Verantwortung eine neue Stellung in der Homiletik und im gottesdienstlichen Leben.

i) So wenig wie in der Theologie im ganzen ist auf den Gebieten der Homiletik und der Predigtpraxis von Schleiermacher eine unmittelbar bestimmende Wirkung ausgegangen. Sein Einfluß war begrenzt und trat nur wenig hervor: So sind zu Beginn des 19. Jahrhunderts zwei Werke zur homiletischen Theorie erschienen, die keinen ernsthaften Bezug auf ihn nehmen. Sie repräsentieren vielmehr das Bestreben, dem Prediger seine besondere Stellung in Kultur und Bildung der Zeit zuzuweisen und zwar durch den Rückgriff auf die Rhetorik als allgemeine und religiöse Bildungsmacht.

H. A. Schott (1780–1835) geht mehr von einem psychologischen Verständnis der Rede als Kunst aus (Die Theorie der Beredsamkeit mit besonderer Anwendung auf die geistliche Beredsamkeit, 1815, 1824), F. Theremin (1780–1846) von der Rede als sittlicher Tätigkeit und entfaltet entsprechend die Homiletik als Tugendlehre (Die Beredsamkeit eine Tugend, 1814).

Einflußreich nicht so sehr, weil er die öffentliche Meinung bildete, als vielmehr, weil er ihr Ausdruck zu geben vermochte, wurde vor allem C. I. Nitzsch, Autor des ersten „Lehrbuches der Praktischen Theologie“ (3 Bde., 1848, 1860²). Wie in der Praktischen Theologie überhaupt, so hat

Nitzsch auch in der Homiletik wesentliche Tendenzen seiner Epoche zu verbinden gesucht.

Ausdrücklich hat er die Nähe zu Schleiermacher betont, andererseits aber gerade in der Praktischen Theologie vielfältig die Vorstellungen und Tendenzen der Erweckungsbewegung, die das 19. Jahrhundert prägte, übernommen. So hat er in der Homiletik eingehend und gelehrt die „Geschichte der öffentlichen Rede" und die „Idee der Beredsamkeit" behandelt (Bd. II, S. 7 ff.), seine Definition der Predigt aber bleibt davon und von Schleiermacher unberührt und macht sich die Predigtauffassung der Erweckungsbewegung zueigen: „Die Predigt geht aus dem Grunde des kirchlichen Lebens hervor und auf den Endzweck desselben hin; sie ist die fortgesetzte Verkündigung des Evangeliums zur Erbauung der Gemeinde des Herrn, eine Verkündigung des durch heilige Schrifttexte vermittelten Wortes Gottes, welche mit lebendiger Beziehung auf gegenwärtige Zustände und durch berufene Zeugen geschieht" (Bd. 2, S. 47). Die prägende Kraft dieser Definition zeigt sich unvermindert noch bei K. Barth (KD I, 1, S. 56). In unmittelbarer Nähe und Nachfolge der Homiletik von Nitzsch im Blick sowohl auf das Predigtverständnis wie auf die Wirkungsgeschichte ist die Predigtlehre von Chr. Palmer zu sehen (Evangelische Homiletik, 1842, 1874[6]).

Auch die Predigtpraxis der evangelischen Kirche ist im 19. Jahrhundert wesentlich durch die Erweckungsbewegung bestimmt (vgl. A. Niebergall, Die Geschichte der christlichen Predigt, 323 ff.). Erst gegen Ende des Jahrhunderts kommt in der Homiletik eine mehr historisch-kritische Auffassung der Aufgabe deutlicher zur Geltung.

Die Geschichte der Homiletik im 19. Jahrhundert ist von F. Wintzer geschrieben worden (Die Homiletik seit Schleiermacher bis in die Anfänge der „dialektischen Theologie" in Grundzügen, 1969), eine knappe, aber kaum zu überbietende Darstellung aller einschlägigen Argumente, Fragestellungen und Positionen der Predigtlehre. Wintzer hat die homiletischen Programme in Gruppierungen zusammengefaßt: Neben Schleiermacher stehen die „systematischen" Theorien (Nitzsch, Marheineke, Th. Harnack); dann folgen die am Kultus orientierten Positionen (Baur, Steinmeyer, Bassermann, Smend); danach „das Verständnis der Predigt als Wort Gottes" (C. Harms, Cremer, Sickel u. a.), schließlich Palmer und Kleinert sowie Verbindungen der Homiletik mit der Rhetorik (Schott, Theremin, Vinet); nach 1890 spricht Wintzer von „Neuansätzen", die mit der Schule Ritschls und P. Drews und F. Niebergall verbunden sind. Die Darstellung Barths und der frühen dialektischen Theologie verweist nur implizit auf die Zusammenhänge gerade dieser „Neubesinnung" mit deren Anfangs- und Ursprungsstadien im 19. Jahrhundert. Die „Geschichte der Predigt" von R. Rothe (hg. v. A. Trümpelmann, 1881) endet zwar mit Schleiermacher, gehört aber zu den unübertroffenen Darstellungen der Predigtgeschichte.

3. Exemplarische Predigten

In allen Epochen hat die evangelische Kirche „exemplarische Predigten“ gekannt: Predigten, die ihrer Zeit als wesentliche und authentische Gestalten der christlichen Rede galten, und denen besonderer Einfluß auf die Zeit, auf die Kirche und auf den einzelnen Christen zugeschrieben wurde. Luthers Predigten sind selbst das erste und bleibende Beispiel dafür. Auch später hat es gelegentlich wieder Prediger gegeben, die eine überragende Anziehungskraft auf die Zeitgenossen ausübten (wenn Mosheim in Helmstedt predigte, mußten Schildwachen die Ordnung im Gedränge aufrechterhalten, nach M. Schian, Art. Geschichte der christlichen Predigt, in: RE[3] 15, 691).

Höhepunkt in der Geschichte der evangelischen Predigt aber war die Zeit etwa zwischen 1790 und 1830. In dieser Epoche gab es nicht nur eine enorme Zahl bekannter und bedeutender Prediger, die gewöhnliche Sonntagspredigt selbst, die Predigt als Institution also, hatte große allgemeine Bedeutung und galt als öffentliche Instanz für alle Fragen der Zeit. Der Anfang der neuzeitlichen Predigt war zugleich ihr Höhepunkt. Zeitgenössische Berichte zeigen, daß der Predigtbesuch zu keiner anderen Zeit ähnliche Zahlen erreicht hat. F. V. Reinhard, Oberhofprediger in Dresden zwischen 1792 und 1812, hatte jeden Sonntag 3000 bis 4000 Hörer in seiner Kirche.

Luthers Predigt hat ihre offenbar unwiderstehliche Überzeugungskraft – bedeutendstes Beispiel dafür sind die Invocavit-Predigten – durch die Anschaulichkeit ihrer Sprache und durch die Gültigkeit ihrer exemplarischen Auslegung gewonnen.

„Das Weib hört ihn predigen und sieht, daß er ein gütiger Mann ist ... darum läßt sie alle Apostel fahren und wirft das Vertrauen ihres Herzens auf ihn ... ‚Möchte ich nur sein Kleid anrühren, so würde ich gesund‘ ... sieh nur, was das Weib für ein Herz gehabt hat ... Das ist ein großer Glaube ... Die Ärzte sind die Gesetzesprediger und Regenten der Christen ... sie geben Arzney, von der einer nur kränker wird ... Ich bin auch ein solcher gewesen und bin tiefer in der Apotheke gesteckt, denn wohl mancher ... Wenn nun einer kommt und bringt das Evangelium und predigt wider das Narrenwerk des Papstes ... dann schilt man ihn einen Ketzer ... da hebt sichs denn an mit Toben und Wüten, mit Verfolgung und Tötung ... habt ihr wohl acht darauf, daß ihr aus dem Evangelium lernet, wie alle Dinge auf Christus stehen und daß ein Christ den Namen von Christo hat ...“ (aus einer Predigt über Mt 9,18–26, BoA 7,40 ff.).

Exemplarische Predigten frühneuzeitlicher Herkunft verdanken wir dem Pietismus. Neben Spener und Francke hat vor allem Zinzendorf (1700–1760) durch seine Predigten gewirkt. Sie zeigen, wie die herrnhutische Theologie überhaupt, ein spannungsvolles Doppelgesicht: auf der einen Seite eine gelegentlich ins Geschmacklose gesteigerte Mystifizierung von religiösen Vorstellungen und Sinnbildern („Sie sind in die Seitenhöhle geflohen" heißt es von neu getauften Mädchen, und sie „summen wie ein Bienlein auf seinen Wunden"), auf der anderen Seite eine klare und sachliche Argumentation mit nüchternen Paränesen.

„Die Menschen sind sehr liberal mit dem Wort Gnade, Gottes Gnade. Bei uns aber ist es alles, was man erwarten kann ... Ich kann die hochtrabenden Redensarten nicht leiden, die man von dem Vollkommensein im ewigen Leben führt. Ich glaube, daß wir der Sünde werden quitt sein. Aber ich glaube auch, daß wir seine Schwachen bleiben werden ... daß uns seine Gnade in Ewigkeit erhält wie hier ... Darin soll sie bestehen die Besserung ... daß ihr nicht mehr mit freiem Herzen was tun könnt, was wider den Heiland ist ... Wenn ihr in etwas hineinkommt ... daß ihr gleich denkt: schickt sich das zu seiner Gnade und Barmherzigkeit?" (H. Hering, Die Lehre von der Predigt, 171 f.).

Schleiermachers Predigten sollen weder belehren noch bekehren („daß ich immer so rede, als gäbe es noch Gemeinden der Gläubigen ...", Predigten I, 6) noch Moralpredigten sein: Er will Einsicht und Verständnis des christlichen Glaubens vermitteln, und „mit einer virtuosen Kunst des Gedankenspinnens, wie sie bisher in der Predigt der Kirche nie geübt worden war ... nötigte er die Hörer, in angestrengter Arbeit des Mitdenkens an der Erwägung, Prüfung, Entscheidung sich zu beteiligen" (H. Hering, 211). Seither ist die Reflexionspredigt kritischer Maßstab gegenüber bloßen Affirmationen und trivialen Appellen oder schulmeisterlicher Belehrung geworden.

„Den Herrn fürchten ist ein ebenso gewöhnlicher als vieldeutiger und mißverständlicher Ausdruck. Es gibt eine Furcht Gottes, welche gerühmt wird als der Weisheit Anfang, es gibt eine andere, welche ausgetrieben werden soll durch die Liebe; und beide voneinander unterscheiden zu lehren, möchte nichts geringeres heißen, als das Wesen des Christentums darstellen ... Laßt uns daran gedenken, daß die Gesinnung gegen Gott, zu welcher er uns bilden will, nur eine ist, die Liebe, und daß also auch die Furcht, welche Christus empfiehlt, eins sein muß mit der Liebe. Und eine solche kennen wir ja gewiß alle in unseren liebsten Verhältnissen ... Ahnt uns nicht oft die Möglichkeit, es könne uns die Seele der Liebe verschwinden, wenn auch das äußere Verhältnis erst später gestört wird? Sehet da, das ist auch in unserem Verhältnis zu Gott die Furcht, welche neben der Liebe bestehen kann und eins ist mit ihr ..." (Was wir fürchten sollen und was nicht, Predigt über Mt 10, 28, 1807, Predigten I, 281 ff.).

Die Epoche zu Beginn des 19. Jahrhunderts, in der die Predigt eine überragende und öffentliche Bedeutung hatte, hat entsprechend viele, aber sehr verschiedenartige exemplarische Predigten hervorgebracht.

Allein in Berlin und Potsdam wirkten neben Schleiermacher F. Theremin, R. F. Eylert (1770–1852) und J. Jänicke (1748–1827). C. Harms (1778 bis 1855), Haupt der lutherischen Erweckungsbewegung in Kiel, war zu Schleiermachers Nachfolge an die Dreifaltigkeitskirche berufen, während in Weimar (J. F. Röhr, 1777–1848), in Dresden (Chr. F. v. Ammon, 1766–1850) und in Königsberg (L. E. v. Borowski, 1740–1831) die Generalsuperintendenten noch aus der Schule des Rationalismus kamen (und berühmte Prediger waren) und etwa in Bremen (G. Menken, 1768–1831), im Ruhrgebiet (G. D. Krummacher, 1774–1837), in Halle (A. Tholuck, 1799–1877) und vor allem in Württemberg (J. M. Hahn, 1758–1819) die Erweckungsbewegung die kirchliche Predigt zu beherrschen begann.

J. G. Herder (1744–1803), zuletzt Generalsuperintendent in Weimar, Freund Goethes, nimmt sowohl in der Geschichte der Theologie wie in der Literatur- und Geistesgeschichte einen bedeutenden Platz ein. Er war einer der hervorragenden Prediger seiner Zeit. Auf allen diesen Gebieten aber war seine Stellung höchst individuell, unabhängig und vom eigenen Genie bestimmt. Seine Predigten wollten Gesinnungen und Lebensformen erwecken, die der christlichen Bestimmung des Menschen entsprechen, er will seinen Hörern das „Jenseits als die Kraft des Diesseits" anschaulich machen, in dessen Zusammenhang Natur und Geschichte erst sachgemäß begriffen und erfahren werden, und er ist geleitet von der Idee der Humanität, die er an der Person Jesu gewonnen hat. Seine Predigtsprache ist unverwechselbar: feierlich in Wort und Stil, und gleichwohl offenbar mitreißend und faszinierend für seine Hörer. „Wems aber Gott gibt, Sinn und Gefühl des Bessern, Glaube an das unsichtbare und das entfernte Glück, einen Sinn für das, was ihm fehlt und was er haben kann, Gefühl des besseren Menschen im freien reinen frohen Sinne Jesu Christi, – o, ihm wird alles nichts sein gegen die Gabe Gottes in Christo; für gering wird er alles achten gegen die freie edle christusgleiche Hoheit und Ruhe, die ihm bevorsteht ... Wen wird auch Acker und Nahrung hindern, da ihm ja alles bleibt und er ja zu allen seinen Geschäften mit neuem Mut, Hoheit und Geistesfreiheit beseligt wird, wenn dieser Gottessinn in ihm wohnt ... wie anders wird uns denn auch in unserer Zeit, unserem Leben und unserem Gottesdienste werden, wenn wir so fühlen. Wir werden Religion und Tugend nicht für Pflichten, sondern für Seligkeit, höchste Würde der Menschennatur und für ein Ziel ansehen, zu dem wir nicht um Gottes, sondern um unserer selbst willen streben ..." (Antrittspredigt in Weimar, 1776, über Mt 22,1–14, SW XXXI, 443).

F. V. Reinhard (1753–1812) hat nicht zuletzt durch die 43 Predigtbände, die von ihm publiziert wurden, auch auf die zeitgenössische Predigt eingewirkt. Seine Predigtweise ist analytisch-deduktiv, er erklärt das Thema, das er am Text gewonnen hat, bis in letzte Einzelheiten. Zum Thema aber macht er fast ausschließlich religiöse und sittliche Fragen aus der Alltagswelt und Alltagserfahrung seiner Hörer und seiner Zeit. Darin – und in der überzeugenden Verständlichkeit der Durchführung – lag offenbar die Faszination seiner Predigt begründet. Reinhard schildert selbst, wie er an einem Text viele Themen zu finden vermochte, z. B. für die Perikope von der Speisung der Viertausend (Mk 8, 1–9): „... Die ganze Sache geschah in einer unbewohnten Gegend: Das führt auf die Ursachen, „warum Jesus seine Zuhörer am liebsten in einsamen Gegenden um sich her versammelte" ... Es war keine geringe Schwierigkeit, einige tausend Menschen an einem abgelegenen Ort, ohne alle polizeiliche Anstalt und ohne alle Gewalt der Obrigkeit einige Tage lang in Ordnung zu erhalten. Da der Herr dies offenbar durch sein Ansehen bewirkte ... so läßt sich „von der stillen Gewalt überhaupt sprechen, welche die Tugend durch ihre Gegenwart über die Menschen behauptet" ... Unleugbar waren die Gesinnungen der Menge zum Teil noch sehr unlauter; Jesus behandelt sie indessen mit der größten Güte und lehrt damit die „Achtung, welche Christen auch unvollkommenen Versuchen im Guten schuldig sind" (Geständnisse, 1811, 120f.). Reinhard führt seine Themen so durch, daß er durch möglichst viele Distinktionen Klarheit zu erzeugen sucht: „Die Gewissenhaftigkeit kann also nichts anderes sein als die Gewohnheit, sich bei seinem ganzen Betragen durch die Einsichten leiten zu lassen, die man von dem Willen Gottes hat ... Es gibt nämlich eine falsche Gewissenhaftigkeit, die nur den Schein der wahren hat ... Wo man zwar den Schein haben will, daß man die göttlichen Vorschriften zur Richtschnur seines Verhaltens mache, sich aber die Freiheit nimmt, diese Vorschriften so zu deuten, wie man es seinen Neigungen zuträglich findet ... Diese falsche Gewissenhaftigkeit muß von doppelter Art sein, entweder wirkliche Heuchelei oder Betrug unseres Herzens ..." (Predigt über Mt 22,15ff., Predigten, Bd. 5, 1816, 214ff.).

Ludwig Hofacker (1798–1828) ist der herausragende Prediger der Württembergischen Erweckungsbewegung. Schon als Vikar in Stuttgart hat er nicht selten „Tausende und Tausende" zur Wallfahrt in seine Kirche veranlaßt (A. Nebe, Zur Geschichte der Predigt, Bd. 3, 1879, 131). Für seine Predigtweise ist zweierlei kennzeichnend: Einmal die Konzentration auf den Themenkreis Sündenerkenntnis, Satansreich, Gottesherrschaft und Erweckung der Gnade, sodann seine oft derb volkstümliche Bildersprache. Hofacker entwickelt nicht Gedankengänge, er „hämmert" auf seine Hörer ein (Er will „dem Zuhörer einen Keil ins Gewissen schlagen", Predigten, 1855[18], 499). „In deiner Empörung und Aufblähung läßt du Sünden nicht als Sünden gelten. Deinen Geiz nennst du Sparsamkeit, deine Wollust erlaubte Vergnügungen, deinen weltlichen Sinn Schwachheit des Fleisches ... Ach daß du deine Selbstgerechtigkeitslappen einmal herunterziehen ließest ... dich in deiner Nacktheit und Blöße zu sehen ... Was eigentlich den geistlichen Tod in den Menschen wirkt, ist der Stolz und die Selbstgerechtigkeit ... Wenn ich unter euch allen herumfragen würde, welches der rechte Weg in den Himmel sei, so würde ein jedes meinen, es könne ganz gute Auskunft darüber geben ... Dies verstehe sich ja von selbst. Wenn ich aber fragen würde: Wie muß man es machen um reich zu werden? – so würden die meisten verstummen. Seht, welche Verkehrtheit! Es ist gerade umgekehrt!" (Predigten, 469f.; 640f.).

Im Laufe des 19. Jahrhunderts haben exemplarische Predigten die Reichweite ihrer Gültigkeit immer mehr eingebüßt. Sie sind provinzieller geworden und repräsentierten nur noch einzelne und begrenzte kirchliche Gruppen, Parteien oder Landschaften. Die Erweckungsfrömmigkeit wurde immer deutlicher zur führenden kirchlichen Einstellung, wenn auch in den durchaus verschiedenen Ausprägungen, die durch Predigten und Prediger repräsentiert wurden.

Verbreitet, vor allem innerhalb der lutherischen Landeskirchen, und einflußreich war die konfessionell neulutherisch bestimmte Erweckungsbewegung. Sie war ausgerichtet auf die Erneuerung der kirchlichen Lehre, des Gottesdienstes und der Kirchlichkeit des einzelnen Christen als eines Gliedes der Gottesdienstgemeinde. Die Verbindung von Erweckungsfrömmigkeit mit lutherischer Lehrpredigt gehört zu ihren wichtigsten Kennzeichen.

Typisch dafür ist L. A. Petri (1803–1873), einer ihrer bekanntesten Prediger in Hannover: „Das prophetische Amt des Herrn, da er umher gezogen ist und hat den Frieden verkündigt, ist vollbracht; das hohepriesterliche Amt, da er als das Lamm Gottes sich auf dem Altar des Kreuzes geopfert hat, ist ausgerichtet; jetzt geht das königliche Amt an ... Der König dieses Reiches sammelt nicht ein Heer, sondern zwölf arme Fischer und Zöllner ... Ihr Schwert ist das Wort, ihre Kraft ist die Liebe Christi ... er selbst steht eben in wahrhafter Nähe hinter seinem Wort und Sakrament ...“ (Salz der Erde, 1865, 302 ff.).

Die reformierte Erweckungsbewegung war vor allem am Niederrhein (und besonders durch G. D. Krummacher) von der Prädestinationslehre und also nicht so sehr durch den Missionsgedanken, als vielmehr durch die Erneuerungserwartung für die gläubige Gemeinde geleitet. Hier hat im 20. Jahrhundert die Barth'sche Theologie ihre nähere Heimat gefunden. Besonders ausgeprägt wurde diese Erweckungsfrömmigkeit durch H. F. Kohlbrügge (1803–1875) vertreten, der die Rechtfertigungserfahrung ganz in die Mitte seiner Predigt stellte:

„Und ihr Elenden, die ihr nichts habt als Sünden und euch so ausstreckt zu dem Herrn, eurer Gerechtigkeit, das wisset, daß ihr es freudig wagen könnt im Namen Jesu euch zu werfen ohne Werk auf die Gnade, welche für alle da ist, die im Schatten des Todes hinaufseufzen zu der ewigen Erbauung“ (Acht Predigten, 1855^3, 14).

Die württembergische Erweckungsbewegung hat gerade im 19. Jahrhundert ihre individuellen Züge noch einmal besonders ausgeprägt. Das zeigt sich nicht zuletzt am Beispiel von J. T. Beck (1804–1878), der zunächst Pfarrer, später Professor in Tübingen wurde und als einer der einflußreichsten theologischen Lehrer seines Jahrhunderts galt. Charakteristisch für ihn ist die Verbindung erwecklicher Frömmigkeit mit einem eigenen und eigentümlichen (aus biblischen Vorstellungen zusammengesetzten) neuen „Lehrsystem“, das, biblizistisch, spekulativ und mit eigenwilligen Sprachprägungen die christliche Wahrheit für Wiedergeborene darstellen soll.

Nach Beck leistet das Christentum „die Gestaltung eines Personlebens, dem bei aller scheinbaren Torheit seiner Begriffe unleugbar eine sittliche Freiheit und

Fruchtbarkeit zukommt, welche Charakter und Wandel umgestalten; ein Wahrheits- und Heiligungsernst, die aus Selbst- und Weltverleugnung sich eine durchgreifende Lebensaufgabe machen; eine sittliche Verständigkeit und Schärfe des Urteils, die den Schul- und Tagesbegriffen sich überlegen zeigen; eine Frömmigkeit und Gottesliebe, die über ihrem Himmel und Gottesdienst die tätige Verbrüderung mit den wahren Bedürfnissen der Menschheit nie aus dem Auge läßt ..." (B. Riggenbach, J. T. Beck, 1888, 287).

Auf eigene Weise typisch für die Predigt im 19. Jahrhundert ist die Institution der Berliner Hofprediger. Sie sind, bei aller Individualität im einzelnen, Ausdruck vor allem der Berliner Erweckungsbewegung und der für die Unionskirchen charakteristischen Frömmigkeit. Religiöse Erweckung und sittliche Verpflichtung sind hier eng verbunden; das hat nicht selten zu Spannungen zwischen der nationalen, königstreuen Gesinnung einerseits und dem sozialen Engagement andererseits geführt (A. Stoecker). Bedeutend und einflußreich als Prediger war vor allem R. Kögel (1829–1896), Schüler und Freund Tholucks, „Beichtvater des alten Kaisers" und später Generalsuperintendent der Kurmark. Seine Predigten vertreten einen einfachen biblisch-fundamentalistischen Standpunkt. Sie wirken vor allem durch ihre sprachliche Kunst (oder Kunstsprache), ihren Bilderreichtum und ihre Anschaulichkeit.

„Das sind freilich im Hohlweg dieses Landes die dunkelsten, kältesten, tödlichsten Schatten, wenn unser Glaubensstand uns unsicher wird, wenn ein Petrus weinen, ein Thomas irren, eine Maria klagen muß: Sie haben meinen Herrn weggenommen und ich weiß nicht, wo sie ihn hingelegt haben, wenn jede Ruhebank und jede Segensahnung mitten in der Trübsal fehlt, wenn der Zweifel und die Untreue dem Glauben ein Grab zu graben geschäftig sind. Selig sind, die dann nicht sehen, nicht fühlen und doch glauben. Kleinglaube ist doch immer noch besser als kein Glaube ..." (Aus dem Vorhof ins Heiligtum, I, 1875, 331).

In deutlicher Selbstunterscheidung von der herrschenden erwecklichen Frömmigkeit der Kirchenleitungen und der kirchlichen Institutionen entwickelte sich im letzten Drittel des 19. Jahrhunderts der freie Protestantismus, der sich um Martin Rade (1857–1940) und die Zeitschrift „Die Christliche Welt" (seit 1887) sammelte. Hier wußte man sich einer liberalen Theologie verpflichtet und suchte den Ort des Christentums im Zusammenhang von Kultur, Wissenschaft und den Problemen der gegenwärtigen Lebenswelt zu bestimmen. Die Diskussion theologischer Fragen und sittlicher Aufgaben prägt das Bild der Publikationen und der Predigten in diesem Kreis (der weithin mit dem Evangelisch-sozialen Kongreß identisch war). M. Rade ist vor allem als Verfasser der religiösen Betrachtungen der „Christlichen Welt" hervorgetreten. Er sucht, die biblisch-christliche Tradition auf Grundprobleme des Lebens, auf Alltagsaufgaben und Zeitfragen hin für den kritischen Leser auszulegen und ihn zur Wahrnehmung seiner sittlichen Christenpflichten aufzurufen.

„Religion ist Privatsache. Wenn man damit sagen will, daß alle Religion und also auch die christliche, ja diese erst recht, etwas Innerliches sei und die persönlichste Angelegenheit jedes Menschen, so ist das richtig und echt evangelisch. Soll es aber heißen, daß ich meine Religion für mich zu behalten habe, und daß es mich nichts angehe, was für eine Religion mein Nächster hat, so ist das grundfalsch und keineswegs evangelisch ... Christliche Gesinnung sucht Gemeinschaft, sucht Brüder und Schwestern, die sie teilen. Und wenn wir die erst suchen, dann werden wir sie auch finden" (Zu Christus hin, Religiöse Geleitworte, 1897, 155).

So bilden sich in den typischen Predigten der Jahrhundertwende Grundströmungen ab, die das kirchliche Leben der Epoche bestimmen. Die unterschiedlichen Ausprägungen der Erweckungsfrömmigkeit beherrschen das Bild. Es ist die Fortentwicklung dieser Vorgeschichte und der in ihr versammelten Bedingungen, aus denen die Predigt im 20. Jahrhundert hervorgegangen ist. Die homiletischen Probleme des 19. Jahrhunderts bilden ungelöst und unvermindert auch am Ende des 20. Jahrhunderts den Katalog der Grundfragen in der Predigtlehre.

Eine besonders prägnante und individuelle Handschrift kennzeichnet die Andachten, die F. Naumann zwischen 1895 und 1902 in der Zeitschrift „Hilfe" veröffentlicht und zuletzt unter dem Titel „Gotteshilfe" (1911[4]) gesammelt herausgegeben hat. Es handelt sich um kurze Texte, die in der Regel immer zugleich ein religiöses und sittlich-soziales Thema eindringlich darstellen.

Zu den bedeutenden Predigern am Ende dieser Epoche gehörten die Nürnberger Chr. Geyer und F. Rittelmeyer, deren gemeinsam herausgebene Predigtbände (z. B. Gott und die Seele, 1906) große Verbreitung fanden.

4. Die Krise der Homiletik im 20. Jahrhundert

Am Anfang des 20. Jahrhunderts erlebte die Homiletik eine enorme Konjunktur: Bis zum Beginn des Weltkrieges ist in jedem Jahr mindestens ein homiletisches Lehrbuch oder eine Monographie zu Grundfragen der Homiletik erschienen, nicht gerechnet die große Zahl von Zeitschriften-Aufsätzen.

Die wichtigsten homiletischen Lehrbücher aus diesem Zeitraum haben verfaßt: F. L. Steinmeyer (Homiletik, hg. v. M. Reyländer, 1901), F. Niebergall (Wie predigen wir dem modernen Menschen?, Bd. 1, 1902), H. Hering (Die Lehre von der Predigt, 1905[2]), M. Schian (Praktische Predigtlehre, 1906), P. Kleinert (Homiletik, 1907), J. Gottschick (Homiletik und Katechetik, hg. v. R. Geiges, 1908), E. Sachsse (Evangelische Homiletik, 1913).

Diese literarische Konjunktur war Ausdruck einer immer deutlicher wahrgenommenen Problemlage, von der die Praxis der Sonntagspredigt und die homiletische Theorie gleichermaßen betroffen waren, und die zu Stellungnahmen von allen Seiten herausforderte. Zugrunde lag dabei die Erfahrung, daß die seit Jahrzehnten nach Form und Absicht festgelegte und etablierte Predigt, wie sie vor allem durch dic verschiedenen Tendenzen der Erweckungsfrömmigkeit geprägt war, ihre Wirkungen und Bedeutungen unübersehbar eingebüßt hatte.

Typisch ist das Urteil R. Seebergs: „Eine der bedenklichsten Erscheinungen des ausgehenden 19. Jahrhunderts ist der Rückgang leider nicht nur der Wirkungen der Predigt, sondern in diesem Sinne auch ihrer Qualität selbst ... Vergleichen wir ... die Durchschnittspredigt von heute mit der vor einem Menschenalter, so muß man ... bekennen, daß wir zurückgegangen sind. Hier hört man hochtönende Redensarten vom Geist und der Freiheit, dort stolpern Sprüche und Liedverse hin über die alten ausgefahrenen Gleise irgendeiner alten Populardogmatik samt etlichen apologetischen Gemeinplätzen, aufgestutzt vielleicht mit den alten Sträußlein von allerhand vergilbten ‚Blümlein' der Rede, alles das vorgetragen in jenem Brusttone der Überzeugung, der doch niemand überzeugt, in Worten und Redewendungen, wie sie sonst kein Mensch mehr braucht und wie der Prediger selbst – außer eben auf der Kanzel – sie kaum je in Anwendung bringt. Und das geht so Sonntag für Sonntag, und wenige hören darauf hin, noch wenigere gewinnen Inhalt für ihr Leben daraus" (Die Kirche Deutschlands im 19. Jahrhundert, 1910[3], 214 f.).

Unter diesem Eindruck war man allgemein von der Überzeugung geleitet, daß eine Reform der Predigt unabdingbar nötig wäre. Für das Programm dieser Reform ergaben sich zwei unterschiedliche Ansätze oder Zugänge.

1. Die Reformaufgabe konnte als Problem der Predigtpraxis aufgefaßt werden: Mehr Rücksicht auf die Hörer, auf die Verständlichkeit, auf jeweils wichtige Fragen, so lauten die entsprechenden Programme. Dabei traten die folgenden Perspektiven in den Vordergrund:

a) Der einzelne Predigthörer wird zum Thema, der „moderne Mensch", in seiner spezifischen Situation, und zwar in psychologischer, sozialer wie religiöser Hinsicht. Die empirische Erforschung dieser Situation wird zum Hilfsmittel der Homiletik (F. Niebergall, Wie predigen wir dem modernen Menschen?, Bd. 1, 1902, 1920[4]). b) Soziale Gruppen und Schichten werden hinsichtlich der für sie spezifischen Predigtaufgabe zum Thema: Arbeiter, Bauern, Intellektuelle in ihren politischen und sozialen Bestimmtheiten sollen dem Prediger vertraut werden. Auch hier wird die entsprechende empirische Forschung gefordert (A. Uckeley, Die moderne Dorfpredigt, 1906). c) Zeitfragen sollen in den Mittelpunkt der Predigt gerückt werden: allen voran die soziale Frage. Das wird nicht nur von religiösen Sozialisten gefordert (W. Deresch, Predigt und Agitation der religiösen Sozialisten, 1971), sondern von durchaus konservativen Autoren (R. A. Kohlrausch, Vademecum Homileticum, 1892, 1909[3], 18 ff.). d) Als praktische Reform versteht sich auch die Forderung nach neuer und zeitgemäßer Hermeneutik. Das zeitgenössische Bewußtsein stellt den Prediger vor die Aufgabe, die Übersetzung biblischer Texte und Vorstellungen in die Gegenwart zum Zentrum der Predigtarbeit zu machen. Dabei erweist sich etwa die Frage der biblischen Wunder als besonders komplexes hermeneutisches Problem (O. Baumgarten, Predigt-Probleme, 1905, 82 ff.). e) Ebenso aber wird, um der Krise der Predigt entgegenzuwirken, unverändert die direkt anredende Erwekkungspredigt empfohlen (H. Hering, 313 ff.).

2. Die Reformaufgabe wurde andererseits als theoretisches Problem aufgefaßt: Erst müsse das Verständnis der Predigt revidiert und erneuert werden, und alle weiteren Fragen wären danach entsprechend und ebenfalls neu zu beantworten. Auch hier ergaben sich unterschiedliche Perspektiven. Man sprach von einem Streit um den „Zweck der Predigt" (C. Clemen, Predigt und biblischer Text, 1906, 1).

a) Unter dem Einfluß der Theologie A. Ritschls (vgl. Unterricht in der christlichen Religion, 1903[6], § 82) wuchs die Erwartung, daß die Predigt ihre sachgemäße Bedeutung dann gewinnen werde, wenn sie als pädagogische Aufgabe begriffen ist: Der Prediger soll Erzieher seiner Hörer sein (W. Wrede, Vorträge und Studien, 1907, 1 ff.). b) In deutlich kritischer Abgrenzung demgegenüber wird die Bedeutung der Predigt relativiert, wenn sie, unter Berufung auf Schleiermachers Predigtbegriff, als gottesdienstliche Rede verstanden und ihre Reform erst von der Reform des Gottesdienstes im ganzen erwartet wird (J. Smend, Der evangelische Gottesdienst, 1904, 19 ff.). c) Verbreitet war aber vor allem das Programm, das aus der intensiveren Zuwendung zur Heiligen Schrift und der Konzentration auf die Predigt als Verkündigung des Wortes Gottes die Reform erhoffte. So versteht E. Sachsse die Predigt als „freie Verkündigung des göttlichen Wortes zur Erbauung der Gemeinde auf Christum" (Evangelische Homiletik, 55) und nach H. Hering ist die Predigt, in deutlicherem Anschluß an C. I. Nitzsch „Öffentliche Verkündigung des Evangeliums" und „Wort Gottes und Zeugnis des bekennenden Glaubens in der Gemeinde und als solches wirksam zur Erbauung des Leibes Christi" (H. Hering, 272). d) Andere Auffassungen vom Zweck oder Wesen der Predigt suchen, sie in Bezug auf das religiöse Bewußtsein der Predigthörer zu bestimmen. So heißt es bei P. Kleinert, „daß in der

Vergegenwärtigung des Heils das Bedürfnis der Gemeinde nach göttlichem Wort befriedigt werde" (Homiletik, 1907, 10) und nach F. L. Steinmeyer ist die Predigt „derjenige Teil des christlichen Kultus, welcher die Andacht der Gemeinde zu ihrer spezifischen Höhe erheben soll" (Homiletik, 2).

Die Krise der Predigt war also ein wesentlicher Anlaß dafür, daß sich auf dem Gebiet der Homiletik folgenreiche Differenzierungen ausgebildet haben. Es waren einerseits die unterschiedlichen Stellungen und Positionen, die jetzt deutlicher hervortraten (oder sich angesichts der Aufgabe deutlicher bildeten). Andererseits aber schien es möglich, die Aufgabe entweder mehr als praktische oder mehr als theoretische zu verstehen, und so konnte ein sehr verschiedenartiger Kreis von Stellungnahmen entstehen.

Besondere Beachtung verdient die homiletische Theorie, mit der Friedrich Niebergall in diese Debatte eingegriffen hat (Wie predigen wir dem modernen Menschen?, Bd. 1, 1902; Bd. 3, 1921; Praktische Theologie, 2 Bde., 1918; Die moderne Predigt, 1928). Sein Programm war die „moderne Predigt", die dem „modernen Menschen" entsprechen sollte. Niebergall suchte daher die Analyse der Zeit, der Verhältnisse, der Lebensformen und der Gedankenwelt des zeitgenössischen Menschen für die Homiletik fruchtbar zu machen. Eine eingehende Darstellung des Niebergall'schen Programms auch im Hinblick auf seine Bedeutung für die Gegenwart gibt W. Steck (Das homiletische Verfahren, 1974).

In den folgenden Jahrzehnten hat sich das Bewußtsein der Krise eher noch verschärft: Homiletik hat sich – mehr oder weniger ausdrücklich – immer deutlicher als Therapie einer überall konstatierten Krankheit der Predigtpraxis verstanden. Programmatisch ist diese Metaphorik von K. Fezer gebraucht worden (Das Wort Gottes und die Predigt, 1925), aber Fezer war noch überzeugt, daß es sich um eine Krise handelt, die durchaus gelöst werden kann.

Mit dem Urteil, daß diese empirische Krise der Predigt als strukturelle oder prinzipielle Krise der Verkündigung der Kirche überhaupt angesehen werden müsse, begann die dialektische Theologie. Krise, und zumal Krise der Verkündigung, war ihr leitender Begriff. In ihm kam diejenige Krise, die das „Wort Gottes" stets für „die Welt" darstellen müsse zusammen mit den als krisenhaft beurteilten Entwicklungen der Predigt seit der Aufklärung.

K. Barth hat dieses Thema bereits 1922 so zusammengefaßt: „Was heißt predigen? und – nicht: Wie *macht* man das? Sondern: Wie *kann* man das?" (Not und Verheißung der christlichen Verkündigung, in: Das Wort Gottes und die Theologie, 1924, 103). – Eine scharfsichtige Analyse der homiletischen Diskussion der

Zeit gibt H. Faber (Neuere homiletische Probleme, 1927, abgedruckt in: Aufgabe der Predigt, 1971, 119–150).

Aus diesem Urteil über die Krise der Predigt ergab sich die überraschende (und „dialektische") Lösung, daß prinzipielle Sätze der Theologie über Wort Gottes und Predigt als (einzig) sachgemäße Reaktion auf die empirische Krise zu verstehen seien. Die „Radikalisierung" der Krise eröffnete den Weg zu ihrer Überwindung. Die praktischen Fragen nach dem Erfolg der empirischen Predigt wurden gegenstandslos. Die Krise selbst wurde zum Thema der Homiletik und, ihrer Logik folgend, auch der Predigt. Für die Praxis dieser Predigt waren deshalb äußere und empirische Verhältnisse immer weniger von Belang. Vielmehr war danach zu trachten, das „Wort Gottes" in der einzelnen Predigt durch die möglichst intensive und programmatische Nähe zum „Wort Gottes" im Schriftwort zu legitimieren. Die Konzentration auf diese „Auslegung" kennzeichnet die entsprechende Predigtpraxis und erneuert am Beginn des 20. Jahrhunderts mutatis mutandis die Predigtweise, die um die Mitte des 19. Jahrhunderts vorherrschend war.

§25 Grundzüge der Homiletik

Im folgenden wird die Einteilung in prinzipielle, materiale und formale Homiletik übernommen, die von Alexander Schweizer zuerst eingeführt und begründet wurde (Homiletik, 1848, 112). Hier soll der Sinn dieser Unterscheidung der sein, den Grundfragen der Predigt, also den Fragen nach ihrer Begründung, nach ihrem Inhalt und nach ihrer Form einen angemessenen Ort der Behandlung zu sichern. Die Homiletik (und die Praxis der Predigt) war stets dann besonders gefährdet, wenn eine der notwendigen Grundfragen vernachlässigt wurde, etwa weil eine andere alle Aufmerksamkeit zu verlangen schien (vgl. D. Rössler, Das Problem der Homiletik, in: ThPr 1, 1966, 14 ff.).

Eine vorzügliche Einführung in die Probleme der Homiletik und eine umfassende Übersicht über die Literatur gibt W. Trillhaas (Einführung in die Predigtlehre, 1974).

1. Prinzipielle Homiletik

„Homiletik" ist ein Kunstwort, das im 17. Jahrhundert gebildet wurde, um die Lehre von der Gemeindepredigt zu bezeichnen (zuerst bei

W. Leyser, 1592–1649, Cursus homileticus, 1649). – Den Begriff „praedicatio" hat Lactantius (4. Jahrhundert, der „Christliche Cicero") für die Rede vor der christlichen Gemeinde eingeführt. Seit Augustin wird zwischen „homilia" als fortlaufender Auslegung einer Perikope und „sermo" als thematischer und zusammenhängender Rede unterschieden. Das Mittelalter versteht die Predigt (bedeutungsgleich mit praedicatio) als sermo. Die Reformation übernimmt diesen Sprachgebrauch, bevorzugt aber contio (oder concio als Rede in öffentlicher Versammlung) und doctrina (bzw. docere) und betont damit die Lehre als Perspektive der Predigt.

Im Sprachgebrauch des Neuen Testaments treten drei Begriffe hervor: 1. Kerygma (häufiger: Keryssein) bezeichnet diejenige Botschaft, deren Erfahrung den christlichen Glauben begründet, und zwar sowohl nach ihrem Inhalt (Röm 16, 25) wie als Ereignis (1 Kor 2, 4); synonyme Bedeutungen hat Akoe (Röm 10, 17). 2. Mit Abstand häufigster Begriff für das christliche Wort innerhalb der Gemeinde ist parakaleo, das zwei unterschiedliche Bedeutungen zusammenfaßt: „Ermahnen" als Appell an Wollen und Tun im Blick auf die Lebenspraxis (Röm 12, 1) und „Trösten" als Vergewisserung im Blick auf die Grundlagen der Religion (II Kor 1, 6). 3. Didaskalia schließlich bezeichnet „Lehre" im synagogalen Sinn (Mt 4, 23), lehrhafte Missionspredigt (Act 4, 2) und den Zusammenhang der ganzen christlichen Lehre der Gemeinde (II Tim 4, 3).

a) Der Leitsatz, der im folgenden zu erläutern sein wird, lautet: *Die Predigt ist die christliche Rede, die im Rahmen eines Gottesdienstes die biblische Überlieferung für den Hörer der Gegenwart auslegt, um ihm die Gewißheit im Christentum zu stärken und die Orientierung im Leben zu fördern.*

Die Sinn- und Zweckbestimmung der Predigt durch die Praktische Theologie muß so beschaffen sein, daß die verschiedenen religiösen Predigtvorstellungen und die besonderen oder einseitigen „Wesensdefinitionen" der unterschiedlichen evangelischen Richtungen darin zusammengefaßt und verständlich gemacht werden.

Der Satz, „Predigen heißt eine uns von Gott gegebene Botschaft auszurichten," (A. Schaedelin, Die rechte Predigt, 1953, 22) z. B. enthält einmal eine spezielle (und für eine einzelne religiöse Richtung maßgebliche) Einschränkung des Begriffs der „biblischen Überlieferung"; sodann wird er verständlich nicht als Beitrag zu Sachfragen des Predigtbegriffs, sondern durch die Absicht, der Predigt eine formale und ausschlaggebende Autorität zuzuschreiben.

Aus dem Leitsatz geht hervor, daß die Aufgabe der Predigt näherhin als Vermittlungsaufgabe zu verstehen ist, und zwar in mehrfacher Hinsicht: Als Vermittlung zwischen dem historischen Bestand des Christentums (in seinen Texten) und der Gegenwart; zwischen dem allgemeinen neuzeitlichen Wahrheitsbewußtsein und den christlichen Überzeugungen; zwischen den prinzipiellen Perspektiven des Christentums und der Subjektivität des Hörers. Diese Aspekte der Vermittlungsaufgabe lassen sich wohl unterscheiden, nicht aber trennen. Nicht wenige Differenzen in der Fassung des Predigtbegriffs gehen darauf zurück, daß die Vermittlungsaufgabe dabei verschieden oder unvollständig berücksichtigt wurde.

In ähnlicher Weise hat G. Ebeling die dreifache „polare Spannung" erläutert, von der er sowohl die Predigt wie die Fundamentaltheologie bestimmt sieht. Ebeling unterscheidet dabei folgende Polaritäten: 1. überliefertes und gegenwärtiges Wort, 2. Glaubensinhalt und Lebenserfahrung, 3. Glaubensgrund und Glaubensäußerung (Fundamentaltheologische Erwägungen zur Predigt, WuG III, 554 ff.). Es scheint, daß Ebelings Distinktionen in der Formulierung mehr dem Interesse der Fundamentaltheologie als dem der Homiletik entsprechen. In der Sache sind die Differenzen gering.

1. Die Vermittlung zwischen dem historischen Bestand und der Gegenwart ist die grundlegende Aufgabe der Predigt, weil der wesentliche Gehalt des Christentums in seinen ursprünglichen Überlieferungen und Texten gegeben ist. Es kennzeichnet deshalb das Wesen des Christentums, daß es seine jeweils der Zeit verantwortlich entsprechende Gestalt durch die Auslegung seiner Ursprünge gewonnen hat. Diese unüberbotene Qualität der ursprünglichen Texte des Christentums für seine Geschichte ist im Begriff der „Offenbarung" festgehalten und zum Ausdruck gebracht. Die erste Aufgabe der Predigt ist deshalb die Vermittlung zwischen den allein noch historisch zugänglichen Texten der Begründung des Christentums und den gegenwärtigen Zeit- und Lebensfragen. Die hermeneutische Fragestellung wird daher von der homiletischen vorausgesetzt.

Seinen bedeutungsvollsten Ausdruck hat dieses Vermittlungproblem in der Theologie R. Bultmanns gefunden. Das Programm der „existenzialen Interpretation" läßt sich als Versuch einer grundsätzlichen und umfassenden Lösung desjenigen Problems verstehen, das dem Christentum durch den historischen Charakter seiner Begründungsdokumente gestellt ist (vgl. Das Problem der Hermeneutik, GV II, 211 ff.). Für die Homiletik hat E. Hirsch die Vermittlungsaufgabe so formuliert: „Vergangenes geschichtliches Leben muß in gegenwärtiges Denken und Leben übersetzt und gedolmetscht werden" (Predigerfibel, 1964, 3).

Die hermeneutische Frage der Theologie ist neuerdings im Zusammenhang der allgemeinen Hermeneutik von E. Betti aufgenommen worden (Die Hermeneutik als allgemeine Methodik der Geisteswissenschaften, 1972[2], 35 ff.).

2. Das allgemeine neuzeitliche Wahrheitsbewußtsein und die christliche Überzeugung stehen sich weder völlig fremd gegenüber noch sind sie einfach identisch. Die gemeinsame Geschichte und insbesondere die religiösen Wurzeln des neuzeitlichen Bewußtseins bilden einen gemeinsamen Horizont. Die herrschenden Tendenzen im neuzeitlichen Bewußt-

sein aber sind von Einstellungen geprägt, die religiöse Deutungen der Welt nicht ohne weiteres einschließen. Der Alltag der Lebenserfahrung und der Lebenspraxis ist in dem Sinne „entzaubert“, als „die Vorgänge der Welt ... nur noch „sind“ und „geschehen“, aber nichts mehr „bedeuten“ ...“ (M. Weber, Wirtschaft und Gesellschaft, 1972[5], 308). In diesem Rahmen muß die christliche Überzeugung sachgemäß zur Geltung gebracht werden und darin liegt, daß sie nicht einfach gegen das Allgemeinbewußtsein und die Lebenspraxis nur behauptet werden kann. Es bedarf der Vermittlung, zumal die Partizipation sowohl am neuzeitlichen Bewußtsein wie an der christlichen Überzeugung gerade für den einzelnen Christen zu reklamieren und verständlich zu machen ist.

E. Hirsch (Predigerfibel, 1964, 3 ff.) hat auch diese Aufgabe ins Auge gefaßt. Aber er sieht sie unmittelbar mit der hermeneutischen Aufgabe der Übersetzung des historischen Textes in das gegenwärtige Denken und Leben verbunden. Hirsch geht dabei von dem Satz aus: „Das Verhältnis des Menschlichen und des Christlichen hat sich heute früheren christlichen Jahrhunderten gegenüber grundstürzend gewandelt“ (5). Dieses „Verhältnis des Menschlichen zum Christlichen“ ist nach Hirsch nicht nur eine geschichtliche, sondern eine prinzipielle Differenz: „Das Verhältnis des Ewigen zum Zeitlichen, Gottes zum irdisch sich Zeigenden ist somit christlich immerdar in der Schwebe eines durch das Nein hindurch das Ja empfangenden Glaubens zu gewahren ...“ (17). Nicht wesentlich anders ist der Unterschied zwischen dem Menschlichen und dem Christlichen bei K. Barth aufgenommen. Die Argumentation ist prinzipiell und elementar: Die kirchliche Verkündigung versucht „von Gott zu reden in der Absicht, das Andere von Gott hören sollen. Dieser Versuch und diese Absicht sind als solche in sich unmöglich ... Von Gott kann man nicht reden, weil er kein Ding ist ... Gibt es Verkündigung ... dann ... nur als ein im menschlichen Mißlingen verborgenes göttliches Gelingen ...“ (KD I, 2, 839 f.). Der Unterschied zwischen Hirsch und Barth ist offenbar der, daß die am Ende doch gemeinte Vermittlung bei Hirsch in der Person des Predigers und bei Barth im Akt der Verkündigung vollzogen gedacht wird. Dem entspricht auch die von Barth überlieferte Definition der Predigt, die in zwei parallelen Sätzen die Predigt einmal als das von Gott selbst und sodann als das von einem berufenen Prediger gesprochene Wort darstellt (W. Fürst, K. Barths Predigtlehre, in: Antwort. Karl Barth zum 70. Geburtstag, 1956, 137 ff.). Auch hier ist deutlich, daß die Vermittlung im Akt des Predigens selbst sich ereignend vorgestellt wird.

3. Die dritte Vermittlungsaufgabe bezieht sich auf die Differenz zwischen den prinzipiellen und generellen christlichen Aussagen einerseits und der Subjektivität des Hörers andererseits. Grundsätzlich ist diese Aufgabe durch den Begriff der applicatio bezeichnet (s. o. S. 329): Es liegt in der Logik der Predigt, daß sie sich zuletzt dem Leben und dem Glauben ihrer einzelnen Hörer zuwendet. Die ältere Praktische Theologie hat diese Aufgabe nicht selten in der formalen Homiletik unter der Überschrift

„Spezialisierung“ oder „Individualisierung“ behandelt (Chr. Palmer, Evangelische Homiletik, 1887[6], 435). Da aber die Predigt weder alle noch auch etwa einen bestimmten Hörer direkt anreden oder gar zum Gegenstand von Erörterungen machen dürfte, kann es bei dieser Aufgabe immer nur um die Vermittlung zum Exemplarischen gehen: Am Exemplarischen soll jeder individuelle Fall des christlichen Glaubens und Lebens anschaulich und rezipierbar gemacht werden.

Diese Frage ist in jüngster Zeit vor allem von W. Jetter aufgenommen worden: Es bleibt „die Aporie der Predigt, ob es das Wort, das allen gilt, auch für alle gibt ... Wie kann der Mann, der oben steht, das ermächtigte Wort für ihn, für sie alle finden?“ (W. Jetter, Die Predigt als Gespräch mit dem Hörer, MPTh 56, 1967, 222). In einer generellen Fassung hat das Problem bereits seiner Schrift „Wem predigen wir?“ (1964) zugrunde gelegen. Jetter hat in dieser Frage vor allem ein Problem für die Predigtarbeit gesehen und die Vermittlungsaufgabe damit dem Prediger selbst zugeschrieben: Es handle sich hier nicht um ein „Problem der Regie“, sondern um „ein Problem der Denk- und Redeweise“ (MPTh 56, 1967, 26). E. Lange ist ihm darin gefolgt: „Predigt heißt, ich soll mit dem Hörer über sein Leben reden“ (Predigen als Beruf, 1976, 62). Lange hat sich bemüht, die Wirklichkeit des Hörers als dessen „Situation“ (63) zu verstehen und zugänglich zu machen. Für die Praxis der Predigtarbeit hat er dabei den Begriff der „homiletischen Situation“ gewählt (22), um damit die Vermittlungsaufgabe zwischen Text und Lebenswirklichkeit des Hörers deutlicher zu beschreiben. Lange hat keinen Zweifel daran gelassen, daß damit allenfalls das Problem – eben die Vermittlungsaufgabe – bezeichnet ist, daß aber dessen Lösung Sache des Predigers im konkreten Vollzug der Predigtarbeit bleibt (33 f.).

b) Die Rede gehört (im Zusammenhang mit Wort und Sprache) zu den Grundbegriffen, in denen das Menschsein des Menschen immer schon seine nähere Bestimmung gefunden hat. „Die Rede ist mit Befindlichkeit und Verstehen existenzial gleich ursprünglich“ (M. Heidegger, Sein und Zeit, 1953[7], 161). Die Gemeindepredigt ist Rede unter Christen. Sie ist (auch als „Lehrpredigt“) nie bloße Information, sondern bildet eine Aktion des „ganzen Menschen“, die auf der Seite des Hörers wiederum den „ganzen Menschen“ anspricht.

Diese Bestimmung soll alle Versuche relativieren, die die Predigt nur unter einem methodischen Gesichtspunkt allein erfassen wollen: als Gegenstand etwa der Psychologie, der Kommunikationstheorie oder der Pädagogik (s. dazu u. S. 357 f.).

Daß die Predigt religiöse Rede unter Christen ist, muß in der Predigt nicht nachgewiesen, sondern kann vorausgesetzt werden: Die Gemeinde, die sich zum Gottesdienst versammelt, ist dabei durch nichts anderes geleitet, als durch das allen einzelnen gemeinsame Christentum. Nichts anderes kann daher auch Absicht und Inhalt der Predigt sein, die Teil eines Gottesdienstes ist. Aufgabe des Predigers ist es, die eigene Auffassung des Gemeinsamen zur Sprache zu bringen. Als Hörer der Predigt kann nur der einzelne gelten und zwar in dem Sinne, daß das jeweils persönliche Christentum dieses Einzelnen begründet und gefördert werden soll. Ziel und Aufgabe der Predigt gehen deshalb zunächst dahin, die Gewißheit im Christentum zu stärken. Unter Gewißheit ist dabei das Vertrauen zu verstehen, in dem der christliche Glaube sich als fiducia auf seinen Grund bezieht. Da zwischen der Begründung dieses Vertrauens und seiner Stärkung oder Vertiefung kein prinzipieller Unterschied besteht, hat die Predigt stets die „Grundsituation" des Menschen zum Thema.

Der Begriff „Grundsituation" ist von G. Ebeling mehrfach erläutert worden (Dogmatik I, 194 ff.; III, 210 ff.). Gewißheit bezeichnet das, was durch die Predigt des Evangeliums in dieser „Grundsituation" begründet und bestärkt werden soll. Evangelische Gewißheit in diesem Sinn ist zugleich Lebensgewißheit und Glaubensgewißheit. Das traditionelle Gewißheitsproblem hat demgegenüber oft nur bestimmte Aspekte enthalten (Übersichten dazu: E. Schott, Art. Gewißheit, in: RGG[3], II, 1557 ff.; G. Rudolph, Art. Gewißheit, in: HWP, Bd. 3, 592 ff.). Eine umfassende Deutung des Gewißheitsbegriffs geben W. Pannenberg (Wahrheit, Gewißheit und Glaube, in: Grundfragen systematischer Theologie, II, 1980, 226 ff.) und E. Jüngel (Gottesgewißheit, in: Entsprechungen, 1980, 252 ff.).

Sodann ist es die Aufgabe der Predigt, die Orientierung im Leben für den Hörer zu fördern. Der übertragene Gebrauch dieses Begriffs ist von Kant erläutert worden (Was heißt: sich im Denken orientieren?, 1786). Danach setzt das Orientierungsvermögen vor allem die Urteilsfähigkeit voraus, und zwar in theoretischer wie in praktischer Hinsicht. Eben das aber soll von der Predigt des Evangeliums erwartet werden: die Stärkung und Förderung der Urteilsfähigkeit in allen Fragen, die das Leben im Glauben stellt. Im direkten Widerspruch zur evangelischen Predigt stünde dagegen die Absicht, fertige Urteile selbst aufzuprägen. Die evangelische Gemeinde ist keine Gesinnungsgemeinschaft, die durch die Identität des Urteils begründet würde. Vielmehr erweist sich die Selbständigkeit des Einzelnen gerade im Anspruch auf das eigene Orientierungsvermögen.

Konflikte in dem Sinne, daß unterschiedliche und widersprüchliche Auffassungen möglich sind, treten vor allem bei der Predigt über politische oder soziale oder andere ethische Fragen auf. Die evangelische Homiletik hat zu diesem Problem immer betont, daß sich die Predigt, die evangelisch sein will, von bloßer Gesetzlichkeit fernzuhalten habe (vgl. dazu M. Josuttis, Gesetzlichkeit in der Predigt, 1969). Der Predigthörer soll vielmehr im Prozeß der Urteilsbildung geleitet, beraten und ermuntert werden. Ein hilfreiches Modell dafür bietet die Unterscheidung von Traditionsethik, Verantwortungsethik und Reflexionsethik bei T. Rendtorff (Ethik I, 1980).

In der neueren Literatur wird die prinzipielle Homiletik sehr unterschiedlich behandelt. R. Bohrens Predigtlehre kann im ganzen als überaus detaillierte und beziehungsreiche Bearbeitung der Prinzipienlehre angesehen werden (Predigtlehre, 1972). W. Trillhaas hatte dagegen der prinzipiellen Homiletik einige Grundfragen (z. B. Gottes Wort als Grund und Inhalt der Predigt; die Autorität der Predigt; Wort und Geist) vorbehalten und die anderen Teile (materiale, formale und pastorale Homiletik) davon unterschieden. Auf wenige Seiten und auf einfache Fragen zusammengedrängt sind die prinzipiellen Erwägungen, die D. Stollberg seiner „Predigt praktisch" (1979) voranstellt. Indessen zeigt sich daran, daß sich die Auffassung vom Wesen der Predigt schon in der Art und Weise abbildet, in der die homiletische Prinzipienlehre dargestellt wird.

Als Beiträge zur prinzipiellen Homiletik können auch die Aufsätze und Vorträge von E. Lange (Predigen als Beruf, 1976), M. Josuttis (Praxis des Evangeliums, 1974) und M. Seitz (Praxis des Glaubens, 1978) angesehen werden. F. Winter hat den Begriff „Predigt" durch den der „Zeugnisrede" zu ersetzen und zu interpretieren versucht (Die Lehre von der kirchlichen Zeugnisrede, in: HPT [DDR], II, 1974, 203 ff.). Im (katholischen) „Handbuch zur Predigt" (hg. v. G. Schüepp, 1982) nehmen Prinzipienfragen der Homiletik nur sehr beschränkten Raum ein. Bei F. Mildenberger (Kleine Predigtlehre, 1984) dagegen dominiert das Interesse an der dogmatischen Bearbeitung der homiletischen Grundfragen. – Im ganzen konzentrieren sich die Prinzipienfragen auf mehr oder weniger ähnliche Verhältnisbestimmungen von „Wort Gottes" und „Predigt". Damit wird die Tradition fortgeführt, die im 19. Jahrhundert (mit C. Harms und C. J. Nitzsch) ihren Anfang genommen hat.

2. Materiale Homiletik

Die Frage nach dem Inhalt der Predigt ist durch den Begriff „Auslegung" zunächst grundsätzlich beantwortet, weil der Predigt in der Regel biblische Texte (Perikopen) zugrunde liegen. Aber diese Antwort ist so noch nicht zureichend.

Die ältesten Perikopenreihen (Evangelien- und Episteltexte) gehen auf die Lektionen im altkirchlichen Meßgottesdienst zurück. Die letzte Bearbeitung der sechs Perikopenreihen (1977) hat versucht, den homiletischen Gebrauch bei Auswahl und Abgrenzung zu berücksichtigen. Im Ablauf der dem Kirchenjahr zugeordneten Texte repräsentiert sich einerseits die Heilsgeschichte, andererseits der traditionelle Bestand und Aufriß der kirchlichen Lehre. Deshalb wird die regelmäßige Gemeindepredigt – mehr oder weniger deutlich – auch Auslegung der Hauptthemen evangelischer Dogmatik und kann also im Zusammenhang der Systematischen Theologie ihren jeweiligen Inhalt bestimmen (vgl. H. G. Fritzsche, Hauptstücke des christlichen Glaubens, 1977, 104 ff.). Die Themen des Kirchenjahres sind als Aufgabe der Gemeindepredigt von L. Fendt behandelt worden (Homiletik, hg. v. B. Klaus, 1970^2, 59 ff.).

Die Predigt, soll sie im Blick auf Gewißheit und Orientierung leisten können, was von ihr erwartet wird, braucht einen eigenen geistigen und religiösen Gehalt, der so nicht selbstverständlich und bekanntermaßen überall schon zugänglich ist. Dieser Gehalt muß vielmehr für jede einzelne Predigt eigens gewonnen und bestimmt werden. Auf einen derartigen besonderen geistigen und religiösen Gehalt richtet sich die Predigterwartung der Neuzeit. Nicht bloß kirchliche Lehre und nicht bloße Wiederholung von Appellen oder Anweisungen, nicht bloß Rekapitulation frommer Sätze und bloße Aufzählung biblischer Texte gelten als evangelische Predigt. Vielmehr besteht zwischen Kirche, Gemeinde, den einzelnen Predigthörern, dem Prediger und der Theologie in allen ihren Zweigen tiefe Übereinstimmung in dem Anspruch, daß die Predigt etwas zu sagen habe, das „uns angeht". Verschieden wird allein die Frage beantwortet, wie eben das bestimmt werden müsse.

Die Textpredigt gewinnt ihren Inhalt erstens durch die Auslegung ihrer Perikope. Die Exegese sollte nach allen Regeln der Kunst erfolgen, weil dadurch der Text nicht nur in seinem ganzen Umfang, sondern auch in seiner Individualität deutlich wird. Die Predigt gewinnt ihren Inhalt zweitens aus der Hinsicht auf die „Grundsituation" des Menschen. Auch hier handelt es sich um eine Auslegungsaufgabe. Denn die „Grundsituation" ist allein in Vermittlungen gegeben, sie wird zugänglich nur durch die Deutung von individueller menschlicher Existenz und von deren Geschick im Zusammenhang ihrer Welt.

E. Lange hat diese Aufgabe durch den Begriff der „homiletischen Situation" zu erfassen versucht (s. o. S. 348). Sie ist nicht selten als eine bloß äußerliche Beschreibung psychologischer oder sozialer oder politischer Zustände mißverstanden worden (vgl. z. B. R. Bohren, Die Differenz zwischen Meinen und Sagen, in: PTh 70, 1981, 416 ff.; dazu P. Krusche, Die Schwierigkeit, Ernst Lange zu verstehen, ebd. 430 ff.).

Eine umfassende Deutung der „Grundsituation" als homiletische Aufgabe ist W. Jetter zu verdanken (Redliche Rede vor Gott, in: Verifikationen, FS für Gerhard Ebeling, 1982, 385 ff.).

Die Aufgabe, die der Predigt durch „die Situation des Menschen" gestellt ist, wurde im übrigen auch dort nie übersehen, wo alles Gewicht auf die „Verkündigung des Textwortes" gelegt wurde (vgl. z. B. K. Barth, Die Gemeindemäßigkeit der Predigt, in: Aufgabe der Predigt, hg. v. G. Hummel, 1971, 165 ff.; H. Diem, Warum Textpredigt?, 1939, 209 ff.). Selbst in der Formulierung von G. Wingren: „Die Hörer sind im Text" (Die Predigt, 1955, 33) ist die Aufgabe noch erkennbar.

Drittens empfängt die Predigt ihren Inhalt durch die persönliche Leistung des Predigers, durch die die Vermittlung zwischen Text und Gegenwart einen eigenen Ausdruck gewinnt. Das ist keine nur formale Aufgabe. Der geistige und religiöse Gehalt, der sich aus den Analysen des

Textes einerseits und der Grundsituation andererseits ergibt, bedarf, um zur Predigt zu werden, einer neuen Fassung, die stets auch dem „Stoff" der Predigt Neues hinzufügt. Diese Leistung des Predigers ist neuerdings gelegentlich als „Einfall" bezeichnet worden (D. Rössler, Das Problem der Homiletik, in: ThPr I, 1966, 27; M. Josuttis, Über den Predigteinfall, EvTh 30, 1970, 627 ff.; R. Bohren, Predigtlehre, 1972, 375). Darin liegt der Hinweis auf die hier erforderliche Produktivität: Die Auslegungen von Text und Situation sollen in einem Gehalt aufgehoben werden, der eben nicht mehr einfach nur das eine oder das andere wiedergibt.

Der Sache nach ist damit aufgenommen, was in der klassischen Rhetorik und in der alten Homiletik als „inventio" bezeichnet war (s. o. S. 328). Seit dem 19. Jahrhundert hat sich dafür der Begriff „Meditation" eingebürgert (vgl. C. F. Th. Schuster, Die Vorbereitung der Predigt, 1897, 59 ff.). Schleiermacher hat dazu Prinzipien und Kunstregeln beigetragen (Praktische Theologie, 1850, 265 ff.). In neuerer Zeit ist das Thema seltener bearbeitet worden (vgl. J. Wolff, Anleitung zur Predigtmeditation, 1955).

Mit dieser Aufgabe aber gewinnt auch die Person des Predigers an Aufmerksamkeit. Palmer hat sie ausdrücklich zum Thema der Homiletik gemacht und darunter „das Recht der Persönlichkeit in der Predigt überhaupt" behandelt: Jede Predigt nimmt die individuellen Züge des Predigers an, und deshalb ist dieses Recht auf Subjektivität allen Predigern zuzugestehen (Homiletik, 1887[6], 531 ff.). Seither ist das Thema immer wieder aufgenommen worden, und zwar wurde einerseits mehr die Verpflichtung zur Objektivität dem Kerygma gegenüber (H. Diem, Der Theologe zwischen Text und Predigt, in: Aufgabe der Predigt, 278 ff.), andererseits mehr die Rolle der Subjektivität hervorgehoben (A. Niebergall, Der Prediger als Zeuge, 1960, 3 ff.).

Nach evangelischem Verständnis ist der Prediger also nie allein äußerlicher oder unpersönlicher „Vermittler" von „objektiven Inhalten". Er gewinnt in Person Bedeutung für seine Predigt (vgl. F. Wintzer, Praktische Theologie, 92 ff.). Daraus aber entsteht die Aufgabe, für jede Predigt denn auch wirklich das „persönliche" und also unverwechselbare Wort zu finden: Die Predigt gewinnt ihre evangelische Individualität durch die des Textes und durch die des Predigers.

Das Verhältnis von Gesetz und Evangelium in der Predigt kann heute nicht mehr unmittelbar am Predigtvorbild Luthers orientiert werden. Die neuzeitliche Fassung des theologischen Begriffs „Gesetz" ist nach G. Ebeling die, daß die „Lebenswirklichkeit als Gesetzeserfahrung" verstanden und ausgelegt werden müsse (Dogmatik III, 268).

„In all dem ist deshalb von Gesetzeserfahrung zu reden, weil hier die verschiedenen Dimensionen dessen zusammentreffen, was das Leben ordnet, trägt, hell und durchsichtig macht, was aber auch in Unordnung bringt und erschüttert, was es verfinstert und sinnlos werden läßt" (ebd. 269).

Die Formel „Gesetz und Evangelium" verweist danach einerseits auf die Auslegungsaufgabe, die mit dem Begriff „Grundsituation" bezeichnet war und andererseits auf die Probleme der Sprache und des Sprachverstehens im religiösen Zusammenhang überhaupt. Freilich verliert unter diesen Bedingungen das Programm einer reinen „Gesetzespredigt" seinen Sinn. Auch als „Bußpredigt" wäre sie nur, wenn überhaupt, als Mittel der Erziehung zu rechtfertigen oder aber als der Akt, in dem ein Prediger die Trennung von seiner Gemeinde dokumentiert.

3. Formale Homiletik

Ihrer Form nach kann die Predigt nichts anderes sein sollen als eine Rede, und sie wird dazu in dem Maß, in dem sie gestalteter Ausdruck ihres Inhalts ist. Zu dieser Gestaltung gehören: ein geschlossener Zusammenhang, die Entwicklung oder Entfaltung eines oder mehrerer Grundgedanken, ein sachgemäßer Anfang, eine dem Inhalt entsprechende Gliederung und ein wiederum sachgemäßer Beschluß. In der Regel läßt sich deshalb für jede Predigt auch ein zusammenfassendes oder den Grundgedanken aufnehmendes Thema formulieren: Textpredigt und Themapredigt sind nicht notwendig Gegensätze. Die Regeln der Gestaltung müssen freilich der Individualität der Predigtaufgabe zu- und eingeordnet werden: Es kann für die evangelische Predigt keinen verpflichtenden formalen Aufriß geben. Regeln können hier nur den Sinn von Begrenzungen oder Leitlinien haben.

Die mit der Predigt gegebene Gestaltungsaufgabe hat in der Geschichte des Christentums immer wieder die Aufmerksamkeit auf die Rhetorik gelenkt. Für die Predigt der alten Kirche mußte diese Verbindung nicht gesucht werden: Sie ergab sich daraus, daß jede höhere Bildung die Rhetorik einschloß oder gar auf sie konzentriert war. Die großen Prediger zumal der östlichen Kirche waren deshalb selbstverständlich Redner im Sinne dieser rhetorischen Bildung (s. o. S. 312). Seit dem Verfall der römischen Kultur blieb die Rhetorik eine der sieben artes liberales, die die philosophische (die untere) Fakultät der mittelalterlichen Universität bildeten. Die Beziehung zur Homiletik mußte dort wie bei späteren

Erneuerungsbestrebungen erst jeweils neu hergestellt werden (z. B. Erasmus, Melanchthon, Schott, s. o. S. 327 ff.).

Schon in der Antike war die Rhetorik nicht eindeutig bestimmt: Ist sie eine Fertigkeit, die durch äußerliche Kenntnisse und Einübung erlangt wird? Ist sie eine Kunst, die nicht nur Regelkenntnisse, sondern vor allem Talent erfordert? Oder ist sie eine Wissenschaft, die die Frage nach der Wahrheit und die Einsicht über den Menschen fördert?

Vorzügliche Einführungen in die antike Rhetorik bieten W. Eisenhut (Einführung in die antike Rhetorik und ihre Geschichte, 1982) und M. Fuhrmann (Die antike Rhetorik, 1984). Das klassische Lehrbuch der späten römischen und der mittelalterlichen Rhetorik waren Quintilians institutiones oratoria (Ausbildung des Redners, 2 Bde., hg. v. H. Rahn, 1972–75). Über die Wirkungsgeschichte der Rhetorik informiert W. Jens (in: Reallexikon der deutschen Literaturgeschichte, Bd. 3, 1977, 432–456). Als Teilgebiet ihrer Wissenschaft wird die Rhetorik in der heutigen Linguistik verstanden (J. Dubois, Hg., Allgemeine Rhetorik, 1970, dt. 1974).

Die Hauptbegriffe der Rhetorik: Die Aufgaben des Redners (s. o. S. 328); die genera der Rede: genus iudiciale, die Gerichtsrede soll argumentieren und die Tatsachen (status) in das erwünschte Licht rücken; genus deliberativum, die Beratungsrede oder Volksrede hat in der Regel politische Ziele und soll überzeugen und Zustimmung wecken; genus demonstrativum, die Prunk- oder Festrede (z. B. bei Funeralien) soll sich an das Gemüt richten und Teilnahme hervorrufen. Drei Stilarten (ebenfalls genera genannt) werden unterschieden: der einfache, mittlere und erhabene Stil. Als Schmuck (ornatus) der Rede werden Ausdrucksformen bezeichnet, die nicht notwendig zur Mitteilung selbst gehören. Bestimmte Redeweisen und -wendungen werden unterschieden: Tropen (die übertragene Redeweise, z. B. die Metapher); Figuren (Variationen der Wortwahl und Wortstellung, z. B. Reime, Wortspiele, Wiederholungen); Klauseln (rhythmische Variationen besonders am Satzende).

Die Bedeutung der Rhetorik für die Homiletik muß unter verschiedenen Aspekten betrachtet werden. Grundsätzlich gilt das Urteil Schleiermachers, daß das, womit die christliche Predigt allein sachgemäß wirkt, nicht die Mittel der Kunstrede oder das Talent zur Beredsamkeit sein können (Praktische Theologie, 1850, 43). Damit darf freilich nicht ausgeschlossen sein, daß sich die Predigt auch äußerlicher Mittel bedient, um auch durch ihre Form die Verständlichkeit, die Überzeugungskraft und die Aufmerksamkeit der Hörer zu fördern.

In diesem Zusammenhang ist neuerlich auf die Bedeutung der Rhetorik hingewiesen worden (Themaheft der EvTh, 1972, 1 ff.; G. Otto, Rhetorisch predigen, 1980). Die wirksame Hilfe, die dafür von der Kenntnis der rhetorischen Distinktionen ausgeht, bleibt indessen gering. Effektiver für die Predigtarbeit dürfte die Beschäftigung mit solchen Predigten sein, die als gelungene Vorbilder gelten können.

Tiefere Bedeutung gewinnt die Rhetorik für die Homiletik im Zusammenhang der Frage nach der Sprache der Predigt, die ihrerseits im Rahmen des Problems religiöser Sprache überhaupt gesehen werden muß. Tatsächlich ist die Predigtsprache immer metaphorische Sprache.

„Die Sprache des christlichen Glaubens ist – wie jede religiöse Sprache – durchweg metaphorisch ... Die Sprache des christlichen Glaubens teilt die Eigenart religiöser Rede, Wirkliches so auszusagen, daß ein Mehr an Sein zur Sprache kommt" (E. Jüngel, Metaphorische Wahrheit, in: Entsprechungen, 1980, 155 f.).

Im Mittelpunkt der Predigtsprache steht deshalb das sprachliche Bild, in dem ein solches „Mehr" auch gegenüber seinen homiletischen Auslegungen bewahrt bleibt. Die Weite und Tiefe der Auslegungsfähigkeit in diesem Sinne entscheidet über die Qualität derartiger Bilder. Nicht zufällig ist der Bestand, den die christliche Überlieferung enthält, zu allen Zeiten die Grundlage der homiletischen Metaphorik geblieben: Der Kreis der Bilder, in denen sich die religiöse Erfahrung des Christentums sachgemäß zum Ausdruck zu bringen vermochte, ist hier schon abgeschritten. Die sprachliche Aufgabe der Predigtarbeit besteht vornehmlich darin, die gegenwartsgültigen Auslegungen eines überlieferten Bildes oder eines schon im Prozeß dieser Auslegung gewonnenen eigenen und selbständigen Bildes aufzusuchen und zu bestimmen.

Die Eigentümlichkeit der religiösen Sprache, mit der sich G. Ebeling (Einfuhrung in die theologische Sprachlehre, 1971) und W. Trillhaas (Religionsphilosophie, 1972) befassen, bildet ein besonderes Thema der neueren Sprachphilosophie. Hier geht die Grundfrage dahin, wie Sätze religiöser Rede im Zusammenhang der rational-deskriptiven Verständnisformen von Sprachen überhaupt begriffen oder eingeordnet werden könnten. Für die Homiletik dürfte dabei vor allem der „Fideismus" nach Wittgenstein Bedeutung haben, der die religiöse Rede als eigenes Sprachspiel im Zusammenhang bestimmter Lebensformen zu analysieren sucht (I. Dalferth, Hg., Sprachlogik des Glaubens, 1974, 53 ff.). Auch die Sprechakttheorie, wie sie vor allem von J. Searle entworfen wurde (Sprechakte, dt. 1971) könnte von Bedeutung sein. Freilich zeigt die eingehende Untersuchung W. Pannenbergs (Anthropologie, 353 ff.), daß unmittelbare oder gar praktische Folgen hier nicht zu erwarten sind.

Die Eigentümlichkeiten der Predigt als religiöser Rede bringen sie wiederum in direkten Zusammenhang mit dem Gottesdienst, deren Teil sie ist. Hinsichtlich der religiösen Qualifikation der Sprache besteht zwischen Predigt und Liturgie kein grundsätzlicher Unterschied. Deshalb wird vieles von dem, was die sprachlich-religiösen Funktionen der liturgischen Texte und Handlungen kennzeichnet, auch für die Predigt Geltung haben (s. u. S. 361 ff.).

Exkurs: Praktische Homiletik

Die Themen, die hier zu besprechen sind, haben ihren sachgemäßen Sitz im Leben in unmittelbarem Zusammenhang mit jeweils eigener Predigtpraxis. Es sind also Themen, die nicht zu den Voraussetzungen dieser Praxis gehören, sondern sie selbst direkt anleiten, begleiten, oder mit individuellen Deutungen oder Regelvorschlägen fördern sollen. Deshalb ist die Aneignung dieser Themen Sache der Subjektivität und also Sache der individuellen Erfahrung im Umgang mit ihnen. Jeder dieser Vorschläge für die Förderung der Praxis kann nur durch die Probe auf sein Exempel aufgenommen oder zurückgestellt werden.

1. Die „Predigtmeditation“ genannten Hilfen zur Predigtarbeit haben sich aus den Sammlungen von Musterpredigten, die schon das 19. Jahrhundert in großer Zahl hervorgebracht hatte (z. B. Pfarrbibliothek, hg. v. E. Ohly und W. Rathmann, 1892 ff.; Moderne Predigerbibliothek, hg. v. E. Rolffs, 1902 ff.), entwickelt. Zunächst sind dazu „Predigtdispositionen“ als Anregung für die Predigtarbeit angeboten worden (R. A. Kohlrausch, Vademecum Homileticum), später exegetisch-homiletische Bearbeitungen der Perikopen (K. Haußen, Predigtstudien, 1928). Seit 1946 haben dann die „Göttinger Predigtmeditationen“, die vor allem den Ertrag der historisch-kritischen Exegese für das Verständnis der einzelnen Perikope zusammenzufassen suchen, dem Begriff ein Modell gegeben. Weitere „Predigthilfen“ sind dem gefolgt, nicht selten in der Absicht, die Bedürfnisse der Frömmigkeit deutlicher zur Geltung zu bringen (Übersicht bei W. Trillhaas, Einführung in die Predigtlehre, 1974, 38; H. G. Wiedemann, Die Praxis der Predigtvorbereitung, 1975, 25 f.). Die „Predigtstudien“ (begründet von E. Lange 1968) wollen Gegenwart und Text mit gleichem Gewicht und in wechselseitiger Reflexion zur Sprache bringen und lassen deshalb zwei Autoren in mehreren Schritten einerseits von der „homiletischen Situation“ heute und andererseits vom historischen Verständnis der Perikope aus an einer gemeinsamen Auslegung arbeiten.

Die praktische Aufgabe der „Meditation“ ist in jüngster Zeit verschiedentlich näher behandelt worden: M. Seitz gliedert sie in vier Schritte: persönliche Betrachtung, exegetische Arbeit, homiletische Besinnung, verkündigende Darlegung (Praxis des Glaubens, 1978, 22 ff.); R. Heue und R. Lindner (Predigen lernen, 1976) teilen sie in eine größere Zahl von Schritten und verbinden jeden mit praktischen Arbeitsregeln. – Der Begriff „Meditation“ unter Einschluß östlicher und fernöstlicher Bedeutungen ist historisch und praktisch ausführlich dargestellt bei K. Thomas (Meditation, 1973). – Als „Weg vom Text zur Predigt“ ist die Aufgabe der

Meditation von W. Schütz (Vom Text zur Predigt, 1968) sowohl in prinzipieller wie in praktischer Hinsicht beschrieben worden. Praktische Meditationen zu den Perikopenreihen, die ihren Wert über den Tag hinaus behalten haben, sind die von M. Doerne (Er kommt auch noch heute, 1956[4]; Die alten Episteln, 1967[2]) und von G. Voigt (Homiletische Auslegung der Predigttexte, 6 Bde., 1978–1983).

Ein Text, der einem eigenen Genus zugehört, ist die „homiletische Akupunktur" von W. Jetter (1976). Es handelt sich um eine Meditation, deren Gegenstand nicht eine Predigt, sondern die Homiletik ist.

2. Die Psychologie wird in verschiedener Hinsicht für die homiletische Arbeit in Anspruch genommen.

Aus der Klinischen Seelsorgeausbildung (KSA) kommt das Programm, Reaktionen der Hörer für Beurteilung und Kontrolle der Predigt fruchtbar zu machen. Die Hörer äußern sich dabei einmal zum Inhalt und sodann zu den Emotionen, die das Hören der Predigt bei ihnen ausgelöst hat. Dadurch werden dem Prediger Informationen zugänglich, die ihn auf mögliche Unterschiede hinweisen zwischen dem, was er hat sagen wollen und dem, was dann wirklich gehört wurde, und sodann auf die Auswirkungen seiner Predigt auf die Gefühlslage ganz verschiedener Zuhörer. So können beabsichtigte und unbeabsichtigte Wirkungen der Predigt festgestellt werden. Funktionsweise und Ergebnisse derartiger Gruppengespräche erläutert H. Chr. Piper (Predigtanalysen, 1976).

Der besseren Einsicht des Predigers in die Natur seines eigenen Seelenlebens und dessen Möglichkeiten und Grenzen soll die Typologie des Predigers dienen, die F. Riemann vorgeschlagen hat (Die Persönlichkeit des Predigers in tiefenpsychologischer Sicht, in: R. Riess, Hg., Perspektiven der Pastoralpsychologie, 1974, 152 ff. s. o. S. 194). Der Erweiterung und der Vertiefung des Textverständnisses dienen die psychoanalytischen Interpretationen biblischer Perikopen oder biblischer Gestalten und Erzählungen. Dabei werden menschliche Grundkonflikte sichtbar gemacht (J. Scharfenberg und H. Kämpfer, Mit Symbolen leben, 1980, 281) und religiöse Themen im Zusammenhang elementarer menschlicher Erfahrung gedeutet (Y. Spiegel, Hg., Doppeldeutlich, 1978). Einstweilen haben diese psychoanalytischen Interpretationen eine überall akzeptierte und allgemeine Aufnahme noch nicht gefunden. – Praktisch-psychologische Einsichten verwertet H. v. d. Geest (Du hast mich angesprochen, 1983[2]).

3. Der Kommunikationstheorie sind Einsichten zu entnehmen, die den Informationsfluß vom Sprecher über das Medium zum Hörer verdeutlichen (Verkündigen, hg. v. W. Massa, Heft 3, 1972, 17 ff.) und auf die

Funktionen einzelner Faktoren dabei, etwa der Redundanz, aufmerksam machen (K. W. Dahm, Beruf Pfarrer, 1971, 230 ff.).

Mit den außerordentlich differenzierten Methoden der empirischen Kommunikationsforschung hat K. F. Daiber Befragungen zu ausgewählten Predigten durchgeführt (K. F. Daiber, H. W. Dannowski, I. Lukatis, K. Meyerbröker, P. Ohnesorg, B. Stierle, Predigen und Hören, Bd. 1, 1980, Bd. 2, 1983). Die Ergebnisse sind zunächst Einzelbeobachtungen oder Merkmale in großer Zahl und vielfältiger Verbindung („Werden dagegen vom Prediger eher die Werte der Selbstverwirklichung bejaht, so korrelieren damit vor allem Merkmale, die dem persönlich-dialogischen Predigttyp zuzurechnen sind". 2, 294), die sich nicht ohne weiteres zu Gesamturteilen oder gar praktischen Folgen zusammenfassen lassen. Als allgemeineres Resultat zeigt sich etwa, daß Prediger und Hörer sich in einem gemeinsamen und vertrauten Sprachraum befinden, und daß die Person des Predigers in hohem Maße auch dann noch Vertrauen genießt, wenn die Institutionen nicht mehr so eindeutig bejaht werden (2, 357).

4. Aufmerksamkeit verdienen einige Ratschläge und Anregungen zur Predigtpraxis, die vornehmlich der persönlichen Erfahrung ihrer Autoren zu verdanken sind. Dazu gehört zunächst der Abschnitt über „Die kleinen Dinge" in der „Evangelischen Predigtlehre" von W. Trillhaas (1964[5]; s. auch Trillhaas, Einführung in die Predigtlehre, 1974, 76 ff.); dazu gehört weiterhin der Vorschlag „Konkret predigen" von H. Hirschler (1977), der Beispiele beeindruckender und tiefsinniger kurzer Szenen und sehr beachtenswerte Predigtbeispiele enthält; ferner gehört dazu der Versuch, das psychologische Thema der „Kreativität" (E. Landau, Psychologie der Kreativität, 1974[3]) zu Anregungen für die Predigtarbeit zu nutzen (H. Arens, F. Richardt, J. Schulte, Kreativität und Predigtarbeit, 1974); ebenfalls ist hier auf D. Stollberg (Predigt praktisch, 1970) hinzuweisen, dessen Anleitungen und Beispiele aus der psychotherapeutischen Erfahrung erwachsen sind; Erwähnung verdienen schließlich die beim Comenius-Institut erschienenen Berichte der homiletischen Arbeitstagungen, die sich mit der „Didaktik der Predigt" (hg. v. P. Düsterfeld und H. B. Kaufmann, 1975) und der „Kompetenz des Predigers" (hg. v. R. Zerfaß und F. Kamphaus, 1979) befassen; schließlich sei noch auf den Arbeitsplan für die Predigtarbeit hingewiesen, den W. Steck zusammengestellt und erläutert hat (Plan für einen Predigtentwurf, in: ThPr V, 1970, 246 ff.); hilfreich sind sicher ebenfalls die Bemühungen um eine praktische Predigtlehre, die E. Lerle in mehreren Veröffentlichungen dargestellt hat (Grundriß der empirischen Homiletik, 1974).

Als Beitrag zur empirischen Homiletik und zur Predigtpraxis versteht J. Rothermundt seine Arbeit (Der heilige Geist und die Rhetorik, 1984). Auf die Bedeutung der Rhetorik für die Predigtsprache hatte früher bereits W. Grünberg hingewiesen (Homiletik und Rhetorik, 1973). Der Praxis und dem praktischen Verständnis des Predigens bietet das „Kompendium der Predigtlehre" (von H. W. Dannowski, 1985) lohnende und weiterführende Anregungen. Förderlich könnten auch die Anleitungen sein, die bei H. Birkhölzer zum besseren Gebrauch der Theorie für das Handeln des Pfarrers überhaupt zu finden sind (Reflektierte Praxis, 1984). – Eine Analyse der vorherrschenden Tendenzen in der Predigtpraxis bietet R. Roessler (Die Predigt als Ausdruck ihrer Zeit, in: EK 16, 1983, 19 ff.).

5. Aus der älteren Literatur haben zwei Anmerkungen zur Predigtpraxis unverändert Gültigkeit behalten:

a) (Das Tholucksche Gesetz): „Wüßten wir Deutschen auf anderen Gebieten als dem kirchlichen mehr von der Gewalt, welche das unmittelbar aus dem Geiste geborene Wort vor dem präservirten auf den Zuhörer ausübt, wir würden noch weniger uns mit der Vorlegung abgestorbener Präparate begnügen! Die Predigt muß eine Tat des Predigers auf seinem Studierzimmer, sie muß abermals eine Tat sein auf der Kanzel, er muß, wenn er herunterkommt, Mutterfreuden fühlen, Freuden der Mutter, die unter Gottes Segen ein Kind geboren hat. Nur wo also die Predigt eine doppelte Tat des Predigers gewesen ist, wird sie auch eine Tat im Zuhörer sein" (A. Tholuck, Predigten über Hauptstücke des christlichen Glaubens und Lebens, Bd. 1, 1843, XXIII f.).

b) „Der eine Prediger trägt seufzend sein Predigtlein, das schnell oder schmerzlich geborene Erzeugnis des Samstags, auf die Kanzel, wenn die unliebe Stimme der Glocken ruft; der andere kann es nicht abwarten, bis er wieder predigen, und das heißt für ihn sich einer angesammelten Fülle von treibenden Gedanken entledigen darf; denn er weiß, daß viele da sind, die seiner harren, weil sie geistig von ihm leben; und was er sonntags ausgeströmt hat, das leuchtet ihm als Dank in der Woche von dem Angesicht seiner Gemeinde entgegen. Hilft er ihnen ja doch das Leben zu bewältigen, wie sie ihm wieder helfen, seine Predigtarbeit mitten in das Leben hineinzurichten" (F. Niebergall, Praktische Theologie, Bd. 2, 1919, 66).

8. Kapitel – Gottesdienst

Das Wort „Gottesdienst" bezeichnet die Veranstaltung, in der die Kirche sich als religiöse Gemeinschaft darstellt. Der Begriff communio sanctorum verweist zwar auf eine Gemeinschaft der Christen, die nicht abhängig ist von einzelnen und besonderen Veranstaltungen. Aber in diesem Sinn ist die congregatio ein Moment der persönlichen Überzeugung. Ihre äußere Realität gewinnt sie dort, wo diese Gemeinschaft sich zum Gottesdienst versammelt. Das Christentum hat derartige Versammlungen als elementaren Ausdruck der religiösen Verbundenheit aller einzelnen (wie jede andere religiöse Gemeinschaft auch) von Anfang an gekannt. Seiner Bedeutung für die ganze Existenz der jungen christlichen Religionsgemeinschaft wegen ist der Gottesdienst schon früh auf allgemeine Regeln gebracht und geordnet worden.

„Liturgie", ursprünglich der Dienst des Einzelnen an der Allgemeinheit, wurde von der LXX für den Opferdienst im Tempel gebraucht und findet sich entprechend Lk 1, 23 für den priesterlichen Dienst des Zacharias. – In der griechischen Kirche bezeichnet „Liturgie" den ganzen Gottesdienst, während sich im Abendland (seit dem 5. Jahrhundert) „Messe" eingebürgert hat. „Liturgik" (liturgica) erscheint hier erst im 16. Jahrhundert und wird nur langsam gebräuchlich (vgl. dazu L. Fendt, Liturgiewissenschaft, 3 f.). – Liturgik im Sinne von moderner Liturgiewissenschaft ist im 18. Jahrhundert ausgebildet worden. Es ist aber daran zu erinnern, daß wissenschaftliche Arbeit am Gottesdienst immer schon eine bedeutende Rolle für das kirchliche Leben und für die Theologie gespielt hat (vgl. z. B. Luthers Reform oder die Bearbeitung des Missale Romanum nach dem Konzil von Trient).

Grundlegend für die evangelische Liturgiewissenschaft sind: G. Rietschel / P. Graff, Lehrbuch der Liturgik, 2 Bde., 1952[2] (umfassende Sammlung und Bearbeitung der historischen Quellen und Texte); Leiturgia, Handbuch des evangelischen Gottesdienstes, hg. v. K. F. Müller und W. Blankenburg, 5 Bde., 1954–1970 (mit großen theologischen Artikeln). – Eingehend und historisch reichhaltig ist die „Einführung in die Liturgiewissenschaft" von L. Fendt (hg. v. B. Klaus, 1958). Zur Übersicht und allgemeinen Orientierung sehr geeignet ist die knappe „Einführung in die Liturgik" von Chr. Albrecht (1983[3]). Die einzelnen Forschungsgebiete werden vorgestellt in: Theologie und Liturgie (hg. v. L. Henning, 1952).

§ 26 Grundlagen des evangelischen Gottesdienstes

1. Gottesdienst, Kultus, Ritual

Vor mehr als zehn Jahren hat P. Cornehl darauf aufmerksam gemacht, daß die Praktische Theologie auf dem Gebiet der Liturgik vor einer Fülle von neuen Einsichten und Hypothesen aus anderen Wissenschaften steht, daß aber ein angemessener theoretischer Rahmen zu deren kritischer Rezeption noch nicht gefunden ist (Gottesdienst, in: F. Klostermann und R. Zerfaß, Hg., Praktische Theologie heute, 1974, 449 ff.). Dieses Urteil hat bis heute Bestand, wenngleich erste und bedeutende Anfänge der Bearbeitung dieser Aufgaben schon vorliegen: Hier ist in erster Linie das umfangreiche Werk W. Jetters zu nennen (Symbol und Ritual, 1978), das den Gottesdienst im Zusammenhang anthropologischer Fragen interpretiert.

Der Sachverhalt, der die Liturgik vor neue Aufgaben stellt, läßt sich so beschreiben: Ihre Themen sind allgemein geworden, sie sind von anderen, vor allem sozialwissenschaftlichen Fragestellungen aufgenommen, und sie werden grundsätzlich funktional verstanden, d. h. sie gewinnen ihren „Sinn" und ihre „Bedeutung" durch Leistungen, die außerhalb ihrer selbst liegen und die ihnen im sozialen Zusammenhang bestimmter Gruppen oder in der Gesellschaft im ganzen tatsächlich zugeschrieben werden können. Im Zusammenhang mit dem christlichen Gottesdienst bildet sich also ab, was das Religionsthema im 20. Jahrhundert überhaupt betroffen hat: Seine Entdeckung als eine soziale und anthropologische Grundfrage überhaupt (vgl. D. Rössler, Die Vernunft der Religion, 1976). Zu den Themen, die das Gottesdienstverständnis wesentlich berühren, gehören zunächst „Fest und Feier". Religionsgeschichtliche Untersuchungen (vgl. S. Mowinckel, Art. Kultus, religionsgeschichtlich, in: RGG³, IV, 120 ff.) sind dabei ausgeweitet worden zu religionstheoretischen und neuerdings zu anthropologischen Interpretationen kultischen Handelns (R. Schaeffler, Kultisches Handeln, in: W. Strolz, Hg., Anthropologie des Kults, 1977, 9 ff.). Daneben haben sich, zumal im Gefolge der psychoanalytischen Deutung von Fest und Feier (Fest als „gebotener Exzeß", S. Freud, GW IX, 170), unterschiedliche Deutungen herausgebildet (s. dazu G. Lieberg, W. Siebel, Art. Fest, in: HWP, Bd. 2, 938 ff.), deren Folgen für das praktisch-theologische Verständnis der christlichen Feste diskutiert werden (G. Ruddat, Art. Feste und Feiertage, in: TRE Bd. 11, 134 ff.). Hier spielt vor allem dasjenige Verständnis des Festes eine Rolle, das im Fest nicht die Flucht aus dem Alltag, sondern im Gegenteil die festliche Darstellung dessen, was gerade im Alltag gilt, ausdrücklich zu machen sucht. In diesen Zusammenhang gehört ebenfalls die psychoanalytische Deutung religiöser Veranstaltungen als zwangsneurotischer Handlungsmuster (S. Freud, GW XIV, 444). Auch dafür ist der Versuch gemacht worden, konstruktive Folgerungen für die christliche Gottesdienstpraxis zu gewinnen (Y. Spiegel, Hg., Erinnern, Wiederholen, Durcharbeiten, 1972).

Ein weiteres für das Gottesdienstverständnis wichtiges Thema ist der „Ritus" (oder das Ritual) geworden. W. Jetter hat die dafür relevante Literatur zusammengestellt und interpretiert (Symbol und Ritual, 1978, 87 ff.). Voran steht dabei die Entdeckung, daß das Ritual nicht erst im besonderen und feierlichen Fall, sondern gerade im Alltagsleben immer schon eine wesentliche Rolle spielt, daß Rituale als „kulturanthropologische Texte" „Ursprache der Religion" sind und daß also die Unterscheidung von religiösen und nichtreligiösen Ritualisierungen für deren sachgemäßes Verständnis wenig erbringt (93). Große Bedeutung haben in diesem Zusammenhang die Arbeiten von E. Goffmann gewonnen (z. B. Interaktionsrituale, 1971). Er hat gezeigt, daß das religiöse Moment im rituellen Verhalten Ordnungen garantiert und „Sinn" (z. B. den Wert der Individualität) anschaulich macht. M. Josuttis (Der Gottesdienst als Ritual, in: F. Wintzer, Praktische Theologie, 40 ff.), der derartige Funktionen übersichtlich zusammengestellt hat (51), weist dabei auf die unterscheidende Besonderheit des Rituals im christlichen Gottesdienst hin, die darin liegt, daß Begründung und Bedeutung dieses Rituals in ihm selbst zur Sprache kommen (50). Ein für das Gottesdienstverständnis nicht weniger wesentliches Thema ist schließlich das Symbol. Auch hier hat W. Jetter das Entscheidende zusammengefaßt (24 ff. – Wichtige Texte sind P. Ricoeur, Die Interpretation, 1974 und S. K. Langer, Philosophie auf neuem Wege, Das Symbol im Denken, im Ritus und in der Kunst, 1942, dt. 1965). Die religiöse Symbolsprache erweist sich dabei als vielschichtiges und keineswegs eindeutiges Instrument für die Darstellung und für den Austausch von religiöser Erfahrung (65 ff.). Die elementaren Vorgänge in der Bildung von Symbol und Sinn haben durch G. H. Mead (Geist, Identität und Gesellschaft, 1973) eine gerade für den religiösen Zusammenhang wesentliche Deutung erfahren (vgl. W. Jetter, 36).

Die Folgen für das Gottesdienstverständnis sind nur schwer zusammenzufassen. Hinsichtlich des Rituals schreibt W. Jetter: „Vor allem die religiösen Rituale geben den Überzeugungen, die sie tragen, in der Gesellschaft, für die sie gelten, unmittelbar Ausdruck. Meist tun sie dies im Zusammenhang mit gewissen Lebenserfahrungen, die zugleich allgemein und für die Betroffenen etwas besonderes sind. Es sind vor allem diejenigen Erfahrungen, die man an den prägnanten Lebensschwellen und in extremen Grenzsituationen macht. Die Christenheit hat zwar nicht von Haus aus Rituale dafür entwickelt; sie hat dann aber doch nicht umhin gekonnt, dies zu tun: Rituale, die es mit Grenz- und Schwellenerlebnissen aufnehmen, sie feiernd begehen helfen, wo sie schön und erhebend sind, und ihnen standhalten helfen, wo sie schwer und rätselvoll erscheinen. Rituale, die gerade in diesen Erlebnissen etwas widerspiegeln, etwas in sie hinein-spiegeln sollten von der Kraft und der Überzeugung des gemeinsamen christlichen Glaubens. Sie sollten dort Hilfen zum Feiern sein" (272).

Im ganzen wird die Einsicht unvermeidlich, daß der Gottesdienst in seinen rein religiösen Interpretationen nicht aufgeht: Die religiöse Deutung erfaßt nicht den ganzen Kreis der religiösen Funktionen. Es ist danach „mehr" am Gottesdienst, als jeweils an ihm festgestellt und von ihm ausgesagt werden kann. Das bezieht sich nicht nur auf die Reklamation eines bestimmten Gottesdienstverständnisses durch einzelne religiöse Gruppierungen (vgl. W. Jetter, 248 ff.). Auch die Summe etablierter Deutungen des Gottesdienstes erfaßt offenbar nicht alle Möglichkeiten, die von ihm für einzelne oder für Gruppen ausgehen oder doch ausgehen können.

Was den evangelischen Gottesdienst aus den kultischen oder ritualisierten Verhaltensformen des alltäglichen Lebens heraushebt, ist vor allem der explizit religiöse Charakter seiner Inhalte. Es werden also nicht nur „Funktionen" religiöser Art ausgeübt, sondern Stellungnahmen und Deutungen zur Sprache gebracht, und zwar in der Form von Ritus und Symbol selbst. Darin aber liegt ein reflexives Moment, das zum Wesen des christlichen und zumal des evangelischen Gottesdienstes gehört: Das Symbol erfährt eine Deutung, die ihrerseits symbolischer Art ist; die religiöse Erfahrung, die sich im Ritus zur Sprache bringt, wird auf rituelle Weise ausgelegt; sich selbst wird der Mensch zur Anschauung gebracht, und zwar dort, wo er seiner religiösen Erfahrung inne wird oder doch werden könnte. Insofern ist die Teilnahme am evangelischen Gottesdienst nicht nur Hinnahme ritueller Kommunikation, sondern produktive Beteiligung daran zum Gewinn religiöser Selbständigkeit und Individualität (zu den Funktionen des Ritus s. auch o. S. 205 f.).

2. Vom Urchristentum zur römischen Messe

a) Das Urchristentum

Die Anfänge des christlichen Gottesdienstes liegen im Dunkel. Aus urchristlicher Zeit sind nur fragmentarische Nachrichten überliefert: über das Mahl Jesu mit den Jüngern (Mk 14,12 ff. als Passahmahl dargestellt) und über die gottesdienstlichen Zusammenkünfte der nachösterlichen Gemeinde (die nach Act 2, 42 in Lehre, Gemeinschaft, Brotbrechen und Gebet bestanden). Ferner ist zu erkennen, daß die synagogale Überlieferung aufgenommen wurde („Amen" I Kor 14, 14; „Halleluja" Apk 19, 1) und daß die gottesdienstliche Predigt vielfach mit der Feier des Herrenmahls verbunden war (E. Lohse, Entstehung des Neuen Testaments, 1975[2], 24). Eine große Zahl neutestamentlicher Texte dürfte als „liturgisches Material" zu verstehen sein, das seinen Sitz im Leben bei gottesdienstlichen Gelegenheiten hatte, z. B. Kultätiologien (I Kor 10, 16 f.), Hymnen (Röm 11,33–36; Phil 2, 6–11), Doxologien (Röm 1, 25; eine Übersicht über derartige Texte gibt J. Roloff, Arbeitsbuch Neues Testament, 26 f.). Von zentraler Bedeutung war offenbar neben der Mahlfeier (I Kor 11), die Taufe und der Taufgottesdienst, auf die eine Reihe liturgischer Wendungen Bezug nehmen (I Kor 6, 11; Röm 6, 3). Ein volles Bild der geschichtlichen Tatsachen läßt sich nicht gewinnen, auch wenn einzelne liturgische Handlungen angedeutet scheinen (Gebet und Gebetshaltung Mk 11, 25; Eph 3, 14, der heilige Kuß I Kor 16, 20, die Sonntagsfeier Act 20, 7).

Deshalb ist es nicht verwunderlich, daß ganz unterschiedliche Auffassungen über Wesen und Bedeutung des urchristlichen Gottesdienstes vertreten werden. Nach E. Stauffer (Theologie und Liturgie, 1952, 48 f.) schließt dieser Gottesdienst ganz an jüdische Vorbilder an und muß von diesen Vorlagen her verstanden werden, E. Käsemann dagegen (Gottesdienst im Alltag der Welt, EVB II, 1964, 198 ff.) findet vor allem den „eschatologischen Gottesdienst", der „jedem anderen Kult ein Ende setzt". Derartige Widersprüche kommen offenbar dadurch zustande, daß der Blick einmal mehr auf die historischen Tatsachen und einmal mehr auf das religiöse Selbstverständnis der Texte gerichtet ist. – Einsicht in den Stand der exegetischen Diskussion gibt F. Hahn (Der Gottesdienst im Neuen Testament, 1970).

b) Die Alte Kirche

Vom 2. Jahrhundert an entwickelt sich der christliche Gottesdienst immer deutlicher zur genauer geordneten und fester bestimmten Institution. Der tägliche Privatgottesdienst in den einzelnen Häusern verliert an Gewicht, der Gottesdienst am Sonntag wird zum gemeinsamen und für alle einzelnen verbindlichen Ausdruck der christlichen Existenz ihrer Gemeinde. Diese Entwicklung findet auf der Ebene der Institution ebenso statt wie auf der der Frömmigkeit und der religiösen Vorstellungen: Der Gemeindeleiter (Bischof, s. o. S. 247 ff.) tritt auch beim Gottesdienst immer mehr in den Vordergrund, seine Funktionen gewinnen an Gewicht und seine Person an Bedeutung; im Gottesdienst selbst wird der Opfergedanke zur leitenden Idee (der paulinische Typus „der Eucharistie“) und verdrängt die Vorstellung der gemeinsam gefeierten Mahlzeit (den „Jerusalemer Typus“ nach Act 2 und der Didache). Die Gründe dafür müssen einerseits in der zunehmenden Bedeutung des Amtes in der frühen Kirche und andererseits in der immer stärker werdenden Konzentration auf die sakramentale Heilsvermittlung gesucht werden. Im ganzen werden dafür die geschichtliche Lage und die äußeren Verhältnisse ihre Rolle gespielt haben.

Die für diese Entwicklung wichtigsten Texte sind eingehend besprochen bei L. Fendt (Liturgiewissenschaft, 17 ff.). Zu diesen Texten gehören der 1. Clemensbrief (um 96), der zur Beachtung (bestehender?) liturgischer Formen ermahnt (40) und ein großes Fürbittengebet enthält (59, 3 ff.); die Ignatiusbriefe (110–117) sind von Bedeutung für das Verständnis der Eucharistie (Pharmakon athanasias, IgnEph 20, 2); die Didache (nach 100) enthält ausführliche Berichte über die Mahlversammlungen und Taufrituale; ein außerchristliches Zeugnis ist der Brief des jüngeren Plinius an Trajan (111–113), der den Sonntagsgottesdienst mit Lied, Paränese und Mahlfeier skizziert; das erste (wohl nicht vollständige) Formular des Gottesdienstes findet sich bei Justin (dem Märtyrer um 155): Lesung – Predigt (des Vorstehers) – Gebet – Darbringung von Brot und Wein – Gebet des Vorstehers mit Amen der Gemeinde – Kommunion (nur für die Getauften) – Dankopfer; die Kirchenordnung des Hippolyt (um 220) bietet das Eucharistiegebet, das zum Vorbild für den Canon Missae der römischen Messe geworden ist: Salutatio und Sursum corda – Dankgebet – Einsetzungsworte – Anamnese (des Todes und der Auferstehung Christi), Epiklese (mit der Bitte um den Heiligen Geist).

In diese Entstehungsgeschichte des gottesdienstlichen Rituals sind Elemente der jüdischen Tradition (vor allem des synagogalen Lehrgottesdienstes) ebenso eingegangen, wie solche der hellenistischen Mysterien: Hierher sind z. B. die Arkandisziplin und die Abtrennung der Missa fidelium (von der Missa Catechumenorum als erstem Teil des Gottesdienstes) zu rechnen, aber auch der Einfluß hellenistischer Vorstellungen auf das Verständnis von Opfer und Eucharistie. Darin zeigen sich die Merkmale der „liturgischen Erbfolge“ (F. Rendtorff, Liturgisches Erbrecht, 1913, Neudr. 1969). Entsprechend war auch das Verständnis des Gottesdienstes nicht einheitlich. Für das gnostische Christentum ist die Spiritualisierung des Kultus und aller Begriffe charakteristisch, für den Neuplatonismus die sakramental-materialistische Dogmatik und für das populäre Verständnis (in Gemeinden wie bei vielen Bischöfen) die unmittelbar wunderhafte Auffassung der kultischen Vorgänge und ihrer Früchte (vgl. L. Fendt, 56 ff.).

Das am besten überlieferte Beispiel einer festen etablierten Gottesdienstordnung im 4. Jahrhundert ist die Klementinische Liturgie (aus dem VIII. Buch der Apostolischen Konstitutionen, Ostsyrien, etwa 375). Missa Catechumenorum: Lektionen (bis zu 4) mit Psalmengesang – Bischofspredigt – Fürbitten (mit Kyrie Eleison) und

Entlassung; Missa fidelium: allgemeines Kirchengebet – Friedensgruß – Darbringung von Brot und Wein – eucharistisches Hochgebet – Fürbittengebet – Vater Unser – Kommunion – Dankgebet – Segen; das Eucharistiegebet ist gegenüber Hippolyt erheblich erweitert, es wird z. B. vor und nach dem Sanctus die gesamte biblische Heilsgeschichte rezitiert und in einer ausgedehnten Epiklese aller Gruppen von Bedürftigen gedacht. – Die Anschauungen des Origenes hat W. Schütz untersucht (Der christliche Gottesdienst bei Origenes, 1984).

In der Klementinischen Liturgie ist die Ausformung des Amtspriestertums unter bischöflicher Leitung und die Durchbildung des Opfergedankens (als Opfer vor Gott, im Anschluß an Tertullian) weit fortgeschritten. Darin spiegelt sich die Struktur der Kirche selbst, deren innere organisatorische Gestaltung nach der Konstantinischen Wende schnelle Fortschritte machte.

Freilich ist das liturgische Formular in der Reichskirche keineswegs einheitlich geregelt worden. Die großen liturgischen Provinzen blieben deutlich unterschieden, obwohl der Gläubige sich auch in einer fremden Liturgie zurechtzufinden vermochte (vgl. Rietschel/Graff, Lehrbuch, I, 231 ff.). – Nahe verwandt mit der Klementinischen Liturgie ist die Liturgie des Jakobus, die bis heute großes Ansehen genießt. Der ägyptische Ritus ist vor allem durch die Liturgie von Alexandria repräsentiert, in der die Gemeinde besonders intensiv (durch Responsorien) beteiligt ist. Der persische (nestorianische) Ritus ist nur fragmentarisch erhalten, während der byzantinische Ritus zum beherrschenden Formular der Orthodoxen Kirche geworden ist.

c) Die Liturgie der Orthodoxen Kirche

Die beiden Liturgien, die unter den Namen des Basilius und des Chrysostomos überliefert sind, gehören dem 7. und 8. Jahrhundert an. Aber sie gehen auf eine ursprüngliche Form aus dem 5. Jahrhundert zurück, die sich weitgehend rekonstruieren läßt. Sie ist eng mit der Klementinischen Liturgie verwandt. Die Chrysostomos-Liturgie ist das Formular für den regelmäßigen Sonntagsgottesdienst der Orthodoxen Kirche, die Liturgie des Basilius ist einigen Festtagen vorbehalten.

Die „Liturgie", der Gottesdienst, beginnt mit der Proskomidie, dem Zurüstungsakt, in dem vor allem die Elemente durch symbolische Handlungen bereitet werden. Die Messe der Katechumenen dann bildet das Lehramt Christi ab. Zu ihr gehören Ektenien (Bittgebete mit dem Gebetsruf „Herr, erbarme dich" der Gemeinde), die kleine Prozession und Lesungen. Die Predigt, die bei Chrysostomos selbst eine große Rolle spielte, ist bald entfallen. Die Messe der Gläubigen hat vier Teile: die Vorbereitung für die Darbringung des Opfers, die Darbringung selbst, Vorbereitung und Empfang des Abendmahls, Danksagung.

Die Liturgie soll verstanden werden als symbolische Darstellung der Heilsgeschichte. Die Kirche feiert diese Heilsgeschichte als das ihr selbst widerfahrende Heilsereignis. Sie partizipiert am Heil, indem sie an der

Feier partizipiert. In dieser Feier ist das Reich Gottes unmittelbar gegenwärtig. Deshalb ist der Gottesdienst stets derselbe. Die Liturgie kennt keinen Wechsel im Kirchenjahr (kein proprium de tempore), obwohl die großen Feste natürlich als solche begangen werden. Diesem Grundverständnis entspricht auch der Kirchenraum: Die Ikonen an den Bilderwänden bezeichnen die reale Präsenz der Heiligen. Auch das priesterliche Amt ist ganz von der Liturgie her verstanden: Es geht auf in der Qualifikation, den Gottesdienst vollziehen zu können.

Eine eingehende Analyse des eucharistischen Hochgebets in diesen Liturgien gibt R. Stählin (Leiturgia, I, 32ff.). Die Chrysostomos-Liturgie übersetzt und kommentiert C. Cracau (Die Liturgie des heiligen Johannes Chrysostomos, 1896).

d) Der mittelalterliche Gottesdienst und die römische Messe

Die abendländische „Messe" (von „Ite missa est") ist von der morgenländischen Liturgie unterschieden durch die lateinische Sprache (in Rom seit Papst Damasus, 380) und durch die bestimmende Bedeutung des Kirchenjahres: Jede Messe hat gleichbleibende (ordinarium) und dem einzelnen Sonntag oder Festtag zugehörende (proprium) Teile. Allerdings ist die römische Messe zunächst keineswegs der beherrschende oder auch nur der vorherrschende liturgische Typus im Abendland gewesen. Auch hier haben sich, wie im Osten, liturgische Provinzen entwickelt, die ihren eigenen Ritus hervorgebracht und entfaltet haben. In ihnen spiegeln sich auch theologische Eigenarten und die Besonderheiten der Frömmigkeit in den betreffenden Gebieten.

Die afrikanische Liturgie, die auch die Gottesdienstform Augustins gewesen ist, hat regelmäßige Predigt und tägliche Abendmahlsfeiern gehabt und war offenbar seit den Anfängen (Tertullian) wenig verändert. Der gallikanische Ritus (vom 5. bis 8. Jahrhundert in Gallien) war durch breite rhetorische Entfaltung der Gebete und durch besonderen Reichtum der wechselnden Stücke ausgezeichnet. Das iroschottische Gebiet war bereits seit dem Ende des 3. Jahrhunderts christlich, spielte durch sein besonderes Mönchtum später eine große Rolle auch für Gallien und hat einen eigenen Ritus, der von zwei Priestern am Altar (allein nur vom Bischof) zu vollziehen war. Die mozzarabische Liturgie, aus westgotischer Zeit im arabisch beherrschten Spanien verbreitet (im 7. Jahrhundert von Isidor von Sevilla bearbeitet und bis heute Ritus einer Kapelle im Dom zu Toledo), hat für jeden Sonntag ein eigenes eucharistisches Gebet und (als einziger Ritus) den aaronitischen Segen. Der Mailänder Ritus, vielleicht die Quelle der anderen Liturgien, ist besonders mit dem Namen des Ambrosius verbunden und gekennzeichnet u. a. durch eine strenge Trennung der beiden Messteile und eine Reihe zeremonieller Besonderheiten (z. B. werden die Elemente förmlich durch Laien an den Altar gebracht).

Über die Anfänge der Messliturgie zu Rom schweigt die Überlieferung. Es scheint, daß am Beginn des 5. Jahrhunderts Reformen stattgefunden haben, die der sich konsolidierenden Opfertheorie die entsprechende Form in der Messe verliehen. Gebetstexte und Gesänge sind in reichem Maße entstanden (als Schöpfer der römischen Gebetssprache gilt Leo der Große, 440–461). Orationen und Praefationen wurden in großer Zahl in Büchern (Sakramentaren) wie Bibeltexte (Epistolarium, Evangeliarium) zur Rezitation aufgezeichnet. Das „Gregorianum" genannte Sakramentar geht zurück auf die festlichen Gottesdienste, die der Papst in den verschiedenen Kirchen Roms hielt (Stationsgottesdienste). Mit der wachsenden Bedeutung des Papsttums im frühen Mittelalter wuchs auch das Ansehen des römischen Ritus. Im 8. Jahrhundert setzte das Bestreben ein, die Liturgie im ganzen Reich zu vereinheitlichen: Pippin erklärte die römische Messe zur offiziellen Liturgie (754). Der Prozeß ihrer Rezeption dauerte freilich Jahrhunderte und führte überall zu Angleichungen an lokale Riten. Entscheidend für die Vereinheitlichung des römisch-katholischen Gottesdienstes wurde erst die Reform des Tridentinum; eine wirkliche liturgische Einheit für die ganze Kirche hat es freilich erst im 19. Jahrhundert gegeben.

Die Messe nach dem „Missale Romanum" (Bulle vom 14. 7. 1570) steht sicher unter dem Einfluß gegenreformatorischer Tendenzen, stellt aber vor allem Zusammenfassung und Bilanz der mittelalterlichen Messentwicklung dar. In dieser gottesdienstlichen Form hat das mittelalterliche Christentum seinen sachgemäßen liturgischen Ausdruck gefunden.

Das Formular der römischen Messe hat 41 Rubriken. Jedes dieser einzelnen Stücke hat seine eigene, oft bis in die Frühzeit zurückgehende Geschichte (vorzügliche historische Erläuterungen dazu gibt W. Nagel, Geschichte des christlichen Gottesdienstes, 1970, 101 ff.).

Zum Ordinarium gehören vor allem Kyrie, Gloria, Credo, Sanctus und Agnus Dei; die Salutatio („Dominus vobiscum") kommt an acht Stellen vor, einzelne Zwischengesänge (z. B. Halleluja) fallen zu bestimmten Zeiten fort (Fastenzeit). Die Messe besteht aus Vormesse und Opfermesse. Sie beginnt mit dem Rüstakt (Akzeß mit Sündenbekenntnis „Confiteor"). Zur Vormesse gehören: Introitus (Psalm, Gesang) – Kyrie (neunmaliger Gebetsanruf) – Gloria in excelsis (anschließend das Laudamus te) – Salutatio und Kollektengebet; Epistel – Graduale (Stufengesang) – Evangelium – Credo (Glaubensbekenntnis).

Die Opfermesse beginnt mit Salutatio, stillen Gebeten (secreta) und der Praefation (sursum corda, vere dignum et iustum est) mit Sanctus. Ihr Hauptteil ist der Canon missae: Gebete (zum Gedächtnis der Heiligen, der Lebenden und der Toten), in deren Mitte die Einsetzungsworte stehen. Die Wandlung ist durch das „hoc est enim" bezeichnet. Zum Kommunionsteil gehören Vaterunser, Agnus Dei und weitere Gebete (communio). Die Laienkommunion kann fehlen. Die Messe schließt mit Gebeten (postcommunio), Entlassung („ite missa est"), Segen und Schlußevangelium (Jh 1).

Diese Messe gewinnt ihren Sinn in erster Linie dadurch, „unblutige Wiederholung“ des Opfers Christi zu sein. Die Kirche erwirbt durch dieses Opfer ein Verdienst (meritum), das sie (mit der ganzen Messe) bestimmten Zwecken zuwenden kann (z. B. Totenmessen). Die Teilnahme an der Messe (Sonntagspflicht nach dem 5. Kirchengebot aus dem IV. Laterankonzil 1215) konzentriert sich auf die Anwesenheit bei der Wandlung. Die Messe ist ferner Ausdruck der Objektivität des von der Kirche verwalteten Heilsgeschehens: Der zelebrierende Priester ist ausschlaggebend für das, was in der Messe und durch sie geschieht, keine Rolle spielt dagegen, ob die Gemeinde teilnimmt oder nicht. Der Verzicht auf die Austeilung des Weins (seit 1200) hat zwar seinen Grund in der Ehrfurcht vor dem Kelch nach der Wandlung, gehört aber im ganzen der religiösen Tendenz zu, die den geweihten Priester in den Mittelpunkt des Gottesdienstes stellt.

Eine liturgiewissenschaftlich-historische Interpretation des Messformulars gibt J. A. Jungmann (Missarum sollemnia, 2 Bde., 1962[5]). Sehr anschaulich ist der Überblick über die Geschichte der gottesdienstlichen Formulare, der aus einer Sammlung ausgewählter Quellen entsteht (C. Clemen, Quellenbuch zur Praktischen Theologie, I, 1910).

Zur Reform der römischen Messe durch das II. Vatikanum s. u. S. 401).

3. Die Gottesdienstreform der Reformation

Luthers Gottesdienstreformen sind oft kritisiert worden, weil sie am Ende zwar die theologischen Grundsätze der Reformation konsequent zur Anwendung gebracht, eine selbständige oder aber dem ursprünglichen Gottesdienst des Christentums deutlicher gemäße liturgische Form nicht geschaffen haben. Tatsächlich hat Luther zunächst eine lateinische (1523), dann eine deutsche Messe (1526) befürwortet. Er hat überhaupt offenbar nur zögernd in die Reform des Gottesdienstes eingegriffen und zunächst (in den Invokavitpredigten 1522) allen drastischen Veränderungen widersprochen, wie sie durch Karlstadt und die „Wittenberger Bewegung“ versucht worden sind.

Sicher ist richtig, daß Luthers ursprüngliche Absicht nicht auf die Einrichtung einer neuen Kirche mit einem neuen Gottesdienst gerichtet war. Die „Reinigung“, die er wollte, traf aber bei der Messe auf ganz besondere Verhältnisse und Probleme. Die Messe galt zurecht als Inbegriff und zusammenfassender Ausdruck mittelalterlich-katholischer Glaubensvorstellungen: Wie also müßte sich die konsequente Anwendung der lutherischen Rechtfertigungslehre hier auswirken? Dabei ist zu bedenken, daß durch die in der Rechtfertigungslehre zur Sprache gelangende reformatorische Einsicht im Grunde nicht nur der Modus der Rechtfertigung, sondern das Gottesverhältnis des Christen überhaupt verwandelt wurde. Die Messe aber war ihrerseits Ausdruck eines Gottesverhältnisses, das nicht nur vom Opfergedanken der Eucharistie, sondern in engem Zusammenhang damit vom sakramentalen Gnadenverständnis und von der Rechtfertigung durch Werke bestimmt war, und zwar in allen ihren Teilen. Was konnte im Licht der reformatorischen Kritik davon wirklich Bestand behalten?

Eine eindeutige und allein der Logik der Reformation verpflichtete Antwort haben in dieser Frage die Wittenberger Professoren (u. a. Justus Jonas und Melanchthon) in ihrem Bericht an den Kurfürsten (1521) gegeben (Die Kirche im Zeitalter der Reformation, hg. v. H. A. Oberman, 1981, 77 ff.): „Die Messe ist nämlich in ihrem vornehmsten Teil nichts anderes als ein Mahl ... und dasselbe Mahl ist ... nicht mehr als ein sicheres Zeichen, wodurch wir an die Vergebung aller Sünden erinnert werden" (78). Der rechte Gebrauch dagegen ist, daß, „wenn das Volk zusammenkommt, das Wort Gottes gepredigt werde" (79). Dieser Argumentation entspricht es, die Messe überhaupt aufzugeben. So ist in Württemberg verfahren worden. Die Württembergische Kirchenordnung von 1536 hat den Predigtgottesdienst als sonntäglichen Hauptgottesdienst eingeführt. Er besteht im Kern aus Predigt, Kirchengebet und Vaterunser und wird von Gemeindeliedern gerahmt. Dieser Gottesdiensttypus (Pronaus) war, vor allem in Süddeutschland im ausgehenden Mittelalter entstanden, um der Predigt (die in der Messe fehlte) einen kirchlichen Ort zu geben. Im 15. Jahrhundert gab es (für gelehrte Theologen) Prädikantenstellen (Stiftungen) zur Wahrnehmung dieser Aufgabe. In Württemberg haben vor allem sie die Reformation getragen. Der Predigtgottesdienst war Vorbild auch für die Schweizer Reformatoren (E. Weismann, Der Predigtgottesdienst und die verwandten Formen, in: Leiturgia, III, 1 ff.).

Luther hat in der Gottesdienstfrage anders geurteilt. Ihm lag hier – wie anderswo – offenbar daran, die „Gewissen der Schwachen" zu schonen und mit überlieferten Ordnungen nicht ohne Not zu brechen. So hat er einerseits das Opfer- und Werkverständnis und den Priesterbegriff der Messe auf das schärfste kritisiert (Vom Mißbrauch der Messe, 1521), andererseits aber zunächst eine „gereinigte" Form der lateinischen Messe vorgeschlagen (Formula missae et communionis, 1523): Die Vormesse bleibt fast unverändert, der Kanon wird vollständig gestrichen, das Abendmahl unter beiderlei Gestalt gereicht, die Predigt an den Anfang gestellt oder an das Evangelium angeschlossen. Kurz vorher hatte Luther seine Kritik an der Messe und eine programmatische Skizze seines Verständnisses des evangelischen Gottesdienstes veröffentlicht: „Von Ordnung Gottesdiensts in der Gemeinde" (1523). Danach soll die Predigt den

Mittelpunkt bilden und die Gemeinde durch Lied und Gebet beteiligt sein.

Unter ganz anderen Gesichtspunkten ist drei Jahre später die Deutsche Messe entworfen worden. Luther hat seine Leitgedanken in der Vorrede mitgeteilt.

Anlaß dieses Entwurfs sind die Wirren und der Übereifer vieler gutgemeinter Gottesdienstreformen gewesen: Luther will hier einer Ordnung das Wort reden, die nicht bloß willkürliche Neuerungen aneinanderreiht (vgl. die Ordnungen von C. Kantz 1522 und Th. Müntzer 1524; K. Honemeyer, Thomas Müntzer und Martin Luther, 1974). Freilich ist der Gottesdienst nur eine „äußerliche Ordnung", an der für Glaube und Gewissen nichts liegt. Im Grunde braucht der wahre Christ „dieser Dinge keines", denn er hat seinen „Gottesdienst im Geist". Als Sünder aber bedürfen wir der Ordnung, um im Glauben und Christentum zu wachsen. Luther nennt hier mehrfach „die Einfältigen und das junge Volk": Er betont von Anfang an die Erziehungsaufgabe des Gottesdienstes, „damit sie an die Schrift gewöhnt, geschickt, bewandert und kundig darin werden, ihren Glauben zu vertreten". Drei Arten des evangelischen Gottesdienstes werden von Luther zum Programm gemacht: 1. die alte lateinische Messe soll erhalten bleiben und zwar als Beispiel für Messen in allen möglichen Sprachen; 2. die Deutsche Messe, deren Liturgie er im folgenden erläutert; 3. ein privater Gottesdienst in den Häusern und Familien derer, „die mit Ernst Christen sein wollen", und dafür sei an eine kurze und auf das Wesentliche beschränkte Ordnung zu denken. Freilich sagt Luther zugleich, daß es diese „Leute und Personen" nicht oder doch noch nicht gibt und daß man sich überhaupt gedulden müsse, bis so etwas „von selber geschehen will", damit keine Schwärmerei daraus werde. W. Jetter hat mit Recht darauf hingewiesen, daß „der theologisch entscheidende Vorbehalt (gegenüber der völligen Selbstbefreiung der Glaubenden von jeder äußeren Gottesdienstordnung") der Hinweis ist, daß wir „als Sünder" eben der Ordnung bedürfen (Symbol und Ritual, 233). Die Ordnung der Deutschen Messe sieht vor: Introitus (Psalm, Lied) – Kyrie (dreimal) – Kollektengebet – Epistel – Graduale – Evangelium – Credo – Predigt – Paraphrase des Vaterunsers – Abendmahlsermahnung (nicht als Beichte zu verstehen) – Einsetzungsworte) – Christe du Lamm Gottes (Kommunionlied) – Dankgebet – Segen.

Bemerkenswert ist das Fehlen des Gloria und die Empfehlung der Paraphrase statt des Vaterunser-Wortlauts (Austeilung jeweils unmittelbar nach dem Einsetzungswort).

Die wichtigsten Texte zur reformatorischen Liturgiereform sind gesammelt bei W. Herbst (Quellen zur Geschichte des evangelischen Gottesdienstes, 1968). Eine genaue Untersuchung und Interpretation der Agenden in der Reformationszeit gibt A. Niebergall (Art. Agende, in: TRE, Bd. 1, 755 ff.). „Die Theologie des Gottesdienstes bei Luther" ist das Thema der Untersuchung von V. Vajta (1958). Sehr anschauliche Beobachtungen zum kirchlichen Leben und zur Lage im Wittenberg der Lutherzeit hat H. Werdermann zusammengestellt (Luthers Wittenberger Gemeinde, 1929).

Das Gottesdienstverständnis und die liturgischen Entwürfe Luthers sind offensichtlich ein Kompromiß zwischen den Ansprüchen der reformatorischen Theologie einerseits und denen der traditionellen Gottesdienstordnung andererseits. Dabei hat Luther radikale Lösungen erwogen: den Gottesdienst allein „im Geist" oder den in privater Verantwortung der Hausväter. Aber es blieb bei Erwägungen (Luther ist später nicht wieder darauf zurückgekommen). Wirksam ist am Ende vor allem die Deutsche Messe geworden. An ihr sind die Spannungen, die den lutherischen Gottesdienst überhaupt prägen, deutlich sichtbar: Der Wortgottesdienst, dessen Logik sich auf Predigt, Gebet und Lied konzentriert, ist in den Ritus der Abendmahlsfeier (der ja tatsächlich mit dem Introitus beginnt) eingebunden, und diese liturgische Einbindung bleibt auch dann sichtbar, wenn das Abendmahl gar nicht stattfindet. So ist nicht erstaunlich, daß später beides getrennt, daß der Predigtgottesdienst im Hinblick eben auf die Predigt umgebildet und die Abendmahlsfeier als liturgische Form besonderer Frömmigkeit ausgestaltet wurde. Andererseits bietet nun gerade die vollständigere (wenn auch spannungsreiche) lutherische Gottesdienstform die Möglichkeit, den Gottesdienst unter verschiedenen Perspektiven zu sehen, ihn also nicht allein auf eine Funktion festzulegen, sondern an selbständige Bedeutungen des liturgischen Handelns und Erlebens und an allgemeine anthropologische Rollen des Rituals für sein Verständnis anzuknüpfen.

In der liturgischen Entwicklung konnte später eine Angleichung an den reformierten Gottesdienst gesehen werden. Denn Calvin und Zwingli haben einen reinen Predigtgottesdienst vorgeschlagen. Zwingli hat sich dabei an das Vorbild des Prädikantengottesdienstes gehalten, Calvin hat einen Gebetsgottesdienst mit Psalmen und freien Gebeten entworfen, dessen Mittelpunkt die Predigt bildet. Das Abendmahl sollte nach einem eigenen kurzen Ritus im Zusammenhang mit dem Predigtgottesdienst oder selbständig nur einige Male im Jahr gehalten werden. Unverkennbar haben für die Gestaltung des Abendmahlsgottesdienstes die Unterschiede im Abendmahlsverständnis zwischen lutherischer und reformierter Reformation eine Rolle gespielt.

Eine sehr detaillierte historische und theologische Untersuchung zum lutherischen Gottesdienst bietet H. Chr. Schmidt-Lauber (Die Eucharistie als Entfaltung der verba testamenti, 1957).

§ 27 Die Praxis des evangelischen Gottesdienstes

1. Zur Geschichte des evangelischen Gottesdienstes

Die Geschichte des evangelischen Gottesdienstes seit der Reformation wird als Verfallsgeschichte beschrieben. Mit seinem Werk „Geschichte der Auflösung der alten gottesdienstlichen Formen" (Bd. 1, 1937[2], Bd. 2, 1939) hat P. Graff das Urteil formuliert, das überall mit Zustimmung aufgenommen wurde. Freilich ist das Urteil selbst schon älter. Am Ende des 19. Jahrhunderts hat H. A. Koestlin in seiner „Geschichte des christlichen Gottesdienstes" (1887) das entsprechende Kapitel so überschrieben: „Verfall und Wiederherstellung des evangelischen Gottesdienstes im 18. und 19. Jahrhundert" (218), und schon Th. Kliefoth sprach von „Destruktion und Reformation" der Gottesdienstordnung (Die ursprüngliche Gottesdienstordnung usw., 1847). Schwankend ist gelegentlich die Frage, ob der Verfall bereits mit der Orthodoxie eingesetzt hat oder erst mit der Aufklärung. Daß aber dieser Verfall eingetreten ist, unterliegt keinem Zweifel, und zwar seit der Restauration am Beginn des 19. Jahrhunderts.

Diese Betrachtungsweise, die den Rückblick und also die eigene Herkunft durch den Verlust bestimmt sieht, ist nur möglich und nur verständlich, wenn der eigene Standpunkt diese Verfallsgeschichte bereits überwunden hat. Das Urteil gedeiht danach nur in Epochen, die ein besonders liturgisches Bewußtsein hervorgebracht haben: Es setzt die Überzeugung voraus, „jetzt" oder „heute" sei „die Zeit" gekommen, dem Verderben ein Ende setzen zu können. Dieses epochale Bewußtsein, das seinen Träger nicht nur von seiner eigenen Vorgeschichte, sondern in der Regel auch von den dadurch nicht oder weniger inspirierten Zeitgenossen unterscheidet, tritt in dem Maße, in dem es Anhängerschaft findet, als „Bewegung" hervor. Derartige liturgische Bewegungen hat es keineswegs erst nach dem 2. Weltkrieg gegeben. Es gab sie bereits zu Beginn des 19. Jahrhunderts, und seither haben sich derartige Bewegungen in einigem Abstand immer wieder neu gebildet, wenn freilich auch mit wechselnden kritischen und produktiven Zielsetzungen. Deshalb sind diese Bewegungen selbst Gegenstand der liturgiegeschichtlichen Bestandsaufnahme geworden. Das durch sie geleitete historische Urteil bedarf jedoch der kritischen Kontrolle. Darf mit Recht als „Verfall" bezeichnet werden, was sich nicht einfach mit den Formularen der Reformatoren (und dem Restitutionsbestreben der Bewegung) identifiziert? Muß nicht jede liturgische „Form" vor allem im Rahmen ihrer Epoche verstanden werden? Liturgiegeschichtliche Urteile sind in der Regel frömmigkeitsgeleitete Urteile. Der Blick auf den Gang der evangelischen Liturgiegeschichte muß sich deshalb, gerade wenn er nur sehr kurz sein kann, um Selbstkontrolle und historische Gerechtigkeit bemühen. Abgewogen und auf Wesentliches konzentriert ist die Übersicht über die evangelische Liturgiegeschichte im Handbuch der Praktischen Theologie (W. Nagel und E. Schmidt, Der Gottesdienst, in: HPT [DDR], II, 27 ff. 1/1974).

Die Ausbreitung des evangelischen Gottesdienstes nach der Reformation hat ihren Niederschlag in den Formularen der entsprechenden Kirchenordnungen gefunden. Dabei hat die lutherische Form von Anfang an deutliche Unterschiede in sich aufgenommen. So ist z. B. Bugenhagen der Deutschen Messe Luthers gefolgt und hat das Vaterunser vor die Einsetzungsworte gestellt, während die Nürnberger Kirchenordnung von 1533 sich an die Formula Missae anschließt (R. Stählin, Die Geschichte des christlichen Gottesdienstes von der Urkirche bis zur Gegenwart, in: Leiturgia I, 60 f.). Freilich hat sich am Ende doch ein in den wesentlichen Stücken gemeinsamer Typus herausgebildet, wenngleich eben die Stellung dieser Stücke untereinander (z. B. Credo vor oder nach der Predigt?) und ihr Verständnis (z. B. Kyrie oder Confiteor?) schwankend bleiben.

Im Zeitalter der Orthodoxie ist der Gottesdienst wie das Christentum überhaupt unter dem umfassenden Begriff der „evangelischen Lehre“, der pura doctrina, verstanden worden. Schon im 16. Jahrhundert, vor allem aber bis zum westfälischen Frieden (1648) war die konfessionelle Identität des jeweils eigenen Kirchentums notwendig das beherrschende Thema. Erst danach und mit der allgemeinen Legitimation konfessioneller Unterschiede konnten andere Fragestellungen an Bedeutung gewinnen. Die Orthodoxie hat den ganzen Gottesdienst von der Notwendigkeit her verstanden, die evangelisch-lutherischen Lehrbildungen jedem einzelnen Christen nahezubringen, und deshalb werden auch die liturgischen Stücke als Ausdruck solcher Lehre begriffen. W. Nagel hat zurecht darauf aufmerksam gemacht, daß gerade der Gottesdienst dieser Epoche eine große Blüte evangelischer Kirchenmusik (P. Gerhard, J. S. Bach) erlebte (Geschichte des christlichen Gottesdienstes, 159 ff.).

Der Pietismus erst hat den Gottesdienst (wie das Christentum überhaupt) einer neuen Vorstellung zu- und untergeordnet: der Subjektivität und ihrer Frömmigkeit. Damit war eine neue Epoche (auch auf diesem Gebiet) angebrochen. Die Perspektive, die der Pietismus in das Verständnis des evangelischen Gottesdienstes eingebracht hat, ist seither nicht mehr daraus wegzudenken. Der Gottesdienst des Protestantismus ist wesentlich auch Sache der Subjektivität. Eine selbständige Produktivität hat der Pietismus in Hinsicht auf die gottesdienstlichen Formulare nicht entfaltet. Seine Wirksamkeit und seine Wirkungen bestanden darin, den Vollzug des Gottesdienstes unter ein neues Verständnis gestellt zu haben: Er dient der persönlichen Erbauung des einzelnen. In diesem Sinne wurde gepredigt und so wurden auch Gebete und liturgische Texte verstanden.

„Halb als Missionsgottesdienst, halb als Konventikel“ habe der Pietismus den Gottesdienst angesehen und „damit auf die Gottesdienste zerstörend gewirkt“. Mehr noch: Er sei damit „unbeabsichtigt zum Bahnbrecher des Rationalismus“ geworden (G. Rietschel / P. Graff, Lehrbuch, I, 385). Das ist ein wohl nicht falsches, aber sehr äußerliches Urteil. Es verkennt, was hinter dieser Umformung der gottesdienstlichen Bräuche steht: die Entdeckung der religiösen Subjektivität für das kirchliche Leben.

Damit hat der Pietismus das neuzeitliche Bewußtsein auch in das evangelische Gottesdienstverständnis eingeführt. Das hat gewiß zu Brüchen und Spannungen mit dem Selbstverständnis der traditionellen liturgischen Texte und Formen und durchaus nicht zu einem einfachen und harmonischen neuen Anfang geführt. Das Problem, das der Pietismus der Liturgik stellt, ist seither unverändert gültig geblieben.

Das Programm des Pietismus ist dann von der Aufklärung auf ihre Weise aufgenommen und weitergeführt worden. Hier wurden der Gottesdienst und seine Theorie zum selbständig behandelten Thema, und zwar in dem Maße, daß darin geradezu eine erste „liturgische Bewegung" gesehen wurde (A. Ehrensperger, Die Theorie des Gottesdienstes in der späten deutschen Aufklärung, 1971, 11). Leitgedanken waren dabei Selbständigkeit und Selbstverantwortung der christlichen Persönlichkeit, zu deren Begründung und Förderung durch die „öffentliche Gottesverehrung" ein wesentlicher Beitrag geleistet werden sollte: Die Bedeutung der liturgischen Stücke für die persönliche Frömmigkeit und mündige Moral wurde zum kritischen Maßstab für deren Auswahl und Beurteilung.

Charakteristisch für das liturgische Wollen der Zeit und für die Unbefangenheit ihrer Arbeit auf diesem Gebiet ist die Agende, die J. G. Chr. Adler, Generalsuperintendent in Schleswig im Jahre 1797 veröffentlicht hat. Danach ist das Formular kurz und enthält nur Lieder, Gebete und die Predigt. Die Agende selbst bietet eine Sammlung von Eingangs- und Fürbittengebeten, die den verschiedensten religiösen und weltlichen Anliegen Rechnung tragen und jeweils etwa zehn ebenfalls nach unterschiedlichen Anlässen abgefaßte Formulare für die Amtshandlungen. Die Individualität des Gottesdienstes also und darin die „Andacht" der einzelnen Christen, die sich dazu versammeln, bilden die leitenden Ziele dieses Werkes. Dieser Versuch einer „zeitgemäßen Agende" verweist auf ein Problem, das „bis heute noch keine endgültige Lösung gefunden hat" (A. Niebergall, Art. Agende, in: TRE, Bd. 2,55).

Eine Zäsur, die die neuzeitliche Entwicklung der Liturgik bis zu Beginn des 19. Jahrhunderts zusammenfaßt und der weiteren Geschichte einen neuen Anfang setzt, ist die Theorie des Gottesdienstes, die Schleiermacher im Zusammenhang seiner Theologie entfaltet hat (Quellen dafür sind vor allem: Die christliche Sitte, hg. v. L. Jonas, 1843; Praktische Theologie, hg. v. J. Frerichs, 1850; Kurze Darstellung des theologischen Studiums, §§ 280 ff.). Nach Schleiermacher ist der Gottesdienst Feier der christlichen Gemeinde, „darstellendes Handeln" zum Zweck der „Communication von einem Einzelwesen an das andere" (Christliche Sitte, 510) und darin „In die Erscheinung treten der Gemeinschaft selbst" (513). Wie das Handeln in der Predigt, so ist auch das in der Liturgie „Heraustreten" des persönlichen christlichen Glaubens in die Kommunikation mit der Gemeinschaft, und zwar so, daß dafür der Unterschied zwischen Produktivität und Rezeptivität in dieser Gemeinschaft in Anspruch genommen wird. Da dieses Handeln selbst nichts unmittelbar „bewirken" will, ist es „Kunst", und soll durch eine entsprechende Theorie geordnet werden (Praktische Theologie, 70ff.). „Gottesdienst im weiteren Sinn ist der ‚werktätige Gottesdienst', der sich über das ganze Leben verbreitet" (H.J. Birkner, Schleiermachers christliche Sittenlehre, 1964, 116). Gleichursprünglich aber ist der Gottesdienst im engeren Sinne, der notwendig zum Wesen des Christentums hinzugehört und dessen Ausdruck bildet: Dieser Gottesdienst ist ein „Fest", das den Gang des Alltags unterbricht (Praktische Theologie, 70).

Beide Gottesdienste gehören wesensmäßig zusammen: „Das ganze tätige Leben soll zum Gottesdienst werden, in dem die Herrschaft des Geistes zur Anschauung kommt – denn dem Gottesdienst muß eine eigene Zeit, ein eigenes Dasein eingeräumt werden, dem Selbstbewußtsein muß Raum gegeben werden, sich im eigentlich darstellenden Handeln zu entwickeln" (Birkner, 117). Danach ist der Gottesdienst für die Gemeinde ebenso wie für den einzelnen Christen die Darstellung ihrer christlichen Existenz, die von deren Logik selbst hervorgebracht wird. – Eine sehr instruktive Darstellung der Liturgik Schleiermachers gibt E. Jüngel (Der Gottesdienst als Fest der Freiheit, in: ZZ 38, 1984, 264ff.).

Schleiermacher hat freilich zunächst nur zur liturgischen Theorie, nicht aber zur Reformpraxis der Kirche beitragen können. Diese Reform wurde vielmehr durch Friedrich Wilhelm III., König von Preußen, eingeleitet: 1816 erschien eine Agende für die Hofkirche, und 1829 bis 1838 wurde eine neue Agende in den Provinzen eingeführt. Der König selbst hat dabei als Autor mitgewirkt. Anlaß für diese Reform war die Zersplitterung der gottesdienstlichen Praxis, waren „Willkür" und „Anmaßungen", die die Formulare zu Zufallsprodukten hatten werden lassen. Das jedenfalls war der Eindruck des Königs (G. Rietschel / P. Graff, Lehrbuch, I,387), der demgegenüber jetzt eine einheitliche gottesdienstliche Praxis in seinem Kirchentum einzurichten wünschte.

Das Streben nach Einheitlichkeit muß auch im Zusammenhang mit den Unionsbestrebungen der Zeit gesehen werden. Die Agenden von 1816 an sollten nach den Vorstellungen des Königs historisch und vor allem an Luther orientiert sein. Für die musikalische Seite hat er sich auf russische Kirchenmusik (Bortniansky) gestützt. Im Laufe des 19. Jahrhunderts sind diese Agenden immer wieder revidiert worden (zuletzt 1897) und haben entsprechende Reformen in allen deutschen Kirchen ausgelöst.

Eine liturgische Bewegung im engeren Sinne hat das Neuluthertum im 19. Jahrhundert hervorgebracht. Unter der Führung vor allem von Th. Kliefoth (1810–95) sollte das liturgische Erbe des Luthertums erneuert werden. In Mecklenburg-Schwerin wurde in diesem Rahmen die Kirchenordnung von 1650 wieder eingeführt. Auf die Gestaltungspraxis des Gottesdienstes hat sich weithin das liturgische Programm der Straßburger Professoren F. Spitta (1852–1924) und J. Smend (1857–1930) ausgewirkt. Der Gottesdienst wird als Feier verstanden. Er soll entsprechend gestaltet und darin dem modernen Menschen neu zugänglich werden. Große Bedeutung gewann dafür die Erneuerung der Kirchenmusik (Bach und Reger). Das Programm wurde in der „Monatsschrift für Gottesdienst und kirchliche Kunst" (seit 1896) näher ausgearbeitet. Besonders folgenreich ist nach dem 1. Weltkrieg die Jugendbewegung für das liturgische Leben geworden. Schon Rudolf Otto (1869–1937) mit seinen Vorschlägen zur theatralischen Gestaltung und Friedrich Heiler (1892–1968) mit seiner evangelisch-katholischen („hochkirchlichen") Tendenz standen ihr nahe. Vor allem aber ist die „Berneuchener Bewegung" (Berneuchener Buch, 1926) unter ihrem Einfluß entstanden. Sie hatte ihre Ziele nicht nur in der Erneuerung der Liturgie („In schöpferischer Neugestaltung", W. Stählin, in: Leiturgia I, 78), sondern in der Förderung einer liturgischen Lebenspraxis des einzelnen. In diesem Zusammenhang wurde 1931 die „Evangelische Michaelsbruderschaft" gegründet.

Beispiele für liturgische Texte finden sich vor allem bei K. B. Ritter (Gebete für das Jahr der Kirche, 1948[2]), für das Selbstverständnis der Bewegung bei W. Stählin (Um was geht es bei der liturgischen Erneuerung?, 1950). – Die Alpirsbacher Bewegung suchte dialektische Theologie und liturgisches Leben (Gregorianik) zu verbinden (F. Buchholz, Liturgie und gregorianischer Gesang, 1939). Die neueren liturgischen Bewegungen sind von W. Birnbaum beschrieben worden (Das Kultusproblem und die liturgischen Bewegungen des 20. Jahrhunderts, II, 1970).

Ein allen Epochen gleichermaßen gültiges Formular hat es danach für den lutherischen Gottesdienst nicht gegeben. Die Ordnungen des 16. und 17. Jahrhunderts hatten zwar rechtlichen und also verbindlichen Charakter. Aber sie haben kein Formular etabliert, das später einfach seine Gültigkeit von sich aus behalten hätte. Seit dem Pietismus ist der lutherische Gottesdienst in den wechselnden Epochen neu interpretiert und zumeist auch entsprechend verändert oder neu gestaltet worden. Er hat in den einzelnen Kirchengebieten oft individuelle Züge angenommen.

Demgegenüber haben die Reformbewegungen eine neue Einheit gesucht, vor allem aber eine neue „Verbindlichkeit" des Gottesdienstes und die Erneuerung seiner ursprünglichen liturgischen Fülle. Die Bewegungen hatten daher in der Regel restaurative Ziele: Es galt, den „alten" Gottesdienst zu erneuern, und dafür mußte auf Luther, oft genug aber auf die ältesten Zeiten zurückgegangen werden. Die Kirchen- und Theologiegeschichte zeigt, daß derartige Bewegungen keineswegs allein auf liturgischem Gebiet wirksam gewesen sind. Die entsprechenden Erscheinungen finden sich gewöhnlich auch als theologische oder als Bewegungen der Frömmigkeit wieder.

Die allgemeine gottesdienstliche Praxis allerdings hat sich den hochgespannten Zielen solcher Reformen nur selten ganz angeschlossen. Wenn die Einführung eines restaurierten Formulars nicht, wie im 19. Jahrhundert, befohlen wurde, suchte sich der sonntägliche Gebrauch der neuen Agenden einen eigenen und oft wiederum individuellen Umgang mit ihnen. So sieht die Agende der VELKD seit 1955 den Gottesdienst mit Predigt und Abendmahl als sonntäglichen Hauptgottesdienst vor. Durchgesetzt aber hat sich fast überall eine reduzierte Form, die nach Kirchengebet und Vaterunser einfach mit dem Segen schließt. Der von der Agende angebotene selbständige Predigtgottesdienst ist kaum irgendwo an diese Stelle getreten.

So ist es einerseits durchaus berechtigt, von „dem Formular des lutherischen Gottesdienstes" zu sprechen, das etwa in Luthers Deutscher Messe seine Grundgestalt hat. Andererseits aber gehört es nach allem wesentlich zum evangelischen Gottesdienst hinzu, daß seine Praxis immer wieder über die bloße Wiederholung des Formulars hinausführt.

2. Der Gang des evangelischen Gottesdienstes

Die gottesdienstlichen Formulare, die heute in den deutschen evangelischen Landeskirchen in Geltung sind, spiegeln (auch nach den Reformen der letzten Jahrzehnte) in Einzelheiten ihre konfessionelle Eigenart und ihre Provinzialgeschichte wider. Aber die Agenden der großen kirchlichen Vereinigungen zeigen, daß bei aller Verschiedenheit dieselben liturgischen Stücke aufgenommen sind. Die Agende der Vereinigten Evangelisch-Lutherischen Kirche in Deutschland (VELKD) von 1955 legt die „evangelische Messe" zugrunde, die der Evangelischen Kirche der Union (EKU) von 1959 das preußische Formular aus dem Jahr 1895, bei dem das Abendmahl einen selbständigen zweiten Teil bildet. Sie zeigen dennoch einen vergleichbaren Aufriß (zum einzelnen vgl. A. Niebergall, Art. Agende, in: TRE, Bd. 2,73 ff.; dort auch ein Überblick über die weiteren Agenden der Gegenwart). Die Hauptstücke aus dem Verlauf des Gottesdienstes werden im einzelnen behandelt von Chr. Albrecht (Einführung in die Liturgik, 1983[3], 40 ff.), von G. Rietschel / P. Graff (Lehrbuch, I, 422 ff.), in Leiturgia (II, 1 ff. von mehreren Autoren) und von W. Nagel / E. Schmidt (in: HPT [DDR], II, 75 ff.).

Vor Beginn des Gottesdienstes mit dem Introitus hat die lutherische Agende (nach dem Vorbild der römischen Messe) ein Rüstgebet (das bei Luther fehlt) vorgesehen: ein Sündenbekenntnis (Confiteor) der versammelten Gemeinde. Es gewinnt seinen Sinn dann, wenn es der vorbereitenden inneren Sammlung aller dienen kann und dürfte nicht als Beichte oder als besondere priesterliche Bereitung mißverstanden werden.

Der Introitus selbst ist nach Luther ein (Psalm-)Lied der Gemeinde. – Ursprünglich der Psalmengesang beim Einzug des Klerus, wurde daraus (um 500) die Psalmodie mit Psalmversen, Gloria patri und Antiphon (Leitvers, der den Psalm zusammenfaßt). Hier beginnt der Gottesdienst.

Das Lied hat seine Bedeutung zunächst darin, Ausdruck der Gemeinschaft und der Partizipation an ihr sein zu können. Sodann steht das Lied schon nach Auffassung der Reformatoren in gewisser Nähe zur Predigt (dazu W. Blankenburg, Der gottesdienstliche Liedgesang der Gemeinde, in: Leiturgia, IV, 566 ff.): Es ist an der Auslegung und an der Darstellung der christlichen Tradition beteiligt. Calvin schließlich hat offenbar besonders „die psychologisch-affekthafte Seite des Singens" (570) betont, die, vor allem durch das dem Gedächtnis eingeprägte Lied, die mit „Lob und Dank" bezeichnete religiöse Einstellung begründen und ausdrücklich zu machen geeignet ist.

Auf den Introitus folgt zunächst das Kyrie, eine Gebetsformel (schon aus der vorchristlichen Antike), die das Residuum einer längeren altkirchlichen Litanei bildet und ihre jetzige Form im frühen Mittelalter gewonnen hat. Unvermittelt schließt daran das Gloria an, ein (in Verbindung mit Lk 2, 14) frei gebildeter Hymnus (vermutlich schon vor dem 4. Jahrhundert). Das Gloria fehlt zwar in Luthers Deutscher Messe (Weil es als „zu schwer" galt? Weil es selbstverständlich mit dem Kyrie verbunden war?), ist aber in vielen alten Formularen der Reformationszeit aufgenommen und von Luther selbst in deutsche Liedform gebracht worden („All Ehr und Preis soll Gottes sein"). Nach der römischen Messe fällt es in der Fastenzeit aus.

Mit Beginn der Neuzeit sind gerade diese beiden Stücke als interpretationsbedürftig angesehen worden. Das 18. Jahrhundert hatte entweder das Kyrie oder beides aufgegeben. Nach der Restauration zu Beginn des 19. Jahrhunderts hat man die Stücke als öffentliches Sündenbekenntnis mit nachfolgender Tröstung angesehen (G. v. Zezschwitz, System der Praktischen Theologie, 1876, 422) oder aber den Übergang vom „Bußruf" zum „Lobgesang" als zu hart kritisiert und einen Zwischenvers empfohlen (L. F. Schoeberlein, Über den liturgischen Ausbau des Gemeindegottesdienstes usw. 1859, 114). In jüngster Zeit ist die Verbindung von Kyrie und Gloria als Spiegelung des Rechtfertigungsglaubens und des „simul iustus et peccator" gedeutet worden (K. F. Müller, Das Ordinarium Missae, in: Leiturgia II, 28). Andererseits wurde gerade diese Deutung wieder kritisiert (und zwar mit dem Hinweis, daß der Christ in der Fastenzeit dann ja nur peccator sei, vgl. Chr. Albrecht, Einführung in die Liturgik, 1983^3, 45).

Diese liturgischen Stücke sind also nicht nur auslegungsbedürftig, sie sind auch auslegungsfähig. Gerade durch sie kommt offenbar die in sich differenzierte und zweiseitige Bestimmtheit des christlichen Glaubens zur Sprache. Die Verbindung von Kyrie und Gloria kann als Dokumentation ursprünglicher christlicher Gotteserfahrung verstanden werden, als symbolische Darstellung des „prorsus dependere“ (Buddeus) und also eines prinzipiellen Angewiesenseins des Menschen einerseits und andererseits dessen, daß eben dieses Angewiesensein aufgehoben und überboten ist in der Erfahrung gegebenen und gelingenden Lebens.

Darauf folgt das Kollektengebet. Es beginnt mit der salutatio, die nicht eigentlich bloße „Begrüßung“ ist, sondern als Formel des Zusammenwirkens von Amt und Gemeinde (G. v. Zezschwitz, System der Praktischen Theologie, 1876, 286) oder als Bevollmächtigung des Liturgen gedeutet wird (Chr. Albrecht, Einführung in die Liturgik, 1983[3], 47). F. Kalb hat darauf hingewiesen, daß die salutatio wohl vor allem als wechselseitiger Segenswunsch zu verstehen ist (Grundriß der Liturgik, 1965, 110 ff.). Die Kollekte ist ursprünglich Abschluß eines längeren Gebets (z. B. der Ektenie), dessen Bitten noch einmal zusammengefaßt und „gesammelt“ wurden.

Sie hat eine feste Form: Anrede (ursprünglich nur an Gott den Vater) – Erinnerung (der du ...) – Bitte (Verleihe uns ...) – Folgesatz (auf daß wir ...) – Conclusio (durch unsern Herrn Jesus Christus) – Amen. Die Kollekte enthält also die wesentlichen Elemente des christlichen Gebets in äußerster Konzentration. Sie versammelt diese Elemente um die Bitte und leitet die Gemeinde an zur Sammlung um das in der Bitte formulierte Motiv. Dabei handelt es sich in der Regel um ein zentrales Motiv des christlichen Glaubens („Erlaß uns, was unser Gewissen ängstet“, 12. n. Trin.). Darin entspricht gerade die Kollekte dem kritischen Anspruch Schleiermachers, nach dem das kirchliche Gebet nur jenes richtige Vorgefühl sein könne, „welches der christlichen Kirche zu haben gebührt von dem, was ihr in ihrem Zusammensein heilsam ist“ (Glaubenslehre, § 146).

In den Lektionen wird im Gottesdienst die christliche Tradition zur Sprache gebracht. Die Lektion gehört zur Erbschaft aus dem synagogalen Lehrgottesdienst und wurde zunächst vierfach (Gesetz, Propheten, Epistel, Evangelium) später dreifach (Altes Testament, Epistel, Evangelium) und seit dem frühen Mittelalter zweifach gegliedert. Seit dem 18. Jahrhundert war eine einzige Lesung (als Predigttext oder zusätzlich) üblich geworden, nach 1945 aber wurde die doppelte Lesung wieder eingeführt (und zwar sowohl von der VELKD wie von der EKU). Zur Begründung wird in der Regel die pädagogische Aufgabe geltend gemacht: Weithin sei allein hier der Ort, an dem die Gemeinde biblischen Texten noch begegnet (W. Nagel und E. Schmidt, HPT [DDR], II, 79).

Diese Begegnung mit der biblischen Tradition verlangt freilich stets nach Auslegung, auch wenn sie öffentlich nicht stattfinden kann – wobei es in der Idee des mündigen Christen liegt, daß er selbst Ausleger zu werden vermag. Demgegenüber aber wäre es ein romantisierendes und mystifizierendes Mißverständnis, wenn für die Verlesung eines biblischen Textes die „Gegenwart Christi" behauptet wird, gar noch in Verbindung mit dem Lektionston (vgl. dazu G. Kunze, Die Lesungen, in: Leiturgia, II, 158 f.). Ebenso freilich wäre die Bildungsaufgabe der Lektion mißverstanden, wenn sie als bloße Übermittlung von „Information" angesehen wird, für die dann als besonders dienlich ein in „zeitgemäße Sprache" übertragener Text zu gelten pflegt.

Mit der doppelten Lesung ist auch das „Halleluja" (im Anschluß an die Epistel) wieder in die jüngsten Agenden aufgenommen worden. Luthers Deutsche Messe hatte, wie viele reformatorische Ordnungen, darauf verzichtet, wahrscheinlich, weil unmittelbar darauf das Graduallied folgt, das Haupt- oder de tempore Lied (Wochenlied), das Bezug zum Evangelium des Tages zu haben pflegt. Hier ist in der Regel der Ort für besondere musikalische Erweiterungen oder Vertiefungen des Gottesdienstes.

Das darauf folgende Glaubensbekenntnis repräsentiert die Überlieferung der Kirche und die universale Gemeinschaft der Christen (über alle Konfessionsgrenzen hinweg). Das Apostolikum (bei Calvin für die Sakramentsfeier vorgesehen) ist fester Bestandteil des Gottesdienstes erst seit der preußischen Restauration. Zur römischen Messe gehört das Nizänum, das auch die lutherische Reformation übernommen hat. Dem gemeinsamen Sprechen oder Singen des Credo wird gelegentlich eine „hymnische Qualität" zugeschrieben (W. Nagel und E. Schmidt, 86). Damit aber würde das Glaubensbekenntnis zur Äußerungsform einer bestimmten (und begrenzten) Frömmigkeit. Mißverstanden wäre es freilich auch, wenn vermeintlich überholte Formulierungen darin verbessert oder erneuert oder der Text im ganzen auf einen „zeitgemäßen" Stand gebracht werden sollte. Die Gemeinsamkeit im Christentum beruht nicht auf der Zustimmung zu möglichen Interpretationen des kirchlichen Symbols, sondern auf der Zustimmung zum ursprünglichen als einem symbolischen Text, der seine religiöse Bedeutung und seine symbolische Qualität noch nicht durch Deutungen und bestimmte Festlegungen verloren hat.

An das Glaubensbekenntnis schließen sich nach Lied, Predigt und (Predigt-)Lied die Abkündigungen und, in der lutherischen Agende, das „Dankopfer" (Offertorium) an. Es erinnert an die altkirchliche Mahlfeier, zu der an dieser Stelle die entsprechenden Gaben an den Altar gebracht wurden. Heute wird „das Opfer" eingesammelt.

Der längst eingebürgerten Sitte zufolge wird hier in der Regel ein symbolischer Betrag eingelegt (Klingelbeutel). Es dürfte schwierig sein, durch liturgische Aufwertung des „Dankopfers" diese Gepflogenheiten zu verändern, zumal die eigentlichen Aufwendungen für die Kirche einen anderen Ort haben.

Es folgt das Allgemeine Kirchengebet, das an dieser Stelle und in den uns bekannten Formen eine Schöpfung des 19. Jahrhunderts und der Restauration nach 1945 ist. Große Litaneien und Fürbittengebete haben vor allem die morgenländischen Liturgien ausgezeichnet. Die römische Messe kennt ein allgemeines Kirchengebet nur für den Karfreitag, und Luther hat in der Deutschen Messe die Vaterunserparaphrase von der Kanzel vorgesehen. Die Kirchenordnungen Bugenhagens haben (ähnlich wie die reformierten) vor (oder nach) der Predigt ein Fürbittengebet, das der Obrigkeit, der Kirche und der Bedürftigen gedenkt (O. Dietz, Das Allgemeine Kirchengebet, in: Leiturgia, II, 444 f.).

In den heutigen Agenden sind drei altkirchliche Formen erneuert worden: Prosphonese (Gebet des Liturgen, Amen der Gemeinde); Ektenie (Liturg: Lasset uns zum Herrn beten ... Gemeinde: Herr erbarme dich. – Bekannt ist vor allem das „Chrysostomosgebet", das Friedrich Wilhelm III. in die altpreußische Liturgie aufgenommen hat, vgl. W. Nagel und E. Schmidt, 61); diakonisches Gebet (der Diakon nennt Motive, ein Liturg spricht die Fürbitte, die Gemeinde spricht das Amen).

Für das theologische Verständnis des Kirchengebets gibt es keine allgemeingültigen Grundlagen. Das gottesdienstliche Beten ist neuerlich auf der einen Seite als Voraussetzung des Betens überhaupt bezeichnet worden (F. Mildenberger, Das Gebet, 1968, 8) und auf der anderen Seite heißt es, daß das gemeinsame Gebet nur geeignet sei, den einzelnen „auf illusionäre Situationen zu fixieren" (W. Bernet, Gebet, 1970, 140). Im dogmatischen Zusammenhang hat jüngst G. Ebeling dem Gebetsthema eine zentrale Stellung zugewiesen: Gebet ist der ausdrücklich gewordene Bezug zur Transzendenz und damit Horizont der theologischen Gottesfrage (Dogmatik des christlichen Glaubens, I, 193 ff.). Nimmt man das Gebet in diesem Sinn als Ausdruck der Frömmigkeit, dann ist das Moment der Gemeinsamkeit darin schon durch die gottesdienstliche Versammlung selbst vorgegeben. Unterschiede der Frömmigkeit, die sich als Besonderheit religiöser Erfahrung verstehen und gerade die Auffassung vom Gebet distinktiv bestimmen, dürften daher das gottesdienstliche Gebet nicht leiten. Hier kann sachgemäß nur das formuliert werden, was allen gemeinsam ist. Das wird in der Regel ein Gebetstext sein, der durch seine geschichtliche und durch seine sprachliche Qualität allen Vereinzelungen vorausliegt. Dafür ist das Vaterunser unüberbotener kritischer Maßstab.

Im Blick auf den Inhalt des gottesdienstlichen Gebets hat Schleiermacher gezeigt, daß es wesentlich nur von Dankbarkeit und Ergebung bestimmt sein kann (Der christliche Glaube, §§ 146 f.). E. Hirsch hat das christliche Gebetsverständnis besonders gegen seine Versuchungen (z. B. „Gott als Glücksgötze ...") abgegrenzt (Christliche Rechenschaft, bearb. v. H. Gerdes, Bd. 2, 1978, 144 f.). Die persönliche Situation des Beters macht H. M. Barth zum Thema (Wohin – woher mein Ruf?, 1981).

Während nach der Agende der EKU hier der Beschluß folgt, geht das lutherische Formular zum Abendmahlsteil über.

Die liturgische Ordnung des Abendmahls ergibt sich aus dem Abendmahlsverständnis der Reformation (vgl. hierzu u. S. 315 f.; 369 ff.). Danach ist das Sakrament „verbum visibile" in dem Sinne, daß das die Herzen bewegende Wort in gleicher Weise durch die Predigt und durch den Ritus des Sakraments zur Wirkung kommt: „idem est utriusque effectus" (Apol. XIII, 5, BSLK 293). H. M. Müller hat es als den „Kern der gemeinsamen reformatorischen Aussagen über das Abendmahl" bezeichnet, „daß es ganz und gar vom Wort her verstanden werden muß" (Kirchengemeinschaft, Abendmahl und Amt, in: ThBeitr 15, 1984, 224).

Eingehende Informationen zur Geschichte des evangelischen Abendmahlsverständnisses und zu der Abendmahlsfeier bietet die TRE (Bd. 1, 43 ff.).

Luther hat in der Deutschen Messe (s. o. S. 370 f.) nicht nur den Kanon Missae, sondern auch schon das Sursum corda, die Praefation und das Sanctus gestrichen. So besteht der Abendmahlsteil aus Vaterunser (-paraphrase), Vermahnung, Einsetzungsworten, Austeilung, Kommunionlied (Christe, du Lamm Gottes), Dankgebet und Segen. Aber schon die Kirchenordnungen des 16. Jahrhunderts haben auf ganz unterschiedliche Weise Praefation, Sanctus oder Spendeformeln und andere Stücke wieder aufgenommen. Diese Tradition ist vor allem durch die Reformbewegung im 19. Jahrhundert weitergeführt worden. Danach sieht die Agende der VELKD (nach einem gemeinsamen Eingang mit Sursum corda, Praefation und Sanctus) zwei Formen vor, von denen die eine (A) der Deutschen Messe entspricht, während die andere (B) weitere Stücke (z. B. Epiklese und Anamnese) enthält. Kritisch wird gegen die erste Form bemerkt, daß sie zwar deutlich das lutherische Abendmahlsverständnis repräsentiere, aber doch nur aus der Reduktion entstanden sei und deshalb die Feier, die hier gemeint ist, gar nicht mehr ausdrücke; gegen die zweite Form wird eingewandt, daß sie zwar deutlicher Elemente der Feier enthalte, damit aber eine neue „Kultifizierung" oder Angleichung an von der Reformation überwundene liturgische Positionen fördere (vgl. dazu W. Jannasch, Art. Abendmahl V, in: RGG³, I, 45).

Um eine genuin reformatorische Abendmahlsfeier hat sich besonders Zwingli bemüht (Action oder bruch des nachtmals, 1525; vgl. dazu A. Niebergall, Art. Agende, in: TRE, Bd. 2,29).

Der eigene Sinn der evangelischen Abendmahlsfeier, der sie als Teil des ganzen Gottesdienstes (und gelegentlich auch als selbständige Handlung) begründet, liegt in der Verbindung des Moments der Subjektivität mit dem der Intersubjektivität durch das eine Symbol des verbum visibile: In der festen, alle verbindenden und für alle gleichen Form des Abendmahls ist gerade die persönliche Beteiligung und die auf ausdrückliche Weise individuelle Form der Teilnahme am gottesdienstlichen Handeln möglich gemacht. Deshalb sollte die liturgische Form für diese jeweils ganz eigene Partizipation am gleichwohl gemeinsamen (symbolischen) Mahl alles Wunderhaft-Mißverständliche vermeiden und die Einladung an alle, die ihren Inhalt bildet, auch durch ihren Ablauf anschaulich machen.

So weist E. Hirsch zurecht z. B. darauf hin, daß die Einsetzungsworte zu den Feiernden gesprochen werden, nicht zu den Elementen (Christliche Rechenschaft, 139). Anregungen und Anschauungsmaterial für die Gestaltung von Abendmahlsfeiern bieten Chr. Zippert und H. Nitschke (Abendmahl, 1977). Eine ausführliche Erörterung des neuerlich viel verhandelten Themas „Abendmahl mit Kindern" findet sich bei E. Kenntner (1980).

Beiträge aus sehr verschiedenen Perspektiven sind im Themaheft der Zeitschrift Pastoraltheologie (Abendmahl und Gemeindeerneuerung, Werner Jetter zum 70. Geburtstag, 72, 1983, Heft 3) gesammelt.

Der symbolische Gehalt der Abendmahlsfeier läßt sich unter zwei Aspekten verdeutlichen.

1. Einmal ist die Mahlzeit überhaupt das Gemeinsamste und Elementarste, das Menschen verbindet: Alle Menschen müssen essen und trinken. Indem sie das tun, werden sie freilich ganz und gar auf sich selbst gestellt: Jeder ißt und trinkt allein für sich, auch wenn er das in Gesellschaft tut. G. Simmel hat darauf aufmerksam gemacht, daß das christliche Abendmahl „eine ganz einzige Verknüpfungsart unter den Teilhabenden" geschaffen habe: Hier nehme nicht „jeder ein dem anderen versagtes Stück des Ganzen zu sich, sondern ein jeder das Ganze in seiner geheimnisvollen, jedem gleichmäßig zuteil werdenden Ungeteiltheit" (Brücke und Tür, hg. v. M. Landmann, 1957, 244).

2. Sodann ist das Abendmahl die symbolische Erneuerung seines Ursprungs. Jede Abendmahlsfeier will das Bild der ersten Mahlzeit sein und den Teilnehmer heute in eine Reihe stellen mit denen von einst. Die Einsetzungsworte, die von der ersten Feier überliefert sind, machen selbst schon die symbolische Verbundenheit aller derer, die die Feier mit diesen Worten wiederholen, ausdrücklich, insofern alle gemeinsam verbunden sind mit dem, dessen Gedächtnis sie begehen.

Diese Bedeutungen der Abendmahlsfeier werden freilich nur von ihrer symbolischen Gestalt getragen. Die Abendmahlsfeier ist, soll sie den symbolischen Gehalt ausdrücklich machen, eben keine Mahlzeit wie jede andere auch. Soll die Agape als eine feierliche und festliche Mahlzeit der Christen heute erneuert werden, dann müßte ihr ein eigener und dem Abendmahl gegenüber selbständiger Sinn zugeschrieben werden. Dessen symbolische Funktionen lassen sich nicht übertragen (vgl. dazu W.-D. Hauschild, Art. Agapen I, in: TRE, Bd. 1,748).

Am Ende des Gottesdienstes steht der aaronitische Segen, den Luther schon für die Deutsche Messe vorsieht (s. o. 371; vgl. G. Rietschel/P. Graff, Lehrbuch der Liturgik, 1,278).

Ältere Diskussionen in der Liturgik kreisten um die Frage, ob die distributive („euch“) oder die kommunikative („uns“) Form angezeigt sei (E. Chr. Achelis, Lehrbuch der Praktischen Theologie, I, 1911³, 366 f.) oder ob der Segen signifikativ (im Sinne von „der Herr segnet ...“) oder exhibitiv (im Sinne von „... segne ...“) zu verstehen ist (Th. Harnack, Praktische Theologie, I, 1877, 436). Dahinter steht die Absicht, deutlicher zu bezeichnen, was den Segen über den „frommen Wunsch“ hinaus qualifiziert: Er könnte als symbolischer Ausdruck gelten für die Gewißheit, daß unser Dasein „kein Unglück“ ist, sondern eben ein „Segen“ (PThH, 1975², 246) und für die Zuversicht, daß dieser gute Sinn unser Dasein auch künftig begründen und umfassen wird. Freilich wird der gesprochene Segen diese Gewißheit nicht selbst hervorrufen können, aber indem er ihr Sprache und Gemeinschaft verleiht, vermag sie sich selbst anschaulich zu werden (vgl. auch die psychologischen Hinweise bei E. Herms, Theorie für die Praxis, 1982, 363).

3. Ort, Zeit und Musik

a) Der Ort des Gottesdienstes

Die konfessionelle Differenz zwischen der römisch-katholischen Kirche und dem Protestantismus tritt in der Auffassung des gottesdienstlichen Raumes besonders eindrücklich hervor: Dort wird „geweiht“ und also ein heiliger Raum aus der Profanität der „Welt“ ausgegrenzt, hier wird nichts anderes verlangt als ein Versammlungsort, der der Würde und den Anforderungen des Ablaufs im evangelischen Gottesdienst entspricht.

Übersichten über dieses Thema bieten alle Lehrbücher der Liturgik. Besonders instruktiv sind die Darstellungen von G. Langmaack (Der gottesdienstliche Ort, in: Leiturgia I, 363 ff.) und von H. Hampe u. a. (Kirchenbau, in: RGG³, III, 1348 ff., mit Abbildungen).

Das älteste Zeugnis christlichen Kirchenbaus ist die Hauskirche von Dura Europos am Euphrat (um 240). In konstantinischer Zeit wurden dann (neben einigen Bischofs- und Gemeindekirchen) vor allem Gedächtniskirchen errichtet (Geburtskirche 4. Jahrhundert, vgl. H. Donner, Pilgerfahrt ins Heilige Land, 1979, 62). Ihre Grundform war die Basilika; hinzu traten der Zentralbau und (im Osten) der Zentralkuppelbau (z. B. Hagia Sophia, 6. Jahrhundert). In karolingischer Zeit herrschten die Klosterbauten vor (820 der ideale Klosterplan von St. Gallen), aus denen sich im frühen Mittelalter der romanische Stil (mit Anklängen an altrömische Formen) entwickelte (z. B. Dom zu Speyer). Neben den Hauptaltar traten (in Nischen und Seitenkapellen) Altäre in größerer Zahl. Seit dem 12. Jahrhundert beherrschen die vielfältigen Kirchenbauten der Gotik das Bild (z. B. Münster zu Ulm und vor allem die französischen und englischen Kathedralen).

Der Innenraum spiegelt überall das Verständnis der mittelalterlichen Liturgie wider: priesterliches Handeln an den Altären, Trennung zwischen Chor und Hauptraum durch den Lettner, über dem Altar die ausgesetzte Hostie (seit dem 12. Jahrhundert) zur Anbetung.

Am 5. Oktober 1544 wurde mit einer (für viele Fragen der Praktischen Theologie wichtigen) Predigt Luthers die Schloßkirche zu Torgau als erste evangelische Kirche eingeweiht: ein rechteckiger Raum mit Emporenumgang und der Kanzel an der Längswand.

Nach diesem Muster sind zunächst nur sehr selten evangelische Kirchen neu gebaut worden. Im 17. Jahrhundert hat sich häufig eine Innengestaltung durchgesetzt, die Altar, Kanzel und Orgel übereinanderstellt (als gottesdienstlichen Mittelpunkt). Erwähnenswert ist die rechtwinklige Kirche am Markt in Freudenstadt (1601–1608). Auch das Barockzeitalter hat einige bedeutende evangelische Kirchen hervorgebracht (St. Michael zu Hamburg, 1751–1762).

Typisch für das ausgehende 18. Jahrhundert sind die schmucklosen, fast quadratischen Kirchenbauten, deren Inneres einem Schulraum gleicht. Auch sie entsprechen dem liturgischen Selbstverständnis der Epoche. Im Gefolge der liturgischen Restauration gewann im 19. Jahrhundert dann auch der Kirchenbau mehr an allgemeinem Interesse. 1861 forderte das „Eisenacher Regulativ" die Orientierung nach Osten und das längliche Viereck als Grundform. 1891 hat das „ Wiesbadener Programm" dagegen ein „Versammlungshaus für die feiernde Gemeinde" zum Programm erhoben (z. B. der halbrundähnliche Bau der Reformationskirche zu Wiesbaden, RGG[3], III, 1388). Die Entwicklung im 20. Jahrhundert wird als „Stilüberwindung" bezeichnet: als Abkehr von der Festlegung auf bestimmte historische Stilformen (G. Langmaack, in: Leiturgia I, 398). Seither sind Kirchengebäude und Kirchenraum zu einem selbständigen Thema der Architektur geworden. In den einzelnen Kirchenbauten besonders nach 1918 und wieder nach 1945 spiegeln sich die Begegnungen zwischen neuen Tendenzen (und Möglichkeiten) der Architektur und den verschiedenen kirchlichen und religiösen Bewegungen mit ihren unterschiedlichen Auffassungen von kirchlicher und gottesdienstlicher Praxis.

Zu den bedeutenden Architekten der jüngsten Zeit gehörten O. Bartning, G. Langmaack, H. Hampe; 1951 wurden für den Kirchenbau die „Rummelsberger Grundsätze" beschlossen (z. B. der Kirchenraum solle dem Gottesdienst „gleichnishaft Gestalt" geben).

b) Die Zeit des Gottesdienstes

Schon in urchristlicher Zeit wurde der Sonntag (der erste Tag der Woche nach jüdischer Zählung) als Tag der Auferstehung Christi begangen (Act 20, 7; Apc 1, 10). In seiner Mitte stand die Mahlfeier der Gemeinde. Unter Kaiser Konstantin wurde der Sonntag zum öffentlichen Ruhetag (321). Zwei weitere Tage galten (nach dem Vorbild des Judentums) als christliche Fastentage, waren aber auf andere Wochentage verlegt (Mittwoch und Freitag statt Montag und Donnerstag).

Im 2. Jahrhundert, als die Erwartung des nahen Endes geschwunden war, wurde ein jährliches Osterfest zum Gedächtnis von Tod und Auferstehung Christi üblich, das zumindest in Palästina im Anschluß an Verständnis und Termin des jüdischen Passahfestes begangen wurde. Streitigkeiten über den Zeitpunkt für dieses Fest wurden durch den Beschluß des Konzils von Nizäa beendet (325), der den Ostertermin definitiv festlegte (auf den Sonntag nach dem Vollmond, der dem Frühlingsaequinoctium folgt).

Die auf Ostern folgenden Wochen galten schon früh als „Freudenzeit“, die mit dem Pfingstfest (Pentekoste, dem 50. Tag) abgeschlossen wurde. Ein selbständiges Himmelfahrtsfest (nach Act 1, 3) am 40. Tag kam erst im 4. Jahrhundert auf. – Zwei Tage vor Ostern waren Fasttage, aus denen seit dem 4. Jahrhundert die Feier des Karfreitags hervorging. Danach wurde die Vorbereitungszeit (als Fastenzeit) auf (symbolische) 40 Tage ausgedehnt (die Sonntage galten nicht als Fastentage). Sie beginnt mit dem (erst mittelalterlichen) Aschermittwoch und wird (seit der gallikanischen Liturgie) durch die Vorfastenzeit ergänzt (vom Sonntag Septuagesimae an 70 Tage). Die Sonntage der Fastenzeit tragen wie die der Osterzeit ihren Namen nach dem Introitus.

Seit der Mitte des 4. Jahrhunderts wurde in Rom am 25. 12. das Geburtsfest Christi begangen, während in Ägypten schon 100 Jahre früher am 6. 1. Geburt und Taufe Jesu gefeiert wurden. Daraus ist das Epiphaniasfest (das „Erscheinen“ der Herrlichkeit) geworden, während das römische Weihnachtsfest sich ausbreitete und im 6. Jahrhundert allgemein anerkannt war. Mit ihm wurde die folgende Epiphaniaszeit und als Vorbereitungszeit (seit dem 5. Jahrhundert) die Adventszeit verbunden.

Seit dem 3. Jahrhundert werden bestimmte Kalendertage als Erinnerungsfeste oder Gedenktage für biblische Personen oder kirchliche Märtyrer oder für einzelne Heilige begangen. Damit entstand ein Kalendarium, das immer weiter ergänzt (und durch die Fülle der Namen und die Ungenauigkeit der historischen Daten kompliziert) wurde. Die Schweizer Reformation hat diesen Kalender im ganzen abgelehnt, während Luther wichtige Feste, auch einige Gedenktage der Heiligen, gelten lassen wollte. Als evangelische Feste haben sich eingebürgert: der Reformationstag, der Erntedanktag, das Kirchweihfest, der Totensonntag (Ewigkeitssonntag) und der Neujahrstag.

Das Wort „Kirchenjahr“ ist eine evangelische Bildung des späten 16. Jahrhunderts. Ursprünglich ist die Vorstellung eines kirchlichen Jahres kaum von selbständiger Bedeutung gewesen. Reichtum und Vielzahl der Feste waren vielmehr einerseits Abbild der himmlischen Welt und ihrer Herrlichkeit, die dem Teilnehmer im Fest schon offensteht, andererseits Ausdruck der alles umfassenden Fülle, mit der die himmlische Gnade jedem Christen und für alles, was ihm widerfährt, von seiner Kirche vermittelt zu werden vermag. Das Leben inmitten der Heiligen und ihrer Feste läßt ihn nie ohne himmlischen Trost. Demgegenüber sind spätere Versuche einer evangelischen Deutung des Kirchenjahres notwendig abstrakt geblieben. Im Rahmen hervorgehobener Frömmigkeitsformen freilich läßt sich das Kirchenjahr als „Christusjahr" (Das Kirchenjahr, hg. v. Th. Knolle u. W. Stählin, 1934) oder als Abfolge der „Mysterien der Heilsoffenbarung Gottes" (F. Kalb, Lehrbuch der Liturgik, 72) vorstellen und einem besonderen spirituellen Erleben zuordnen.

Neben dem Gemeindegottesdienst entstand in den Klostergemeinschaften die Einrichtung täglicher Gottesdienste: das Stundengebet. Seit dem 4. Jahrhundert gab es sechs, nach der Benediktinerregel (529) acht Stundengebete (Horen) täglich. Ihr Formular besteht aus Psalmen, einer Lesung, einem biblischen Hymnus, Fürbittengebeten und dem Vaterunser. Aus dem Officium der Mönche ist das Stundengebet auch auf die Weltgeistlichen des Mittelalters übergegangen. Nach der Reformation sind Stundengebete vielfach als tageszeitliche Gebetsgottesdienste aufgenommen worden. Seit dem 19. Jahrhundert finden sich gelegentlich evangelische Versuche, mit dem Stundengebet geistliche Lebensgemeinschaften zu begründen und zu ordnen.

Ausführlich werden die Stundengebete in „Leiturgia" behandelt (H. Goltzen, Der tägliche Gottesdienst, III, 99 ff.), und zwar mit einem umfänglichen Abschnitt über „die Wiedergewinnung des täglichen Gottesdienstes als Aufgabe für die evangelische Kirche" (272 ff.). – Sachliche und präzise Information über das Kirchenjahr (ohne mystifizierende Überfrachtungen) bietet G. Rietschel / P. Graff (Lehrbuch, I, 127 ff.; 488 ff.). Der Einführung dient W. Schütz (Das Kirchenjahr, 1963).

c) Die Musik im Gottesdienst

Liturgischer Gesang ist im christlichen Gottesdienst so alt wie der Gottesdienst selbst: Sprechen und Singen lagen für die Herkunftskulturen des frühen Christentums eng beisammen (vgl. Th. Georgiades, Musik und Sprache, 1954). So wurden liturgische Lektion und liturgisches Gebet (Psalmodie) von Anfang an in gesungenem Ton vorgetragen. Dafür wurde bald eine bestimmte Melodik üblich, die den Wechselgesang mit Chor oder Gemeinde einschloß. Bedeutenden Einfluß übte Ambrosius von Mailand (339–397) aus, in dessen Liturgie die Hymnen (Anfänge des lateinischen Chorals) besonderes Gewicht hatten. Bestimmend für die mittelalterliche Kirche ist aber der gregorianische Gesang geworden (nach

Gregor I., Papst 590–604): Einstimmige liturgische Melodien vor allem der Psalmodie mit chorischen Antiphonen.

Gestaltet wird hier die Silbe, deren Einzelton durch Tonfiguren (Melismen) erweitert ist. Vom 8. Jahrhundert an werden die Tonfolgen durch die „authentischen Kirchentöne" bestimmt, die in Anlehnung an die Namen der griechischen Tonreihen als dorische, phrygische, lydische und mixolydische Tonarten bezeichnet werden. Weitere Tonreihen (hypodorisch, hypolydisch usw.) traten hinzu, so daß sich im ganzen acht Kirchentöne (denen acht Psalmtöne entsprachen) bildeten (später noch ergänzt durch den 9. Psalmton, den tonus peregrinus). Aus dieser Musik ist eine reiche liturgische Gesangskultur hervorgegangen, die sich besonders in den mittelalterlichen „Sequenzen" (an das Halleluja der Psalmodie angeschlossene Liedstrophen, z. B. EKG 101) erhalten hat. Schon im 9. Jahrhundert gab es Anfänge der Mehrstimmigkeit, seit etwa 1100 notenschriftliche Aufzeichnungen (über den gregorianischen Gesang orientiert MGG II, 1265 ff.). – Seit dem 10. Jahrhundert kam (bei Wallfahrten) ein Volksgesang auf, der sich an Sequenzen anlehnte und meist mit Kyrieleis schloß. Diese „Leisen" wurden zur Wurzel des Kirchenliedes.

Die Reformation hat der gottesdienstlichen Musik ganz neue Impulse verliehen, und zwar vor allem durch das Gemeindelied. Luther hat den liturgischen Gesang auch für die Deutsche Messe übernommen, er hat aber vor allem selbst die Geschichte des evangelischen Kirchenliedes begründet (s. dazu F. Blume, Geschichte der evangelischen Kirchenmusik, 1965, 5 ff.). Seither hat das evangelische Gesangbuch weitreichende Bedeutung für die Kirchengeschichte, aber auch für Musik und Kultur der jeweiligen Epoche überhaupt gewonnen. Die Choräle sind zum wesentlichen Ausdruck der Frömmigkeit ihrer Zeit geworden, und haben, umgekehrt, zugleich diese Frömmigkeit geprägt und zwar oft eindrücklicher als die meisten anderen Formen kirchlichen Handelns. Eine knappe und vorzügliche Übersicht über die Geschichte des evangelischen Kirchenliedes gibt M. Doerne (Art. Kirchenlied, in: RGG^3, III, 1454 ff.).

Die liturgischen Bewegungen haben naturgemäß auch Reformen der Gesangbücher veranlaßt. Das Evangelische Kirchengesangbuch (EKG 1952) war das erste gemeinsame Gesangbuch der Evangelischen Kirchen in Deutschland. Es hat aber durch seine restaurative Auswahl, die zeitgenössische Lieder wenig und das 19. Jahrhundert fast gar nicht berücksichtigt, zwar die üblich gewordenen theologiegeschichtlichen Urteile reproduziert, dafür aber fast allen Einfluß auf die gegenwärtige Frömmigkeit verloren. Zeitgenössische Lieder (von sehr unterschiedlicher Qualität) werden in eigenen Sammlungen (vor allem für Jugendkreise) verbreitet.

Im lutherischen Gottesdienst hat der Chorgesang von Anfang an eine bedeutende Rolle gespielt (während in der Schweiz das Chorwesen ganz abgeschafft wurde): Er behält liturgische Aufgaben (besonders für Teile des propriums, chorus choralis) und führt den Gemeindegesang (z. B. alternatim) auch mit mehrstimmigen Sätzen (chorus figuralis). Seit etwa 1700 ist daraus die gottesdienstliche Kantate erwachsen. Der Chor blieb (oft bis ins 18. Jahrhundert) eine offizielle liturgische Einrichtung für den Gottesdienst (z. B. Schulchöre, Kurrenden mit liturgischer Tracht), verlor dann an Bedeutung und wurde im 19. Jahrhundert als Kirchenchor (-Verein) neu begründet. Der Gesang eines solchen Chores konnte freilich nicht mehr ohne weiteres als liturgischer Gesang angesehen werden, sondern eher als Kunstmusik, die zur Bereicherung des Gottesdienstes zu ihm hinzutrat. Deshalb haben die liturgischen Bewegungen stets versucht, auch dem „Sängerchor" seinen eigenen liturgischen Ort zuzuweisen (vgl. z. B. J. Smend, Vorträge und Aufsätze, 1925: „Sie haben ein hl. Amt", 143).

Vom 17. Jahrhundert an hat die Orgel im evangelischen Gottesdienst die Begleitung des Gemeindegesanges übernommen. Choralbearbeitungen (Orgelchoral, Vorspiel) erlebten deshalb eine große Blüte. Bald traten selbständige Orgelstücke als Vor- und Nachspiel für den Gottesdienst hinzu. Diese Musik war als Kirchenmusik zugleich Mittelpunkt der musikalischen Kultur ihrer Epoche (J. S. Bach). Am Ende des 18. Jahrhunderts freilich sank die musikalische und kulturelle Bedeutung der Kirchenmusik ganz zurück. Auch sie wurde erst durch die liturgischen Bewegungen des 19. Jahrhunderts wieder beachtet und zu erneuern gesucht.

Die Musik hat im christlichen Gottesdienst stets eine grundlegende Bedeutung gehabt. Art und Inhalt dieser Bedeutung sind freilich nicht immer zum Gegenstand der Reflexion geworden. Luther hat wesentliche Einsichten dazu formuliert (Chr. Mahrenholz, Luther und die Kirchenmusik, 1937). Zum theologischen Thema wurde diese Frage erst durch die liturgischen Bewegungen seit dem 19. Jahrhundert. Eine umfassende historische und systematische Erörterung des Themas bietet O. Söhngen „Theologische Grundlagen der Kirchenmusik" (in: Leiturgia IV, 1 ff.). In einschlägigen Spitzensätzen werden Bedeutung und Sonderstellung der Musik so charakterisiert: „Die dichterisch-musikalische Gestalt stellt die adäquateste Form der Verleiblichung der Botschaft des Evangeliums dar" (O. Söhngen, 127); „So, als Antwort auf das Wort, aber nur so, hat die Musik nächst der Theologie im Bereich des Verkündigungswortes die höchste Ehre" (M. Mezger, Art. Musik VII, in: RGG^3, IV, 1224). Derartige Sätze unterstreichen die unersetzliche und unverwechselbare Bedeutung der Musik für den Gottesdienst, denn sie beschreiben die Musik als die Darstellungsform, in der die Beziehung des religiösen Bewußtseins auf seinen Grund anschaulich zu werden vermag, ohne auf Deutungen und Auslegungen angewiesen zu sein.

Die historischen Fragen sind übersichtlich behandelt bei F. Blume (Geschichte der evangelischen Kirchenmusik, 1965); für besondere Fragen ist auf Musik in Geschichte und Gegenwart (MGG, 1949–1979) zu verweisen; einschlägige Periodika: Musik und Kirche (MuK, seit 1930), Jahrbücher für Liturgik und Hymnologie (seit 1955). Das theologische Verständnis des Liedes wird eindrücklich erörtert von J. Henkys (in: PTh 73, 1984, 2ff.). Eine historische und hymnologische Untersuchung zum Weihnachtslied bietet M. Rössler (Da Christus geboren war..., 1981).

§ 28 Die Theologie des evangelischen Gottesdienstes

1. Der Sinn des Gottesdienstes

Der evangelische Gottesdienst ist Ausdruck und Darstellung unserer Beziehung auf den Grund unseres Lebens und also auf das, worüber wir nicht verfügen.

Diese Beziehung selbst freilich bestimmt die Wirklichkeit des Daseins ohnehin und überall: Sie ist, auch wo sie nicht ins Bewußtsein tritt, wesentliches Moment aller Erfahrung. Diese Einsicht hat im Christentum von Anfang an eine grundlegende Rolle gespielt und dazu geführt, daß kultisches und gottesdienstliches Handeln einer prinzipiellen Kritik unterworfen wurde. Denn der jener Einsicht entsprechende Gottesdienst ist sachgemäß der „Gottesdienst des Lebens", der „vernünftige Gottesdienst" (Röm 12, 1), der die Lehre vom Gottesdienst mit der christlichen Ethik zusammenfallen läßt (E. Käsemann, Gottesdienst im Alltag der Welt, EVB, II, 1964, 201), und der des Kultischen, „der Tempel, Priester und Opfer – im herkömmlichen Sinne nicht bedarf" (G. Ebeling, Dogmatik III, 361). Von der Erneuerung dieser Einsicht war offenbar auch Luther geleitet, als er den wirklichen Christen nur den „Gottesdienst im Geist" zuordnete und weitere Ordnungen für überflüssig hielt (Vorrede zur Deutschen Messe, BoA 3, 295).

Tatsächlich ist der Versuch kultischer Einflußnahme auf die Gottheit mit dem Wesen des Christentums nach evangelischem Verständnis nicht zu vereinbaren. Alle Vorstellungen dieser Art verbieten sich durch den Gottesbegriff, der die Voraussetzung des lutherischen „sola gratia" bildet. Zudem aber kann das Verhältnis zu diesem Gott nur als das der Subjektivität gedacht werden: „Im Glauben" und also als Moment allein der persönlichen Überzeugung wird dieses Verhältnis gewonnen. Deshalb verbietet das „sola gratia" zugleich jede Form der Vergewisserung, die über diesen „Glauben" hinaus sichtbar oder greifbar gemacht werden könnte: Die Zwei-Reiche-Lehre stellt die theoretische Ausarbeitung der Einsicht dar, daß der Religion gerade keine eigene und vom „irdischen" oder „weltlichen" Leben unterscheidbare oder demgegenüber selbständige und vergegenständlichte Sondergestalt entspricht. Nach Luther „ist" das Reich zur Rechten eben allein „im Glauben", und an der Frömmigkeit ihrer Lebensform sind Christ und Heide nicht zu unterscheiden (vgl. z. B. Th. Harnack, Luthers Theologie, 1927², II, 371). Ebensowenig kann deshalb die Religion nach evangelischem Verständnis in blanker

Unmittelbarkeit und als sie selbst ausdrücklich gemacht und für die Gewißheit in Anspruch genommen werden: Der evangelische Gottesdienst ist vom mittelalterlich-katholischen dadurch kritisch verschieden, daß er nicht von der Anwesenheit des Numinosen bestimmt ist – er ist nichts anderes, als eine Versammlung der Christen. So sehr im übrigen die reformierte Auffassung dahin tendiert, die Lebensführung des Einzelnen für die christliche Gewißheit in Anspruch zu nehmen, so eindeutig ist hier das Gottesdienstverständnis in der Ablehnung alles dessen, was über die Gemeindeversammlung hinausgeht. – Die Grundlinien der reformatorischen Auffassung des Gottesdienstes hat H. M. Müller dargestellt (Gottesdienst nach reformatorischem Verständnis, in: ZfGuP 1, 1983, 2 ff.).

Nach evangelischem Verständnis dient die gottesdienstliche Gemeindeversammlung der symbolischen Darstellung unserer Beziehung auf den unverfügbaren Grund unseres Lebens. Sie vollzieht sich in Formen, die als symbolischer Ausdruck für den christlichen Sinn dieser Beziehung in Geltung sind, und in Ritualen, die diese Beziehung abbilden, anschaulich machen und deuten. In ihnen repräsentiert sich die christliche Tradition, die die religiöse Grunderfahrung immer schon ausgelegt und geformt hat (vgl. dazu W. Jetter, Symbol und Ritual, 283 ff.). „Kultisch" ist dieser Vollzug nicht in dem Sinne, daß nach evangelischem Verständnis eine eigene und besondere religiöse „Wirklichkeit" für ihn in Anspruch zu nehmen wäre, sondern nur so, daß er als gemeinschaftliches Handeln der Versammelten aufzufassen ist. Es handelt sich um einen Vollzug „der in seiner Ordnung über Wechsel und Willkür der individuellen Verfassung des einzelnen Christen hinausgehoben ist" (M. Doerne, Grundlagen und Gegenwartsfragen evangelischen Gottesdienstes, in: Musik und Kirche, 14, 1942, 55). Verlauf und Funktion des Gottesdienstes sind also nicht abhängig von den unterschiedlichen oder zufälligen Zusammensetzungen der Teilnehmerschaft. Der Einzelne wird vielmehr durch seine Teilnahme aufgenommen und eingeordnet in übersubjektive Vollzüge, die gerade darin der Subjektivität ihren Raum lassen.

Der evangelische Gottesdienst ist als besondere Veranstaltung also nicht dadurch begründet, daß die Gottesbeziehung, die in ihm Anschauung und Ausdruck gewinnt, etwa erst durch ihn konstituiert würde. Der Gottesdienst hat vielmehr die Funktion, diese Beziehung ins Bewußtsein zu bringen und sie im Bewußtsein zu halten. Insofern gilt die Darstellung dieser Beziehung nicht nur für das Forum der Teilnehmer am Gottesdienst: Sie gilt auch in Hinsicht auf die Öffentlichkeit außerhalb, indem sie die Darstellung der religiösen Grundsituation exemplarisch sichtbar werden läßt.

Der allgemeine Sinn des evangelischen Gottesdienstes, nämlich die Beziehung auf das, worüber wir nicht verfügen, ins Bewußtsein zu bringen, ist nun freilich bereits seit der Reformation näher interpretiert und bestimmter gefaßt worden. Dabei waren drei Deutungen oder Auffassungen des Gottesdienstes wirksam.

a) Luther selbst hat in der Vorrede zur Deutschen Messe die pädagogische Aufgabe in den Vordergrund gerückt: Der Gottesdienst soll helfen, uns zu Christen zu machen, er soll also das Bewußtsein der Gottesbeziehung begründen, stärken und fördern.

„Allermeist aber geschieht es um der Einfältigen und des jungen Volks willen, welches soll und muß täglich in der Schrift und Gottes Wort geübt und erzogen werden ..." (BoA 3, 295). Ähnliche Sätze finden sich im Großen Katechismus (BSLK, 581 f.).

Diese Auffassung Luthers ist vor allem im Zeitalter der Orthodoxie leitend gewesen, hat sich aber im Luthertum auch weiterhin durchgehalten. Freilich hat die konfessionelle Theologie im 19. Jahrhundert unter dem Einfluß Schleiermachers den pädagogischen Gesichtspunkt zurückgestellt, ihn aber im Blick auf die Katechumenen auch im Gottesdienst wiederum betont (z.B. G.v. Zezschwitz, System, 252). Später ist die pädagogische Auffassung des Gottesdienstes verändert und fortentwickelt worden: F. Niebergall hat das Ziel des Gottesdienstes in der „Erbauung der Gemeinde" gesehen, dabei aber diese „Erbauung" ganz als pädagogische Aufgabe verstanden (Praktische Theologie II, 1918, 9 ff.), und in der volksmissionarischen Bewegung ist das pädagogische Verständnis für die Erweckungspredigt und die Evangelisationspredigt bestimmend geworden (vgl. dazu M. Schian, Grundriß 103 f.). Auch diese Ansicht, die der gottesdienstlichen Darstellung der christlichen Gottesbeziehung eine demonstrative Note gibt, kann sich noch auf die Vorrede der Deutschen Messe berufen, nach der es Aufgabe des Gottesdienstes ist, „die anderen zum Glauben zu rufen und zu reizen" (BoA 3, 297).

Das reformierte Gottesdienstverständnis hat von Anfang an eine starke pädagogische Tendenz: Der Gottesdienst ist Belehrung durch Wort und Predigt einerseits und Bekenntnis der Christen andererseits, er ist der Ort, das neue Gesetz für die christliche Gemeinde einzuschärfen, er wird „unter den Gesichtspunkt der Belehrung und religiös-ethischen Erziehung gerückt und diesem alles untergeordnet" (H. A. Koestlin, Geschichte des christlichen Gottesdienstes, 1887, 199).

b) In der Predigt anläßlich der Einweihung der Schloßkirche zu Torgau 1544 hat Luther einen Satz geprägt, der als Beleg für ein anderes

Verständnis des evangelischen Gottesdienstes gilt: „daß unser lieber Herr selbst mit uns rede durch sein heiliges Wort, und wir wiederum mit ihm reden durch Gebet und Lobgesang" (WA 49, 588). Luther hat in dieser Predigt die Bedeutung des Gottesdienstes für den Unterricht im Christentum hervorgehoben, und er hat den „Vorteil" des gemeinschaftlichen Gebetes („das Gebet ist nirgends so kräftig und so stark, als wenn der ganze Haufe einträchtiglich miteinander betet") betont. Der programmatische Satz selbst aber ist im Blick auf die Subjektivität des Christen und auf die „Aneignung" im eigenen individuellen Glauben verstanden worden (vgl. H. A. Koestlin, 156). Im Horizont dieser Auffassung wird der Gottesdienst also primär zur persönlichen Andacht des einzelnen. So hat der Pietismus, vor allem in der Halle'schen Schule, den Gottesdienst verstanden und in diesem Sinne ist dort die Sonntagsfeier der „Erbauung" zugeordnet worden (vgl. A. Ritschl, Geschichte des Pietismus, 1884, II, 451). Nicht grundsätzlich anders wurde in der Aufklärung die Teilnahme des einzelnen Christen an der öffentlichen Gottesverehrung als deren wesentlicher Sinn angesehen.

Für die Praxis des Gottesdienstes hat dieses Verständnis bis heute seine Bedeutung nicht verloren: Es dürfte das „landläufige" Verständnis des evangelischen Gottesdienstes sein, und zwar durch alle Richtungen des Protestantismus der Gegenwart hindurch und unter Einschluß des Christentums außerhalb der Kirche (vgl. dazu M. Seitz, Die Umfrage – Ergebnisse als Aufgabe, in: G. Schmidtchen, Hg., Gottesdienst in einer rationalen Welt, 1973, 152ff.). Unter den neueren Theologen ist es vor allem E. Hirsch, bei dem sich diese Auffassung finden läßt. Hirsch bezeichnet zwar den Gottesdienst als „Versammlung" und als „Feier", gibt aber offensichtlich dem einzelnen und seinem persönlichen Christentum bei der Teilnahme an dieser Feier die eigentliche Bedeutung: Der „Gottesdienst der Christen steht, wo er streng ist, unter der Erkenntnis, daß Gott als *Wort* an uns handelt und als *Wort* von uns empfangen wird, es also kein anderes organon des Mitteilens gibt als Wort, das an Glaube und Gewissen geht, und kein anderes des Mitgeteiltbekommens als Wort, das von Glaube und Gewissen aufgenommen wird. Rede, Gebet, Lied und einfaches Zeichen sind die geschichtlich gegenwärtigen Gestalten des Wortes" (Christliche Rechenschaft, Werke III, 1, bearb. v. H. Gerdes, 1978, Bd. II, 134f.). – Auch bei P. Tillich (Systematische Theologie, Bd. III, 1966, 219ff.) bildet die persönliche Andacht des einzelnen das wesentliche Merkmal des evangelischen Gottesdienstes.

c) Für das Gottesdienstverständnis der neueren theologischen Liturgik spielt nun allerdings nicht Luther, sondern Schleiermacher die entscheidende Rolle. Freilich wird er durchaus nicht überall im Sinn einer derartigen Nachfolge zitiert und genannt: Man findet in der Regel sogar eher Abwehr und Kritik ihm gegenüber. Das alles aber hindert nicht, daß die Vorstellung der „Feier“ oder des „Festes“ zum beherrschenden Leitbild für das Gottesdienstverständnis im 20. Jahrhundert geworden ist.

Ihren deutlichsten Ausdruck hat diese Entwicklung in den Programmen der liturgischen „Bewegungen“ gefunden. Hier steht der Gottesdienst als gemeinschaftliches Ereignis, als Gemeinschaft stiftendes und Gemeinschaft zur Erfahrung bringendes Erleben im Mittelpunkt. Dieser Gottesdienst ist Fest und Feier. Er ist es vor allem dadurch, daß, was ihn begründet, eben gerade kein alltägliches und überall zugängliches Ereignis ist, sondern das besondere, feierliche und festliche Geschehen der Liturgie. Die „Entdeckung der liturgischen Dimension“, von der K. B. Ritter spricht (Die eucharistische Feier, 1961, 15 a), ist, auch wenn dieser Bezug nicht diskutiert wird, die Fortbildung der Erbschaft Schleiermachers. Das galt bereits und dort ausdrücklich für die Bestrebungen Smends und Spittas (s. o. S. 377). Es gilt aber in gleicher Weise für die liturgischen Bewegungen des 20. Jahrhunderts.

Freilich tritt hier ein Gesichtspunkt hinzu, der so im 19. Jahrhundert noch nicht verbreitet war: Ein neues Verhältnis zum Mythologischen, zum Irrationalen und die Zuwendung zu einer eigenen liturgischen oder sakramentalen Wirklichkeit prägt das Bild und das Verständnis der Feier. „Kultus ist gerade dies, daß wir in den Zusammenhang einer unbedingten Wirklichkeit aufgenommen werden, die in jenen Ereignissen erscheint“ (K. B. Ritter, 19). Den Begriff des „Irrationalen“ hatte schon R. Otto im Untertitel seines aufsehenerregenden Buches (Das Heilige, 1917) zum Programm gemacht.

Die religiösen Bewegungen des 20. Jahrhunderts verstanden sich aus der Abkehr vom Bewußtsein ihrer Zeit, das ihnen in allen Belangen unzureichend erschien und dem die Kirche nun in gebührender Weise entgegenzusetzen war: Sie muß „ihre Gesamtschau und ihr Lebensgefühl“ als „bestimmende Kraft“ zur Geltung bringen (Das Berneuchener Buch 1926, 57).

W. Birnbaum hat in seiner Studie über die liturgischen Bewegungen den allgemeinen zeitgeschichtlichen Rahmen und die Tendenzen im zeitgenössischen Bewußtsein nur kurz behandelt, hat aber deutlich gemacht, daß die religiösen Bewegungen auf dem Gebiet der Religion abbilden, was die Zeit selbst und überhaupt bewegt (Das Kultusproblem und die liturgischen Bewegungen des 20. Jahrhunderts, II, 1970).

So wird es gebräuchlich, den gottesdienstlichen Vollzügen eine eigene „Wirklichkeit“ zuzuschreiben, in der sich die Gottesbeziehung als sie selbst und in gültiger Objektivität zur Darstellung bringt. Deshalb rückt nun der Sakramentsgottesdienst in den Vordergrund des Interesses: Die besondere Wirklichkeit des Gottesdienstes wird vor allem als sakramentale Wirklichkeit vorgestellt und beschrieben. Es liegt auf der Hand, daß die liturgischen Reformen der Reformation diesen Anschauungen nur wenig Hilfe zu bieten vermochten. Deshalb werden um so mehr die Gottesdienstvorstellungen der Alten Kirche aufgesucht und zur Legitimation herangezogen. Und es ist nur natürlich, daß überall auch die Nähe zur römischen Messe teils kritisch, teils mit Zustimmung konstatiert wird. Schon früh freilich sind diese Seiten der verschiedenen liturgischen Bewegungen auf theologische Kritik gestoßen. So hat P. Althaus vor Mystizismus und vor „evangelischen Mysterienfeiern" gewarnt und betont, daß das Wort des Heidelberger Katechismus von der „vermaledeiten Abgötterei" der Messe (Frage 80) „auch noch heute seine Sendung unter uns" habe (Das Wesen des evangelischen Gottesdienstes, 1926, 9). Ähnlich vermerkt M. Schian, diese Reformbewegung wolle offenbar „zurück zum Gottesdienst des 16. Jahrhunderts" oder gar „über Luther hinaus" (Grundriß 120). Tatsächlich aber haben sich die leitenden Bilder der Reformbewegungen weithin durchsetzen können, wohl nicht zuletzt, weil sie als Parallele oder Variante aufgefaßt werden konnten zu den Entwicklungen, die in der zeitgenössischen Theologie das „Wort" zum zentralen und mit besonderer Wirklichkeit, mit Macht und Bedeutung überladenen Symbol gemacht haben.

Im Horizont dieser Anschauungsweisen hat P. Brunner die Liturgik als die „Lehre vom Gottesdienst der im Namen Jesu versammelten Gemeinde" (in: Leiturgia I, 84–364) entfaltet und ihr damit die Gestalt eines dogmatischen Lehrstücks gegeben. Anklänge an die Erlanger Theologie, die den Gottesdienst als „Feier der Communiongemeinde" (G. v. Zezschwitz, System, 246 ff.) bezeichnet hatte, sind nicht zu übersehen. In der Gottesdienstlehre Brunners sind vor allem zwei Bestimmungen von eigentümlicher Bedeutung. Das ist einmal der Ausgang von der Heilsökonomie als dem Zusammenhang aller Werke Gottes zur Verwirklichung des Heils zwischen Schöpfung und Weltende: Der Gottesdienst hat darin seinen Ort als das eschatologische Geschehen, in dem Vergänglichkeit und Neuanfang, Sünde und Vergebung zugleich gegenwärtige Wirklichkeit sind (116 ff.). Dazu gehört, daß der Gottesdienst der Kirche im kosmologischen Zusammenhang eines universalen Gesamtgottesdienstes zwischen dem Lob der Engel und dem der Natur vorgestellt werden muß. Sodann ist der Gottesdienst ein pneumatisches Geschehen, insofern in Wort und Sakrament das Heil selbst als Gnade und Gericht gegenwärtig wird und so Lob und Dank der Gemeinde begründen soll (181 ff.).

Brunner macht damit die Liturgie zum einzigartigen und unvergleichlichen Ort der Gegenwart aller Heilswirklichkeit. Er tut das, indem er sich unbefangen und gegenständlich der Vorstellungen aus ältester Zeit bedient, ohne eine Deutungs- und Interpretationsaufgabe dabei wahrzunehmen. Unbefangen spricht übrigens auch K. Barth vom Gottesdienst der Engel, freilich nur, damit das, was daran „exemplarisch" ist, anschaulich wird (KD III, 3, 540 f.). Brunners Bild vom

Gottesdienst bleibt dem begrenzten Kreis einer bestimmten Frömmigkeit vorbehalten. Seine Voraussetzungen und seine Vorbedingungen begründen die Exklusivität dieses Bildes, das nicht zufällig innerhalb der Michaelsbruderschaft und also in einem Kreis mit unverkennbar elitären Zügen seine Anhängerschaft gefunden hat. – Freilich wird in der bei Brunner leitenden Idee der Repräsentation (einer höheren Wirklichkeit in der Liturgie) eine Erfahrung zur Geltung gebracht, die nicht einfach übergangen werden darf: die Erfahrung nämlich, das unsere Wirklichkeit im ganzen nicht in ihren rationalen Bestimmungen aufgeht und nicht identisch ist mit den Grenzen unserer Verfügungsgewalt. Diese Erfahrung gehörte mit Recht und guten Gründen zu den Themen, die im Gottesdienst ihre symbolische Darstellung finden sollen.

Auch in neuester Zeit ist die Bemühung um das Gottesdienstverständnis von Fest und Feier als Leitbildern geprägt. Freilich gilt die Bemühung dabei nicht zuletzt einem offenen und zugänglichen Verständnis, das die religiöse Deutung in den Horizont der Erfahrung und in den Dienst des wirklichen Gottesdienstes stellt. In diesem Sinn hat E. Lange den Gottesdienst als Fest der „Bundeserneuerung" und in seiner Funktion für das Leben der Gemeinde wie für das des einzelnen Christen ausgelegt (Chancen des Alltags, 1965, Neudr. 1984). P. Cornehl hat sozialwissenschaftliche Einsichten und Begriffe aufgenommen und zu einer bedenkenswerten Zusammenfassung für das Gottesdienstverständnis verbunden: „Im Gottesdienst vollzieht sich das ‚darstellende Handeln' der Kirche als öffentliche symbolische Kommunikation der christlichen Erfahrung im Medium biblischer und kirchlicher Überlieferung zum Zwecke der Orientierung, Expression und Affirmation" (in: F. Klostermann und R. Zerfaß, Hg., Praktische Theologie heute, 1974, 460).

Weitere Beiträge zu Theorie und Praxis des Gottesdienstes als Fest und Feier finden sich bei: D. Trautwein (Mut zum Fest, 1975); R. Schütz (Ein Fest ohne Ende, 1973); W. Teichert (in: HPT [G], Bd. 2, 1981, 134 ff.). Auch K. Barth bezeichnet den Gottesdienst als ‚Fest' (KD III,4, 73). Eine tiefenpsychologische Deutung von Ritus und Liturgie bietet H. J. Thilo (Die therapeutische Funktion des Gottesdienstes, 1985). Die gottesdienstliche „Andacht" ist von F. Merkel historisch und systematisch näher beschrieben worden (Andacht – eine vernachlässigte kleine Form, in: PTh 74, 1985, 272 ff.).

Die drei Grundbedeutungen, die die Entfaltung des evangelischen Gottesdienstbegriffs bestimmt haben, bilden ein sachgemäßes Spannungsverhältnis, das erst als Ganzes den Sinn des evangelischen Gottesdienstes wiedergibt. Die Darstellung unserer Beziehung auf den Grund unseres Lebens gewinnt durch diese Deutungen jeweils bestimmte Konkretionen und Profile, die freilich nicht isoliert und einseitig zum Thema gemacht werden dürfen. Für den Sinn und für die Gestaltung des Gottesdienstes muß deutlich bleiben, daß die pädagogische Aufgabe, der Raum für die religiöse Subjektivität und der Zusammenhang der liturgischen Feier nicht auseinanderfallen, sondern gerade in ihren Wechselbeziehungen den Gottesdienst vor Sinnverlusten und Trivialisierungen schützen.

W. Jetter spricht von einem „symbolischen Transitus", um die unterschiedlichen Perspektiven des Gottesdienstes in ihrem Zusammenhang zu bezeichnen (Symbol und Ritual, 1978, 296). Eine prägnante und zusammenfassende Kurzformel für den Sinn des evangelischen Gottesdienstes findet sich bei G. Ebeling: Die Kirche selbst ist Gottesdienst „in ständig wiederholter Einkehr in den Grund ihres Daseins" (Dogmatik des christlichen Glaubens, Bd. III, 362).

2. Gottesdienst und Frömmigkeit

Der Gottesdienst ist immer auch der Ort, an dem sich besondere Formen der christlichen Frömmigkeit zum Ausdruck zu bringen suchen. Fast alle Bewegungen der Frömmigkeit lassen sich in bestimmten gottesdienstlichen Formen oder liturgischen Programmen wiedererkennen. Freilich ist es durchaus nicht in erster Linie der sonntägliche Gemeindegottesdienst, dem diese Gestaltungstendenzen gelten: Nicht wenige Richtungen der Frömmigkeit haben ihre eigenen Gottesdienstformen hervorgebracht.

Schon die collegia pietatis nach dem ersten Vorschlag Speners tragen alle Züge einer gottesdienstlichen Veranstaltung (Pia Desideria, 55). Auch die Bibelstunde der Vereine und der Jugendverbände zeigt diese Merkmale (vgl. J. Henkys, Bibelarbeit, 1966). Erweckung und volksmissionarische Bewegung haben zwar in der Regel den sonntäglichen Gemeindegottesdienst okkupiert, haben aber zudem in Zeltveranstaltungen oder in großen Zusammenkünften unter freiem Himmel eigene gottesdienstliche Formen hervorgebracht.

In den letzten Jahrzehnten haben sich in größerer Zahl geistliche Vereinigungen oder Kommunitäten im Protestantismus gebildet, die nicht zuletzt durch ihre eigentümlichen gottesdienstlichen Feiern ihren Absichten und Zielen Ausdruck zu geben suchen, und die auf diese Weise den Zusammenhang von besonderer Frömmigkeit und Gottesdienstgestalt verdeutlichen (vgl. dazu TRE, Bd. 7, 195 ff.). Andererseits gehen aber auch die Projekte, die dem Sonntagsgottesdienst der Gemeinde neue Impulse und neue Gestalt verleihen wollen, auf neue Bewegungen der Frömmigkeit im kirchlichen Christentum zurück. Dafür ist der Entwurf von D. Trautwein (Lernprozeß Gottesdienst, 1972) ein eindrückliches Beispiel. In größerem Rahmen bildet sich diese Entwicklung in den liturgischen Aktionen der Kirchentage ab.

Eine kritische aber durchaus zustimmende Übersicht über die einschlägige Literatur auf dem Höhepunkt der Bewegung in den späten sechziger Jahren gibt K. F. Müller (Gottesdienst in neuer Gestalt, in: JLH, 1968, 54 ff.).

Seither ist die gottesdienstliche Szene in den evangelischen Kirchen immer wieder durch Programme bereichert worden, die von einzelnen Gruppierungen ausgehen und zwar mit Zielen, die nicht mehr nur das kirchliche Leben selbst betreffen, sondern sich gerade über die Grenzen der Kirche hinaus an die Welt richten. Der Gottesdienst wird damit zum Instrument von Botschaften und Appellen, denen er sein eigentümliches Gepräge mitgeben soll. Als zu seiner Zeit nicht unumstrittenes Beispiel dafür ist das „Politische Nachtgebet in Köln" (hg. v. D. Sölle und F. Steffensky, 1969) bekannt geworden: Die großen Fragen der Epoche werden hier mit betonter politischer Stellungnahme in Form von Information, Gebetstexten, Ansprachen zum Thema gemacht. Vergleichbare Ziele haben die theoretischen Erörterungen, die H. E. Bahr und P. Cornehl (Gottesdienst und Öffentlichkeit, 1970) herausgegeben haben.

Ein weiteres Beispiel ist das Programm für den Gottesdienst als Fest, das G. M. Martin entworfen hat (Fest und Alltag, 1973). Dazu der Kommentar von W. Jetter: „Das Herz des Verfassers schlägt etwas einseitig für eine messianische Kirche als progressive Subkultur. Die Großkirchen und die eher bürgerliche Religion, die sie zweifellos mit hervorgerufen haben und für die sie mit aufkommen müssen, bleiben allenfalls als sehr tolerante Behälter für radikal verschiedene Gottesdienste und Gemeindefeiern in jenem kritischen Schatten zurück, aus dem der anregende, messianisch-gruppengemeinschaftliche Vortrupp aufbricht. Man sieht sich dann etwas alleingelassen mit der Frage, wie von dem subkulturellen Kirchenfrühling einer messianisch befreiten Zone und von den dort praktizierten Verhaltens- und Feiernormen ohne großkirchliche Multiplikatoren in einem nennenswerten Umfang die erhofften Auswirkungen auf den gesellschaftlichen Alltag ausgehen könnten" (Symbol und Ritual, 277).

Liturgischen Bewegungen ist offenbar immer ein elitärer Grundzug zueigen. Das liturgische Wollen erscheint als Ausdruck besonderer und hervorgehobener Motivation oder überlegener Einsicht auch dann, wenn seine Folgen am Ende allen zugute kommen sollen. Je kleiner die Gruppierung ist und je profilierter das Programm, desto intensiver tritt das elitäre Bewußtsein hervor. Freilich entstehen offenbar wesentlich aus derartigen Gruppierungen und Bewegungen die Erneuerungen und Veränderungen, die dem gesamten gottesdienstlichen Leben zuteil werden können. Der Regelfall des Gemeindegottesdienstes tendiert in seiner zumeist monumentalen Daueridentität mit sich selbst oft genug dazu, durch den bloßen Respekt vor der Form zu erstarren. Auf neue Weise lebendig wird diese Form gelegentlich dann, wenn ihr Varianten oder gar

Alternativen gegenübertreten, und sei es nur so, daß damit der Besinnung auf das gedient wird, was man mit ihr besitzt.

Freilich kann der Gemeindegottesdienst kein Experimentierfeld sein. Er darf nicht von begrenzten Gruppen oder von dezidierten und besonderen Frömmigkeitsansprüchen okkupiert werden. Denn der Gemeindegottesdienst soll der Gottesdienst jedes Christen sein und sein können – also nicht nur für einzelne, sondern für alle Formen der Frömmigkeit die Möglichkeit bieten, teilzunehmen und teilzuhaben.

3. Der Gottesdienst der christlichen Ökumene

a) L. Fendt hat darauf aufmerksam gemacht, daß die Liturgie im Mittelalter überall einem ständigen Differenzierungs- und Verfestigungsprozeß unterworfen war, und er hat deshalb die liturgischen Formen der aus dem Mittelalter hervorgehenden Kirchen als den „Ausgang der mittelalterlichen Liturgie" bezeichnet (Liturgiewissenschaft, 187 ff.). In dieser Formulierung ist festgehalten, daß der Gottesdienst der neuzeitlichen Kirchen einerseits deutlich vom mittelalterlichen unterschieden werden kann, daß er jedoch andererseits, wenn auch auf jeweils besondere Weise, in der Erbfolge dieser mittelalterlichen Liturgie geblieben ist. Fendt hat sechs Formen des Ausgangs unterschieden.

Neben dem orientalischen Ausgang in der orthodoxen Liturgie (s. o. S. 366), dem lutherischen und dem reformierten (s. o. S. 369 ff.) unterscheidet Fendt noch einen besonderen „puritanisch-biblischen Ausgang" (unter dem Luthers „Gottesdienst im Geist" und Calvins ganz an biblischen Texten orientierter Abendmahlsentwurf zusammengefaßt sind), sowie selbstverständlich den katholischen (s. o. S. 367 ff.) und den anglikanischen Ausgang.

Damit sind zugleich die liturgischen Formen genannt, die im wesentlichen den Gottesdienst der christlichen Ökumene bilden. Zu ergänzen ist jedoch der Hinweis auf die Tradition des Gottesdienstes der Tageszeiten (s. o. S. 388) und darauf, daß gerade der Protestantismus eine Fülle gottesdienstlicher Formen in den Freikirchen und Sekten hervorgebracht hat.

b) Während die Liturgie der orthodoxen Kirche ihre bleibende Gestalt im 12. Jahrhundert gewonnen und sie ohne wesentliche Wandlungen auch den slavischen Nachfolgekirchen (wichtig sind vor allem die bulgarische und die russische Kirche geworden) weitergegeben hat, ist die römisch-katholische Messe erst durch das Tridentinum fixiert worden. Danach blieb ihre Form unangetastet und galt als der in der ganzen Welt gleiche Ausdruck der katholischen Kirche selbst. Diese Epoche ist mit dem II. Vatikanischen Konzil zu Ende gegangen. 400 Jahre nach dem Tridentinum wurde eine Liturgiereform eingeleitet, die die Durchführung der Liturgie, aber auch ihr Verständnis betraf.

Der wesentliche Grundsatz der Reform ist die stärkere Beteiligung der Gemeinde am Gottesdienst. Er kommt in vielen Einzelheiten zur Wirkung. Die Messe kann in der Landessprache gehalten werden, eine Predigt soll in der Regel nicht fehlen, der Laienkelch wird bei bestimmten Gelegenheiten zugelassen, die Kommunion der Gemeinde wird nachdrücklich empfohlen. Im Formular der Messe werden Korrekturen und Bereinigungen (z. B. Wortgottesdienst und Eucharistiefeier als neue Bezeichnungen der Teile, Beseitigung von Wiederholungen) vorgenommen, und in begrenztem Rahmen wird es freigestellt, liturgische Texte an die örtlichen und sprachlichen Gegebenheiten des Kirchengebietes anzupassen (accomodatio). Am katholischen Gottesdienstprinzip freilich hat die Reform nichts geändert: Die Messe bleibt Wiederholung des Opfers Christi, das allein durch den geweihten Priester zelebriert werden kann.

Der Text der Konzils-Konstitution De sacra liturgia ist am einfachsten zugänglich bei K. Rahner und H. Vorgrimler (Kleines Konzilskompendium, 1966, 51 ff.). M. Josuttis hat dieser Liturgiereform eine eingehende Darstellung gewidmet und darauf aufmerksam gemacht, daß dabei allgemeingültige Probleme derartiger Reformen sichtbar werden (in: F. Wintzer, Hg., Praktische Theologie, 1982, 65 ff.); auch die Vorgeschichte der Reform in der katholischen liturgischen Bewegung ist einbezogen (vgl. dazu W. Birnbaum, Das Kultusproblem und die liturgischen Bewegungen des 20. Jahrhunderts, I, 1966). Einen gründlichen und kritischen Kommentar aus der Sicht evangelischer Theologie hat F. Merkel beigetragen (Reflexion auf die neue Ordnung der Eucharistiefeier, in: Gemeinde im Herrenmahl, hg. v. Th. Maas-Ewerd und K. Richter, FS für E. J. Lengeling, 1976, 351 ff.). Eine katholische Bilanz gibt A. Adam (Erneuerte Liturgie, 1972).

c) Die Grundlagen für das Verständnis des anglikanischen Gottesdienstes hat A. Niebergall zusammengefaßt:

„Anders als auf dem europäischen Festland entwickelte sich die Reformation in England aus einer evangelisch-humanistischen Volksbewegung und vor allem aus dem dynastisch-politischen Interesse König Heinrich VIII. zu einer Opposition gegen das Papsttum und den römisch gesinnten Klerus im eigenen Land. Die Verbindung zwischen den reformerischen Motiven und dem Ehehandel Heinrich VIII. führte zunächst zu einem romfreien, katholischen Kirchentum. Die Besonderheit der Reformation in England zeigt sich darin, daß die Entwicklung sowohl von den Bischöfen und den Provinzialsynoden als auch von König und Parlament bestimmt wurde. Die anglikanische Staatskirche ließ nicht nur Einflüsse Luthers und der verschiedenen Richtungen der Theologie der kontinentalen Reformation erkennen, sondern in ihr machten sich Elemente der eigenen Tradition bemerkbar, die sich weniger dem abendländisch-römischen Christentum als vielmehr der patristischen Theologie, insbesondere des Ostens, verpflichtet wußte“ (Art. Agende, in: TRE, Bd. 2, 36 f.).

Die anglikanische Kirche gab sich zwar auch eine eigene Bekenntnisschrift: Die 39 Artikel von 1559 (die auf mehrere Vorformen zurückgehen) sind eng mit der Confessio Wirttembergica verwandt. Aber ihre Bedeutung für das kirchliche und gottesdienstliche Leben war und blieb gering: Es „blieb dogmatisch alles offen“ (M. Schmidt, Art. England I, in: RGG³, II, 475). Thomas Cranmer (1489–1556), der Bischof der Reformation, hat weniger durch seine Vorarbeiten zu den Bekenntnisartikeln gewirkt, als vielmehr durch das „Book of Common Prayer“, an dem er maßgeblich mitgearbeitet hat und das 1549 in amtlicher Ausgabe erschien. Dieses Buch ist Sammlung und Zusammenfassung aller agendarischen Texte für die anglikanische Kirche (und für den Unterricht und das geistliche Leben des einzelnen) und gilt bis heute als fundamentaler Text für das gesamte religiöse Leben.

Hauptgottesdienst ist die Abendmahlsfeier. Das Formular wurde zuerst im lutherischen, bis 1559 aber in reformiertem Sinn korrigiert und bei der Bearbeitung im 17. Jahrhundert wieder der katholischen Messe angenähert. Es besteht aus einem Wortteil, der mit dem Vaterunser beginnt, mehrere Kollektengebete, den Dekalog und das Nicänum enthält und mit der Predigt abgeschlossen wird. Der Abendmahlsteil hat eine eigene Vermahnung, Sündenbekenntnis und Absolution und eine Spendeformel, die an das reformierte Abendmahlsverständnis erinnert.

Wesentlich für den anglikanischen Gottesdienst ist nun allerdings die Toleranz, die zu den leitenden Prinzipien des anglikanischen Selbstverständnisses gehört (vgl. St. Neill, Art. Anglikanische Kirchengemeinschaft, in: TRE, Bd. 2, 720). Sie erlaubt dem Liturgen Veränderungen und Abweichungen in einem breiten Ermessensspielraum. Die Rubriken des Prayer Book lassen sich ganz unterschiedlich auslegen. „Diese seine ‚comprehensiveness‘ wird darin sichtbar, daß man den gleichen Gottesdienst in reformiert-calvinistischer Nüchternheit, aber auch in hochkirchlichen Formen erleben kann, die das Sakramentale in den Mittelpunkt stellen, die Liturgie als objektives Geschehen zelebrieren und dabei an allen alten Traditionen und jeder Art symbolischen Zeremoniells bis hin zum Weihrauchgebrauch festhalten“ (W. Nagel, Geschichte des christlichen Gottesdienstes, 156). Gerade diese Praxis des Gottesdienstes bezeugt ihrer Kirche die reformatorische Freiheit, die eben den „Ordnungen“ gegenüber gewonnen wurde und sich an ihnen erneuert und bewährt.

d) Die Gottesdienste der Freikirchen zeigen naturgemäß ein breites Spektrum liturgischer Formen. Darin sind einerseits historische Verhältnisse bewahrt: So hat die „Selbständige Evangelisch-Lutherische Kirche“ an der evangelischen Messe festgehalten, während etwa der methodistische Gottesdienst das reformiert-erweckliche Bild (mit der Betonung von Lied und Predigt) widerspiegelt, das ihn seit dem 18. Jahrhundert geprägt hat. Andererseits gibt es die völlige Offenheit und den programmatischen Verzicht auf gottesdienstliche Ordnungen, z. B. bei den Quäkern, die jedem einzelnen bei der gemeinsamen Andacht die Freiheit lassen, sich als vom Geist Ergriffener zu äußern. – Eine vorzügliche Orientierung über die Freikirchen und ihre Gottesdienste bietet E. Fahlbusch (Kirchenkunde).

e) Der Gottesdienst der christlichen Ökumene ist Ausdruck des liturgischen Reichtums, den das Christentum in seiner Geschichte hervorgebracht und begründet hat. Alle Argumente für die Einheit der christlichen Kirchen und für die Förderung ökumenischer Theorie und Praxis dürften doch nicht als Voten für eine äußere Einheitlichkeit oder Einförmigkeit des christlichen Gottesdienstes verstanden werden. Gerade die Vielfalt, die Verschiedenheit und sogar die Widersprüchlichkeit auf diesem Gebiet machen anschaulich, daß diese liturgischen Formen relativ sind und nicht identisch mit dem, was in ihnen und durch sie dargestellt werden soll. Insofern sind Mannigfaltigkeit und Unterschiedlichkeit hier Folgen, die dem Wesen des Christentums entsprechen. Dafür ist dann auf der anderen Seite in Kauf zu nehmen, daß Unterschiede wie Grenzen wirken. Die sachgemäße Teilnahme am Gottesdienst einer fremden christlichen Kirche ist schwer. Aber sie ist immerhin möglich. Daß dabei die überlieferten Abendmahlsstreitigkeiten weithin die Interkommunion (wenigstens theoretisch) verbieten, darf sicher zu den überflüssigen Erschwerungen gerechnet werden.

Ökumenische Gottesdienste haben ihren Sinn zunächst für die ökumenische Praxis der Gemeinden. Sie stellen die Einheit als Verbindung des Verschiedenen dar. Freilich sollte dabei der Schein gemieden werden, als könnten daraus neue und übergreifende Konfessionen erwachsen. Ökumenische Gottesdienste haben sodann eine seelsorgerliche Funktion. Das gilt vor allem für die Praxis der „ökumenischen Trauung" zwischen Gliedern der evangelischen und der römisch-katholischen Kirche. Eine derartige ökumenische Veranstaltung wahrt die – möglicherweise – hilfreiche Rücksicht auf das konfessionell geprägte Bewußtsein derer, die an einer solchen Feier beteiligt werden sollen. Freilich wird das Problem der Kirchenzugehörigkeit dadurch nur verschoben, aber nicht gelöst.

3. Teil – Die Gesellschaft

Die Gesellschaft, in der die Kirche lebt und die Öffentlichkeit, die sie umgibt, bilden ein selbständiges Thema für die Praktische Theologie. Denn die Praxis der Kirche ist notwendig auf die Gesellschaft und auf die Öffentlichkeit bezogen. Das gilt nicht nur für den Fall, in dem die Kirche sich zu politischen oder sonstigen die gesamte Gesellschaft betreffenden Fragen, etwa durch ihre Denkschriften, äußert. Es gilt für die Praxis überhaupt insofern, als die Kirche damit ein Bild von sich selbst entwirft, das von der Öffentlichkeit aufgenommen wird und in der Gesellschaft weiter wirkt. Mit ihrer Praxis etabliert die Kirche ein jeweils bestimmtes öffentliches Verständnis des Christentums und seiner Stellung zu den aktuellen Fragen der Zeit. Im ganzen gehen die gesellschaftlichen Wirkungen der Kirche mehr indirekt auf dieses Bild zurück, das sie von sich entworfen und hervorgerufen hat, als auf direkte Stellungnahmen in einzelnen Angelegenheiten. Was die Kirche als Institution in Gesellschaft und Öffentlichkeit bedeutet, kann ein wesentlicher Faktor im Handlungszusammenhang der Gesellschaft überhaupt sein oder werden. Eine Illustration dafür bietet der Sachverhalt, daß es etwa in der Bundesrepublik kaum eine gesellschaftliche Frage von weiterreichender Bedeutung gibt, die ohne die Zustimmung der religiösen Institutionen oder doch zumindest nicht gegen deren Einspruch entschieden werden könnte. Will die Kirche daher das Bild, das durch ihre Praxis begründet wird, nicht dem Zufall überlassen, so müssen die Bedingungen und Voraussetzungen für die Beziehung zwischen Kirche und Gesellschaft zu einem notwendigen Thema der Praktischen Theologie werden.

Andererseits aber sind Kirche und Gesellschaft keineswegs durch eindeutige Grenzlinien voneinander getrennt. Die einfache Gegenüberstellung von Kirche und Gesellschaft bleibt eine metaphorische Formulierung. Denn in irgendeinem Grade hat die gesamte Gesellschaft an dem teil, was von der Kirche vertreten wird (auch wenn natürlich einzelne davon immer ausgenommen sein können). Die Kirche begegnet in der Öffentlichkeit einer eigenen und eigentümlichen Gestalt des Christentums, die keineswegs mit dem kirchlichen Christentum identisch ist, andererseits aber ebensowenig allein als Widerspruch dazu angesehen werden kann. In diesen Zusammenhang gehört der Sachverhalt, daß die

Kirche religiöse Institution der Gesellschaft nicht sein würde und nicht sein könnte ohne einen entsprechenden gesellschaftlichen Konsens (von dem selbstverständlich einzelne, wie von jedem Konsens der Gesellschaft, wieder ausgenommen sein können). So bildet das Verhältnis der Kirche zu Gesellschaft und Öffentlichkeit ein ebenso wichtiges wie kompliziertes Thema.

Die Analyse dieser Konstellationen wird mit dem Begriff der Institution und seiner Bedeutung für die Entschlüsselung des Problems der Gesellschaft überhaupt einzusetzen haben. Sodann ist die Stellung zu erläutern, die dem Pfarrer, der im Auftrag der religiösen Institution seinen Beruf ausübt, in der Gesellschaft und in der Öffentlichkeit zukommt. Ferner ist das Handeln der Kirche zu untersuchen und darzustellen, das in besonderer Weise für das Verhältnis zu Gesellschaft und Öffentlichkeit von Bedeutung ist: Der Unterricht, den die Kirche erteilt, und der, für den sie im weitesten Sinne Verantwortung trägt, die Praxis also, in der die Selbstdarstellung des Christentums in der Öffentlichkeit der Gesellschaft stattfindet. Schließlich ist im letzten Kapitel die Frage zu erörtern, auf welche Weise sich die Kirche in der Gesellschaft selbst organisiert und ihre soziale Gestalt als religiöse Institution gewinnt.

9. Kapitel – Institution

In allen menschlichen Gesellschaften gibt es Einrichtungen zur Regelung, Bearbeitung und Erledigung von solchen Aufgaben, die allgemein sind und die immer wiederkehren oder doch wiederkehren können. Derartige Einrichtungen heißen im sozialwissenschaftlichen Sprachgebrauch „Institutionen". Es sind Institutionen, die Recht oder Bildung oder Gesundheit wahrnehmen und in einer differenzierten Gesellschaft auf differenzierte Weise die Vorgänge verbürgen, die im jeweils einzelnen Fall auf dem jeweiligen Gebiet nötig und möglich sind. Es ist derselbe Wortsinn, der auch im allgemeinen Sprachgebrauch beispielsweise eine Schule als Institution der Bildung bezeichnet. Die inneren Strukturen des gesellschaftlichen Lebens, die Abläufe und Prozesse, in denen dieses Leben sich vollzieht, werden deutlicher erkennbar, wenn der Blick auf die Institutionen gerichtet wird. Die Institutionen bilden das Thema des folgenden Kapitels, weil die Frage erörtert werden muß, ob und in welchem Sinn die Kirche als gesellschaftliche Institution oder als Institution in der Gesellschaft und also als eine unter anderen Einrichtungen im sozialen Leben anzusehen ist.

§ 29 Zur Theorie der Institution

1. Was sind Institutionen?

„Im sozialwissenschaftlichen Sprachgebrauch sind Institutionen die der unmittelbaren Disposition des individuellen Subjekts weitgehend entzogenen, dieses als solches vielmehr erst konstituierenden (Sozialisation), durch rechtliche Fixierung auf Dauer gestellten und doch historisch beschränkten Beziehungsformen einer Gesellschaft" (H. Dubiel, Art. Institution, in: HWP, Bd. 4, 420).

Diese Definition verrät das Interesse, bei der Bestimmung des Institutionsbegriffs zwar alle wesentlichen Aspekte zu berücksichtigen, gleichwohl aber alles zu vermeiden, was schon einer bestimmten Theorie der Institution zugehörte. Die Bestimmung soll offenbar den Theorien, die die Institutionen näher zu erklären suchen, vorausliegen. Für den folgenden Zusammenhang sind drei Aspekte daraus von besonderer Bedeutung.

a) Institutionen werden vorläufig als „Beziehungsformen" bezeichnet. Damit ist nun freilich doch ein Begriff aufgenommen, der in der älteren Soziologie im Anschluß an G. Simmel (Soziologie, 1958[4]) gebildet wurde, um den Gesellschaftsprozeß im ganzen näher zu beschreiben und ihn im Hinblick auf verschiedene Grade von Gemeinsamkeit des sozialen Handelns näher zu differenzieren (L. v. Wiese, Allgemeine Soziologie, 1924). Eine soziale Institution ist danach zunächst nicht mehr als die Form, in der sich bestimmtes und begrenztes gesellschaftliches Handelns stets wiederholt und dabei ebenso bestimmte und begrenzte Beziehungen unter den Handelnden ausprägt. Zur Institutionalisierung des sozialen Handelns „Bildung" oder „Bildungserwerb" oder „Lernen" gehören also gleichmäßige und sich überall wiederholende Formen dieses Handelns ebenso wie die Beziehung etwa der Schüler einer Klasse zueinander oder zu ihren Lehrern oder aber auch die Beziehung, die alle Lernwilligen der Gesellschaft eben durch diese Willigkeit verbindet.

b) Grundlegend ist die Bestimmung, daß die Institution dem Einfluß des „individuellen Subjekts" entzogen ist. Tatsächlich sind die Institutionen gerade in dem Sinne soziale Größen, als sie sich nicht der Zustimmung einzelner verdanken, und als sie in ihren Funktionen von einzelnen ganz unabhängig sind. Man findet die Institutionen vor, wie man die Gesellschaft überhaupt vorfindet. Die Definition macht aber nun darauf aufmerksam, daß die Beziehung des Individuums zur Institution ihr wirkliches Gewicht erst durch die Umkehr der Perspektive gewinnt: Das individuelle Subjekt wird durch die Institution allererst konstituiert. Danach gewinnt das Individuum seine Individualität in dem Maße, in dem es in die Prozesse institutionalisierten Handelns eintritt und sich gleichrangig mit den jeweils anderen an deren Fortgang beteiligt. Der Erwerb derartiger Fähigkeiten ist der Prozeß der Sozialisation, und in dieser Perspektive ist die Sozialisation zugleich der Prozeß, in dem sich die Individualität zum Subjekt sozialen Handelns bildet. Die Institutionen sind also durchaus nicht etwa nur mögliche Dienstleistungsbetriebe, derer man sich bedient oder auch nicht. Sie stellen vielmehr die Handlungsformen dar, in die sich eingefügt zu haben, die Voraussetzung nicht nur für die Beteiligung am Lebensprozeß der Gesellschaft, sondern auch für die Wahrnehmung eigener Individualität ist.

c) Endlich verweist die Definition auf die Permanenz der Institutionen und auf die Modalitäten, für deren Entstehung und Begründung. Danach sind die Institutionen „rechtlich fixiert". Sie sind also durch die Übereinkünfte begründet und ausgestaltet, die dem gesellschaftlichen Leben überhaupt zugrunde liegen und als dessen Normen die Ausbildung von Sozialität allererst ermöglichen. Dabei müssen „rechtliche Fixierungen" nicht bedeuten, daß jede Institution durch ein förmliches Recht eingesetzt und begründet ist. Zur rechtlichen Fixierung in dem Sinn, daß die Rechtmäßigkeit der Institution feststeht und also nicht wohl in Zweifel gezogen werden kann, genügt die Übereinstimmung mit den grundlegenden Normen der Gesellschaft. Diese rechtliche Fixierung, die der Institution ihre Perseveranz verleiht, ist indessen nicht absolut. Institutionen unterliegen einem geschichtlichen Wandel: Sie sind „historisch beschränkt". Mehr als die formale oder prinzipielle Feststellung dieses Sachverhalts ist freilich nicht ohne weiteres möglich. Die Bedingungen, unter denen Institutionen sich wandeln, lassen sich nicht direkt angeben oder beschreiben. Sie sind vielmehr stets abhängig von einem detaillierten Verständnis der Institution und also Bestandteil von Theorien, die den Sinn oder die Funktion der Institution im systematischen Zusammenhang zu erklären suchen.

Der Begriff der Institution dient also dazu, die Lebensvorgänge der Gesellschaft und den in diese Vorgänge eingebundenen einzelnen Menschen darin genauer zu erfassen und zu verstehen.

Dabei wird deutlich, daß die leitenden Begriffe der Sozialphilosophie nicht scharf voneinander zu trennen sind. Der Begriff der Institution steht dem der Rolle nahe: In vieler Hinsicht bezeichnen beide offenbar dasselbe. Das von Institutionen geleitete Handeln läßt sich in aller Regel auch als die Übernahme einer Rolle beschreiben, und umgekehrt deutet das festgelegte und gegen persönliche Variationswünsche geschützte Rollenverhalten auf den engen Zusammenhang mit entsprechenden Institutionen.

Freilich zeigt nun diese wie jede Definition der Institutionen, daß dabei immer schon ein bestimmtes Verständnis dessen, was definiert werden soll, vorausgesetzt ist. M. a. W.: Es gibt die Institutionen offenbar nicht abgesehen von der Theorie, die sie beschreibt. Es gibt zwar die gesellschaftlichen Tatbestände und Einrichtungen, auf die sich der Institutionsbegriff bezieht; daß aber damit eine „Institution" gegeben sei, ist nicht aus sich selbst verständlich und bedarf der theoretischen Begründung. Für diese Theorie lassen sich eine Reihe von Grundfragen nennen, die der Antwort bedürfen und zu denen die Theorie vornehmlich Stellung nehmen muß.

Das ist erstens die Frage nach den Gründen für die Existenz der Institution, für ihre Entstehung und für ihr Fortbestehen auch unter wechselnden äußeren Bedingungen. Das ist zweitens die Frage nach der

Art und Weise ihrer Funktion, nach den für sie spezifischen sozialen Vorgängen und danach, wie sie eigentlich ihre Wirksamkeit zustande bringt. Und das ist drittens die Frage, in welchem Verhältnis der einzelne zur Institution steht, ob er dabei in irgendeiner Weise als einzelner in Betracht kommt, ob also der Individualität des Menschen in der Theorie der Institution eine maßgebliche Bedeutung zugemessen wird und worin diese Bedeutung etwa besteht.

Zur Information über die Anforderungen, die an eine Theorie der Institution zu stellen sind, dient die grundlegende Abhandlung von H. Schelsky: „Über die Stabilität von Institutionen, besonders Verfassungen. Kulturanthropologische Gedanken zu einem rechtssoziologischen Thema" aus dem Jahr 1949 (in: Auf der Suche nach Wirklichkeit, 1965, 33 ff.). Eine kritische Besprechung wichtiger institutionstheoretischer Konzepte bietet W. Pannenberg (Anthropologie in theologischer Perspektive, 1983, 386 ff.).

2. Zur Erklärung von Institutionen

Als Thema der Soziologie ist das Problem der Institutionen zuerst von H. Spencer dargestellt worden (The Principles of Sociology, 1876). Spencer versteht die Gesellschaft als einen nach Art der Gegebenheiten in der Biologie gegliederten Zusammenhang, der aus mindestens sechs „Organen" oder „Institutionen" besteht: Ehe und Familie, Staat, Kirche, Sitte, Ökonomie, Bildung. Später hat vor allem E. Durkheim die Institutionen als soziale Verhaltensformen beschrieben und ihre Geltung aus der in der Gesellschaft geltenden Religion hergeleitet (Die Regeln der soziologischen Methode, 1895, dt. 1961). Aus jüngerer Zeit sind vor allem drei Richtungen aus der Institutionstheorie hervorzuheben, die die sozialwissenschaftliche Diskussion bestimmt haben und die besonders für den Zusammenhang der Praktischen Theologie von Bedeutung sind.

a) Nach B. Malinowski (Eine wissenschaftliche Theorie der Kultur, dt. 1949) gehen die Institutionen auf Bedürfnisse des Menschen zurück, und zwar auf Bedürfnisse von der Art, die unbedingt befriedigt werden müssen, wenn das Leben der Menschen und der Gesellschaft gesichert werden sollen.

„Das erste und wichtigste (Axiom) besagt, daß jede Kultur das System der biologischen Bedürfnisse befriedigen muß; das sind die Bedürfnisse, die bestimmt sind vom Stoffwechsel, der Fortpflanzung, den physiologischen Temperaturbedingungen, dem Schutz vor Nässe, Wind und dem unmittelbaren Einwirken der schädigenden Klima- und Wetterfaktoren, dem Schutz vor gefährlichen Tieren und Mitmenschen, der Erholung zu ihrer Zeit, der Übung des Muskel- und Nervensystems durch Bewegung und von der Regelung des Heranwachsens“ (40).

Freilich sind diese Grundbedürfnisse nur erster und elementarer Anfang von Kulturleistungen überhaupt. Aus den biologischen entstehen alsbald neue Bedürfnisse gerade dann, wenn es gelingt, die elementaren Aufgaben zu bewältigen. Zu dieser neuen Art von Bedürfnissen gehören etwa solche der Wirtschaft, der Verwaltung, der Ökonomie oder der Bildung.

„Würden wir alle abgeleiteten Notwendigkeiten kurz aufzählen, die entstehen, weil die biologischen Bedürfnisse kulturell befriedigt werden, so würden wir sehen, daß die ständige Erneuerung des Apparates eine Bedingung ist, der das Wirtschaftssystem des Stammes entspricht. Die Zusammenarbeit von Menschen verlangt Normen des Betragens, die durch eine Autorität, durch physischen Zwang oder durch einen contrat social sanktioniert werden. Als Antwort finden wir die verschiedensten primitiven oder entwickelten Herrschaftssysteme. Die Erneuerung des Personalbestands jeder Teilinstitution und der ganzen Kulturgruppe verlangt nicht nur Fortpflanzung, sondern darüber hinaus ein Erziehungssystem...“ (42).

Die Institutionen dienen also nach Malinowski bestimmten Aufgaben oder Funktionen, die sich mit wachsender Kultur ausdifferenzieren. Die „funktionalistische“ Theorie folgt dabei dem Grundsatz, daß es nur die Funktionen gibt, die auch gebraucht werden: „Wird eine Gewohnheit nicht mehr belohnt, gebahnt, d.h. wird sie vital nutzlos, so fällt sie einfach aus“ (167f.). Das schließt freilich ein, daß auch gleichsam indirekte Funktionen gebraucht werden können, vor allem die, erworbene Fähigkeiten, Kenntnisse, Einstellungen und Erfolge weiterzugeben. Hier handelt es sich um die Institution der Traditionsvermittlung. Die Religion spielt in Malinowskis Abhandlungen nur am Rande eine Rolle (z.B. 204). Es läßt sich aber vermuten, daß sie unter die traditionsvermittelnden Einrichtungen eingereiht werden würde. Das aber reicht kaum aus, um den in allen Gesellschaften greifbaren Bestand an Religion zu erklären. Dieser Theorie zufolge müßten viele unter den kulturellen Vorgängen und Funktionen, da sie offensichtlich weder mit einem biologischen noch mit einem abgeleiteten Bedürfnis in Verbindung stehen, längst ausgefallen sein.

Kritisch ist gegen Malinowski eingewandt worden, daß die Funktionen der Institutionen, wenn sie nicht eindeutig bestimmten Bedürfnissen zugeordnet werden können, überhaupt nicht allein aus Bedürfnissen erklärt werden würden und daß also andere Gründe dazu anzunehmen wären; sodann, daß der Begriff Bedürfnis selbst ergänzungsbedürftig ist und vor allem die Frage nach dem Sinn des dadurch hervorgerufenen Handelns einschließt (vgl. W. Pannenberg, Anthropologie, 388 ff.; 442 ff.).

b) Folgenrcich und wirkungsvoll nicht nur innerhalb der Sozialwissenschaften ist die Philosophie der Institutionen geworden, die A. Gehlen, ausgehend von Studien zur Anthropologie (Der Mensch, 1940) 1956 vorgelegt hat (Urmensch und Spätkultur). Diese Theorie wird denn auch als „anthropologische" Theorie der Institutionen bezeichnet. Nach Gehlen liegen die Gründe für die Entstehung von Institutionen in der Natur des Menschen selbst: Er ist ein Mängelwesen, dessen Handeln nicht durch Instinkte vorgeprägt und festgelegt ist, der also das Handeln in Beziehung auf seine gesamte Umwelt selbst bestimmen und dauerhaft erst festlegen muß. „Institutionen haben die Ersatzfunktion für das übernommen, was die reduzierten Instinkte nicht mehr leisten" (HWP, Bd. 4, 423). Selbstverständlichkeit und Lebenssicherheit des menschlichen Handelns in der Erfüllung der dauerhaftesten Bedürfnisse werden durch die Institutionen garantiert. In seinen Institutionen also schafft der Mensch sich selbst die ebenso präzisen wie normativen Wege der Lebenspraxis, die die Natur ihm offengelassen hatte. Nicht mehr bloß biologische Lebensbedürfnisse, sondern anthropologische Grundstrukturen begründen die Einrichtung der Institutionen, in denen zugleich die Zwecke des Handelns und das Handeln selbst vorgebildet sind. Der einzelne steht vor diesen Institutionen wie vor übermächtigen Gewalten. Sie lassen ihm keine Wahl und keinen Einfluß, er muß sich ihrer Praxis ein- und unterordnen. Dafür entlasten sie ihn von allen Fragen, die mit ihrem Zweck zusammenhängen und geben ihn dadurch frei, seine Kräfte anderen Aufgaben zuzuwenden.

Diese Aspekte der Gehlenschen Theorie sind von H. Schelsky so zusammengefaßt worden: „In den Institutionen treten dem Menschen seine eigenen Zwecke verselbständigt und zu überpersönlichen Weltdaten und -kräften geworden gegenüber, so daß er, von ihnen geführt, in Bezug auf die in ihnen verkörperten Ziele von der subjektiven und individuellen Handlungssteuerung und Bewußtheit der Motive und Mittel entlastet ist. Bei allem institutionellen Handeln ist also letzte Rationalität und Zweckdienlichkeit aus der Motivebene des Handelnden verschwunden, sozusagen in die Institution selbst übergegangen und zur nicht mehr bewußten Selbstverständlichkeit ihrer Existenznotwendigkeit abgeblaßt; darauf beruht einerseits die Dauerhaftigkeit und Stabilität der Institution (und der in ihr verkörperten Zwecke), andererseits die Freistellung des bewußten Handelns zur Verfeinerung seiner Mittelhandlungen oder zur Entwicklung neuer Bedürfnisse und ihrer Erfüllungsweisen. Aber die funktionierende Institution entlastet den Menschen nicht nur von der Bewußtheit seiner Handlung, der Wahl seiner Motive und Mittel, sondern weitgehend vom Druck der betreffenden Bedürfnisse selbst. Dies geschieht dadurch, daß die Institution in ihrem Dasein die virtuelle Dauererfüllung der Bedürfnisse garantiert und damit diese entaktualisiert. Gehlen nennt diese chronische Dauererfüllung und Absättigung der in Institutionen untergebrachten menschlichen Bedürfnisse ‚Hintergrundserfüllungen' ..." (Auf der Suche nach Wirklichkeit, 1965, 263).

Der Begriff der „Hintergrundserfüllung" als der Form, in der die Institutionen ihre Leistung erbringen, ist bei Gehlen selbst so beschrieben: „Das Bewußtsein, daß eine Befriedigung eines Bedürfnisses jederzeit möglich ist, folgt dann aus den stabilen Daten der Situation, aber das Bedürfnis selbst wird dadurch in charakteristischer Weise verändert: Es tritt aus dem Vordergrunde der Affektivität zurück, und das nennen wir Hintergrundserfüllung, wobei im Grenzfalle das vorausgesetzte Bedürfnis gar nicht mehr in handlungsbesetzende Aktualität übergeht. Es erfüllt sich dann offenbar im Zustande der Virtualität am bloßen dauernden Dasein der Außengaranten. Hier liegt natürlich eine gewaltige Kraftquelle der Umlenkung von Antriebsbeträgen. Der Hunger wird zwar stets periodisch akut. Aber bei unserem Beispiel des ‚Spezialisten' in der Arbeitsteilung, der von anderen unterhalten wird, macht nicht mehr ‚der künftige Hunger hungrig', wie Hobbes sagte, sondern man wird von der dauernden Aktivität der Nahrungssuche entlastet, und die chronische Seite des Hungers, seine Angst vor sich selbst, tritt aus seinem Gefühltwerden zurück – eben das ist Sicherheit" (Urmensch und Spätkultur, 50).

Gleichwohl stehen die Institutionen nicht für alle Zeiten fest. Sie unterliegen dem geschichtlichen Wandel auch in dem Sinne, daß neue Kultursituationen zu neuen Institutionalisierungen führen. Alle Institutionen aber bleiben auf ein deutliches Maß an Zustimmung angewiesen. Gehlen betont ihren Verpflichtungscharakter (59 ff.) und also die Tatsache, daß Forderungen von ihnen ausgehen, die erfüllt werden wollen, die indessen aber kündbar und verletzlich bleiben. Mit dieser Seite der Institution hat Gehlen kulturkritische Reflexionen verbunden, die vor allem die Folgen des Verlustes von institutioneller Praxis in der Gesellschaft analysieren (Moral und Hypermoral, 1969, 95 ff.).

Gehlen hat auch die Religion unter die Institutionen gerechnet, und zwar aus Gründen, die in ihr selbst liegen: „In den überideellen Zustand tatbegründender Selbstverständlichkeit kommen die großen Gedanken nur als Inhalte von Institutionen. So liegt es auch im Wesen der Religion, für die die Institutionen nicht ein Äußeres sind. Ohne die Kirche würde die Religion „idealisiert", d. h. subjektivistisch zerlebt und in Erlebnisumsätzen verbraucht, wie die Künste" (Urmensch und Spätkultur, 41).

c) Ganz anders ist die Institutionstheorie auf dem Gebiet der Rechtsphilosophie ausgebildet worden. Als ihr Begründer gilt M. Hauriou (Die Theorie der Institution, hg. v. R. Schnur, 1965). In dieser Theorie bilden der Staat und seine Verfassung den eigentlichen Fall der Institution, deren Entstehung und Begründung zu erörtern ist. Hauriou geht dabei von einer völlig neuen Perspektive aus: Das Wesentliche an der Institution ist die Idee, von der sie geleitet ist, durch die sie begründet wurde und durch die sie wirkt. Eine Institution ist eine Idee, die verwirklicht worden ist.

„Die großen Linien dieser neuen Theorie lassen sich so kennzeichnen: Eine Institution ist eine Idee vom Werk oder vom Unternehmen, die in einem sozialen Milieu Verwirklichung und Rechtsbestand findet. Damit diese Idee in die konkrete Tatsachenwelt umgesetzt wird, bildet sich eine Macht aus, von der sie mit Organen ausgestattet wird. Zwischen den Mitgliedern der an der Durchsetzung der Idee beteiligten sozialen Gruppen ergeben sich unter der Oberleitung der Organe Gemeinsamkeitsbekundungen, die bestimmten Regeln folgen" (34).

Unter diesen drei Bedingungen oder Elementen einer Institution von Personen (der Idee, der organisierten Macht, der Zustimmung der Gruppe) ist die Idee die bedeutendste. Sie ist nicht einfach mit dem Zweck der Institution identisch, sondern geht als deren Plan weit darüber hinaus. Die Idee ist auch mehr als die Funktion (z. B. des Staates), denn die Funktion ist immer nur ein in die Wirklichkeit umgesetzter Teilbereich. Dagegen ist in der Leitidee stets noch unbestimmbares Wirkungsvermögen enthalten, das über die Vorstellung der Funktion hinaus geht. Wieder zeigt sich am Beispiel des Staates, daß die Funktion aus der Verwaltung und Erfüllung bestimmter Leistungen besteht, während die Leitidee der politischen Führung „sich im Unbestimmbaren vollzieht" (37). Die Anhänger der Idee organisieren sich in dem Verband, der sich für die Verwirklichung des Unternehmens einsetzt. Ihnen ist die Idee in ihrer objektiven Fassung vertraut. Zudem aber muß sich jede Leitidee subjektive Auslegungen gefallen lassen, die auch von jedem ihrer Anhänger auf seine Weise gebildet werden. Dennoch erhält sich die Idee auch in ihrer objektiven Fassung, und zwar deshalb, weil sie ursprünglich schon mehr ist als der Einfall eines einzelnen.

„Man muß sich allerdings fragen, welchen Quellen diese Objektivität der Idee ursprünglich entsprungen ist. Wäre die Idee die geistige Schöpfung einer einzigen Person, so wäre es kaum verständlich, weshalb sie so objektiven Charakter gewinnen und sich einem anderen Geist mitteilen können sollte. Von dem Augenblick an, da die Ideen von dem einen zum andern überspringen, müssen sie von Anfang an objektive Natur gehabt haben. In Wirklichkeit kann man Ideen gar nicht erschaffen, man kann nur auf sie stoßen. Ein Minnesänger, ein Dichter in seiner Begeisterung trifft auf eine Idee ebenso wie ein Bergmann auf einen Edelstein trifft; die objektiven Ideen sind also bereits in der weiten Welt vorhanden, mitten zwischen den Dingen, die uns hier umgeben. In den Augenblicken der Eingebung entdecken wir sie und bringen sie aus dem Berg von Ballast ans Tageslicht" (39).

d) Über diese drei unterschiedlich verschiedenen Richtungen der sozialwissenschaftlichen Institutionentheorie hinaus müßten vor allem T. Parsons systemtheoretische Deutung des gesellschaftlichen Lebens und die darauf aufgebaute Sozialphilosophie N. Luhmanns genannt werden, nicht weniger aber die Beiträge, mit denen H. Schelsky die einschlägige Diskussion vertieft und erweitert hat. Es scheint aber, daß die hier genannten Hypothesen und Interpretationen gerade für die im Zusammenhang der Praktischen Theologie notwendige Frage nach der Kirche als sozialer Institution das wesentliche Material bereits enthalten. Die weiteren Perspektiven werden deshalb bei der Erörterung der spezielleren Fragen herangezogen werden.

3. Zur Kritik der Institutionstheorie

Das grundlegende Problem aller sozialphilosophischen Theorien über die Institutionen bleibt die Frage nach dem Verhältnis dieser Institutionen zur Individualität des Bürgers, der tatsächlich in der für die Theorie zum Gegenstand gewordenen Gesellschaft lebt. In prinzipieller Weise hat W. Pannenberg das Problem formuliert, und zwar als kritische Anfrage an Durkheim, der die Institutionen aus der Gesellschaft im ganzen und damit aus einem Kollektivbewußtsein abgeleitet hat, das dem individuellen Bewußtsein qualitativ überlegen sein sollte.

„Um so mehr muß sich die Anthropologie aber der anderen Frage zuwenden, inwieweit die Institutionen nach Art und Anzahl dem individuellen Handeln überhaupt als „soziale Fakten" im Sinne Durkheims vorgegeben sind, weil, wie Durkheim meinte, in ihnen die Überlegenheit der allgemeinen Natur des Menschen über die Individuen zum Ausdruck kommt und inwieweit sie umgekehrt selber als Produkte individuellen Handelns aufzufassen sind. Mit dieser Frage ist implizit auch schon darüber entschieden, ob das Gesellschaftssystem ebenso wie seine Teilsysteme (Institutionen) letztlich vom Verhalten der Individuen her zu verstehen ist, oder ob die Individuen unbeschränkt auswechselbar und in ihrer Besonderheit für das Verständnis des Gesellschaftssystems belanglose Faktoren sind, so sehr das Gesellschaftssystem für seine Realität auf das Vorhandensein von Individuen überhaupt angewiesen ist" (Anthropologie in theologischer Perspektive, 387).

Die Reklamation von Individualität gegenüber institutionell vorgegebenen und übermächtigen sozialen Handlungszwängen ist auch in anderen Fällen der Ausgangspunkt der Kritik. So hat J. Taubes geltend gemacht, daß gerade das Individuum als „Resultat der Geschichte der Institutionen" anzusehen sei und daß die „Rückführung der menschlichen Verhältnisse auf den Menschen selbst" als Ziel dabei erkannt werden müsse (Das Unbehagen an den Institutionen, in: Zur Theorie der Institution, hg. v. H. Schelsky, 1970, 75). Ähnlich hat H. Dubiel auf die konservative Grundstimmung der Institutionentheorie hingewiesen, die das abweichende individuelle Verhalten kritisch auszugrenzen sucht (Identität und Institution, 1973, 49). Die Kritik der Institutionstheorie ist freilich in der Gefahr, aus dem Gegensatz zu wiederholen, was sie kritisch namhaft machen will: Institution und Individualität dürften auch von dieser Seite her nicht als Alternative aufgefaßt oder stilisiert werden. Das Grundproblem ist nur dann sachgemäß bezeichnet, wenn nicht nur die Realität, sondern der im Sinne der Humanität des Menschen unverzichtbare Charakter sowohl des institutionellen wie des individuellen Handelns und die Priorität des Individuellen darin erkannt ist. T. Rendtorff hat darauf aufmerksam gemacht, daß in der Kontroverse, in der Institution und Individualität einander gegenübergestellt werden, sich die Argumentationsfigur einer theologischen Diskussion abbildet, in der die Ansprüche einer um Objektivität bemühten Gotteslehre mit denen einer an der Subjektivität orientierten Glaubenslehre zu vermitteln sind (Gesellschaft ohne Religion?, 1975).

Rendtorff hat diese Konstellation an der Auseinandersetzung zwischen Luhmann und Habermas dargestellt (J. Habermas und N. Luhmann, Theorie der Gesellschaft oder Sozialtechnologie, 1971).

„Luhmann bewegt sich damit auf einer Ebene, die theologisch gesprochen die der Gotteslehre ist, sofern es in dieser – entgegen verbreiteten Mißverständnissen – nicht um die Besonderheit eines individuellen göttlichen Wesens, vorgestellt auf der Ebene anderer individueller Wesen, nämlich der Menschen, geht, sondern um Gott als den Inbegriff der Tätigkeit, der sich alle bestimmte Wirklichkeit verdankt. Solche Kritik der Anthropologisierung in der Soziologie geht darum Hand in Hand mit einer Kritik an einer Anthropologisierung des Gottesgedankens... Der Gegensatz wird sofort deutlich wenn man sieht, woran Habermas in der Kritik an Luhmann den Subjektbegriff bindet... Deshalb spricht sich dieses Sollen auch in Forderungen der Realisierung aus, die dann aber, genau genommen, immer Forderung einer Individualisierung gegebener Möglichkeiten sind. Das ist ja der Grundgehalt der Freiheitsforderung für das individuelle Subjekt, nämlich die an dieses Subjekt selbst zu richtende Forderung, Freiheit als seine, ihm universell gegebene Möglichkeit in bestimmter adäquater Weise zu realisieren, und das heißt eben: zu individualisieren. Damit bewegt sich die Kritik von Habermas auf einer Ebene, auf der in der Theologie Vollzug und Praxis des Glaubens thematisch werden, sofern dieser nämlich in mehr als kognitiven Wahrnehmungen sich definiert. Glaubenslehre, wie man das auch nennen kann, sucht auf der Ebene der individuell erfahrbaren Wirklichkeit von Menschen das einzuholen und zu verantworten, was in der Gotteslehre prinzipiell gewußt werden kann“ (Rendtorff 73 f.).

§ 30 Religion und Institution

1. Strukturen der religiösen Institution

Religion, die einer hat (oder nicht hat) und Religion, die sich vorfinden und zum Gegenstand von Untersuchungen machen läßt, sind offenbar nicht dasselbe. Im ersten Fall handelt es sich um Religion als Religiosität. Darüber ließe sich nur dann etwas sagen, wenn der Inhaber solcher Religiosität sich selbst dazu geäußert hätte. Im andern Fall handelt es sich um die Religion, die schon in Äußerungen besteht und darin für Beobachtungen und Beschreibungen greifbar wird. In Gestalt solcher Äußerungen ist die Religion ein Phänomen, das sich in jeder Gesellschaft findet und das offenbar konstitutiv zum Bestand der Gesellschaft hinzugehört. Dabei können die Formen der Äußerung verschieden sein, aber der Kreis der Möglichkeiten dafür ist begrenzt: Religiöse Handlungen, wie etwa der Kultus, religiöse Überlieferungen und Symbole, religiöse Gegenstände oder Formen religiöser Kommunikation stellen die Mittel der Äußerung dar. Die Religion, die sich auf solche Weise zu äußern vermag, ist eine in der Gesellschaft immer schon fest etablierte Institution. Sie liegt nach allgemeiner Überzeugung der Religiosität des einzelnen stets voraus.

„Der Ursprung unserer Frage liegt in der Beobachtung, daß die freie religiöse Subjektivität nicht ausreicht, die Religion zu erklären und zu begründen. Denn auch die freieste Subjektivität wächst in die Religion hinein, sie findet sowohl die Motive als auch die Ausdrucksformen, Symbole und Traditionen schon vor und ist schon im ersten Schritt zur Religion hin nicht mehr frei. Die Subjektivität transzendiert sich selbst, zunächst als Individuum begriffen zur Gemeinschaft hin" (W. Trillhaas, Religionsphilosophie, 1972, 196 f.).

Das religiöse Handeln, das als Äußerung greifbar wird, ist also soziales Handeln. Die religiöse Institution, die solches Handeln ermöglicht, tritt damit ein in den Kreis der elementaren sozialen Institutionen, die generell das gesellschaftliche Handeln strukturieren. Deshalb lassen sich auch für die religiöse Institution diejenigen Momente nachweisen und darstellen, die in den verschiedenen theoretischen Begründungen für das Wesen der Institutionen überhaupt geltend gemacht werden (s. o. 410 ff.).

a) Danach ist zunächst zu fragen, ob sich ein elementares Bedürfnis ausmachen läßt, das die religiöse Institution so begründet, wie andere Institutionen durch entsprechende Bedürfnisse oder anthropologische Strukturen begründet sind. Fundamental in diesem Sinne ist das Bedürfnis, das aus der Erfahrung der Abhängigkeit entspringt (s. o. S. 71 ff.).

„Was aber nun der religiösen Institution als Bedürfnis zugrunde liegt, ist nicht eine dieser Realisierungen von Abhängigkeit, und es ist auch nicht die Summe solcher Abhängigkeiten. Es ist vielmehr die Abhängigkeit selbst. Es ist die Abhängigkeit, als deren Manifestation das jeweils einzelne und konkrete Abhängigkeitserlebnis erscheint, oder umgekehrt die Abhängigkeit, die als Grund und Ursache aller verschiedenen Abhängigkeitserfahrungen zur Gewißheit wird. Das religiöse Bedürfnis kann deshalb nicht als ein bestimmtes und isoliertes Bedürfnis identifiziert werden. Das religiöse Bedürfnis ist die Bedürftigkeit des Menschen, es liegt, jenseits einzelner Abhängigkeiten und besonderer Bedürftigkeiten, in der Tatsache, daß er überhaupt bedürftig ist" (Vernunft, 17f.).

Diese Grundverhältnisse des menschlichen Daseins gehören zum festen Überlieferungsbestand der neuzeitlichen Anthropologie. Die entsprechenden Einsichten und Auslegungen finden sich bereits in der Tradition des Naturrechts (zu J. F. Buddeus vgl. D. Rössler, Vernunft, 90ff.). Auch Schleiermachers Begriff der „schlechthinnigen Abhängigkeit" (s. o. S. 77) gehört in diesen Zusammenhang.

Nicht anders sind die Formeln zu verstehen, die die neuere Religionssoziologie dafür gebildet hat. Die Bestimmung der religiösen Institution als System der Bewältigung von Kontingenz (N. Luhmann, Funktion der Religion, 1977, 187ff.) verschlüsselt mit dieser Formel den traditionellen Sachverhalt im neuen theoretischen Rahmen, läßt aber deutlich erkennen, daß der Bedarf solcher Bewältigung notwendig und zwingend vorausgesetzt ist. Zum vollständigen Bild dessen, was hier als Erfahrung der Abhängigkeit bezeichnet wird, gehört freilich ebenso das Moment ihrer positiven Erfüllung, die Erfahrung also, daß die Mittel für das Dasein nicht verweigert werden, und daß vielmehr dem Leben die Bereicherung und Erweiterung zuteil wird, die ihrerseits auf kontingente Weise zeigt, daß der Mensch nicht in seinen eigenen Möglichkeiten aufgeht (s. o. S. 71ff.; vgl. auch Luhmann, 200ff.).

b) Die religiöse Institution läßt sich in analoger Weise unter der Frage nach der leitenden Idee beschreiben. Diese Idee braucht einen Begriff, der ihre Funktion und die Ziele, die sich damit verbinden, zusammenfaßt. Für die religiöse Institution ist das erfüllt im Begriff der Freiheit. Dabei ist Freiheit zunächst ein Entsprechungsbegriff zu der Abhängigkeit, die als Bedürfnis der religiösen Institution zugrunde liegt. Von dieser Erfahrung der Abhängigkeit aus wird in der Idee der religiösen Institution die Aufhebung der Abhängigkeit in der Freiheit als Gegenbild entworfen. Einzelnes und bestimmtes Handeln der Institution legt die Idee im Blick auf konkrete Lagen aus und bringt die Freiheit als Aufhebung von Bedrückungen oder Einschränkungen zur Geltung. Damit aber erweist sich Freiheit als der Begriff, der die Interessen und Belange der Individualität zum Ausdruck bringt. Frei in vollem Sinn des Wortes kann immer nur der einzelne Mensch sein. Die leitende Idee der religiösen Institution ist daher immer Anwalt der Individualität gegenüber Zumutungen und Anforderungen, die von außen her und unabweisbar geltend gemacht werden.

In der abendländischen Kulturtradition ist Freiheit nicht primär ein philosophischer Begriff, sondern gehört in den Zusammenhang der Auslegung des persönlichen Geschicks und des Waltens übermächtiger Mächte (W. Warnach u. a., Art. Freiheit, in: HWP, Bd. 2, 1064 f.). Im Blick auf die religiöse Institution ist zu unterscheiden zwischen der leitenden Idee und ihrer Verwirklichung in Kirchen und in geschichtlichen Organisationen. Die Differenz zwischen Idee und Realität gehört zum Wesen gerade der religiösen Institution. Darin bringt sich der Gehalt des religiösen Sollens zum Ausdruck, der die Funktion der religiösen Institution wesentlich mit bestimmt (vgl. Vernunft der Religion, 21 ff.).

c) Die Funktionen der religiösen Institution haben den Charakter der Traditionsvermittlung. Sie bringen die Symbole und Überlieferungen zu aktueller Bedeutung. In der Regel wird dieser Vorgang als „Vermittlung von Sinn“ bezeichnet oder als Deutung und Auslegung des Lebens in einem Horizont, der den vorfindlichen Bestand der Erfahrung transzendiert (vgl. W. Trillhaas, Religionsphilosophie, 213 ff.). Die Wirkungen dieser Praxis der Religion lassen sich vor allem in den Begriffen „Verläßlichkeit“ und „Gewißheit“ zusammenfassen: Die angesichts der Daseinserfahrung insbesondere in extremen Lebenslagen unsicher gewordene Welt, in der das Leben selbst in Frage gestellt scheint, gewinnt durch den größeren und transzendenten Zusammenhang, in dem sie gedeutet wird, ihre Verläßlichkeit zurück und die Subjektivität entsprechend ihre Gewißheit. „Alle Religion beginnt mit der Überschreitung unserer Alltagserfahrung“ (W. Trillhaas, 213). Diese Wirkungen begründen die Gesinnung, die dem einzelnen seine Lebenspraxis gerade in solchen Erfahrungen ermöglicht, die sich nicht von selbst und aus sich verstehen lassen (s. o. S. 71 ff.).

N. Luhmann hat am Begriff „Sinn“ dessen Bedeutung für den Umgang mit Komplexität hervorgehoben: „Unter Sinn verstehen wir dabei eine besondere Form der Reduktion von Komplexität, die zugleich komplexitätserhaltend oder auch komplexitätssteigernd wirkt“ (Funktion, 1977, 20). Eine kritisch überprüfende und den theologischen Aspekt des Begriffs erläuternde Untersuchung findet sich bei E. Herms (Das Problem von „Sinn als Grundbegriff der Soziologie“ bei Niklas Luhmann, in: Theorie für die Praxis, 189 ff.).

d) Die soziale Gestalt der religiösen Institution ist von Th. Luckmann so skizziert worden:

„Zusammenfassend können wir sagen, daß institutionelle Spezialisierung als eine gesellschaftliche Form der Religion gekennzeichnet ist durch Standardisierung des heiligen Kosmos in einer zusammenhängend formulierten Lehre, Ausgliederung von selbständigen religiösen Rollen, Übertragung der Sanktionsgewalt hinsichtlich dokrinmäßiger und ritueller Übereinstimmung auf besondere Instanzen und das Hervortreten von Organisationen des ekklesiastischen Typus" (in: J. Matthes, Religion und Gesellschaft, 1967, 206).

Von besonderer Bedeutung ist dabei der Sachverhalt, daß die Ausbildung eines selbständigen religiösen Berufs zu den elementaren Merkmalen der Institutionalisierung gehört. Es gibt nahezu keine Religion ohne derartige Rollen. Wie immer ihre Funktionen und Aufgaben im einzelnen gefaßt sind, es ist auf jeden Fall unvermeidlich, daß die Institution in ihren Berufsträgern ihre Repräsentanz findet. Dadurch aber bildet sich der Gegensatz zwischen Klerus und Laien als ursprüngliches Merkmal der religiösen Institution aus.

Die Praxis des institutionellen Handelns ist, zumal in differenzierten Gesellschaften, nicht ohne weiteres zugänglich. Die Beteiligung am gemeinsamen Leben muß von jedem einzelnen erst erlernt werden. Dieser Prozeß der Sozialisation, der auf allen Gebieten und für das Ganze der Sozialität zu durchlaufen ist, stellt auf dem religiösen Gebiet besondere Aufgaben. Sie entstehen, weil hier nicht nur Kenntnisse und Verhaltensformen gelernt werden müssen, sondern Einstellungen und Gesinnungen, die ihrerseits wieder für die gesellschaftliche Praxis im Zusammenhang anderer Institutionen von Bedeutung sein können, also von erhöhter sozialer Relevanz sind. Im Prozeß dieser Sozialisation spielen nicht nur primäre Gruppen, sondern die religiöse Institution selbst eine große Rolle. Ihre Wahrnehmung wird vor allem von den Inhabern des religiösen Berufs erwartet.

Zur Sozialisation und ihrer Bedeutung für den Aufbau der Gesellschaft und darin zur religiösen Sozialisation finden sich bei P. Berger und Th. Luckmann ausführliche Äußerungen (Die gesellschaftliche Konstruktion der Wirklichkeit, 1969, 65 ff.). Entsprechend hat der Begriff in der Religionspädagogik ein besonderes Gewicht. Eingehende Erläuterungen dazu bietet K.-E. Nipkow (Grundfragen, Bd. 3, 34 ff.).

2. Religiöse Institution und moderne Gesellschaft

Die allgemeinen Strukturen, die sich für Aufbau und Funktionen der religiösen Institution bezeichnen lassen, finden sich naturgemäß in allen geschichtlichen und kulturellen Ausprägungen der institutionalisierten

Religion mehr oder weniger deutlich wieder. Für das Verständnis der neuzeitlichen Verhältnisse reicht indessen der Blick auf diese allgemeinen Strukturen nicht aus. Die Neuzeit hat zu Veränderungen der geschichtlichen Welt und zu neuen Konstellationen geführt, innerhalb derer das Problem der religiösen Institution seinerseits qualitativ neue Aspekte gewonnen hat. Die neuen Verhältnisse der Neuzeit sind von der Art, daß sie die religiöse Subjektivität immer mehr in den Vordergrund treten lassen und damit die soziale Gestalt der religiösen Institution problematisieren.

Zu den klassischen Analysen dieser Entwicklung gehört vor allem die von E. Troeltsch. Er hat gezeigt, daß „die Religion der modernen Welt wesentlich vom Protestantismus bestimmt ist" (Die Bedeutung des Protestantismus für die moderne Welt, 1911, Neudr. 1963, 92). Das ist freilich kein einheitlicher, sondern ein „tief innerlich gewandelter, zugleich ein in die verschiedensten Formen auseinandergehender" Protestantismus (ebd.). Für die soziale Gestalt und Bedeutung der Kirche ist diese Entwicklung in folgender Hinsicht bedeutsam: „Jetzt vollzieht sich jene Verschmelzung des Protestantismus mit den subjektivistisch-individualistischen, dogmatisch nicht autoritativ gebundenen Trägern einer Gefühls- und Überzeugungsreligion, die den ganzen Protestantismus nunmehr als die Religion des Gewissens und der Überzeugung ohne dogmatischen Zwang, mit freier, vom Staat unabhängiger Kirchenbildung und mit einer von allen rationellen Beweisen unabhängigen inneren Gefühlsgewißheit erscheinen läßt" (97).

Die Konsequenzen dieser Entwicklung sind von H. Schelsky in der Frage zusammengefaßt worden, ob die „Dauerreflexion" überhaupt noch institutionalisierbar sei (Ist die Dauerreflexion institutionalisierbar?, in: Auf der Suche nach Wirklichkeit, 250 ff.). Mit Dauerreflexion soll dabei die spezifische neuzeitliche Verfassung des allgemeinen Bewußtseins und zumal die der religiösen Kommunikation bezeichnet sein. Hier ist das, was sonst auch als Dominanz der Subjektivität bezeichnet wird, schon als deren Folge ins Auge gefaßt: Der Subjektivismus äußert sich als permanente und alle Lebensverhältnisse erfassende Reflexion, die wiederum ihre konkrete soziale Gestalt in den unterschiedlichsten Formen der einschlägigen Diskussion annimmt (266 ff.).

Schelsky formuliert damit im religionssoziologischen Zusammenhang, was Kirche und Theologie als Problem des neuzeitlichen Pluralismus diskutieren (s. o. S. 260 ff.). Der Strukturwandel, der sich durch die Dominanz der Subjektivität in der neuzeitlichen Theologiegeschichte angebahnt hat, ist als Übergang zur positionellen Theologie bezeichnet worden (D. Rössler, Positionelle und kritische Theologie, in: ZThK 67, 1970, 215 ff.). Dieselben Entwicklungen sind von F. Wagner in Hinsicht auf die Theorie des Selbstbewußtseins analysiert worden (Christologie als exemplarische Theorie des Selbstbewußtseins, in: Die Realisierung der Freiheit, hg. v. T. Rendtorff, 1975, 135 ff.).

Schelsky hat für den Bestand der religiösen Institution aus diesen Beobachtungen den Schluß gezogen, daß mit der Dauerreflexion ein Prinzip, das aller Institutionalisierung widerspricht, im Begriff ist, dennoch institutionalisiert zu werden und damit eine paradoxe Tendenz zur Grundlage der Institution zu machen.

„Was wird eigentlich in diesen modernen religiösen Institutionalisierungen angesonnen: Dauerreflexion ohne Handlungsverlust, Weg nach innen ohne Außenverlust, Ich-Einsamkeit ohne Du-Verlust, Dauerrede, um zu schweigen" (273).

Zugleich aber erinnert Schelsky daran, daß dieses Problem in der christlichen Tradition alt sei und daß sich hier auf moderne Weise wiederhole, was als Widerspruch zwischen sichtbarer und unsichtbarer Kirche oder zwischen Geist und Buchstabe das Christentum bestimmt habe (272).

Auch Luhmanns Analysen der Religion verstehen die moderne Gesellschaft als ein Ergebnis der Wandlungen zwischen dem 17. und 19. Jahrhundert (Funktion, 229). Erst die neuzeitliche Gesellschaft ist durch den Vorrang funktioneller Differenzierung (vor stratifizierten Strukturen) gekennzeichnet und erst hier also ist es sachgemäß, Religion als Funktion und Institution als System zu beschreiben. Neu an der neuzeitlichen Gesellschaft und am neuzeitlichen System der Religion ist dabei deren Einordnung in den Zusammenhang des gesamten Gesellschaftssystems als ein (Sub-)System unter anderen, wobei freilich die (faktische) Unverzichtbarkeit der Funktion von Religion um so deutlicher hervortritt.

F. X. Kaufmann hat die Wandlungen der katholischen Kirche in der Neuzeit untersucht (Kirche begreifen, 1979). Eine seiner hauptsächlichen Thesen lautet, daß die „Selbstthematisierung des Christentums als Kirche" und der „organisatorische Ausbau des Kirchenwesens" Reaktion auf die neuzeitlichen Veränderungen sei (57). E. Herms hat die Bedeutung der „sozialgeschichtlich-evolutionstheoretischen Betrachtungsweise" bei Kaufmann hervorgehoben und auch für den Protestantismus auf die Bedeutung der Organisationsfragen für die Kirche der Neuzeit hingewiesen (Im Übergang zur nach-modernen Welt, in: LM 24, 1985, 76 ff.). Dieser kultur- und kirchengeschichtliche Aspekt enthält zweifellos Parallelen zur sozialgeschichtlichen Analyse bei Luhmann.

Die religiöse Institution hat danach unter den Bedingungen der Moderne einerseits von ihren klassischen Strukturen wenig eingebüßt und ist auch in diesem Rahmen unverändert zu identifizieren. Andererseits aber treten nicht nur neue Probleme hinzu. Es treten vielmehr Probleme auf, die sich nicht einfach mit den überlieferten Strukturen vermitteln lassen. Für ein zureichendes Verständnis der Kirche als sozialer Institution ist der Interpretationsrahmen der klassischen Institutionentheorie deshalb nicht mehr ausreichend. Das aber bedeutet, daß der tatsächliche Wandel der Kirche und die Entwicklungen, die längst Platz gegriffen haben, von den theoretischen Urteilen nicht mehr ohne weiteres gedeckt werden. Kirchenreform ist danach zunächst gerade keine Aufgabe der Praxis, sondern der Theorie: Zu fragen ist nach einem Interpretationsprogramm, das die Verhältnisse der religiösen Institution, wie sie bereits geworden und wie sie weiterhin im Werden begriffen sind, zu verstehen lehrt.

3. Institution und subjektive Religiosität

Das Verhältnis zwischen der Kirche als neuzeitlicher Institution einerseits und der religiösen Subjektivität andererseits ist nicht einfach zu bestimmen. Für nicht wenige religionssoziologische Theorien scheint die religiöse Subjektivität überhaupt keine Rolle zu spielen. Das gilt schon für die Theorie von T. Parsons (The Social System, 1952), der den religiösen oder Glaubenssystemen ohnehin nur geringe soziale Bedeutung zumißt (367 ff.); das gilt aber auch für N. Luhmann, für den die Funktionsfähigkeit des religiösen Systems gerade durch dessen Unabhängigkeit von allen individuellen Bedürfnissen oder Einwirkungen und durch die Überlegenheit dem gegenüber begründet ist (Funktion, 30). Andererseits aber gilt nun gerade die Entdeckung der Subjektivität als Beginn der Neuzeit, und zwar nicht nur, wo der daraus folgende Subjektivismus als spezifisch moderne Gefahr für das soziale Leben angesehen wird (A. Gehlen, Urmensch und Spätkultur, 22 ff.), sondern auch dort, wo diese Entwicklung gerade dem Begründungs- und Entstehungszusammenhang moderner Sozialität zugerechnet wird (Luhmann, Funktion, 96). Dadurch wird ein kausales oder genealogisches Verhältnis zwischen Subjektivität und neuzeitlicher Institution vorausgesetzt, das eben die Subjektivität in den Zusammenhang gegenwärtiger Wirklichkeit einschließt. Das Verhältnis zwischen Subjektivität und Institution ist daher eine unübergehbare Frage und zwar vor allem auf dem Gebiet der Religion, die die Gestalt des individuellen Lebens zum wesentlichen Thema macht.

Tatsächlich gehört die individuelle Religion zu den elementaren Daten des gemeinsamen Lebens. Die individuelle Religion ist gelebte Religion und damit als sie selbst unsichtbar. Sie tritt nicht direkt in Erscheinung. Sie ist in der Praxis des gelebten Lebens enthalten, und sie kann darin nicht ohne weiteres ausgemacht oder bloßgelegt werden. Aber sie zeitigt Folgen und wird im Leben eines Menschen wirksam, freilich auch in dieser Hinsicht nur so, daß diese Folgen und Wirksamkeiten nicht direkt von außen als Resultate der Religiosität identifiziert werden könnten. Die von der subjektiven Religion gestaltete Lebenspraxis läßt diese Dimension ihrer Gestaltung nicht isolieren und erkennen, und zwar auch für den einzelnen Menschen selbst nicht. Man legt sich nicht Rechenschaft ab über die Momente des Motivationsgefüges, das der eigenen Lebenspraxis zugrunde liegt, und man wäre auch nicht in der Lage, diese Momente zu differenzieren und den Anteil der Religiosität dabei auszugrenzen.

Empirisch zeigt sich die Selbsteinschätzung allerdings darin, daß bei einschlägigen Erhebungen die Zugehörigkeit zur Kirche zur Geltung gebracht wird. So haben bei der EKD-Studie etwa $\frac{2}{3}$ der Befragten angegeben, sie fühlten sich der Kirche verbunden („etwas verbunden" und mehr, Wie stabil ist die Kirche?, hg. v. H. Hild, 194). An diesem Ergebnis der Studie zeigt sich im übrigen (wie an anderen), daß die eigene Religiosität überwiegend nicht isoliert, sondern im Zusammenhang mit der institutionellen Religion gesehen wird. Freilich wird von dieser Beziehung nicht entfernt der direkte praktische Gebrauch gemacht, der zahlenmäßig der ausgedrückten Verbundenheit entspräche (etwa was den Gottesdienstbesuch betrifft). Man wird diese Verhaltensform, die einerseits die Bedeutung des institutionellen Handelns affirmiert, die andererseits aber dazu in gewisser Distanz bleibt, im Zusammenhang mit dem Begriff der „Hintergrundserfüllung" (s. o. S. 413) zu sehen haben.

Zur näheren Bestimmung von Religiosität ist der Vorschlag gemacht worden, ihre Entstehung und Ausformung im Zusammenhang mit den unterschiedlichen Ebenen der Lebenserfahrung des Menschen zu betrachten (V. Drehsen u. H. J. Helle, Religiosität und Bewußtsein, in: Religionssoziologie als Wissensoziologie, hg. v. W. Fischer und W. Marhold, 1978, 39 ff.). Danach entsteht „Alltagsreligiosität" mit verläßlichen Handlungsanweisungen und Befähigungen zur Sozialität auf der Ebene unmittelbarer Wirklichkeitserfahrung in der Begegnung von Mensch zu Mensch und also vor allem in der Familie; sodann bedarf die „Selbsterfahrung" im Verhältnis zur eigenen Lebensgeschichte der Verarbeitung und Deutung, für die neben der Familie die großen Passageriten ihre Rolle spielen; weiter ist es die Erfahrung im größeren Umfeld der Gesellschaft und ihrer Gruppen, die durch symbolische Allgemeinbegriffe ausgelegt und zugänglich gemacht wird; schließlich ist es die fast abstrakte Erfahrung der Zeit, der Geschichte, der Zukunft nicht zuletzt im Blick auf Sterben und Tod, die im subjektiven Vermögen zu religiöser Transzendierung aufgehoben wird (45 ff.). Analysen wie diese sind geeignet, den Zusammenhang von religiöser Institution und religiöser Subjektivität zu illustrieren: Die eigentliche Leistung der Institution liegt nicht nur in der Produktion und Erhaltung der religiösen Vorstellungen, die in den unterschiedlichen Erfahrungen wirksam werden können, sondern ebenso im Instrumentarium und in den Modalitäten der Weitergabe, die eine individuelle Aneignung der Vorstellungen und Interpretationen im Zusammenhang jeweils eigener unverwechselbarer Erfahrung ermöglichen. Das institutionelle Handeln erweist sich als ausgerichtet auf die Individualität.

Zusammenfassend wird die wesentliche Funktion der Institution für den einzelnen zumeist in der Vermittlung von Sinn gesehen, und zwar so, daß der Vorgang solcher Vermittlung dabei das eigentliche (und vor allem neuzeitliche) Problem darstellt. Tatsächlich sind sowohl die subjektiven wie die sozialen Bedingungen der „Aneignung" im Prozeß dieser Vermittlung äußerst komplex und nur schwer überschaubar. A. Hahn hat darauf aufmerksam gemacht, daß hier vor allem die veränderten Bedingungen für das Verhältnis zur eigenen Biographie, die dem einzelnen nicht mehr einfach sinnhaft vorgegeben ist, eine Rolle spielen (Religion und der Verlust der Sinngebung, 1974, 115ff.). Die Aufgabe der kirchlichen Praxis im Blick auf die Vermittlung von Sinn ist von W. Greive eingehender dargestellt worden (Praxis und Theologie, 1975).

Greive vertritt die These, „daß sich die kirchliche Praxis als Vermittlung des absoluten Sinnvertrauens zu verstehen hat" (42). Dabei gilt die Kirche als die Institution, die schon auf dem Grund eines bestimmten und gemeinsamen Sinnbewußtseins gebildet wird. Bloße Privatisierung der Religion durch den einzelnen wäre demgegenüber ein fatales Mißverständnis, weil darin die ausdrücklichen Inhalte, die den Sinn ausmachen, verblassen. Als Sinn muß vielmehr der „Zusammenhang des universalen Sinnhandelns Gottes" festgehalten werden (49). Hier wird also darauf aufmerksam gemacht, daß die Funktion der Sinnvermittlung nur wahrgenommen werden kann, sofern damit der einzelne im größeren Zusammenhang aufgehoben wird, und daß also die Aneignung von Sinn immer auch die Einordnung in diesen größeren Zusammenhang bedeutet. Gerade die religiöse Institution ist nicht bloß Lieferant für den Konsum von Sinn. Funktionsfähig und wirksam kann die Sinnvermittlung nur sein, wenn sie die Subjektivität zurückbindet in die Gemeinsamkeit, die die Institution abbildet.

§ 31 Kirche als Institution

1. Institution als theologischer Begriff

Der Begriff der Institution gehört zum wissenschaftlichen Sprachbestand schon der älteren Theologie. Calvin nennt seine umfängliche und zusammenfassende Darstellung der christlichen Lehre Institutio religionis Christianae, und auch in der lutherischen Dogmatik wird der Begriff in gleichem Sinn verwendet. Lehrbücher der dogmatischen Theologie heißen hier Institutiones theologiae dogmaticae (J. F. Buddeus, 1724) oder einfach Institutiones theologicae (J. Henichius, 1665). Für die deutsche

Übersetzung ist dabei der Begriff „Unterricht" üblich geworden (vgl. die deutsche Übertragung von Calvins Institutio von O. Weber: Unterricht in der christlichen Religion, 1936). Das ist eine zweifellos sachgemäße, gleichwohl aber nicht vollständige Übersetzung: institutio heißt auch „Einrichtung" und findet mit dieser Seite seiner Bedeutung ebenfalls Verwendung in der Theologie. So heißt es CA V vom Predigtamt „institutum est", und damit ist offensichtlich eine Stiftung bezeichnet, durch die das Amt für die Dauer und definitiv „eingesetzt" wurde. Die Formel will die Kontinuität des Amtes und der rechten Lehre zum Ausdruck bringen (vgl. W. Maurer, Historischer Kommentar zur Confessio Augustana, II, 1977, 142; ders., Pfarrerrecht und Bekenntnis, 1957, 74 ff.). Deshalb ist im Begriff der Institutio, sofern er die christliche Lehre bezeichnet, gerade deren Kontinuität mit benannt: Der Unterricht faßt eben das zusammen, was bleibt und was bleiben muß, um Christentum und Kirche zu erhalten.

In diesem Doppelsinn hat der Begriff schon eine vorchristliche Vorgeschichte. Auch in der römischen Antike wurden Lehrbücher als institutiones bezeichnet (z. B. Quintilian: institutio oratoria). In der römischen Jurisprudenz sind institutiones die systematischen Lehrbücher des Rechts. Das damit begründete Institutionensystem hat sich bis ins 19. Jahrhundert erhalten (vgl. Der kleine Pauly, 2, 1416). Hegel hat dem Begriff besonderes Gewicht gegeben (Grundlinien der Philosophie des Rechts, § 263).

In der Theologie der lutherischen Tradition ist der Begriff der Institution vor allem durch seine Nähe zu dem der „Ordnung" und zum Lehrstück von den drei Ständen geprägt. So bringt Hollaz die Begriffe in unmittelbaren Zusammenhang: status sive ordines in ecclesia instituti sunt tres: status ecclesiasticus, politicus, oeconomicus (Hutterus redivivus, 1848[7], 316). Danach sind die Stände so eingerichtet, wie CA V zufolge das Predigtamt. Tatsächlich haben die drei Stände oder Ordnungen in der lutherischen Tradition die Funktionen gehabt, die neuerlich in der Institutionstheorie diskutiert werden. Die Ausbildung dieses Lehrstücks hat zweifellos das neuzeitliche Bewußtsein im Blick auf die sozialen Strukturen mit beeinflußt. Zu den leitenden Begriffen, die für die Auslegung dieses Lehrstücks eine Rolle spielten, gehören die der „Schöpfungsordnung", der „Erhaltungsordnung" oder des „Mandats".

Zur Orientierung über das klassische Lehrstück dient unüberboten W. Elert (Morphologie, Bd. 2, 49 ff.). Den Begriff der Schöpfungsordnung erläutert F. Lau (Art. Schöpfungsordnung, in: RGG[3], V, 1492 ff.; vgl. ebd. 1486 ff.). Der Begriff Mandat stammt von D. Bonhoeffer (Ethik, 1981[9], 22 ff.).

In den letzten Jahrzehnten ist der Begriff der Institution im theologischen Zusammenhang zum Thema einer intensiven Diskussion zwischen sehr unterschiedlichen Positionen geworden. Diese unterschiedlichen Positionen haben sich vor allem durch die theologische Entwicklung seit dem 19. Jahrhundert herausgebildet. Eine eindringliche und instruktive Zusammenfassung dieser Diskussion, die zugleich deren Abschluß bezeichnet, stammt von W. D. Marsch (Das Institutionen-Gespräch in der evangelischen Kirche, in: Zur Theorie der Institution, hg. v. H. Schelsky, 1970, 127 ff.).

Aus dieser Diskussion sind drei Standpunkte von besonderer Bedeutung. Das ist zunächst der, der sich mit dem Namen von L. Raiser verbindet. Danach ist das Grundmodell für alles neuzeitliche Rechtsdenken der Vertrag, und nur durch gegenseitige Abmachung unter prinzipiell gleichen Partnern kann es überindividuelle Ordnungen einschließlich von Sanktionen geben. Jeder allgemeingültige Anspruch des Rechts kann nur durch einen besonderen Willensakt von Menschen gesetzt werden und unterliegt deshalb geschichtlichen Wandlungen und Korrekturen. Nur in diesem Sinne können die Institutionen verbindlich sein. Anders H. Dombois: Er sieht in den Institutionen zunächst deren Existenzialität und versteht sie also als einen personalen Vorgang und zwar so, daß Institutionen zwar einerseits (als Gesetz) dem Menschen vorgegeben sind und seine Autonomie einschränken, daß sie aber andererseits (als Evangelium) Chancen der Freiheit, der Liebe und der Hoffnung seien. Demgegenüber hat E. Wolf drei typische Beziehungsformen für das institutionelle Grundverhältnis des Menschen zu Gott unterschieden: Den Bund zwischen Gott und Mensch, den Bund zwischen Menschen (der dem ersten entsprechen soll) und die Herrschaft über die dingliche Welt (132 ff.).

Diese Diskussion macht anschaulich, wie sich die großen Tendenzen der Zeit gerade in der Auseinandersetzung über Grundfragen der theologischen Ethik zur Geltung bringen. Zugleich wird hier sichtbar, daß über wesentliche Grundlagen der Ekklesiologie schon in der Ethik entschieden wird. Der theologische Begriff der Institution bildet das Fundament auch und gerade für das Verständnis der Kirche.

Ihren wesentlichen theologischen Ort hat die Frage nach den Ordnungen und Institutionen im Zusammenhang der Lehre von Schöpfung, Sünde und Erhaltung der Welt. G. Ebeling, der das Thema im Rahmen der Versöhnungslehre erörtert, hat die grundlegenden Begriffe und Perspektiven so zusammengefaßt:

„Sowenig die Sünde Gottes Tat ist, sosehr beruht doch die Realität ihrer Auswirkung auf Gottes Handeln. Es liegt nicht am Menschen, sondern an Gott, daß sie nicht ungeschehen zu machen ist. Zum andern: Gott ist zugleich auch der, der die Auswirkungen der Sünde eindämmt. Gebote und Verbote geben Weisungen und ziehen Grenzen. Institutionen stellen Ordnungsfaktoren dar, wenn dadurch auch oft nur eine bestimmte Art von Unordnung stabilisiert wird, um das Chaos zu verhindern. Die Macht zu schaden und zu töten wird aus der Hand der Rache in die des Rechts gelegt, um durch Strafen zwar nicht die Sünde zu überwinden, wohl aber die Gesamtsituation in ihr erträglicher zu machen (vgl. Röm 13,1–7)" (Dogmatik des christlichen Glaubens, II, 194 f.).

Als theologische Interpretation sozialwissenschaftlicher Einsichten und Hypothesen ist die Theorie der Institution zu verstehen, die W. Pannenberg vorgeschlagen hat (Anthropologie in theologischer Perspektive, 400 ff.). Pannenberg übernimmt die Unterscheidung von durch Sachen und durch Personen begründeten Institutionen (nach M. Hauriou, s. o. S. 413 f.) als zwei ursprünglichen Bereichen der Institutionalisierung, die in der Familie einerseits sowie in Eigentum und Wirtschaft andererseits exemplarisch realisiert sind. Zum Unterschied dieser Institutionen gehört, daß sich in der einen das Moment der Partikularität oder Individualität (Familie) und in der anderen das der Gemeinschaft oder Universalität (Wirtschaft) zur Geltung bringt, daß aber beide Momente stets aufeinander bezogen bleiben müssen. Pannenberg verweist dabei auf die Übereinstimmung dieser Strukturen der Institutionalisierung mit denen der empirischen Anthropologie, zu deren Grundlagen die Unterscheidung von Zentralität und Exzentrizität gehört.

„Die Beschreibung der Verknüpfung von Partikularität und Gemeinschaftlichkeit im Prozeß der Institutionalisierung – in der Folge aber auch in der lebendigen Ausfüllung des durch die Institutionen gegebenen Rahmens – dürfte geeignet sein, die traditionelle theologische Lehre von Schöpfungs- und Erhaltungsordnungen zu ersetzen... dabei muß es sich zur Begründung einer theologischen Institutionenlehre um bereits theologische reflektierte und durchdrungene Gesichtspunkte der Anthropologie handeln, nicht um eine bloße Übernahme theologisch festgestellter Gegebenheiten. Die Unterscheidung und Zuordnung der Gesichtspunkte von Partikularität und Gemeinschaftlichkeit des Lebensvollzuges könnten diese Funktion erfüllen" (402 ff.).

Die katholische Moraltheologie hat ihrerseits das Institutionenproblem aufgenommen und vielfach interpretiert. Ein bedeutendes Beispiel dafür bietet der Beitrag von W. Korff zur Institutionstheorie (in: Handbuch der christlichen Ethik, Bd. 1, 1978, 168ff.).

„Institution und Ereignis" bezeichnet Buchtitel und Fragestellung einer Interpretation urchristlicher Texte von J. L. Leuba (1957).

2. Kirche und Gesellschaft

Die Einsichten und Hypothesen, die Religionssoziologie und Institutionentheorie in großer Zahl und als einen breiten Bestand herausgebildet haben, können für das Selbstverständnis der Kirche nicht ohne Folgen sein. Diese Folgen freilich werden nicht einfach darin bestehen, daß Daten oder Tatsachen oder Theorien nunmehr theologisch zu rezipieren wären. Die Folgen sind zunächst vielmehr kritischer Natur. Die sozialwissenschaftlichen Einsichten und Hypothesen machen vor allem darauf aufmerksam, daß die Ekklesiologie und das Selbstverständnis der Kirche ihrerseits keineswegs frei von durchaus analogen, wenngleich in vieler Hinsicht abweichenden und den Realitäten widersprechenden Annahmen, Voraussetzungen und Hypothesen sind. Sofern in der Kirchentheorie nicht ausschließlich von der unsichtbaren Kirche die Rede sein soll, wird offensichtlich auf die empirische Kirche Bezug genommen. Äußerungen zu empirischen Sachverhalten aber unterliegen der kritischen Prüfung und müssen sich bewähren und legitimieren. Die folgenden Themen sind dafür von besonderer Bedeutung.

a) Die Unterscheidung zwischen Kirche und Gesellschaft gehört zu den gebräuchlichen Denk- und Argumentationsmodellen der kirchlichen Theorie und Praxis. Eine derartige Unterscheidung liegt sowohl der Säkularisierungshypothese zugrunde, wie aber auch der Vorstellung, daß Kirche und Gesellschaft als zwei konzentrische Kreise vorstellbar wären, bei denen dann die Peripherie des inneren die Grenze bezeichnete, die der Unterscheidung entspricht (vgl. dazu K. Barth, Christengemeinde und Bürgergemeinde, 1946). An der Gegenüberstellung von Kirche und Gesellschaft, die aus der Unterscheidung resultiert, werden danach in der Regel die Funktionen bestimmt, die der Kirche der Gesellschaft gegenüber zukommen sollen.

W. D. Marsch (Institution im Übergang, 1970) hat diese Vorstellungen kritisch besprochen und dabei auf die „späten änigmatischen Äußerungen" Bonhoeffers über eine „Kirche für andere" (157f.) hingewiesen. Als charakteristisch kann der Satz gelten: „Die Kirche selbst sieht sich zur Existenz einer kritischen Kirche herausgefordert – zu einer Kirche der Alternativbereitschaft und der Alternativfähigkeit. Sie soll eine Kirche werden, die es lernt, unter vielerlei Namen und Gesichtern zu existieren, die für alle da ist und sich darum auf viele Sprachen versteht" (W. Simpfendörfer, Offene Kirche, kritische Kirche, 1969, 158).

Derartigen Argumentationsfiguren liegen zumeist falsche und also korrekturbedürftige Urteile über empirische Sachverhalte zugrunde. Tatsächlich ist die Differenz zwischen Kirche und Gesellschaft etwas anderes als ein empirisches Datum: Die Kirche steht der Gesellschaft nicht anders gegenüber, als alle sozialen Institutionen das tun. Zudem entsteht leicht der Eindruck, daß es sich bei der der Gesellschaft gegenübergestellten Kirche um eine ganz homogene und in sich eindeutige Gruppe handelt.

Tatsächlich aber bildet sich innerhalb der Kirche ab, was die Gesellschaft überhaupt an Richtungen und Tendenzen bestimmt. Deshalb ist es nicht zufällig, daß gerade die von einzelnen kirchlichen Kreisen zur Geltung gebrachte Kritik an der Gesellschaft oder an bestimmten Erscheinungen der Gesellschaft nur wiederholt, was auch an anderen Orten dieser Gesellschaft vorgebracht wird und daß die Diskussion, die zwischen unterschiedlichen Positionen in der Öffentlichkeit stattfindet, sich in der Kirche selbst noch einmal reproduziert.

Es sind also Konsequenzen aus der Einsicht zu ziehen, daß die Kirche ein Teil und ein Aspekt der Gesellschaft ist, in der sie sich organisiert. W. D. Marsch hat diese Konsequenzen eindrücklich formuliert.

„Über diese fundamentale ‚Gesellschaftlichkeit von Kirche' brauchte man theologisch solange nicht nachzudenken, wie man (wie z. B. Luther) annehmen konnte, bestimmte Gottesordnungen gehörten zum Weltbestand – unter ihnen die Kirche. In dem Maße jedoch, wie die Institutionen erkannt werden als erst im geschichtlichen Vergesellschaftungsprozeß entstehend – anders gesagt: wie die Geschichtlichkeit aller institutionellen Bildungen durchschaut wird –, wird es problematisch, die Kirche aus dem gesellschaftlichen Institutionen-Geflecht herauszunehmen und ihr irgendeine Besonderheit qua Kirche zusprechen zu wollen... Als Institution kann die Kirche weder ‚den Glauben' der in ihr inkorporierten Menschen voll repräsentieren, noch ihn gar einheitlich, für alle in gleicher Weise gültig, fordern. Toleranzzwang, differenzierte Teilhabe, plurales Angebot, Kollision verschiedener Mentalitäten und Interessen und die daraus resultierenden Konflikte, – das alles folgt schon daraus, daß Kirche dem einzelnen als Institution begegnet. Sie kann als solche nur Dach, allgemeiner Rahmen, versachlichtes Engagement sein. Konkreter gesprochen: ‚Bekenntnistreue', ein lehrmäßig-ideologischer Zusammenhalt kann nur ein (meist historisch vorgegebener) Rahmen für die Explikation des eigenen Glaubens sein. Sie kann es umso weniger, je differenzierter die gesellschaftliche Situation wird" (162 ff.).

Ähnlich hat auch T. Rendtorff diese Konsequenzen beurteilt (Das Problem der Institution in der neueren Christentumsgeschichte, in: Zur Theorie der Institution, hg. v. H. Schelsky, 1970, 141 ff.). Rendtorff nimmt insbesondere auf die Probleme Bezug, die sich mit der neuzeitlichen Konstellation sowohl der sozialen Institutionen wie des Christentums verbinden. Der Prozeß der Differenzierung hat dazu geführt, daß kirchliche Institutionen nicht mehr von sich aus als einheitliche Größen gelten können. Das kommt schon darin zum Ausdruck, daß die Institutionen selbst ihre Identität nur noch historisch eindeutig zu definieren vermögen. Für die Gegenwart ist auch das innere Selbstverständnis der Kirchen durch den Pluralismus von Theologien und Frömmigkeiten bestimmt, der das Resultat des neuzeitlichen Differenzierungsprozesses ist. Das bedeutet, „daß keine einzelne Position mehr das Ganze des

Christentums für sich reklamieren kann, sowenig, wie das eine einzelne subjektive Frömmigkeit tun kann" (153). Rendtorff macht deutlich, daß diese Entwicklung der Folgen der neuzeitlichen Differenzierungsprozesse nicht als Verlust verstanden werden müssen. Denn es ist sehr die Frage, ob eine „Identifikation im theologisch-normativen Sinn" überhaupt dem gegenwärtigen Stand des Christentums noch gerecht werden kann. Unter Aufnahme der Argumentationen von E. Troeltsch wird vielmehr das Urteil begründet, daß das gegenwärtige Christentum eben in dieser vielfachen Identität erst sachgemäß begriffen sei (150f.). Die Folgen für den Begriff der christlichen Institution sind allerdings weitreichend.

„Institutionen im eingangs genannten umfassenden Sinne sind nicht mehr allein die Kirchen, ihre Lehren und Dogmen oder das, was in der Theologie an deren Stelle getreten ist. Institution im umfassenden Sinne ist vielmehr die neuzeitliche Welt des Christentums. Sie erfüllt durchaus die Funktion der Institution, in dem Sinne, daß die Wirklichkeit des Christentums in keiner einzelnen Bedeutung, die ihr beigelegt wird, aufgeht. Deswegen sind wir gezwungen, wenn wir nach dem Christentum fragen, auf die Vermittlungszusammenhänge eben dieser Welt des Christentums uns zu beziehen und in deren Zusammenhang zu sprechen und zu handeln. Selbstverständlich ist das ein mehr metaphorischer Gebrauch des Wortes Institution. Das soll aber zeigen, daß das Institutionenproblem nur dann eine zentrale auch wissenstheoretische Bedeutung hat, wenn die damit gemeinte Sache durchgehend differenziert aufgefaßt wird" (153).

Danach ist jedenfalls deutlich, daß im Verhältnis von Kirche und Gesellschaft die Kirche immer auch als Resultat und Produkt der Gesellschaft mitbegriffen werden muß. Isolierungen der Kirche und Verengungen, die den wirklichen Verhältnissen nicht entsprechen, wären eben deshalb ideologischer Art. Die fatalen Folgen solcher Irrtümer gerade für die Praktische Theologie hat E. Herms durch eine der Medizin entlehnte Metaphorik gekennzeichnet: „Pathogen ist jedenfalls die These eines Gegenübers von Kirche und Gesellschaft (oder Staat), wenn sie ohne die gleich nachdrückliche Betonung der schlichten Tatsache vorgetragen wird, daß die Kirche und mit ihr auch die Theologie ebenso stets von ihrer sozialen Umwelt lebt" (Die Fähigkeit zu religiöser Kommunikation und ihre systematischen Bedingungen in hochentwickelten Gesellschaften, in: Theorie für die Praxis, 286).

b) Die Praxis der Institutionen ist das soziale Handeln: In den Institutionen ist das zusammengefaßt, was allen gemeinsam ist. Deshalb gilt auch für die religiöse Institution, daß in ihrer Praxis ein auf die gesamte Gesellschaft bezogenes, von ihr inauguriertes oder doch jedenfalls abgerufenes und dem allgemeinen Sinn entsprechendes Handeln vorliegt. In aller Regel wird diese Praxis durch ihre Bedeutung für die gesellschaftliche

Stabilität näher gekennzeichnet, wobei je nach der Richtung der Kritik darin entweder ein erwünschter oder ein schädlicher Beitrag zur Existenz der Sozialität gesehen wird.

Als ursprüngliche Institution der Gesellschaft mit einer sowohl humanitäts- wie vernunftnotwendigen Praxis hat bereits Schleiermacher die Kirche dargestellt. Nach den Aufstellungen der philosophischen Ethik (vgl. Schleiermachers Werke, hg. v. O. Braun, Bd. II; Ethik, hg. v. H. J. Birkner, 1981) ist die Kirche (neben Staat und Familie, Wissenschaft und freier Geselligkeit) eine der ursprünglichen menschlichen Gemeinschaftsformen, die aus der Praxis der Frömmigkeit hervorgeht und ihrerseits die Frömmigkeit hervorbringt. Die Frömmigkeit handelt, indem sie „bezeichnend" oder „symbolisierend" tätig ist und zwar so, daß das individuelle Dasein dabei leitend bleibt. Dieselbe symbolische oder bezeichnende Tätigkeit aber unter der Leitung dessen, was allgemein ist, wird zur Sache der Wissenschaft: Ihre Symbole sind allgemeingültig und „identisch". Im Unterschied dazu sind Staat und Geselligkeit aus der „organisierenden" oder „anbildenden" Tätigkeit entstanden zu denken. Dabei steht das „individuelle Organisieren" für die freie Geselligkeit und das „identische Organisieren" eben für den Staat. Vom Verhältnis der Tätigkeiten zueinander gilt: „Wie im sittlichen Sein überall anbildende und bezeichnende Thätigkeit ineinander sind, so weiset doch überall die erste am meisten auf das zurück, was für das sittliche Gebiet immer vorausgesetzt wird, die andere auf das hin, was in demselben nicht erreicht wird" (Ethik, 240).

Unter Berufung auf Schleiermacher hat E. Herms die Praxis der Kirche als sozialer Institution mit dem Begriff der religiösen Kommunikation beschrieben (Theorie für die Praxis, 257 ff.). Für Sinn und Funktion dieser Praxis hat er dabei den Begriff der „gesellschaftlichen Stabilität" konstruktiv aufgenommen: Ihren wahren Sinn gewinnt diese Stabilität dann, wenn sie in der „stabilen Fähigkeit zur rationalen Selbstkorrektur des sozialen Systems" (272) gesehen wird und wenn also der soziale Wandel thematisch im Begriff der Stabilisierung mitgedacht ist. Der Themenkreis institutioneller religiöser Kommunikation wird durch drei Beispiele verdeutlicht: es sind (1) Motive gesellschaftlichen Handelns; (2) die Einheit der gesellschaftlichen Wirklichkeit; (3) Identitätskrisen der Gesellschaftsmitglieder (276 f.). Die fundamentalen Funktionen der Religion (s. o. S. 71 ff.) sind hier als Form der institutionellen Praxis verstanden.

Aus anderer Perspektive hat W. Pannenberg die soziale Leistung der religiösen Institution dargestellt (Anthropologie in theologischer Perspektive, 1983, 460 ff.). Danach besteht diese Leistung vor allem darin, die profanen Institutionen des Zusammenlebens (und die Menschen selbst) vor unsachgemäßen und sie selbst übersteigenden Ansprüchen zu bewahren und ihnen also ihre Endlichkeit und ihre Schranken im Bewußtsein zu halten (468). Die religiöse Institution steht dafür, daß allen

Institutionen sonst eben diese Funktion nicht zukommt: Was immer sie leisten, es ist nicht die Erlösung des Menschen und seine abschließende Befreiung aus den Beschränkungen der Endlichkeit. Gerade die Leistung der religiösen Institution ist notwendig. Denn „die aus den sozialen Beziehungen erwachsenden Normen vermögen Integrität und Identität des Individuums nie voll zu gewährleisten. Unbeschädigte Identität und Integrität ist das Heil, das nur die Religion gewährt... Trotz seiner unvermeidlich fragmentarischen Gestalt kann das irdische Leben der Individuen dann Darstellung einer seine Schranken und Schwächen übersteigenden Identität und Integrität der Person werden" (467). Freilich darf solche Forderung eben nicht an die Institutionen des Zusammenlebens sonst gerichtet werden: Dort „wird dann entweder das Individuum von den Institutionen verzehrt oder dem Leben in ihnen entfremdet werden, oder die Institutionen selber zerbrechen unter dem Druck solcher Überforderung" (468).

Auch hier also ist eine Funktion der Kirche in der Gesellschaft beschrieben, die den Begriff der Stabilisierung des gesellschaftlichen Lebens durchaus erfüllt. Tatsächlich gehört es offensichtlich zu den unvermeidlichen Folgen der kirchlichen Praxis, daß die Gesellschaft, in der die Kirche lebt, ihrerseits am Leben erhalten wird. Kirchliche Praxis ist in diesem Sinne Praxis für die Gesellschaft und um der Gesellschaft willen.

W. D. Marsch ist ausführlich auf das Problem eingegangen, das sich damit dem Selbstverständnis der Kirche stellt: Kann sie diese soziale Funktion wollen und was etwa hätte sie darüber hinaus zu wollen? (Institution im Übergang, 166 ff.). Marsch macht deutlich, daß die Wahrheit der Kirche in ihren sozialen Funktionen nicht aufgeht, daß aber diese Wahrheit auch und immer nur im Übersteigen der kulturellen Realität und im Transzendieren der sozialen Funktion der Kirche zur Geltung gebracht werden kann (175 ff.).

3. Die soziale Rolle der Kirche

Die Funktionen der religiösen Institution in der Gesellschaft lassen sich, wie die vorherigen Abschnitte zeigen, unter verschiedenen Aspekten darstellen. Nimmt man hinzu, was sich über die Funktionen der Religion bereits früher ergeben hatte (s. o. S. 71 ff.), so entsteht das Bild einer umfassenden, unverzichtbaren und fundamentalen Bedeutung der religiösen Institutionen für den Bestand der Gesellschaft.

Diese Bedeutung verbindet sich allerdings mit den impliziten Funktionen der religiösen Institution. Ihre expliziten Funktionen sind demgegenüber von den Zielen bestimmt, die in der Selbständigkeit der Institution ihren Grund haben. Die soziale und implizite Wirklichkeit der Institution kann nicht als Resultat ausdrücklicher und allein darauf gerichteter Ziele und Aktionen geplant werden. Die religiöse Institution entfaltet ihre soziale und allgemeine Wirkung, indem sie allein nach ihren expliziten und am Selbstverständnis ihrer Organisation orientierten Überzeugungen und Zielsetzungen handelt.

Es gibt also über die eigene Praxis der Kirche hinaus keine andere Praxis, der dann die soziale Bedeutung zukäme. Es ist die eigene Praxis der Kirche selbst, die explizit durch ihre eigenen Grundsätze bestimmt bleibt, der aber zugleich die impliziten Funktionen zugeschrieben werden müssen. Als Versuche, diese impliziten Funktionen in den expliziten empirisch zu identifizieren, können Erhebungen und Auswertungen von Umfragen auf diesem Gebiet angesehen werden. So hat K.F. Daiber am Beispiel von Predigten über das Leiden neben dem explizit religiösen Gehalt die Kommunikation im Sinne der impliziten Funktionen zu erheben gesucht (Leiden als Thema der Predigt, 1978).

Es liegt auf der Hand, daß die impliziten Funktionen der kirchlichen Praxis dort am breitesten zur Wirkung kommen, wo schon die expliziten Intentionen dieser Praxis allgemein oder funktional verstanden werden. Das ist der Fall beim Religionsunterricht in den Schulen. Hier geht auch die explizite Aufgabenstellung in der Regel weit über die Ziele hinaus, die der Erhaltung und der Vertiefung der am kirchlichen Christentum orientierten Einstellungen dienen und die also primär auf die selbständigen Lebensformen der religiösen Institution ausgerichtet sind. Der Religionsunterricht versteht sich nur ausnahmsweise in diesem Sinne als kirchlicher Unterricht. Sofern vielmehr die religiöse Selbständigkeit das Unterrichtsziel ausmacht, werden explizite und implizite Funktionen hier fast zusammenfallen. Freilich ist der Unterricht in der Religion durchaus nicht schon identisch mit den Funktionen, die der Religion im individuellen Fall dann in der Lebenspraxis zukommen. Aber er ist doch Voraussetzung dafür. Insofern gehört die religiöse Sozialisation zu den Bedingungen für die Funktionsfähigkeit der Religion in der Gesellschaft. Versteht man die Religion in dem oben (S. 71 ff.) skizzierten Sinne als die Kommunikation, vermittels derer die Gesellschaft ihre Stabilität erhält, dann erweist sich die religiöse Sozialisation als der Kern der Sozialisation überhaupt. Der Erwerb der Fähigkeit zum sozialen Leben wäre danach wesentlich und vor allem Erwerb der Fähigkeit zu religiöser Kommunikation.

Die religionstheoretische Unterscheidung von expliziten und impliziten Funktionen hat eine gewisse Entsprechung darin, daß für das Christentum selbst zwei einander gegenüberstehende religiöse Grundmomente unterschieden worden sind:

eine mehr vom Messianischen und eine mehr vom Mythischen geleitete Religionsform (C. Colpe, Das Phänomen der nachchristlichen Religion in Mythos und Messianismus, in: NZSTh 9, 1967, 42 ff.). In Übereinstimmung mit zeitgenössischen Tendenzen hat man darin der Religion als systemfunktional organisierte und stabilisierende gesellschaftliche Macht die Religion als „kritisch-transformierender Kraft" gegenübergestellt (H. E. Bahr, in: Religion – System und Sozialisation, hg. v. H. E. Bahr, 1972, 7) und im Zusammenhang damit die kirchliche Sozialisation kritisch mit dem Programm einer Emanzipation konfrontiert (D. Stoodt, ebd. 189). Demgegenüber hat W. D. Marsch gezeigt, daß gerade beide Formen des kirchlichen Christentums und erst beide gemeinsam das sachgemäße Fundament für das gegenwärtige Kirchenverständnis bieten: „Weder ein ‚kirchenfreies Christentum', noch eine sektiererische enge ‚Kirche der Reinen' hätten die Möglichkeit, diesen Ambivalenzen von Religion kritisch-interpretierend nachzugehen, und ein auf bestimmte theologische Programme festgelegtes Kirchentum würde ‚religionslos' verkümmern, – manche publizistischen Auswirkungen moderner Theologie zeigen das ebenso wie die Frustrationen von Pfarrern, Vikaren und Theologiestudenten an einer Gemeindepraxis, die ihren Vorstellungen von christlicher Kirche nicht entspricht" (170 f.).

Der doppelten Funktion der religiösen Institution entspricht ebenfalls ein doppelter Aspekt der Mitgliedschaft in der Kirche. Die Rechtslage in der Bundesrepublik stimmt dabei mit der allgemeinen und sozialen Funktion der Religion überein und kann geradezu als deren Ausdruck verstanden werden: Wer getauft wurde, gehört zur Kirche und wer nicht austritt, bleibt ihr Mitglied (vgl. A. v. Campenhausen, Staatskirchenrecht, 1973, 125 ff.). Damit ist eine Form der Mitgliedschaft etabliert (und aus dem traditionellen Territorialprinzip entwickelt), die dem Mitglied selbst jede Freiheit der Partizipation an der Kirche läßt und diese Mitgliedschaft allein durch die Kirchensteuer dokumentiert. Man muß ebenso die konsequente Wahrung des protestantischen Prinzips der religiösen Freiheit, wie den völligen Mangel an ausdrücklicher Beziehung zu Religion und Kirche in dieser Mitgliedschaftsform feststellen. Deshalb ist seitens der Institution immer wieder darauf hingewiesen worden, daß Mitgliedschaft in ihrem Verständnis Verpflichtungen einschließt, die sich in der deutlichen Beteiligung an der expliziten Praxis der Kirche zum Ausdruck bringen und denen es entspräche, daß man sich die Praxis der Kirche im Sinne von Bekenntnis oder Affirmation zu eigen machte. Freilich besteht nirgendwo ein Zweifel daran, daß es organisatorische Maßnahmen zur Förderung solcher verpflichtenden Mitgliedschaft in der evangelischen Kirche nicht geben kann (vgl. dazu: Das Problem der Kirchenmitgliedschaft heute, hg. v. P. Meinhold, 1979).

10. Kapitel – Beruf

Von einer Reihe wichtiger Perspektiven des Berufs in der Kirche war bereits in anderen Zusammenhängen die Rede (s. o. S. 103 ff.; S. 297 ff.). Das entspricht dem Aufbau der Darstellung: „Beruf" ist (wie „Person") ein Seitenthema zum „Amt", und ganz unvermeidlich war das eine jeweils im Rahmen des anderen schon mit in den Blick zu nehmen. Freilich ist auch der Beruf vor allem ein eigenes und selbständiges Thema der Praktischen Theologie. Mit dem Begriff ist auf anschauliche Weise bezeichnet, daß die kirchliche Praxis von Grund auf mit den geschichtlichen Zuständen ihrer Zeit und mit der Öffentlichkeit verflochten ist. Die Seiten, die deutlich machen, daß und wie der Pfarrerberuf sich von anderen Berufen unterscheidet, sind bereits dargestellt worden (s. o. S. 297 ff.). Im folgenden werden die Fragen im Vordergrund stehen, die heute durch den Begriff des Berufs überhaupt gekennzeichnet sind: Der Pfarrer hat von Berufs wegen teil an diesen Umständen und muß seiner Tätigkeit in ihren Grenzen und unter ihren Auflagen nachgehen. Der Kreis seiner Aufgaben ist durch Menschen bestimmt, die ihrerseits durch die Welt des Berufs (den sie haben oder nicht haben) geprägt sind. Es ist die Frage, was in seinem Fall aus dem Sachverhalt folgt, daß der Pfarrerberuf eben auch ein Beruf ist.

§ 32 Pfarrer als Beruf

1. Die Rolle des Berufs

„Beruf wird heute definiert als der Kreis von Tätigkeiten mit zugehörigen Pflichten und Rechten, den der Mensch im Rahmen der Sozialordnung als dauernde Aufgabe ausfüllt und der ihm zumeist zum Erwerb des Lebensunterhalts dient" (W. Conze, Art. Beruf, in: GG, Bd. 1, 490). Der Beruf in diesem Sinn wird durch verschiedene Kriterien näher bestimmt (Art der Ausbildung, Bezahlung, Ansehen) und ist abgegrenzt gegen zufällige und wechselnde Erwerbstätigkeiten sowohl wie gegen bloße Lieblings- oder Freizeitbeschäftigungen. Das Wort Beruf hat durch Luther seine allgemeine Bedeutung gewonnen (s. o. S. 297 ff.). In den verschiedenen Epochen der Neuzeit sind dem Begriff und dem Tatbestand, der damit gekennzeichnet wird, neue Aspekte und Wandlungen seiner Bedeutung zugewachsen. Jede Zeit hat sich selbst auch in diesem Begriff ausgelegt.

Eine umfassende Orientierung über Quellen und Gehalt dieser Geschichte des Begriffs und seiner Bedeutungen bietet neben dem Artikel „Beruf" der Artikel „Arbeit" von W. Conze (GG, Bd. 1, 154 ff.). Im Zuge der neuzeitlichen Kulturgeschichte ist der lutherische Berufsbegriff seiner religiösen Komponenten entkleidet worden. Der darin liegende Verpflichtungsgehalt wurde später etwa auf den Menschen selbst und seine Persönlichkeit (Goethe) oder auf die menschliche Gemeinschaft und den Staat (Hegel) übertragen. Geblieben ist die Spannung, die dem Begriff innewohnt: Zwischen bloßem Vollzug von Arbeit einerseits und Lebenserfüllung andererseits, also zwischen äußerlichem Beruf und der „Berufung", die als „innere" schon für die Berufswahl von großer Bedeutung sein kann. Zur Struktur des neuzeitlichen Berufsbegriffs gehört weiterhin das Problem des Verhältnisses von Individuum und Gesellschaft und vor allem die Beziehung zwischen Arbeitswelt und privater Welt. Der neuzeitliche Berufsbegriff erweist sich (wie der Begriff der Arbeit) als ein zentrales Thema der evangelischen Ethik (vgl. M. Honecker, Art. Arbeit VII, in: TRE, Bd. 3, 650 ff.).

Der Beruf ist eine der wesentlichen und bedeutungsvollen Grundlagen der neuzeitlichen Kultur und der modernen Gesellschaft. Im heutigen Erscheinungsbild des Berufs zeigt sich eine äußerste Form in der Entwicklung der Arbeitsteilung und der Spezialisierung menschlicher Fähigkeiten zur Erhaltung und zum Ausbau der Kulturleistungen. Zum näheren Verständnis dieser generellen Bedeutung des Berufs sind vor allem die folgenden Aspekte zu beachten.

a) Der Beruf ist heute nicht eine unter mehreren Formen, Arbeit (im Sinne notwendiger Leistungen oder Aufgaben) zu verrichten, sondern die einzige und vorrangige Form, in der Tätigkeiten sich organisieren lassen. „Professionalisierung" bezeichnet den Sachverhalt, daß die Wahrnehmung von Aufgaben durch einen entsprechenden Beruf das Modell ist, das allein auf gesellschaftliche Anerkennung hoffen darf. Was sich ohne Beruf und also ohne spezielle Qualifikationen bearbeiten oder leisten oder lösen läßt, gilt nicht als ernsthafte Aufgabe. So sind Professionalisierungen gerade etwa auf dem Gebiet der Dienstleistungen oder der Bildung nicht allein aus der angewachsenen Komplexität der Aufgaben zu begreifen, sondern auch aus der Bedeutung, die die Einführung des Berufs für das Gewicht der Aufgabe in der Öffentlichkeit hat. Es sind deshalb immer mehrere und verschiedene Interessenlagen, die bei Professionalisierungen eine Rolle spielen (vgl. dazu U. Beck u. a., Soziologie der Arbeit und Berufe, 1980, 395). Direkte Bedeutung haben diese Sachverhalte für die

Praktische Theologie insofern, als sie die Schwierigkeiten und Barrieren verdeutlichen, die der „Delegation" von pfarramtlichen Aufgaben in den Kirchengemeinden entgegenstehen.

b) Der Mensch gilt heute als durch seinen Beruf bestimmt. Das geht auch daraus hervor, daß „ohne Beruf" zu sein eine marginale Existenz kennzeichnet, und daß die Beteiligung am Berufsleben als notwendiges Moment der Lebenserfüllung (oder Selbstverwirklichung) angesehen wird. Danach hat der Beruf seine wesentliche Leistung in der Innenstabilisierung und der Umweltstabilisierung der Person. Diese Stabilität als das, worin der Mensch seinen Halt gewinnt und erhält und was also seine Identität für ihn selbst begründet, wird heute vor allem durch seinen Stand im Beruf garantiert. Alle übrigen Lebensbezüge sind demgegenüber flexibel und disponibel: Stabilität wird in der Regel gerade nicht verloren, wenn familiäre oder soziale oder lokale Bindungen und Verbindungen gewechselt und aufgegeben werden. Deshalb fühlt sich niemand mehr „entwurzelt": Das aber ist der Fall, wenn der Beruf nicht mehr ausgeübt werden kann. Dem entspricht, daß der berufliche der wahre und eigentliche Lebensraum geworden ist. Hier entstehen und bestehen die sozialen Kontakte und die Beziehungen, in denen die wesentlichen Inhalte des Lebens und der Interessen ausdrücklich und kommunikabel gemacht werden. Demgegenüber haben Freizeit und private Lebensräume dafür nur begrenzte und eingeschränkte Funktionen. Nicht zuletzt besteht die Bedeutung des Berufs darin, daß die berufliche Qualifikation als die nicht bezweifelte soziale Kompetenz anerkannt wird. Berufserfolg ist der wahre soziale Erfolg. Überhaupt aber ist die im Beruf erworbene Kompetenz das Feld, auf dem man seiner Anerkennung und seiner Reputation sicher sein kann. Fachmann zu sein ist eine Geltung, die immer weniger außerhalb der eigenen beruflichen Qualifikationen in Anspruch genommen werden kann, weil eben immer mehr Lebensbereiche professionalisiert werden. Aber nur dort, wo er Spezialist und entsprechend anerkannt ist, kann der Mensch realitätssicher sein und seine Welt als persönliche Leistung erleben. Freilich zeigt sich damit zugleich, daß diese persönliche Welt nur ein Ausschnitt aus dem Ganzen des sozialen Lebens darstellt. Gerade die Leistungen des Berufs machen die Grenzen deutlich, in denen sie gelten.

Diese Grundorientierungen über die Perspektiven des Berufs sind eindrücklich von H. Schelsky dargestellt worden (Die Bedeutung des Berufs in der modernen Gesellschaft, in: Auf der Suche nach Wirklichkeit, 1965, 238 ff.). Eine sozialwissenschaftliche Einführung in die einschlägigen Fragestellungen und Methoden gibt

H.J. Daheim (Art. Berufssoziologie, in: Handbuch der empirischen Sozialforschung, hg. v. R. König, Bd. 8, 1977[2], 1 ff.).

Die Bedeutung derartiger Beobachtungen und Einsichten für die Praktische Theologie läßt sich an wenigen Beispielen (die für viele stehen) verdeutlichen.

„Der Pfarrer wird immer mehr so etwas wie ein professioneller Nachbar, dessen ganze Unentbehrlichkeit sich in der einen Tatsache zusammenzieht, daß Menschen Nachbarn brauchen" (E. Lange, Predigen als Beruf, 1976, 165).

Wird dieser Satz beim Wort genommen und in die Strukturen übertragen, die sich für den Beruf in der gegenwärtigen Gesellschaft ergeben haben, so zeigt sich, daß er nur scheinbar einen ganz einfachen Sinn ausspricht, daß er vielmehr ein sehr kompliziertes Problem formuliert. Wenn denn das nachbarschaftliche Verhältnis ein wesentliches Bedürfnis ist: Läßt sich dieses Verhältnis professionalisieren? Ist nicht eben dies von Grund auf ein privates und persönliches Verhältnis und nur so wirksam? Professionalisierung aber wäre gerade die Abkehr vom Persönlichen und Individuellen und die Überführung in eine Fähigkeit, die lern- und lehrbar ist. Kann es also den „gelernten Spezialisten für die Ausübung von persönlichen Beziehungen" geben? Wäre er überhaupt zu wünschen? Die Formel vom „professionellen Nachbarn" wird deshalb besser als ein bloßes Bild angesehen und gebraucht werden, nicht aber als Programm zur Erweiterung des Pfarrerberufs.

„Was den Pfarrer vom Nichtpfarrer unterscheidet ist dasselbe wie das, was den christlichen Schreiner vom christlichen Nicht-Schreiner unterscheidet, nämlich der Beruf, und zwar ganz simpel der profane Beruf, durchaus im Sinne des Metiers ... Ist der Pfarrer der Meinung, er sei der Gemeinde noch etwas wesentlich anderes schuldig als eben sein Metier, das theologische Bedenken der Verkündigung im Sinne der Verifikation, etwas anderes als seine theologische, das heißt freie, kritische, weltliche Existenz, so beraubt er die Gemeinde eines Mitmenschen und wird zum Mittler, zum Priester" (W. Bernet, Zwischen Priester und Funktionär, in: Kontexte, 2, 1966, 112).

Hier scheint zunächst ein ganz anderes Programm vorzuliegen: Der Beruf des Pfarrers ist seine theologische Existenz (nicht „theologisches Gerede", sondern „theologische Existenz", 111). Dem kann entnommen werden, daß dieser Beruf offenbar durch eine bestimmte Ausbildung, das theologische Studium, geprägt und erreicht wird. Die Frage freilich, was daraufhin dann als Beruf ausgeübt werden soll, ist nicht in gleicher Weise klar: Existenz bezeichnet offenbar eine bestimmte Daseinsform. Danach müßte „die Lebenspraxis der theologisch gebildeten Subjektivität" als

Inhalt der Berufsübung gemeint sein. Aber darin liegt eine kaum erträgliche Zumutung: Der Beruf wird hier allein auf das persönliche Dasein gestellt. Die „theologische Existenz“ ist offenbar programmatisch nicht von Funktionen oder Leistungen oder Wirksamkeiten her zu verstehen, sondern allein aus sich selbst. Dafür aber ist das Wort „Beruf“ nicht am Platz. Für diese Daseinsform gäbe es keine Orientierungen, die ihre Praxis leiten könnten. So realistisch also diese Sätze den Pfarrerberuf zu beschreiben scheinen, so wenig bilden sie doch einen Beitrag zum sachgemäßen Begriff dieses Berufs.

2. Professionen

Unter Profession versteht man heute eine Gruppe von Berufen, die sich durch charakteristische Merkmale von allen übrigen Berufen und Berufsarten unterscheiden läßt und die in besonderer Weise das Gesamtbild der beruflichen Struktur der neuzeitlichen Gesellschaft mitbestimmt. Nach ihrem deutlichsten Merkmal wird sie auch als die Gruppe der „freien Berufe“ bezeichnet, womit allerdings nicht eindeutige Abgrenzungen gegenüber Angestellten in dieser Berufsart beschrieben sein können. Nach ihrer Vorbildung werden die Professionen auch „akademische Berufe“ genannt, wobei wiederum die Zugehörigkeit nicht oder nicht eindeutig akademischer Berufsarten nicht ausgeschlossen ist. Hauptsächliche Berufsgruppen im Sinne der Profession sind Ärzte und Rechtsanwälte. Es wird sich alsbald zeigen, daß auch der Pfarrerberuf in diese Gruppe zu rechnen ist.

Die Merkmale, die diese Berufsart kennzeichnen, werden in der Regel so zusammengefaßt: „1. Die Professionsmitglieder teilen ein Gefühl gemeinsamer beruflicher Identität; 2. einmal Mitglied geworden, verlassen nur wenige die Profession wieder, so daß für die meisten der erworbene Status endgültig und dauerhaft ist; 3. die Mitglieder haben gemeinsame Wertvorstellungen; 4. es herrscht Übereinstimmung über die Rollendefinitionen gegenüber Kollegen und Professionslaien. Diese sind für alle Mitglieder gleich; 5. im Bereich des beruflichen Handelns wird eine gemeinsame „Sprache“ gesprochen, die Laien nur teilweise zugänglich ist; 6. die professionelle Gruppe kontrolliert das berufliche Handeln ihrer Mitglieder; 7. die Profession ist deutlich erkennbar von ihrer sozialen Umwelt abgegrenzt; 8. sie produziert die nachfolgende Professionsgeneration nicht im biologischen, sondern im sozialen Sinn“ (W. J. Goode, Professionen und die Gesellschaft, in: Berufssoziologie, hg. v. Th. Luckmann und W. M. Sprondel, 1972, 157 f.).

Es liegt auf der Hand, daß der Pfarrerberuf in dieses Schema ohne weiteres eingezeichnet werden kann. Die meisten dieser Merkmale treffen so unmittelbar auf den Pfarrerstand zu, daß sie dort geradezu entlehnt scheinen und zwar besonders dann, wenn einzelne Mitglieder oder Richtungen in der Mitgliedschaft solche Merkmale bewußt ablehnen: beispiclsweise die Abgrenzung gegen die soziale Umwelt (die ganz unabhängig von der Zustimmung und vom Verhalten einzelner besteht) oder die Sprache (die ebenfalls nicht dadurch verändert wird, daß einzelne ganz „weltlich" oder im zeitgemäßen Jargon zu sprechen suchen). Es gehört überhaupt zu diesen Eigenschaften hinzu, daß sie als Kennzeichen des Berufsstandes bestehen bleiben, auch wenn einzelne Mitglieder von ihnen abweichen.

Für den Pfarrerberuf sind freilich nicht alle Merkmale gleich wichtig. Als eigentliches Fundament der Profession gilt in allen Fällen die Tätigkeit, die durch sie ausgeübt wird. Es handelt sich dabei immer um solche Tätigkeiten, die ein bestimmtes Können voraussetzen, das wiederum mit einem Wissen oder einer Wissenschaft verbunden ist (vgl. dazu H. J. Daheim, Der Beruf in der modernen Gesellschaft, 1967, 40). Aus dem Erwerb des Wissens wie des Könnens besteht die berufliche Sozialisation, die durch Kontrollen (Prüfungen) ihren Standard und ihre abgrenzende Funktion erhält. Beim Beruf des Pfarrers gliedert sich das für die Berufstätigkeit vorausgesetzte Können in drei Bereiche: in belehrende (unterrichtende), darstellende (gottesdienstliche) und begleitende (diakonische) Funktionen. Hier sind, wie in den meisten anderen Professionen, Spezialisierungen möglich oder geradezu erwünscht.

Zu den wichtigen Berufsmerkmalen gehört bem Pfarrerstand das Problem der Kontrolle der Berufstätigkeit. Die institutionellen Kontrollen bilden dafür nur einen äußeren Rahmen, der freilich nicht überschritten werden darf (Disziplinar- und Lehrzuchtregelungen), der aber keinen Einfluß nimmt auf die Qualität der Berufsarbeit selbst. Für die Professionen überhaupt ist es charakteristisch, daß sie von außen (etwa durch den Staat) kaum kontrolliert werden können, weil Kontrolle Fachwissen voraussetzt, Fachwissen aber nur innerhalb der Profession verfügbar ist. Deshalb spielt die Standesethik bei den Professionen eine große Rolle, die (auch durch Standesgerichte) Qualifikationsnormen in Geltung setzt und erhält. Die Standesethik für den Pfarrerberuf hat ihre Tradition in der Pastoraltheologie (Decorum pastorale, vgl. A. Hardeland, Pastoraltheologie, 1907, 166 ff.; s. o. S. 118 ff.). Eine andere Form der Kontrolle ist die durch die Klientel: Die freie Wahl der Professionsexperten stellt insofern eine Kontrolle durch Laien oder durch die Öffentlichkeit dar, als bestimmte Qualitäten der Berufsleistung durch Nachfrage honoriert und entsprechend durch den Mangel an Nachfragen kritisiert werden (W.J. Goode, 163).

Für den Pfarrerberuf liegen an dieser Stelle beträchtliche Probleme. Zunächst: Zustimmung wie Ablehnung durch die Gemeinde ist eine vertraute und allgemeine Erscheinung für die Pfarrerschaft jeder Epoche. Die Frage aber ist, wie sie beurteilt werden sollen. Am häufigsten konkretisiert sich diese Frage im Erfolg oder Mißerfolg des Pfarrers als Prediger, und hier sind offenbar sehr verschiedene Urteile möglich.

„Der Hörer wird als Konsument behandelt, der Kunde ist König. Im Grunde regiert nur er, und das Wort hat nichts zu sagen. Anpassung läuft hinter dem Hörer her, kriecht unter den Hörer. Akkommodation aber ist hinter dem Wort her, tritt dem Hörer gegenüber. Wer der Akkommodation dient, horcht auf das Wehen des Geistes. Wer sich anpaßt, folgt dem Trend und hängt das Evangelium nach dem Wind. Er redet dem Hörer nach dem Mund und wird ihm hörig. So dient er auch den Göttern seiner Hörer und sei es mit dem ‚Psalterklang' (R. Bohren, Predigtlehre, 1971, 463). Ist das Verzicht auf alle objektiven Kriterien für den Pfarrerberuf zugunsten eines (fanatischen) Sendungsbewußtseins, das die eigene Überzeugung zum einzigen Maßstab macht? Ist das also die Verklärung der religiösen Subjektivität (des Pfarrers)? Und ist das am Ende die Denunziation jeden Erfolges?

Luther jedenfalls hat der Gemeinde fundamentale Rechte zugesprochen: „So kann je kein falscher Prophet sein unter den Zuhörern sondern allein unter den Lehrern. Darum sollen und müssen alle Lehrer dem Urteil der Zuhörer unterworfen sein mit ihrer Lehre" (Daß eine christliche Versammlung oder Gemeine etc., 1523, BoA 2, 398).

Das konträre Urteil lautet: „Hat er statt dreitausend nur drei Zuhörer, so ist das doch ein ziemlich sicheres Zeichen, daß er seine Aufgabe nicht erfüllt, und ist das dauernd der Fall trotz aller Gewissenhaftigkeit der Arbeit und trotz alles Strebens, Gott zu gefallen, so hat er, was immer auch die Ursache des gänzlichen Mißerfolges sei, doch allen Grund, statt die Zuhörer anzuklagen, sich selber zu fragen, ob er nicht seinen Beruf verfehlt habe" (E. Chr. Achelis, Lehrbuch, II, 137). Hier also wird alle Schuld beim Prediger gesucht, und obwohl es sicher sachgemäß ist, nach Gründen für einen Mißerfolg auch bei sich selbst zu fragen, kann doch wohl nicht einer individuellen Alleinverantwortung das Wort geredet werden, – weder für das Scheitern, noch für den Erfolg.

Der Pfarrerberuf muß solchen extremen Belastungen gegenüber die Möglichkeit bieten, daß der einzelne Pfarrer sich im Blick auf seine eigene Qualifikation an einem normalen Maß für die Berufstätigkeit orientiert, das ihm bereits in seiner Ausbildung dafür zugänglich gemacht wird. Solche Ausbildung gehört zu den Chancen, die alle Professionen ihren künftigen Mitgliedern bieten.

Die gleichen Merkmale, die alle Professionen miteinander verbinden, sind dennoch jeweils unterschiedlich verteilt. Der Pfarrerberuf ist einerseits eine Profession wie jede andere auch. Er ist andererseits in diesem Kreis von gleicher Individualität wie beispielsweise der Beruf des Arztes. Wie jede Profession, so hat auch der Pfarrerberuf seine spezifischen

Merkmale und seine Besonderheiten, die ihn von anderen unterscheiden. Auch der Arzt und der Rechtsanwalt sind nicht nur durch das definiert, was allen Professionen gemeinsam ist. Im Begriff der Profession ist das Notwendige und Allgemeine mit dem Besonderen des einzelnen Berufs verbunden.

3. Zum Berufsbild des Pfarrers

Das Selbstverständnis des Pfarrerberufs ist zum Thema einer intensiven und kontrovers geführten Diskussion geworden. Sie ist auf das engste mit der Diskussion verbunden, die über das Amt und das Amtsverständnis in der evangelischen Kirche geführt wird (s. o. S. 282 ff.). Während dort die Fragen nach Begründung und Legitimation des Amtes im Vordergrund stehen, ist es hier das Problem der Bestimmung der Funktionen und der Aufgaben, denen der Pfarrerberuf gelten soll.

Anlaß für diese Diskussion und also dafür, daß das Berufsbild des Pfarrers zum Problem wurde, ist der Gültigkeitsverlust der traditionellen Leitbilder und Grundbegriffe.

„Trotz seines neutestamentlichen Hintergrundes ist das Bild des Hirten heute nicht mehr geeignet, als Grundlage für ein Berufsbild des Pfarrers zu dienen" (E. Winkler und G. Kretzschmar, Der Aufbau der Kirche zum Dienst, in: HPT [DDR], I, 146). Nun ist freilich der Pastor ein Integrationsbegriff gewesen, der schon in älteren Epochen auf wechselnde und unterschiedliche Leitbilder hin ausgelegt wurde: Der Verwalter von Lehre und Sakrament in der Orthodoxie, der Seelenleiter des Pietismus und der Lehrer der Aufklärung wurden durchaus als Auslegungen der Hirtenfunktion angesehen (vgl. dazu P. Drews, Art. Pfarrer I, in: RGG[1], IV, 1424 ff.). Auch heute gibt es Versuche, das Bild festzuhalten (H. Löwe, Pfarrer vor hundert Jahren und heute, in: PTh 73, 1984, 442). An der Auslegungsbedürftigkeit selbst aber besteht kein Zweifel.

In der Diskussion über das Berufsbild des Pfarrers, das den Bedingungen der Gegenwart entspricht, haben sich zwei Richtungen herausgebildet, die auf charakteristische Weise voneinander verschieden sind. Auf der einen Seite steht das Interesse an den Funktionen des Pfarrerberufs, und zwar so, daß deren traditioneller Bestand unter zeitgemäßen Perspektiven neu formuliert und zur Geltung gebracht werden soll. Auf der anderen Seite dominiert das Interesse an der Funktionsfähigkeit der pastoralen Berufspraxis, und das Berufsbild wird von den Instrumentarien her gedeutet, die dafür zur Verfügung stehen und eingesetzt werden sollen.

a) Exemplarisch für die erste Richtung sind die Ausführungen, die sich bei E. Winkler und G. Kretzschmar finden:

„Der Pfarrer ist ein theologisch besonders qualifiziertes Gemeindeglied mit dem Auftrag, das Wort Gottes in einer bestimmten Gemeinde durch Verkündigung, Seelsorge, Unterricht und persönliches Zeugnis des Wortes und der Tat weiterzugeben. In Zusammenarbeit mit anderen Dienstträgern arbeitet er stimulierend und koordinierend am Gemeindeaufbau mit und nimmt insofern eine Leitungstätigkeit in der Gemeinde wahr" (HPT [DDR], I, 146).

Die weiteren Erläuterungen führen den Beruf des Pfarrers auf eben die „Notwendigkeit" zurück, „daß die biblische Botschaft bezeugt werden muß" und daß die Gemeinde den „theologischen Fachmann" braucht (150). Hier stehen also diejenigen Funktionen im Mittelpunkt des Pfarrerbildes, die dieses Bild schon immer bestimmt haben. Es gehört zur Rücksicht auf die Bedingungen der Gegenwart, daß die Praxis, in der sich diese Funktionen realisieren, nicht durch Bestimmungen allgemeiner Art vorweggenommen werden kann. Ähnlich suchen auch die Fragen, die H. Löwe skizziert, das Berufsbild von seinen Funktionen her zu interpretieren: „Wie sieht das Amt des Hirten konkret aus? Wie hält einer die Auseinanderstrebenden beieinander, wie stillt er den Hunger, wie erschließt er Lebensmöglichkeiten?" (H. Löwe, ebd.). Zur begrifflichen Neufassung dieser Funktionen hat G. Krusche vorgeschlagen, von den „kybernetischen" Aufgaben des Pfarrers (der „Steuermannskunst"), von seiner „partnerschaftlichen Rolle" und von seinem Status als „Funktionsträger" (oder direkt vom „Funktionär") zu sprechen (Soziologische Faktoren im Verständnis des Pfarramts, in: WPKG 61, 1972, 37f.). In allen diesen Deutungen und Programmen zeigt sich das Interesse an der Kontinuität der pastoralen Berufspraxis und an der Identität des Pfarrerbildes. Zweifellos ist an diesem Interesse deutlich, daß es nicht zuletzt von der Verantwortung für den Bestand des Kirchentums geleitet ist.

b) Auf der anderen Seite finden sich Auffassungen vom Berufsbild des Pfarrers, die an der Funktionsfähigkeit seiner Praxis orientiert sind. Charakteristisch dafür sind die Vorstellungen, die sich unter dem Einfluß der neueren Seelsorgebewegung im Blick nicht nur auf die Aufgaben, sondern auf Beruf und Person des Pfarrers im ganzen entwickelt haben.

„Für viele hat der Pfarrer gefühlsmäßig einen Platz in einer archetypischen Struktur: Er muß sich auf eine bestimmte Art und Weise verhalten, er verfügt über eine bestimmte Weisheit, er weckt numinose Gefühle. Aufgrund dieser Struktur hat er im Leben der Gemeinschaft einen bestimmten Platz: Als ‚Eingeweihter' kann er die Gemeinschaft auf ihr letztes Geheimnis hinweisen – er ist der Liturg, der der Gemeinschaft die Teilhabe am Geheimnis ermöglicht, er ist der Lehrer, der als Prophet oder Verkündiger... Einsicht in das Geheimnis vermitteln kann. Innerhalb der Gemeinschaft hat er häufig die Sorge für den Einzelnen, für den er in Notsituationen ein ‚Ratgeber' – gemeint ist: ein Begleiter zu einem tieferen

Verständnis des Lebens – sein kann. Der Pfarrer ist derjenige, in dem die Verantwortung der Gemeinschaft für alle ihre Glieder sichtbar wird. Man darf behaupten, daß der Pfarrer innerhalb der christlichen Gemeinschaft ein Repräsentant Christi ist, der deshalb Christi Sorge für die Menschen am Rande der Gesellschaft, für die Diskriminierten verkörpern muß. Vom Exodus-Gedanken aus führt dies dann direkt zu der Überzeugung, daß es eine Aufgabe ist, für die Lebensqualität eines jeden Einzelnen Sorge zu tragen" (H. Faber, Profil eines Bettlers?, 1976, 76 f.). Dieses Pfarrerbild geht nicht nur auf die psychologische Deutung der zeitgenössischen Lebensverhältnisse zurück, sondern zugleich auf ein psychologisches Verständnis von Religion und Christentum. Dadurch freilich soll dem theologischen Verständnis nicht widersprochen, es soll ergänzt werden. Religiöse Erfahrung und theologische Erkenntnis, die bisher in das Bild vom „Vaterhaus" gefaßt waren, werden in der veränderten Welt richtiger durch die Metapher vom Exodus zu verstehen gesucht: Die Welt wird nicht mehr von den Erfahrungen des kleinen Kindes, sondern von denen der Adoleszenten bestimmt. Entsprechend verändert sich die Identität des Pfarrers vom institutionell gebundenen objektiven Typ zu dem des Begleiters und Beraters (ebd. 74 ff.).

In einem allgemeinen religionstheoretischen Zusammenhang hat P. Krusche „Gesichtspunkte zur Profilierung der pastoralen Berufsrolle" vorgelegt und zwar unter der Überschrift „Der Pfarrer als Krisenagent" (in: ThPr 9, 1974, 277 ff.). Auch hier prävaliert das Interesse an der Funktionsfähigkeit der Praxis: Krusche geht von einer Analyse der gegenwärtigen Aufgaben für den Pfarrerberuf aus und läßt entsprechend das Pfarrerbild von der Kompetenz zu deren Lösung her verstehen.

Die Frage nach der Funktionsfähigkeit des Pfarrerberufs verrät das Interesse an der Person des Pfarrers und am Problem seiner Ausbildung. Im Hintergrund steht hier offenbar die Verantwortung, die aus der Wahrnehmung von biographischen Konflikten und von problematischen Lebenslagen erwächst und zwar sowohl im Hinblick auf die Person des Pfarrers wie auf die Zeitgenossen, die dem Pfarrer zur Aufgabe werden oder doch werden können. Im Kreis solcher Erwartungen an die Kompetenz des Pfarrers, funktionsfähig zu sein, wird zum Leitbild für das Verständnis des Pfarrerberufs. Nicht zufällig gewinnt aus dieser Perspektive die Ausbildung des Pfarrers besonderes Gewicht für alle Fragen seiner Berufspraxis und des Berufsbildes überhaupt.

c) Die Richtungen, die sich für die Deutung des Pfarrerberufs unter den Bedingungen der Gegenwart herausgebildet haben, sind gelegentlich in kontroverse Auseinandersetzungen verwickelt, zumeist dann, wenn kirchenamtliche Bestimmungen (z. B. Examensordnungen) oder andere Ausbildungsfragen (z. B. in Predigerseminaren) davon betroffen sind. Gleichwohl dürfen diese Richtungen nicht als Alternativen verstanden werden. Die auf beiden Seiten zugrunde liegenden Leitfragen müssen vielmehr in ihrer Relativität und ihrer wechselseitigen Bestimmtheit gesehen werden: Die Funktionen der Berufspraxis und ihre Funktionsfähigkeit bilden erst gemeinsam den sachgemäßen Gegenstand für die Ausarbeitung eines gültigen Pfarrerbildes. Beide Fragestellungen freilich sind im Recht. Im idealen Fall wäre zwischen ihnen kein Unterschied und beides stimmte gänzlich zusammen: Es gäbe keine Funktion der pastoralen Praxis, die nicht vollkommen funktionsfähig wäre, und es gäbe umgekehrt keine Befähigung zu Funktionen, der eine (notwendige und legitime) pfarramtliche Funktion nicht entspräche. Die Wirklichkeit zeigt, daß der Kreis solcher Übereinstimmungen begrenzt ist und verschieden groß sein kann und daß jenseits seiner Grenzen auf der einen Seite Funktionen stehen, für die es an Kompetenzen fehlt und auf der anderen Seite Befähigungen zu Funktionen, deren Legitimation in der Berufspraxis des Pfarrers zumindest strittig ist. In diesen Verhältnissen liegt indessen die Chance für den Pluralismus, der das Berufsbild des Pfarrers für viele und sehr unterschiedliche Fähigkeiten offenhält. Auf diese Weise können die persönlichen und individuellen Kompetenzen in die Berufspraxis eingebracht werden, die das protestantische Pfarrerbild immer schon gekennzeichnet haben und denen nur in Zeiten diktatorischer Strömungen in der Christentumsgeschichte kein Raum gelassen wurde.

§ 33 Der Pfarrer in der modernen Gesellschaft

1. Zur Kulturgeschichte des evangelischen Pfarrers

Als Standardwerk zum Thema ist P. Drews Werk (Der evangelische Geistliche, 1905) noch unüberboten (s. o. S. 126 ff.). Eine knappe und doch instruktive Übersicht findet sich bei H. Werdermann (Der evangelische Pfarrer in Geschichte und Gegenwart, 1925). Eine Kultur- und Sozialgeschichte in Einzelbeiträgen zu zeitgemäßen Fragestellungen bietet der Sammelband „Das evangelische Pfarrhaus" (hg. v. M. Greiffenhagen, 1984).

Das Wort „Pfarrer" kommt von mittelhochdeutsch „pfarre", das seinerseits vom mittellateinischen Parrochia (älter Paroecia, aus griechisch Paroikia, Anwohnerschaft) abgeleitet ist. „Pfarrei" und „Pfarrherr" sind sehr späte Bildungen. – Der Titel „Pastor" geht auf die regula pastoralis (s. o. S. 114) zurück, während die Bezeichnung „Geistlicher" von Gregor VII. (Papst 1073–1085) eingeführt wurde, und zwar zur juristischen Bestimmung dessen, daß alle Angelegenheiten von spirituales, also von Mönchen und Klerikern, dem Kirchenrecht unterstehen.

Der evangelische Pfarrerstand gilt als eine bedeutende und einflußreiche Erscheinung in der Kulturgeschichte Deutschlands. Zwar waren die

Verhältnisse dieses Standes zunächst sehr desolat (s. o. S. 126 ff.), doch gab es schon im 16. Jahrhundert einzelne hervorragende Persönlichkeiten in der Pfarrerschaft (B. Rieseberg, E. Sarcerius), und vom 17. Jahrhundert an wurde ihre Zahl immer größer und ihr Einfluß immer nachhaltiger. Es läßt sich belegen, daß einflußreiche und bedeutende Persönlichkeiten dann in der Zeit von Pietismus und Aufklärung und bis weit in das 19. Jahrhundert hinein mehr als aus anderen Kreisen der Bevölkerung aus dem Pfarrerstand und aus Pfarrhäusern hervorgegangen sind (Werdermann, 115 ff.). In dem Maße, in dem ein gewisser Bildungsstand für den Pfarrerberuf allgemein wurde, entwickelte sich das Pfarrhaus zum kulturellen Zentrum der Gemeinde. Im Geist des Pietismus ist vor allem die religiös-sittliche Erziehung von den Pfarrhäusern ausgegangen, im Zeitalter der Aufklärung war es eine allgemeine lebenspraktische Bildung. Erst im Zusammenhang mit diesen Leistungen gewann der evangelische Pfarrerberuf die Reputation, die man ihm heute weithin noch zuschreibt.

Die sozialen Verhältnisse des Pfarrerstandes waren die der Unterschicht. Die große Zahl der Pfarrstellen war kärglich besoldet, und daher waren die Pfarrer darauf angewiesen, ihre Äcker entweder selbst zu bestellen oder (wo das möglich war) zu verpachten. Zudem waren die Stellen unterschiedlich dotiert und in einigen Fällen deutlich besser ausgestattet. Deshalb war die Regel, daß man auf einer einfachen Stelle begann und sich nach und nach auf bessere zu bewerben suchte. Erschwert wurden die Anstellungsmöglichkeiten durch die große Zahl der Kandidaten, die allein und für sich und ohne jede Hilfe der Kirchen sehen mußten, wo sie (vor allem als Hauslehrer) unterkamen, bis sie eine Stelle fanden.

Das Pfründensystem, bis in das 20. Jahrhundert hinein Grundlage der Pfarrbesoldung, war eine stete Quelle der Korruption. Zudem war das einzelne Gemeindeglied zu verschiedenen Abgaben verpflichtet (z. B. Stolgebühren bei Amtshandlungen). Im Jahr 1905, als der größte Teil der Pfarrstellen einheitlich besoldet wurde, war das Einkommen eines Pfarrers von 200,– DM im Monat (Anfangsgehalt) bis 500,– DM gestaffelt. Ein Regierungsrat verdiente 600,– DM. Dadurch waren die gröbsten Notstände in den Pfarrhäusern beseitigt. „Die Lage des Landpfarrers mit größerer Familie, der genötigt ist, Söhne und Töchter zu ihrer Ausbildung auswärts auf Schulen zu schicken, bleibt immerhin noch drückend genug“ (H. Beck, Das kirchliche Leben der Evangelisch-lutherischen Kirche in Bayern, 1909, 63). Die Zahl der Pfarrstellen war nicht gering. 1840 kam ein Pfarrer auf etwa 1400 evangelische Christen, 1960 war das Verhältnis 1 : 2500.

Gleichwohl sind die evangelischen Pfarrhäuser nicht nur durch ihre religiösen und kulturellen Leistungen hervorgetreten, sondern auch durch ihre sozialen. Das Pfarrhaus war in der Regel von einer Großfamilie bewohnt (mit 20 oder mehr Mitgliedern) und galt als offenes Haus für Durchreisende und Notleidende (vgl. dazu F.W. Kantzenbach, Zur kirchen- und kulturgeschichtlichen Bedeutung des evangelischen Pfarrhauses, in: Haus in der Zeit, hg. v. R. Riess, 1979, 42ff.).

Die jüngsten Entwicklungen, die die inneren Verhältnisse, die gesellschaftliche Stellung und die Bedeutung des Pfarrerstandes bestimmen, haben ihre Vorgeschichte im 19. Jahrhundert: Hier haben sich die Bedingungen und die Strukturen herausgebildet, deren Nachwirkungen heute erkennbar sind (so auch Y. Spiegel, Art. Pfarrer, in: PThH, 1975², 459). Zu Beginn des 19. Jahrhunderts war der Pfarrerstand im ganzen vom Rationalismus geprägt, von einer aufgeklärten und milden Frömmigkeit, die das sittliche, das religiöse und das lebenspraktische Vermögen der Menschen fördern wollte. Dem trat schon in den ersten Jahrzehnten die Erweckung entgegen, die eine persönliche, identifizierbare Frömmigkeit und eine eindeutig kirchliche Lebensgestaltung forderte. Im Verein mit den restaurativen Bewegungen des 19. Jahrhunderts ist der Pfarrerstand schon eine Generation später ganz von dieser Frömmigkeit geprägt gewesen.

„Die sog. ‚Gläubigkeit', die neben dem ausklingenden verödenden Rationalismus heraufstieg, gab dem Pfarrer ein neues Bewußtsein seiner Würde, seiner kirchlichen Bedeutung: Er fühlte sich als Verkündiger des Wortes Gottes und Spender der Sakramente. Dies Selbstbewußtsein steigerte sich bei einzelnen, namentlich bei Lutheranern bis zu dem Gedanken einer besonderen göttlichen Amtsgnade. Aber auch, wer so weit nicht ging, trug doch leicht eine pastorale Amtswürde zur Schau, die sich nicht selten mit einer gewissen pietistischen Lebenshaltung verband. Ohne Zweifel, in die Pfarrerhäuser zog mit tieferer Frömmigkeit auch ein größerer Ernst, Einfachheit, Zucht ein. Aber die Kehrseite war eine gewisse Unnahbarkeit, etwas steif Feierliches, eine gewisse liturgische Haltung in Wort, Tracht und Gebärde, und als Folge davon eine betrübliche Entfremdung des Pfarrerstandes vom wirklichen Leben" (P. Drews, Art. Pfarrer I, in: RGG¹, IV, 1431).

Die Ziele der Inneren Mission boten in dieser Entwicklung nur eine geringe Korrektur. Das beginnende und stetig wachsende kirchliche Vereinsleben beruhte ganz auf dieser Frömmigkeit und ließ die eigene und eigentümliche Gestalt der bewußten Kirchlichkeit noch deutlicher hervortreten. Im Pfarrerstand verband sich diese Frömmigkeit mit den Zügen des Nationalbewußtseins (das sich nach 1871 noch verstärkte) und einer Staatstreue, die in den religiösen Vorstellungen ihre Fundamente hatte. Auch das Aufkommen der historisch-kritischen und der religionsgeschichtlichen Schule gegen Ende des Jahrhunderts hat nichts daran geändert, daß die traditionalen Einstellungen in der Pfarrerschaft dominierten.

Eine überaus instruktive Darstellung dieser inneren Verhältnisse im Pfarrerstand hat K. W. Dahm sowohl in knapper Zusammenfassung (Beruf: Pfarrer, 1971, 13 ff.) wie als eingehende historische Analyse (Pfarrer und Politik, 1965) vorgelegt.

Dahm erläutert, daß die in der Pfarrerschaft des frühen 20. Jahrhunderts herrschende Verbindung von „Gläubigkeit" und Nationalbewußtsein die Grundlage für die Einstellung war, mit der die evangelische Pfarrerschaft der Weimarer Republik gegenüberstand: Der (nach 1918) neue Staat wurde abgelehnt, oft geradezu bekämpft, lächerlich gemacht, und wegen seiner liberalen Fundamente, die jeder politischen und weltanschaulichen Gruppierung Raum gaben, zutiefst verabscheut. Das hieß nicht etwa, daß die evangelische Pfarrerschaft im ganzen dem Faschismus zugeneigt gewesen wäre: Die Zahl derer, die dieser politischen Richtung beitraten, war gering, und nicht wenige von ihnen kehrten der Partei alsbald auch wieder den Rücken (vgl. K. W. Dahm, 40). Aber die evangelische Pfarrerschaft dieser Epoche zwischen 1918 und 1930 hat den Niedergang des demokratischen Staates gefördert und zu seinem Untergang beigetragen. Dem entspricht es, daß die Pfarrerschaft sich anläßlich der „Machtergreifung" 1933 mit keiner Stimme zur Verteidigung der Republik zu Wort gemeldet hat. Der Kirchenkampf, der später einsetzte, galt den „Deutschen Christen", nicht aber der Rückkehr zur Demokratie.

E. Wolf hat darauf aufmerksam gemacht, daß in dieser Epoche „deutschnationale und christlich-protestantische Gesinnung als zusammengehörig empfunden" wurden und daß sich mit dieser ganzen Entwicklung „eine eigentümliche Politisierung im Bereich der synodalen Vertretungsgremien" verband (Art. Kirchenkampf, in: RGG[3], III, 1444). Im einzelnen ist diese überaus komplexe Entwicklung bei K. Meier dargestellt (Der evangelische Kirchenkampf, Bd. 1, 1984, 4 ff.). Sein Urteil lautet: „Es zeigte sich im übrigen, daß die starke Aversion gegen die Weimarer Republik, die auch in breiten kirchlichen Kreisen als ein Intermezzo galt, und der Ruf nach dem ‚starken Staat', der womöglich das Christentum schütze oder fördere und die Öffentlichkeitsgeltung der Kirche sichere, die Bereitschaft geweckt haben, sich dem Nationalsozialismus zu öffnen" (46).

Es scheint, daß die Gesinnungen, die den evangelischen Pfarrer im Zusammenhang mit den neueren religiösen Bewegungen im Protestantismus prägen, gerade zu einer demokratischen Ordnung, die auf Kompromisse und auf Kompromißfähigkeit angewiesen ist, nur schwer ein produktives Verhältnis zu finden vermögen.

2. Der Pfarrer in der modernen Gesellschaft

„Soziologische Studien zur Berufssituation des evangelischen Pfarrers" ist der Untertitel einer Sammlung von Untersuchungen, die ausdrücklich den Wandel in der Berufssituation zum Thema gemacht und damit die Fragestellung selbst in das allgemeine Bewußtsein erhoben hat (Der Pfarrer in der modernen Gesellschaft, von G. Wurzbacher u. a., 1960). Es handelt sich hier weniger um religionssoziologische Theorien als um die Deutung empirischer Tatbestände. Der Dokumentation und Interpretation derartiger Sachverhalte dienen ferner Y. Spiegel, „Der Pfarrer im Amt", 1970, E. Senghaas-Knobloch, „Die Theologin im Beruf", 1969 und „Kirchliches Amt im Umbruch" (hg. v. H. D. Bastian, 1971).

In die Wandlungen und Veränderungen der jüngsten Zeit, die alle Institutionen und Lebensformen der Gesellschaft betroffen haben, ist naturgemäß auch der Pfarrerberuf wesentlich einbezogen. Als zusammenfassende Charakteristik dieser Veränderungen kann die Einsicht gelten, daß im Pfarrerberuf nicht mehr wie selbstverständlich das Amt die Person trägt, sondern umgekehrt das Amt erst durch die Leistungen der Person seines Inhabers gefüllt und zur Wirkung gebracht wird.

„Die soziale Orientierung des Pfarrers in der Gesellschaft ist darum, sofern sie von dem Status abhängt, der ihm durch das Pfarramt definiert ist, verunsichert. Vor allem kann der Pfarrer die Bedeutung und das Ansehen seines Tuns und Wirkens in der Umwelt nicht mehr ohne weiteres von einer vorausgegebenen Geltung seines Amtes ableiten. Das Amt als Institution stellt nicht mehr unbedingt die Grundlage für die gesellschaftliche Ausstrahlung der pfarramtlichen Tätigkeit dar. Vielmehr macht der Pfarrer die Erfahrung, daß seine Wirksamkeit in starkem Maße davon abhängt, daß er dieses Amt durch persönliche Leistung ausfüllt, ja überhaupt erst dem Amt Ansehen verschafft. Das Amt definiert ihm einen sozialen Status, der als institutionelle Grundlage seiner Bestätigung und Anerkennung in der Gemeinde wie in der Gesellschaft nicht mehr ausreicht. Der Pfarrer sieht sich darauf hingewiesen, das Amt als ‚Chance' für sein persönliches Wirken zu ergreifen, um etwas daraus zu ‚machen' und es durch seine individuelle Wirksamkeit auszubauen" (T. Rendtorff, in: Der Pfarrer in der modernen Gesellschaft, 1960, 90).

Zu den wichtigsten Folgen dieser Veränderungen gehört die Reduktion der Berufsrolle des Pfarrers im ganzen, also die Einschränkungen seiner Zuständigkeit und die Verminderung dessen, wofür er in Anspruch genommen wird. Dabei wird von einem Vergleich mit früheren Verhältnissen ausgegangen, der im einzelnen selbstverständlich kaum zu belegen ist. Tatsächlich gehen in solche Feststellungen nicht zuletzt Selbstaussagen aus der Pfarrerschaft ein. Aber diese Reduktion läßt sich doch darin feststellen, daß der Pfarrer allein noch innerhalb der Grenzen seines formellen kirchlichen Handelns in Anspruch genommen wird. Im öffentlichen Leben und in den sonstigen sozialen Einrichtungen spielt der Pfarrer nicht mehr schon deshalb eine Rolle, weil er da ist. Sofern er in diesen Beziehungen eine Rolle spielt, hat er sie selbst und in Person erworben. Er ist allein noch für das kirchliche Leben zuständig und alles, was er außerhalb dessen z.B. in der Schule zur Geltung zu bringen suchte, wäre keineswegs mehr fraglos und aus sich selbst gültig. Andererseits entspricht gerade diese Reduktion den theologischen Richtungen, die in der ersten Hälfte des 20. Jahrhunderts in der Pfarrerschaft vorherrschten. Danach sollte der Pfarrer aus theologischen Gründen allein für die „Ausrichtung" des „Dienstes" oder des „Wortes" zuständig sein und sich von allem weiteren fernhalten. Die gesellschaftliche Entwicklung und das theologische Programm haben hinsichtlich der Reduktion ihre Folgen summiert.

Im Zusammenhang dieser Entwicklungen ist die Kirchengemeinde als eigener Lebensraum immer deutlicher hervorgetreten. Die Aufgabe, diesen Lebensraum auszubauen, zu gestalten und die Teilnehmerschaft zu vergrößern, ist dabei zur vordringlichen Aufgabe des Gemeindepfarrers geworden. Die Probleme, die sich daraus ergeben, sind von R. Köster untersucht und folgendermaßen skizziert worden:

> „Die Aufgabe, durch Verkündigung lebendige Gemeinde aufzubauen, ist vielfach als Wiedergewinnung des wahren Berufsauftrags empfunden worden. Jedoch hat man die neue Zielsetzung nicht bis hin zu einer neuen Konzeption der kirchlichen Strukturen durchdacht und deshalb übersehen, daß das überkommene System sich sowohl gegen die Bildung „lebendiger Gemeinden" als auch gegen den Auftrag öffentlicher Verkündigung sperrt. Hier liegt einer der wesentlichen Gründe dafür, daß das Wirken des Pfarrers mit einer Fülle von Frustrationen verbunden ist. Ihre Verarbeitung erfolgt jedoch weitgehend nicht so, daß die Rückfrage an die Strukturen und an die ungeklärte gesellschaftliche Einordnung der Kirchen gestellt wird. Stattdessen sehen viele Pfarrer diese Frustrationen und das sich mit ihnen verbindende Gefühl gesellschaftlicher Isolierung als Folge kultureller Entwicklungen, die häufig eine negative Bewertung erfahren. Man spricht von wachsender Glaubenslosigkeit, identifiziert den Säkularisierungsprozeß mit Entchristlichung. Die Vergangenheit wird glorifiziert, wobei historische Tatbestände oft stark verzerrt ins Bewußtsein treten. Ein anderes Schema der Verarbeitung spricht gerne vom Zurückbleiben der Kirche hinter der gesellschaftlichen Entwicklung" (in: Kirchliches Amt im Umbruch, hg. v. H. D. Bastian, 1971, 69).

Die Begrenzung der Funktionen für den Pfarrerberuf und die Einschränkung auf den Vollzug ausdrücklich kirchlicher Tätigkeiten hat also bedeutende Folgen für die berufliche Lage und für das Selbstverständnis des Pfarrers. Andererseits aber zeigt sich, daß die Kirche und der Pfarrer als ihr Repräsentant gerade in dieser Begrenzung auf den Vollzug ihrer spezifischen Lebensformen eine breit fundierte und hohe Wertschätzung in der Allgemeinheit genießen. Der große Teil der Mitgliedschaft, der sich für das Urteil des Pfarrers (und der Kerngemeinde) kaum je am kirchlichen Leben beteiligt, läßt gleichwohl erkennen, daß er diesem Kirchentum und seinen Veranstaltungen durchaus positiv gegenübersteht und sich ihm weiterhin verbunden fühlt (s. o. S. 95 ff.). Aus dieser Lage ergibt sich, daß der Pfarrer unter den Bedingungen der Gegenwart ganz unterschiedlichen Erwartungen an seine Qualifikation und an seine Tätigkeiten ausgesetzt ist.

Das ist zunächst die Erwartung der Kerngemeinde, also derer, die am kirchlichen Leben teilnehmen und es prägen und mitbestimmen. Die Kerngemeinde ist in der Regel durch eine traditionsgebundene religiöse Einstellung gekennzeichnet und entsprechend ist der Kreis ihrer Erwartungen ausgerichtet. Zu deren wesentlichen Kennzeichen gehört das Verlangen nach Beständigkeit und Verläßlichkeit in der Praxis des Gemeindelebens. Dieser Gruppierung liegt vor allem an der Reproduktion dessen, was gilt und was gelten soll. In Gebieten oder Kreisen, die von fundamentalistischen Strömungen geprägt sind, kommt diese Erwartungstendenz besonders deutlich an der Erwartung der Sonntagspredigt gegenüber zum Ausdruck: Die Predigt gilt dann als besonders gelungen, wenn sie den gültigen, wohlbekannten und unveränderten religiösen Gehalt wiederholt.

E. Lange hat hier von einem „vereinskirchlichen Bedürfnisprofil“ gesprochen (Predigen als Beruf, 1976, 152), und er hat diese besondere Mitgliedschaft vor allem durch die Bedürfnislagen des Mangels gekennzeichnet gesehen: „In der Vereinskirche hat es der Pfarrer durchweg mit Defiziten und Frustrationen zu tun, mit Wünschen und Bedürfnissen, die im Leben der Gesellschaft und auch der Volkskirche als einer Institution der Gesellschaft zu kurz kommen, also etwa im Blick auf Geborgenheit, Gemeinschaft, Status, Unterhaltung, Bildung, aber auch im Blick auf Begabungen, die die Gesellschaft brachliegen läßt“ (153). Lange versteht gerade diese Bedürfnislagen als Aufgabe für den Pfarrer, der die Defizite nicht zu konservieren, sondern zu bessern hätte. Bei dieser Diagnose ist wohl verkannt, daß es eine verbreitete Motivation für das Interesse an der Religion (vielleicht ähnlich dem an anderen Kulturbereichen) gibt, dem wahrscheinlich auch der Pfarrer selbst die Motivation für seine Berufswahl verdankt.

Eine zweite Form der Erwartung kann als das „volkskirchliche Bedürfnisprofil“ (152) bezeichnet werden. Diese Erwartung ist dadurch charakterisiert, daß sie mit der Bereitschaft und vor allem mit der selbstverständlichen Bereitwilligkeit der Kirche und des Pfarrers für den Fall rechnet, daß sie in Anspruch genommen werden. Für die volkskirchliche Erwartung steht der Pfarrer gleichsam zur Verfügung, und sei es auch nur für einen außerordentlich seltenen Bedarfsfall. Erwartet wird dabei die Wahrnehmung der individuellen Situation und der persönlichen Belange. E. Lange sagt mit Recht, daß die Energien, die in solchen Fällen durch die Tätigkeit des Pfarrers frei werden, „in die bürgerliche Existenz seiner volkskirchlichen Partner" fließen (153). Eben das ist auch der Inhalt der Erwartung. Das inaktive Verhältnis zur Kirche ist mit dieser selbstverständlichen Erwartung verbunden, daß sowohl für vorhersehbare wie für nicht vorhersehbare Situationen ein aktives Verhältnis zur Kirche problemlos hergestellt werden kann. Freilich wird dadurch nicht eine neue oder selbständige Form der Lebenspraxis etabliert, sondern eben die bürgerliche oder gewöhnliche gefördert und geformt.

Daß die Tätigkeit des Pfarrers dabei als „lehren und helfen" (152) bezeichnet werden könne, dürfte nur in bestimmter Hinsicht richtig sein. Wahrscheinlich ist der Begriff der „Begleitung" angebrachter und sachgemäßer. Der Pfarrer wird zur Begleitung in bestimmten Lebenslagen in Anspruch genommen und zwar so lange, wie diese Lage andauert.

Eine dritte Form der Erwartung schließlich kann zusammenfassend als „reformkirchliche" Einstellung bezeichnet werden. Das gemeinsame Grundmotiv, das diese Zusammenfassung rechtfertigt, ist hier die Kritik der bestehenden Verhältnisse, die Unzufriedenheit mit ihnen und die „Hoffnung besserer Zeiten". Im übrigen können die Reformvorstellungen selbst sehr verschiedener Art sein und sich auf kirchliche oder politische Verhältnisse oder auf beides beziehen. In der Regel geht die Erwartung dahin, daß der Pfarrer sich an die Spitze dieser Gruppierung stellen und sich mit ihren Zielen identifizieren möge. Gelegentlich mag die Existenz einer solchen Gruppierung in einer Gemeinde schon Ausdruck der Tatsache sein, daß der Pfarrer eben das tut. Die Kritik am Alltag des kirchlichen Lebens geht jedenfalls auf ein wesentliches religiöses Motiv zurück, das schon in Speners Pia desideria zugrunde liegt und das überall dort Bedeutung gewinnt, wo im Blick auf die Praxis der Religion die Differenz zwischen Sein und Sollen zur Geltung gebracht wird.

Mit diesen unterschiedlichen Erwartungen, zwischen denen wiederum die verschiedensten Kombinationen denkbar sind, findet sich der Gemeindepfarrer konfrontiert und zwar so, daß ihm durch diese Erwartungen jeweils bestimmte Rollen vorgegeben werden. Erwartet wird, daß er die entsprechende Rolle übernimmt und also seine Tätigkeit so gestaltet, daß darin das Eingehen auf die Erwartung erkennbar wird. Bis zu einem gewissen (und von Fall zu Fall sicher verschiedenen) Grade ist diese unterschiedliche Rollenzumutung an den einzelnen Pfarrer bereits traditionell. Seitdem es überhaupt kirchliche Richtungen gibt und vor allem, seitdem sie als Richtungen Legitimation erlangt haben (also spätestens seit der Aufklärung), waren derartige Rollenerwartungen an den Gemeindepfarrer üblich. Aber in aller Regel war es möglich, alle derartigen Erwartungen zu integrieren. Dazu gehörte freilich immer schon, daß auf vorherrschende Richtungen und Gruppierungen in einzelnen Gemeinden bei der Besetzung der Pfarrstelle Rücksicht zu nehmen war. Heute aber scheinen sich die Konflikte zu häufen, die nicht mehr ohne weiteres in einen größeren Zusammenhang integrierbar sind.

Beispiele dafür liefern heute die Konflikte zwischen reformkirchlichen und vereinskirchlichen Bestrebungen, in denen sich politische Gegensätze abbilden, aber auch der Anspruch auf gleichberechtigte kirchliche Vertretung ihrer Ziele durch deviante und bisher ausgeschlossene Gruppen.

Der Differenzierungsprozeß der neuzeitlichen Gesellschaft, der stets auch ein Legitimationsprozeß ihrer verschiedenen neuen und zunächst marginalen Richtungen und Gruppierungen ist, zeitigt seine Folgen in den unterschiedlichen Erwartungen an den Gemeindepfarrer. Für die christliche Gemeinde ist die Integration unerläßlich. Die Kirchlichkeit der Erwartungen und Gruppierungen wird sich deshalb an ihrer Integrationsbereitschaft und an ihrer Fähigkeit zur Toleranz messen lassen müssen (vgl. dazu o. S. 262 ff.).

3. Differenzierung und Spezialisierung

Zweifellos ist die Differenzierung eines der wesentlichen Kennzeichen der modernen Gesellschaft. Das soziale Leben hat sich in eine Vielzahl von Lebensbereichen aufgegliedert und aufgeteilt, die untereinander in nur noch schwer erkennbaren Beziehungen stehen. Der einzelne, der an diesen unterschiedlichen Provinzen oder Parzellen des Lebens teilnimmt, steht unter der Erfahrung, daß er ein jeweils unabhängiges und selbständiges und deutlich abgegrenztes Lebensgebiet betritt. Die Differenzierung der Gesellschaft hat weithin zur Isolierung ihrer Lebensräume voneinander geführt. Für die Kirche traten die Folgen dieser Prozesse vor allem dadurch zutage, daß das Leben der Kirchengemeinde seinerseits isoliert und zu einem der selbständigen oder abgegrenzten Lebensbereiche neben anderen wurde. Für die Gemeinde und für den Gemeindepfarrer stellte sich diese Entwicklung so dar, daß die Menschen immer weniger die Mitte ihres Lebens und ihrer Lebensformen mit ihrer Wohnung zu verbinden schienen. Das „eigentliche Leben" war dabei, aus der Wohngemeinde auszuwandern, und die Kirchengemeinde blieb den wenigen überlassen, die an die Wohngemeinde gebunden blieben. Die anderen Lebensräume dagegen wurden vom kirchlichen Leben nicht mehr berührt.

Die Kirche hat auf diese Entwicklung so reagiert, daß sie begann, einzelne der verselbständigten Lebensbereiche als Sonderaufgaben für die pastorale Tätigkeit zu begreifen und zu organisieren. Auf diese Weise sind Spezialberufe für den evangelischen Pfarrer entstanden, die ihn meist ohne Bindung an eine Ortsgemeinde in einzelne Institutionen führen und mit bestimmten Funktionen beauftragen. Eine sehr instruktive Übersicht über den Stand dieser Spezialisierung des Pfarrerberufs bietet der von Y. Spiegel herausgegebene Band „Pfarrer ohne Ortsgemeinde" (1970). Zu diesem Zeitpunkt waren von allen evangelischen Pfarrern nahezu 30 % in Sonderpfarrämtern beschäftigt (9).

Die evangelische Kirche kannte von Anfang an den Pfarrer auch ohne Gemeinde: Universitätsprofessoren, Superintendenten in Leitungsämtern und entsprechend vorgebildete Lehrer galten als Pfarrer und konnten jederzeit in Pfarrstellen überwechseln. Militärpfarrer gab es in Preußen bereits seit dem frühen 18. Jahrhundert. Als erste Reaktionen auf die neuzeitliche Differenzierung der Gesellschaft sind freilich wohl die im Zusammenhang mit der Inneren Mission entstandenen Aufgaben der „Stadtmissionare", der Anstaltsleiter und der besonderen geistlichen Fürsorge für Gefangene, Gefährdete und für andere Randgruppen zu verstehen (s. o. S. 141 ff.).

Heute umfaßt die Zahl der Sonderpfarrämter und der Spezialaufgaben weit mehr als ein Dutzend solcher pastoralen Funktionen. Nach Y. Spiegel ergibt sich dafür die folgende Einteilung:

„1. Pfarrer, die mit Erziehungs- und Bildungsaufgaben beschäftigt sind: Religionslehrer, Berufsschulpfarrer, Jugendpfarrer, Studentenpfarrer, Leiter von evangelischen Akademien, Stadtakademien und Landakademien, Dozenten an Schulen für kirchliche Berufe; diese Gruppe macht etwa 30 % der Pfarrämter aus, 2. Pfarrer in der speziellen Seelsorge: Krankenhausseelsorger (etwa 150), Gefängnisseelsorger (86), Pfarrer an Beratungsstellen, Anstaltspfarrer (rd. 300), die jedoch zum Teil mit Verwaltungsaufgaben beschäftigt sind; Anteil an der Gesamtgruppe etwa 20 %. 3. Pfarrer für bestimmte Berufsgruppen: Sozialpfarrer (49), Militärseelsorger (rd. 150), Polizeipfarrer, Pfarrer für Männer- und Frauenarbeit. 4. Pfarrer für Öffentlichkeitsarbeit: Öffentlichkeitspfarrer, Rundfunk- und Fernsehbeauftragte, volksmissionarische Dienste (zusammen rd. 150). 5. Pfarrer in der kirchlichen und diakonischen Verwaltung. 6. Missionare und Missionspfarrer (rd. 870), Auslandspfarrer (rd. 440)" (Art. Pfarrer, in: PThH, 471 f.). An dieser Aufzählung sind einzelne Aufgaben, die nur selten wahrgenommen werden, wie z. B. Sportpfarrer, Schiffsreisebegleiter und Pfarrer in privaten Stellungen noch nicht enthalten.

Spiegel hat darauf hingewiesen, daß bei den Sonderpfarrern trotz der Vielfalt der Arbeitsgebiete drei Berufsaufgaben im Vordergrund stehen: Aufgaben des Managements, seelsorgerliche und Lehraufgaben (Pfarrer ohne Ortsgemeinde, 32). Zweifellos hat jedes dieser Spezialgebiete seine eigene Problematik vor allem in bezug auf die Näherbestimmung der kirchlichen und religiösen Aufgabe im Einzelfall. Nur wenige der Spezialgebiete stehen zwar unter prinzipiellen Legitimationszwängen (wie z. B. der Militärpfarrer), aber gerade dort, wo die Legitimation nicht in Zweifel gezogen wird, ist die Aufgabe oft nur schwer zu präzisieren: Wie hat ein Krankenhausseelsorger seinen Auftrag zu verstehen, wenn etwa eine dermatologische oder eine Nervenklinik zu seinem Arbeitsbereich gehören?

Das gemeinsame Grundproblem aller Sonderpfarrämter besteht darin, daß sie für ihre Berufstätigkeit nicht von der traditionellen Basis der pfarramtlichen Praxis ausgehen können: Die vereinskirchliche Organisation einer Gemeinde fehlt oder ist doch nicht selbstverständlich vorgegeben. In einzelnen Fällen, z. B. bei Militär- und Studentenpfarrämtern, lassen sich derartige Organisationsformen oder gewisse Äquivalente in Gestalt fester Gruppierungen und ständiger Einrichtungen häufig noch etablieren. Bei anderen, z. B. bei Krankenhauspfarrämtern, ist das nahezu ausgeschlossen. Hier wird die Berufstätigkeit ganz auf das „volkskirchliche Bedürfnisprofil“ (s. o. S. 95 ff.) ausgerichtet. Es fehlen gerade diejenigen Veranstaltungen, die der pastoralen Praxis Dauer, Beständigkeit und damit auch Verläßlichkeit geben, und wenn es solche Veranstaltungen gibt, dann ist die Beteiligung unverhältnismäßig gering und so wechselnd, daß, beispielsweise bei Andachten in einem Krankenhaus, sich gerade die nicht persönlich beteiligen können, derer dabei in erster Linie zu gedenken wäre. Gewiß mag sich in jedem Sonderpfarramt auch ein Grundbestand an dauerhaften und beständigen Einrichtungen und Tätigkeiten pastoraler Praxis herstellen lassen. Aber es wird auch immer das Moment des Individuellen überwiegen und es werden die Erfordernisse, die aus den immer wieder neuen Begegnungen und Situationen folgen und für eine begrenzte Zeit alle Aufmerksamkeit auf sich ziehen, im Vordergrund stehen. Die Praxis des Gemeindepfarramtes ist von der der Sonderpfarrämter vor allem durch das Maß an Stabilität verschieden. Das hat zur Folge, daß der Pfarrer in einem Sonderpfarramt seine Tätigkeit noch sehr viel weniger als der Gemeindepfarrer aus dem Status und aus der traditionellen Bedeutung seines Amtes begründen und auslegen kann. Seine Praxis ist noch deutlicher eine Funktion der Subjektivität. Sonderpfarrämter sind daher der exemplarische Fall des Pfarramts in der modernen

Gesellschaft. Sie bieten dem Inhaber in Person eine Chance, seine persönlichen Fähigkeiten einzusetzen und durch sie Erfolge zu erzielen. Auf die Vorgaben seines Amtes darf er dabei nicht rechnen.

§ 34 Kirchliches Dienstrecht

1. Die Rechtsstellung des Pfarrers

Ursprünglich war die Rechtsstellung des Pfarrers dadurch begründet, daß ihm eine Pfründe (eine mit Vermögen, z. B. durch Landbesitz, ausgestattete Stelle) übertragen war, aus der er nicht gegen seinen Willen abberufen werden konnte. Er übernahm mit diesen Rechten zugleich die Pflichten, die mit der Stelle verbunden waren. Diese Verhältnisse sind aus dem späten Mittelalter unverändert in die Kirchen der Reformation übergegangen. Auch hier waren dem Pfarramt bestimmte Aufsichtsaufgaben (Schulaufsicht) zugeschrieben, so daß der Pfarrer durch seine Stellung nicht in, sondern über der Gemeinde stand. Er war insofern ein „Regimentsorgan" (U. Stutz, Art. Pfarre, Pfarrer, in: RE[3], Bd. 15, 251) und zwar in einigen Kirchengebieten bis zum Ende des Ersten Weltkrieges.

Heute ist die Rechtsstellung des Pfarrers sowohl durch das Staatskirchenrecht wie durch Kirchengesetze geregelt. Danach „üben diese kirchlichen Amtsträger ein gemäß kirchlichem Eigenrecht gestaltetes Dienstverhältnis öffentlichen Rechts aus" (A. Stein, Evangelisches Kirchenrecht, 1980, 108). Der Pfarrer ist also weder Angestellter einer Kirchengemeinde noch Kirchenbeamter. Dem Württembergischen Pfarrergesetz zufolge ist das Dienstverhältnis des Pfarrers „ein öffentlich-rechtliches Dienst- und Treueverhältnis eigener Art" (§ 1, 3; H. M. Müller, in: TRT, Bd. 4, 1983[4], 95).

Diese Formulierungen zeigen an, daß die Rechtsstellung des Pfarrers sich von der anderer Berufe unterscheidet. Einerseits ist der Pfarrer tatsächlich Beamter: Er ist in eine unkündbare Lebensstellung berufen, sein Gehalt, seine Pension und die weitergehende Betreuung und Fürsorge durch seine Behörde (die Landeskirche) stehen (wie bei allen Beamten) fest. Das Gehalt des Pfarrers ist nach der Beamtenbesoldungsordnung geregelt (A 13/14). Andererseits ist der Pfarrer ganz selbständig tätig und nicht weisungsgebunden. Ihm ist durch das Bekenntnis seiner Kirche und durch die allgemeinen und grundlegenden Aufgaben (Predigt, Sakramentsverwaltung, Unterricht, Seelsorge) ein Rahmen vorgegeben, den er nach eigenem Urteil auszufüllen hat und in dem er keiner direkten

Kontrolle durch die Behörde unterliegt. Auch die Visitation hat keine derartigen Funktionen, denn sie gilt nicht als „obrigkeitliche Besichtigung“ (A. Stein, 136). Seine Rechtsstellung erlaubt dem Pfarrer eine Amtsführung, in der er allein seinem Gewissen verpflichtet ist. Freilich sind mit seiner Stellung eine Reihe auch persönlicher Verpflichtungen verbunden, deren Einhaltung erwartet wird, wenn sie auch nur schwer kontrolliert und beaufsichtigt werden können. Es sind solche Pflichten, die sich aus der Art des Auftrags ergeben.

Dazu gehören die Residenzpflicht, die Verschwiegenheitspflicht und die Pflicht zu einer Lebensführung, die keinen Anstoß gibt (vgl. Stein, 110 ff.). Gerade in dieser Frage muß natürlich in einer pluralistischen Kirche mit widersprüchlichen Auffassungen gerechnet werden. Objektive Regelungen sind hier allenfalls im Sinne äußerer Begrenzungen des Spielraums möglich.

Die Freiheit der Amtsführung und die Unabhängigkeit von Beaufsichtigungen gehören zu den großen und unvergleichlichen Privilegien des evangelischen Pfarrers. Ihre Funktionsfähigkeit ist jedoch davon abhängig, daß sie als Privilegien beachtet und vor Mißbrauch geschützt werden. Da ein solcher Schutz allein durch den Kreis derer erfolgen kann, der diese Privilegien besitzt, muß die Pfarrerschaft hier ihre eigene Verantwortung wahrnehmen. Mißbrauch der Privilegien wird auf die Dauer nur zu ihrem Abbau führen und den evangelischen Pfarrer seiner wesentlichen Voraussetzung für die Amtsführung berauben. Lehrzuchtordnungen und Disziplinarrecht können nur eine äußerste Grenze bezeichnen, jenseits derer der Pfarrerberuf nicht mehr ausgeübt werden kann. Selbst diese Grenze ist schwer zu bestimmen.

Unter dem Einfluß des Preußischen Oberkirchenrats wurde 1910 ein „Irrlehregesetz“ (das Verfahren bei Beanstandungen der Lehre von Geistlichen betreffend) erlassen, das jedoch nur in zwei Fällen zur Anwendung kam (Jatho und Heyn). In jüngster Zeit ist nach dem Lehrbeanstandungsgesetz der VELKD von 1957 ein Verfahren bekannt geworden, an dem deutlich wird, wie schwer es ist, den evangelischen Lehrbegriff gegen Verirrungen zu schützen (L. Mohaupt, Pastor ohne Gott?, 1979).

Weitere Übersichten über die hier einschlägigen Themen bieten die Artikel der RGG[3] (II, 210 ff.; IV, 282 ff.; V, 280 ff.). Sehr informativ im Blick auf die geschichtliche Entwicklung dieser Fragen ist der Vergleich mit den entsprechenden Artikeln der früheren Auflagen der RGG.

Rechtsfragen sind auch bereits für den Vikar von Bedeutung. Über wesentliche Perspektiven dazu orientiert H. M. Müller (Der rechtliche Status der Vikare in theologischer Sicht, in: ZEvKr 22, 1977, 282 ff.).

2. Kirchliche Berufe

Seit dem Mittelalter ist in den abendländischen Kirchen neben dem Beruf des Geistlichen der des Juristen ein selbstverständlicher und notwendiger kirchlicher Beruf. Dabei wird im Unterschied zur katholischen Kirche in den Kirchen der Reformation der Beruf des Juristen als weltlicher Beruf verstanden und als solcher im Dienst der Kirche ausgeübt. Das hat seinen Grund nicht zuletzt in den unterschiedlichen Auffassungen vom Wesen des kirchlichen Rechts. Seinen sachgemäßen Ort hat der Jurist innerhalb der evangelischen Kirche in der Kirchenleitung. Seine Aufgaben entstehen mehr aus der weltlichen Existenz der Kirche als aus der Praxis, mit der sie ihre geistlichen Ziele zu erfüllen sucht. Für diese Praxis kannte die evangelische Kirche ursprünglich allein den Pfarrerberuf.

Dabei kann offenbleiben, ob etwa in der reformierten Kirche für das vierfach und also im Blick vor allem auf Disziplin und Diakonie gegliederte Amt mit einem selbständigen Beruf gerechnet wurde. Diese Aufgaben konnten von jedermann übernommen werden und waren wohl stets ehrenamtlicher Natur. Die Aufgaben des Lehrers fielen ohnehin den Theologen zu (vgl. dazu C.H. Ratschow, Art. Amt, Ämter, Amtsverständnis VIII, in: TRE, Bd. 2, 617).

Im 19. Jahrhundert sah sich die Kirche vor Aufgaben gestellt, die sie mit ihren traditionellen Organisations- und Arbeitsformen nicht mehr zu erfüllen vermochte. Vor allem die vielfachen Aufgabenbereiche der Fürsorge machten immer nachdrücklicher die Professionalisierung ihrer Wahrnehmung nötig. In diesem Zusammenhang sind im Rahmen der Inneren Mission die Berufe der Diakonisse und des Diakons entstanden (s. o. S. 145 ff.). Sie gelten seither als selbständiger Lebensberuf (mit entsprechender Bezahlung), dem eine eigene und spezifische Ausbildung vorangeht. Im Laufe der weiteren Differenzierung der kirchlichen Aufgaben haben sich die der „Gemeindehelferin“ und des „Katecheten“ ebenfalls als eigene Berufsform herausgebildet. Hier liegen die Schwerpunkte einerseits in seelsorgerlichen und fürsorgerischen Aufgaben, andererseits in der Jugendarbeit und im kirchlichen Unterricht. Zu den Berufen, die in jüngster Zeit für die Gemeindearbeit eine Rolle spielen, gehören vor allem sozialpädagogische und sozialdiakonische (kirchliche Sozialarbeiter, Kindergärtner und Krankenpfleger).

Einen Überblick über diese Berufe vermittelt die Aufstellung über die kirchlichen Ausbildungsstätten, die der Berufsvorbereitung dienen: „Ausbildungsstätten für gemeindebezogene Dienste“ (Fachhochschulen, Diakonenanstalten, Fachschulen, missionarische Bildungsstätten und Bibelschulen, hg. v. G. Bromm u. a., 1978).

Das Problem dieser gemeindebezogenen Berufe liegt in ihrer Stellung im Rahmen der Gemeindeleitung und des kirchlichen Amtes. Die Rechtsstellung dieser Berufe ist dadurch bestimmt, daß es sich um Angestellte der Gemeinde handelt. Andererseits aber nehmen sie Aufgaben wahr, die als Ausgliederungen aus dem geistlichen Amt verstanden werden können. Nach H. Frik sind Diakone von der Kirche „beauftragt, durch Hilfeleistungen an einzelnen und an Gruppen materielle, seelische und geistliche Not abzuwenden“ (Ausbildungsstätten, 73). Dem entspricht es, daß hier eine enge Beziehung zum kirchlichen Amt, das „in unterschiedlichen Diensten wirkt“ (ebd.), gesehen wird.

Die Probleme, die aus den komplexen Bestimmungen dieser Berufe entstehen, sind gelegentlich dokumentiert worden. Aufschlußreich ist das Themaheft „Diakon in der Pastorenkirche“ (WPKG 59, 1970, Heft 4).

Hier werden Erfahrungen mitgeteilt (175 ff.), aber auch prinzipielle Erwägungen vorgetragen (P. Stolt, Zur Entwicklung des Diakonenberufs, 147 ff.; K. Janssen, Überlegungen zum Auftrag des Diakons, 164 ff.). Über Aufgaben und Ausbildung vor allem im Rahmen der Diakonie orientieren W. Herrmann und G. Buttler (Art. Ausbildung, theologische, in: PThH, 1975², 74 ff.) und H. Wagner (Die Diakonie, in: HPT [DDR], III, 281 ff.).

3. Die Kirche als Arbeitgeber

Als ein bemerkenswertes Problem, in dem theologische, sozialethische und sozialpolitische Komponenten nur schwer identifizierbar verbunden sind, hat sich die Frage nach der generellen Regelung der Anstellungsverträge kirchlicher Mitarbeiter erwiesen. Zur Debatte steht dabei, ob über allgemeine Anstellungsbedingungen und Lohnfragen nach dem Vorbild der Tarifparteien mit den Gewerkschaften zu verhandeln ist (so die Regelung in der Nordelbischen Kirche), ob die Kirche autoritativ ihre Arbeits- und Lohnbedingungen festsetzt (so die katholischen Einrichtungen) oder ob ein „dritter Weg“ eingeschlagen wird: die Bildung einer paritätischen Kommission (zwölf Vertreter der Mitarbeiter und zwölf Vertreter der Leitungsorgane), die in diesen Fragen berät und Beschlüsse faßt (so in der Württembergischen Landeskirche).

Diese Regelungen sind übersichtlich erläutert im „Handbuch für Kirchengemeinderäte“ (hg. v. R. Lehmann im Auftrag des Oberkirchenrats der Evangelischen Landeskirche in Württemberg, 1983, 108 ff.).

11. Kapitel – Unterricht

Die Formen, Aufgaben und Ziele des kirchlichen Handelns, die in diesem Kapitel zur Sprache kommen sollen, werden unter dem Begriff „Unterricht“ zusammengefaßt. Das Wort hat eine bedeutende Stellung in der Selbstauslegung der Reformation und gewinnt hier erst seine eigene Prägung (vgl. dazu das Deutsche Wörterbuch von J. u. W. Grimm, Bd. 24, 1984, 1724 ff.). Exemplarisch zeigen sich Sinn und Stellung des Begriffs für den reformatorischen Sprachgebrauch an Melanchthons „Unterricht der Visitatoren“ (1527). „Unterricht“ bezeichnet zugleich den Inhalt und den Vorgang, der die Bestimmung des Inhalts bildet und dessen Absichten und Ziele in gewissen Fähigkeiten oder Tüchtigkeiten oder Qualifikationen dessen bestehen, der unterrichtet werden soll: In diesem Sinn steht „Unterricht“ in gleicher Weise für das, was der Katechismusschüler wie für das, was der Visitator braucht.

Der Begriff Unterricht hat freilich einen noch durchaus weitergehenden Bedeutungsrahmen. Luther selbst hat das Wort schon früh im Sinne einer öffentlichen Bekanntmachung verwendet (Unterricht auf etliche Artikel, die ihm von seinen Abgönnern aufgelegt und zugemessen werden, 1519, BoA 1, 148 ff.). Andererseits ist „Unterricht“ im Rechtswesen beheimatet und bedeutet dort vor allem Auskunft und Bezeugung (DWb).

Parallel und weithin deckungsgleich mit „Unterricht“ wird in der Regel der Begriff „Bildung“ verstanden. Dieser Begriff hat seinen Ursprung in der deutschen Mystik und in der Vorstellung, daß der Mensch „bildungsfähig“ sei und also nach einem höheren Bilde „gebildet“ werden könne und solle. Diese Vorstellung ist besonders vom Pietismus aufgenommen und ausgebaut worden: „Bilden“ ist das Formen (formare) des Menschen auf Christus hin. Eine universale Ausweitung und eine grundlegende Rolle im Verständnis des Menschen und der menschlichen Lebenswelt hat Herder dem Bildungsbegriff zugeschrieben und damit der „Bildungsbewegung“ im ausgehenden 18. Jahrhundert wesentliche Impulse gegeben („Ist die menschliche Natur keine im guten selbständige Gottheit: Sie muß alles lernen, durch Fortgänge gebildet werden ...“ zit. n. GG, Bd. 1, 516). Schließlich hat Goethe dem Bildungsbegriff die Bedeutung gegeben, die bis zur Gegenwart nachwirkt: Die eigene Bildung wird unendlich wichtig und zum Kriterium der Lebensgestaltung überhaupt („Alles was uns begegnet... trägt unmerklich zu unserer Bildung bei...", ebd. 517). Die Verbindung mit dem humanistischen Ideal (der Bildung an Antike und Griechentum) gab dann dem Bildungsverständnis des 19. Jahrhunderts das eigene Gepräge. Viele weitere Implikationen, wie etwa soziale („Bildungsbürgertum"), politische („Klassenbildung") oder kulturkritische (bei Nietzsche) haben den Bildungsbegriff zum Thema einer umfassenden und kontroversen Diskussion gemacht. In jüngster Zeit ist die Funktionsfähigkeit des Begriffs in der Pädagogik einerseits zweifelhaft geworden, andererseits wird der Begriff seiner anthropologischen Bedeutung wegen (als Bezeichnung der Art menschlichen „Verstehens, Wissens, Könnens, Benehmens, des sittlichen und sozialen Verhaltens") als unersetzlich bezeichnet (A. Flitner, Art. Bildung, in: RGG[3], I, 1280). Die wichtigsten Perspektiven des Bildungsbegriffs werden in diesem Kapitel Beachtung zu finden haben.

Eingehende und detaillierte Auskunft über die Geschichte des Bildungsbegriffs findet sich bei R. Vierhaus (in: GG, Bd. 1, 508 ff.). Informativ sind ferner der entsprechende Artikel in der TRE (Bd. 6, 568 ff.) und unverändert der in der RGG[3] (A. Flitner, I, 1277 ff.). Eine knappe Monographie zur älteren Geschichte bietet E. Lichtenstein (Zur Entwicklung des Bildungsbegriffs von Meister Eckehart bis Hegel, 1966).

Nahezu als Parallelbegriff zu dem der Bildung gilt der der Erziehung. „Erziehung" ist erst in der Neuzeit aufgekommen und bezeichnet das Handeln am werdenden Menschen zugunsten von dessen späterer persönlicher und sozialer Qualifikation. In der Ausbreitung des Wortes spiegelt sich die allgemein werdende Einsicht, daß Anlage und Erfolg des mit „Erziehung" bezeichneten Handelns sich nicht von selbst verstehen, sondern der ausdrücklichen und auch theoretischen Wahrnehmung bedürfen. Im Zusammenhang mit dieser Entwicklung stehen deshalb die beginnende Institutionalisierung des Erziehungssystems und das Auftreten der großen Erziehungstheorien zu Anfang des 19. Jahrhunderts (Pestalozzi, Herbart, Schleiermacher). Seither haben sich die weiteren Epochen der Neuzeit auch und nicht zuletzt in ihren wechselnden Erziehungstheorien ausgelegt. Dabei blieb Erziehung einerseits am individuellen Objekt des erzieherischen Handelns orientiert, dessen Ziele sich (von der „Persönlichkeitsbildung" über „personale Bildung" bis zur „Identität") wandelten, andererseits aber wurden die gesellschaftlichen Zusammenhänge der Erziehung immer deutlicher ein Thema ihrer Theorie („Sozialisation"). In jüngster Zeit ist in der Diskussion der Erziehungsziele die Frage nach dem „Sinn" in den Vordergrund gerückt und „Erziehung und Unterricht als Erschließung von Sinn" bezeichnet worden (K.-E. Nipkow, Art. Erziehung, in: TRE, Bd. 10, 238). Gerade diese Aspekte des Erziehungsbegriffs werden im folgenden zur Geltung gebracht werden müssen.

Umfassende, eingehende und kritische Information liefert der genannte Artikel von K.-E. Nipkow. Instruktiv ist ferner die knappe Übersicht von H. H. Groothoff (Art. Erziehung, in: HWP, Bd. 2, 733 ff.). Einen früheren und sehr interessanten Stand der Diskussion zeigt der Artikel „Erziehung" von W. Flitner (in: RGG[3] II, 633 ff.).

Die Behandlung des Unterrichts als wesentlicher Form der Praxis im Christentum wird also die Hinsicht auf Bildungstheorie und Erziehungswissenschaft einzuschließen haben. Diese Praxis hat wesentliche Wirkungen und Folgen im Bereich des kulturellen Lebens im ganzen. Der Unterricht, der im Namen des Christentums und im Auftrag der Kirche oder zumindest in der Kooperation mit ihr erfolgt, ist generell nicht an bestimmte Personen oder Gruppierungen gebunden, sondern wendet sich der Tendenz nach an jeden, der überhaupt am Bildungsprozeß der Gesellschaft teilnimmt. Aber auch der rein kirchliche Unterricht hat diese Tendenz: In dem, was durch den kirchlichen Auftrag und in kirchlicher Verantwortung unterrichtet wird, werden Überlieferungen, Interpretationen und Stellungnahmen zur Sprache gebracht, die nach christlicher Überzeugung für jedermann gelten sollten und für jedermann gelten können. Der Unterricht ist deshalb die Art und Weise, in der die Praxis des Christentums am deutlichsten in der Öffentlichkeit der Gesellschaft wirkt. Tatsächlich wird (noch immer) großen Teilen der in der Ausbildung begriffenen Bevölkerung durch den Religionsunterricht das Christentum ausdrücklich gemacht und erschlossen. Deshalb gilt die Religionspädagogik zu Recht als ein wesentliches Thema der Praktischen Theologie.

§ 35 Zur Geschichte des christlichen Unterrichts

Der evangelische Unterricht im Christentum ist von Anfang an durch ein Problem bestimmt, das seine fundamentalen Strukturen betrifft. Es gibt für diesen Unterricht zwei grundlegende Aufgaben oder Perspektiven, die sich nicht ohne weiteres verbinden oder auf eine Einheit zurückführen lassen. Das ist einmal die Aufgabe, die Christen im Christentum zu unterrichten und also jedem einzelnen Glied der Kirche den Stand an Kenntnis und Einsicht zu vermitteln, der dieser Mitgliedschaft entspricht;

das ist sodann die Aufgabe, das Christentum im allgemeinen gesellschaftlichen Bildungsprozeß sachgemäß so zu vertreten, daß die christliche Religion im Leben der Gesellschaft auf die ihr angemessene Weise gegenwärtig ist.

Diese doppelte Aufgabenbestimmung geht bereits auf Luther selbst zurück. Er hat dem Katechismus für den Unterricht die größte Bedeutung zugeschrieben, und zwar für jede dieser Aufgaben. In der Vorrede zum Großen Katechismus hat Luther die Bedeutung der Katechismustexte für den Christenstand eindrücklich an sich selbst verdeutlicht: „Das sage ich aber für mich. Ich bin auch ein Doktor und Prediger, ja so gelehrt und erfahren, als die alle sein mögen, die solche Vermessenheit und Sicherheit haben. Noch tue ich wie ein Kind, das man den Katechismus lehret, und lese und spreche auch von Wort zu Wort des Morgens, und wenn ich Zeit habe, das Vaterunser, Zehn Gebote, Glaube, Psalmen usw. und muß noch täglich dazu lesen und studieren und kann dennoch nicht bestehen, wie ich gerne wollte, und muß ein Kind und Schüler des Katechismus bleiben und bleibs auch gerne“ (BSLK 547 f.).

Ebenso deutlich hat Luther in der Vorrede zum Kleinen Katechismus die andere Aufgabe erläutert: „Denn wie wohl man niemand zwingen kann noch soll zum Glauben, so soll man doch den Haufen dahin halten und treiben, daß sie wissen, was recht und unrecht ist bei denen, bei welchen sie wohnen, sich nähren und leben wollen. Denn wer in einer Stadt wohnen will, der soll das Stadtrecht wissen und halten, des er genießen will, Gott gebe er glaube oder sei im Herzen für sich ein Schalk oder Bube“ (BSLK 504).

In diesen Äußerungen reflektiert sich Luthers Lehre von den zwei Reichen oder Regimenten. Die Texte des Katechismus sind (oder repräsentieren) sowohl das Gesetz wie das Evangelium: Als Gesetz (und dessen Auslegung) muß jedermann im Katechismus unterrichtet werden; als Evangelium (und dessen Auslegung) dient der Katechismus dem Christen zu steter Vertiefung in Lehre und Glauben.

Eine monographische Darstellung der Geschichte des evangelischen Unterrichts ist in neuerer Zeit nicht erschienen. Im Blick vor allem auf die Erschließung der älteren Quellen ist die überaus eingehende Geschichte der Katechetik von G. v. Zezschwitz noch unüberboten (System der christlich kirchlichen Katechetik, Bd. 1, Der Katechumenat oder die kirchliche Erziehung nach Theorie und Geschichte, 1863, Bd. 2,1; Der Katechismus oder der kirchlich-katechetische Unterricht nach seinem Stoff, 1864; Bd. 2,2 Die Katechese oder der kirchlich-katechetische Unterricht nach seiner Methode, 1869). Eine Übersicht über die geschichtliche Entwicklung des christlichen Erziehungsdenkens gibt der Artikel „Erziehung“ von K.-E. Nipkow (in: TRE, Bd. 10, 232 ff.), eine knappe Skizze der Artikel „Katechetik“ von H. W. Surkau (in: RGG^3, 1175 ff.; und zur Ergänzung vgl. ebd. 1178 ff.). – Das Arbeitsbuch zur Geschichte des evangelischen Religionsunterrichts in Deutschland (von D. Stoodt, 1985) bietet eine reichhaltige Sammlung von Quellen und Texten, die zum Teil etwas verkürzt wiedergegeben und mit gelegentlich etwas einseitigen Kommentaren versehen sind.

1. Der Unterricht in der Kirche

Die Kirchen der Reformation haben in ihrem Unterricht ein wesentliches Instrument sowohl ihrer Durchsetzung im ganzen wie vor allem dafür gesehen, den einzelnen Christen in den nach der reformatorischen Lehre notwendigen Stand der Selbständigkeit im christlichen Glauben zu versetzen. Gerade der Unterricht war in der Praxis der evangelischen Kirche geboten. Luther hat in den Vorreden zu beiden Katechismen auf vielfältige Weise die Klage darüber wiederholt, daß „der gemeine Mann so gar nichts weiß von der christlichen Lehre" (BSLK 501), und er hat im Blick auf die Sakramente ausgeführt, daß „davon auch ein jeglicher Christ zum wenigsten einen gemeinen kurzen Unterricht haben soll, weil ohne dieselbigen kein Christ sein kann, wiewohl man leider davon nichts bisher gelehrt hat" (691).

Dieser Unterricht wird zur Institution als Unterricht der Jugend. „Die Kindertaufe der Anfang des Katechumenats, die Zulassung zum heiligen Mahl das Ziel desselben" (E. Chr. Achelis, Lehrbuch, II, 1911³, 303). Von Anfang an ist der Katechumenatsunterricht der Jugend mit einer Prüfung und mit der Einsetzung in die vollen kirchlichen Rechte (Abendmahlsteilnahme, Patenschaftsrecht) verbunden worden.

Wer den Katechismus, die „Kinderlehre" nicht kennt, kann nach Luther nicht „unter die Christen gezählt" und sollte nicht zum Sakrament zugelassen werden (BSLK 554). Solche Prüfungen waren also allgemeiner gedacht. Sie sind von Luther auch in der Formula missae et communionis (1523) vorgeschlagen worden (BoA 2, 437), und deshalb war es konsequent, auch den Unterricht der Jugend mit einer Prüfung abzuschließen. Die Kirchenordnungen schon des 16. Jahrhunderts haben daher die Bestimmung übernommen, daß bei der ersten Zulassung zum Abendmahl „der Katechismus" zu prüfen sei, und daraus ergab sich überall die Verbindung von Unterricht, Examen und Konfirmation (G. v. Zezschwitz, Bd. 1, 573 ff.). Die reformierten Ordnungen sehen vor, daß jeden Sonntag am Nachmittag den Kindern der Katechismus erklärt wird, wie überhaupt der allgemeine Katechismusunterricht hier noch eine größere Rolle spielt und zwar mit häufigen (öffentlichen) Unterredungen oder Prüfungen (E. Chr. Achelis, Lehrbuch, II, 306 ff.).

Den Stoff des Unterrichts bilden die Katechismen. Luther hat den Kleinen Katechismus unter dem Eindruck seiner Visitationserfahrung 1529 (und aufgrund einer Predigtreihe 1528) geschrieben und ihn den „gemeinen Pfarrherren und Predigern" gewidmet (BSLK 501), den praktischen Unterricht selbst aber auch (oder ursprünglich?) in die Hand des „Hausvaters" gegeben (507) und drastische Maßnahmen für das Auswendiglernen „Wort zu Wort" empfohlen (557). Seinem Grundbestand nach umfaßt der Katechismus drei Stücke: Dekalog, Credo und Vaterunser.

Luther hat bereits 1520 eine erste katechismusartige Bearbeitung dieser Stücke vorgenommen (Eine kurze Form der zehn Gebote, eine kurze Form des Glaubens, eine kurze Form des Vaterunser, 1520, BoA 2, 38 ff.), er hat aber sodann in der Vorrede zur Deutschen Messe (1526) erneut auf die Bedeutung des „Catechismus" hingewiesen und seine Erneuerung gefordert (dabei bezeichnet Katechismus nicht das Buch, sondern den Unterricht in den drei klassischen Stücken, BoA 3, 297.). Der Kleine Katechismus enthält ferner die folgenden Stücke: das Sakrament der heiligen Taufe; (dazu seit 1531: Wie man die Einfältigen soll lehren beichten); das Sakrament des Altars; Morgen-, Abend- und Tischgebete; die Haustafel, Traubüchlein und Taufbüchlein. Der Große Katechismus (Deutscher Katechismus, 1529) ist aus Predigten hervorgegangen und sollte eine Hilfe zum Katechismusunterricht in der Predigt sein (WA 30, I, 477).

Unter den weiteren Katechismen der Reformationszeit ist neben dem „Büchlein für die Laien und Kinder" (1525, von Bugenhagen), der „Christlichen Unterweisung der Jugend" (K. Sam, 1528) besonders der Katechismus von J. Brenz zu nennen: „Fragstücke des christlichen Glaubens für die Jugend zu Schwäbisch Hall" (1536 in die württembergische Kirchenordnung aufgenommen). Konfessionelles Gewicht neben Luthers Kleinem Katechismus hat der Heidelberger Katechismus (von Z. Ursinus und C. Olevianus, 1563) als reformierte Bekenntnisschrift gewonnen.

Die Reformation hat dem Katechismus (als Text wie als Unterricht) neue Bedeutung und neues Gewicht verliehen, sie hat ihn aber bereits vorgefunden. In der mittelalterlichen Kirche sind zunächst Credo und Paternoster Lehr- und Lernstoff für die ungelehrten Christen und insbesondere für Paten und Kinder gewesen, und sie blieben Hauptstücke bis ins 16. Jahrhundert (Weissenburger Katechismus, 789; Notkers Katechismus, 9. Jahrhundert). Im Hochmittelalter traten dann vor allem der Dekalog (Canterbury, 1242) und die Sakramentslehre (Thomas von Aquin) hinzu. Diese mittelalterlichen Katechismen waren freilich für die Hand des Lehrers, nicht für die des Schülers gedacht. Erst der neue und gegenreformatorische Katechismus des Petrus Canisius (1555) wurde zum Lern- und Lehrbuch der deutschen katholischen Kirche.

Eine informative Übersicht über die Katechismusliteratur des Mittelalters und der Reformation gibt E. Chr. Achelis (Lehrbuch, II, 386 ff.). Unüberboten vor allem in der historischen Erklärung ist der „Historische Kommentar zu Luthers Kleinem Katechismus" von J. Meyer (1929). Mittelalterliche katechetische Literatur (nach Handschriften) untersucht P. E. Weidenhiller (Untersuchungen zur deutschsprachigen katechetischen Literatur des späten Mittelalters, 1965).

Der theologische Gehalt des Katechismus, vor allem der des Kleinen Katechismus, stimmt nicht ohne weiteres mit dem Gesamtbild der Theologie Luthers überein. Insbesondere die Stellung des Dekalogs und die Bedeutung, die Luther ihm gibt (etwa als Summe der Heiligen Schrift, BSLK 552) scheinen nicht direkt mit dem Gesamtbild in Deckung gebracht werden zu können. Zudem fehlen reformatorische Grundbegriffe (vielleicht auch der Sache nach): Rechtfertigung, Wort, Bibel, Schrift- und Kirchenlehre, sowie viele weitere Themen der Theologie. Das hat gelegentlich zu komplizierten Erklärungsversuchen geführt (z. B. K. Frör, Theologische Grundfragen zur Interpretation des Kleinen Katechismus, in: MPTh 52, 1963, 478 ff.). Indessen hat sich Luther selbst zu dieser Frage geäußert. Schon in der Vorrede zur „Kurzen Form“ (1520) hat er es als die erste Aufgabe und das wichtigste Thema des Katechismus bezeichnet, daß einer „wisse, was er tun und lassen soll“ (BoA 2, 39). Primär also muß das Gesetz eingeprägt und ausgelegt werden, weil darin die Grundlage für das gemeinsame Leben aller gegeben ist. Erst dann folgen die Stücke, die für den einzelnen Christen seinen Glauben zu begründen vermögen: Wenn er am Gesetz verzweifelt, soll er durch den Glauben Trost finden und im Gebet Trost erlangen (ebd.; im Großen Katechismus BSLK 640). Luther wiederholt hier also, was er über die Eigentümlichkeiten auch des Predigtwortes sagt (s. o. S. 323 ff.). Für ihn spiegelt sich im Katechismus, was auch sonst für die Auslegung des Wortes gilt. In diesem Sinne ist offenbar die änigmatische Wendung aus den Tischreden zu verstehen: „Christum praedicemus et catechismum“ (BoA 7,29). Freilich soll der Katechismus wohl überall zuerst in seiner Bedeutung für die Lebensgestaltung, für das Verhältnis zum Nächsten und also für die Sozialität wahrgenommen werden. Dann erst und danach könnte seine weitere Bedeutung zum Zuge kommen.

Zum Verständnis des Kleinen Katechismus in theologischem und pädagogischem Zusammenhang und zu seiner Bedeutung in Kirche und Schule der späteren Zeit bietet H. J. Fraas ausführliche Beiträge (Katechismustradition, Luthers Kleiner Katechismus in Kirche und Schule, 1971). Eine theologische Interpretation des Katechismus hat jüngst A. Peters gegeben (Die theologische Konzeption des Kleinen Katechismus, in: PTh 73, 1984, 340 ff.). Den größeren Zusammenhang der kirchlichen Pädagogik hat I. Asheim dargestellt (Glaube und Erziehung bei Luther, 1961).

Der Unterricht der Kirche galt ursprünglich ihren neuen Gliedern: Er war Unterricht der Proselyten. Schon im Neuen Testament ist der Begriff des Katechumenats für den Unterricht im christlichen Glauben in Gebrauch (Gal 6, 6). Er hat dann vor allem eine in der Alten Kirche wesentliche Institution bezeichnet.

In seinen ersten Stadien ist der Katechumenenunterricht die vor ihrer Taufe erfolgende Unterweisung derer, die zum Christentum übertreten wollen. Früheste Erwähnungen finden sich bei Justin (Apol. I, 61) und Tertullian (z. B. Adv. Marc. 5, 7).

Der Unterricht war zunächst privat und hatte keine allgemeinen Regeln. Eine Ordnung dafür wurde offenbar zu Beginn des 3. Jahrhunderts eingeführt. Nach Hippolyt (Kirchenordnung, 40 ff.) wird der Bewerber nach Prüfung seiner Motive in die erste Stufe aufgenommen, zur Messe zugelassen und von einem Lehrer unterwiesen. Nach drei Jahren wird er nach erneuter Prüfung (vor allem des Wandels) in die zweite Stufe übernommen und täglich unterrichtet (vor allem in ethischen Fragen). Besondere liturgische Handlungen (Exorzismus) und ein Unterricht durch den Bischof leiten zur Taufe (meist in der Osternacht) über. Später sind die Stufen als die der Katechumenoi und die der Photizomenoi oder Competentes bezeichnet worden (Rietschel/Graff, Lehrbuch, II, 517). Im 4. Jahrhundert wurden diese Ordnungen, des großen Andrangs wegen, fest etabliert. In den Katechesen standen das Taufsymbol (bei Cyrill von Jerusalem) oder die traditio symboli und die oratio dominica (im Abendland) im Vordergrund. In der fränkischen Kirche und vor allem bei der Germanenmission spielte der Katechumenat keine Rolle. Er geriet in Vergessenheit.

Eine neue Gestalt gewann der kirchliche Unterricht durch die Reformen Karls des Großen: als Unterricht für die Paten (s. o. S. 215) und für die Kinder. Große praktische Bedeutung aber kam diesem Unterricht nicht zu. Später hat sich mit der allgemeinen Durchsetzung der Laienbeichte ein Beichtunterricht ausgebildet, der freilich auch erst vom 14. Jahrhundert ab größeren Einfluß gewann (vgl. J. W. Frank, Art. Beichte II, in TRE, Bd. 5, 418 f.).

Eine interessante Deutung der geschichtlichen Entwicklung des Katechumenats gibt J. Henkys (Die Unterweisung, in: HPT [DDR], III, 15 ff.).

In den reformatorischen Kirchen ist der kirchliche Unterricht vor allem als Unterricht der Konfirmanden oder als Gemeindeunterricht in Form von Katechismuspredigten fortgeführt worden. Dabei war die Unterrichtspraxis des ausgehenden 16. Jahrhunderts von den Bedürfnissen des neu entstandenen Konfessionskirchentums und seiner auf Orthodoxie bedachten Lehre geprägt: Der Katechismus wurde zum Grundkurs erweitert und seine Lehrpraxis mit der Konfirmation in den theologischen Streit der Epoche (Interim) einbezogen (vgl. E. Chr. Achelis, Lehrbuch, II, 318). Bald darauf wurde das kirchliche Leben durch den Dreißigjährigen Krieg fast überall völlig aufgelöst und verwüstet. Ein neuer Anfang begann auch auf dem Felde des kirchlichen Unterrichts durch den Pietismus. Zunächst hatte schon Herzog Ernst der Fromme eine pädagogisch orientierte Reform (mit Hilfe des Rektors S. Evenius, 1585–1639) eingeleitet. Dic bedeutenden und folgenreichen Impulse sind danach von Spener selbst ausgegangen.

Speners Reformideen auf katechetischem Gebiet entstehen naturgemäß im Zusammenhang mit den Grundlagen pietistischer Frömmigkeit, sind aber ein besonders deutliches Resultat der Verbindung mit der reformierten kirchlichen Tradition. Spener hatte genaue Kenntnis der intensiven kirchlichen Unterrichtspraxis dort von Straßburg aus gewonnen. Nach Speners Programm muß der Unterricht den Menschen ergreifen und verändern, er muß „den Kopf in das Herz" bringen und mit einem persönlichen Bekenntnis (meist im Zusammenhang mit einem inneren Bußkampf) abschließen. Auch sollte dieser kirchliche Unterricht der Jugend nicht mit der Konfirmation aufhören. Spener hat selbst einen Katechismus verfaßt, der von Luthers Text ausgeht, ihn aber mit mehr als tausend weiteren Fragen und Antworten auslegt (Erklärung der christlichen Lehre nach der Ordnung des Kleinen Katechismus Dr. Martin Luthers, 1677). Freilich soll der Leser hier nicht auswendig lernen, sondern anhand des Textes in sich gehen und sich selbst prüfen (Vorrede). Eine theoretische Darstellung der katechetischen Aufgabe (und damit den ersten Fall einer Katechetik) nach dem Verständnis des Pietismus hat J.J. Rambach gegeben: Der wohlinformierte Katechet (1722). Hier wird deutlich, daß die Person des Katecheten eine entscheidende Rolle spielt und daß die Katechese ihr eigentliches Ziel im Blick auf die Lebensführung des Katechumenen formuliert (vgl. dazu H.J. Fraas, 109 ff.). Im einzelnen gewinnt die Katechetik des Pietismus ihre Methode aus dem ordo salutis und aus den biographischen Exempeln von Bekehrung und Wiedergeburt.

Die Aufklärung ist für die Katechetik zu einer Epoche von eigener Bedeutung geworden, und zwar dadurch, daß sie das Methodenproblem zur Hauptfrage des kirchlichen Unterrichts gemacht hat: In der Aufklärung ist die „Sokratik" als Lehrart hervorgebracht und ausgearbeitet worden. Es handelt sich um die nach Sokrates benannte, aber auch auf Jesus und das Neue Testament zurückgeführte Unterrichtsmethode, die durch Fragen bestimmt ist und zwar so, daß die Fragen des Lehrers das einzelne Thema zum Eigentum sowohl des Verstandes wie der Überzeugung des Schülers machen sollen. Die Selbständigkeit und das eigene Denken und Arbeiten des Schülers stehen dabei im Mittelpunkt. Der Unterricht muß also altersentsprechend angelegt sein und als Lehrgespräch vollzogen werden. Damit hat die Aufklärung die Grundlagen für die spätere wissenschaftliche Behandlung der Unterrichtsfragen gelegt und für die Katechetik methodische Grundsätze bestimmt, die seither in Geltung stehen.

Die Aufklärung ist auch hier der Logik des Pietismus gefolgt. Sie hat die Subjektivität zum wesentlichen Thema gemacht und in der subjektiven Aneignung der religiösen Einsichten das Ziel des Unterrichtes gesehen. Daher ergab sich zunächst eine entschiedene Kritik am traditionellen Gebrauch und Verständnis des Katechismus (z. B. durch J. B. Basedow, 1724–1790). Die Lehrart sollte vielmehr dem religiösen Verständnis des Schülers entsprechen. Naturgemäß hat die Sokratik die Themen des kirchlichen Unterrichts auf die der vernünftigen Religion konzentriert, obwohl sie sich der Offenbarung keineswegs nur kritisch gegenüberstellte. Die ersten Anregungen zur Sokratik gingen von J. L. v. Mosheim (1694–1755) aus. Zu ihren bekanntesten Vertretern zählten K. Daub (Lehrbuch der Katechetik,

1801) und J. F. Chr. Graeffe (Grundriß der allgemeinen Katechetik nach Kantischen Grundsätzen, 1796).

Die historisch und systematisch gleichermaßen gelehrte Darstellung der Epoche von M. Schian (Die Sokratik im Zeitalter der Aufklärung, 1900) ist noch nicht überboten. Sehr instruktiv sind auch der Abschnitt bei H. J. Fraas (141 ff.) und der Artikel „Sokratik" von K. Frör (in: RGG[3] VI, 128 ff.).

Die Epoche der Sokratik war gegen 1840 bereits wieder zu Ende. Sie erlag sowohl theologischen wie pädagogischen Einsprüchen: Schleiermacher hat geltend gemacht, es lasse sich nicht von innen heraus entwickeln, daß Christus unser Erlöser sei (Praktische Theologie, 371), und Pestalozzi hat auf die Anschauung und die Bedeutung aller Kräfte des Menschen gegen ein einseitiges Sokratisieren hingewiesen (vgl. z. B. Wie Gertrud ihre Kinder lehrt, 1801, in: Werke, Bd. Schriften 1798–1804, 167 ff.). Die neue Ära des kirchlichen Unterrichts ist freilich weder von Schleiermacher noch von Pestalozzi geprägt, sondern von der neuen Frömmigkeit und von der Wende zur Kirche, zur institutionellen Religion und vor allem zur kirchlichen Lehre. War seit Spener und der Aufklärung die persönliche Religiosität das leitende Thema der Katechetik, so wurde es jetzt der objektive und von der Kirche vorgegebene Lehrgehalt. Entsprechend gewann die konfessionelle Theologie auf diesem Gebiet besonderen Einfluß.

Die erste Katechetik im neuen Geist war die von L. Kraußold (1843), die bedeutendste und gelehrteste die von G. v. Zezschwitz (1863 ff.).

In dieser Katechetik bezieht der Begriff der Lehre sein Gewicht und seine Objektivität daraus, daß die Kirche selbst wesentlich in ihrer Lehre gegenwärtig gedacht wird. Das Ziel des Unterrichts ist deshalb die Eingliederung in die durch die Lehre bestimmte Kirche in der Gestalt ihrer Sakramentsgemeinde. Dieser Katechumenat kann (nach Zezschwitz) mit der Konfirmation nicht abgeschlossen sein. Die Methoden des Unterrichts sind ihrerseits vom Charakter des Stoffes vorgegeben: „Die objektive Autorität des Offenbarungscharakters, den das Christentum in Anspruch nimmt, muß daher in der Lehrweise derselben seinen Ausdruck finden, wenn die Methode dem Stoffe entsprechen und nicht durch sie faktisch der Eindruck und die Wirkung aufgehoben werden soll, die thetisch für die Vorlage als Offenbarungsstoff in Anspruch genommen werden" (G. v. Zezschwitz, 2,2, 5).

Nicht ohne Bedeutung ist neben der konfessionellen Katechetik die der Vermittlungstheologie gewesen. Sie hatte ihren wichtigsten Vertreter in Chr. Palmer. Dessen „Evangelische Katechetik" (1844) zeigt schon in der Anlage den ganz anderen Einfluß eines mehr empirisch orientierten Denkens. Die drei Hauptteile sind: Das Kind und die Religion, Die Unterweisung in der kirchlichen Lehre, Die Erziehung zum kirchlichen Leben. Diese Katechetik ist mehrfach umgearbeitet worden und zuletzt in 6. Auflage 1875 erschienen.

Die weitere Entwicklung des kirchlichen Unterrichts ist auf das engste mit der des öffentlichen Religionsunterrichts verknüpft. Die Ausbreitung der an Herbart orientierten Unterrichtslehre bildete im weiteren Verlauf des 19. Jahrhunderts einen gemeinsamen Rahmen für den christlichen Unterricht überhaupt und für ein umfassendes Verständnis der Religionspädagogik. Die fundamentalen Probleme, die in der Entstehungsgeschichte der neuzeitlichen Katechetik aufgetreten sind, bestimmen die Richtungen und Diskussionen über alle weiteren Stadien der Entwicklung hinaus bis zur Gegenwart: das Methodenproblem, das Problem der Kirchlichkeit und der Lehre, die Frage nach der Bedeutung der Religion.

2. Der christliche Religionsunterricht

Dieser Abschnitt macht eine Praxis zum Thema, die ausdrücklich und eindeutig erst einen selbständigen Rang gewinnen konnte, seitdem sich ein selbständiges Schul- und Erziehungswesen herausgebildet hat und eine deutliche Trennung zwischen Kirche und Schule eingetreten ist. Indessen läßt sich diese Entwicklung nur schwer mit einem bestimmten Zeitpunkt verknüpfen. Gilt hier das Ende der geistlichen Schulaufsicht, also das Jahr 1918? Oder etwa schon der Schulmethodus Herzog Ernst des Frommen 1642? Für beide Datierungen ließen sich gute Gründe anführen, ebenso aber für noch ganz andere Zäsuren. Sodann ist zu bedenken, daß die Unterscheidung zwischen einem allgemeinen Volksunterricht, der den Unterricht im Christentum einschließt, auf der einen Seite und einem rein kirchlichen Unterricht auf der anderen nicht wenigen Texten schon der Reformationszeit zugrunde liegt oder dort sogar deutlich ausgesprochen wird. Das Programm des Religionsunterrichts geht offenbar auf ein eigentümliches und als notwendig empfundenes Interesse im Christentum selbst zurück.

Ausdrücklich ist dieses Interesse in verschiedenen Kreisen des Humanismus zur Geltung gebracht worden. Hier wurde ein Bildungsideal vertreten, das wesentlich auf einer religiös-sittlichen Grundlage ruhen sollte, ohne doch in kirchlichen Lebensformen aufzugehen. K.-E. Nipkow hat dieses Interesse am spätmittelalterlichen und humanistischen Erziehungsbegriff verdeutlicht und sieht hier den „Hintergrund" für die dann im 18. Jahrhundert hervortretende Idee einer „Erziehung des Menschengeschlechts" (Art. Erziehung, in: TRE, Bd. 10, 239).

Luthers Äußerungen, die das Interesse sowohl am kirchlichen wie am allgemeinen Volksunterricht nachdrücklich belegen (s. o. S. 465), bedürfen einer näheren Interpretation. Für Luther besteht kein Zweifel daran, daß der christliche Glaube niemals Resultat des Unterrichts oder der pädagogischen Bemühung ist. Andererseits aber ist der Zugang zum christlichen Glauben ohne Unterricht verschlossen, zumindest aber entsteht für diejenigen, die für den Glauben Verantwortung tragen, die Verpflichtung, für einen sachgemäßen Unterricht zu sorgen.

Ein solcher Unterricht aber erfüllt, eben wenn er sachgemäß ist, zwei Aufgaben: Er ist zunächst Unterricht in der christlichen Lehre, aus deren innerer Abstufung der Weg zum eigenen Glauben im Gewissen gewiesen werden könnte; er ist aber sodann und vor allem Unterricht in den Ordnungen des irdischen Lebens und Einweisung in den eigenen Beruf (vgl. dazu I. Asheim, Art. Bildung V, in: TRE, Bd. 6, 614). Der allgemeine Volksunterricht umgreift den Unterricht der Kirche: Er ist einerseits Voraussetzung für ihn und teilt wesentliche Aspekte seines Inhaltes, und er ist andererseits der Unterricht über den Stand des Christenmenschen in der Welt, in dem gerade der im Gewissen und Glauben betroffene Christ seine Aufgabe am Nächsten in dieser Welt wahrzunehmen hat. Der allgemeine Volksunterricht wäre also unvollständig und unsachgemäß, wenn er die religiösen Aspekte nicht enthielte. Deshalb muß gerade diesem Unterricht das nachdrückliche Interesse im Christentum gelten.

Luthers Äußerungen zum allgemeinen Volksunterricht finden sich in der Adelsschrift (bes. BoA 1, 416) und vor allem in der Schrift „An die Ratsherren aller Städte deutschen Landes, daß sie christliche Schulen aufrichten und halten sollen", 1524 (BoA 2, 442 ff.) sowie in der „Predigt, daß man Kinder zur Schulen halten solle", 1530 (BoA 4, 144 ff.). Eine Untersuchung zu den wichtigsten Texten Luthers bietet W. Reininghaus (Elternstand, Obrigkeit und Schule bei Luther, 1969).

Melanchthon ist insofern über Luther hinausgegangen, als er die ordnenden und die Formen des irdischen Lebens einprägenden Funktionen nicht nur dem Elementarunterricht, sondern der Bildung überhaupt zugeschrieben hat. „Ohne Bildung wird man in der Kirche die Reinheit und Einigkeit der Lehre nicht aufrecht erhalten können, in der Gesellschaft nicht das Wohl der Menschen und den Frieden unter ihnen" (I. Asheim, Artikel Bildung V, in: TRE, Bd. 6, 615). Auch die vollkommenste Bildung bliebe für Melanchthon Sache des „Gesetzes", gilt ihm aber zugleich als Voraussetzung „für das Gelingen des Werkes des Evangeliums" (ebd.). Melanchthon hat einen engen Zusammenhang zwischen dieser Bildung, die sowohl der Kirche wie der Gesellschaft wegen gefordert werden muß, und dem allgemeinen Volksunterricht gesehen: Das eine gedeiht nur durch das andere. Er hat sich deshalb um die Einrichtung und Förderung von allgemeinen Schulen bemüht und im

„Unterricht der Visitatoren" einen förmlichen Lehrplan für den dreistufigen Unterricht einer Lateinschule entworfen (Kleine Texte, hg. v. H. Lietzmann, 1912, 42 ff.). Für derartige Schulen hat er Lehrbücher verfaßt, die bis ins 18. Jahrhundert in Gebrauch gewesen sind (z. B. Bearbeitungen der lateinischen und der griechischen Grammatik und Kommentare zu antiken Schriftstellern).

Melanchthon hat die Gründung von Gymnasien beeinflußt (z. B. in Nürnberg) und den Geist der protestantischen Universitäten geprägt. Unter seinen Schülern sind die bedeutenden Pädagogen der Zeit (z. B. V. Trotzendorf, 1490–1556).

Das allgemeine Schulwesen ist von der Reformation, wenn auch wohl nicht allein durch sie, wesentlich gefördert worden. Die Volksschule in Gestalt der „Küsterschule" hat im 16. und 17. Jahrhundert große Verbreitung gefunden und war der Vorläufer der allgemeinen Volksschule. Einen sehr instruktiven Einblick in den evangelischen Religionsunterricht an den Schulen des 16. Jahrhunderts bietet die Untersuchung von F. Hahn (Die evangelische Unterweisung in den Schulen des 16. Jahrhunderts, 1957).

Die Verbindung von humanistischer Tradition mit der reformatorischen Theologie hat im 17. Jahrhundert zu bedeutenden Entwürfen einer Pädagogik der Religion geführt. Hier ist zunächst W. Ratke (1571–1635) zu nennen, dessen utopisches Reformprogramm aus der Harmonie von Religion, Natur, Sprache und Vernunft zu Schulversuchen von zugleich christlichem und freiheitlichem Gepräge führte; sodann aber vor allem J. A. Comenius (1592–1670), der der Erziehungslehre ihre Bedeutung im Rahmen einer eschatologischen und pansophischen Erneuerungshoffnung für die ganze Welt zuschrieb. Im Blick auf dieses Ziel sollten die Fähigkeiten des Menschen altersgemäß gefördert werden (Orbis pictus, 1654) und zu einer harmonischen, zugleich religiösen, sittlichen und wissenschaftlichen Bildung führen (Didactica magna, 1627).

Comenius hat vor allem durch seine Grundsätze und Anleitungen zur Früherziehung und zur Sprachmethodik gewirkt. Die Ideen seiner Pansophia sind vielfach in der Philosophiegeschichte wirksam geworden. – Zu Ratkes Werk liegt eine ältere Untersuchung vor: „Das pädagogische System" W. Ratkes (K. Seiler, 1931); über den neuesten Stand der Comenius-Forschung orientieren H. Scheuerl u. H. Schröer (Art. Comenius, in: TRE, Bd. 8, 162 ff.).

Wesentlicher Einfluß auf die weitere Entwicklung des allgemeinen Religionsunterrichts (und des Schulwesens überhaupt) ist vom pädagogischen Programm A. H. Franckes und vom Halleschen Pietismus ausgegangen. Franckes wichtigste Schrift in diesem Zusammenhang ist sein

„Kurzer und einfältiger Unterricht, wie die Kinder zur wahren Gottseligkeit und christlichen Klugheit anzuführen sind“ (1702). Hier verbinden sich die Methoden und Ziele der pietistischen Seelenleitung mit durchaus weltlichen Erziehungszielen. Die „christliche Klugheit“ als die notwendige Ergänzung oder sachgemäße Folge der christlichen Charakterbildung (cultura animae) zeigt und bewährt sich an den drei Haupttugenden Wahrheit, Gehorsam und Fleiß, die auf dem Wege zur wahren Gottseligkeit gewonnen werden sollen. Franckes Programm sucht also die rein kirchlich-religiöse Zielsetzung pietistischer Glaubenserziehung mit den Aufgaben des allgemeinen Religionsunterrichts zu verbinden.

Franckes Schüler J. Hecker hat die preußische Volksschule aus den Grundgedanken seines Lehrers reformiert. Auf seine Initiative geht das General-Landschulreglement (1763) zurück, das pietistische Erziehungsideen mit dem aufgeklärten Staatsabsolutismus vereinigt und mit der Synthese von christlicher und staatsbürgerlicher Erziehung zugleich zur christlichen wie zur bürgerlichen Lebenstüchtigkeit anleiten will. Hier realisiert sich das Bild einer allgemeinen christlichen Volkserziehung.

Kritik ist gegen Francke vor allem wegen der gewaltsamen Methoden seiner Erziehung („Brechung des Eigenwillens“) erhoben worden und zwar schon von zeitgenössischen Kritikern. Andererseits hat er das Vorbild des Erziehers als wichtigstes Instrument der Erziehung bezeichnet und damit diesem Grundsatz eine bleibende Wirkung verliehen. – Über die neueste Literatur zu Francke unterrichtet F. de Boor (Art. Francke, in: TRE, Bd. 11, 319 ff.).

Vom Halleschen Pietismus führt eine direkte Linie zur religiösen Pädagogik der Aufklärung. In den Anfängen der philantropischen Bewegung läßt sich die Erbschaft des Pietismus noch unmittelbar aufweisen. Die Aufklärung hat freilich gerade den Religionsunterricht als Mittel zur Förderung und Gestaltung der je eigenen Persönlichkeit angesehen und daher vor allem die natürliche Religion zur Grundlage des Unterrichts gemacht. Sie grenzt sich damit wiederum deutlich gegen den Pietismus ab. Auch und gerade im allgemeinen Religionsunterricht ist die Sokratik als Unterrichtsmethode beherrschend gewesen. Nun liegt freilich dem aufgeklärten Religionsunterricht ein Religionsbegriff zugrunde, der sich nicht nur auf die Auswahl des Stoffes und auf seine Behandlung auswirkt, sondern auch die Unterrichtsmethode bestimmt und dem ganzen Unterricht seine Ausrichtung verleiht.

„Religion nenne ich eine solche Gesinnung, nach welcher wir Gott und andere Dinge, die auf uns eine nähere Beziehung haben, von der rechten Seite ansehen, und ihren wahren Wert, den sie im Verhältnis gegeneinander haben, bestimmen. Einem Menschen, der sich als Gottes Geschöpf ansieht, das dazu bestimmt ist, sich selbst mehr zu vervollkommnen und unter seinen Mitgeschöpfen Glückseligkeit, soviel als möglich, zu verbreiten, das jeden Menschen als seinen Bruder betrachtet, der auf seine Liebe den gegründetsten Anspruch hat, der alles, was da ist, als Gottes Werk, alles was geschieht als Gottes Veranstaltung, und also alle seine Schicksale als besondere Teile des großen Plans betrachtet, den der Ewige zu seinem Heil gemacht hat, dem also Gott der einzige Urheber seines ganzen Glückes ist, der allem, was er außer Gott hat, nur insofern einen Wert beilegt, als es ein Mittel ist, die große Absicht seines Daseins zu befördern, einem Menschen von solcher Gesinnung lege ich Religion bei. Diese Gesinnung ist die Quelle aller echten Tugenden... Die Religion... ist Gesinnung...

Die Gesinnung der Kinder kann auf doppelte Art bestimmt werden. Entweder dadurch, daß man sie auf die Dinge selbst aufmerksam macht... oder dadurch, daß man sie zu bewegen sucht, das Urteil, das andere darüber gefällt haben, dies mögen nun Menschen oder Gott sein, anzunehmen. Es scheint mir verkehrt, mit der letzteren den Anfang zu machen. Das Kind urteilt alsdann nicht selbst, es betet fremdes Urteil nach. Es fehlt ihm innere Überzeugung. Meiner Meinung nach muß das Kind erst selbst von dem Wert der Dinge urteilen lernen, insoweit es möglich ist; göttliches Urteil muß ihm erst hernach als Befestigung seines Urteils und Supplement bekannt gemacht werden" (Chr. G. Salzmann, Über die wirksamsten Mittel, Kindern Religion beizubringen, 1780, zit. n. L. Cordier, Evangelische Pädagogik, 1, 1932, 265 f.).

Hier wird der Religionsunterricht zum Mittelpunkt einer allgemeinen Volkserziehung, die den von ihr zu bildenden Menschen als religiösen Menschen bestimmt. Der Religionsunterricht ist also nicht nur ein Schul- oder Bildungsfach unter anderen, er gewinnt gerade im Zusammenhang mit dem aufgeklärten Religionsbegriff zentrale erzieherische Funktionen. Damit freilich tritt diese religiöse Volkserziehung in einen deutlichen (und beabsichtigten) Gegensatz zu den überlieferten kirchlichen Begriffen des Unterrichts, der Erziehungsziele und der Religion selbst. In dem Maße, in dem der Anspruch darauf, Religionsunterricht zu sein, bekräftigt wird, verdeutlicht sich diese Differenz zum Unterricht der Kirche. Der Religionsunterricht an der Schule gewinnt hier eine eigene und in sich selbst begründete Gestalt. Er ist ein selbständiger und bedeutender Bereich des kulturellen Lebens geworden.

Im 19. Jahrhundert hat zunächst die neue Pädagogik auch auf das Gebiet des allgemeinen Religionsunterrichts eingewirkt. Es kam zu vielfachen Verbindungen und Kombinationen zwischen dem Programm der Aufklärung und vor allem Pestalozzis Grundsätzen. Beispielhaft dafür ist eine Äußerung G. Dinters (1760–1832): „Pestalozzi ist König der Unterklasse, Sokrates König der Oberklasse, in der Mittelklasse geht das Kind von jenem zu diesem über". Sodann aber hat die restaurative Bewegung den Religionsunterricht ganz in den Zusammenhang des neu (oder wieder) entdeckten kirchlich-traditionellen Bewußtseins gestellt und diese Richtung auch in der Praxis durchzusetzen gesucht. So bestimmen die preußischen Regulative von 1854:

„Der in den Seminaren vielfach unter dem Namen ‚Christliche Lehre' erteilte Religions-Unterricht, welcher künftig in dem Lektionsplan als ‚Katechismusunterricht' aufzuführen ist, hat vornehmlich die Aufgabe, durch ein klares und tiefes Verständnis des göttlichen Wortes auf der Grundlage des evangelischen Lehrbegriffes der eigenen religiösen Erkenntnis der Zöglinge Richtung und Halt, und indem er sie durch jenes Verständnis sich selbst und ihr Verhältnis zur göttlichen Heilsordnung erkennen läßt, für ihr ganzes christliches Leben die richtige Grundlage zu schaffen... Bei dem Einfluß aber, welchen gerade dieser Unterricht auf das ganze geistige Leben des Lehrers und mittelbar auf den in der Elementarschule zu erteilenden Religionsunterricht ausüben soll, kommt es... besonders darauf an, daß durch ihn sichere und bleibende, mit dem Lehrbegriff der Kirche übereinstimmende Resultate der christlichen Erkenntnis erzielt werden" (C. Clemen, Quellenbuch, II, 42).

Kirche, Regierung und Schulaufsicht stimmten in der restaurativen Einstellung ganz überein. Gleichwohl hat sie sich nicht völlig durchsetzen können. Das Erbe der Aufklärung war vielmehr in die Richtung der im Entstehen begriffenen wissenschaftlichen Pädagogik übergegangen und wurde unter diesen Bedingungen auch für den Religionsunterricht vertreten. Die Schule Herbarts hat gerade auf diesem Gebiet großen Einfluß gewonnen und im weiteren Verlauf des 19. Jahrhunderts den Religionsunterricht wesentlich geprägt. Hier tritt wieder die Bildung der religiösen Persönlichkeit in den Vordergrund und als Zweck des Religionsunterrichts gilt es, „religiöses Leben zu wecken" (H. J. Fraas, Katechismustradition, 1971, 237). In diesem Sinn hat F. W. Dörpfeld (1824–1893) auch für den Religionsunterricht die „genetische", also die „Entwicklungsgesetze des Geistes" zugrunde legende Methode empfohlen, freilich unter Rücksicht darauf, daß „Gewissenssachen" anders zu lehren sind als „Wissenssachen" und daß deshalb etwa die heiligen Schriften nicht im Blick auf einen dogmatischen Lehrbegriff, sondern als religiöse Klassiker zu lesen sind, mit denen die Kinder einen „intimen Umgang" gewinnen sollen (Text bei L. Cordier, 1, 1932, 335 ff.). Hier sind die Grundfragen für das Verständnis des evangelischen Religionsunterrichts ausgearbeitet, die bis zur Gegenwart die Diskussion bestimmen.

Mit der Verwissenschaftlichung des Religionsunterrichts wurde der Prozeß seiner Verselbständigung als einem wichtigen Gebiet kultureller Praxis im Verlauf des 19. Jahrhunderts begründet und intensiviert. Religionsunterricht gilt jetzt immer mehr, ganz unabhängig von allen Beziehungen zur Kirche, als bedeutende Aufgabe der schulischen Jugenderziehung in der Gesellschaft. Dadurch gewinnt auch die Religionspädagogik ein eigenes Gewicht. Sie wird nicht primär aus dem kirchlichen Zusammenhang, sondern aus dem der allgemeinen Pädagogik begründet und verstanden. Damit freilich entstand die Frage nach dem Verhältnis von kirchlichem und schulischem Religionsunterricht. Sie wurde zum Thema einer Diskussion, an der sich zeigt, daß die Maßstäbe nicht mehr vom kirchlichen Unterricht, sondern von Theorie und Praxis des allgemeinen Religionsunterrichts gesetzt werden. Ein eindrückliches Beispiel dafür bieten die Thesen eines Vortrages, den W. Bornemann 1907 auf der Theologischen Konferenz zu Gießen gehalten hat:

„1. Das Verhältnis des Konfirmandenunterrichts zum Religionsunterricht in der Schule schließt ein noch immer zu wenig beachtetes Problem in sich, durch dessen richtige Lösung eine gedeihliche Gestaltung und Wirkung des Konfirmandenunterrichts mitbedingt ist.

2. Der Konfirmandenunterricht und der Religionsunterricht in der Schule sollten nicht planlos und zusammenhanglos nebeneinander hergehen, noch weniger aber durch ein eifersüchtiges, gespanntes Verhältnis einander schädigen; vielmehr sollten sie gegenseitig aufeinander Rücksicht nehmen, friedlich sich gegeneinander abgrenzen und sich möglichst gegenseitig unterstützen. Dazu ist eine gründliche Verständigung erforderlich...

8. Für den Religionsunterricht in der Schule gelten alle Erfordernisse einer gesunden, besonnenen Religiosität, für den Konfirmandenunterricht alle vernünftigen Lehren, Regeln und Grundsätze der Didaktik und Pädagogik.

9. Der Religionsunterricht in der Schule sollte nur tüchtigen und selbst religiös interessierten Lehrern übertragen, der Konfirmandenunterricht nur von Gemeindepfarrern erteilt werden. Didaktische und pädagogische Vorbildung und Fortbildung ist für den Pfarrer Pflicht" (Der Konfirmandenunterricht und der Religionsunterricht in der Schule in ihrem gegenseitigen Verhältnis, 1907, 72 f.).

Die Religionspädagogik, die seither den Rahmen aller Tätigkeiten auf diesem Gebiet bildet, ist also aus der allgemeinen Pädagogik und aus den Aufgaben des schulischen Religionsunterrichts hervorgegangen. In diesem Rahmen ist die Frage nach Kennzeichen und Bedeutung des kirchlichen Unterrichts immer wieder neu aufgeworfen und diskutiert worden.

Eine sehr lehrreiche Erörterung der Probleme in diesem Abschnitt der Geschichte des Religionsunterrichts bietet G. Bockwoldt mit der Gegenüberstellung von Palmer und Diesterweg (Religionspädagogik, 1977, 29 ff.).

3. Epochen der Pädagogik

Die allgemeine Pädagogik hat zu allen Zeiten den Horizont bezeichnet, innerhalb dessen Theorie und Praxis des christlichen Unterrichts sich gestaltet haben. Sowohl der kirchliche wie der allgemeine Religionsunterricht sind stets auch Ausdruck der pädagogischen Grundgedanken, die in einer Epoche in Geltung stehen. Insofern ist der christliche Unterricht immer auch vom allgemeinen Erziehungsdenken seiner Zeit geleitet. Zum andern aber hat nicht selten die allgemeine Pädagogik ihrerseits Anregungen vom christlichen Unterricht empfangen oder ist geradezu über weite Bereiche mit dessen theoretischen Anstrengungen identisch gewesen. Im Zeitalter derjenigen Pädagogik, die sich als Wissenschaft versteht, ist freilich die Pädagogik der Religion zu einem Teilgebiet der Pädagogik überhaupt geworden.

Die älteren Werke zur Geschichte der Pädagogik von F. Blättner (1951, 1959[6]) und A. Reble (1951, 1959[4]) sind noch nicht überholt, noch weniger die klassische Bearbeitung dieses Themas durch Dilthey (Pädagogik, Geschichte und Grundlinien des Systems, GW IX, 1961[3]). Unter neueren Darstellungen ist die „Geschichte der Pädagogik von der Aufklärung bis zur Gegenwart" (1982) von H. Blankertz zu nennen, sowie die Sammlung von Einzeldarstellungen, die von E. Lichtenstein und H. H. Groothoff begründet wurde (Das Bildungsproblem in der Geschichte des europäischen Erziehungsdenkens, 1969 ff.).

Die folgenden Skizzen müssen sich darauf beschränken, die Hauptepochen der Pädagogik und ihre wesentlichen Themen mit wenigen Begriffen zu erläutern.

Die Pädagogik des Abendlandes beginnt mit den griechischen Dichtern, die zum ersten Mal Fragen und Ideen über Erziehung und Bildung auszusprechen suchten. Danach sind Bildung und Erziehung zu einem für das ganze klassische Griechenland grundlegenden und leitenden Thema geworden. W. Jaeger hat im Blick auf diesen Sachverhalt die griechische Kultur unter dem Begriff Paideia (3 Bde., 1933–47) zusammengefaßt. Ausdrücklich sind derartige Fragen von den Sophisten erörtert worden, die zur Kunstfertigkeit (in der Rede) erziehen wollten. Vor allem aber ist das Bildungsproblem sowohl in der platonischen (Sokrates) wie in der aristotelischen Philosophie grundlegendes Thema gewesen: Hier gilt, daß der Mensch nicht schon von sich aus so ist, wie es den Dingen entspräche, und daß er so sein zu können immer erst lernen müsse (Eth. Nic. 1103 b, 1 ff.). In diesem vom Ethos bestimmten Sinn ist die Pädagogik auch in der römischen Antike verstanden worden. Quintilian hat in der Rhetorik das Bildungssystem gesehen, das in gleicher Weise die Grundlagen der sittlichen Lebensführung und der oratorischen Kompetenz vermittelt (Institutio Oratoria XII, 2,1).

Das frühe Christentum hat den Erziehungsgedanken zur Auslegung der Gottesbeziehung des Menschen aufgenommen und zwar in unterschiedlichen Perspektiven. Der Gedanke selbst ist nicht nur nach seinem griechischen Begriff (Paideia), sondern vor allem aus der alten weisheitlichen Literatur (Prov. 3, 11) bekannt. Danach ist Erziehung einmal der Prozeß der Bildung, dort in der Gottesfurcht (Prov. 1, 7), und hier in der christlichen Gerechtigkeit (II Tim 3, 16); und sie ist sodann diejenige

Erziehung, die dem Menschen durch sein Geschick und seine Geschichte zuteil wird, deren Absicht und Ziel also in Gottes eigenen Händen gesucht werden muß: „Wie mit seinen Söhnen verfährt Gott mit euch" (Hebr 12, 7–11). Auch die Äußerung des Paulus über das Gesetz als Paidagogos (Gal 3, 24) ist nicht selten in diesem Zusammenhang verstanden worden. Eine christliche Erziehungs- und Bildungslehre ist freilich erst von Augustin entworfen worden. In De doctrina christiana gibt er den Abriß einer solchen Bildungslehre, in der Christentum und antike Bildungstradition zu einer neuen Einheit vermittelt sind. Hier wird das christliche Wissen entfaltet, und zwar als ein „Wissen schlechthin, auf das es für jedermann ankommt und neben dem es letzten Endes nichts wesentliches mehr gibt" (H. v. Campenhausen, Lateinische Kirchenväter, 1960, 217).

Die Bildungslehre Augustins ist in ihrer theologischen, philosophischen und kulturgeschichtlichen Bedeutung im Standardwerk von H. I. Marrou dargestellt und gewürdigt (Augustinus und das Ende der antiken Bildung, 1938, dt. 1981).

Im Mittelalter sind große neue pädagogische Ideen nicht aufgetreten. Gleichwohl ist in dieser Epoche das Bildungssystem grundlegend verändert und erweitert worden. Das geschah zunächst durch die allgemeinen volkspädagogischen Impulse und Maßnahmen der karolingischen Reformen, sodann aber durch die Begründung der mittelalterlichen Universitäten. Hier realisierte sich die Idee einer Bildung, die dem Streben nach Erkenntnis der Wahrheit nicht nur eine Institution, sondern auch einen sozialen Zweck und einen Sinn für das gemeinsame Leben im ganzen zu geben unternahm (vgl. dazu H. Grundmann, Vom Ursprung der Universität im Mittelalter, 1960²). Im Hoch- und Spätmittelalter haben Renaissance und Humanismus vor allem durch das neue Bild vom Menschen (z. B. Pico della Mirandola: De dignitate hominis, 1486) auf das Bildungsdenken ihrer Zeit folgenreich eingewirkt.

Im Anschluß an die Reformation ist die allgemeine Pädagogik von den leitenden Vorstellungen des kirchlichen und theologischen Erziehungsdenkens bestimmt gewesen. Gewisse Erweiterungen sind allenfalls durch die Beschäftigung mit den Natur- und Erfahrungswissenschaften eingetreten, die seit dem Ende des 16. Jahrhunderts immer mehr allgemeine Aufmerksamkeit und öffentliche Bedeutung gewannen. Freilich sind die vorherrschenden pädagogischen Ideen und Programme von Theologen verfaßt worden (zu Ratke und Comenius s. o. S. 473). Diese Konstellation hat sich auch im Zeitalter des Pietismus nicht verändert, und sie reicht weiter bis in die Anfänge der Aufklärung hinein.

Der wesentliche Gehalt und die bedeutenden Impulse der Aufklärungspädagogik verdanken sich jedoch dem Werk J.J. Rousseaus (1712–1778). Zwar sind auch die der Zeit gegenüber neuartigen Gedanken, die J. Locke (1632–1704) als Erziehungsprogramm dargestellt hat, der frühen Aufklärung zuzurechnen (Some thoughts concerning education, 1693). Locke hat die Erfahrung zur Grundlage auch der Erziehung gemacht, er hat in der Willensbildung und der Bildung zur Individualität die leitenden Ziele gesehen und die Pädagogik des 18. Jahrhunderts damit nachhaltig beeinflußt. Aber diese Erziehungslehre verstand sich noch als Beitrag zur Kultur und als deren Begründung. Kulturkritik ist erst das Thema Rousseaus. Er hat den Menschen, wie die Zivilisation ihn bildet, kritisch an dem Menschen gemessen, wie er der unverfälschten Natur nach wäre.

Die für die Pädagogik wichtigsten Schriften Rousseaus sind die Preisarbeiten von 1750 (Hat der Fortschritt der Wissenschaften und der Künste zur Veredelung der Sitten beigetragen?) und von 1753 (Über den Ursprung der Ungleichheit der Menschen) sowie der Erziehungsroman „Emile“ (1762), dessen erster Satz lautet: „Alles ist gut, wenn es aus den Händen des Schöpfers hervorgeht; alles entartet unter den Händen der Menschen“. Natur, Freiheit und Menschenwürde sind Rousseaus Haupt- und Leitbegriffe. Weil der natürliche Zustand des Menschen auch der vernünftige ist, müssen die Erziehung und ihre Ziele aus der allgemeinen Natur des Menschen (nicht aus Vorgaben des Standes oder des Berufs) abgeleitet werden. Diese Perspektive hat die Entdeckung des Kindes als Kind für die Pädagogik ermöglicht. Rousseau hat besonders in Deutschland auf das Erziehungsdenken gewirkt (Philantropen).

Bildung und Erziehung sind Leitbegriffe auch der Epoche, die in Deutschland der Aufklärung folgte. Das Interesse an diesem Thema hat die Klassik ebenso bestimmt (Goethe, Wilhelm Meister; W. v. Humboldt, Theorie der Bildung des Menschen, 1793) wie die Philosophie des Idealismus (Kant, Pädagogik; Fichte, Reden an die deutsche Nation, 1807). Schleiermachers Pädagogik stellt eine erste systematisch-wissenschaftliche Erziehungslehre dar, nach der die Pädagogik (wie die Praktische Theologie) eine Kunstlehre ist und also sowohl spekulativ wie empirisch bestimmt und damit eine Theorie, die die pädagogische Praxis nicht direkt, sondern nur im ganzen zu leiten vermag. Es gehört zur Bedeutung dieser Epoche in der Geschichte der Pädagogik, daß ihr auch das Werk Pestalozzis und damit das Programm der allgemeinen Volkserziehung zuzurechnen ist.

Eine noch unverändert stichhaltige Orientierung über diese Epoche gibt Bd. 1 des Handbuches der Pädagogik (hg. v. H. Nohl und L. Pallat, 1928–33).

Ihr Selbstverständnis als neuzeitliche Wissenschaft hat die Pädagogik zuerst durch J. F. Herbart (1776–1841) gewonnen. Herbart vertrat gegen den Idealismus der Epoche das Programm einer empirischen Wissenschaft, die vor allem dem späteren 19. Jahrhundert entsprach und nicht zuletzt deshalb so erfolgreich sein konnte. Seine Pädagogik (Allgemeine Pädagogik, 1806; Umriß pädagogischer Vorlesungen, 1835) ist einerseits durch seine Psychologie und andererseits durch seine Ethik begründet. Herbart hat den Unterricht zur wichtigsten erzieherischen Tätigkeit erhoben und damit der Schule (und den Lehrern!) eine zentrale Bedeutung zugeschrieben.

In der Herbartschen Vorstellungspsychologie werden die Voraussetzungen (Gedankenkreis, Interesse), in der Ethik die Ziele der Pädagogik (die praktischen Ideen) dargestellt. Erziehung und also auch und gerade Unterricht ist Charakterbildung. Sie vollzieht sich in der Erweiterung der Kenntnis (auf verschiedenen Ebenen) und der Gedankenkreise. Herbart hat seine beherrschende Stellung für die pädagogische Praxis vieler Jahrzehnte durch die Schematisierung und Formalisierung des Unterrichtsvorgangs gewonnen. Der Prozeß der Aneignung eines neuen Stoffes wird in vier Stufen gegliedert: 1. ruhende Vertiefung in den Gegenstand, Stufe der „Klarheit" (klares Erfassen); 2. fortschreitende Vertiefung oder „Assoziation" (Verknüpfung mit anderem); 3. ruhende Besinnung im „System" (Eingliedern in das Ganze, Bestimmung von Ort und Wert); 4. fortschreitende Besinnung oder „Methode" (Übung aus systematischer Überschau). Die Herbartsche Schule hat diese Stufen, vor allem in den Fassungen von T. Ziller (1817–1882) und W. Rein (1847–1929) als eine pädagogische Universalmethode für alle Formen des Unterrichts angesehen. Hier heißt die (auf fünf erweiterte) Stufenfolge: Vorbereitung, Darbietung, Verknüpfung, Zusammenfassung, Anwendung.

Im späteren 19. Jahrhundert hat die Herbartsche Richtung der Pädagogik das Ansehen einer eigenen und selbständigen Wissenschaft im Kreise der anderen im Entstehen begriffenen Disziplinen der Geistes- und Sozialwissenschaften zu geben vermocht. Für das Zeitalter des Positivismus war solche wissenschaftliche Geltung zugleich Grund und Bedingung für die Reputation in der Öffentlichkeit. Als etablierte Wissenschaft konnte die Pädagogik auf öffentliche Aufmerksamkeit rechnen und damit auf eine fortschreitende Institutionalisierung pädagogischer Theorie und Praxis (z. B. Einrichtung von Lehrstühlen und eines pädagogischen Jahres in der Oberlehrerausbildung).

Bereits in den letzten Jahrzehnten des 19. Jahrhunderts traten die ersten Anzeichen der neuen und gänzlich veränderten Tendenzen im allgemeinen Bewußtsein auf. Es waren die Anfänge der großen kulturkritischen Bewegungen, die zu Beginn des 20. Jahrhunderts das gesamte Gebiet der pädagogischen Theorie und Praxis verwandelt haben. Das waren näherhin die Jugendbewegung (Wandervogel, 1901), die sich gegen das bürgerliche

Elternhaus und die Autoritätsschule wandte; die Arbeitsschulbewegung und die Reformpädagogik (G. Kerschensteiner, 1854–1932; H. Gaudig, 1860–1923); die „Pädagogik vom Kinde aus" (Ellen Key, 1849–1926; Das Jahrhundert des Kindes, 1902); die Kunsterziehungsbewegung und die Landschulheimbewegung (H. Lietz, 1868–1919). Die entscheidenden Impulse der Erneuerungsbewegung dieser Epoche galten also der Jugend und der Erziehung. Auf dem Gebiet der wissenschaftlichen Pädagogik haben sich entsprechend die Kinderpsychologie und die Jugendkunde ausgebildet. In der Auseinandersetzung mit Herbart trat zunächst der Neukantianismus (P. Natorp, Sozialpädagogik, 1898: Pädagogik als konkrete Philosophie), dann aber die Schule Diltheys hervor, die Erziehung und Erziehungstheorie aus der geschichtlichen Wirklichkeit zu verstehen sucht (H. Nohl, 1879–1960; E. Spranger, 1882–1963; Th. Litt, 1880 bis 1962). Danach hat E. Griesebach (1880–1945) eine skeptische Beurteilung für die Wirkungsmöglichkeiten der pädagogischen Theorie vertreten (Die Grenzen des Erziehers und seine Verantwortung, 1924).

Für die Epoche nach dem Zweiten Weltkrieg ist zunächst die Differenzierung und Ausweitung des pädagogischen Themenkreises kennzeichnend gewesen. Das ergab sich nicht nur aus dem Auftreten neuer Fragestellungen (Psychoanalyse, Sozialwissenschaften, Schultheorie, Bildungspolitik), sondern auch aus der Bemühung um neue Grundlegungen der Pädagogik im ganzen. Die Frage, wie Pädagogik überhaupt verstanden werden müsse, zog seit den siebziger Jahren die Aufmerksamkeit immer mehr auf sich. Damit entstand eine Programm- und Grundlagendiskussion, in deren Verlauf von allen Richtungen und Standpunkten der Philosophie und der politischen Theorie der Gegenwart her Entwürfe der Pädagogik hervorgebracht wurden.

Eine eindrucksvolle Übersicht über diese programmatische Vielfalt bietet die Untersuchung von D. Benner (Hauptströmungen der Erziehungswissenschaft, 1978[2]). Hier wird die jüngste Grundlagendiskussion im Zusammenhang mit der pädagogischen Tradition und als Folge einer Wendung des pädagogischen Denkens von der subjektiven zur objektiven Pädagogik beschrieben (130). Als hauptsächliche Richtungen werden dabei neben der älteren geisteswissenschaftlichen Pädagogik die hermeneutische, die empirische, die emanzipatorische und die erfahrungswissenschaftliche Pädagogik unterschieden. Eine sehr viel längere Aufzählung von speziellen Programmen für die Pädagogik enthält die Sammlung „Erziehungswissenschaft der Gegenwart" (hg. v. K. Schaller, 1979). Hier findet sich etwa eine „praxiologische Grundlegung", eine „transzendental-kritische Pädagogik", eine „analytisch-empiristische", eine „phänomenologische" und eine „Pädagogik der Kommunikation". Im Blick auf den Erziehungsbegriff hat K.-E. Nipkow eine entsprechende Reihe von Definitionen beschrieben, vor allem bildungsphilosophische, emanzipatorisch-kritische und anthropologische Bestimmungen von Erziehung (in: TRE, Bd. 10, 233 f.). Um angesichts solcher Vielfalt eine Übersicht zu begründen, hat D. Hoffmann eine Einteilung in analytische, nicht-analytische und integrative Konzepte vorgenommen (Erziehungswissenschaft, 1980).

Es scheint indessen, daß die Epoche der Grundlagendiskussion ihren Höhepunkt überschritten hat. Der Pluralismus der Interessen an und mit der Pädagogik, der sich in dieser Diskussion ausgesprochen hat, wird offenbar von einem neuen Konsens abgelöst, wenn dessen Gültigkeit und dessen Grenzen wohl auch noch nicht überschaubar sind. Zweifellos aber wächst die Zustimmung zu einem Konzept der Pädagogik, das sie von den nur schwer kommunizierbaren fundamentalistischen Programmen zu befreien und zugleich die Erweiterung sowohl der Einsichten wie der Handlungsmöglichkeiten verspricht: Erziehungswissenschaft als Sozialwissenschaft. Damit wäre auch der Anschluß an eine Wissenschaftsform erreicht, deren öffentliche Reputation (noch) außer Frage steht. Das groß angelegte Sammelwerk „Enzyklopädie Erziehungswissenschaft“ (hg. v. D. Lenzen, Bd. 1, 1983) will offenbar dieses Programm literarisch realisieren. Es könnte freilich sein, daß die Pädagogik damit kritischen Rückfragen ausgesetzt wird, die ihrem Dilemma einen neuen und prinzipiellen Rang verleihen: Wenn eben die Sozialwissenschaften es „mit den möglichen Bedeutungen zu tun haben, die in den Verhältnissen liegen“, dann ist die Frage, „an welchen Zielen und Möglichkeiten das Leben letztlich orientiert werden soll“ gerade keine wissenschaftliche Frage und schon gar nicht eine sozialwissenschaftlich lösbare Frage mehr (F. H. Tenbruck, Die unbewältigten Sozialwissenschaften, 1984, 314). Deshalb dürfte offen bleiben, ob im Rahmen einer derartigen Erziehungswissenschaft tatsächlich noch von Erziehung die Rede sein wird.

§ 36 Grundfragen des christlichen Unterrichts

1. Religionspädagogik

Religionspädagogik ist die methodische Bemühung um den Unterricht im Christentum. In diesem Sinn faßt der Begriff den christlichen Unterricht in seinen verschiedenen Formen sowohl an öffentlichen Schulen wie in den Kirchen und Gemeinden (und Familien) zusammen. Der Begriff stammt, wie G. Bockwoldt berichtet (Religionspädagogik, 1977, 9), von M. Reischle (Die Frage nach dem Wesen der Religion, 1889, 91). „Otto Eberhard war es dann, der zu Beginn unseres Jahrhunderts den Begriff als Bezeichnung für den Bund der liberalen Theologie mit der pädagogischen Bewegung zum Zwecke einer Reform des Religionsunterrichts in Dienst nahm" (K. Wegenast, in: Religionspädagogik, hg. v. K. Wegenast, 1981, 4f.). Diejenigen Entwicklungen freilich, die die Bildung des Begriffs sinnvoll machten, liegen ihm naturgemäß voraus. Es handelt sich dabei um Entwicklungen, die in der Herbartschen Pädagogik selbst angelegt waren: Mit der Ethik hatte Herbart auch der Religion grundlegende Funktionen für Erziehung und Unterricht zugeschrieben. In der weiteren Ausarbeitung des wissenschaftlichen Systems durch seine Schüler konnte und mußte die Religion deshalb zum eigenen Thema werden, und zwar in einem doppelten Sinne: Indem die Bedeutung der Religion für die Pädagogik überhaupt und also ihre Rolle im ganzen des Bildungssystems deutlicher formuliert wurde, präzisierte und ordnete sich zugleich das Verständnis der Religion als besonderer Unterrichtsaufgabe und als eigenem Thema der pädagogischen Theorie.

Mit Recht hat F. Jacobs seiner einschlägigen Untersuchung deshalb die Überschrift gegeben: „Die religionspädagogische Wende im Herbartianismus" (1969). Er zeigt, daß diese Wende aus dem Herbartschen System selbst hervorgegangen ist und daß das wissenschaftliche Interesse an der pädagogischen Wahrnehmung der Religion der Bedeutung dieser Religion für die Pädagogik überhaupt entspricht.

Von ihren Ursprüngen an ist die Religionspädagogik deshalb durch drei Problemstellungen begründet und geprägt, die seither die religionspädagogische Grundlagendiskussion bestimmen. Das ist 1. das Problem der Verselbständigung des Religionsunterrichts gegenüber dem kirchlichen Unterricht und gegenüber dem kirchlichen Unterrichtsverständnis: Religionspädagogik wird im Zusammenhang der allgemeinen Pädagogik ausgearbeitet; 2. das Problem einer solche Verselbständigung tragenden Begründung der Religionspädagogik in der allgemeinen Bedeutung der Religion und also das Problem ihrer Verbindung mit einer entsprechenden Bildungs- und Kulturtheorie; 3. das Problem der Wendung vom vorgegebenen und objektiven Stoff (z. B. dem Katechismus) zur Orientierung des Unterrichts an der Person des Schülers und an dessen Religiosität. Die folgende Diskussion ist bis zur Gegenwart von den kontroversen Stellungnahmen zu diesen Grundfragen der Religionspädagogik bestimmt.

Zunächst hat sich in den ersten Jahrzehnten nach der Jahrhundertwende der religionspädagogische Standpunkt entwickelt und weithin durchgesetzt. Schon 1911 hat F. Niebergall diese Entwicklung begrüßt und kommentiert (Die Entwicklung der Katechetik zur Religionspädagogik, in: K. Wegenast, Religionspädagogik, 46ff.). Als ihre Programmschrift oder zumindest doch als ihr wirkungsvollster Ausdruck kann Richard Kabischs „Wie lehren wir Religion?" (1910, seit 1916[4] – 1931[7] hg.

v. H. Tögel) gelten. Kabisch setzt einen Religionsbegriff voraus, der im allgemeinen Zusammenhang der Kultur begründet ist: „Der Mensch hat ein Recht auf Religion, so gut wie auf ein Dach, das ihn schützt gegen Wetter und Wind" (K. Wegenast, 41). Sodann entfaltet er sein Verständnis des Religionsunterrichts ohne Rücksicht auf den kirchlichen Unterricht und ohne jeden Zusammenhang mit ihm. Schließlich ist für den Aufbau des „ausführenden Teiles" dieser Religionspädagogik die Orientierung am Kind das leitende Prinzip, von dem her Auswahl, Anordnung und Behandlung des Stoffes organisiert werden. Der als Frage formulierte Titel des Buches verweist auf eine Diskussion, die dem Religionsverständnis galt. Nachdrücklich wurde in dieser Diskussion der Standpunkt vertreten, daß Religion als innere Haltung gerade nicht lehrbar sei, und A. Bonus erklärte den Religionsunterricht geradezu für gefährlich, weil er die Voraussetzungen wirklicher Religion untergrabe (R. Kabisch, in: K. Wegenast, Religionspädagogik, 19).

Auch für den kirchlichen Unterricht wurden die allgemeine Pädagogik und die Religionspädagogik zunächst nicht herangezogen. G. v. Zezschwitz hatte die Autorität der Offenbarung zum Unterrichtsprinzip gemacht (s. o. S. 470 u. F. Jacobs, 122 f.). Achelis verweist auf die Herbartschen Formalstufen als auf bloß technische Hilfsmittel, die für den kirchlichen Unterricht nicht überschätzt werden dürften (Lehrbuch, II, 346). Das Konzept des kirchlichen Unterrichts ist auch Grundlage der staatlichen Schulordnungen geblieben: Unterrichtsziel für den Religionsunterricht sowohl an den Volksschulen (1872) wie an den Mädchenschulen (1908) war die Einordnung in die Kirche und in das Gemeindeleben, und die Bildung der religiösen Persönlichkeit spielte demgegenüber keine oder nur eine geringere Rolle (C. Clemen, Quellenbuch, II, 1910, 53 ff.; 85 ff.).

Im Anschluß an Kabisch hat O. Eberhard das religionspädagogische Programm im Zusammenhang der pädagogischen Bewegungen erläutert und gerade für die „Pädagogik vom Kinde aus" den Unterricht in Religion gefordert (K. Wegenast, Religionspädagogik, 72). Auch in der Praktischen Theologie ist das religionspädagogische Konzept grundsätzlich und als gemeinsamer Rahmen für den kirchlichen und den allgemeinen Religionsunterricht übernommen worden (J. Meyer, Grundriß der Praktischen Theologie, 1923, 69 ff.; M. Schian, Praktische Theologie, 349 ff.). Eberhard hat darüber hinaus in der „evangelischen Pädagogik" den sachgemäßen und krönenden Abschluß der allgemeinen Pädagogik überhaupt gesehen (H. Faber, Religionspädagogische Probleme, in: Religionspädagogik, hg. v. K. Wegenast, 90).

Freilich hat sich bereits gegen Ende der zwanziger Jahre die kulturkritische Bewegung in Theologie und Kirche auch auf dem pädagogischen Gebiet zur Geltung gebracht. H. Faber hat in einer ersten Übersicht dargestellt, wie sich hier die radikalere Forderung nach einer genuin und ausschließlich evangelischen Pädagogik durchzusetzen begann (99). Im Sinne einer solchen Radikalisierung ist dabei vor allem die Autorität Gottes selbst und die des Wortes Gottes geltend gemacht worden.

„Der Religionsunterricht muß dem jungen Menschen von Anfang an sagen: Die Religion ist nicht der Wert, den du beurteilst, annimmst oder ablehnst nach Belieben, sondern sie ist die höhere Wahrheit, die dir begegnet und Gehorsam fordert. Die Religion ist das Gericht über dich, der Ort, wo du, der Mensch, Gott begegnest, wo deine Herrschaft ein Ende hat und die Herrschaft Gottes beginnt..." (G. Bohne, Religionsunterricht und religiöse Entscheidung, 1930, in: K. Wegenast, Religionspädagogik, 123).

In diesem Zusammenhang erneuert sich der Anspruch, den christlichen Unterricht allein und wesentlich vom kirchlichen Unterricht her zu begründen. Entsprechend hat M. Rang den allgemeinen Religionsunterricht als „Kirche in der Schule" charakterisiert (Handbuch für den biblischen Unterricht, 1939, 1947[2], Bd. 1, 106) und als Voraussetzung des christlichen Unterrichts die Bereitschaft des Schülers bezeichnet, „Gottes Wort als ein Wort der Autorität zu hören" (25). Zur Kennzeichnung dieses eigenen kirchlichen Anspruchs auf den Unterricht und der Unterscheidung vom Konzept der Religionspädagogik hat sich danach der Begriff der (kirchlichen oder evangelischen) „Unterweisung" eingebürgert.

K.-E. Nipkow hat jüngst gezeigt, daß gerade bei M. Rang die in der religionspädagogischen Diskussion erörterten Fragen eine unverändert große Bedeutung behalten und daß also, trotz der programmatischen Rede von der „Verkündigung", die Legitimationsprobleme und die Probleme der Pädagogik auch für dieses Konzept des Religionsunterrichts bestimmend geblieben sind (Zum biblischen Unterricht bei Martin Rang, in: Religionsunterricht als religionspädagogische Herausforderung, hg. v. R. Lachmann, 1982, 67 ff.).

Im Programm der evangelischen Unterweisung spiegelt sich die Situation des kirchlichen Bewußtseins, das sich vom herrschenden gesellschaftlichen und politischen Bewußtsein nachdrücklich getrennt und verschieden weiß. Der Begriff ist auch nach 1945 noch leitend geblieben und teils als „Verkündigung" („Offenbarung des Heiligen... an uns", H. Kittel, Vom Religionsunterricht zur evangelischen Unterweisung, 1957[3], in: Religionspädagogik, 201), teils als „Auslegung" (H. Stock, Studien zur Auslegung der synoptischen Evangelien im Unterricht, 1963[3]) gedeutet worden. Mit dem Vorschlag, den Religionsunterricht als „hermeneutische" Aufgabe zu verstehen (M. Stallmann, Christentum und Schule, 1958), ist freilich der Übergang zu den Fragestellungen der Religionspädagogik bereits wieder vollzogen. Deutlich hat G. Otto im Verfolg dieser Richtung den Religionsunterricht nicht mehr allein aus kirchlichen, sondern aus allgemeinen pädagogischen und schulischen Gründen abgeleitet. Danach liegt die Aufgabe der Schule „in der Wahrnehmung erzieherischer Verantwortung durch Unterricht im Sinne von

Interpretation der Überlieferung. Zur Überlieferung gehört als integrierende Komponente das Christentum in seinen jeweiligen geschichtlichen Ausprägungen. Die Interpretation dieser Überlieferungskomponente führt notwendig zur kritischen Konfrontation mit dem Evangelium als seinem Ursprung. Daher hat die Schule nicht nur mit dem Christentum als einer geistesgeschichtlichen Größe zu tun, sondern indem sie damit zu tun hat, sieht sie sich auf das Evangelium verwiesen. So ist der Religionsunterricht in der Schule nicht durch kirchliche Ansprüche, sondern aus sachlichen Zwangsläufigkeiten, die geistesgeschichtlich bedingt sind, begründet" (Schule, Religionsunterricht, Kirche, 1964², 49).

Im einzelnen ist diese Epoche der Religionspädagogik besprochen bei G. Bockwoldt (Religionspädagogik, 1970, 66 ff.), K.-E. Nipkow (Grundfragen, Bd. 3, 16 ff.) und K. Wegenast (Religionspädagogik, 1 ff.).

Seither sind die drei Grundfragen, die die Religionspädagogik von ihren Ursprüngen her bestimmt haben, weiter ausgearbeitet worden und zu selbständiger Bedeutung gelangt. Das gilt zunächst für das Begründungs- oder Legitimationsproblem, das im Zusammenhang von allgemeinen bildungs- und religionstheoretischen Fragestellungen erörtert wird und in dessen Rahmen die Aufgabe des Religionsunterrichts zu formulieren ist. Es gilt ferner für die Frage nach Gegenstand, Stoff und Inhalt des Religionsunterrichts, die aus der Verselbständigung gegenüber der kirchlichen Unterrichtstradition erwachsen ist und die den Lehrplan zu einem wesentlichen eigenen Thema der gegenwärtigen Religionspädagogik hat werden lassen. Es gilt schließlich für die Frage nach der Person des Schülers und nach den Funktionen des Unterrichts, die im Blick auf ihn genauer wahrgenommen und im größeren Zusammenhang verstanden werden müssen.

Eine umfängliche Sammlung von Literatur und eine auch historische Einführung in das Thema Katechetik und Religionspädagogik bietet P. C. Bloth (in: Theologie im 20. Jahrhundert, hg. v. G. Strecker, 1983, 469 ff.).

Die Grundprobleme der neueren Religionspädagogik in ihrer geschichtlichen Entwicklung und in besonderer Hinsicht auf die Person des Lehrers sind von G. Lämmermann untersucht worden (Religion in der Schule als Beruf, 1985).

2. Religionsunterricht

Der Religionsunterricht ist in den letzten Jahren das bevorzugte Thema von zusammenhängenden und eingehenden Gesamtdarstellungen geworden. Man wird darin den Ausdruck eines gesteigerten Interesses an der Vergewisserung durch den Rahmen einer religionspädagogischen Theorie sehen müssen, auch wenn der systematische Zusammenhang nur selten voller durchgebildet ist. Zu nennen ist hier vor allem das dreibändige Werk von K.-E. Nipkow (Grundfragen der Religionspädagogik, Bd. 1, Bd. 2, 1975, 1978²; Bd. 3, 1982); ferner die zweibändige „Religionsdidaktik" von H. Schmidt (Bd. 1, 1982; Bd. 2, 1984) und das „Religionspädagogische Kompendium" (hg. v. G. Adam u. R. Lachmann, 1984). Beiträge zu den systematischen Fragen bietet R. Preul (Religion – Bildung – Sozialisation, 1980). Zur Übersicht über die katholische Religionspädagogik dient W. Bartholomäus (Einführung in die Religionspädagogik, 1983).

Es gibt den Religionsunterricht an den öffentlichen Schulen zwar aufgrund von entsprechenden Bestimmungen der Verfassung, gleichwohl aber versteht er sich nicht von selbst. Er bedarf der Begründung, nicht zuletzt für denjenigen, der ihn durchzuführen hat. Einen solchen besonderen Legitimationszwang teilt der Religionsunterricht mit anderen Schulfächern, wie z. B. Musik und Gemeinschaftskunde. Im übrigen aber ist der gesamte Kanon der Schulfächer Ergebnis von Konventionen und insofern seinerseits grundsätzlich einer Legitimationspflicht unterworfen.

Der Religionsunterricht wird durch Argumentationen begründet, die seine Bedeutung im Blick auf die Kultur und das soziale Leben einerseits, sowie hinsichtlich der Person des Schülers und seiner Bedürfnisse andererseits erläutern. Sie werden also hier im Zusammenhang der Kulturtheorie und dort in dem der Religionstheorie formuliert. Ihre Geltung ist danach eine Funktion der Überzeugungskraft ihrer Argumente. Deshalb ist die Begründung des Religionsunterrichts Thema einer andauernden und verzweigten Diskussion. Es versteht sich, daß auf diesem Feld die verschiedenen Richtungen und Schulen der Theologie, ebenso aber die Standpunkte und Perspektiven der pädagogischen Theorie zur Geltung gebracht werden. Zur Orientierung über diese religionspädagogische Diskussion hat W. Steck (Der Religionsunterricht in der Schule, in: F. Wintzer, Praktische Theologie, 150 ff.) vier grundlegende Positionen als „Möglichkeiten der pädagogischen und theologischen Ortsbestimmung des Religionsunterrichts ... modellhaft" unterschieden:

„Sie ergeben sich aus der Einordnung des Religionsunterrichts in verschiedene Sinnzusammenhänge, aus denen seine Ziele, Inhalte und Methoden abgeleitet werden. Die Aufgabe des Religionsunterrichts kann 1. im Rahmen des kirchlichen Lebens und seiner Einübung definiert werden, 2. im Kontext des neuzeitlichen Christentums, der Auseinandersetzung mit seiner geistigen und sozialen Tradition, 3. im Zusammenhang der schulischen Bildungsaufgabe, der pädagogischen Relevanz religiöser Wirklichkeit und 4. im Horizont der psychischen, geistigen und sozialen Entwicklung des Schülers, der Bildung seiner religiösen Identität" (154 f.). Es handelt sich danach näherhin 1. um das Programm der evangelischen Unterweisung, die „das gemeinsame Hören von Lehrer und Kind auf Gottes Anrede in der heiligen Schrift" sein will und durch diese Grundordnung auch die Unterrichtsmethoden und das pädagogische Verhältnis zwischen Lehrer und Schüler bestimmt sieht (156 f.); 2. um das Konzept der christlichen Schule, wie es vor allem von M. Stallmann vertreten wird; 3. um den „Religionsunterricht als Ordnung der religiösen Vorstellungswelt", der auf die Pädagogik Theodor Wilhelms zurückgeht; 4. um die „Bildung religiöser Identität", die nach D. Stoodt (Religiöse Sozialisation und emanzipiertes Ich, in: Religion – System und Sozialisation, hg. v. K. W. Dahm u. a., 1972, 189 ff.) Ziel des Religionsunterrichts sein soll, um den Schüler zu befähigen, „sich selbst zu bestimmen und sich an den ihn selbst betreffenden Prozessen zu beteiligen" (W. Steck, 163).

Sieht man von den mittlerweile historischen und den ganz individuellen Beiträgen zu dieser Debatte ab, so zeigt sich hier ein Kreis gemeinsamer Themen und eine Reihe vergleichbarer Argumente, die im ganzen nicht auf ein einheitliches Konzept, aber doch auf einen gewissen Konsens in den Grundfragen der Religionspädagogik hinweisen. Das gilt sowohl für das Begründungsproblem wie für die Bestimmung der Aufgaben des Religionsunterrichts.

Der Begründung und der Legitimation des Religionsunterrichts dienen zunächst kulturtheoretische Argumente. Zu ihnen gehört der Hinweis auf die Bedeutung der Tradition für das Verständnis der Gegenwart, den M. Stallmann zuerst formuliert und mit dem er der Diskussion einen neuen Anfang und neues Gewicht gegeben hat (Christentum und Schule, 1958). Danach ist die Relevanz der Tradition das Thema, an dem die Schule ihr gegenwärtiges Selbstverständnis und „die Begründung ihres Anspruchs gegenüber der heranwachsenden Generation" aufzuarbeiten und zu bewähren hat. Zugleich ist es das zentrale Thema des Christentums, und deshalb wird das Christentum seinerseits zum sachnotwendigen und fundamentalen Thema der Schule, die sich ihrer Existenzfrage nicht verschließt (205). G. Otto hat diese Argumentation dahin erweitert, daß alle Einsicht in die Gegenwart, die die Schule zu leisten hätte, nur Einsicht aufgrund der die Gegenwart bestimmenden Geschichte sein kann und daß also das Christentum, das zur wesentlichen Perspektive dieser Geschichte gehört, deshalb auch für die von der Schule zu vermittelnde Einsicht in die Gegenwart konstitutiv ist (Schule, Religionsunterricht, Kirche, 1964[2], 32 ff.).

An diesen Argumentationen wird sichtbar, daß die pädagogische Begründung des Religionsunterrichts ein Konzept für Sinn und Aufgabe der Schule überhaupt voraussetzt. Es genügt nicht, den Religionsunterricht begründen zu wollen. Eine zureichende Zweckbestimmung dieses Unterrichts kann nur im Rahmen einer solchen Bestimmung für den Unterricht überhaupt gelingen. Als Beispiel für einen derartigen umfassenden Begründungszusammenhang ist Th. Wilhelms „Theorie der Schule" (1967) noch nicht überboten.

Im einzelnen sind Standpunkte und Argumente Wilhelms vielfach kritisiert worden, nicht zuletzt, weil er kritische Einwände etwa gegen seinen Begriff der

Religion und seine Vorstellung von Wissenschaft nicht hinreichend berücksichtigt (vgl. dazu K.-E. Nipkow, Schule und Religionsunterricht im Wandel, 1971, 51 ff.). Gleichwohl gilt: „Wilhelm setzt mit seinem Werk für alle künftigen Schultheorien selbst ein Maß" (Nipkow, 55).

Eine Reihe weiterer Argumente behält deshalb einen etwas zufälligen Charakter, weil auf die Erörterung des kultur- und schultheoretischen Zusammenhangs verzichtet wird. Das gilt etwa für den durchaus nicht unwichtigen Verweis auf die Verfassung, die ein Recht auch auf „religiöse Orientierung" festlegt und deshalb den Religionsunterricht der Schule geradezu zur Pflicht werden läßt (ausführlichere Darstellungen in: Religionspädagogisches Kompendium, hg. v. G. Adam u. R. Lachmann, 1984, 71 ff.). Auf breitestem Raum hat K.-E. Nipkow die kulturtheoretischen Themen im religiösen Begründungszusammenhang diskutiert (Grundfragen, Bd. 1, 25 ff.; Bd. 2, 13 ff.). Dabei wird der historisch-deskriptiven Darstellung der Vorzug vor der systematischen gegeben, so daß eine überaus umfängliche und eingehende Orientierung ermöglicht wird.

Nipkow hat besonders die Rolle der Bildung in der demokratischen Zivilisation erläutert und danach die Bedeutung des Bildungssystems für die Funktionsfähigkeit des neuzeitlichen Gemeinwesens dargestellt (Bd. 1, 63 ff.).

Für die Begründung des Religionsunterrichts ist neben der kulturtheoretischen die anthropologische oder religionstheoretische Argumentation von Belang. Auch hier sind wesentliche Gesichtspunkte von Th. Wilhelm geltend gemacht worden.

Wilhelm ist der Überzeugung, „daß die religiöse Dimension für die Bewältigung der Wirklichkeit und (was das gleiche ist) für die Vergewisserung der individuellen Humanität unentbehrlich ist" (306). Der Schulunterricht hat es freilich nicht mit Andacht oder Gottesdienst zu tun: Er geht vielmehr „auf die religiöse Problematik ein, indem er zu Reflexion auf die christlich-abendländische Tradition anleitet..." (309). Ähnlich argumentiert auch H. Roth (Pädagogische Anthropologie, Bd. 1, 1971[3]).

Unter genauer Beachtung der neueren Diskussion über den Religionsbegriff hat K.-E. Nipkow die Frage der Begründung der Religionspädagogik im Religonsbegriff erörtert (Bd. 1, 129 ff.). Er hat dabei zuletzt auf die Gefahren hingewiesen, die in der apologetischen Verwendung eines „fundamentalontologischen" Religionsbegriffs liegen, über den Diskussionen nicht mehr möglich wären (165). Nipkow selbst plädiert für einen „formalen Begriff" der Religion, der stets geschichtlich-gesellschaftlich „operationalisiert" (169) und von der „geschichtlichen Lebenspraxis" her verstanden werden muß (172). Seine inhaltliche Bestimmung gewinnt der

Religionsbegriff im pädagogischen Zusammenhang durch die Erwartungen, die sich an seine Leistungen im Blick auf die Person des Schülers knüpfen. Ausdruck solcher Erwartungen ist die Formel von der „Vergewisserung der individuellen Humanität" (Th. Wilhelm), ebenso aber sind es Begriffe wie „transzendierende Sinnsuche" oder „Angewiesenheit des Menschen auf Gesamtorientierung" (Religionspädagogisches Kompendium, 70) und nicht weniger der Verweis auf die Funktion „vertrauenswürdiger Zeitgenossen", die den „Sinn religiösen Lebens" verbürgen könnten (H. Schmidt, Religionsdidaktik I, 33). In allen derartigen metaphorischen oder begrifflichen Bemühungen dokumentiert sich der Versuch, die nur durch Auslegung zugänglichen Grunderfahrungen des Menschen in den pädagogischen Aufgabenkreis einzubringen.

R. Preul hat das Problem auf der Ebene der Anthropologie diskutiert und zwar unter dem Titel „Identität und christliches Selbstverständnis" (168 ff.). „Die Frage nach der Funktion von Religion im Identitätsbildungsprozeß verweist allerdings nicht allein auf Probleme, die mit den jeweiligen Konfliktphasen zusammenhängen. Das Individuum findet sich nämlich nicht nur vor immer neue einzelne Aufgaben gestellt, die ihm im zeitlichen Ablauf seines Lebensprozesses nacheinander aufgenötigt werden, zugleich und in eins damit muß es auch das alle Einzelprobleme übergreifende Problem bewältigen, daß sein Leben sich ihm als eine Folge immer neuer identitätsbedrohender Konflikte bis hin zur letzten, durch die Todesgrenze aufgezwungenen Krise darstellt. Das Individuum blickt ja, sofern es sich seines wie allen menschlichen Lebens als einer zeitlichen und sich wandelnden Existenz bewußt wird, über den begrenzten Problemhorizont der einzelnen Krise hinaus; und so entsteht ihm zugleich mit der Frage nach den jeweils konkreten Möglichkeiten der Bewältigung die weitere Frage nach der prinzipiellen Möglichkeit oder Unmöglichkeit seiner Identität im Wandel seiner Lebensgeschichte. Es fragt damit nach einem Kontinuum, im welchem seine Person sich gleich bleibt, dessen es sich versichern kann angesichts der Drohung des Selbstverlustes im Wandel" (185 f.). In der Beantwortung dieser Grundfrage menschlicher Daseinserfahrung gewinnt die Auslegung der religiösen Tradition auch ihr pädagogisches Gewicht.

Die Begründungsfragen des Religionsunterrichts und die Feststellung der Unterrichtsaufgaben lassen sich nicht trennen. Sie bestimmen und bedingen sich wechselseitig. Deshalb werden für den Unterricht, der als notwendig sowohl für das gemeinsame Leben wie für die individuelle Humanität gilt, die Aufgaben und Ziele in Hinsicht auf diese Notwendigkeiten beschrieben und auf die Bedeutung, die der Religionsunterricht dafür gewinnen soll. Die Aufgaben und Ziele lassen sich unter den folgenden Begriffen zusammenfassen.

A. *Selbständigkeit.* Das formale Ziel des Religionsunterrichts läßt sich am besten durch die Wendung wiedergeben, die das Unterrichtsziel überhaupt und auf allen Gebieten beschreibt: Der Mensch soll zur Selbständigkeit gelangen. Das gilt generell für alle Formen der „Sozialisation", der Prozesse also, vermittels derer die volle Mitgliedschaft in einer Gemeinschaft oder Gruppe erworben wird. Volle Mitgliedschaft ist Selbständigkeit und zwar in dem Sinn, daß nicht nur vorgegebene Verhaltens- oder Deutungsmuster übernommen werden, daß vielmehr gerade ein Verhältnis zu verschiedenen Anschauungen und Lebensformen ausgebildet und der Austausch mit ihnen (die „Kommunikation") unter Rücksicht auf ihre und auf eigene Bedürfnisse wahrgenommen werden kann (vgl. dazu Enzyklopädie Erziehungswissenschaft, Bd. 1, 434). Da alle Unterrichtsprozesse auch als Prozesse der Sozialisation betrachtet werden können, ist ihnen diese Zielsetzung grundsätzlich zuzuschreiben. Für den Religionsunterricht gilt das allerdings auch und vor allem aus eigenen Gründen.

Zur umfassenden Orientierung dient das Handbuch der Sozialisationsforschung (hg. v. K. Hurrelmann u. D. Ulrich, 1980).

Schleiermacher hat bereits den Grundsatz formuliert, daß der Unterricht der christlichen Jugend von seinem Ende her verstanden werden müsse, und er hat dieses Ziel so zusammengefaßt:

> „Das Wesen des Religionsunterrichts besteht demnach darin, daß der Einzelne soll fähig gemacht werden an dem Cultus Antheil zu nehmen" (Praktische Theologie, 350).

Nach Schleiermachers Auffassung (s. o. S. 375 ff.) ist der Gottesdienst eigentlicher Ort der religiösen Kommunikation, so daß das Vermögen zur Teilnahme daran durch keine andere Kompetenz auf diesem Gebiet überboten wird. Die Fähigkeit zum „Anteil am Kultus" ist deshalb Ziel und Resultat der abschließenden und letzten Stufe christlicher Erziehung. Sie bezeichnet die Selbständigkeit auf dem Gebiet der Religion, die der Grund für die Gleichheit aller Christen untereinander ist.

Seither hat die im Begriff der Selbständigkeit zusammengefaßte prinzipielle Formulierung des Zieles für den Religionsunterricht generelle Zustimmung gefunden und zwar zumindest in dem Sinne, daß kein etwa am Gegenteil oder auch nur an einer Reduktion dieses Zieles orientiertes Konzept vertreten worden ist. Selbständigkeit auf dem Gebiet der Religion ist auch dort selbstverständliches Globalziel, wo das nicht direkt ausgesprochen wird.

Das zeigt sich an den auf allgemeine Gültigkeit bedachten Lernzielformulierungen, die K. Wegenast (in: Handbuch der Religionspädagogik, hg. v. E. Feifel u. a., 1973) vorgeschlagen hat:

„– Fragen-Können nach der in aller Fraglichkeit des menschlichen Daseins tragenden Macht
– Deuten-Können eigener religiöser Erfahrungen
– Entschleiern-Können unbilligen Mißbrauchs religiöser Kategorien und Einstellungen ...“ (112), und es zeigt sich ebenso im Gebrauch des beliebten, wenn auch wohl wenig bestimmten Wortes „Handlungskompetenz“ (H. Schmidt, Religionsdidaktik I, 164). Besonders deutlich kommt der Sachverhalt in den gründlichen Erörterungen zum Ausdruck, die J. Henkys den Zielen der kirchlichen pädagogischen Aufgabe gewidmet hat: „Die Katechetik hat den gegenwärtigen kirchlichen Dienst im Blick auf alle jene pädagogisch erheblichen Handlungen, Einrichtungen und Beziehungen zu erörtern, die dafür entscheidend sind, daß Menschen sich in das Leben der Kirche eingliedern, als Christen selbständig werden und überhaupt am Glaubensgespräch teilhaben können“ (Art. Unterweisung HPT [DDR], III, 30). Im einzelnen werden die Ziele „Integration, Emanzipation, Partizipation“ unterschieden (31). Sie setzen sämtlich die zunächst genannte Selbständigkeit voraus.

B. *Sinn.* Das Wort „Sinn“ ist in der Religionspädagogik zu einem überall gebräuchlichen und kaum mehr zu entbehrenden oder auch nur ersetzbaren Leitbegriff geworden. Auch in anderen Bereichen der Praktischen Theologie wird das Wort vielfach in Anspruch genommen (s. o. S. 102). In der Religionspädagogik hat sich für diesen Gebrauch ein Konsens herausgebildet, der unterschiedliche Auffassungen im einzelnen durchaus einschließt.

Der Begriff Sinn ist offenbar besonders für eine Bestimmung von Ziel und Aufgaben des Religionsunterrichts geeignet, die Leistungen und Funktionen dieses Unterrichts in den Mittelpunkt stellt. Der „Sinn“ soll erschlossen oder zugänglich gemacht oder vermittelt oder angeeignet werden, und von solchem Sinn kann in mehrfacher Hinsicht gesprochen werden: etwa vom Sinn der christlichen Tradition oder einzelner christlicher Texte, vom Sinn des Lebens, vom Sinn der eigenen Existenz. Unterrichtsziele in diesem Verständnis sind nicht an das Wort „Sinn“ gebunden und werden auch unabhängig von ihm formuliert. Gerade die Mehrschichtigkeit seiner Bedeutung aber scheint es für den religionspädagogischen Zusammenhang besonders brauchbar zu machen.

Der Sache nach ist dieses Unterrichtsziel auch von Th. Wilhelm vertreten worden: „Im Religionsunterricht muß dem Schüler klarwerden, daß es neben der rechtlichen, naturwissenschaftlichen und ästhetischen immer auch die religiöse Weise gibt, die Welt zu ‚sehen‘ und die persönliche Verantwortlichkeit in ihr zu deuten“ (307). Die Weltsicht und die Deutung werden heute vielfach durch „Sinn“ wiedergegeben. An Wilhelms Formulierung ist wichtig, daß auch das Verhältnis dieser religiösen Weltsicht zur Verantwortung hervorgehoben ist.

Eine gründliche und konstruktive Analyse des Sinnbegriffs und seiner Bedeutung innerhalb der Religionspädagogik gibt K.-E. Nipkow (Grundfragen, Bd. 3, 126 ff.), der seinerseits den ersten und grundlegenden Aufgabenkreis der Religionspädagogik als „Sinnerschließung" (45) bezeichnet hat. Nipkow unterscheidet die logisch-rationale Bedeutung von Sinn, die kausale und technologische, ferner Sinn als historisches Verstehen und soziale Verständigung, als ethische Einsicht und Erfahrung und schließlich als existentielle Gewißheit, um mit diesen Differenzierungen in „Sinnprovinzen" für die religionspädagogische Thematisierung der Sinnfrage in der Praxis inhaltliche Orientierungshilfen zu geben (136). Sehr anschaulich werden die Bedeutungen von „Sinn" auch von G. R. Schmidt erläutert (in: Religionspädagogisches Kompendium): „Sinn meint in der Bedeutung von letztgültigem Sinn den letzten Ursprung, den letzten Grund und das letzte Ziel der Gesamtwirklichkeit, ihr nicht weiter hinterfragbares, letztes Woher, Wodurch, Worum-Willen, Worauf-Hin. Mit dem Hinweis auf Sinn wird die Frage beantwortet, warum die angenommenen Höchstwerte unbedingt verbindlich, also nicht – beliebig seien. Sinn meint ihre Verankerung im ‚Wesen der Dinge'. Sinn fundiert die allgemeinen Höchstwerte, welche die weniger allgemeinen Werte wie das Verbot von Sklaverei und Menschenhandel, Recht auf Erziehung der eigenen Kinder usw. legitimieren" (291). Weitere Bearbeitungen und Beiträge zu diesem Thema finden sich bei H. J. Fraas (Glaube und Identität, 1983, 68), W. H. Ritter (Religion in nachchristlicher Zeit, 1982) und H. Schmidt (Religionsdidaktik, II, 1984, 13 ff.).

Die Aufgaben und Ziele des Religionsunterrichts, die im Sinnbegriff zusammengefaßt werden, machen damit die Lebensdeutung und die Weltsicht der christlichen Tradition zum Thema, die das einzelne vom Ganzen her zu verstehen anleitet. Zweifellos geht es auch hier um eine Form des Unterrichts und nicht um persönlich deutenden Zuspruch. Aber gleichwohl ist auch unverkennbar, daß dabei die Fragen „existenzieller Gewißheit" stets mit im Spiel sein können und daß also „letzte Überzeugungen" (Th. Wilhelm, 297) und persönliche Stellungnahmen ihr Gewicht zu entfalten vermögen.

C. *Ethik*. Mit diesem Begriff sind die Unterrichtsziele bezeichnet, die für das Tun und Lassen der Schüler Bedeutung gewinnen sollen. Damit ist bereits gesagt, daß Ethik nicht nur im generellen Verständnis als „Theorie der menschlichen Lebensführung" (T. Rendtorff, Ethik I, 1980, 11) gemeint ist. Der Leitbegriff soll vielmehr eine Zielsetzung beschreiben, nach der der Unterricht selbst sich darum bemüht, die Verantwortung des Schülers für seine Lebenspraxis zu begründen, zu fördern und zu vertiefen. Religionsunterricht als ethischer Unterricht ist also nicht etwa nur Unterricht in Ethik. Er ist sicher auch das, insofern die Kenntnis der ethischen Theorie zur Voraussetzung qualifizierten Handelns gehört. Der Begriff Ethik soll indessen so verstanden werden, daß er Kenntnisse über Gründe und Ziele des Handelns und die Anleitung zum Handeln miteinander verbindet.

K.-E. Nipkow spricht deshalb im Blick auf diese pädagogische Aufgabe von „ethischer Erziehung", die in den „Grundfragen der Religionspädagogik" als zweite Grundaufgabe bezeichnet wird (139 ff.). Nipkow hat sich anläßlich des Themas „Moralerziehung" zusammenfassend zur Aufgabe der ethischen Erziehung geäußert: „Ethische Erziehung ist etwas anderes als eine unverbindliche Werterklärung nach Raths und Simon (value clarification), bei der sich der Lehrer persönlich heraushält. Sie ist auch mehr als nur die auf die Differenzierung und Hebung der formalen Urteilsstrukturen gerichtete kontroverse Diskussion, um nach Kohlberg die ‚natürliche' moralische ‚Entwicklung' des Schülers zu ‚stimulieren'. Die Schule steht mit der Gesellschaft im ganzen vor der Aufgabe, darüber Rechenschaft abzulegen, welche inhaltliche Moral hier und heute gelebt werden und welches Ethos in unserer geschichtlich bestimmten Lage gelten soll. Die formalen Ansätze der genannten Richtungen müssen in den Zusammenhang von Geschichte, Gesellschaft, individueller Biographie und Alltagswelt gestellt werden" (Moralerziehung, 33). G. R. Schmidt spricht von „ethisch akzentuierten Zielen des Religionsunterrichts" und beschreibt sie einerseits als Einsicht (z. B. in christlich-ethische Wertkriterien), andererseits als „Fähigkeit" und „Motiviertheit" (Religionspädagogisches Kompendium, 306).

Der ethische Religionsunterricht hat also, deutlicher noch als bei anderen Aufgaben, die Erziehung zu bestimmten Einstellungen oder Grundhaltungen zum Ziel. Im älteren Sprachgebrauch stand hier weithin das Wort „Gesinnung". Tatsächlich kann der ethische Unterricht als „Gesinnungsbildung" bezeichnet werden. Dabei muß freilich jede Form von Indoktrination auch im geringsten ausgeschlossen sein. Der Unterricht soll Überzeugungen bilden oder doch zur Bildung von Überzeugungen beitragen, die volles Eigentum des Schülers sind und die er nicht einfach durch Identifikationen rezipiert und übernimmt. Insofern ist gerade der Religionsunterricht unter ethischer Zielsetzung der paradigmatische Fall der Erziehung zur Selbständigkeit. Es liegt im Wesen der christlichen Ethik, daß die bloße Einstimmung in die Urteile anderer ihr widerspricht, daß sie vielmehr grundlegend und vor allem auf die Urteilsfähigkeit und die Eigenständigkeit des Urteils zu gründen ist. Der Religionsunterricht muß deshalb im Blick auf dieses Ziel mit besonderer Aufmerksamkeit die Gefahren doktrinärer Einseitigkeiten kritisch kontrollieren.

Die Schwierigkeit besteht hier (wie überall in entsprechenden Fragen) darin, daß die Gemeinsamkeit der christlichen Tradition in ihrem wesentlichen Bestand nicht zur Disposition steht; nicht jede beliebige und zufällige Meinung ist schon Ausdruck von Selbständigkeit. Zudem spielt gerade in diesen Fragen die Lehrerpersönlichkeit eine tragende Rolle. Auch hier ist mit der Bedeutung des „konfessorischen" Lehrerverhaltens zu rechnen (vgl. dazu P. C. Bloth, Konfessioneller als konfessorischer Religionsunterricht, in: EvTh 34, 1974, 349 ff.; H. Schmidt, Religionsdidaktik I, 32 ff.).

Die dreifache Gliederung der Ziel- und Aufgabenbestimmung für den Religionsunterricht darf nicht als deren Trennung oder auch nur im Sinne einer Trennbarkeit verstanden werden. Selbständigkeit, Sinn und Ethik bezeichnen vielmehr erst gemeinsam die Gesamtaufgabe des Religionsunterrichts. Sie sind unterschiedliche Aspekte eines Zieles, von dem das Ganze wie jeder Einzelfall des Unterrichts bestimmt sein muß, wenn der Anspruch des evangelischen Religionsunterrichts erfüllt werden soll.

3. Konfirmandenunterricht

Die Literatur zu diesem Thema ist uferlos. Zur Orientierung und zur weiteren Vertiefung können die folgenden Titel dienen: „Handbuch für die Konfirmandenarbeit" (hg. vom Comenius-Institut, 1984), ein umfängliches und eingehendes Nachschlagewerk zu sämtlichen Fragen der Praxis des Konfirmandenunterrichts; J. Henkys (in: HPT [DDR], III, 56 ff.) und W. Steck (Konfirmandenunterricht und Konfirmation, in: Arbeitsbuch Praktische Theologie, 194 ff.), zwei knappe aber sehr verläßliche und informative Analysen der heutigen Probleme, deren Vergleich zudem die verschiedenen Lagen in beiden deutschen Staaten verdeutlicht; „Christliche Unterweisung und Gemeinde" (hg. v. E. Schwerin, 1978), eine Sammlung von theoretischen und praktischen Beiträgen vor allem von Autoren aus der DDR; G. Adam (Der Unterricht der Kirche, 1980), eine informative Untersuchung der verschiedenen Konzepte und Modelle zum Konfirmandenunterricht (unter Einschluß von Kirchen der Ökumene); P. Hennig (Konfirmandenelternarbeit, 1982), ein gelungenes Beispiel für die – auch theoretische – Beschreibung einer einzelnen Frage aus der Praxis des Komfirmandenunterrichts.

Der Konfirmandenunterricht ist eines der besonders sensiblen Themen der kirchlichen Arbeit, und er ist das seit mehr als hundert Jahren. Die Debatte über die „Neuordnung der Konfirmation" (s. o. S. 220 ff.) hat sich spätestens seit diesem Jahrhundert vor allem dem Konfirmandenunterricht zugewandt. Im Verlauf dieser Diskussion und als ihr Ausdruck sind Programme zum Verständnis und zur Praxis der Konfirmandenarbeit in großer Zahl erschienen, die in der Regel von einer Krise des Konfirmandenunterrichts ausgehen und Lösungen dafür in Vorschlag bringen. Zu den Gründen dafür, daß der Konfirmandenunterricht unter kontroversen Perspektiven betrachtet und diskutiert wird, gehören zweifellos die widersprüchlichen Beobachtungen, die an ihm gemacht werden müssen. So ist der Konfirmandenunterricht einerseits eine alte und traditionsreiche Grundaufgabe der evangelischen Kirche, andererseits sind seine Ziele keineswegs eindeutig oder auch nur innerhalb der Kirche selbst überall gleich akzeptiert; daß dieser Unterricht abgehalten werden soll, ist freilich wieder ein Konsens, der weit über die Grenzen der Kirchlichkeit hinaus geteilt wird (s. o. S. 221 f.), über die Motivation der Konfirmanden aber wird fast einhellig Klage geführt, und die Beteiligung am Unterricht entspricht in keiner Weise dem, was ehemalige Konfirmanden dann als Erinnerung daran zu äußern pflegen.

Im Grunde aber verdeutlichen alle diese, den Konfirmandenunterricht betreffenden Sachverhalte nur, daß sich am Konfirmandenunterricht die Tendenzen, Verhaltensformen und Einstellungen reflektieren, die das kirchliche Leben überhaupt prägen. Insofern steht der Konfirmandenunterricht tatsächlich im Zentrum der Kirche. Es sind die unterschiedlichen Auffassungen von der Kirche und die unterschiedlichen Gestalten der Verbundenheit mit ihr, die sich im Verständnis des Konfirmandenunterrichts auf der einen Seite und im Verhalten zu ihm auf der anderen zeigen.

W. Neidhart hat darauf aufmerksam gemacht, daß das Bild der Kirche, von dem der Konfirmator geleitet ist, seinen Unterricht bestimmt, und zwar nicht nur generell, sondern auch hinsichtlich dieses Unterrichts im einzelnen (Handbuch für die Konfirmandenarbeit, 176 ff.). Im gleichen Band hat W. Flemming vier verschiedene Modelle dafür vorgestellt, wie das jeweilige Bild von Kirche und Gemeinde die Ziele eines Gemeindepfarrers für seinen Konfirmandenunterricht bestimmt:

„Ich ermögliche meinen Konfirmanden das Einleben, die Eingewöhnung in die Gemeinde. Meine Arbeit mit Konfirmanden ist deshalb ausgerichtet auf die gläubige Gemeinde; sie ist der Lebensraum für alle Unterweisung.

Ich sehe meine Aufgabe im Konfirmandenunterricht darin, den Pubertierenden zu helfen und sie für das Leben zu rüsten. Deshalb steht im Vordergrund aller meiner Überlegungen der Jugendliche und seine Welt. Konfirmandenunterricht hat hierfür den Raum zu bieten.

Mit den Konfirmanden und durch die Konfirmandenarbeit möchte ich die Gemeinde verändern und aufbauen. Deshalb denke ich bei all den Überlegungen zum Konfirmandenunterricht an die ganze Gemeinde. Auf alle ihre Lebensäußerungen sind meine Aktivitäten mit den Konfirmanden gerichtet.

Ich möchte die Konfirmanden für Jesus Christus gewinnen. So soll der Konfirmandenunterricht die Jungen und Mädchen auf die Gemeinde derjenigen ausrichten, die mit Ernst Christen sein wollen" (274 ff.).

Im Verständnis und in der Praxis der Konfirmandenarbeit spiegeln sich also die in der Volkskirche verbundenen Formen und Gestalten der neuzeitlichen Frömmigkeit wider. Die Persönlichkeit des Pfarrers spielt dafür eine große Rolle. Vielfalt und Verschiedenheiten auch auf diesem Gebiet sind zweifellos Ausdruck einer lebendigen und spezifisch evangelischen Kirchlichkeit. Ein straff angeordneter und völlig gleicher Konfirmandenunterricht wäre das sicher nicht. Freilich können die verschiedenen und persönlich gefärbten Modelle des Konfirmandenunterrichts sinnvoll nur als Auslegungen oder Akzentuierungen eines Programms verstanden werden, über dessen generelle Ziele doch Einverständnis herrscht. Diese generellen Ziele sind folgendermaßen zu bestimmen.

A. Konfirmanden sollen in das Gemeindeleben eingeführt werden. Nach evangelischem Verständnis ist der Konfirmandenunterricht mit der Konfirmation und mit dem Erwerb der vollen Rechte in der Kirche von Grund auf verbunden. Er ist insofern Taufunterricht, als damit eine notwendige und sachgemäße Ergänzung zum Akt der Taufe vollzogen wird. Durch den Unterricht soll also sowohl das Verständnis wie die Praxis der kirchlichen Lebensäußerungen eingeübt werden.

Ein Konzept, das dieses Arbeitsziel in den Vordergrund stellt, hat E. Rosenboom vorgeschlagen (Gemeindeaufbau durch Konfirmandenunterricht, 1962): „Die gewünschte Integration junger Christen in das Leben der Gemeinde und Kirche läßt sich nur dann verwirklichen, wenn die Konfirmation wieder als Eingliederung eines getauften jungen Christen in die Gemeinde der mitarbeitenden mündigen Gemeindeglieder verstanden wird und dieses Konfirmationsverständnis die Gestaltung des Unterrichts bestimmt" (7). W. Steck hat das nähere Verständnis dieses Konzepts so zusammengefaßt: „Soll der Konfirmandenunterricht die Jugendlichen in Beziehung zu ihrer Kirche bringen und diese Beziehung darstellen und reflektieren, dann können Kirchlichkeit und Frömmigkeit nicht als Attribute der Erwachsenenwelt begriffen werden, als Einstellungen und Verhaltensweisen, die den Jugendlichen fremd wären und ihnen erst von außen nahegebracht werden müßten. Die Themen und Fragestellungen des Konfirmandenunterrichts ergeben sich vielmehr aus der Lebenssituation der Konfirmanden. Die religiöse Deutung gegenwärtiger Wirklichkeit muß daher im Horizont jugendlichen Erlebens artikuliert, bewußtgemacht und kritisch reflektiert werden" (199 f.).

B. Konfirmanden sollen mit der christlichen Überlieferung vertraut gemacht werden und zwar mit einer solchen Gestalt dieser Überlieferung, die der Welt ihrer Erfahrungen und Vorstellungen zugänglich ist und darin aufgenommen werden kann. Ein derartiger Unterricht wird die christliche Überlieferung in verschiedener Form zum Thema machen: als Bibelunterricht, als Einführung in das kirchliche Leben, als Gespräch über persönliche und Zeitprobleme. Vor allem aber liegt hier die wesentliche Aufgabe für den Katechismusunterricht. Der Katechismus ist unüberboten das Kompendium des religiösen Wissens, das unmittelbar auf die persönliche Frömmigkeit bezogen ist. Unüberboten ist der Text des lutherischen Katechismus vor allem darin, daß er im Blick auf diese persönliche Frömmigkeit unbegrenzt auslegungsfähig ist. Selbstverständlich ist der Text auslegungsbedürftig. Niemand kann ihn durch bloße Lektüre so aufnehmen, daß er angeeignet werden könnte. Aber die Auslegung des Katechismustextes ist zugleich die Auslegung des einzelnen Themas der christlichen Lehre. Das religiöse Wissen, das hier vermittelt werden soll, ist niemals als eindeutige und pure Gestalt seiner selbst zugänglich: Es ergibt sich stets nur aus der Auslegung von gültigen Texten als diejenige Wahrheit, die aktuell zu überzeugen vermag. Erst die Auslegung läßt den Sinn erkennen, der im Text bewahrt ist, und erst die Auslegung macht diesen Sinn aneignungsfähig. Es ist deshalb ein gründliches Mißverständnis des christlichen Wissens selbst, wenn für dieses Wissen ein zeitgemäßer oder eindeutiger oder verständlicher oder von sich aus zugänglicher Text gefordert würde: Ein solcher Text wäre seinerseits bestenfalls eine Auslegung, und zwar eine zufällige Auslegung des im ursprünglichen Text bewahrten Sinns. Seine Funktion für die Deutung der Erfahrung und der Welt derer, die mit dem Sinn vertraut gemacht werden sollen, wäre höchst begrenzt. Es scheint, daß es zum Katechismus eine Alternative bis heute nicht gibt.

Die Ziele, die sich näherhin mit dem Katechismusunterricht verbinden, sind von H. B. Kaufmann zusammengefaßt worden: „Mit den Elementen des Katechismus kann es also gelingen, eine wechselseitige Erschließung zwischen der Bibel, der Gemeinde und dem Leben des jungen Menschen einzuleiten. Jedenfalls verlangt der christliche Unterricht nach einem elementaren Leitfaden, mit dessen Hilfe es möglich ist, das biblische Zeugnis, die Praxis der Gemeinde und die Erfahrung der heranwachsenden Jungen und Mädchen zu verbinden und auszulegen und ihnen damit zugleich eine Orientierung für ihren Glauben und für ihr Leben zu geben" (Handbuch für die Konfirmandenarbeit, 300; vgl. ferner H. Jetter, Erneuerung des Katechismusunterrichts, 1965).

C. Konfirmanden sollen durch den Unterricht oder durch die Beziehung zum Konfirmator Hilfe und Förderung auch für den Prozeß persönlicher Reifung, der für die Altersgruppe der Konfirmanden typisch ist, erfahren. Die Probleme, die der Reifungsprozeß gerade dieser Altersstufe bietet, sind hinlänglich bekannt.

Zur Übersicht vor allem zu den praktischen Seiten dieses Problems ist der Beitrag von K. J. Beck (Handbuch für die Konfirmandenarbeit, 97 ff.) gut geeignet. Einem besseren theoretischen Verständnis der einschlägigen Fragen ist der Aufsatz von H. Luther gewidmet (Kirche und Adoleszens, in: ThPr 14, 1979, 172 ff.).

Die Hilfe oder der Beistand, die dabei geleistet werden können, sollten allerdings sachgemäß (und nüchtern) eingeschätzt werden. Die Verwendung des Wortes „Therapie" in diesem Zusammenhang ist sicher unglücklich, und zwar weil damit 1. die Erscheinungen der Pubertät in die Nähe von Krankheiten gerückt werden und 2. eine Erwartung in die Leistungsfähigkeit des Konfirmandenunterrichts (oder des Konfirmators) geweckt wird, die selten erfüllt werden kann. Demgegenüber sollte davon ausgegangen werden, daß eine „Glaubens- und Werdehilfe" (J. Henkys, in: HPT [DDR], III, 59) implizit vom Konfirmandenunterricht geleistet wird, ohne daß diese Aufgabe direkt zum Thema gemacht würde. Von den eigentümlichen Erfahrungen, die die Beschäftigung mit religiösen Fragen, mit religiöser Anschauung und Praxis vermittelt, gehen zweifellos Wirkungen auf den Reifungsprozeß des einzelnen aus, und auch von den gewöhnlichen Funktionen des Konfirmators dürfen implizite Leistungen solcher Hilfe erwartet werden. Zudem ist es auch in diesen Fragen von großer Bedeutung, daß die Konfirmandeneltern in die Arbeit und in die Kommunikation mit Konfirmator und Konfirmandengruppe einbezogen werden.

Eine Übersicht über den älteren Stand der Reformdiskussion für den Konfirmandenunterricht gibt K. Dienst (Moderne Formen des Konfirmandenunterrichts, 1973). Als interessantes, aber kaum imitierbares Modell kann das der Spandauer Gemeinden gelten (A. Butenuth u. a., Lernen mit Konfirmanden, 1974).

Die Ziele und Aufgaben des Konfirmandenunterrichts sind eine sachgemäße und notwendige Ergänzung dessen, was als Ziel und Aufgabe für den allgemeinen Religionsunterricht gilt. Der Konfirmandenunterricht ist in der Neuzeit und weithin bis heute so angelegt, daß er allein als Unterricht im Christentum nicht ausreichen könnte. Dafür sind Unterrichtszeit und Unterrichtsziele in der Regel zu begrenzt. Freilich fehlt dem allgemeinen Religionsunterricht Wesentliches auch zum Verfolg seiner eigenen globalen Ziele, wenn ihm die Ergänzung durch den Konfirmandenunterricht fehlt. Im Konfirmandenunterricht repräsentiert sich die Unterrichtsaufgabe, die durch die institutionelle Dimension des neuzeitlichen Christentums gestellt ist. Die Bildung, die der christliche Glaube voraussetzen muß, ist unvollständig und unzureichend, wenn ihr das fehlt, was der Konfirmandenunterricht leisten soll.

§ 37 Aufgaben des christlichen Unterrichts

Der christliche Unterricht muß sich über sein Selbstverständnis Rechenschaft geben, spätestens seit eine eigene Begründung im pädagogischen Zusammenhang und unabhängig vom Anspruch der Kirche für ihn leitend sein sollte (s. o. S. 483 ff.). Diese Grundfragen der Orientierung für den Unterricht umfassen neben den Begründungsproblemen im engeren Sinne vor allem die Folgen der Verselbständigung gegenüber dem kirchlich-traditionellen Unterrichtsverständnis: Leitendes Prinzip ist nicht mehr die Autorität des Stoffes, sondern die Hinsicht auf denjenigen, dem dieser Unterricht gilt und der durch ihn im Christentum erzogen oder gebildet werden soll. Damit ist das Kind zum zweiten großen Thema der christlichen Unterrichtslehre geworden, denn der christliche Unterricht ist in erster Linie Unterricht der Kinder gewesen und zwar unter Einschluß der Altersstufen, die später als „Jugendalter" erst besondere und eigene Aufmerksamkeit gefunden haben. Das dritte Hauptthema entsteht gleichfalls als Konsequenz der Verselbständigung: Der Stoff des Unterrichts steht nicht mehr fest, er muß ermittelt und im Hinblick auf die durch die jeweilige Schülerschaft vorgegebene Aufgabe erwogen und zurechtgelegt werden. Dabei handelt es sich nicht mehr allein um die Fragen der Stoffauswahl, sondern um die nach dem richtigen Stoff überhaupt: Da auch hier die Vorgaben nicht mehr entscheiden, scheinen jetzt alle Erwägungen möglich und nötig, durch die Gegenstände für den christlichen Unterricht ermittelt werden könnten.

Im folgenden werden zunächst diese beiden Hauptthemen, die das Verständnis des christlichen Unterrichts bestimmen, vorgestellt. Sodann wird als drittes Thema die kirchliche Bildungsaufgabe zu behandeln sein, die als Aufgabe in der Gemeinde auch nach der Verselbständigung des Unterrichts bestehen bleibt und die ihm gegenüber neue und eigene Orientierungen gewonnen hat.

1. Kindheit und Jugend

Von den ersten Anfängen an hat die Religionspädagogik ihre Aufmerksamkeit auf die Frage nach dem gerichtet, dem ihr Unterricht gelten sollte, und sie hat, wie die Pädagogik überhaupt, „das Kind" zu ihrem vordringlichen Thema gemacht. Die Tradition des Katechismusunterrichts hat dagegen im „Kind" kein selbständiges Thema gesehen. Eine Reihe von einfachen Grundsätzen wurde entweder vorausgesetzt oder ausdrücklich gemacht, genauere Informationen, die die Kenntnis des Kindes für den Katecheten erweitern könnten, wurden nicht erstrebt und vermittelt. Das Kind galt vielmehr als unfertiger Erwachsener und erforderte daher Rücksicht nur im Blick auf solche Unfertigkeiten.

Bei Achelis (Lehrbuch, II, 356 ff.) finden sich Hinweise auf die besondere Empfänglichkeit der Kinder, auf die Leistungsfähigkeit der Gedächtniskraft und darauf, daß (nach Jean Paul) „alle Kinder weiblichen Geschlechtes sind" (361). Bei v. Zezschwitz wird die Unterrichtsmethode bis zur einzelnen Unterrichtsfrage minuziös zerlegt (bes. Bd. 2,2, 302 ff.), das Kind selbst aber nicht eigens zum Thema gemacht.

Bei Kabisch dagegen beginnt die Religionspädagogik mit der Frage nach dem Kind und nach dem, was über das Kind gewußt werden kann.

Kabisch geht so weit, von „Kinderforschung“ zu sprechen und verrät damit das Interesse, die „Wissenschaftlichkeit“ dieser Darlegungen (und deren Reputation) deutlich zu reklamieren (Wie lehren wir Religion?, hg. v. H. Tögel, 1931[7], 62). Es kann bereits auf einschlägige Literatur dafür verwiesen werden, und als Methoden solcher Untersuchungen werden neben der Sammlung von kindlichen Aussprüchen die direkte Befragung genannt und die allgemeine Deduktion, die aus der geistigen Natur des Kindes auf seine Religion zu schließen sucht (ebd.). Das Jugendalter ist erst später als eigenes Thema entdeckt worden: „Erst Sprangers ‚Psychologie des Jugendalters‘ hat hier Wandel geschaffen. Nun aber schien es so, als sei das jugendliche Wesen mit den seelischen Erscheinungen der Pubertät insgesamt gleichzusetzen und diese wiederum mit der konkreten Erscheinung der Jugendbewegung der zwanziger Jahre. So lesen wir Sprangers einfühlsame Beschreibungen heute eher im Sinne eines großartigen psychologischen Deutungsversuches der geschichtlichen Jugendbewegung; ihr empirischer Wert ist gering“ (Th. Wilhelm, Theorie der Schule, 1967, 3).

Der geisteswissenschaftlichen oder philosophischen Psychologie gegenüber hat sich die empirische, an der Naturwissenschaft orientierte Psychologie auf diesem Gebiet erst im zweiten Drittel des Jahrhunderts weiter entwickelt und durchgesetzt. Freilich ist gerade diese Psychologie nicht als einheitliche Wissenschaft anzusehen. Mit dem Problem der „Entwicklung des Menschen“ befassen sich vielmehr unterschiedliche Richtungen und Schulen der Psychologie.

Eine umfassende Übersicht über den gegenwärtigen Stand der Entwicklungspsychologie in ihren verschiedenen Theorien und Konzeptionen bietet das Lehrbuch von R. Oerter und L. Montada (Entwicklungspsychologie, 1982).

Für den pädagogischen (und religionspädagogischen) Zusammenhang sind zwei dieser psychologischen Theorien besonders wirksam geworden. Das ist einmal die psychoanalytische Theorie Freuds und sodann die Entwicklungstheorie nach J. Piaget.

Die psychoanalytische Theorie versteht die Ich-Entwicklung des Menschen und damit die Entwicklung seiner Persönlichkeit als die Ausbildung der psychischen Organisation, in der die psychischen Instanzen (Ich, Es, Überich), die dynamischen Kräfte (Libido) des Trieblebens, die Prinzipien von Lust und Unlust und nicht zuletzt die Personen der Umwelt (Eltern, Geschwister) und deren Verhalten in einem komplexen Prozeß verbunden sind. Für den religionspädagogischen Zusammenhang ist bedeutungsvoll, daß die Theorie auch die Entstehung religiöser Vorstellungen erklären will, indem sie z. B. die Gottesvorstellung mit der Entwicklung des Überich verbindet und die von Schuld und Strafe mit der Ausprägung von

Trieben und Triebverzichtszumutungen. Im ganzen ist die psychoanalytische Religionstheorie mehr zur Erläuterung von psychischen Gefährdungen geeignet als zur Begründung einer pädagogischen Entwicklungstheorie im ganzen (vgl. zu S. Freud D. Rössler, Art. Freud, in TRE, Bd. 11, 319 ff.).

Piagets Theorie der Entwicklung in der Kindheit gilt als die einflußreichste Theorie auf diesem Gebiet. Es ist eine Theorie der kognitiven Entwicklung, die verschiedene Phasen (sensumotorische, voroperationale Phase, Stadium der konkreten und Stadium der formalen Operationen) mit diversen Untergliederungen unterscheidet und deren Grundlagen an der biologischen Evolution und deren Theorie orientiert sind. Wie die biologische wird bei Piaget auch die kognitive Entwicklung als Anpassung alter Strukturen an neue Funktionen und als Entwicklung neuer Strukturen in alten Funktionen unter veränderten Bedingungen verstanden. Jede Entwicklung baut also auf Bestehendem auf und sucht die Anpassung zu erhalten, die das ganze System des Organismus stabilisiert. Da auch das Verhalten eine Form dieser Anpassung ist, sind die Entwicklungen der Handlungsmuster des Kindes ebenfalls als Assimilation und Akkomodation zu verstehen. Piaget hat die Entwicklung des moralischen Urteils in die Analyse einbezogen und damit besondere Wirkungen entfaltet. Auch auf diesem Gebiet werden eine Reihe von Stadien der Moralentwicklung unterschieden, die von bloßer Heteronomie bis zur Autonomie reichen und die (wie die Entwicklung überhaupt) durch ständigen Wandel und stets neue Stabilisierungen gekennzeichnet sind. – Piagets Werke sind in einer Studienausgabe (10 Bde., 1973 ff.) zugänglich. Informativ ist die kleine Aufsatzsammlung „Theorien und Methoden der modernen Erziehung" (1974). Wissenschaftliche Darstellungen und Untersuchungen bietet der Bd. XII der „Psychologie des 20. Jahrhunderts" (1978). Piagets Untersuchungen der Moralentwicklung sind vor allem von L. Kohlberg fortgesetzt worden (Zur kognitiven Entwicklung des Kindes, 1974).

Es charakterisiert das Verhältnis dieser Psychologie zur Religionspädagogik, daß die psychologischen Ergebnisse nicht so sehr im einzelnen Bedeutung für die pädagogische Theorie und Praxis gewinnen, daß vielmehr der theoretische Rahmen und die allgemeinen Grundlagen in die religionspädagogische Reflexion aufgenommen zu werden pflegen. Dabei organisiert sich in der Regel ein gewisser Bestand von psychologischem Wissen über das Kind und den Jugendlichen und deren psychische Entwicklung, der mehr das Resultat einer allgemeinen Rezeption als das der Übernahme bestimmter Schulmeinungen ist. In diesem Sinn sind auch selbständige Bearbeitungen des Themas „Psychologie für den Religionsunterricht" entstanden.

Einen älteren Stand der einschlägigen psychologischen Theorie repräsentieren H. Remplein (Die seelische Entwicklung des Menschen im Kindes- und Jugendalter, 1966[14]) und vor allem W. Neidhart (Psychologie des Religionsunterrichts, 1967[2]). Eine neuere Bearbeitung des Themas bietet B. Grom (Religionspädagogische Psychologie des Kleinkind-, Schul- und Jugendalters, 1981). – Ein summarischer Gebrauch psychologischer Hypothesen stellt sich auch dort ein, wo zunächst die Richtungen und Schulen der Psychologie einzeln vorgestellt und erörtert werden. Für die Praxis der pädagogischen Arbeit sind die Differenzen und Differenzierungen der psychologischen Theorien und Resultate ohne großen Belang (vgl. H. Schmidt, Religionsdidaktik II, 1984, 25 ff.).

Auf dem Weg über die Erforschung von wichtigen Lebensereignissen und deren Bedeutung für die Entwicklung der Person ist die Entwicklungspsychologie auf den gesamten Lebenslauf des Menschen ausgeweitet worden. In diesem Rahmen hat sich die speziellere Fragestellung nach solchen Stufen oder Stadien innerhalb der Biographie herausgebildet, die einer religiösen Entwicklung entsprechen und als Ausdruck sich wandelnder religiöser Einstellungen gelten können. Unter diesen Aspekten wird die gesamte Lebensgeschichte in eine Reihe bestimmter Epochen aufgeteilt, deren jede unter eigenen religiösen und moralischen Leitbegriffen verstanden werden kann. Damit ist die Entwicklung der Persönlichkeit gerade im religiösen Zusammenhang nicht mehr nur auf den Altersbereich von Kindheit und Jugend beschränkt, und die Religionspädagogik hätte danach ihr Konzept so anzulegen, daß es offen bleibt für die religiösen Wandlungen in der gesamten Lebenszeit.

Dieser Entwurf einer religiösen Entwicklungspsychologie für die gesamte Biographie der Persönlichkeit geht vor allem auf J. W. Fowler zurück (Stages of faith, 1974). Als eine der neuesten Ausarbeitungen dieses Entwurfs ist die auf empirische Untersuchungen sich stützende Arbeit F. Osers und P. Gmünders (Der Mensch – Stufen seiner religiösen Entwicklung, 1984) zu nennen. In einer kritischen Würdigung dieser Theorie bei K.-E. Nipkow (Grundfragen, Bd. 3, 47 ff.) wird darauf aufmerksam gemacht, daß dieser Entwicklungspsychologie eine eigene Anschauung von „Sinn" und „Lebenssinn" zugrunde liegt: Der Mensch wird durch seine Lebensgeschichte zum Produzenten des Sinnes für dieses Leben.

Zur Orientierung über das Kind in den verschiedenen Stadien seiner Entwicklung und zur entsprechenden Einrichtung des Unterrichts werden in der Religionspädagogik hauptsächlich Themen erörtert, die die wichtigsten Einsichten und Hypothesen aus dem gesamten Gebiet der Entwicklungs- und Sozialpsychologie aufnehmen.

Die religiöse Entwicklung des Kindes ist naturgemäß ein zentrales Thema geblieben. Es wird entweder mehr an den verschiedenen (in der Regel fünffach gegliederten) entwicklungspsychologischen Schemata der Stufen und Stadien abgehandelt (z. B. H. Schmidt, Religionsdidaktik II, 273 ff.) oder an den sozialpsychologischen und psychoanalytischen Begriffen der Identität und der Ich-Entwicklung dargestellt (z. B. H. J. Fraas, in: Religionspädagogisches Kompendium, 1984, 80 ff.). Dabei sind die Themen der früheren oder klassischen Entwicklungspsychologie (wie Gefühl, Phantasie, Denken in der kindlichen Entwicklung) nicht völlig verschwunden, sondern in den Zusammenhang anderer Themen aufgenommen.

Für die religionspädagogische Auswertung der psychologischen Vorgaben sind die folgenden Hinweise instruktiv: „Im Sinn der Partizipation wird der Erzieher nach biographisch bedingten Zugängen des Heranwachsenden zur Symbolwelt des Glaubens suchen. So korrespondiert die Thematik des Urvertrauens mit dem Gottesbild als des Leben und Geborgenheit Spendenden (Führungsgeschichten, Dankgebet, Speisungsgeschichten, Angesicht oder Hand Gottes usw.), die anale Thematik mit der Dialektik von Indikativ und Imperativ, Verheißung und Gebot (Exodus-Geschichten), die pubertäre Thematik mit Umkehr, Wiedergeburt (Berufungsgeschichten) usw. Gleichzeitig ist aber jeweils das Befremdende, Transzendierende zu Bewußtsein zu bringen und methodisch zu vermitteln, daß der Schüler zu selbsttätiger Verarbeitung der Vorgaben herausgefordert und befähigt wird“ (Fraas, 84).

Neben der spezifisch religiösen Entwicklung werden die allgemeineren Fragen, die sich im Blick auf die Lage des heranwachsenden Kindes ergeben, weithin im Rückgriff auf die Sozialisationstheorie erörtert. Für die kindliche Sozialisation (die Primärsozialisation) spielen dabei die Bezugsgruppen und der Einfluß auf die entstehenden Orientierungen und Werteinstellungen die Hauptrolle.

So wird etwa für die Vermittlung von Werthaltungen die Teilnahme am Erleben in der Gruppe (soziales Lernen) und am Verhalten von Bezugspersonen (Imitation) für wichtig gehalten (vgl. H. J. Fraas, 87).

Freilich werden diese Formen der Rezeption von psychologischen und sozialwissenschaftlichen Theorien zur religionspädagogischen Orientierung über das Kind keineswegs überall für befriedigend gehalten. K. Dienst hat auf die Probleme hingewiesen, die sich mit derartigen Orientierungserwartungen verbinden (Die lehrbare Religion, 1976[2], 211 ff.), und K.-E. Nipkow hat die prinzipiellen Bedenken formuliert, die in diesem Zusammenhang erwogen werden müssen: „Schließlich müssen die grundsätzlichen Grenzen jeder wissenschaftlichen psychologischen Aufklärung gegenüber der Praxis erkannt werden. Wissenschaftliche Darstellungen typisieren und spiegeln lediglich durchschnittliche Entwicklungsverläufe. Wie in vielem anderen kann und darf der Theoretiker auch hier dem Praktiker nicht ersparen, sich für jeden besonderen Gegenstand eigens Zeit zu nehmen ...“ (Grundfragen, Bd. 3, 222).

2. Der Lehrplan

Lehrpläne sind Ausdruck des Sachverhalts, daß Inhalt und Gegenstand des christlichen Unterrichts sich nicht mehr von selbst verstehen und einfach vorausgesetzt werden können: Sie sind im Lehrplan zur Aufgabe geworden. Solange der christliche Unterricht allein Unterricht der Kirche war, konnten seine Inhalte und Gegenstände nicht zweifelhaft sein. Sie waren mit den Texten aus Katechismus und Bibel vorgegeben.

Die religionspädagogische Wende hat mit der Verselbständigung des allgemeinen Religionsunterrichts gegenüber der Kirche vor allem den Inhalt des Unterrichts zum selbständigen Thema werden lassen. Die Entwicklung, die zur Ausbildung und Ausprägung solcher Lehrpläne geführt hat, läßt sich sehr anschaulich an den Texten ablesen, mit denen die preußischen Behörden zwischen 1854 und 1901 zum allgemeinen Religionsunterricht Stellung genommen haben.

Die Texte sind abgedruckt bei C. Clemen (Quellenbuch, II). In den Regulativen von 1854 ist ganz allgemein vom „biblischen Geschichtsunterricht" und seiner Zuordnung zu den Altersstufen und vom Katechismusunterricht die Rede (47 f.), während durch die „allgemeinen Bestimmungen" von 1872 schon ausführlicher und detaillierter der Stoff des Bibellesens vorgeschrieben wird (53 f.); 1901 sind „Lehrpläne und Lehraufgaben" zur Überschrift der Anordnungen (für die höhere Schule, 71 ff.) geworden; für die einzelnen Klassenstufen werden jetzt genauere Vorschriften über den Stoff erlassen (Bibeltexte, Katechismuslehre, Lieder, Epochen der Kirchengeschichte und Grundzüge der Glaubens- und Sittenlehre) und methodische Bemerkungen angefügt (der „Gedächtnisstoff" soll „auf das Notwendigste beschränkt" werden, damit die „ethische Seite" des Unterrichts in den Vordergrund treten kann (73).

Gerade diese ersten Stadien der Lehrplangeschichte zeigen, daß mit dem Inhalt des Unterrichts auch seine Ziele zur Diskussion stehen. Die mit dem Begriff des Lehrplanes bezeichnete Aufgabe besteht nicht allein in der Frage nach Umfang und Verteilung des Stoffes. Sie muß sich vielmehr an den Zielsetzungen ausrichten, die vorab für den Unterricht überhaupt gelten sollen. Deshalb läßt sich die Entstehungsgeschichte der Lehrpläne auch als Entwicklungsgeschichte der Unterrichtsziele verstehen.

Nach den Regulativen von 1854 soll der Unterricht die Auslegung der „ewig gültigen Anschauungen" vermitteln: „Die Bibel aber enthält Milch und starke Speise; und darum sollen die biblischen Geschichten für Kinder in die Form und in den Rahmen gefaßt werden, wie sie gute Historienbücher enthalten. Nach dieser Fassung erzählt der Lehrer, in dieser Fassung entwickelt er Wort und Sache, in dieser Fassung lesen die Kinder die Historien nach, erzählen sie wieder und behalten sie als ein immer bereites Eigentum, was ihnen für die Zeit lebendig wird, für welche es ihnen eben zum Vorbild geschrieben ist. Hiermit ist Verfahren und Ziel für den biblischen Geschichts-Unterricht angedeutet, damit die Kinder zu einem sicheren Verständnis und zu einer gläubigen Aneignung der Tatsachen der göttlichen Erziehung geführt werden und aus ihnen die ewig gültigen Anschauungen von den höchsten göttlichen und menschlichen Dingen kennenlernen" (C. Clemen, 48). Fünfzig Jahre später ist die „ethische Seite" in den Vordergrund getreten und in den „Zwickauer Thesen", die die Religionslehrerschaft 1908 verabschiedet hat, ist es die „Gesinnung Jesu im Kinde", die der Unterricht „lebendig machen" soll: „1. Religion ist ein wesentlicher Unterrichtsgegenstand und der Religionsunterricht eine selbständige Veranstaltung der Schule. 2. Er hat die Aufgabe, die Gesinnung Jesu im Kinde lebendig zu machen. 3. Lehrplan und Unterrichtsstoff müssen dem Wesen der Kinderseele entsprechen, und Feststellungen darüber sind ausschließlich Sache der Schule. Die kirchliche Aufsicht über den Religionsunterricht ist aufzuheben" (R. Kabisch, Wie lehren wir Religion?, 326).

Gerade im Wandel der Unterrichtsziele spiegelt sich die Wende vom Stoff zum Kind. Damit aber werden die Zielformulierungen selbst immer unbestimmter und offener. Die „Gesinnung Jesu" läßt eine unbegrenzte Fülle von Deutungen der Aufgabe zu, die damit beschrieben werden sollte. Die gleiche Unbestimmtheit gilt entsprechend für den Stoff, vermittels dessen das Ziel erreicht werden soll. Die Unbestimmtheit des Stoffes wird geradezu zu dessen Kennzeichen: In seiner Auswahl realisieren sich die unterschiedlichen Akzente im Verständnis der Unterrichtsaufgabe im ganzen. So eignen den Bestimmungen der Unterrichtsziele und der Unterrichtsgegenstände in den Lehrplänen (und in deren möglichen Auslegungen) von Anfang an die Züge der Allgemeinheit und der Beliebigkeit:

Die weitere Entwicklung von 1920 ab und bis zur Gegenwart ist von P. Biehl eingehend untersucht und dargestellt worden (Zur Analyse und Bedeutung von Rahmenrichtlinien für den Religionsunterricht, in: Lehrplan kontrovers, hg. v. U. Becker und F. Johannsen, 1979, 13 ff.). Danach ist das generelle Problem des Lehrplans bereits bald aufgegriffen und bearbeitet worden. Biehl weist besonders auf E. Weniger hin, der 1930 (Theorie des Lehrplans) die politische, kulturelle und pädagogische Bedeutung des Lehrplans herausgestellt hat (14). Die weitere Entwicklung hat (besonders gefördert durch W. Klafki) deutlich werden lassen, daß Lehrplanentscheidungen „nicht direkt aus Wissenschaften abgeleitet" werden können, daß sie geschichtlich und situativ bedingt sind und als Richtlinien nur „vorläufige Vorgaben" enthalten können, die „den betroffenen Lehrern und Schülern die notwendigen Entscheidungen nicht abnehmen". Danach sind die heute üblichen „Rahmenrichtlinien" zu verstehen als „die verbindlichen Vorgaben, mit denen der Staat das Prinzip der öffentlichen Verantwortung für das Bildungswesen verwirklicht", die aber von der schulischen Arbeit im einzelnen gefüllt werden müssen (ebd.).

Im Zusammenhang mit der Erneuerung des Religionsunterrichts als kirchlichem Unterricht nach 1945 waren die Lehrplanprobleme wieder einfacher zu lösen: Im Vordergrund stand fast ausschließlich der Bibelunterricht. Die Kritik an dieser

Verfassung des Religionsunterrichts konnte deshalb in der Formel Ausdruck finden: „Die Verleugnung des Kindes in der evangelischen Pädagogik" (W. Loch, 1964).

Die neueren Wandlungen des Verständnisses auf dem Gebiet des Lehrplanes sind von dem Programm ausgegangen, daß sich mit dem Begriff Curriculum verbindet. (S. B. Robinsohn, Bildungsreform als Revision des Curriculum, 1967.) Dieses Programm ist aus der Kritik der einseitigen Bestimmung von Unterrichtsinhalten aus den Wissenschaften oder aus traditionellen Bildungsgütern erwachsen. Statt dessen sollen konkret bestimmte „Lernziele" in den Mittelpunkt gestellt werden, die sich auf ebenso bestimmte „Lebenssituationen" beziehen und dafür die sachgemäßen „Qualifikationen" vermitteln. Die ursprünglich vorgeschlagene Kette „Lebenssituation – Qualifikation – Curriculuminhalt – Lernsituation" ist alsbald durch die weniger konkrete Abfolge „gesellschaftliche Situation – Qualifikation – Curriculumelement" ersetzt worden. Die Lerninhalte also sollen auf die Lernziele bezogen sein, die wiederum im Blick auf „Situationen" und entsprechende „Qualifikationen" formuliert werden; dafür sind insbesondere das Kind, die Wissenschaft und die Gesellschaft (die „Determinanten") von Bedeutung. Für das Gesamtverständnis des Curriculum spielen die Vorstellung des Regelkreises und das programmierte Lernen eine deutliche Rolle.

Zu Beginn der siebziger Jahre ist die Curriculumtheorie vielfach für Theorie und Praxis des Religionsunterrichts übernommen worden. In der Theorie diente sie den Versuchen einer neuen Orientierung des Religionsunterrichts im Blick auf seine Aufgaben und seine Durchführung überhaupt, in der Praxis führte sie zur Entwicklung von „Curricularen Rahmenplänen" für den Religionsunterricht an der Schule.

„Curriculum" bezeichnet also die Lernprozesse, die in einer bestimmten Folge durchlaufen werden und deren Beschreibung, der „curriculare Plan" enthält vor allem die Lernziele (vom „Globalziel" über „Richtziele" bis zu Grob- und Feinzielen im einzelnen). Für die Bayerische Landeskirche ist ein derartiger Plan 1972 erschienen (hg. v. Katechetischen Amt). Als Beispiel für eine Lernzielbeschreibung daraus kann das „Gesamtziel für den alttestamentlichen Unterricht" gelten: „Es sollen Modelle alttestamentlichen Glaubens beschrieben werden können, die dazu beitragen, auch unsere heutige Lebenswirklichkeit kritisch zu erklären" (22).

Die Diskussion theoretischer Fragen im Zusammenhang der religionspädagogischen Rezeption der Curriculumtheorie ist durch R. Preul wesentlich gefördert worden (Religion – Bildung – Sozialisation, 96 ff.). Im ganzen ist die Bedeutung der „Curriculumtheorie" genannten Vorschläge für den Religionsunterricht sicher zunächst überschätzt worden. Sie hat einerseits unberechtigte Erwartungen in die „Machbarkeit" pädagogischer Vorgänge und andererseits einen gewissen Formalismus (in der „Lernzielbeschreibung") gefördert. In jüngster Zeit ist von diesem

Programm sehr viel weniger die Rede. Eine sachgemäße und abgewogene Würdigung dieser Probleme gibt J. Henkys (Art. Unterweisung, in: HPT [DDR], III, 90 ff.).

Im Zusammenhang mit der Diskussion über Lehrpläne und Lernziele ist für den Religionsunterricht ein Gegenstands- und Aufgabenbereich entdeckt (oder wiederentdeckt) worden, der jetzt dem traditionellen Unterrichtsstoff, der unverändert aus der christlichen Überlieferung gewonnen wurde, an die Seite trat oder ihm gegenübergestellt wurde. Danach sollen die aktuellen und die prinzipiellen Fragen des gemeinsamen Lebens und der gegenwärtigen Zeit, wie sie dem Schüler entgegentreten und wie er selbst in sie verwickelt ist, in den Perspektiven des Christentums zum vordringlichen Gegenstand des Religionsunterrichts gemacht werden. Für dieses Programm der Unterrichtsaufgaben hat sich der Titel „Problemorientierter Religionsunterricht" eingebürgert. Tatsächlich wurden alsbald sehr verschiedenartige und auch widersprüchliche Vorstellungen darunter zusammengefaßt.

Als förmliches Programm hatte H. B. Kaufmann diesen Unterricht dargestellt (Streit um den problemorientierten Unterricht in Schule und Kirche, 1973, 36 ff.) und seine Orientierung an den Interessen und Bedürfnissen der Schüler gefordert, ferner an den pädagogischen Aufgaben der Schule überhaupt, an den von ihr zu vermittelnden Fähigkeiten für das Weltverstehen und das Handeln der Schüler im Blick auf deren jetzige und künftige Lebenspraxis. Die christliche Überlieferung behielt hier ihre Bedeutung für die Integration der gegenwärtigen Wirklichkeit und ihrer religiösen Aspekte. In anderen Programmen für diesen Unterricht sind die Akzente einseitiger (z. B. auf die soziale und die Persönlichkeitsentwicklung des Schülers) verteilt worden. K.-E. Nipkow hat die Formel „Kontextmodell" gebildet für einen Religionsunterricht, der einerseits das gegenwärtige Christsein und Menschsein zum Thema macht, und der andererseits durch das Modell des Unterrichts über biblische Texte „komplementär" ergänzt wird (Schule und Religionsunterricht im Wandel, 1971, 236 ff.). Eine sehr instruktive Darstellung des „problemorientierten Religionsunterrichts" findet sich bei W. Steck (in: Arbeitsbuch Praktische Theologie, 182 ff.).

Der Bibelunterricht kann also einem sachgemäßen Verständnis zufolge nicht als bloßer Gegensatz oder etwa als (richtigere) Alternative zu den im problemorientierten Unterricht aufgenommenen Einsichten angesehen werden. Gerade wenn die übergeordneten Aufgaben des Religionsunterrichts nicht auf verschiedene didaktische „Typen" aufgeteilt werden, wird sich bei sachgemäßer Wahrnehmung dieser Aufgaben stets eine Verbindung der Behandlung der biblischen Tradition mit der der Gegenwartsfragen im Unterricht herstellen. Das ist sachgemäß im Blick auf die biblischen Texte: Sie zeigen ihren Sinn erst in der Auslegung, die die Gegenwartsbedeutung dessen, was der Text bewahrt, zur Sprache bringen will.

Es ist aber ebenso sachgemäß im Blick auf die Gegenwartsfragen: Deren Beantwortung gewinnt ihre Vollständigkeit und ihr volles sachliches Gewicht erst durch ihre Deutung aus der christlichen Tradition und durch die Wahrnehmung ihrer religiösen Perspektiven. Im Verlauf der religionspädagogischen Arbeit sind sowohl auf dem Gebiet der Theorie wie auf dem der Praxis unsachgemäße Übersteigerungen nach der einen wie nach der anderen Seite nicht selten gewesen. In jüngster Zeit hat sich immer deutlicher ein Konzept herausgebildet, das Irrwege auf diesem Gebiet vermeiden läßt.

Als Ausdruck dieser Entwicklung können die Texte angesehen werden, die die Praxis des Religionsunterrichts im einzelnen zum Thema machen und also die praktische Durchführung von Unterrichtsaufgaben begründen, beschreiben und anleiten wollen. Hier ist in der Regel die Kombination der Fragestellungen selbstverständliche Grundlage. Selbst der „curriculare Rahmenplan“ der Bayerischen Landeskirche (1972), der als „Gegenstandsbereiche“ ausschließlich Themen der christlichen Tradition aufführt (und darin den Lehrplänen von 1901 nicht unähnlich ist), sucht stets von Situationen der „Lebenswirklichkeit“ auszugehen und sie „ernst zu nehmen“ (11). Besonders instruktiv für diesen Zusammenhang sind die eingehenden Beispiele, die H. Schmidt (Religionsdidaktik II) für die verschiedenen Schultypen und Stufen mitteilt (62 ff.).

Eine lehrreiche Untersuchung der neueren Lehrpläne für den Religionsunterricht ist vom Comenius-Institut herausgegeben worden (Unterricht über Religion vor der Wende zum Jahr 2000, Münster 1984).

3. Unterricht in der Gemeinde

Nicht nur die Konfirmanden werden in der Gemeinde unterrichtet. Unterricht ist in nicht wenigen anderen Lebensformen oder Veranstaltungen der einzelnen Gemeinde ein wesentlicher Vorgang, und zwar gelegentlich auch dann, wenn er dabei nicht im Mittelpunkt steht. Es sind vor allem zwei kirchliche Arbeitsgebiete, für die der Unterricht primäre Bedeutung hat: die Arbeit mit Kindern und Jugendlichen sowie die Erwachsenenbildung.

Zu den ältesten Formen des Unterrichts für Kinder in der Gemeinde gehört die Sonntagsschule. Sie wurde 1780 durch den Drucker Robert Raikes (1735–1811) zunächst in Gloucester (danach in London) begründet mit dem Ziel, der verwahrlosten Jugend erste Grundlagen schulischer, kirchlicher und sittlicher Bildung zu vermitteln (eine allgemeine Schulpflicht besteht in England erst seit 1870). In der Sonntagsschule wurde von freiwilligen Lehrkräften nach Altersstufen und in kleinen Gruppen unterrichtet und zwar für Schüler bis zum 18. Lebensjahr. Die Institution der Sonntagsschule hat im 19. Jahrhundert vor allem in Amerika Aufnahme und Verbreitung gefunden. Im europäischen Protestantismus ist sie von den Freikirchen übernommen worden, während sich im deutschen und skandinavischen Landeskirchentum, von wenigen Versuchen in Hamburg und Bremen abgesehen, die Sonntagsschule nicht eingebürgert hat. Hier hat sich vielmehr die sonntägliche Sammlung der Kinder als „Kindergottesdienst" durchgesetzt. Der Begriff ist von F. W. Dibelius 1887 auf dem Kongreß der Inneren Mission vorgeschlagen und dort angenommen worden. Seine Einführung zeigt, daß hier das Gewicht der Kinderkirche weniger auf dem Gebiet des Unterrichts als auf dem des Gottesdienstes liegen sollte. Freilich ist mit dieser Leitvorstellung zugleich das Problem installiert, das die Einrichtung des Kindergottesdienstes seither dauerhaft bestimmt und das immer wieder zu entsprechenden Diskussionen Anlaß gab: Es ist die Frage, wie in dieser Veranstaltung sowohl der Aspekt des Gottesdienstes wie der der Rücksicht auf die kindlichen Altersstufen sachgemäß zur Geltung gebracht werden können und wie sich diese Veranstaltung dann zu einer katechetischen oder unterrichtlichen Veranstaltung in Übereinstimmung und Differenz verhält. Dabei wird der Sachverhalt, daß der Kindergottesdienst in bestimmter Hinsicht immer auch eine unterrichtliche Veranstaltung ist, nicht bezweifelt.

Ein Beispiel für die Zielsetzungen und Absichten, die heute mit dem Kindergottesdienst verbunden zu sein pflegen, bietet die Erklärung aus einer für die Praxis bestimmten Arbeitshilfe: „1. soll versucht werden, in der Kinderkirche das Wort Gottes in Zusammenhang mit den Erfahrungen der Kinder zu bringen. 2. Soll versucht werden, den Kindern bei individuellen, kindgemäßen Antworten auf Gottes Wort behilflich zu sein. Das wird vor allem bedeuten, die Phantasie der Kinder zu wecken und so ihr Sprachhelfer zu sein. Dazu kommen neben sprachlichen Mitteln auch nonverbale in Frage, z. B. Fingerfarbenmalen und Puppenspiel, Rhythmus und Bewegung" (W. Erl u. a., Gruppenpädagogik und Kindergottesdienst, 1976, 19). Gelegentlich wird freilich der gottesdienstliche Aspekt auch weiter zurückgestellt (vgl. dazu K.-E. Nipkow, Grundfragen, Bd. 2, 1976[2], 126 ff.).

Auch die kirchliche Jugendarbeit ist in den religiösen und sozialen Bewegungen des frühen 19. Jahrhunderts entstanden. 1823 wurde in Barmen durch den Arbeiter C. W. Isenberg der erste „Missions-Jünglingsverein" gegründet. Weitere Gründungen folgten, darunter 1834 der Bremer „Hilfsverein für Jünglinge" (F. W. Mallet) und 1857 der erste „Sonntagsverein" für Jungfrauen. 1863 wurde in Stuttgart der erste Jugendpfarrer bestellt, seit 1883 erfolgte die Gründung deutscher Gruppen des Christlichen Vereins Junger Männer (CVJM). In den Jünglings-

und Jungfrauenvereinen waren ursprünglich religiöse und soziale Motive und Tendenzen gleichermaßen leitend. Doch schon seit der zweiten Hälfte des 19. Jahrhunderts ist die religiös-missionarische Absicht ganz in den Vordergrund gerückt und hat den Charakter der vereinsmäßig organisierten evangelischen Jugendarbeit weithin bestimmt. Erst in den letzten Jahrzehnten sind darin gewisse Änderungen eingetreten. Die allgemeine kirchliche Entwicklung hat eine erhebliche Intensivierung gerade der kirchlichen Jugendarbeit (nicht zuletzt durch die Vermehrung von Mitteln und amtlichen Stellen) ermöglicht. Die neuen Strömungen im öffentlichen und kirchlichen Bewußtsein fanden schnell Eingang in die Jugendarbeit und bildeten sich in verschiedenen Gruppierungen ab. Aufmerksamkeit zog diese neue Phase der Jugendarbeit auch deshalb auf sich, weil sie ihre Programme und deren Kommentare vielfach veröffentlichte. Das Moment des Unterrichts ist in der Jugendarbeit noch mehr in den Hintergrund getreten, als in der vorhergehenden Epoche. Die pädagogischen Elemente dieser Arbeit sind mittelbar in Aufgabenbestimmungen eingegangen, die gerade ihren eigenen pädagogischen Charakter nicht mehr ohne weiteres erkennen lassen.

Viele solcher Ziele sind ohne pädagogische Voraussetzungen und Methoden weder sinnvoll noch wären sie praktikabel. Das gilt z. B. für den „Aufbau einer eigenen Wertwelt" oder die „Ablösung von bisherigen Autoritäten", nicht weniger aber auch für die mehr an der Sozialarbeit orientierten Richtungen, die „Kenntnisse über Gesellschaftsordnungen und Ursachen menschlichen Verhaltens" in der evangelischen Jugendarbeit vermitteln wollen. Die große Zahl solcher Programme und Absichtserklärungen ist gesammelt in dem Band „Grundsatztexte zur evangelischen Jugendarbeit" (hg. v. M. Affolderbach, 1982²). Zur Orientierung über die Praxis sind geeignet: „Praxisfeld: Kirchliche Jugendarbeit" (hg. v. M. Affolderbach, 1978) sowie das Themaheft „Jugend und Kirche" (ThPr 16, 1981, Heft 3 u. 4). Ein historisch und systematisch begründetes Programm hat neuerdings W. Deresch vorgelegt (Kirchliche Jugendarbeit, 1984).

Unterricht für Erwachsene in der Kirchengemeinde oder für die Gemeinde überhaupt ist ein Programm, in dem sehr verschiedene Zielsetzungen, die im Lauf der letzten 100 Jahre entstanden sind, zusammengefaßt werden können. Die Anfänge eines Unterrichts- oder Bildungsplanes für erwachsene Christen bezogen sich auf bestimmte Gruppen der Kirchengemeinde: Die disparate soziale Entwicklung, die in der zweiten Hälfte des 19. Jahrhunderts auch in Bildungsfragen zutage trat, ließ eine ausgleichende Bildungsarbeit geraten erscheinen. Derartige Vorschläge wurden bereits im Protestantenverein laut, sind aber dann vor allem in den Kreisen um den evangelisch-sozialen Kongreß vertreten worden.

Die Pläne, die der religiöse Sozialismus der christlichen Erwachsenenbildung zugrunde legte, sind von W. Deresch (Handbuch für kirchliche Erwachsenenbildung, 1973, 35 ff.) skizziert worden. Danach lag das Ziel dieser Arbeit in der besseren Befähigung zum gesellschaftlichen Leben und also zu Selbständigkeit und Verantwortungsfähigkeit (52). Diese Pläne stehen in deutlichem Zusammenhang mit der Volkshochschulbewegung, die auf die 1845 gegründeten „Arbeiterbildungsvereine" zurückgeht und seit 1890 mit Volksbildungsprogrammen und entsprechenden Einrichtungen große Verbreitung fand. Für die kirchlichen Bildungsbestrebungen war die christliche Volkshochschule in Dänemark, die auf N. F. S. Grundtvig (1783–1872) zurückgeht, von Einfluß.

Das eigentliche Bildungsziel der kirchlichen Arbeit ist freilich kaum je allein in sozialen oder kulturellen Qualifikationen gesehen worden. Am Ende richtete sich die Absicht immer auf die Bildung der christlichen Persönlichkeit, also auf die Fähigkeit zur selbständigen Bewährung des Christentums im Leben. In diesem Sinn galt der Satz, „daß es nicht darauf ankomme, den Menschen etwas beizubringen, was sie vorher nicht wußten, sondern aus ihnen etwas zu machen, was sie vorher nicht waren" (J. Schoell, Evangelische Gemeindepflege, 1911, 232). F. Niebergall hat dieses Bildungsprogramm zur Grundlage seiner „Praktischen Theologie" (Bd. 1, 1918; Bd. 2, 1919) gemacht. Das Werk hat den Untertitel: „Lehre von der kirchlichen Gemeindeerziehung auf religionswissenschaftlicher Grundlage".

Die Aufgabe der Praktischen Theologie ist danach so bestimmt: „Ihr Gegenstand ist die Arbeit des Pfarrers an seiner Gemeinde, seine unmittelbare und persönliche Arbeit samt dem geordneten Dienst von Gemeindegliedern und Gemeindehelfern, die er zu erwecken und zu leiten hat. Das Ziel dieser Arbeit ist die Erziehung der Gemeinde zu einer lebendigen Gemeinde, einerlei wie weit die Wirklichkeit dieses Leitbild erreichen läßt" (Bd. 1,10). Als Ziele der Arbeit werden die Ideale der christlichen Persönlichkeit und der christlichen Gemeinschaft beschrieben (14 ff.), als ihr Ausgangspunkt die Wirklichkeit der Gemeinde und des Lebens (31 ff.). Die „Arbeitsfelder" dieser Erziehungsarbeit werden im zweiten Band dargestellt: Die traditionellen Praxisformen der Praktischen Theologie (also Predigt, Unterricht und Seelsorge) werden im Blick auf die Erziehung der Gemeinde zur Gemeinde (und durch die Gemeinde) beschrieben. Eine ausführliche Untersuchung zu Niebergalls Praktischer Theologie und insbesondere zu dem darin enthaltenen Konzept der Erwachsenenbildung hat H. Luther vorgelegt (Religion, Subjekt, Erziehung, 1984). Der Erziehungsbegriff Niebergalls wird hier so charakterisiert: „Erziehung ist also Erziehung zur Entwicklung und damit selber Moment dieser Entwicklung. Insofern steht die religionspädagogische Sorge für die Initiation dieses Entwicklungsprozesses ein, nicht für den Ertrag..." (275).

Das Programm Niebergalls hat zunächst wenig Widerhall gefunden. Überhaupt ist die Bildungsarbeit in den Jahrzehnten nach 1918 immer deutlicher an den Rand der kirchlichen Aufmerksamkeit geraten. Sie ist erst in jüngster Zeit neu entdeckt worden. Dabei lassen sich die folgenden Richtungen des Interesses an der Bildungsarbeit und der Erwachsenenbildung unterscheiden.

1. Nach 1945 ergab sich ein nachhaltiges Bedürfnis, die Grundsätze des christlichen Lebens deutlicher mit den differenzierten und neuen Strukturen der kulturellen und der Arbeitswelt zu vermitteln. Die Förderung des Urteilsvermögens für den einzelnen Christen im Blick auf die Bedeutung des Christentums für die moderne Welt wurde ein Bildungsprogramm, das vor allem von den evangelischen Akademien in Theorie und Praxis vertreten wird (s. auch u. S. 533).

2. Unter dem Eindruck der neuen sozialen Gegensätze, wie sie in der „Dritten Welt“ sichtbar wurden, ist auch in den westlichen Ländern eine neue Form des sozialen Lernens im Christentum gefordert worden. Im Anschluß an P. Freire (Pädagogik der Unterdrückten, 1970) hat vor allem E. Lange ein Programm vorgeschlagen, das die Bildung im Christentum mit dem Ziel vertritt, den einzelnen zur selbständigen Wahrnehmung auch seiner politischen Rechte und also zu seiner fortschreitenden Befreiung zu befähigen (Sprachschule für die Freiheit, hg. v. R. Schloz, 1980).

3. Im Zusammenhang mit der entwicklungspsychologischen Erforschung von Lebensläufen und den daran orientierten Theorien über lebensgeschichtliche Entwicklungen, die den ganzen Lebenslauf eines Menschen kennzeichnen, ist die persönliche Religiosität des Christen als eine Aufgabe beschrieben worden, die er sein ganzes Leben lang und in dessen verschiedenen Stadien jeweils neu wahrzunehmen hat. Besonders deutlich sind diese Stadien durch die „Krisen“ bezeichnet, die für die verschiedenen Abschnitte der Biographie angesetzt werden. In Rücksicht auf diese Einsichten hat K.-E. Nipkow von der „stillen Reise“ zur Charakterisierung von Lebenslauf und religiöser Lebenslinie im Erwachsenenalter gesprochen (Grundfragen der Religionspädagogik, Bd. 3, 1982, 99) und das „Wachstum des Glaubenslebens“, das darin angelegt ist, als Bildungsaufgabe beschrieben (105 ff.).

4. Ein systematisches Programm für einen christlichen Unterricht, der sich der Gemeinde in allen ihren Altersstufen und in allen ihren Kommunikationsformen zuwendet, hat J. Henkys vorgeschlagen (HPT [DDR], III, 44 ff.).

„Die Zukunft evangelischer Unterweisung liegt in einem methodisch breit gefächerten Angebot innerhalb einer größeren Ortsgemeinde oder eines Kirchenkreises, das allen Alters- und Berufsgruppen ermöglicht oder doch wenigstens anbietet, in ihrer Kirchengemeinde heimisch zu werden. Durch Integration einer möglichst großen Zahl von theologisch-didaktisch sorgfältig differenzierten Lernkursen, Unterrichtslehrgängen von überschaubarer Länge sowie von exemplarisch behandelten, problemorientierten Themenkreisen, Rüstzeiten und freiwilligen Arbeitsgruppen wäre dies durchaus zu erreichen" (96).

Aus der Gliederung nach Altersstufen (Kinder, Jugendliche, Erwachsene, Familien) einerseits und Kommunikationsformen (gottesdienstliche, unterrichtliche, freie Formen und komplexe Programme) andererseits (49) ergibt sich ein sehr differenzierter Kanon von Veranstaltungen der Unterweisung, die gleichwohl durch ihren systematischen Zusammenhang aufeinander bezogen bleiben. Dieses Konzept erschließt in der Verbindung von theologischen und pädagogischen Grundlagen eine ganz von der Gemeinde verantwortete und auf sie ausgerichtete neue Perspektive des christlichen Unterrichts.

Exkurs: Zur Praxis des Unterrichts

Der Kreis der Themen, die aus historischen oder systematischen Gründen für das Verständnis des christlichen Unterrichts von Bedeutung sind, bedarf der Ergänzung durch eine Reihe von Fragen, die aus der Praxis des Unterrichts entstehen. Diese Praxis stellt ihrerseits ein Gebiet dar, das eine eigene Ausbildung in den unmittelbar praktischen Fragen des Unterrichtens fordert (z. B. Wie ist eine Unterrichtsstunde über das vierte Gebot für Konfirmanden zu gestalten?), in dem aber ebenfalls Fragen von allgemeiner Natur auftreten, die entsprechende Hinweise nötig machen. Aus dem Kreis der allgemeinen Fragen aus der Praxis des Unterrichts werden die folgenden hier besprochen.

1. Die Rechtsstellung des öffentlichen Religionsunterrichts hat ihre Grundlagen in der Verfassung der Bundesrepublik Deutschland, die ihrerseits an die Verfassung der Weimarer Republik (Art. 149) anknüpft.

„1. Das gesamte Schulwesen steht unter Aufsicht des Staates.

2. Die Erziehungsberechtigten haben das Recht, über die Teilnahme des Kindes am Religionsunterricht zu bestimmen.

3. Der Religionsunterricht ist in den öffentlichen Schulen mit Ausnahme der bekenntnisfreien Schulen ordentliches Lehrfach. Unbeschadet des staatlichen Aufsichtsrechtes wird der Religionsunterricht in Übereinstimmung mit den Grundsätzen der Religionsgemeinschaften erteilt. Kein Lehrer darf gegen seinen Willen verpflichtet werden, Religionsunterricht zu erteilen" (Grundgesetz Art. 7, Abs. 1–3).

Knappe, aber sehr instruktive Erläuterungen zu diesem Fragenkreis finden sich bei G. Adam und R. Lachmann (Religionspädagogisches Kompendium, 1984, 71 ff.), breiter sind die entsprechenden Ausführungen bei H. Schmidt (Religionsdidaktik, I, 1982, 13 ff.).

Zu den wichtigsten Problemen, die sich aus diesen Bestimmungen für das Verständnis des Religionsunterrichts ergeben, gehört zunächst die Bezeichnung des Religionsunterrichts als „ordentliches Lehrfach". Damit ist vor allem gesagt, daß im Religionsunterricht Zensuren erteilt und daß die Leistungen in diesem Unterricht als versetzungsrelevant angesehen werden müssen. Damit ist zweifellos ein gewisser Gewinn für das Fach und vor allem für sein Ansehen (und das des Lehrers) in Schule und Öffentlichkeit erreicht; hier kann zumindest unter den gleichen Bedingungen gearbeitet werden, wie in anderen relevanten Schulfächern. Andererseits aber könnte darin eine gewisse Nivellierung der Fächer liegen, ein Anlaß zur Distanzierung für die Schüler und eine Beschränkung für die Gestaltung des Unterrichts in Religion.

Diese Argumente sind eingehender behandelt von O. Basse (in: Religionsunterricht in der Leistungsschule, hg. v. K.-E. Nipkow, 1979, 9 ff.).

Ein weiteres Problem ergibt sich daraus, daß der Religionsunterricht „in Übereinstimmung mit den Grundsätzen der Religionsgemeinschaften erteilt" werden soll. Damit wird der Religionsunterricht ausdrücklich zum konfessionellen Unterricht erklärt und mit den beiden christlichen Kirchen verbunden. Der Sinn dieser Bestimmung ist vor allem der, den Religionsunterricht nicht bloßer Beliebigkeit (etwa dem subjektiven Urteil eines einzelnen Lehrers) zu überlassen, sondern das als Religionsunterricht zu etablieren, was durch die Zustimmung eines großen Teils der Bevölkerung zur Mitgliedschaft in ihrer Kirche als Religion allgemeinere Gültigkeit hat. Ohne Frage trifft diese Bestimmung auch auf die Zustimmung der Kirchen selbst. Eine Auslegung, die den konfessionellen Religionsunterricht gleichwohl weniger an die Kirche als vielmehr an ein evangelisches Verständnis von Religion binden will, hat die EKD 1971 veröffentlicht (vgl. Religionspädagogisches Kompendium, 73 f.). Die dieser Bestimmung nach notwendige Kooperation zwischen Staat und Kirche kann unterschiedlich wahrgenommen werden: In Hessen werden die Lehrpläne für den Religionsunterricht vom Staat, in Württemberg von der Kirche ausgearbeitet.

Zu den Problemen gehört ferner das Verhältnis der Bestimmungen des Art. 7 zu denen des Art. 4.

„Die Freiheit des Glaubens, des Gewissens und die Freiheit des religiösen und weltanschaulichen Bekenntnisses sind unverletzlich" (Grundgesetz Art. 4, Abs. 1).

Danach kann niemand gezwungen werden, an einem konfessionellen Unterricht teilzunehmen, dem er nicht zustimmt. Mit dem Gesetz über die religiöse Kindererziehung von 1921 wurde das Kind vom 14. Lebensjahr ab für „religionsmündig" erklärt und sollte, falls die Eltern sich in dieser Frage nicht einigen konnten, über die Konfession seines Unterrichts selbst entscheiden können. Seit geraumer Zeit wird dieses Gesetz als Grundlage für eine gänzliche Abmeldung vom Religionsunterricht („aus Gewissensgründen") angesehen (vgl. G. Bockwoldt, Religionspädagogik, 86 f.). Als Ausgleich nach einer solchen Abmeldung ist für diese Schüler der „Ethik-Unterricht" gedacht, der nach staatlichen Lehrplänen Informationen aus der ethisch-philosophischen Tradition vermitteln soll.

Die Verankerung des Religionsunterrichts in der Verfassung ist Ausdruck der Bedeutung, die der Religion für das öffentliche und gemeinsame Leben im Staat zugemessen wird. Es ist nur natürlich, daß diese Verankerung von solchen weltanschaulichen Positionen her kritisiert und abgelehnt wird, die den dabei zugrunde liegenden Religionsbegriff nicht teilen: Entweder, weil Religion überhaupt als bloße Ideologie gilt, oder aber, weil in der qualifizierten Religion der besondere Besitz einzelner Gruppen gesehen wird, der nicht einfach durch Unterricht weiter vermittelt werden kann. In beiden Fällen handelt es sich um ein unzureichendes (und darin ideologisches) Verständnis von Religion (vgl. dazu o. S. 78 ff.). Die jüngsten Auseinandersetzungen in dieser Frage sind besprochen bei H. Schmidt (Religionsdidaktik I, 13 ff.).

2. Unterrichtsvorbereitung ist eine Aufgabe der Praxis, der zu Recht viel Aufmerksamkeit gewidmet wird. Von alters her wird zu diesem Thema eine Fülle von Literatur angeboten. Vor allem zum kirchlichen Unterricht reichen diese Angebote schon in das 18. Jahrhundert zurück. Für das ausgehende 19. Jahrhundert ist bezeichnend, daß derartige Hilfsliteratur für den praktischen Unterricht oft mit dem Anspruch auf eine Reform dieses Unterrichts verbunden ist (so z. B. A. Hardeland, 52 Konfirmandenstunden, 1898, 1910[4], 1 ff.). Mit der zunehmenden „Verwissenschaftlichung" der Unterrichtsplanung und der Unterrichtsvorbereitung hat sich naturgemäß auch die Art der entsprechenden Literatur verändert. Für die Ausarbeitung von größeren Zusammenhängen, von Lernzielen und Unterrichtsabläufen werden vielfältig komplexe Methoden empfohlen.

Ein lehrreiches Beispiel dafür stellt der für den allgemeinen Unterricht gedachte Band dar: „Von der Curriculumtheorie zur Unterrichtsplanung" (hg. v. W. Zimmermann, 1977), in dem auch auf Vorschläge für den Religionsunterricht Bezug genommen wird (210 ff.).

Als „grundlegende Phase" der Unterrichtsvorbereitung hat W. Klafki eine „didaktische Analyse" vorgeschlagen (Studien zur Bildungstheorie und Didaktik, 1963, 135 ff.). Dieser Vorschlag ist vielfältig rezipiert worden. Nach Klafki sollen „angesichts des konkreten, vom Lehrplan vorgeschlagenen oder vom einzelnen Lehrer geplanten Themas" folgende Fragen gestellt werden (die ihrerseits durch weitere Unterfragen aufgegliedert wurden):

„I. Welchen größeren bzw. welchen allgemeineren Sinn- oder Sachzusammenhang vertritt und erschließt dieser Inhalt? Welches Urphänomen oder Grundprinzip, welches Gesetz, Kriterium, Problem, welche Methode, Technik oder Haltung läßt sich in der Auseinandersetzung mit ihm „exemplarisch" erfassen?

II. Welche Bedeutung hat der betreffende Inhalt bzw. die an diesem Thema zu gewinnende Erfahrung, Erkenntnis, Fähigkeit oder Fertigkeit bereits im geistigen Leben der Kinder meiner Klasse, welche Bedeutung sollte er – vom pädagogischen Gesichtspunkt aus gesehen – darin haben?

III. Worin liegt die Bedeutung des Themas für die Zukunft der Kinder?

IV. Welches ist die Struktur des (durch die Fragen I, II und III in die spezifisch pädagogische Sicht gerückten) Inhaltes?

V. Welches sind die besonderen Fälle, Phänomene, Situationen, Versuche, Personen, Ereignisse, Formelemente, in oder an denen die Struktur des jeweiligen Inhaltes den Kindern dieser Bildungsstufe, dieser Klasse interessant, fragwürdig, zugänglich, begreiflich, ‚anschaulich' werden kann?" (135 ff.).

Die methodische Planung des Unterrichts schließt sich an, und zwar mit folgenden Schritten:

„1. Die Gliederung des Unterrichts in Abschnitte oder Phasen oder Stufen.

2. Die Wahl der Unterrichts-, Arbeits-, Spiel-, Übungs-, Wiederholungsformen.

3. Der Einsatz von Hilfsmitteln (Lehr- bzw. Arbeitsmittel).

4. Die Sicherung der organisatorischen Voraussetzungen des Unterrichts" (143).

Eine Anleitung für die methodische Vorbereitung des Konfirmandenunterrichts gibt G. Kehnscherper (Der Unterricht in der Gemeinde, in: HPT [DDR] III, 129). Dort werden für den Aufbau der Unterrichtseinheit (nach einer theologischen und einer katechetischen Vorbesinnung) folgende Schritte empfohlen:

„Schilderung der Situation, Zielangabe (Thema), Anschauungsmaterial, Darbietung des Stoffes und der Informationen einschließlich einer Problemanalyse, Gespräch über eine Problemlösung damals und heute" (129).

Ausführliche Beispiele von Unterrichtsplanungen finden sich bei H. Schmidt (Religionsdidaktik, II, 1984, 62 ff.), sowie im Themaheft „Unterrichtsplanung und Vorbereitung" (EvErz 31, 1979, H. 3).

Die für die Unterrichtsvorbereitung vorgeschlagenen Regeln lassen untereinander gewisse Übereinstimmungen und Verwandtschaften erkennen und erinnern darin wiederum an die Formalstufen Herbarts. Es handelt sich hier um Erfahrungsregeln, an denen sich zeigt, daß der Verwissenschaftlichung der Pädagogik und ihrer Aufgaben offenbar doch Grenzen gesetzt sind.

3. Das Elementare, das Fundamentale, das Exemplarische sind Begriffe aus der Diskussion über die Bildungsziele vorzüglich der Schule. Sie sind in den zwanziger Jahren aufgenommen worden, um dem Gültigkeitsver-

lust der traditionellen Bildungsideale gegenüber neue Aspekte oder (richtiger:) grundlegende Aspekte der Bildung neu zur Geltung zu bringen. Der Wandel im tragenden Verständnis von Bildung zeigte sich an der Schule, deren Fächer nicht mehr an den „Künsten", sondern an den modernen Wissenschaften orientiert wurden, im ganzen aber darin, daß die Institutionen der Bildung überhaupt nicht mehr in überlieferter Weise die gegenwärtige Welt darzustellen und zu entschlüsseln vermochten. Deshalb lag die Forderung nach einer Neubestimmung der Bildung nahe. Angesichts der Komplexität der modernen Welt einerseits und der so beschleunigt wachsenden Spezialisierung und Differenzierung der Wissenschaften andererseits sollte die Bildung im Rückgang auf das Ursprüngliche und Einfache, das gleichwohl dem Leben unverändert zugrunde liegt, verstanden werden. Eine solche „Grundbildung", in der die widersprüchlichen Tendenzen der Bildungsanforderungen wie auch der Dualismus zwischen „formaler" und „materialer" Bildung aufgehoben sind, ist neuerdings als „kategoriale Bildung" bezeichnet worden (W. Klafki). Für die Erneuerung eines ursprünglichen Bildungsbegriffs konnte man sich sowohl auf die antike Tradition wie vor allem auf Pestalozzi und die Idee der „Elementarbildung" berufen. Das nähere Verständnis der Hauptbegriffe ist von W. Klafki so zusammengefaßt worden:

„Die Begriffe Elementar und Fundamental einerseits, Exemplarisch andererseits stehen nicht in Widerspruch zueinander, sie bezeichnen auch nicht nebeneinander liegende Teilbereiche eines Gesamtproblems, sondern versuchen dieses Problem als Ganzes unter jeweils anderem Aspekt zu fassen. – Die Unterscheidung Elementar und Fundamental deutet auf eine aufweisbare ‚Schichtung' bzw. ‚Stufung' in den Bildungsgehalten hin: Der Begriff des Fundamentalen meint die Prinzipien, Kategorien, Grunderfahrungen, die einen geistigen Grundbereich (bzw. ein Unterrichtsfach) konstituieren: das ‚Geschichtliche', das ‚Politische', den durch wenige methodische Grundprinzipien begründeten Weltaspekt, den wir ‚Physik' nennen usw. ‚Elementaria' heißen die innerhalb solcher Grundbereiche auftretenden entscheidenden Inhalte und Zusammenhänge, insofern sie sich als für die Bildung junger Menschen wesentlich aufzeigen lassen. Sowohl die ‚Fundamentalia' als auch die ‚Elementaria' müssen jeweils ‚exemplarisch' am eindrucksvollen, fruchtbaren Beispiel gewonnen werden. Und Inhalte dürfen insofern pädagogisch-exemplarisch (im sachlichen, im sittlichen oder in einem beide Momente umgreifenden Sinne) heißen, als sie Fundamentales oder Elementares aufzuschließen vermögen" (Pädagogisches Lexikon, 1965[3], 191).

Klafkis Hauptschrift zu diesen Fragen ist „Das pädagogische Problem des Elementaren und die Theorie der kategorialen Bildung" (1959, 1964[4]); eine Reihe von Beiträgen zum Thema sind gesammelt in „Das exemplarische Prinzip" (hg. v. B. Gerner, 1966).

In der Religionspädagogik ist neuerdings der Begriff der „Elementarisierung“ aufgenommen worden, um die Frage nach dem Wesentlichen für Unterrichtsziele und Unterrichtsvorgänge auf bestimmte Weise zu kennzeichnen. Besonders eingehend ist dieses Programm von K.-E. Nipkow erläutert worden (Grundfragen, Bd. 3, 1982, 185 ff.).

Nipkow verdeutlicht Aspekte der Elementarisierung an Luthers Kleinem Katechismus: „Luther will, daß die Wahrheit des Gelernten aufgeht (1), daß die wesentliche Summe gelernt wird (2), daß das Gelernte überzeugt (3) und daß schon Kinder das Evangelium verstehen (4)“ (188). Danach wird die Elementarisierung durch die Ziele näher bestimmt, zu denen sie führen und die sie begründen soll. Sie werden hier bezeichnet als die „elementare Wahrheit“ der Aussage im Katechismus; als die „elementaren Strukturen“, in denen diese Wahrheit zur Sprache kommt; als die „elementaren Erfahrungen“, die durch sie begründet werden sollen; als die „elementaren Anfänge“ des Lebens, denen diese Wahrheit zugedacht ist (188 ff.).

Eine übersichtliche Zusammenfassung von Aspekten der „Elementarisierung“ findet sich im Religionspädagogischen Kompendium (hg. v. G. Adam und R. Lachmann, 1984, 139 f.).

12. Kapitel – Gemeinde

Die einzelne Gemeinde ist das ursprüngliche Organisationsprinzip des religiösen Lebens im Protestantismus: Die Gemeinde ist erste und letzte Instanz selbst für die Beurteilung des Problems ihrer eigenen Begründung. Luther hat keinen Zweifel daran gelassen, daß die einzelne Gemeinde letztverantwortlich in Fragen der Lehre und des Gottesdienstes und also in allen grundlegenden Fragen der Religion (notfalls gegen die Obrigkeit) zu entscheiden hat, und daß sie darin unvertretbar ist (BoA 2, 395 ff.; 424 ff.). Dementsprechend gibt es für den evangelischen Christen keine höhere religiöse Lebensform, als die Zugehörigkeit zu einer bestimmten Gemeinde. Für die Wahrnehmung von Aufgaben, die von der einzelnen Gemeinde nicht erfüllt werden könnten (z. B. Ordination und Visitation), sind die Gemeinden (auf dem Boden der gemeinsamen Lehre) organisatorisch zu einem größeren Kirchenwesen verbunden. In keinem Sinn aber kann daraus für die Kirchen der Reformation eine hierarchische Vorordnung der größeren Institution vor der einzelnen Gemeinde folgen: Die communio sanctorum ist zuerst durch die im Gottesdienst der Feier oder des Alltags sich zusammenfindenden einzelnen repräsentiert. Die Reformation hat die mittelalterliche Ordnung aufgehoben: Die Gemeinde ist nicht letztes Glied in der Stufenfolge kirchlicher Würde und Autorität, sondern einziges.

Die Gemeinde hat im Verlauf der Christentumsgeschichte ihre Grundgestalt in der Ortsgemeinde oder Parochie gefunden. Die Lebenspraxis der Gemeinde als Parochie ist daher das Thema des folgenden Kapitels. Die parochiale Gemeinde ist die umfassende Form religiöser Sozialität, die die in Gottesdienst und Feier sich abbildende Gemeinschaft der Christen umfaßt und ergänzt. Zugleich aber ist die parochiale Lebensform die Weise, in der die religiöse Praxis innerhalb des gesellschaftlichen Lebens im ganzen ihren Ausdruck findet.

Unter dem Thema dieses Kapitels sind danach nicht nur die historischen, theoretischen und praktischen Fragen des Begriffs der evangelischen Gemeinde zu erörtern, sondern auch die der größeren kirchlichen Organisationen bis hin zu den ökumenischen Fragen und Aufgaben, die ihre Bedeutung nicht abgesehen von der Lebenspraxis der einzelnen Gemeinde gewinnen können. Freilich können diese weitreichenden und differenzierten Sachverhalte und Probleme hier nur skizziert werden.

§ 38 Parochie

1. Geschichte und Bedeutung der Gemeinde

Während die Alte Kirche als Gemeindeleiter zunächst nur den Bischof kannte, wurden schon um 250 römische Stadtbezirke (unter Bischof Fabian) durch Diakone versehen. Vom 5. Jahrhundert ab wurde die Gliederung eines Bischofsbezirks in Unterbezirke mit Nebenkirchen fast überall die Regel. In diesen Unterbezirken waren Geistliche minderen Rechts tätig. Zentrum in kirchlicher, kirchenrechtlicher und ökonomischer Hinsicht blieb die Bischofskirche (Parochia, basilica dioecesana; zur Wortbedeutung von Parochie s. o. S. 446). Die Besetzung der Stellen erfolgte durch den Bischof (ordinatio, zugleich Weihe und Amtsbestellung).

In direktem Gegensatz zu diesen Verhältnissen hat Karl der Große das „Eigenkirchenrecht" im gesamten Gebiet seiner Herrschaft eingeführt und durchgesetzt. Danach übt der Grundherr auch die Herrschaft über die auf seinem Gebiet befindliche Kirche aus, die ihm in einer eigentumsähnlichen Stellung gehört.

Die Ursprünge der Eigenkirche liegen im Germanischen Recht und im Hauspriestertum. Sinnbild für die Eigenkirche ist der (Stein-)Altar, der auf dem Boden des Grundherrn steht und ihm gehört. Er muß freilich vom Bischof geweiht werden. Die Eigenkirche mit allen Dotierungen gehörte zum Vermögen der Herrschaft. Deren Recht erstreckte sich naturgemäß auch auf die Besetzung der Pfarrstelle. Aus der Eigenkirche hat sich das Patronatsrecht entwickelt, das dem Patron bedeutende Privilegien für seine Kirche (Stellenbesetzungs- oder Präsentationsrecht) bis in die Neuzeit einräumte.

Aus den Eigenkirchen sind die Pfarreien entstanden: abgegrenzte Bezirke, innerhalb derer die Einwohner an ihre Kirche und deren Pfarrer gebunden sind (Pfarrzwang) und dafür zu Zahlungen (Zehnter, Stolgebühren) verpflichtet waren. Schon seit dem 8. Jahrhundert werden den Pfarrkirchen auch Tauf- und Begräbnisrechte, die vorher nur den Bischofskirchen (Taufkirchen) zustanden, übertragen. Daraus entwikkelte sich das mittelalterliche Parochialrecht: ein fester Bezirk mit einer finanziell selbständigen Kirche und dem Recht auf alle kirchlichen Handlungen. Aufsicht und alle geistlichen und kirchenrechtlichen Entscheidungsvollmachten lagen freilich beim Bischof (dem Ordinarius). In den Städten dagegen kam die Parochialeinteilung weniger zur Geltung. So durfte in Florenz z. B. bis zum Ende des Mittelalters allein im Baptisterium getauft werden. Die öffentliche Wirksamkeit der Orden konnte in den Städten deutlicher hervortreten und eigene Personalgemeinden fördern, während auf dem Lande nur Wanderpredigern eine begrenzte Tätigkeit in der Parochie erlaubt war.

Die Reformation hat die parochiale Organisationsform der kirchlichen Gemeinschaft übernommen, und zwar nicht nur aus praktischen Gründen oder äußeren Zwängen. Luther mußte an einer Gemeindebildung interessiert sein, in der Wort und Sakrament Grund und Mitte bilden konnten, ohne daß weitere und zusätzliche Anstrengungen, die als „Werkerei" hätten mißverstanden werden können, nötig waren. Die besonderen überparochialen Gemeinden, die durch die Tätigkeit der Orden entstanden waren, konnten für die reformatorische Kirche kein Vorbild sein. Vor allem aber hat das parochiale Prinzip für Luther durch die Auseinandersetzung mit Schwenckfeld sein Gewicht erhalten.

Für Schwenckfeld war (wie für andere Täufer) die Wanderpredigt wichtigstes Mittel. Er trat für die Absonderung der „Heiligen" aus der verdorbenen Kirche ein und für deren Selbstunterscheidung dadurch, daß sie allen kirchlichen und bürgerlichen Institutionen und Veranstaltungen fernbleiben (vgl. dazu G. Maron, Individualismus und Gemeinschaft bei C. von Schwenckfeld, 1961, 86 ff.).

Luther hat jeder Verwechslung oder Identifizierung von sichtbarer und unsichtbarer Kirche konsequent widerstanden. Deshalb legte es sich auch diesen Irrtümern der Schwärmer gegenüber nahe, die parochiale Gemeinde zu stärken. Ganz im Sinne Luthers hat Melanchthon deshalb immer wieder betont, daß die wahrhaft Glaubenden stets in der sichtbaren Versammlung der Christen verborgen sind (Loci, 1559, Werke, II, 2, 510 ff.; 831). Auch die reformierte Kirche hat die Parochie übernommen und erhalten.

Die parochiale Organisation des kirchlichen Lebens hat in der Folgezeit eine Reihe von Mißständen hervorgebracht: Die strenge Bindung des Gemeindegliedes an einen Pfarrer; dessen ökonomische Abhängigkeit von den Gebühren der „Eingepfarrten"; die Abgrenzung des religiösen Lebens durch Parochialgrenzen; die Reduktion der Kirche auf eine zu kleine (weniger als 100 Seelen) oder eine zu große (30 000 mit 12 Pfarrern und einem Kirchenvorstand in Frankfurt um 1850) Gemeinde.

Seit dem 19. Jahrhundert konnten viele dieser Mißstände beseitigt werden. Gleichzeitig aber änderte sich das Klima der parochialen Lebensform grundsätzlich durch den Prozeß der Entkirchlichung: Die Ortsgemeinde wurde nicht mehr von allen, sondern nur noch von bestimmten Gruppierungen innerhalb der Grenzen des Parochialbezirks in Anspruch genommen. In diesem Zusammenhang sind schon im 19. Jahrhundert in den großen Städten Personalgemeinden entstanden und das Gemeindeleben selbst wurde durch Aktionen in großer Zahl (Liebestätigkeit, Bildungsprogramme, Erbauungskreise) belebt und verändert. Eine grundsätzliche Alternative zur Parochie hat sich jedoch bis heute nicht herausgebildet.

Solche Alternativen wären z. B. die Freiwilligkeitskirche (nach dem Vorbild des amerikanischen Kirchenwesens), die der Kirche den Charakter des Vereins geben würde; ferner die „Hausgemeinde", die der Pietismus empfohlen und eingeführt hatte, in der jedoch nur ein Teil des gottesdienstlichen Lebens Platz finden könnte; schließlich die „Paragemeinde", die in Fabriken oder anderen beruflichen Zentren eigene Formen des Gemeindelebens zu begründen sucht. Erfolgreich ist vor allem die Arbeit der Studentengemeinde geworden. Aber die „Paragemeinde" hat sich auch sonst vielfältig als Ergänzung der parochialen Struktur erwiesen (z. B. durch die Evangelischen Akademien).

Die Trennung von Wohnbezirk und Arbeitsbezirk in den Städten (und später auch auf dem Lande) hat das Leben und die Lebensmöglichkeiten der Ortsgemeinde zwar verändert, aber, wie sich erwiesen hat, nicht grundsätzlich in Frage gestellt. Es scheint, daß die parochiale Struktur unverändert gerade dem evangelischen Gemeindebegriff Ausdruck zu geben vermag. Auf der Seite der Gemeindeglieder ist die Ortsgemeinde die kirchliche Lebensform, an der dem mündigen Christen Beteiligungsmöglichkeiten nach eigener Verantwortung offenstehen, ohne daß er sich (nach Gesinnung und Gewissen) fremdem geistlichen Zwang unterordnen müßte. Dazu gehört, daß schon die Frage seiner Zugehörigkeit nicht mit dem Werk eines besonderen Bekenntnisses verbunden wird. Von der Seite des Pfarrers aus bedeutet der Parochialbezirk auch die sachgemäße und evangelische Beschränkung auf ein überschaubares Arbeitsfeld und die Bewahrung vor den Gefahren der enthusiastischen Allzuständigkeit des Wanderpredigers. Das ganze Gemeindeleben wird in der Parochie von dem getragen, was gemeinsam sein kann: Einzelne Gruppen, die ein elitäres religiöses Programm (es sei konservativ oder fortschrittlich) vertreten, bleiben in das gemeinsame Gemeindeleben einbezogen und werden vor Verirrungen bewahrt.

Die Parochie ist nicht aus dem Begriff des Evangeliums erwachsen, sondern aus seiner Geschichte. Aber sie ist seit der Reformation ein sachgemäßes Prinzip für die Organisation des evangelischen Gemeindelebens gewesen.

Über Geschichte und Bedeutung der evangelischen Kirchengemeinde orientieren gründlich und verständlich: G. Holtz (Die Parochie, 1969) und E. Winkler (Die Gemeinde und ihr Amt, 1973); für die historischen Fragen bleibt unverzichtbar: U. Stutz (Art. Pfarre, Pfarrer, in: RE^3, 15, 239 ff.).

2. Gemeindeaufbau

„Gemeindeaufbau" ist das Programm für die Organisation des Gemeindelebens. Das Stichwort ist in den letzten Jahrzehnten aufgekommen. Das Problem, das damit bezeichnet ist, geht freilich schon in das vorige Jahrhundert zurück.

Das Interesse daran, das evangelische Gemeindeleben reicher, intensiver und ausdrücklicher zu gestalten, hat seine ältesten Wurzeln im Pietismus: in der Absicht, den Glauben im Leben sichtbar werden zu lassen. Das Programm ist in der Erweckungsbewegung des 19. Jahrhunderts erneuert worden, hat dann aber vor allem in der Inneren Mission und also zunächst neben und außerhalb der Kirchengemeinde seine Vertreter gefunden. Freilich sind diese Vorstellungen dann über einen nicht geringen Teil der Pfarrerschaft auch in die Gemeinden eingedrungen. Aber zu eigentlich kirchlicher Wirksamkeit ist das Programm der „Gemeindearbeit" erst durch die Verbindung mit der Theologie und der Schule A. Ritschls gekommen. Seinen wirkungsreichsten Vertreter hat es in E. Sulze (1832–1914) gefunden, der den „modernen Gemeindegedanken" programmatisch formuliert und ihm eine überwältigend große Anhängerschaft zugeführt hat. Zwischen 1890 und 1910 ist eine unübersehbare Fülle von Literatur zu den Grundproblemen und zu einer großen Zahl von Einzelfragen der Gemeindearbeit veröffentlicht worden. Ein zeitgenössischer Kommentar zu diesen Anfängen der Gemeindearbeit lautet:

„Zunächst schuf die seit den fünfziger Jahren einsetzende Bewegung auf kommunale Selbstverwaltung und Selbstbetätigung einen günstigeren Boden auch für kirchengemeindliche Aktivität und Arbeitsorganisation. Mächtig wirkte aber besonders der Umschwung der Theologie. Die Ritschl'sche Theologie trug seit den siebziger Jahren vermöge der ihr eigenen Hervorhebung der praktisch-sittlichen Abzweckung des Glaubens stark dazu bei, das Interesse für Innere Mission und christliche Liebestätigkeit loszulösen aus der engen Verbindung mit den Kreisen der Erweckung und des neuen Pietismus, mit der neuen Orthodoxie und kirchlichen Restauration, welche dasselbe durch Wicherns religiöse, theologische und kirchliche Stellung eingegangen war, und machte die Anhänger der modernen und freien Theologie willig zum Zusammengehen mit orthodox-pietistischen Kreisen in ‚positiver' und ‚praktischer Liebesarbeit' unter Zurückstellung der ‚theologischen und dogmatischen Differenzen'... Das Jahr 1890 kann in gewissem Sinne als das Entstehungsjahr des modernen Gemeindegedankens gelten. Der Mann, dem wir die praktische Umprägung des Gemeindegedankens und dessen Einprägung in die Praktische Theologie und Kirche in erster Linie verdanken, ist Emil Sulze. Sein Werk stellt dar eine eigentümliche Verbindung Wichern'scher und Ritschl'scher Gedanken und Impulse, eingetaucht in die sozial-ethische Strömung der Zeit. In großstädtischer Gemeindearbeit stehend... erblickte und suchte Sulze das Heil- und Reformmittel in der Schaffung übersichtlicher, geschlossener, planmäßig organisierter evangelischer Gemeinden, in welchen ‚die im Wohltun und in der Seelsorge tätige Liebe der Gemeindeglieder zueinander sich auswirkt'... Der nächste greifbare und unzweifelhafte Erfolg der ‚Sulzeschen Bestrebungen' war der, daß man in den neunziger Jahren anfing, die jahrzehntelange Vernachlässigung der Parochialverfassung und der kirchlichen Arbeit in den Großstädten zu heben" (P. Grünberg, Art. Gemeindearbeit, in: RE[3], 23, 506 f.). Dieser Artikel bietet auf über zwei Druckseiten eine umfängliche Sammlung von Literatur aus zwei Jahrzehnten (502 ff.).

Einblick in das Programm und in die Arbeitsweise der Gemeindearbeit in dieser Epoche gibt das Buch von J. Schoell (Evangelische Gemeindepflege, 1911). Hier werden einerseits die theologischen und sozialen Grundfragen erörtert, andererseits die einzelnen Arbeitsgebiete bis hin zu praktischen Anleitungen dargestellt. Seither haben sich neben den allgemeinen Verhältnissen (z. B. bei der Arbeiterschaft und der Jugend) vor allem die sprachlichen Ausdrucksformen (z. B. „religiöse Einschulungsgemeinde und sozial tätige Gemeinde", 17) gewandelt. Der Sache nach aber sind sowohl die Aufgaben wie viele der theoretischen und praktischen Vorschläge zu ihrer Lösung bis heute dieselben geblieben.

Gründliche Einsichten in eine der wichtigen gemeinschaftlichen Arbeitsformen in und außerhalb der Gemeinde bietet die Untersuchung von J. Henkys (Bibelarbeit, 1966); vgl. auch P. Wurster (Die Bibelstunde, 1912, 1921[2]).

In den letzten Jahrzehnten hat sich das Programm des Gemeindeaufbaus von verschiedenen kirchlich-theologischen Richtungen her erneuert. Zunächst bestand eine besondere Verbindung zur Volksmission (vgl. H. Rendtorff, in: RGG[3], II, 774). Später ist das Thema auch von anderer Seite aufgenommen worden. Nicht selten wird von einer religiös-kirchlichen Richtung aus nur einer Einzelaufgabe des Gemeindeaufbaus Aufmerksamkeit zugewandt. Als exemplarisch für Theorie und Praxis der Gemeindearbeit heute dürfen die folgenden Beispiele gelten:

1. Chr. Bäumler (Kommunikative Gemeindepraxis, 1984). Kommunikation ist hier der Begriff für die Untersuchung von Strukturen und Verhältnissen der Ortsgemeinde und zugleich für Vorschläge zu deren Erneuerung („Gemeinde als Prozeß", 117 ff.).
2. F. Schwarz und Chr. A. Schwarz (Theologie des Gemeindeaufbaus, 1984). In Anlehnung an eine Schrift von E. Brunner (s. o. S. 262) wird hier die „Ekklesia" in der Unterscheidung von der „Kirche" zum Leitmotiv für das Programm eines neuen geistlichen Lebens.
3. M. Schibilsky (Alltagswelt und Sonntagskirche, 1983). Aus den praktischen Erfahrungen der Gemeindearbeit in einem Industriegebiet werden Einsichten und

Urteile begründet, die sowohl der Analyse wie der Orientierung solcher Arbeit exemplarische Hilfe anbieten wollen.

4. R. Strunk (Vertrauen, Grundzüge einer Theologie des Gemeindeaufbaus, 1985). Hier werden die Bedeutung personaler Beziehungen und die Möglichkeiten ihrer Begründung für das Gemeindeleben erörtert.

5. J. Krauß-Siemann (Kirchliche Stadtteilarbeit, 1983). Neue Perspektiven des Stadtlebens (in Berlin) werden im Blick auf die Chancen und Möglichkeiten gerade der kirchlichen Ortsgemeinde in der Großstadt untersucht und mit praktischen Beispielen erläutert.

6. Besonderes Thema der Gemeindearbeit ist schon immer die Jugendarbeit gewesen (vgl. Treffpunkt Gemeinde, hg. v. Chr. Bäumler, 1965). Auch aus der Psychologie sind Anregungen entstanden (W. Claessens, Begegnungsgruppe, Modell einer Gruppenarbeit in der Gemeinde, dt. 1977). Dem Besuchsdienst ist gewidmet: „Türen öffnen" (hg. v. J. Appelkamp u. a., 1979).

7. Orientierungen über die Fragen des Gemeindeaufbaus in ihrer ganzen Breite bieten das HPT (DDR), (H. Wagner, Die Diakonie, III, 264 ff.) und das HPT (G), (Bd. 2, 1981; Bd. 3, 1983) sowie E. Winkler (Impulse Luthers für die heutige Gemeindepraxis, 1983).

8. Gemeinde als Thema der Theologie und der pastoralen Praxis in der katholischen Kirche ist eingehend dargestellt bei K. Lehmann (Gemeinde, in: Christlicher Glaube in moderner Gesellschaft, hg. v. F. Böckle u. a., Bd. 29, 1982, 6 ff.).

3. Kirchengemeindeordnung

Die Ordnung der Kirchengemeinde ist in den einzelnen Landeskirchen durch Kirchengesetze geregelt. Gemeinsame Grundsätze aller Gliedkirchen der EKD sind in der Vereinbarung über die Kirchenmitgliedschaft (1970) festgehalten. Der Artikel II lautet:

> „Die Kirchenmitgliedschaft besteht zur Kirchengemeinde und zur Gliedkirche des Wohnsitzes. Durch die Kirchenmitgliedschaft in einer Gliedkirche der Evangelischen Kirche in Deutschland gehört das Kirchenmitglied der bestehenden Gemeinschaft der deutschen evangelischen Christenheit an ... Die sich daraus für das Kirchenmitglied ergebenden Rechte und Pflichten gelten im gesamten Bereich der Evangelischen Kirche in Deutschland."

Der evangelische Christ ist also nicht Mitglied eines umfassenden Kirchenwesens (etwa der EKD); die Mitgliedschaft besteht zur Kirchengemeinde und dadurch zur Landeskirche. Hier kommt der Gedanke zum Tragen, daß die einzelne Ortsgemeinde das ursprüngliche Organisationsprinzip der evangelischen Kirche ist. Auch in den einzelnen Ordnungen und Kirchengesetzen liegt dieser Gedanke überall zugrunde. Die Gemeindeordnungen regeln die Aufgaben der Kirchengemeinde, Rechte und Pflichten der Mitglieder, ihre Selbstverwaltung (Kirchengemeinderat) und alle nötigen rechtlichen und ökonomischen Fragen. Diese Bestimmungen sind der Sache nach in allen Landeskirchen dieselben. Die Formulierungen können freilich recht verschieden sein. Interessant und aufschlußreich für das zugrunde liegende Verständnis von Sätzen einer kirchlichen Rechtsordnung ist der Vergleich der einleitenden Bestimmungen der Ordnung in Hessen und Nassau und der Kirchengemeindeordnung in Württemberg:

„1. Gemeinde ist die in Christus berufene Versammlung, in der Gottes Wort lauter verkündigt wird und die Sakramente recht verwaltet werden. Wo dies geschieht, steht die Verheißung in Kraft, daß Jesus Christus selbst gegenwärtig ist, durch den heiligen Geist den Glauben wirkt und Menschen in seinen Dienst stellt" (Hessen-Nassau).

„§ 1 Die Kirchengemeinde hat die Aufgabe, aufgrund des Bekenntnisses der evangelischen Landeskirche als deren Glied evangelischen Glauben und christliches Leben in der Gemeinde und bei den einzelnen zu fördern und christliche Gemeinschaft in Gesinnung und Tat zu pflegen. Sie hat, soweit dies nicht anderen obliegt, die hierfür erforderlichen Einrichtungen zu schaffen und zu erhalten" (Kirchengemeindeordnung in Württemberg, § 1).

Der Vergleich dieser Eingangsformulierungen zeigt, daß in einem Fall geradezu von der unsichtbaren Kirche die Rede ist, während im anderen Fall mit betonter Sachlichkeit von der sichtbaren und irdischen Kirche gesprochen werden soll. Es ist sehr die Frage, ob durch das religiöse Pathos das Recht nicht mit Bedeutungen belastet und befrachtet wird, die ihm nicht zukommen und die das Verständnis und den Gebrauch des Rechtes erschweren müssen.

Im Gebiet der Evangelischen Kirche in Deutschland gilt für die Kirchenmitgliedschaft das Territorialprinzip: Der einzelne kann nur Mitglied der Gliedkirche sein, auf deren Gebiet er seinen Wohnsitz hat. Er könnte nicht in eine andere Gliedkirche eintreten (sondern allenfalls in eine Freikirche). Die Erhaltung dieses Prinzips hat wesentliche Gründe darin, daß alternative Regelungen ungleich kompliziertere Verwaltungsaufgaben mit sich brächten und den Status der evangelischen Kirche überhaupt in Frage stellten.

Über die Kirchengesetze in den Gliedkirchen der EKD orientiert das Verzeichnis bei A. Stein (Evangelisches Kirchenrecht, 1985², 187 ff.).

§ 39 Die Landeskirche

1. Territorialkirchen

Die Entwicklung des Territorialkirchentums ist das Thema vor allem der kirchlichen Rechtsgeschichte. Einen Abriß dieser Geschichte im ganzen bietet A. Erler (Kirchenrecht, 1975⁴). Eine eindringliche Analyse des konfessionellen

Zeitalters und der Entstehung der Konfessionskirchen hat M. Heckel vorgelegt (Deutschland im konfessionellen Zeitalter, 1983). Die folgende Übersicht schließt sich an die Darstellung von J. Meyer (Grundriß der Praktischen Theologie, 1923, 26 ff.) an.

Die evangelischen Kirchen sind als Territorialkirchen entstanden. Ihre Grundbegriffe von Kirchenrecht und Kirchenverfassung sind bereits frühzeitig ausgebildet worden (s. o. S. 277 ff.). Das Territorialkirchentum ist dadurch begründet worden, daß einzelne Landesherren (mit ihren Untertanen) die reformatorische Lehre annahmen. Diese Kirchen erhielten ihre Verfassung durch die Kirchenordnungen, die bereits im 16. Jahrhundert in großer Zahl entstanden sind.

Die Kirchenordnungen enthielten zunächst neben den agenda (liturgische und organisatorische Regelungen) auch credenda (Lehrgrundsätze), die aber nach der gemeinsamen Bekenntnisbildung entfielen. Die große Zahl der Kirchenordnungen geht auf einige „Urtypen" (Familien) zurück: Braunschweig (1528 von Bugenhagen), Brandenburg-Nürnberg (1533, liturgisch konservativ), Sachsen (1539), Mecklenburg (1552), Württemberg (1559, oberdeutsche Liturgie). Seit 1539 wurden Konsistorien als Ratgeber der Fürsten eingerichtet.

Die reichsrechtliche Anerkennung der Territorialkirchen wurde 1555 im Augsburger Religionsfrieden vollzogen („ubi unus dominus, ibi una sit ecclesia"). Die Fürsten behielten zunächst noch das ius reformandi. Erst im Westfälischen Frieden (1648) wurde der Konfessionsstand der Territorien endgültig festgelegt (als Normaltag galt der 1. 1. 1624), so daß das Recht zur Änderung des Bekenntnisses im Lande durch die Fürsten entfiel. Das landesherrliche Kirchenregiment aber blieb bestehen und wurde durch die folgenden Theorien begründet: nach der Episkopaltheorie ist der Landesherr als praecipuum membrum ecclesiae Rechtsnachfolger der Bischöfe; nach der Territorialtheorie gehört das Kirchenregiment unabhängig von der Person (etwa eines katholischen Fürsten in einem evangelischen Land) zur fürstlichen Gewalt; nach der Collegialtheorie gilt das Kirchenregiment (wie das Staatsregiment) als durch den Entschluß der Gesamtheit auf den Fürsten übertragen.

Die reformierten Gemeinden haben sich, einerseits, weil Gemeindeleben und Gemeindezucht eine größere Rolle spielten, andererseits, weil sie in der Regel von der staatlichen Macht abgelehnt oder bekämpft wurden (Frankreich, Holland) von Anfang an in presbyterialer Form organisiert: Die Ältesten haben die Leitung inne. Die Presbyterialverfassung der Einzelgemeinde wurde später ergänzt durch die Synodalverfassung größerer Kirchengebiete. Daraus entstanden Ordnungen einer staatsfreien presbyterianischen Kirche (London 1560, Wesel 1568, Emden 1571). In Schottland wurde dieser Kirchentyp Staatskirche, in England entwickelte sich (unter Cromwell) der Independentismus, der Toleranz und Parität im Verhältnis zum Staat forderte. Als Kybernetik wird in der älteren Literatur die Lehre vom Kirchenregiment bezeichnet (vgl. Chr. Achelis, Lehrbuch III, 396 ff.).

Mit der Aufklärung ging die kirchliche Einheit der Territorien zu Ende. In Deutschland traten an die Stelle der Territorialkirchen verschiedene „Religionsparteien" als Korporationen öffentlichen Rechts, die teils anerkannt (wie die lutherische, die reformierte und die katholische Kirche) und teils geduldet (wie z. B. die Brüdergemeinde und die Juden) waren. Später kamen „private Religionsgesellschaften" (z. B. die Methodisten) hinzu. Aus den „anerkannten" evangelischen Religionsparteien wurden „Landeskirchen", die vom Staat gefördert und unterstützt wurden. Die Ordnung äußerer Angelegenheiten der Kirche, die „Kirchenhoheit" (ius circa sacra) lag in der Hand des Staates, die innere Verwaltung (ius in sacris) blieb beim Fürsten als summus episcopus. Im Verlauf des 19. Jahrhunderts wurde das Verlangen der Kirchen und Gemeinden nach größerer Selbständigkeit und Unabhängigkeit vom Staat in der Organisation des kirchlichen Lebens immer deutlicher und stärker. Die rheinisch-westfälische Kirchenordnung hat 1835 die ersten Presbyterien geschaffen, die nicht nur der Armenpflege, sondern der Seelsorge dienen sollten. In Preußen ist erst 1873 die Presbyterial- und Synodalverfassung eingeführt worden. Mit dem Ausbau der Selbstverwaltungsorgane konnten die kirchlichen Zweckverbände stärker in die Kirche eingegliedert werden. Der Plan einer evangelischen Reichskirche, der auf dem Kirchentag 1848 gefaßt wurde, hat sich nicht durchsetzen können.

Nach 1918 wurde der fürstliche Summepiskopat abgeschafft und ebenso alle damit zusammenhängenden Einrichtungen. Das Staatskirchentum galt als erledigt (Art. 137 der Weimarer Verfassung). Jedoch blieben die Kirchen Körperschaften öffentlichen Rechts und behielten Einfluß auf den öffentlichen Religionsunterricht (Art. 149).

Das Bonner Grundgesetz hat den Art. 137 (WRV) übernommen (Grundgesetz Art. 140), aber das Verständnis der Beziehung hat sich gewandelt. Der Begriff der staatlichen „Kirchenhoheit" wurde aufgegeben. Das Verhältnis zwischen Staat und Kirche wird partnerschaftlich verstanden und vertraglich geregelt. Solche Staatskirchenverträge werden zwischen den Landeskirchen und den entsprechenden Länderregierungen geschlossen.

Zum Begriff der Synode als theologischem Problem hat H. Benckert sich geäußert (Was ist eine Synode?, in: Kirche – Theologie – Frömmigkeit, Festgabe für G. Holtz, 1965).

2. Kirchengemeinschaften

Bereits im 19. Jahrhundert entstand das Bedürfnis, die einzelnen Landeskirchen zu einem Verband zusammenzuführen. So wurde 1852 die „Eisenacher Konferenz" (der Kirchenregierungen) gegründet und 1903 der „Deutsche Evangelische Kirchenausschuß". Diese Organe hatten lediglich beratende Funktionen. 1922 trat die Verfassung des „Deutschen Evangelischen Kirchenbundes" in Kraft mit der Aufgabe, „gemeinsame Interessen" der Landeskirchen wahrzunehmen und einen „dauernden Zusammenschluß herbeizuführen". Großen Einfluß hat der Kirchenbund nicht gewonnen.

Die Frage der Reichskirche hat nach 1933 eine große Rolle gespielt: Reichskirche und Reichsbischof wurden von den politischen Machthabern und von den „Deutschen Christen" gewünscht, von anderen kirchlichen Gruppen nicht nur abgelehnt (vgl. dazu K. Scholder, Die Kirchen und das Dritte Reich, Bd. 1, 1977, 277 ff.; K. Meier, Der evangelische Kirchenkampf, Bd. 1: Der Kampf um die Reichskirche, 1984, 90 ff.).

Nach 1945 sind drei große kirchliche Zusammenschlüsse (neu) begründet worden: 1945 (in Treysa) wurde die Evangelische Kirche in Deutschland (EKD) konstituiert; 1948 (in Eisenach) folgte der Zusammenschluß der Lutherischen Landeskirchen zur Vereinigten Evangelisch-Lutherischen Kirche Deutschlands (VELKD); 1951 wurde die Evangelische Kirche der Union gegründet (EKU). Diese Gemeinschaftsbildungen der Landeskirchen sind mit theologischen und Rechtsproblemen belastet, die nicht ohne weiteres eindeutig geklärt werden können.

a) Schon die unterschiedliche Begrifflichkeit in den Dokumenten weist auf bestimmte Problemlagen hin. Die EKD nennt sich einen „Bund lutherischer, reformierter und unierter Kirchen" (Grundordnung von 1948 und 1984, Art. 1,1). Die VELKD versteht sich als „Vereinigte Kirche" und die EKU wählt den Begriff „Gemeinschaft der in ihr zusammengeschlossenen Gliedkirchen" (Ordnung der EKU, 1951 und 1953, Art. I,1). Dahinter steht die theologische Frage, ob der Begriff der Evangelischen Kirche, der von seinen Ursprüngen an zugleich konfessionell und territorial gefaßt war, auf den Zusammenschluß von Kirchen in ihrem überlieferten Sinn angewendet werden kann. Im Begriff der „Kirchengemeinschaft" bleibt die Selbständigkeit der Gliedkirchen als Kirchen erhalten. Der Begriff der „Vereinigten Kirche" soll offenbar beide Bedeutungen zulassen: Nicht nur die Gliedkirchen, auch die „Vereinigte Kirche" gilt als „Kirche".

b) Ähnliche Probleme bestehen für die Rechtsordnung der Kirchengemeinschaften. Die EKD hat im wesentlichen beratende und repräsentative Funktionen. Das gilt gerade für die Synode der EKD. Gesetzliche Bestimmungen können dann erlassen werden, wenn sämtliche Gliedkirchen zustimmen. Freilich werden von der EKD auch kirchliche Aufgaben verantwortlich wahrgenommen (z. B. die Militärseelsorge). Eben diese Rechtsform aber bindet die Wirksamkeit der EKD an das Prinzip der Konziliarität, das gerade dem evangelischen Kirchenbegriff durchaus entspricht (s. o. S. 262 ff.).

c) Schon in der Gründungsphase der EKD haben neben politischen Differenzen der kirchlichen Gruppen vor allem die Bekenntnisfragen eine große Rolle gespielt. Das Gewicht konfessioneller Traditionen wurde zum wesentlichen Argument gegen eine zentralistische Einheitskirche. Das Interesse an der konfessionellen Tradition ist nicht nur Ausdruck der Rücksicht auf die geprägten kirchlichen Lebensformen der einzelnen Gemeinde (über deren konfessionellen Status nicht einfach befunden werden konnte). In diesem Interesse äußert sich zugleich die Verantwortung für eine jeweils bestimmte und individuelle Gestalt der evangelischen Überzeugung, die nicht einer abstrakten Einheitsidee geopfert werden dürfte. Die Besonderheit des konfessionellen Kirchentums ist immer auch Ausdruck der evangelischen Freiheit.

Eine gründliche Übersicht über diese Themen bieten W. D. Hauschild (Art. Evangelische Kirche in Deutschland, in: TRE Bd. 10, 656 ff.) und J. Rogge (Art. Evangelische Kirche der Union, in: TRE Bd. 10, 677 ff.). Die einschlägigen Rechtsfragen und Rechtsquellen sind bei A. Stein behandelt (Evangelisches Kirchenrecht, 1985[2], 163 ff.). Eine umfassende Untersuchung der kirchlichen Verfassung hat H. Frost vorgelegt (Strukturprobleme evangelischer Kirchenverfassung, 1972).

Der „Bund der Evangelischen Kirchen in der DDR“ ist 1969 gegründet worden (vgl. dazu G. Kretzschmar, Kirche in ihrer sozialen Gestalt, in: HPT [DDR], I, 118 ff.).

3. Kirchliche Werke und Verbände

Überregionale evangelische Werke und Verbände sind vielfach im Zusammenhang der Erweckungsbewegung des 19. Jahrhunderts entstanden und haben ihre Arbeitsformen und ihre Ziele in dieser Epoche gebildet. Diese Einrichtungen verdanken sich zumeist sozialen Fragen oder aber der Mission in dem Sinne, daß der soziale Dienst darin eingeschlossen war. Das gilt z. B. für die Männer- und Frauenarbeit, vor allem aber für die Werke, die in unmittelbarer Beziehung zur Diakonie und zur Bewegung der Inneren Mission stehen (z. B. der Diakonissenverband; s. o. S. 141 ff.). In den weiteren Zusammenhang dieser Bewegung gehört auch die Gründung des Gustav-Adolf-Vereins (1832), der die Unterstützung von evangelischen Gemeindegliedern in der Diaspora zum Ziel hat.

Ein anderer Impuls war in der zweiten Hälfte des 19. Jahrhunderts Anlaß zur Gründung evangelischer Gesellschaften oder Verbände: Das verbreitete Interesse, den evangelischen Gedanken und das evangelische Gemeindeleben zu stärken und zwar einerseits gegenüber Rom (Kulturkampf) und andererseits gegenüber der zunehmenden Entkirchlichung der zeitgenössischen Kultur. In dieser Zeit wurde der „Evangelische Bund" gegründet (1887), um die evangelischen Gedanken in der Öffentlichkeit nachdrücklicher zur Geltung zu bringen. Hier entstand auch der „Evangelisch-soziale Preßverband für die Provinz Sachsen" (1891), der bald in alle Landeskirchen übernommen wurde und Einfluß auf das allgemeine Pressewesen im Sinne evangelischer Grundsätze zu nehmen suchte (seit 1910 Evangelischer Presseverband für Deutschland, EPD).

Zur evangelischen Publizistik heute ist von der Kammer der EKD für publizistische Arbeit ein „publizistischer Gesamtplan" erarbeitet und von der Kirchenkanzlei herausgegeben worden (1979).

Als Beispiel für neuere überregionale Institutionen in der evangelischen Kirche ist die Gründung der „Evangelischen Akademien" (Bad Boll, 1945) zu nennen. Zwar handelt es sich hier um landeskirchliche Einrichtungen, aber Arbeitsformen und Arbeitsziele der Evangelischen Akademien geben ihnen den Charakter kirchenübergreifender Institute.

Das Selbstverständnis der Evangelischen Akademien ist zusammengefaßt dargestellt worden: Der Auftrag der Evangelischen Akademien (hg. vom Leiterkreis der Evangelischen Akademien in Deutschland, 1979).

Ein weiteres Beispiel ist der Deutsche Evangelische Kirchentag, der 1949 (in Hannover) als allgemeine evangelische Laienversammlung begründet wurde. Eine eigene Organisation unter gleichem Namen besorgt die Veranstaltungen. Sein größtes Echo fand der Kirchentag 1954 in Leipzig mit 650 000 Teilnehmern bei der Schlußveranstaltung.

Der Name „Deutscher Evangelischer Kirchentag" ist 1848 für die Delegiertenversammlung deutscher Kirchen in Wittenberg in Gebrauch gekommen. Auch die folgenden Versammlungen (bis 1872 in verschiedenen Städten) trugen diesen Namen. Er wurde 1919 für die Versammlung von Vertretern der Kirchenregierungen deutscher Landeskirchen in Dresden wieder aufgenommen und kam als Bezeichnung für die synodale Versammlung des Kirchenbundes in Gebrauch.

§ 40 Ökumene

1. Die ökumenische Bewegung

Die „Allgemeine Konferenz der Kirche Christi für praktisches Christentum" (Life and Work) 1925 in Stockholm war der datierbare Beginn einer ökumenischen Bewegung, die seither mit dem Ökumenischen Weltrat der Kirchen in Genf zu einer festen und bedeutenden Institution des Christentums geworden ist. Die Aktivitäten des Ökumenischen Rates finden weltweit Aufmerksamkeit. Die ökumenische Bewegung hat weitere kirchliche und christliche Zusammenschlüsse zu Konfessionsfamilien, zu Kirchenkonferenzen und zu Weltverbänden hervorgebracht, die ihrerseits Einfluß auf die christliche Ökumene gewonnen haben und das Bild des Christentums in der Welt bestimmen.

Im folgenden sollen die Fragen skizziert werden, die durch die ökumenische Bewegung (im weitesten Sinn) und die Arbeit ihrer Institutionen für Selbstverständnis und Lebenspraxis der einzelnen Gemeinde aufgeworfen werden: Die Ökumene ist der äußere Horizont der christlichen Welt, in der die einzelne Gemeinde Orientierung zu suchen hat und bedarf deshalb der angemessenen Würdigung.

Zur Übersicht über Geschichte und Institutionen der Ökumene ist geeignet: H. M. Moderow und M. Sens (Orientierung Ökumene, ein Handbuch, 1979); eine klare und gründliche Darstellung der theologischen Fragen bietet E. Fahlbusch (Kirchenkunde, 231 ff.).

a) Grundlegende Bedeutung hat die ökumenische Bewegung für die Praxis des Gemeindelebens (und die Berufstätigkeit des Gemeindepfarrers) dadurch, daß die eigene Existenz relativiert und in ihrer Bezogenheit auf einen weltweiten Horizont sichtbar gemacht wird: Die Themen der Gemeinde müssen sich über die eigenen Fragen und Bedürfnisse hinaus ausweiten und Fragestellungen aufnehmen, die aus gänzlich anderen Zusammenhängen hervorgegangen sind. In dieser Ausweitung der Themen, die das Gemeindeleben beschäftigen, liegt ein Gewinn für die eigene christliche Existenz. Diesen Sinn hat die Aufnahme fremder und andersartiger Themen aus anderen Zonen der christlichen Welt immer schon gehabt: Die Beschäftigung mit der Mission, die im 19. Jahrhundert vielfach das Gemeindeleben prägte, muß auch in diesem Zusammenhang verstanden werden.

Ökumenische Fragen im Sinn solcher Themen für die Gemeinde sind von D. Vismann dargestellt worden (Tagesordnungspunkt Ökumene, 1980).

b) Ökumenische Themen sind, zumindest in neuerer Zeit, kontroverse Themen. In ihnen stellen sich Konflikte dar, die zunächst selbstverständlich aus dem Zusammentreffen und Zusammenkommen unterschiedlicher christlicher Traditionen zu erklären sind. In diesem Sinne sind gerade die jungen Kirchen bereits zu Traditionskirchen geworden. In allen ökumenischen Differenzen ist immer auch ein unterschiedliches Bild vom Christentum, wie es sein soll, wirksam. Zudem aber verbinden sich diese Bilder mit Ideen und Ideologien, die ohnehin die öffentliche Diskussion beherrschen: Das eigene Bild vom Christentum ist oft bis zur Ununterscheidbarkeit mit Positionen und Argumentationen aus der öffentlichen Diskussion verbunden. So jedenfalls stellt sich dar, was auf der ökumenischen Bühne als Streit um Weltanschauungsfragen oder als Programm zur Durchsetzung bestimmter weltanschaulicher Positionen vorgeführt wird. Für die Gemeinde wiederholt sich in vielen ökumenischen Konflikten der Streit politischer Parteien.

U. Duchrow hat diesen Fragen eine eingehende Darstellung gewidmet (Konflikt um die Ökumene, 1980). Als leitende Frage seiner Untersuchung formuliert er: „Nehmen Christen, Gemeinden, Initiativgruppen, Regionalkirchen und die Kirche als universale Gemeinschaft teil am Kampf der neuschaffenden Liebe Gottes gegen die Mächte des Bösen in dieser Welt?“ (53).

c) Die Institutionen der Ökumene liefern nicht nur Bilder (und Vorbilder) für einzelne und widersprüchliche Anschauungen vom Christentum, sie werden zugleich damit zur Orientierungsinstanz für die Art und Weise, in der der Streit dieser Anschauungen geführt wird. Die ökumenische Diskussion ist der exemplarische Fall all der Gespräche, die über die Frage geführt werden, wie das Christentum der Stunde beschaffen sein müßte. Aus dieser ökumenischen Diskussion sind bereits Anregungen hervorgegangen, die den Charakter der christlichen Debatten prägen könnten: so die Formel von der „versöhnten Verschiedenheit“ und der Begriff der „Konziliarität“ (s. o. S. 262).

Die Arbeit der Ökumene, die im Licht der Öffentlichkeit geschieht, müßte sich der Verantwortung bewußt sein, die ihr im Blick auf ihre exemplarische Funktion für die christliche Diskussion überhaupt zugewachsen ist.

Der unverändert gültige Text für diese (und andere) Grundfragen der ökumenischen Bewegung ist „die ökumenische Utopie“ von E. Lange (Die ökumenische Utopie oder Was bewegt die ökumenische Bewegung?, 1972).

2. Der evangelisch-katholische Dialog

Maßgeblich für die katholische Kirche ist die offizielle römische Lehre. Die Meinung katholischer Theologen bleibt deren persönliche Äußerung (solange seitens der römischen Lehraufsicht nicht Korrekturen gefordert werden). Eine gründliche Übersicht über die geltende Lehre vermittelt E. Fahlbusch (Kirchenkunde der Gegenwart, 1979, 21 ff.). Zu den wichtigsten Veröffentlichungen zum „evangelisch-katholischen Dialog“ aus jüngerer Zeit gehört der Fries-Rahner-Plan (K. Rahner und H. Fries, Einigung der Kirchen – reale Möglichkeit, 1983). E. Herms hat diesen Plan einer eingehenden Analyse unterzogen (Einheit der Christen in der Gemeinschaft der Kirchen, 1984).

Die evangelisch-katholischen Beziehungen und ihre Probleme haben für das evangelische Gemeindeleben eine unmittelbare Bedeutung dadurch, daß die Praxis beider Kirchen direkt anschaulich ist: Für Diasporagemeinden (beider Konfessionen) sind die ökumenische Beziehung und ihre Probleme Alltagserfahrung, und im Protestantismus insgesamt finden die Themen des Dialogs in jüngster Zeit vermehrte Aufmerksamkeit. Als Beispiele solcher Gebiete dieser ökumenischen Beziehung, die für das Gemeindeleben besonders bedeutungsvoll sind, können die folgenden Fragenkreise gelten.

a) Die Praxis ökumenischer Beziehungen und Verhältnisse ist höchst unterschiedlich: Es gibt intensive Kooperationen zwischen evangelischen und katholischen Gemeinden und es gibt krasse Abgrenzungen. Beides entspricht nicht dem Standpunkt der offiziellen katholischen Kirche. Die Bischöfe haben und lassen im Einzelfall erheblichen Spielraum, vor allem im Blick auf solche ökumenischen Veranstaltungen, die die Sakramente nicht berühren. Den katholischen Grundsätzen entsprechen solche Veranstaltungen, die zwar Gemeinsamkeit erkennen lassen, die aber die katholische Identität in keiner Weise beeinflussen. Diese Eindeutigkeit in den Grundsätzen, die mit einem weiten Raum des Ermessens verbunden ist, steht ein einheitlicher oder gar eindeutiger evangelischer Standpunkt nicht gegenüber. Das hat gute Gründe: Das evangelische Bekenntnis läßt unterschiedliche (und sogar widersprüchliche) Stellungnahmen zur katholischen Konfession und zur Lebenspraxis des katholischen Christentums zu und versteht diese ökumenische Beziehung grundsätzlich als das Verhältnis zu einer Richtung des Christentums wie zu anderen auch. Freilich müßte die evangelische Stellungnahme spätestens dann Eindeutigkeit gewinnen, wenn ökumenische Veranstaltungen so angelegt sind, daß die Beteiligung daran das evangelische Verständnis von Kirche und Wort verschleiern oder verändern würde.

Es gibt gerade im Protestantismus ein privates und persönliches Engagement an der Ökumene, das alle Abgrenzungen zu beseitigen sucht. Solche Formen einer „Basis-Ökumene" hat E. Fahlbusch als „transkonfessionellen (personalen) Ökumenismus" bezeichnet (Art. Ökumenismus, in: TRT, Bd. 4, 45). Fahlbusch unterscheidet den „evangelikalen", den „charismatischen" und den „jesuanischen" Typus, die aber alle durch persönliche Handlungen und Gesinnung „transkonfessionelle" Einheit in kleinen Gruppen darzustellen suchen. Nüchterner sind solchen Bestrebungen gegenüber die Anleitungen zu ökumenischer Gemeindepraxis, die in offenen Fragen Geduld empfehlen (z. B. Miteinander leben – miteinander glauben, hg. v. R. Pfützner, 1985).

b) Unter der Überschrift „Taufe, Eucharistie und Amt" hat die Kommission für Glaube und Kirchenverfassung des Ökumenischen Rates der Kirchen 1982 eine sogenannte „Konvergenzerklärung" veröffentlicht. Dabei ist die Rede von „bedeutsamen theologischen Konvergenzen", die zu Annäherungen vor allem zwischen evangelischen und römisch-katholischen Positionen geführt haben. Eine derartige Konvergenztheorie ist in der Tat gerade für die Ökumene als Thema der Gemeinde von Bedeutung: Die Theorie verdeutlicht, daß Annäherungen, wenn sie stattfinden, geschichtliche Prozesse sind, die nicht durch Entschlüsse oder Erlasse ersetzt werden könnten. Die Konferenz, die in Lima stattgefunden hat, empfiehlt in ihrem Dokument (Lima-Papier), daß die beteiligten Kirchen dessen Thema aufnehmen und rezipieren mögen. Ob freilich dieses Dokument selbst für Erörterungen im Rahmen der Gemeinde geeignet ist, dürfte fraglich sein.

Das für die Praxis des Gemeindelebens wesentliche Thema des Lima-Papiers ist vor allem der Gottesdienst. Dem Dokument ist das Formular einer Messe beigegeben, die als ökumenischer Gottesdienst empfohlen wird.

Freilich zeigt sich alsbald, daß die Konvergenzfrage unterschiedlich beurteilt werden kann. H. M. Müller hat darauf aufmerksam gemacht, daß im Lima-Papier die Eucharistie als „Opfer Christi" bezeichnet wird und daß die Kirche als Subjekt dieser Handlung erscheint (Kirchengemeinschaft, Abendmahl und Amt, in: ThBeitr 15, 1984, 227 f.). Danach wäre Konvergenz die evangelische Zustimmung zu wesentlichen Aspekten des römisch-katholischen Verständnisses der Messe.

c) Unmittelbare Bedeutung für die Praxis des Gemeindelebens hat die Frage der Behandlung konfessionsverschiedener Ehen durch die beiden Kirchen (vgl. dazu o. S. 227). Hier ist mit einer Konvergenz, die allerdings die katholische Zustimmung zu evangelischen Grundsätzen des Eheverständnisses einschließen müßte, einstweilen nicht zu rechnen. Das „gemeinsame Wort zur konfessionsverschiedenen Ehe", das jüngst von der EKD und der katholischen Bischofskonferenz herausgegeben wurde (1985), stellt noch einmal die Ansichten beider Kirchen dar, läßt aber eine Annäherung nicht erkennen.

3. Mission

Die Mission ist ein klassisches Thema der Praktischen Theologie gewesen, und zwar in der Epoche, in der dieses Thema zugleich auf das lebhafte Interesse im Gemeindeleben hoffen konnte. Die Verselbständigung der Mission als theologischer Disziplin war Ausdruck zunächst der wachsenden Bedeutung, die dieser Aufgabe in Kirche und Theologie zugemessen wurde; sodann aber war der Aufbau der Missionswissenschaft Folge der zunehmenden Differenzierung und Problematisierung ihres Gegenstandes. Die weitere Geschichte ihres wissenschaftlichen Selbstverständnisses hat die Missionswissenschaft immer deutlicher von ihren ursprünglichen Beziehungen zur Praktischen Theologie abgelöst und verweist sie – etwa als „Missionstheologie" (H. Bürkle, Missionstheologie, 1979) – an einen eigenen Ort im Kreise der theologischen Wissenschaften.

Zu neuen Verbindungen zwischen Missionswissenschaft und Praktischer Theologie ist es im Blick auf die Frage nach „Heil und Heilung" gekommen: Krankheit und Gesundheit sind Themen, deren Bedeutung für das christliche Menschenbild deutlicher geworden ist, und zwar im Zusammenhang sowohl mit den christlichen Aufgaben in der Dritten Welt wie mit der Praxis der Diakonie und der Seelsorge (Bürkle, 131 ff.; s. o. S. 148 ff.). Eine in diesem Sinn die Missionswissenschaft und die Praktische Theologie gleichermaßen betreffende Untersuchung ist „Die verlorene Gesundheit – das verheißene Heil" von J. McGilvray (1982).

Hinweise zur Literatur

Die Literaturhinweise sind durchweg in den Text eingearbeitet. Zur besseren Übersicht erscheinen einige häufiger zitierte Titel im Text mit abgekürzten Angaben; diese Titel sind im folgenden mit vollständigen bibliographischen Angaben verzeichnet:

E. Chr. Achelis, Lehrbuch der Praktischen Theologie, 3 Bde, Leipzig 1911[3]	*Achelis,* Lehrbuch
K. Barth, Die Kirchliche Dogmatik I, 1 ff., Zürich 1932 ff.	*Barth,* KD
C. Clemen, Quellenbuch zur Praktischen Theologie I–III, Gießen 1910	*Clemen,* Quellenbuch
G. Ebeling, Dogmatik des christlichen Glaubens I–III, Tübingen 1979	*Ebeling,* Dogmatik
W. Elert, Morphologie des Luthertums, I–II, München 1931	*Elert,* Morphologie
E. Fahlbusch, Kirchenkunde der Gegenwart, Stuttgart 1979	*Fahlbusch,* Kirchenkunde
L. Fendt, Einführung in die Liturgiewissenschaft, Berlin 1958	*Fendt,* Liturgiewissenschaft
H. Heppe, Die Dogmatik der evangelisch-reformierten Kirche, neu durchgesehen u. hg. v. E. Bizer, Neukirchen 1958[2]	*Heppe/Bizer,* Dogmatik
J. G. Herder, Gesammelte Werke, hg. v. B. Suphan, I–XXXIII, Berlin 1877 bis 1913, Neudr. Braunschweig 1967 f.	*Herder,* GW
E. Hirsch, Geschichte der neuern evangelischen Theologie, I–V, Gütersloh 1975[5]	*Hirsch,* Geschichte
H. A. Köstlin, Die Lehre von der Seelsorge, Berlin 1895[1], 1907[2]	*Köstlin,* Seelsorge
W. Lohff u. L. Mohaupt (Hg.), Volkskirche – Kirche der Zukunft? Hamburg 1977	*Lohff/Mohaupt,* Volkskirche

Ph. Melanchthon, Werke, hg. v. R. Stupperich, I–VII/2, Gütersloh 1951–1975	*Melanchthon*, Werke
K. E. Nipkow, Grundfragen der Religionspädagogik, 3 Bde, Gütersloh 1975–82	*Nipkow*, Grundfragen
W. Pannenberg, Anthropologie in theologischer Perspektive, Göttingen 1983	*Pannenberg*, Anthropologie
T. Rendtorff, Theorie des Christentums, Gütersloh 1972	*Rendtorff*, Theorie
G. Rietschel, Lehrbuch der Liturgik, 2. neubearbeitete Aufl. von P. Graff, Göttingen 1951	*Rietschel/Graff*, Lehrbuch
M. Schian, Grundriß der Praktischen Theologie, Gießen 1922, 1934[3]	*Schian*, Grundriß
D. F. E. Schleiermacher, Kurze Darstellung des theologischen Studiums zum Behuf einleitender Vorlesungen, 1811[1], 1830[2], Neudr. Leipzig 1910	*Schleiermacher*, KD
Ders., Der christliche Glaube nach den Grundsätzen der evangelischen Kirche im Zusammenhang dargestellt. Aufgrund der 2. Ausgabe kritisch hg. v. M. Redeker, Berlin 1960	*Schleiermacher*, Glaubenslehre
H. Schmid, Die Dogmatik der Evangelisch-Lutherischen Kirche, dargestellt und aus den Quellen belegt. Neu hg. u. durchgesehen v. H. G. Pöhlmann, Gütersloh 1979	*Schmid*, Dogmatik
E. Sehling, Die evangelischen Kirchenordnungen des 16. Jahrhunderts, I–V 1902–1913; fortgeführt durch das Institut für ev. Kirchenrecht, 1955 ff.	*Sehling*, Kirchenordnungen
Ph. J. Spener, Pia Desideria, hg. v. K. Aland, Berlin 1964[3]	*Spener*, Pia Desideria
P. Tillich, Systematische Theologie I–III, Stuttgart 1956–1966	*Tillich*, Systematische Theologie
J. H. Wichern, Sämtliche Werke, hg. v. P. Meinhold, I–VII, Hamburg 1962–1975	*Wichern*, SW

F. Wintzer u. a., Praktische Theologie, Neukirchen 1982, 1985[2]	*Wintzer*, Praktische Theologie
G. v. Zezschwitz, System der Praktischen Theologie, Leipzig 1876	*Zezschwitz*, System

Der Gebrauch der Abkürzungen richtet sich nach S. Schwerdtner, Theologische Realenzyklopädie. Abkürzungsverzeichnis, Berlin 1976.

Die nachfolgend verzeichneten Abkürzungen sind dort nicht enthalten:

EVB	E. Käsemann, Exegetische Versuche und Besinnungen, Göttingen 1970[6]
GuV	R. Bultmann, Glauben und Verstehen. Gesammelte Aufsätze, Tübingen I–IV, 1933–1965
HPT (DDR)	Handbuch der Praktischen Theologie, Berlin 1974 ff.
HPT (G)	Handbuch der Praktischen Theologie, Gütersloh 1982 ff.
JLH	Jahrbuch für Liturgik und Hymnologie
MGG	Die Musik in Geschichte und Gegenwart
MuK	Musik und Kirche
ZfGuP	Zeitschrift für Gottesdienst und Predigt

Namensregister

Sachregister

de Gruyter Lehrbücher – Theologie

WERNER H. SCHMIDT

Einführung in das Alte Testament

3., verbesserte Auflage
Oktav. X, 394 Seiten. 1985. Gebunden DM 48,–
ISBN 3 11 010403 2

GEORG FOHRER

Geschichte der israelitischen Religion

Oktav. XVI, 435 Seiten. 1969. Gebunden DM 52,–
ISBN 3 11 002652 X

JOHANN MAIER

Geschichte der jüdischen Religion

Von der Zeit Alexander des Großen bis zur Aufklärung mit einem Ausblick auf das 19./20. Jahrhundert

Oktav. XX, 641 Seiten. 1972. Gebunden DM 74,–
ISBN 3 11 002448 9

BO REICKE

Neutestamentliche Zeitgeschichte

Die biblische Welt 500 vor bis 100 nach Christus

3., verbesserte Auflage
Oktav. X, 351 Seiten, 5 Tafeln. 1982. Gebunden DM 48,–
ISBN 3 11 008662 X

Preisänderungen vorbehalten

Walter de Gruyter

Berlin · New York

W
DE
G